2026 최신개정

최신 출제기준 반영

名品

식물보호
기사·산업기사

권현준 저

필기

BEST 명품강의 보러가기
www.kisa.co.kr

실시간 카톡문의
@kisa
1544-8509

PREFACE

Plant Protection

식물보호는 식물의 피해를 진단 및 방제하고 농작물의 병, 해충을 분석하여 작물이 적합한 환경에서 자랄 수 있도록 도와주는 전문 지식인을 양성하기 위한 과목입니다. 이전에는 작물재배에 대한 전문 지식이 바탕이었다면 최근에는 농작물 보호 이외에도 도시미화 및 주거환경까지도 그 영역을 넓혀가고 있습니다.

식물보호를 취득하는 수험자는 농약회사, 관련 연구소 취업을 위해 혹은 식물방역업체나 식물병원과 같은 사업분야, 국가기술직 공무원의 가산점 등 다양하고 개인마다 취득 목적은 다르겠지만 결국 식물이 잘 자랄 수 있도록 노력과 열정이 필요합니다.

이 책은 깊고 복잡하게 공부를 시작하기보다 쉽게 식물보호를 이해하고 나아가 관련 자격증을 취득하기 위한 **기출문제**를 **수록**하였습니다. 이론의 경우도 이러한 자격증 취득에 좀 더 중점을 두고 반드시 알아야 하는 필수 이론을 좀 더 쉽게 공부하기 위해 **요약 정리**를 해두었습니다.

식물보호는 다른 대중적인 자격증 과목과는 다르게 관련 서적이 적은 편이며 학습을 위한 자료가 부족한 편입니다. 이에 저자는 수험생들이 좀 더 쉽게 식물보호에 접근하고 자격증 취득을 위해 관련 내용으로 출간을 하였습니다.

지금부터 이 책을 통해 많은 분들이 자격증 합격 뿐 아니라 본인의 행복한 미래를 위한 밑거름이 되기를 기원합니다.

저 자 드림

자격시험안내

01 개요

증산을 위해 새로운 품종이나 집약적인 재배기술을 도입함으로써 병·해충의 발생양상이 복잡해지고, 농약사용에 따른 환경오염문제, 식품에 농약의 잔류독성 문제가 야기됨에 따라 효과적인 식물보호를 위한 전문적인 지식과 기능을 갖춘 고급인력을 양성하고자 자격제도 제정.

02 시행기관 및 원서접수

한국산업인력공단(www.q-net.or.kr)

03 진로 및 전망

- 농촌진흥청, 산림청, 식물검역소, 농업기술연구소, 농약연구소, 농약자재검사소, 농산물검사소, 식물검역소, 작물시험장, 식품연구소, 임업시험장 등 공공기관과 농약회사, 종묘회사, 농약판매상, 종자보급소 등으로 진출하거나 독자적으로 운영할 수 있다.
- 최근 농작물보호 이외 도시미화, 주거환경 개선에 따라 도시의 가로수나 정원수, 화훼 등도 직무대상이 되므로 종사영역이 넓어지고 있다. 최근 응시자수가 급격히 증가 하고 있고, 합격자수도 증가하는 추세이다.

04 시험과목 및 검정방법

구분	식물보호기사	식물보호산업기사
필기	1. 식물병리학 2. 농림해충학 3. 재배원론 4. 농약학 5. 잡초방제학	1. 식물병리학 2. 농림해충학 3. 농약학 4. 잡초방제학
실기(필답형)	식물보호실무	

05 합격기준

구분	식물보호기사	식물보호산업기사
필기	100점을 만점으로 하여 과목당 40점 이상, 전 과목 평균 60점 이상	
실기(필답형)	100점을 만점으로 하여 60점 이상	

06 응시절차

1	필기원서접수	• Q-net를 통한 인터넷 원서접수 • 필기접수 기간 내 수험원서 인터넷 제출 • 사진(6개월 이내에 촬영한 3.5×4.5cm 칼라사진, 수수료 전자결제 • 수험표 본인 선택(선착순)
2	필기시험	수험표, 신분증, 필기구(흑색 싸인펜 등), 공학용계산기 지참
3	합격자 발표	• Q-net를 통한 합격확인(마이페이지 등) • 응시자격(기술사, 기능장, 산업기사, 서비스 분야 일부종목) • 제한종목은 합격예정자 발표일부터 8일 이내에(토, 공휴일 제외) • 응시자격서류를 제출하여 합격처리된 사람에 한하여 실기접수가 가능
4	실기원서 접수	• 실기접수기간 내 수험원서 인터넷(www.Q-net.or.kr)제출 • 사진(6개월 이내에 촬영한 반명함판 사진파일(JPG), 수수료(정액) • 시험일시, 장소, 본인 선택(선착순) 단, 기술사 면접시험은 시행 10일 전 공고
5	실기시험	수험표, 신분증, 필기구, 공학용 계산기, 수험자 지참준비물(작업형 시험한정) 지참
6	최종합격자 발표	Q-net를 통한 합격확인(마이페이지 등)
7	자격증 발급	• (인터넷) 인터넷 신청 후 우편 배송 • (방문수령) 여권규격사진 및 신분확인 서류

모두 바르게 빨리 **올배움** 한다.

이러닝교육기관 올배움이 특별한 이유!

01 SINCE 1997 국가기술자격증 이러닝교육기관 올배움

02 고객이 신뢰하는 브랜드대상 수상기관

03 합격생이 인정하는 최고의 명품강의

올배움 www.kisa.co.kr 1544-8509 카톡 ID : kisa

07 전국 한국산업인력공단 안내

기관명	주소	연락처
서울지역본부	(02512)서울 동대문구 장안벚꽃로 279(휘경동 49-35)	02-2137-0590
서울서부지사	(03302)서울 은평구 진관3로 36(진관동 산100-23)	02-2024-1700
서울남부지사	(07225)서울시 영등포구 버드나루로 110(당산동)	02-876-8322
서울강남지사	(06193)서울시 강남구 테헤란로 412 알레르망타워 15층(대치동)	02-2161-9100
인천지사	(21634)인천시 남동구 남동서로 209(고잔동)	032-820-8600
경인지역본부	(16626)경기도 수원시 권선구 호매실로 46-68(탑동)	031-249-1201
경기동부지사	(13313)경기 성남시 수정구 성남대로 1214 광우빌딩(1~7층)	031-750-6200
경기서부지사	(14488) 경기도 부천시 길주로 463번길 69(춘의동)	032-719-0800
경기남부지사	(17561)경기 안성시 공도읍 공도로 51-23	031-615-9000
경기북부지사	(11801)경기도 의정부시 바대논길 21 해인프라자 3~5층(고산동)	031-850-9100
강원지사	(24408)강원특별자치도 춘천시 동내면 원창 고개길 135(학곡리)	033-248-8500
강원동부지사	(25440)강원특별자치도 강릉시 사천면 방동길 60(방동리)	033-650-5700
부산지역본부	(46519)부산시 북구 금곡대로 441번길 26(금곡동)	051-330-1910
부산남부지사	(48518)부산시 남구 신선로 454-18(용당동)	051-620-1910
경남지사	(51519)경남 창원시 성산구 두대로 239(중앙동)	055-212-7200
경남서부지사	(52733)경남 진주시 남강로 1689(초전동 260)	055-791-0700
울산지사	(44538)울산광역시 중구 종가로 347(교동)	052-220-3277
대구지역본부	(42704)대구시 달서구 성서공단로 213(갈산동)	053-580-2300
경북지사	(36616)경북 안동시 서후면 학가산 온천길 42(명리)	054-840-3000
경북동부지사	(37580)경북 포항시 북구 법원로 140번길 9(장성동)	054-230-3200
경북서부지사	(39371)경상북도 구미시 산호대로 253(구미첨단의료 기술타워 2층)	054-713-3000
광주지역본부	(61008)광주광역시 북구 첨단벤처로 82(대촌동)	062-970-1700
전북지사	(54852)전북특별자치도 전주시 덕진구 유상로 69(팔복동)	063-210-9200
전북서부지사	(54098)전북특별자치도 군산시 공단대로 197번지 풍산빌딩 2층(수송동)	063-731-5500
전남지사	(57948)전남 순천시 순광로 35-2(조례동)	061-720-8500
전남서부지사	(58604)전남 목포시 영산로 820(대양동)	061-288-3300
대전지역본부	(35000)대전광역시 중구 서문로 25번길 1(문화동)	042-580-9100
충북지사	(28456)충북 청주시 흥덕구 1순환로 394번길 81(신봉동)	043-279-9000
충북북부지사	(27480)충북 충주시 호암수청2로 14 (호암동) 충주농협 호암행복지점 3~4층	043-722-4300
충남지사	(31081)충남 천안시 서북구 상고1길 27(신당동)	041-620-7600
세종지사	(30128)세종특별자치시 한누리대로 296(나성동)	044-410-8000
제주지사	(63220)제주 제주시 복지로 19(도남동)	064-729-0701

08 출제기준

식물보호기사

직무 분야	농림어업	중직무 분야	임업	자격 종목	식물보호기사	적용 기간	2023.7.1. ~2027.12.31.

○ 직무내용
식물보호에 관한 기술이론 및 지식을 가지고 식물 피해의 진단과 방제 등의 업무를 수행하기 위하여 식물에 발생하는 생물적(병, 해충, 잡초 등) 및 비생물적(기상, 영양불균형 등) 피해의 발생 원인을 파악분석하여 적절한 방제 방법을 선정하며, 식물의 생육에 적합한 환경 개선에 의한 식물 생육의 최적 조건을 만드는 직무이다.

필기검정방법	객관식	문제수	100	시험시간	2시간 30분

필기과목명	문제수	주요항목
식물병리학	20	1. 식물병리 일반 2. 식물병의 원인 3. 식물병의 발생 4. 식물병의 진단 5. 식물병의 방제 6. 식물병 각론
농림해충학	20	1. 곤충일반 2. 곤충의 분류 3. 곤충의 생태 4. 곤충의 형태 5. 곤충의 생리 6. 곤충과 환경 7. 해충 각론 8. 해충의 방제
재배원론	20	1. 재배의 기원과 현황 2. 재배환경 3. 작물의 내적균형과 식물호르몬 및 방사선 이용 4. 재배기술 5. 각종 재해 6. 수확, 건조 및 저장과 도정
농약학	20	1. 농약의 정의와 중요성 2. 농약의 분류 3. 농약의 제제 형태 및 특성 4. 농약의 독성 및 잔류성 5. 농약의 사용방법, 약해 및 약효 6. 농약의 이화학적 특성
잡초방제학	20	1. 잡초의 분류 및 분포 2. 잡초의 생리 생태 3. 경합 4. 잡초방제

식물보호산업기사

직무분야	농림어업	중직무분야	임업	자격종목	식물보호산업기사	적용기간	2023.1.1.~2027.12.31.

○ 직무내용
식물보호에 관한 기술이론 및 지식을 가지고 식물 피해의 기초적인 진단과 방제 등의 업무를 수행할 수 있어야 하며, 식물에 발생하는 생물적(병, 해충, 잡초 등) 및 비생물적(기상, 영양불균형 등) 피해의 발생 원인을 파악하고 적절한 방제 방법을 선정하여 식물 생육의 최적 조건을 만드는 직무이다.

필기검정방법	객관식	문제수	80	시험시간	2시간

필기과목명	문제수	주요항목
식물병리학	20	1. 식물병리 일반 2. 식물병의 원인 3. 식물병의 발생 4. 식물병의 진단 5. 식물병의 방제 6. 식물병 각론
농림해충학	20	1. 곤충일반 2. 곤충의 분류 3. 곤충의 생태 4. 곤충의 형태 5. 곤충의 생리 6. 곤충과 환경 7. 해충 각론 8. 해충의 방제
농약학	20	1. 농약의 정의와 중요성 2. 농약의 분류 3. 농약의 제제 형태 및 특성 4. 농약의 독성 및 잔류성 5. 농약의 사용방법, 약해 및 약효 6. 농약의 이화학적 특성
잡초방제학	20	1. 잡초의 분류 및 분포 2. 잡초의 생리 생태 3. 경합 4. 잡초방제

Plant Protection

CONTENTS

PART 01   식물병리학

1.1 식물병리 일반
1) 식물병리 일반 ··· 2

1.2 식물병의 원인
1) 병원의 종류 ·· 3

1.3 식물병의 발생
1) 식물병의 병환 ·· 6
2) 발병환경 ··· 9
3) 병원성과 저항성 ··· 10

1.4 식물병의 진단
1) 진단법 종류 ··· 17
2) 병징과 표징 ··· 18

1.5 식물병의 방제
1) 생태학적(경종적) 방제법 ·· 20
2) 물리적·기계적 방제법 ·· 22
3) 화학적 방제법 ·· 22
4) 생물학적 방제법 ·· 22

1.6 식물병의 각론
1) 점균류에 의한 식물병 ··· 24
2) 진균류에 의한 식물병 ··· 24
3) 세균에 의한 식물병 ··· 25
4) 바이러스에 의한 식물병 ··· 25
5) 기타 병원체에 의한 식물병 ·· 25

1.7 식물병의 종류
1) 벼 병해 ··· 28
2) 맥류 및 기타 작물의 병해 ··· 33
3) 서류 병해 ··· 36
4) 채소 병해 ··· 39
5) 과수 병해 ··· 44
6) 수목병 ·· 47

◆ 식물병리학 단원문제 100제 ·· 55–75

PART 02 농림해충학

2.1 곤충일반
- 1) 곤충학의 개념 ··· 78
- 2) 곤충의 특성 ·· 78

2.2 곤충의 분류
- 1) 종개념 및 명명규약 ··· 80
- 2) 곤충의 분류 및 형태 특성 ·· 80

2.3 곤충의 생태
- 1) 곤충의 행동 습성 ··· 90
- 2) 개체군의 생태 ·· 92

2.4 곤충의 형태
- 1) 외부 구조 및 기능 ··· 94
- 2) 내부구조 및 기능 ·· 98

2.5 곤충의 생리
- 1) 발육 생리 ··· 103

2.6 주요 해충
- 1) 식물작물 해충 ·· 106
- 2) 맥류 및 기타 작물 해충 ·· 113
- 3) 원예작물 해충 – 잎을 가해 ·· 117
- 4) 원예작물 해충 – 흡즙 및 바이러스 매개충 ··· 120
- 5) 원예작물 해충 – 토양 해충 ··· 122
- 6) 원예작물 해충 – 과실 해충 ··· 124
- 7) 과수 해충 ··· 125
- 8) 산림 해충 ··· 128

2.7 해충의 방제
- 1) 해충방제 ·· 133
- 2) 해충의 방제법 ·· 135

◆ 농림해충학 단원문제 100제 ·· 140-162

PART 03 재배원론

3.1 작물의 분류
작물의 분류 ··· 164

3.2 재배환경
1) 토양 ··· 167
2) 수분 ··· 176
3) 공기 ··· 179
4) 온도 ··· 182
5) 광 ·· 183
6) 상적발육과 환경 ··· 185

3.3 작물의 내적균형과 식물호르몬 및 방사선 이용
1) 작물의 내적 균형 ··· 189
2) 식물생장조절제 ··· 190
3) 방사선 이용 ··· 192

3.4 재배 기술
1) 작부체계 ··· 193
2) 종묘 ··· 197
3) 영양번식 ··· 203
4) 육묘 ··· 204
5) 정지 ··· 205
6) 파종 ··· 206
7) 이식 ··· 207
8) 생력재배 ··· 208
9) 재배관리 ··· 209

3.5 각종 재해
1) 냉해 ··· 213
2) 습해, 수해 및 가뭄해 ··· 214
3) 동해 및 상해 ··· 216
4) 도복과 풍해 ··· 218

3.6 작물 육종
1) 육종법 종류 ··· 220

◆ 재배학원론 단원문제 100제 ··· 222-244

PART 04 농약학

4.1 농약의 정의와 중요성
    1) 농약의 정의 및 명칭 ··· 246
    2) 농약관리법 ··· 247

4.2 농약의 분류
    1) 농약의 종류 ··· 249

4.3 농약의 제제 형태 및 특성
    1) 농약의 제제 ··· 253
    2) 농약제제의 물리적 성질 ··· 257
    3) 농약제제의 보조제 ·· 258

4.4 농약의 독성 및 잔류성
    1) 농약의 독성 ··· 261
    2) 주요 독성 ·· 262
    3) 농약의 잔류와 안전사용 ··· 264

4.5 농약의 사용방법, 약해 및 약호
    1) 농약의 사용 방법 ·· 267
    2) 농약의 약해 ··· 272

4.6 농약의 이화학적 특성
    1) 살균제 ··· 274
    2) 살충제 ··· 280
    3) 살선충제 ··· 287
    4) 살비제 ··· 287
    5) 제초제 ··· 287
    6) 식물생장조절제 ·· 289

◆ 농약학 단원문제 100제 ··· 291–314

PART 05 잡초방제학

5.1 잡초방제 일반
   1) 잡초방제의 개념 및 의의 ··· 316

5.2 잡초의 분류 및 분포
   1) 잡초의 분류 ·· 319

5.3 잡초의 생리 생태
   1) 잡초 종자의 특성 ··· 325
   2) 잡초의 번식 및 전파 ··· 330

5.4 경합
   1) 경합의 종류 ·· 333
   2) 경합의 양상 및 진단 ··· 334
   3) 잡초의 군락과 천이 ··· 338

5.5 잡초방제
   1) 잡초방제 방법 ·· 340
   2) 제초제 ··· 345

◆ 잡초방제학 단원문제 100제 ··· 354-374

PART 06 식물보호기사 문제

◆ 식물보호기사 필기문제

- 2019년 제1회 ··· 380
  - 제2회 ··· 394
  - 제4회 ··· 408
- 2020년 제1・2회 ··· 422
  - 제3회 ··· 436
  - 제4회 ··· 450
- 2021년 제1회 ··· 464
  - 제2회 ··· 478
  - 제4회 ··· 492
- 2022년 제1회 ··· 506
  - 제2회 ··· 520
- CBT 모의고사 제1회 ··· 534
- CBT 모의고사 제2회 ··· 548
- CBT 모의고사 제3회 ··· 563
- CBT 모의고사 제4회 ··· 578
- CBT 모의고사 제5회 ··· 594

PART 07 식물보호산업기사 문제

◆ 식물보호산업기사 필기문제

- 2019년 제1회 ··· 610
  - 제4회 ··· 622
- 2020년 제1・2회 ··· 634
  - 제3회 ··· 645
- CBT 모의고사 제1회 ··· 656
- CBT 모의고사 제2회 ··· 667
- CBT 모의고사 제3회 ··· 679
- CBT 모의고사 제4회 ··· 690
- CBT 모의고사 제5회 ··· 701
- CBT 모의고사 제6회 ··· 712
- CBT 모의고사 제7회 ··· 724
- CBT 모의고사 제8회 ··· 735
- CBT 모의고사 제9회 ··· 748
- CBT 모의고사 제10회 ··· 761

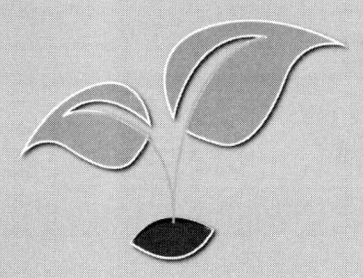

PART 1

식물병리학

PLANT PROTECTION

PART 01 식물병리학

01 식물병리 일반

1. 식물병리 일반

(1) 식물병리의 개념

① 식물병은 병원균에 의해 식물이 정상적인 생리기능을 발휘하지 못하는 상태를 의미한다.
② 식물병리학은 이러한 식물병의 원인을 파악하고 병을 예방해 식물에 일어나는 피해를 줄이거나 예방하는 학문이다.

(2) 식물병의 피해와 중요성

① 식물병에 의해 식량작물의 생산량의 감소, 생산물의 품질 저하 등 다양한 경제적 문제를 야기 하였다.
② 대표적인 식물병에 의한 피해는 아래와 같다.
  · 감자 역병 : 1845년 ~ 1860년 사이 아일랜드 100만명의 인구가 사망, 150만명이 신대륙으로 이주
  · 커피 녹병 : 커피의 재배지가 스리랑카에서 남아메리카로 이동
  · 덩굴쪼김병 : 감염시 식물체가 수일내 고사

기출문제

1840년대 유럽의 아일랜드 지역의 감자에 발생한 병해는?
① 탄저병　　　　② 더뎅이병
③ 역병　　　　　④ 잿빛곰팡이병

해설 1840년경 발생한 감자역병은 아일랜드 100만명의 인구가 사망하는 큰 사건이었다.

답 ③

02 식물병의 원인

1. 병원의 종류

(1) 비생물성 병원

① 비생물성 병원은 전염되지 않는 병을 말하며 원인으로 환경적요인이 있다. 환경적요인에는 습도, 온도, 빛, 대기 등 다양한 요인이 존재한다.

② 비생물성 병원 종류

종류	피해 예시
온도	· 일소현상, 냉해
습도	· 시들음, 반점
대기오염	· 아황산에 의한 스모그 · 에틸렌에 의한 생장의 위축
양분결핍	· 양분 부족으로 인한 증상
토양	· 중금속에 의한 피해

기출문제

다음 중 비전염성인 병은?
① 선충에 의한 병   ② 영양결핍에 의한 병
③ 세균에 의한 병   ④ 바이러스에 의한 병

해설: 토양조건, 대기오염, 영양결핍등은 비생물성 혹은 비전염성 병에 속한다.

답 ②

(2) 바이러스성 병원 및 생물성 병원

① 균류
- 균류는 진균, 세균, 점균을 포함하며 엽록소가 없어 무기물 합성이 불가능하다.
- 진균은 실모양의 균사체로 개체를 유지하는 영양체와 종족을 보존해주는 번식체로 분류한다. 영양체는 기주에 침입하여 흡기를 이용해 양분을 섭취하고 번식체는 일정 성장시 담자체가 형성되고 포자가 만들어진다.
- 진균의 일부분인 균사는 격막의 유무로 분류되며 외부에 세포벽이 있고 그 성분은 키틴으로 이루어져 있다.
- 진균은 크게 자낭균류, 담자균류, 불완전균류, 조균류 등으로 분류된다.

자낭균류	· 균사에서 격막이 있고 균핵 및 자좌가 형성된다. · 자낭균은 분생포자에 의한 무성생식과 자낭포자에 의한 유성생식을 한다.
담자균류	· 균사에 격막이 있고 유성포자는 담자기 위에 생기는 담자포자이다.
불완전균류	· 균사에 격막이 있고 무성 분생포자세대만으로 분류된다.
조균류	· 균사가 없거나 혹은 균사가 있어도 격막이 없다.

기출문제

자낭균은 유성세대와 무성세대를 갖고 있는데 그 중 유성세대에 속하는 것은?

① 분생포자 ② 병포자
③ 자낭포자 ④ 녹포자

해설 자낭균은 분생포자에 의한 무성생식, 자낭포자에 의한 유성생식을 한다.

답 ③

② 세균
- 세균은 세포벽을 가지고 있으나 핵막이 없고 이분법에 의해 증식하는데 주로 전자광학현미경으로 관찰이 가능하다. 관찰시 간균(막대모양), 구균(공모양), 나선균(나사모양), 사상균(실뭉치모양) 등이 있는데 대부분 간균형태로 관찰된다.
- 세균은 인공배지에서 배양 및 증식이 가능하며 운동기관인 편모를 가지고 있다.
- 세균 검사시 그람염색법을 이용하며 보라색으로 변하게 되는 양성반응과 분홍색으로 변하는 음성반응이 있다. 이를 그람양성균, 그람음성균이라 한다.

기출문제

인공배지에서 배양이 가능하며 균사체를 형성하지 않는 식물병원균은?

① 바이로이드 ② 파이토플라스마 유사체
③ 세균   ④ 바이러스

해설 세균은 인공배지에서 배양이 가능하다.

답 ③

③ 바이러스
- 바이러스는 핵산과 단백질로 구성된 핵단백질로 세포벽이 없는 것이 특징이다. 관찰시 매우 작아 전자현미경으로 관찰이 가능하다.
- 광학현미경으로 관찰이 불가능하며 세균과 다르게 인공배양 역시 불가능하다.
- 식물 모자이크 증상을 일으키는 대표적인 병원체이다.

④ 파이토플라스마
- 세포막이 없고 일종의 원형질막이 존재하며 대표적으로 대추나무 빗자루병, 오동나무 빗자루병, 뽕나무 오갈병의 병원체이다.
- 파이토플라스마는 인공배양이 어렵고 방제시 테트라사이클린계 항생물질을 이용한다.

⑤ 바이로이드
- 기주식물의 세포에 감염하여 증식하며 외부단백질 없이 한 가닥의 핵산만으로 구성된 병원체이다.
- 바이러스와 유사한 전염 특성을 가지며 병원체 중 가장 작은 크기를 가진다.

기출문제

다음 중 균류의 특징과 가장 관계가 깊은 것은?
① 진핵상태의 현미경적 작은 생물체로서 주로 포자번식을 한다.
② 원핵세포로서 2분법으로 번식한다.
③ 실 모양의 길이가 0.3~1mm 정도로 가느다란 기생성 동물이다.
④ 세포로 되어 있지 않은 식물 병원체이다.

해설: ② 세균에 대한 특징
③ 선충에 대한 특징
④ 바이로이드에 대한 특징

답 ①

03 식물병의 발생

1. 식물병의 병환

(1) 월동(휴면)과 전염원의 의의 및 종류

① 월동은 겨울과 같이 저온에 나타나는 휴면현상으로 병원균이 환경에 적응하지 못할 경우 월동을 하게 된다.

② 주로 봄과 같이 기온이 올라가는 따뜻한 계절에 다시 활동을 시작하여 식물에 전염되고 이때를 1차전염원이라 한다. 다음으로 1차 전염원에서 발생한 병원균이 다음 식물체에 감염을 일으킬 경우 2차 감염원이라 한다.

③ 2차전염원은 주로 외부적 요인에 의해 전반되는데 바람, 매개충, 물 등에 의해 이루어진다.

④ 전염원의 종류는 아래와 같이 다양하다.

전염경로	대표 식물병
병든 조직 전염	벼 도열병, 배나무 검은별무늬병, 복숭아 탄저병균 등
종자 전염	채소 균핵병균, 벼 도열병균, 벼 키다리병균, 감자 역병균 등
토양 전염	배추 균핵병균, 모잘록병균, 맥류 오갈병균 등
공기 전염	잿빛곰팡이병, 탄저병균, 흰가루병 등
묘목 전염	과수 자줏빛날개무늬병균, 과수 근두암종병균 등

⑤ 바이러스 전염

전염경로	대표 식물병
접목	사과 고접병
종자	담배 둥근무늬모자이크병, 콩 줄무늬 모자이크병
영양번식기관	감자, 마늘 바이러스병
토양	담배 둥근무늬모자이크병, 담배 왜화바이러스
즙액	담배 모자이크병
충매	비영속성바이러스 : 오이, 배추, 순무 모자이크병 영속성바이러스 : 벼 오갈병, 감자 잎말림병

(2) 전반

① 병원체가 병을 발생시키고 이를 기주식물에 이동하는 현상을 전반이라 한다. 병원체들은 대부분 스스로 이동이 어렵기 때문에 비, 바람, 매개충 등을 이용하여 이동한다

② 병원균의 전반 방법 및 종류는 아래와 같다.

전반방법	식물병 종류
바람	배나무 붉은별무늬병균, 도열병균, 잣나무 털녹병균, 감자 역병균
물	모잘록병균, 벼 흰잎마름병균, 감자역병균, 근두암종병균, 향나무 적성병균
토양	근두암종병균, 묘목 잘록병균
묘목	잣나무 털녹병균, 포플러 모자이크병균, 밤나무 근두암종병균
매개충	· 참나무 시들음병균 : 광릉긴나무좀 · 벼 오갈병균 : 끝동매미충, 번개매미충 · 벼 검은줄오갈병균 : 애멸구 · 오동나무빗자루병균 : 담배장님노린재 · 대추나무 빗자루병 : 마름무늬매미충

기출문제

주로 풍매전반을 하는 병은?

① 배추 무사마귀병　　② 배나무 붉은별무늬병
③ 오이 모자이크바이러스병　　④ 식물의 모잘록병

해설 바람에 의한 전반은 배나무 붉은별무늬병균, 도열병균, 잣나무 털녹병균, 감자 역병균 등이 있다.

답 ②

---

(3) 접종 및 침입

① 각피의 침입
- 식물의 잎이나 줄기의 표면에 각피를 직접 뚫고 침입하는데 초기에 표면에 침입하여 수분을 먹고 발아관을 형성, 이 발아관이 각피를 직접 뚫고 침입한다.
- 각피로 침입하는 대표 병균으로 벼도열병균, 흰가루병균, 깜부기병균, 녹병균 등이 있다.

② 자연개구부 침입
- 식물에 있어 대표적인 자연개구부는 기공이다. 그 외에도 수공, 피목 등을 통해 침입하기도 하며 병원균의 종류에 따라 침입하는 곳이 상이하다.

침입경로	종류
기공	노균병균, 사탕무 갈색무늬병균, 삼나무 붉은마름병균, 소나무 잎떨림병균 등
피목	감자역병균, 포플러 줄기마름병균, 뽕나무 줄기마름병균 등
수공	양배추 검은썩음병균, 벼 흰잎마름병균, 배나무 화상병균 등

③ 상처를 통한 침입
- 식물에 상처가 나게 되면 병원체가 침입하기 쉬워지며 대표적인 상처침입 종류는 아래와 같다.
- 고구마 무름병균, 채소 세균성무름병균, 과수근두암종병균, 밤나무 줄기마름병균, 낙엽송 끝마름병균 등

(4) 감염 및 잠복

① 감염은 병원체가 식물에 침입해 식물로부터 영양을 섭취하는 경우를 말한다. 이때 침입후 초기병징이 나타나는 사이의 기간을 잠복기간이라 한다.
② 잠복기간은 감염이후 그리고 초기병징이 나타나기 이전의 단계를 의미한다.
③ 서로 다른 종류의 기주식물을 옮겨다니며 생활하는 병원균을 이종기생균이라 하는데 이종기생균이 기주를 변경하는 것을 기주교대라고 한다.

이종기생균	다른 기주식물을 옮겨다니는 병원균
기주교대	이종기생균이 다른 기주식물을 옮겨 다니는 것
중간기주	다른 기주식물 중 경제적 가치가 적은 식물

④ 엽록소가 없어 양분 합성을 하지 못하는 경우 다른 식물에 기생하여 양분을 섭취하는 진균, 세균, 바이러스 등을 기생체, 죽은 조직이나 유기물에서 양분을 섭취하는 것을 부생체라 하며 영양섭취법에 따라 아래와 같이 분류 된다.

절대기생체	・순활물기생체라 하며 살아있는 조직에만 생활한다. ・흰가루병균, 붉은별무늬병균, 녹병균 등
임의부생체	・기생을 원칙으로 하나 죽은 유기물에서도 영양섭취가 가능하다. ・감자역병균, 배나무 검은별무늬병균, 깜부기병균 등
임의기생체	・부생을 원칙으로 하고 살아있는 조직에도 침입한다. ・고구마 무름병균, 모잘록병균, 잿빛곰팡이병균 등
절대부생체	・죽은 유기물에서만 영양을 섭취하는 순사물기생체이다. ・목재 심부썩음병균

⑤ 뚜렷한 병징은 보이지 않으나 기주식물이 병원체를 가진 경우 보균식물이라 하고 바이러스를 가진 경우 보독식물이라 한다.

> **기출문제**
>
> 순활물기생균에 의해 발생하는 병은?
> ① 감자 역병   ② 밀 붉은녹병
> ③ 맥류 깜부기병   ④ 고구마 무름병
>
> **해설:** 순활물기생균은 절대기생체로 녹병균, 흰가루병균, 노균병균, 배나무 붉은별무늬병균 등이 있다.
>
> **답** ②

> **기출문제**
>
> 병징은 나타나지 않지만 기주식물의 조직 속에 병원균을 가진 식물을 무엇이라고 하는가?
> ① 기생식물   ② 보균식물
> ③ 지표식물   ④ 부착식물
>
> **해설:** 병징은 나타나지 않으나 기주식물 조직 속에 병원체를 가진 식물을 보균식물이라 한다.
>
> **답** ②

2. 발병환경

(1) 온도

병원체에 따라 발병하기 좋은 적정온도가 있다. 온도에 따른 발생하는 병은 아래와 같다.

발생조건	종류
저온	복숭아나무 잎오갈병, 보리 줄무늬병, 보리·밀 줄녹병 등
고온	사과나무 탄저병, 가지과 풋마름병 등

(2) 습도 및 바람

① 일반적으로 병원균의 경우 습도가 높을 때 발병확률이 높아진다. 병원균의 포자가 발아하여 침입하기 위해서는 90% 이상의 높은 상대습도를 요구하기도 한다.
② 바람의 경우 포자 분산에 관련이 깊으며 바람이 강할 경우 발생 및 전파 정도가 증가한다.

(3) 토양

① 토양의 pH 가 식물체가 생육하기 적정 pH 를 벗어날 경우 식물체의 양분흡수가 약해져 병원체에 대한 저항성이 약해진다.

토양조건	발생 병
산성토양	목화 시들음병, 토마토 시들음병
알칼리성토양	목화 뿌리썩음병, 침엽수 모잘록병, 감자더뎅이병
중성토양	감자 더뎅이병

② 산성토양의 경우 일반적으로 식물체가 생육하기 부적합하며 이는 토양에서의 양분의 이온화 등으로 인한 필수원소가 결핍이나 생육에 방해가 되는 수소이온, 알루미늄이온 등이 다량 발생하기 때문이다.

(4) 비료

① 비료의 경우 균형잡힌 시비는 식물체의 생육에 도움을 주어 병의 발생을 줄여주거나 방제할 수 있으나 특정 비료를 과잉 공급할 경우 생육에 문제가 발생하여 식물병이 발생하기도 한다.
② 질소질 비료를 과잉 공급할 경우 도장으로 인해 연약하게 자라 저항성이 낮아지게 되어 식물병이 발생하기도 한다.

(5) 시설환경

① 시설환경 조건에 의해 병원균의 발생하기도 하며 밀폐된 시설에는 전염속도가 매우 빠르다.
② 시설내에서 저온다습한 환경의 경우 노균병, 균핵병, 잿빛곰팡이병 등이 잘 발생되며 반대로 고온다습한 경우 무름병, 탄저병, 풋마름병 등이 발생된다.

3. 병원성과 저항성

(1) 병원성의 의미와 기작

① 식물에 병의 원인을 병원이라 하고 병원에 있어 생물 및 바이러스 등에 의한 경우 병원체, 세균 및 진균등에 의한 경우 병원균이라 한다.
② 식물병에 직접적인 요인을 주인, 주인을 도와 발병을 촉진 및 확산시키는 요인들을 유인이라 하며 유인은 주로 환경적 요인이 대표적인 예이다.
③ 병원균의 한 종이나 한 분화형 혹은 변종 중에서 기주의 품종에 대한 기생성이

다른 개체군을 레이스 또는 계통이라 한다.
④ 분화형은 분류학상으로 같은 종에 속하는 병원균이 종이 다른 식물에 침입하는 것을 의미한다.
⑤ 병원체도 변이를 일으키기도 하는데 기작으로 돌연변이, 교잡, 이핵, 준유성교환이 있다.

돌연변이	·돌연변이에 의해 새로운 레이스가 발생 ·감자역병균, 토마토 잎곰팡이병균, 옥수수 깨씨무늬병균
교잡	·교잡으로 인한 새로운 레이스 발생 ·녹병균, 깜부기병균, 사과나무 검은별무늬병균
이핵	·균사 혹은 포자의 한 세포 내에 유전적으로 다른 핵을 갖는 현상
준유성교환	·불완전균류의 영양균사가 마치 유성생식과 같은 유전적인 재조합을 하는 현상 ·완두 시들음병균, 보리 점무늬병균, 알팔파 줄기마름병균

기출문제

식물에 병을 일으키는 원인을 무엇이라고 하는가?
① 병원   ② 병징
③ 표징   ④ 병해

해설: 식물의 병을 일으키는 원인을 병원이라 한다.

답 ①

기출문제

질소비료를 과용하면 여러 가지 병의 발병을 촉진한다. 질소비료 과용이 발병에 미치는 역할은?
① 병원   ② 원인
③ 주인   ④ 유인

해설: 유인은 주인의 활동을 도와 병을 촉진시키는 것을 의미한다.

답 ④

(2) 저항성의 의미와 기작

① 저항성은 병원체의 작용을 억제하거나 늦추는 작용을 의미한다.
② 감수성은 식물병에 대해 민감한 정도를 의미하며 감수성이 높으면 병에 대한 저항성이 낮음을 의미한다.

관련 용어	정의
감수성	식물이 병에 대해 민감한 정도
이병성	식물이 병에 걸리기 쉬운 성질
저항성	식물이 병에 감염을 억제하는 것
면역성	식물이 병에 걸리지 않도록 하는 것
회피성	식물이 병원체의 활동시기를 피해 병에 걸리지 않도록 하는 것

기출문제

다음 중 식물이 어떤 병에 걸리기 쉬운 성질은?
① 저항성 ② 면역성
③ 감수성 ④ 병회피

해설 병에 걸리기 쉬운 성질을 감수성이라 한다.

답 ③

③ 감염전 저항성

각피 및 표피 두께	각피의 두께가 두꺼운 경우 침입하지 못하는 병원균이 있으며 대표적으로 토마토 잿빛곰팡이병균, 밀 줄기녹병균 등이 있다.
기공의 수 및 개폐 정도	기공이 열릴 경우 침입하는 병원균이 있으며 사탕무 갈색무늬병균 등이 있다. 예외적으로 밀 붉은녹병균처럼 기공이 닫혀 있어도 침입하는 경우도 있다.
감염전 저항 물질	진균독성 분비물 병원균 침입전 저항물질이 만들어지는데 토마토, 사탕무에 있는 고농도 분비물로 Botrytis, Cercospora 의 포자 발아를 억제한다. 페놀류는 밀 줄기녹병균, 벼 도열병균등에 저항성을 나타낸다.

④ 감염후 저항성
  ㉠ 조직변화

코르크 형성	·병원균이 침입한 부위에 코르크화를 통해 병의 진행을 억제 ·양배추 위황병
이층의 형성	·병반부와 건전부 사이에 이층이 형성되어 발병이 억제 ·소나무 잎떨림병
전충제 현성	·목부의 도관부의 입구를 tylose 인 전충제가 막아 발병을 억제
검 형성	·병원균의 침입 부위에 gum 물질이 형성되어 발병을 억제
칼로스 돌기	·페놀화합물이 축적되어 병원균의 침입을 억제

  ㉡ 파이토알렉신
    · 병원체가 기주식물에 침입하고 난 이후 기주에서 병원체의 발육을 억제하기 위해 발생되는 항균물질을 파이토알렉신이라 한다.
    · 파이토알렉신의 종류로 Pisatin, Ipomeamarone, Rishitin 등이 있다.
  ㉢ 과민성
    · 병원체가 침입시 기주세포가 급격하게 반응하고 죽어 양분의 결핍으로 인해 침입한 병원균의 생육을 저해시키는 것
    · 특정 레이스에 대한 고도의 저항성을 가지며 과민성반응 혹은 괴사적 방어라 한다.
  ㉣ 감염특이적 단백질
    · PR-Protein 은 병원균의 침입에 반응하여 생성되는 저분자 단백질이다.

기출문제

파이토알렉신과 관계가 없는 것은?
① 발병억제 물질   ② Pisatin
③ Ipomeamarone   ④ 병원균의 분비

해설: 병원체가 기주식물에 침입하고 난 이후 기주에서 병원체의 발육을 억제하기 위해 발생되는 항균물질을 파이토알렉신이라 한다. 파이토알렉신의 종류로 Pisatin, Ipomeamarone, Rishitin 등이 있다.

답 ④

⑤ 저항성의 유전
  ㉠ 수직저항성
    - 병원균은 특정 레이스에만 효과를 발휘하는데 이러한 것을 특이적 저항성이라 한다.
    - 수직저항성은 외부환경에 대해 안정적이나 새로운 레이스가 생길 경우 저항성이 약해지는 단점이 있다.
    - 레이스는 기주의 범위가 다른 한 병원균의 분화형 혹은 변종 중에서 기주의 품종에 대한 기생성이 다른 것을 의미한다.
  ㉡ 수평저항성
    - 병원균이 모든 레이스에 균일하게 적용하는 것으로 비특이적 저항성이라고도 한다.
    - 수직저항성보다 효과는 낮으나 발병 가능성이 있는 환경에서 저항성이 약해진다.

기출문제

수직 저항성의 뜻과 상반되는 것은?
① 병원균의 특정한 Race 에만 효과적이다.
② 단인자 저항성
③ Race 특이적 저항성
④ 포장 저항성

> 해설: 수직 저항성에 상반되는 수평저항성은 동일 의미로 포장저항성, 다인자저항성, Race 비특이적 저항성이라 한다.
>
> 답 ④

기출문제

도열병균의 한 레이스를 벼 품종에 접종하였더니 병반 형성이 전혀 없거나 과민성 반응이 나타났다면 이 품종은 어떤 저항성을 가지고 있는가?
① 수평저항성
② 수직저항성
③ 포장저항성
④ 레이스 비특이적 저항성

> 해설: 수직저항성은 특정 레이스에 대한 저항성으로 과민성 반응이 나타나며 다른 레이스의 경우 병반 형성이 전혀 없거나 병징이 나타나지 않는다.
>
> 답 ②

(3) 효소

① 병원균은 기주 침입시 효소를 분비 및 이용하여 세포벽을 통과한다. 이러한 세포벽은 층별로 구성요소에 차이가 있다.

각피층	큐틴, 왁스
중엽, 1차벽	펙틴질, 리그닌, 셀룰로오스, 헤미셀룰로오스
2차벽, 3차벽	셀룰로오스

② 효소의 종류에 따라 각각 분해가능한 세포벽층이 다르며 큐틴, 펙틴, 셀룰로오스, 리그닌 등의 세포벽 구성성분을 분해하여 침입하게 된다.

세포벽 구성성분	분해효소
셀룰로오스	Cellulase(무름병균, 썩음병균)
헤미셀룰로오스	Hemicellulase(과수 잿빛무늬병균)
큐틴	잿빛곰팡이병균, 모잘록병균, 보리 줄무늬 병균 등
펙틴	자줏빛날개무늬병균, 벼노균병, 채소 세균성무름병균, 모잘록병균 등
리그닌	ligninase(목재 흰썩음병균)

기출문제

목재 백색썩음병에 관계하는 중요한 효소는?
① 탄닌 분해효소　　② 리그닌 분해효소
③ 셀룰로오스 분해효소　　④ 헤미셀룰로오스 분해효소

해설 ligninase(목재 흰썩음병균)은 세포의 구성성분 중에서 리그닌을 분해하는 리그닌 분해효소이다.

답 ②

(4) 독소

① 기주특이적 독소
　㉠ 기주식물에만 독성을 일으켜 병원성이 있는 균주만이 분비하는 독소를 기주특이적 독소라 한다.
　㉡ 독소의 종류
　　・귀리 마름병균의 독소 Victorin
　　・배나무 검은무늬병균의 AK 독소 중 Alterine
　　・옥수수 깨씨무늬병균의 HMT 독소

- 옥수수 그을음무늬병균의 HC 독소
- 수수 Milo 병균의 PC 독소
- 사과나무 점무늬낙엽병균의 AM 독소
- 토마토 줄기마름병균의 AL 독소

② 비기주특이적 독소
  ㉠ 기주 이외 다른 식물에 독성을 일으키는 독소를 비기주특이적 독소라 한다.
  ㉡ 독소의 종류
   - Tabtoxin : 담배들불병이 분비하는 독소로 기주인 담배뿐 아니라 콩, 옥수수, 귀리 등에도 영향을 준다.
   - Phaseolotoxin : 무리마름병 세균에 의해 생성되며 황화현상이 일으킨다.
   - Tentoxin : 엽록소의 정상적인 합성과 발달을 방해하여 황화현상을 일으킨다.

식물보호 바르게 빨리 올배움 한다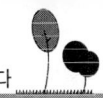

04 식물병의 진단

1. 진단법 종류

① 식물병의 진단은 발병조건, 식물의 품종, 환경 등을 조사하고 식물을 정밀 검사하는 것을 말한다.
② 식물병 진단시 동정은 전염성이 있는 병을 분리, 배양하여 정확한 병명을 파악하는 것이다.
③ 진단법의 종류

육안적 진단	• 병징과 표징을 육안으로 진단
해부학적 진단	• 현미경을 이용 : 현미경을 통한 병원체의 유무 • 그람염색법 : 그람양성을 통한 병원균 판별 • 침지법 : 염색을 통한 관찰 • 초박절편법 : 이병 조직을 얇게 잘라 전자현미경으로 관찰 • 면역전자현미경법 : 혈청반응을 전자현미경으로 관찰
물리, 화학적 진단	• 병든 식물을 물리, 화학적 방법
병원적 진단	• 코흐(Koch)의 4원칙
생물학적 진단	• 지표식물 : 식물의 감수성을 이용 • 최아법 : 싹을 틔워 병징을 발현, 발생유무를 관찰 • 즙액접종법 : 즙액접종 가능한 바이러스를 지표식물을 이용하여 확인
혈청학적 진단	• 병원체의 혈청을 만들어 진단하는 방법 • 혈청학적 진단방법에는 슬라이드법, 형광항체법, ELISA등의 방법이 있다.

기출문제

현미경을 이용하여 조직에 있는 병원균의 존재와 형태를 관찰하여 식물병을 진단하는 방법은?

① 육안적 진단 ② 해부학적 진단
③ 이화학적 진단 ④ 혈청학적 진단

해설 현미경을 통한 병원체의 유무를 확인하는 것은 해부학적 진단 방법이다.

답 ②

④ 진단에는 육안적 진단방법이 있으며 병징과 표징을 통해 확인 가능하다.

병징	변색, 시들음, 비대, 위축, 괴사, 줄기마름, 부패 등
표징	균사, 균사속, 균사막, 균핵, 자좌, 포자, 자실체 등

⑤ 병원체의 동정은 독일의 세균학자 코흐의 4원칙에 따르며 내용은 아래와 같다.
　㉠ 병원체는 병든 기주에 존재한다.
　㉡ 병원체는 병든 기주에서 분리시 배지에서 자라야 한다.
　㉢ 배양한 병원체는 접종시 같은 병을 나타내야 한다.
　㉣ 실험적으로 접종하여 감염된 기주에서 같은 병원체를 획득할 수 있다.

기출문제

코흐의 법칙이란 어느 경우에 사용하는가?
① 병의 진단　　　② 시비량 결정
③ 방제력 설정　　④ 매개충 확인

해설: 코흐의 법칙은 병원적 진단 방법으로 병을 진단할 때 사용하는 방법이다.

답 ①

---

2. 병징과 표징

① 병징

㉠ 병징은 식물의 외형 혹은 조직의 변화, 빛깔 등에 이상이 나타나는 현상을 의미한다.
㉡ 병의 진행 정도나 현상의 변화에 따라 1차, 2차 병징으로 분류하기도 한다.
㉢ 특정 부위에만 나타나는 경우 국부병징, 수목의 전체에 나타나는 경우를 전신병징이라 한다.

국부병징	점무늬병, 혹병 등
전신병징	오갈병, 바이러스병, 시들음병 등

㉣ 세균병에 의한 병징으로 무름병, 잎마름병, 점무늬병, 시들음병 등이 있다.
㉤ 바이러스에 의한 병징은 대부분 전신병징은 경우가 많으며 국부병징도 간혹 나타난다.

외부병징	위축, 색소체 이상, 괴저, 기형, 잎말림, 돌기 등
내부병징	세포 내 엽록체 수 감소, 엽록체 크기 감소, 내부조직 괴사 등

② **표징**
   ㉠ 병이 발생시 병원체 자체가 나타나 식별되는 현상을 의미한다.
   ㉡ 표징은 어느 정도 진행 후 발견이 되기에 조기 진단이 어렵다.
   ㉢ 진균의 경우 표징이 나타나지만 바이러스, 마이코플라스마에 의한 경우 병징만 관찰되고 표징은 나타나지 않는다.
   ㉣ 표징의 종류

영양기관	균사체, 선상균사, 균핵, 자좌, 근상균사속 등
번식기관	포자, 포자낭, 자낭각, 자낭구, 세균점괴, 포자각, 버섯 등

기출문제

식물병에 있어서 표징이란?
① 식물의 외부적 변화　　② 식물의 내부적 변화
③ 병에 대한 식물의 반응　　④ 병환부에 나타난 병원체

해설　병이 발생시 병원체 자체가 나타나 식별되는 것으로 병환부에 나타나는 병원체이다.

답 ④

05 식물병의 방제

1. 생태학적(경종적) 방제법

(1) 윤작

① 윤작은 동일 임지에서 작물을 연이어 재배하지 않고 다른 종류의 작물을 순차적으로 재배하는 것을 의미한다.
② 땅속에서 오랜시간 생존이 가능하고 기주 범위가 넓은 병균들의 경우 이러한 윤작을 적용하는 것이 비실용적이다. 감자 더뎅이병균, 무·배추 무사마귀병균은 기주식물의 범위가 좁아 윤작을 위한 작물의 선택 범위가 넓다.

(2) 파종시기 조절

① 파종시기에 파종을 하게 될 경우 병해에 걸리기 쉬운 경우가 있는데 이러할 때에는 시기를 늦추거나 당겨서 병해를 피하기도 한다.
② 벼 파종이나 이앙시기가 늦어질 경우 도열병의 발생이 증가하게 되기에 이앙시기가 빨라지면 잎집무늬마름병이 증가하게 된다.

(3) 포장위생

① 병든 식물의 병든 부위를 제거하는 것으로 병원체의 생활사를 파악하여 제 1차 전염원을 제거 하는 방법이 있다.
② 병원체를 전염시키는 중간기주를 제거하여 예방하는 방법이 있다.

병 명	중간기주
잣나무 털녹병	송이풀, 까치밥나무
소나무류 잎녹병균	황벽나무, 참취, 잔대
소나무 혹병균	참나무
배나무 붉은별무늬병균	향나무

> **기출문제**
>
> 기주교대를 하지 않는 식물병은?
> ① 소나무 혹병 ② 보리 겉깜부기병
> ③ 잣나무 털녹병 ④ 사과 붉은별무늬병
>
> **해설:** 보리 겉깜부기병은 진균에 의해 발생하며 기주교대를 하지 않는다.
>
> 답 ②

(4) 토양조건

① 유주자균류인 모잘록병균, 균핵병균 등은 토양의 수분이 많을 경우 잘 발생된다.
② 감자더뎅이병은 알칼리성 토양, 무·배추 무사마귀병은 산성토양에서 잘 발생하는데 이러한 토양의 조건을 개선하기 위해 유기물 및 석회를 사용한다.

(5) 영양조건

① 식물의 영양조건에 의해서 병원체의 침입에 영향을 주게 된다. 식물의 영양상태가 양호할 경우 저항력이 좋으나 영양상태가 좋지 않을 경우 저항력이 약화되기 쉽다.
② 영양성분 중에서 질소질 비료를 과용할 경우 도장의 우려가 있고 저항력이 약해지기 쉽다. 질소질 비료 과용의 경우 벼 도열병, 벼 잎집무늬마름병, 흰가루병 등이 발생하기도 한다.

(6) 저항성 품종

저항성 품종을 이용하면 별도 경비나 자재 소비 없이 성과를 달성할 수 있는 가장 이상적인 방법이다.

2. 물리적·기계적 방제법

(1) 종자 선택 및 소독
① 종자를 통해 병원균이 전파하기에 종자의 선별이 필요하다. 종자는 비중선을 이용하여 병든 종자를 제거하는데 주로 소금물을 이용한다.
② 냉수온탕침지법은 물리적인 방법 중 하나로 종자를 20℃ 이하의 냉수에 6~24시간 침지후 다시 50~55℃의 더운물에 담그는 방제법으로 키다리병, 세균성벼알마름병, 잎마름선충병 등의 방제 효과가 있다.

(2) 토양 소독
토양 소독은 고온, 고압의 증기를 통해 토양을 소독하는 방법이다. 증기를 이용하기에 공해 및 약해에 대한 피해가 없는 것이 장점이다.

3. 화학적 방제법
① 화학적 방제법은 살충제와 같은 화학물질을 함유한 약제를 이용하는 방법으로 효과가 빠르고 간편한 장점을 가진다.
② 다만 화학적 방제법은 화학물질로 인해 발생되는 부작용으로 인하여 생태계의 교란, 유용생물에 피해를 주기에 사용시 주의를 요구한다.

4. 생물학적 방제법

(1) 교차보호
① 병원성이 약화된 식물바이러스가 침입한 기주에서 병원성이 더욱 강한 바이러스에 의해 병의 확산이 억제되는 현상을 교차보호라 한다.
② 교차보호의 예로 토마토의 담배 모자이크바이러스, 박과작물의 오이녹반 바이러스, 감귤 트리스테자바이러스는 등이 있다.

(2) 근권미생물에 의한 방제
① 근권미생물은 식물근권에서 살아가는 미생물을 의미하며 이때 근권은 식물이 뿌리를 내리고 그 뿌리가 토양 내에서 영향을 미치는 범위를 근권이라 한다.
② 근권미생물 종류

근권진균	Trichodermin, Gliotoxin, Gliovirin
근권세균	Bacillus, Pseudomonas, Burkholderia

(3) 길항미생물 이용

① 병원균의 생육을 억제하거나 저지시키는 능력을 가진 미생물을 길항미생물이라 한다.

② 길항미생물 종류

세균	Agrobacterium, Bacillus, Pseudomonas, Streptomyces
진균	Ampelomyces, Candida, Coniothyrium, Glicoladum, Trichoderma

③ 식물병 방제

식물병	길항미생물
흰가루병균	Paenibacillus polymixa, Ampelomyces quisqualis
잿빛곰팡이병	Cladosporium herbarum
균핵병균	Bacillus subtilis

06 식물병의 각론

1. 점균류에 의한 식물병
① 진핵균류 중에서 세포벽이 없이 변형체를 만드는 균을 점균류라 한다. 점균류의 포자는 발아하여 균사를 만들지는 않으나 편모운동을 하는 것이 특징이다.
② 점균의 종류로는 감자 가루더뎅이병, 담배 잿빛먼지곰팡이병, 배추 뿌리혹병 등이 있다.

2. 진균류에 의한 식물병
① 진균의 경우 균사에 격벽이 없는 조균류, 유성포자를 자낭 속에 형성하는 자낭균류, 유성포자를 담기에 형성하는 담자균류, 유성포자가 확인되지 않는 불완전균류로 분류되며 각각에 다양한 식물병이 있다.
② 진균은 핵막이 있는 진핵세포로 구성되어 있으며 광합성을 하지 못하고 외부에서 유기물을 공급받아 생활한다.
③ 진균류 종류

조균류	·벼 모썩음병, 벼 노균병, 담배 노균병, 무·배추 흰녹가루병, 가지 솜털역병 등
자낭균류	·벼 키다리병, 보리 줄무늬병, 고구마 검은무늬병, 소나무 잎떨림병 등
담자균류	·벼 잎집무늬마름병, 보리 속깜부기병, 맥류 줄기녹병, 배나무·사과나무 붉은별무늬병, 향나무 녹병 등
불완전균류	·벼 도열병, 콩 갈색무늬병, 담배 검은뿌리 썩음병, 토마토 점무늬병, 가지 갈색무늬병 등
칼로스 돌기	·페놀화합물이 축적되어 병원균의 침입을 억제

기출문제

진균의 특징이 아닌 것은?
① 잎파랑이를 가지고 있다. ② 포자가 생긴다.
③ 핵을 가지고 있다. ④ 균사가 생긴다.

해설: 균류는 엽록소인 잎파랑이가 없으므로 무기물을 합성할 수 없다.

답 ①

기출문제

자낭균류에 의한 병이 아닌 것은?
① 오이 흰가루병　　② 벼 키다리병
③ 채소류의 균핵병　　④ 사과나무 붉은별무늬병

해설: 사과나무 붉은별무늬병은 담자균류에 의해 발생한다.

답 ④

기출문제

벼 잎집무늬마름병균은 분류학상 어떤 균류에 속하는가?
① 조균　　　　② 불완전균
③ 자낭균　　　④ 담자균

해설: 벼 잎집무늬마름병은 담자균에 속한다.

답 ④

3. 세균에 의한 식물병

① 세균은 광학현미경으로 관찰이 가능한 크기로 형태에 따라 간균, 구균, 나선균 등으로 분류한다. 편모를 가지고 있어 스스로 이동이 가능한 것이 특징이다.

② 세균의 대표적인 종류로 벼 세균성줄무늬병, 벼 흰잎마름병, 맥류 검은마디병, 감자 둘레썩음병, 감자 더뎅이병 등이 있다.

기출문제

벼의 흰잎마름병을 일으키는 병원체는?
① 세균　　　　② 곰팡이
③ 바이러스　　④ 바이로이드

해설: 벼 흰잎마름병균은 세균에 의한 식물병이다.

답 ①

4. 바이러스에 의한 식물병

① 병을 일으키는 핵단백질로 살아있는 기주세포에서만 증식이 가능하며 크기가 작아 육안으로는 관찰이 불가능하며 전자 현미경을 통해 관찰 가능하다.
② 식물성 바이러스는 대부분 RNA이며 인공배양 및 증식이 불가능하다.
③ 바이러스에 의해 발생하는 식물병으로 벼 오갈병, 벼 검은줄무늬오갈병, 감자 잎말림병, 사과나무 고접병, 보리 줄무늬모자이크병, 감자 X 모자이크병 등이 있다.

5. 기타 병원체에 의한 식물병

(1) 파이토플라스마

① 파이토플라스마는 병든 식물의 체관 또는 사부에서 발견되며 병을 일으키는 원인이 되는 미생물을 의미한다.
② 대표적으로 대추나무 빗자루병, 오동나무 빗자루병, 뽕나무오갈병 등이 있다.

> **기출문제**
>
> **파이토플라스마에 의해서 발생되는 병은?**
> ① 보리 황화위축병   ② 벚나무 빗자루병
> ③ 오동나무 빗자루병 ④ 벼 누른오갈병
>
> **해설:** 대추나무 빗자루병, 오동나무 빗자루병, 뽕나무 오갈병은 파이토플라스마에 의해 발생된다.
>
> 답 ③

(2) 바이로이드

① 바이로이드는 감염성이 있는 외가닥의 작은 (250~400염기) 구형 핵산 입자를 말한다. 바이러스와 마찬가지로 비세포성 병원으로 단백질 껍질이 없는 RNA로 구성되어 있다.
② 대표적으로 감자 걀쭉병이 있다.

> **기출문제**
>
> **바이로이드에 의한 식물병은?**
> ① 벼 오갈병   ② 감자 걀쭉병
> ③ 담배 모자이크병 ④ 모과나무 검은별무늬병
>
> **해설:** 감자 걀쭉병은 바이로이드에 의해 발생한다.
>
> 답 ②

(3) 선충

① 선충은 벼 이삭선충병, 뿌리혹선충병, 뿌리썩이선충병, 소나무 재선충병 등이 있다.
② 선충의 경우 식물의 특정 부위를 가해하기에 전신감염이 아닌 부분 감염을 일으킨다.

07 식물병의 종류

1. 벼 병해

병명	병원균	전반	월동
벼 도열병	진균(불완전균류)	바람(종자)	균사나 분생포자가 볏짚 혹은 병든 종자에서 월동
벼 잎집무늬마름병	진균(담자균류)	물	균핵 상태로 땅위에서 월동
벼 깨씨무늬병	진균(자낭균류)	바람(종자)	포자나 균사의 형태로 병든 볏집이나 볍씨에 월동
벼 키다리병	진균(자낭균류)	바람(종자)	분생포자가 종자표면에 월동
벼 이삭누룩병	진균(자낭균류)	바람	균핵이나 후약포자로 토양에서 월동
벼 모썩음병	진균(조균류)	물	난포자로 토양에서월동
벼 흰잎마름병	세균	물	잡초나 벼의 그루터기에서 월동
벼 세균성알마름병	세균	물(종자)	종자에서 월동
벼 줄무늬잎마름병	바이러스	매개충(애멸구)	매개충은 잡초, 밀밭 등에 유충형태로 월동
벼 오갈병	바이러스	매개충(끝동매미충, 번개매미충)	매개충은 잡초, 밀밭 등에 유충형태로 월동
벼검은줄무늬오갈병	바이러스	매개충(애멸구)	매개충은 잡초, 밀밭 등에 유충형태로 월동

(1) 벼 도열병

① 병원은 진균으로 *Pyricularia oryzae* 이다.
② 분생포자는 2개의 격막이 있고 격막부는 약간 잘록하고 무색을 띠는 것이 특징이다.
③ 갈색의 방추형 병반이 나타난다.
④ 벼 도열병은 비가 자주 내리거나 온도가 낮고 습도가 높을 경우, 바람이 강하게 불 경우, 토양온도가 낮을 경우, 토양수분이 적을 경우, 질소질 비료가 과할 경우, 모내기가 늦을 경우에 발병한다.
⑤ 벼도열병균의 레이스 구분시 12개 판별품종에 접종해 병반형에 따라 T품종(인도), C품종(중국), N품종(일본) 등으로 분류한다.
⑥ 방제법
 • 종자를 소독하고 저항성 품종을 재배한다.
 • 질소질 비료의 과용을 피한다. 규소질 비료의 경우 도열병균에 저항성이 강하므로 필요시 사용하도록 한다.

> **기출문제**
>
> 도열병이 다발하는 조건으로 가장 적합한 것은?
> ① 여러 가지 벼 품종을 섞어서 심었을 때
> ② 비가 자주 오고 일조가 부족하며 다습한 일기일 때
> ③ 칼륨 비료를 과용하고 객토를 하였을 때
> ④ 가뭄이 계속되고 기온이 30℃ 이상일 때
>
> **해설** 벼 도열병은 비가 자주 내리거나 온도가 낮고 습도가 높을 경우, 바람이 강하게 불 경우, 토양온도가 낮을 경우, 토양수분이 적을 경우, 질소질 비료가 과할 경우, 모내기가 늦을 경우에 발병한다.
>
> **답** ②

(2) 벼 잎집무늬마름병

① 병원은 진균으로 *Pellicularia sasaki* 이다.
② 병원균은 균핵 상태로 땅위에서 월동하고 봄에 물위로 올라와 전염을 시작한다.
③ 분얼기 이후에 고온 다습한 환경에서 주로 발생한다.
④ 식물이 병에 걸릴 경우 잎집의 표면에 암회색의 부정형 점무늬가 발생하여 잎에 퍼지기 시작한다.
⑤ 방제법
 • 모내기 전 써레질 후 균핵을 제거한다.
 • 밀식을 피하도록 한다.
 • 질소질 비료의 과용을 피하고 칼륨질 비료를 사용한다.
 • 추비로 볏짚을 사용할 경우 완전히 썩혀 사용하는 것이 좋다.

(3) 벼 깨씨무늬병

① 병원은 진균으로 *Cochliobolus miyabeanus* 이다.
② 포자나 균사의 형태로 병든 볏짚이나 볍씨에 월동하여 다음해 전염된다.
③ 7~8월 장마기에 고온 다습한 환경에서 많이 발생, 양분이 부족하거나 산성토양에서도 심하게 발생한다.
④ 잎에 암갈색 타원형의 작은 병반이 발생한다.
⑤ 방제법
 • 종자를 소독하거나 저항성 품종을 재배한다.
 • 토양의 상태를 개선하기 위해 질소질 비료를 알거름으로 준다.

(4) 벼 키다리병

① 병원은 진균으로 *Gibberella fujikuroi* 이다.
② 벼 키다리병의 완전세대를 *Gibberella fujikuroi*, 불완전세대를 *Fusarium moniliforme* 이다.
③ 초승달 모양의 분생포자와 자낭각을 만들며 월동은 분생포자 형태로 종자표면에서 이루어져 다음해 1차전염원이 된다.
④ 주로 고온에서 잘 발생해 종자를 통해 감염되며 감염된 종자는 병원균에서 나오는 지베렐린에 의해 도장되거나 심할 경우 발아 시 고사한다.
⑤ 방제법
- 감염 초기에 발견한 경우 소각하도록 한다.
- 저항성 품종 및 건전한 종자를 선택한다.
- 종자를 소독하고 기계 탈곡한 종자는 사용이 어렵다.

(5) 벼 이삭누룩병

① 진균인 *Ustilaginoidea virens* 에 의해 발생한다.
② 이삭누룩병은 일명 풍년병으로 하여 벼의 작황이 좋은 경우 주로 발생한다.
③ 벼 알의 표면에 황록색의 누룩이 형성되는 경우를 말하며 육안으로 관찰이 가능하다.
④ 저온다습, 일조의 부족, 강우일수 등의 환경조건에 의해 발생량에 많은 영향을 준다.
⑤ 방제법
- 발생된 이삭은 제거하도록 한다.
- 질소질 비료의 과용을 삼가고 특히 만기 추비는 발병을 조장하기에 주의한다.
- 발병된 포장의 볍씨는 종자로 사용하지 않는다.

(6) 벼 모썩음병

① 벼 모썩음병은 *Pythium* spp , *Achlya* spp 인 진균에 의해 발생한다.
② 병원균은 볍씨의 상처를 통해 침입하고 난포자 형태로 토양에서 월동한다.
③ 방제법
- 약제로 종자를 소독한다.
- 건전한 종자를 사용한다.
- 지나친 조파를 삼간다.
- 못자리에서 볍씨가 발아 시 기온이 낮을 때 잘 발생하기에 햇빛이 잘 들고 수온이 높은 곳으로 선택한다.

(7) 벼 흰잎마름병

① 세균인 *Xanthomonas oryzae* 에 의해 발생한다.
② 세균이 수공이나 상처를 통해 침입하며 도관에서 증식하는 것이 특징이다.
③ 그람음성 간균으로 배지에서 노란색의 둥글고 매끄러운 콜로이드를 형성한다.
④ 배수가 나쁘고 습한 곳에서 주로 발생하며 강우가 많은 여름철 주로 발생한다.
⑤ 방제법
- 논둑이나 수로의 잡초를 제거하고 배수로를 정비한다.
- 상습 발생지의 경우 저항성 품종(겨풀, 줄풀 등)을 심도록 한다.
- 질소질 비료의 과용을 피하고 칼륨, 규산질 비료를 적정량 사용한다.

(8) 벼 세균성알마름병

① 세균인 *Burkholderia glumae* 에 의해 발생한다.
② 벼알의 기공으로 침입하여 유조직인 세포간극에서 증식하며 종자에서 월동한다.
③ 이삭이 마르거나 썩으며 벼알의 경우 담황갈색이나 청백색으로 변한다.
④ 여름에 비와 폭우등의 환경에서 많이 발생한다.
⑤ 방제법
- 7월부터 집중 호우 등으로 발병환경이 조성되면 1주 간격으로 3회 정도로 방제약제를 뿌려준다.
- 고온다습한 환경을 피하고 질소질 비료의 과용을 삼간다.

(9) 벼 줄무늬잎마름병

① 병원은 바이러스로 *Rice stripe virus* 이다.
② 매개충은 애멸구에 의해 전염되는데 애멸구는 1년에 4~5회 정도 발생한다.
③ 발병시 병징은 어린 벼가 새 잎이 나올 때 속잎이 노랗게 되어 전개되지 못한다. 전개되더라도 황록색의 세로줄이 나타나며 이삭이 출수되지 않는다.
④ 방제법
- 발생시 치료하기가 어려워 논두렁의 잡초를 태워 매개충인 애멸구를 제거해야 한다.
- 저항성 품종을 재배하고 질소질 비료의 과용을 금한다.

(10) 벼 오갈병

① 바이러스인 rice dwarf virus 에 의해서 발생한다.
② 매개충인 매미충(끝동매미충, 번개매미충)에 의해 전염된다.

③ 바이러스는 매개충 체내에서 월동하며 보독충은 잡초, 밀밭 등 유충 혹은 성충의 형태로 월동한다.
④ 잎은 진녹색으로 변하고 백색의 반점이 나타난다.
⑤ 방제법
- 논둑의 잡초를 제거하고 못자리 말기에는 살충제를 뿌려 매개충을 구제한다.
- 질소질 비료의 과용을 피한다.
- 저항성 품종을 재배하고 병든 식물체는 제거한다.

(11) 벼검은줄무늬오갈병

① 바이러스인 *Rice black streaked dwarf virus*에 의해 발생한다.
② 애멸구에 의해 매개되는데 애멸구는 유충 형태로 월동한다. 보독충은 잡초, 밀밭 등에서 약충의 형태로 월동한다.
③ 방제법
- 봄에 논에 근접된 잡초를 태워 매개충을 구제한다.
- 적기보다 늦게 모내기를 하거나 질소질 비료의 과용을 피하도록 한다.
- 병든 식물체의 경우 제거하도록 한다.

2. 맥류 및 기타 작물의 병해

병명	병원균	전반	월동
보리·밀 겉깜부기병	진균(담자균류)	바람	균사 상태로 종자에 월동
보리속깜부기병	진균(담자균류)	바람	균사 상태로 종자에 월동
맥류 줄기녹병	진균(담자균류)	바람	겨울포자로 마른 밀짚에서 월동
맥류 흰가루병	진균(자낭균류)	바람	균사나 자낭각이 병든 잎에서 월동
맥류 붉은곰팡이병	진균(자낭균류)	비, 바람	분생포자, 균사, 자낭포자로 병든 종자나 밀짚에서 월동
호밀 맥각병	진균(자낭균류)	바람	균핵으로 땅위에서 월동
콩 탄저병	진균(자낭균류)	물	균사가 종자에 월동
콩 자줏비무늬병	진균(불완전균류)	비, 바람	균사가 병든 종자, 식물에 월동
담배역병	진균(조균류)	물, 바람	땅속에 난포자로 월동
콩 세균성점무늬병	세균	비	병든 종자 표면에 월동
담배 불마름병	세균	접촉	병든 식물 잎, 토양, 종자 등 월동
담배 모자이크병	바이러스	접촉	토양 내 병든 잔재, 종자표면에 월동

(1) 보리·밀 겉깜부기병

① 병원으로 보리는 *Ustilago nuda*, 밀은 *Ustilago tritici*, 진균인 담자균류이다.
② 공중습도가 높고 기온이 서늘한 환경에서 감염이 잘 된다.
③ 보리의 씨알이 발생하고 초기 엷은 막으로 덮어져 있다가 파열하여 바람으로 암갈색의 가루인 후막포자가 비산한다.
④ 방제법
  • 병든 이삭의 경우 깜부기가 전염되기 전에 소각한다.
  • 약제를 통해 종자를 소독 처리한다.

(2) 보리속깜부기병

① 병원은 진균(담자균류) *Ustilago hordei* 에 의해 발생한다.
② 병원균의 발육과정은 겉깜부기병균과 유사하다.
③ 병징으로 병에 걸린 씨알은 백색 피막에 쌓여 있고 수확할 때 흑색분말이 비산하지 않지만 탈곡할 경우 후막포자가 흩어진다.
④ 방제법
  • 병든 이삭은 깜부기가 퍼지기전 제거하여 소각한다.
  • 탈곡시 병든 이삭은 분류하도록 한다.

・저항성 품종을 재배한다.

(3) 맥류 줄기녹병
① 병원은 진균(담자균류)로 *Puccinia graminis* 에 의해 발생한다.
② 맥류 줄기녹병의 중간기주는 매자나무이다.
③ 병원균은 이종기생성으로 매자나무에서 녹병포자와 녹포자를 만들고 맥류에서 여름포자와 겨울포자퇴를 만든다.

(4) 맥류 흰가루병
① 진균(자낭균류) *Erysiphe graminis* 에 의해 발생한다.
② 병든 잎에서 균사나 자낭각으로 월동하고 차후 1차 전염원이 된다. 2차 전염원은 바람에 의해 분생포자가 각피로 전반되어 침입한다.
③ 통풍이 불량하고 습도가 높은 환경에 많이 발생하고 특히 여름에 서늘하고 흐릴 경우 발생한다.
④ 방제법
  ・통풍을 좋게 하고 습한 포장은 피하도록 한다.
  ・배수가 원활하게 하고 발병초기 약제를 살포한다.
  ・질소질 비료의 과용을 피한다.

(5) 맥류 붉은곰팡이병
① 진균(자낭균류)인 *Gibberella zeae* 에 의해 발생한다.
② 병든 종자나 밀짚에서 분생포자, 균사, 자낭포자로 월동한다.
③ 따뜻하고 습기가 많은 지대에서 주로 많이 발생한다. 비가 오는 경우 분생포자가 빗물에 의해 튀어 확산하다가 바람에 의해 전반된다.
④ 감염된 보리, 밀 등을 섭취한 사람, 동물 등은 심한 중독 증상을 일으키기도 한다.

(6) 호밀 맥각병
① 병원은 진균(자낭균류)인 *Claviceps purpurea* 이다.
② 균핵은 땅에서 월동하고 다음해 자실체를 형성한다.
③ 자낭포자가 바람에 의해 기주식물의 자방을 침해하고 분생포자가 곤충에 의해 다른 꽃으로 전염된다.

(7) 콩 탄저병

① 병원은 진균(자낭균류)의 *Colletotrichum truncatum* 이다.

② 병원균은 균사 형태로 종자에서 월동한다.

③ 습한 조건이 오래되면 많이 발생량이 많아진다.

(8) 콩 자줏빛무늬병

① 병원은 진균(불완전균류)인 *Cercospora kikuchii* 이다.

② 병원균은 균사가 병든 종자, 식물 등에서 월동한다.

③ 감염시 만들어진 포자는 바람이나 빗방울에 의해 전염된다.

(9) 담배역병

① 병원은 진균(조균류)인 *Phytophthora parasitica* 이다.

② 병원균은 땅속에서 난포자로 월동하고 차후 분생포자를 형성한다.

③ 포자는 바람에 의해 전염되어 기주에 침입한다.

(10) 콩 세균성점무늬병

① 병원은 세균으로 *Pseudomanans glycinea* 이다.

② 병원균은 식물의 기공을 통해 침입하고 종자전염을 한다.

③ 비가 많은 저온 다습한 환경에서 잘 발생한다.

(11) 담배 불마름병

① 병원은 세균인 *Pseudomonas tobaci* 이다.

② 그람음성 간균으로 배지에서 노란색의 둥글고 매끄러운 콜로이드를 형성한다.

③ 생육말기에 주로 발생하고 장마 등의 환경조건에서 많은 전염이 이루어진다.

④ 종자 및 토양을 소독하고 윤작하여 방제한다.

(12) 담배 모자이크병

① 병원은 바이러스인 *Tobacco mosaic virus* 이다.

② 토양의 병든 잔재 혹은 종자의 표면에 월동한다.

③ 감염시 식물의 잎은 진하고 엷은 녹색의 모자이크를 이루며 오그라 들게 된다.

④ 고추, 오이, 담배 등을 포함한 꽃 잡초에서도 모자이크 병이 발생한다.

⑤ 주로 농기구 및 기계적 접촉에 의해 전염된다.

3. 서류 병해

병명	병원균	전반	월동
감자 역병	진균(조균류)	바람, 관개수, 씨감자	균사가 흙속의 병든 감자, 씨감자에서 월동
고구마 무름병	진균(조균류)	공기, 토양, 씨고구마	공기, 토양 등 존재
고구마 검은무늬병	진균(자낭균류)	씨고구마, 농기구	균사형태로 병든 괴근, 땅속에서 월동
감자더뎅이병	세균	바람, 물, 오염된 흙	병든 씨감자, 흙속에서 월동
감자둘레썩음병	세균	씨감자, 농기구, 곤충	병든 씨감에서 월동
감자 잎말림병	바이러스	복숭아혹진딧물 감자수염진딧물	괴경에서 월동

(1) 감자 역병

① 병원은 진균(조균류)으로 *Phytophthora infestans* 이다.
② 병원균은 균사로 흙속이나 병든 감자, 씨감자에서 월동한다.
③ 병원균은 온도가 낮을 경우 유주자가 형성되고 높을 경우 직접 발아하여 기공이나 각피를 통해 침입한다.
④ 바람, 관개수, 씨감자에 의해 전염된다.
⑤ 20℃ 내외의 습기가 많은 냉한 시기에 많이 발생한다.
⑥ 방제를 위해 발병지는 다른 작물과 윤작을 하고 수확때는 괴경에 상처가 발생되지 않도록 한다.
⑦ 1845년에 아일랜드에 감자역병이 발생하여 100만명이 사망하는 역사적 사건이 있다.

기출문제

감자 역병에 대한 설명으로 옳지 않은 것은?

① 공기전염성균과 토양전염성균이 있다.
② 자낭균에 의한 병으로 포자형태로 토양에서 월동한다.
③ 잎 언저리에 암록색의 수침상 부정형 병반을 형성한다.
④ 주로 기온이 20℃ 내외이며 습기가 많은 조건에 발병한다.

해설 감자 역병은 진균(조균류)에 의해 발생하며 균사가 흙속의 병든 감자, 씨감자에서 월동한다.

답 ②

(2) 고구마 무름병

① 병원은 진균으로 *Rhizopus stolonifer* 이다.
② 주로 저장 혹은 수송 중 상처가 발생하고 온도가 낮을 경우 발생한다. 반대로 온도가 높을 경우 고구마의 상처 치유가 빨리 되기에 무름병의 발생이 적어진다.
③ 상처주위로 백색의 균사가 발생하고 그 위에 흑색 포자낭이 생긴다.
④ 방제를 위해 수확시 상처가 발생하지 않도록 하며 수확을 하고 나서 큐어링 처리후 저장한다. 큐어링 조건은 온도 30~33°C, 습도 90% 조건으로 5일간 실시한다.

(3) 고구마 검은무늬병

① 병원은 진균으로 *Ceratostomella fimbriata* 이다.
② 병원균은 균사로 땅속에서 주로 월동한다.
③ 상처를 통해 침입하며 저장고나 기구 등을 통해 전염된다.
④ 저장 중인 씨고구마에서 가장 큰 피해가 나타나며 10°C 이하, 30°C 이상에서는 감염되지 않는다.
⑤ 방제 방법으로 윤작을 하고 매개충을 구제하도록 한다.

(4) 감자더뎅이병

① 병원은 세균인 *Streptomyces scabies* 이다.
② 병든 씨감자와 흙속에서 월동하고 바람이나 물, 오염된 흙에 의해 전염된다.
③ 전염시 피목, 기공, 상처 등 각피를 뚫고 침입한다.
④ 25°C 정도의 토양이 건조하고 알칼리성 토양에서 많이 발생한다.

(5) 감자둘레썩음병

① 병원은 세균인 *Clavibacter michiganense* 이다.
② 그람양성 간균으로 편모가 없어 운동성이 없다.
③ 감염된 씨감자에서 월동하며 씨감자 혹은 농기구를 통해 전염된다.
④ 전신병으로 지상부나 괴경에서 병징이 나타난다.

(6) 감자 잎말림병

① 감자 잎말림바이러스병의 병원은 바이러스인 *Potato Leaf Roll Virus*(PLRV)이다.
② 매개충인 복숭아혹진딧물, 감자수염진딧물에 의해 전염된다.
③ 감자 바이러스병 종류

병명	전염
PVY(Potato virus Y)	충매전염(복숭아혹진딧물), 즙액전염, 접촉전염
PVX(Potato virus X)	즙액전염, 접촉전염
PVM(Potato virus M-mosaic) PVS(Potato virus S-mosaic)	carlavirus 군에 속하는 바이러스병으로 최근 감자 채종지대에서 산발적으로 발생
PMTV(Potato mop-top virus) TRV(Tobacco rattle virus)	곰팡이와 토양선충에 의해 매개되는 두 입자로 구성된 바이러스

4. 채소 병해

병명	병원균	전반	월동
가지 풋마름병	세균	감자, 가지, 토마토, 고추	병든 식물 잔재에 월동
오이 풋마름병	세균	오이, 멜론, 호박	매개충 채내에 월동
채소 세균성무름병	세균	고추, 무, 배추, 마늘	이병식물의 잔재나 토양 등 월동
고추, 사과 탄저병	진균(자낭균류)	고추, 사과, 포도	균사, 분생포자, 자낭각으로 병든 열매나 나뭇가지에 월동
균핵병	진균(자낭균류)	오이, 감자, 배추, 토마토, 콩	균핵으로 병든 식물, 토양에서 월동
오이류 흰가루병	진균(자낭균류)	오이, 호박, 참외, 팥	자낭구가 병든 조직에 월동
수박탄저병	진균(불완전균류)	수박, 참외, 오이, 멜론	균사나 분생포자가 병든부분, 종자에 월동
오이류 덩굴쪼김병	진균(불완전균류)	수박, 오이, 참외, 수세미	균사, 후막포자가 땅속에서 월동
토마토 시들음병	진균(불완전균류)	토마토	균사, 후막포자가 땅속에 월동
잿빛 곰팡이병	진균(불완전균류)	딸기, 오이, 고추, 사과, 포도	균핵, 분생포자가 병든 식물, 흙에서 월동
토마토 잎곰팡이병	진균(불완전균류)	토마토	균사덩이가 종자 표면에 월동
고추 역병	진균(조균류)	고추, 토마토, 가지, 호박	난포자로 토양에 월동
오이 노균병	진균(조균류)	오이, 참외, 호박, 수박	분생포자로 토양에서 월동
무·배추 노균병	진균(조균류)	무, 배추	균사, 난포자가 병든 잎에 월동
무·배추 무사마귀병	진균(끈적균)	무, 배추, 양배추	휴면포자가 토양에서 월동

(1) 가지 풋마름병

① 병원은 세균으로 *Ralstonia solanacerum* 이다.
② 병원균은 병든 식물의 잔재에 월동한다.
③ 식물의 상처 부위를 통해 침입하며 병원균은 농기구, 곤충 등에 의해 전반된다.
④ 고온 다습한 여름철에 주로 발생하며 특히 여름철 산성토양인 경우 더욱 심하다.
⑤ 뿌리에 주로 발생해 전신으로 퍼지는 전신병이다.
⑥ 방제법으로 토양을 소독하고 배수가 원활하도록 해준다.

(2) 오이 풋마름병

① 병원은 세균으로 *Erwinia tracheiphila* 이다.
② 오이 풋마름병은 대표 기주로 오이, 멜론, 호박이 있다.
③ 오이 잎벌레가 성충으로 월동하고 이후 식물을 가해하여 상처를 통해 침입한다.
④ 매개충은 딱정벌레류인 오이잎벌레이다.

(3) 채소 세균성무름병

① 병원은 세균으로 *Erwinia carotavora* 이다.
② 채소 세균성무름병의 대표 기주로 고추, 배추, 토마토, 참외 등이 있다.
③ 습도가 높고 온도가 높은 여름철에 자주 발생한다.
④ 배추에 발생시 흰썩음병이라 하며 발생시 식물의 표면에 반점이 생기면서 병든 부위로 변형이 생기고 악취가 난다.
⑤ 병원균이 토양에서 월동하며 이를 방제하기 위해 토양을 소독한다.

(4) 고추, 사과 탄저병

① 병원은 진균으로 *Glomerella cingulata* 이다.
② 병원균은 균사, 분생포자, 자낭각이 열매나 가지에 월동한다.
③ 전반은 빗물, 바람, 매개충에 의해 전염된다.
④ 주로 고온다습한 환경에 많이 발생한다.

기출문제

병원균이 포도 탄저병균과 같은 것은?
① 콩 탄저병   ② 사과 탄저병
③ 수박 탄저병   ④ 목화 탄저병

해설: 고추, 사과, 포도 탄저병의 병원은 진균으로 Glomerella cingulata 이다.

답 ②

---

(5) 균핵병

① 병원은 진균으로 *Sclerotinia sclerotiorum* 이다.
② 대표기주로 오이, 감자, 배추, 토마토, 콩 등이 있다.
③ 균핵이 식물이나 토양에 월동하고 다음해 자낭반이나 자낭포자를 형성한다. 병원균의 경우 주로 줄기나 가지의 분지점에 침입한다.
④ 감염된 식물은 소각하고 재배시설의 온도를 20°C 이상으로 유지한다.

(6) 오이류 흰가루병

① 병원은 진균으로 *Sphaerotheca fuliginea* 이다.
② 대표기주로 오이, 참외, 호박 등이 있다.
③ 병원균은 자낭구가 감염조직에 월동후 자낭포자로 방출한다. 이후 감염된 잎에서 분생포자가 바람에 의해 전반된다.
④ 흰가루병은 생육말기에 자주 발생하며 통풍이 불량하고 다습한 환경에서 발생이 증가한다.

(7) 수박탄저병

① 병원은 진균으로 *Colletotrichum lagenarium* 이다.
② 대표기주는 수박, 오이, 멜론 등이다.
③ 병원균은 균사, 분생포자가 감염부위나 종자에 월동한다. 바람, 곤충, 빗물에 의해 전반되며 2차 전염을 야기한다.
④ 방제법으로 종자를 소독하거나 감염된 식물을 제거하고 윤작한다.

(8) 오이류 덩굴쪼김병

① 병원은 진균으로 *Fusarium oxysporum* 이다.
② 대표기주는 수박, 오이, 참외 등이다.
③ 병원균은 균사, 후막포자가 땅속에서 월동하며 이후 뿌리의 각피를 뚫고 침입한다.
④ 방제를 위해 종자 및 토양을 소독한다. 감염된 식물은 소각하고 과습을 방지하도록 한다.

(9) 토마토 시들음병

① 병원은 진균으로 *Fusarium oxysporum* 이다.
② 기주는 토마토이다.
③ 재배지에서 주로 발생한다.
④ 방제를 위해 종자 및 토양을 소독한다. 감염된 식물은 소각하고 과습을 방지하도록 한다.

(10) 잿빛 곰팡이병

① 병원은 진균으로 *Botrytis cinerea* 이다.
② 대표기주는 딸기, 토마토, 사과, 포도, 오이 등이다.
③ 병원균은 균핵, 분생포자가 감염식물, 토양에서 월동한다.
④ 15~20℃ 정도에 다습한 조건에 자주 발생한다.
⑤ 방제를 위해 재배지의 경우 습도관리에 유의하고 밀식하거나 과다 시비하지 않는다.

(11) 토마토 잎곰팡이병

① 병원은 진균으로 *Fulvia fulva* 이다.
② 대표기주는 토마토이다.
③ 균사덩이가 종자의 표면에 월동하며 온실내에서 기공을 통해 침입한다.
④ 재배지에서 습도 80% 이상의 다습하고 통풍이 불량할 경우 다량 발생한다.
⑤ 방제를 위해 종자를 소독하고 윤작을 한다. 환기 및 배수를 통해 습도를 유지하고 감염된 식물은 제거하도록 한다.

(12) 고추 역병

① 병원은 진균으로 *Phytophthora capsici* 이다.
② 대표기주로 토마토, 가지, 고추, 수박 등이 있다.
③ 병원균은 난포자가 토양에서 월동하고 물을 통해 전염된다.
④ 장마기간에 기온이 낮고 습도가 높은 조건에서 많이 발생한다.

(13) 오이 노균병

① 병원은 진균으로 *Pseudoperonospora cubensis* 이다.
② 대표기주로 오이, 수박, 참외 등이 있다.
③ 분생포자가 토양에서 월동하고 이후 발아하면 유주자가 형성되어 물에 의해 전반되어 기공으로 침입하며 병반은 수침상을 띤다.
④ 박과작물 재배시 가장 많이 발생되는 병으로 질소질 성분이 부족하고 장마철에 가장 심하게 나타난다.
⑤ 진균에 의해 담황색의 작은 반점이 발생하고 점점 확장되어 담갈색의 병반이 형성된다. 병반 뒷면은 회색 곰팡이인 분생포자가 생성된다.

> **기출문제**
>
> 오이 노균병은 어떤 종류의 포자를 형성하는가?
> ① 동포자   ② 하포자
> ③ 자낭포자   ④ 유주포자
>
> **해설** 오이 노균병은 유주자를 형성한다.
>
> 답 ④

(14) 무·배추 노균병

① 병원은 진균으로 *Peronospora brassicae* 이다.
② 대표기주는 무, 배추 등이다.
③ 병원균이 분생포자를 만들어 잎에 균사나 난포자로 월동한다.
④ 기온이 낮고 비가 많은 저온다습한 지역에서 많이 발생한다.

(15) 무·배추 무사마귀병

① 병원은 점균으로 *Plasmodiophora brassicae* 이다.
② 대표기주로 양배추, 무, 배추 등이 있다.
③ 병원균은 휴면포자로 토양에서 월동한다. 휴면포자가 발아하여 유주자를 형성하고 뿌리에 침입한다.
④ 산성토양이며 다습한 경우 많이 발생하나 보수력이 낮거나 알칼리성 토양에서는 거의 발육하지 않는다. 방제를 위해 알칼리성 토양으로 조절하기도 한다.

5. 과수 병해

병명	병원균	전반	월동
사과나무 갈색무늬병	진균(자낭균류)	사과나무	균사, 자낭포자가 병든잎에서 월동
사과나무 부란병	진균(자낭균류)	사과나무	병포자, 자낭포자가 병든 가지에서 월동
사과나무 검은별무늬병	진균(자낭균류)	사과나무, 배나무	균사나 분생포자가 병든 잎이나 가지에서 월동
복숭아나무잎오갈병	진균(자낭균류)	복숭아나무	분생포자가 나무줄기나 눈위에서 월동
포도나무 새눈무늬병	진균(자낭균류)	포도나무	균사가 병든 덩굴, 열매에서 월동
배나무 붉은별무늬병	진균(담자균류)	사과나무, 배나무	겨울포자퇴로 향나무에서 월동
배나무 검은무늬병	진균(불완전균류)	배나무	균사가 병든 잎이나 가지에 월동
배나무 화상병	세균	배나무, 사과나무	병든 나뭇가지, 줄기에 월동
복숭아나무 세균성구멍병	세균	복숭아	나뭇가지의 병환부에 월동

(1) 사과나무 갈색무늬병

① 병원은 진균으로 *Diplocarpon mali* 이다.
② 대표기주는 사과나무이다.
③ 균사나 자낭포자가 병든 잎에서 월동하고 바람에 의해 전반되어 각피를 뚫고 침입한다.
④ 주로 여름철에 많이 발생하며 감염시 사과나무의 낙엽이 심하게 나타난다.

(2) 사과나무 부란병

① 병원은 진균이고 *Valsa ceratosperma* 이다.
② 대표기주는 사과나무이다.
③ 병포자, 자낭포자가 병든가지에 월동하고 포자의 경우 빗물, 곤충 등에 의해 전반되어 식물의 상처로 침입한다. 감염 부위는 주로 줄기이며 수침상 병무늬가 생기고 알코올 냄새가 나는 것으로 판별이 가능하다.
④ 방제를 위해 상처난 부위는 도포제를 발라 예방하도록 한다.

(3) 사과나무 검은별무늬병

① 병원은 진균으로 사과의 경우 *Venturia inaequalis*, 배의 경우 *Venturia nashicola* 이다.
② 균사나 분생포자가 병든잎이나 가지에 월동한다.
③ 자낭포자는 빗물과 바람에 의해 전파된다.
④ 포자는 발아시 각피를 통해 침입한다.

⑤ 분생포자는 고온에서는 발아하지 않아 비가 오는 시원한 환경에서 주로 발생되며 5월~6월경이 가장 심하다.

(4) 복숭아나무잎오갈병

① 병원은 진균으로 *Taphrina deformans* 이다.
② 대표기주는 복숭아나무이다.
③ 나무줄기나 눈위에서 월동하고 빗물에 의해 전반된다. 전반시 어린 잎의 각피를 뚫고 침입한다.
④ 발생시 잎이 붉은색을 띠면서 부풀어 오르고 이때 병반이 발생한다. 발생한 병반은 주름지고 오그라드는 현상이 나타나고 병든 잎 앞면에는 회백색의 가루인 자낭이 생기고 병든 잎은 흑갈색으로 변한다.
⑤ 방제를 위해 감염된 잎은 소각하고 동해를 피한다.

(5) 포도나무 새눈무늬병

① 병원은 진균(자낭균류)로 *Elsinoe ampelina* 이다.
② 병원균은 균사의 형태로 덩굴 혹은 열매에 월동한다.
③ 분생포자는 비바람에 의해 전반되고 신초, 꽃밥 등의 각피를 뚫고 침입한다.
④ 6월쯤 기온이 낮고 비가 많이 올 경우 다량 발생한다.

(6) 배나무 붉은별무늬병

① 병원은 진균으로 *Gymnosporangium haraeanum* 이다.
② 대표기주는 사과나무, 배나무이며 중간기주는 향나무이다.
③ 중간기주인 향나무와 기주교대를 하는 순활물기생균이다.
④ 겨울포자, 소생자, 녹병포자, 녹포자를 형성하나 여름포자는 형성하지 않는다.
⑤ 강우나 바람에 의해 주로 전반된다.

(7) 배나무 검은무늬병

① 병원은 진균으로 *Alternaria kikuchiana* 이다.
② 대표기주는 배나무이다.
③ 균사가 병든 잎이나 가지에 월동하고 봄에 분생포자가 형성된다.
④ 분생포자는 바람, 비에 의해 이동하며 식물의 각피, 피목, 기공을 통해 침입한다.

(8) 배나무 화상병

① 병원은 세균으로 *Erwinia amylovora* 이다.
② 1878년 최초로 발견된 세균성 식물병이다.
③ 습도가 높을 경우 많이 발생하며 바람, 곤충 등에 의해 전반되 식물의 기공, 상처, 피목을 통해 침입한다.
④ 감염된 가지는 잘라 소각하고 옥시테트라사이클린계 항생제를 이용한다.

(9) 복숭아나무 세균성구멍병

① 병원은 세균으로 *Xanthomonas campestris* 이다.
② 대표기주로 복숭아, 자두, 살구 등이 있다.
③ 가지의 병환부에서 월동하고 비바람에 의해 전반되어 상처나 기공으로 침입한다.
④ 비바람이 심한 여름철에 주로 발생한다.

6. 수목병

분류	병명	병원균	기주	월동
묘포병해	모잘록병	진균	소나무, 낙엽송, 참나무	난포자가 병든조직, 토양에 월동
	뿌리썩이선충병	선충	소나무, 낙엽송, 가문비나무 등	이동성 내부기생선충이 뿌리 조직에 월동
	뿌리혹병	세균	밤나무, 포도나무, 사과나무 등	병환부에 월동하고 땅속에서 생존
침엽수병해	소나무재선충병	선충	소나무, 잣나무, 해송	매개충이 소나무에서 유충으로 월동
	소나무잎떨림병	진균(자낭균류)	소나무류	자낭포자가 땅 위의 병든 잎에서 월동
	낙엽송 가지끝마름병	진균(자낭균류)	낙엽송류	미숙한 자낭각이 병든 가지에 월동
	소나무잎녹병	진균(담자균류)	소나무류	담자포자가 소나무의 침엽에서 월동
	잣나무털녹병	진균(담자균류)	잣나무	균사가 잣나무의 수피조직내에서 월동
	소나무 잎마름병	진균(불완전균류)	소나무, 해송	균사가 낙엽에 월동
	푸사리움 가지마름병	진균(불완전균류)	리기다소나무, 해송	균사가 가지에 월동
활엽수병해	밤나무 줄기마름병	진균(자낭균류)	밤나무, 참나무, 단풍나무	균사, 포자가 병환부에 월동
	벚나무 빗자루병	진균(자낭균류)	벚나무	균사가 가지에 월동
	호두나무 탄저병	진균(자낭균류)	호두나무	자낭각이 가지나 낙엽에 월동
	포플러 잎녹병	진균(담자균류)	포플러류	겨울포자가 낙엽에 월동
	참나무시들음병	진균	참나무류	광릉긴나무좀이 5령의 노숙유충으로 월동
	대추나무 빗자루병	파이토플라스마	대추나무, 오동나무	대추나무 빗자루병의 매개충인 마름무늬 매미충은 초본류에서 월동
공통병해	흰가루병	진균(자낭균류)	참나무류, 밤나무, 단풍나무 등	자낭각, 균사가 낙엽 및 가지 월동
	그을음병	진균(자낭균류)	낙엽송, 소나무류, 주목, 버드나무 등	자낭각, 균사가 월동
	아밀라리아뿌리썩음병	진균(담자균류)	침엽수, 활엽수	낙엽 혹은 다른 감염식물의 부생생활

(1) 묘포병해

① 모잘록병

㉠ 병원으로 진균과 조균류의 *Pythium debaryanum*, *Phytophthora cactorum* 과 불완전균류인 *Rhizoctonia solani*, *Fusarium oxysporum* 등이 있다.

㉡ 대표기주로는 소나무류, 낙엽송이 있으며 활엽수에서는 참나무, 자작나무, 가시나무 등이 있다.

㉢ 병원균은 난포자가 감염조직이나 토양에서 월동한다.

㉣ 모잘록병의 병원에서 *Rhizoctonia*, *Pythium* 균은 토양의 습도가 높은 경우 피해속도가 빠르며 *Fusarium* 은 건조한 토양에서 자주 발생한다.

㉤ 방제법
- 묘상의 과도한 과습 및 건조를 피하고 통기성을 좋게 한다.
- 토양, 종자를 소독한다.
- 질소질 비료의 과용을 피한다.
- 병든 묘목은 즉시 소독한다.

② 뿌리썩이선충병

㉠ 병원은 선충으로 *Pratylenchus penetrans* 이다.

㉡ 대표기주는 소나무류, 낙엽송, 가문비나무 등이 있다.

㉢ 이동성 내부기생선충이 뿌리 조직 내에서 월동하고 이후 묘목으로 이동하여 전반한다.

㉣ 선충이 유근을 통해 침입하여 조직을 파괴한다.

㉤ 방제법
- 한 임지에 동일 수종을 연작하지 않는다.
- 토양을 소독한다.

③ 뿌리혹병

㉠ 병원은 세균인 *Agrobacterium tumefaciens* 이다.

㉡ 대표기주는 포플러류, 밤나무, 감나무, 포도나무 등이다.

㉢ 접목부위, 뿌리 절단면 등 상처를 통해 침입하며 토양에 서식하는 병원균이다.

㉣ 고온 다습한 알칼리성 토양에서 주로 발생한다.

㉤ 방제법
- 감염식물은 소각한다.
- 비기주식물인 화본과작물을 3년이상 윤작한다.

- 밤나무, 감나무 등 지표식물을 먼저 식재하고 뿌리혹병이 없다고 판단되는 곳에 식재한다.

(2) 침엽수 병해

① 소나무재선충병
  ㉠ 병원은 선충으로 *Bursaphelenchus xylophilus* 이다.
  ㉡ 대표기주로 소나무, 잣나무, 해송, 낙엽송 등이 있다.
  ㉢ 소나무재선충은 이동능력이 없어 매개충에 의해 전반되는데 주로 솔수염하늘소에 의해 전파된다. 잣나무림의 경우 북방수염하늘소에 의해 전파된다.
  ㉣ 솔수염하늘소는 유충으로 월동, 성충으로 우화한다.
  ㉤ 소나무재선충은 소나무의 AIDS 이라 불리우며 급격히 시들다가 말라 죽는다.
  ㉥ 방제법
    - 고사목은 벌채하여 소각한다.
    - 무육관리를 통해 매개충의 전파를 예방한다.
    - 솔수염하늘소를 막기 위해 먹이나무로 유인하고 소각하도록 한다.
    - 피해 확산을 막기 위해 6월 전후 메프유제 50%, 치아클로프리드액상수화제 10% 를 항공살포한다.
    - 재선충에 의해 고사된 나무는 메탐소디움액제를 뿌리고 훈증하도록 한다.

② 소나무잎떨림병
  ㉠ 병원은 진균(자낭균류)으로 *Lophodermium pinastri* 이다.
  ㉡ 대표기주는 소나무이다.
  ㉢ 잎의 기공으로 침입하고 잎이 갈색으로 변해 떨어지게 된다.
  ㉣ 방제법
    - 병든 낙엽은 소각하거나 매장한다.
    - 피해가 심한 경우 보르도액과 캡탄제를 살포한다.
    - 조림지의 경우 활엽수를 하목으로 심을 경우 피해가 경감된다.

③ 낙엽송 가지끝마름병
　㉠ 병원은 진균(자낭균류)로 *Guignardia laricina* 이다.
　㉡ 대표기주는 낙엽송이다.
　㉢ 10년생 정도의 유령림에서 주로 발생하며 새순 혹은 잎을 침해하여 피해를 준다. 죽은가지의 경우 발생하지 않는다.
　㉣ 침입한 가지는 휘거나 꼿꼿하게 서는 두가지 현상을 나타낸다.
　㉤ 방제법
　　• 병든 묘목은 소각한다.
　　• 활엽수 방풍림을 조성한다.
　　• 맞바람이 부는 곳은 조림을 하지 않는다.
　　• 면적이 큰 지역은 베노밀수화제를 이용하여 항공방제한다.

④ 소나무잎녹병
　㉠ 병원은 진균(담자균류)으로 *Coleosporium phellodendri* 이다.
　㉡ 대표기주는 소나무이고 중간기주로 황벽나무, 참취, 잔대가 있다.
　㉢ 소나무 기생시 녹병포자와 녹포자를 형성해 중간기주에 기생시 여름포자와 겨울포자를 형성한다. 형성된 여름포자는 다른 중간기주에 전염되어 다시 여름포자를 만드는 과정을 반복한다. 8월쯤에는 중간기주 잎에서 겨울포자퇴를 형성, 겨울포자가 발아해 만든 담자포자가 소나무에 침입하여 월동한다.
　㉣ 방제법
　　• 중간기주 제거한다.
　　• 만코지수화제 약제를 9월에 살포한다.

⑤ 잣나무털녹병
　㉠ 병원은 진균(담자균류)으로 *Cronartium ribicola* 이다.
　㉡ 대표기주는 잣나무, 스트로브잣나무이며 중간기주는 송이풀, 까치밥나무이다.
　㉢ 병든 가지나 줄기가 황색으로 변하고 부풀어 오르다가 터진 후 황색의 가루가 비산한다.
　㉣ 감염 순서는 아래와 같이 진행 된다.
　　• 녹포자 형성
　　• 녹포자가 중간기주에서 여름포자 형성
　　• 겨울포자 형성 후 발아하여 소생자(담자포자) 발생
　　• 바람에 의해 소생자(담자포자)가 잎의 기공으로 침입

◎ 방제법
　　　　• 감염된 나무, 중간기주는 제거 한다.
　　　　• 조기에 가지치기를 실시한다.
　　　　• 묘목은 다른 지역으로 반출하지 않는다.
　　　　• 8월에 보르도액을 살포하여 소생자의 침입을 막는다.

⑥ 소나무 잎마름병
　　㉠ 병원은 진균(불완전균류)로 *Pseudocercospora pini-densiflorae* 이다.
　　㉡ 대표기주로 소나무, 해송 등이 있다.
　　㉢ 균사가 낙엽에 월동하고 다음해 봄에 분생포자를 형성하여 전염된다.
　　㉣ 여름철 고온 다습한 환경에서 주로 발생한다.
　　㉤ 띠모양의 황색반점이 교대로 형성되어 갈변하다가 반점들이 합쳐지게 된다. 병든 낙엽에서 월동하고 건전부와 이병부의 경계가 뚜렷하지 않다.
　　㉥ 방제법
　　　　• 감염된 묘목은 소각한다.
　　　　• 묘목을 이식할 때는 약제를 살포한다.

⑦ 푸사리움 가지마름병
　　㉠ 병원은 진균(불완전균류)로 *Fusarium circinatum* 이다.
　　㉡ 대표기주는 리기다소나무, 테다소나무, 해송 등이다.
　　㉢ 균사가 가지에 월동한다. 나무의 상처를 통해 침입한다.
　　㉣ 병원균 포자가 바람, 매개충을 통해 전파된다.
　　㉤ 방제법
　　　　• 종자를 소독하고 질소질 비료의 과용을 피한다.
　　　　• 매개충인 나무좀류, 바구미류 등을 구제한다.
　　　　• 피해가 심한 임지는 조기벌채 한다.

(3) 활엽수 병해

① 밤나무 줄기마름병
  ㉠ 병원은 진균(자낭균류)으로 *Cryphonectria parasitica* 이다.
  ㉡ 대표기주는 밤나무, 참나무, 단풍나무이다.
  ㉢ 감염 초기에 수피가 적갈색으로 변색되며 비가 내리면 황갈색의 포자각이 분출된다.
  ㉣ 병원균은 균사 혹은 포자형으로 월동한다.
  ㉤ 1900년경 동양에서 미국 동부, 유럽으로 전파되어 밤나무림을 황폐화시킨 전례가 있다.
  ㉥ 방제법
    • 상처부위로 감염되기에 상처에 주의하고 병든 부위는 도려내 도포제로 처리한다.
    • 상처가 발생되지 않게 백색페인트로 처리한다.
    • 바람이나 매개충에 의해 전반되므로 매개충은 사전에 예방한다.

② 벚나무 빗자루병
  ㉠ 병원은 진균(자낭균류)로 *Taphrina wiesneri* 이다.
  ㉡ 대표기주는 벚나무류이다.
  ㉢ 균사가 가지에 월동하고 다음해 봄에 포자를 형성하여 전반된다.
  ㉣ 초기 가지에 혹모양이 발생하다가 이후 잔가지가 빗자루 모양으로 총생한다.
  ㉤ 방제법
    • 감염된 가지를 잘라 소각하고 절단면에 도포제를 바른다.
    • 이른 봄에 보르도액 혹은 만코제브 수화제를 살포한다.

③ 호두나무 탄저병
  ㉠ 병원은 진균(자낭균류)로 *Glomerella cingulata* 이다.
  ㉡ 대표기주는 호두나무이다.
  ㉢ 자낭각이 가지나 낙엽에 월동하고 호두나무의 잎과 과실에 많이 발생한다.
  ㉣ 토양이 과습하거나 배수가 불량한 점질토양의 경우 자주 발생한다.
  ㉤ 방제법
    • 병든 열매나 잎은 잘라 소각한다.
    • 곤충이 식해한 상처부위에 발병하기 쉬우므로 해충을 구제하도록 한다.
    • 베노밀수화제 2000배액, 지오판수화제 1000배액을 10일간격으로 4~5회 살포한다.

④ 포플러 잎녹병
  ㉠ 병원은 진균(담자균류)으로 *Melampsora larici-populina* 이다.

- ⓒ 대표기주는 포플러이고 중간기주는 낙엽송, 현호색, 줄꽃주머니 이다.
  - ⓒ 병징으로 잎 뒷부분에 황색의 돌기가 발생하고 확산되면 잎 전면에 덮히게 된다. 중간기주인 낙엽송 잎에는 5월쯤 노란점이 발생된다.
  - ② 방제법
    - 떨어진 감염된 낙엽을 소각한다.
    - 저항성 수종을 식재한다.
    - 보르도액이나 만코지수화제를 여름철에 2주간격으로 살포한다.

⑤ 참나무시들음병
  - ⊙ 병원은 진균으로 *Raffaelea quercus mangolicae* 이다.
  - ⓒ 대표기주는 참나무류, 서어나무 등이 있다.
  - ⓒ 병원균은 레펠리아속의 신종 곰팡이로 매개충은 광릉긴나무좀이다. 매개충은 5령의 노숙유충으로 월동한다.
  - ② 감염시 변재부에 곰팡이를 감염시키고 곰팡이가 도관을 막아 수분과 양분의 이동을 방해하여 결국 시들어 죽게 된다.
  - ⑩ 방제법
    - 매개충은 줄기와 가지에 피해를 주기에 피해부위의 경우 소각하고 매개충을 구제한다.
    - 침입한 경우 구멍에 페니트로티온 유제 50~100배액을 주입한다.
    - 피해목을 벌목하여 메탐소둠 액제로 훈증한다.
    - 딱따구리 및 해충을 잡아먹는 조류를 보호한다.

⑥ 대추나무 빗자루병
  - ⊙ 병원은 파이토마플라스마이다.
  - ⓒ 대표기주는 대추나무, 오동나무, 뽕나무 등이 있다.
  - ⓒ 대추나무 빗자루병, 뽕나무 오갈병, 붉나무 빗자루병은 마름무늬 매미충, 오동나무 빗자루병은 담배장님노린재에 의해 매개된다.
  - ② 감염시 1~2년이내 전체로 퍼져 수년이내에 말라죽게 된다.
  - ⑩ 방제법
    - 매개충 발생시기 6~9월에 아세타미프리드 수화제를 2000배액, 2주간격으로 살포한다.
    - 피해가 많이 진행된 경우 제거하도록 한다.
    - 발병 초기의 경우 옥시테트라싸이클린 수화제를 200배액으로 하여 수간주사한다.

(4) 공통병해

① 흰가루병
- ㉠ 병원은 진균(자낭균류)으로 *Phyllactinaia corylea* 이다.
- ㉡ 대표기주는 참나무류, 단풍나무류, 밤나무, 오리나무 등이 있다.
- ㉢ 병원균은 자낭각이나 균사가 낙엽이나 가지에 월동하고 이후 분생포자를 형성해 가을에 전염된다.
- ㉣ 여름에 장마철 이후 잎표면, 뒷면에 백색의 반점이 발생하고 가을철 잎을 덮는다. 가을에 잎 표면에 흑색의 알갱이는 자낭구이다.
- ㉤ 방제법
  - 감염된 낙엽은 소각하고 가지의 경우도 제거한다.
  - 장마철 이후 약제를 살포하여 예방한다.

② 그을음병
- ㉠ 병원은 진균(자낭균류)로 *Meliolaceae, Asterinaceae, Parodiellinaceae* 등이 있다.
- ㉡ 대표기주로 낙엽송, 소나무류, 주목, 버드나무 등이 있다.
- ㉢ 깍지벌레, 진딧물 등의 해충에 의해 발생하며 잎에 그을음과 같은 균총이 발생한다.
- ㉣ 통풍이 불량하고 습하고 그늘진 곳에서 자주 발생한다.
- ㉤ 방제법
  - 감염시 만코지수화제, 지오판수화제 등의 약제를 살포한다.
  - 질소질 비료의 과용을 피하고 통풍 및 습도의 환경을 개선해준다.

③ 아밀라리아뿌리썩음병
- ㉠ 병원은 진균(담자균류)으로 *Armillaria mellea* 이다.
- ㉡ 대표 기주로 소나무류, 잣나무류, 낙엽송, 참나무류, 오동나무, 오리나무 등 침엽수 및 활엽수이다.
- ㉢ 낙엽 혹은 감염식물에 부생생활을 하며 이후 균사가 상처로 침입한다.
- ㉣ 산성토양에서 잘 발생하나 알칼리 토양에서는 잘 발생하지 않는다.
- ㉤ 방제법
  - 병든 뿌리는 뽑아 소각한다.
  - 병든 식물의 주위에 도랑을 파서 균사의 전파를 방지한다.
  - 석회를 이용하여 토양을 알칼리성으로 개량한다.

PART 01 식물병리학 단원문제 100제

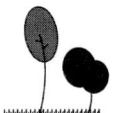

01 전신감염을 일으키는 병원체가 아닌 것은?
① 바이러스
② 파이토플라스마
③ 선충
④ 바이로이드

해설 선충은 식물의 특정 부위에 감염이 일어난다.

02 벼 오갈병의 매개충은?
① 벼멸구
② 흰등멸구
③ 벼메뚜기
④ 끝동매미충

해설 벼 오갈병의 매개충은 끝동매미충, 번개매미충이다.

03 다음 중 Phytoalexin 이 아닌 것은?
① pisatin
② capsidiol
③ phaseollin
④ salicylic acid

해설 Phytoalexin 은 식물의 항독성물질로 외부침입에 대항하기 위해 합성되는 물질이다. phaseollin (강낭콩), pisatin(완두), terpenoid(가지), capsidiol(고추) 등이 있다. 살리실산(salicylic acid)은 의료 혹은 염료로 사용되는 방향족 옥시카복실산이다.

04 감자의 병해 중에서 토양 pH 가 높아질수록 발병이 심해지는 병은?
① 바이러스병
② 역병
③ 겹둥근무늬병
④ 더뎅이병

해설 감자 더뎅이병은 알칼리성에 가까울수록, 즉 pH가 높을수록 발병이 심하다.

정답 01.③ 02.④ 03.④ 04.④

05 세균 중 기주 식물에 혹을 만드는 것은?
① Erwinia carotovora pv. carotovora
② Agrobacterium tumefaciens
③ Pseudomonas solanacearum
④ Xanthomonas campestris pv. campestris

해설 *Agrobacterium tumefaciens* 은 뿌리혹병의 병원으로 식물에 혹을 만든다.

06 다음 식물병 중 표징이 없는 병해는?
① 고추 괴저바이러스병   ② 오이 흰가루병
③ 보리 겉깜부기병   ④ 배나무 붉은별무늬병

해설 식물병 중 바이러스, 파이토플라스마, 바이로이드에 의한 병이 표징이 나타나지 않는 경우가 많다.

07 외류의 세균성(Erwinia tracheiphila) 풋마름병의 매개 곤충은?
① 파리류   ② 나비류
③ 딱정벌레류   ④ 진딧물류

해설 풋마름병의 매개충은 딱정벌레류인 오이잎벌레이다

08 다음 중 병든 가지나 줄기가 처음에는 황색에서 오렌지색으로 변하고 나중에 부풀어 터진 후 황색의 가루가 비산하는 병은?
① 향나무 녹병   ② 느릅나무 마름병
③ 밤나무 줄기마름병   ④ 잣나무 털녹병

해설 잣나무 털녹병은 병든 가지나 줄기가 황색으로 변한후 부풀어 터진후 비산하여 전염된다.

09 고추 열매에 검은색의 작은 알갱이들이 동심윤문을 그리며 만들어지고 습도가 높을 때 그 위에 분홍색 계통의 점액이 분비되는 병은?
① 역병   ② 탄저병
③ 더뎅이병   ④ 깨씨무늬병

해설 탄저병은 감염시 갈색 혹은 흑갈색의 작은 알갱이가 생성되고 습도가 높아지면 병반 위에 붉은 갈색이나 분홍색의 점액이 분비된다.

정답 05.② 06.① 07.③ 08.④ 09.②

10 벼 도열병 방제법과 거리가 가장 먼 것은?

① 찬물을 직접 논에 넣지 않도록 우회로를 설치한다.
② 병든 볏짚을 논바닥에 깔아 주어 지력을 높인다.
③ 저항성 품종을 재배한다.
④ Bla-S, Kasugamycin 등을 살포한다.

> 해설 ▸ 병든 볏짚은 월동 장소이기에 제거하도록 한다.

11 진균류에 해당하지 않는 것은?

① 끈적균류   ② 접합균류
③ 불완전균류   ④ 담자균류

> 해설 ▸ 진균류에는 조균류, 자낭균류, 담자균류, 불완전균류 등이 있다.

12 벼의 흰잎마름병을 일으키는 병원체는?

① 세균   ② 곰팡이
③ 바이러스   ④ 바이로이드

> 해설 ▸ 벼의 흰잎마름병은 세균에 의해 발생한다. 그 외에도 세균의 대표적인 종류로 벼 세균성줄무늬병, 벼 흰잎마름병, 맥류 검은마디병, 감자 둘레썩음병, 감자 더뎅이병 등이 있다.

13 수직 저항성의 뜻과 상반되는 것은?

① 병원균의 특정한 Race 에만 효과적이다.
② 단인자 저항성
③ Race 특이적 저항성
④ 포장 저항성

> 해설 ▸ 포장저항성은 수평 저항성으로 수직저항성의 상반되는 의미이다.

14 병든 보리, 밀을 먹는 사람과 돼지 등에 심한 중독을 일으키는 병해는?

① 깜부기병   ② 붉은곰팡이병
③ 줄무늬병   ④ 흰가루병

> 해설 ▸ 붉은 곰팡이병에 감염된 보리, 밀 등을 섭취한 사람, 동물 등은 심한 중독 증상을 일으키기도 한다.

정답 10.② 11.① 12.① 13.④ 14.②

15 시든 줄기를 칼로 잘라 깨끗한 물에 담갔을 때 절편에서 흘러나오는 희뿌연 물질을 보고 진단할 수 있는 병은?
① 토마토 풋마름병   ② 오이 흰가루병
③ 사과 흰날개무늬병   ④ 고추 역병

> 해설 토마토 풋마름병 감염시 감염된 줄기를 절단하여 물에 담그면 흰물질이 흘러나오고 이를 통해 진단이 가능하다.

16 자낭균류에 의한 병이 아닌 것은?
① 오이 흰가루병   ② 벼 키다리병
③ 채소류의 균핵병   ④ 사과나무 붉은별무늬병

> 해설 사과나무 붉은별무늬병은 담자균류에 의한 병이다.

17 병원성에 대한 설명 중 옳은 것은?
① 모든 곰팡이는 병원성을 가지고 있다.
② 같은 종에 속한 병원균의 병원성 정도는 모두 같다.
③ 분화형이 존재한다.
④ 병원 유전인자에 의하여 지배되지 않는다.

> 해설 분화형은 분류학상으로 같은 종에 속하는 병원균이 종이 다른 식물에 침입하는 것을 의미한다.

18 식물바이러스병의 생물학적 진단법과 거리가 먼 것은?
① X-체 검경법   ② 지표식물검정
③ 괴경지표법   ④ 식물즙액접종법

> 해설 X-체 검경법은 현미경적 진단법이다.

19 토마토 시들음병과 풋마름병을 간이진단법으로 구별하고자 한다. 이때의 단서가 되는 점은 다음의 어느 것인가?
① 식물의 위조여부   ② 도관부의 갈변유무
③ 세균점액의 누출여부   ④ 암조의 생성여부

> 해설 토마토 풋마름병은 감염부위를 눌러보면 점액성분이 나오나 토마토 시들음병은 눌러도 풋마름병처럼 점액이 나오지 않아 세균점액의 누출여부로 구별할 수 있다.

정답 15.① 16.④ 17.③ 18.① 19.③

20 병징은 나타나지 않지만 기주 식물의 조직 속에 병원균을 가진 식물을 무엇이라고 하는가?
① 기생식물　② 보균식물
③ 지표식물　④ 부착식물

해설　병징은 나타나지 않으나 기주식물의 조직 속에 병원균을 가진 식물을 보균식물이라 한다.

21 벼 잎집무늬마름병과 관련성이 없는 것은?
① 발병최성기는 고온다습한 8~9월이다.
② 방제약제로는 폴리옥신디 수화제가 사용된다.
③ 자낭균문에 의한 병이다.
④ 균핵으로 월동한다.

해설　벼 잎집무늬마름병은 담자균류이다.

22 1840년대 유럽의 아일랜드 지역의 감자에 대 발생한 병해는?
① 탄저병　② 더뎅이병
③ 역병　④ 잿빛곰팡이병

해설　1845년에 아일랜드에 감자역병이 발생하여 100만명이 사망하는 역사적 사건이 있다.

23 노균병이 형성하는 포자의 종류는?
① 난포자　② 자낭포자
③ 접합포자　④ 여름포자

해설　노균병은 난포자를 형성한다.

24 사과나무 역병의 전염경로와 방제법에 관한 옳은 설명은?
① 주로 공기에 의해 전염된다.
② 지표면 가까운 열매에 많이 발생한다.
③ 아래 가지 전정을 피하고 가능한 착과를 피한다.
④ 7월 하순부터 10일 간격으로 약제를 살포한다.

해설　사과나무 역병은 토양전염을 하기에 지표면에 가까운 열매, 잎 등에 많이 발생한다. 아래 가자의 전정을 통해 예방할 수 있고 주로 5월에 약제를 살포한다.

정답　20.② 21.③ 22.③ 23.① 24.②

25 균류의 무성포자가 아닌 것은?
① 분생포자 ② 휴면포자
③ 후벽포자 ④ 접합포자

해설 접합포자는 유성포자의 일종이다.

26 다음 중 뽕나무 오갈병의 발생원인은?
① Endothia radicalis ② Coccoidea quercicola
③ Bursaphelenchus xylophilus ④ Hishimonoides sellatiformis

해설 뽕나무 오갈병은 파이토플라스마의 매개충인 Hishimonoides sellatiformis 에 의해 발생한다.

27 호밀의 맥각병에서 이삭에 생기는 자흑색 바나나 모양의 맥각 덩이는 병원균의 무엇인가?
① 자낭 ② 자낭포자
③ 균핵 ④ 후막포자

해설 호밀의 맥각병에서 이삭에 생기는 자흑색 바나나 모양은 균핵이다

28 지표식물을 이용하는 식물 바이러스병 진단법은?
① 생물학적 진단 ② 혈청학적 진단
③ 해부학적 진단 ④ 현미경적 진단

해설 지표식물을 이용하는 것은 생물학적 진단법이다

29 세균 속(屬) 중 그람(Gram) 음성 세균만을 모두 고른 것은?

[보기]
㉠ Acidovorax ㉡ Clavibacter ㉢ Streptomyces
㉣ Erwinia ㉤ Pantoea ㉥ Agrobacterium

① ㉠, ㉢, ㉤ ② ㉡, ㉤, ㉥
③ ㉠, ㉡, ㉢, ㉣ ④ ㉠, ㉣, ㉤, ㉥

해설 Clavibacter, Streptomyces 는 그람양성 세균이다

정답 25.④ 26.④ 27.③ 28.① 29.④

30 잎에 누렁 증상(황화)이 나타나는 원인으로 가장 거리가 먼 것은?
① 붕소독성　　　　　　　② 질소결핍
③ 저온　　　　　　　　　④ 파이토플라스마 감염

> 해설) 황화현상은 질소 및 철, 아연 등의 결핍이나 저온, 파이토플라스마에 감염시에도 나타난다.

31 다음 중 병원성이 다른 레이스(race)가 가장 많이 알려진 병원균은?
① Puccinia graminis　　　② Alternaria mali
③ Botrytis cinerea　　　　④ Fusarium solani

> 해설) Puccinia graminis 는 맥류 줄기녹병의 병원균으로 병원성이 다른 레이스가 가장 많이 있으며 기주 범위에 따라 6가지 분화형이 있다.

32 사과나무와 배나무의 불마름병(화상병)의 효과적인 방제법이 아닌 것은?
① 매개충 구제　　　　　　② 석회보르도액 살포
③ 토양소독　　　　　　　④ 감염된 부위제거

> 해설) 불마름병은 주로 매개충에 의해 전반되기에 토양소독은 불필요하다.

33 병 발생이 용이한 환경에서 병원력이 강한 병원균이 존재하는 토양에 저항성이 강한 작물을 재배하였을 때의 병 발생정도는?
① 전혀 발생하지 않는다.
② 이병성 작물 재배 시보다 적다.
③ 이병성 작물 재배보다 심하다.
④ 작물의 저항성에 상관없이 병 발생이 심하다.

> 해설) 저항성이 강한 작물을 재배할 경우 병에 걸리기 쉬운 이병성 작물 재배 시보다는 병의 발생 정도가 적어진다.

정답　30.①　31.①　32.③　33.②

34 토마토 풋마름병에 대한 설명으로 옳은 것은?
① 단범성 병이다.
② 세균에 의한 병이다.
③ 월동은 주로 종자에서 한다.
④ 뿌리에 침입 시 뿌리가 흰색으로 변한다.

해설 토마토 풋마름병은 세균에 의해 발생된다.

35 벼 잎집무늬마름병의 전염원은?
① 월동균핵
② 분생포자
③ 담자포자
④ 자낭포자

해설 벼잎집무늬마름병균은 균핵상태로 땅위에서 월동하고 다음해 봄에 전염된다.

36 병원균이 1차로 토양 전염되고 2차로 유주자낭에 의해 비바람에 의하여 전염되는 병은?
① 벼 도열병
② 보리 북지모자이크병
③ 사과나무 흰가루병
④ 고추 역병

해설 고추 역병은 난포자가 1차로 토양전염되어 토양에서 월동하고 다음해 분생포자가 비바람에 의해 전반되어 유주자가 기주에 침입한다.

37 코흐의 원칙은 다음 중 어느 때 적용해야 하는가?
① 병원체가 기주식물에 인공 접종할 때
② 병원체를 인공배재에서 순수 배양할 때
③ 병원체를 다른 기관 또는 사람에게 분양할 때
④ 병원체를 확인하고 동정할 때

해설 고흐의 원칙은 병원적 진단방법으로 병원체를 확인하고 동정할 때 적용한다.

38 Streptomyces scabies 에 의해 발생하는 병은?
① 감자 가루더뎅이병
② 감자 더뎅이병
③ 감자 둘레썩음병
④ 감자 암종병

해설 감자 더뎅이병의 병원은 세균인 Streptomyces scabies 이다.

정답 34.② 35.① 36.④ 37.④ 38.②

39 다음 중 가장 작은 식물 병원은?
① 진균류　　　　　　　② 세균류
③ 바이러스　　　　　　④ 바이로이드

해설　바이로이드는 바이러스와 유사한 전염 특성을 가지며 병원체 중 가장 작은 크기를 가진다.

40 보리의 속깜부기병과 겉깜부기병의 구분점은?
① 기주범위　　　　　　② 후벽포자의 포장에서 비산유무
③ 후벽포자의 형성유무　④ 위 세가지 모두 가능

해설　보리겉깜부기병은 후막포자가 비산하나 보리속깜부기병은 수확때까지 후막포자의 비산이 없고 탈곡할 때 후막포자가 흩어진다. 이러한 비산유무의 차이를 통해 속깜부기병와 겉깜부기병 구분한다.

41 Trichoderma 속 균에 의하여 방제효과를 얻을 수 있는 병은?
① Rhizoctonia 속 균에 의한 병
② Xanthomonas 속 균에 의한 병
③ Strptomyces 속 균에 의한 병
④ Agrobacterium 속 균에 의한 병

해설　길항미생물이라 하여 Trichoderma 은 Rhizoctonia 에 기생하여 방제효과를 얻을 수 있다.

42 포장위생에 의한 방제방법과 가장 관계가 깊은 것은?
① 토양산도의 조절　　　② 병든 식물의 제거
③ 시비량의 조절　　　　④ 파종기의 조절

해설　포장위생에 의한 방제방법은 병든 부위 제거, 병든 식물 제거, 중간 기주 제거가 있다.

43 병원균의 침입에 대응하여 식물체가 나타내는 저항성 기작이 아닌 것은?
① 이층 형성　　　　　　② 수지 분비
③ 전충제 형성　　　　　④ 일액 현상

해설　일액현상은 식물체에 과량의 물이 있을 경우 잎의 수공에서 수분이 외부로 배출되는 현상으로 병원균의 침입과는 관련이 없다.

정답　39.④　40.②　41.①　42.②　43.④

44 토양서식 병원균으로 알려져 있는 것은?
① Pyricularia oryzae
② Agrobacterium tumefaciens
③ Cercospora beticola
④ Alternaria mali

해설 ◀ 뿌리혹병의 병원은 세균인 Agrobacterium tumefaciens 으로 토양에 서식하는 병원균이다.

45 벼 오갈병 바이러스의 매개충은?
① 끝동매미충
② 이화명충
③ 애멸구
④ 진딧물

해설 ◀ 벼 오갈병의 매개충은 끝동매미충이다.

46 다음 중 그람염색반응은 세균의 어느 구조에 의하여 결정되는가?
① 편모
② 선모
③ 세포질
④ 세포벽

해설 ◀ 세균의 그람염색법은 그람양성균인 보라색염색과 그람음성균인 분홍색 염색반응으로 구분하고 이는 세포벽의 구성성분인 Peptidoglycan의 함량차이로 나타난다.

47 병원균의 기생성 분화와 가장 관계가 먼 것은?
① 획득저항성
② 레이스
③ 판별품종
④ 맥류의 줄기녹병균

해설 ◀ 기생성분화는 형태적으로 동일한 균이 어떤 식물에서는 병을 일으키나 다른 식물에서는 그렇지 못한 현상을 말한다. 이와 관련된 것으로 레이스, 판별품종은 분화와 관련있으며 맥류의 줄기녹병균은 분화형에 있어 하나의 예시 병균중 하나이다. 맥류의 줄기녹병균에서 밀 줄기녹병균은 귀리, 호밀에 침해하지 않고 귀리 줄기녹병균은 밀이나 호밀을 침해하지 않는 기생성 분화의 한 예이다. 획득저항성은 이름 그대로 식물의 저항성에 관련된 용어이다.

48 병에 감염된 식물로부터 계속해서 인근 식물에 병을 일으키는 전염원은?
① 1차 전염원
② 2차 전염원
③ 확대 전염원
④ 월동 전염원

해설 ◀ 제1차 전염원이 발병하고 이때 발생한 병원체가 다른 식물로 전반되는 경우 2차 발병을 일으킨다.

정답 44.② 45.① 46.④ 47.① 48.②

49 오동나무 빗자루병을 매개하는 해충은?
① 복숭아혹진딧물 ② 담배장님노린재
③ 애멸구 ④ 미국흰불나방

해설 ▶ 오동나무 빗자루병은 매개충은 담배장님노린재이다.

50 여름포자를 형성하지 않는 것은?
① 포플러 잎녹병균 ② 배나무 붉은별무늬병균
③ 밀 줄기녹병균 ④ 잣나무 털녹병균

해설 ▶ 배나무 붉은별무늬병균은 겨울포자, 소포자, 녹병포자, 녹포자를 형성하나 여름포자는 형성하지 않는다.

51 진균에 대한 일반적 설명으로 거리가 먼 것은?
① 세포벽은 주로 섬유소로 구성되었다. ② 진핵생물이다.
③ 주로 실모양이다. ④ 타급영양을 한다.

해설 ▶ 진균의 세포벽은 주로 키틴성분으로 구성되어 있다.

52 벼 키다리병에 관한 설명으로 틀린 것은?
① 육묘기의 본엽 2~3엽기부터 발생한다.
② 병원균은 Blumera graminis 이다.
③ 대형 분생포자는 초승달 모양이다.
④ 무발병지에서 채종하고 염수선한 후 종자소독한다.

해설 ▶ 벼 키다리병의 병원은 진균으로 Gibberella fujikuroi 이다.

53 균류의 유성포자가 아닌 것은?
① 난포자 ② 자낭포자
③ 유주자 ④ 담자포자

해설 ▶ 균류의 유성포자는 접합포자, 난포자, 자낭포자, 담자포자가 있다.
※ 무성포자 : 유주자, 포자낭포자, 분생자 등

정답 49.② 50.② 51.① 52.② 53.③

54 소나무 혹병균의 중간기주는?
① 매자나무　　　② 낙엽송
③ 향나무　　　　④ 참나무류

> **해설** 소나무 혹병균의 중간기주는 참나무이다.

55 식물 세포벽을 분해하는 효소가 아닌 것은?
① 기주특이적 독소(HST)　② 셀룰로오스 분해 효소
③ 펙틴 분해 효소　　　　④ 큐틴 분해 효소

> **해설** 세포벽의 분해효소로는 세포벽 구성성분에 따라 분해효소가 다르며 셀룰로오스 분해효소는 Cellulase, 펙틴 분해효소는 벼노균병, 모잘록병균 등이 큐틴 분해효소로는 잿빛곰팡이병균 등이 있다. 기주특이적 독소는 분해효소가 아닌 독소의 기주에 괴사작용을 하는 독소이다.

56 Pectobacterium(Erwinia) 속 무름병의 가장 대표적인 진단 기준은?
① 점무늬　　　② 기형
③ 시들음　　　④ 악취 발생

> **해설** 무름병의 경우 감염시 뿌리 부분이 물러 썩고 심한 악취가 발생한다.

57 벼 흰잎마름병이 발생하고 전파되는 데 가장 좋은 환경 조건은?
① 규산 작용　　　② 이상 건조
③ 태풍과 침수　　④ 이상 저온

> **해설** 벼 흰잎마름병은 물에 의해 전반되어 상처를 통해 침입하는데 태풍과 침수에 의해 상처가 발생하고 강수에 의해 전반이 많이 일어나게 된다.

58 뽕나무 오갈병의 병원은?
① 바이러스　　　② 파이토플라스마
③ 세균　　　　　④ 곰팡이

> **해설** 뽕나무오갈병은 파이토플라스마에 의해 발병한다.

정답 54.④　55.①　56.④　57.③　58.②

59 다음 중 감염된 식물의 호흡량 변화에 대한 설명으로 옳은 것은?
① 감염되지 않은 식물의 호흡량과 차이가 없다.
② 증가율은 잎면적에 비례하지만 감소율은 잎면적에 반비례한다.
③ 호흡속도는 감염되어 식물체가 고사할 때 까지 계속 증가한다.
④ 저항성 식물의 감염에서 호흡은 빠른 속도로 증가하지만, 감수성 식물에서는 서서히 증가한다.

해설 ▸ 식물이 병원에 감염시 방어기작의 작용으로 호흡 속도가 증가한다.

60 토양전염을 할 수 있는 바이러스는?
① Cucumber mosaic virus
② Potato virus Y
③ Potato mop-top virus
④ Radish enation mosaic virus

해설 ▸ PMTV(Potato mop-top virus), TRV(Tobacco rattle virus) 는 곰팡이, 토양선충에 의해 매개되어 토양전염이 가능하다.

61 파이토플라스마에 의해 발생되는 대추나무 빗자루병의 방제 시 수간주입에 사용되는 효과적인 약제는?
① 메틸브로마이드
② 티아벤다졸
③ 옥시테트라사이클린
④ 디메토모르프

해설 ▸ 파이토플라스마는 옥시테트라사이클린계의 항생물질로 치료가 가능하다.

62 벼 줄무늬잎마름병과 보리 황화모자이크병을 매개하는 vector로 옳게 나열된 것은?
① 흰등멸구, Olpidium
② 애멸구, Polymyxa
③ 벼멸구, 기장테두리진딧물
④ 매미충, 보리수염진딧물

해설 ▸ 벼 줄무늬잎마름병은 애멸구에 의해, 보리황화모자이크병은 Polymyxa graminis 에 의해 전염된다.

63 배추 무름병을 일으키는 병원체는?
① 곰팡이
② 바이러스
③ 세균
④ 파이토플라스마

해설 ▸ 배추 무름병은 세균에 의해 발생한다.

정답 59.④ 60.③ 61.③ 62.② 63.③

64 수침상의 점무늬가 다각형의 담갈색 무늬로 발전하는데 습기가 많으면 병든 부위의 뒷면에 서리가 또는 가루모양의 회색 곰팡이가 생기는 것은?
① 오이 노균병
② 오이 흰가루병
③ 땅콩 흰비단병
④ 뽕나무 흰날개무늬병

> **해설** 오이 노균병은 진균에 의해 담황색의 작은 반점이 발생하고 점점 확장되어 담갈색의 병반이 형성된다. 병반 뒷면은 회색 곰팡이인 분생포자가 생성된다.

65 식물병의 해부학적 진단법은?
① 고흐의 원칙
② 괴경지표법
③ 파지의 검출
④ X-체 검경법

> **해설** X-체 검경법은 현미경을 이용하는 해부학적 진단법이다.

66 식물병 중 표징을 관찰할 수 없는 경우는?
① 사철나무 그을음병
② 호프 햇빛곰팡이병
③ 대추나무 빗자루병
④ 맥류 깜부기병

> **해설** 대추나무 빗자루병은 파이토플라스마에 의한 병으로 병징만 나타나고 표징은 거의 나타나지 않는다.

67 식물병의 원인 중 생물적 병원에 속하지 않는 것은?
① Ca 부족
② 사상균
③ 세균
④ 선충

> **해설** Ca 는 식물의 영양성분이므로 비생물적 원인에 속한다.

68 바이러스의 종자전염이 가장 문제가 되는 식물은?
① 무
② 참깨
③ 담배
④ 콩

> **해설** 종자전염으로 발생되는 바이러스는 콩에 의한 전염이 가장 문제가 되며 콩에 의해 발생되는 콩모자이크 바이러스가 대표적이다.

정답 64.① 65.④ 66.③ 67.① 68.④

69 이병된 식물체를 가축이 먹으면 해로운 병은?
① 콩 자줏빛무늬병　　　　② 보리 붉은곰팡이병
③ 벼 도열병　　　　　　　④ 배추 모자이크병

　해설　보리 붉은곰팡이병은 진균독소를 만들기에 사람이나 가축이 먹으면 피해를 준다.

70 일반적으로 식물 바이러스병에 적용할 수 없는 진단 방법은?
① 혈청학적 진단　　　　　② 배양학적 진단
③ 핵산분석에 의한 진단　　④ 지표식물에 의한 진단

　해설　바이러스는 인공배양이 불가능하므로 배양학적 진단을 적용할 수 없다.

71 세포벽 성분의 차이에 의한 그람염색 반응은 매우 뚜렷하여 Gram 반응으로 세균을 분류할 수 있다. 그람음성세균끼리만 짝지어진 것은?
① Agrobacterium, Pantoea　　② Xanthomonas, Bacillus
③ Streptomyces, Pseudomonas　④ Bacillus, Erwinia

　해설　그람음성균 Acidovora, Erwinia, Pantoea, Agrobacterium, Xanthomonas, Pseudomonas 등이 있다.

72 기주식물이 저항성과 병원체의 병원력의 균형은 기주와 병원체가 오랜 시간 함께 균형을 맞추어 생존해 왔다는 것을 의미한다. 이러한 저항성 병원성의 단계적 진화를 설명할 수 있는 가설은?
① 우열의 개념　　　　　　② 유전자 재조합설
③ 유전자 대 유전자 개념　④ 불완전 우성

　해설　병원균의 비병원성 유전자는 식물의 저항성 반응을 유도한다. 비병원성 유전자에 대응하는 식물의 저항성 유전자에 의하는데 이는 유전자와 유전자의 개념으로 설명할 수 있다.

73 병원체가 곤충의 몸에서 월동하는 것은?
① 담배 모자이크 병　　　　② 벼 줄무늬잎마름병
③ 보리 줄무늬모자이크병　④ 감자 X 바이러스병

　해설　벼 줄무늬잎마름병은 애멸구의 곤충 체내에서 월동한다.

정답　69.②　70.②　71.①　72.③　73.②

74 세포벽이 없는 원형생물로 인공배지에 배양이 되지 않으며 곤충에 매개되는 특성이 있고 세균과 바이러스의 중간 형태로 알려진 식물병원 미생물은?

① 아메바 ② 원생동물
③ 프라이온 ④ 파이토플라스마

> 해설 파이토플라스마는 세포벽이 없고 원형질막이 존재하며 다양한 모양을 지닌 원핵미생물이다.

75 대추나무 빗자루병은 어떻게 전염되는가?

① 파이토플라스마 병원체가 비산하여 병을 전염한다.
② 매개충인 마름무늬매미충에 의하여 병원체가 전염된다.
③ 병원체가 하늘소에 의하여 전염된다.
④ 감염된 나무에서 수확한 종자를 심어서 전염된다.

> 해설 대추나무 빗자루병의 매개충인 마름무늬매미충에 의해 전염되고 병원체는 파이토플라스마 이다.

76 병원균에 대하여 항균력이 있는 미생물을 이용하여 방제하는 방법은?

① 화학적 방제 ② 경종적 방제
③ 생물적 방제 ④ 물리적 방제

> 해설 항균력이 있는 미생물을 이용하는 것은 병원균의 생육을 억제하는 생물학적 방제법 혹은 생물적 방제법이라 한다.

77 지표식물인 천일홍에 인공 즙액을 접종한 결과로 진단할 수 있는 병은?

① 벼 흰잎마름병(BLB) ② 감자 X 바이러스(PVX)
③ 벼 줄무늬잎마름병(RSV) ④ 뽕나무 오갈병(MLO)

> 해설 지표식물은 식물의 감수성을 이용한 생물학적 진단방법이다. 천일홍의 인공즙액을 이용하면 감자 X 바이러스의 감염 여부를 진단할 수 있다.

78 병징이 나타난 곳에서 병자각을 볼 수 있는 병은?

① 배나무 줄기마름병 ② 벼 이삭누룩병
③ 오이 잘록병 ④ 옥수수 오갈병

> 해설 배나무 줄기 마름병은 줄기나 가지에 갈색의 작은 병반이 만들어지고 병으로 죽은 가지에는 작은 돌기의 병자각이 형성된다.

정답 74.④ 75.② 76.③ 77.② 78.①

79 주로 풍매전반을 하는 병은?
① 배추 무사마귀병 ② 배나무 붉은별무늬병
③ 오이 모자이크바이러스병 ④ 식물의 모잘록병

해설 바람에 의한 전반은 배나무 붉은별무늬병균, 도열병균, 잣나무 털녹병균, 감자 역병균 등이 있다.

80 비닐하우스에서 재배하는 작물이 노지작물보다 병이 적게 발생하는 이유로 가장 적합한 것은?
① 비닐하우스는 외부로부터 침입하는 전염원을 차단한다.
② 비닐하우스는 노지보다 온도가 높다.
③ 비닐하우스는 노지보다 수분 증발량이 많다.
④ 비닐하우스는 물을 인위적으로 공급하여 재배한다.

해설 병원체의 경우 대부분 다른 이동수단인 바람, 매개충, 동물 등에 의해서 전반되기에 비닐하우스는 이러한 이동을 차단해준다.

81 식물체의 표피를 직접 뚫고 침입 가능한 병원균은?
① 벼 도열병균 ② 감귤 궤양병균
③ 담배 모자이크병균 ④ 대추나무 빗자루병

해설 각피로 침입하는 대표 병균으로 벼도열병균, 흰가루병균, 깜부기병균, 녹병균 등이 있다.

82 식물병원균이 분비하는 물질로서 직접, 간접적으로 병원성이 관여하는 물질이 아닌 것은?
① 효소 ② 질소질비료
③ 독소 ④ 호르몬

해설 효소, 독소, 호르몬은 식물병원균이 분비 및 관여 물질이나 질소질비료는 외부에서 공급되는 별도의 물질로 분류한다.

정답 79.② 80.① 81.① 82.②

83 맥각병과 가장 관계가 깊은 설명은?

① 균핵을 먹으면 중독을 일으킨다.
② 보리의 수량을 저하시킨다.
③ 유묘기 때 특히 피해가 크다.
④ 위조현상을 일으킨다.

해설 맥각병은 자낭균(Claviceps purpurea)에 의해 벼과식물에 기생하여 독성 물질인 알칼로이드를 만들어 섭취시 맥각 중독을 일으킨다.

84 소나무 잎마름병의 병징은?

① 봄에 잎 끝부분이 갈색을 변한다.
② 봄에 잎 전체가 갑자기 갈색으로 변한다.
③ 봄에 잎에 띠 모양의 황색반점이 생긴다.
④ 봄에 신초와 잎이 시들고 구부러진다.

해설 띠모양의 황색반점이 교대로 형성되어 갈변하다가 반점들이 합쳐지게 된다. 병든 낙엽에서 월동하고 건전부와 이병부의 경계가 뚜렷하지 않다.

85 벼 도열병균의 레이스를 구분할 때 사용하는 판별품종이 아닌 것은?

① 인도계(T) 품종군
② 일본계(N) 품종군
③ 필리핀계(R) 품종군
④ 중국계(C) 품종군

해설 벼도열병균의 레이스 구분시 12개 판별품종에 접종해 병반형에 따라 T품종(인도), C품종(중국), N품종(일본) 등으로 분류한다.

86 잣나무 털녹병의 전염경로를 포자형으로 바르게 설명한 것은?

① 잣나무하포자→송이풀동포자→송이풀하포자→잣나무에 침입
② 잣나무담자포자→송이풀하포자→송이풀동포자→잣나무에 침입
③ 잣나무녹포자→송이풀하포자→송이풀녹포자→송이풀동포자→잣나무에 침입
④ 잣나무녹포자→송이풀하포자→송이풀동포자→송이풀담자포자→잣나무에 침입

해설 잣나무 털녹병 전염경로
㉠ 녹포자 형성 → 잣나무 녹포자
㉡ 녹포자가 중간기주에서 여름포자 형성 → 송이풀하포자
㉢ 겨울포자 형성 후 발아하여 소생자(담자포자) 발생 → 송이풀동포자
㉣ 바람에 의해 소생자(담자포자)가 잎의 기공으로 침입 → 송이풀담자포자 및 잣나무 침입

정답 83.① 84.③ 85.③ 86.④

87 배나무 붉은별무늬병균의 중간기주는?

① 사과나무 ② 소나무
③ 향나무 ④ 참나무

> [해설] 배나무 붉은별무늬병균의 중간기주는 향나무이다.

88 고추 역병이 많이 발생할 수 있는 환경과 가장 관계 깊은 것은?

① 이어짓기, 가뭄 ② 돌려짓기, 과습
③ 이어짓기, 침수 ④ 돌려짓기, 침수

> [해설] 고추 역병은 장마기간에 기온이 낮고 습도가 높은 조건에서 많이 발생하며 토양에 월동하다가 다음 장마기간에 발생하기에 이어짓기를 하게 되면 다량 발생한다.

89 담배 모자이크바이러스의 전염 경로가 아닌 것은?

① 오염 토양 ② 담배나방
③ 담배 피우던 손 ④ 오염된 농구

> [해설] 담배 모자이크바이러스는 매개충이 아닌 기계적 접촉에 의해 전염된다.

90 운동성을 가지고 있는 포자는?

① 유주자 ② 분생포자
③ 유성포자 ④ 난포자

> [해설] 유주자는 편모를 가지고 있어 운동성이 있다.

91 독소와 기주 특이성과의 관계를 옳게 설명한 것은?

① 모든 독소는 기주특이성이 있다.
② 모든 독소는 기주 특이성이 없다.
③ 독소와 기주특이성과는 관계가 없다.
④ 독소에 따라 기주특이성이 있는 것도 있고 없는 것도 있다.

> [해설] 기주식물에만 독성을 일으켜 병원성이 있는 균주만이 분비하는 독소를 기주특이적 독소라 한다. 반대로 기주 이외 다른 식물에 독성을 일으키는 독소를 비기주특이적 독소라 하며 이에 따라 기주특이성이 있는 것도 있고 없는 것도 있다.

정답 87.③ 88.③ 89.② 90.① 91.④

92 순활물기생균으로 옳은 것은?
① 벼 도열병균
② 맥류 흰가루병균
③ 고추 탄저병균
④ 벼 흰잎마름병균

해설 ▶ 절대기생체를 순활물기생체라 하며 살아있는 조직에만 생활한다. 대표적인 예로 흰가루병균, 붉은별무늬병균, 녹병균 등이 있다.

93 고흐의 원칙에 관한 설명으로 틀린 것은?
① Robert Koch 가 제안하였다.
② 4단계의 규칙으로 구성되었다.
③ 모든 식물병원체에 적용할 수 있다.
④ 식물병 뿐만 아니라, 동물병에도 적용될 수 있다.

해설 ▶ 고흐의 원칙에서 '병원체는 병든 기주에서 분리시 배지에서 자라야 한다'라는 원칙에 있어 바이러스와 같은 절대기생체는 배지배양이 불가능하기에 고흐의 원칙에 적합하지 않다.

94 식물 병원 바이러스와 식물 병원 파이토플라스마의 차이점으로 옳은 것은?
① 바이러스는 세포벽이 있으나 파이토플라스마는 세포벽이 없다.
② 바이러스는 RNA 를 함유하고 있으나 파이토플라스마는 RNA가 없다.
③ 바이러스는 매개충이 옮겨 주나 파이토플라스마는 매개충에 의하여 전파되지 않는다.
④ 바이러스는 테트라사이클린에 대하여 저항성이나 파이토플라스마는 감수성이다.

해설 ▶ 파이토플라스마는 방제시 테트라사이클린계 항생물질을 이용한다. 이는 테트라사이클린에 대하여 파이토플라스마는 감수성임을 의미한다. 바이러스는 DNA 나 RNA 로 구성되어 항생 처리시 아무 효과가 없다. 이는 결국 바이러스는 테트라사이클린에 대하여 저항성임을 의미한다.

95 곤충에 의해서 전염되는 식물병은?
① 고추 탄저병
② 벼 흰잎마름병
③ 배나무 붉은별무늬병
④ 대추나무 빗자루병

해설 ▶ 대추나무 빗자루병은 매개충은 마름무늬매미충에 의해 전염된다.

정답 92.② 93.③ 94.④ 95.④

96 하우스에 재배하는 채소에서 과습과 저온에서 많이 발생하는 병은?
① 고추 탄저병　　② 딸기 잿빛곰팡이병
③ 토마토 풋마름병　④ 오이 덩굴쪼김병

해설　시설내에서 저온다습한 환경의 경우 잿빛곰팡이병이 자주 발생한다.

97 복숭아나무 잎오갈병의 전형적인 병징은?
① 천공　　② 이상 비후
③ 위조　　④ 도장

해설　복숭아나무 잎오갈병은 잎이 붉은색을 띠면서 부풀어 오르고 이때 병반이 발생한다. 발생한 병반은 주름지고 오르라는 현상이 나타나고 병든 잎 앞면에는 회백색의 가루인 자낭이 생기고 병든 잎은 흑갈색으로 변한다.

98 벼 잎집무늬마름병의 방제방법으로 옳은 것은?
① 질소 비료 과용　　② 고습도 유지
③ 밀식 방지　　　　④ 이병성 품종 재배

해설　벼 잎집무늬마름병 방제법
・모내기 전 써레질 후 균핵을 제거한다.
・밀식을 피하도록 한다.
・질소질 비료의 과용을 피하고 칼륨질 비료를 사용한다.
・추비로 볏짚을 사용할 경우 완전히 썩혀 사용하는 것이 좋다.

99 식물체 물관에 병원균이 침입하여 증식하므로 발생하는 병은?
① 벼 도열병　　② 토마토 풋마름병
③ 맥류 녹병　　④ 사과 점무늬낙엽병

해설　토마토 풋마름병은 세균이 물관에서 증식하여 수분 상승을 저해시켜 식물에 이상을 발생시킨다.

100 병징인 동시에 표징인 것은?
① 토마토의 시들음　② 뽕나무의 오갈
③ 오이 잎의 흰가루　④ 포도의 뿌리혹

해설　흰가루의 병원체의 번식기관인 분생포자는 병징인 동시에 표징이다.

정답　96.② 97.② 98.③ 99.② 100.③

PART 2

농림해충학

PLANT PROTECTION

PART 02 농림해충학

| 필기 이론 |

01 곤충일반

1. 곤충학의 개념
① 곤충학은 곤충을 연구하는 학문으로 지구상에 약 100만여종의 곤충이 살고 전체 동물문에 약 70% 이상을 차지하고 있다.
② 곤충은 동물계의 절지동물문 곤충강에 속한다.
③ 곤충학은 일반곤충학과 응용곤충학으로 분류되며 일반곤충학은 분류학, 형태학, 생리학, 생태학, 지리학 등이 있고 응용곤충학은 산림곤충학, 위생곤충학, 산업곤충학 등이 있다.

2. 곤충의 특성

(1) 곤충의 진화
① 곤충의 진화는 데본기부터 진행되었고 다체절의 절지동물에서 진화하였다.
② 곤충강에 속하는 절지동물은 약 4억 8천년전 쯤부터 등장하였는 것으로 추정한다.
③ 약 400백만년전 데본기에 처음으로 날개를 발달하였다.
④ 석탄기에는 신시하강의 곤충이 등장하였고 등뒤로 날개를 접을수 있게 진화되었다.
⑤ 페름기에는 메뚜기군의 외시류곤충이 번성하였다.
⑥ 이처럼 곤충은 역사적으로 오랜시간 진화를 거듭해왔으며 그 종류만 100만 여종이 넘으며 아직까지 인류가 발견하지 못한 곤충도 많을 것으로 예상하고 있다.

(2) 곤충의 번성
① 곤충의 강점은 바로 체구가 작다는 것이다. 적은 양의 먹이로도 생존이 가능하고 포식자 및 극한환경에 생존이 유리하다.
② 날개의 발달로 비행능력이 생기면서 새로운 서식지를 찾아다니기 용이해졌다.
③ 다양의 분화와 환경의 적응을 통해 경쟁을 최소화하여 다양한 방식의 생존 전략을 가지게 되었다.

④ 곤충의 키틴질이라는 방수층이 있어 수분의 증발을 최소화하여 극한의 환경에서도 생존이 가능하다.
⑤ 곤충은 변온성을 지니고 있어 체온을 유지하기 위한 에너지 소비가 거의 없다.
⑥ 키틴질로 된 강한 외골격으로 몸을 보호하기 용이해졌다.
⑦ 강한 번식력을 통해 종족을 보존하기 용이해졌다.

(3) 곤충의 특징

① 곤충은 몸 구조는 크게 머리, 가슴, 배 3부분으로 분류된다.
② 머리는 구기인 입틀, 한쌍의 겹눈과 2~3개의 홑눈, 한쌍의 더듬이를 가지고 있다.
③ 가슴은 앞가슴, 가운데가슴, 뒷가슴으로 분류된다. 각 부분에 한쌍의 다리가 있고 가운데가슴과 뒷가슴에는 한쌍의 날개가 있다.
④ 곤충에는 소화계, 순환계, 호흡계, 신경계 등의 기관을 갖추고 있다.

02 곤충의 분류

1. 종개념 및 명명규약

(1) 종개념

종은 생물 분류의 단위로 생물학적으로 교배가 가능하고 번식력이 있는 자손을 만들 수 있는 개체군을 나타내는 것을 의미한다.

(2) 명명규약

① 린네의 이명법은 첫 번째 단어를 종이 속한 속명, 두 번째 단어는 종명을 나타내며 이러한 종의 두 단어를 합친것을 이명법이라 하며 라틴어로 표기한다.
② 끝에는 명명자의 이름을 표기한다.
③ 속명과 종명은 이탤릭체로 표기하고 속명과 명명자는 대문자로 시작한다.

> **기출문제**
>
> 생물분류의 기본단위인 종의 학명 구성요소가 아닌 것은?
> ① 속명　　　　　　② 종명
> ③ 명명자　　　　　④ 채집자
>
> **해설** 학명은 속명, 종명, 명명자로 표현한다.
>
> **답** ④

2. 곤충의 분류 및 형태 특성

(1) 곤충의 분류

① 곤충의 분류는 분류학상 기본단위인 종이며 분류순서는 문, 강, 아강, 목, 아목, 과, 아과, 속, 아속, 종, 아종, 변종 순이다. 속은 계통적으로 형태가 비슷한 것을 기초로 하며, 과는 같은 속의 집단이다, 목은 보통 입과 날개의 진화정도, 날개의 모양, 변태의 방식, 진화 정도에 따라 분류된다,
② 곤충은 날개가 없는 원시적인 무시아강과 유시아강으로 분류되고 무시아강은 4목으로 구분된다.
③ 유시아강은 불완전변태를 하는 외시류와 완전변태를 하는 내시류로 구분한다. 무시

아강은 변태를 하지 않는 무변태이다.

무시아강			톡토기목, 낫발이목, 좀붙이목, 좀목
유시아강	고시류		하루살이목, 잠자리목
	신시류	외시류	바퀴목, 사마귀목, 흰개미목, 귀뚜라미붙이목, 메뚜기목, 집게벌레목, 대벌레목, 강도래목, 다듬이벌레목, 이목, 매미목, 노린재목, 총채벌레목
		내시류	뱀잠자리목, 약대벌레목, 풀잠자리목, 딱정벌레목, 부채벌레목, 밑들이목, 벼룩목, 날도래목, 나비목, 벌목, 파리목

기출문제

무시아강류의 변태형은?
① 무변태　　　　　　② 반변태
③ 완전변태　　　　　④ 과변태

해설: 무시아강은 변태를 하지 않는 무변태이다.

답 ①

(2) 무시아강

① 톡토기목

㉠ 톡토기목은 대부분의 종은 몸길이 6mm 이하로 작은편이다.

㉡ 머리, 가슴, 배로 이루어지며 다리는 3쌍, 더듬이는 1쌍을 가지고 있다.

㉢ 날개는 없고 배는 6마디, 제 1 마디에는 복관이 있으며 제 4마디에는 한쌍의 도약기가 있다.

㉣ 유충은 성충은 모습이 비슷하나 생식기가 없다.

㉤ 겹눈은 홑눈모양으로 배열되어 있고 저작형 입틀이 머리통 안에 들어 있다.

② 낫발이목

㉠ 원미류라고도 하며 날개가 없고 변태가 거의 이루어지지 않는다.

㉡ 주로 습한 흙이나 낙엽 더미 속에 서식한다.

㉢ 길이가 2mm 내외로 작고 피부가 엷고 반투명하다.

㉣ 눈이 없고 구기는 뺨 속에 숨어 있는 자흡구형 입틀을 가진다. 큰턱은 길쭉하고 두 개와는 한 곳에서 연결된다.

㉤ 더듬이가 없고 앞다리에는 여러개의 감각모가 있다.

> **기출문제**
>
> 낫발이목의 설명 중 틀린 것은?
> ① 더듬이가 없다.   ② 겹눈이 없다.
> ③ 저작형 입틀을 갖고 있다.   ④ 날개가 없다.
> **해설:** 낫발이목은 자흡구형 입틀을 가지고 있다.
>
> 답 ③

③ 좀붙이목
  ㉠ 대개 몸길이는 7mm 이하이나 간혹 30~50mm 가 있다.
  ㉡ 몸은 가늘며 날개가 없다.
  ㉢ 배 끝에 마디가 많고 1쌍의 꼬리뿔이 감각기관을 대신한다.
  ㉣ 겹눈이 없고 더듬이는 가늘고 머리보다 긴편이다.
  ㉤ 빛을 싫어하는 습성으로 습한 흙 속이나 돌, 나무 밑에서 생활한다.
  ㉥ 육식성으로 흙 속의 톡토기류, 진드기류, 균사체 등을 먹고 산다.

④ 좀목
  ㉠ 몸은 방추형으로 날개가 없다.
  ㉡ 나무껍질, 땅속, 낙엽 아래에서 생활한다.
  ㉢ 저작구형 입틀로 겹눈은 있기도 하고 없기도 하다.
  ㉣ 변태의 경우 하기도 하고 하지 않기도 한다.

(3) 유시아강 - 고시류

① 하루살이목
  ㉠ 유충은 주로 유속이 느리거나 얕은 호숫가에서 서식한다.
  ㉡ 유충은 물속에서 다른 포식자의 먹이가 된다.
  ㉢ 입틀이 퇴화되어 없고 더듬이는 2마디를 가지고 있다.
  ㉣ 날개는 삼각형에 가까우며 날개맥이 많고 뒷날개가 앞날개보다 작은 편이다.
  ㉤ 알에서 깨어난 하루살이는 불완전변태를 하며 성충이 된다.

> **기출문제**
>
> 하루살이목에 대한 설명으로 틀린 것은?
> ① 입틀이 퇴화되거나 없다. ② 더듬이는 짧다.
> ③ 뒷날개가 앞날개보다 훨씬 크다. ④ 약충은 수중생활을 한다.
>
> **해설** 뒷날개가 앞날개보다 작다.
>
> 답 ③

② 잠자리목

　㉠ 잠자리는 알, 유충, 성충의 불완전변태를 하며 유충때는 수중생활을 한다. 수중생활을 하는 유충때는 기관아가미로 호흡한다.

　㉡ 2쌍의 날개가 있고 날개맥은 그물모양이다.

　㉢ 아랫입술이 발달하고 성충이나 약충 모두 포식성이다.

　㉣ 겹눈이 발달하고 더듬이는 작은 편이다.

　㉤ 잠자리목의 경우 수질오염을 나타내는 지표가 되기도 한다.

(4) 유시아강 - 신시류 - 외시류

① 바퀴목

　㉠ 몸은 납작한 타원형 모양이며 날개가 있다.

　㉡ 알집에서 유충으로 대량 부화하여 불완전변태를 한다.

　㉢ 겹눈이 발달하고 입틀은 저작형이며 더듬이는 실모양으로 긴편이다.

　㉣ 사람이 사는 주변, 하수구 등 오염 구역에서 서식한다.

　㉤ 번식력이 뛰어나고 박멸이 어려우며 여러 병원의 매개충으로 위생해충에 속한다.

② 사마귀목

　㉠ 사마귀는 번데기 과정을 거치지 않는 불완전변태를 한다.

　㉡ 유충과 성충은 모두 육식성이다.

　㉢ 암컷은 수컷보다 큰편이며 배의 너비가 넓다.

　㉣ 앞날개가 꼬리부 뒤쪽까지 이어지며 갈색의 날개맥이 여러 줄 있다.

③ 흰개미목

　㉠ 주로 불완전변태를 하며 유충이 성충과 유사한 형태를 가진다.

　㉡ 가슴과 배가 구분되지 않으며 저작형 입틀로 큰 턱을 가진다.

　㉢ 겹눈은 퇴화한 경우가 대부분이다.

② 어린 목재를 섭취하며 소화관에 셀룰로오스 분해 미생물이 있어 양분을 얻는다.

④ 귀뚜라미붙이목
  ㉠ 전체적으로 몸이 가늘고 15~30mm 정도로 긴편이며 날개가 없다.
  ㉡ 홑눈이 없고 겹눈만 있거나 퇴화한 것이 대부분이다.
  ㉢ 배 부분에 한쌍의 긴 꼬리털이 있다.
  ㉣ 동굴이나 썩은 나무 아래에서 생활한다.
  ㉤ 입틀은 앞쪽을 향하며 저작형으로 큰 턱이 발달하였다.
  ㉥ 배는 10마디로 제 1배등판에 1개의 돌기 모양의 복포가 존재한다.

⑤ 메뚜기목
  ㉠ 번데기 과정이 없는 불완전변태를 한다.
  ㉡ 수컷의 경우 날개를 비비거나 날개에 뒷다리의 마찰을 이용해 소리를 낸다.
  ㉢ 크게 머리, 가슴, 배로 분류되며 가슴은 다시 앞가슴. 가운데가슴, 뒷가슴으로 분류한다.
  ㉣ 날개는 앞날개, 뒷날개가 각 한 쌍씩 존재하며 앞날개는 가운데 가슴, 뒷날개는 뒷가슴에 달려 있다.
  ㉤ 기문의 경우 머리를 제외한 나머지 체절에 한쌍씩 있다. 겹눈이 발달하고 3개의 홑눈을 가진다.

⑥ 집게벌레목
  ㉠ 날개는 두쌍이며 없는 것도 존재한다. 앞날개는 짧고 날개맥이 없다. 뒷날개의 경우 발달 모양으로 날개맥이 방사형이다.
  ㉡ 식육성이고 저작형 입틀이다.
  ㉢ 땅속이나 나무껍질 아래 살며 각종 해충을 잡아먹는다.

⑦ 대벌레목
  ㉠ 몸은 가늘고 길이는 7~10cm 정도이며 머리는 앞가슴보다 길다.
  ㉡ 암컷은 머리에 1쌍의 가시가 있고 더듬이는 실 모양으로 짧은 편이다.
  ㉢ 날개는 퇴화하여 날지 못한다.
  ㉣ 가운데다리와 뒷다리의 종아리마디 밑의 끝에는 돌기가 3~4개 정도 있다.
  ㉤ 연 1회 발생하고 불완전변태를 한다.

⑧ 강도래목
  ㉠ 몸이 연약하고 머리의 폭은 넓으며 더듬이가 길다.

ⓒ 불완전변태를 하며 성충은 막질의 날개를 2쌍 가지고 있으며 앞날개보다 뒷날개가 크다.
ⓒ 유충은 대부분 물살이 세고 수온이 낮은 계곡에 서식하며 수서곤충, 식물성 물질을 먹고 기관아가미로 호흡한다.
ⓔ 저작형 입틀이나 성충 때는 퇴화하는 편이다.

> **기출문제**
>
> 강도래목에 대한 설명 중에서 틀린 것은?
> ① 저작형 입틀을 갖고 있다. ② 더듬이가 있다.
> ③ 날개가 없다. ④ 약충은 물속에 산다.
>
> **해설**: 강도래목은 날개를 2쌍 가지고 있다.
>
> 답 ③

⑨ 다듬이벌레목
　㉠ 몸은 원통 모양이며 길이는 7mm 정도이다.
　㉡ 두 쌍의 날개가 있으며 날개는 막질이고 날개가 짧은 것 없는 것이 있다.
　㉢ 입틀은 씹는 형이며 잡식성이다.
　㉣ 발마디는 약충은 2마디, 성충은 3마디 이며 꼬리는 없다.
　㉤ 국내에는 검정수염다듬이, 다듬이, 검정다듬이, 톱니다듬이, 두점다듬이, 얼룩무늬다듬이 등이 분포하고 있다.

⑩ 매미목
　㉠ 크기는 1~80mm 정도로 다양하고 달걀 모양 혹은 긴 타원형이다.
　㉡ 전구동물로 머리는 자유롭고 더듬이는 실이나 털 모양으로 4~10마디로 이루어져 있다.
　㉢ 겹눈은 발달하고 홑눈은 보통 3개 정도이나 뿔매미처럼 2개 혹은 퇴화한 것도 있다.
　㉣ 날개는 2쌍으로 날기맥은 단순하거나 퇴화했다. 종에 따라 날개가 짧은 단시형과 날개가 긴 장시형이 있다.
　㉤ 초식성이며 불완전 변태를 하며 번식력이 매우 좋은 편이다.

⑪ 노린재목
　㉠ 반시류라고도 하며 지상, 수서 생활을 하는 것들이 있다.

ⓒ 몸의 크기는 1~65mm 정도로 다양하며 모양도 평판한 것, 막대형, 날개의 변형 및 확대 등 다양한 편이다.
ⓒ 머리는 넓고 삼각형이 많으며 구기는 찔러서 빨아들이는 모양이다. 초식성 혹은 포식성이 있다.
② 겹눈은 발달되어 있고 홑눈은 2개이거나 없다.
⑩ 더듬이는 4~5마디로 땅에 사는 것들은 긴 편이며 물속에 사는 것은 짧은 편이다.
ⓑ 다리의 발목마디는 2마디이다.

기출문제

노린재목에 대한 설명으로 틀린 것은?
① 불완전변태를 한다. ② 식물병의 매개충 역할도 한다.
③ 잡식성이다. ④ 수서생활도 한다.

해설: 노린재목은 초식성이거나 포식성이다.

답 ③

⑫ 총채벌레목

㉠ 몸크기는 0.5~10mm 정도이며 총시류라고 한다.
ⓒ 꽃이나 잎과 같은 식물을 먹고 살며 간혹 포식성인 것도 있다.
ⓒ 날개맥은 퇴화하였으며 총채모양의 날개를 가진다.
② 불완전변태를 하며 날개 둘레에는 길고 가는 털이 있다.
⑩ 입틀의 좌우가 비대칭이고 즙액을 빨아먹는 흡수형이다.

기출문제

총채벌레의 형태적인 특징으로 틀린 것은?
① 입틀의 좌우모양이 대칭이다.
② 몸이 작고 날씬한 곤충이며 크기는 0.6~1.2mm 정도이다.
③ 입틀로 긁어서 빨아먹는 흡수형이다.
④ 몸은 등쪽이 납작하거나 원통모양이다.

해설: 총채벌레의 입틀은 좌우가 같지 않으며 왼쪽의 큰턱이 한 개만 발달되어 있다

답 ①

(5) 유시아강 - 신시류 - 내시류

① 뱀잠자리목
- ㉠ 유충은 저작형 입틀로 더듬이가 있고 다리가 발달한 편이다.
- ㉡ 뱀잠자리는 맑은 담수에서만 서식하기에 환경 지표종으로 이용된다.
- ㉢ 유충은 수서생활을 하고 아가미로 호흡하고 성충이나 번데기는 육지에서 생활한다.
- ㉣ 대략 300 여종 정도가 알려져 있으며 한국에서는 풀잠자리목으로 취급한다.

② 약대벌레목
- ㉠ 두쌍의 날개가 있으며 투명하고 날개맥이 많다.
- ㉡ 뱀잠자리목과 형태적으로 유사하나 목이 긴 것이 특징이다.
- ㉢ 더듬이는 길고 저작형 입틀이며 유충은 육지생활을 한다.
- ㉣ 국내에는 약대벌레목에 1과 1종이 알려져 있으며 산지 중심으로 관찰이 된다.

③ 풀잠자리목
- ㉠ 2쌍의 날개를 가지며 앞날개와 뒷날개의 모양과 크기가 비슷하다.
- ㉡ 완전변태를 하며 입은 저작구이고 앞날개, 뒷날개의 크기가 같으며 시맥은 망상이다.
- ㉢ 긴 더듬이를 가지며 여러 개의 마디로 되어 있다.
- ㉣ 유충은 3쌍의 다리를 가지고 배에는 다리가 없으며 주로 육지에서 서식한다.
- ㉤ 풀잠자리의 홑눈은 있기도 하고 없기도 하다.

④ 딱정벌레목
- ㉠ 곤충의 종 가운데 40% 정도인 35만여종을 차지하는 목이며 아직 미발견 종만 500만 여종이 넘는 것으로 알려져있다.
- ㉡ 먹이는 식물, 작은 물고기, 동물의 시체 등 매우 다양하다.
- ㉢ 저작형 입틀로 성충은 외골격이 발달해 있다.
- ㉣ 날개는 있는 것과 없는 것이 있으며 있는 경우는 2쌍이다.
- ㉤ 번데기는 나용이고 경우에 따라 고치를 짓기도 한다.

> **기출문제**
>
> 곤충강 중 세계에서 가장 많은 종이 기록되어 있어 많은 해충과 익충이 포함되어 있는 곤충목은?
> ① 사마귀목　　　　　　　② 강도래목
> ③ 딱정벌레목　　　　　　④ 흰개미붙이목
>
> **해설**　곤충의 종 가운데 40% 정도인 35만여종을 차지하는 목으로 세계에서 가장 많은 종이 알려져있다.
>
> **답** ③

⑤ 부채벌레목

　㉠ 10개 과에 대략 600 종 정도로 이루어져 있다.

　㉡ 초기 유충과 수컷 성충은 짧은 수명을 가지며 대부분은 생을 다른 곤충의 몸에 기생한다.

　㉢ 수컷만 날개가 있으며 뒷날개가 큰 부채 모양이다.

　㉣ 입틀은 퇴화되었고 암컷은 날개와 다리가 없는 유충형태이다.

⑥ 밑들이목

　㉠ 머리는 아래쪽으로 길게 뻗어 있고 주둥이 끝은 저작형 입틀이다. 더듬이는 여러 마디로 긴 채찍 모양이다.

　㉡ 먹이는 작은 벌레를 잡아먹는 육식이며 유충은 나비류의 유충모양을 하고 있다.

　㉢ 완전변태를 하고 성숙유충이 번데기로 월동한다.

⑦ 벼룩목

　㉠ 평균 2~4mm 정도로 매우 작은편이며 완전변태를 한다.

　㉡ 머리, 가슴, 배의 구별이 뚜렷하고 다리가 발달하여 도약이 용이하다.

　㉢ 성충은 동물에 기생하여 피를 빨아먹고 흑사병 혹은 발진열의 질병을 전파한다.

　㉣ 유충은 긴 원통형으로 눈과 다리가 없으며 기생생활을 하지 않는다.

⑧ 날도래목

　㉠ 날도래목은 수중생활을 하거나 수체에 인접한 습지대에서 서식한다.

　㉡ 나뭇잎, 조류, 동식물의 미세분해물질, 플랑크톤 등을 먹이로 한다.

　㉢ 유충은 아가미를 이용해 호흡하거나 몸의 표면을 통해 피부호흡을 한다.

　㉣ 완전변태를 하며 1년에 1세대로 번데기가 되기에 4~5회 정도의 탈피를 한다.

⑨ 나비목
  ㉠ 날개와 몸 전체가 비늘가루로 덮여 있다.
  ㉡ 크게 나비와 나방으로 이루어지며 완전변태군에 속한다.
  ㉢ 성충은 인편으로 덮힌 막질의 날개 2쌍과 빨아먹는 긴 주둥이를 가지고 있다.
  ㉣ 유충은 씹는 입틀이 발달하고 원통형이다.

⑩ 벌목
  ㉠ 벌과 개미 등을 포함하며 환경에 잘 적응하며 기생 및 사회생활을 하며 완전변태를 한다.
  ㉡ 종류는 10만종류 이상으로 다양하다.
  ㉢ 2쌍의 막질의 날개가 있다. 입틀은 무는 저작형이 많으나 핥는형이나 빨대형도 있다.

⑪ 파리목
  ㉠ 1쌍의 날개를 가지며 서식환경은 매우 다양하다.
  ㉡ 먹이는 과즙, 곤충, 혈액, 식물등 광범위하다.
  ㉢ 성충은 막질로 이루어진 1쌍의 날개를 가지며 뒷날개는 작은 곤봉 모양으로 퇴화되었다.
  ㉣ 뒷날개는 평균곤으로 변형되어 몸의 균형 유지와 감각기관을 담당한다.

기출문제

곤충 분류군별로 파리목의 형태적 특징인 것은?
① 정상적인 날개가 2쌍이다.
② 앞날개만 발달하여 나는 기능을 갖고 있고 뒷날개는 퇴화되었다.
③ 앞날개가 뒷날개보다 크며 날개는 비늘로 덮여 있다.
④ 앞날개는 두껍고 각질화되어 있으며 날개맥이 없다.

해설: 파리목의 뒷날개는 퇴화되었으며 감각기관의 역할을 한다. 앞날개는 비행기능을 담당한다.

답 ②

03 곤충의 생태

1. 곤충의 행동 습성

(1) 식성

① 식물 식성

식식성	·식물을 섭취한다.
	·대부분의 곤충
	·단식종 : 계통이 가까운 식물을 먹는 종
	  예 누에→뽕나무, 솔나방→소나무, 낙엽송, 배추좀나방→십자화과 작물
	·다식종 : 유연관계가 먼 식물을 먹는 종
	  예 쐐기나방, 집시나방, 미국흰불나방

균식성	·균류를 섭취한다. ·버섯벌레과, 버섯파리과 등
미식성	·미생물을 섭취한다. ·파리의 구더기

기출문제

다음 중 단식성인 해충은?
① 배추좀나방   ② 파밤나방
③ 쐐기나방   ④ 미국흰불나방

해설 배추좀나방, 솔나방, 누에 등은 단식성 해충이다.

답 ①

② 동물 식성

포식성	살아 있는 곤충을 섭취한다.
기생성	다른 곤충에 기생한다.
육식성	다른 동물을 섭취한다.
시식성	다른 동물의 시체를 섭취한다.

(2) 주성

주광성	· 빛에 영향을 받아 유인되는 현상 · 나비, 나방 등은 양성 주광성이다. · 구더기, 바퀴 등은 음성주광성이다.
주화성	· 화학물질에 유인되는 현상 · 특정 식물이 방출하는 화학물질에 유인되어 섭취하거나 산란하는 것
주수성	· 물에 유인되는 현상 · 수서곤충인 딱정벌레가 물가에 모이는 것
주촉성	· 다른 물체에 접촉하려는 현상
주류성	· 물이 흘러오는 방향으로 운동하는 현상 · 소금쟁이의 물에 흐름에 의한 운동성
주풍성	· 바람에 영향을 받는 현상 · 바람을 타고 날아가는 것을 음성 주풍성이라 하며 주로 메뚜기가 있다. · 바람을 향해 날아가는 것을 양성 주풍성이라 하며 잠자리 등이 있다.
주지성	· 지면을 기준으로 머리가 땅을 향하면 양성 주지성, 머리가 지면 반대면 음성 주지성이라 한다.
주열성	· 열이 있는 곳으로 모이는 현상 · 늦가을에 인가의 따뜻한 열의 주위로 모이는 것으로 땅강아지, 귀뚜라미 등이 있다.

기출문제

중력에 대한 주성을 의미하는 것은?

① 주화성　　　　　② 주온성
③ 주지성　　　　　④ 주용성

해설: 중력에 대한 주성을 주지성이라 하며 지면을 기준으로 머리가 땅을 향하면 양성 주지성, 머리가 지면 반대면 음성 주지성이라 한다.

답 ③

(3) 휴면

① 정상적인 조건아래에서 곤충의 발육은 지속되나 환경조건이 불리해지면 발육이 정지된다. 이때 불리한 환경조건을 제거하면 생육이 곧 회복된다. 그러나 많은 곤충들의 경우 환경조건이 회복되어도 발육이 곧 회복되지 않고 정지된 상태가 상당한 기간 지속된다. 이러한 상태를 휴면이라고 한다.

절대휴면	특정 발육단계에서 필수적으로 필요한 휴면으로 필수휴면이라고도 한다.
일시휴면	불리한 환경조건에 처한 경우의 휴면으로 조건휴면이라고도 한다.

② 이러한 휴면의 요인으로는 일장, 온도, 먹이 등 다양한 환경조건이 있다.

기출문제

곤충이 휴면하는 시기는?
① 추운 겨울뿐이다.　　　② 더운 여름뿐이다.
③ 아무 때나 한다.　　　　④ 종에 따라 일정한 시기에 한다.

해설　휴면은 불리한 환경조건을 극복하기 위한 방법으로 곤충의 종류에 따라 일정한 시기에 한다.

답 ④

---

2. 개체군의 생태

(1) 개체군의 특징 및 밀도

① 일정한 지역과 시간에 동종 개체의 모임을 개체군이라 한다.
② 주어진 지역에서 개체군이나 개체의 분포와 이들 환경과의 상관관계를 연구하는 생태학의 한 분야를 개체생태학이라 한다.
③ 개체군의 밀도는 출생률과 사망률에 의해 결정되며 개체군의 이동이 없을 경우를 가정하면 아래와 같이 구한다.
④ 최대출산능력, 실출산수, 성비, 연령구성비율 등이 해충의 출생율에 영향을 준다.

$$N_t = N_0 e^{(b-d)t}$$

N_t : t 시간 후의 개체수　　N_0 : 최초의 개체수　　e : 자연대수
b : t 시간 동안의 출생률　　d : t 시간 동안의 사망률　　t : 극히 짧은 시간

(2) 개체군의 밀도 변동

① 출생률은 개체군의 밀도를 위한 출생률은 사망이나 이동이 없는 경우의 생식활동에 의해 출생한 수를 의미한다. 성비는 전체 곤충수에 대한 암컷의 비율을 말한다.

② 사망률은 출생이나 이동이 없을 경우 사망한 곤충의 개체수의 비율을 말한다. 이때 사망의 요인으로 노쇠, 사고, 천적, 먹이의 부족, 환경의 변화 등이 있다.

③ 특정 조사 구역의 이동에 따른 영향으로 들어오는 이입과 나가는 이주로 분류한다.

04 곤충의 형태

1. 외부 구조 및 기능

(1) 피부

① 곤충의 피부는 주로 키틴질로 이루어져 있으며 곤충내부의 수분조절, 환경에 대한 보호 역할을 한다.

② 곤충의 피부는 크게 표피, 진피, 기저막등으로 구성되어 있다.

③ 표피층
- 외표피는 단백질과 지질로 구성된 얇은 층으로 수분의 증발을 억제한다.
- 외표피는 시멘트층, 왁스층, 단백성 외표피층이 있다.

④ 원표피

성충 표피의 대부분을 차지하며 단백질과 키틴으로 구성되어 있다.

외원표피층	곤충의 체색을 나타내는 색소를 함유
중원표피층	외원표피와 내원표피 사이의 중간 층
내원표피층	미세섬유의 배열에 의한 박막층 구조 형성

⑤ 진피층

단층의 세포조직에 상피세포의 형태로 표면에 미세한 융모가 있으며 단백질, 키틴, 지질 등으로 구성되어 있다.

상피세포	• 체벽 구성물질 및 곤충의 탈피용액을 분비한다. • 탈피시 오래된 큐티클층을 분해하는 키틴분해효소, 단백질분해효소를 분비한다. • 표피 조직 파괴시 재생기능을 가진다.
피부선	• 외표피의 시멘트층을 형성한다.
특수세포	• 표피 외각의 부속기관, 체표돌기의 기능에 관여하는 생성물을 분비한다.

⑥ 기저막

진피층 아래 구조가 없는 얇은 막으로 곤충의 근육이 부착되는 곳과 연결되며 혈구에는 분비한 점액성 다당류를 함유한다.

> **기출문제**
>
> 곤충의 외골격으로서의 역할보다는 수분의 증산을 억제 하는 기능이 중요한 것은?
> ① 외표피 ② 원표피
> ③ 진피세포 ④ 기저막
>
> **해설**: 외표피는 단백질과 지질로 구성된 얇은 층으로 수분의 증발을 억제한다.
>
> 답 ①

(2) 머리

① 곤충의 머리는 입틀, 겹눈, 홑눈, 촉각 등이 있다.
② 곤충의 입틀은 먹이를 섭취하는 곳으로 큰턱, 작은턱, 윗입술, 아랫입술, 혀로 구성되어 있다.

저작구형	씹어먹는 형
여과구형	물속 미생물을 여과시키는 형
절단흡취구형	잘라서 빨아먹는 형
흡취구	핥아먹는 형
저작핥는형	씹고 핥는 형
자흡구형	찔러서 빨아먹는 형
흡관구형	빨아먹는 형

> **기출문제**
>
> 입틀의 구성요소가 아닌 것은?
> ① 큰턱 ② 작은턱
> ③ 아랫입술 ④ 더듬이
>
> **해설**: 곤충의 입틀은 큰턱, 작은턱, 윗입술, 아랫입술, 혀로 구성되어 있다.
>
> 답 ④

(3) 눈

눈은 보통 1쌍의 겹눈, 2~3개의 홑눈이 있으며 예외적으로 홑눈이 없는 곤충도 있다.

(4) 더듬이

① 곤충의 더듬이는 촉각, 후각, 청각, 미각 등 다양한 감각기관 역할을 한다.
② 더듬이는 자루마디, 흔들마디(팔굽마디), 채찍마디 등 3 부분으로 구성되며 특히 채찍마디 부분을 통해 곤충을 구별하는 기준이 되기도 한다. 흔들마디의 경우 존스턴씨기관이 있어 공기의 진동을 통해 소리를 인지하거나 바람의 방향을 느낀다. 채찍마디는 후각 감각기가 밀집되어 있다.
③ 촉각은 곤충에 따라 여러 형태를 가지고 있다.

실모양	· 채찍마디가 고르고 굵으며 끝이 가늘다. · 노린재, 메뚜기 등
채찍모양	· 털모양으로 끝으로 갈수록 가늘어진다. · 잠자리, 여치, 멸구, 뽕나무하늘소 등
염주모양	· 마디 크기 전체가 유사하나 구형이다. · 등줄벌레, 흰개미 등
톱니모양	· 각 마디가 삼각형으로 돌출되어 있다. · 방아벌레
곤봉모양	· 끝쪽으로 가면서 점점 굵어진다. · 잎벌레, 송장벌레
구간상모양	· 가느다란 마디로 가다가 끝부분에서 굵어진다. · 나비
엽상아가미모양	· 각 마디에 폭 넓은 돌출부가 있다. · 풍뎅이
빗살모양	· 각마디에 하나 혹은 두 개의 돌기가 있다. · 홍날개

기출문제

곤충 더듬이의 마디 중 수컷이 암컷의 날개 소리를 잘 듣도록 발달된 존스턴기관이 있고 비행 중 바람의 속도를 측정하는 감각기들이 집중되어 있는 마디는?

① 기본마디　　　　　② 자루마디
③ 팔굽마디　　　　　④ 채찍마디

해설: 팔굽마디(흔들마디)는 존스턴씨기관이 있어 공기의 진동을 통해 소리를 인지하거나 바람의 방향을 느낀다.

답 ③

(5) 가슴

① 곤충의 가슴은 3부분으로 분류되며 앞가슴, 가운데가슴, 뒷가슴이 있으며 주로 키틴질로 구성되어 있다.
② 가슴에는 날개, 다리, 기문 등의 부속기가 포함되어 있다.

(6) 날개

① 대부분의 곤충은 날개는 2쌍으로 앞날개는 가운데가슴, 뒷날개는 뒷가슴에 달려 있다.
② 날개는 곤충류를 분류하는 주요 특징 중 하나이다.
③ 곤충의 날개는 각각의 곤충의 생존전략에 따라 변형되어 왔다.

귀뚜라미, 방울벌레 등	일부가 발음기화 됨
풍뎅이, 장수풍뎅이 등	혁질화되어 보호용으로 변형
파리	몸의 균형 유지
이, 벼룩 등	날개의 퇴화

(7) 다리

① 곤충 다리는 앞가슴, 가운데가슴, 뒷가슴에 각 1쌍씩 붙어 있으며 앞가슴의 다리는 앞다리, 가운데가슴의 다리는 가운데다리, 뒷가슴의 다리는 뒷다리라 부른다.
② 다리 구조는 흉부 부착점에서 밑마디(기절), 도래마디(전절), 넓적다리마디(퇴절), 종아리마디(경절), 발목마디(부절)로 5마디로 분류한다.

기출문제

곤충 다리의 마디 순서로 옳은 것은?

① 기절 - 전절 - 퇴절 - 경절 - 부절
② 기절 - 퇴절 - 경절 - 전절 - 부절
③ 기절 - 퇴절 - 전절 - 경절 - 부절
④ 기절 - 전절 - 부절 - 퇴절 - 경절

해설 다리 구조는 흉부 부착점에서 밑마디(기절), 도래마디(전절), 넓적다리마디(퇴절), 종아리마디(경절), 발목마디(부절)로 5마디로 분류한다.

답 ①

(8) 배

① 배는 가슴 다음에 붙어 있으며 주로 10개 내외의 마디로 되어 있다.
② 배는 기문, 항문, 생식기, 미각, 미모, 도약기 등의 부속물이 있다.
③ 배의 표피는 연약한 편이지만 단단한 시초나 다수의 털로 보호된다.
④ 기문은 배의 마디마다 1쌍씩 있는 호흡기관이다.

2. 내부 구조 및 기능

(1) 소화계

① 소화관은 전장, 중장, 후장으로 분류되고 앞쪽의 잎을 통해 섭취, 뒤쪽은 항문을 통해 배설한다.

전장	·섭취한 내용물을 임시 저장하고 기계적 소화작용이 일어난다. ·식도, 소낭, 전위 로 구성되며 입과 식도 사이를 인두라 한다. ·전위는 전장과 중장 사이를 말하며 중장에서의 내용물 역류를 막아준다.
중장	·효소를 분비해 실질적인 소화 및 흡수작용을 한다. ·중장은 점액성 단백질로 구성되며 위의 기능을 하기에 내배엽에서 생긴다.
후장	·전소장, 직장, 항문으로 구성된다. ·직장에서 수분을 흡수한다.

② 타액선은 타액을 분비하는 기능을 하며 곤충에 따라 용도가 상이한데 나비, 벌 등의 유충은 견사를 분비하여 유충집을 만들고 파리목에서 흡혈성 곤충은 흡혈시 혈액의 응고를 막는 액을 분비한다.
③ 말피기씨관은 곤충의 중장, 후장 사이에 있으며 배설작용을 돕는다.

> **기출문제**
>
> 일반적으로 곤충의 소화관은 세 부분으로 나뉘는데 그 중 내배엽에서 기원된 것은?
> ① 전장　　　　② 중장
> ③ 후장　　　　④ 식도
>
> **해설:** 중장은 소화 및 흡수작용을 하며 내배엽에서 기원되었다.
>
> 답 ②

(2) 순환계

① 순환계는 개방형 순환계와 폐쇄형 순환계로 분류되며 곤충은 개방형 순환계를 가진다. 폐쇄형 순환계는 혈액이 혈관내에서만 순환하는 것이고 개방형 순환계는 혈액이 혈관내에서만 순환하지 않는 체계이다.
② 혈액의 경우 곤충에 따라 다르지만 곤충의 혈액에는 혈림프가 존재하고 헤모시아닌 단백질이 포함되어 있다. 어떤 곤충에는 헤모글로빈, 헤모시아닌 두가지가 포함된 경우도 있다.
③ 곤충은 혈관을 통해 산소를 공급하는 것이 아닌 기문을 통해 산소를 공급하기에 곤충의 혈액에는 헤모글로빈이 없는 경우가 많다.
④ 곤충의 혈액은 혈장과 혈구로 구성되며 혈구는 식균작용, 열전달, 해독작용 등의 다양한 기능을 한다.

(3) 호흡계

① 곤충의 호흡계는 기문과 기관이 있으며 기문을 통해 들어온 공기를 기관을 통해 내부로 확산시켜 준다.
② 기문은 가슴 2쌍, 배 8쌍이 존재하며 총 10쌍이 원칙이나 곤충에 따라 차이는 있다.
③ 기문의 기능에 따라 개구식, 폐쇄식 기관계로 분류한다. 개구식은 기문이 열려 있고 폐쇄식은 기문이 없거나 기능이 없는 것이다.

기출문제

다음 중 곤충의 기문 수는?
① 1쌍　　　　　　　　　② 2쌍
③ 8쌍　　　　　　　　　④ 종에 따라 다르다

해설 중일반적으로 가슴 2쌍, 배에 8쌍으로 총 10쌍이나 곤충에 따라 차이가 있다.

답 ④

---

(4) 신경계

① 중추신경계 곤충의 중추신경계는 시각, 촉각, 소화기관의 감각 등에 관여한다.
② 전장신경계는 전장 배벽 부근의 작은 신경구와 미주신경 등으로 구성되며 곤충의 전장, 타액선, 대동맥, 입근육 등을 지배한다.
③ 말초신경계는 근육 및 분비샘 등의 반응기관의 자극을 전달하는 운동신경과 중추신경절로 들어가는 감각신경이 있다.

> **기출문제**
>
> 곤충의 감각기관은 다음 어느 신경의 지배를 받는가?
> ① 전장신경　　　② 말초신경
> ③ 중추신경　　　④ 미주신경
> **해설**: 곤충의 시각, 촉각 등의 감각에는 중추신경계가 관여한다.
>
> **답** ③

(5) 생식계

① 곤충의 생식계는 배속에 있으며 배끝의 마디에 개구하는 것이 특징이다.
② 대부분 자웅이체이나 이세리아깍지벌레와 같은 자웅동체인 것도 있다.
③ 암컷의 생식기관은 난소(알집), 수란관, 부속샘, 교미낭, 산란관 등이 있다.
④ 수컷의 생식기관은 고환(정집), 수정관과 저장관, 사정관, 부속샘, 교미기 등이 있다.

> **기출문제**
>
> 곤충에서 암생식계의 구성요소가 아닌 것은?
> ① 알집　　　② 수란관
> ③ 수정관　　④ 수정낭
> **해설**: 수정관은 수컷의 생식기관이다.
>
> **답** ③

(6) 근육계

① 곤충의 근육 섬유의 경우 수축 및 이완에는 칼슘이온(Ca^{2+})이 관여하며 수축할때는 농도가 높아지고 이완할때는 농도가 낮아진다.
② 곤충의 근육계는 기능에 따라 분류되며 종주근, 배복근, 측근, 익근 등이 있다.

종주근	배면이나 복면이 있고 그부분으로 구부러지거나 몸 전체가 수축하도록 한다.
배복근	몸마디의 압축에 작용하고 이를 통해 호흡작용에 도움을 준다.
측근	배판과 측판, 측판과 복판, 측판과 기문을 연결하는 근육이다.
익근	배관의 수축, 팽윤을 하는 근육이다.

> **기출문제**
>
> 근육 섬유를 수축시키는 무기이온은?
> ① Na^+ ② K^+
> ③ Ca^{2+} ④ Mg^{2+}
>
> **해설:** 곤충 근육의 수축, 이완에는 칼슘이온이 관여한다.
>
> 답 ③

(7) 감각기관

① 곤충의 감각기관은 촉각, 미각, 후각, 청각, 시각이 있다.
② 촉각은 감각모와 감각돌기를 통해 작용된다.
③ 후각은 촉각이나 입틀에 있는 감각기에 의해 작용한다.
④ 미각은 입틀의 감각모 혹은 다리의 감각기관을 통해 작용한다.
⑤ 청각은 고막기관, 존스톤씨기관, 감각모 등에 의해 작용한다. 곤충에 따라 감각기관이 상이한데 대표적으로 메뚜기의 경우 고막기관을 모기의 경우 존스톤씨기관을 가진다.
⑥ 존스톤씨기관은 더듬이의 흔들마디에 존재하며 공기의 진동을 통해 소리를 인지하고 비행 중에 바람의 속도 및 방향을 느낄수 있다.
⑦ 시각의 경우 곁눈과 홑눈이 있다.

(8) 분비계

① 곤충의 분비선은 외분비선, 내분비선이 있다.
② 외분비선에는 침샘, 표피샘, 이마샘, 페로몬 등이 있으며 각각의 역할을 가진다.
③ 페로몬의 경우 곤충이 방출하는 일종의 화학물질로서 종 특이적으로 작용한다.
④ 같은 종의 이성을 유인하는 성페로몬, 서식지에서 동족을 부르는 집합페로몬, 위험을 전파하는 경보페로몬, 길을 안내하기 위한 길잡이 페로몬, 동족의 과밀현상을 피하기 위한 분산페로몬 등 목적에 따라 다양한 페로몬이 있다.
⑤ 내분비선은 혈액으로 방출하며 해당 기관 조직에서 작용되며 수분생리, 심장박동, 휴면 등의 다양한 대사 조절의 기능을 가진다. 대표적으로 카디아카체는 심장박동 조절, 알라타체는 성충으로 발육을 억제하는 유충호르몬 등이 있다.
⑥ 기타 화합물질로 정보 전달을 목적으로 분비하는 물질을 페로몬이라 하며 다른 종 개체간의 정보전달을 목적으로 분비되는 물질은 타감물질이라 한다. 대표적으로

알로몬, 시노몬, 카이로몬 등이 있다.

알로몬	생산자에 유리, 수용자에게 불리하게 작용되는 방어물질이다.
시노몬	생산자, 수용자 모두 유리하게 작용 한다.
카이로몬	생산자에 불리, 수용자 유리하게 작용 한다.

기출문제

먹이가 있는 장소를 동료들에게 알려주는 것으로 먹이를 발견한 개미가 집으로 돌아오는 길에 뿌려두는 페로몬은?

① 길잡이페로몬 ② 경보페로몬
③ 성페로몬 ④ 집합페로몬

해설: 사회성곤충인 개미, 꿀벌, 흰개미 등은 집에서 나와 먹이를 찾고 집으로 돌아가는 길에 페로몬을 분비하는데 이를 길잡이페로몬이라 한다.

답 ①

05 곤충의 생리

1. 발육 생리

(1) 곤충의 발생

① 곤충이 알에서 유충, 번데기, 성충의 과정을 거쳐 다음세대를 낳게 될 경우까지를 세대 혹은 생활사라고 한다.
② 곤충이 1년에 1세대를 경과하는 것을 1화성, 1년에 많은 세대를 경과하는 것을 다화성이라 한다.
③ 암컷이 알을 낳게 되는 것을 산란라고 하며 알을 낳게 될 때까지의 기간을 산란전기라 한다.
④ 알이 부화할 때까지의 기간을 난기간이라 하고 곤충에 따라 그 기간이 상이하다.
⑤ 유충기는 알에서 부화한 번데기가 될 때까지의 기간을 말하며 환경에 따라 기간이 다르다.
⑥ 번데기가 되어 부화할 때까지의 기간을 용기라 한다.

(2) 곤충의 변태

① 알에서 부화한 유충이 여러번 탈피를 거쳐 성충으로 변화하는 과정을 변태라 한다.
② 유충이 번데기를 거쳐 성충이 되는 것을 완전변태, 알에서 부화하여 바로 성충이 되는 것은 불완전변태로 분류한다.
③ 유충은 완전변태를 한 어린 벌레이며 약충은 불완전변태를 한 경우를 말한다.
④ 변태의 분류

종류	과정	벌레
완전변태	알→유충→번데기→성충	나비목, 파리목, 벌목 등
불완전변태	알→유충→성충	진딧물류, 잠자리목, 메뚜기목, 매미목 등
과변태	알→유충→의용→용→성충	딱정벌레목 가뢰과

> **기출문제**
>
> 곤충이 자라면서 알→유충→번데기→성충으로 발육하는 과정을 다음 중 무엇이라 하는가?
> ① 점변태 ② 무변태
> ③ 완전변태 ④ 불완전변태
>
> **해설** 알에서 부화하여 유충, 번데기를 거쳐 성충이 되는 것을 완전변태라 한다.
>
> **답** ③

(3) 발육과정

① 완전히 발육후 알껍질을 깨고 나오는 것을 부화라 한다.
② 알에서 부화한 유충이 성장을 하면서 탈피를 하게 되며 이때 탈피횟수에 따라 령충이 결정된다. 1회 탈피할 때까지 1령충, 1회 탈피를 할 경우 2령충, 2회 탈피를 할 경우 3령충이다.
③ 이때 진행되는 탈피는 유충의 표면에 묵은 표피를 벗는 현상을 말한다.
④ 그래서 부화유충이 탈피 할때까지의 기간을 '영'이라 한다.
⑤ 용화는 일종의 번데기가 되는 현상으로 이때 번데기의 형태에 의해 나용, 피용, 위용, 전용 등으로 분류한다.

나용	• 곤충의 번데기형으로 부속지가 몸에서 떨어져 있으며 촉각, 날개, 다리는 경화하지 않으며 피부전체의 경화의 정도가 낮은편이다. • 벼룩목, 부채벌레목, 대부분의 딱정벌레목과 벌목, 파리목의 일부에서 그 예를 볼 수 있다.
피용	• 곤충번데기의 한 형태로 전체의 체표가 심하게 경화하고 촉각, 다리, 날개가 체부에 밀착되어 있는 것을 말한다. • 대부분의 나비목, 파리목의 사각류(모기, 각다귀) 및 단각류의 번데기는 이 형에 속한다.
위용	• 유충이 번데기가 된 이후 피부가 경화되어 그 속에서 나용이 만들어진 형태 • 파리목의 일부
전용	• 유충의 탈피각 내부에 있는 번데기를 말한다

⑥ 번데기가 탈피하여 성충이 되는 것을 우화라 한다.
⑦ 암컷의 생식기 속에 수컷의 정액을 주입하는 것을 교미라 한다.
⑧ 암수의 교미에 의해 수정작용 이후 곤충이 알을 낳는 현상을 산란이라 한다.

⑨ 곤충은 종류에 따라 생식 방법이 다양하며 양성생식, 단위생식, 다배생식, 유생생식, 자웅동체 등이 있다.

양성생식	단성생식의 반대로 수정에 의한 생식을 말하는데 대부분의 곤충이 해당된다.
단위생식	• 수정 없이 또는 영양번식에 의해 유전적으로 동일한 후손이 생산되는 생식으로 암컷만으로 생식을 하기에 처녀생식이라고도 한다. • 넓은 의미에서는 무배생식이나 무포자생식을 포함한다.
다배생식	• 수정된 난핵이 분열하여 각각 개체로 발육하는 것으로 1개의 알에서 2개 이상의 곤충이 생기는 것을 말한다. • 벼룩좀벌과나 고치벌과 등이 있다.
유생생식	유생의 시기에 생식세포가 성숙하여 단위생식이 일어나 체내에 새 개체가 생긴다.

기출문제

애벌레가 3회 탈피한 후 4회 탈피 전까지를 몇 령충이라 하는가?

① 1령충 ② 2령충
③ 3령충 ④ 4령충

해설 3회 탈피를 하고 4회 탈피 전까지는 4령충이라 한다.

답 ④

06 주요 해충

1. 식물작물 해충

해충	가해부위	발생횟수
이화명나방	줄기	1년 2회
멸강나방	잎	1년 수회
혹명나방	잎	1년 수회
벼잎벌레	잎	1년 1회
벼물바구미	잎(성충), 뿌리(유충)	1년 1회
벼멸구	줄기	1년 수회
흰등멸구	줄기	1년 수회
애멸구	줄기	1년 5회
끝동매미충	줄기	1년 4~5회
벼줄기굴파리	잎	1년 3회
벼애잎굴파리	잎	1년 7~8회
먹노린재	줄기	1년 1회

(1) 이화명나방

① 나비목의 명나방과로 기주는 벼, 기장, 사탕수수 등 이다.
② 1년에 2회 발생하고 1회 성충은 노숙유충으로 월동하고 5월에 우화하며 무리를 지어 살다가 바람등의 외부 조건에 의해 분산된다. 2회 성충은 노숙유충이 줄기 하단부로 내려와 번데기가 되며 8월쯤 우화가 시작된다. 단 추운지방인 함경도의 경우 1년에 1회 발생하기도 한다.
③ 월동은 볏짚 줄기 속에 대부분 월동하고 벼 그루터기에도 일부 월동한다.
④ 1세대는 잎 뒷면에서 부화한 유충이 잎집으로 이동해 볏대 속에 구멍을 뚫고 피해를 주는데 한 마리의 유충이 여러 잎을 가해하여 피해가 큰편이다. 2세대는 유충이 줄기 속을 가해하여 이삭줄기 전체가 하얗게 말라 죽는 백수 현상이 일어난다.
⑤ 성충은 길이가 약 12mm 이며 황회백색의 나방으로 외연에 7개의 흑색 점이 있으며 뒷날개는 백색인 것이 특징이다.
⑥ 방제를 위해서는 유아 등에 잡히는 예찰 정보를 참고하며 1화기, 2화기에 약제를 살포한다.

> **기출문제**
>
> 우리나라에서 이화명나방의 년 발생기수는?
> ① 1~2회   ② 4~5회
> ③ 6~8회   ④ 9~10회
>
> **해설:** 이화명나방은 1년에 2회 정도 발생한다.
>
> 답 ①

> **기출문제**
>
> 이화 명나방의 설명 중 틀린 것은?
> ① 연 2회 발생한다.
> ② 월동상태는 노숙유충으로 볏짚 속에 월동한다.
> ③ 유충은 벼의 뿌리를 가해한다.
> ④ 2화기 피해경은 출수 후 백수가 된다.
>
> **해설:** 유충은 벼의 줄기를 주로 가해한다.
>
> 답 ③

(2) 멸강나방

① 나비목의 밤나방과로 기주는 벼, 보리, 밀, 조 등의 화본과 식물이다.

② 유충이 식물의 잎과 줄기를 가해하는데 6월쯤 부화하여 낮에는 토양이나 대취층에 숨고 야간에 식해한다. 또한 유충이 벼의 잎을 엽초만 남기고 폭식하는 다식성 해충이다.

③ 성충은 15~20mm 정도이고 앞날개는 회갈색, 중앙에 1개의 흰 얼룩무늬 사선이 있으며 뒷날개는 회색빛에 광택이 있다.

④ 방제를 위해 주로 약제를 살포하며 오후 늦게나 저녁에 살포하는 것이 효과적이다.

(3) 혹명나방

① 나비목의 명나방과로 기주는 벼, 밀, 보리 등이 있다.

② 유충이 한 개의 잎을 세로로 말아 몇 군데를 철하고 그 속에서 식해를 하여 출수가 고르지 못하고 등숙도 늦어지는 피해가 발생한다.

③ 어린유충을 대상으로 즉시 전용약제를 살포하는 것이 효과적이며 매년 비래시기나 횟수에 따라 달라 예찰정보에 따라 방제가 이루어진다. 예를 들어 발생이 적고

비래시기가 늦은 경우 1회 방제로 충분하나 비래시기가 빠르고 비래량이 많은 경우 7~10일 간격으로 2~3회 방제를 한다.

> **기출문제**
>
> 벼의 잎을 말고 가해하는 해충은?
> ① 혹명나방 ② 이화명나방
> ③ 벼잎벌레 ④ 멸강나방
>
> **해설:** 혹명나방은 유충이 잎을 세로로 말아 가해한다.
>
> **답** ①

(4) 벼잎벌레

① 딱정벌레목의 잎벌레과로 대표기주는 벼이며 줄풀도 기주가 된다.
② 1년에 1회 발생하고 논부근이나 숲의 잡초사이에서 성충으로 월동을 한다.
③ 어른벌레, 애벌레가 잎을 식해하고 애벌레의 피해가 더 심한 편이며 피해를 받게 되면 초기생육이 불량해진다.
④ 성충의 크기는 암컷이 4.8mm, 수컷이 4.2mm 정도이며 청담색의 잎벌레로 앞가슴의 황갈색을 띤다. 노숙유충은 등에 배설물을 얹고 있어 작은 흙덩이처럼 보인다.
⑤ 전문약제를 사용하며 부화최성기나 산란초성기에 살포하는 것이 효과적이다.

> **기출문제**
>
> 벼 잎벌레의 월동 충태는?
> ① 알   ② 유충
> ③ 번데기 ④ 성충
>
> **해설:** 벼잎벌레는 성충으로 월동한다.
>
> **답** ④

(5) 벼물바구미

① 딱정벌레목의 바구미과로 대표기주는 벼, 돌피 등이 있다.
② 1년에 1회 발생하는 것으로 추정되며 성충으로 논뚝 잡초나 산기슭 나뭇잎 아래에서 월동한다.
③ 월동이 끝난 성충이 5월쯤 물속잎집에 1개씩 알을 산란하고 알에서 깨어난 유충은

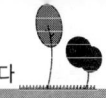

3번의 허물을 벗고 7월쯤 흙집을 만들어 뿌리에 붙어 번데기가 된다.
④ 성충이 잎에 피해를 주면 흰색으로 나타나고 유충은 흙속으로 파고들어가 기생을 한다. 유충이 성충보다 섭식량이 많아 더 큰 피해를 주게 된다.
⑤ 모내는 시기와 비슷하게 성충이 피해를 주고 산란을 하기에 육묘상자에 약제를 처리하는 것이 효과적이다. 육묘상 처리는 이앙 당일이나 하루전에 처리하도록 한다.

기출문제

벼물바구미가 가장 큰 피해를 주는 충태는?
① 알 ② 유충
③ 번데기 ④ 성충

해설: 벼물바구미는 성충보다 유충의 섭식량이 더 많아 피해가 더 크다.

답 ②

(6) 벼멸구

① 매미목의 멸구과로 대표기주는 벼, 옥수수, 바랭이 등이 있다.
② 동남아 지역의 경우 년 10회 발생하나 국내의 경우 월동이 안되고 6~7월 저기압 통과시 비래하여 3~4세대를 경과하는데 성충의 수명이 22~30일, 난기간은 6~10일, 약충기간은 18~23일이 소요되며 한 마리가 약 200~300개 정도의 알을 산란한다. 국내에서는 장마가 빨리 시작되면 비래되는 시기도 빨라진다.
③ 벼멸구는 약충과 성충이 벼포기의 하단부를 직접 흡즙가해하고 벼의 광합성량이 저하하게 된다.
④ 벼멸구는 해외에서 비래하는 해충으로 매년 발생량 및 피해의 정도가 상이하다. 그래서 매년 비래시기, 발생량 등을 파악하여 전문약제의 살포량과 시기를 결정하는데 주로 1차 방제는 7~8월, 2차 방제는 8월 하순에 실시한다.

> **기출문제**
>
> 일반적으로 우리나라에서 월동하지 못하고 매년 중국 남부로부터 비래해 오는 해충은?
> ① 벼멸구   ② 애멸구
> ③ 끝동매미충   ④ 번개매미충
>
> 해설) 벼멸구는 국내에서는 월동이 불가능하여 6월쯤부터 중국 남부지역에서 남서풍을 타고 비래한다.
>
> 답 ①

(7) 흰등멸구

① 매미목의 멸구과로 대표기주로 벼, 밀, 보리, 옥수수, 사탕수수, 조와 벼과 잡초 등이 있다. 대체적으로 벼멸구와 같은 지역에 분포한다.
② 국내에서는 월동하지 못하며 벼멸구와 같이 장마에 외국에서 비래하여 발생한다.
③ 비래시기에 따라 발생횟수가 상이하여 대체로 수회 발생한다.
④ 성충 및 약충이 볏대를 흡즙하면 누렇게 변색되어 생육에 지장을 받아 심하면 고사하기도 한다.
⑤ 벼멸구와 마찬가지로 7~8월 예찰정보를 통해 약제시기와 살포량을 결정하며 대체적으로 8월에 약제를 살포하며 해안지역이나 남부지방의 경우 멸구의 증식이 빠른 지역은 8~9월에 한번더 약제처리를 하기도 한다.

(8) 애멸구

① 매미목의 멸구과로 대표기주는 벼, 밀, 보리, 조, 옥수수 이외에도 바랭이, 새풀, 줄풀 등의 벼과잡초로 기주 범위가 매우 넓은 편이다.
② 담황색의 검은반점이 있으며 수컷의 배면은 흑색이다. 머리의 돌출부는 장방형이고 날개는 연한 황갈색을 띠고 있다.
③ 1년에 5회 정도 발생하며 4월, 6월, 7월, 8월, 9월에 각각한번씩 발생하고 4령 약충이 논둑의 잡초 사이에 월동한다.
④ 벼를 직접 흡즙가해하나 큰 피해를 주지 않는다. 그러나 출수기에 이삭을 흡즙하여 임실율이 떨어지고 그을음병을 유발한다. 이러한 피해 이외에도 줄무늬잎마름병, 검은줄오갈병 등의 바이러스병을 매개한다.
⑤ 방제를 위해 자주 발생하는 곳은 내병, 내충성품종을 재배하고 약제는 2회 성충 및 약충때 처리하는 것이 효율적이다.

> **기출문제**
>
> **애멸구의 형태적 특징에 대한 틀린 설명은?**
> ① 날개는 진한 암갈색이다.
> ② 머리의 돌출부는 장방형에 가깝다.
> ③ 수컷의 가운데 가슴 등면은 흑색이다.
> ④ 암컷의 가운데 가슴 등면에는 황백색의 긴무늬가 있다.
>
> **해설** 애멸구의 날개는 연한 황갈색이다.
>
> 답 ①

(9) 끝동매미충

① 매미목 매미충과로 대표기주는 벼, 둑새풀, 보리, 밀, 조와 기타 벼과 잡초 등이 있다.
② 1년에 4회 발생하고 4령 약충이 남향의 휴반 잡초나 산기슭 등지에 월동한다. 주로 4월, 5~6월, 7월, 8월에 각각 한번씩 발생한다. 난기간은 16~20일 정도고 성충 산란기간은 평균 30일 정도이다.
③ 국내 남부지방에서는 오갈병을 매개하는 매개충이며 출수기에 직접 이삭을 가해하여 임실율이 저하되고 그을음병을 유발한다.
④ 방제를 위해 2세대 약충때는 바이러스를 전반시키기에 약제처리를 하며, 3세대에는 이삭을 가해하기에 약제처리를 실시한다.

> **기출문제**
>
> **끝동매미충의 월동형태는?**
> ① 알   ② 2령약충
> ③ 4령약충   ④ 성충
>
> **해설** 끝동매미충은 4령약충 형태로 잡초나 산기슭 등지에 월동한다.
>
> 답 ③

(10) 벼줄기굴파리

① 파리목 노랑굴파리과로서 대표기주로 벼, 보리 등이 있다.
② 1년에 3회 발생하며 1회 발생최성기는 5월, 2회 성충은 7월, 3회 성충은 9월쯤이다.
③ 성충의 수명은 1회때 15일, 2회때 8일, 3회때 22일 정도 생존하며 온도가 높을수록

수명이 짧아진다.
④ 부화된 유충이 생장점 부근으로 이동하여 어린잎을 식해하고 피해를 받을 경우 황색으로 변색되어 말라죽거나 위축된다.
⑤ 1화기에는 부화된 유충이 생장점 부근의 새로 나온 잎을 가해하고 2화기에는 어린이삭을 가해하여 벼알이 없는 빈 껍질만 남는다.
⑥ 주로 벼의 조기재배로 인하여 발생하게 된다.
⑦ 방제를 위해 전문약제를 이용하여 1화기인 5월이나 2화기인 7월쯤에 처리하도록 한다.

> **기출문제**
>
> 1년에 3회 발생하며 1화기에는 잎을, 2화기에는 어린 이삭을 가해하는 해충은?
> ① 벼줄기굴파리 ② 혹명나방
> ③ 애멸구   ④ 이화명나방
>
> **해설:** 벼줄기굴파리는 1년에 3회 발생한다.
>
> 답 ①

(11) 벼애잎굴파리

① 파리목의 애잎굴파리과로 대표기주는 벼, 둑새풀 등이 있다.
② 1년에 7~8회 정도 발생하며 벼과잡초의 잎 속에 번데기 형태로 월동한다.
③ 주로 물위에 늘어진 잎에 알을 산란하며 유충은 5~6월쯤 1회 발생하고 유충이 늘어진 잎을 굴을 파는듯한 형태의 피해를 준다.
④ 방제를 위해서는 이앙 후 늘어진 잎에 산란하는 습성을 이용하여 발병 초기 전문약제를 살포하도록 한다.

> **기출문제**
>
> 다음 중 벼의 잎살 속에 길게 터널을 만들고 파 먹어 들어가는 해충은?
> ① 벼잎굴파리   ② 벼줄기굴파리
> ③ 벼애잎굴파리 ④ 벼잎벌레
>
> **해설:** 벼애잎굴파리는 유충이 늘어진 잎에 굴을 파고 가해한다.
>
> 답 ③

(12) 먹노린재

① 노린재목 노린재과로 대표기주는 벼, 맥류, 옥수수 등이 있다.
② 1년에 1회 발생하고 성충이 양지바른 산지의 돌아래, 낙엽아래 등에서 월동한다.
③ 노린재는 성충과 약충은 주둥이를 벼줄기에 꽂고 흡즙하기에 벼의 하엽부터 적색으로 변색되면서 고사한다.
④ 유령충에 내성이 약한편이라 이시기에 약제를 살포하여 방제한다.

2. 맥류 및 기타 작물 해충

해충	가해부위	발생횟수
보리굴파리	잎	1년 2~3회
보리수염진딧물	잎	1년 수회
조명나방	줄기	1년 2~3회
콩잎말이명나방	잎	1년 2~3회
콩나방	꼬투리, 종실	1년 1회
감자나방	잎, 괴경	1년 6~8회
콩시스트선충	뿌리	콩과 생육기간 3~4세대 경과
왕됫박벌레붙이	잎	1년 3회
방아벌레	괴경	1세대 경과하는데 3년

(1) 보리굴파리

① 파리목의 잎굴파리과로 대표기주는 보리, 밀, 조 벼과 잡초 등이 있다.
② 1년에 2~3회 정도 발생하며 땅 속에서 번데기로 월동해 5월경 우화한다. 우화 성충은 잎 조직표면에 상처를 내어 알을 산란한다.
③ 부화 유충은 잎 끝에서 아래쪽으로 식해하며 표피만 남기며 피해부는 백색에서 갈색으로 변색된다.
④ 방제를 위해 성충이 발생 최성기때 약제를 살포한다.

(2) 보리수염진딧물

① 노린재목 진딧물과로서 대표기주는 보리, 벼, 호밀, 밀, 바랭이, 으름덩굴 등이 있다.
② 알 형태로 월동하며 성충과 유충이 잎의 뒷면에서 즙액을 빨아먹고 이삭이 나오면 밀도가 높아져 종자가 잘 여물지 못하고 고사하기도 한다.
③ 1년에 수회 발생하고 보리의 밑부분에서 알로 월동한다.

> **기출문제**
>
> 보리수염진딧물을 잘못 설명한 것은?
> ① 유시충과 무시충이 있다.
> ② 흡즙성의 해충이다.
> ③ 번데기로 월동한다.
> ④ 방제 시 됫박벌레류, 꽃등애 유충 등 천적을 이용한다.
>
> **해설** 보리수염진딧물은 알로 월동한다.
>
> **답** ③

(3) 조명나방

① 나비목의 명나방과로 대표 기주는 옥수수, 조, 수수 등 기주 범위가 넓은편이다.
② 1년에 2~3회 발생하며 기주식물의 줄기 속에 유충으로 월동한다. 6월쯤 1회 성충이 발생하고 7~8월에 2회~3회 성충이 발생한다.
③ 6월쯤 성충이 알을 산란하고 부화한 유충은 잎을 가해한다. 잡식성 해충이나 주로 옥수수를 가해하는 편이다.
④ 방제를 위해 성충이 최대로 발생하는 시점 일주일 후 약제를 살포하고 성충의 밀도가 높다고 판단될 경우 3일후, 10일후 2번 살포한다.

(4) 콩잎말이명나방

① 나비목 명나방과로 대표기주는 콩, 강낭콩, 까치콩 등이 있다.
② 1년에 2~3회 정도 발생하며 1회 발생은 6월, 7~8월에 2회, 9월에 3회째 발생한다.
③ 유충은 권엽속에서 잎을 식해하며 그 속에서 번데기가 된다.
④ 유충 형태로 야산이나 수확후 남은 콩잎 속에서 월동을 한다.
⑤ 알이 부화하는 시기에 약제를 살포하는 것이 효과적이기에 부화 최성기인 7~8월쯤 한다.

(5) 콩나방

① 나비목의 잎말이나방과로 기주로는 콩, 칡 등이 있다.
② 1년에 1회 발생하고 땅속의 고치안에서 성장한 유충으로 월동하여 8월경 우화한다.
③ 유충은 콩의 어린 꼬투리를 가해하여 종실까지 피해를 주는데 가해초기에는 발견이 어렵다.
④ 방제를 위해 8월쯤 약제를 사용하거나 3년이상 이어짓기를 피하고 돌려짓기의

방법을 적용한다.

> **기출문제**
>
> 콩의 어린 꼬투리에 유충이 먹어 들어가 여물지 않은 종실을 갉아 먹는 해충은?
> ① 콩나방 ② 콩잎말이명나방
> ③ 검은무늬밤나방 ④ 완두굴파리
>
> 답 ①

(6) 감자나방

① 나비목의 뿔나방과로 감자, 담배, 가지, 토마토 등의 가지과 식물에 피해를 준다.
② 1년에 6~8회 정도 발생하며 유충형태로 월동하고 때로는 번데기로도 월동을 한다.
③ 유충이 잎과 줄기를 가해하고 덩이줄기를 가해할 경우 배설물을 외부로 내보내기에 발견이 쉬운 편이다. 가해시 잎의 표피만 남기고 엽육에 피해를 준다.
④ 수확전에 약제를 뿌려 산란을 막고 피해잎은 섞이지 않도록 주의한다.

> **기출문제**
>
> 감자를 수확해 보니까 벌레가 먹어 들어간 구멍이 있고, 똥이 밖으로 나와 있었다. 어떤 해충의 피해인가?
> ① 방아벌레 ② 감자나방
> ③ 참검정풍뎅이 ④ 숯검은밤나방
>
> **해설** 감자나방은 배설물을 외부로 배출하기에 발견이 쉬운편이다.
>
> 답 ②

(7) 콩시스트선충

① 선충류의 혹선충과로 기주는 콩, 팥 등이다.
② 알이나 유충형태로 월동한다.
③ 부화한 2기 유충은 어린뿌리를 가해하고 뿌리 내에서 3회 탈피한 후 성충이 된다.
④ 암컷 성충은 뿌리 조직내에서 양분을 섭취하며 수컷 성충은 처음에 뿌리에서 탈출하나 이후 암컷이 분비하는 성페로몬에 유인되게 된다.
⑤ 콩시스트선충에 의해 뿌리에 피해를 받아 잎이 황변하고 잔뿌리의 발육이 불량해진다.
⑥ 콩과 이외의 작물을 3-4년 단위로 윤작하거나 저항성 품종을 이용한다. 약제의 경우 토양훈증제를 이용하나 처리 비용이 많이 드는 단점이 있다.

> **기출문제**
>
> 콩시스트선충은 어떤 해충인가?
> ① 종실 해충　　　　② 식엽성 해충
> ③ 흡즙성 해충　　　④ 근부 해충
>
> **해설:** 콩시스트선충은 주로 뿌리를 가해하는 근부해충이다.
>
> **답** ④

(8) 왕됫박벌레붙이

① 딱정벌레목의 무당벌레과로 감자, 가지, 고추 등을 기주로 삼는다.
② 성충과 유충이 감자나 가지과 식물의 잎을 가해하며 차후 잎맥만 그물형태로 남게 된다.
③ 1년에 3회 발생하고 성충으로 월동한다. 월동중에는 이른봄 낮에 감자의 잎에 피해를 주고 밤에는 다시 월동장소로 숨는다.

> **기출문제**
>
> 왕됫박벌레붙이에 대한 틀린 설명은?
> ① 날개에는 28개의 검은 무늬가 있다.
> ② 번데기로 월동한다.
> ③ 년 3회 발생한다.
> ④ 유충은 엽육을 갉아 먹는다.
>
> **해설:** 왕됫박벌레붙이는 성충으로 월동한다.
>
> **답** ②

(9) 방아벌레

① 딱정벌레목의 방아벌레과로 주로 감자와 고구마 등에 피해를 준다.
② 유충이 땅속에서 식물의 줄기나 뿌리에 피해를 준다. 유충은 감자를 가해하여 구멍을 만들며 파종한 씨감자는 생육이 불량해진다.
③ 성충은 5월경 교미를 통해 산란을 하고 유충은 땅속에서 2~3년 정도의 활동 기간을 가진다. 이후 식물을 가해하고 유충은 번데기가 되어 가을에 성충이 된 후 월동하고 다음해 탈출하여 활동을 한다.

식물보호 바르게 빨리 올배움 한다

> **기출문제**
>
> 다음 중 방아벌레가 속하는 목은?
> ① 집게벌레목   ② 매미목
> ③ 딱정벌레목   ④ 부채벌레목
>
> **해설** 방아벌레는 딱정벌레목에 속한다.
>
> 답 ③

3. 원예작물 해충 – 잎을 가해

해충	가해부위	발생횟수	월동형태
배추흰나비	잎	1년 4~5회	번데기
도둑나방		1년 2회	번데기
배추좀나방		1년 수회	성충, 유충, 번데기
배추순나방		1년 2~3회	번데기
무잎벌레		1년 2~3회	성충
담배거세미나방		1년 4~5회	유충, 번데기
아메리카잎굴파리		1년 15회이상 (시설 내 기준)	번데기
배추벼룩잎벌레	잎, 뿌리	1년 4~5회	성충
오이잎벌레		1년 1회	성충

(1) 배추흰나비

① 나비목의 흰나비과로 대표기주는 무, 배추, 양배추 등이 있다.
② 1년에 4~5회 정도 발생하며 채소의 잎을 가해하며 피해를 받을 경우 잎이 둥글게 말리는 결구를 하지 못하게 된다.
③ 기주에서 번데기로 월동하고 이른봄 기주의 잎 뒷면에서 산란하여 부화유충으로 잎을 가해하게 된다.
④ 주로 봄, 가을 시기에 피해가 심하게 나타나며 여름에는 장마 등으로 발생량이 적어진다.
⑤ 배추흰나비는 주광성은 없으며 주로 주화성의 성질을 가진다.

> **기출문제**
>
> 다음 중 배추흰나비의 유충이 가해하는 농작물은?
> ① 무   ② 고추
> ③ 가지   ④ 상추
>
> **해설:** 배추흰나비의 유충은 무, 배추, 양배추 등을 가해한다.
>
> **답** ①

(2) 도둑나방

① 나비목의 밤나방과로 대표기주는 오이, 당근, 양파 등으로 기주범위가 넓은 편이다.
② 1년에 2회 발생하고 번데기가 땅속에서 월동하고 차후 성충은 잎 뒷면에 알을 산란한다.
③ 유충이 기주의 잎을 옆맥만 남기고 식해하며 잡식성이라 기주범위가 넓은 편이다.

> **기출문제**
>
> 도둑나방에 관한 다음 설명 중 잘못된 것은 무엇인가?
> ① 유충은 색채 변화가 심하다.   ② 성충은 암갈색 나방이다.
> ③ 1년에 3회 발생한다.   ④ 식엽성 해충이다.
>
> **해설:** 도둑나방은 1년에 2회 발생한다.
>
> **답** ③

(3) 배추좀나방

① 나비목의 좀나방과로 대표기주는 무, 배추, 양배추 등으로 기주 범위가 좁은 편이다.
② 1년에 수회 발생하고 성충, 유충, 번데기로 월동한다.
③ 유충이 채소의 잎을 가해하고 부화유충은 엽육만 식해하는데 특히 여름과 가을에 피해가 심하게 나타난다.

(4) 배추순나방

① 나비목의 명나방과로 대표기주는 무, 배추, 담배 등이 있다.
② 1년에 2~3회 정도 발생하고 번데기로 월동한다. 성충이 기주의 어린줄기에 주로 산란한다.
③ 부화유충이 잎의 표면을 가해하고 생장점까지 피해가 확산된다.

(5) 무잎벌레

① 딱정벌레목의 잎벌레과로 대표기주는 무, 배추 등이 있다.
② 1년에 2~3회 정도 발생하고 성충이 잡초에서 월동한다.
③ 성충은 날개가 있으나 날지 못하는 특징이 있으며 성충과 유충은 기주식물의 잎을 가해한다. 심할 경우 생육에 지장을 받게 된다.

(6) 담배거세미나방

① 나비목의 밤나방과로 대표기주는 무, 배추, 고추, 토마토, 양파 등으로 기주범위가 넓다.
② 1년에 4~5회 정도 발생하고 유충이나 번데기로 월동한다. 발생시 특히 8월에 4화기의 경우 성충의 수가 가장 많다.
③ 유충은 기주식물의 줄기, 잎을 가해하고 반점이 발생한다.

(7) 아메리카잎굴파리

① 파리목의 굴파리과로 대표기주는 수박, 참외, 오이, 토마토 등이 있다.
② 시설내에서는 1년에 15회 이상 자주 발생하고 번데기로 월동한다. 성충은 300개정도의 알을 잎 뒷면에 산란한다.
③ 유충은 잎을 식해하는데 피해부위에 흰색의 줄 모양이 생기고 피해가 심할 경우 고사한다. 성충은 산란관으로 잎에 상처를 내어 즙액을 빨아먹으며 흰색의 작은반점이 발생한다.

(8) 배추벼룩잎벌레

① 딱정벌레목의 잎벌레과로 대표기주는 무, 배추, 오이 등이 있다.
② 1년에 4~5회 정도 발생하고 성충이 잡초나 땅속에서 월동한다.
③ 주로 땅속에 산란하고 부화유충도 땅속으로 들어가 뿌리를 가해한다. 성충은 잎을 가해한다.

> **기출문제**
>
> 배추벼룩잎벌레에 관하여 잘못 설명된 것은?
> ① 유충이 잎을 가해한다.　② 잡초나 얕은 땅속에서 월동한다.
> ③ 성충으로 월동한다.　④ 무도 가해한다.
>
> **해설:** 유충은 뿌리를 가해한다.
>
> **답** ①

(9) 오이잎벌레

① 딱정벌레목 잎벌레과로 대표기주는 오이, 참외, 호박, 수박 등이 있다.
② 1년에 1회 발생하고 성충으로 뿌리, 흙속 및 따듯한 곳에서 월동한다. 성충은 5월쯤 땅속에 산란한다.
③ 부화한 유충은 잔뿌리를 가해하다가 점차 굵은 뿌리를 가해하여 성충은 잎을 가해하여 생육에 지장을 주게 된다.

4. 원예작물 해충 – 흡즙 및 바이러스 매개충

(1) 복숭아혹진딧물

① 매미목의 진딧물과로 여름 대표기주는 무, 배추, 오이, 수박 등이며 겨울 대표기주는 복숭아나무, 자두나무, 벚나무 등이 있다.
② 무시충은 암컷이 난형이고 담록색, 담홍색의 형이 있으며 기온이 낮을 경우 담홍색의 개체가 다량 발생한다.
③ 유시충은 암컷의 머리와 가슴이 흑색이고 배의 등쪽에 흑색 반점이 있다. 복숭아혹진딧물의 간모의 경우는 단위생식을 한다.
④ 1년에 수회(9~23회) 발생하고 복숭아나무 겨울눈 기부에서 알로 월동한다.
⑤ 부화한 약충은 겨울기주 어린 잎의 즙액을 흡즙하고 신초에 피해를 준다. 5월쯤부터는 유시충이 나와 여름기주에 피해를 준다.
⑥ 감자 잎말이병 및 각종 바이러스의 매개충이기도 하다.

> **기출문제**
>
> 복숭아혹진딧물에 관한 다음 설명으로 틀린 것은?
> ① 무시충과 유시충이 있다.　　② 감자 잎말이병을 매개한다.
> ③ 유충으로 월동한다.　　　　④ 1년에 9~23회 발생한다.
>
> **해설:** 복숭아혹진딧물은 알로 월동한다.
>
> 답 ③

(2) 목화진딧물

① 매미목의 진딧물과로 여름기주는 고추, 오이, 수박, 토마토 등, 겨울기주는 무궁화나무, 석류 나무 등이 있다.
② 성충과 약충이 이른봄에 잎과 어린 가지에 기생해 수액을 빨아 먹어 수세가 약화된다.
③ 1년에 수회(7회~30회) 발생하고 알로 월동하고 늦봄에 유시충으로 나와 여름기주로 이동한다.
④ 무시충은 머리와 눈이 검고 몸의 색은 계절에 따라 변한다. 유시충은 머리와 눈이 흑색으로 가슴이 흑록색이다.

(3) 온실가루이

① 매미목 가루이과로 기주는 오이, 토마토, 딸기 등이 있다.
② 1년에 10회 이상 발생하며 보통은 월동이 어려우나 시설 내에서는 간간히 월동을 한다.
③ 성충이 어린잎에 알을 낳으며 150~300 개 정도 산란한다.
④ 약충과 성충이 기주식물의 잎에서 즙액을 빨아 먹어 생장을 방해해 심하면 고사한다.
⑤ 성충의 크기는 수컷이 암컷보다 작은 편이며 몸 표면에 흰색의 가루로 덮혀있다.

(4) 담배가루이

① 매미목 가루이과로 기주는 토마토, 파프리카, 가지 등이 있다.
② 1년에 3~4회 정도 발생하는데 시설 내에서는 10회 이상도 발생한다.
③ 약충과 성충이 식물의 잎의 즙액을 빨아 먹고 배설물에 의해 그을음병이 발생하기도 하며 토마토황화잎말림바이러스와 같은 바이러스의 매개충이 된다.

5. 원예작물 해충 - 토양 해충

해충	가해부위	발생횟수
숯검은밤나방	지제부	1년 1회
거세미나방	지제부	1년 2회
땅강아지	뿌리	1년 1회
고자리파리	뿌리, 줄기	1년 3회
작은뿌리파리	뿌리, 지제부	1년 수회 (시설내 기준)
뿌리응애	뿌리	1년 10회
뿌리혹선충류	뿌리	환경영향에따름

(1) 숯검은밤나방
① 나비목의 밤나방과로 기주는 고추, 토마토, 가지, 담배 등이 있다.
② 1년에 1회 발생하고 최성기는 9월이며 유충으로 월동한다.
③ 땅속에 유충이 식물의 지제부를 가해하여 피해를 입힌다. 부화유충은 지상부를 식해하나 3령 이후에는 땅속에 숨어 있다가 밤에만 가해를 한다.

(2) 거세미나방
① 나비목 밤나방과로 기주는 무, 배추, 당근, 담배 등 기주범위가 넓은 편이다.
② 1년에 2회 발생하고 유충으로 땅속에 월동한다.
③ 3~4령기 월동유충은 지표에 가까운 줄기와 잎을 식해하는데 4령기 이후 밤에 주로 가해하며 주광성이나 주화성이 강한 편이다.
④ 유충의 길이가 긴편이고 성충의 머리와 가슴은 황갈색이다. 알은 반구형이고 방사상의 줄이 있는 것이 특징이다.

(3) 땅강아지
① 메뚜기목 땅강아지과로 기주는 채소류, 맥류, 파류 등이 있다.
② 1년에 1회 발생하고 성충으로 땅 속에서 월동한다.
③ 유충은 4번의 탈피를 통해 성충이 되고 그사이에 식물의 뿌리부를 가해한다.

(4) 고자리파리
① 파리목의 꽃파리과로 기주는 양파, 파, 마늘, 부추 등이 있다.
② 1년에 3회 가을에 발생한 번데기로 월동하고 4월쯤 우화한다.
③ 유충이 뿌리 부분을 가해하고 이후 줄기까지 가해하여 식물을 고사시킨다. 유충이

가해한 뿌리부분은 부패하는 피해가 발생하기도 하며 피해를 받은 마늘의 인경을 보면 회백색 유충이 발견할 수 있다.

(5) 작은뿌리파리

① 파리목 검정날개버섯파리과로 기주는 오이, 고추, 파프리카 등이 있다.
② 시설내에서 수회 발생하며 1달에 2회 정도 가능하며 유충은 4령까지 있다.
③ 유충이 식물의 지제부와 뿌리를 가해하여 시들음 증상이 나타난다.

(6) 뿌리응애

① 응매목 가루응애과로 기주는 마늘, 양파, 백합 등이 있다.
② 1년에 수회(10회 정도) 발생하며 성충이나 약충으로 땅속에 주로 월동한다.
③ 고온다습한 환경에 다량 번식하고 성충이나 약충이 식물의 뿌리 혹은 지하부를 가해한다. 또한 가해 부위로 토양병원균이 침입하기도 한다.
④ 뿌리응애는 토양 병원균에 의해 2차 감염이 발생할 수 있어 수확 후에도 피해를 주기도 한다.

기출문제

뿌리응애에 관한 설명으로 틀린 것은?
① 토양해충이다.   ② 성충과 약충이 가해한다.
③ 알로 월동한다.   ④ 고온다습에서 번식이 왕성하다.

해설: 뿌리응애는 성충이나 약충으로 월동한다.

답 ③

---

(7) 뿌리혹선충류

① 뿌리혹선충과로 기주는 배추, 상추, 오이, 고추, 딸기 등이 있다.
② 알에서 깨어난 2령 유충이 기주에 침입하고 3번의 탈피를 거친 후 성충이 된다.
③ 뿌리속의 양분을 흡즙하여 그 주위 세포가 비대해져 혹을 형성하게 된다.
④ 국내에 많이 분포하는 당근뿌리혹선충은 작고 등근혹을 생성하며 그 혹에서 잔뿌리가 발생한다. 고구마뿌리혹선충은 길고 큰 염주모양의 혹을 만든다.

6. 원예작물 해충 - 과실 해충

(1) 담배나방

① 나비목 밤나방과로 기주는 고추, 담배, 토마토 등이 있다.
② 1년에 3회 발생하고 시설내에서는 연중 발생하며 번데기로 땅속에 월동한다.
③ 알기간은 3~5일, 유충기간은 20~30일 정도이며 피해는 8~9월에 가장 많이 발생한다.
④ 고추에 가장 큰 피해를 주는 해충이며 부화유충이 어린 과실이나 새 잎을 가해한다. 유충이 성장하여 과실을 파고 들어 피해를 준다.
⑤ 부화유충은 밤낮의 구별 없이 기주를 가해하나 제 3 령 이후에는 낮에는 잎의 뒷면에 몸을 숨긴다.

> **기출문제**
>
> **담배나방에 대한 설명 중 틀린 것은?**
> ① 고추, 담배에 큰 피해를 준다.   ② 유충기간은 5일 정도이다.
> ③ 땅속에서 번데기로 월동한다.   ④ 성충의 암컷은 밤에만 활동한다.
>
> **해설** 담배나방의 유충기간은 20~30일 정도이다.
>
> **답** ②

(2) 파밤나방

① 나비목의 밤나방과로 기주는 파, 양파, 참외, 수박, 토마토, 고추 등이 있다.
② 1년에 4~5회 발생하고 시설내에서는 연중 발생한다.
③ 부화유충이 표피를 가해하고 과실을 구멍을 뚫는다.
④ 5월부터 성충이 나타나며 8~10월에 가장 많이 발생하며 피해가 가장 심한 시기이다.

7. 과수 해충

(1) 잎 가해 해충

① 사과잎말이나방
- ㉠ 나비목 잎말이나방과로 사과나무, 배나무, 자두나무 등이 기주이다.
- ㉡ 1년에 3회 발생하고 어린 유충이 잎이나 나무껍질 속에서 월동한다.
- ㉢ 1화기 유충이 식물의 잎을 말아 엽육을 가해하고 2화기 유충은 잎과 과실의 표면도 가해한다.

② 사과순나방
- ㉠ 나비목 잎말이나방과 기주는 사과나무, 배나무 등이다.
- ㉡ 성충이 1년 2회 발생하고 유충으로 월동한다.
- ㉢ 유충은 주로 기주의 잎을 가해한다.

③ 사과굴나방
- ㉠ 나비목 가는나방과로 기주는 사과나무, 자두나무, 벚나무, 배나무, 복숭아나무 등이 있다.
- ㉡ 유충이 잎의 엽육 안으로 식해를 하는 잠엽성 해충에 속하고 식해가 심할 경우 잎의 뒷면으로 말려 낙엽된다.
- ㉢ 1년에 5~6회 발생하고 번데기로 잎에 월동한다. 번데기 형태로 잎에 구멍을 뚫고 우화한다.

> **기출문제**
>
> 사과굴나방에 관하여 잘못 말한 것은 어느 것인가?
> ① 잠엽성 해충이다.   ② 알로 월동한다.
> ③ 1년에 5~6회 발생한다.   ④ 유충이 가해한다.
>
> **해설** 사과굴나방은 번데기로 월동한다.
>
> **답** ②

④ 복숭아굴나방
- ㉠ 나비목의 굴나방과로 기주는 복숭아나무, 벚나무 등이 있다.
- ㉡ 1년에 7회 발생하고 성충이 지피물의 아래 월동한다.
- ㉢ 유충이 잎의 잎살을 가해하고 잠입한 흔적이 마치 소용돌이와 같이 남는다.

(2) 흡즙성 해충

① 사과혹진딧물
  ㉠ 매미목의 진딧물과로 기주는 사과나무가 있다.
  ㉡ 어린잎 가해서 잎이 앞뒤로 말리나 전개된 잎을 가해할 때는 뒤쪽을 향해 세로로 말려 그 속에서 무리를 만들어 가해한다.
  ㉢ 1년에 10회 정도 발생하고 10월 중순쯤 겨울눈 기부나 가지에서 알을 낳고 월동한다. 다음해 봄에 부화하여 간모가 된다.

② 사과응애
  ㉠ 응애목 응애과로 기주는 사과나무, 배나무 등이다.
  ㉡ 1년에 7~8회 발생하고 알로 겨울눈, 수간에서 월동한다.
  ㉢ 잎을 흡즙 가해하고 가해시 회색반점이 나타나며 조기낙엽되기도 한다. 이동시에는 실을 만들어 바람을 이용하여 이동한다.
  ㉣ 수컷은 황적색이고 암컷보다 작고 납작하며 배 끝쪽으로 갈수록 가늘어진다.

기출문제

다음 중 사과응애에 관한 틀린 설명은?
① 잎을 흡즙 및 가해한다.　② 1년에 7~8회 발생한다.
③ 약충으로 월동한다.　　　④ 실을 토하여 바람에 날려 이동한다.

해설　사과응애는 알로 월동한다.

답 ③

---

③ 점박이응애
  ㉠ 거미강 응애목에 응애과로 기주는 사과나무, 복숭아나무, 토마토 등 범위가 넓은 편이다.
  ㉡ 1년에 10회 발생하고 성충이 낙엽, 잡초 아래에서 월동을 한다.
  ㉢ 성충이나 약충이 잎의 앞, 뒷면 구분없이 모두 기생한다. 흡즙 가해하며 흡즙한 곳은 바늘 자국과 같은 흰 점이 발생한다. 성충의 경우 암컷이 수컷보다 크기가 큰 것이 특징이다.

④ 꼬마배나무이
  ㉠ 매미목의 나무이과로 기주는 배나무, 사과나무 등이 있다.
  ㉡ 1년에 1회 발생하고 주로 과수원 부근의 잡초에서 성충으로 월동한다.

ⓒ 약충과 성충이 모두 신초, 과실, 어린 잎 등을 흡즙하여 성장에 방해를 주거나 심할 경우 잎이 마르며 배설물로 인하여 그을음병이 발생하기도 한다.

(3) 줄기, 가지 가해 해충

① 사과하늘소
  ㉠ 딱정벌레목의 하늘소과로 기주는 사과나무, 복숭아나무, 배나무 등이 있다.
  ㉡ 2년에 1회 발생하고 유충으로 산란한 부위 근처에서 월동한다.
  ㉢ 유충은 목질부를 가해하여 갱도를 만들고 그곳에 배설물을 배출한다.

② 포도호랑하늘소
  ㉠ 딱정벌레목의 하늘소과로 기주는 포도나무이다.
  ㉡ 1년에 1회 발생하고 포도나무 가지 아래의 얕은 곳에 유충으로 월동한다.
  ㉢ 유충이 목질부를 가해하고 배설물을 외부로 배출하지 않아 외관상 발견이 어렵다.

(4) 과실 가해 해충

① 복숭아심식나방
  ㉠ 나비목의 심식나방과로 기주는 사과나무, 복숭아나무, 자두나무, 살구나무 등이다.
  ㉡ 1년에 2회 발생하고 일부는 3회 발생하기도 한다. 노숙유충이 원형의 겨울고치를 짓고 그 속에서 월동을 하며 여름에는 방추형의 여름고치를 짓고 번데기가 된다.
  ㉢ 부화유충이 과실을 직접 가해하여 피해를 주며 이후 내부를 무분별하게 가해하여 과실이 다소 기형의 형태를 띠기도 한다.
  ㉣ 피해 과일을 살펴보면 해충의 배설물이 배출되지 않아 사전에 파악하기 어렵다.

② 복숭아순나방
  ㉠ 나비목의 잎말이나방과로 기주는 사과나무, 복숭아나무, 배나무, 살구나무 등이다.
  ㉡ 1년에 3~4회 정도 발생하고 노숙유충이 조피의 틈이나 남아있는 봉지 등에 고치를 만들어 월동한다.
  ㉢ 유충은 신초의 선단부를 가해하고 과실까지 피해를 주며 배설물을 남기기에 육안상 식별이 가능하다.

③ 복숭아명나방
  ㉠ 나비목의 명나방과로 기주로는 사과나무, 복숭아나무, 자두나무, 살구나무, 밤나무 등이 있다.
  ㉡ 1년에 2회 발생하고 성숙한 유충은 고치속에서 월동한다.

ⓒ 유충이 과실을 가해하여 큰 구멍을 만들고 적갈색의 굵은 똥과 즙액을 배출하여 육안상 식별이 가능하다.

④ 콩가루벌레
　㉠ 매미목 뿌리혹벌레과로 기주는 배나무이다.
　㉡ 1년에 6~10회 발생하고 알로 껍질 아래에서 월동한다.
　㉢ 약충과 성충이 봉지를 씌운 과실을 가해하고 가해한 과실을 면이 콩가루를 뿌려 놓은 듯한 형상을 하고 있다. 가해한 부위로 검은무늬병이 침입하여 과실을 썩게 한다.

⑤ 가루깍지벌레
　㉠ 매미목의 가루깍지벌레과로 기주는 사과나무, 배나무, 감나무, 복숭아나무 등이다.
　㉡ 1년에 3회 발생하고 알로 나무껍질 아래 등에서 월동한다.
　㉢ 부화약충이 과실의 즙액을 흡즙하고 가해한 부위는 골과 같이 파고 들어가 기형의 과실형태를 가지게 된다. 배설물로 인하여 그을음병이 유발되기도 한다.

⑥ 꽃노랑총채벌레
　㉠ 총채벌레목의 총채벌레과로 기주는 복숭아나무, 감귤나무, 딸기 등이다.
　㉡ 1년에 5~6회 발생하고 성충이 지표면이나 나무껍질의 속에서 월동한다.
　㉢ 기주의 잎과 꽃을 가해하며 피해를 입은 잎은 은백색 반점이 다량 발생하게 된다. 꽃에는 얼룩 반점이 생긴다.

8. 산림 해충

(1) 솔잎혹파리

① 소나무, 해송에 피해를 주며 유충이 잎의 기부에 벌레혹을 만들어 즙액을 빨아 먹는다.
② 1년에 1회 발생하고 유충형태로 지피물 아래 혹은 땅속에서 월동한다.
③ 5월~7월 우화하여 성충이 되며 6월상순에 우화최성기이다. 성충의 경우 우화 당일 산란하고 수명이 1~2일로 짧은 편이다.
④ 방제를 위해 임지를 건조, 성충 우화기에 약제 살포, 생물적 방제법으로 기생벌 등을 이용한다. 기생벌의 종류로 솔잎혹파리먹좀벌, 혹파리살이먹좀벌, 혹파리등뿔먹좀벌 등이 있다.

> **기출문제**
>
> 솔잎혹파리의 가해에 관한 옳은 설명은?
> ① 유충이 실을 내어 솔잎을 뭉쳐놓고 그 안에서 씹어 먹는다.
> ② 성충이 솔잎을 갉아 먹는다.
> ③ 유충이 어린줄기 속을 파고 들어간다.
> ④ 유충이 솔잎의 밑부에서 즙액을 빨아먹고 벌레혹을 만든다.
>
> **해설** 솔잎혹파리는 솔잎 밑부분에 벌레혹을 만들고 그 속에서 즙액을 빨아먹는다.
>
> **답** ④

(2) 솔나방

① 소나무, 해송 등에 피해를 주며 유충이 잎을 갉아 먹고 심할 경우 고사한다.
② 1년에 1회 발생하고 5령충이 지피물 혹은 나무껍질 사이에 월동하며 8령충이 번데기가 되어 이후 나방이 된다.
③ 방제를 위해 약제를 살포하며 미생물 농약 BT 제를 사용하기도 하거나 주광성이 있어 등불을 이용하여 유살한다.
④ 솔나방은 전년도 여름(8월)에 호우가 내리면 다음해는 피해가 적어진다.
⑤ 솔나방 알의 천적인 송충알좀벌이 혹은 유충의 천적인 고치벌, 맵시벌을 이용한다.
⑥ 솔나방의 유충은 묵은 잎을 식해하는 것이 보통이나 밀도가 높으면 새로 자라는 잎도 식해하기도 한다.

(3) 소나무좀

① 소나무, 해송, 잣나무 등에 피해를 주며 유충이 수피 아래에 구멍을 뚫고 들어가 식해한다.
② 6월에 우화하여 성충의 형태로 신초를 가해하며 성충이 형성층 목질부에 구멍을 뚫고 들어가 아래에서 위로 갱도를 만들어 알을 산란한다.
③ 1년에 1회 발생하고 성충은 뿌리 부근의 수피 틈에서 월동 한다.
④ 방제를 위해 쇠약목, 고사목 등은 벌채하고 4월쯤에는 수피를 제거하여 번식처를 없애거나 2~3월에는 먹이나무를 설치, 유인하여 먹이나무를 소각하도록 한다.

(4) 밤나무혹벌

① 주로 밤나무에 피해를 주며 잎눈에 기생하여 작은 벌레혹을 만들어 잎에 새가지가 자라지 못하게 한다.

② 1년에 1회 발생하고 유충으로 월동한다.
③ 암컷만으로 단성생식을 한다.
④ 방제를 위해 내충성 품종으로 조성하거나 중국긴꼬리좀벌 등 천적을 이용한다.
⑤ 피해가 심하면 내충성 품종으로 교체하는 방법이 가장 효과적이다.

> **기출문제**
>
> 곤충은 보통 양성생식을 하며 성비는 1:1 이 보통이지만 암컷만으로 번식하는 단성생식을 하는 종도 있다 다음 중 단성생식을 하는 해충은?
> ① 밤바구미　　　　　② 복숭아유리나방
> ③ 밤나무혹벌　　　　④ 사과굴나방
>
> **해설**: 밤나무혹벌은 암컷만으로 단성생식을 한다.
>
> 답 ③

(5) 솔알락명나방
① 잣나무, 소나무 등의 구과에 피해를 준다.
② 1년에 1회 발생하고 땅속이나 구과에서 유충형태로 월동한다.
③ 방제를 위해 우화기 혹은 산란기에 약제를 수관에 살포한다.

(6) 미국흰불나방
① 주로 포플러, 벚나무 등에 피해를 주는데 활엽수 200 여종 정도로 피해 범위가 넓다.
② 1년에 2회 발생하며 나무 껍질 혹은 지피물 밑에서 번데기 형태로 월동한다.
③ 부화한 유충은 4령기까지 실을 만들어 잎을 둘러싸고 그 속에서 집단생활을 하며 엽맥만 남기고 잎을 식엽한다.
④ 방제를 위해 피해를 받은 낙엽은 소각하고 나방살이납작맵시벌, 송충알벌 등의 천적을 이용한다. 방제 약제로는 주로 트리클로르폰수화제 혹은 BT 수화제를 살포한다.

(7) 오리나무잎벌레
① 오리나무, 박달나무, 밤나무 등에 피해를 주는데 성충과 유충이 동시에 잎을 식해하며 유충의 입틀은 씹는 형태를 가지고 있다.
② 1년에 1회 발생하며 성충형태로 지피물 혹은 흙속에 월동한다.

③ 방제법으로 성충일 경우 포살하고 유충일 경우 디프수화제를 이용한다. 생물학적 방제법으로 무당벌레 등의 천적을 이용한다.

> **기출문제**
>
> 성충과 유충이 동시에 잎을 가해하는 해충은?
> ① 솔잎혹파리   ② 거위벌레
> ③ 매미나방   ④ 오리나무잎벌레
>
> **해설** 오리나무잎벌레는 성충과 유충이 동시에 잎을 가해한다.
>
> **답** ④

(8) 복숭아명나방

① 밤나무, 복숭아나무, 감나무 등의 종실에 피해를 준다.
② 1년에 2회 발생하고 수피에서 유충형태로 월동한다.
③ 방제를 위해 복숭아의 경우 5월경 봉지를 씌워 피해를 막거나 7월경 디프유제 등 약제를 살포한다.

(9) 박쥐나방

① 버드나무, 단풍나무, 밤나무 등에 피해를 준다.
② 유충은 초본의 줄기에 구멍을 뚫고 피해를 주다가 나무로 이동하여 환상으로 가지에 피해를 준다.
③ 1년에 1회 발생하고 알형태로 월동한다.
④ 방제법으로 천공이 발생한 곳에 약제를 주입하거나 유충이 발생되는 초본류를 제거한다.

(10) 집시나방

① 주로 낙엽송, 참나무, 밤나무 등을 가해하며 기주범위가 넓은 편이다.
② 1년에 1회 발생하고 알로 나무줄기에 월동한다.
③ 잡식성 해충으로 유충은 침엽수와 활엽수의 잎을 식해하며 식해 범위가 넓어 피해가 큰 편이다.

(11) 텐트나방

① 참나무류, 살구나무, 포플러류 등의 다수의 활엽수를 가해한다.
② 1년에 1회 발생하고 알로 월동하며 4월쯤 부화한다.

③ 부화유충은 실을 만들어 천막모양의 집을 짓는 것이 특징이고 4령까지 집단생활을 하다고 5령부터 흩어져 생활한다.

(12) 버즘나무방패벌레

① 버즘나무류, 물푸레나무류 등을 가해한다.
② 1년에 2~3회 발생하며 9월쯤 성충이 수피 틈에서 월동한다.
③ 외래해충이며 약충이 기주 잎에 모여 흡즙 및 가해한다.
④ 주로 장마철에 피해가 심하며 조기낙엽이 발생하기도 한다.

(13) 도토리거위벌레

① 참나무류의 구과를 가해한다.
② 1년에 1~2회 발생하고 노숙유충으로 땅속에서 월동한다.
③ 주로 도토리에 구멍을 뚫어 산란하고 열매를 연결부를 잘라 땅으로 떨어뜨린다. 이후 부화한 유충이 과육을 식해한다.

(14) 밤바구미

① 밤나무, 참나물의 종실을 가해한다.
② 1년 1회 발생하고 노숙유충이 땅속 깊은 곳에서 월동한다.
③ 유충이 배설물을 외부로 배출하지 않아 피해 식별이 어렵다.

식물보호 바르게 빨리 올배움 한다

07 해충의 방제

1. 해충방제

(1) 해충의 방제

① 해충의 방제는 인류의 경제적 문제에 직접적인 피해를 주는 곤충을 억제하는 것으로 이를 위해 해충의 밀도, 면적, 방법, 횟수 등을 고려해야 한다. 또한 피해의 관점에 따라 방제의 목적이 달라지기도 한다.
② 경제적 피해수준은 경제적 피해가 나타나는 최소밀도로 해충에 의한 피해비용과 방제비용이 같은 수준의 밀도를 말한다.
③ 경제적 피해 허용수준은 경제적 피해수준에 도달하는 것을 억제하고자 직접 방제수단을 써야 하는 밀도 수준으로 경제적 가해수준보다 낮아야 한다.
④ 방제를 위해 환경조건을 해충의 서식과 번식에 불리하도록 살충제나 천적을 이용하여 일반평형밀도를 낮추는 방법이 있다.
⑤ 해충의 밀도는 그대로 두고 내충성의 해충에 대한 수목의 감수성을 낮추어 경제적 피해 허용 수준을 높이는 방법이 있다.

기출문제

해충방제를 계획할 때 지켜야 할 사항 중 가장 불합리한 것은?
① 방제력만을 꼭 따라야 한다.   ② 해충의 종을 확인한다.
③ 농약을 선택적으로 쓴다.   ④ 해충의 밀도를 조사한다.

해설: 해충방제는 방제력만을 고려하지 않고 경제적, 환경적인 측면등 다방면으로 고려해야 한다.

답 ①

---

(2) 해충의 분류

주요해충	매년 지속적인 피해를 주는 경우
돌발해충	평소 문제가 되지 않다고 환경의 변화나 먹이사슬의 변화등으로 인해 갑작스럽게 다량 발생하는 경우
2차해충	특정 해충 방제로 먹이사슬이 파괴되어 새로운 해충이 피해를 주는 해충이 되는 경우
비경제해충	피해가 경미하거나 주지 않는 경우

(3) 해충조사

① 해충조사를 통해 해충의 밀도를 조사하고 방제를 위한 기초자료로 활용한다.
② 해충의 조사방법에 따라 크게 정성적 조사와 정량적 조사가 있다.

정성적 조사	해충의 종류에 대한 조사로 전체 해충, 잠재해충, 주요해충, 천적 등 특정 범주에 속하는 해충에 대한 조사를 말한다.
정량적 조사	• 절대밀도 : 가지나 잎과 같이 일정 단위를 정하고 그에 대한 해충의 수나 면적당 해충의 수로 조사하는데 솔잎혹파리의 월동 유충, 굼벵이, 거세미는 면적으로 깍지벌레는 먹이의 양으로 솔나방은 인위적 단위로 구한다. • 상대밀도 : 포살장치를 이용하여 단위시간당 수를 조사하는데 이는 경제적 변동이나 지역적 차이를 알기 위한 방법으로 해충 실제 밀도보다 변동 상황을 비교한다.

③ 해충조사를 위한 방법으로는 포충망을 이용하거나, 유아등을 통한 채집, 접착트랩, 털어잡기 등 해충의 종류에 따라 적합한 방법을 선택한다.

(4) 해충 발생 예찰

① 해충의 효과적인 방제를 위해서는 매년 변화하는 발생량을 예측하여 효율적인 방제방법을 세워야한다. 이를 위해 특정 지역에 어느정도 발생하였는지를 조사하는 행위를 발생예찰이라 한다. 발생예찰에는 정해진 장소에서 조사하는 정점 조사와 여러 곳을 이동하면서 조사하는 순회조사로 분류된다.
② 예찰의 경우 발생시기를 통해 방제시기를 결정하고, 발생량은 방제 여부와 약제의 살포량, 횟수 등에 참고를 하게 된다.
③ 예찰 방법으로 야외조사, 통계적 방법, 다른 생물현상과의 관계 파악, 실험적 방법, 개체군의 동태학적 방법 등이 있다.

기출문제

해충의 발생예찰 방법 중 틀린 것은?
① 물리적 방법　　　　　　② 통계적 방법
③ 실험적 방법　　　　　　④ 야외조사 및 관찰에 의한 방법

해설 예찰 방법으로 야외조사, 통계적 방법, 다른 생물현상과의 관계 파악, 실험적 방법, 개체군의 동태학적 방법 등이 있다.

답 ①

2. 해충의 방제법

(1) 법적 방제법

법적 방제법은 법령에 의해 실시되는 방제법으로 식물방역법에 의해 국제 혹은 국내간의 검역을 통해 발생을 줄이는 제도적 방법이다.

(2) 생태학적(경종적, 재배적) 방제법

① 윤작

　㉠ 윤작은 한 경작지에 여러 작물을 돌려가면서 짓는 방법으로 이 방법을 사용하면 같은 작물을 연작하여 발생하는 해충을 어느정도 완화할 수 있다.

　㉡ 윤작의 경우 이전 작물에 대한 해충이 다음 작물에 영향을 주는지에 대한 관계에 대해서도 충분히 파악하고 다음 작물을 선택해야 한다.

　㉢ 다른 작물을 재배하면서 지력유지 및 토양의 양분 균형을 유지하는데 도움이 되며 해충의 방제와 작물에서 배출되는 일종의 독소물질의 축적도 막을 수 있다.

　㉣ 다른 작물로 인해 뿌리의 분포나 잔사의 조직 등이 달라 토양의 투수성, 통기성 등이 달라 토양의 물리성이 개선되기도 한다.

② 경운

　㉠ 경운은 토양을 부드럽게 할 목적으로 흙을 파 뒤집는 작업이다.

　㉡ 이러한 토양 뒤집기 작업을 통해 해충의 증식을 막을수 있고 토양 속의 작물의 잔해물을 제거하여 해충의 양분을 줄일수 있다. 또한 잡초도 함께 제거되기에 관련 해충들도 방제가 가능하다.

③ 혼작

　㉠ 혼작은 서로 다른 작물 혹은 식물을 심는 방법이다. 식물들은 저마다 자신을 지키기 위한 저항성 물질을 가지고 있기에 혼작을 통해 서로간에 피해를 주는 해충을 방제할수 있다.

　㉡ 한 예로 결명자의 뿌리에는 탄닌 성분이 다량 배출되어 선충의 접근을 막아주기도 한다.

　㉢ 그러나 상호간에 나쁜 작용을 하는 식물들도 있기에 이에 대한 충분한 준비와 지식이 필요하다.

④ 저항성, 내충성 품종

　㉠ 저항성, 내충성 품종의 경우 해충의 방제하는 방법 중 하나로서 저항성을 가지게

되면 장기간에 걸쳐 방제가 가능한 장점을 가진다.
ⓒ 생태계에 대한 피해가 없으나 이러한 저항성을 가지기 위한 시간과 노력이 많이 필요하며 해충의 돌연변이 등에 대한 변수가 있어 해충의 변화를 따라가지 못하는 경우도 있다.

⑤ 재배관리
ⓐ 자체적으로 토양을 개선할 수 있는 시비, 객토 등의 작업을 한다.
ⓑ 해충이 다량 발생하는 시기를 피해여 재배하기도 한다.
ⓒ 재식 거리를 조절하여 해충의 피해를 완화할 수 있다.

기출문제

내충성 품종을 이용한 방제법의 장점이 아닌 것은?
① 해충종류에 대한 특이성이 있다.
② 효과는 누적적이며 장기간에 걸쳐 지속된다.
③ 육종에서 보급까지 단기간 소요된다.
④ 살충제나 천적류의 이용효과를 증대시킨다.

해설 내충성 품종의 육종 및 보급은 많은 시간을 요구한다.

답 ③

---

(3) 기계적 방제법

① 포살법

알이나 유충 등을 손이나 기구를 이용하여 직접 죽이는 방법으로 포살 역시 곤충의 특징에 따라 처리 방법이 다르다.

직접 잡는 방법	손, 기구 등을 이용해 직접 잡는 것으로 주로 어스렝이나방, 집시나방, 미국흰불나방 등에 적용된다.
찌르는 방법	하늘소, 굴레나방등 목질부 내부를 가해하는 해충을 철사를 이용해 찔러 제거하는 방법이다.
터는 방법	잎벌레, 바구미류 등 강한 진동으로 나무에서 떨어뜨리는 방법이다.
등화 유살	빛을 이용하는 방법

② 유살법

곤충을 유인하여 죽이는 방법으로 곤충의 특징에 따라 유인 방법을 선택한다.

식이유살	먹이를 이용하는 방법
번식처 유살	통나무와 같이 번식처를 이용하는 방법
잠복처 유살	월동장소 등의 잠복처를 이용하는 방법
등화 유살	빛을 이용하는 방법

③ 차단
　㉠ 주로 이동을 하는 곤충의 습성을 이용하는 방법이다.
　㉡ 대표적인 예로 솔잎혹파리의 경우 임지에 비닐을 덮어 땅에서 우화하여 나무로 이동하는것을 막아 피해를 막을 수 있다.
　㉢ 다른 방법의 예로 수간에 접착성이 강한 끈끈이를 발라 이동하는 해충이 붙을 경우 제거하는 방법으로 솔나방, 집시나방 등에 적용한다.

기출문제

유아등을 이용한 방제법은?
① 재배적 방제　　② 기계적 방제
③ 법적 방제　　　④ 생물적 방제

해설 유아등을 이용하는 방제법은 기계적 방제법에 속한다.

답 ②

(4) 물리적 방제법

① 해충이 살기 어려운 조건을 만들어주는 것으로 방사선, 고주파를 이용하는 방법과 환경조건을 달리하도록 온도 및 습도를 조절하는 방법이 있다.
② 온도에 영향을 받는 해충을 가루나무좀, 나무좀, 하늘소, 바구미류 등이 있다.
③ 습도의 경우 목재를 수중에 넣어 오랜시간 방치하는 방법으로 나무좀, 하늘소, 바구미류 등에 적합한 방법이다.
④ 방사선법은 해충을 불임화 시켜 산란을 방해하는 방법이다.

(5) 화학적 방제법

① 화학적 방제법은 화학물질이 함유된 약품을 이용하며 효과가 빠르고 사용이 용이하지만 해충뿐 아니라 다른 생물에도 피해를 주어 생태계에 영향을 준다. 또한 원하던 해충을 처리하여도 저항성 해충이나 2차 해충등이 출현하는 부작용이 있기도 하다.

② 화학적 방제법 약제로 주로 농약이 사용되며 살균제, 살충제, 제초제 등이 있다.
③ 살충제의 종류 및 특징

소화중독제	해충이 약제를 먹어 소화관에서 흡수되어 처리하며 주로 저작구형을 가진 해충에 적용하면 유리하다.
침투성살충제	식물에 약제를 투입시키며 흡즙성 해충 처리에 유리하며 다른 곤충이나 천적등에 피해가 적다.
훈증제	약제를 가스화 하여 처리하여 별도의 밀폐처리가 필요하다.
접촉제	해충에 직접 약제를 접촉시켜 처리한다.
불임제	해충의 생식능력에 방해를 주어 번식을 막는다.
보조제	해충 처리 효율을 높이는 보조물질로 용제, 유화제, 전착제, 증량제 등이 있다.

④ 살균제는 식물에 침입 전 예방을 위한 약품과 침입한 경우 등 용도에 따라 구분된다.

보호살균제	보르도액, 석회화합제
직접살균제	시스테인, 티포라탄
토양살균제	클로로피크린, 브로민화메틸
종자소독제	베노람수화제, 지오람수화제

(6) 생물학적 방제법

① 해충에 천적이 되는 생물을 이용하는 방법으로 산림생태계에도 영향이 적은 장점을 가지지만 대량으로 생산이 어려운 단점을 가지며 해충밀도에 의해 효율에 영향을 받는다.

장점	단점
·생태계의 균형 유지 ·방제 효과의 반영구적 혹은 영구적 ·다른 식물 혹은 생태계에 대한 피해가 없음	·대량 사육이 어려움 ·해충밀도가 높을 경우 효과가 낮음 ·시간 및 경비가 많이 요구됨

② 대표적으로 솔잎혹파리의 방제를 위해 사용되는 천적으로 솔잎혹파리먹좀벌, 혹파리살이먹좀벌, 혹파리등뿔먹좀벌, 혹파리반뿔먹좀벌 이 있다.
③ 생물적 방제법을 사용하기 위해서는 아래와 같은 조건을 갖추는 것이 유리하다.
　㉠ 성의비가 커야 한다.
　㉡ 증식력이 좋아야 한다.
　㉢ 다루기 용이하고 대량 생산이 가능해야 한다.

② 준비하는 천적에 피해를 주는 생물이 없어야 한다.
⑩ 요구하는 해충에 대한 공격력이 좋고 단식성 내지 과식성이어야 한다.

④ 포식성 천적
㉠ 풀잠자리류 : 진딧물류, 깍지벌레류, 응애류 등을 잡아 먹는다.
㉡ 딱정벌레류 : 무당벌레과는 진딧물류, 깍지벌레류 등을 잡아 먹는다.
㉢ 노린재류 : 일부 침노린재과, 장님노린재과가 포식성이다.

> **기출문제**
>
> 생물적 방제를 목적으로 천적을 도입하고자 한다. 천적의 조건으로 가장 거리가 먼 것은?
> ① 공격력이 왕성한 것 ② 번식력이 왕성한 것
> ③ 단식성 내지 과식성인 것 ④ 주로 해충의 수컷을 공격하는 것
>
> **해설** 생물적 방제 천적의 조건으로 성의비가 커야하고 증식력이 좋으며 해충에 대한 공격력이 왕성하고 단식성 내지 과식성인 것이 좋다. 주로 해충의 번식에 주요한 암컷을 공격하는 것이 좋다.
>
> **답** ④

(7) 임업적 방제법

① 임업적 방제는 임지의 조건을 해충에게 불리한 조건으로 만드는 방법이다.
② 내충성 품종의 이용하여 해충의 침입을 예방한다.
③ 간벌을 통해 임목밀도를 조절하여 피해를 줄인다.
④ 인산질비료와 같이 비배를 통해 전염의 피해를 줄인다. 반대로 질소질비료의 경우 많이 사용하면 오히려 병이 확산되기도 하기에 주의하도록 한다.
⑤ 조림용 종자의 경우 가능하면 유사 환경에 작업을 하도록 한다.

(8) 종합적 관리

① 병해충종합관리는 Intergrated Pest Management(IPM) 이라 하며 환경 친화적이고 지속가능한 방법으로 병해충을 관리하여 농약으로 인한 사회, 보건학적 위험을 줄이는 것을 목적으로 하는 방법이다.
② 병해충 종합관리는 생태학적인 시각에서 관리를 요구하며 병해충의 박멸이 아닌 농작물에 피해를 입히지 않는 수준의 유지를 목적으로 한다.

PART 02 농림해충학 단원문제 100제

01 곤충의 다리마디 순서로 옳은 것은?(단, 몸에서부터 순서)
① 밑마디 - 넓적마디 - 발마디 - 종아리마디 - 도래마디
② 밑마디 - 발마디 - 종아리마디 - 도래마디 - 넓적마디
③ 밑마디 - 도래마디 - 넓적마디 - 종아리마디 - 발마디
④ 밑마디 - 종아리마디 - 발마디 - 넓적마디 - 도래마디

해설 ◁ 다리 구조는 흉부 부착점에서 밑마디(기절), 도래마디(전절), 넓적다리마디(퇴절), 종아리마디(경절), 발목마디(부절)로 5마디로 분류한다.

02 곤충 분류학상 유시류는?
① 낫발이
② 바퀴벌레
③ 톡톡히
④ 좀붙이

해설 ◁ 톡톡히, 낫발이, 좀붙이는 무시류에 속하고 바퀴벌레는 유시류에 속한다.

03 사과면충은 분류상 어느 목에 속하는가?
① 딱정벌레목
② 매미목
③ 벌목
④ 집게벌레목

해설 ◁ 사과면충은 매미목 진딧물과에 속한다.

정답 01.③ 02.② 03.②

04 다음 중 곤충의 몸 구조에 대한 일반적인 설명으로 틀린 것은?
① 머리, 가슴, 배의 3부로 구성되어 있다.
② 다리는 4쌍이고 7마디로 구성된다.
③ 겹눈과 홑눈이 있다.
④ 대개 가슴에는 날개 2쌍이 있다.

해설 ◀ 곤충은 다리는 3쌍이고 5마디로 되어 있다.

05 곤충이 배설하는 물질이 아닌 것은?
① 초산   ② 암모니아
③ 요산   ④ 알란도산

해설 ◀ 곤충이 배설하는 질소 대사물로 암모니아, 요산, 요소, 알란도산 등이 있다.

06 누에의 휴면호르몬을 합성하는 곳은?
① 신경분비세포   ② 알라타체
③ 카디아카체   ④ 앞가슴샘

해설 ◀ 누에는 산란 번데기의 식도하신경절에 신경분비세포에서 휴면호르몬이 분비된다.

07 다음 중 1세대를 경과하는 데 가장 긴 시간을 필요로 하는 곤충은?
① 장수풍뎅이   ② 뽕나무하늘소
③ 말매미   ④ 소나무좀

해설 ◀ 말매미는 1세대 경과에 6년 이상이 소요된다.

정답 04.② 05.① 06.① 07.③

08 가해습성에 따른 해충의 분류로 틀린 것은?
① 천공성 해충 - 상수하늘소, 소나무좀
② 종실 해충 - 밤바구미, 복숭아명나방
③ 흡즙성 해충 - 솔껍질깍지벌레, 도토리거위벌레
④ 식엽성 해충 - 오리나무잎벌레, 잣나무넓적잎벌

> **해설** 도토리거위벌레의 성충은 참나무류의 종실에 산란후 가지를 주둥이로 잘라 땅으로 떨어뜨린다.

09 일개미가 소속해 있는 곤충목은?
① 벌목 ② 이목
③ 나비목 ④ 총채벌레목

> **해설** 벌, 개미 등은 벌목에 속한다.

10 애멸구에 대한 설명으로 틀린 것은?
① 약충이나 성충 모두 벼 즙액을 빨아 먹는다.
② 줄무늬잎마름병 같은 바이러스병을 매개한다.
③ 중, 북부지방보다 남부지방에 피해가 많다.
④ 주로 성충으로 월동한다.

> **해설** 애멸구는 4령 약충이 논둑의 잡초 사이에 월동한다.

11 우리나라에서 월동하지 못하는 비래 해충은?
① 애멸구 ② 흰등멸구
③ 끝동매미충 ④ 번개매미충

> **해설** 국내에서는 월동하지 못하며 벼멸구와 같이 장마에 외국에서 비래하여 발생한다.

정답 08.③ 09.① 10.④ 11.②

12 복숭아순나방이 사과에 가해를 하는 경제적가해수준밀도(EIL)를 산출하려 한다. 사과원 1,000평에 소요되는 방제비용과 해충의 피해가 다음과 같을 때 EIL 은?

[보기]
- SS 방제기 임차료 40,000원
- 약제비 10,000원
- 현재 사과 판매가 25,000원/20kg
- 인건비 50,000원
- 해충의 마리당 생산 피해량 0.08kg

① 1.0 마리/평
② 2.0 마리/평
③ 2.2 마리/평
④ 4.2 마리/평

해설
- 25,000원/20kg → 1250원/kg
- 해충의 마리당 생산 피해 금액 : 1250원/kg×0.08kg = 100원
- 방제 비용 : (40,000+50,000+10,000)÷1000평 = 100원
- 피해액 및 방제액이 같아지는 경제적가해수준밀도는 1.0마리/평이다.

13 벼의 잎 선단부가 흰색으로 변하면서 구부러지고 피해를 받은 낟알에는 흑점이 발생되어 피해를 주는 해충은?

① 벼잎선충
② 벼뿌리선충
③ 벼줄기굴파리
④ 이화명충

해설 벼잎선충은 벼에 선충이 가해한 상처로 세균이 침입하면서 선단부가 흰색으로 변하고 흑점미가 발생된다.

14 통계적 예찰법에서 예찰식을 계산할 때 주의사항으로 틀린 것은?

① 변동량이 극단적인 경우는 제외한다.
② 예측범위를 통계자료의 범위 내로 한다.
③ 이상발생이나 대발생 예찰에 적용한다.
④ 상관관계의 유의점을 충분히 고려한다.

해설 통계적 예찰법은 해충의 발생과 환경요인간의 수년간의 경험적 자료를 바탕으로 적용한다.

정답 12.① 13.① 14.③

15 해충 조사법과 적용 해충의 연결이 틀린 것은?
① 황색수반 - 진딧물, 애멸구
② 페로몬트랩 - 사과잎말이나방류
③ 유아등 - 이화명나방
④ 공중포충망 - 톡토기

해설 해충 조사는 각각의 해충의 습성을 이용하며 톡토기의 경우 토양속이나 낙엽아래 서식하기에 흡충관을 이용하여 채집하는 방식을 이용한다.

16 농약 사용으로 인한 부작용들을 모두 나열한 것은?

㉠ 자연계의 균형파괴	㉡ 저항성 해충의 출현
㉢ 잠재 곤충의 해충화	㉣ 잔류 독성
㉤ 동물상의 단순화	

① ㉠, ㉡
② ㉠, ㉡, ㉢
③ ㉠, ㉡, ㉢, ㉣
④ ㉠, ㉡, ㉢, ㉣, ㉤

해설 보기의 부작용들은 화학적 방제법에 의한 부작용으로 약제 사용시 자연계의 균형파괴, 약제에 대한 저항성 해충의 출현, 곤충의 생태계 파괴로 인한 잠재 곤충의 해충화, 잔류독성, 동물상의 단순화 등이 발생한다.

17 유충이 과일 속으로 뚫고 들어가 가해하는 해충은?
① 사과굴나방
② 복숭아심식나방
③ 포도유리나방
④ 배나무이

해설 복숭아심식나방의 유충은 과일을 가해하는데 내부로 뚫고 지나간다.

18 해충 방제에 대한 설명으로 틀린 것은?
① 해충방제는 생물학적 측면과 경제적인 측면에 기초를 두고 수행한다.
② 포장에 해충이 있으면 무조건 방제한다.
③ 방제는 해충밀도의 변동과 밀접한 관계가 있다.
④ 방제결정은 해충에 의한 피해액과 방제비와의 관계에서 결정한다.

해설 해충의 방제는 무조건적으로 시행하는 것이 아니라 경제적 문제에 직접적으로 피해를 주는 곤충을 억제하는데 그 목적을 두고 있다.

정답 15.④ 16.④ 17.② 18.②

19 해충과 가해습성의 연결이 틀린 것은?
① 복숭아심식나방 - 유충이 과실을 파먹는다.
② 이화명나방 - 유충이 줄기 속을 파먹는다.
③ 청동방아벌레 - 유충이 잎을 가해한다.
④ 고자리파리 - 유충이 지하부를 가해한다.

해설 청동방아벌레는 유충이 작물의 뿌리 부분을 가해한다.

20 성충이 되어서도 날개가 없는 것은?
① 꽃노랑총채벌레   ② 배추흰나비
③ 귀뚜라미   ④ 벼룩

해설 벼룩이나 이 등은 날개가 퇴화되어 있다.

21 거미강의 특징으로 옳은 것은?
① 변태를 한다.
② 더듬이를 가지고 있어 이동이 빠르다.
③ 몸은 머리·가슴과 배의 2부분으로 되어 있다.
④ 겹눈과 홑눈으로 되어 있다.

해설 거미강의 몸은 머리, 가슴과 배 2부분으로 되어 있다.
※ 거미강
 · 몸은 머리가슴과 배의 두부분으로 나누어져 있다.
 · 날개나 촉각, 겹눈이 없고 네쌍의 다리를 가지고 있다.

22 벼물바구미에 대한 설명으로 틀린 것은?
① 단위생식을 한다.   ② 유충으로 월동한다.
③ 유충이 땅속에서 뿌리를 가해한다. ④ 성충은 벼 잎을 가해한다.

해설 벼물바구미는 성충으로 월동한다.

정답 19.③ 20.④ 21.③ 22.②

23 누에의 식성은 어디에 속하는가?
① 단식성　　　　　② 잡식성
③ 광식성　　　　　④ 부식성

해설　누에는 뽕나무속 식물만 먹는 단식성이다.

24 마늘에 피해를 주는 고자리파리의 방제방법으로 가장 효과가 적은 것은?
① 천적인 고자리혹벌을 이용한다.
② 미숙 유기질 비료를 많이 사용한다.
③ 파종 또는 이식 전에 토양살충제를 살포한다.
④ 연작지에서 발생과 피해가 심하므로 윤작을 실시한다.

해설　미숙 유기질 비료 사용시 고자라파리의 발생량이 증가된다.

25 농약의 부작용으로 볼 수 없는 것은?
① 자연계의 균형 파괴　　② 약제저항성 해충의 출현
③ 동물상의 다양화　　　 ④ 잔류독성

해설　농약으로 인하여 생태계가 파괴되어 동물상이 줄어들기도 한다.

26 벼오갈병을 매개하는 해충명은?
① 흰등멸구　　　　② 애멸구
③ 끝동매미충　　　④ 벼멸구

해설　벼오갈병은 끝동매미충, 번개매미충에 의해 매개된다.

27 유충의 발육과 성충의 생식활동에 영향을 주는 유약호르몬을 분비하는 곤충의 기관은?
① 알라타체　　　　② 카티아카체
③ 앞가슴샘　　　　④ 가슴샘

해설　곤충의 분비계에 알라타체는 성충으로 발육을 억제하는 유충호르몬을 만든다.

정답　23.①　24.②　25.③　26.③　27.①

28 곤충의 내부구조 중 주요 역할이 체내 수분의 증산을 억제하는 기능을 갖는 것은?
① 원표피
② 외표피
③ 내원표피
④ 진피세포

해설 ◀ 외표피는 단백질과 지질로 구성된 얇은 층으로 수분의 증발을 억제한다.

29 주요 산림해충으로만 나열된 것은?
① 미국흰불나방, 북방수염하늘소
② 솔나방, 흰등멸구
③ 멸강나방, 솔잎혹파리
④ 왕바구미, 혹명나방

해설 ◀ 미국흰불나방은 100 종이상의 활엽수종을 가해할 정도로 범위가 넓으며 북방수염하늘소는 소나무 에이즈라 불리는 소나무재선충병의 매개충이다.

30 곤충의 변태와 생활사에 관한 틀린 설명은?
① 완전변태에서는 유충과 번데기 구분이 뚜렷하다.
② 약충은 완전변태에서 성충이 되기 전까지 어린벌레를 말한다.
③ 번데기가 탈피하여 성충이 되는 것을 우화라고 한다.
④ 산란전기란 번데기에서 탈피하여 성충이 된 후부터 알을 낳기 전까지의 기간을 말한다.

해설 ◀ 약충은 불완전변태에서 성충이 되기 전까지의 어린벌레를 말한다.

31 벼룩잎벌레에 대한 설명으로 옳은 것은?
① 고추의 가장 대표적인 해충이다.
② 성충이 뿌리를 가해한다.
③ 일반적으로 작물이 어린 시기에 피해가 많다.
④ 번데기로 월동한다.

해설 ◀ 벼룩잎벌레는 어린 작물에 피해가 심하고 초여름에 많이 발생한다.

32 입틀의 큰턱, 작은턱, 아랫입술 등의 운동과 그곳의 감각신경을 지배하는 것은?
① 식도하신경절
② 말초신경계
③ 전대뇌
④ 중대뇌

해설 ◀ 식도하신경절은 곤충의 머리에 있는 두 번째 신경절로 운동과 감각신경을 지배한다.

정답 28.② 29.① 30.② 31.③ 32.①

33 다음은 어떤 해충에 의한 피해인가?

> [보기]
> 철쭉류의 잎이 퇴색하고 잎뒷면에 흑색의 벌레똥과 탈피각이 붙어 있고 지저분한 상태가 되었다

① 응애류 ② 방패벌레류
③ 나무이류 ④ 멸구류

해설 방패벌레류는 약충이 기주의 잎 뒷면에서 흡즙하며 가해 부위에 검은색의 배설물과 탈피각이 붙어 있다.

34 향나무하늘소의 주요 가해 부위는?

① 잎 ② 줄기
③ 뿌리 ④ 종자

해설 향나무하늘소는 줄기, 형성층이나 목질부에 피해를 주는데 똥을 밖으로 배출하지 않고 침입한 구멍도 흔적이 없어 발견이 어렵다.

35 흡즙성 해충의 증식을 촉진시킬 우려가 가장 높은 비료의 종류는?

① 질소질 비료 ② 인산질 비료
③ 칼륨질 비료 ④ 마그네슘질 비료

해설 질소질 비료를 과용하면 작물의 도장현상으로 해충의 증식이 촉진될 가능성이 있다.

36 곤충의 기관으로 맛감각과 관계가 없는 것은?

① 윗입술 ② 작은 턱수염
③ 아랫입술 수염 ④ 큰턱

해설 큰턱은 먹이를 자르고 물리적인 작용을 한다.

정답 33.② 34.② 35.① 36.④

37 생물적 방제의 장점으로 거리가 먼 것은?
① 모든 해충에 적용되고 있다.
② 생물상이 평형을 되찾고 생태계가 안정된다.
③ 효과발현이 늦지만 영구적으로 효과가 있다.
④ 비용은 처음에만 필요하고 그 이후는 불필요하다.

> 해설 생물적 방제는 특정 해충들의 천적관계를 이용되고 대량사육이 힘들어 모든 해충에 적용되기는 것은 어렵다.

38 곤충의 외분비물질 특히 암수 상호간의 종내 통신물질을 이용한 것으로 나비목 해충의 방제에 많이 활용되고 있는 물질은?
① 집합페로몬   ② 경보페로몬
③ 성페로몬   ④ 길잡이페로몬

> 해설 암수 상호간에 작용하며 성페로몬은 나비목 해충의 유인작업으로 방제에 이용된다.

39 완전변태를 하지 않는 곤충은?
① 칠성풀잠자리   ② 조명나방
③ 고자리파리   ④ 루비깍지벌레

> 해설 루비깍지벌레는 불완전변태를 하는 매미목이다.

40 솔잎혹파리에 대한 설명으로 옳은 것은?
① 벌목에 속한다.
② 1년에 1회 발생한다.
③ 소나무외 밤나무에도 가해한다.
④ 우리나라에서 1949년에 처음 발견되었다.

> 해설 솔잎혹파리는 1년에 1회 발생한다.

정 답 37.① 38.③ 39.④ 40.②

41 중국으로부터 비래하여 오는 해충이 아닌 것은?
① 흑명나방
② 멸강나방
③ 이화명나방
④ 벼멸구

해설 이화명나방은 비래하여 오는 해충이 아닌 국내에서도 월동을 하는 해충이다.

42 유효적산온도를 이용하여 파밤나방 발생을 예측하려 한다 파밤나방 알에서 성충 우화까지 발육영점온도가 12°C 일 때 266DD 가 소요된다. 이때 평균 25°C의 조건에서 알에서 우화까지의 경과기간은?
① 15.5일
② 18.0일
③ 20.0일
④ 22.5일

해설 (25-12)×경과기간=266
경과기간 = 20.46 일 = 약 20일
※ 유효적산온도(DD : Degree Days)
(측정온도 - 발육영점온도)×측정온도에서의 발육일수

43 바이러스를 매개하는 곤충이 아닌 것은?
① 복숭아혹진딧물
② 담배가루이
③ 애멸구
④ 담배거세미나방

해설 바이러스를 매개하는 곤충으로 끝동매미충, 복숭아혹진딧물, 담배가루이, 애멸구 등이 있다.

44 다음 중 생물농약이 아닌 것은?
① Difluvenzuron
② 애꽃노린재
③ 칠레이리응애
④ Bacillus thuringiensis

해설 디플루벤주론(Difluvenzuron)은 살충제 농약이다.

정답 41.③ 42.③ 43.④ 44.①

45 수간에 난괴로 산란하여 손쉽게 난괴를 제거함으로써 효과적으로 구제할 수 있는 해충은?

① 매미나방 ② 미국흰불나방
③ 복숭아심식나방 ④ 솔나방

해설 ▸ 알은 나무의 줄기에 덩어리 형태로 300개 내외 정도로 산란하며 방제를 위해 산란한 난괴를 제거하기도 한다.

46 소나무좀의 화학적 방제를 위한 약제 살포시기로 가장 적합한 것은?

① 2월중순 ~ 3월상순 ② 3월중순 ~ 4월중순
③ 4월하순 ~ 5월중순 ④ 5월하순 ~ 6월중순

해설 ▸ 3~4월 쯤 페니트로티온 약제를 줄기에 살포한다.

47 곤충의 통신에 이용되는 화학적 통신이 아닌 것은?

① 개미가 위협을 받을 때 분산 또는 공격적인 행동을 유도하는 물질
② 지나간 흔적으로 남겨두는 물질
③ 암컷의 성적 준비를 알려주는 물질
④ 배추흰나비 암컷의 날개에서 반사되는 자외선

해설 ▸ ④ 항목의 경우 화학적 통신인 페로몬과 관련이 없는 외관상의 특징이다.

48 곤충 및 생물 분류의 기본이 되는 단위는?

① 과 ② 종
③ 속 ④ 강

해설 ▸ 분류학상 기본단위는 종이다.

49 솔잎혹파리의 피해가 가장 심한 수종은?

① 잣나무 ② 리기다소나무
③ 곰솔 ④ 방크스소나무

해설 ▸ 솔잎혹파리는 소나무, 곰솔 등에 큰 피해를 준다.

정답 45.① 46.② 47.④ 48.② 49.③

50 풀잠자리 목(目)의 일반적인 특징이 아닌 것은?
① 유충은 3쌍의 다리가 있다.　② 유충은 물에서만 산다.
③ 유충, 성충은 모두 식충성이다.　④ 유충의 배에는 다리가 없다.

해설 ◀ 풀잠자리목의 유충은 육지에서 산다.

51 곤충 다리의 마디 순서로 옳은 것은?
① 기절→전절→퇴절→경절→부절　② 기절→퇴절→경절→전절→부절
③ 기절→퇴절→전절→경절→부절　④ 기절→전절→부절→퇴절→경절

해설 ◀ 다리 구조는 흉부 부착점에서 밑마디(기절), 도래마디(전절), 넓적다리마디(퇴절), 종아리마디(경절), 발목마디(부절)로 5마디로 분류한다.

52 복숭아심식나방에 대한 설명으로 옳지 않은 것은?
① 유충이 과실 속에 있을 때에는 황백색이다.
② 월동 고치는 방추형이다.
③ 1년에 2회 발생하지만 일정하지는 않다.
④ 피해 과일에는 배설물이 배출되지 않는다.

해설 ◀ 복숭아심식나방의 월동 고치는 원형이다. 여름철에 방추형의 여름고치를 짓고 번데기가 된다.

53 밀도의존적 치사요인에 대한 설명으로 옳은 것은?
① 탄생률은 개체군 내 밀도에 비례한다.
② 사망률은 개체군 내 밀도에 비례한다.
③ 사망률은 개체군 내 밀도에 반비례한다.
④ 사망수는 개체군 내 밀도에 반비례한다.

해설 ◀ 사망률은 출생이나 이동이 없을 경우 사망한 곤충의 개체수의 비율을 말한다. 개체군 밀도가 높아지면 그에 따라 사망하는 곤충의 비율도 높아지기에 비례관계이다.

54 다음 중 나방의 날개를 바르게 펴기 위해 사용하는 기자재가 아닌 것은?
① 삼각관　② 고정침
③ 전시판　④ 종이테이프

해설 ◀ 삼각관은 나방의 채집에 사용되는 도구이다.

정 답 50.② 51.① 52.② 53.② 54.①

55 일반적인 곤충강의 특징으로 옳은 것은?
① 가슴·배에 마디가 있고, 더듬이는 1쌍이다.
② 머리가슴·배의 2부로 구분된다.
③ 다리는 4쌍이고 7마디로 구성된다.
④ 눈은 홑눈만 있다.

해설 곤충은 가슴마디와 배마디가 있으며 1쌍의 더듬이를 가진다. 그 외 곤충은 머리, 가슴, 배 3부분으로 분류하고 다리는 3쌍에 5마디로 되어 있다.

56 후장의 형태와 기능에 대한 설명으로 틀린 것은?
① 말피기관으로부터 항문에 이르는 소화기관 부위이다.
② 배설의 중요한 기능을 한다.
③ 수분과 염류의 균형을 유지시킨다.
④ 주 기능은 영양분의 흡수이다.

해설 후장은 전소장, 직장, 항문으로 구성되며 직장에서 수분을 흡수한다. 양분의 흡수는 중장에서 이루어진다.

57 현재 우리나라 소나무림에 가장 피해를 심하게 주는 소나무재선충을 매개하는 솔수염하늘소의 우화시기로 가장 적합한 것은?(단, 우리나라 남부지방)
① 2월 ~ 4월   ② 5월 ~ 7월
③ 8월 ~ 10월   ④ 11월 ~ 1월

해설 솔수염하늘소는 5~7월에 우화한다.

58 1958년경 우리나라에 처음 발견되었으며 1년에 2회 발생하고 과수 및 뽕나무 등 활엽수를 갉아 먹으며 가로수에 큰 피해를 주는 해충은?
① 박쥐나방   ② 미국흰불나방
③ 오리나무잎벌레   ④ 솔나방

해설 미국흰불나방은 수피, 지피물 밑에서 번데기로 월동하며 연 2회 이상 발생한다. 국내는 최초 1958년 발견되었으며 약 600 개 정도의 알을 낳으며 100종류 이상의 활엽수종을 가해한다.

정답 55.① 56.④ 57.② 58.②

59 곤충의 발육 및 성장에 영향을 주는 환경요인으로 가장 거리가 먼 것은?
① 기상
② 먹이
③ 토성
④ 다른생물

해설 곤충의 발육 및 성장에는 토성에 따른 영향도는 거의 없다.

60 해충의 방제법으로 부적합한 것은?
① 물리적 방제방법
② 경종적 방제방법
③ 생물적 방제방법
④ 감수성품종 재배

해설 감수성은 식물이 병에 걸리기 쉬운 정도를 말하며 해충의 방제법으로는 주로 경종적 방제법, 기계적 혹은 물리적 방제법, 화학적 방제법, 생물적 방제법, 임업적 방제법이 사용된다.

61 페로몬은 같은 종 내의 다른 개체 간 통신 목적으로 사용되는 물질을 말한다. 페로몬을 이용목적에 따라 분류할 때 이에 해당하지 않는 것은?
① 성페로몬
② 집합페로몬
③ 경보페로몬
④ 방어페로몬

해설 같은 종의 이성을 유인하는 성페로몬, 서식지에서 동족을 부르는 집합페로몬, 위험을 전파하는 경보페로몬, 길을 안내하기 위한 길잡이 페로몬, 동족의 과밀현상을 피하기 위한 분산페로몬 등 목적에 따라 다양한 페로몬이 있다.

62 벼에 줄무늬잎마름병, 검은줄오갈병의 바이러스병을 매개하는 해충은?
① 벼멸구
② 애멸구
③ 혹명나방
④ 이화명나방

해설 애멸구는 그을음병을 유발하며 줄무늬잎마름병, 검은줄오갈병의 매개충이기도 하다.

63 우리나라 곤충이 속하는 지리적 위치는?
① 신북구
② 동양구
③ 구북구
④ 신열대구

해설 국내의 경우 구북구계에 속한다.

정답 59.③ 60.④ 61.④ 62.② 63.③

64 곤충의 휴면에 대한 설명으로 틀린 것은?
① 곤충이 살아남기 위한 하나의 방편으로 진화된 과정이다.
② 휴면을 유기하는 환경조건은 반드시 불리한 것만이 아니라 불리한 조건이 시작될 것을 알려주는 것이다.
③ 휴면 시에 곤충의 신진대사는 현저히 떨어진다.
④ 측안과 같은 시각기관은 곤충의 광주반응을 결정하는 유일한 광수용기이다.

해설 ◀ 휴면은 불리한 환경을 예측하여 발육을 정지하여 환경을 극복하는 방법이다.

65 종합적 해충관리 방법과 가장 거리가 먼 것은?
① 농약의 합리적인 사용
② 천적이용확대
③ 해충군보다 개개를 대상으로 한 효과적 방제
④ 해충발생예찰의 철저

해설 ◀ 종합적 해충관리는 병해충의 밀도를 경제적 피해수준 이하로 낮추는 것을 목적으로 하며 개개를 대상하는 하는 것은 그 목적에 부합하지 못한다.

66 유기인계 살충제의 주요 작용점으로 옳은 것은?
① 표피의 왁스층   ② 기관세지
③ 근육   ④ 시냅스부

해설 ◀ 유기인계 살충제는 시냅스의 신경전달기능에 이상을 일으켜 마비 및 기타 효과를 발휘하게 된다.

67 복숭아순나방에 대한 설명으로 틀린 것은?
① 1년에 3~4회 발생한다.   ② 유충으로 월동한다.
③ 새로 나온 가지만을 가해한다.   ④ 배나무의 경우 만생종에 피해가 크다.

해설 ◀ 복숭아순나방의 유충은 신초와 과실을 가해한다.

정답 64.④ 65.③ 66.④ 67.③

68 고자리파리의 월동충태는?
① 알 ② 유충
③ 번데기 ④ 성충

해설 1년에 3회 가을에 발생한 번데기로 월동하고 4월쯤 우화한다.

69 평균곤(halter)은 어느 곤충 목(目)에서 볼 수 있는가?
① 파리목 ② 노린재목
③ 딱정벌레목 ④ 나비목

해설 파리목의 뒷날개는 평균곤으로 변형되어 몸의 균형 유지와 감각기관을 담당한다.

70 소화기관의 변형체로 흡즙성 곤충에서 나타나는 기관은?
① 숨은 배설관 ② 여과실
③ 직장아가미 ④ 알라타체

해설 흡즙성 곤충의 경우 중장의 앞과 뒤가 밀접하게 위치하는 여과실 구조가 발달한다. 이러한 여과실이 발달한 곤충들이 배설하는 배설물을 감로라 하며 감로로 인하여 그을음병이 발생하기도 한다.

71 다음 중 생산자에 유리하고 수용자에 불리한 생리반응이나 행동을 일으키는 활성물질은?
① 시노몬 ② 알로몬
③ 카이로몬 ④ 집합페로몬

해설 알로몬은 생산자에게 유리, 수용자에게는 불리하게 작용하는 일종의 방어물질이다.

72 벼 줄무늬잎마름병을 매개하는 해충은?
① 벼멸구 ② 애멸구
③ 흰등멸구 ④ 끝동매미충

해설 애멸구는 벼 줄무늬잎마름병, 검은줄오갈병을 매개하는 매개충이다.

정답 68.③ 69.① 70.② 71.② 72.②

73 살충제와 같은 유독성 화학물질이 곤충체내로 투입되었을 때 그 물질을 무독화시키기 위하여 곤충의 지방체 조직에서 일어나는 반응이 아닌 것은?

① 알킬화 ② 황산화
③ 아세틸화 ④ 가수분해

> **해설** 곤충의 살충제에 대한 해독작용 혹은 무독화를 위해 황산화, 아세틸화, 가수분해를 한다.

74 곤충의 존스턴기관은 더듬이의 어느 부분에 위치하는가?

① 자루마디 ② 팔굽마디
③ 채찍마디 ④ 밑마디

> **해설** 팔굽마디(흔들마디)는 존스턴씨기관이 있어 공기의 진동을 통해 소리를 인지하거나 바람의 방향을 느낀다.

75 곤충 날개가 두 쌍인 경우 날개의 부착위치는?

① 가운데가슴에만 붙어 있다.
② 앞가슴에 한 쌍, 뒷가슴에 한 쌍 붙어 있다.
③ 앞가슴에 한 쌍, 가운데가슴에 한 쌍 붙어 있다.
④ 가운데가슴에 한 쌍, 뒷가슴에 한 쌍 붙어 있다.

> **해설** 곤충은 두 쌍의 날개를 가지고 있는 경우 가운데가슴에 있는 한쌍을 앞날개, 뒷가슴에 붙어 있는 한쌍을 뒷날개라 한다.

76 다음 중 침입해충이 아닌 것은?

① 사과면충 ② 온실가루이
③ 감자나방 ④ 애멸구

> **해설** 침입해충의 종류로 사과면충, 온실가루이, 감자나방, 뿌리응애, 미국흰불나방, 솔잎혹파리 등이 있다.

77 교미구와 산란구가 별개로 발달된 곤충류는?

① 나비목 ② 파리목
③ 딱정벌레목 ④ 집게벌레목

> **해설** 나비목의 교미구와 산란구가 별도로 발달되어 있다.

정답 73.① 74.② 75.④ 76.④ 77.①

78 곤충의 호르몬에 대한 설명으로 틀린 것은?
① 신경분비호르몬에는 종류가 매우 많지만 대부분 단백질 내지 펩티드 물질이다.
② 유약호르몬은 탈피를 억제하고 생식활동에 관여하는 호르몬이다.
③ 탈피호르몬은 앞가슴샘에서 혈림프로 분비된 α-엑디손이 지방체, 중장, 표피세포 등 다른 조직에서 β-엑디손으로 전환시켜 탈피호르몬으로 작용한다.
④ 탈피호르몬은 전구물질을 이용하지 않고 곤충 자신의 체내에서 합성되어 분비된다.

해설 ▶ 특정 화합물을 만들어지기 위한 전단계에 이용되는 물질을 전구물질이라 하며 탈피호르몬도 전구물질을 이용해야 생성된다.

79 벼물바구미가 벼를 가해할 때 가장 큰 피해를 주는 충태는?
① 알　　　　　　　　　　② 유충
③ 번데기　　　　　　　　④ 성충

해설 ▶ 벼물바구미 유충은 땅속에서 뿌리를 가해하여 식물에 직접적인 피해를 주며 성충과 유충의 잎의 가해 비교시 유충이 훨씬 많은 양의 피해를 준다.

80 다음 중 해충의 발생예찰방법에 속하지 않는 것은?
① 포장조사 및 관찰에 의한 방법　② 통계적 방법
③ 경험적 방법　　　　　　　　　 ④ 실험적 방법

해설 ▶ 예찰 방법으로 야외조사, 통계적 방법, 다른 생물현상과의 관계 파악, 실험적 방법, 개체군의 동태학적 방법 등이 있다.

81 다음 중 성충이 과실에 상처를 내서 해를 미치는 것은?
① 으름나방　　　　　　　② 모무늬잎말이나방
③ 사과굴나방　　　　　　④ 사과응애

해설 ▶ 우화한 성충이 사과나무, 감귤나무의 과실에 날아가 즙액을 빨아먹는다.

82 메뚜기목 곤충의 머리에 대한 틀린 설명은?
① 3쌍의 홑눈　　　　　　② 1쌍의 겹눈
③ 1상의 아랫입술수염　　④ 1쌍의 더듬이

해설 ▶ 메뚜기목은 겹눈이 발달되고 3개의 홑눈을 가진다.

정답　78.④　79.②　80.③　81.①　82.①

83 곤충의 골격 근육 섬유를 수축시키는데 관여하는 직접적인 자극 요인은?
① Na^+이온이 세포외로 나가서
② K^+이온이 세포내로 들어가서
③ Ca^{++}이온이 세포내로 들어가서
④ Mg^{++}이온이 세포외로 나가서

해설 ◀ 칼슘이온이 신경발달, 근육수축 등에 관여한다.

84 잎을 갉아 먹어 피해를 주는 해충이 아닌 것은?
① 오리나무잎벌레
② 잣나무넓적잎벌
③ 향나무하늘소
④ 솔나방

해설 ◀ 향나무 하늘소는 천공성 해충으로 목질부를 가해한다.

85 다음 중 벼물바구미의 설명 중 옳은 것은?
① 성충은 벼의 잎과 뿌리를 가해한다.
② 단위생식을 한다.
③ 유충으로 토양 속에서 월동한다.
④ 1년에 2~3회 발생한다.

해설 ◀ 벼물바구미는 성충은 벼의 엽육, 유충은 뿌리를 가해하고 성충으로 논둑의 잡초등에서 월동을 한다. 1년에 1회 발생하며 단위생식을 한다.

86 곤충의 말피기씨관의 역할은 무엇인가?
① 감각
② 소화
③ 배설
④ 순환

해설 ◀ 말피기씨관은 중장과 후장사이에 있으며 배설의 역할을 한다.

87 톡토기목의 특징이 아닌 것은?
① 외부생식기가 없다.
② 입틀이 머리틀에 고정되어 있다.
③ 더듬이의 모든 마디에 근육이 있다.
④ 날개가 없다.

해설 ◀ 톡토기는 저작형 입틀이 머리통 안에 위치한다.

정 답 83.③ 84.③ 85.② 86.③ 87.②

88 무시아강에 속하는 곤충의 목(目)은?
① 톡토기목　　② 잠자리목
③ 벼룩목　　　④ 파리목

해설　무시아강에는 톡토기목, 낫발이목, 좀목 등이 있다.

89 해충의 출생률에 가장 크게 영향을 미치는 인자는?
① 이화화적 조건　　② 천적류
③ 이동비율　　　　 ④ 해충의 연령구성비율

해설　최대출산능력, 실출산수, 성비, 연령구성비율 등이 해충의 출생율에 영향을 준다.

90 방제 적기를 판단하는데 우화상황을 조사하는 해충은?
① 솔껍질깍지벌레　② 솔수염하늘소
③ 박쥐나방　　　　④ 미국흰불나방

해설　솔수염하늘소는 우화상황을 조사하여 미리 방제 적기와 방제량을 판단한다.

91 다음 중 오이잎벌레에 대한 설명으로 잘못된 것은?
① 딱정벌레목에 속한다.　② 유충이 잎을 가해한다.
③ 1년에 1회 발생한다.　　④ 성충으로 월동한다.

해설　성충은 잎을 가해하고 유충은 뿌리를 가해한다.

92 사과응애는 어떤 해충인가?
① 흡즙성 해충　　② 권엽성 해충
③ 잠엽성 해충　　　 식엽성 해충

해설　사과응애는 기주 잎을 흡즙한다.

정답　88.①　89.④　90.②　91.②　92.①

93 식물체에 혹을 만들어 피해를 주는 해충이 아닌 것은?
① 포도뿌리혹벌레 ② 복숭아혹진딧물
③ 밤나무혹벌 ④ 솔잎혹파리

해설 ◁ 복숭아혹진딧물은 부화한 약충은 겨울기주 어린 잎의 즙액을 흡즙하고 신초에 피해를 준다.

94 성충과 유충이 동시에 잎을 가해하는 해충은?
① 솔잎혹파리 ② 거위벌레
③ 매미나방 ④ 오리나무잎벌레

해설 ◁ 오리나무잎벌레는 성충과 유충이 동시에 잎을 가해한다.

95 곤충의 선천적 행동이 아닌 것은?
① 반사 ② 주지성
③ 유충의 고치짓기 ④ 사회성 곤충의 집찾기

해설 ◁ 개미와 같은 사회성 곤충이 집을 찾는 것은 길잡이 페로몬과 같은 분비물질에 의한 것이지 선천적 행동은 아니다.

96 다음 중 완전변태류에 속하는 목은?
① 메뚜기목 ② 총채벌레목
③ 노린재목 ④ 풀잠자리목

해설 ◁ 풀잠자리목, 딱정벌레목, 부채벌레목, 밑들이목, 나비목 등은 완전변태를 한다.

97 해충의 피해량을 결정하는 요인이 아닌 것은?
① 해충의 수 ② 가해시기
③ 작물의 상태 ④ 기상상태

해설 ◁ 해충의 피해량은 해충의 밀도, 가해시기, 작물의 상태 등에 의해 결정된다.

정답 93.② 94.④ 95.④ 96.④ 97.④

98 다음 중 벼물바구미의 분류학적 위치는?

① 매미목
② 노린재목
③ 총채벌레목
④ 딱정벌레목

해설 벼물바구미는 딱정벌레목에 속한다.

99 점박이응애에 대한 설명 중 틀린 것은?

① 곤충에 속한다.
② 과수의 주요해충이다.
③ 숙주식물의 잎에서 즙액을 빨아 먹는다.
④ 성충으로 월동한다.

해설 응애류는 거미강에 속한다.

100 국내에서 사과하늘소의 발생횟수는?

① 1년 1회
② 1년 2회
③ 2년 1회
④ 4년 1회

해설 사과하늘소는 2년에 1회 발생한다.

정답 98.④ 99.① 100.③

PART 3

재배원론

PLANT PROTECTION

PART 03 재배원론

01 작물의 분류

(1) 작물의 분류

① 식용작물

미곡	벼
맥류	보리, 호밀, 밀
잡곡	수수, 옥수수, 메밀
두류	콩, 녹두, 강낭콩, 완두, 팥, 땅콩
서류	고구마, 감자

② 공예작물

섬유작물	목화, 삼, 모시풀, 수세미, 닥나무
전분작물	옥수수, 감자, 고구마
유료작물	참깨, 들깨, 유채, 땅콩, 해바라기, 아주까리, 오일팜
기호료작물	차, 담배, 커피
약료작물	제충국, 인삼, 도라지, 박하, 당귀
당료작물	사탕무, 사탕수수

③ 사료 작물

화본과	옥수수, 티머시, 오처드 그래스
콩과	알팔파, 레드클러버, 스위트 클로버, 화이트 클로버

④ 녹비 작물

화본과	귀리, 호밀, 라이그래스
콩과	자운영, 콩

⑤ 원예작물
  ㉠ 과수

핵과류	자두, 살구, 복숭아, 앵두
인과류	배, 사과, 비파
준인과류	감, 귤
장과류	포도, 무화과, 딸기
각과류	밤, 호두

  ㉡ 채소

과채류		오이, 호박, 참외, 멜론, 수박, 딸기
협채류		완두, 동부, 강낭콩
근채류	괴근류	고구마, 감자, 마, 연근, 생강
	직근류	무, 당근, 우엉
경엽채류	엽채류	배추, 양배추, 갓
	생채류	샐러드, 상치, 파슬리, 땅두릅
	유채류	미나리, 아스파라가스, 죽순, 시금치
	총류	파, 양파, 쪽파, 마늘

⑥ 생태적 분류

생존연한	· 1년생 작물 : 벼, 콩, 옥수수, 배추 · 2년생 작물(월년생작물) : 보리, 밀, 대파, 무, 사탕무 · 다년생 작물 : 감자, 고구마, 아스파라거스
생육계절	· 하작물 : 콩, 수수혼작 · 동작물 : 밀, 보리
생육형	· 주형작물 : 벼, 맥류, 오차드그라스 · 포복형작물 : 고구마
생육온도	· 저온작물 : 맥류, 감자 · 고온작물 : 벼, 콩, 담배
저항성	· 내산성 작물 : 감자, 벼 · 내건성 작물 : 수수 · 내습성 작물 : 밭벼 · 내염성 작물 : 사탕무, 목화, 양배추 · 내풍성 작물 : 고구마

⑦ 재배・이용에 따른 분류

작부방식	• 동반작물 : 다년생초지에 초기 산초량을 높이기 위해 섞는 작물 • 보호작물 : 주요작물의 보호를 위해 심는 작물 • 대용작물 : 주작물 수확이 어려울 경우 대체작물, 메밀・채소・조 • 구황작물 : 불리한 환경(흉년)에 수확량이 상당한 작물, 메밀・고구마
토양보호	• 토양보호 작물 : 일종의 토양 피복 작물 • 토양조성 작물 : 지력증진에 도움이 되는 작물, 콩과식물 • 토양수탈 작물 : 토양 양분만 가져가 비료분을 공급해야 하는 작물
경제・경영	• 자급 작물 : 농가에서 자급용 작물 • 환금 작물 : 판매용 작물, 담배・인삼 • 경제 작물 : 환금작물 중 수익성이 높은 작물, 담배・양파・마늘
사료용도	• 청예작물 : 곡식의 줄기나 잎을 사료로 사용할 목적, 순무 • 건초작물 : 건초용으로 사용되는 작물, 티머시・알팔파 • 종실사료작물 : 종자를 사료로 이용하는 작물, 맥류・옥수수

기출문제

알팔파의 초지를 만들 때 보리 종자를 섞어서 뿌리는 경우에 작부체계상 보리를 지칭하는 가장 적절한 용어는?

① 간작물　　　　　　　　② 혼작물
③ 동반작물　　　　　　　④ 주위작물

해설 다년생초의 초기 산초량을 높이기 위해 섞어 뿌리는 경우 동반작물이라 한다.

답 ③

(2) 작물의 종수

① 전세계적으로 식물의 종수는 약 28만여종 정도로 추정하고 있으며 그중 국내에는 약 5400종 정도가 서식을 하고 있다.
② 그중 작물의 종수는 약 3천여정 정도로 식물종수의 약 1% 수준 정도이다. 식용작물종수는 900 여정 정도이다.
③ 인류가 주로 소비하고 있는 3대 식량작물로는 옥수수, 밀, 벼가 있고 인류가 소비하는 양의 약 70% 이상을 차지하고 있다.

02 재배환경

1. 토양

(1) 지력

① 지력은 식물을 길러내는 땅의 힘을 의미한다. 농작물의 경우 같은 자리에 지속적으로 작물을 길러낼 경우 흙속의 양분이 고갈되어 이후의 작물들은 제대로 자라지 못한다.
② 지력이 떨어질 경우에는 비료를 이용하거나 농사를 쉬어주는 휴경, 다른 곳의 흙을 가져오는 객토 등의 작업을 통해 지력을 보충한다.

(2) 토성

① 토양은 고상, 기상, 액상으로 구성되어 있으며 고상의 대부분은 무기물과 약간의 유기물이, 기상은 토양공기, 액상은 토양수분을 의미하며 고상:액상:기상=50:25:25 비율로 구성되어 있는 것이 작물이 크기에 가장 이상적인 구조이다.
② 토성은 점토 함량을 기준으로 분류하기도 하며 사토, 식토, 양토, 사양토, 식양토 등이 있다.

토양	진흙정도(%)
사토	12.5 ↓
사양토	12.5 ~ 25.0
양토	25.0 ~ 37.5
식양토	37.5 ~ 50.0
식토	50.0 ↑

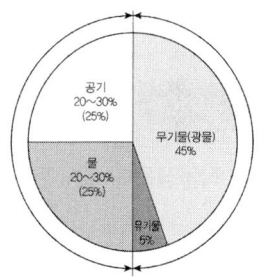

③ 자갈이나 모래가 많은 토양의 경우 빈공극이 많아 통기성이 좋으나 보수력이나 보비력이 낮아 작물의 생육에는 오히려 불리하다. 점토함량이 많은 토양의 경우 보수력과 보비력은 좋으나 공극이 작아 통기성이 불량하여 이 역시도 작물의 생육에는 불리하다.

(3) 토양구조 및 토층

① 토양 구조는 토양입자의 배열상태를 말하며 토양입자가 개별적으로 있는 경우 단립구조, 서로 결합되어 무리를 이루는 경우를 입단구조라 정의한다.

단립구조(홑알구조)	입단구조(떼알구조)
• 토양에서 각각 독립적으로 존재하는 구조로서 큰공극이 많아 수분 및 비료의 함량이 적은 편이다. • 대표적으로 모래와 미사가 단립구조를 가진다.	• 여러 입자들이 하나의 단체를 만들고 단체끼리 모여 입단을 만드는 구조로 통기성이 좋고 적정량의 수분을 보유한다. • 식물이 생육하기에 수분 및 공기의 유동에 적합한 구조이다.

② 입단을 조성하기 위해서는 입단구조가 만들어지기 위한 요소인 점토, 유기물 등을 첨가하거나 콩과식물의 재배, 토양의 피복 등을 통한 구조를 개선해야 한다.

③ 입단의 분해 혹은 파괴가 일어나는 경우는 과도한 경운작업과 같은 물리적 충격을 주거나 환경 및 기상에 의한 입단의 수축, 팽윤의 반복 혹은 입단구조에 반발력을 이온(나트륨이온 등)이 과다할 때 발생한다.

기출문제

작물생육에 알맞은 토양구조는?
① 단립구조　　　　② 복합구조
③ 이상구조　　　　④ 입단구조

해설: 토양의 입단구조는 식물이 생육하기에 수분 및 공기의 유동에 적합한 구조이다.

답 ④

(4) 토양 중의 무기성분

① 무기염류는 작물의 생육에 필요한 필수원소 16가지가 있으며 이러한 원소들이 많이 필요한 것들을 다량원소, 소량 필요할 경우를 미량원소라 한다.

구분		흡수 형태	상대량(%)
다량원소	탄소(C)	CO_2	45
	산소(O)	O_2, H_2O	45
	수소(H)	H_2O	6
	질소(N)	NO_3^-, NH_4^+	1.5
	칼륨(K)	K^+	1.0
	칼슘(Ca)	Ca^{2+}	0.5
	마그네슘(Mg)	Mg^{2+}	0.2
	인(P)	$H_2PO_4^-$, HPO_4^{2-}	0.2
	황(S)	SO_4^{2-}	0.1
미량원소	염소(Cl)	Cl^-	0.01
	철(Fe)	Fe^{3+}, Fe^{2+}	0.01
	망간(Mn)	Mn^{2+}	0.005
	붕소(B)	H_3BO_3	0.002
	아연(Zn)	Zn^{2+}	0.002
	구리(Cu)	Cu^+, Cu^{2+}	0.0006
	몰리브덴(Mo)	MoO_4^{3-}	0.00001

② 작물의 생육시 초기에는 성장을 위해 질소의 흡수량이 가장 많으나 이후에는 칼륨의 흡수량이 더 많아지게 된다.

③ 무기성분의 특징

㉠ 질소

특징	· 대기 중의 78% 정도를 차지하는 원소로 수목의 단백질, 아미노산 등의 유기화합물을 구성하는 필수 원소이다. · 식물 내의 질소의 함량이 가장 많은 부위는 잎이다. · 주로 식물에 흡수시 질산태(NO_3^-), 암모니아태(NH_4^+)로 흡수된다.
결핍증상	· 잎의 생장이 불량하고 잎이 짧아지거나 전반적으로 소형화된다. · 잎 전체의 황백화 현상이 나타나며 심할 경우 괴사하며 증상은 오래된 잎부터 먼저 나타난다.
과잉증상	· 잎이 짙은 녹색이 되면서 도장현상이 나타난다. · 가뭄, 병충해 등의 저항성이 약해진다. · 결실률이 떨어지고 과실의 경우 소과가 되기도 한다.

ⓒ 인산

특징	• 강산성 토양에서 인산은 철, 알루미늄, 망간과 결합하여 식물이 이용할수 없게 되거나 유실되기도 한다. • 중성 토양의 경우 인산의 유효도가 증가하며 pH 6~7 정도가 적당하다. • 뿌리의 신장을 촉진하고 내한 및 내건성을 증가시킨다. • 주로 이온 형태($H_2PO_4^-$, HPO_4^{2-})로 흡수한다.
결핍증상	• 뿌리 발달이 늦어 식물의 발육도 늦어진다. • 갈색반점이 생기거나 노엽은 암록색을 띠고 개화결실이 불량해진다. • 과실 및 종자의 형성이 불충실해진다.
과잉증상	• 아연, 철, 고토의 결핍을 유발하고 황화현상을 일으킨다. • 영양생장이 멈추고 성숙이 빨라져 수확량이 감소한다.

ⓒ 칼륨

특징	• 탄수화물대사, 단백질대사, 효소 활성화 등의 촉매역할을 한다. • 뿌리의 발육과 개화결실에 도움을 준다. • 뿌리, 줄기를 강하게 하고 병해충에 대한 저항력을 증가시킨다. • 양이온(K^+)으로 흡수 및 이용한다. • 잎, 뿌리 등의 선단에 많이 있으며 종실에는 거의 없다.
결핍증상	• 늙은잎의 선단에서 황화하고 결국 갈색변하다 고사한다. • 어린잎은 암록색이 되고 신장이 나쁘게 된다. • 뿌리의 생장이 제한되고 뿌리썩음병이 일어나기 쉽다. • 과실의 경우 모양과 품질이 저하된다.
과잉증상	• 칼슘과 마그네슘의 흡수를 억제하여 결핍시킨다.

ⓔ 칼슘

특징	• 건조지역이 습한지역보다 더 많은 양을 함유하고 있다. • 정단 분열조직 발달, 단백질의 합성, 뿌리 및 지상부의 신장에 관여한다. • 식물체 내에서는 세포막의 구성성분으로 주로 잎에 함유량이 많다. • 질소의 흡수를 도와주고 알루미늄의 흡수를 조절해준다.
결핍증상	• 분열조직의 생장이 감퇴한다. • 칼슘은 식물체내에서도 이동성이 낮아 신엽, 경엽등에서 결핍증상이 나타난다. • 토마토 배꼽썩음병이 발생하기도 한다.
과잉증상	• 철, 마그네슘, 아연등의 흡수를 방해하는 일종의 길항작용을 한다.

㉥ 마그네슘

특징	· 마그네슘은 식물의 광합성에 필수적인 엽록소의 구성성분이다. · 칼륨, 망간에 길항작용을 한다. · 황산고토, 백운성으로 결핍을 방지할수 있다. · 산성토양에서는 마그네슘이 유실될 수 도 있다.
결핍증상	· 늙은 잎에서 먼저 황화되며 심할 경우 백화현상이 일어난다. · 뿌리, 줄기의 생장이 저해된다.

㉥ 황

특징	· 토양내 유기태, 무기태 형태로 있으며 대부분 유기태로 존재한다. · 토양의 유기태 황은 미생물에 의해 무기화되어 식물에 이용된다. · 단백질, 아미노산, 비타민의 구성성분으로 식물의 생리작용에 관여한다. · 대부분의 산림토양에서 황의 결핍은 거의 없으나 유기물함량이 낮은 사질토양에서 종종 발생한다.
결핍증상	· 생장이 저조해지며 뿌리혹박테리아에 의한 질소고정능력이 저하된다 · 엽록소의 형성이 억제된다.
과잉증상	· 토양의 산성화를 촉진한다.

㉦ 철

특징	· 엽록소의 생성 및 호흡효소 활동에 관여한다.
결핍증상	· 엽록소 생성이 방해되며 새잎에서 황백화가 발생한다.
과잉증상	· 망간, 인산의 결핍을 조장한다.

㉧ 망간

특징	· 산화효소를 도와 산화, 환원반응에 관여한다. · 엽록소의 생성에 관여한다.
결핍증상	· 잎의 소형화, 잎의 황화현상이 일어나기도 한다. · 쌍자엽 식물에 경우 잎에 작은 황색반점이 생기기도 한다. · 알칼리성 토양에서 결핍증상이 자주 발생된다. · 벼, 보리에서 세로의 줄무늬가 발생한다.
과잉증상	· 철의 결핍을 조장한다. · 뿌리가 갈변하거나 사과의 경우 적진병이 발생하기도 한다.

ⓩ 붕소

특징	· 세포의 분열과 화분의 수정에 관여한다. · 세포막 펙틴의 형성에 관여한다.
결핍증상	· 생장점의 발육이 중지되고 심할 경우 뿌리 생장점도 더뎌진다. · 꽃가루 생성이 불량하고 불임이 발생한다. · 조직이 전반적으로 거칠고 단단해 진다. · 붕소가 결핍될 경우 속썩음병, 사과 축과병 등이 발생한다.
과잉증상	· 잎의 황화 현상이 발생되며 심할 경우 고사한다.

ⓒ 몰리브덴

특징	· 질소를 고정하는 근류균의 생육 및 질소고정에 도움을 준다. · 단백질의 합성에 관여한다.
결핍증상	· 광엽이 엽면의 안쪽으로 감아 휘게 된다. · 늙은잎에서부터 황화현상이 발생된다.

기출문제

작물 재배 시 부족하면 수정, 결실이 나빠지는 미량원소는?

① Mn　　　　　　② B
③ Mo　　　　　　④ Zn

해설: 붕소는 세포 분열과 수정에 관여하여 부족할 경우 수정, 결실이 나빠지고 불임이 발생하기도 한다.

답 ②

기출문제

작물 잎의 엽록소 구성성분으로 결핍되면 황백화 현성이 노엽에서부터 생기며 산성이 강한 토양과 칼륨 비료를 과다 시용한 토양에서 결핍을 보이는 원소는?

① 질소　　　　　　② 마그네슘
③ 철　　　　　　　④ 칼슘

해설: 마그네슘은 식물의 광합성에 필요한 원소로 칼륨과 망간에 길항작용을 하기에 산성이 강한 토양이나 칼륨이 과다한 토양에서는 결핍한다. 또한 늙은 잎에서 먼저 황화현상이 발생하고 심하면 백화 현상까지 나타난다.

답 ②

(5) 토양유기물

① 유기물의 분해를 통해 작물의 양분을 공급하는 등의 순환과정에 관여한다.
② 유기물 분해시 다양한 생장촉진물질이 만들어 진다.
③ 토양의 입단구조 형성을 통해 토양의 성질을 개선해 준다.
④ 부식콜로이드생성으로 양분의 흡착력이 강해져 입단구조 형성에 도움을 준다.
⑤ 산성토양을 개선할 수 있고 지온상승등으로 유용미생물의 생육환경을 만들어준다.
⑥ 토양을 보호해주고 침식을 막아준다.

(6) 토양수분

① 수분 포텐셜
   ㉠ 토양수분장력은 Potential Force 의 약자를 따서 pF 로 표기한다. 토양에 수분이 어느정도의 힘으로 있는가를 수주 높이로 표시한 것이다.
   ㉡ pF = log H (H : 수조 높이, 단위 : cm)
   ㉢ 토양의 수분함량에 따라 아래와 같이 정의한다.

용어	pF	특징
최대용수량	0	토양내에 모든 공극에 물이 찬 상태의 수분함량
포장용수량	1.7~2.7	최대용수량에 중력수가 제거 되고 모세관의 수분 함량 기준
위조점	4.2	식물이 수분을 흡수하지 못하고 영구히 시들어버리는 시점, 이때의 수분함량은 위조계수라 한다.
흡습계수	4.5	마른 토양의 수분함량
수분당량	2.7~3.0	물을 포화시킨 토양에 원심력 적용후 토양에 남아 있는 수분

   ㉣ 유효수분은 포장용수량~영구위조점까지 pF 2.7~4.2 정도이다.
   ㉤ 수목의 생육에 적합한 최적함수량은 최대용수량의 60~80% 정도이다.
   ㉥ 토양 수분의 종류는 아래와 같이 분류된다. 결합수와 흡습수는 식물이 사용할수 없는 수분이고 주로 모관수가 작물에 이용된다.

종류	pF	특징
결합수	7.0↑	토양이나 생체 속 등에서 강하게 결합되어서 쉽게 제거할 수 없는 물
흡습수	4.5~7	토양입자 표면에 피막 상을 흡착된 수분
모관수	2.7~4.5	모관 인력에 의하여 토양 내의 작은 공극을 상승하는 수분
중력수	2.5↓	중력의 영향으로 토양에서 배수되는 물

② 수분 스트레스
  ㉠ 수목의 함수량이 저하되면 시들기 시작하는데 이를 위조현상이라 한다.
  ㉡ 이러한 시드는 과정은 정도에 따라 초기위조, 일시적위조, 영구위조로 구분된다.

초기위조	• 수목의 지상부가 시들기 시작하는 상태이다. • 식물 생육억제의 초기 단계, pF 3.9 정도이다.
일시적 위조	• 초기 위조 이후 진행된 상태, 그러나 관수에 의하지 않아도 회복이 가능한 단계이다. • 보통 작물의 증산이 흡수보다 클 때 일어난다.
영구위조	• 수목의 뿌리 흡수조차 불가능한 상태로 회복할 수 없는 시점이다. • pF 는 통상 4.2 정도이다.

③ 증산 작용
  ㉠ 잎의 기공에서 수목의 수분이 대기로 배출되는 것을 증산작용이라 한다.
  ㉡ 증산작용의 조건은 광도가 강할 때, 습도가 낮을 때, 온도가 높을 때, 기공이 크고 밀도가 높을 때, 기공 개폐가 빈번할 때 많이 일어난다.
  ㉢ 잎의 증산작용은 수목의 온도 조절과 무기염 흡수를 촉진시키는 역할을 한다.

기출문제

작물에 많이 이용되는 토양수분은?
① 모관수 ② 결합수
③ 중력수 ④ 흡착수

해설 결합수, 중력수 등은 작물이 이용이 어려운 수분이며 주로 모관수가 이용되는 유효수분이다.

답 ①

기출문제

포장용수량의 수분범위를 알맞게 나타낸 것은?
① pF 1.5 ~ 1.7 ② pF 2.5 ~ 2.7
③ pF 3.5 ~ 3.7 ④ pF 4.5 ~ 4.7

해설 포장용수량은 pF 1.7~2.7 범위를 가진다.

답 ②

(7) 토양공기

① 토양에 빈공간에 공기로 차 있는 공극부분을 용기량이라 하며 일반적으로 모관공극에는 수분이 차지하고 있으며 비모관 공극에 공기가 분포되어 있다.
② 토양공기의 분포는 산소는 10~21%, 이산화탄소는 0.1~10%, 질소는 75~80% 정도이다.
③ 작물이 생육하기 위한 가장 적합한 최적용기량은 10~25% 정도이며 작물에 따라 최적용기량은 달라진다.
④ 토양에 공기는 미생물의 호흡 및 환경에 의해 주로 산소는 적은편이고 이산화탄소의 경우 일반 대기의 이산화탄소 농도보다 높은 편이다.
⑤ 토양도 깊이에 따라 공기의 차이가 있는데 아래로 내려갈수록 산소의 농도는 낮아지고 이산화탄소의 농도는 높아진다.
⑥ 식물이 살아가는데 토양의 통기성을 양호하게 하는 방법으로 유기물, 토양개량제 등을 이용한 입단조성, 배수 시설의 조성, 객토 등을 통한 물리적 방법등이 있다.

> **기출문제**
>
> 토양 공기 중 산소와 탄산가스의 농도는 대기와 비교하여 어떻게 다른가?
> ① 대기와 동일하다.
> ② 산소농도는 낮고 탄산가스 농도는 높다.
> ③ 산소농도는 높고 탄산가스 농도는 낮다.
> ④ 산소농도는 낮아도 탄산가스 농도는 변함이 없다.
>
> **해설** 대기에는 산소농도가 높고 탄산가스가 낮은편이나 토양공기는 반대로 산소농도는 낮고 탄산가스는 높다.
>
> **답** ②

(8) 산성토양

① 토양이 산성화가 되면 작물의 뿌리에 피해를 주게 되는데 주로 이온성물질에 의한 피해나 미생물등에 영향을 준다.
② 토양이 산성화가 되면 질소고정균이나 근류균 등의 이로운 미생물들이 생활하기 어려운 환경 조건이 되어 활동에 지장을 받거나 줄어들게 된다.
③ 또한 산성화로 인하여 작물에 이로운 이온들이 용출되면서 결핍증상이 발생하는데 주로 인, 칼슘, 마그네슘 등의 필수미량원소들이 산성조건에서 용해도가 줄어 결핍되게 된다.
④ 또한 미생물 활동 및 이온성분들의 결핍으로 입단조성에 지장을 받게 되면서 통기성

이 불량해지는 문제가 발생된다.

⑤ 산성토양은 석회물질이나 유기물을 공급하여 개선할 수 있다.

⑥ 산성토양에 저항성이 강한 작물로는 벼, 귀리, 조, 옥수수, 감자 등이 대표적이며 약한 작물로는 보리, 콩, 양파, 파, 고추, 가지 등이 있다.

> **기출문제**
>
> **다음 작물 중에서 산성토양에 가장 강한 것은?**
> ① 감자　　　　　　　　② 고구마
> ③ 무　　　　　　　　　④ 양파
>
> **해설:** 산성토양에 저항성이 강한 작물로는 벼, 귀리, 조, 옥수수, 감자 등이 있다.
>
> **답** ①

> **기출문제**
>
> **토양산성화의 원인으로 가장 거리가 먼 것은?**
> ① 빗물에 의한 염기 용탈　　② 염화칼륨, 황산암모늄 등의 유입
> ③ 토양유기물의 분해　　　　④ 인산, 마그네슘의 보급
>
> **해설:** 인산이나 마그네슘은 산성토양에서 작물의 생육에 결핍되기 쉬운 원소로 토양산성화에 의한 피해 현상으로 이를 보급하는 것은 토양산성을 개량하는 방법이다.
>
> **답** ④

2. 수분

(1) 작물의 흡수

① 수분의 흡수를 담당하는 뿌리는 뿌리골무, 생장점, 신장부, 근모부로 분류되며 근모부에서 수분의 흡수가 가장 활발하게 이루어진다.

② 나무에서 수분의 이동통로는 목부부분이 담당하며 양분의 이동통로는 사부에서 이루어진다. 수종에 따라 침엽수의 경우 가도관이 대부분이며 도관이 없고 활엽수는 목부에 도관이 발달한 것이 특징이다.

③ 작물에서의 수분 흡수는 뿌리와 뿌리의 선단부의 뿌리털에 의해 토양의 수분을 흡수하며 뿌리가 자라나 토양, 수분과의 접촉면적을 확대하려는 것이 특징이다.

④ 수분 흡수 과정에서 세포에 작용되는 삼투압은 세포 내로 수분이 들어가는 압력을 의미하고 막압은 세포 외로 수분이 배출되는 압력을 의미한다.

⑤ 뿌리의 수분 흡수는 세포의 삼투압이 토양의 삼투압보다 높아 물이 흡수되는 것이다. 이러한 뿌리의 흡수력에 의한 것을 능동적 흡수라고 한다.

⑥ 작물의 흡수압은 평균적으로 약 5~14기압, pF 3.5 ~ 4.1 정도이다.

(2) 작물의 요수량

① 요수량의 정의는 건물 1g 을 생산하는데 소요되는 수분량으로 요수량은 가뭄에 대한 저항성의 척도가 되기도 한다. 보통 요수량이 작은 식물은 건조에 대한 저항성이 강한 편이다.

② 요수량이 큰 식물로 알팔파, 클로버 등이 있으며 요수량이 적은 식물로 수수, 기장, 옥수수 가 대표적이다. 그중에서도 명아주는 요수량이 매우 크다.

③ 요수량은 환경에 영향을 받으며 햇빛이 부족할 경우, 바람이 강할 경우, 습도가 낮을 경우, 토양이 척박할 경우 요수량이 커진다.

기출문제

작물이 건물 1g 을 생산하는데 소비한 수분량(g)을 요수량이라 하는데 다음 중 요수량이 가장 큰 것은?

① 호박 ② 클로버
③ 흰명아주 ④ 오이

해설 요수량이 큰 식물로 알팔파, 클로버 등이 있다.

답 ③

---

(3) 한해

① 수분부족으로 인해 작물의 생육에 문제가 발생하는 경우를 한해라 한다.

② 한해에 영향을 받을 경우 광합성, 효소의 작용이 제대로 이루어지지 않으며 동화물질의 전류 작용에도 영향을 받게 된다.

③ 한해의 방지를 위해 질소질 과용을 피하고 인산, 칼륨을 사용해 주고 재식밀도를 낮추어 준다. 또한 뿌림골을 낮추어 주며 논에서는 직파재배를 한다.

> **기출문제**
>
> 토양수분이 부족하여 발생하는 한해(가뭄해)의 대책으로 타당하지 않은 것은?
> ① 내건성이 강한 작물을 재배한다.
> ② 토양입단을 조성한다.
> ③ 밭에서는 뿌림골을 높이고 질소를 증시한다.
> ④ 토양을 피복하거나 가벼운 중경제초를 한다.
>
> **해설**: 한해의 대책으로 밭에서는 뿌림골을 낮추고 질소질 비료를 과용을 삼간다.
>
> 답 ③

(4) 습해

① 토양의 과습상태에 의한 작물의 피해 현상이다.
② 발생시 토양의 산소가 부족으로 환원성물질이 발생하고 이로 인해 증산 및 광합성 작용의 저해를 야기한다.
③ 습해를 막기 위해 내습성 작물을 심거나 이랑을 높게 하여 재배하도록 한다. 토양의 입단 조성을 돕기 위해 토양개량제 등을 뿌려준다.
④ 작물의 내습성은 미나리, 벼, 옥수수 등이 높은 편이며 파, 양파, 고추 등은 낮은 편이다.

> **기출문제**
>
> 다음 중 습해에 가장 강한 작물은?
> ① 감자   ② 양파
> ③ 보리   ④ 옥수수
>
> **해설**: 작물의 내습성은 미나리, 벼, 옥수수 등이 높은 편이며 파, 양파, 고추 등은 낮은 편이다.
>
> 답 ④

3. 공기

(1) 대기의 조성과 작물생육

① 대기의 조성은 질소 78%, 산소 21%, 이산화탄소 0.03% 및 기타로 구성되어 있다.
② 식물의 경우 이러한 질소를 질소동화작용에 의해 암모늄염이온(NH_4^+), 질산이온 (NO_3^-) 형태로 흡수하여 이용한다.
③ 살아있는 생물이 죽을 경우 미생물이나 세균에 의해 분해되어 암모늄이온, 질산이온으로 변화하여 흡수되며 토양미생물인 탈질균은 이러한 질산염을 가스의 형태로 대기로 돌아간다.

(2) 바람

① 바람은 보퍼트 풍력계급표에 의거하여 식물에 영향을 많이 주는 바람을 연풍이라 하며 연풍은 계급표에서 2~6급 정도의 약한 바람을 말한다. 연풍은 바람의 세기는 풍속 4~6km/h 정도로 작물에 이로운 영향을 준다.
② 가벼운 바람으로 인해 대기오염물질이 확산되어 피해를 줄여주며 바람에 의해 잎이 움직여 그늘에 가려지는 잎들까지 채광이 충분히 공급되어 광합성량을 높여준다.
③ 바람이 너무 강할 경우 기공이 닫히지만 연풍조건의 경우 기공이 열려 증산이 활발하게 이루어지며 이산화탄소 흡수량 역시 증가한다.

(3) 대기오염

① 대기의 오염으로 인하여 식물의 생육을 방해하거나 심할 경우 고사를 유발하기도 한다. 이러한 피해현상을 이용하여 특정한 식물은 대기오염의 지표로 사용하기도 한다.
② 지표식물은 특정 병에 대한 감수성을 의미하며 병이 잘 발생한다는 것은 감수성이 높다는 것을 의미한다.
③ 대기오염 물질에 따른 지표식물

아황산가스	알팔파, 보리, 튤립
이산화질소	토마토, 상추
PAN	시금치, 상추, 샐러리
오존	무, 토마토, 담배, 콩
염소	알팔파, 무

④ 작물에 질소질 비료를 과다하게 공급하면 대기오염에 취약하게 되고 칼륨, 칼슘을

사용할 경우 오염물질에 대한 피해가 줄어든다.
⑤ 작물의 수분이 많을 경우 기공이 열리는 횟수 및 크기가 커지기 때문에 작물이 입는 피해가 커진다.
⑥ 대기오염 피해는 봄, 여름에 많이 발생하고 온도가 떨어지는 가을, 겨울에는 경감된다.
⑦ 식물의 광합성 및 동화작용이 활발한 낮에는 기공의 개폐가 활발하여 대기오염의 피해가 크게 나타나며 특히 낮 11시 ~ 2시 사이에 가장 크다.

(4) 대기오염물질

① 아황산가스(SO_2)
   ㉠ 공장 등 인위적인 요소에 의해 발생되는 아황산가스는 독성이 매우 강한 편이다.
   ㉡ 아황산가스의 피해는 대기 중 농도에 고농도의 경우 급성피해와, 저농도의 경우 만성피해로 분류 할 수 있다.

급성피해	엽록소 파괴의 가속, 세포의 붕괴 및 괴사 발생
만성피해	엽록소가 서서히 붕괴, 황화현상의 발생

   ㉢ 아황산가스의 저항성 영향인자

온도	0℃ 에 가까운 저온의 경우 저항성 증가(감수성 감소)
습도	습도가 높을 경우 저항성 감소(감수성 증가)
광도	광도가 낮을수록 저항성 증가(감수성 감소)
계절	봄에는 저항성 감소(감수성 증가)

② 이산화질소(NO_2)
   ㉠ 차량 엔진 연소 및 공장 등의 인위적 요인에 의해 발생된다.
   ㉡ 산성비의 원인 물질이 되기도 하며 식물세포 파괴 및 갈변현상을 일으킨다.

③ 질산과산화 아세틸(PAN)
   ㉠ PAN은 햇빛이 있는 조건에서 피해가 나타난다.
   ㉡ 질소산화물과 탄화수소가 광화학반응에 의해 생성되는 2차 오염물질이다.
   ㉢ 식물의 세포막이나 소기관을 파괴하여 기능을 상실시키며 광합성을 저하시키며 식물의 잎을 은색으로 변하게 하기도 한다.

④ 오존
   ㉠ 오존층은 대기권 중 성층권에 분포하는 오존의 밀도가 높은 층으로 태양에서 오는 자외선을 막아 지구 생태계를 보호해주는 역할을 하고 있다.

ⓒ 오존층을 파괴하는 대표 물질로 프레온가스가 있으며 오존층 파괴에 의한 피해는 아래와 같다.
- 식물 엽록소의 감소 및 광합성의 저하
- 식물의 생장 감소
- 고사 식물의 증가
- 산림 파괴에 의한 온난화현상의 가속

⑤ 불화수소(HF)

㉠ 독성이 매우 강한편이며 미량으로도 식물에 피해를 주며 피해 현상은 아래와 같다.
- 엽록소 및 세포의 파괴 한다.
- 광합성의 억제 한다.
- 엽소현상의 발생 한다.
- 잎의 가장자리가 백변 한다.

ⓒ 불화수소의 경우 외부적 요인에도 영향을 받으며 습도가 높을 경우 그리고 기공이 열려 있는 밤에 피해가 심하다.

⑥ 기타 오염 물질

에틸렌	낙엽속도가 빠름, 새나무 가지 성장 저해 및 생장 억제 발생
암모니아	잎 전체에 영향을 주고 수시간후 잎 전체가 갈변 혹은 검게 변함
유리염소가스	아황산가스의 3배 독성을 가지며 피해 증상은 아황산가스와 유사
염화수소	물에 쉽게 용해, 토양을 강산성으로 변화, 피해증상은 불화수소와 유사

기출문제

대기오염물질 중 독성이 매우 강하여 10ppb의 낮은 농도에서도 피해를 주며 잎의 끝이나 가장자리가 백변하는 장애가 나타나는 것은?

① 아황산가스 ② 불화수소
③ 암모니아가스 ④ 질소산화물

해설 : 불화수소는 독성이 강해 낮은 농도에서도 피해를 주며 피해현상으로 엽록소 파괴, 엽소현상, 백변 현상 등이 있다.

답 ②

> **기출문제**
>
> 다음에 열거한 대기오염물질 중에서 식물에 해로운 영향을 주지 않는 것은?
> ① 이산화탄소(CO_2) ② 이산화황(SO_2)
> ③ 불화수소(HF) ④ 오존(O_3)
>
> **해설** 이산화탄소는 식물의 광합성에 이용된다.
>
> 답 ①

4. 온도

① 작물의 생육 가능한 온도의 범위를 유효온도라 하며 그중에서 작물의 생육이 가장 왕성한 온도를 최적온도라 한다. 작물 중에서 최적온도가 가장 높은 종류는 멜론, 오이, 옥수수, 벼 등이 대표적이다.

② 적산온도는 작물이 생존하는 기간동안 소요되는 총온량으로 작물의 발아로부터 성숙하는데 까지의 0°C 이상의 일평균기온을 합산한 것을 말한다. 작물별로 적산온도의 경우 메밀은 1000~1200°C, 감자는 1300~3000°C, 추파맥류는 1700~2300°C, 완두는 2100~2800°C, 콩은 2500~3000°C, 담배는 3200~3600°C 벼는 3500~4500°C 정도이다.

③ 온도계수는 온도가 10°C 상승할 경우 작물의 생리작용, 이화학적 반응 등이 높아지는 정도를 나타내는 것으로 Q10 이라고 표시하기도 한다. 작물의 경우 일반적으로 2~4 정도의 온도계수를 가진다.

④ 적산온도를 산출하기 위한 공식은 아래와 같다.

유효적산온도 = (일평균온도 - 생육최저온도) × 경과일수

⑤ 온도의 변화에 의해 작물의 생육에도 아래와 같은 영향을 미치게 된다.
- 동화물질의 축적이 증가한다.
- 발아 및 결실이 조장된다.
- 덩이뿌리, 줄기가 발달한다.
- 출수 및 개화가 촉진된다.

⑥ 변온이 효과적인 작물로 호박, 참외, 토마토, 가지 등이 있다.

> **기출문제**
>
> 적산온도가 가장 낮은 여름작물은?
> ① 메밀   ② 조
> ③ 담배   ④ 콩
>
> **해설** 메밀은 적산온도가 1000 정도로 낮은편에 속한다.
>
> 답 ①

5. 광

(1) 광과 작물의 생리작용

① 햇빛에 의해 발생되는 광의 경우 파장에 의해 적외선, 가시광선, 자외선으로 분류하며 작물에는 가시광선이 가장 큰 영향을 주며 파장의 범위는 아래와 같다.

자외선	400nm 이하
가시광선	400~700 nm
적외선	700nm 이상

② 식물이 빛에너지를 이용하여 엽록체에서 CO_2와 물로부터 유기물을 합성하는 동화작용으로 반응식은 아래와 같다.

$$6CO_2 + 12H_2O \rightarrow C_6H_{12}O_6(포도당) + 6H_2O + 6O_2$$

③ 식물은 광합성을 하는 동안 유기물의 합성과 호흡이 동시에 일어난다.
④ 엽록소의 형성에 가장 효과적인 광파장은 청색파장(450nm), 적색파장(650nm)이며 광을 잘 받게 되면 작물의 착색이 좋아지게 된다. 반대로 광을 잘 못받게 될 경우 엽록소 형성이 잘 되지 않아 담황색 색소가 형성되어 황백화 현상이 발생한다.
⑤ 일반적으로 광의 강도가 약하면 작물의 생장이 느려지고 수확량도 감소한다.

> **기출문제**
>
> 작물의 광합성에 가장 효과적인 광은?
> ① 녹색광   ② 황색광
> ③ 주황색광   ④ 적색광
>
> **해설** 광합성에는 적색광과 청색광의 파장이 가장 효과적이다.
>
> 답 ④

(2) 보상점과 광포화점

① 보상점은 광도 곡선 상에서 광합성 속도가 호흡 속도와 같아지는 지점에서의 빛의 세기를 말한다.
② 광포화점은 광도가 높아짐에 따라 광합성이 증가하다가 어느 한계점에 이후 더 이상 광합성이 증대되지 않는 점을 말한다. 결국 광포화점에서는 광합성량이 최대가 되는 시점을 말한다.

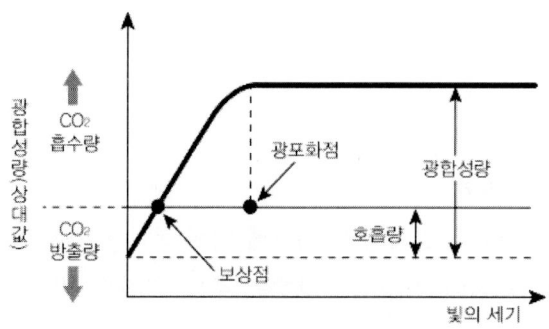

(3) 군락과 수광

① 포장동화능력은 포장군락의 단위면적당 광합성의 능력을 말하며 아래와 같이 산출한다.

$$\text{포장동화능력} = \text{총엽면적} \times \text{수광능률} \times \text{평균동화능력}$$

② 최적엽면적은 건물생산이 최대로 되는 단위 면적당의 군락엽면적이며 군락의 엽면적을 토지면적에 대한 배수치로 표현한 것을 엽면적지수라 한다. 최적엽면적지수는 작물의 종류에 따라 상이하고 일사량이 클수록, 균형시비 할수록 증가한다.
③ 이러한 군락의 수광을 이용하기 위한 작물의 위치, 방향 등의 자세가 중요하며 이것을 수광태세라 한다. 수광태세를 좋게 하기 위해서는 각 작물에 따른 이상적인 태세가 있는데 벼의 경우 규산과 칼륨을 충분히 공급해주고 무효분얼기에는 질소를 적게 시비한다. 벼나 콩의 경우 밀식을 할 때는 심는 줄간격을 넓히고 포기 사이는 좁혀주는 방법을 이용하면 개선이 가능하다.
④ 작물에 따라 이상적인 수광태세를 위한 초형이 있으며 대표적으로 벼의 경우 키가 너무 크거나 작지 않으며 잎은 약간 가늘고 두껍지 않으며 상위엽으로 직립한 것이 좋다. 콩의 경우 가지가 적게 치고 가지가 짧으며 잎자루가 짧고 일어서야 하며 키가 크면서도 도복이 되지 않으며 잎이 작고 가는 것이 좋다.

> **기출문제**
>
> 다음 중 포장동화능력을 결정하는 요인으로 가장 관련이 적은 것은?
> ① 총엽면적   ② 수광능률
> ③ 평균동화능률   ④ 잎의 두께
>
> **해설:** 포장동화능력은 포장군락의 단위면적당 광합성의 능력을 말하며 총엽면적, 수광능률, 평균동화능력을 곱한 값으로 산출한다.
>
> 답 ④

6. 상적발육과 환경

(1) 상적발육의 개념

① 상적발육은 식물이 발아하여 성숙하는데까지의 단계적 과정을 상적 발육이라 한다.
② 생장은 시간이 지남에 따라 식물의 크기가 증가하는 것으로 영양생장이라고도 한다.
③ 발육은 식물이 시간에 따라 점점 성숙되는 것을 말하며 생식생장이라고도 한다.
④ 종자의 발아에서 줄기가 커지고 잎이 증가하는 과정을 거쳐 꽃눈이 형성될 때까지를 생장 혹은 영양생장이라 하며 꽃눈이 형성되는 시점에서 개화, 결실의 단계를 발육 혹은 생식생장이라 한다.
⑤ 식물의 다양한 유전자 발현, 생리작용에 영향을 주는 색소로 피토크롬(파이토크롬)이 있다.

(2) 버널리제이션

① 춘화처리라고도 하는 버널리제이션은 식물에 인위적인 저온 처리를 통해 화성을 유도하는 것을 의미한다. 일정 저온조건에서 식물의 감온상을 경과하도록 하는 것이라 할 수 있다.
② 버널리제이션의 영향 인자

온도	겨울작물은 저온조건, 여름작물은 고온 조건이 효과적이다.
산소	처리도중 산소가 부족할 경우 효과가 감소한다.
종자	처리도중 종자가 건조할 경우 효과가 줄어든다.

③ 버널리제이션은 맥류의 추파성을 소거하는 방법으로도 적합하다. 저온처리를 하면 추파성을 춘파성으로 변화시킬 수 있다.
④ 춘화처리시 저온의 조건은 0~10℃, 고온 처리조건은 10~30℃ 정도를 기준으로 한다.
⑤ 춘화처리 효과로 화성 유도 외에도 채종상 이용, 육종상 이용, 재배법의 개선 등이 있다.

⑥ 저온 처리 직후 바로 고온처리를 하게 되면 버널리제이션 효과가 상실하게 되며 이를 이춘화라 한다.

> **기출문제**
>
> 버널리제이션에 대한 설명으로 틀린 것은?
> ① 겨울을 나는 작물의 경우에만 효과가 나타난다.
> ② 작물 종에 따라 요구되는 온도가 다르다.
> ③ 종자에 수분을 흡수 시킨 후 주로 처리한다.
> ④ 처리 시에는 반드시 산소가 공급되어야 한다.
>
> **해설:** 버널리제이션은 인위적인 저온처리를 이용하는 방법으로 겨울작물 뿐 아니라 여름작물에도 이용한다.
>
> 답 ①

(3) 일장효과

① 식물이 일장에 의해 생육, 개화 등에 영향을 받는 현상을 일장효과, 광주반응(광주율)이라고 한다.

장일식물	• 낮이 길게 되어 화아가 유발되는 식물로 14시간 이상의 일장 조건 • 보리, 시금치, 양파, 양배추 등
단일식물	• 낮이 밤 길이보다 짧은 조건에서 화아가 유발되어 식물로 12시간 이하의 일장 조건 • 콩, 옥수수, 벼, 딸기, 국화, 코스모스, 들깨 등
중성식물	• 일장에 관계 없이 화아하는 식물(=중일식물) • 토마토, 고추, 오이, 호박, 당근 등
정일식물	• 단일, 장일에서 개화하지 않고 특정한 일장에서만 개화하는 식물(=중간식물) • 사탕수수

② 일장효과를 이용하여 특정 작물의 개화를 촉진하거나 억제할 수 있다. 이를 이용하면 작물의 개화시기를 조절하여 원하는 시기에 재배가 가능하다.

기출문제

중간식물은 어떤 일장형의 식물인가?
① 화성이 일장의 영향을 받지 않는다.
② 특정한 일장에서만 화성이 유도된다.
③ 초기 장일이었다가 후기에 단일상태로 되어야 화성이 유도된다.
④ 일정한 한계일장이 없고 대단히 넓은 범위의 일장에서 화성이 유도된다.

해설 단일, 장일에서 개화하지 않고 특정한 일장에서만 개화하는 식물을 중간식물 혹은 정일식물이라 한다.

답 ②

기출문제

장일성 식물만 나열한 것은?
① 고추, 토마토
② 벼, 코스모스
③ 시금치, 봄보리
④ 콩, 나팔꽃

해설 장일식물은 보리, 시금치, 양파, 당근, 양배추 등이 있다.

답 ③

(4) 품종의 기상생태형

① 기상생태형은 생육온도 및 일장에 대한 출수, 개화반응을 기초로 작물의 품종군을 구분한 것을 말한다. 기상생태형은 감온형(blT형), 감광형(bLt형), 기본영양생장형(Blt형), blt형 으로 구분된다.

감온형	・기본영양생장성과 감광성이 작고 감온성이 커서 생육기간이 주로 감온성에 지배된다. ・생육적온에 도달하기 전까지는 생육온도가 높을수록 출수개화가 촉진되는 성질을 감온성이라 한다. ・감온형 작물로 조생종, 올콩, 봄조, 여름메밀 등이 있다.
감광형	・기본영양생장성과 감온성이 작고 감광성이 커서 생육기간이 주로 감광성에 지배된다. ・일장에서 단일에 의해 출수개화가 촉진되는 성질을 감광성이라 한다. ・감광형 작물로 만생종, 그루콩, 그루조, 가을메밀 등이 있다.
기본영양생장형	・감온성과 감광성이 모두 작고 기본영양생장이 커서 생육기간이 주로 기본영양생장성에 지배된다. ・출수 개화에 알맞은 조건이라도 일정 기간 기본영양생장 후 출수, 개화를 하는 성질을 기본영양생장성이라 한다.
blt 형	・기상생태형을 구성하는 세가지 성질이 모두 작고 어느 환경에서나 생육기간이 짧다.

② 기상생태형의 지리적 분류
　㉠ 고위도 지방은 blt 형이나 감온형 주로 분포한다.
　㉡ 중위도 지방은 기본영양생장형이나 감광형이 주로 분포한다.
　㉢ 저위도 지방은 기본영양생장형이 분포한다.

> **기출문제**
>
> **벼 품종의 기상생태형에 대한 설명으로 옳은 것은?**
> ① 저위도지대에서는 감광형이 유리하다.
> ② 고위도지대에서는 기본영양생장형이나 감광형이 유리하다.
> ③ 감온형은 기본영양생장성이 크다.
> ④ 기본영양생장형은 감광성과 감온성이 작다.
>
> **해설**　① 저위도지대에는 기본영양생장형이 유리하다.
> 　　　　② 고위도지대에서는 blt 형이나 감온형이 유리하다.
> 　　　　③ 감온형은 기본영양생장성이 작다.
>
> **답** ④

03 작물의 내적균형과 식물호르몬 및 방사선 이용

1. 작물의 내적 균형

(1) C/N율

① 식물의 탄수화물과 질소의 비율을 C/N 율 이라 하는데 C 는 탄수화물, N 은 질소를 의미하며 C/N 율이 높으면 화성을 유도하고 낮으면 영양생장이 지속된다.
② 환상박피, 단근, 접목 등이 있으며 탄수화물의 함량을 많게 하여 C/N 율을 높일 수 있다.
③ 환상박피는 식물이 가지고 있는 양분, 수분 등의 이동 경로를 차단하여 잎에서 생성되는 동화물질을 환상박피한 식물의 잎이나 가지 등에 축적시켜 식물의 화아분화를 유도하고 과실의 경우 품질 및 크기가 좋아져 생산성을 향상시킬 수 있다.
④ C/N 율도 중요하지만 탄수화물과 질소의 절대량이 어느정도 있어야 식물의 생육이 가능하다.

기출문제

나팔꽃 대목에 고구마 순을 접목하여 개화를 유도하는 이론적 근거는?
① 접목 효과　　　② G-D 균형
③ T/R율　　　　　④ C/N율

해설　접목을 이용하면 지상부에 탄수화물 축적이 많아져 개화, 결실이 조장된다. 이는 C/N율이 높아짐을 의미한다.

답 ④

---

(2) T/R율

① T/R 율은 식물의 지상부의 TOP 과 식물의 지하부 뿌리인 Root 의 비율을 나타낸 것이다. T/R 율은 생육상태에 대한 지표가 될 수 있으며 생장량은 생체나 건물의 중량으로 표시한다.
② 토양내 수분이 많거나 일조의 부족, 석회사용의 부족 등이 지하부의 생육을 불량하게 하여 T/R 율이 커진다.
③ 토양에 비료 중 질소를 다량 시비할 경우 식물체의 단백질 합성이 늘어나고 탄수화물이 적어지면서 뿌리 생장이 억제되어 T/R 율이 커진다.

(3) G-D 균형

식물의 생육이나 성숙을 생장과 분화 두 측면에서 보는 관점으로 식물의 생장과 분화의 균형을 의미한다.

2. 식물생장조절제

(1) 식물생장조절제 개념
① 식물생장조절제는 식물체 내에서 생합성되어 체내에 미량으로 생리적 변화를 주는 화학물질로 식물호르몬이라고도 한다.
② 식물생장조절제는 옥신류, 지베렐린, 시토키닌, 에틸렌 등이 대표적이다.

(2) 옥신류
① 옥신은 식물의 신장에 관여하는 호르몬으로 줄기나 뿌리의 선단부에서 만들어져 세포의 신장촉진에 도움을 준다.
② 옥신의 종류는 생합성 옥신(천연호르몬) IAA, PAA, IAN 와 합성호르몬 NAA, IBA, PCPA, 2·4-D, BNOA, 2,4,5-T 등이 있다.
③ 옥신은 정아에서 생성되어 신장촉진과 함께 측아의 발달을 억제하는 기능을 한다.

(3) 지베렐린
① 지베렐린은 종자의 휴면타파의 효과가 있는 식물생장조절제로 옥신과 함께 사용시 효과가 극대화된다.
② 지베렐린은 극성이 없으며 미숙종자에 다량 포함되어 있다.
③ 지베렐린을 작물에 적용시 발아촉진, 화성유도, 생장 촉진, 수량의 증대 효과를 기대할 수 있으며 장일식물에 대한 화성 촉진에 매우 효과적이다.
④ 벼의 키다리병을 일으키는 곰팡이에서 처음 추출된 호르몬이다.

(4) 시토키닌
① 시토키닌은 주로 뿌리에서 합성되며 옥신과 함께 작용하여 세포분열을 촉진한다. 주로 물관을 통해 이동하며 측지발생 및 세포의 분열에 관여한다.
② 작물에 적용시 발아촉진, 생장촉진, 기공의 개폐 촉진등의 효과를 보인다.
③ 어린종자나 과일에도 시토키닌이 많으나 열매가 성숙할수록 시토키닌의 함량은 감소한다.

(5) ABA

① Abscisic acid 라 하며 대표적인 생장억제물질이다.
② 작물의 무기물부족이나 스트레스성 작용을 받게 될 경우 발생량이 증가하기도 한다.
③ 지베렐린과 같은 생장촉진 호르몬과는 길항작용을 한다.
④ ABA를 작물에 적용시 낙엽을 촉진, 휴면의 유도, 발아 억제, 화성 촉진, 내건성 증대, 증산억제 등의 효과가 나타난다.

(6) 에틸렌

① 과실의 성숙을 촉진하는 물질로 주로 기체상태로 존재하며 전구물질은 메티오닌(methionine)이다.
② 에틸렌은 0.1 ppm 정도의 낮은 농도로서 식물의 생장에 영향을 미친다.
③ 과실이나 채소의 경우 물리적 충격에 의한 상처가 발생하면 호흡량이 증가하면서 표면온도가 높아지며 에틸렌이 발산된다. 과실이 썩을 경우 에틸렌의 방출량이 많아져 주면의 과실도 과숙현상이 진행된다.
④ 에틸렌을 생성하며 식물의 노화 및 과일의 숙기에 영향을 주는 약제를 에테폰이라 한다.

(7) 생장억제물질

① 생장억제물질은 식물의 생장을 억제하는 물질이다.
② 생장억제물질의 종류로는 다미노자이드(daminozide, B-9), 클로르메콧클로라이드(chlormequat chloride, CCC), 말릭하이드라자이드(Malelc hydrazide, MH)가 있다.

기출문제

옥신 중에서 식물체에서 합성되지 않는 것은?
① IAA   ② IAN
③ NAA   ④ PAA

해설: IAA, IAN, PAA는 식물체에서 합성되는 천연호르몬이고 NAA는 합성호르몬이다.

답 ③

3. 방사선 이용

(1) 방사선의 이용 및 조사

① 작물의 영양생리에 대한 연구를 위해 ^{32}P, ^{42}K, ^{45}Ca 의 방사성동위원소로 표지화합물을 이용하여 필수 원소인 인산(P), 칼륨(K), 칼슘(Ca) 의 영양성분이 작물 내에서의 이동 및 이용에 대한 조사가 가능하며 비료가 토양에서의 이동과 작물의 흡수기구에 대한 원리조사에 도움이 된다.
② 식물의 광합성 연구에서는 주로 ^{11}C, ^{14}C를 이용하여 이산화탄소(CO_2)가 대기중에서 잎을 통해 공급되는 경로, 시간에 따른 탄수화물의 합성 과정 조사에 도움이 된다.
③ 방사선 동위원소로 표지화합물을 만들어 병충해방제에 대한 연구로도 활용한다.
④ 농업토목 분야에서 지하수, 유속 등의 조사에도 이용된다.
⑤ 식물 영양기관의 장기저장에도 활용된다.
⑥ 영양기관에 γ선을 조사하면 휴면이 연장되고 맹아 억제 효과가 나타난다.

(2) 육종적 이용

① 방사선의 경우 식물의 육종에 이용되며 주로 X선을 활용한다.
② 방사선의 선량과 조사를 통해 식물의 생육 단계별 처리가 가능하고 돌연변이를 일으켜 유용한 형질을 만들기도 한다.
③ 살균 및 살충 효과를 이용하여 식품을 저장에도 활용된다.

04 재배 기술

1. 작부체계

(1) 작부체계의 정의와 중요성
① 작부체계는 일정 포장에 있어 순차적인 작물종류의 변천이나 일정 포장에 있어 동시적인 작물 종류의 조합을 말한다. 이는 포장의 효율적 이용을 도모하고 노동력 배분 및 합리적인 경영을 위해 작물 재배의 종류, 순서, 조합, 배열의 방식을 의미한다.
② 작부체계의 방식에는 동일 포장에 같은 종류의 작물을 반복적으로 재배하는 연작이 있으며 작물의 종류를 변화시켜 재배하는 윤작, 2개 이상의 작물을 함께 심는 혼작이 있다.

(2) 작부체계의 변천 및 발달
① 주곡식 대전법은 인구증가로 인해 경지의 제한을 받게 되면서 점차 정착농경으로 전환되어 경지를 영속적으로 재배하게 되었고 특히 경지의 대부분을 곡식작물로 재배하게 되었다.
② 휴한 농법은 곡식작물을 연작으로 하면 지력이 감퇴되어 지력 회복을 위해 쉬었다가 작물을 재배하는 방법이다.
③ 순 3포식 농법은 경지의 2/3 에 춘파 및 추파곡물을 재배하고 나머지 1/3에는 휴한하는 것을 순서대로 돌려 가면서 재배하는 방법이다.
④ 개량 3포식 농법은 1/3 의 휴한 지역을 토지 이용상 불리하다고 판단될 경우 휴한 대신 클로버나 콩과 작물을 재배하여 질소고정을 통해 지력의 증진을 유도하는 방식이다.

(3) 연작과 기지
① 연작은 동일 포장에 동일 작물을 매년 지속적으로 재배하는 방식을 말한다. 연작을 할 경우 작물이 선호하는 양분의 선택적 이용으로 토양에 특정 양분이 부족하게 되어 작물이 제대로 못자라게 되는데 이때 발생되는 피해를 기지라고 한다.

연작 피해가 적은 작물	벼, 맥류, 조, 수수, 옥수수, 담배, 무, 당근, 양파, 호박, 순무, 아스파라거스, 딸기, 미나리, 양배추
1년 휴작이 요구되는 작물	쪽파, 콩, 파, 생강, 시금치
2년 휴작이 요구되는 작물	마, 오이, 땅콩, 잠두, 감자
3년 휴작이 요구되는 작물	토란, 참외, 강낭콩
5~7년 휴작이 요구되는 작물	수박, 토마토, 사탕무, 완두, 가지, 우엉, 고추
10년 이상 휴작이 요구되는 작물	아마, 인삼

② 연작에 의한 기지 발생시 작물이 선호하는 특정 양분의 소모로 다음 작물이 요구하는 양분을 충분히 공급할 수가 없다. 또한 토양 전염병, 토양 선충, 유독물질의 축적, 토양의 입단구조의 파괴 등 다양한 피해가 발생한다.
③ 기지 피해를 줄이기 위해 윤작이 가장 효과적이며 토양을 소독하거나 유해물질을 제거, 시비 작업 등의 작업이 필요하다.
④ 대표적으로 벼의 연작은 지속적인 관개수 유지에 의한 양분의 공급과 생장저해물질의 축적이 없기에 연작이 가능하다.

기출문제

기지현상의 발현이 가장 크게 우려되는 작물은?
① 벼
② 보리
③ 담배
④ 수박

해설: 수박, 가지, 토마토, 우엉 등은 5~7년 휴작이 요구되는 작물로 기지현상 발현이 크게 우려된다.

답 ④

기출문제

연작 장해가 가장 큰 작물은?
① 옥수수
② 고구마
③ 호박
④ 아마

해설: 아마, 인삼은 휴작이 10년 이상 필요하다.

답 ④

(4) 윤작

① 윤작은 한 농경지에 동일 작물을 재배하는 연작과는 반대로 다른 종류의 작물을 순차적으로 재배하는 방식이다. 윤작은 토양의 양분 유지와 병해충의 전염 방지에도 도움이 된다. 이러한 윤작에는 삼포식, 개량삼포식, 노포크식이 있다.
② 삼포식은 포장을 3등분하여 하나는 여름작물, 다른 하나는 겨울작물, 마지막 하나는 휴한을 하여 매년 돌려짓기를 실시하며 결국 3년에 한번의 휴한을 하게 된다.
③ 개량삼포식은 지력유지에 매우 효과적인 방법으로 휴한하는 대신 지력증진작물을 함께 재배하는 방법으로 삼포식보다 더 개량된 방법이다.
④ 노포크식은 화본과의 식용작물과 두과인 클로버, 근채류인 순무를 순차적으로 윤작하는 방법으로 <순무-보리-클로버-밀>, <밀-콩-보리-순무> 로 4년주기의 윤작방식으로 식량과 가축의 사료 생산을 하면서 지력을 유지하는데 효과적이다.
⑤ 윤작의 효과로 지력 유지, 토양보호, 병충해 경감, 노동의 합리적 분배, 경영의 안정화 등이 있다.

> **기출문제**
>
> **노포크식 윤작법의 예로 가장 적합한 것은?**
> ① 콩→밀→클로버　　　② 옥수수→클로버→보리→밀
> ③ 밀→옥수수→순무　　④ 순무→보리→클로버→밀
>
> **해설:** 노포크식은 화본과의 식용작물과 두과인 클로버, 근채류인 순무를 순차적으로 윤작하는 방법으로 <순무-보리-클로버-밀>, <밀-콩-보리-순무> 로 4년주기의 윤작방식이다.
> **답** ④

(5) 답전윤환

① 답전윤환은 논상태와 밭상태로 몇 해씩 돌려가면서 벼와 작물을 재배하는 방식을 말한다. 답전윤환은 최소 2~3년 정도의 기간을 많이 채택하고 있다.
② 답전윤환 효과로 지력 유지 및 증진, 기지의 회피, 잡초 발생의 억제, 재배량 증가, 노력절감이 있다.
③ 논에서의 답전윤환을 하게 될 경우 토양의 통기성과 투수성이 개선되고 양분의 유실이 적게 발생한다. 결국 화학적 성질이 개선되고 선충 및 잡초 감소의 효과도 함께 나타나게 된다.

> **기출문제**
>
> 답전윤환의 주요 효과로 틀린 것은?
> ① 지력 증강   ② 기지의 회피
> ③ 병충해 증가 ④ 잡초의 감소
>
> **해설:** 답전윤환은 논과 밭을 몇해에 걸쳐 돌려 재배하는 방식이다. 답전윤환 효과로 지력 유지 및 증진, 기지의 회피, 잡초 발생의 억제, 재배량 증가, 노력절감이 있다.
>
> **답** ③

(6) 혼파

① 혼파는 두 가지 이상의 작물을 혼합하여 파종하는 방법이다.
② 혼파를 할 경우 토양이나 기상에 대한 적응력이 높아지고 병해충에 대한 위험성이 낮아지게 된다. 또한 공간의 이용이 효율적이며 잡초 경감, 재배에 대한 안정성이 증가하게 되며 건초 제조 시에도 유리하다.
③ 혼파에도 단점이 있는데 파종작업이 힘들고 작물의 생장속도 차이로 인해 관리에도 어려움이 있다.

> **기출문제**
>
> 혼파의 이점이 아닌 것은?
> ① 비료성분의 효율적 이용   ② 잡초발생의 경감
> ③ 건초 제조상의 이점   ④ 파종작업이 편리
>
> **해설:** 혼파는 파종작업에 불리하다.
>
> **답** ④

(7) 그 밖의 작부체계

① 교호작
  ㉠ 교호작은 생육기간이 비슷한 2 가지 이상의 작물을 일정 이랑씩 번갈아 가면서 재배하는 방법이다. 대표적인 교호작으로 옥수수와 콩이 있으며 재배기간이 비슷하여 수확에도 용이하다.
  ㉡ 번갈아 가면서 재배하다보니 작물을 2줄 혹은 3줄로 번갈아 가면서 재배하기도 한다.

② 주위작
　㉠ 포장의 주위에 포장내의 작물과는 다른 작물을 재배하는 방식으로 주위에 빈공간을 이용하는 것이다.
　㉡ 옥수수나 수수의 경우 주위에 재배 시 방풍의 효과가 있다.

③ 간작
　㉠ 한 가지 작물이 생육하고 있는 조간에 다른 작물을 재배하는 방법이다.
　㉡ 간작은 생육 기간이 다른 작물을 주로 재배한다.
　㉢ 먼저 재배하고 있던 작물을 상작, 이후에 재배되는 작물을 하작이라 한다.
　㉣ 간작은 먼저 재배하고 있는 작물에 피해가 없는 다른 작물을 이후 재배하여 토지의 이용율을 높이고자 함에 있다.

④ 혼작
　㉠ 혼작은 생육기간이 거의 같거나 유사한 작물을 섞어 재배하는 방법이다.
　㉡ 혼작은 주로 상호보완이 가능한 작물끼리 재배하는 것이 유리하다.

2. 종묘

(1) 종자의 형태와 구조

① 구조의 발달 관계

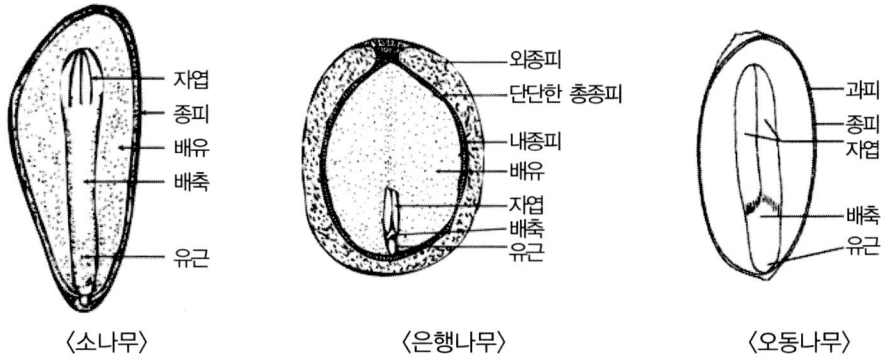

〈소나무〉　　　　　〈은행나무〉　　　　　〈오동나무〉

| 씨방(자방) → 열매
밑씨(배주) → 종자
주피 → 씨껍질(종피) | 주심 → 내종피
극핵(2개)+정핵 → 배젖(속씨식물)
난핵 + 정핵 → 배 |

② 종자의 구조

종피	배주를 감싸고 있는 주피가 변화하여 이루어진 것이다.
배주	배주를 구성하는 내주피, 외주피는 내종피와 외종피로 되어 종자를 보호한다. 자방 안의 배주는 수정 후 종자가 된다.
배	난핵과 정핵이 합쳐져 이루어진다. 떡잎과 어린줄기, 뿌리가 될 배축, 유아, 근축으로 구성된다.
배젖	정핵과 2개의 극핵이 합쳐서 이루어진 것으로 외배유, 떡잎과 함께 배에 필요한 양분을 공급하고 양분의 유무에 의해 배유종자, 무배유종자로 분류한다. 무배유종자에는 콩, 완두, 잠두, 적두, 상추, 오이 등이 있으며 배유종자에는 밀, 벼, 보리, 옥수수, 양파가 있다.

※ 열매 및 종자의 배치 순서

바깥	과피 (씨방벽)	주피 (씨껍질)	주심 (내종피)	배유 (씨젖)	배 (씨눈)	안

③ 종자의 수정

㉠ 일종의 생식세포인 화분과 배낭이 형성되고 자웅 양핵이 유합되어 종자가 생성된다.

㉡ 침엽수종은 한 개의 정핵과 한 개의 난핵이 수정을 하며 활엽수종은 제 1 정핵과 난핵이 만나는 경우와 제 2 정핵과 2개의 극핵과 유합하여 3n의 배유가 되는 중복수정을 한다.

```
· 침엽수종(겉씨식물)
 - 정핵(n) + 난핵(n) → 배(2n)
· 활엽수종(속씨식물)
 - 정핵(n) + 난핵(n) → 배(2n)
 - 정핵(n) + 2개 극핵(2n) → 배젖(3n)
```

㉢ 수정 완료 후 세포 분열을 통해 발육이 일어나면서 주피는 종피가 되고 모체의 생활기능이 분리되어 독립하면 이를 종자라 한다.

> **기출문제**
>
> 다음 중 무배유종자 작물로만 짝지어진 것은?
> ① 수수, 상추, 양파　　② 오이, 콩, 동부
> ③ 동부, 율무, 양파　　④ 율무, 콩, 상추
>
> **해설** 무배유종자 작물에는 콩, 완두, 잠두, 적두, 상추, 오이 등이 있다.
>
> 답 ②

(2) 종자의 품질 및 채종

① 종자 품질의 외적조건
　㉠ 전체 종자에서 불순물을 제거한 순수종자의 중량비를 순도라 한다. 종자는 순도가 높을수록 품질이 좋다.
　㉡ 종자가 크고 무거운 것은 충실하며 발아 및 생육에 유리하다. 종자의 크기는 보통 1000립중, 100립중으로 표시하고 종자의 무게는 1L 중이나 비중으로 표시한다.
　㉢ 종자의 수분 함량이 높으면 변질 및 부패가 발생할 수 있기에 수분함량이 낮을수록 좋은 종자이다.
　㉣ 종자별 고유의 색택이나 냄새를 가진 것이 좋다.

② 종자 품질의 내적조건
　㉠ 우량품종에 속하고 유전적으로 순수한 종자가 좋다.
　㉡ 종자 발아력이 높고 발아세가 빠른 종자가 좋다.
　㉢ 종자의 용가(순활종자)는 종자의 경제적 이용가치를 말하며 아래와 같이 구한다.

$$종자의\ 용가 = \frac{발아율(\%) \times 순도(\%)}{100}$$

　㉣ 순도는 순정종자량과 작업량의 백분율로 표시한다.

$$순도 = \frac{순정종자량}{작업량} \times 100$$

③ 채종 재배
　㉠ 채종재배는 우량한 종자의 생산을 목적으로 재배하는 것이다.
　㉡ 채종재배를 위해서는 적절한 재배지를 선정하고 종자의 선정과 소독등의 관리가 필요하다.
　㉢ 지나친 비료의 과용은 삼가고 재배한 종자는 습도 및 온도 관리를 한다.

기출문제

다음 시료의 순활종자는?

◎ 벼 종자의 수 : 8,000개 ◎ 벼 종자의 무게 : 270 g
◎ 이종종자의 수 : 2,000개 ◎ 이종종자의 무게 : 30 g
◎ 벼 종자의 발아율 : 90%

① 64%   ② 72%
③ 81%   ④ 90%

해설:
- 작업량 = 270g + 30g = 300g
- 순도 = (270 ÷ 300)×100 = 90%
- 순활종자 = (90%×90%) ÷ 100 = 81%

답 ③

(3) 종자의 수명과 퇴화

① 종자의 수명

종자의 발아력이 있는 기간을 종자 수명이라 하며 수명에 따라 단명종자, 상명종자, 장명종자로 분류한다.

단명종자(1~2년)	메밀, 고추, 양파, 토당귀, 뽕나무, 팬지, 해바라기, 베고니아
상명종자(2~3년)	벼, 쌀보리, 목화, 완두
장명종자(4~6년 혹은 그이상)	녹두, 오이, 배추, 가지, 토마토, 수박, 나팔꽃

② 종자의 퇴화

㉠ 생산력과 품질이 우수한 종자가 재배연수가 지날수록 생산력이나 품질이 떨어지는 현상을 종자퇴화라 한다.
㉡ 종자의 퇴화는 자연교잡에 의한 유전적 퇴화, 환경조건이나 재배조건의 불량으로 인한 생리적 퇴화, 병해충에 의한 병리적 퇴화가 있다.
㉢ 병리적 퇴화를 방지하기 위해서는 병해 발생을 방제, 종자를 소독, 무병지에서 채송하는 방법이 있다.

> **기출문제**
>
> 다음 종자 중 장명종자에 해당하는 것은?
> ① 토마토, 가지, 수박
> ② 콩, 옥수수, 밀
> ③ 벼, 콩, 배추
> ④ 고추, 당근, 수박
>
> **해설:** 보기중 장명종자에 속하는 것으로 녹두, 오이, 배추, 가지, 토마토, 수박 등이 있다.
>
> 답 ①

(4) 종자의 발아

① 종자의 발아 조건

종자가 성장하는 과정을 발아라고 하며 온도, 습도, 공기, 광선의 조건이 중요하다.

분류	특징
산소	• 산소 공급이 충분하여야 발아가 잘 이루어진다. • 산소가 없을 경우 무기호흡에 의해 발아하기도 한다.
수분	• 대부분의 종자는 일정량의 수분이 있어야 발아를 할 수 있다. • 수분 흡수를 통해 종피가 연해지고 가스교환이 용이해진다.
온도	• 발아를 위한 최적 온도의 범위는 20~30℃ 이다. • 작물에 따라 저온에서 발아하는 귀리, 호밀, 상추, 부추 등이 있고 고온에서 발아하는 토마토, 가지, 고추 등이 있다.
광선	• 수종에 따라 광선에 의해 발아 혹은 억제된다. • 광을 주어야 발아하는 호광성 종자는 담배, 상추, 우엉, 뽕나무 등이 있다. • 발아시 광을 싫어하는 혐광성 종자는 호박, 고추, 양파, 오이, 백일홍, 수세미 등이 있다.

② 종자 발아 과정

발아 과정	특징
1단계 : 수분 흡수	• 수분을 흡수하여 표면이 연해져 발아가 용이해진다. • 가스교환이 쉬워진다.
2단계 : 효소의 활성 3단계 : 배의 생장	• 배유와 자엽에 보유된 전분, 단백질, 지방 등의 양분이 효소작용으로 활성화된다.
4단계 : 종피의 파열 5단계 : 유묘의 형성	• 발아시 어린뿌리가 나와 땅속에 뿌리를 내리고 종피에서 떡잎과 어린줄기가 출현 • 유근과 유아의 출현은 보통 유근이 먼저 출현한다.

③ 종자 발아력 검사

㉠ 종자의 발아력 검사 방법으로 환원법이 있다. 사용되는 약품으로 테룰루산소다

(Na_2TeO_2)나 테트라졸륨 1% 의 수용액이다.
ⓒ 약액 침지후 테룰루산소다를 사용한 배는 흑색이나 암갈색으로, 테트라졸륨을 사용한 배는 적색 혹은 분홍색일 때 건전한 배로 간주한다.

기출문제

콩과작물에 대한 간이 종자발아력 검사방법으로 사용되는 테트라졸륨법의 TTC 용액의 농도로 가장 적합한 것은?

① 0.1% ② 1.0%
③ 1.5% ④ 10%

해설: 종자에 발아 검사에 사용되는 테트라졸륨은 1% 농도의 약품을 사용한다.

답 ②

(5) 종자의 휴면

① 종자가 발아 조건을 갖추었지만 일정기간 발아하지 않는 상태를 발아휴면이라 한다.
② 종자의 휴면은 불리한 환경에 의한 외적 요인이나 내적 원인에 의해 휴면이 발생한다.
③ 종자 휴면의 원인

원인	특징
불투수성	· 종피나 과피가 단단하거나 두꺼운 경우
물리적 요인	· 종피의 배의 성장을 물리적으로 방해받는 경우
가스교환	· 종자의 내부와 외부의 가스교환을 억제하는 경우 · 호흡으로 축적된 이산화탄소로 인해 종자가 휴면
미발달배	· 배의 발달이 불완전한 경우
배휴면	· 배 자체의 휴면 원인에 의한 경우
생장억제물질	· 발아억제 물질이 식물체 내 존재하는 경우 · 발아 억제 물질로 ABA 가 있다
이중 휴면성	· 종자 휴면의 원인을 몇 가지 함께 가지는 경우

기출문제

종자휴면의 원인이 아닌 것은?

① 종피의 상처 ② 급히 건조시킨 종자의 결실
③ 배의 미숙 ④ 종피의 산소흡수 저해

해설: 종피에 상처를 내는 방법은 종피파상법으로 종자의 발아촉진에 관련된다.

답 ①

3. 영양번식

(1) 영양번식의 특징
① 영양번식은 채종이 곤란한 작물에 적용하면 유리하다.
② 우량한 상태의 유전형질을 유지할 수 있다.
③ 종자번식보다 생육이 왕성하고 짧은 기간 내에 수확이 가능하고 수량도 증가한다.
④ 접목의 경우 환경에 대한 적응성, 병해충에 대한 저항력이 증가한다.
⑤ 영양번식에 유리한 작물로 감자, 고구마 등이 있다.

기출문제

주로 영양번식으로 번식시키는 작물은?
① 고구마   ② 옥수수
③ 밀   ④ 오이

해설: 영양번식에 유리한 작물로 감자, 고구마 등이 있다.

답 ①

---

(2) 영양번식의 종류
① 작물에 적용하는 영양번식 방법에는 분주, 삽목, 취목, 접목 등이 있다.
② 분주 : 뿌리가 달린채로 분리하여 번식시키는 방법으로 분주 시기에 따라 화아분화, 개화시기가 결정되기도 한다.
③ 삽목 : 모체에서 분리한 영양체의 일부를 삽상에 심어 뿌리를 내리게 하여 독립개체로 번식시키는 방법이다. 삽목의 부위에 따라 엽삽, 근삽, 지삽으로 분류한다.
④ 취목 : 식물의 가지나 줄기를 모체에서 분리하지 않고 흙에 묻거나 암흑상태에 습기와 공기 조건을 맞추어 주면 발근이 되어 이 발근된 부위를 독립적으로 번식시키는 방법이다.
④ 접목 : 접목은 두 가지 식물의 형성층 부위를 밀착시켜 접합하도록 하는 방법으로 정부가 되는 부분을 접수, 기부가 되는 부분을 대목이라 한다.

(3) 취목
① 나무의 가지 일부분의 껍질을 벗겨 땅속에 묻어 뿌리를 내리는 방법으로 삽목이 어려운 경우 대체하는 방법이다.
② 취목은 방법에 따라 다음과 같이 분류된다.

종류	과정
단순취목(선취법)	가지를 굽혀서 땅속에 묻고 자기의 선단을 지상으로 나오게 하는 방법
공중취목(고취법)	가지나 줄기의 일부에 상처를 주고 그 자리에 수태 혹은 황토로 싸서 건조하지 않도록 해주며 물을 주어 적당한 습도 조건에 유지하여 발근하는 방법
단부취목	가지를 굽혀 땅속에 묻어 지상으로 굴곡한 후 성장시켜 분주하는 방법
매간취목	나무의 전체를 평면으로 묻어 새가지를 나오게 하고 이후 가지 밑에서 뿌리가 나오면 절단하여 새 개체를 만드는 방법
파상취목	가지를 여러번 파상적으로 굽혀 굴곡시켜 번식하는 방법
맹아지 취목	나무의 줄기를 지면 부근에서 절단하고 성토하여 그곳에서 새로운 가지의 밑부분에서 뿌리가 나오게 하는 방법

> **기출문제**
>
> 나무딸기에서 이용되며 가지의 선단부를 휘어서 묻는 방법은?
> ① 분주 ② 성토법
> ③ 고취법 ④ 선취법
>
> **해설**: 가지의 선단부를 휘어서 묻는 방법은 선취법(단순취목)이다.
>
> 답 ④

(4) 접목육묘

① 접목육묘는 오이, 수박, 멜론, 가지, 토마토 등의 작물에 토양병해충의 피해를 예방하고 양분의 흡수를 증대시키기 위해 이용된다.
② 접목육묘에 있어 대목은 내병성, 내습성에 대한 친화력이 강해야 한다.
③ 접목 방법에는 주로 할접(쪼개접), 호접(맞접), 삽접(꽂이접)이 이용된다.
④ 작물의 종류에 따라 적합한 접목방법을 선택하며 오이는 맞접, 수박은 꽂이접을 적용한다.

4. 육묘

(1) 육묘의 필요성

① 육묘는 종자를 재배지에 뿌리지 않고 모를 일정기간 시설에서 생육시키는 것을 육묘라 한다.
② 육묘를 통해 수확량을 늘리거나 품질 향상을 기대할 수 있으며 관리 및 보호도 용이하다.

③ 수확 및 출하시기 조절이 가능하며 토지의 이용률을 높일 수 있다.
④ 종자를 이용한 직파가 불리한 작물(딸기, 고구마 등)에 많이 이용된다.

(2) 육묘 방식

온상육묘	저온기에 인공 가온과 태양열을 이용하는 묘상
보온육묘	인공 가온 없이 태양열만을 이용하는 묘상
공정육묘	육묘의 생력화, 효율화를 목적으로 상토의 조제, 종자파종, 물주기에 관련된 작업을 자동화하여 균일한 묘상을 얻음

(3) 묘상의 구조

① 묘상의 크기는 관리적 측면에 있어 중요하다. 묘상 크기가 너무 작으면 온도가 급격히 변화하며 너무 크면 묘상의 중앙부 관리에 노력이 많이 든다.
② 묘상의 너비는 120~130cm 정도가 적당하며 깊이, 길이는 묘상의 종류에 따라 결정한다.
③ 묘상 밑바닥은 온도를 균일하게 유지하기 위해 양열온상의 경우 중앙부를 높게하고 남쪽과 북쪽은 중앙부보다 깊게 한다.

5. 정지

(1) 경운

① 경운은 토양을 갈아 흙덩이를 부스러뜨리는 작업이다.
② 경운은 정지작업에서 가장 먼저 하는 작업으로 파종이나 이식을 하기 전에 실시한다.
③ 경운을 통해 토양의 투수성, 통기성이 좋아져 이후 종자의 발달, 뿌리의 발달에 도움이 된다. 또한 통기성이 좋아 토양에 살고 있는 미생물의 활동이 활발해져 유기물 분해 촉진 및 순환에 도움을 준다.
④ 흙을 반전시켜 잡초의 발생이 줄어들고 해충이 박멸하는데 도움이 된다.

(2) 쇄토

① 쇄토는 경운 다음으로 실시하는 작업으로 갈아 일으킨 흙덩이를 좀 더 곱게 부수고 지면을 평평하게 고르는 작업이다.
② 논은 경운한 다음 물을 대고 써레로 흙덩이를 곱게 부수는데 써레를 이용한다 하여 써레질이라 한다.

(3) 작휴

① 작휴법은 작물이 심긴부분과 심기지 않은 부분이 규칙적으로 반복되는 것을 이랑이라 한다. 이랑은 평평하지 않고 기복이 있을 경우 융기부를 이랑, 함몰부를 고랑이나 골이라 한다.
② 이랑을 만들게 되면 파종, 제초, 솎음의 관리가 용이하고 배수 및 통기에 좋게 하고 작토층을 두껍게 한다.
③ 작휴법에는 평휴법, 휴립법, 성휴법이 있다.

평휴법		· 이랑을 평평하게 하여 이랑과 고랑 높이를 같게 하는 방법 · 주로 채소, 밭벼에 실시한다.
휴립법	휴립법	· 이랑을 세워 고랑이 낮게 하는 방법
	휴립구파법	· 이랑을 세우고 낮은 골에 파종하는 방법 · 맥류의 한해와 동해를 동시에 방지할수 있다. · 감자의 발아촉진이나 이랑 사이 토양을 작물의 포기 밑에 모아주는 배토 작업을 위해 실시한다.
	휴립휴파법	· 이랑을 세우고 이랑에 파종하는 방법 · 고구마는 이랑을 높게 세우고 조, 콩은 이랑을 낮게 세운다.
성휴법		· 이랑을 보통보다 넓고 크게 하는 방법 · 맥후작 콩의 재배에 실시한다.

(4) 진압

① 진압은 정지 작업에서 경운, 쇄토 이후에 실시하는 작업이다. 파종하고 복토 전후 종자를 눌러 주는 작업이다.
② 진압을 하게 되면 토양사이 공극이 변화하고 모세관현상에 의한 수분공급으로 종자나 식물의 뿌리에 수분흡수를 쉽게 하게 된다.

6. 파종

(1) 파종시기

① 파종시기는 파종된 종자가 발아가기 위해 종자의 종류, 온도, 환경 등의 발아조건을 고려하여 결정하게 된다.
② 작물의 종류에 따라 추파, 춘파를 결정하고 지역에 따라 달라지는데 고랭지의 경우 늦봄에 실시한다.
③ 작부방법이나 특정 재해 시기, 토양의 상태, 출하기도 파종시기에 영향을 준다.
④ 감온형 벼 품종은 조파조식하는 것이 좋고 추파맥류에서 추파성이 높은 경우 조파한다.
⑤ 월동작물은 추파하고 여름작물은 춘파한다.

(2) 파종양식

산파(흩어뿌림)	포장 전면에 종자를 흩어 뿌리는 방법
조파(줄뿌림)	종자를 줄지어 뿌리는 방법
점파(점뿌림)	일정 간격으로 종자를 수 개씩 파종하는 방법
적파	점파와 유사하나 한곳에 여러개의 종자를 파종하는 방법

(3) 파종량

① 파종량은 작물의 종류 및 품종, 종자 크기, 재배지, 토양의 조건, 시비, 종자 상태를 고려하여 결정한다.
② 온도가 낮은 지역의 경우 파종량을 늘리도록 한다.
③ 토양 조건이 좋지 않거나 시비량이 적은 경우 파종량을 늘린다.
④ 발아력이 낮거나 파종기가 늦을 경우 파종량을 늘린다.

7. 이식

(1) 이식의 종류

이식은 작물을 다른 장소로 옮겨 심는 것으로 방법에 따라 정식과 가식이 있다.

정식	수확기까지 그대로 둘 장소에 옮겨 심는 방법이다.
가식	정식할 때까지 이식해 두는 것으로 불량묘는 도태되고 이식성은 향상되며 웃자람 방지효과가 있다.

(2) 이식시기

① 과수와 다년생 목본식물은 싹이 움트기 전에 춘식하거나 낙엽이 진 뒤 추식한다.
② 일반작물은 파종기에 영향을 주는 요인에 의해 이식기가 결정된다.

(3) 이식방법

① 작물에 따라 이식방법은 다양하다. 벼의 경우 기온이 15°C 전후 이식해야 하며 일찍 하는 것이 좋다. 논의 써레질이 종료되면 바로 하게 되며 줄모로 심어야 고르게 자랄 수 있다.
② 채소, 화초는 식상을 피하고 잘 자라게 하고자 쇄토작업을 통해 흙을 부드럽게 갈아두어야 한다. 이식후에는 뿌리를 내리는데 시간이 걸려 물을 주고 덮개를 해주어 증발을 막아준다.

(4) 이식효과

장점	단점
① 이식을 실시하면 줄기나 잎의 웃자람을 억제할 수 있다. ② 이식 작업시 뿌리가 잘려 새로운 뿌리가 발생되어 생육이 좋아진다. ③ 생육이 어느 정도 진행되어 병해충에 피해가 감소된다. ④ 수목의 경우 개화를 촉진시킬수 있다.	① 무, 당근 등 직근류는 뿌리가 손상될 경우 상품성이 저하되기도 한다. ② 수박, 참외는 뿌리가 손상시 발육이 저하된다. ③ 작물에 따라 이식이 해가 되는 경우가 있다.

8. 생력재배

(1) 생력재배의 정의

① 생력재배는 노력을 줄여 농사를 짓는 것으로 본디 목적은 노동력이 부족한 농가의 상황을 개선하기 위한 방법이다.
② 부족한 노동력 때문에 농업의 기계화를 장려하고 잡초를 방제하기보다 제초제를 도입하는 방법등이 생력재배라 한다.

(2) 생력재배의 효과

① 생력재배를 통해 농업에 필요한 노동력 절감 및 경영에 효율이 개선된다.
② 농업 연구를 통한 새로운 품종의 개발과 경운파종과 같은 저비용 생산을 목적으로 생력기계화 재배기술 등의 도입으로 저투입 지속농업(LISA)이 가능하다.
③ 실제 생력재배의 사례로 파식파종기를 이용한 생력파종, 기계화를 통한 잡초 방제, 배토기를 이용한 중경배토 작업, 기계 수확, 탈곡 및 선별, 건조 등 전과정에 걸쳐 효과가 나타난다.

(3) 생력기계화재배의 전제조건

① 농지가 생력화를 가능하게 할 수 있게 정리되어야 한다.
② 넓은 면적은 공동관리하여 집단 재배해야 한다.
③ 기계화에 따른 잉여 노동력을 수익화 해야 한다.
④ 품종의 선택, 재배법 등 기계화를 통한 재배체계를 확립해야 한다.
⑤ 국가 차원의 제도화, 보조, 개발등의 도움이 필요하다.

9. 재배관리

(1) 시비

① 시비
  ㉠ 시비는 거름주기로 주요 비료의 종류는 질소, 인산, 칼륨이 있다. 질소의 경우 과다하게 공급되면 도장의 우려가 있어 공급량을 조절해 주어야 한다.
  ㉡ 작물에 따른 적정 시비(질소 : 인산 : 칼륨)

벼	5 : 2 : 4
맥류	5 : 2 : 3
옥수수	4 : 2 : 3
감자	3 : 1 : 4

② 엽면시비
  ㉠ 작물은 뿌리에서 뿐 아니라 기공을 통한 흡수가 이루어지며 이를 엽면시비라 한다.
  ㉡ 엽면시비는 주로 철, 아연, 망간, 칼슘 등의 미량원소, 요소를 뿌려 준다.
  ㉢ 엽면시비는 뿌리의 흡수력이 낮을 경우 영양회복을 위해 작업을 한다.

③ 비료의 분류
  ㉠ 성분에 따른 비료

질소비료	요소, 질산암모니아, 황산암모니아
인산질비료	과인산석회, 용성인비, 용과린, 중과인산석회
칼륨질비료	염화칼륨, 황산칼륨

  ㉡ 화학적 반응에 따른 비료

산성비료	과인산석회, 염화암모늄
중성비료	황산칼륨, 염화칼륨, 요소, 질산나트륨
염기성비료	생석회, 소석회, 탄산칼륨, 용성인비

  ㉢ 생리적 반응에 따른 비료

생리적 산성비료	황산암모늄, 염화암모늄, 황산칼륨, 염화칼륨
생리적 중성비료	질산암모늄, 질산칼륨, 요소
생리적 염기성비료	질산나트륨, 질산칼슘, 용성인비, 초목회

ⓔ 반응 효과에 따른 비료

속효성비료	황산암모늄, 염화칼륨
완효성비료	석회질소

ⓜ 주요 비료의 성분비

종류	질소	인산	칼륨
요소	46		
질산암모늄	35		
황산암모늄	21		
석회질소	20~22		
중과인산석회		44	
용성인비		18~19	
과인산석회		16	
염화칼륨			60
황산칼륨			48~50

④ 이용률
  ㉠ 비료의 이용률은 비료 성분량 중에서 작물이 흡수하여 이용한 양을 나타낸 것으로 질소는 30~50%, 칼륨 40~60%, 인산 10~20% 정도의 이용률을 보인다.
  ㉡ 비료의 이용률에 영향인자로 비료성분, 화학적 형태, 작물의 종류, 토양의 화학적 조건, 시비시기 등이 있다.

기출문제

생리적 중성비료는?
① 황산암모늄   ② 염화칼륨
③ 요소   ④ 용성인비

해설: 생리적 중성비료에는 질산암모늄, 질산칼륨, 요소 가 있다.

답 ③

---

(2) 보식, 솎기

① 보식은 발아가 불량한 곳이나 고사한 곳에 보충하여 이식하는 것이다.
② 솎기는 밀생한 곳에 일부를 제거하여 작물끼리 경쟁을 줄이고 공간을 넓혀 주는 작업이다.
③ 솎기는 생육 공간 확보를 통해 균일한 생육을 도와주고 불량한 개체를 제거해

우량한 개체만 남길 수 있다.

(3) 중경

① 파종이나 이식 이후에 작물 생육 기간에 작물사이 토양의 표토를 긁어 부드럽게 하는 토양관리를 중경이라 한다.
② 중경작업은 잡초의 방제, 토양의 이화학적 성질 개선을 통해 작물의 생육을 돕는다.
③ 중경의 효과

발아조장	파종이후 토양에 피막이 생겼을 때 중경작업을 실시하여 피막을 제거하면 발아가 조장된다.
통기성증진	박물이 생육하는 포장을 중경하여 토양의 가스교환과 미생물의 활동을 높이고 유기물 분해가 촉진되어 작물에 활력을 주게 된다.
수분증발억제	중경작업 시 토양을 얕게 작업하면 모세관이 절단되고 표면 공극이 좁아져 토양의 유효수분 증발이 줄어드는 효과가 있다.
비효증진	논토양의 경우 항상 물에 잠긴 상태이기에 표층은 산화층, 아래는 환원층이 형성된다. 이때 추비를 하고 중경작업을 실시하면 산화층과 환원층이 섞이면서 탈질작용이 억제되고 질소질 비료의 효과가 증진된다.

④ 중경의 단점

단근피해 발생	어린 작물의 경우 중경작업 과정에서 뿌리에 피해를 주게 되면 뿌리 흡수에 피해를 준다.
토양침식 발생	바람이 심하거나 건조가 심한 지역은 중경을 하면 토양의 건조 및 침식이 발생된다.
동상해 발생	환경에 따라 중경작업을 하면 지열의 유지가 되지 않아 저온의 피해가 발생할 수 있다.

기출문제

중경의 효과로 가장 거리가 먼 것은?
① 토양 내 산소 투입   ② 유해가스의 방출
③ 잡초 방제   ④ 병충해 방제

해설 중경은 작물이 생육하는 포장의 표토를 부드럽게 해주는 것으로 병해충 방제와는 관련성이 적다.

답 ④

(4) 멀칭

① 피복재료인 비닐, 플라스틱 필름, 건초를 이용하여 포장 토양의 표면을 덮는 작업을 멀칭이라 한다. 그리고 멀칭작업에 사용되는 피복재료를 멀치라 한다.

② 멀칭의 효과로는 생육 촉진과 토양의 침식을 방지하고 수분조절, 온도조절, 잡초 방지, 유익 박테리아의 증식 등의 효과가 있다.

③ 작물의 비닐은 주위 조건에 따라 적합한 색을 선별한다. 검은색 비닐은 뿌리의 지온 유지 및 잡초 발생을 억제해주며 투명비닐은 추운 계절 지온 상승과 습도의 유지에 도움을 준다. 최근에는 적색비닐을 통해 작물의 광합성량을 늘리는 등 색상에 따른 효과를 파악하고 선택한다.

기출문제

멀칭의 효과로 옳은 것은?

① 생육 촉진 ② 비료 절감
③ 풍해 유도 ④ 낙과 방지

해설 멀칭은 생육촉진, 토양 건조 방지, 지온 조절, 침식방지, 잡초 방지 등의 효과가 있다.

답 ①

05 각종 재해

1. 냉해

① 여름작물이 생육상 고온이 필요한 여름철 냉온에 의해 발생되는 피해현상을 냉해라 하고 식물체 조직 내에 결빙이 생기지 않을 정도의 저온의 피해를 저온해라 한다.
② 대표적으로 벼는 냉온에 약한 작물로 10°C 이하의 냉온이 지속되면 냉해의 피해가 발생된다. 벼는 감수분열기에 이상발육이 초래되어 불임현상이 나타나기도 한다.
③ 냉해의 원인은 저온, 일조 부족, 다우 등이 있다.
④ 냉온 발생시 수분과 양분의 흡수 기능이 감퇴되어 식물의 동화작용과 생육에 저해된다.
⑤ 냉해의 종류에는 지연형 냉해, 장해형 냉해, 병해형 냉해가 있으며 이러한 냉해는 복합적으로 나타날 경우 혼합형 냉해라고 한다. 복합적으로 나타날 경우 피해정도가 더욱 커진다.

지연형 냉해	생육 초기에서 출수기까지 여러 시기에 냉온을 만나 등숙이 지연되어 후기의 냉온에 의해 등숙불량이 나타나는 현상이 발생한다.
장해형 냉해	유수형성기에서 개화기까지 화분이나 배낭의 생식기관이 정상적으로 형성되지 못하거나 수정장해가 유발되는 등의 현상이 발생한다.
병해형 냉해	냉온 조건에서 증산작용이 감퇴되어 규산과 같은 양분 흡수가 저해되어 표면의 규질화 불량등으로 병해충의 침입이 쉬워진다.

⑥ 냉해의 대책
  ㉠ 냉해저항성 품종의 선택한다.
  ㉡ 방풍림조성 및 암거배수로 습답 개량, 객토의 누수답 개량, 지력배양 등의 입지조건을 개선한다.
  ㉢ 적절한 시비량을 적용한다.
  ㉣ 파종, 이식 등의 방법을 개선하는 재배적 방법의 개선을 강구한다.

> **기출문제**
>
> 작물의 냉해에 대한 설명으로 옳지 않은 것은?
> ① 냉해를 입은 식물체에 암모니아의 축적이 많아진다.
> ② 저온하에서 식물의 질소, 인산의 흡수가 저해된다.
> ③ 벼의 장해형 냉해는 출수기 이후에 발생한다.
> ④ 여름 작물이 여름철에 저온을 만나 입는 피해를 말한다.
>
> **해설** 벼의 장해형 냉해는 유수형성기에서 개화기쯤 발생한다.
>
> 답 ③

2. 습해, 수해 및 가뭄해

(1) 습해

① 습해는 토양수분이 작물의 생육에 필요한 수분량보다 과다하게 많을 경우 발생하는 피해현상이다. 보통 작물의 토양 최적함수량은 최대용수량의 80% 정도이며 이를 넘어서면 습해현상이 발생한다.
② 토양에 수분이 과다할 경우 토양산소가 결핍되어 뿌리의 호흡이 불량해지고 수분과 무기양분의 흡수에도 방해를 받게 된다.
③ 습해 현상이 지속될 경우 식물의 황변현상이 발생되고 잎의 위조가 나타난다.
④ 습해의 피해를 줄이기 위해 배수 철저, 토양의 개량, 병충해 방제, 내습성 작물의 선택 등이 있다.

(2) 수해

① 수해는 집중호우나 장마기간에 발생하는데 하천이나 강이 범람하면서 발생한다.
② 작물이 완전히 물에 침수되는 것을 관수해라 하는데 침수로 인하여 습해, 물리적 충격에 의한 작물의 손상, 도복의 피해가 발생한다.
③ 관수해의 피해가 더욱 커지는 원인으로 흙탕물이나 고인 정체수, 고수온 등이 있다.
④ 이러한 수해가 유발되기 시작하면 산소의 부족으로 인하여 무기호흡량이 많아져 작물 내에 에탄올성분이 축적된다.
⑤ 수해는 수온이 높을수록 질소질비료를 과용할수록 피해가 심해지며 피해를 줄이기 위해 침수에 강한 작물을 심기도 한다. 피, 수수, 옥수수 등은 침수에 강한 편이다.

> **기출문제**
>
> 수해가 유발될 때 작물체 내에 가장 많이 집적되는 물질은?
> ① 옥살초산　　　　② 피루브산
> ③ 에탄올　　　　　④ 젖산
>
> **해설:** 산소 부족시 무기호흡으로 인하여 작물 내에 에탄올이 집적된다.
>
> 답 ③

(3) 가뭄해

① 가뭄해는 토양수분의 부족으로 작물의 생육이 저해되어 위조현상이 발생하거나 심할 경우 고사한다.

② 작물이 수분이 부족하게 되면 증산 및 광합성이 줄어들고 동화물질이 감소되면서 위조상태에 이르게 되면서 생장이 억제되게 된다. 또한 병해충에 대한 저항성이 약해지고 효소작용이 원활하게 되지 않아 심할 경우 고사하게 된다.

③ 가뭄해를 방지하기 위해 관개시설을 만들고 가뭄해에 강한 작물을 선택한다. 토양수분의 유지하기 위해 토양의 입단화를 조성하고 증발을 억제하도록 피복 작업을 해준다.

④ 가뭄해에 강한 내건성 작물의 특징은 아래와 같다.
- 잎이 왜소하고 작을수록 내건성이 강하다.
- 지상부에 비해 뿌리의 발달이 좋아야 한다.
- 옆맥과 울타리조직(책상조직)이 발달하여야 한다.
- 표피와 각피가 발달하여야 하고 기공이 작고 수가 적어야 한다.
- 표면적(지상부)/체적(전체부피)의 비율이 작아야 한다.
- 세포액의 삼투압이 높고 세포가 작을수록 내건성이 강하다.

> **기출문제**
>
> 내건성이 강한 작물의 형태적 특성이 아닌 것은?
> ① 잎의 해면조직이 잘 발달되어 있다.
> ② 뿌리가 깊게 뻗는다.
> ③ 기공의 크기가 작고 수가 적다.
> ④ 표면적/체적의 비율이 작다.
> **해설**: 내건성이 강한 작물은 잎의 책상조직이 발달한다.
> 답 ①

(4) 열해

① 주위의 온도가 작물이 생육할 수 있는 온도 범위를 넘어 고온의 피해가 발생되는 경우 열해라고 한다.
② 작물이 고온의 조건이 되면 유기물 소모가 많아지고 암모니아 성분이 많아져 악영향을 미치게 된다. 또한 증산이 많아져 위조현상이 발생하게 된다.
③ 고온으로 인해 철분 성분의 침전으로 황백화 현상이 발생하며 당분이 감소한다.

> **기출문제**
>
> 열해의 원인으로 가장 거리가 먼 것은?
> ① 증산 과다　　　② 철분의 침전
> ③ 암모니아 축적　④ 유기물의 과잉 집적
> **해설**: 열해로 인해 유기물 소모가 많아지기에 과잉집적과는 거리가 멀다.
> 답 ④

3. 동해 및 상해

(1) 동해 및 상해

① 동해는 저온에 의해 작물 조직 내에 결빙이 발생하는 피해를 말하며 상해는 서리에 의한 피해를 의미한다. 동해와 상해를 합쳐서 동상해라 부른다.
② 서릿발에 의한 피해를 상주해라 하며 서릿발은 토양수분이 많고 추위가 심하지 않을 경우 발생하는데 상주해를 방지하기 위해 퇴비를 이용하고 배수를 개선해야 한다.

③ 추위에 대한 작물의 내동성이 중요한데 품종에 따라 차이가 있으나 작물내부에 수분 함량이 적거나 유지함량이 높을수록 내동성이 강한편이다.
④ 작물의 당분 함량이 많거나 삼투포텐셜이 낮은 경우에도 내동성이 증가된다.
⑤ 원형단백질이 많을수록 내동성은 증가하며 단백질 중에 -SS 기 보다 -SH 기가 많은 것이 내동성 증가에 유리하다.

기출문제

작물의 내동성을 증가시키는 요인을 옳게 설명한 것은?
① 원형질의 수분투과성이 작으면 세포 내 결빙이 적어져 내동성이 크다.
② 원형질단백질에 -SS 기가 많은 것이 내동성이 크다.
③ 친수성 콜로이드가 적으면 자유수가 적어 내동성이 크다.
④ 당분 함량이 많아지면 삼투포텐셜이 낮아져 내동성이 크다.

해설: 당분함량이 많거나 유지함량이 높거나 삼투포텐셜이 낮을 경우 내동성이 크다.

답 ④

---

(2) 동상해의 대책

① 일반 대책
  ㉠ 이러한 추위로 인하여 발생되는 대책으로 방풍림 조성을 통해 찬바람을 막아준다.
  ㉡ 저습지대의 경우 배수구를 설치하여 토양에 다량의 수분이 체류하는 것을 막아준다.
  ㉢ 내동성에 강한 품종을 선택한다.
  ㉣ 유기질비료, 인산, 칼륨 비료를 뿌려주면 내동성을 증대시킬 수 있다.
  ㉤ 이랑을 세워 뿌림골을 깊게 한다.

② 응급 대책
  ㉠ 관개법 : 서리가 예상되는 지역은 저녁에 충분히 관개하는 방법
  ㉡ 송풍법 : 지상 10m 높이에 송풍기를 설치하여 따뜻한 공기를 지면으로 송풍하는 방법
  ㉢ 발연법 : 연기를 발산하여 지온의 방열을 막는 방법
  ㉣ 피복법 : 비닐 등을 덮어 보온을 유지하는 방법
  ㉤ 연소법 : 발열재료를 연소시켜 열을 공급하는 방법
  ㉥ 살수빙결법 : 스프링클러로 물을 뿌려 식물의 표면을 동결시켜 잠열을 이용해 식물체온을 유지하는 방법

> **기출문제**
>
> 작물의 동상해에 대한 응급대책이 아닌 것은?
> ① 저녁에 충분히 관개한다.
> ② 수증기가 많이 함유된 연기를 발산시킨다.
> ③ 낡은 타이어, 중유 등을 연소시킨다.
> ④ 이랑을 낮추어 뿌림골을 낮게 한다.
>
> **해설** 이랑을 세워 뿌림골을 깊게 하는 방법은 작물의 동상해에 대한 일반대책이다.
>
> 답 ④

4. 도복과 풍해

(1) 도복

① 도복은 외부의 물리적 힘에 의해 작물이 쓰러지는 것으로 주로 화곡류와 두류에서 발생한다.

② 작물이 도복하게 되면 줄기에 달린 경엽들이 엉켜 햇빛을 제대로 받지 못해 광합성이 저하되어 결과적으로 생장이 저하된다.

③ 도복이 심하면 줄기나 뿌리에 상처가 발생되어 병해충에 감염위험성이 높아진다.

④ 영양생장이 부족하면 종실에도 영향을 주어 결국 품질 저하로 이어지게 된다.

⑤ 도복의 발생 조건

　㉠ 바람 등의 기상적 요인
　㉡ 질소 성분의 과잉 흡수
　㉢ 과도한 밀식에 의한 근계발달의 불량
　㉣ 유전적으로 도복에 취약한 품종의 선택

⑥ 도복의 대책

　㉠ 품종의 선택시 키가 크기보다 대가 튼튼한 것을 선택한다.
　㉡ 질소질 비료의 과용을 삼가고 칼륨 및 규산 비료를 균형시비한다.
　㉢ 병해충을 방제한다.
　㉣ 밀도 조절을 통해 통풍과 수광태세를 개선한다.
　㉤ 답압을 해준다.

식물보호 바르게 빨리 올배움 한다

> **기출문제**
>
> 벼의 도복을 방지하기 위한 방법과 거리가 먼 것은?
> ① 병해충을 잘 방제한다.
> ② 질소와 규소의 사용을 늘린다.
> ③ 내도복성 품종을 선택하여 재배한다.
> ④ 절간신장을 억제하는 생장조절제를 이용한다.
>
> **해설:** 이랑을 세워 뿌림골을 깊게 하는 방법은 작물의 동상해에 대한 일반대책이다.
>
> **답** ②

(2) 풍해

① 풍해는 바람에 의해 발생되는 피해현상으로 바람이 강할수록 피해가 커진다.
② 바람에 의해 도복이 발생하고 과수류의 경우 낙과를 초래한다.
③ 바람이 강할 경우 물리적 손상에 의한 상처가 발생하여 병해충에 취약해지고 작물의 호흡이 증가되어 양분의 소모가 증가된다.
④ 풍해를 방지하기 위해 방풍림 조성이 가장 효과적이며 내풍성 수종의 선택, 비배관리, 풍향의 직각방향 이랑 만들기 등의 방법이 있다.

06 작물 육종

1. 육종법 종류

(1) 도입육종법
① 기존에 품종을 이용하는 방법으로 비용이 적게 들고 단시간 내에 새로운 품종을 얻을 수 있다.
② 국내 품종개량이 어려운 경우 해외의 품종을 도입하는 방법이 있으나 도입시 방역이나 생태조건의 적합성에 주의해야 한다.

(2) 분리육종법
선발육종법이라고 하며 기존의 품종에서 개체 혹은 개체군을 선발하여 품종을 개량하거나 새로운 품종을 육성하는 방법이다. 재래품종은 가지고 있지 않기에 새로운 유전적 품종은 기대하기 어렵다.

(3) 교잡육종법
① 교잡으로 유전적 변이를 하여 우량한 계체를 선발하는 방법으로 새로운 품종을 개발하는데 적합한 방법이다.
② 계통육종법은 교잡을 한번 시킨 다음 2세대 이후 개체선발과 선발개체별 계통재배를 계속하여 계통을 비교하고 우열을 판단하여 선발과 고정으로 순계를 만드는 방법으로 벼, 보리, 밀 등 우량품종을 육성하는데 이용되었다.
③ 집단육종법은 혼합육종법이라 하는데 계통육종법과는 다르게 2세대부터가 아닌 5~6세대까지 집단선발을 계속하고 이후 6~7세대부터 개체선발을 시작하는 육종법이다.
④ 여교잡법은 A 품종의 취약한 특성을 다른 B 품종에서 찾아 도입하는 방법으로 A 품종의 개선 혹은 신품종을 육성할 때 유리한 방법이다. 도입 형식은 (A×B)×B 와 같이 교잡시킨다.

(4) 잡종강세육종
① 잡종강세가 왕성하게 나타나는 1대 잡종(F_1)을 품종으로 이용하는 방법이다.
② 잡종강세육종법 종류에는 단교잡, 복교잡이 대표적이며 단교잡은 관여 계통이 2개뿐이라 잡종강세현상이 뚜렷하다. 복교잡은 단교잡과 비교하여 품질이 균일하지 못하

고 채종량이 많은편이다.

단교잡법	A×B 와 같이 2개의 근교계 사이의 잡종을 만드는 방법으로 관여 하는 계통이 2개뿐이라 우량조합의 선택이 쉽고 잡종강세현상이 강하게 나타난다. 하지만 F_1 종자의 생산량이 적은 것이 단점이다.
복교잡법	(A×B)×(C×D) 와 같이 2개의 단교잡 사이의 잡종을 만드는 방법으로 단교잡보다는 균일하지 못하다. 하지만 채종량이 많은 것이 장점이다. 균등성이 낮다보니 사료작물에 주로 적용한다.
3계교잡	(A×B)×C 와 같은 조합으로 단교잡과 복교잡의 중간정도의 방법이다.

기출문제

(A×B)×(C×D)와 같은 교잡 방법은?
① 단교잡법
② 여교잡법
③ 삼계교잡법
④ 복교잡법

해설 복교잡법은 (A×B)×(C×D) 와 같이 2개의 단교잡 사이의 잡종을 만드는 방법으로 단교잡보다는 균일하지 못하다.

답 ④

(5) 배수체육종법

① 염색체 수를 늘리거나 줄여 발생되는 변이를 육종하는 방법이다.
② 콜히친처리법은 염색체 분리에 가장 효율적인 방법으로 콜히친 용액을 이용하여 배수체를 늘리는데 이용한다.

(6) 돌연변이육종법

① 화학약제나 방사선을 이용하여 돌연변이를 시켜 유용한 특성을 골라내어 새로운 품종을 육성하는 방법이다.
② 자연적 돌연변이도 있으나 인위적으로 자외선, X선, 감마선, 약품을 이용하여 돌연변이를 일으킨다.

PART 03 재배원론 단원문제 100제

01 수해가 유발될 때 작물체 내에 가장 많이 집적되는 물질은?
① 옥실초산 ② 피루브산
③ 에탄올 ④ 젓산

해설 ▸ 수해가 유발되면 작물이 물에 잠겨 산소가 부족하면서 에탄올이 작물 내에 축적된다.

02 휴한작물에 속하는 것은?
① 클로버, 콩 ② 옥수수, 호밀
③ 벼, 보리 ④ 조, 기장

해설 ▸ 휴한지에 휴한 대신 작물을 심어도 지력에 감소시키지 않고 오히려 증진시켜주는 작물들을 휴한작물이라 하며 클로버와 콩이 있다.

03 벼의 관수해가 가장 심하게 나타나는 수질은?
① 흐르는 맑은 물 ② 흐르는 흙탕 물
③ 정체한 맑은 물 ④ 정체한 흙탕 물

해설 ▸ 작물체가 잠기는 관수해에서 물의 상태에 영향을 받는데 맑은물 보다는 흙탕물이, 흐르는 물보다는 정체된 물이 피해를 더 많이 준다.

04 종자 휴면의 원인과 가장 거리가 먼 것은?
① 발아억제 물질 부족 ② 경실
③ 벼의 미숙 ④ 종피의 산소흡수 저해

해설 ▸ 종자의 발아억제 물질이 있어야 휴면이 야기된다.

정 답 01.③ 02.① 03.④ 04.①

05 논 용수량(Q) 계산수식에서 A에 해당되는 것은?

$$Q = (엽면증산량 + 수면증발량 + 지하침투량) - A$$

① 강수량　　　　　　　　② 강우량
③ 유효우량　　　　　　　④ 흡수량

해설　용수량 = (엽면증산량 + 수면증발량 + 지하침투량) - 유효우량

06 다음 작물 중 칼륨을 충분히 공급해야 좋은 것은?
① 벼　　　　　　　　　　② 옥수수
③ 콩　　　　　　　　　　④ 고구마

해설　칼륨은 뿌리의 발육에 도움을 주는 물질로 고구마의 양분을 지하부로 이동하는데 도움을 준다.

07 적산온도가 가장 낮은 여름작물은?
① 메밀　　　　　　　　　② 조
③ 담배　　　　　　　　　④ 콩

해설　메밀은 적산온도가 1000 정도로 낮은편에 속한다.

08 우리나라 통일찰 벼품종은 어떤 육종방법에 의해 육성되었는가?
① 계통육종　　　　　　　② 집단육종
③ 여교배육종　　　　　　④ 파생계통육종

해설　여교배육종은 우량품종에 결점이 있을 경우 이를 보완하는데 효과적인 방법이다.

정답　05.③　06.④　07.①　08.③

09 공기 중에 습도가 높을 때 식물에 나타나는 현상은?
① 광합성이 활발해진다.
② 증산작용이 활발해진다.
③ 필요물질의 흡수 및 순환이 촉진된다.
④ 표피가 연약해지고 작물체가 도장한다.

해설 공기 중에 습도가 높으면 호흡량이 줄고 광합성이 줄어들면서 양분의 순환이 저해된다. 작물은 연약해지고 심할 경우 도장할 수 있다.

10 종 이하의 작은 분류 단위를 올바르게 표시한 것은?
① 종 - 변종 - 품종 - 아종
② 종 - 아종 - 계통 - 품종
③ 종 - 아종 - 변종 - 품종
④ 종 - 계통 - 변종 - 품종

해설 분류학상 문, 강, 아강 등 다양한 분류 순서가 있으며 종 이하의 경우 아종, 변종, 품종이 있다.

11 다음 작물의 생육형태 조정법이 틀리게 연결된 것은?
① 콩 - 적심
② 토마토 - 휘기
③ 가지 - 적엽
④ 옥수수 - 제얼

해설 토마토는 적엽을 통해 하부의 오래된 잎을 제거하여 통풍을 조장해준다.

12 다음 중 산성토양에 가장 약한 작물로만 묶여진 것은?
① 콩, 벼
② 양파, 콩
③ 수박, 땅콩
④ 옥수수, 고구마

해설 산성토양에 약한 작물로는 보리, 콩, 양파, 파, 고추, 가지 등이 있다.

13 토양 산성화 원인 중 미포화교질에 대한 설명으로 적합한 것은?
① H^+가 흡착된 것
② Ca^{++}가 흡착된 것
③ Mg^{++}가 흡착된 것
④ K^+가 흡착된 것

해설 토양에 수소 이온이 포화되어 있은 경우 미포화교질이라 한다.

정답 09.④ 10.③ 11.② 12.② 13.①

14 잡종강세 현상이 가장 크게 나타나는 교잡법은?
① 단교잡　　　　　　　　② 여교잡
③ 자식　　　　　　　　　④ 다계교잡

해설　단교잡은 2계통이 같은 품종 혹은 다른 품종의 교잡으로 잡종강세 현상이 강하게 나타난다.

15 광과 작물의 생리작용에 대한 설명으로 옳은 것은?
① 광합성에 효과가 큰 광파장은 녹생광과 주황색광이다.
② 굴광현상에 가장 효과가 큰 파장은 675nm 중심의 적색광이다.
③ C_3 작물은 광호흡이 없으나 C_4 작물은 광호흡이 있다.
④ 식물은 광이 조사된 쪽의 옥신 농도가 낮아진다.

해설　옥신은 빛을 피해 햇빛과 반대되는 쪽 줄기로 이동하는 성질이 있다. 즉, 식물에 광이 조사된 쪽은 옥신의 농도가 낮아지고 조사된 반대쪽은 높아지게 된다.

16 변온이 작물생육에 미치는 영향으로 옳지 않은 것은?
① 토마토는 변온이 작을 때 생장이 촉진된다.
② 보리는 변온이 작을 때 출수가 지연된다.
③ 고구마는 변온이 클 때 괴근의 발달이 촉진된다.
④ 벼는 평야지보다 산간지에서 등숙이 좋아진다.

해설　보리는 변온이 작을 때 출수가 촉진된다.

17 우리나라에서 벼의 생육기간 중 소모도장 효과가 가장 크게 나타나는 시기는?
① 3~4월　　　　　　　　② 5~6월
③ 7~8월　　　　　　　　④ 9~10월

해설　소모도장은 광합성에 의해 생산되는 유기물에 비해 호흡에 의해 소모가 커지면 웃자람 현상이 발생하는데 이를 소모도장현상이라 한다. 이 현상은 여름철 일조가 부족할 때 가장 크게 나타난다.

정답　14.①　15.④　16.②　17.③

18 작물 품종 분류에 이용되는 분자표지 마커 기술에 속하는 것으로 맞게 짝지어진 것은?
① AFLP, SSR, RAPD
② AFLP, GABA, RAPD
③ RFLP, PAGE, GABA
④ RFLP, PAGE, GDD

해설 ▶ 분자표지는 DNA의 염기서열의 차이를 개체간 다형성을 나타내는 방법이며 분자표지의 종류는 RFLP, RAPD, AFLP, SNP, STS, SSR 등이 있다.

19 다음 중 장일식물의 화성을 촉진하는 효과가 가장 큰 물질은?
① 2,4-D
② MH
③ Kinethin
④ Gibberellin

해설 ▶ 지베렐린(Gibberellin)은 장일식물에 대한 화성 촉진에 효과적이다.

20 종자퇴화의 원인으로 볼 수 없는 것은?
① 종자의 저온저장
② 이형종자의 혼입
③ 자연교잡
④ 돌연변이

해설 ▶ 종자의 저온저장은 종자의 저장방법 중 하나이다. 종자 퇴화는 세대가 경과하면서 유전적인 원인에 의해 퇴화가 진행된다.

21 벼의 생육 중 감수분열기에 갑작스러운 저온이 닥쳐 냉해가 우려되고 있다. 다음 중 가장 합리적인 응급대책은?
① 병충해의 사전방제
② 규산의 사용으로 체온상승 도모
③ 질소 사용으로 생육촉진 도모
④ 15cm 이상 심수관개로 유수 보호

해설 ▶ 심수관개는 저온에 의한 냉해를 예방하고자 주간에 더워진 물을 논에 깊게 대어서 물의 비열을 이용해 냉해를 방지하려는 방법으로 갑작스러운 냉해 피해에 가장 합리적인 응급대책이다.

정답 18.① 19.④ 20.① 21.④

22 홍미는 어느 작물의 품종명인가?
① 고구마   ② 감자
③ 땅콩   ④ 유채

해설   홍미는 고구마의 품종으로 전분함량이 기존 품종보다 높은 것이 특징이다.

23 파종시기에 대한 설명으로 옳지 않은 것은?
① 감온형 벼 품종은 조파조식해야 안전하다.
② 월동작물은 추파하고 여름작물은 춘파한다.
③ 추파맥류의 경우 추파성 정도가 낮은 품종은 조파하는 것이 좋다.
④ 감자의 경우 평지에서는 이른 봄에 파종하나 고랭지에서는 늦봄에 파종한다.

해설   추파성 정도가 높은 품종은 조파하고 추파성 정도가 낮은 품종은 만파하는 것이 좋다.

24 작물의 기지현상에 대한 설명으로 옳은 것은?
① 하우스 재배에서는 기지현상이 발생하지 않는다.
② 연작의 해가 적은 작물은 벼, 조, 수수, 옥수수 등이다.
③ 기지가 문제가 되는 과수는 사과나무, 포도나무, 살구나무 등이다.
④ 화곡류와 두과작물을 윤작하면 기지현상이 많이 발생한다.

해설   연작의 해가 적은 작물은 벼, 맥류, 조, 수수, 옥수수, 담배, 무, 당근, 양파, 호박, 순무, 아스파라거스, 딸기, 미나리, 양배추 등이 있다.

25 토양미생물이 작물생육에 미치는 유리한 활동이 아닌 것은?
① 탈질작용을 일으킨다.
② 무기성분의 유실을 경감한다.
③ 유기물을 분해하여 암모니아를 생성한다.
④ 콩과식물과 공생하면서 유리질소를 고정한다.

해설   토양미생물의 탈질작용은 토양에 있는 질산, 아질산 등의 성분들을 휘산시켜 작물의 생육에 지장을 준다.

정답   22.① 23.③ 24.② 25.①

26 중남부 평지에서 초지를 조성할 때 하고가 상대적으로 심하지 않은 초종은?
① 티머시
② 오처드그라스
③ 레드클로버
④ 켄터키블루그라스

해설 ◀ 오처드그라스, 라이그라스, 화이트클로버 등은 하고가 심하지 않은 편이다.

27 다음 작물 중 요수량이 가장 작은 것은?
① 보리
② 밀
③ 귀리
④ 수수

해설 ◀ 요수량은 수수, 기장, 옥수수 등이 작다.

28 다음 중 엽록소를 구성하는 원소로만 짝지어진 것은?
① C, Mg, Ca, B
② C, H, Mg, N
③ B, Mg, N, Si
④ Si, Mg. P, Ni

해설 ◀ 엽록소 구성 원소는 C, H, O, N, Mg 등이 있다.

29 식물체의 내건성을 증대시키는 식물호르몬은?
① 옥신
② 지베렐린
③ 에틸렌
④ 아브시스산

해설 ◀ 아브시스산은 생장억제물질로 낙엽을 촉진, 휴면을 유도, 발아 억제, 화성 촉진, 내건성 증대 등의 효과가 나타난다.

30 작물의 종류와 시비에 대한 일반적인 설명으로 틀린 것은?
① 과실을 수확하는 작물은 결과기에 인 및 칼륨질 비료를 충분히 주어야 한다.
② 종자를 수확하는 작물은 생식생장기에 질소를 많이 주어야 한다.
③ 잎을 수확하는 작물은 생육기간 동안 충분한 질소를 주어야 한다.
④ 뿌리나 땅속줄기를 수확하는 작물은 칼륨을 충분히 주어야 한다.

해설 ◀ 종자를 수확하는 작물은 생식생장기에 인산과 칼륨 비료를 많이 주어야 한다. 질소질 비료는 도장의 우려가 있다.

정답 26.② 27.④ 28.② 29.④ 30.②

31 작물의 침관수해에 대하여 잘못 설명한 것은?
① 수온이 높을수록 피해가 크다.
② 정체수는 유수보다 피해가 크다.
③ 물이 빠지면 잎의 흙앙금을 씻어준다.
④ 흐린 물보다 맑은 물에서 피해가 더 크다.

해설 ◀ 침관수해시 맑은 물보다 흐린물에 피해가 더 크다.

32 벼의 키다리병을 유발하는 물질로부터 밝혀진 식물호르몬은?
① 옥신　　　　　　　　② 지베렐린
③ 시토키닌　　　　　　④ 에틸렌

해설 ◀ 주로 고온에서 잘 발생해 종자를 통해 감염되며 감염된 종자는 병원균에서 나오는 지베렐린에 의해 도장되거나 심할 경우 발아 시 고사한다.

33 장일성 식물만 나열한 것은?
① 고추, 토마토　　　　② 벼, 코스모스
③ 시금치, 봄보리　　　④ 콩, 나팔꽃

해설 ◀ 장일식물은 보리, 시금치, 양파, 당근, 양배추 등이 있다.

34 산성토양에 가장 강하면서 연작의 장해가 적은 작물로만 나열된 것은?
① 옥수수, 시금치　　　② 담배, 콩
③ 양파, 자운영　　　　④ 벼, 귀리

해설 ◀ 벼, 귀리는 산성토양에 강하고 연작이 가능하다.

35 토양을 보호하여 침식을 막는 효과를 가진 작물은?
① 내식성 작물　　　　 ② 내염성 작물
③ 청초작물　　　　　 ④ 자급작물

해설 ◀ 내식성작물은 키가 작고 지면 가까이 줄기와 잎이 무성하여 토양의 피복효과로 침식을 막는다.

정 답　31.④　32.②　33.③　34.④　35.①

36 벼의 도복을 방지하기 위한 방법과 거리가 먼 것은?
① 질소와 규소의 시용을 늘린다.
② 내도복성 품종을 선택하여 재배한다.
③ 병해충을 잘 방제한다.
④ 절간신장을 억제하는 생장조절제를 이용한다.

해설 질소의 시비가 늘어나면 도복의 위험성이 늘어난다.

37 벼 종자에 과산화석회를 분의하여 파종하는 주 목적은?
① 산소 공급   ② 종자소독
③ 도복 방지   ④ 냉해 방지

해설 과산화석회를 분의하여 파종하면 토양에 수분이 많은 과습지에서도 일정 기간동안 산소가 방출되어 생육에 도움이 된다.

38 접목의 이점으로 거리가 먼 것은?
① 수세를 조절한다.   ② 품질을 향상시킨다.
③ 품종개량에 이용한다.   ④ 병충해 저항성을 증대시킨다.

해설 품종개량에 이용하는 것은 종자번식에 관련된다.

39 작물의 생육이 가능한 가장 낮은 온도를 최저온도라 하는데 다음 중 최저온도가 가장 낮은 작물은?
① 벼   ② 호밀
③ 멜론   ④ 귀리

해설 저온에서 생육이 가능한 작물로 귀리, 호밀, 상추 등이 있다. 그중에서도 호밀은 1~2℃ 낮은 조건에서 발아를 하며 -25℃ 이하에서도 재배가 가능하다. 귀리도 낮은 온도에서 생육이 가능하나 4~5℃ 정도로 호밀보다는 높다.

정답 36.① 37.① 38.③ 39.②

40 벼 생육단계에서 생육최저온도가 가장 높은 시기는?
① 유묘기 ② 분얼기
③ 수잉기 ④ 등숙기

> 해설 ◀ 수잉기는 이삭을 잉태하고 있는 시기라 하여 생식세포가 감수분열하여 수정태세를 갖추는 시기로 매우 중요한 시기이다. 이때 외부 환경에 민감하여 생육최저온도가 가장 높아야 하는 시기이다.

41 방사선 동위원소의 이용을 옳게 설명한 것은?
① 감자에 ^{60}Co 에 의한 γ을 조사하여 맹아를 억제시킨다.
② 잎에 ^{32}P 를 공급하여 광합성 기작을 구명한다.
③ ^{24}Na 를 이용하여 필수원소의 동태를 파악한다.
④ ^{45}Ca 를 이용하여 제방의 누수개소를 밝힌다.

> 해설 ◀ ^{60}Co를 이용한 방사선 조사는 양파와 감자의 맹아를 억제시킬 수 있다.

42 작물의 수분 상태에 대한 설명으로 옳은 것은?
① 포장용수량 조건에서 작물의 수분포텐셜은 토양보다 일반적으로 낮다.
② 작물의 수분포텐셜은 압력포텐셜의 변화에 의해 주로 변화한다.
③ 요수량이 낮은 작물일수록 습한 토양을 좋아한다.
④ 작물의 수분포텐셜은 항상 0 보다 크다.

> 해설 ◀ 포장용수량 상태에서는 작물의 수분정도가 토양보다 낮으며 이러한 압력 차이로 인해 물의 이동 및 흡수가 발생한다.

43 저장 중에 작물의 종자가 발아력을 상실하는 원인과 가장 관계가 적은 것은?
① 원형질 단백의 응고 ② 효소의 활력 저하
③ 저장양분의 소모 ④ 호흡의 감소

> 해설 ◀ 저장 중에 종자의 발아력이 상실하는 경우는 원형 단백질의 응고, 효소의 활력 저하, 저장양분의 부족 및 소모 등이 있다.

정답 40.③ 41.① 42.① 43.④

44 방사선 동위원소의 농업적 이용에 대한 틀린 설명은?
① 유전적 돌연변이의 창출
② 영양기관의 맹아 촉진 효과에 의한 휴면 타파
③ 작물체 내의 영양성분의 이동 추적
④ 살균 및 살충 효과를 이용한 식품저장

해설 영양기관에 γ선을 이용하면 휴면이 연장되고 맹아 억제효과가 나타난다.

45 광에너지를 효율적으로 이용할 수 있는 이상적인 콩의 초형으로 거리가 먼 것은?
① 가지를 적게 치고 가지가 짧다.
② 꼬투리가 주경에 많이 달리고 밑에까지 착생한다.
③ 잎자루가 짧고 일어선다.
④ 잎이 크고 두껍다.

해설 광에너지를 효율적으로 이용하는 것은 수광태세를 개선하는 것으로 잎이 작고 가는 것이 광에너지를 효율적으로 이용할 수 있다.

46 벼 재배에서 냉온을 만나 출수가 가장 지연되는 생육단계는?
① 유수형성기
② 생식세포의 감수분열기
③ 출수기
④ 등숙기

해설 유수형성기에서 출수개화기에 화분이나 배낭의 생식기관이 정상적으로 형성되지 못하거나 수정장해가 유발되는 등의 현상이 발생한다.

47 재배에 적합한 토성의 범위가 넓은 작물의 순서로 옳은 것은?
① 담배 > 밀 > 콩
② 콩 > 담배 > 고구마
③ 팥 > 담배 > 과수
④ 콩 > 양파 > 담배

해설 콩, 양파, 담배 등은 사토에서 식양토까지 생육 범위가 넓은편이며 그중에서도 콩이 가장 넓다.

정답 44.② 45.④ 46.① 47.④

48 고랭지에서 주로 종묘를 생산하는 작물은?
① 감자　　　　　　　② 고구마
③ 밀　　　　　　　　④ 호박

해설　고랭지 농업은 주로 환경적 특성을 이용하여 순광합성량을 늘리고 병해충의 발생이 억제되는 성향을 이용한 것이다. 주로 고랭지 농업 작물로 감자, 배추, 양파, 메밀 등이 있다.

49 종자의 수명에 가장 영향을 적게 미치는 조건은?
① 종자의 수분 함량　　② 저장습도
③ 저장온도　　　　　　④ 광선

해설　종자의 수명에는 수분, 산소, 온도, 습도 등이 가장 큰 영향을 미치며 광선의 경우 품종에 따라 영향을 받지 않는 것도 있다.

50 감자의 휴면 타파에 가장 유효한 것은?
① MH-30　　　　　　② IAA
③ Gibberellin　　　　　④ 2,4-D

해설　지베렐린은 종자의 휴면타파의 효과가 있는 식물생장조절제로 옥신과 함께 사용시 효과가 극대화된다.

51 벼의 침수 피해는 생육 단계에 따라 다른데 그 피해가 비교적 적은 시기는?
① 분얼초기　　　　　　② 유수형성기
③ 수잉기　　　　　　　④ 출수개화기

해설　분얼초기에는 침수에 강하기에 비교적 피해가 적게 나타난다.

52 다음 중 요수량이 가장 적은 작물은?
① 호박　　　　　　　　② 완두
③ 감자　　　　　　　　④ 수수

해설　수수, 옥수수, 기장은 요수량이 적은 작물에 속한다.

정답　48.①　49.④　50.③　51.①　52.④

53 벼 품종의 만식적응성과 가장 관련이 깊은 특성은?
① 묘대일수감응도 ② 내비성
③ 내건성 ④ 저온발아성

해설 묘대일수감응도는 못자리에 모를 보통보다 오래 둘 경우 모가 노숙하여 모낸 뒤 위조현상이 생기는 정도이다. 모내기가 늦어도 안전하게 생육하는 것이 만식적응성인데 묘대일수감응도가 낮아야 만식적응성에 유리하다.

54 광합성에 가장 효과적인 광은?
① 녹색광 ② 황색광
③ 적색광 ④ 주황색광

해설 광합성은 적색광과 청색광이 효과적이다.

55 토양 유기물의 함량과 작물생육과의 관계에 대한 설명으로 틀린 것은?
① 유기물은 작물의 생육에 이로운 기능이 많아 일정한 수준에서는 작물의 생육을 돕는다.
② 유기물은 토양입단의 형성을 조장하여 작물의 생육에 유리하다.
③ 습답에서는 유기물의 분해가 촉진되므로 작물의 생육이 왕성하다.
④ 유기물이 분해될 때 방출되는 CO_2는 대기 중의 CO_2 수준을 높여 작물의 광합성을 촉진한다.

해설 습답은 배수가 잘 되지 않는 지역이라 미생물의 활동이 저해되고 유기물의 분해가 느려 작물의 생육이 제대로 이루어지지 않는다.

56 작물의 내열성에 대한 설명으로 옳은 것은?
① 세포의 점성, 단백질함량, 당분 함량이 감소하면 내열성은 증대된다.
② 어린 작물이 연령이 높은 작물보다 내열성이 높다.
③ 세포 내의 결합수가 적고, 유리수가 많으면 내열성이 커진다.
④ 내건성이 큰 것이 내열성도 크다.

해설 건조에 대한 저항력이 강할수록 열에 대한 저항력도 커진다.

정답 53.① 54.③ 55.③ 56.④

57 포장상태에서의 작물 광합성에 대한 설명으로 틀린 것은?
① 포장동화능력은 종간에 차이가 없다.
② 작물의 수광능률이 포장동화능력에 영향을 미친다.
③ 군락의 광포화점은 작물의 생육초기보다 군락이 무성한 개화기에 더 높다.
④ 대기의 이산화탄소 농도가 증가하면 동화량도 증가한다.

해설 포장동화능력은 포장군락의 단위면적당 광합성의 능력을 말하며 종간에 차이가 있다.

58 다음 중 종묘의 병리적 퇴화방지 대책으로 적합하지 않은 것은?
① 병해발생 방제
② 종자소독 철저
③ 싹을 틔워 파종
④ 무병지에서 채종

해설 병리적 퇴화는 병해충에 의해 발생하는 퇴화로 병해발생 방제, 종자소독, 무병재 채종의 방법으로 방지한다.

59 다음 중 내건성이 가장 강한 밭작물은?
① 팥
② 귀리
③ 호박
④ 수수

해설 수수, 기장, 조, 메밀, 고구마 등은 내건성이 강한 작물에 속한다.

60 작물의 종자 퇴화에 대한 설명으로 틀린 것은?
① 세대가 경화하면서 자연교잡, 돌연변이 등에 의하여 퇴화한다.
② 이형주가 섞였으면 포기째로 철저히 제거하고 옥수수는 순정만 이삭만을 골라서 채종한다.
③ 씨감자는 평야지에서 생산하는 것이 좋다.
④ 수확할 때 이형 종자의 혼입은 퇴화의 원인이 된다.

해설 씨감자는 바이러스에 의한 병리적 퇴화가 발생하기에 고랭지와 같은 환경조건에서 생산하는 것이 유리하다.

정답 57.① 58.③ 59.④ 60.③

61 작물의 내적균형은 재배조건과 환경에 따라서 바뀌게 된다. 내적균형에 대한 설명으로 틀린 것은?
① 환상박피를 하면 박피 윗부분에 있는 눈의 C/N 율이 낮아진다.
② 작물의 개화 및 결실은 C/N 율에 의해서도 영향을 받는다.
③ 일사량이 적어지면 T/R 률이 커진다.
④ 질소를 다량시용하면 T/R 률이 커진다.

해설 환상박피를 하면 박피 윗부분에 양분의 이동이 제한되어 잎에서 생상된 동화물질이 축적되 C/N 율이 높아진다.

62 화곡류의 채종재배 시 수확의 적기는?
① 유숙기   ② 황숙기
③ 완숙기   ④ 고숙기

해설 화곡류의 수확적기는 황숙기이다.

63 작물 도복의 유발조건을 잘못 설명한 것은?
① 재배조건 중 밀식은 도복을 조장한다.
② 병해충의 발생이 심하면 도복을 조장한다.
③ 칼륨성분의 다량시용은 도복을 조장한다.
④ 키가 크고 대가 약한 품종일수록 도복이 심하다.

해설 칼륨성분의 다량시용은 도복을 예방한다.

64 벼의 냉해 중 수량피해가 가장 심한 것은?
① 지연형 냉해   ② 장해형 냉해
③ 병해형 냉해   ④ 혼합형 냉해

해설 벼의 냉해는 지연형, 장해형, 병해형 냉해가 있으며 이들은 복합적으로 나타날 경우 피해가 더욱 심하게 나타난다.

정답 61.① 62.② 63.③ 64.④

65 작물의 결실과 온도의 관계에 대한 옳은 설명은?

① 생육가능 온도 내에서 주, 야간의 온도는 항온이 변온보다 좋다.
② 변온조건에서 결실이 좋아지는 작물이 많다.
③ 주간은 저온이고 야간은 온도가 높을수록 좋다.
④ 주간만 온도가 높으면 야간은 낮을수록 좋다.

해설 일정 온도 범위에서 변화를 주면 작물의 순환이 좋아지고 결실을 조장할 수 있다.

66 영양번식법 중 휘묻이에 해당하지 않는 것은?

① 선취법　　　　　　　　　② 파상취법
③ 당목취법　　　　　　　　④ 고취법

해설 휘묻이는 가지를 잘라내지 않고 가지를 휘어서 흙속에 묻이는 방법인데 고취법은 공중취목이라 하며 가지나 줄기의 일부에 상처를 주고 그 자리에 수태 혹은 황토로 싸서 건조하지 않도록 해주며 물을 주어 적당한 습도 조건에 유지하여 발근하는 방법으로 휘묻이 방법과는 차이가 있다.

67 엽면증산량 650mm, 수면증발량 300mm, 유효우량 400mm, 지하침투량 500mm 인 경우 논의 용수량은?

① 550mm　　　　　　　　② 850mm
③ 1050mm　　　　　　　　④ 1850mm

해설 용수량 = (엽면증산량 + 수면증발량 + 지하침투량) - 유효우량
　　　　= (650 + 300 + 500) - 400 = 1050

68 세계적으로 재배하는 식용작물 중 생산량 기준의 비중이 큰 작물들은 주로 무슨 과에 속하는가?

① 볏과, 십자화과　　　　　② 국화과, 콩과
③ 볏과, 콩과　　　　　　　④ 가지과, 볏과

해설 생산량 기준 비중이 큰 작물들로 벼, 보리, 밀, 옥수수 등은 볏과에 콩, 팥 등은 콩과에 속한다.

정답 65.② 66.④ 67.③ 68.③

69 작물의 생태적 분류에 대한 내용으로 틀린 것은?
① 맥류와 감자는 옥수수나 수수보다 상대적으로 저온을 좋아한다.
② 겨울작물은 겨울에 주로 파종하고 여름작물은 여름에 주로 파종한다.
③ 포복형 작물은 직립형 작물보다 도복에 강한 특성을 보인다.
④ 세계의 주곡으로 이용되는 3대 주요작물은 모두 일년생 작물이다.

해설 ◀ 겨울작물은 가을에 파종하고 여름작물은 봄에 파종한다.

70 내병성의 특성을 다른 품종에 옮기려고 할 때 가장 효과적인 방법은?
① 계통육종법 ② 집단육종법
③ 여교배육종법 ④ 다계교잡법

해설 ◀ 여교배 육종법은 우량품종에 결점을 보완하기 위한 방법이다. 내병성의 특성을 다른 품종에 옮기고자 할 때 가장 효과적인 방법으로 여교배에서 여러번 중 처음 한번만 사용하는 교배친을 1회친, 반복해서 사용하는 교배친은 반복친이라 한다.

71 토양 pH가 5.5 일 때의 토양반응은?
① 극도의 강산성 ② 강산성
③ 중성 ④ 약알칼리성

해설 ◀ pH 7 을 중성이라 하며 이를 중심으로 pH 7 미만은 산성, pH 7 을 넘을 경우 알칼리성으로 표시한다.

72 식물호르몬의 재배적 이용에 대한 틀린 설명은?
① 사과의 낙과를 방지하기 위하여 옥신을 살포한다.
② 배추의 개화를 유도하기 위하여 지베렐린을 살포한다.
③ 조직배양은 세포분열을 위하여 시토키닌을 첨가한다.
④ 감의 떫은맛을 없애기 위하여 아브시스산을 처리한다.

해설 ◀ 아브시스산은 생장억제물질로 낙엽을 촉진, 휴면을 유도, 발아 억제, 화성 촉진, 내건성 증대 등의 효과가 있다.

정답 69.② 70.③ 71.② 72.④

73 찰벼에 메벼의 화분을 수분하면 그 F_1 종자의 배유가 메벼의 형질을 보이는 현상은?
① Xenia
② Apomixis
③ Pseudogamy
④ Chimera

해설 크세니아(Xenia)
- 부계의 우성 형질이 화분을 통해 옮겨져 모계의 배젖에서 나타나는 현상을 크세니아라 한다.
- 벼의 멥쌀은 찹쌀에 대해 우성이다. 찹쌀의 꽃에 멥쌀의 화분을 수정시켜 발생되는 낟알은 우성형질인 멥쌀이 발생한다.

74 화곡류 작물에 흡수되어 표피조직을 강하게 하여 병충해 저항을 크게 하는 것은?
① 칼슘
② 칼륨
③ 철
④ 규소

해설 규소는 줄기를 튼튼하게 하여 도열에 대한 저항성을 크게 해주며 세균이나 진균에 의한 병해를 경감시켜 준다.

75 춘화처리의 농업적 이용과 가장 관련성이 적은 것은?
① 대파할 수 있다.
② 성전환이 가능하다.
③ 채종에 이용될 수 있다.
④ 촉성재배가 가능하다.

해설 춘화처리는 촉성재배, 채종상 이용, 육종상 이용 등의 효과가 있다. 춘화처리는 온도를 이용한 처리 방법으로 성전환은 불가능하다.

76 주로 영양번식으로 번식시키는 식물은?
① 고구마
② 옥수수
③ 밀
④ 삼(대마)

해설 고구마는 종자번식이 힘들어 영양번식을 이용한다.

정답 73.① 74.④ 75.② 76.①

77 씨감자(절단편)의 휴면타파를 위하여 지베렐린을 처리하고자 한다. 2ppm 지베렐린 수용액에 침지하는 가장 적당한 시간은?
① 30~60분
② 3~4시간
③ 5시간
④ 7시간

해설 ▶ 씨감자의 휴면타파를 위해 지베렐린 처리 조건으로 2ppm 용액에 30~60분간 침지한다.

78 기계이앙 벼 재배 상자 육묘에서 상토의 최적 pH 는?
① 7.5 ~ 8.5
② 5.5 ~ 6.5
③ 4.5 ~ 5.5
④ 3.5 ~ 4.5

해설 ▶ 육묘용 상토는 pH 4.5 ~ 5.5 가 적합하다.

79 답전윤환재배 시 지력과 잡초문제를 감안할 때 최소연수로 가장 알맞은 것은?
① 2~3년
② 4~5년
③ 6~7년
④ 8~9년

해설 ▶ 답전윤환은 최소 2~3년 정도의 기간을 많이 채택하고 있다.

80 비닐하우스에서는 흔히 고온장해가 유발되는데 내열성이 가장 큰 식물체 부위는?
① 눈
② 미성엽
③ 완성엽
④ 중심주

해설 ▶ 완성엽은 충분히 자란 잎으로 내열성이 가장 크다.

81 작물 체내에서 전류이동이 잘 이루어져 결핍될 경우 결핍증상이 오래된 잎에 먼저 나타나는 성분은?
① 질소
② 철
③ 규소
④ 칼슘

해설 ▶ 질소의 경우 전류이동성이 좋고 결핍될 경우 오래된 잎에서 황백화현상이 발생한다.

정답 77.① 78.③ 79.① 80.③ 81.①

82 주로 영양번식 하는 작물은?
① 옥수수 ② 콩
③ 감자 ④ 토마토

해설 감자, 고구마, 양파 등은 주로 영양번식을 하는 작물이다.

83 피자식물의 중복수정에서 염색체의 조성을 옳게 나타낸 것은?
① 배 n, 배유 n ② 배 n, 배유 2n
③ 배 2n, 배유 2n ④ 배 2n, 배유 3n

해설 피자식물의 중속수정은 제 1 정핵과 난핵이 만나 2n의 배가 되고 제 2 정핵과 2개의 극핵과 유합하여 3n의 배유가 되는 중복수정을 한다.

84 광의 식물 생육과의 관계로 연결이 틀린 것은?
① 적색광 - 엽록소 형성 ② 청색광 - 굴광현상
③ 적외선 - 안토시아닌 생성 ④ 자외선 - 신장 억제

해설 안토시아닌은 자외선에 의해 생성된다.

85 감자의 휴면타파 기술로 가장 적합한 것은?
① 1000~2000 ppm 의 MH-30 수용액에 침지하여 파종한다.
② 2ppm 의 지베렐린 수용액에 침지하여 파종한다.
③ 0.5~1% 의 과산화수용액에 침지하여 파종한다.
④ 100ppm 의 에스텔 수용액에 침지하여 파종한다.

해설 씨감자의 휴면타파를 위해 지베렐린 용액에 2ppm 용액에 30~60분간 침지한 다음 파종한다.

86 비료의 3요소 중 칼륨 흡수 비율이 가장 큰 작물은?
① 콩 ② 옥수수
③ 고구마 ④ 맥류

해설 고구마는 칼륨의 흡수 비율이 크며 실제 고구마의 전체 무기질함량 비율 중 약 40% 정도가 칼륨이다.

정답 82.③ 83.④ 84.③ 85.② 86.③

87 종자 수명이 5년 이상의 장명종자로만 묶인 것은?
① 가지, 수박
② 메밀, 고추
③ 벼, 완두
④ 쌀보리, 목화

> 해설 장명종자는 녹두, 오이, 배추, 가지, 토마토, 수박 등이 있다.

88 벼에서 염해가 우려되는 한계농도는?
① 0.1% NaCl
② 0.3% NaCl
③ 0.5% NaCl
④ 0.7% NaCl

> 해설 벼에 염해가 발생하는 농도는 0.1% 내외이다.

89 [(A×B)×B]×B 로 나타내는 육종법은?
① 다계교잡법
② 여교잡법
③ 파생계통육종법
④ 집단육종법

> 해설 여교잡법은 A 품종의 취약한 특성을 다른 B 품종에서 찾아 도입하는 방법으로 A 품종의 개선 혹은 신품종을 육성할 때 유리한 방법이다. 도입 형식은 (A×B)×B 와 같이 교잡시킨다.

90 맥류의 내동성과 연관된 형태적 특성이 아닌 것은?
① 포복성인 것이 내동성이 강하다.
② 엽색이 짙은 것이 내동성이 강하다.
③ 생장점이 낮게 위치한 것이 내동성이 강하다.
④ 중경(중배축)이 신장되는 것이 내동성이 강하다.

> 해설 중경은 배나 어린 묘에서 배반절과 자엽초 사이의 마디를 말하는데 중경이 신장되지 않아 생장점이 땅속 낮게 위치할수록 내동성이 강하다.

정답 87.① 88.① 89.② 90.④

91 다음 중 장과류에 속하는 것은?
① 사과　　　　　　　　② 복숭아
③ 딸기　　　　　　　　④ 감

해설　장과류에는 포도, 무화과, 딸기 등이 있다.

92 겨울이 추운 지방에서 추파맥류를 재배할 때 춘파맥류 종자를 섞어 뿌리는 경우 춘파맥류의 올바른 분류는?
① 보호작물　　　　　　② 동반작물
③ 수반작물　　　　　　④ 부작물

해설　춘파맥류는 추파맥류를 추위에서 보호해주는 보호작물이다.

93 다음 중 세계의 3대 식용작물로 볼 수 없는 것은?
① 벼　　　　　　　　　② 밀
③ 옥수수　　　　　　　④ 보리

해설　세계의 3대 식용작물은 벼, 밀, 옥수수 이다.

94 품종의 퇴화를 방지하는 동시에 특성을 유지하는 방법이 아닌 것은?
① 자연교잡　　　　　　② 영양번식
③ 종자의 저온저장　　　④ 종자갱신

해설　품종의 퇴화를 방지하고 유전적 특성을 유지하는 방법으로 영양번식, 종자갱신, 종자의 저온저장 등의 방법이 있다.

95 토양의 입단형성과 발달을 돕는 방법은?
① 유기물과 석회의 시용　　　② 지속적인 경운
③ 입단의 팽창과 수축의 반복　④ 나트륨 이온의 첨가

해설　유기물과 석회를 사용하면 토양입단의 형성을 조장하여 작물의 생육에 유리하다.

정 답　91.③　92.①　93.④　94.①　95.①

96 다음 중 배수체 작성에 주로 이용되는 것은?
① 방사선 처리　　　　　② 교잡
③ 콜히친 처리　　　　　④ 에틸렌 처리

해설　콜히친처리법은 염색체 분리에 가장 효율적인 방법으로 콜히친 용액을 이용하여 배수체를 늘리는데 이용한다.

97 미사질 양토의 밭토양에서 식물생육에 가장 좋은 토양의 고상:액상:기상의 비율로 가장 적합한 것은?
① 20:40:40　　　　　② 40:30:30
③ 50:25:25　　　　　④ 60:35:5

해설　고상:액상:기상=50:25:25 비율로 구성되어 있는 것이 작물이 크기에 가장 이상적인 구조이다.

98 다음의 수분항수 중 수분이 토양에 가장 강하게 붙어 있는 것은?
① 최대용수량　　　　　② 흡습계수
③ 포장용수량　　　　　④ 영구위조점

해설　토양의 수분을 pF 로 표시하며 pF 가 높을수록 토양에 강하게 붙어 있다. 흡습계수 pF 4.5 이며 최대용수량 pF 0, 포장용수량 pF 2.7, 영구위조점 pF 4.2 정도로 흡습계수가 가장 높다.

99 다음 중 증산량의 증가를 가져오는 것은?
① 적당한 바람　　　　　② 엽온 하강
③ 공중습도 증가　　　　④ 일조 감소

해설　증산량이 증가하기 위해서는 높은 온도, 낮은 상대습도, 적당한 바람 등이 필요하다.

100 식물의 상적발육에 관여하는 식물체의 색소는?
① 엽록소　　　　　　　② 피토크롬
③ 안토시아닌　　　　　④ 카로티노이드

해설　식물의 상적발육에서 식물의 다양한 유전자 발현, 생리작용에 영향을 주는 색소로 피토크롬(파이토크롬)이 있다.

정답　96.③　97.③　98.②　99.①　100.②

PART 4

농약학

PLANT PROTECTION

PART 04 농약학

01 농약의 정의와 중요성

1. 농약의 정의 및 명칭

(1) 농약의 정의 및 이해
① 농약은 농약관리법에 의거 농작물을 해치는 균, 곤충, 응애, 선충, 바이러스, 잡초, 그 밖에 농림축산식품부령으로 정하는 동식물을 방제하는 데에 사용하는 살균제, 살충제, 제초제 등을 말한다.
② 기타 기피제, 유인제, 전착제 및 농작물의 생리기능에 영향을 주는 약제를 농약이라 한다.

(2) 농약의 명칭 이해

화학명	• IUPAC(국제 순수, 응용화학 연합)에서 명칭을 정함 • 화학적 구조에 따라 붙은 화학물질의 명칭
일반명	• 국제표준화기구에서 권장하는 일반명 • 농약의 특성을 나타내는 대표적인 이름
품목명	• 농약의 형태를 첨가하여 표기하는 품목명 • 주로 영문의 일반명을 한글로 표시하고 뒤에 제형을 붙임
상표명	• 제조사가 판매를 위해 붙인 상품명 • 같은 농약이라도 생산회사에 따라 이름이 달라질수 있음

(3) 농약의 구비조건
① 농약은 살균, 살충력이 강해야 하며 적은양으로 효과가 있어야 한다.
② 작물 및 사람, 가축에 해가 없어야 하고 오랜 시간 잔류하거나 생물에 축적되지 않아야 한다.
③ 사용법이 간단해야 한다.
④ 품질이 균일하고 지속적이어야 하며 외부환경 변화에도 변질되지 않아야 한다.
⑤ 가격이 저렴하고 구입이 용이해야 한다.
⑥ 다른 약제와의 혼용이 가능해야 한다.
⑦ 농촌진흥청에 등록되어야 한다.

> **기출문제**
>
> **농약의 구비조건으로 틀린 것은?**
> ① 적은양으로도 약효가 확실하여야 한다.
> ② 사용 작물에 대하여 약해를 일으키지 않아야 한다.
> ③ 인축에 대하여 피해를 주지 않아야 한다.
> ④ 다른 약제와 혼용이 어려워야 한다.
>   **해설** 농약은 다른 약제와 혼용이 용이해야 작업성이 좋다.
>
>   답 ④

2. 농약관리법

(1) 우리나라의 농약관리법 이해

① 농약관리법의 정의

농약관리법 제 1 조에서는 농약의 제조·수입·판매 및 사용에 관한 사항을 규정함으로써 농약의 품질향상, 유통질서의 확립 및 농약의 안전한 사용을 도모하고 농업생산과 생활환경 보전에 이바지함을 목적으로 함을 정의하고 있다.

② 농약관리법의 용어 정의
  ㉠ 농약 : 농작물을 해치는 다양한 해충 및 바이러스 등을 방제하는 약품 및 작물의 생리기능을 증진, 억제하는데 사용하는 약제
  ㉡ 천연식물보호제 : 진균, 세균, 바이러스 또는 원생동물 등 살아있는 미생물을 유효성분으로 하여 제조한 농약 혹은 자연계에서 생성된 유기화합물 또는 무기화합물을 유효성분으로 하여 제조한 농약
  ㉢ 품목 : 개별 유효성분의 비율과 제제 형태가 같은 농약의 종류
  ㉣ 원제 : 농약의 유효성분이 농축되어 있는 물질
  ㉤ 농약활용기자재 : 살균·살충·제초·생장조절 효과를 나타내는 물질이 발생하는 기구 또는 장치
  ㉥ 제조업 : 농약관리법에서 말하는 제조업은 농약 또는 농약활용기자재를 제조하여 판매하는 업
  ㉦ 원제업 : 국내에서 원제를 생산하여 판매하는 업
  ㉧ 수입업 : 농약등 또는 원제를 수입하여 판매하는 업
  ㉨ 판매업 : 제조업 및 수입업 외의 농약등을 판매하는 업

ⓩ 방제업 : 농약을 사용하여 병해충을 방제하거나 농작물의 생리기능을 증진하거나 억제하는 업

③ **영업의 등록**

㉠ 제조업·원제업 또는 수입업을 하려는 자는 농림축산식품부령으로 정하는 바에 따라 농촌진흥청장에게 등록하여야 한다. 등록한 사항 중 농림축산식품부령으로 정하는 중요한 사항을 변경하려는 경우에도 또한 같다.

㉡ 판매업을 하려는 자는 농림축산식품부령으로 정하는 바에 따라 업소마다 판매관리인을 지정하여 그 소재지를 관할하는 시장(특별자치도의 경우에는 특별자치도지사를 말한다. 이하 같다)·군수 또는 자치구의 구청장(이하 "시장·군수·구청장"이라 한다)에게 등록하여야 한다. 등록한 사항 중 농림축산식품부령으로 정하는 중요한 사항을 변경하려는 경우에도 또한 같다.

㉢ 제조업 또는 수입업을 하려는 자 중 농약등을 판매하려는 자는 농림축산식품부령으로 정하는 기준에 맞는 판매관리인을 지정하여 제1항 전단에 따라 등록하여야 한다.

㉣ 제3항에 따른 판매관리인을 지정하지 아니하고 제1항 전단에 따라 제조업 또는 수입업의 등록을 한 자 중 농약등을 판매하려는 자는 제3항에 따른 판매관리인을 지정하여 변경등록을 하여야 한다.

㉤ 제1항이나 제2항에 따른 등록을 하려는 자는 농림축산식품부령으로 정하는 기준에 맞는 인력·시설·장비 등을 갖추어야 한다.

식물보호 바르게 빨리 올배움 한다

02 농약의 분류

1. 농약의 종류

(1) 살균제

① 미생물을 사멸시키는 효과를 갖는 약물을 살균제라 한다.
② 살균제에는 보호살균제, 직접살균제, 기타(종자소독제, 토양소독제, 과실방부제 등) 용도에 따라 다양한 살균제가 있다.

보호살균제	• 병원균이 식물체 내로 침입하는 것을 방지한다. • 약효 지속기간이 길어야 하며 물리적으로 부착성 및 고착성이 좋아야 한다. • 석회보르도액, 구리 분제, 유기유황제 등이 있다.
직접살균제	• 침입한 병원균에 직접 강력한 살균 작용을 한다. • 발병 후에도 방제가 가능하다. • 시스테인, 석회유황합제 등이 있다.
종자소독제	• 종자나 종묘에 감염된 병원균을 방지한다. • 지오람, 베노람 등이 있다.
토양소독제	• 토양중의 병원균을 살균시키기 위해 사용한다. • 클로로피크린, 이황화탄소, 포르말린 등이 있다.
과실방부제	• 저장한 과실이나 채소의 부패방지를 위해 사용한다. • 티오요소, 디페닐 등이 있다.

③ 살균제의 주성분에 의한 분류에는 유기수은제, 유기주석제, 무기황제 등이 있다.

기출문제

보호살균제의 특성에 대한 설명 중 틀린 것은?

① 강력한 포자발아 억제작용을 나타낸다.
② 약효가 일정기간 유지되는 지효성이 있다.
③ 균사체에 대하여 강력한 살균작용을 나타낸다.
④ 살포 후 작물체 표면에서의 부착성과 고착성이 우수하다.

해설 보호살균제는 침입을 방지하는 효과가 있으며 균사체에 대하여 강력한 살균작용을 나타내는 것은 직접살균제의 특성이다.

답 ③

> **기출문제**
>
> 다음 중 보호살균제 농약은?
> ① 키타진   ② 석회보르도액
> ③ 스트렙토마이신   ④ 가스가민
>
> **해설** 보호살균제는 석회보르도액, 구리 분제, 유기유황제 등이 있다.
>
> 답 ②

(2) 살충제

① 살충제는 작물을 가해하는 곤충, 응애류, 선충 등의 침입을 방지하거나 제거하는 약제이다.

② 대표적으로 농작물을 가해하는 해충의 방제를 위해 소화중독제, 침투성살충제, 접촉제, 훈증제 등이 있다.

소화중독제	해충이 약제를 먹어 소화관에서 흡수되어 처리하며 주로 저작구형을 가진 해충에 적용하면 유리하다.
침투성살충제	식물에 약제를 투입시키며 흡즙성 해충 처리에 유리하며 다른 곤충이나 천적등에 피해가 적다.
접촉제	해충에 직접 약제를 접촉시켜 처리한다.
불임제	해충의 생식능력에 방해를 주어 번식을 막는다.
훈증제	약제를 가스화하여 해충을 죽이는 약제이다.
훈연제	약제를 연기화 하여 해충을 죽이는 약제이다.
기피제	직접적인 살상작용은 하지 않으나 해충의 접근을 막는 약제이다.
유인제	해충을 유인하는 약제로 주로 불임제 등과 함께 사용하여 효과를 극대화 한다.
점착제	나무의 줄기나 가지와 같은 해충의 이동경로에 발라 월동 이후 해충의 이동을 차단하는 약제이다.
생물농약	해충의 천적을 이용하여 해충을 방제하는 약제이다.

(3) 제초제

① 작물의 생장에 방해되는 잡초 등을 제거하기 위해 사용하는 약제로 선택성 제초제와 비선택성 제초제로 구분한다.

선택성 제초제	· 작물에는 영향을 주지 않고 잡초만을 선택적으로 제거하는 약제 · 디캄바액제, 시마진, 헥사지논, 2,4-D, 디캄바 등
비선택성 제초제	· 잡초와 작물 등 식물 전체를 제거하는 약제 · 글라신액제, 염소산염제, 글리포세이트암모늄, 파라쿼트 디클로라이드 등

② 제초제의 선택성 발현에 관여하는 생물적 요인에는 잎의 상태, 생장점, 뿌리 및 지하부의 상태, 초엽 및 중경 등이 있다.

(4) 기타

① 살비제 : 곤충에는 살충력이 거의 없고 응애류 방제에 효과가 있는 약제이다.
② 살선충제 : 선충의 방제에 효과가 있는 약제이다.
③ 식물생장조정제 : 식물의 생장을 촉진, 억제하고 개화 촉진 등 식물의 생육을 조정하는 약제로 옥신, 지베렐린등이 있다.
④ 보조제 : 살균제, 제초제 등과 같은 농약의 효과 증진을 도와주는 약제로 전착제, 증량제, 용제, 유화제, 협력제가 있다.

전착제	· 병해충 및 식물의 전착에 도움을 주는 약제이다. · 전착제는 살포액이 넓게 퍼지게 해준다. · 살포면에 부착된 약제는 비바람에 의해 유실될수 있으니 주의한다. · 작물의 약해를 일으키지 않아야 한다.
증량제	· 주성분의 농도를 낮추는 약제이다. · 분말도, 분산성, 비산성, 부착성 등이 높아야 한다. · 규조토, 탈크, 벤토나이트 등이 있다.
용제	· 약제의 유효성분을 녹이는데 사용하는 약제 · 농약에 대한 용해도가 커야한다. · 농약의 안정성을 유지하고 약해가 있어서는 안된다.
유화제	유제의 유화성을 높이는 일종의 계면활성제
협력제	유효성분의 효력을 증진

기출문제

다음 중 농약의 보조제가 아닌 것은?

① 증량제　　　　　　　② 유인제
③ 유화제　　　　　　　④ 협력제

해설: 살균제, 제초제 등과 같은 농약의 효과 증진을 도와주는 약제로 전착제, 증량제, 용제, 유화제, 협력제가 있다.

답 ②

기출문제

그 자체만으로는 약효가 없으나 첨가할 경우 농약의 약효에 대하여 상승작용을 나타내는 보조제는?

① 증량제　　　　　　　② 유화제
③ 협력제　　　　　　　④ 유기용제

해설: 협력제는 유효성분의 효력을 증진시키는 역할을 한다.

답 ③

식물보호 바르게 빨리 올배움 한다

03 농약의 제제 형태 및 특성

1. 농약의 제제

(1) 농약의 제제

① 농약의 직접적인 사용이 어려워 보조제를 첨가하여 사용하기 용이한 형태로 만드는 과정을 제제라 하고 완성된 제품을 제형이라 한다.

② 농약의 제제는 사용의 편리뿐 아니라 유효성분의 효과 증가, 약해의 억제, 환경 및 사용자의 안전성 향상, 작업성 개선 등을 목적으로 한다.

③ 제형에 따른 분류시 액체시용제(유제, 액제, 수용제, 수화제, 입상), 고체시용제(분제, 입제, 미립제, 캡슐제, 저비산분제), 종자처리제(종자처리수화제, 종자처리액상수화제), 특수목적제(훈연제, 훈증제, 도포제, 판상줄제)로 분류된다.

④ 유효성분 조성에 따라 무기농약과 유기농약으로 분류된다. 유기농약은 유기화합물을 주성분으로 하는 농약으로 유기인계, 카바메이트계, 유기염소계, 유기황계, 유기불소계 등이 있으며 무기농약은 무기화합물을 주성분으로 생석회, 소석회, 황산구리, 유황 등이 있다.

기출문제

농약의 주성분에 의한 분류에 해당하지 않는 것은?

① 유기염소제　　② 피레스로이드제
③ 도포제　　　　④ 카바메이트제

해설　도포제는 농약의 제형에 따른 분류에 속한다.

답 ③

기출문제

수화제 제형은 농약 분류 중 어디에 속하는가?

① 사용목적에 따른 분류　　② 유효성분 조성에 따른 분류
③ 형태에 따른 분류　　　　④ 독성에 따른 분류

해설　유제, 액제, 수용제, 수화제 등은 제형 혹은 형태에 따른 분류에 속한다.

답 ③

(2) 액체시용제의 종류 및 특성

① 액체시용제는 제제를 물에 희석하여 사용하는 것이다.
② 액체시용제의 종류에는 유제, 액제, 수용제, 수화제, 액상, 유탁제, 분산성액제 등 종류가 다양하게 존재한다.

유제	• 주제의 성질이 지용성으로 물에 녹지 않아 유기용매에 녹여 유화제를 첨가한 용액을 말한다. • 유기용매는 주로 Xylene, Alcohol 류 등이 사용된다. • 주로 많은 양의 물에 희석하여 분무기를 이용하여 살포한다. • 유제는 수화제보다는 살포액의 조제가 편리하고 약효가 높으나 제조비가 높은 편이다. • 주요 관리 항목으로 유효성분과 유화성이다.
액제	• 주제가 수용성이며 액상으로 살포한다. • 동결의 위험이 있어 계면활성제 등과 같은 동결방지제를 첨가해준다.
수용제	• 수용성의 유효성분을 증량제로 희석하고 분상이나 입상의 고체로 제제한다. • 액제보다 취급 및 보관은 용이하다.
수화제	• 물에 녹지 않는 주제를 벤토나이트 등의 점토광물과 계면활성제 등을 배합하여 혼합 분쇄하여 제제한다. • 수화제는 골고루 퍼지는 현수성이 중요하며 수화성, 고착성, 습진성 등이 좋아야 한다.
입상수화제	• 물에 희석하여 사용하는 농약으로 유효성분과 수화성이 중요하다. • 가루 상태 농약과 보조제를 미세하게 분쇄하여 입자끼리 엉기지 않도록 한 제형으로 수화제를 개선한 것이다.
유탁제	• 용매에 잘 녹지 않는 물질을 용매에 잘 분산시키기 위해 첨가하는 물질
미탁제	• 농약원제를 물에 희석하는 액상제형으로 입자의 크기가 매우 작아 유제나 유탁제보다 효과가 좋다.

기출문제

농약원제를 용제에 녹이고 계면활성제를 유화제로서 첨가하여 제제한 것으로 다른 제형에 비해 제제가 간단한 특징이 있는 것은?
① 액제　　　　　　　　　　② 수용제
③ 유제　　　　　　　　　　④ 분산성액제

해설 유제는 물에 녹지 않아 유기용매에 녹여 유화제를 첨가한 용액을 말한다.

답 ③

식물보호 바르게 빨리 올배움 한다

기출문제

농약의 제형 중 유제의 구비조건으로 옳지 않은 것은?
① 유화성이 좋아야 한다.
② 해충의 표면에 부착능력이 좋아야 한다.
③ 유효성분이 보존 또는 사용 중에 분해 변화가 커야 한다.
④ 물로 희석 시 유효성분이 적출되지 않아야 한다.

해설 주제의 성질이 지용성으로 물에 녹지 않아 유기용매에 녹여 유화제를 첨가한 용액을 유제라 하며 유제는 유효성분이 보존되고 사용 중에 분해 변화가 작아야 한다.

답 ③

기출문제

다음 중 수화제에 주로 사용되는 증량제는?
① toluene   ② sulfamate
③ bentonite   ④ methanol

해설 수화제는 주로 벤토나이트를 사용하며 계면활성제 등을 배합하여 혼합 분쇄하여 만든다.

답 ③

(3) 고체시용제(고형시용제)의 종류 및 특성

① 고체시용제는 유효성분을 탈크(talc), 클레이(clay), 벤토나이트(bentonite) 등의 증량제로 희석하여 만든 제제이다.
② 고형시용제는 분제, 미분제, 입제, 미립제, 캡슐제 등이 있다.

분제	· 유효성분을 점토광물과 보조제를 혼합하여 만든 미분말이다. · 보조제는 유효성분의 물리성과 안정성을 높여준다. · 분제의 경우 물에 섞지 않고 제품 그대로 살포한다. · 분제는 작물의 잔효성이 수화제나 유제에 비하여 낮은편이다.
미분제	· 병해충의 효과를 증폭시키기 위해 입자를 작게 하여 비산성을 높인 약제이다. · FD제(플로우더스트제, Flow Dust)는 하우스 내의 병해충 방제를 위해 개발되어 미립자가 장시간 부유하여 균일하게 확산되도록 평균입경을 $2\mu m$ 정도로 작게 제형하여 살포한다.
입제	· 유효성분을 고형증량제, 안정제, 계면활성제 등을 넣어 입상으로 성형한 제제이다. · 입자가 무거운 편이라 비산의 위험성은 적다. · 단위면적당 사용량이 많아 가격이 비싼 편이다. · 입제의 경우 제조방법에는 흡착법, 피복법, 압출식조립법, 조립흡착법 등이 있다.
미립제	· 제제의 방법은 입제와 같으나 입제보다 입자의 크기가 작으며 입도의 범위가 62~219μm 정도이다.

기출문제

다음 중 농약의 입제에 대한 설명으로 잘못된 것은?
① 제조과정이 다른 제형보다 간단하고 값이 저렴하다.
② 살포가 용이하고 환경오염이 적다.
③ 입자가 크므로 농약을 살포하는 농민에 대하여 안전성이 높다.
④ 다른 제형에 비하여 많은 양의 주성분이 투여되어야 목적하는 방제효과를 얻을 수 있다.

해설 입제의 경우 제조방법에는 흡착법, 피복법, 압출식조립법, 조립흡착법 등 다양하고 복잡하며 단위면적당 사용량이 많아 가격이 비싼 편이다.

답 ①

기출문제

다음 중 입제의 제조법이 아닌 것은?
① 압출조립법　　② 흡착법
③ 피막법　　　　④ 파쇄법

해설 입제의 경우 제조방법에는 흡착법, 피복법, 압출식조립법, 조립흡착법 등이 있다.

답 ④

> **기출문제**
>
> 미립제 농약에 대한 틀린 설명은?
> ① 평균 입도가 20㎛ 내외이다.
> ② 살포가 쉬워 살포능률이 높다.
> ③ 벼 생육후기 하부서식 병해충 방제에 효과적이다.
> ④ 약제의 표류, 비산에 의한 환경오염을 방지하고 사용자에게 안전하다.
>
> **해설** 미립제의 입도의 범위가 62~219㎛ 정도이다.
>
> 답 ①

2. 농약제제의 물리적 성질

(1) 액상시용제의 물리적 성질

유화성	· 제제를 물에 가한 경우 유입자가 균일하게 분산하여 유탁액이 되는 성질을 말한다.
습전성	· 살포한 약액이 작물이나 해충의 표면에 퍼지는 성질을 말한다.
수화성	· 수화제와 물과의 친화도를 말한다.
현수성	· 수화제에 물을 넣어 조제한 현탁액의 고체입자가 균일하게 분산 부유하는 성질과 안정성을 말한다.
침투성	· 살포된 약제가 식물체에 침투하는 성질을 말한다.
표면장력	· 공기와 접하는 계면에 있어서 계면장력을 말한다.
부착성	· 살포한 약액이 식물체에 붙는 성질을 말한다.
접촉각	· 정지된 액체의 표면이 고체와 접하는 점에 있어 액면과 고체면이 이루는 각도를 말한다.
고착성	· 부착한 약제가 빗물에 씻겨 내리지 않고 식물 표면에 붙어 있는 성질을 말한다.

> **기출문제**
>
> 농약의 물리적 성질 중 현수성의 의미를 가장 잘 설명한 것은?
> ① 농약을 물에 가했을 경우에 유입자가 균일하게 분산하여 유탁액을 만드는 성질이다.
> ② 농약을 물에 가했을 때 균일하게 분산, 부유하는 성질과 그 안전성을 나타낸다.
> ③ 농약을 물에 가했을 때 물과 약제와의 친화도를 나타낸다.
> ④ 농약을 물에 가하여 작물에 뿌렸을 때 잘 부착되는 성질을 말한다.
>
> **해설** 현수성은 수화제에 물을 넣어 조제한 현탁액의 고체입자가 균일하게 분산 부유하는 성질과 안정성을 말한다.
>
> 답 ②

(2) 고상시용제의 물리적 성질

분말도	· 고체상태 제형의 입자 크기를 나타내는 것이다.
입도	· 제제의 입경을 나타내는 것이다.
용적비중	· 제형의 단위용적당 무게를 나타낸 것이다.
응집력	· 분제의 입자나 물에 희석한 약품들의 입자가 뭉치는 성질을 말한다.
분산성	· 분제가 균일하게 분산하는 성질을 말한다.
비산성	· 분제가 바람에 의해 이동하는 성질을 말한다.
토분성	· 분제의 입자가 살분기의 분출구로 잘 미끄러지는 성질을 말한다.
부착성,고착성	· 살포된 분제가 작물이나 해충에 붙어 있는 성질을 말한다.
안정성	· 분제가 분해되고나 변하지 않는 성질을 말한다.
경도	· 입자의 단단한 정도를 말한다.
수중붕괴성	· 농약이 토양이나 수면에 처리시 유효성분이 방출되는 성질을 말한다.

기출문제

농약을 살포할 때 분제 입제가 살포기의 동력에 의하여 목적장소까지 날아가는 물리적 성질은?

① 토분성　　　　　　② 분산성
③ 비산성　　　　　　④ 부착성

해설　비산성은 분제가 바람에 의해 이동하는 성질을 말한다.

답 ③

3. 농약제제의 보조제

(1) 계면활성제, 용제, 증량제의 종류 및 기능

① 계면활성제
　㉠ 계면활성제는 물에 녹기 쉬운 친수성부분과 기름에 녹기 쉬운 소수성 부분을 가지고 있는 화합물로 비누나 세제등에 많이 이용된다.
　㉡ 계면활성제는 이온화에 의해 음이온계면활성제, 양이온계면활성제, 비이온계면활성제, 양쪽성계면활성제 등으로 분류할 수 있다
　㉢ 계면활성제는 친수성부분의 원자단 종류로 -OH, -COOH, -CN, -COONA, -CONH$_2$등이 있으며 친유성부분은 포화지방족탄화수소 부분에서 수소원자 하나가 없는 알킬기(-R)인 -C$_n$H$_{2n+1}$ 이 가장 강하다

② 계면활성제가 물과 기름에 친화성의 정도를 나타내는 것을 HLB(Hydrophile-lipophile Balance)이라 하며 숫자가 작을수록 친유성을 나타내며 숫자가 클수록 친수성을 나타낸다.
⑩ 계면활성제는 물과 기름의 계면에서 표면장력을 감소시켜 약품의 습윤성, 부착성 및 고착성, 확전성을 높여주는 역할을 한다.

② 용제
㉠ 용제는 약제의 유효성분을 녹이데 물에 잘 녹지 않는 농약을 유기용매에 녹여 유제의 형태로 사용한다.
㉡ 용제는 농약에 대한 용해도가 커야하고 농약의 약효나 안정성이 저하되서는 안된다.
㉢ 용제를 사용시 독성이 증대되거나 인체에 유해하지 않아야 한다.
㉣ 용제의 종류로 물, 에탄올, 메탄올 등이 있다.

③ 증량제
㉠ 농약의 농도를 묽게 하거나 약효를 늘리는 약품이다.
㉡ 증량제는 분말도, 분산성, 고착성, 부착성, 안정성이 좋아야 한다.
㉢ 증량제는 수분 함량이 낮아야 하고 pH는 가급적 중성인 것이 좋다.
㉣ 증량제는 규조토, 탈크, 고령토, 벤토나이트 등이 있다.

④ 전착제
㉠ 살균제나 살충제와 같은 약제가 식물체에 잘 전착되도록 도와주는 약제이다.
㉡ 전착제는 분산력과 습윤성이 커야 하고 약제 및 다른 보조제와의 친화성이 있어야 한다.
㉢ 폴리옥시에틸렌, 폴리아미드수지, 폴리옥시프로필렌 등이 있다.

기출문제

다음 중 동일 분자 내에 친수성기와 소수성기를 가진 화합물은?
① 안정제 ② 증량제
③ 용제   ④ 계면활성제

해설: 계면활성제는 물에 녹기 쉬운 친수성부분과 기름에 녹기 쉬운 소수성 부분을 가지고 있는 화합물로 비누나 세제등에 많이 이용된다.

답 ④

기출문제

다음 중 전착효과를 나타내는 물질은?

① 펜크로림
② 벤토나이트
③ 폴리옥시에틸렌
④ 피페로닐 부톡사이드

해설 전착제의 종류로 폴리옥시에틸렌, 폴리아미드수지, 폴리옥시프로필렌 등이 있다.

답 ③

식물보호 바르게 빨리 올배움 한다

04 농약의 독성 및 잔류성

1. 농약의 독성

① 농약의 독성은 농약이 인축이나 환경생물에 해를 입히는 성질을 의미한다.
② 농약독성은 발현대상, 투여방법, 독성강도, 발현속도에 의해 구분된다.

구분		정의
발현 대상	포유동물	사람, 포유동물에 대한 독성
	환경생물	유용생물(물고기, 새, 지렁이, 꿀벌, 누에 등)에 대한 독성
투여 방법	흡입독성	호흡을 통해 체내 침투되어 발생하는 독성
	경피독성	피부를 통해 체내 침투되어 발생하는 독성
	경구독성	입을 통해 체내 침투되어 발생하는 독성
독성 강도	맹독성	세계보건기구 기준 Class Ⅰa
	고독성	세계보건기구 기준 Class Ⅰb
	보통독성	세계보건기구 기준 Class Ⅱ
	저독성	세계보건기구 기준 Class Ⅲa
발현속도	급성독성	일시에 다량의 농약에 노출되었을 경우 나타나는 독성
	만성독성	소량의 농약에 장기간 노출 시 나타나는 독성

기출문제

우리나라의 농약의 독성구분 중 맞지 않는 것은?
① 무독성　　　　　　　② 보통독성
③ 저독성　　　　　　　④ 고독성

해설: 국내의 농약의 독성구분으로 맹독성, 고독성, 보통독성, 저독성이 있다.

답 ①

> **기출문제**
>
> 우리나라의 농약 독성구분에 대한 설명으로 옳지 않은 것은?
> ① 독성구분은 세계보건기구(WHO)의 분류 방법을 채택하고 있다.
> ② 독성구분은 일반독성, 환경독성, 잔류독성으로 구분한다.
> ③ 농약의 독성구분은 농약을 사용하는 농민의 안전을 최우선으로 한다.
> ④ 고독성 이상의 농약은 취급제한 기준을 정하여 특별 관리하고 있다.
>
> **해설** 독성의 구분에는 발현 대상에 따라, 투여 방법에 따라, 독성강도에 따라, 발현속도에 따라 구분하고 있다.
>
> **답** ②

2. 주요 독성

(1) 급성 독성

① 급성 독성은 일시에 다량의 농약에 노출되었을 경우 나타나는 독성으로 급성독 정도에 따른 농약의 구분으로 I급(맹독성), II급(고독성), III급(보통독성), IV급(저독성) 으로 구분한다.

구분	시험동물의 반수를 죽일수 있는 양(mg/kg 체중)			
	급성경구		급성경피	
	고체	액체	고체	액체
I급(맹독성)	5 미만	20 미만	10 미만	40 미만
II급(고독성)	5 이상 50미만	20이상 200 미만	10 이상 100 미만	40 이상 400 미만
III급(보통독성)	50 이상 500미만	200 이상 2000 미만	100 이상 1000 미만	400 이상 4000 미만
IV급(저독성)	500 이상	2000 이상	1000 이상	4000 이상

② 세계보건기구에서 쥐를 대상으로 한 급성 경구 및 피부 독성실험에 의거하여 LD_{50}(반수치사량, 중위치사량)을 산출하고 값에 따라 농약의 독성을 분류한다.

③ 반수치사량은 농약을 위의 표와 같이 경구와 경피를 통해 침입된 독성이 동물의 반수인 50%정도가 치사하는 약품의 양을 의미하며 이 숫자가 작을수록 독성이 강함을 의미한다.

> **기출문제**
>
> 고독성 농약에 해당하는 농약의 급성 경구독성(LD₅₀)은 얼마인가?(단, 농약은 고체이며, 단위는 mg/kg 체중이다)
> ① 5 미만   ② 5 이상 50미만
> ③ 50 이상 500 미만   ④ 500 이상
>
> **해설**: II급(고독성)에 경구독성에서 고체의 기준은 5 이상 50미만 이다.
>
> 답 ②

(2) 만성 독성

① 소량의 농약에 장기간 노출 시 나타나는 독성으로 검증을 위해 시험동물에 반복투여를 장기간에 걸쳐 실시하여 잔류농약의 위험성을 알아본다.
② 만성독성 수준을 평가하는데 최대무작용량(NOEL)을 산출하는데 최대무작용량은 장기 독성시험동물이 아무런 영향을 받지 않는 최대 용량으로 mg/kg/day 로 표기하며 여기서 kg 은 체중 단위를 의미한다.

(3) 어독성

① 농약등의 어류에 대한 독성을 어독성이라 하며 어류의 반수를 죽일 수 있는 농도를 기준으로 I급, II급, III급으로 구분한다.

구분	반수를 죽일 수 있는 농도(mg/l, 48시간)
I급	0.5 미만
II급	0.5 이상 2 미만
III급	2 이상

② 벼재배용 농약 등의 경우 어류에 대한 어독성이 II급 또는 III급에 속하는 농약으로서 미꾸라지에 대한 어독성이 I급에 속하는 농약 등은 I급 다음의 II급으로 구분한다.
③ 어독성은 반수치사농도로 표시하며 이는 48시간 후에도 50%가 살아 남는 농도로 ppm 으로 표기한다.
④ 어독성 시험은 주로 잉어가 이용되며 어류가 알 시기에는 감수성이 가장 낮다.

> **기출문제**
>
> 어독성의 구분은 잉어의 반수치사농도(mg/L)를 기준으로 구분하는데 어독성 I급의 기준은?
> ① 0.2 미만   ② 0.5 미만
> ③ 0.2 이상 2 미만   ④ 0.5 이상 2 미만
>
> **해설** 어독성 I급의 기준은 0.5mg/L 미만이다.
>
> 답 ②

3. 농약의 잔류와 안전사용

(1) 잔류농약

① 잔류성 농약의 주성분이 작물, 토양, 수질 등에 잔류하여 오염시키는 것을 의미한다.
② 농약의 잔류량 및 잔류기간에 따라 약해의 영향 정도가 결정된다.
③ 잔류량 및 기간은 농약의 물리성, 화학성과 농약의 제형방법 및 살포방법 외부의 기상조건 등에 의해 영향을 받는다.

(2) 잔류성 농약의 종류

① 토양잔류성 농약
  ㉠ 토양 중 농약의 반감기간이 180일 이상인 농약을 토양잔류성 농약이라 한다.
  ㉡ 주로 병해충방제용으로 약품을 살포하였다가 약품 성분이 잔류되어 동식물에 영향을 주게 된다.
  ㉢ 동일 농약을 지속적으로 살포하면 특정 농약의 미생물들이 분해작용이 활성화되어 농약의 잔류 정도가 줄어들게 되나 혼합처리 혹은 서로 다른 약품들을 교대로 살포처리할 경우 분해가 느려져 잔류가 지속되기도 한다.
  ㉣ 토양의 유기물 함량이 높고 알칼리성 토양의 경우 농약의 분해가 빠른편이다.
  ㉤ 토양의 잔류 정도는 농약 자체의 특성에 따라 상이한데 유기염소계 농약의 경우 환경에 안정적이라 토양에 오래 잔류하는 편이며 아닐린유도체와 같이 토양입자에 강하게 흡착되는 경우도 오래 잔류한다.

② 작물잔류성 농약
  ㉠ 농약은 작물의 표피의 유지층에 잔류하며 일부가 조직의 내부까지 침투하여 잔류하게 된다. 또한 작물의 표면에 털이 많거나 피복량이 적으면 잔류량이

많아질 확률이 높다.

ⓒ 농약 조제시 전착제를 많이 첨가할 경우 그만큼 작물의 표면에 다량 잔류하게 된다.

③ 수질오염성 농약

㉠ 살포한 농약 중 수질을 오염시켜 수중생물 및 물을 이용하는 동식물의 피해가 우려되는 농약을 말한다.

ⓒ 수질오염성 농약은 물을 이용하는 동식물에 직접적인 피해 뿐 아니라 내부 잔류 농약으로 인하여 2차적 피해가 발생할 가능성도 있다.

(3) 농약의 잔류허용기준

① 농약의 잔류허용기준은 농약의 최대잔류허용량을 의미하며 주로 화란방식에 의해 검증한다.

$$최대잔류허용량(ppm) = \frac{1일\ 섭취\ 허용량(mg/kg) \times 국민평균체중(kg)}{농약이\ 사용되는\ 식품\ 1일\ 섭취량(kg)}$$

② 농약 잔류허용기준은 만성독성을 기준으로 하며 신체에 급진적인 영향을 주는 급성독성과는 관련이 없는 기준이다.

③ 농약의 1일 허용량은 농약을 매일 섭취해도 영향이 없는 농약의 양으로 최대무작용약량(NOEL, No Observed Effect Level)에서 안전계수를 곱한 값으로 정의한다.

④ 농약 1일 섭취량은 mg/kg 단위로 표현한다.

기출문제

농약의 잔류 허용기준 설정 시 해당되지 않는 것은?

① 최대무작용량　　　　② 반수치사량
③ 안전계수　　　　　　④ 1일 섭취허용량

해설: 농약의 잔류 허용기준시 1일 섭취허용량, 체중, 식품 1일 섭취량을 이용하여 설정하며 여기서 1일 허용량은 농약을 매일 섭취해도 영향이 없는 농약의 양으로 최대무작용약량에서 안전계수를 곱한 값으로 정의한다.

답 ②

> **기출문제**
>
> NOEL(No Observed Effect Level)이란?
> ① 일일섭취허용량
> ② 식품 중 잔류농약의 허용기준
> ③ 농약이 잔류할 우려가 있는 식품 중의 잔류평균
> ④ 일생동안 매일 섭취하여도 아무런 영향을 주지 않는 약량
>
> **해설:** NOEL 은 농약의 1일 허용량은 농약을 매일 섭취해도 영향이 없는 농약의 양을 말한다.
>
> **답** ④

(4) 농약의 안전사용

① 농약의 등록시험
  ㉠ 농약을 국내에서 제조 판매하고자 할 때 등록시험을 실시한다.
  ㉡ 인축독성시험에는 급성경구독성시험, 급성경피독성시험, 급성흡입독성시험, 피부자극성시험, 피부감작성시험, 기형독성시험, 만성독성시험, 발암성시험, 생체기능의 영향 관련 시험 등이 있다.
  ㉢ 환경생물독성시험의 종류에는 담수어류에 대한 급성독성시험, 물벼룩류에 대한 급성유영 저해시험, 꿀벌에 대한 급성독성시험, 지렁이 번식독성시험 등이 있다.

② 농약의 안전사용기준
  ㉠ 적용대상 농작물에만 사용할 것
  ㉡ 적용대상 병해충에만 사용할 것
  ㉢ 적용대상 농작물과 병해충별로 정해진 사용방법 및 사용량을 지킬 것
  ㉣ 적용대상 농작물에 대해 사용시기 및 사용횟수가 정해진 농약은 그 기준을 지켜 사용할 것

05 농약의 사용방법, 약해 및 약호

1. 농약의 사용 방법

(1) 조제법

① 조제 유의사항
  ㉠ 조제시 약액이 인체에 묻지 않게 주의 한다.
  ㉡ 오염된 물이나 알칼리성이 강한 물은 조제시 사용하지 않도록 한다.
  ㉢ 유제는 소량의 물에 희석하고 이후 소요량의 물을 부어 골고루 혼합한다.
  ㉣ 원액의 침전물이 있을 경우 따뜻한 물을 넣어 침전물을 녹인 다음 조제 한다.
  ㉤ 수화제는 소량의 물에 죽과 같은 상태로 농약을 풀어 소요량의 물을 넣어 녹여준다.
  ㉥ 전착제는 소량의 물에 섞어 죽과 같이 만들어 살포액에 넣고 사용한다.
  ㉦ 살포액은 바람을 등지고 조제한다.

② 약제의 희석 및 조제
  ㉠ 농약의 조제에는 배액조제법, 농도 조제법이 있으며 배액조제법은 가장 일반적으로 많이 사용되며 유효성분의 함량을 고려하지 않는 것이 특징이다. 농도 조제법은 유효성분의 함량을 정확하게 계산하여 조제한다.
  ㉡ 액제의 희석

  $$원액의\ 용량 \times \left(\frac{원액의\ 농도}{목표희석농도} - 1\right) \times 원액비중$$

③ 살포제의 희석
  ㉠ 소요액량(배액) $= \dfrac{단위\ 면적당\ 사용량}{소요희석\ 배수}$

  ㉡ 소요약량(ppm 살포) $= \dfrac{추천농도(ppm) \times 살포대상량(kg) \times 100}{1,000,000 \times 비중 \times 원액농도}$

  ㉢ 희석할 물의 양 $=$ 원액 용량 $\times \left(\dfrac{원액\ 농도}{희석할\ 농도} - 1\right) \times$ 원액 비중

  ㉣ 희석할 증량제 양 $=$ 원분제 중량 $\times \left(\dfrac{원분제\ 농도}{목표\ 농도} - 1\right)$

기출문제

50%의 비피유제(비중:1) 100mL를 0.05% 액으로 희석하는 데 소요되는 물의 양은 약 몇 L 인가?

① 49.95 ② 99.9
③ 499.5 ④ 999.9

해설: 희석할 물의양 = 원액용량 × $\left(\dfrac{원액농도}{희석할 농도} - 1\right)$ × 원액 비중

$= 100 \times \left(\dfrac{50}{0.05} - 1\right) \times 1 = 99,900\text{ml} = 99.9\text{L}$

답 ②

기출문제

도마도톤 액제를 500배액으로 희석할 경우 물 20L 에 대한 원액 사용량은 몇 mL 인가?

① 0.4 ② 4
③ 40 ④ 400

해설: 20,000 ml ÷ 500 = 40 mL

답 ③

기출문제

유제를 1500배로 희석하여 약량 150ml 로 살포하려 한다. 이 때 원액약량은 몇 ml 가 필요한가?

① 1 ② 0.1
③ 0.01 ④ 0.001

해설: 소요약량(배액) = $\dfrac{단위면적당사용량}{소요희석배수} = \dfrac{150\text{ml}}{1500} = 0.1\text{ml}$

답 ②

(2) 혼용가부

① 농약의 혼용
  ㉠ 농약 사용시 살충제와 살균제와 같이 목적을 달리 하는 두 가지나 그 이상 혼합하여 사용할 경우 인력과 노력을 절감할 수 있다. 대부분의 농약은 혼용시 약해가 일어나거나 분해가 진행되어 효력이 상실되는 경우가 많다.
  ㉡ 유기 합성 농약은 알칼리에 의해 분해되어 변질되는 경우가 많으며 유기인계 살충제와 카바메이트계 살충제는 알칼리에 불안정하고 분해되기 쉽다.
  ㉢ 적절한 혼용을 할 경우 살균, 살충효과가 상승하는 약품들도 있다.

② 농약 혼용 주의 사항
  ㉠ 농약의 주의사항 및 사용설명서를 확인한다.
  ㉡ 약품의 혼용가부표를 반드시 확인하고 표준희석배수를 준수하고 표준량 이상을 살포하지 않는다.
  ㉢ 오염된 물을 사용시 약효가 떨어지기에 중성의 용수를 희석용수로 사용한다.
  ㉣ 혼합시 균일하게 섞이도록 충분히 혼합한다.

기출문제

유기인제 계통의 약제를 강알칼리성 약제와 혼용을 피하는 가장 큰 이유는?
① 약해가 심하기 때문이다.
② 물리성이 나빠지기 때문이다.
③ 복합요인에 의한 작물의 생육 저해가 일어나기 때문이다.
④ 알칼리에 의해 가수분해가 일어나기 때문이다.

해설 유기인제 계통의 농약들은 강알칼리성과 혼용시 가수분해로 약효가 상실되거나 약해가 발생한다.

답 ④

기출문제

다음 중 농약의 혼용에 있어서 불합리한 경우는?
① Omethoate + 석회유황합제
② Maneb + Dichlorvos
③ IBP + Fenitrothion
④ Edifenphos + Fenthion

해설 석회유황합제는 다황화칼슘(CaS_5)을 주성분으로 하는 살균제로 강알칼리성을 띠는데 오메토에이트(Omethoate)는 알칼리성과 반응하여 가수분해를 하기에 혼용에 불합리하다.

답 ①

(3) 농약처리 방법

① 주요 살포법
    ㉠ 분무법
        • 약제를 안개와 같이 미세하게 뿌려 작물에 부착하게 하는 것으로 고착성이 좋아 비산에 의한 손실이 적은 편이다.
        • 입자의 크기는 100~200μm 정도의 크기로 분무기 분사 노즐의 크기도 주로 작은 것을 이용한다.
        • 분무기는 살포 면적에 따라 배부식 수동분무기, 동력분무기, 헬기를 이용한 공중 살포 등 다양한 방법이 있다.
    ㉡ 미스트법
        • 미스트기로 만든 미립자를 살포하는 방법으로 분무법과 비교하여 살포량은 적지만 농도가 높고 입자가 작다.
        • 살포 입자는 30~60μm 정도로 분무법에 비해 매우 작은 입자이다.
    ㉢ 스프링클러법
        • 살포기의 압력, 노즐형태, 노즐크기, 분사량 등에 의해 영향을 받으며 보통 잎의 뒷면에 약액의 살포가 저조하여 침투성 약제를 사용하는 것이 유리하다.
    ㉣ 살분법
        • 분제 농약을 살포하는 방법으로 다공 호스를 이용한 파이프더스터(Pipe duster) 법이 주로 이용된다.
        • 분무법과 비교하여 작업이 간단하나 약제가 많이 들고 효과가 낮은 것이 단점이다.

② 기타 살포법

연무법	약제의 주성분을 연기(10~20μm)의 형태로 해서 사용하는 방법이다.
훈연법	훈연제를 가열하여 연기를 발생시켜 작물에 고루 분포하도록 하는 방법이다.
훈증법	밀폐된 곳에 넣고 약제를 가스화시켜 방제하는 방법이다.
관주법	토양내에 있는 병해충을 방제하기 위하여 땅 속에 약액을 주입하는 방법이다.
침지법	종자, 종묘를 소독하기 위하여 사용하는 방법으로 희석액에 종자를 담가 감염된 병해충을 방제하는 방법이다.
분의법	종자를 소독하기 위하여 분제로 된 약제를 종자에 피복시켜 병해충을 사멸시키는 방법이다.
도포법	나무 줄기에 환상으로 약액을 처리하여 이동하는 해충을 잡는 방법과 상처 부위를 병균이 침입하지 못하도록 약제를 바르는 방법이다.
도말법	종자 소독을 위해 분제농약을 건조한 종자에 입혀 살균, 살충하는 방법이다.

기출문제

식물의 병반이나 상처부위에 직접 발라서 병을 방제하는 방법은?

① 분의법　　　　② 관주법
③ 도포법　　　　④ 독이법

해설 도포법은 나무 줄기나 상처 부위에 병균이 침입하지 못하도록 직접 바르는 방법이다.

답 ③

기출문제

농약을 희석액으로 살포에 의하지 않고 농약의 유효성분을 병충해 등 서식부위에 직접적으로 접촉하게 하는 사용방법이 아닌 것은?

① 분무법　　　　② 훈증법
③ 도포법　　　　④ 도말법

해설 분무법은 약제를 안개와 같이 미세하게 뿌려 작물에 부착하게 한다.

답 ①

2. 농약의 약해

(1) 약해

① 약해는 약제에 의해 작물에 이상이 생겨 정상적인 생육이 저해되는 것을 말한다.
② 약해의 경우 발생에 따라 급성약해, 만성약해, 2차 약해 등이 있다.

급성약해	· 약제 살포 후 1주일 이내 증상이 나타남 · 괴사, 개화 지연, 발아불량, 잎의 위축, 낙엽 및 낙화 등의 증상이 나타남
만성약해	· 약제 살포 후 1주일 이후 증상이 나타남 · 식물의 생장불량, 비대 지연, 품질 저하, 수량 감소 등의 현상이 나타남
2차약해	· 토양 및 용수 등에 잔류되어 후작물에 피해를 주는 경우

(2) 약해 원인

① 농약 자체의 원인 및 오용
   ㉠ 농약 자체의 물리성이 약해에 영향을 미친다.
   ㉡ 농약에 불순물이 혼입되거나 오염된 희석용수 사용시 약해를 일으킬 수 있다.
   ㉢ 농약의 용제의 성분에 의해 영향을 받는데 주로 지방족탄화수소, 방향족탄화수소, 에스테르 등은 약해를 유발하기 쉬운편이다.
   ㉣ 농약의 저장 중 약해 물질이 생성되기도 한다.
   ㉤ 농약의 표준보다 과량살포하는 경우 약해가 발생할 수 있다.
   ㉥ 혼용가부표 이외에 불안정한 혼용에 의해 약해가 발생할 수 있다.

② 환경에 의한 약해
   ㉠ 기온에 의해 약해를 받기도 하는데 주로 고온 다습한 조건에서 약해가 발생하기 쉽다.
   ㉡ 햇빛이 강한 조건에서 약해가 발생하는 약품이 있기에 약품의 특성을 확인하고 적용해야 한다.
   ㉢ 토양의 조건에 의해 약해가 발생하기도 하는데 토심이 얕은 토양의 경우 약해 발생 가능성이 상대적으로 높다.

③ 작물 자체에 의한 약해
   ㉠ 작물의 종류에 따라 약해의 발생 정도가 차이가 나며 특정 약품에 약한 작물이 존재한다.
   ㉡ 식물의 줄기, 잎, 열매 등의 형태 및 표면의 상태에 따라 약품의 부착정도가

차이가 나면서 약해의 영향을 받기도 한다. 실제로 크기가 작은 과실이 큰 과실보다 부착량이 많으며 털이 있는 작물이 없는 작물보다 부착량이 많은 편이다.
ⓒ 생장단계 중 감수성은 유묘기에 가장 높은 편이다.

> **기출문제**
>
> **약해가 일어나는 조건으로 가장 거리가 먼 것은?**
> ① 장마철 보르도액의 살포
> ② 고온, 고광도 시 석회황합제 사용
> ③ 낙엽 후 기계유 유제의 살포
> ④ 살포약제의 고농도 살포
>
> **해설** 약해가 일어나는 조건으로 농약 자체의 원인 및 오용, 환경에 의한 약해, 작물 자체에 의한 약해, 농약의 사용 후 특성에 의한 약해가 있으며 낙엽 후 기계유 유제의 살포는 여기에 해당되지 않는다.
>
> **답** ③

(3) 약해 예방

① 약해가 발생하는 것을 줄이거나 예방하기 위해서는 먼저 작물과 환경조건에 맞는 적합한 약제의 선택이 중요하다.
② 적합한 방제시기의 선택과 적절한 방제량을 살포하도록 한다.
③ 동일 약품 사용시 병해충들의 내성이 발달하므로 동일 약품을 계속 사용하는 것은 비효율적이다.

06 농약의 이화학적 특성

1. 살균제

(1) 살균제의 정의 및 종류

① 구리제
  ㉠ 작물의 병해방지용으로 19세기 말부터 현재까지 이용되고 있다. 석회보르도액을 포함한 구리제는 보호살균제로 적용범위가 넓고 저항성에 관련된 문제가 거의 없는 약제로 가장 널리 사용되고 있다.
  ㉡ 구리제는 무기동제와 유기동제로 분류하며 무기동제에는 보르도혼합액, 동수화제가 있으며 유기동제에는 옥시코퍼, 코퍼하이드록사이드가 있다.
  ㉢ 구리제는 알칼리성으로 유기인제와는 혼용이 불가하며 어류에 독성이 있어 주의를 요구한다.

② 보르도혼합액
  ㉠ 보르도액 제조에는 순도 98.5% 황산구리와 순도 90% 이상의 생석회가 사용된다.
  ㉡ 보르도액은 곰팡이 세균 모두 방제가 가능하며 방제기간이 길고 강알칼리 조건에서 효과가 뚜렷하게 나타난다.
  ㉢ 사용시 강산성 농약과의 혼용을 피하도록 한다.
  ㉣ 보르도혼합액의 제조는 황산구리와 생석회의 양을 기준으로 명칭을 붙이게 되는데 4-4식, 6-3식, 6-6식으로 명명하며 이때 숫자는 물 1L 에 대한 황산구리-생석회의 투입량을 의미한다. 대표적으로 4-4 식이 많이 사용되며 물 1L 당 황산구리 4g, 생석회 4g 이 투입된 것을 의미한다.
  ㉤ 생석회의 양에 따라 소석회 보르도혼합액, 석회 보르도혼합액, 과석회 보르도혼합액으로 분류한다.

소석회 보르도혼합액	황산구리 450g 보다 적은 양의 생석회로 제조한 것
석회 보르도혼합액	황산구리 450g 과 같은 양의 생석회로 제조한 것
과석회 보르도혼합액	황산구리 450g 보다 많은 양의 생석회로 제조한 것

  ㉥ 보르도액 제조시 물의 양에 따라 4두식, 6두식, 8두식으로 분류한다.

4두식 석회반량 보르도혼합액	황산구리 450g + 생석회 225g + 물 80L
6두식 석회등량 보르도혼합액	황산구리 450g + 생석회 225g + 물 120L
8두식 석회배량 보르도혼합액	황산구리 450g + 생석회 225g + 물 160L

- ⊘ 보르도액 조제법
  - 금속제가 아닌 통 두 개를 준비하고 한 통에는 황산구리를 넣어 전 소요량의 80~90%의 물에 녹여서 묽은 황산구리액을 제조한다.
  - 다른 통에는 생석회를 넣어 소량의 물로 소화시킨 다음 나머지 10~20%의 물에 넣어 석회유를 만든다.
  - 완전히 냉각된 석회유를 잘 저으면서 여기에 황산구리용액을 조금씩 넣어 주면 보르도액이 완성된다.
  - 만든 직후의 보르도액은 진한 청색을 띠지만, 오래 놓아두면 그릇 밑바닥으로 가라앉은 청색의 앙금과 맑은 물로 나누어짐. 이 청색 앙금이 유효성분인 염기성 황산구리석회이다.
- ◎ 보르도액 주의 사항
  - 보르도액은 제조 즉시 살포하며 오랜 시간 사용하지 않을 경우 염기성 황산구리의 입자가 커지면서 약효가 많이 떨어진다.
  - 예방을 목적으로 사용하기에 발병 전에 사용하는 것이 좋다. 병징이 나타나기 2~7일 전에 살포하도록 한다.
  - 살포액이 완전 건조 되어야 일종의 막이 형성되므로 비가 예상될 경우 살포하지 않는다.
  - 구리 성분에 약한 작물에는 과석회 보르도액이나 황산아연을 가용한다.
  - 석회에 대해 약한 작물의 경우 소석회 보르도액을 살포한다.

③ 수은제
- ⊙ 염화 제2수은($HgCl_2$)을 주성분으로 하는 약제이다. 현재는 동식물에 대한 독성으로 사용이 중지된 상태이다.
- ⓒ 유기수은제는 병원균에 효소단백질의 -SH 기에 결합하여 기능을 저하시키는 작용을 하며 미나마타병의 원인이 되기도 한다.

④ 무기황제
  ㉠ 무기황제에는 황분말, 수화황제, 석회황합제, 바륨황합제 등이 있다. 무기황제는 작물의 흰가루병, 녹병 등에 살균작용과 과수에 응애류, 깍지벌레류 등의 살충작용을 한다.
  ㉡ 무기황제의 살균작용
   • 황의 승화에 의하여 생성된 가스체 황 및 황 자체의 작용한다.
   • 황의 산화에 의하여 생성된 아황산가스(SO_2), 황산과 같은 황의 산화물에 작용한다.
   • 황이 식물이나 균의 조직에 접했을 때 환원작용으로 발생하는 황화수소(H_2S) 등에 의해 작용한다.
   • 황이 친유성의 성질을 지니고 있기에 세포 안으로의 투과성이 강하여 지방함량이 많은 병원균에 효과적이다.

⑤ 유기황제
  ㉠ 유기황제는 디티오카바메이트계로 주로 보호살균제로서 적용범위가 넓은 편이다.
  ㉡ 살균제로서 약효의 범위가 넓고 구리, 황제제와 비교하여 식물에 친화성과 약효가 좋으나 분해가 쉬운편이고 가격은 고가이다.
  ㉢ 유기황제의 종류로 만코제브, 메티람, 프로피네브 등이 있다.

⑥ 결정석회황 합제(석회유황합제)
  ㉠ 다황화칼슘(CaS_5)을 주성분으로 하는 살균제로 강알칼리성을 띤다.
  ㉡ 값이 저렴하고 살균력이 좋으며 응애류 및 깍지벌레류에 살충력을 가진다. 또한 과수의 병해 방제약제로도 이용되고 되며 주로 겨울철에 사용된다.
  ㉢ 온도 및 습도가 높을 경우 분해가 빨라 약효가 저하된다.
  ㉣ 주성분이 공기 중에 산소 및 이산화탄소와 반응하여 활성화되면 유황분자에 의해 살균이 이루어진다.
  ㉤ 제조시 생석회와 황의 중량비는 1 : 2 로 배합한다.

⑦ 유기주석제
  ㉠ 주석(Sn)을 가진 약제로 살균력이 강하나 인축에 대한 약해가 심한편이다.
  ㉡ 종류로는 수산화물(TPTH), 염화물(TPTC), 초산염(TPTA) 등이 있다.

⑧ 유기비소제

㉠ 비소(As)를 함유하는 유기화합물로 R·As·X₂ 로 표기한다. R 이 방향족에 염소기가 있을 경우 살균력이 매우 강하다. R 이 지방족의 경우 $-CH_3$ > $-C_2H_5$ > $-C_3H_7$ 순으로 살균력을 나타낸다.

R	방향족 혹은 지방족
X	염소(Cl), 산소(O), 황(S)

㉡ 사과나무 부란병 치료약인 네오아소진은 비소로 인한 중금속 잔류 문제가 발생하였고 이 문제를 해결하기 위해 철(Fe)을 결합하여 해결하였다.

⑨ 유기염소제

㉠ 염소를 포함한 유기합성 살충제를 의미하며 살충력이 우수하고 광범위한 해충방제 및 생산비가 저렴한 이점이 있으나 약해가 발견되어 사용이 중단되었다.

㉡ 유기염소제의 경우 사람이나 동물의 체내로 유입되면 체외로 배설되지 않고 축척되는 성질이 있다.

㉢ 유기염소계 종류로 원예용 클로로타로닐, 벼 도열병 방제용 프탈라이드, 벼 흰잎마름병 방제용 테클로프탈람 등이 있다.

⑩ 유기인계 살균제

㉠ 유기인계 살균제는 원래 살충제로 개발되었으나 벼 도열병 방제약제로의 사용이 계기가 되어 살균제로도 사용된다.

㉡ 종류로는 벼 도열병 방제용 이프로벤포스(IBP), 에디펜포스 등이 있다.

⑪ 침투성 살균제

㉠ 침투성 살균제는 약제를 살포시 식물의 잎, 줄기, 뿌리 등의 일부로 침투하여 식물 전체에 퍼져 살균효과를 나타내는 약제이다.

㉡ 식물 자체의 저항성을 높여주기에 병원균이 저항성을 가질수도 있다.

㉢ 종류로는 메탈락실, 베노밀, 카벤다짐, 티아벤다졸, 카복신, 메프로닐, 페나리몰 등이 있다.

⑫ 농용항생제

㉠ 농용항생제는 이름 그대로 농업용으로 개발된 항생물질을 이용하여 농작물의 병해충을 예방하는 농약의 일종이다. 항생물질은 대상에 따라 항세균성, 항곰팡이성, 항바이러스성으로 분류된다.

㉡ 농용항생제의 구비조건은 아래와 같다.

- 식물 병원균에 대한 살균력을 갖추어야 한다.
- 농용항생제는 주로 야외에서 사용하기에 외부 환경(일광, 공기 등)에 의해 잘 분해되지 않아야 한다.
- 식물에 약해가 없어야 하며 인축에 안전해야 한다.
- 가격이 저렴해야 한다.

ⓒ 농용항생제의 종류로는 가스가마이신, 아그리마이신, 발리다마이신에이, 스트렙토마이신, 블라스티시딘에스, 폴리옥신비, 폴리옥신디 등이 있다.
- 항세균성 종류로는 스트렙토마이신, 클로람페니콜제가 있다.
- 폴리옥신비는 사과나무 점무늬낙엽병, 배나무 검은무늬병에 효과적이다.
- 폴리옥신디는 벼잎집얼룩병, 사과 부란병에 효과적이다.

기출문제

구리제 살균제에 대한 설명으로 옳은 것은?
① 직접 살균제로서 유리된 구리 이온이 균사의 생육을 억제한다.
② 장기간 보관하여 사용이 가능하다.
③ 벼과 및 핵과류 작물에 약해를 나타내지 않는다.
④ 석회황합제, 기계유유제 등 알칼리성 농약과 혼용 할 수 없다.

해설 대부분의 농약은 알칼리 조건에서 분해되기에 혼용 할 수 없다.

답 ④

(2) 작용기작

① 호흡의 저해

㉠ 호흡은 유기물을 분해하여 만드는 에너지를 ATP 로 저장하는 과정이다.

㉡ 호흡 저해는 SH 저해제에 의한 탈수소과정 저해, 전자전달 저해, ATP 생산 저해 등에 의해 발생하게 된다.

㉢ SH 저해제의 경우 생체 내에서 산화, 환원에 관여하는 효소 중 SH기를 가진 효소의 활성을 저해하는 것을 말한다.

SH 저해제	구리제, 유기수은제, 유기유황제, 클로로타로닐, 캡탄, 폴펫 등
전자전달 저해	카복신, 메프로닐, 에트리디아졸 등
ATP 생산 저해	유기주석제, 펜타클로로페놀 등

② 단백질 생합성 저해
　㉠ 단백질은 주로 생체방어기작을 위한 합성에 도움을 주는데 이러한 단백질 생합성을 저해하여 살균작용을 하게 된다.
　㉡ 단백질 생합성 단계별로 적용가능한 저해제가 있다.

합성 개시기 저해	스트렙토마이신, 가스가마이신
펩타이드 신장기 저해	블라스티시딘-에스
합성 종료기 저해	테누아조닉산
합성 전과정 저해	사이클로헥시마이드

③ 세포막 형성 저해
　㉠ 병원균의 세포막은 인지질과 에르고스테롤(ergosterol)로 이루어진 이중막으로 세포막 형성저해제의 경우 에르고스테롤의 생합성을 저해시킨다.
　㉡ 에르고스테롤의 생합성에 방해를 받게 되면 세포막의 견고성이 떨어져 결국 병원균의 생육에 영향을 받게 된다.
　㉢ 세포막 형성 저해제로 디페노코나졸, 디니코나졸, 헥사코나졸, 마이크로뷰타닐, 뉴아리몰, 트리아디메폰 등이 있다.

④ 세포벽 형성 저해
　㉠ 병원균이 가진 세포벽의 형성을 방해하면 저항력이 약해지고 물리적으로 세포의 유지가 어려워 결국 사멸하게 된다.
　㉡ 식물의 세포벽은 셀룰로오스로 이루어져 있으나 병원균의 대부분인 사상균은 세포벽이 키틴으로 이루어져 있어 세포벽의 형성 저해제는 주로 키틴의 생합성 저해제를 이용한다.
　㉢ 세포벽 형성 저해제로 폴리옥신, 에디펜포스, 이프로벤포스 등이 있다.

2. 살충제

(1) 정의와 분류

① 살충제는 사람, 동식물 등에 해가 되는 곤충이나 벌레를 죽이는 약제를 말한다.
② 살충제는 곤충의 체내에서 살충작용을 일으키는데 이때 작용하는 지점을 작용점이라 하며 피부, 호흡계, 신경계 등이 대표적이다. 그중에서도 신경계와 호흡계에 작용하면 박멸속도가 빨라 가장 효과적인 작용점이다.
③ 살충제는 표피에 도달하여 경피, 경구, 경기문을 통해 체내로 침입하게 된다.
④ 살충제에 대한 내성이 발생하기도 하며 저항성은 곤충에 따라 다르고 환경에 영향을 받기도 한다.
⑤ 살충제는 침입경로에 따라 분류가 가능하며 접촉제, 소화중독제, 침투성살충제, 훈증제 등이 대표적이다.

접촉제	· 해충의 표면의 피부, 기공을 통해 침입 할 경우 약효의 지속성에 따라 지속적 접촉제와 비지속적 접촉제로 분류할수 있다. · 지속적 접촉제는 분해가 쉽지 않아 환경오염의 원인이 된다. 유기염소계 및 일부 유기인계 살충제가 있다. · 비지속적 접촉제는 속효성이고 잔류시간이 짧아 환경오염의 피해가 적은 편이다. 피레스로이드계, 니코틴계 및 일부 유기인계가 있다.
소화중독제	· 해충이 작물을 가해 할 때 입을 통해 침입하게 되어 소화기를 통해 살충효과를 나타낸다.
침투성살충제	· 식물 전체에 약제가 퍼져 흡즙성 해충만 선택적으로 방제가 가능하다.
훈증제	· 살충제를 가스화 하여 호흡기관을 통해 침입시키는 약제로 속효성이며 비선택성이다.
2차약해	· 토양 및 용수 등에 잔류되어 후작물에 피해를 주는 경우

(2) 작용기작

① 신경기능의 저해
  ㉠ 신경계의 기본단위인 뉴런은 다른 뉴런의 수상돌기와 연결되어 있고 그 사이를 시냅스라 하는데 시냅스에 전기 자극에 의해 아세틸콜린이 분비되어 자극을 전달하게 된다.
  ㉡ 살충제는 이러한 전달과정을 저해시켜 곤충을 죽게 하는데 살충제의 종류에 따라 특정 신경계의 기능을 저해시키게 된다.

신경축색의 전달 저해	유기염소계 살충제(DDT), 페레트로이드(Pyrethroid)계 살충제는 외부자극에 의해 발생되는 K^+, Na^+ 이온의 불활성을 억제하여 지속적으로 축색 말달의 자극이 전달되어 곤충을 죽게 한다.
시냅스 전막 저해	벤젠헥사클로라이드(BHC), 사이클로디엔(Cyclodien)은 중추신경에 자극을 보내 시냅스에 아세틸콜린의 양을 증대하여 신경전달에 이상을 발생시켜 곤충을 죽게 한다.
아세틸콜린에스테라제 (AChE, acetyl cholinesterase) 활성 저해	AChE는 신경전달계 관여 효소로 유기인계와 카바메이트계 살충제가 AChE의 분해를 저해하여 신경전달물질의 축적으로 정상적인 신경전달이 방해되어 곤충이 죽게 된다.
아세틸콜린수용체의 저해	니코틴, 네레이스톡신, 카탑은 아세틸콜린과 구조가 유사하여 아세틸콜린과 경쟁적으로 시냅스 후막에 결합하는데 분해가 되지 않아 지속적인 자극으로 곤충이 죽게 된다.

② 에너지 대사의 저해
  ㉠ 곤충이나 해충은 ATP의 인산을 이용한 에너지 생성을 통해 활동을 하며 살충제는 이러한 ATP를 통한 에너지 생성을 저해시켜 결국 곤충 및 해충을 죽게 한다.
  ㉡ ATP 생성과정은 크게 해당작용, TCA 회로, 호흡 등 3가지로 이루어지며 호흡이 저해되면 ATP 생성에도 방해를 받게 된다.
  ㉢ 메틸브로마이드, 클로로피크린 등은 TCA 회로에 관여하는 SH기를 가진 효소를 저해하여 ATP 생성을 방해하고 곤충 등을 죽게 한다.

③ 키틴 생합성 저해
  ㉠ 키틴은 곤충의 외골격을 주요 구성성분으로 키틴의 생합성을 저해하면 곤충의 외골격이 연약하게 되어 외부환경에 대한 저항력이 약해져 죽게 된다.
  ㉡ 곤충의 탈피과정에서 키틴이 부족할 경우 외표피의 생성이 거의 이루어지지 않게 되어 내표피만으로 탈피를 하게 되어 마찬가지로 외부환경에 저항력이 약해지게 된다.
  ㉢ 키틴 생합성 저해 물질로 뷰프로페진, 디플루벤주론, 크롤르플루아주론, 테플루벤주론 등이 있다.

④ 호르몬 균형 교란
  ㉠ 호르몬 균형 교란을 통해 곤충의 정상적인 생활을 방해하여 방제하는 방법으로 주로 탈피와 변태를 조절하는 호르몬을 교란시킨다.

ⓒ 메소프렌(Methoprene)은 탈피를 지연시켜 성충 단계로 가지 못하게 하는 탈피억제호르몬이며 프리코센(precocene)은 성충으로 빠르게 탈피하여 유충 피해를 최소화하는 유충억제호르몬이다.
⑤ 미생물 살충제
ⓐ 미생물농약의 일종으로 곤충의 바이러스, 세균, 사상균 등의 병원미생물을 이용하여 제조하며 일명 BT제 라고 한다.
ⓑ 미생물 살충제에서 합성하는 단백질이 곤충의 체내로 침입할 경우 중장에 있는 특정 수용체와 결합하여 독성을 만들어내고 이때 만들어진 독소는 중장세포의 ATP 합성을 저해하여 곤충을 죽게 한다.
ⓒ BT제의 경우 곤충이 섭취시 알칼리 조건인 소화기관 안에서 분해효소에 의해 독성이 발현되는데 독성의 발현 시간이 짧은 편이며 나비목, 파리목, 딱정벌레목 등 숙주 범위가 상당히 넓다.

기출문제

미생물 살충제인 Bacillus thuringiensis(BT)의 특성에 대한 설명으로 틀린 것은?
① 유효성분은 내독성 단백질로서 곤충의 장내에서 독소작용을 한다.
② 독성발현 시간은 매우 짧으며 화학농약과 대등한 살충효과를 얻는다.
③ 나비목이나 파리목 곤충 중 숙주범위가 상당히 넓다.
④ 산성조건에서 용해되어 살충성 독소로 작용한다.

해설: BT제의 경우 곤충이 섭취시 알칼리 조건인 소화기관 안에서 분해효소에 의해 독성이 발현되는데 알칼리 조건의 소화기관이 아닌 곤충의 경우 독성이 나타나지 않는다.

답 ④

기출문제

파라치온은 인체의 조직과 혈액 중의 콜린에스테라제와 결합해서 어느 것이 축적되어 중독증상을 일으키는가?
① 콜린   ② 초산
③ 아세틸콜린   ④ 인산

해설: 파라치온은 아세틸콜린의 분해 작용을 저해하여 아세틸콜린이 축적으로 정상적인 신경전달이 방해되어 곤충이 죽게 된다.

답 ③

(3) 저항성

① 해충의 방제를 위해 동일 약제를 지속적으로 사용시 해충에 저항력이 생겨 약효가 떨어지게 된다. 약제의 저항성은 약제의 종류와 해충에 따라 다소 차이가 발생한다.

교차저항성	한가지 약제 사용시 곤충이 동일 계통의 다른 약제에 대하여 저항성이 생기는 경우
복합저항성	살충작용이 다른 2종류 이상에 대해 동시에 해충이 저항성이 생기는 경우
부상관교차저항성	특정 약제에 저항성이 나타나고 다른 약제는 감수성이 증가하는 경우

② 병원균의 저항성의 경우 금속을 함유한 약제는 내성이 생기기 어렵다.
③ 병원균 중에서 포자 형성을 하지 않는 병원균은 대부분 내성화가 일어나지 않는다.
④ 해충의 약제 저항성을 발달시키지 않기 위해서는 적기에 적정량을 살포하며 동일 약제를 연속으로 사용하지 않도록 한다. 가능하면 혼합하여 사용하여 저항성 발달을 최소화 한다.

기출문제

어떤 살충제에 대하여 저항성이 발달한 해충에 한번도 사용한 적은 없지만 작용기구가 같은 살충제에 저항성을 나타내는 현상을 무엇이라 하는가?

① 교차저항성 ② 단일저항성
③ 효과저항성 ④ 돌연변이설

해설 해충에 한번도 사용하지 않았지만 유사 약제에 저항성으로 동시에 사용하지 않은 약제에도 저항성이 생기는 경우를 교차저항성이라 한다.

답 ①

---

(4) 유기인계, 카바메이트계, 유기염소계 등의 종류 및 특성

① 유기인계
　㉠ 유기인계 살충제는 살충력이 강하고 적용 가능한 해충의 종류가 많으며 대량생산이 가능하다.
　㉡ 동식물의 체내 섭취시 분해가 빠르다.
　㉢ 야외 살포의 경우 광선 및 외부 환경조건에 의해 분해가 빨라 손실되기 쉽다.
　㉣ 유기인계 살충제는 에스테르 결합을 하고 있어 알칼리에 의해 쉽게 가수분해된다.
　㉤ 유기인계 살충제는 아세틸콜린에스테라제(AChE)의 활성 저해제이며 식물의

경엽으로 침투가 쉽게 이루어진다.
ⓑ 인축에 대한 독성이 강한편이다.
ⓢ 유기인계 살충제 종류로 파라티온에틸, 이피엔(EPN), 말라티온, 다이아지논, 페니트로티온(MEP), 펜토에이트(PAP), 트리클로르폰(DEP), 디클로르보스(DDVP) 등이 있다.

② 카바메이트계
  ㉠ 카바메이트계 살충제는 살충력이 선택적이고 적용해충의 범위가 넓은 편이다.
  ㉡ 인축에 대한 독성이 낮은 편이고 체내에 축적되는 일이 없고 체내에서도 분해가 잘되는 편이다.
  ㉢ 광선 및 온도에 비교적 안정적인 화합물이며 유기인계 살충제와 비교해서 낮은 온도에서도 살충력이 있다.
  ㉣ 카바메이트계 살충제는 카바민산과 아민의 반응에 의하여 얻어지는 화합물로 살충제로 이용된다.
  ㉤ 카바메이트계 살충제로 카바릴(NAC), 페노뷰카브(BPMC), 카보퓨란, 티오디카브(UCC) 등이 있다.

③ 유기염소계
  ㉠ 유기염소계 살충제는 염소를 함유하고 있어 살충력이 우수하고 넓은 범위의 해충방제가 가능하다.
  ㉡ 취급이 간편하고 인축에 대한 독성이 낮으나 생태계 내에서 잔류성이 높은 편이다.
  ㉢ 유기염소계 살충제 중에서 잔류성이 높은 DDT, BHC 등은 국내에서 사용이 금지되어 있다.
  ㉣ 유기염소계 살충제 종류에는 DDT, BHC, 디엘드린(HEOD), 알드린(HHDN), drin제, 지오릭스(엔도설판) 등이 있다.

기출문제

다음 농약 중 살균제가 아닌 것은?
① mancozeb   ② mepronil
③ thiram   ④ parathion

해설 파라티온은 유기인계 살충제이다.

답 ④

식물보호 바르게 빨리 올배움 한다

> **기출문제**
>
> 파라치온 등 유기인계 살충제의 가장 큰 특성은?
> ① 분해가 느리기 때문에 약효지속 기간이 길다.
> ② 살충력이 강하고 광범위하게 사용된다.
> ③ 인축에 대해 독성이 약한 편이다.
> ④ 알칼리성 물질에 분해가 더딘 편이다.
>
> **해설** 유기인계 살충제는 살충력이 강하고 적용가능한 해충이 많아 광범위하게 적용된다.
>
> **답** ②

> **기출문제**
>
> 멸구 방제에 사용되는 페노뷰카브유제를 화학적 조성에 따라 분류하면 어느 것에 해당되는가?
> ① 유기인계　　　　② 카바메이트계
> ③ 유기염소계　　　④ 유기유황계
>
> **해설** 페노뷰카브는 카바메이트계 살충제이다.
>
> **답** ②

(5) 기타 살충제

① 천연살충제

㉠ 천연살충제는 식물이나 광물에 함유된 살충성분을 추출하여 약제로 만든 살충제이다.
㉡ 천연살충제는 속효성이며 인축에 대한 독성이 없고 유효성분의 분해가 빠르다.
㉢ 천연살충제 종류로 제충국에서 추출한 피레트린제, 데리스의 뿌리에서 추출한 로테논제, 담배에서 추출한 니코틴제 등이 대표적이다.

피레트린	제충국의 꽃 씨방에서 살충성분을 추출하여 제조한 황색의 유상 물질이다. 곤충에 대해 살충효과가 강하고 유제외에 모기향으로 이용하기도 하며 파리, 모기 등의 해충 박멸에 많이 이용된다. 사람이나 온혈동물의 경우 신속하게 분해되어 배출되기에 독성이 없다.
로테논제	데라스의 뿌리에는 살충성분인 로테논이 함유되어 있고 이를 이용하여 만든 살충제를 로테논제라 한다.
니코틴제	담배에 함유되어 있는 알칼로이드 성분으로 곤충의 신경계에 침입한다. 주로 진딧물을 없애는데 이용한다.

ㄹ. 기계유 유제는 석유류로 유효성분인 기계오일이 95% 이상 차지하고 나머지는 유화제로 구성되어 있다. 기름을 이용하여 해충을 피복하여 질식시키며 곤충의 기문이나 피부로 침투하여 살충작용을 하게 된다. 주로 깍지벌레나 응애류에 효과적이다.

② 훈증제
  ㄱ. 가스를 이용하여 해충을 죽이는 살충제로 밀폐된 공간에 저장곡물이나 토양소독에 이용한다.
  ㄴ. 훈증제는 농약원제의 증기압이 높아 유효성분이 휘발하도록 만든 제형이다.
  ㄷ. 훈증제는 휘발성이 강해야 하고 비인화성이어야 하며 침투성이 커야 한다.
  ㄹ. 훈증제의 종류로 메틸브로마이드, 클로로피크린, 알루미늄포스파이드, 시안화수소 등이 있다. 대표적으로 메틸브로마이드는 저장된 곡물에 이용하고 클로로피크린은 토양소독에 이용된다.

기출문제

다음 중 훈증제는?
① 디프테렉스   ② 메틸브로마이드
③ 나크(NAC)   ④ 집톨

해설: 훈증제의 종류로 메틸브로마이드, 클로로피크린, 알루미늄포스파이드 등이 있다.

답 ②

기출문제

피레드린 성분을 함유하는 천연살충용 식물은?
① 송지   ② 테리스
③ 제충국   ④ 연초

해설: 피레드린은 제충국의 꽃 씨방에서 살충성분을 추출하여 제조한 황색의 유상 물질이다. 곤충에 대해 살충효과가 강하고 유제외에 모기향으로 이용하기도 하며 파리, 모기 등의 해충 박멸에 많이 이용된다.

답 ③

3. 살선충제

① 살선충제는 식물의 뿌리에 기생하는 선충류를 방제하는데 사용되는 약제를 말하며 대표적으로 토양훈증제가 있다.

② 살선충제의 종류는 포스티아제이트, 에토프로포스, 카두사포스, 메탐소듐, 디메틸빈포스 등이 있다. 토양훈증제인 메틸브로마이드는 유효성분이 가스체로 높은 증기압을 이용하여 훈연제로 이용된다.

③ 살선충제는 토양에 잘 확산이 이루어져야 하며 작물 및 인축에 독성을 가지지 않아야 한다.

4. 살비제

① 살비제는 응애류를 선택적으로 방제하는 약제이며 작용점 및 작용기작의 경우 살충제와 유사한 특성을 가진다.

② 살비제는 성충, 유충, 알에 대해 살충력이 커야 하며 잔존 실효성이 길어야 하며 작물에 대해 약해가 없어야 한다.

③ 살비제로는 종류로는 디코폴, 펜프로, 테부펜피라드, 페나자퀸, 피리다벤 등이 있다.

기출문제

다음 중 응애를 방제하는 데 가장 적합한 약제는?
① 티코폴　　　　② 메토밀
③ 플루아지남　　④ 캡탄

해설: 응애를 방제하는 약품은 살비제로 디코폴, 펜프로, 테부펜피라드, 페나자퀸, 피리다벤 등이 있다.

답 ①

---

5. 제초제

(1) 제초제의 특성

① 제초제는 제초 및 잡초의 발생을 억제하는 것으로 환경오염 및 인축에 대한 약해가 없어야 한다.

② 사용시 외부환경(온도, 습도, 광선 등)에 의한 약품의 변화가 없어야 한다.

③ 제초제는 사용이 편리해야 하고 가격이 적합해야 한다.

④ 제초제는 잔류성의 문제가 없어야 한다.

(2) 제초제의 분류

① 생리작용에 따른 분류

선택성	· 보호할 작물에 약해 없이 선택적으로 잡초를 방제하는 약품이다. · 2,4-D, MCP, MCPB, DCPA
비선택성	· 식물의 종류에 상관 없이 모든 식물을 제거하는 약품이다. · CAT, CMV, PCP, DNBP

② 처리방법에 따른 분류

토양처리	잡초가 발생하기 전 살포하는 것이다.
경엽처리	잡초가 발생한 후 살포하는 것이다.
토양, 경엽 처리	잡초 발생의 진행을 억제하고 이미 발생한 잡초를 고사시킨다.

③ 화학구조에 따른 분류

유기제초제	· 분자 내 하나 이상의 탄소를 함유한 제초제를 말한다. · 2,4-D, MCP, PCP, TCA, DNOC 등
무기제초제	· 분자 내 탄소를 포함하지 않은 제초제를 말한다. · 염소산소다, 시안산소다, HCl, H_2SO_4 등

④ 작용특성에 따른 분류

접촉형	· 식물에 직접 살포하여 접촉시 효과를 발휘하는 제초제를 말한다. · PCP, DNOC, DCPA 등
이행형	· 경엽, 뿌리 등 접촉부위에서 식물체 내의 작용점으로 이행되어 효과를 발휘하는 제초제를 말한다. · 2,4-D, 시마진, MCPA 등

6. 식물생장조절제

(1) 식물생장조절제 정의
① 식물의 생장을 촉진하거나 억제하는 등의 조절을 하는 약제를 식물생장조절제라 한다.
② 대표적인 식물생장조절제로 옥신, 지베렐린, 시토키닌, 에틸렌 등이 있다.

(2) 식물생장조절제 종류
① 옥신
  ㉠ 옥신은 식물의 신장에 관여하는 호르몬으로 줄기나 뿌리의 선단에서 생성되어 생장을 조장한다.
  ㉡ 옥신의 종류는 생합성 옥신(천연호르몬) IAA, PAA, IAN 와 합성호르몬 NAA, IBA, PCPA, 2·4-D, BNOA, 2,4,5-T 등이 있다.
  ㉢ 옥신은 정아에서 생성되어 신장촉진과 함께 측아의 발달을 억제하는 기능을 한다.

② 지베렐린
  ㉠ 지베렐린은 종자의 휴면타파의 효과가 있는 식물생장조절제로 옥신과 함께 사용 시 효과가 극대화된다.
  ㉡ 지베렐린은 극성이 없으며 미숙종자에 다량 포함되어 있다.
  ㉢ 지베렐린을 작물에 적용시 발아촉진, 화성유도, 생장 촉진, 수량의 증대 효과를 기대할 수 있다.
  ㉣ 지베렐린의 처리 방법에는 주사법, 수정법, 침지법, 도말법, 살포법 등이 있다.

신장촉진	지베렐린은 식물 전체에 걸쳐 효과가 나타나는데 특히 줄기의 신장을 촉진시킨다.
개화촉진	개화 현상을 촉진시키는데 장일식물도 단일조건에서 개화를 하는 데 효과적이다.
발아촉진	종자의 휴면을 타파하고 발아를 촉진한다.
열매생장촉진	사과, 살구, 복숭아 등 열매의 생장을 촉진시킨다.

③ 시토키닌
  ㉠ 시토키닌은 주로 뿌리에서 합성되며 옥신과 함께 작용하여 세포분열을 촉진한다.
  ㉡ 시토키닌은 뿌리에서 물관을 통해 지상부로 이동하여 측지발생을 촉진한다.
  ㉢ 작물에 적용시 발아촉진, 생장촉진, 기공의 개폐 촉진등의 효과를 보인다.

ㄹ 어린종자나 과일에도 시토키닌이 많으나 열매가 성숙할수록 시토키닌의 함량은 감소한다.

④ ABA
   ㄱ Abscisic acid 라 하며 대표적인 생장억제물질이다.
   ㄴ 작물의 무기물부족이나 스트레스성 작용을 받게 될 경우 발생량이 증가하기도 한다.
   ㄷ 지베렐린과 같은 생장촉진 호르몬과는 길항작용을 한다.
   ㄹ ABA를 작물에 적용시 낙엽을 촉진, 휴면을 유도, 발아 억제, 화성 촉진, 내건성 증대 등의 효과가 나타난다.

⑤ 에틸렌
   ㄱ 과실의 성숙을 촉진하는 물질로 주로 기체상태로 존재한다.
   ㄴ 에틸렌은 0.1 ppm 정도의 낮은 농도로서 식물의 생장에 영향을 미친다.
   ㄷ 과실이나 채소의 경우 물리적 충격에 의한 상처가 발생하면 호흡량이 증가하면서 표면온도가 높아지며 에틸렌이 발산된다. 과실이 썩을 경우 에틸렌의 방출량이 많아져 주변의 과실도 과숙현상이 진행된다.
   ㄹ 메티오닌(methionine)은 에틸렌의 전구물질로 효소에 의해 전환되어 에틸렌 기체가 발생한다.

⑥ 생장억제물질
   ㄱ 생장억제물질은 식물의 생장을 억제하는 물질이다.
   ㄴ 생장억제물질의 종류로는 다미노자이드(daminozide, B-9), 클로르메쾃클로라이드(chlormequat chloride, CCC), 말릭하이드라자이드(Malelc hydrazide, MH)가 있다.

기출문제

다음 중 생장조절제로 사용할 수 있는 것은?

① Oxadiazon　　　　　② Butachor
③ Molinate　　　　　　④ 2,4-D

해설: 2,4-D 는 식물생장조절제 중 옥신의 종류중 하나로 합성호르몬이다.

답 ④

식물보호 바르게 빨리 올배움 한다

PART 04 농약학 단원문제 100제
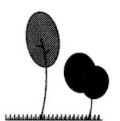

01 다음 중 농약의 저항성 발달 정도를 표현하는 저항성 계수를 옳게 나타낸 것은?
① 저항성 LD_{50} / 감수성 LD_{50}
② 감수성 LD_{50} × 저항성 LD_{50}
③ 감수성 LD_{50} / 복합저항성 LD_{50}
④ 감수성 LD_{50} × 복합저항성 LD_{50}

> 해설 농약의 저항성 발달 정도는 저항성계수로 나타내며 저항성계수는 저항성 LD_{50} / 감수성 LD_{50} 으로 표현한다.

02 약해가 일어나는 조건으로 가장 거리가 먼 것은?
① 장마철 보르도액의 살포
② 고온, 고광도 시 석회황합제 사용
③ 낙엽 후 기계유 유제의 살포
④ 살포약제의 고농도 살포

> 해설 약해가 일어나는 조건으로 농약 자체의 원인 및 오용, 환경에 의한 약해, 작물 자체에 의한 약해, 농약의 사용 후 특성에 의한 약해가 있으며 낙엽 후 기계유 유제의 살포는 여기에 해당되지 않는다.

03 본답 후기 경엽처리용 제초제로서 사용 시 논물을 빼고 난 후 압력이 약한 분무기로 벼 잎에 묻지 않도록 살포하여야 하는 제초제는?
① 그라목손
② 글라신
③ 2,4-D
④ 설포세이트

> 해설 2,4-D 는 경엽처리용 제초제로 작물의 접촉부위나 농도에 약해 및 약효가 관련되기에 주의를 해야 한다. 벼와 같은 식물에는 영향을 주지 않는 선택성 제초제로 논이나 잔디의 제초제로 많이 이용된다.

04 다음 중 카바메이트계 살충제는?
① 트리클로르폰
② 카보퓨란
③ 수미치온
④ 파단

> 해설 카바메이트계 살충제의 종류로 카바릴(NAC), 페노뷰카브(BPMC), 카보퓨란, 티오디카브(UCC) 등이 있다.

정 답 01.① 02.③ 03.③ 04.②

05 곤충을 질식 치사시키는 물리적 작용을 갖는 살충제는?
① 기계유 유제   ② 피레스 유제
③ 에이카롤 유제   ④ 밀베멕틴 유제

> 해설 기계유 유제는 유효성분인 석유류가 곤충에 피복되어 질식시키는 물리적 작용을 갖는 살충제이다.

06 메프(Fenitrothion) 유제(50%)를 1000배로 희석하여 10a 당 8말(160L)을 살포하려고 할 때 Fenitrothion 유제의 소요량은 약 몇 mL 인가?
① 80   ② 120
③ 160   ④ 320

> 해설 소요약량 $= \dfrac{\text{단위면적당사용량}}{\text{소요희석배수}} = \dfrac{160}{1000} = 0.16L = 160ml$

07 다음 중 훈증제에 대하여 가장 바르게 설명한 것은?
① 유효성분과 발열제를 종이에 흡착시키거나 깡통에 넣은 것이다.
② 비등점이 낮은 농약을 액상, 고상 또는 압축가스의 형태로 용기 내에 충전한 것이다.
③ 유효성분을 용제 분사제 등과 bombe 에 충전시킨 것으로 압력을 가하여 공기 중에 분출시켜서 사용한다.
④ 가연성 재질에 유효성분을 혼합성형하고 불완전 연소에 의하여 유효성분을 공기 중에 휘산시킨다.

> 해설 훈증제는 농약원제의 증기압이 높아 유효성분이 휘발하도록 만든 제형으로 비등점이 낮은 액상, 고상, 압축가스 형태로 충전하여 가스화하여 방제효과를 얻는다.

08 약제의 처리법 중 수면시용법이 갖추어야 할 특성으로 틀린 것은?
① 물에 잘 풀리고 널리 확산되어야 한다.
② 물이나 미생물 또는 토양성분 등에 의하여 분해되지 않아야 한다.
③ 수중에서 장시간에 걸쳐 녹아 약액의 농도를 유지하여야 한다.
④ 가급적 약제의 일부는 수중에 현수되도록 친수 및 발수성을 갖추어야 한다.

> 해설 수면 시용법은 수면에 농약을 빠르게 확산시켜야 하며 미생물이나 토양의 유, 무기물에 의해 분해되지 않아야 한다. 일부는 수중에 현수되는 것이 좋다.

정답 05.① 06.③ 07.② 08.③

09 페놀계 살균제로서 과수의 월동 방제용이나 목재 방부제로도 사용될 수 있는 약제는?
① 비타박스 ② 캡탄
③ 네오아소진 ④ PCP 제

해설: PCP제(펜타클로로페놀)은 ATP 생산 저해관련 물질로 살균작용이 강하며 어독성이 높아 사용범위는 한정되어 있다. 페놀성 물질로 목재의 방부제로도 사용이 가능하다.

10 피레트로이드계 살충제의 특성에 대한 설명으로 틀린 것은?
① 간접접촉제로서 곤충의 기문이나 피부를 통하여 체내에 들어가 근육마비를 일으킨다.
② 온혈동물, 인축에는 매우 저독성이며 곤충에 따라 살충력이 강하다.
③ 중추신경계나 말초신경계에 대하여 매우 낮은 농도에서 독성작용을 일으키는 신경독성 화합물이다.
④ 고온보다 저온상태에서 약효발현이 잘 된다.

해설: 피레트로이드계 살충제는 신경축색의 전달을 저해하는 직접접촉제이다.

11 농약의 급성독성은 반수치사량(중위치사량, LD_{50})으로 표시한다. 이 때 단위는?
① mg/mL ② mg/g
③ mg/kg ④ mg/mg

해설: 반수치사량은 세계보건기구에서 쥐를 대상으로 한 급성 경구 및 피부 독성실험에 의거하여 LD_{50}(반수치사량)을 산출하고 값에 따라 농약의 독성을 분류하며 mg/kg 으로 표시한다.

12 다음 중 생장조정제로 사용되지 않는 농약은?
① 지베렐린산 수용제 ② 나드 분제
③ 메피, 클로라이드 액제 ④ 모노크로토포스 액제

해설: 모노크로토포스 액제는 유기인계 살충제이다.

정답 09.④ 10.① 11.③ 12.④

13 60kg 쌀에 살충제 이피엔 50% 유제를 8ppm이 되도록 처리하려고 할 때의 소요 약량은 얼마인가?(단, 약제의 비중은 1.07 이다)

① 0.5 ml
② 0.7 ml
③ 0.9 ml
④ 1.2 ml

해설 소요약량(ppm) = $\dfrac{\text{제시농도(ppm)} \times \text{피처리물(kg)} \times 100}{1,000,000 \times \text{비중} \times \text{원액농도}}$

$= \dfrac{8\text{ppm} \times 60\text{kg} \times 100}{1,000,000 \times 1.07 \times 50\%} = 0.9\text{ml}$

14 농약의 인축에 대한 영향을 확인하기 위한 등록시험방법은?

① 천적 급성독성 시험
② 지렁이 번식독성 시험
③ 물벼룩 번식독성 시험
④ 피부자극성 시험

해설 인축독성시험에는 급성경구독성시험, 급성경피독성시험, 급성흡입독성시험, 피부자극성시험, 피부감작성시험, 기형독성시험, 만성독성시험, 발암성시험, 생체 기능의 영향 관련 시험 등이 있다.

15 해충의 살충제에 대한 저항성 발현정도에 대한 설명으로 틀린 것은?

① 해충 세대간이 짧을수록 크다.
② 농약의 잔류성이 길수록 크다.
③ 살포농약의 횟수가 많거나 농도가 높을수록 크다.
④ 해충 밀도가 높을수록 크다.

해설 해충의 밀도가 낮을수록 살충제의 저항성 발현 정도가 크다.

16 새로운 농약성분이 유효성분으로 개발되었다 하더라도 이를 실제로 영농에 사용하기 위해서는 제형으로 가공되어야 한다. 제형하는 목적에 해당되지 않는 것은?

① 최적의 약효발현과 최소의 약해발생을 위한 것이다.
② 농약 사용자에 대한 편이성을 위한 것이다.
③ 유효성분의 물리화학적 안전성을 향상시켜 유통기간을 연장하기 위한 것이다.
④ 다량의 유효성분을 넓은 지역에 균일하게 살포하기 위한 것이다.

해설 농약의 제제는 사용의 편리뿐 아니라 유효성분의 효과 증가, 약해의 억제, 환경 및 사용자의 안전성 향상, 작업성 개선 등을 목적으로 한다.

정답 13.③ 14.④ 15.④ 16.④

17 다음 중 이행형 제초제가 아닌 것은?
① 이사디(2,4-D) ② 엠시피
③ 파라쿼트 ④ 리뉴론

> 해설 ◀ 파라쿼트(그라목손)는 접촉형 제초제이다.

18 삽목 시 발근촉진을 위해 사용하는 식물호르몬제는?
① 말레이 액제 ② 나드 분제
③ 비나인 수화제 ④ 이나벤화이드 입제

> 해설 ◀ 나드분제는 옥신계로 발근을 촉진하는 식물호르몬제이다.

19 농약의 자체검사 및 신청검사 기준에 대한 틀린 설명은?
① 분제 및 입제의 최대모집단 수량은 50톤이다.
② 모집단의 소포장수량 5000개 이하에 대한 발취개체 수량은 50개이다.
③ 자체검사필증의 부착 및 표시상태는 뽑아낸 시료 전량에 대하여 외관검사한다.
④ 신청검사하여 합격된 농약은 농약의 품질 관리를 위하여 반드시 직권검사를 하여야 한다.

> 해설 ◀ 신청검사하여 합격한 농약은 직권검사를 생략할 수 있다.

20 농약의 안전사용수칙 등을 잘 지키지 않아 자주 농약중독사태가 지상을 통해 보도되고 있다. 농약사용자의 준수사항으로 틀린 것은?
① 강우 전에 살포를 금한다.
② 사용액은 반드시 사용하기 24시간 이전에 만든다.
③ 살포는 바람을 등지고 살포한다.
④ 인축의 기생충이나 가정의 해충구제에는 사용을 금한다.

> 해설 ◀ 사용액은 반드시 24시간 이전에 만드는 것이 아니라 작업날짜에 필요한 만큼만 만든다.

정답 17.③ 18.② 19.④ 20.②

21 농약 원료로 사용하는 가성소다의 경우 NaOH 20% 비중 : 1.222, NaOH 30% 비중 : 1.333 이다. 사용상 22% NaOH 의 경우 비중은?

① 1.142　　　　　　　　② 1.244
③ 1.290　　　　　　　　④ 1.352

해설　NaOH 1% 비중 = (1.333 - 1.222) / 10 = 0.0111
　　　NaOH 20% 비중 + NaOH 2% 비중 = 1.222 + 0.0222 = 1.2442

22 다음 중 입제의 제조방법에 해당되지 않는 제법은?

① 분쇄법　　　　　　　② 흡착법
③ 피복법　　　　　　　④ 압출조립법

해설　입제의 경우 제조방법에는 흡착법, 피복법, 압출식조립법, 조립흡착법 등이 있다.

23 농약관리법에서 농약의 방제 범위에 포함되지 않는 동물은?

① 달팽이　　　　　　　② 조류
③ 야생동물　　　　　　④ 쥐

해설　농약은 농작물에 해하는 균, 곤충, 응애, 선충, 바이러스, 잡초, 기타 농림수산식품부령이 정하는 달팽이, 조류, 야생동물, 이끼류 및 잡목 등을 방제하는 살균제, 살충제, 제초제 등을 의미한다.

24 다음 농약 중 감귤의 응애 방제 전용약제는?

① 페노티오카브 유제　　② 페노뷰카브 유제
③ 사이헥사틴 수화제　　④ 디메토 유제

해설　페노티오카브 유제는 감귤에 사용하여 귤응애를 방제하는 카바메이트계 살충제의 일종이다. 사용적기는 발생초기에 하며 한잎당 2~3마리 정도 발생할 때가 적합하다.

25 Pyrethrin 에 쓰이는 협력제로 가장 적당한 것은?

① Piperonyl cyclonene　　② Piperonyl butoxide
③ $ZnSO_4$　　　　　　　④ Sesamex

해설　Piperonyl butoxide 은 Pyrethrin 의 약효를 상승시켜 주는 협력제이다.

정답　21.②　22.①　23.④　24.①　25.②

26 사과나 뽕나무의 잎말이나방의 방제에 주로 사용되는 유기인계 약제는?
① 메타시스톡스(demeton-S-methyl)   ② 레피멕틴(lepimectin)
③ 디클로르보스(dichlorvos)   ④ 이피엔(EPN)

해설 ◀ 사과나 뽕나무의 잎말이나방의 방제로 사용되는 유기인계 살충제로 디클로르보스가 있다. 사과는 꽃이 피기 전 혹은 꽃이 진후에 사용하고 뽕나무는 개엽초기에 사용하는 것이 적기이다.

27 농약의 사용목적에 따른 분류에 해당되지 않는 것은?
① 식독제   ② 접촉독제
③ 유기인제   ④ 유인제

해설 ◀ 유기인제는 유효성분에 따른 분류에 해당한다.

28 다음 중 보조제가 아닌 것은?
① 도포제   ② 계면활성제
③ 전착제   ④ 증량제

해설 ◀ 도포제는 농약 제형에 따른 분류이며 보조제는 살균제, 제초제 등과 같은 농약의 효과 증진을 도와주는 약제로 전착제, 증량제, 용제, 유화제, 협력제가 있다.

29 농약의 사용목적에 의한 분류가 아닌 것은?
① 살충제   ② 분제
③ 제초제   ④ 살균제

해설 ◀ 분제는 농약의 제형에 따른 분류이다.

30 약제를 살포했을 때 약제를 골고루 적시는 성질을 의미하는 것은?
① 확전성   ② 비산성
③ 습윤성   ④ 부착성

해설 ◀ 습윤성은 농약액제의 표면 장력이 감소하여 액체가 표면에 퍼지는 현상을 의미한다.

정답   26.③   27.③   28.①   29.②   30.③

31 해충이나 식물체 표면에 약제의 부착 및 고착성을 향상시키기 위하여 사용하는 첨가제는?
① 규조토　　　　　　　　② 탄화수소류
③ 카세인　　　　　　　　④ 알코올류

해설　카세인은 전착제의 일종으로 살균제나 살충제와 같은 약제가 식물체에 잘 전착되도록 도와주는 약제이다.

32 증량제가 갖추어야 할 조건으로 옳지 않은 것은?
① 가급적 중성의 것을 택하도록 한다.
② 비중이 너무 크거나 작으면 좋지 않다.
③ 증량제는 흡습성이 있어야 한다.
④ 증량제 저장 중 주제에 작용해서 분해되는 성질을 갖지 않아야 한다.

해설　증량제는 수분 함량이 낮아야 하기에 흡습성이 낮아야 한다.

33 계면활성제를 구성하는 원자단 중 친유성이 가장 강한 것은?
① $ROCH_3-$　　　　　　② $-C_nH_{2n+1}$
③ $-OH$　　　　　　　　④ $-SO_3H(Na)$

해설　계면활성제는 친수성부분의 원자단 종류로 $-OH$, $-COOH$, $-CN$, $-COONA$, $-CONH_2$ 등이 있으며 친유성부분은 포화지방족탄화수소 부분에서 수소원자 하나가 없는 알킬기(-R)인 $-C_nH_{2n+1}$ 이 가장 강하다.

34 계면활성제 중 가용성 작용이 큰 HLB(hydrophile-lipophile balance) 값으로 가장 옳은 것은?
① 1~3　　　　　　　　② 4~7
③ 9~12　　　　　　　④ 15~18

해설　HLB 가 클수록 용해도가 증가하며 가용화 작용이 크다.

정답　31.③　32.③　33.②　34.④

35 분제의 특징에 대한 설명으로 옳지 않은 것은?
① 살충, 살균제에 많이 사용된다.
② 고착성이 있어 잔효성이 요구되는 과수 방제용으로 좋다.
③ 수도 병해충 방제에 널리 사용되고 있다.
④ 표류비산에 의한 살포구역 이외의 환경오염이 클 수 있다.

> **해설** 분제는 물에 섞지 않고 제품 그대로 살포하기에 작물에 대한 잔효성이 수화제나 유제에 비하여 낮은 편이고 비산이 심해 잔효성이 요구되는 과수 방제용으로는 부적합하다.

36 다음 중 밀폐된 공간에서 사용하도록 설계된 제형은?
① 훈연제   ② 입제
③ 분제   ④ 수화제

> **해설** 약제를 연기화 하여 해충을 죽이는 약제로 주로 밀폐된 공간에서 사용하여야 효과적이다.

37 농약 살포액 조제 시 사용되는 적당한 물은?
① 알칼리성 물   ② 뜨거운 물
③ 효소를 넣어 발효시킨 물   ④ 물의 온도가 높지 않은 일반적인 물

> **해설** 농약 조제용 물은 온도가 높지 않고 깨끗한 물이 적당하다.

38 농약 살포액의 조제 방법 중 일반적으로 가장 많이 사용하는 방법은?
① 배액 조제법   ② 퍼센트액 조제법
③ 비중 조제법   ④ ppm 조제법

> **해설** 농약의 조제법 중 배액조제법은 가장 일반적으로 많이 사용되며 유효성분의 함량을 고려하지 않는 것이 특징이다.

정답 35.② 36.① 37.④ 38.①

39 다음 농약의 사용법에 대한 설명 중 적당하지 않은 것은?
① 농약을 뿌릴 때에는 바람을 안고 마스크를 쓴다.
② 농약을 다룰 때에는 고무장갑을 착용한다.
③ 방제복을 착용한다.
④ 제체제를 사용한 후에는 방제기구를 세척한다.

해설 농약을 뿌릴 때에는 바람을 등지고 살포해야 한다.

40 다음 중 농약혼용에 따른 이점이 아닌 것은?
① 병해충 동시방제
② 약해 경감 및 약효 상승
③ 독성 경감 및 약효지속시간 단축
④ 노동력 부족에 따른 생력화

해설 농약혼용은 약품의 효과를 높이기 위한 작업이다. 독성의 경감 및 약효 지속시간 단축은 농약의 잘못된 혼용작업으로 인하여 발생될 수 있는 단점이다.

41 다음 농약의 약해 증상 중 급성적 약해 증상에 해당되지 않는 것은?
① 괴사 반점
② 발근 저해
③ 개화 지연
④ 비대 지연

해설 비대지연은 농약의 약해 증상 중 만성적 약해 증상에 해당된다.

42 작물의 특성에 따른 약해의 원인이 아닌 것은?
① 작물의 감수성
② 잎 표면의 형태
③ 농약 농도
④ 재배조건 및 생리적 특성

해설 농약의 농도와 관련된 약해는 농약 자체 혹은 농약의 오용에 관련된 약해이다.

정답 39.① 40.③ 41.④ 42.③

43 살충제 저항성의 효과적인 방제 대책이 아닌 것은?
① 과도한 살충제의 사용과 동일 약제의 연속사용을 피한다.
② 살충기작이 같은 약제를 교호 사용한다.
③ 살충력이 상승효과를 이용한 혼합제를 이용한다.
④ 화학적 방제와 생물학적 방제를 이용한 종합적 방제 대책을 수립한다.

해설 살충기작이 다른 약제를 교호로 사용하는 것이 효과적이다.

44 농약의 투여 방법에 따른 독성 구분이 아닌 것은?
① 경구독성 ② 경피독성
③ 흡입독성 ④ 만성독성

해설 농약의 투여방법에 따른 구분으로 흡입독성, 경구독성, 경피독성이 있다. 만성독성은 발현속도에에 따른 분류에 속한다.

45 급성독성의 강도를 비교하는 지표로서 공시품으로 주로 사용되는 실험동물은?
① 개 ② 고양이
③ 물고기 ④ 쥐

해설 세계보건기구에서 쥐를 대상으로 한 급성 경구 및 피부 독성실험에 의거하여 농약의 독성을 분류한다.

46 사람이 일생을 통하여 매일 섭취하여도 아무런 영향을 주지 않는 약량을 무엇이라 하는가?
① 최대잔류허용량 ② 1일 섭취허용량
③ 최대무작용량 ④ 농약잔류허용량

해설 최대무작용량은 장기 독성시험동물이 아무런 영향을 받지 않는 최대 용량을 의미한다.

정답 43.② 44.④ 45.④ 46.③

47 유기인계의 살충작용은 어느 것에 의하는가?

① Acetylcholineesterase의 작용 저해
② Cytochromeoxidase 의 작용 저해
③ Cynapse 전막 저해
④ 신경의 이상흥분 억제

> **해설** 유기인계 살충제는 아세틸콜린에스테라제(AChE)의 활성 저해제이며 식물의 경엽으로 침투가 쉽게 이루어진다.

48 유기인계 살충제가 아닌 것은?

① MEP 제
② PAP 제
③ DDVP 제
④ NAC 제

> **해설** NAC(카바릴)은 카바메이트계 살충제이다.

49 위생해충 구제에 많이 사용하는 약제는?

① 이피엔제
② 니코틴제
③ 로테논제
④ 피레트린제

> **해설** 피레트린제는 제충국의 꽃 씨방에서 살충성분을 추출하여 제조한 황색의 유상 물질이다. 곤충에 대해 살충효과가 강하고 유제외에 모기향으로 이용하기도 하며 파리, 모기 등의 해충 박멸에 많이 이용된다.

50 살균제의 작용기작으로 가장 거리가 먼 것은?

① 세포막 구조 파괴
② 신경기능 저해
③ 생합성 저해
④ 호흡 저해

> **해설** 신경기능 저해는 살충제의 작용기작이다. 살균제의 작용기작으로 호흡의 저해, 단백질 생합성 저해, 세포막 및 세포벽 형성 저해 등이 있다.

51 과수의 병해방제제로 강력한 살균력을 나타내며 응애나 깍지벌레 등에 대한 살충작용도 있는 약제는?

① 카탑하이드로클로라이드
② 폴펫
③ 파라티온에틸
④ 결정석회황 합제

> **해설** 결정석회황 합제는 값이 저렴하고 살균력이 좋으며 응애류 및 깍지벌레류에 살충력을 가진다. 또한 과수의 병해 방제약제로도 이용되고 있다.

정답 47.① 48.④ 49.④ 50.② 51.④

52 도열병 방제와 관계가 없는 농약은?
① 이프로벤포스 유제
② 아이소프로티올레인 입제
③ 네오아소진 액제
④ 프로베나졸 입제

해설 네오아소진은 사과나무 부란병에 효과적인 농약이다.

53 다음 중 침투성 살균제로 주로 사용되는 것은?
① 보르도혼합액
② 만코제브
③ 프로피네브
④ 페나리몰

해설 침투성 살균제의 종류로 종류로는 메탈락실, 베노밀, 카벤다짐, 티아벤다졸, 카복신, 메프로닐, 페나리몰 등이 있다.

54 다음 보기에서 설명하는 살균제는?

> ◎ 백색 바늘 모양의 결정이다.
> ◎ 도열병 방제용으로 주로 사용된다.
> ◎ 단백질합성 저해작용을 하는 약제이다.

① 가스가마이신
② 메틸브로마이드
③ 티람
④ 클로로타로닐

해설 가스가마이신은 잎 도열병의 방제에 이용하고 단백질 생합성을 저해하는 농용항생제이다.

55 다음 중 합성옥신이 아닌 것은?
① NAA(naphthalene acetic acid)
② PCPA(ρ-chlorophenoxy acetic acid)
③ BOH(β-hydroxyethyl hydrazine)
④ BNOA(β-naphthoxy acetic acid)

해설 합성옥신의 종류로 NAA, IBA, PCPA, 2·4-D, BNOA, 2,4,5-T 등이 있다.

정답 52.③ 53.④ 54.① 55.③

56 다음 중 저온, 장일의 조건이 화성에 필요한 식물에서 저온처리나 장일조건의 환경을 대신할 수 있는 것은?
① 지베렐린 ② 옥신
③ 시토키닌 ④ 에테폰

해설 지베렐린을 작물에 적용시 발아촉진, 화성유도, 생장 촉진, 수량의 증대 효과를 기대할 수 있으며 개화 현상을 촉진시키는데 장일식물도 단일조건에서 개화를 할 수 있도록 유도해준다.

57 식물의 생장을 억제하는 물질이 아닌 것은?
① MH ② B-9
③ NAA ④ CCC

해설 NAA는 합성옥신으로 식물의 생장 촉진에 관여한다.

58 다음 약제 중 응애의 알, 어린벌레, 성충에 대해서 고루 살충효과가 큰 약제는?
① 디코폴 ② 이피엔
③ 테트라디폰 ④ 다이아지논

해설 디코폴은 응애류를 선택적으로 방제하는 살비제이다.

59 유기인계 살충제에 의한 중독 시 가장 적당한 해독제는?
① vitamin K ② EDTA-Ca
③ atropine sulfate ④ british anti lewisite

해설 유기인계 살충제 중독 해독제로 황산아트로핀(atropine sulfate), 팜(PAM) 등이 있으며 팜(PAM)의 경우 황산아트로핀과 병용하여 사용하도록 권장하고 있다.

60 농약사용법에 의한 약해가 아닌 것?
① 섞어 쓰기 때문에 일어나는 약해 ② 동시 사용으로 인한 약해
③ 불순물 혼합에 의한 약해 ④ 근접 살포에 의한 약해

해설 불순물 혼합의 경우 농약 자체의 원인에 해당된다.

정답 56.① 57.③ 58.① 59.③ 60.③

61 농약의 제제형태는 주제와 증량제, 용제, 계면활성제 등으로 나뉜다. 다음 중 계면활성제가 가지는 작용이 아닌 것은?
① 습윤작용   ② 응집작용
③ 침투작용   ④ 고착작용

해설 계면활성제는 물과 기름의 계면에서 표면장력을 감소시켜 약품의 습윤성, 부착성 및 고착성, 확전성을 높여주는 역할을 하는데 약품을 하나로 모아주는 응집작용은 하지 않는다.

62 디디티(DDT)와 유사한 화합물이지만 곤충에 대한 살충력은 없고 응애류에만 선택적 살비력을 나타내는 약제는?
① 테티온   ② 디코폴(켈세인)
③ 아조프(호스타치온)   ④ 아진포(구사치온)

해설 디코폴은 살비제로 응애류를 선택적으로 방제하는 약제이다.

63 다음 중 2,4-D 의 합성과 관계가 없는 것은?
① 2,4-디클로로페놀   ② 모노클로로초산
③ 가성소다   ④ 시안화나트륨

해설 시안화나트륨은 독성이 강하여 살충제 제조에 이용된다.

64 다음 중 디티오카바메이트기를 가지고 있는 농약은?
① 메틸브로마이드   ② 석회유황합제
③ 폴리옥신   ④ 만코제브

해설 디티오카바메이트기를 가지는 농약으로 만코제브, 메티람, 프로피네브 등이 있다.

65 백합의 신장억제 및 배추의 생장억제에 주로 사용되는 생장조정제는?
① 디니코나졸액상수화제   ② 지베렐린수용제
③ 에세폰액제   ④ 루톤분제

해설 디니코나졸액상수화제는 배추, 국화, 백합 등의 신장억제제이다.

정답 61.② 62.② 63.④ 64.④ 65.①

66 다음 2,4-D 산 또는 그의 염과 에스테르 중 물에 가장 잘 녹는 화합물은?
① 2,4-D 산
② 2,4-D 소다염
③ 2,4-D 에스테르형
④ 2,4-D 아민염

해설 아민염은 염기계통으로 보기 중 물에 가장 잘 녹는 화합물이다.

67 유제를 1500배로 희석하여 액량 15L 로 살포하려 한다. 이때 원액약량은 몇 ml 가 필요한가?
① 1
② 10
③ 100
④ 1000

해설 소요약량 = $\dfrac{\text{단위면적당 사용량}}{\text{소요 희석배수}} = \dfrac{15L}{1,500} = 0.01L = 10mL$

68 다음 중 사과의 부란병 방제에 적합한 약제는?
① polyoxin A
② polyoxin B
③ polyoxin C
④ polyoxin D

해설 폴리옥신디는 벼잎집얼룩병, 사과 부란병에 효과적이다.

69 농약이 갖추어야 할 사항으로 틀린 것은?
① 인축에 대한 독성이 낮아야 한다.
② 적용 해충의 범위가 넓고 비선택적이어야 한다.
③ 작물 또는 토양에 대한 잔류성이 없어야 한다.
④ 토양 및 수질 오염을 유발시키지 않아야 한다.

해설 농약은 적용 해충의 범위가 넓고 선택적이어야 한다. 또한 작물에 대한 약해가 없고 인축에 대한 피해가 없는 것이 좋다.

정답 66.④ 67.② 68.④ 69.②

70 유기인계 살충제의 작용상의 특징이 아닌 것은?
① 살충력이 강하고 적용해충의 범위가 높다.
② 동, 식물체 내에서의 분해가 빠르다.
③ 알칼리에 대하여 분해되기 쉽다.
④ 약해가 비교적 큰 편이며 잔효성도 길다.

 유기인계 살충제는 분해가 빨라 잔효성이 짧은 편이다.

71 해충의 콜린에스테라아제 효소활성을 저해시키는 약제는?
① 디코폴수화제　　　　② 사이헥사틴수화제
③ 네오아소진액제　　　④ 다이아지논유제

 AChE(아세틸콜린에스테라제)는 신경전달계 관여 효소로 유기인계와 카바메이트계 살충제가 AChE의 분해를 저해하여 신경전달물질의 축적으로 정상적인 신경전달이 방해되어 곤충이 죽게 된다. 유기인계 살충제 종류로 파라티온에틸, 이피엔(EPN), 말라티온, 다이아지논, 페니트로티온(MEP), 펜토에이트(PAP), 트리클로르폰(DEP), 디클로르보스(DDVP) 등이 있다.

72 malathion의 구조식 중 일부이다. 네모 안에 들어갈 원소는?

$$\begin{array}{c} \Box \\ CH_3O \diagdown \parallel \\ \quad\quad P-S-CH-COOC_2H_5 \\ CH_3O \diagup \quad\quad\quad | \\ \quad\quad\quad\quad\quad\quad CH_2-COOC_2H_5 \end{array}$$

① O　　　　　　　　　② S
③ NH　　　　　　　　④ CH_2

말라티온(malathion)은 유기인계 농약으로 진드기, 멸구 등을 방제한다. 화학식은 $C_{10}H_{19}O_6PS_2$ 이다.

$$\begin{array}{c} S \\ \parallel \\ CH_3O-P-S-CHCOOC_2H_5 \\ | \quad\quad\quad | \\ CH_3O \quad\quad CH_2COOC_2H_5 \end{array}$$

정답 70.④ 71.④ 72.②

73 BP원제 0.4kg 으로 2% 분제를 만들려고 할 때 소요되는 증량제의 양은?(단, 원제의 함량은 94%)

① 1.84kg　　　　　　　　② 4.60kg
③ 18.4kg　　　　　　　　④ 46.0kg

해설　희석증량제의 양 = 분제중량 × $\left(\dfrac{원분제농도}{원하는농도} - 1\right)$ = $0.4 \times \left(\dfrac{94}{2} - 1\right)$ = 18.4kg

74 유제에 대한 설명으로 옳지 않은 것은?

① 수화제보다 살포액의 조제가 편리하다.
② 수화제보다 약효가 다소 낮다.
③ 수화제보다 제조비가 높다.
④ 수화제보다 포장, 수송, 보관이 어렵다.

해설　유제는 수화제보다 약효가 높다.

75 농약 원제를 물에 녹이고 동결방지제를 가하여 제제화한 제형은?

① 유제　　　　　　　　　② 액제
③ 수화제　　　　　　　　④ 수용제

해설　액제는 주제가 수용성이며 액상으로 살포한다. 동결의 위험이 있어 계면활성제 등과 같은 동결방지제를 첨가하여 제제한다.

76 다음 중 유기인제 살충제가 아닌 것은?

① MEP 제　　　　　　　② PAP 제
③ DDVP 제　　　　　　　④ NAC 제

해설　NAC 제는 카바메이트계 살충제이다.

77 농약 제조시 반죽시설이 필요한 농약의 제형은?

① 조립식 입제　　　　　　② 흡착식 입제
③ 액상수화제　　　　　　　④ 수용제

해설　조립식 입제는 원제와 보조제를 혼합하여 물에 반죽하여 조립기를 이용하여 살균제, 살충제 등을 제조하기에 반죽시설이 별도로 필요하다.

정답　73.③　74.②　75.②　76.④　77.①

78 농약관리법상 잔류성에 의한 농약의 분류로서 옳은 것은?
① 작물잔류성농약, 토양잔류성농약, 수질오염성농약
② 논토양잔류성농약, 밭토양잔류성농약, 작물잔류성농약
③ 작물잔류성농약, 토양잔류성농약, 어독성농약
④ 수질오염성농약, 작물잔류성농약, 중금속잔류성농약

해설 농약관리법상 잔류성에 의한 농약의 분류로 작물잔류성농약, 토양잔류성농약, 수질오염성농약이 있다.

79 담배 식물에 들어 있는 천연살충 성분은?
① 톡시카롤
② 아나베이신
③ 수마트롤
④ 엘립톤

해설 아나베이신(anabasine)은 담배식물에 들어 있는 알칼로이드로 살충제로 이용된다.

80 acetylcholine이 축적되어 신경의 이상흥분을 일으켜 약제 효과를 나타내는 것은?
① 비소제
② 유기인제
③ 유기염소제
④ 유기불소제

해설 유기인제의 경우 중독증상이 발생하는데 신경의 이상흥분을 일으켜 약제 효과를 나타내는 것이다.

81 다음 중 카바메이트계 농약의 일반적인 구조식은?
① R_2-NCOOX
② $(CH_3O)_2$-POOCX
③ R_2-NCSSX
④ $((CH_3)_2N)_2$-POF

해설 카바메이트계 농약은 카바민산과 아민의 반응에 의하여 얻어지는 화합물로 살충제로 이용된다.

정답 78.① 79.② 80.② 81.①

82. 가비중이 1.05 인 Isoprothiolane 유제(50%) 100ml 로 0.05% 살포액을 조제하는데 필요한 물의 양은 몇 L 인가?

① 20　　② 25　　③ 105　　④ 204

해설 희석할 물양 = 원액용량×$\left(\dfrac{원액농도}{희석농도}-1\right)$×원액비중

= $100 \times \left(\dfrac{50}{0.05}-1\right) \times 1.05$ = 104,895 ≒ 약 105L

83. 어떤 살충제에 대하여 이미 저항성이 발달한 해충이 한번도 사용한 적은 없지만 작용기구가 같은 살충제에 대하여 저항성을 나타내는 현상은?

① 교차저항성　　② 복합저항성
③ 단일약제저항성　　④ 선천적저항성

해설 해충에 한번도 사용하지 않았지만 유사 약제에 저항성으로 동시에 사용하지 않은 약제에도 저항성이 생기는 경우를 교차저항성이라 한다.

84. 농약의 구비조건으로 가장 거리가 먼 것은?

① 약효가 확실할 것　　② 약해가 없을 것
③ 저장성이 좋을 것　　④ 독성이 강할 것

해설 농약의 구비조건
- 농약은 살균, 살충력이 강해야 한다.
- 작물 및 사람, 가축에 해가 없어야 한다.
- 사용법이 간단해야 한다.
- 품질이 균일하고 지속적이어야 하며 외부환경 변화에도 변질되지 않아야 한다.
- 가격이 저렴하고 구입이 용이해야 한다.
- 다른 약제와의 혼용이 가능해야 한다.

85. 해충의 신체 골격을 이루는 키틴 생합성을 저해하여 살충작용을 나타내는 것은?

① 파라치온　　② 디플루벤주론
③ 디디티　　④ 델타린

해설 키틴 생합성 저해 물질로 뷰프로페진, 디플루벤주론, 크롤르플루아주론, 테플루벤주론 등이 있다.

정답 82.③　83.①　84.④　85.②

86 건조 중 농약잔류량이 0.5ppm 이었다면 시료 1kg 중의 양은?

① 0.05mg   ② 0.5mg
③ 5mg   ④ 50mg

해설 ppm은 1kg 중에 1mg이 들어 있을 경우 1ppm을 함유하고 있다라고 표현하다. 시료 1kg 중에 0.5ppm이 잔류되어 있다면 0.5mg이 들어 있음을 의미한다.

87 훈증제가 갖추어야 할 조건으로 틀린 것은?

① 휘발성이 크고 농도가 균일하여야 한다.
② 훈증할 목적물에 이화학적으로 변화를 주어야 한다.
③ 비인화성이어야 한다.
④ 침투성이 커서 약제가 쉽게 도달하여야 한다.

해설 훈증할 목적물에 이화학적으로 변화를 주지 않아야 한다.

88 유기인계 농약의 일반적인 작용 특성을 옳게 설명한 것은?

① 인축에 급성독성이 낮다.   ② 비교적 잔효성이 짧다.
③ 기온이 높아지면 약효가 저하된다. ④ 적용해충의 범위가 좁다.

해설 유기인계 농약은 일반적으로 분해가 빨라 잔효성이 짧은 편이다.

89 농약의 미립자가 시설 내에 장시간 부유하고 균일하게 확산될 수 있도록 연구된 제제로서 미분쇄된 분제(평균입경 $2\mu m$)가 하우스 내의 병해충 방제를 목적으로 개발된 것은?

① 분제   ② DL 분제
③ 플로우더스트제 ④ 연무제

해설 FD제(플로우더스트제, Flow Dust)는 하우스 내의 병해충 방제를 위해 개발되어 미립자가 장시간 부유하여 균일하게 확산되도록 평균입경을 $2\mu m$ 정도로 작게 제형하여 살포한다.

정답 86.② 87.② 88.② 89.③

90 다음 중 액체 시용제인 유제에 대한 설명으로 옳지 않은 것은?

① 유제란 주제의 성질이 수용성인 것을 말한다.
② 살포액의 조제가 편리하고 포장·수송 및 보관에 각별한 주의가 필요하다.
③ 유제에서 주제가 유기용매의 25% 이상 용해되는 것이 원칙이다.
④ 유제에서 계면활성제를 가하는 농도는 5~15% 정도이다.

> 해설 유제는 주제의 성질이 지용성으로 물에 녹지 않아 유기용매에 녹여 유화제를 첨가한 용액을 말한다.

91 경구 중독에 대한 설명으로 틀린 것은?

① 입을 통해서 소화기내로 들어와 흡수 중독을 일으키는 것을 말한다.
② 인공호흡을 시키고 산소를 흡입시킨 다음 안정시킨 후 모포 등으로 싸서 보온시킨다.
③ 따뜻한 물이나 소금물로 위를 세척한다.
④ 약물이 장내로 들어갈 염려가 있을 때는 황산마그네슘 용액에 규조토 등을 타서 먹여 배설시킨다.

> 해설 경구 중독의 경우 입을 통해 따뜻한 소금물 등을 마시게 하여 약물을 토하게 하여 약물의 흡수를 방지한다. 인공호흡의 경우 치료자가 함께 감염될 위험성이 있어 실시하지 않는다.

92 다음 급성중독 중 그 강도의 순서가 옳게 나열된 것은?

① 흡입독성 > 경피독성 > 경구독성
② 경구독성 > 흡입독성 > 경피독성
③ 흡입독성 > 경구독성 > 경피독성
④ 경피독성 > 경구독성 > 흡입독성

> 해설 투여 방법에 따라 흡입독성, 경피독성, 경구독성으로 분류되며 독성의 강도는 호흡을 통해 흡입되는 흡입독성이 가장 강하며 입을 통해 침투하는 경구독성, 피부를 통해 체내로 침투하는 경피독성 순서이다.

93 제초제의 약해를 받는 유, 무에 따라 분류한 것은?

① 이행형 및 접촉형 제초제
② 토양처리제와 경엽처리제
③ 호르몬형 및 비호르몬형 제초제
④ 선택성 및 비선택성 제초제

> 해설 선택성은 선택적으로 잡초를 방제하는 약품이고 비선택성은 식물의 종류에 상관 없이 모든 식물을 제거하는 약품이다. 제초제의 약해 유무에 따라 선택성과 비선택성으로 분류할 수 있다.

정답 90.① 91.② 92.③ 93.④

94 다음 약제 중 화학불임제가 아닌 것은?

① Tepa
② Aziridine
③ Apholate
④ Benzylbenzoate

해설 ◀ 화학불임제의 종류로 아지리딘(Aziridine), 테파(Tepa), 아포레이트(Apholate) 등이 있다. 벤질벤조에이트(Benzylbenzoate)는 의료용이나 방충제로 사용된다.

95 농약의 토양 잔류에 대한 설명으로 옳지 않은 것은?

① 유기염소계 농약은 환경에서 매우 안정하므로 토양 중에 오래 잔류한다.
② 아닐린유도체는 토양 중에서 토양입자에 강하게 흡착되므로 오래 잔류한다.
③ 수화제나 유제와 같이 물에 희석해서 사용된 약제는 분제나 입제보다 토양에서 분해가 빨라진다.
④ 일반적으로 유기물함량이 높은 토양에서 농약의 분해가 촉진된다.

해설 ◀ 농약의 분해 속도는 토양의 조건에 많은 영향을 받으며 물에 희석하여 사용한 약제라고 하여 토양에서 분해 속도가 빠른 것은 아니다.

96 식물성 살충제로 온혈동물에는 독성이 없는 농약은?

① Nicotine 제
② Anabasine 제
③ 송지합제
④ Pyrethrin 제

해설 ◀ 피레트린제(pyrethrin)곤충에 대해 살충효과가 강하고 유제외에 모기향으로 이용하기도 하며 파리, 모기 등의 해충 박멸에 많이 이용된다. 사람이나 온혈동물의 경우 신속하게 분해되어 배출되기에 독성이 없다.

97 살충제의 해충에 대한 복합저항성이란?

① 살충작용이 다른 2종 이상에 대하여 동시에 해충이 저항성을 나타내는 현상
② 어떤 살충제에 대하여 저항성이 발달한 해충이 한번도 사용한 적이 없지만 작용기구가 같은 살충제에 저항성을 나타내는 현상
③ 어떤 해충개체군 내에 대다수의 개체가 해당 살충제에 대하여 저항력을 가지는 해
④ 동일 살충제를 해충개체군 방제에 계속 사용하면 저항력이 강한 개체만 만들어지는 현상

해설 ◀ 살충작용이 다른 2종류 이상에 대해 동시에 해충이 저항성이 생기는 경우을 복합저항성이라 한다.

정답 94.④ 95.③ 96.④ 97.①

98 리바이지드 유제 30%를 500배로 희석해서 10a 당 8말을 살포하여 해충을 방제하고자 할 때 리바이드지드 유제 30%의 소요량은 몇 ml 인가?(단, 1말은 18L 로 한다)

① 144
② 188
③ 244
④ 288

해설 소요약량 = $\dfrac{\text{단위면적당사용량}}{\text{소요희석배수}}$ = $\dfrac{18L \times 8}{500}$ = 0.288L = 288mL

99 광범위 농용해충약 카보입제에 대한 설명으로 틀린 것은?

① 약효지속 기간이 매우 길다.
② 식도제로 입을 통해 충체 내로 들어가 독작용을 하는 살충제이다.
③ 속효성이면서 지효성이다.
④ 카바메이트계 살충제로 비교적 안정한 화합물이다.

해설 카보입제는 카바메이트계 살충제로 살충력이 선택적이고 적용해충의 범위가 넓은 편이다. 인축에 대한 독성이 낮은 편이고 체내에 축적되는 일이 없고 체내에서도 분해가 잘되는 편이며 광선 및 온도에 비교적 안정적인 화합물이다.

100 다음 중 농용항생제에 대한 설명으로 옳지 않은 어느 것인가?

① 다른 미생물의 발육 또는 대사작용을 억제시키는 생리작용을 지닌 물질을 말한다.
② 그리세오풀빈은 주로 토마토의 궤양병 방제제로 사용된다.
③ 가수가마이신은 단백질 합성을 저해하는 작용을 하는 약제이다.
④ 스트렙토마이신의 제품은 염산염과 황산염이 주로 사용된다.

해설 그리세오풀빈은 무좀, 백선병 등에 효과적인 항생물질이다.

정답 98.④ 99.② 100.②

PART 5

잡초방제학

PLANT PROTECTION

PART 05 잡초방제학

01 잡초방제 일반

1. 잡초방제의 개념 및 의의

(1) 잡초의 정의

① 농업에서 경작지에서 작물이외에 자라는 식물로 작물의 수량이나 품질을 저하시키는 식물을 말한다. 여기에는 목본식물도 포함되기도 한다.
② 잡초의 경우 번식력이 강하고 종자의 수명이 길며 작물이 차지하는 공간에서 양분과 수분을 빼앗는다.

(2) 잡초의 특성

① 잡초의 경우 생장이 빠르고 환경에 대한 적응력이 큰 편이다.
② C_4식물이 많아 광합성에 대한 능력이 뛰어나다.
③ 영양번식을 하여 물리적 방제를 극복하고 제초제에 대한 저항성이 강한편이다.
④ 쌍자엽잡초와 단자엽잡초의 특징

쌍자엽 잡초	단자엽 잡초
㉠ 쌍떡잎(2개의 자엽)으로 잎맥은 그물맥이다. ㉡ 뿌리는 곧은뿌리(원뿌리)이다. ㉢ 관다발은 원형으로 배치되어 있다. ㉣ 형성층이 존재한다. ㉤ 생장점은 식물체 위쪽에 위치한다.	㉠ 배가 하나의 떡잎(자엽)을 갖추고 있다. ㉡ 잎은 나란히맥(평행맥)이다. ㉢ 뿌리는 수염뿌리이다. ㉣ 줄기의 관다발은 불규칙하게 흩어져 있고 부름켜가 없다. ㉤ 섬유근계는 관근이다. ㉥ 생장점은 식물체 하단에 위치한다.

기출문제

잡초의 식물학적 분류에서 단자엽 식물의 특성에 해당하는 것은?
① 2매 자엽
② 개방유관속
③ 위쪽에 생장점 위치
④ 섬유근계

해설: 섬유근계는 관근이다.

답 ④

기출문제

쌍자엽 잡초의 특징은?
① 뿌리는 섬유근계의 관근이다.
② 잎은 대개 평행맥이다.
③ 생장점이 줄기 하단의 절간 부위에 있다.
④ 배유대신에 2개의 자엽으로 되어 있다.

해설: 쌍자엽 잡초는 쌍떡잎인 2개의 자엽으로 되어 있다.

답 ④

(3) 잡초의 피해

① 농경지 피해
  ㉠ 잡초는 작물과 경쟁을 일으켜 작물의 생육환경을 불량하게 하여 수량을 감소한다.
  ㉡ 경쟁(경합)은 주로 토양의 수분, 양분, 공간 등 생육에 필요한 요소들이며 작물의 개화 및 과실에 영향을 미치게 된다.
  ㉢ 잡초의 양분 및 수분의 흡수력이 좋고 생존력이 좋아 작물의 생육에 많은 영향을 미치게 된다.
② 상호대립억제작용은 잡초에서 작물의 생육을 억제하는 물질을 분비하여 생장 및 발아를 억제하는 작용을 한다.
③ 잡초 중에서는 뿌리가 없는 기생식물이 있으며 대표적으로 새삼, 겨우살이가 있다. 기생식물은 다른 식물의 양분을 흡수하여 살아가기에 작물에 기생할 경우 작물의 양분을 빼앗아가 생육에 영향을 미친다.
④ 기타 병해충의 서식처 역할을 하거나 작업 환경을 악화 시켜 경지의 이용효율을 감소시킨다. 또한 사료포장의 오염으로 품질저하 및 관리에 문제가 발생한다.

(4) 잡초의 유용성

① 토양에 유기물을 공급하여 토질을 개선시킨다.
② 잡초를 먹이로 하는 야생동물에게 먹이와 서식처를 제공한다.
③ 토양의 유실을 방지한다.
④ 자연경관을 아름답게 하는 조경의 기능이 있다.
⑤ 오염된 수질 및 토양의 정화를 돕는다.
⑥ 병해충의 저항성 작물등에 활용되는 유전자원이기도 하다.
⑦ 약료, 향료, 사료 등 다방면으로 활용된다.

02 잡초의 분류 및 분포

1. 잡초의 분류

(1) 식물분류학적 분류

① 식물분류는 이명법(린네)을 주로 기준으로 한다.

　계 → 문 → 강 → 목 → 과 → 속 → 종 → 변종

② 식물의 분류시 기본단위는 종은 같은 유전형질을 나타낸다.

③ 종을 학명으로 표시할 경우 린네가 만든 이명법을 사용한다.

④ 린네의 이명법은 첫 번째 단어를 종이 속한 속명, 두 번째 단어는 종명을 나타내며 이러한 종의 두 단어를 합친것을 이명법이라 하며 라틴어로 표기한다.

(2) 생활형에 따른 분류

① 1년생 잡초

　㉠ 1년을 기준으로 생활하는 잡초로 한해살이 잡초라고도 한다.

　㉡ 1년생 잡초에는 화본과잡초, 방동사니과 잡초, 광엽잡초 마다 다양하게 존재한다.

화본과 잡초	둑새풀, 강피
방동사니과 잡초	알방동사니, 바람하늘지기, 바늘골
광엽잡초	물달개비, 물옥잠, 사마귀풀, 여뀌, 마디꽃, 자귀풀

② 월년생 잡초

　㉠ 1년 이상 2년 미만으로 생활하는 잡초이다

　㉡ 종자가 발아하고 1년까지는 영양생장을 하나 다음 해부터는 개화하여 종자를 생산하는데 이러한 특징으로 2년생잡초라고도 한다.

　㉢ 월년생 잡초에는 달맞이꽃, 나도냉이, 엉겅퀴, 냉이, 별꽃, 속속이풀 등이 있다

③ 다년생 잡초

　㉠ 2년이상 생활하는 잡초를 다년생 잡초라 한다.

　㉡ 방동사니과에는 올방개, 파대가리, 너도방동사니가 있으며 광엽잡초에는 가래, 개구리밥, 올미, 미나리 등이 있다

화본과 잡초	나도겨풀
방동사니과 잡초	너도방동사니, 쇠털골, 올방개, 올챙이고랭이
광엽잡초	가래, 개구리밥, 미나리, 올미, 좀개구리밥, 쇠뜨기

ⓒ 다년생 잡초는 특징 및 번식 방법 등에 따라 단순다년생, 구근형다년생, 포복형다년생이 있다.

② 단순다년생은 주로 종자로 번식하며 구근형다년생은 구근이나 종자로 번식한다.

단순다년생	민들레, 질경이
구근형다년생	산달래, 야생마늘

ⓔ 포복형다년생은 덩이줄기(괴경), 땅속줄기(근경), 알줄기(구경), 가는줄기(포복경), 가는뿌리(포복근)이나 종자로 번식한다.

번식방법	종류
덩이줄기(괴경), 땅속줄기(근경)	너도방동사니, 매자기, 올방개
알줄기(구경)	반하, 올챙이고랭이
가는줄기(포복경)	미나리, 병풀
가는뿌리(포복근)	쇠뜨기, 엉컹퀴, 겨풀

기출문제

우리나라에서 다년생 잡초인 것은?

① 피
② 쇠뜨기
③ 명아주
④ 강아지풀

해설: 쇠뜨기는 광엽 다년생 잡초이다.

답 ②

(3) 형태적 분류

잡초는 형태적 분류에 따라 광엽잡초, 화본과잡초, 방동사니과잡초로 분류된다.

① 광엽잡초
- ㉠ 쌍자엽식물로 망상맥을 가지며 잎이 넓은 것이 특징이다.
- ㉡ 대표적으로 닭의장풀, 명아주, 가래, 물달개비, 쇠비름, 비름, 질경이, 여뀌, 깨풀 등이 있다.

② 화본과 잡초
- ㉠ 잎이 길며 잎맥은 평형맥이다. 줄기는 원통형이며 마디 사이가 비어 있다.
- ㉡ 바랭이, 피, 강아지풀, 둑새풀 등이 있다.

③ 방동사니과잡초
- ㉠ 화본과 잡초와 유사한 형태를 지니고 있으나 줄기가 삼각형 형태를 띠고 있으며 속이 차 있고 잎이 좁다. 물속이나 습지에서 주로 자란다.
- ㉡ 너도방동사니, 올방개, 쇠털골, 향부자, 매자기, 올챙이 고랭이, 바람하늘지기 등이 있다.

기출문제

광엽잡초와 화본과잡초의 분류로 옳은 것은?

① 광엽잡초 - 돌피
② 광엽잡초 - 명아주
③ 화본과잡초 - 여뀌
④ 광엽잡초 - 바랭이

해설 명아주는 광엽잡초에 속한다.

답 ②

기출문제

방동사니류 잡초가 아닌 것은?

① 올방개
② 올미
③ 올챙이고랭이
④ 바람하늘지기

해설 올미는 논, 습지 등에 발생하는 택사과 잡초이다. 방동사니류 잡초로 너도방동사니, 올방개, 향부자, 매자기, 올챙이 고랭이, 바람하늘지기 등이 있다.

답 ②

(4) 기타 분류

① 토양수분 적응성에 의한 분류
  ㉠ 건생잡초
    · 포장용수량(수분40~60%) 상태에서 발생하는 잡초이다.
    · 바랭이, 명아주, 쇠비름, 강아지풀 등이 있다.
  ㉡ 습생잡초
    · 포화수분(수분 80~90%) 상태에서 발생하는 잡초이다.
    · 황새냉이, 별꽃, 둑새풀 등이 있다.
  ㉢ 수생잡초
    · 담수 상태(얕은 수심)에서 발생하는 잡초로 부유잡초도 여기에 속한다.
    · 가래, 마디꽃, 물옥잠, 물달개비 등이 있고 부유잡초로는 부레옥잠, 개구리밥, 좀개구리밥, 생이가래 등이 있다.

② 발생시기에 의한 분류
  ㉠ 여름 잡초
    · 봄에 발생하여 여름에 피해를 주고 가을에 결실을 하는 잡초이다.
    · 명아주, 돌피, 강아지풀, 알방동사니, 물별, 바랭이, 마디꽃 등이 있다.
  ㉡ 겨울 잡초
    · 가을에 발생하여 노지에서 월동하고 봄쯤 피해를 주고 늦봄이나 초여름에 결실을 하는 잡초이다.
    · 둑새풀, 냉이, 개미자리, 벼룩나물, 점나도나물, 벼룩이자리, 별꽃, 속속이풀, 갈퀴덩굴 등이 있다.

③ 발생빈도에 따른 분류
  발생빈도에 따라 우생잡초, 광생잡초, 산생잡초, 희생잡초가 있다.

우생잡초	일정 포장에서 매우 많이 발생하는 잡초
광생잡초	일정 포장에서 적지만 널리 발생하는 잡초
산생잡초	일정 포장에서 드물게 발생하는 잡초
희생잡초	일정 포장에서 매우 드물게 발생하는 잡초

④ 생장형에 따른 분류

직립형	· 지상부가 크고 곧게 자라는 잡초를 말한다. · 명아주, 가막사리, 쑥부쟁이.
포복형	· 줄기가 땅 위를 기어가는 형태로 자라는 잡초를 말한다. · 메꽃, 쇠비름, 선피막이, 긴병풀꽃.
총생형	· 분얼하여 포기를 이루는 잡초를 말한다. · 억새, 둑새풀.
분지형	· 지상부에서 가지가 갈라지고 키가 작은 잡초를 말한다. · 광대나물, 애기땅빈대, 석류풀, 사마귀풀.
만경형	· 덩굴줄기가 다른 물체를 감고 올라가 자라는 잡초를 말한다. · 거지덩굴, 환삼덩굴, 메꽃.
로제트형	· 잎이 근생엽(뿌리에서 직접 생긴 잎)으로 이루어진 잡초를 말한다. · 민들레, 질경이.

(5) 논잡초와 밭잡초

① 논잡초
　㉠ 1년생 논잡초로 피, 마디꽃, 물달개비 등이 있다.
　㉡ 논에서 발생하는 다년생 잡초로는 너도방동사니, 올미, 가래, 나도겨풀, 매자기, 올챙이고랭이, 개구리밥, 미나리, 벗풀, 쇠털골 등이 있다.
　㉢ 논에서 점유율이 높은 우점잡초로는 피, 올방개, 물달개비, 올미, 너도방동사니, 올챙이고랭이 등이 있다.

② 밭잡초
　㉠ 1년생 밭잡초로 바랭이, 쇠비름, 명아주, 닭의장풀 등이 있고 다년생 잡초에는 엉겅퀴, 메꽃, 소리쟁이 등이 있다.
　㉡ 기타 뚝새풀, 냉이, 할미꽃, 쑥, 토끼풀, 쇠뜨기, 미국자리공 등이 있다.
　㉢ 발생밀도가 많은 잡초를 우점잡초라 하며 밭에서 주로 나타나는 우점잡초의 종류로는 둑새풀, 명아주, 바랭이, 쇠비름, 깨풀 등이 있다.

기출문제

1년생 광엽잡초로 밭에서 문제가 되는 잡초는?
① 흰명아주 ② 물달개비
③ 가래   ④ 뚝새풀

해설: 흰명아주는 1년생 광엽잡초로 밭에서 문제가 된다. 물달개비와 가래는 논잡초에 속하며 뚝새풀은 논과 밭에서 발생되는 화본과 잡초이다.

답 ①

기출문제

논에 발생하는 다년생잡초로만 묶인 것은?
① 벗풀, 가래, 너도방동사니, 쇠뜨기
② 가래, 너도방동사니, 쇠뜨기, 올방개
③ 올미, 너도방동사니, 쇠뜨기, 올방개
④ 올방개, 벗풀, 가래, 너도방동사니

해설: 논에서 발생하는 다년생 잡초로는 너도방동사니, 올미, 가래, 나도겨풀, 매자기, 올챙이고랭이, 개구리밥, 미나리, 벗풀 등이 있다.

답 ④

기출문제

주로 밭에서만 발생하는 잡초는?
① 올방개 ② 쇠비름
③ 마디꽃 ④ 밭둑외풀

해설: 쇠비름은 밭에서 발생하는 1년생 잡초이다.

답 ②

03 잡초의 생리 생태

1. 잡초 종자의 특성

(1) 종자의 휴면

① 종자의 휴면은 특정 조건에 의해 종자 발아가 멈춘 상태로 생육이 정지되어 있는 상태이다.
② 종자의 휴면은 잡초의 종류에 따라 휴면기간이 다르며 외부 조건에 의해서도 영향을 받는다.
③ 종자의 휴면은 종자 발아에 있어 불량한 환경을 극복하고 적당한 조건에서 발아하기 위한 수단이다.
④ 휴면의 종류에는 자발휴면과 타발휴면이 있으며 이들은 1차 휴면이라 한다. 또한 성숙한 종자가 불량한 환경조건이 오래 지속되어 새로이 발생되는 휴면은 2차 휴면이라 한다.

자발휴면 (생득휴면)	외적요인이 생육에 적합하여도 내적요인에 의하여 휴면을 하는 경우
타발휴면 (강제휴면)	외적요인이 종자가 발아하기 부적합한 경우

⑤ 종자의 휴면 원인은 종자 자체 혹은 외부 환경 조건등 다양한 요인에 의하여 복합적으로 발생하게 된다.

경실	종피가 두껍거나 투기성이 낮아 수분의 흡수가 용이하지 못해 장기간 발아하지 않는 종자를 경실이라 한다. 대표적으로 명아주과, 메꽃, 자운영 등이 있다.
물리·기계적 요인	종자의 종피의 저항으로 배의 성장이 억제되어 종자가 수분을 함유한 상태로 휴면하는 경우가 있다.
산소 부족	종피의 불투기성으로 산소 공급이 원활하지 못하여 휴면한다.
미발달배	배의 발달이 불완전하거나 미숙한 경우를 휴면한다.
발아억제물질	ABA와 같은 발아억제물질로 인하여 휴면한다

⑥ 종자의 휴면 타파
  ㉠ 종피파상법 : 물리적 상처를 통해 종자의 휴면을 타파하는 방법으로 주로 명아주와 같은 경실의 경우 효과적이다.
  ㉡ 황산처리법 : 물리적, 기계적으로 강한 종자의 경우 일정 시간을 황산에 처리하면 종피의 침식으로 다소 종피가 약해져 발아가 촉진된다.
  ㉢ 층적법 : 습한 모래 혹은 이끼를 종자와 층층이 쌓아 두는 방법으로 주로 배휴면 종자에 적용한다.
  ㉣ 약품처리법(발아촉진물질) : 각종 호르몬제와 화학약품을 통해 발아촉진을 하는 방법으로 지베렐린, 시토키닌, 에틸렌, 질산칼륨 등을 이용한다.
  ㉤ 광 처리법 : 광에 의한 처리를 통해 휴면타파가 가능하며 가시광선 중에서도 오렌지색 영역에서 적색광 영역이 가능하며 자외선 파장 영역에서는 휴면타파가 어렵다.

기출문제

잡초 종자의 휴면타파법 중 그 효과가 크게 기대되지 않는 것은?
① 종피 파상법   ② 자외선 처리
③ 저온, 습윤처리   ④ 후숙

해설 : 광에 의한 처리를 통해 휴면타파가 가능하며 가시광선 중에서도 오렌지색 영역에서 적색광 영역이 가능하며 자외선 파장 영역에서는 휴면타파가 어렵다.

답 ②

기출문제

잡초종자의 특징으로 휴면성이 있는데 명아주과 종자가 가지는 휴면성의 가장 큰 원인은?
① 배 형성의 미숙   ② 종피 내 질소 결핍
③ 물의 투수성을 방해하는 종피   ④ 배의 돌출에 따른 기계적 장해

해설 : 명아주 종자의 경우 종피가 두껍고 투기성이 낮아 수분의 흡수가 어려워 장기간 발아하지 않는 종자로 경실이라 한다. 경실에는 명아주과 외에도 메꽃, 자운영 등이 있다.

답 ③

(2) 종자의 수명

① 보통 토양에서 발아하기 쉬운 종자는 수명이 짧은 편이며 발아 조건이 많은 종자는 수명이 긴 편이다.

② 종자의 수명에 영향인자로 미생물에 대한 저항성, 종자의 휴면성, 수분, 온도, 산소 등의 환경조건 등이 있다.

③ 종자의 보관조건에 의해서도 종자의 수명에 영향을 받으며 종자의 수분 함량이 낮고 저온이며 산소분압이 낮을 경우 종자의 수명이 길어진다.

(3) 잡초의 출현

① 잡초종자의 발아

㉠ 종자의 발아는 물을 흡수하면서 시작한다.

㉡ 종자의 발아는 king(1966)의 종자 발아 5단계로 설명한다.

1단계	물의 흡수 및 전분 가수분해
2단계	세포 분열 및 신장 대사
3단계	종근 및 유아 신장
4단계	유아 출현
5단계	발생 후 이유기 단계

② 잡초 출현의 영향인자

㉠ 잡초가 지표면 위로 발아하는데 영향을 미치며 내용은 아래와 같다.

깊이(심도)	종자의 무게가 무거울수록 유묘발생 심도가 깊어진다.
온도	발아적온은 잡초의 종류에 따라 다르며 대게 15~30℃ 정도의 범위가 적합하다
수분	토양 수분은 55% 이하 조건에서는 출현이 어렵고 70~80% 정도가 적합하다.
산소	논잡초는 산소농도나 상대적으로 낮은편이 유리하고 밭잡초의 경우 높은 농도에서 발생이 유리하다.
비옥도	잡초의 종류에 따라 비옥한토양 혹은 척박한 토양에서 잘 발생한다.
산도	논잡초는 산성토양, 밭잡초는 약알칼리토양에 잘 발생한다.
염도	특정 잡초의 경우 염류가 있는 조건에서 발생한다.

㉡ 잡초종자가 수분을 흡수하여 껍질을 연하게 하고 배유의 팽창으로 외부껍질이 갈라지면서 가스 교환이 시작된다.

ⓒ 가스교환으로 효소작용이 활성화되고 발아가 시작되기에 수분흡수 과정은 매우 중요한 단계 중 하나이다.
ⓔ 광의 경우 광발아 종자는 장일조건, 암발아 종자는 단일조건에서 발아가 촉진된다. 광발아 종자의 종류로는 바랭이, 쇠비름, 향부자, 강피, 소리쟁이 등이 있으며 암발아 종자는 별꽃, 냉이, 광대나물 등이 있다.
ⓜ 종자 껍질에 있는 색소단백질인 피토크롬은 적색광(Pfr형, 660nm)에서는 발아가 촉진되고 적외선(Pr형, 730nm)에서는 발아가 억제된다.
ⓗ 잡초의 종류별 발아적온은 가막사리 35~40℃, 올챙이 고랭이 30~35℃, 향부자 20~30℃, 뚝새풀 15~20℃, 메귀리 20℃, 여뀌 18~20℃ 이다.

기출문제

잡초가 발아하여 지표면 위로 출현하는 과정에 관여하는 요인과 가장 관련이 적은 것은?

① 토양심도　　　　　② 토양수분
③ 토양온도　　　　　④ 토양구조

해설: 잡초가 발아하는데 관여하는 요인으로 토양의 심도, 온도, 수분, 산소, 비옥도, 염도, pH 등이 있다.

답 ④

기출문제

암발아 잡초종은?

① 광대나물　　　　　② 바랭이
③ 소리쟁이　　　　　④ 쇠비름

해설: 암발아 종자는 별꽃, 냉이, 광대나물 등이 있다.

답 ①

(4) 종자의 발아 습성

발아 주기성	주기적으로 일정 간격을 두고 최고의 발아율을 나타내는 것
발아 준동시성	일정 기간 내의 대부분의 종자가 발아에 집중하는 것
발아 연속성	오랜 기간 지속적으로 발아하는 것
발아 계절성	발아 계절의 일장에 반응하여 휴면을 타파하고 발아하는 것
발아 기회성	온도에 감응하여 발아하는 것

기출문제

잡초종자의 발아 습성이라 볼 수 없는 것은?
① 광전환성　　　　　　② 발아주기성
③ 발아의 계절 및 기회성　④ 발아의 준동시성 및 연속성

해설: 잡초종자의 발아습성으로 주기성, 준동시성, 연속성, 계절성, 기회성이 있다.

답 ①

기출문제

다른 조건보다 주로 일장에 반응하여 휴면이 타파되어 잡초 종자가 발아하게 되는 특성은?
① 발아 기회성　　　　② 발아 계절성
③ 발아 주기성　　　　④ 발아 연속성

해설: 발아 계절의 일장에 반응하여 휴면을 타파하고 발아하는 것을 발아 계절성이라 한다.

답 ②

2. 잡초의 번식 및 전파

(1) 종자 및 지하경 번식법

① 유성 번식
  ㉠ 유성번식은 무성번식과는 다르게 종자를 이용하여 번식하는 방법이다.
  ㉡ 잡초별로 유성번식의 주기가 상이한데 1년생 잡초의 경우 1년 이내에 개화 및 결실을 하여 종자를 번식하며 2년생 잡초는 첫해에 영양생장을 하고 다음해 종자로 번식을 한다.
  ㉢ 다년생잡초의 경우 대부분 영양번식을 하지만 일부 유성번식을 하기도 한다.
  ㉣ 유성번식의 종자 생산에 영향을 미치는 요소로 일장, 영양, 온도, 토양 조건 등이 있다.
  ㉤ 주로 종자로만 번식하는 1년생 잡초로 피, 뚝새풀, 마디꽃, 바보여뀌, 물달개비 등이 있다.

② 무성 번식(영양 번식)
  ㉠ 영양 번식은 영양기관을 이용하여 번식을 하는 방법으로 다년생 잡초의 포복경, 인경, 구경, 괴경, 근경 등에서 이루어진다.

포복경	버뮤다그래스, 미나리, 병풀, 아욱메풀, 선피막이
인경	야생마늘, 자주괭이밥, 무릇
구경	반하, 올챙이고랭이
괴경	올방개, 매자기, 벗풀, 향부자, 너도방동사니, 올미
근경(지하경)	쇠털골, 가래, 나도겨풀, 수염가래꽃, 택사, 띠

  ㉡ 영양번식에 영향 인자로 토성, 일장, 광도, 양분 등이 있다.

토성	중점토보다 사질토에서 지하영양기관이 잘 생성된다.
일장	단일은 괴경형성을 촉진하고 장일은 괴경형성을 억제한다.
광도	광도가 높으면 경엽은 작아지는 편이며 괴경 수가 증가한다.
양분	양분이 많으면 번식 속도가 증가한다.

기출문제

주로 괴경에 의해서 번식하는 다년생 잡초는?
① 올방개
② 쇠비름
③ 쇠털골
④ 물달개비

해설: 괴경에 의해 번식하는 다년생 잡초로 올방개, 매자기, 벗풀, 향부자, 너도방동사니, 올미 등이 있다.

답 ①

기출문제

잡초와 주요 영양번식 기관의 연결로 틀린 것은?
① 매자기 - 괴경
② 향부자 - 실편
③ 띠 - 지하경
④ 야생마늘 - 인경

해설: 향부자는 괴경으로 번식한다.

답 ②

기출문제

다음 중 영양번식을 주로 하는 잡초로 나열된 것은?
① 메꽃, 올방개, 알방동사니, 가래
② 바랭이, 쇠비름, 참방동사니, 깨출, 돌피
③ 올미, 가래, 메꽃, 올방개
④ 바랭이, 쇠비름, 참방동사니, 깨풀, 명아주

해설: 보기의 올미, 올방개는 괴경, 가래는 근경, 메꽃은 뿌리로 번식하는 영양번식에 속한다.

답 ③

(2) 잡초의 전파

① 잡초는 물리적인 요인에 의해 주로 전파되는데 바람, 공기, 동물 등 이동방법이 다양하다.

바람	· 종자의 크기가 작고 가볍거나 포자형인 종자가 전파된다. · 민들레, 박주가리, 엉겅퀴속, 망초
물	· 무게가 가볍고 물에 뜨는 논잡초가 주로 전파된다. · 피, 소리쟁이, 벗풀
동물&사람	· 동물의 먹이가 되어 소화기관을 통해 전파된다(ex. 비름, 명아주) · 동물의 털이나 사람의 옷에 붙거나 농경생활에서 사용되는 농기구에 붙어 전파되기도 한다.(ex. 도꼬마리, 도깨비바늘)

② 종자의 전파는 주로 유성번식을 하는 잡초에서 주로 나타난다.

04 경합

1. 경합의 종류

(1) 경합
① 경합은 생물간에 있어 양분, 산소, 수분, 광선, 공간 등의 경쟁을 말한다. 공간에 대한 식물의 수요가 공급보다 많을 경우 발생되는 현상이다.
② 식물의 경합에는 이종 식물간의 종간경합과 동일 초종내의 개체간의 종내경합이 있다.
③ 식물의 상호작용 측면에서 생리적으로 서로 공유를 하는 경우는 기생이나 공생의 개념으로 정의하나 생리적으로 공유를 하지 않는 경우에 경합, 편리, 편해, 원협 작용이 있다.

(2) 종간경합
① 종간경합은 서로 다른 이종간의 경합을 말한다.
② 잔디와 새포아풀, 혹은 새포아풀과 바랭이 등의 경합이 있다.

(3) 종내경합
① 같은 종 개체간 경합을 말한다.
② 작물에서 주로 나타나는 현상이나 잔디와 잔디사이에서도 일어난다.
③ 작물의 경우 경합을 피하기 위해 재식밀도를 조절하는 것이 효과적이다.

> **기출문제**
>
> 식물의 종간 경합에 해당하는 것은?
> ① 식물과 식물의 경합 ② 서로 다른 종간의 경합
> ③ 같은 종간의 경합 ④ 같은 종내의 개체간의 경합
>
> **해설** 종간경합은 서로 다른 이종간의 경합을 말한다.
>
> 답 ②

> **기출문제**
>
> **종내경합이란?**
> ① 서로 다른 잡초 초종간 경합　② 작물과 잡초간 경합
> ③ 동일 종 내의 잡초간 경합　　④ 여러 작물과 한 잡초간 경합
>
> **해설** 종내경합은 동일 종 개체간 경합을 말한다.
>
> 답 ③

2. 경합의 양상 및 진단

(1) 경합의 특성

① 작물 경합 특성

　㉠ 작물의 경합은 작물간의 밀도에 영향도 있으나 주위에 발생되는 잡초의 발생밀도에도 영향을 받는다. 예를 들면 잡초인 피는 C_4잡초 식물(피, 바랭이, 향부자 등)로 광합성량이 많고 생장속도가 빨라 벼와의 경합에서 유리하며 벼의 분얼을 감소시킨다.

　㉡ 작물 품종에 따라 경합력이 차이가 나며 환경조건에 적응력이 강한 품종을 선택하는 것이 유리하다.

　㉢ 유전적으로 성숙이 빠른 조숙종을 선택하면 초관 형성이 빨라 잡초의 생육을 억제할 수 있다.

　㉣ 직파보다는 이앙이 잡초의 피해를 덜 받는다.

> **기출문제**
>
> **벼의 광 경합 시 가장 큰 피해를 주는 잡초는?**
> ① 돌피　　　　　　　② 올방개
> ③ 벗풀　　　　　　　④ 물달개비
>
> **해설** 피(돌피, 강피), 바랭이, 향부자 등은 벼와 광 경합이 크다.
>
> 답 ①

(2) 경합의 주요 요인

경합의 인자로 양분, 수분, 광, 밀도 등이 있으며 그중에서 양분, 수분, 광이 주요 인자이다.

양분	㉠ 양분의 경우 다량원소인 질소, 인산, 칼륨이 있으며 미량원소에는 철, 아연 등이 경합에 영향을 준다. ㉡ 양분 중에서도 다량원소인 질소가 작물 생장에 있어 중요 양분으로 경합에 영향력이 가장 크다.
수분	㉠ 일반적으로 토양에 수분이 부족할수록 경합이 심하게 일어난다. ㉡ 식물의 종류에 따라서도 차이가 나며 C_4 식물이 C_3 식물보다 수분 이용효율이 좋아 경합에는 유리하다.
광	㉠ 빛에 대한 경합은 군락에 있어 가장 빈번하게 일어나는 경합이다. ㉡ 작물에 있어 광에 대한 경합은 생육 전기간에 걸쳐 일어난다. ㉢ C_4 식물과 C_3 식물 비교시 C_4 식물의 최대광합성속도가 더 높다. ㉣ C_4 식물이 고광도 조건에서 C_3 식물보다 유리하다.

기출문제

작물과 잡초의 경합 주요인이 아닌 것은?

① 영양분 ② 수분
③ 광 ④ 제초제 내성

해설: 경합의 인자로 양분, 수분, 광, 밀도 등이 있다.

답 ④

기출문제

작물과 잡초간의 경합에 관여되는 주된 인자는?

① 빛, 이산화탄소, 산소 ② 산소, 영양소, 이산화탄소
③ 이산화탄소, 토양, 수분 ④ 영양소, 빛, 수분

해설: 경합의 인자로 양분, 수분, 광, 밀도 등이 있으며 그중에서 양분, 수분, 광이 주요 인자이다.

답 ④

(3) 경합의 한계기간 및 밀도

① 잡초 경합 한계기간은 잡초의 경합이 없는 생육초기와 경합으로 피해가 없는 성숙 말기 사이의 기간을 말한다.
② 잡초경합한계기간은 작물 전생육기간의 첫 1/3~1/2 기간이나 1/4~1/3 기간에 해당된다.
③ 잡초경합한계기간의 예로 녹두는 21~35일, 벼는 30~40일, 콩은 42일, 옥수수는 49일, 양파는 56일 정도이다.
④ 잡초허용한계밀도는 잡초의 밀도가 증가하면 양분의 손실 등으로 작물의 수량이 감소하는 밀도이다. 허용한계밀도 이하로 잡초가 존재할 경우에는 작물의 수량에 영향을 미치지 않게 된다.
⑤ 잡초경합허용기간은 잡초의 경합으로 작물의 손실량이 비교적 적은 파종 후 초관형성기 혹은 생식생장기 이후 수확기까지를 말한다.
⑥ 경제적 허용한계밀도는 잡초의 허용한계밀도에서 경제성을 고려한 것으로 방제노력이나 제초 비용과 이득이 상충되는 수준의 밀도를 의미한다.

기출문제

다음 중 잡초경합한계기간이 가장 짧은 작물은?
① 보리
② 벼
③ 녹두
④ 콩

해설 : 잡초경합한계기간은 녹두는 21~35일 정도로 가장 짧다.

답 ③

기출문제

작물과 잡초간 경합의 한계밀도란?
① 잡초의 밀도가 어느 한계에 다다른 후부터 작물의 수량을 크게 감소시키는 밀도
② 잡초의 생장을 촉진시키는 한계밀도
③ 더이상의 경합이 일어나지 않는 밀도
④ 영양생장에서 생식생장으로 넘어가는 한계밀도

해설 : 잡초허용한계밀도는 잡초의 밀도가 증가하면 양분의 손실 등으로 작물의 수량이 감소하는 밀도이다.

답 ①

기출문제

작물이 생육초기에는 잡초와의 경합에 매우 민감하여 제초를 하지 않을 경우 작물에 현저한 수량감소를 초래하는 기간을 경합한계기간이라 한다. 작물 생육기간이 100일이면 일반적인 경합한계기간으로 가장 적합한 것은?

① 파종 및 이식 후부터 10~20일 내
② 파종 및 이식 후부터 20~30일 내
③ 파종 및 이식 후부터 50~60일 내
④ 파종 및 이식 후부터 60~70일 내

> 해설: 잡초경합한계기간은 작물 전생육기간의 첫 1/3~1/2 기간이나 1/4~1/3 기간에 해당된다. 보기의 기간 중 가장 근접된 기간은 파종 후 20~30일 사이이다.
>
> 답 ②

기출문제

잡초 경합한계기간이란?

① 작물이 잡초와의 경합에 가장 유리한 시기
② 작물이 잡초와의 경합에 가장 민감한 시기
③ 작물이 잡초와의 경합에 영향이 적은 시기
④ 작물이 잡초와의 경합에서 피해가 적은 시기

> 해설: 잡초경합 한계기간은 잡초의 경합이 없는 생육초기와 경합으로 피해가 없는 성숙 말기 사이의 기간으로 그 사이의 작물이 잡초와 경합에 가장 민감한 시기를 의미한다.
>
> 답 ②

3. 잡초의 군락과 천이

(1) 식물 군락

① 식물 군락은 식물에 의해 만들어진 식물공동체를 말한다.
② 식물의 군락의 명칭은 대표 식물로 하며 우점식물, 주요 기능을 담당하는 종으로 선택한다.

(2) 잡초의 천이

① 오랜시간 어떤 지역에서 식물, 잡초 등이 자연적 변화를 통해 종이나 식생의 모습이 변화하면서 안정적인 모습을 찾아가는 과정이나 현상을 천이라고 한다.
② 최종적으로 안정된 식생이 오랜시간 지속될 경우 이를 극상이라 표현하며 천이의 마지막 단계이다.
③ 천이의 종류에는 크게 1차 천이와 2차 천이로 분류한다.

1차천이	이전부터 식물 혹은 군집이 존재하지 않는 곳에서 시작하여 식물이나 잡초가 생겨 차후 안정된 모습으로 변화하는 과정을 1차 천이라 한다.
2차천이	기존의 식생이나 군집이 인위적, 자연적 현상에 의해 파괴되고 새로이 형성되는 식생이나 군집이 정착되거나 회복되는 과정을 2차 천이라 한다. 1차 천이와 유사한듯 하지만 천이가 좀더 빠르게 나타나는 것이 특징이다.

④ 잡초군락의 천이의 경우 주로 재배작물이나 작부체계가 변화하거나 경종조건이 변화할 경우 영향을 받는다.

재배작물 변화	재배작물이 변화할 경우 작물자체의 특성이나 토질등에 의해 영향을 받는다.
작부체계 변화	재배방식이나 순서에 따라 영향을 받는다.
경종조건 변화	경운, 시비, 물관리 등에 의해 잡초종자의 오염에 영향을 받는다.
제초방법 변화	선택성 제초제의 사용 증가 및 제초 방법의 변화에 영향을 받는다.

기출문제

논잡초의 군락천이를 유발시키는 원인과 가장 관계가 깊은 것은?
① 춘, 추경을 많이 하기 때문
② 동일한 제초제의 연속적인 사용 때문
③ 담수조건하에서 재배하기 때문
④ 기계이앙이 증가되었기 때문

해설: 잡초군락의 천이는 재배작물 변화, 작부체계 변화, 경종조건 변화, 제초방법 변화 등이 있으며 동일 제초제의 연속 사용의 경우 저항성 잡초들의 발생으로 천이를 유발한다.

답 ②

05 잡초방제

1. 잡초방제 방법

(1) 예방적 방제법

① 예방적 방제법은 외부에서 농경지로 잡초가 유입되는 것을 예방하는 방제법이다.
② 예방적 방제법에는 잡초위생이라 하여 잡초가 발생되지 않도록 관리하는 것을 말한다. 잡초위생에는 재배관리 합리화, 작물종자 정선, 비산형 잡초종자 관리, 농기구 관리, 가축의 관리, 경작지 주변관리, 토양의 소독 및 관리, 완숙퇴비 사용 등이 있다.

재배관리 합리화	· 윤작을 통한 잡초 발생을 억제한다. · 적정 시비를 통해 작물의 경합력을 증대시킨다. · 경운을 통한 잡초 발생을 예방한다.
작물종자 정선	· 잡초 종자의 정선 및 혼입을 막는다.
농기계 관리	· 농기구의 청결을 유지한다.
가축 및 주변 관리	· 가축의 털을 이용한 종자의 유입을 막는다. · 관배수로를 관리하여 수생잡초의 유입을 막는다.
상토 및 운반토양 소독	· 토양의 소독 및 종자의 혼입을 막는다.

기출문제

잡초의 예방적 방제법이라고 할 수 없는 것은?
① 손제초
② 농기계의 청결
③ 재배관리의 합리화
④ 오염된 작물 종자의 수확관리

해설: 예방적 방제법에는 잡초위생이라 하여 잡초가 발생되지 않도록 관리하는 것을 말한다. 손제초의 경우 예방을 위한 방법에는 적합하지 않다.

답 ①

(2) 생태학적(경종적) 방제법

① 잡초의 생육환경이 불리하도록 조성하여 작물이 경합에서 유리하도록 하여 잡초를 방제하는 방법이다.

② 경종적 방제법에는 경합특성을 이용하는 방법과 환경을 이용하는 환경제어법이 있다.

   ㉠ 경합특성 이용
- 작물의 경합력 증진을 위한 방법 선택
- 작부체계의 개선(윤작 등)
- 재식밀도를 높여 초관형성을 촉진한다.
- 경합력이 큰 작물을 선택한다.
- 유묘의 생장력이 강하고 발아율이 좋은 작물을 선택한다.
- 피복작물을 이용하여 토양침식 및 잡초 발생을 억제한다.
- 병해충 등의 적기 방제를 통해 피해지의 잡초 발생을 예방한다.
- 이식 및 이앙을 통해 작물 공간을 선점하여 잡초의 발생 공간을 최소화한다.

   ㉡ 환경제어법
- 잡초의 경합력 약화를 위한 방법
- 작물에 대한 선택적 시비를 실시한다.
- 답전윤환재배를 통해 잡초의 발생을 억제한다.
- 작물에 적합한 토양으로 조절한다.

(3) 생물적 방제법

① 곤충이나 미생물, 병원성을 이용하여 잡초의 세력을 경감시키는 방법이다.

② 생물적 방제법

   ㉠ 곰팡이, 박테리아, 바이러스 등의 병원미생물을 이용한 선택적 방제방법이 있다.

   ㉡ 오리나 닭 등의 가축을 이용한 방제법이 있다.

   ㉢ 우렁이, 달팽이 및 잉어, 붕어 등의 어패류를 이용한 방제법이 있다. 단, 붕어의 경우 발아한 연약한 식물을 먹이로 하기에 직파벼는 사용이 어렵고 이앙된 벼에는 피해를 주지 않는다. 이러한 특징 역시 고려하여 적절한 종류를 선택해야 한다.

   ㉣ 타감작용(allelopathy, 상호대립억제작용)이라 하여 근처 식물의 생육에 영향을 주는 방법을 이용한 방제법이다. 주로 인접 식물의 생육에 부정적인 영향을 끼쳐 생장을 저해시키거나 혹은 과도하게 촉진시키게 된다. 보리, 밀 등은 잡초의

생육을 억제시키는 작용을 한다.
ⓓ 초잡식해곤충을 이용한 방법으로 특정 잡초를 가해하는 곤충을 이용한다. 돌소리쟁이 잡초에는 좀남색잎벌레, 선인장에는 좀벌레, 고추나물속에는 무구풍뎅이가 적합하다.

③ 생물적 방제를 위한 조건으로 잡초의 분포 및 종류에 대한 파악이 필요하면 가장 적합한 천적에 대한 선발 및 증식방법이 효율적이어야 한다.
④ 생물적 방제는 효과의 영구성이 있고 방제 비용이 적게 들며 친환경적이다. 그러나 적절한 천적을 찾기가 어려우며 잡초 발생지의 경우 여러 잡초가 동시다발적으로 발생하기에 모든 잡초방제를 하기에는 어려움이 있다.

기출문제

기생성, 식해성 및 병원성을 지닌 생물을 이용하여 잡초의 발생밀도를 감소시키는 방법은?

① 화학적 방제법 ② 생물적 방제법
③ 생태적 방제법 ④ 종합적 방제법

해설: 곤충이나 미생물, 병원성을 이용하여 잡초의 발생밀도를 경감시키는 방법을 생물적 방제법이라 한다.

답 ②

기출문제

잡초의 여러 기관에서 작물의 발아나 생육을 억제하는 물질을 분비함으로써 피해를 일으키는 작용은?

① competition(경합) ② allelopathy(타감작용)
③ parasitism(기생) ④ 병해충 매개

해설: 타감작용(allelopathy, 상호대립억제작용)이라 하여 근처 식물의 생육에 영향을 주는 방법을 이용한 방제법이다. 주로 인접 식물의 생육에 부정적인 영향을 끼쳐 생장을 저해시키거나 혹은 과도하게 촉진시키게 된다.

답 ②

(4) 기계적&물리적 방제법

① 기계의 힘을 이용하거나 사람이나 가축을 이용하며 기계적, 물리적인 힘을 가하여 잡초를 제거하는 방법으로 시간과 노력이 많이 들어가는 단점이 있지만 가장 확실하게 제거할 수 있다.

② 기계적, 물리적 방제법으로 인위적인 제초, 경운, 예취, 피복, 침수처리, 열처리 등의 방법이 있다.

인위적 제초	· 잡초 발생시 농기구를 이용하여 제초한다.
경운	· 토양을 갈아 엎어 잡초 종자 및 뿌리를 제거한다.
피복	· 토양위에 볏짚, 비닐 등의 재료로 덮어 잡초의 발생을 방제한다.
침수처리	· 논에 일정 수심을 유지하여 잡초 발생을 막는다.
예취	· 잡초를 베어 개화 및 결실을 방지한다.

기출문제

잡초의 생태적 방제방법이 아닌 것은?

① 경운   ② 재식밀도
③ 작부체계   ④ 품종 및 종자선정

해설: 경운은 물리적, 기계적 방제방법에 속한다.

답 ①

(5) 화학적 방제법

① 농약 제초제를 살포하여 잡초를 방제하는 방법으로 최근 가장 널리 사용되는 방법이며 살초 효과가 매우 빠르게 나타난다.
② 잡초에만 약효가 나타나고 작물에는 피해가 없는 선택적 제초제를 사용해야 한다.
③ 제초제의 경우 잡초에 대한 적용범위가 넓어야 하고 제초 효과가 길수록 효과적이며 인축에 대한 독성이 없고 값이 저렴한 것이 좋다.

기출문제

화학적 잡초방제의 장점은?
① 환경에 잔류 가능성이 없음
② 약해가 없음
③ 살초작용이 빠름
④ 생물에 안전함

해설: 화학적 잡초방제는 살초효과가 빠르게 나타나 널리 사용되는 방법이다.

답 ③

---

(6) 잡초종합관리(IWM)

① 잡초종합관리(IWM, Integrated Weed Management)는 여러 잡초 방제법 중에서 두 개 이상의 방법을 선택하여 사용하는 방법이다. 이 방법은 환경 및 인축에 영향을 주지 않고 지속적으로 사용 및 관리가 가능한 방법을 선택해야 한다.
② 두 가지 이상의 방제법을 혼용하여 사용하는데 있어 가능하면 환경에 피해를 주지 않으면서 방제효과를 높일 수 있는 방법을 찾는데 의의가 있다.
③ 잡초종합관리를 통해 잡초군락의 크기가 감소되고 작물의 생산력이 증대되며 재배환경이 개선되어 작물의 수량이 향상된다.

기출문제

종합적 방제법에 대한 설명으로 틀린 것은?
① 제초제 약해와 환경오염을 줄일 수 있다.
② 화학적 방제를 배재하고 생태적 방제와 예방적 방제를 주로 사용한다.
③ 여러 가지 방제법을 상호 협력적으로 적용하는 방법이다.
④ 잡초 군락의 크기가 감소되고 작물의 생산력이 증대되는 효과가 있다.

해설: 종합적 방제법은 환경 및 방제조건에 맞추어 두가지 이상의 방제법을 효율적으로 사용하는 것이지 특정 방제법을 배재하지 않는다.

답 ②

2. 제초제

(1) 제초제 사용

① 제초제 구비조건
  ㉠ 제초제의 효과가 크고 가격이 저렴해야 한다.
  ㉡ 인축 및 환경에 대한 피해 및 오염이 적고 안전해야 한다.
  ㉢ 사용이 편리해야 한다.
  ㉣ 작물의 약해가 적어야 한다.
  ㉤ 외부 영향에 의한 변질이 적고 안정적이어야 한다.

② 제초제의 혼용
제초제의 효과를 높이기 위해 두 가지 이상의 제초제를 함께 사용하는 경우 특정 효과가 나타나게 되는데 이러한 상호작용들을 상승작용, 상가작용, 길항작용으로 분류한다.

상승작용	2종류 이상의 약제를 동시에 작용할 경우 개개의 작용이 합친 것보다 더 높은 효과를 발휘하는 경우를 말한다.
상가작용	2종류 이상의 약제를 동시에 작용할 경우 개개의 작용이 합친 것과 같이 나타나는 경우를 말한다.
길항작용	2종류 이상의 약제를 동시에 작용할 경우 개개의 작용이 합친 것보다 더 적은 효과가 나타나거나 효과가 상쇄되는 경우를 말한다.

기출문제

우수한 제초제가 구비해야 할 조건으로 틀린 것은?
① 제초효과가 우수해야 한다.
② 작물에 대한 안전성이 높아야 한다.
③ 값이 싸고 사용하기 편해야 한다.
④ 토양 잔류기간이 길어야 한다.

해설 토양의 잔류기간은 작물 및 환경을 고려해야 조절되어야 한다.

답 ④

(2) 제초제의 분류

① 생리작용에 따른 분류

선택성	· 보호할 작물에 약해 없이 선택적으로 잡초를 방제하는 약품이다. · 2,4-D, MCP, MCPB, DCPA
비선택성	· 식물의 종류에 상관 없이 모든 식물을 제거하는 약품이다. · CAT, CMV, PCP, DNBP

② 처리방법에 따른 분류

토양처리	잡초가 발생하기 전 살포하는 것으로 어린싹이나 뿌리를 통해 흡수된다.
경엽처리	잡초가 발생한 후 살포하는 것이다.
토양, 경엽 처리	잡초 발생의 진행을 억제하고 이미 발생한 잡초를 고사시킨다.

③ 화학구조에 따른 분류

유기제초제	· 분자 내 하나 이상의 탄소를 함유한 제초제를 말한다. · 2,4-D, MCP, PCP, TCA, DNOC 등
무기제초제	· 분자 내 탄소를 포함하지 않은 제초제를 말한다. · 염소산소다, 시안산소다, HCl, H_2SO_4 등

④ 작용특성에 따른 분류

접촉형	· 식물에 직접 살포하여 접촉시 효과를 발휘하는 제초제를 말한다. · PCP, DNOC, DCPA, Difenoconazole 등
이행성	· 경엽, 뿌리 등 접촉부위에서 식물체 내의 작용점으로 이행되어 효과를 발휘하는 제초제를 말한다. · 2,4-D, 시마진, MCPA, bentazon, glyphosate 등

기출문제

무기제초제의 특성에 대한 설명으로 옳은 것은?

① 일반적으로 대사물의 독성이 매우 크다.
② 가격이 비싸며, 살초효과가 적다.
③ 일반적으로 유기제초제에 비해 처리약량이 적다.
④ 화합물 속에 탄소를 함유하지 않고 구성된다.

해설: 무기제초제는 분자 내 탄소를 포함하지 않은 제초제를 말한다.

답 ④

> **기출문제**
>
> 같은 분류 기준에 의한 제초제의 분류로 옳은 것은?
> ① 발아전 처리제 - 유기처리제   ② 토양처리제 - 접촉형 처리제
> ③ 무기제초제 - 이행형 제초제   ④ 토양처리제 - 경엽처리제
>
> **해설** 제초제의 처리방법에 따른 분류에 토양처리, 경엽처리, 토양·경엽처리로 같은 기준에 의한 분류에 속한다.
>
> 답 ④

(3) 제초제의 작용기작

작용기작의 종류	제초제의 종류
광합성의 저해	· 벤조티아디아졸계 : bentazone · 트리아진계 : simazine, atrazine · 요소계 : linuron, methabenzthiazuron · 아마이드계 : proranil
호흡작용, 산화적 인산화 저해	· 카바메이트계 : chlorpropham · 유기염소계 : dalapon
호르몬 작용의 교란	· 페녹시계 : 2,4-D, MCPP · 벤조산계 : dicamba
단백질 합성의 저해	· 아마이드계 : alachlor, butachlor · 유기인계 : glyphosate
아미노산 생합성의 저해	· 설포닐우레아계 · 이미다졸리논계 · 유기인계 : glyphosate
세포분열의 저해	· 디니트로아닐린계 : trifluralin · 카바메이트계 : chlorpropham

① 광합성의 저해
  ㉠ 광합성 과정은 빛을 이용하여 화학에너지를 만드는 명반응과 명반응에서 화학에너지를 이용하여 이산화탄소를 고정하여 탄수화물을 만드는 암반응으로 구분된다. 여기서 주로 광합성 저해제는 명반응을 저해하는 제초제이다.
  ㉡ 관련 제초제의 종류로 벤조티아디아졸계(bentazone), 트리아진계(simazine, atrazine), 요소계(linuron, methabenzthiazuron), 아마이드계(proranil) 등이 있다.

② 호흡작용, 산화적 인산화 저해
  ㉠ 호흡과정에서 발생되는 ATP 생성 과정을 저해하여 최종적으로 에너지 대사

저하로 식물체를 고사시킨다.

ⓛ 관련 제초제 종류로 카바메이트계(chlorpropham), 유기염소계(dalapon) 등이 있다.

③ 호르몬 작용의 교란

㉠ 대표적인 식물호르몬인 옥신의 생성을 교란시켜 생육을 저해시키게 된다.

ⓛ 관련 제초제 종류로 페녹시계(2,4-D, MCP, MCPP), 벤조산계(dicamba) 등이 있다.

④ 단백질, 아미노산 합성의 저해

㉠ 단백질은 식물체 내에서 아미노산이 펩티드 결합을 통해 구성되어 있다. 이러한 단백질의 합성을 저해시키면 각 단백질의 기능적 특성이 저해되는데 효소, 호르몬, 생리기능 등의 저해작용이 발생하게 된다.

ⓛ 아미노산 합성이 저해되면 광합성, 호흡 등에도 영향을 주게 되며 된다.

㉢ 단백질 합성 저해 관련 제초제로 아마이드계(alachlor, butachlor), 유기인계(glyphosate) 등이 있으며 아미노산 합성 저해 관련 제초제로 설포닐우레아계, 이미다졸리논계, 유기인계(glyphosate) 등이 있다.

⑤ 세포분열의 저해

㉠ 세포분열 저해제는 식물체의 세포분열을 방해하여 생장에 장해를 주게 된다.

ⓛ 분열조직에서 엽산 합성효소를 저해하여 핵산합성과 세포분열을 방해하고 미세소관 집합을 저해하여 방추사의 기능을 방해한다.

㉢ 관련 제초제로 디니트로아닐린계(trifluralin), 카바메이트계(chlorpropham) 등이 있다.

기출문제

호르몬형 제초제가 아닌 것은?

① 2,4-D　　　　　　　　② 디캄바
③ MCPP　　　　　　　　④ 스템에프 34

해설　호르몬 작용의 교란에 관여하는 호르몬형 제초제 종류로 페녹시계(2,4-D, MCPP), 벤조산계(dicamba) 등이 있다.

답 ④

> **기출문제**
>
> 설포닐우레아계 제초제의 작용기구는?
> ① 광합성의 저해　　② 호흡작용의 저해
> ③ 지질 생합성의 저해　　④ 아미노산 생합성의 저해
>
> **해설:** 아미노산 합성 저해 관련 제초제로 설포닐우레아계, 이미다졸리논계, 유기인계(glyphosate) 등이 있다.
>
> **답** ④

> **기출문제**
>
> 다음 중 제초제의 작용기구에 따른 분류에서 광합성 저해계통은?
> ① 요소계　　② 유기인계
> ③ 페녹시계　　④ 페놀계
>
> **해설:** 광합성 저해 제초제의 종류로 벤조티아디아졸계, 트리아진계, 요소계, 아마이드계가 있다.
>
> **답** ①

(4) 제초제의 종류 및 특성

① 경엽처리용 제초제

㉠ 페녹시계 제초제
- 1년생, 다년생 광엽잡초의 경엽에 처리하는 선택성 제초제이다.
- 식물의 생장점의 분열조직에 작용하여 옥신의 발생을 방해하여 이상 분열, 엽록소 형성 저해 등의 작용을 한다.
- 페녹시계 제초제의 종류로 2,4-D, MCPP(Mecoprop, 메코프로프) 등이 있다.
- 2,4-D 의 경우 국내에서 가장 먼저 사용된 제초제로 그 종류가 다양하며 2,4-D 아민염은 물에 잘 녹고, 2,4-D 에스테르는 휘발성인 것이 특징이다.

㉡ 벤조산 제초제
- 콩과식물, 잔디, 화본과 목초의 광엽잡초 등의 방제에 이용한다.
- 광엽식물의 뿌리나 경엽을 통해 흡수되며 페녹시계와 같이 옥신에 영향을 주는 측면에서 유사한 작용을 한다.
- 약품의 안정성은 페녹시계 제초제 보다 좋은 것이 특징이다.
- 벤조산 제초제의 종류로 디캄바, 2,3,6-TBA 등이 있다.

ⓒ 유기인계 제초제
- 경엽에 처리하는 비선택성 제초제로 잎을 통해 흡수되어 세포의 분열조직에 작용한다.
- 유기인계 제초제로 글리포세이트, 글리포세이트암모늄, 피페로포스, 비알라포스 등이 있다.

ⓔ 비피리딜리움계 제초제
- 토양에 강하게 흡착되며 물에 반응시 잘 용해되어 양이온 형태로 식물에 흡수되는 비선택성 접촉형 제초제이다.
- 침투성이 강하며 수 시간 내에 경엽이 위조되고 고사한다.
- 종류로는 파라쿼트 디클로라이드(Paraquat dichloride)가 대표적이다.

ⓜ 벤조티아디아졸계 제초제
- 광엽잡초 및 방동사니과 잡초의 경엽 처리하는 선택성 이행형 제초제이다.
- 대표적인 종류로 벤타존이 있다.

② 경엽 및 토양처리 제초제
ⓐ 트리아진계 제초제
- 잡초가 발생하기 전이나 작물을 심기 전 토양에 미리 처리하는 제초제로 화본과, 광엽잡초 방제에 이용되며 주로 뿌리를 통해 흡수된다.
- 트리아진계는 광에 의해 활성화되어 엽록체에 영향을 주어 황화현상 및 고사하여 식물 자체의 광합성 능력을 저해시킨다.
- 질소원자 3개를 함유하는 구조이며 탄소원자와 결합하는 치환기 $-Cl$, $-OCH_3$, $-SCH_3$ 가 있다.
- 대표적으로 씨마진(simazine), 메트리부진(metribuzin), 헥사지논(hexazinone) 등이 있다.
- 헥사지논(hexazinone)는 침엽수 조림지에 발생하는 초본류 및 잡관목을 없애는 데 유용하다.

ⓑ 요소계 제초제
- 잡초가 발생하기 전 처리하는 제초제이며 화본과 및 광엽잡초에 효과적이며 주로 뿌리로 흡수 된다. 흡수된 약제는 물관을 통해 이행되어 광에 의해 활성화되어 약효가 발휘하면 세포막을 파괴하여 광합성을 저해시킨다.
- 환경 및 인축에 대한 영향이 적어 세계적으로 많이 이용되고 있으며 토양 잔류성도 낮은 편이다.

- 고농도로 처리시 비선택성을 띠며 광에 의해 활성화 된다.
- 대표적인 종류로 리누론(linuron), 메타벤지아주론(methabenzthiazuron), 다이므론(dymron) 등이 있다.

ⓒ 설포닐우레아계 제초제
- 설포닐우레아계 제초제는 적은 약량으로 적용 가능한 초종이 넓고 야생동물에 대한 안정성이 높은 편이다.
- 화본과 및 광엽잡초의 생육을 억제하고 아미노산 생합성을 방해하여 방제한다. 1988년 국내 처음 등록되어 사용후 많이 사용되고 있다.
- 대표적으로 벤셀퓨론(bensulfuron), 아짐설퓨론(azimsulfuron), 시노설퓨론(cinosulfuron) 플라자설퓨론(flazasulfuron) 등이 있다.
- 설포닐우레아계 제초제에 대한 저항성을 가진 잡초로 물옥잠이 처음으로 확인되었으며 물달개비, 미국외풀, 올챙이고랭이, 마디꽃, 매자기, 올미 등이 순차적으로 저항성 잡초로 확인되었다.

ⓔ 디페닐에테르계 제초제
- 잡초가 발생하기 전에 사용하는 접촉형 제초제이다.
- 토양 표면에 막을 형성하여 유묘가 발생시 접촉하여 고사시킨다.
- 1년생 광엽잡초와 화본과 잡초에 효과를 발휘한다.
- 대표적으로 바이페녹스(bifexox), 옥시플루오펜(oxyfluorfen) 등이 있다.

ⓜ 카바메이트계 제초제
- 잡초가 발생하기 전에 처리하며 화본과, 방동사니과 등에 선택적으로 작용하며 적용범위도 넓은 편이다.
- 카밤산(카바민산, NH_2COOH)을 기본구조로 하며 잡초의 뿌리, 경엽 등으로 쉽게 흡수되며 잔효기간은 짧은 편이다.
- 대표적으로 세포분열저해를 유발하는 클로르프로팜(chlorpropham), 아슐람(asulam) 등이 있다.

③ **토양처리 제초제**

㉠ 아마이드계 제초제
- 토양에 처리하는 제초제로 화본과, 광엽잡초의 방제에 이용한다.
- 대표적인 제초제는 알라클로르(alachlor), 뷰타클로르(butachlor), 나프로파마이드(napropamide), 프로파닐(propanil), 아이속사벤(Isoxaben) 등이 있다.
- 대표적으로 알라클로르의 경우 콩이나 옥수수 등의 작물에 발생하는 1년생

잡초 방제에 이용되며 아이속사벤은 잔디에 잡초 발생 전 처리하는 제초제로 활용된다.
ⓒ 디니트로아닐린계 제초제
- 화본과, 광엽잡초에 효과가 있으며 뿌리 및 어린 눈을 흡수되기에 잡초종자가 발아할 때 살초 효과가 나타내며 유근, 유아의 세포분열을 저해한다.
- 대표적으로 트리플루랄린(trifluraline), 에탈플루랄린(ethalfluralin), 펜티메탈린(pendimethaline)
ⓒ 티오카바메이트계 제초제
- 발아 직후 잡초의 생장을 억제하거나 지하 저장기관의 눈형성을 방해한다.
- 대표적으로 티오벤카브(thiobencarb) 등이 있다.

기출문제

제초제 계통의 주요 작용기작이 잘못 연결된 것은?
① 트리아진계 - 지질 생합성 억제
② 설포닐우레아계 - 아미노산 생합성 억제
③ 피리다지논계 - 색소체 형성 억제
④ 디페닐에테르계 - 세포막 파괴

해설: 트리아진계는 광에 의해 활성화되어 엽록체에 영향을 주어 황화현상 및 고사하여 식물 자체의 광합성 능력을 저해시킨다.

답 ①

기출문제

2,4-D 의 어떤 유형을 논에 살포하였는데 주위에 있는 콩밭에서 약해가 발생하였다 어떤 유형의 2,4-D에서 가장 크게 약해가 유발될 수 있는가?
① 2,4-D amine salt 형
② 2,4-D ester 형
③ 2,4-D acid 형
④ 2,4-D sodium salt 형

해설: 2,4-D ester 형은 휘발성인 것이 특징으로 주위의 작물에 피해를 줄 확률이 높다.

답 ②

(5) 제초제의 분해반응

① 제초제의 경우 식물 자체의 반응, 외부 환경에 의해 화학적 구조를 변화 및 분해를 한다.

② 제초제의 분해반응으로 산화, 환원, 가수분해, 결합반응이 대표적이다.

산화	산소의 첨가, 수소의 이탈로 발생하는 반응
환원	수소와 결합, 산소의 이탈로 발생하는 반응
가수분해	물의 수소이온(H^+), 수산화이온(OH^-)이 치환하는 반응
결합반응	식물체내의 다른 물질과 결합하는 반응

③ 기타 관련 반응으로 하이드록시화반응, 탈알킬반응, 탈아미노기반응, 탈카르복시반응 등이 있다.

PART 05 잡초방제학 단원문제 100제

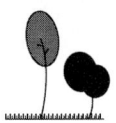

01 다음 중 논에 사용하는 것이 부적당한 제초제는?
① 뷰티클로르·카펜트라존에틸 입제
② 이사디 액제
③ 옥시디아존 유제
④ 알라클로르 유제

해설 알라클로르 유제는 콩, 옥수수, 감자 등의 작물에 발생되는 1년생 잡초에 사용된다.

02 주요 잡초들 중에 식물분류학적으로 분포비율이 높은 과로만 나열된 것은?
① 방동사니과, 화본과, 십자화과
② 화본과, 콩과, 메꽃과
③ 국화과, 화본과, 방동사니과
④ 국화과, 방동사니과, 가지과

해설 국내의 주요 분포 비율이 높은 잡초로 국화과, 화본과, 방동사니과가 대부분을 차지하고 있다

03 1년생 잡초에서 줄기 및 윗부분에서 1차 예취를 하고 재생 후 아주 낮게 2차 예취를 해주면 효과적인 제초가 가능한 것은 식물의 어떤 특성을 이용한 것인가?
① 정아우세 현상
② 체질적 다양성
③ 2차 휴면
④ 1차 휴면

해설 예취는 잡초를 베어 개화 및 결실을 방제하는 방법으로 줄기 및 윗부분을 예취하면 식물의 정단에서 옥신의 작용을 막아 잡초를 예방하게 된다. 이는 식물의 정아우세 현상을 이용한 방법이다.

정답 01.④ 02.③ 03.①

04 2년생 잡초에 대한 설명으로 틀린 것은?

① 대부분 반지중식물이다.
② 로제트 형태로 월동한다.
③ 주로 온대지역에서 볼 수 있는 잡초이다.
④ 월동 이후 화아분화하여 개화, 결실 후 고사한다.

해설 2년생 잡초는 월동 중 화아분화하고 다음 해 봄에 개화 및 결실 후 고사한다.

05 잡초의 생산효과에 미치는 C_3식물과 C_4식물에 대한 설명으로 틀린 것은?

① 세계적으로 문제가 되는 대부분의 잡초종들은 C_4식물인 반면, 주요작물종들은 C_3식물이다.
② C_4식물은 RuBP carboxylase, C_3식물은 PEP carboxylase 효과가 CO_2의 고정에 관여한다.
③ C_4식물은 광합성 효율이 높은 반면, C_3식물은 광합성 효율이 상대적으로 낮다.
④ C_3식물은 높은 광도 및 온도조건에서 광호흡이 촉진되나 C_4식물은 그 양이 매우 낮다.

해설 C_4 식물이 PEP, C_3 식물은 RuBP 가 CO_2 의 고정에 관여한다.

06 다음 중 제초제의 잔효성에 미치는 영향이 가장 적은 것은?

① 토성   ② 유기물 함량
③ 온도   ④ 계면활성제

해설 제초제의 약효는 토성, 온도, 습도, 유기물 함량, 미생물 분포, 약제의 특성 등이 관여된다.

07 잡초의 여러 기관에서 작물의 발아나 생육을 억제하는 특성물질을 분비함으로써 피해를 일으키는 작용은?

① competition   ② allelopathy
③ parasitism   ④ transmission

해설 타감작용(allelopathy, 상호대립억제작용)이라 하여 근처 식물의 생육에 영향을 주는 방법을 이용한 방제법이다. 주로 인접 식물의 생육에 부정적인 영향을 끼쳐 생장을 저해시키거나 혹은 과도하게 촉진시키게 된다. 보리, 밀 등은 잡초의 생육을 억제시키는 작용을 한다.

정답 04.④ 05.② 06.④ 07.②

08 잡초의 정의로 가장 적합한 것은?
① 초본식물만을 대상으로 한 바람직하지 않은 식물
② 생활주변 식물 중 순화된 식물
③ 인간의 의도에 역행하는 존재가치상의 식물
④ 농경지나 생활주변에서 제자리를 지키는 식물

해설 ▸ 농업에서 경작지에서 작물이외에 자라는 식물로 작물의 수량이나 품질을 저하시키는 식물을 말한다. 사람의 의도와는 다르게 역행하는 존재가치상의 식물이라 한다.

09 환경친화형 제초제의 구비조건이 아닌 것은?
① 제초효과를 나타낸 이후 활성성분의 분해가 빨라야 한다.
② 토양의 하부 이동이 낮고 지하수 오염이 적어야 한다.
③ 잡초를 방제하되 다른 생물(비표적 생물)에 대한 영향이 적어야 한다.
④ 인축독성이 높더라도 천연에서 생산되는 것이라면 적합하다.

해설 ▸ 인축에 대해 안전해야 한다.

10 10a 당 3kg 을 사용하는 약제를 500m^2 에 사용하려면 필요 약량은?
① 1.5kg
② 15kg
③ 2.0kg
④ 25kg

해설 ▸ 1ha 는 10,000m^2, 1a는 100m^2으로 10a 당 3kg 을 사용하므로 1a 는 0.3kg 을 사용하기에 500m^2 의 경우 1.5kg 이 필요 약량이다.

11 종합적 방제법에 대한 설명으로 틀린 것은?
① 제초제 약해와 환경오염을 줄일 수 있다.
② 화학적 방제를 배제하고 생태적 방제와 예방적 방제를 주로 사용한다.
③ 여러가지 다른 방제법을 상호 협력적으로 적용하는 방식이다.
④ 잡초 군락의 크기가 감소되고 작물의 생산력이 증대되는 효과가 있다.

해설 ▸ 종합적 방제법은 잡초종합관리(IWM, Integrated Weed Management)로서 여러 잡초 방제법 중에서 두 개 이상의 방법을 선택하여 사용하는 방법으로 특정 방제법을 배제하지는 않는다.

정답 08.③ 09.④ 10.① 11.②

12 토양 내 다년생잡초의 지하경이 가장 깊은 부위에서 형성되는 잡초는?
① 가래
② 벗풀
③ 너도방동사니
④ 올미

해설 ◀ 가래는 약 20cm 깊이로 가장 깊은 부위에 형성되는 잡초이다.

13 유효성분함량이 2%인 유제 제초제 60ml 를 20L 물에 희석하여 10a(300평)당 100L 살포하였다. 이때 처리된 제초제 성분량은 몇 g/10a 수준인가?(단, 유제의 비중은 1 이다)
① 2
② 4
③ 6
④ 10

해설 ◀ 60mL 유제에 유효성분은 2% 이므로 <60mL × 0.02% = 1.2g> 로서 1.2g이 있다. 이것을 20L 에 희석하여도 결국 고형분의 양은 1.2g 이 포함되어 있다. 최종적으로 100L 를 살포하였기에 <100L / 20L = 5> → <1.2g × 5 = 6g> 처리된 제초제의 성분량은 약 6g/10a 수준이다

14 종내경합을 억제할 수 있는 방법으로 가장 적절한 것은?
① 작물의 묘를 이식재배 한다.
② 적절한 품종을 선택한다.
③ 작물의 재식밀도를 조절한다.
④ 작물을 윤작재배 한다.

해설 ◀ 작물의 경우 경합을 피하기 위해 재식밀도를 조절하는 것이 효과적이다.

15 잡초의 학명을 바르게 나타낸 것은?
① 벗풀 : Eleocharis kuroguwai
② 올미 : Scirpus juncoides
③ 올챙이고랭이 : Sagittaria pygmaea
④ 너도방동사니 : Cyperus serotinus

해설 ◀ ① Eleocharis kuroguwai - 올방개
② Scirpus juncoides - 올챙이고랭이
③ Sagittaria pygmaea - 올미

정답 12.① 13.③ 14.③ 15.④

16 광합성에 있어서 C_4식물이 C_3식물에 비하여 유리한 환경 조건은?
① 저온 조건　　② 고광도 조건
③ 다습 조건　　④ 고영양 조건

해설　C_4 식물이 고광도 조건에서 C_3 식물보다 유리하다.

17 잡초의 밀도가 증가되면 작물의 수량이 감소되는데 어느 밀도 이하로 잡초가 존재하면 작물의 수량에 영향을 미치지 않는 것을 무엇이라고 하는가?
① 수량체감한계밀도　　② 잡초피해한계밀도
③ 경제적 허용한계밀도　　④ 잡초허용한계밀도

해설　잡초허용한계밀도는 잡초의 밀도가 증가하면 양분의 손실 등으로 작물의 수량이 감소하는 밀도이다. 허용한계밀도 이하로 잡초가 존재할 경우에는 작물의 수량에 영향을 미치지 않게 된다.

18 잡초와 작물의 생리, 생태적 특성 차이에 근거하여 작물의 경합력이 높아지도록 재배관리함으로써 잡초를 방제하는 방법은?
① 예방적 방제　　② 경종적 방제
③ 생물적 방제　　④ 물리적 방제

해설　경종적 방제는 생태학적 방제법이라 하여 생리 및 생태적 특성 차이를 이용하여 작물은 유리하게 잡초는 불리하게 조성하는 방법이다.

19 광합성을 억제하는 계열의 제초제가 아닌 것은?
① acetamide 계　　② urea 계
③ triazine 계　　④ bipyridylium 계

해설　광합성 저해 제초제의 종류로 벤조티아디아졸계(bentazone), 트리아진계(simazine, atrazine), 요소계(linuron, methabenzthiazuron), 아마이드계(proranil), 비피리딜리움계(bipyridylium) 등이 있다.

20 형태적 특성에 따라 잡초를 분류할 때 같은 잡초들끼리 나열한 것은?
① 깨풀, 비름, 닭의 장풀, 쇠비름
② 강아지풀, 개기장, 방동사니, 여뀌
③ 바랭이, 쇠비름, 메꽃, 방동사니
④ 둑새풀, 깨풀, 개비름, 망초

해설　형태적 특성에 따라 광엽잡초, 화본과잡초, 방동사니과잡초로 분류되며 깨풀, 비름, 닭의 장풀, 쇠비름 등은 광엽잡초에 속한다.

정답　16.② 17.④ 18.② 19.① 20.①

21 여름에 발생하는 화본과 밭잡초는?
① 참방동사니 ② 바랭이
③ 쇠비름 ④ 깨풀

해설 바랭이는 1년생 화본과 밭잡초로 발생시기는 여름이다.
※ 계절별 잡초 분류
• 여름잡초 : 명아주, 돌피, 강아지풀, 알방동사니, 물별, 바랭이, 마디꽃 등
• 겨울잡초 : 둑새풀, 냉이, 개미자리, 벼룩나물, 점나도나물, 벼룩이자리 등

22 환경친화형 제초제의 구비조건에 해당하지 않는 것은?
① 토양의 하부 이동이 낮고 지하수 오염이 적어야 한다.
② 제초효과를 나타낸 이후 활성성분의 분해가 빨라야 한다.
③ 잡초를 방제하되 다른 생물(비표적 생물)에 대한 영향이 적어야 한다.
④ 인축독성이 높더라도 천연에서 생산되는 것이라면 적합하다.

해설 제초제의 경우 인축독성이 없어야 한다.

23 비선택성 제초제인 것은?
① butachlor ② paraquat dichloride
③ alachlor ④ pendimethalin

해설 디클로라이드(Paraquat dichloride)는 비선택성 접촉형 제초제이다.

24 다년생 잡초의 일반적인 특징에 대한 설명으로 틀린 것은?
① 대부분 종자로 번식한다. ② 영양번식을 한다.
③ 생육기간이 길다. ④ 방제하기 어렵다.

해설 다년생 잡초는 단순다년생, 구근형다년생, 포복형다년생이 있으며 이들은 종자뿐만 아니라 지하기관, 괴경 등 다양한 방법으로 번식한다.

정답 21.② 22.④ 23.② 24.①

25 잡초종자의 특징으로 휴면성이 있는데 명아주과 종자가 가지는 휴면성의 가장 큰 원인은?
① 배의 형성이 미숙
② 종피 내 질소 결핍에 기인
③ 물의 투수성을 방해하는 종피에 기인
④ 배가 도출하여 기계적 장해에 기인

> 해설 종피가 두껍거나 투기성이 낮아 수분의 흡수가 용이하지 못해 장기간 발아하지 않는 종자를 경실이라 한다. 대표적으로 명아주과, 메꽃, 자운영 등이 있다.

26 다음 중 잡초군락의 변이 및 천이를 유발하는데 가장 크게 작용하는 요인은?
① 비료 사용 중지
② 유사 성질의 제초제 연용
③ 일모작 재배
④ 경운

> 해설 잡초군락의 변이 및 천이는 재배작물 변화, 작부체계 변화, 경종조건 변화, 제초방법 변화에 의해 영향을 받는데 그중에서 제초방법인 유사 성질의 제초제 연용에 가장 큰 영향을 받는다.

27 최근 우리나라 논에서 설포닐우레아계 제초제에 대한 저항성 생태형으로 출현한 것이 아닌 것은?
① 피
② 미국외풀
③ 물달개비
④ 알방동사니

> 해설 설포닐우레아계 제초제에 대한 저항성을 가진 잡초로 물옥잠이 처음으로 확인되었으며 물달개비, 미국외풀, 올챙이고랭이, 마디꽃, 매자기, 올미 등이 순차적으로 저항성 잡초로 확인되었다.

28 식물의 형태 중 제초제의 선택성과 관계가 먼 것은?
① 뿌리의 분포 깊이와 형태
② 발아 및 출아의 심도
③ 잎의 수
④ 생장점의 위치

> 해설 잎의 수보다는 잎의 표면 및 특성이 관계가 있다.

정답 25.③ 26.② 27.① 28.③

29 잡초 종자의 발아에 대한 설명으로 옳은 것은?
① 잡초는 작물과 달리 발아에 수분을 요구하지 않는다.
② 논에서 자라는 잡초종은 발아에 있어서 산소 요구도가 높다.
③ 잡초는 작물보다 빨리 발아하므로 광발아성이 매우 낮다.
④ 항온조건보다는 변온이 발아를 촉진하는 경우가 많다.

해설 ▸ 발아적온은 잡초의 종류에 따라 다르며 대개 15~30℃ 정도의 범위가 적합하며 항온보다는 변온이 종자 발아 자극을 통해 촉진하는 경우가 많다.

30 중금속 및 질소나 인산 등으로 오염된 물을 회복시킬 수 있는 수질 정화능력을 가진 대표적인 잡초는?
① 올방개 ② 물옥잠
③ 바람하늘지기 ④ 여뀌바늘

해설 ▸ 수생잡초인 물옥잠은 수질정화능력이 뛰어나다.

31 우리나라 논잡초의 발생 양상에 관한 틀린 설명은?
① 직파재배 논에서 사마귀풀, 피, 물달개비가 우점한다.
② 1년생 제초제 연용으로 다년생잡초의 우점이 심하다.
③ 잡초성벼는 습답직파재배 논에서만 발생한다.
④ 춘경 및 추경의 감소로 다년생잡초 발생이 많은 경향이다.

해설 ▸ 잡초성벼는 습답직파재배 뿐 아니라 건답직파재배 논에서도 발생한다.

32 작물과 잡초 간의 경합에 관여되는 주요한 요인이 아닌 것은?
① 광 ② 수분
③ 영양분 ④ 제초제 내성

해설 ▸ 경합의 인자로 양분, 수분, 광, 밀도 등이 있다.

정답 29.④ 30.② 31.③ 32.④

33 작물과 잡초의 경합에 있어서 최대 경합기간은?
① 개화 후부터 성숙기 전반
② 생육초기부터 생육전체 기간의 3/4에 해당하는 기간
③ 작물의 전체 생육기간의 1/4 내지 1/3 기간에 해당하는 생육 초기
④ 생육 중기부터 후기

해설 최대 경합기간은 잡초경합한계기간으로 작물 전생육기간의 첫 1/3~1/2 기간이나 1/4~1/3 기간에 해당된다.

34 제초제 사용을 결정하기 위하여 고려해야 할 사항으로 거리가 먼 것은?
① 작물의 종류와 품종   ② 잡초의 종류와 발생 시기
③ 잡초의 밀도와 분포   ④ 잡초의 개화기와 성숙기

해설 제초제의 사용은 잡초에 의한 피해를 막는 것을 목적으로 하기에 잡초의 개화기와 성숙기는 고려하지 않는다.

35 우리나라 논에서 많이 발생하는 화본과 잡초는?
① 강아지풀   ② 바랭이
③ 물달개비   ④ 피

해설 논에서 많이 발생하는 화본과 잡초로 1년생인 피가 있다.

36 king 의 발아 5단계 중 2번째 단계는?
① 세포분열과 신장의 대사관계   ② 흡수과정
③ 전분의 가수분해과정   ④ 종근 및 유아의 신장

해설 종자의 발아는 king(1966)의 종자 발아 5단계로 설명한다.

1단계	물의 흡수 및 전분 가수분해
2단계	세포 분열 및 신장 대사
3단계	종근 및 유아 신장
4단계	유아 출현
5단계	발생 후 이유기 단계

정 답 33.③ 34.④ 35.④ 36.①

37 낙하산 모양의 비산형 종자로만 묶인 것은?
① 명아주, 방동사니 ② 박주가리, 망초
③ 어저귀, 쇠비름 ④ 박주가리, 환삼덩굴

해설 낙하산 모양의 비산형 종자로 민들레, 망초, 박주가리가 있다.

38 기생성, 식해성 및 병원성을 지닌 생물을 이용하여 잡초의 발생밀도를 감소시키는 제초방법은?
① 화학적 방제법 ② 생물적 방제법
③ 생태적 방제법 ④ 종합적 방제법

해설 곤충이나 미생물, 병원성을 이용하여 잡초의 발생밀도를 경감시키는 방법을 생물적 방제법이라 한다.

39 작물과 잡초의 경합특성상 작물의 수량에 가장 영향이 큰 경우는?
① C_4 잡초와 C_4 작물 ② C_3 잡초와 C_4 작물
③ C_3 잡초와 C_2 작물 ④ C_4 잡초와 C_3 작물

해설 C_4 잡초는 광합성 능력이 뛰어나 경합에서 유리하기에 작물의 수량에 가장 큰 영향을 주게 된다.

40 제초제와 작용기작의 연결로 틀린 것은?
① sulfonylurea 계 - 아미노산 생합성 저해
② triazine 계 - 호흡작용 억제
③ phenoxyacetic acid 계 - 과도한 옥신작용
④ dinitroaniline 계 - 세포분열 억제

해설 트리아진계는 광에 의해 활성화되어 엽록체에 영향을 주어 황화현상 및 고사하여 식물 자체의 광합성 능력을 저해시킨다.

정답 37.② 38.② 39.④ 40.②

41. 우리나라 맥류포장의 우점 잡초의 하나로 1~2년생 화본과 잡초는?
   ① 벼룩나물
   ② 냉이
   ③ 둑새풀
   ④ 나도겨풀

   해설 맥류(보리, 밀, 귀리 등)의 우점 잡초 중에서 화본과 잡초는 둑새풀이 있다.

42. 잡초방제 측면에서 제초제 저항성 잡초종의 발생에 대한 대책이 아닌 것은?
   ① 작물의 가급적 윤작
   ② 동일 제초제 사용량 증대
   ③ 단용보다는 혼용처리
   ④ 제초제 특성에 따라 순환적용

   해설 제초제에 대한 저항성이 생겼기에 동일 제초제 사용량 증대로는 방제효과가 없다.

43. 작물과 잡초와의 경합요인이 될 수 없는 것은?
   ① 영양분
   ② 수분
   ③ 광선
   ④ 성숙기

   해설 경합요인으로 양분, 수분, 광선, 공간 등이 대표적이다.

44. 다음 중 농경지에서 발생하는 잡초의 피해가 아닌 것은?
   ① 경합해
   ② 농작업 환경의 악화
   ③ 병해충의 매개
   ④ 토양침식의 방지

   해설 농경지에서 발생하는 잡초는 토양의 유실을 방지해준다.

45. 잡초의 유용성이 아닌 것은?
   ① 지면을 덮어서 침식을 막아준다.
   ② 토양에 유기물을 공급한다.
   ③ 병해충을 매개한다.
   ④ 구황작물로 이용한다.

   해설 병해충 매개는 잡초에 의해 발생되는 피해이다.

정답 41.③ 42.② 43.④ 44.④ 45.③

46 잡초를 형태적 특성에 따라 분류할 때 속하지 않는 것은?
① 화본과 잡초 ② 광엽잡초
③ 방동사니과 잡초 ④ 가지과 잡초

해설 ◀ 잡초의 형태적 분류로 광엽잡초, 화본과 잡초, 방동사니과 잡초가 있다.

47 방동사니과 잡초를 바르게 설명한 것은?
① 잎이 가늘고 잎맥이 평행하는 잡초
② 잎이 가늘고 줄기가 삼각기둥 모양을 생장하는 잡초
③ 생장점이 정점에 존재하는 잡초
④ 잎이 둥글고 크며, 잎맥이 그물처럼 되어 있는 잡초

해설 ◀ 방동사니과 잡초는 줄기가 삼각형이고 잎이 좁은 것이 특징이다.

48 다음 중 방동사니과 잡초가 아닌 것은?
① 향부자 ② 매자기
③ 올챙이고랭이 ④ 나도겨풀

해설 ◀ 나도겨풀은 화본과 잡초이다.

49 다년생 잡초의 특징이 아닌 것은?
① 대부분 종자로 번식한다. ② 영양번식을 한다.
③ 생육기간이 길다. ④ 방제하기 어렵다.

해설 ◀ 다년생 잡초는 대부분 영양번식을 한다.

50 논 제초제의 약해발생 원인으로 볼 수 없는 것은?
① 활착불량묘 ② 모래 땅
③ 심수 ④ 완숙유기물 사용

해설 ◀ 논 제초제의 약해 발생은 유기물의 함량이 높은 경우 보다 낮은 경우 더 많이 발생한다.

정답 46.④ 47.② 48.④ 49.① 50.④

51 주로 종자만으로 번식하는 잡초는?
① 피, 진득찰, 올미
② 명아주, 올방개, 가막사리
③ 뚝새풀, 바보여뀌, 마디꽃
④ 벗풀, 한련초, 붉은서나물

해설   1년생 잡초인 뚝새풀, 바보여뀌, 마디꽃 등은 주로 종자번식을 한다.

52 제초제의 제형 시 첨가되는 계면활성제의 구비조건으로 틀린 것은?
① 주체를 변질시켜서는 안된다.
② 유화력이나 분산력이 커서는 안된다.
③ 작물에 약해를 일으키지 않아야 한다.
④ 주제와 친화성을 지니고 있어야 한다.

해설   일정한 제초제의 약효를 위해 유화력이나 분산력이 커야 한다.

53 어느 작물의 전체 생육기간이 100일이다. 이론적으로 작물과 잡초의 최대 경합이 일어나는 시기로 가장 적당한 것은?
① 파종 직후부터 5일 이내
② 파종 후 20~30일 사이
③ 파종 후 50~60일 사이
④ 파종 후 70일 이후

해설   잡초경합한계기간은 작물 전생육기간의 첫 1/3~1/2 기간이나 1/4~1/3 기간에 해당된다. 보기의 기간 중 가장 근접된 기간은 파종 후 20~30일 사이이다.

54 사초과의 다년생초본으로 종자번식과 영양번식이 모두 용이하여 방제가 상대적으로 어려운 초종은?
① 가래
② 물달개비
③ 알방동사니
④ 올챙이고랭이

해설   올챙이고랭이는 사초목 사초과의 다년생 잡초로 종자번식을 하고 영양번식에서는 구경으로 번식한다.

정답 51.③ 52.② 53.② 54.④

55 작물과 잡초의 경합 중 양분경합에서 수량에 가장 크게 관여하는 비료성분은?
① 마그네슘 ② 질소
③ 칼슘 ④ 황

해설 ◀ 양분의 경합이 가장 높은 인자는 질소이다.

56 잡초의 생육특성 중 선점현상이란?
① 고온조건에서 광합성 능력이 높은 현상
② 불량환경에 대한 발아력이 높은 현상
③ 잡초 밀도 변화에 따라 유연하게 대응하는 현상
④ 주어진 지표면을 먼저 점유한 잡초가 후에 발생한 잡초보다 경합에 유리한 현상

해설 ◀ 선점현상은 미리 자리를 차지한 잡초가 후에 발생한 잡초보다 적응 및 뿌리 내림등이 완료된 상태로서 경합에 유리한 현상을 말한다.

57 작물파종 후 처리된 제초제는 대부분 표층 어느 정도에서 약제가 흡수되는가?
① 표층 1~2cm ② 표층 5~10cm
③ 표층 10~15cm ④ 표층 15~20cm

해설 ◀ 제초제는 대부분 표층 겉면의 1~2cm 정도에서 약제가 흡수된다.

58 R_1 - NHC - O - R_2 의 화학구조를 기본 골격으로 갖는 제초제군은?
① 페녹시계 제초제 ② 니트릴계 제초제
③ 요소계 제초제 ④ 카바메이트계 제초제

해설 ◀ 카밤산(카바민산, NH_2COOH)을 기본구조로 하는 카바메이트계 제초제는 잡초의 뿌리, 경엽 등으로 쉽게 흡수되며 잔효기간은 짧은 편이다.

정답 55.② 56.④ 57.① 58.④

59 습지나 물속에서 자라는 잡초의 발아 시 산소 요구도 경향은?
① 밭토양에서 자라는 잡초보다 낮다.
② 밭토양에서 자라는 잡초보다 높다.
③ 밭토양에서 자라는 잡초와 비슷하다.
④ 산소보다 이산화탄소에 대한 요구도가 더 높다.

> 해설　습지나 물속에서 자라는 잡초의 경우 산소요구량이 적은 편이라 밭토양에서 자라는 잡초보다 산소 요구도가 낮다.

60 발생지에 따른 잡초의 분류로 틀린 것은?
① 논잡초 - 여뀌바늘, 올챙이고랭이, 쇠털골
② 밭잡초 - 비름, 바랭이, 깨풀
③ 과수원, 비경지잡초 - 망초, 닭의장풀, 참소리쟁이
④ 잔디밭잡초 - 세포아풀, 미국자리공, 사마귀풀

> 해설　미국자리공은 밭잡초, 사마귀풀은 논잡초에 속한다.

61 제초제 저항성 잡초의 출현을 야기시킬 수 있는 경우는?
① 혼합제초제를 사용한다.
② 동일한 제초제를 매년 연용한다.
③ 동일 계열이 아닌 다른 제초제를 혼합하여 사용한다.
④ 다른 계열의 제초제와 교호로 사용한다.

> 해설　동일한 제초제를 매년 연용할 경우 잡초의 저항성이 야기된다.

62 괴경과 종자로 번식하는 다년생 잡초는?
① 올미　　　　　　　　　② 씀바귀
③ 서양민들레　　　　　　④ 알방동사니

> 해설　괴경과 종자로 번식하는 다년생 잡초로 올미가 있다.

정답　59.①　60.④　61.②　62.①

63 작물과 잡초와의 경합해로 나타나는 작물의 증상은?
① 분얼수가 많아진다.　　　② 작물의 엽면적이 커진다.
③ 건물중은 많아진다.　　　④ 광합성량이 줄어든다.

> 해설 ◀ 작물과 잡초와의 경합해로 분얼수는 줄어들고 작물의 엽면적은 작아지며 건물중은 줄어든다.

64 논 다년생 잡초 중 출아기간이 가장 긴 잡초로 방제가 어려운 것은?
① 너도방동사니　　　② 올방개
③ 올챙이고랭이　　　④ 올미

> 해설 ◀ 올방개는 논과 습지에 발생하는 다년생 잡초로 괴경에 의해 번식하며 휴면기간이 긴 것이 특징이다. 휴면기간이 길어 출아기간이 불규칙하고 길어서 방제가 어려운 잡초이다.

65 작물 파종 후 잡초경합한계기간이 가장 긴 작물은?
① 양파　　　② 콩
③ 옥수수　　　④ 들깨

> 해설 ◀ 잡초경합한계기간의 예로 녹두는 21~35일, 벼는 30~40일, 콩은 42일, 옥수수는 49일, 양파는 56일 정도이다.

66 잡초와의 경합력이 가장 큰 재배법은?
① 손이앙 재배　　　② 어린 모 기계이앙 재배
③ 직파재배　　　④ 무경운 재배

> 해설 ◀ 직파보다는 이앙이 잡초의 피해를 덜 받는다.

67 방제 측면에서 잡초는 병, 해충과는 차이가 있다. 다음 중 잡초 문제에 해당되지 않는 것은?
① 잡초방제의 개념은 박멸이다.
② 잡초의 피해 판단, 근거는 허용한계 수준이다.
③ 가해 특성이 생산활동 방해자의 성격을 지닌다.
④ 번식활동이나 작물의 침해활동이 비교적 완만하다.

> 해설 ◀ 병해충의 방제 개념이 박멸이며 잡초방제의 경우 억제에 있다.

정답 63.④　64.②　65.①　66.①　67.①

68 제초제의 안전성에 대한 설명으로 틀린 것은?
① 재배자는 자신의 재배지에 발생하는 잡초의 종 등을 정확히 파악해야 한다.
② 효과가 좋았던 제초제는 연속하여 반복 사용한다.
③ 꼭 필요한 양의 제초제를 사용해야 한다.
④ 관련지도사와 상담하여 약제를 처리하는 것이 좋다.

해설 제초제의 효과가 좋았다 하여도 연속으로 사용하면 저항성이 발생하기에 연속사용은 피하도록 한다.

69 밭작물 재배지의 잡초 방제에 대한 틀린 설명은?
① 논보리에서는 둑새풀이 우점하고 밭보리에서는 광엽잡초가 우점한다.
② 옥수수는 초장이 크고 광합성 효율이 높아 잡초에 대한 경합력이 비교적 강하다.
③ 두류의 경우 맥후작보다 단작을 할 경우 생육기간이 길어 제초 노력이 적게 든다.
④ 맥류 사이에서 잡초에 대한 경합력은 밀보다 보리가 강하나 제초제에 대한 저항성은 보리보다 밀이 강한 편이다.

해설 두류의 경우 맥후작보다 단작을 할 경우 생육기간이 짧아 제초 노력이 적게 든다.

70 4%의 2,4-D 농도는 몇 ppm 인가?
① 40000ppm   ② 4000ppm
③ 400ppm   ④ 40ppm

해설 1% 는 10,000ppm 이므로 4% 의 경우 40,000ppm 이다.

71 벼와 어떤 잡초가 경합할 때 가장 피해가 큰가?
① 강피, 참새피   ② 알방동사니, 별꽃
③ 조개풀, 마디꽃 ④ 가막사리, 바랭이

해설 피 종류 잡초의 경우 벼와 광 경합을 통해 수량 감소 등의 피해를 준다.

정답 68.② 69.③ 70.① 71.①

72 다음 잡초방제방법의 발달 순서로 옳은 것은?

[보기]
㉠ 축력   ㉡ 기계적 방제
㉢ 선택적 제초제 개발   ㉣ 종합적 방제

① ㉠-㉡-㉢-㉣
② ㉠-㉡-㉣-㉢
③ ㉠-㉢-㉡-㉣
④ ㉡-㉠-㉢-㉣

해설 잡초방제는 초기 축력을 이용한 단순한 방법에서 기계적 방제를 거쳐 화학적 제초제의 개발을 통한 방제로 효과를 보다가 환경을 생각한 종합적 방제 방법까지 발달하게 되었다.

73 1년생 잡초로만 바르게 묶인 것은?

① 개구리밥, 보풀
② 벗풀, 매자기
③ 나도겨풀, 올방개
④ 여뀌, 밭둑외풀

해설 여뀌와 밭둑외풀은 1년생 잡초이다.

74 잡초에 대한 벼의 경합력을 높이는 재배 방법은?

① 소식재배를 한다.
② 직파재배를 한다.
③ 이앙재배를 한다.
④ 무경운재배를 한다.

해설 잡초에 대한 벼의 경합력을 높이는 재배 방법으로 이앙재배가 있다.

75 8000ppm 을 퍼센트 농도로 바꾸면?

① 0.08 %
② 0.8 %
③ 8 %
④ 80 %

해설 1% 는 10,000ppm 이므로 8000ppm 은 0.8% 이다.

정답 72.① 73.④ 74.③ 75.②

76 논농사를 지을 경우 일년생 제초제를 수년 간 처리했을 때 다음 잡초 중 가장 많이 번무하게 될 가능성이 높은 것은?

① 피
② 바랭이
③ 물달개비
④ 올방개

해설 올방개는 논과 습지에 발생하는 다년생 잡초로 괴경에 의해 번식하며 휴면기간이 긴 것이 특징이다. 휴면기간이 길어 출아기간이 불규칙하고 길어서 방제가 어려운 잡초이다.

77 잡초와 작물과의 경합 조건에 대한 틀린 설명은?

① 같은 초종 중에서 개체 간에 일어나는 경합을 종내경합이라고 한다.
② 식물경합은 둘 이상의 식물 간에 각각 어느 특정 요인이나 물질이 필요량보다 부족할 때 일어난다.
③ 잡초와 작물 간에 경합이 심할 때 작물수량은 증가한다.
④ 초종이 다른 식물 간에 일어나는 경합을 종간경합이라고 한다.

해설 잡초와 작물 간의 경합이 심할 때는 양분의 분산 및 공간의 부족 등으로 작물의 수량이 감소한다.

78 세계적으로 문제 잡초이며 우리나라 밭에서 가장 많이 발생하는 잡초는?

① 피
② 향부자
③ 바랭이
④ 물달개비

해설 바랭이는 전세계적으로 걸쳐 발생하는 1년생 잡초이다.

79 Tammes(1964)가 구분한 농약의 상호작용 효과에 해당하지 않는 것은?

① 상가작용
② 길항작용
③ 결합작용
④ 상승작용

해설 제초제의 효과를 높이기 위해 두 가지 이상의 제초제를 함께 사용하는 경우 특정 효과가 나타나게 되는데 이러한 상호작용들을 상승작용, 상가작용, 길항작용으로 분류한다.

정답 76.④ 77.③ 78.③ 79.③

80 우리나라 논에 발생하는 주요 다년생 잡초로만 나열된 것은?

① 피, 물달개비, 올미, 가래
② 올미, 올방개, 가래, 너도방동사니
③ 마디꽃, 물달개비, 가래, 올챙이고랭이
④ 벗풀, 보풀, 물달개비, 가래

해설   논에서 발생하는 다년생 잡초로는 너도방동사니, 올미, 가래, 나도겨풀, 매자기, 올챙이고랭이, 개구리밥, 미나리, 벗풀 등이 있다.

81 2,4-D 액제의 특징에 대한 설명으로 틀린 것은?

① 광엽잡초에 특히 활성이 높다.
② 이행성이 비교적 낮고 생장점 등에 집적하는 성질이 있다.
③ 논 제초제로 사용되고 있다.
④ 페녹시계 제초제이다.

해설   2,4-D 액제의 경우 선택적으로 작용하는 유기제초제로서 이행성이며 호르몬작용을 교란시키는 페녹시계 제초제이다.

82 부유성 수생잡초로서 다발생시 수온을 저하시켜 벼의 초기생육에 영향을 미치는 것은?

① 올미　　　　　　　　　　② 가래
③ 물달개비　　　　　　　　④ 개구리밥

해설   부유성 수생잡초 중에서도 개구리밥은 논에서 다량 발생시 양분의 탈취와 수온저하 등으로 벼의 생육을 억제시켜 수량을 감소시킨다.

83 잡초의 예방적 방제법이라고 할 수 없는 것은?

① 재배관리의 합리화　　　　② 오염된 작물종자의 수확관리
③ 농기계의 청결　　　　　　④ 경합특성 이용

해설   경합특성을 이용하는 방제법은 생태학적(경종적) 방제법에 속한다.

정답 80.②   81.②   82.④   83.④

84 일반적으로 경합 한계기간은 작물 전 생육기간 중 얼마를 차지하는가?
① 첫 1/2 ~ 3/4 기간 ② 첫 1/4 ~ 1/3 기간
③ 첫 1/5 ~ 1/6 기간 ④ 첫 1/10 ~ 1/9 기간

해설 ◀ 잡초경합한계기간은 작물 전생육기간의 첫 1/3~1/2 기간이나 1/4~1/3 기간에 해당된다.

85 제초제의 토양 내 지속성과 가장 관계가 적은 것은?
① 경운 및 정지 ② 광분해 및 휘발성
③ 토양에 흡착 및 용탈 ④ 미생물 및 화학적 분해

해설 ◀ 제초제의 토양 내 지속성은 물리적 특성보다는 화학적, 생물적 특성에 의한 영향을 많이 받는다.

86 논 제초제를 이용한 화학적 방제법 중에서 제초제 처리시기로 바람직하지 않은 것은?
① 잡초 발아 전 처리 ② 작물 파종(이식) 후 처리
③ 작물 생육 초중기 처리 ④ 수확기 처리

해설 ◀ 수확기에는 제초제의 잔류로 피해가 발생할 수 있기에 처리하지 않는다.

87 20% 유효성분을 가진 butachlor 입제를 1ha 당 1,000g 처리하고자 할 때 필요한 제품량은?
① 2.5kg ② 3kg
③ 4kg ④ 5kg

해설 ◀ 제품량(g) = 성분량 × $\dfrac{100}{희석률}$
= $1,000 × \dfrac{100}{20}$ = 5,000(g) = 5kg

정답 84.② 85.① 86.④ 87.④

88 포장에서 벼와 광경합이 일어나는 잡초는?
① 강피
② 쇠털골
③ 올챙이고랭이
④ 마디꽃

해설 ◀ 피 종류 잡초의 경우 벼와 광 경합을 통해 수량 감소 등의 피해를 준다.

89 잡초의 군락천이를 유발시키는 데 다음 중 가장 밀접한 관계가 있는 요인은?
① 작물 연작재배
② 장간종 품종재배
③ 다비재배법으로 재배
④ 동일한 제초제의 연용

해설 ◀ 잡초군락의 천이의 경우 주로 재배작물이나 작부체계가 변화하거나 경종조건이 변화할 경우 영향을 받는다. 동일한 제초제의 사용은 잡초의 저항성 증가로 군락천이를 유발시키게 된다.

90 잡초의 생물학적 방제에 비하여 화학적 방제법이 지닌 단점은?
① 작용 효과가 늦다.
② 처리가 용이하지 않다.
③ 잔류성이 문제이다.
④ 효과가 적다.

해설 ◀ 화학적 방제법은 효과가 즉시 나타나지만 약해의 잔류로 환경 및 인축에 피해를 준다.

91 다음 잡초들 중에서 논에서 발생하는 방동사니과(사초과) 잡초들만으로 나열된 것은?
① 알방동사니, 올방개, 물고랭이, 등애풀, 가래
② 물옥잠, 물고랭이, 벗풀, 여뀌, 쇠털골
③ 쇠털골, 올방개, 물참새피, 마디꽃
④ 매자기, 바람하늘지기, 너도방동사니, 쇠털골, 올챙이 고랭이

해설 ◀ 방동사니과에는 너도방동사니, 쇠털골, 올방개, 향부자, 매자기, 올챙이 고랭이, 바람하늘지기 등이 있다.

정답 88.① 89.④ 90.③ 91.④

92 우리나라 논에서 제초제 저항성 잡초로 물달개비가 발견되었다. 이들은 어떤 계통에 대하여 저항성을 나타낸다고 알려져 있는가?

① 페녹시계
② 설포닐우레아계
③ 트리아진계
④ 벤조산계

해설 물달개비의 경우 논에서 국내에서 두 번째로 많이 발생되는 잡초로 설포닐우레아계에 대한 저항성을 가지고 있다.

93 농민이 제초제를 2m 의 분무폭을 가진 분무기로 50m 거리를 살포하였을 때 15L 의 물을 분무하였다면, 10a 의 밭에 필요한 분무량은?

① 100 L
② 150 L
③ 200 L
④ 250 L

해설 가로 2m, 세로 50m 의 땅에 분무하였기에 지면의 넓이는 $100m^2$ 이다. 즉 $15L/100m^2$ 이므로 10a 의 경우 $1,000m^2$ 이기에 총 150L 가 필요하다.

94 우리나라 논에 발생하는 올방개의 출아가 늦은 이유를 가장 잘 설명한 것은?

① 지하경이 불균일하게 분포되어 있기 때문이다.
② 지하경 형성 부위가 깊고 출아하는데 걸리는 시간이 길기 때문이다.
③ 지하경의 종자가 휴면을 일으키기 때문이다.
④ 지하경의 크기가 크기 때문이다.

해설 올방개는 논과 습지에 발생하는 다년생 잡초로 괴경에 의해 번식하기에 지하경 형성 부위가 깊고 출아하는데 시간이 길기 때문이다.

95 저항성 잡초의 출현에 가장 큰 원인이 되는 것은?

① 동일계 제초제의 연용
② 무경운 재배법
③ 연작
④ 합제 형태의 제초제 사용

해설 동일한 제초제의 연용으로 잡초의 저항성이 발생된다.

정답 92.② 93.② 94.② 95.①

96 잡초방제 방법 중 생태적 방제법이 아닌 것은?
① 작부체계
② 답전윤환재배
③ 논 오리방사
④ 경합능력이 큰 품종 선택

해설 논 오리 방사는 생물적 방제법에 속한다.

97 식물에 대한 작용 특성에 있어 체내로 흡수 또는 축적됨으로써 생육을 억제 또는 고사시키는 제초제는?
① 접촉형 제초제
② 잔류형 제초제
③ 이행형 제초제
④ 선택성 제초제

해설 이행형 제초제는 경엽이나 뿌리 등의 접촉부위를 통해 체내로 흡수 및 축적되어 식물 내의 작용점에서 잡초의 생육을 억제 또는 고사시킨다.

98 제초제의 흡수, 이행, 대사에 대한 옳은 설명은?
① 모든 제초제가 작용점까지 도달할 때는 항상 살아 있는 조직을 통하여 이동된다.
② 일반적으로 토양 처리한 제초제는 주로 체관부로, 경엽 처리한 제초제는 물관부로 이동된다.
③ 일반적으로 잡초 발생 전 토양처리 제초제는 어린 싹 또는 뿌리가 주요 흡수부위이다.
④ 제초제의 3단계 대사과정 중 제 2단계는 산화, 환원, 가수분해를 통해 독성이 완화되는 과정이다.

해설 토양처리 제초제는 잡초가 발생하기 전 살포하는 것으로 어린싹이나 뿌리가 주요 흡수부위이다.

99 잡초 출현에 대한 설명으로 옳지 않은 것은?
① 잡초 출현적온은 대체로 발아적온과 상이하다.
② 산소조건은 발아에서 출현까지 영향을 미친다.
③ 발아한 유묘의 특성이나 토양조건의 영향을 크게 받는다.
④ 잡초 종자의 대소와 유묘나 자엽의 형태에 따라 토양 관통력이 달라진다.

해설 잡초의 출현적온은 대체로 발아적온과 유사한 모습을 보인다.

정답 96.③ 97.③ 98.③ 99.①

100 잡초방제가 어려운 잡초를 문제잡초라 부르는데 문제잡초의 특징이 아닌 것은?

① 종자생산량이 많다.
② 불량환경조건에서도 잘 적응한다.
③ 광합성 효율이 높고 생장이 빠르다.
④ 휴면성이 적어 발아율이 높다.

해설 문제잡초들의 경우 휴면기간이 길고 출현시기가 일정하지 않아 방제에 어려움이 있다.

정답 100.④

부록 |

기사 과년도 문제

국가기술자격 필기시험문제

2019년 기사 제1회 과년도 기출문제

자격종목	종목코드	시험시간	형별	수험번호	성명
식물보호기사		2시간 30분			

1과목 식물병리학

01 보리에 발생하는 줄기녹병의 중간 기주는?
① 잣나무 ② 향나무
③ 배나무 ④ 매자나무

해설
맥류 줄기녹병의 중간기주는 매자나무이다.

02 포도나무 새눈무늬병균의 월동 형태는?
① 균핵 ② 균사
③ 담자포자 ④ 후막포자

해설
포도나무 새눈무늬병은 진균에 의해 발생하며 균사의 형태로 월동한다.

03 1970년에 미국에서 발생하여 옥수수 생산에 큰피해를 준 식물병은?
① 역병 ② 맥각병
③ 도열병 ④ 깨씨무늬병

해설
1970년 여름 쯤 미국 동부 지역에서 발생한 깨씨무늬병으로 옥수수에 큰 피해를 받았다.

04 사과나무 뿌리혹병의 주요 발생 원인은?
① 세균 감염 ② 토양선충
③ 사상균병 ④ 생리적장애

해설
뿌리혹병은 세균에 의해 발생한다.

05 벼 잎집무늬마름병의 방제 방법으로 옳은 것은?
① 감수성 품종을 재배한다.
② 고습도 상태로 재배한다.
③ 만생종 품종을 재배한다.
④ 칼리질 비료를 가급적 적게 준다.

해설
벼 잎집무늬마름병의 방제를 위해 균핵을 제거하고 밀식을 피하며 질소질 비료의 과용을 삼간다. 가능하면 만생종 품종을 재배하고 추비로 볏짚을 사용할 경우 완전 썩혀 사용한다.

06 병에 걸린 식물의 단면을 잘라서 점액의 누출 여부로 진단하는 경우로 가장 적합한 것은?
① 세균에 의한 병
② 선충에 의한 병
③ 곰팡이에 의한 병
④ 바이러스에 의한 병

해설
토마토 풋마름병과 같이 감염부위를 살펴보면 점액성분이 나오는데 세균점액의 누출 여부를 통해 진단할수 있다.

07 토마토 풋마름병에 대한 설명으로 옳은 것은?
① 토마토에만 감염된다.
② 담자균에 의한 병이다.
③ 병원균은 주로 병든 식물체에서 월동한다.
④ 병원균이 뿌리로 침입하면 뿌리가 흰색으로 변한다.

해설
풋마름병의 병원균은 병든 식물에 월동한다.

정답 01 ④ 02 ② 03 ④ 04 ① 05 ③ 06 ① 07 ③

08 세균의 변이 기작이 아닌 것은?
① 집합 ② 형질 전환
③ 형질도입 ④ 이핵현상

> **해설**
> 이핵현상은 진균의 불완전균류의 변이기작으로 세균의 변이 기작과는 관련이 없다.

09 바이러스로 인한 식물병의 생물학적 진단 방법은?
① 슬라이드법 ② 형광항체법
③ 괴경지표법 ④ X-체 검경법

> **해설**
> 괴경지표법은 감자의 눈에 병의 유무를 통해 바이러스 감염여부를 판정하는 방법이다.

10 대추나무 빗자루병 방제를 위하여 옥시테트라사이클린 수화제로 수간주사를 하려고 할 때 유의 사항으로 옳지 않은 것은?
① 사용 적기는 4월초이다.
② 수확 30일 전까지 사용한다.
③ 흉고직경이 10cm인 경우 1회에 1L를 주입한다.
④ 물 10L에 약제 200g을 정량한 후 잘 녹여 사용한다.

> **해설**
> 옥시테트라사이클린 수화제는 물에 대해 약 1000배 정도로 희석하여 사용한다.

11 배나무 검은별무늬병에 대한 설명으로 옳지 않은 것은?
① 잎에서 처음에 황백색의 병무늬가 나타난다.
② 배나무 인근에 향나무가 많은 경우 발병하기 쉽다.
③ 배나무의 잎, 잎자루, 열매 열매자루, 햇가지등에 발생한다.
④ 낙엽을 모아 태우거나 땅속에 묻어 발병을 예방할 수 있다.

> **해설**
> 배나무 검은별무늬병은 중간기주 없이 분생포자가 공기중으로 전염된다.

12 식물병원균에 대한 길항균으로 많이 사용되는 것은?
① Rhizoctonia solani
② Streptomyces scabies
③ Penicillium expansum
④ Trichoderma harzianum

> **해설**
> 생물학적 방제용 길항균으로 Ampelomyces, Candida, Trichoderma 등이 있다.

13 기주식물의 면역 또는 저항성 개선을 위해 약독 바이러스를 미리 감염시켜 식물체를 강독 바이러스의 감염으로부터 보호하는 것은?
① 교차보호 ② 식물방어
③ 유도저항성 ④ 저항성 품종

> **해설**
> 병원성이 약화된 식물바이러스가 침입한 기주에서 병원성이 더욱 강한 바이러스에 의해 병의 확산이 억제되는 현상을 교차보호라 한다.

14 바이로이드에 의한 식물병의 주요 병징은?
① 위축 ② 부패
③ 점무늬 ④ 줄무늬

> **해설**
> 바이로이드의 대표적은 식물병으로 감자 갈쭉병이 있으며 지상부의 생육이 위축되고 괴경이 갸름해진다.

정답 08 ④ 09 ③ 10 ④ 11 ② 12 ④ 13 ① 14 ①

15 벼 도열병균이 분비하는 독소는?
① 빅토린(Victorine)
② 피리쿨라린(Piricularin)
③ 후사릭 산(Fusaric acid)
④ 라이코마라스민(Lycomarasmine)

해설
벼 도열병균이 분비하는 독소는 피리쿨라린(Piricularin)이다.

16 바이러스로 인한 식물병의 증상 중 세포조직의 괴사로 나타나지 않는 것은?
① 반점 ② 위축
③ 줄무늬 ④ 둥근겹무늬

해설
위축증상은 위축병이라 하여 바이러스에 의해 발생하며 괴사증상은 나타나지 않고 생육이 나빠지고 오갈증상이 발생한다.

17 그램음성 세균에 해당하는 것은?
① 토마토 궤양병균
② 감자 더뎅이병균
③ 벼 흰잎마름병균
④ 감자 둘레썩음병균

해설
벼 흰잎마름병균은 그램음성 간균으로 배지에서 노란색의 둥글고 매끄러운 콜로이드를 형성한다.

18 식물병을 일으키는 병원체 중 핵산으로만 구성되어 있으며 크기가 가장 작은 것은?
① 바이러스
② 바이로이드
③ 파이토플라스마
④ 스피로플라스마

해설
바이러스와 유사한 전염 특성을 가지며 병원체 중 가장 작은 크기를 가진다.

19 초승달 모양의 대형 분생포자와 원 모양의 소형 분생포자를 형성하는 병원균은?
① 벼 도열병균
② 벼 오갈병균
③ 벼 키다리병균
④ 벼 흰잎마름병균

해설
초승달 모양의 분생포자와 자낭각을 만들며 월동은 분생포자 형태로 종자표면에서 이루어져 다음해 1차전염원이 된다.

20 배추 무름병을 일으키는 병원체는?
① 세균 ② 곰팡이
③ 바이러스 ④ 파이토플라스마

해설
배추 무름병은 세균에 의해 발생한다.

2과목   농림해충학

21 곤충의 배설을 담당하는 기관은?
① 알라타체 ② 존스톤기관
③ 말피기소관 ④ 모이주머니

해설
말피기소관은 끝이 막혀있고 가늘고 긴 관으로 몸에서 발생한 노폐물 등을 체액으로 걸러 배설한다.

22 생육 중인 마늘이 하엽부터 고사하기 시작하여 포기의 인경을 파내어 보았더니 구더기 같은 회백색의 유충이 발견되었다면 어느 해충의 피해인가?
① 파밤나방
② 고자리파리
③ 담배거세미나방
④ 아메리카잎굴파리

정답 15 ② 16 ② 17 ③ 18 ② 19 ③ 20 ① 21 ③ 22 ②

> **해설**
> 고자리파리는 기주는 양파, 파, 마늘 부추 등이며 유충이 뿌리 부분을 가해하고 이후 줄기까지 가해하여 식물을 고사시킨다. 유충이 가해한 뿌리부분은 부패하는 피해가 발생하기도 한다.

23 식물체 내에 농약 성분을 흡수시킨 후 식물체의 즙액을 빨아먹는 해충을 방제하는데 가장 적합한 것은?

① 훈증제 ② 접촉제
③ 소화중독제 ④ 침투성 살충제

> **해설**
> 침투성 살충제는 식물의 일부에 처리시 식물체에 퍼지게 되어 흡즙성 해충을 선택적으로 제거 할수 있다.

24 곤충의 생식기관이 아닌 것은?

① 심문 ② 저장낭
③ 부속샘 ④ 송이체

> **해설**
> 심문은 심장에 있는 부분이다.

25 과변태를 하는 것은?

① 가뢰과 곤충
② 파리과 곤충
③ 풍데이과 곤충
④ 날도래과 곤충

> **해설**
> 가뢰과는 곤충에서 딱정벌레목으로 〈알→유충→의용→용→성충〉 의 과정을 거치는 과변태를 한다.

26 벼룩잎벌레에 대한 설명으로 옳은 것은?

① 번데기로 월동한다.
② 성충은 주로 열매를 가해한다.
③ 고추에 주로 발생하는 해충이다.
④ 일반적으로 작물이 어린 시기에 피해가 많다.

> **해설**
> 벼룩잎벌레는 어린 작물에 피해가 심하고 초여름에 많이 발생한다.

27 성충과 유충이 모두 잎을 가해하는 해충은?

① 박쥐나방 ② 솔잎혹파리
③ 미국흰불나방 ④ 오리나무잎벌레

> **해설**
> 오리나무잎벌레는 성충과 유충이 동시에 잎을 가해한다.

28 거미와 비교한 곤충의 일반적인 특징이 아닌 것은?

① 머리에는 입틀, 더듬이, 겹눈이 있다.
② 배마디에는 3쌍의 다리와 2쌍의 날개가 있다.
③ 곤충은 머리, 가슴, 배 3부분으로 구성되어 있다.
④ 곤충은 동물 중에 가장 종류가 많으며, 곤충강에 속하는 절지동물을 말한다.

> **해설**
> 곤충은 몸 구조는 크게 머리, 가슴, 배 3부분으로 분류된다. 가슴은 앞가슴, 가운데가슴, 뒷가슴으로 분류된다. 각 부분에 한쌍의 다리가 있고 가운데가슴과 뒷가슴에는 한쌍의 날개가 있다.

29 유충이 열매 속으로 뚫고 들어가 가해하는 해충은?

① 사과혹진딧물
② 포도유리나방
③ 복숭아심식나방
④ 배나무방패벌레

> **해설**
> 복숭아심식나방의 유충은 과일을 가해하는데 내부로 뚫고 지나간다.

정답 23 ④ 24 ① 25 ① 26 ④ 27 ④ 28 ② 29 ③

30 곤충의 천적으로 활용할 수 있는 바이러스가 아닌 것은?
① 과립 바이러스
② 베고모 바이러스
③ 핵다각체 바이러스
④ 세포질다각체 바이러스

> **해설**
> 베고모 바이러스는 온실가루이에 의해 전반되어 피해를 주는 바이러스이다. 과립 바이러스, 핵다각체 바이러스, 세포질다각체 바이러스는 나비목에서 발견되는 곤충병원성 바이러스이다.

31 단위생식이 가능한 것은?
① 밤나무혹벌 ② 배추흰나비
③ 송충알좀벌 ④ 잣나무넓적잎벌

> **해설**
> 단위생식을 하는 해충으로 밤나무혹벌, 벼물바구미, 민다듬이벌레 등이 있다.

32 봄에 수목 주변의 잡초를 제거하여 피해를 줄일 수 있는 해충은?
① 꽃매미 ② 소나무좀
③ 박쥐나방 ④ 포도뿌리혹벌레

> **해설**
> 박쥐나방의 방제법으로 천공이 발생한 곳에 약제를 주입하거나 유충이 발생되는 초본류를 제거한다.

33 딱정벌레목의 특성에 대한 설명으로 옳지 않은 것은?
① 종이 다양하다.
② 불완전변태를 한다.
③ 앞날개가 두껍고 날개맥이 없다.
④ 대부분 외골격이 발달하여 단단하다.

> **해설**
> 딱정벌레목은 완전변태를 한다.

34 해충의 밀도와 농작물 피해에 대한 설명으로 옳지 않은 것은?
① 경제적 피해허용수준은 어느 경우에나 일반평형밀도보다 높다.
② 경제적 피해수준은 경제적 피해허용수준보다 높게 관리해야 한다.
③ 일반적인 환경 조건에서 형성된 해충의 평균밀도를 일반평형밀도라고 한다.
④ 경제적 손실이 나타나는 해충의 최저 밀도를 경제적 피해수준이라고 한다.

> **해설**
> 경제적 피해 허용수준은 경제적 피해수준에 도달하기 직전의 밀도 수준으로 이는 조건에 따라 달라지기에 일반평형밀도보다 어느 경우에나 높지는 않다.

35 카이로몬에 의한 곤충의 행태로 옳은 것은?
① 개미 군집에서 계급을 분화하여 생활
② 배추흰나비가 유채과 식물을 찾아 섭식
③ 노린재가 분비하는 고약한 냄새물질에 대한 포식자 회피
④ 수컷 나방이 멀리 떨어져 있는 암컷 나방을 찾아가는 행동

> **해설**
> 카이로몬은 생물에게 유익한 물질을 유도해주는데 배추흰나비에게 유익한 유채과 식물을 찾아 섭식하는 것이다.

36 톱밥같은 배설물을 밖으로 내보내지 않고 수피속의 갱도에 쌓아 놓아 피해를 발견하기가 어려운 해충은?
① 알락하늘소 ② 미끈이하늘소
③ 향나무하늘소 ④ 털두꺼비하늘소

> **해설**
> 향나무하늘소는 줄기, 형성층이나 목질부에 피해를 주는데 똥을 밖으로 배출하지 않고 침입한 구멍도 흔적이 없어 발견이 어렵다.

정답 30 ② 31 ① 32 ③ 33 ② 34 ① 35 ② 36 ③

37 노린재목의 형태적 특징으로 옳지 않은 것은?

① 더듬이는 4~5개 마디로 구성된다.
② 뚫어 빠는 입이 있으며 미모는 없다.
③ 겹눈은 대부분 잘 발달하고 홑눈은 없거나 2~3개이다.
④ 다리의 발마디는 1~5개 구성되지만 대체로 5개 마디이다.

해설
노린재목의 발마디는 1~2마디이다.

38 식도하신경절에 의해 운동신경과 감각신경의 지배를 받지 않는 기관은?

① 큰턱   ② 작은턱
③ 더듬이 ④ 아랫입술

해설
뇌는 식도신경환에 의해 식도하신경절에 연결되어 큰턱, 작은턱, 아랫입술 등의 운동 및 감각신경에 관련된다.

39 외국으로부터 이입되어 우리나라에 정착한 해충이 아닌 것은?

① 벼밤나방   ② 벼물바구미
③ 온실가루이 ④ 꽃노랑총채벌레

해설
벼밤나방은 나비목 밤나방과로 한국에서는 남부지방에 주로 서식한다.

40 애멸구에 대한 설명으로 옳지 않은 것은?

① 천적은 날개집게벌, 애꽃노린재 등이 있다.
② 2모작 맥류재배를 하면 애멸구가 많이 발생한다.
③ 약충과 성충은 벼의 즙액을 빨아먹어 피해를 준다.
④ 중국으로부터 비래하지만 우리나라에서는 월동은 불가능하다.

해설
애멸구는 중국에서 비래하여 4령약충이 논둑의 잡초 사이에 월동한다.

3과목   재배학원론

41 다음 중 이랑을 세우고 이랑에 파종하는 방식은?

① 휴립구파법 ② 성휴법
③ 휴립구파법 ④ 평휴법

해설
휴립구파법은 이랑을 세우고 낮은 골에 파종하는 방법으로 맥류의 한해와 동해를 동시에 방지할수 있다.

42 다음중 식물의 광합성에 가장 효과적인 광색은?

① 주황색 ② 황색
③ 녹색   ④ 적색

해설
광합성에 효과적인 광은 650~700nm 인 적색광과 400~500nm 의 청색광이 가장 효과적이다.

43 다음 중 토양 유효수분의 범위로 가장 옳은 것은?

① 흡습수 이상의 토양수분
② 영구위조점과 흡수수사이의 수분
③ 최대용수량과 포장용수량사이의 수분
④ 포장용수량과 영구위조점사이의 수분

해설
토양 유효수분은 포장용수량~영구위조점까지 pF 2.7~4.2 정도이다.

44 다음 중 작물이 주요온도에서 최적온도가 가장 낮은 작물은?

① 보리   ② 오이
③ 옥수수 ④ 멜론

해설
보리의 최적생육온도는 20℃ 정도로 보기 중 가장 낮다.

정답 37 ④ 38 ③ 39 ① 40 ④ 41 ① 42 ④ 43 ④ 44 ①

45 다음 중 T/R율에 대한 설명을 가장 옳은 것은?
① 감자나 고구마의 경우 파종기나 이식기가 늦어질수록 T/R율이 감소한다.
② 일사가 적어지면 T/R율이 감소한다.
③ 질소를 다량사용하면 T/R율이 감소한다.
④ 토양함수량이 감소하면 T/R율이 감소한다.

해설
토양함수량이 감소하면 뿌리에서 토양수분을 흡수하기 위해 상대적으로 지하부의 생장이 활발해져 T/R 율이 감소하게 된다.

46 작물의 내동성을 감소시키는 생리적 요인은?
① 전분함량이 많다.
② 원형질의 수분투과성이 크다.
③ 원형질의 점도가 낮다.
④ 원형질의 친수성 콜로이드가 많다.

해설
전분함량이 낮을수록 내동성이 크다.

47 강산성이 되면 가급도가 감소되어 작물생육에 불리한 원소는?
① Cu   ② Zn
③ P   ④ Mn

해설
강산성 조건에서 가급도가 감소되어 작물 생육에 불리한 원소로 인산, 칼륨, 칼슘, 마그네슘 등이 있다.

48 다음중 벼의 비료3요소중 흡수 비율로 가장 옳은 것은?
① 질소 5 : 인산 1 : 칼륨 1.5
② 질소 5 : 인산 2 : 칼륨 4
③ 질소 4 : 인산 2 : 칼륨 4
④ 질소 3 : 인산 1 : 칼륨 4

해설
벼의 흡수 비율은 < 질소 : 인산 : 칼륨 = 5 : 2 : 4 > 이다.

49 군락의 수광태세가 좋아지고 밀식 적응성이 높은 콩의 초형으로 틀린 것은?
① 잎이 크고 두껍다.
② 잎자루가 짧고 일어선다.
③ 꼬투리가 원줄기에 많이 달린다.
④ 가지를 적게 치고 가지가 짧다.

해설
군락의 수광태세가 좋아지는 콩의 초형은 잎이 작고 가늘어야 한다.

50 질산 환원 효소의 구성 성분으로 콩과작물의 질소고정에 필요한 무기성분은?
① 몰리브덴   ② 철
③ 마그네슘   ④ 규소

해설
몰리브덴은 질산환원효소의 구성성분으로 콩과작물 뿌리혹박테리아의 질소고정에 필요한 무기성분이다.

51 벼의 생육 중 냉해에 의한 출수가 가장 지연되는 생육단계는?
① 유효분얼기   ② 유수형성기
③ 감수분열기   ④ 출수기

해설
유수형성기에서 출수개화기에 화분이나 배낭의 생식기관이 정상적으로 형성되지 못하거나 수정장해가 유발되는 등의 현상이 발생한다.

52 다음 중 천연 지베렐린에 해당하는 것은?
① IPA   ② GA_2
③ PAA   ④ CCC

해설
천연 지베렐린의 종류로 GA_2, GA_3, GA_{55} 등이 있다.

정답 45 ④ 46 ① 47 ③ 48 ② 49 ① 50 ① 51 ②

53 다음 중 2년생 식물로만 구성되어 있는 것은?
① 가을보리, 코스모스
② 가을밀, 국화
③ 옥수수, 호프
④ 무, 사탕무

해설
2년생 작물로 보리, 밀, 대파, 무, 사탕무 등이 있다.

54 다음 중 재배종과 야생종의 특징에 대한 설명으로 가장 적절한 것은?
① 야생종은 휴면성이 약하다.
② 재배종은 대립종자로 발전하였다.
③ 재배종은 단백질 함량이 높아지고 탄수화물 함량이 낮아지는 방향으로 발달하였다.
④ 성숙시 종자의 탈립성은 재배종이 크다.

해설
재배종 특성
· 발아억제 물질이 감소하거나 소실되는 방향으로 발달하였다.
· 생장에너지가 다량 함유된 대립종자로 발전하였다.
· 종자의 단백질 함량이 낮아지고 탄수화물 함량이 증가하는 방향으로 발전하였다.
· 모든 종자가 일시에 성숙되고 개화기에 일시에 집중하는 방향으로 발전하였다.
· 탈립성이 작은 방향으로 수량은 많은 방향으로 발달하였다.

55 다음 중 굴광현상에 가장 유효한 광은?
① 자외선 ② 적색광
③ 청색광 ④ 적외선

해설
굴광현상에 효과가 큰 파장은 440~480nm 중심의 청색광이다.

56 저온 버널리제이션을 실시한 직후 고온처리를 하면 버널리제이션 효과가 상실되는데, 이 현상을 무엇이라 하는가?
① 이춘화   ② 등숙기춘화
③ 종자춘화   ④ 재춘화

해설
저온 버널리제이션 실시 후 35°C 정도의 고온처리를 하면 버널리제이션 효과가 상실하는데 이를 이춘화라 한다.

57 무기원소 결핍 시 사탕무의 속썩음병, 순무의 갈색속썩음병 등을 유발하는 원소는?
① 인   ② 질소
③ 망가 ④ 붕소

해설
붕소가 결핍하면 식물이 전반적으로 조직이 거칠고 단단해지는데 이때 사탕무의 속썩음병, 순무의 갈색속썩음병, 셀러리의 줄기 쪼김병, 담배의 끝마름병 등이 나타난다.

58 다음 중 작물의 기원지가 지중해 연안 지역에 해당하는 것으로만 나열된 것은?
① 조, 참깨   ② 사탕수수, 당근
③ 감자, 고구마 ④ 유채, 사탕무

해설
작물의 기원지가 지중해 연안 지역으로 클로버, 유채, 채소류, 무 등이 있다.

59 다음 중 에틸렌의 전구물질에 해당하는 것은?
① tryptohan   ② methionine
③ acetyl CoA ④ phenol

해설
에틸렌의 전구물질은 메티오닌(methionine)이다.

60 다음 중 감자의 휴면타파에 가장 유효한 것은?
① AMO-1618   ② 페놀
③ gibberellin ④ 2,4-D

해설
지베렐린을 작물에 적용시 발아촉진, 화성유도, 생장 촉진, 수량의 증대 효과 등이 있다.

4과목 농약학

61 다음 제형 중 주로 병해충 예방용 약제를 대상으로 하며 단위면적당 농약 투입량이 가장 적은 것은?
① 종자처리수화제(WS)
② 유현탁제(SE)
③ 액상수화제(SC)
④ 미립제(MG)

해설
종자처리수화제는 종자 표면에 약제가 잘 부착하는 제제로 병해충의 예방을 목적으로 하며 적은 양으로 효과를 볼 수 있어 단위면적당 투입량이 적다.

62 싸이토키닌제의 식물호르몬제로서 콩나물의 생장촉진제로 가장 적합한 약제는?
① 페노프롭(fenoprop)
② 육-비에이(6-BA)
③ 지베렐린(gibberellin)
④ 아토닉(atonic)

해설
6-BA(6-benzylaminopurine)은 콩나물의 생장촉진제이다.

63 갯지렁이에서 천연 살충물질을 추출하여 농약으로 개발한 살충제는?
① 아바멕틴(abamectin)
② 벤설탑(bensultap)
③ 메소밀(methomyl)
④ 엔도설판(endosulfan)

해설
갯지렁이에서 추출한 천연살충제로 벤설탑이 있다.

64 식물체 내에서 베타산화(베타-oxidation) 여부로 선택성을 나타내는 것은?
① 2,4,5-T   ② 2,4-DES
③ 2,4-DB   ④ UDPG

해설
베타산화는 베타위치의 탄소가 연속적으로 산화하는 것으로 페녹시계의 2,4-DB 가 베타산화를 통해 2,4-D 가 된다.

65 BP(밧사)원제 0.4kg으로 2% 분제를 만들려고 할 때 소요되는 증량제의 양은? (단, 원제의 함량은 94% 이다.)
① 1.84kg   ② 4.60kg
③ 18.4kg   ④ 46.0kg

해설
희석할증량제 양
$= 원분제중량 \times \left(\dfrac{원분제 농도}{목표농도} - 1 \right)$
$= 0.4 \times \left(\dfrac{94\%}{2\%} - 1 \right) = 18.4kg$

66 석회 보르도액은 어느 것에 해당하는가?
① 황제   ② 염소제
③ 구리제   ④ 비소제

해설
석회보르도액은 구리와 석회를 재료로 하는 구리제이다.

정답 59 ② 60 ③ 61 ① 62 ② 63 ② 64 ③ 65 ③ 66 ③

67 다음 살균제 중 유기 유황제가 아닌 것은?
① 프로피   ② 지람
③ 네오아소진   ④ 만코지

해설
네오아소진은 유기비소계 살균제이다.

68 농약이 갖추어야 할 사항으로 틀린 것은?
① 인축에 대한 독성이 낮아야 한다.
② 토양 및 수질 오염을 유발시키지 않아야 한다.
③ 작물 또는 토양에 대한 잔류성이 없어야 한다.
④ 적용 해충의 범위가 넓고 비선택적이어야 한다.

해설
농약은 적용 해충의 범위가 넓고 선택적이어야 한다. 또한 작물에 대한 약해가 없고 인축에 대한 피해가 없는 것이 좋다.

69 보리 겉깜부기병의 종자소독에 가장 효과적이 약제는?
① 지네브(zineb)제
② MAFA(neozin)제
③ 캡탄(captan)제
④ 카아복신(carboxin)제

해설
카복신제는 침투성 약제로 종자소독에 효과적이며 밀, 보리 겉깜부기병의 소독에 이용한다.

70 유제(乳劑)에 대한 설명으로 옳지 않은 것은?
① 수화제보다 살포액의 조제가 편리하다.
② 수화제보다 약효가 다소 낮다.
③ 수화제보다 제조비가 높다.
④ 수화제보다 포장, 수송, 보관이 어렵다.

해설
유제는 수화제보다 약효가 높다.

71 농약 안전살포 방법으로 가장 적절한 것은?
① 바람을 등지고 살포
② 바람을 안고 살포
③ 바람의 도움으로 살포
④ 바람 방향을 무시하고 살포

해설
농약의 안전살포 방법으로 바람을 등지고 살포하며 강우 전에 살포를 금한다.

72 다음 중 생장 조정제로 사용할 수 있는 것은?
① Oxadiazon   ② Butachlor
③ Molinate   ④ 2,4-D

해설
2,4-D는 옥신의 종류 중 하나로 식물의 생장 조정제로 사용 가능하다.

73 R-Hg-X로 표시되는 유기수은제에서 X에 해당되지 않는 것은?
① $-HPO_4$ ② -CL
③ -OH   ④ $-CH_3$

해설
유기수은제의 X 기는 음이온의 산기, 수산기, 할로겐기 등의 친수성기이다.

74 어류에 대한 농약의 독성 및 감수성에 영향을 미치는 요인으로 가장 거리가 먼 것은?
① 전착   ② 성장단계
③ 수온   ④ 제제형태

해설
어류에 대한 농약의 독성 및 감수성에 영향을 미치는 요인은 농약의 종류, 어류의 종류, 제제의 형태, 생물의 생장단계, 물의 온도, PH 등이 있다.

정답 67 ③ 68 ④ 69 ④ 70 ② 71 ① 72 ④ 73 ④ 74 ①

75 카복시아니라이드계 살균제로서 담자균류에 의한 병해에 효과가 뛰어난 약제는?

① 아이비(키타진)
② 베나솔(오리자)
③ 부라딘(금보라)
④ 메프로닐(논사)

> **해설**
> 메프로닐은 카복시아니라이드계 살균제로 녹병, 흰녹병, 검은무늬썩음병 등에 효과가 있다.

76 농약이 검사방법에서 저비산분제(DL)의 검사항목이 아닌 것은?

① 분산성 ② 분말도
③ 입도   ④ 가비중

> **해설**
> 저비산분제의 검사항목은 유효성분, 분말도, 입도, 가비중이다.

77 다음 중 농약제제의 품질불량이 원인이 되는 약해가 아닌 것은?

① 원제 부성분에 의한 약해
② 불순물의 혼합에 의한 약해
③ 섞어 쓰기 때문에 일어나는 약해
④ 경시변화에 의한 유해성분의 생성에 의한 약해

> **해설**
> 섞어 쓰기 때문에 일어나는 약해는 농약 사용법에 의한 약해이다.

78 다음 중 요소계 제초제는?

① 아파론(Iinuron)
② 2,4-D
③ 벤설라이드
④ 론스타(Oxadiazon)

> **해설**
> 리누론(linuron)은 요소계 제초제로 1년생 화본과 잡초나 광엽잡초를 제거하기 위해 잡초 발생 전 토양처리제로 이용한다.

79 다음 살충제 중 유기인제가 아닌 것은?

① 테트라디폰(테디온)
② 디디브이피(DDVP)
③ 파라치온
④ 파브(PAP)

> **해설**
> 테트라디폰은 살비제이다.

80 농약은 종류별로 병뚜껑의 색깔을 달리하여 농민이 농약을 쉽게 식별할 수 있도록 하고 있는데 살균제의 병뚜껑은 다음 중 어떤 색인가?

① 분홍색 ② 녹색
③ 황색   ④ 청색

> **해설**
> 살균제의 병뚜껑 색은 분홍색을 사용한다.

5과목 잡초방제학

81 벼와 잡초간의 경합으로 인한 피해가 가장 적은 시기는?
① 출수기부터 수확기
② 착근기부터 수잉기
③ 착근기부터 분얼기
④ 파종기부터 최고 분얼기까지

해설
잡초경합으로 작물의 손실량이 적은 기간은 파종 후 초관형성기까지, 생식생장기에서 수확기까지이며 이를 잡초경합허용기간이라 한다.

82 쌍자엽 잡초의 특징으로 옳은 것은?
① 잎은 평행맥이다.
② 뿌리는 직근계이다.
③ 산재된 유관속의 관상경을 가지고 있다.
④ 생장점이 줄기 하단의 절간 부위에 있다.

해설
쌍자엽 잡초의 뿌리는 직근계(곧은뿌리)이다.

83 뿌리가 토양에 고정되어 있지 않고 물 위에 떠다니는 부유성 잡초에 해당하는 것은?
① 가래   ② 네가래
③ 생이가래   ④ 가는가래

해설
부유잡초로는 부레옥잠, 개구리밥, 좀개구리밥, 생이가래 등이 있다.

84 작물과 비교한 잡초의 특성으로 옳지 않은 것은?
① 종자 생산량이 많다.
② 전파수단이 다양하다.
③ 휴면성이 없어 연중 생장한다.
④ 불리한 환경에서 적응성이 높다.

해설
잡초도 불량한 환경 조건을 극복하기 위해 휴면성이 있다.

85 잡초의 예방적 방제 방법이 아닌 것은?
① 관배수로 관리
② 재식밀도 조절
③ 작물 종자 정선
④ 농기구(농기계)청결 관리

해설
재식밀도 조절은 생태학적 방제법이다.

86 작물의 수량 감소가 가장 클 것으로 예상되는 조합은?
① C_3잡초와 C_3작물
② C_4잡초와 C_3작물
③ C_3잡초와 C_4작물
④ C_4잡초와 C_4작물

해설
C_4 잡초는 광합성 능력이 뛰어나 경합에서 유리하기에 작물의 수량에 가장 큰 영향을 주게 된다.

87 지면을 피복할 경우 잡초에 미치는 영향으로 옳지 않은 것은?
① 빛과 산소 공급이 차단된다.
② 잡초의 발아심도가 깊어진다.
③ 잡초가 물리적으로 질식하거나 출아가 억제되기도 한다.
④ 주, 야간의 온도가 차가 커져 잡초 종자의 발아 수가 격감된다.

해설
지면을 피복하면 주, 야간의 온도차가 적어지고 광이 차단되어 잡초 종자의 발아가 줄어든다.

정답 81 ① 82 ② 83 ③ 84 ③ 85 ② 86 ② 87 ④

88 화본과 잡초로만 올바르게 나열한 것은?
① 강피, 나도겨풀
② 마디꽃, 매자기
③ 쇠털골, 알방동사니
④ 가막사리, 올챙이고랭이

해설
둑새풀, 강피, 나도겨풀 등은 화본과 잡초이다.

89 작물, 잡초, 제초제의 연결이 옳지 않은 것은?
① 벼, 피, 뷰타클로르 입제
② 잔디, 크로바, 디캄바 액제
③ 콩, 방동사니, 이사-디 액제
④ 사과나무, 쇠비름, 시마진 수화제

해설
2,4-D 제초제는 화곡류의 잡초 방제에 주로 이용되며 방동사니, 1년생 잡초 등을 방제한다.

90 논에서 잡초의 군락천이를 유발시키는 데 가장 큰 영향을 주는 것은?
① 장기간 품종 재배
② 동일 작물로만 재배
③ 동일한 제초제 연속사용
④ 지속적인 화학 비료 사용

해설
잡초군락의 천이의 경우 주로 재배작물이나 작부체계가 변화하거나 경종조건이 변화할 경우 영향을 받는다. 동일한 제초제의 사용은 잡초의 저항성 증가로 군락천이를 유발시키게 된다.

91 두 제초제를 혼합하여 사용할 때 나타나는 길항적 반응에 대한 설명으로 옳은 것은?
① 혼합의 효과가 단독 처리의 효과와 같은 것을 의미한다.
② 혼합의 효과가 단독 처리의 효과보다 크지도 작지도 않은 것을 의미한다.
③ 혼합의 효과가 활성이 높은 물질의 단독 처리의 효과보다 큰 것을 의미한다.
④ 혼합의 효과가 활성이 높은 물질의 단독 처리의 효과보다 작은 것을 의미한다.

해설
길항작용은 2종류 이상의 약제를 동시에 작용할 경우 개개의 작용이 합친 것보다 더 적은 효과가 나타나거나 효과가 상쇄되는 경우를 말한다.

92 토양 환경과 잡초의 출현에 대한 설명으로 옳지 않은 것은?
① 종자가 무거울수록 발생심도가 깊다.
② 토양이 과습하면 출현율이 낮아진다.
③ 토양이 건조하면 출아율이 낮아진다.
④ 사질토는 중점토보다 발생심도가 얕다.

해설
사질토는 중점토보다 표층의 건조가 쉬워 발생심도가 깊어진다.

93 트리아진계 제초제의 주요 이행 특성은?
① 비대 성장
② 조기 결실
③ 광합성 저해
④ 신초 생장 억제

해설
트리아진계 제초제의 이행 특성으로 광합성을 저해한다.

94 유기제초제와 비교한 무기제초제에 대한 설명으로 옳은 것은?
① 처리 약량이 적다.
② 대사물의 독성이 낮다.
③ 경엽에 처리할 때 활성이 낮다.
④ 가격이 비싸며 살초 효과가 적다.

해설
무기제초제는 일반적으로 대사물의 독성이 낮은 편이다.

정답 88 ① 89 ③ 90 ③ 91 ④ 92 ④ 93 ③ 94 ②

95 광발아 잡초에 해당하는 것은?
① 강피, 바랭이
② 냉이, 소리쟁이
③ 별꽃, 참방동사니
④ 메귀리, 광대나물

해설
광발아 잡초에는 바랭이, 쇠비름, 향부자, 강피, 소리쟁이 등이 있다.

96 상호대립억제작용에 대한 설명으로 옳은 것은?
① 제초제를 오래 사용한 잡초에 대한 내성을 나타내는 것이다.
② 죽은 식물 조직에서 나오는 물질에 의해서도 일어날 수 있다.
③ 다른 종의 생육을 억제하는 주된 기작은 주로 차광에 의해 일어난다.
④ 잡초가 다른 작물의 생육을 억제하는 것은 아니며 잡초 간에만 일어나는 현상이다.

해설
죽은 식물의 조직에서 나오는 분비물에 의해서 상호대립 억제작용 현상이 발생할 수 있다.

97 잡초의 생태적 방제 방법이 아닌 것은?
① 윤작 실시
② 재배양식 변경
③ 피복 작물 재배
④ 잡초만을 골라 먹는 생물 이용

해설
특정 잡초만을 골라 먹는 생물을 이용하는 것을 생물적 방제법이다.

98 잡초 종자의 산포 방법으로 옳지 않은 것은?
① 바랭이 : 성숙하면서 흩어짐
② 소리쟁이 : 물에 잘 떠서 운반됨
③ 가막사리 : 바람에 잘 날려서 이동함
④ 메귀리 : 사람이나 동물 몸에 잘 부착함

해설
가막사리는 사람이나 동물 몸에 부착되어 산포한다.

99 일년생 잡초와 비교한 다년생 잡초에 대한 설명으로 옳지 않은 것은?
① 방제하기 어렵다.
② 영양 번식을 한다.
③ 생육 기간이 길다.
④ 대부분 종자로 번식한다.

해설
다년생 잡초는 단순다년생, 구근형다년생, 포복형 다년생이 있으며 이들은 종자뿐만 아니라 지하기관, 괴경 등 다양한 방법으로 번식한다.

100 선택성 제초제가 아닌 것은?
① 베타존 액제
② 세톡시딤 유제
③ 나프로파마이드 유제
④ 글리포세이트암모늄 입상수용제

해설
글리포세이트암모늄 입상수용제는 비선택성 제초제이다.

정답 95 ① 96 ② 97 ④ 98 ③ 99 ④ 100 ④

국가기술자격 필기시험문제

2019년 기사 제2회 과년도 기출문제

자격종목	종목코드	시험시간	형별	수험번호	성명
식물보호기사		2시간 30분			

1과목 식물병리학

01 감자 역병에 대한 설명으로 옳은 것은?
① 세균병이다.
② 토마토에도 발생한다.
③ 2차 전염은 하지 않는다.
④ 진딧물을 잡는 것이 최선의 방제 방법이다.

해설
감자역병은 감자와 토마토에서 주로 발생한다.

02 진딧물에 의해 전염되는 식물병으로 옳지 않은 것은?
① 감자 잎말림병
② 콩 모자이크병
③ 배추 모자이크병
④ 보리 북지모자이크병

해설
보리 북지모자이크병은 애멸구에 의해 전염된다.

03 식물병에 걸린 식물에서 보이는 독소에 대한 설명으로 옳은 것은?
① 병원균이 독소를 분비한다.
② 식물체가 독소를 분비한다.
③ 병원균, 식물체 모두가 독소를 분비한다.
④ 병원균, 식물체 모두가 독소를 분비하지 않는다.

해설
병원균은 독소를 분비하며 기주식물에 피해를 준다.

04 배나무 붉은별무늬병의 중간기주는?
① 송이풀   ② 향나무
③ 사시나무 ④ 매발톱나무

해설
배나무 붉은별무늬병의 중간기주는 향나무이다.

05 노지에서 고추 역병이 가장 잘 발병하는 요인은?
① 건조   ② 고온
③ 침수   ④ 사질토양

해설
고추 역병의 경우 장마기간에 기온이 낮고 습도가 높은 조건에서 많이 발생하기에 침수조건에서 잘 발생한다.

06 다음 설명에 해당하는 진단법은?

◎ 씨감자 중에 바이러스에 감염된 것을 선별하여 도태시키기 위한 것이다.
◎ 온실에서 생육한 감자의 눈에 나타난 병징으로 바이러스 감염 여부를 판정한다.

① 지표식물법 ② 즙액접종법
③ 괴경지표법 ④ 파지진단법

해설
괴경지표법은 감자의 눈에 병의 유무를 통해 바이러스 감염여부를 판정하는 방법으로 눈이 5mm 정도 생장시 병이 든 것은 도태하여 선별이 가능하다.

정답 01 ② 02 ④ 03 ① 04 ② 05 ③ 06 ③

07 식물체 물관에 병원균이 침입하여 시들음 현상이 나타나는 병은?
① 보리 녹병
② 뽕나무 위축병
③ 토마토 풋마름병
④ 사과나무 점무늬낙엽병

해설
토마토 풋마름병 시들음 현상이 발생하고 시든 줄기를 절단하여 물에 담그면 절편에서 희뿌연 물질이 흘러나온다.

08 균류에 의해 발생하는 수목병이 아닌 것은?
① 뽕나무 오갈병
② 벚나무 빗자루병
③ 낙엽송 잎떨림병
④ 은행나무 잎마름병

해설
뽕나무 오갈병은 파이토플라스마에 의해 발생한다.

09 인공 배지에서 배양이 가능한 식물 병원체는?
① 세균
② 선충
③ 바이러스
④ 파이토플라스마

해설
세균은 인공배지에서 배양 및 증식이 가능하며 운동기관인 편모를 가지고 있다.

10 여름의 저온 및 장마 조건에서 가장 발병하기 쉬운 것은?
① 벼 도열병
② 벼 키다리병
③ 벼 이삭누룩병
④ 벼 잎집무늬마름병

해설
벼 도열병은 비가 자주 내리고 온도가 낮은 여름철 장마 조건에서 발병하기 쉽다.

11 난균문의 특징에 대한 설명으로 옳은 것은?
① 다핵균사이다.
② 균사는 격벽이 없다.
③ 세포벽에는 키틴 성분이 없다.
④ 무성번식은 1개의 편모가 있는 유주자로 한다.

해설
난균문의 균사는 격벽이 없고 다핵의 균사체이다. 난균문의 유주자는 꼬리모양의 편모가 1개가 있어 무성번식을 한다.

12 동양에서 미국으로 옮겨가 큰 피해를 끼친 식물병은?
① 벼 도열병
② 배나무 화상병
③ 포도나무 노균병
④ 밤나무 줄기마름병

해설
밤나무 줄기마름병은 1900년경 동양에서 미국 동부, 유럽으로 전파되어 밤나무림을 황폐화시킨 전례가 있다.

13 유성포자가 아닌 것은?
① 난포자
② 병포자
③ 자낭포자
④ 담자포자

해설
무성포자에는 유주자, 포자낭포자, 분생포자 등이 있는데 병포자는 분생포자의 일종으로 무성포자에 속한다.

14 호밀 맥각병에서 이삭에 생기는 자흑색 바나나 모양의 맥각 덩어리의 정체는?
① 자낭
② 균핵
③ 자낭포자
④ 후막포자

해설
호밀의 맥각병에서 이삭에 생기는 자흑색 바나나 모양은 균핵이다.

정답 07 ③ 08 ① 09 ① 10 ① 11 전항정답 12 ④ 13 ② 14 ②

15 식물병의 면역학적 진단 방법을 의미하는 용어는?

① SSCP ② RACE
③ ELISA ④ RAPDs

해설
ELISA는 효소결합항체법(Enzyme Linked Immunosorbent Assay)으로 효소와 바이러스의 반응을 통해 감염여부를 확인하는 면역학적 진단방법이다.

16 식물병의 생물적 방제에 대한 설명으로 옳은 것은?

① 신속하고 정확한 효과를 기대할 수 있다.
② 천적미생물은 대부분 잎이나 줄기에서 얻는다.
③ 넓은 지역에 광범위하게 사용하는데 가장 효과적이다.
④ 미생물의 길항작용, 기생, 상호경쟁 또는 병저항성 유도를 이용하여 병을 억제한다.

해설
식물병의 생물학적 방제는 바이러스를 이용한 교차보호나 미생물을 이용한 길항작용 및 상호 경쟁 등을 통해 병을 방제한다.

17 토마토 시설재배에서 자외선 차단 비닐을 이용하여 방제효과를 얻을 수 있는 병은?

① 풋마름병 ② 잎곰팡이병
③ 잿빛곰팡이병 ④ 푸른곰팡이병

해설
잿빛곰팡이병의 경우 기주범위가 넓고 저온, 다습한 환경에서 많이 발생하기에 시설재배지에서 다량 발생하게 된다. 또한 많은 균류들은 포자 형성을 위해서는 자외선이 필요한데 시설재배지 하우스에 자외선 차단 비닐을 이용하면 방제효과를 얻을 수 있다.

18 TMV(Tobacco mosaic virus)로 인하여 발병하는 고추 모자이크병의 방제법으로 옳지 않은 것은?

① 살충제로 매개곤충을 제거한다.
② 전년도에 재배한 줄기나 뿌리를 제거한다.
③ 제3인산소다를 이용하여 종자를 소독한다.
④ 생육도중 발병한 식물체는 곧바로 제거한다.

해설
TMV의 경우 주로 즙액, 접촉, 종자, 토양 전염 등의 방법으로 전염이 이루어진다. 이 중에서 가장 빈도가 높은 전염방법은 접촉전염이며 매개곤충에 의해서는 전염되지 않는다.

19 벼 도열병 방제에 가장 효과적인 비료는?

① 질소질 비료 ② 규산질 비료
③ 인산질 비료 ④ 칼륨질 비료

해설
질소질 비료의 과용을 피하고 규소질 비료의 경우 도열병균에 저항성이 강하므로 필요시 사용하도록 한다.

20 토양 습도가 작물이 생육하기에 적합한 상태보다 건조할 때 잘 발생하는 병은?

① 감자 역병
② 고추 모잘록병
③ 배추 무사마귀병
④ 오이 덩굴쪼김병

해설
오이덩굴쪼김병은 기온이 높고 건조한 기후에서 잘 발생한다.

정답 15 ③ 16 ④ 17 ③ 18 ① 19 ② 20 ④

2과목 농림해충학

21 알락하늘소가 월동하는 형태는?
① 알   ② 유충
③ 성충   ④ 번데기

해설
알락하늘소는 유충으로 월동한다.

22 곤충 체강 내에서 비틀림 운동을 하면서 pH 또는 무기이온 농도 등을 조절하면서 배설 작용을 돕는 기관은?
① 위맹낭   ② 지방체
③ 말피기관   ④ 모이주머니

해설
말피기관은 곤충의 체강 내에서 비틀림 운동을 통해 배설작용을 하며 혈림프의 이온 조성과 삼투압의 조절기능을 담당하기도 한다.

23 가해습성에 따른 해충의 분류로 옳지 않은 것은?
① 천공성 해충 - 소나무좀, 밤나무혹벌
② 종실 해충 - 밤바구미, 복숭아명나방
③ 흡즙성 해충 - 솔껍질깍지벌레, 버즘나무방패벌레
④ 식엽성 해충 - 오리나무잎벌레, 잣나무넓적잎벌

해설
밤나무혹벌은 충영을 만드는 해충이다.

24 풀잠자리목의 특징으로 옳지 않은 것은?
① 완전변태를 한다.
② 생물적 방제에 많이 이용된다.
③ 더듬이는 길고 홑눈이 3개이다.
④ 유충과 성충은 대부분 포식성이다.

해설
풀잠자리목은 더듬이는 길고 홑눈은 있기도 하고 없기도 하다.

25 해충발생밀도 조사 방법으로 페로몬 조사법을 적용하는 것이 가장 적합한 해충은?
① 벼멸구   ② 말매미충
③ 고자리파리   ④ 복숭아심식나방

해설
복숭아심식나방은 암컷이 방출하는 성페로몬을 이용하여 수컷을 유인 및 발생 정도를 파악할수 있는데 해충발생밀도 조사로 페로몬 조사법을 이용한다.

26 사과응애에 대한 설명으로 옳지 않은 것은?
① 흡즙성 해충이다.
② 약충으로 월동한다.
③ 1년에 7~8회 발생한다.
④ 사과나무가 꽃 필 무렵 알에서 부화하여 꽃 주위의 어린잎을 가해한다.

해설
사과응애는 알로 월동한다.

27 곤충의 표피 중 가장 바깥쪽에 있는 것은?
① 왁스층   ② 원표피
③ 기저막   ④ 시멘트층

해설
곤충의 표피는 시멘트층, 왁스층, 폴리페놀, 큐티큘라의 4개층으로 이루어져 있으며 그중 가장 바깥쪽은 시멘트층이다.

28 곤충이 갖는 살충제 저항성 기작의 원인이 아닌 것은?
① 표피층 두께 증가
② 해독효소 활성 감소
③ 빠른 배설 생리기작
④ 농약으로부터 기피하는 행동

해설
해독효소의 활성이 증가해야 살충제에 대한 저항성이 나타난다.

정답 21 ② 22 ③ 23 ① 24 ③ 25 ④ 26 ② 27 ④ 28 ②

29 거세미나방의 형태에 대한 설명으로 옳지 않은 것은?
① 유충은 길이가 40mm 정도이다.
② 성충의 머리와 가슴이 적갈색이다.
③ 알은 반구형이고 방사상의 줄이 있다.
④ 성충의 날개를 편 전체 좌우 길이는 40mm 정도이다.

해설
거세미나방의 성충의 머리와 가슴은 황갈색이다.

30 유약호르몬이 분비되는 기관은?
① 앞가슴샘   ② 알라타체
③ 외기관지샘 ④ 카디아카체

해설
곤충의 유약호르몬은 알라타체에서 분비된다.

31 방제 방법으로 나무주사가 효과적인 해충들로 올바르게 나열한 것은?
① 솔잎혹파리, 밤나무혹벌
② 밤바구미, 솔껍질깍지벌레
③ 미국흰불나방, 솔알락명나방
④ 솔잎혹파리, 솔껍질깍지벌레

해설
소나무 재선충, 솔잎혹파리, 솔껍질깍지벌레의 방제에는 수간주사가 효과적이다.

32 곤충과 비교한 응애의 특징으로 옳은 것은?
① 겹눈이 있다.
② 완전변태를 한다.
③ 다리가 6개 마디로 되어 있다.
④ 몸의 옆에 있는 기관이나 숨문으로 호흡한다.

해설
곤충은 다리가 3쌍, 5마디로 되어 있고 응애의 다리는 4쌍, 6마디로 되어 있다.

33 곤충 분류학상 외시류가 아닌 것은?
① 밑들이   ② 강도래
③ 노린재   ④ 집게벌레

해설
밑들이는 내시류이다.

34 솔나방에 대한 설명으로 옳지 않은 것은?
① 주로 월동 후의 유충기에 식해한다.
② 연 1회 발생하고 제 5령 충으로 월동한다.
③ 새로 난 잎을 식해하는 것이 보통이나 밀도가 높으면 묵은 잎도 식해한다.
④ 유충이 소나무의 잎을 식해하며 심한 피해를 받은 나무는 고사하기도 한다.

해설
솔나방의 유충은 묵은 잎을 식해하는 것이 보통이나 밀도가 높으면 새로 자라는 잎도 식해하기도 한다.

35 다리 마디의 위치가 몸쪽에서부터 가장 가까운 것은?
① 도래마디   ② 발목마디
③ 종아리마디 ④ 넓적다리마디

해설
곤충의 다리 마디에서 몸쪽에 가장 가까운 순서로 밑마디, 도래마디, 넓적다리마디, 종아리마디, 발목마디 순이며 보기 중 도래마디가 몸쪽에 가장 가깝다.

36 곤충 날개가 두 쌍인 경우 날개의 부착위치는?
① 가운데가슴에만 붙어 있다.
② 앞가슴에 한 쌍, 뒷가슴에 한 쌍 붙어 있다.
③ 앞가슴에 한 쌍, 가운데가슴에 한 쌍 붙어 있다.
④ 가운데가슴에 한 쌍, 뒷가슴에 한 쌍 붙어 있다.

정답 29 ② 30 ② 31 ④ 32 ③ 33 ① 34 ③ 35 ① 36 ④

> **해설**
> 곤충은 두 쌍의 날개를 가지고 있는 경우 가운데가슴에 있는 한쌍을 앞날개, 뒷가슴에 붙어 있는 한쌍을 뒷날개라 한다.

37 우리나라에서 솔잎혹파리가 주로 가해하는 수종은?

① 곰솔　　② 잣나무
③ 리기다소나무　④ 일본잎갈나무

> **해설**
> 솔잎혹파리가 가해하는 수종은 소나무, 해송 등이 있다.

38 고추의 과실에 구멍을 뚫고 들어가 가해하는 해충은?

① 담배나방
② 파총채벌레
③ 좁은가슴잎벌레
④ 아메리카잎굴파리

> **해설**
> 담배나방은 고추에 피해를 주는 해충으로 유충이 어린잎이나 과실에 구멍을 내고 내부에서 피해를 준다.

39 부화 유충이 몇 개의 벼 잎을 끌어 모아 세로로 말고, 그 속에 숨어 있다가 해가 진후에 나와 벼 잎을 가해하는 해충은?

① 벼애나방　② 조명나방
③ 벼잎벌레　④ 줄점팔랑나비

> **해설**
> 줄점팔랑나비의 유충은 낮에는 말려져 있는 잎 속에서 숨어 있고 해가 진 후 나와 벼의 잎을 가해한다.

40 진딧물류 방제를 위한 천적으로 옳지 않은 것은?

① 진디벌　　② 진디혹파리
③ 칠레이리응애　④ 칠성풀잠자리

> **해설**
> 칠레이리응애는 응애의 생물적 방제에 이용된다.

3과목　재배학원론

41 다음 중 종자 파종 시 복토를 가장 얕게 해야 하는 작물은?

① 호밀　　② 파
③ 잠두　　④ 나리

> **해설**
> 파, 양파 등은 복토 깊이가 0.5~1cm 정도로 가장 얕게 한다.

42 다음 중 농산물의 안전 저장을 위하여 가장 높은 온도가 요구되는 작물은?

① 양파　　② 마늘
③ 감자　　④ 고구마

> **해설**
> 작물의 안전 저장 온도로 고구마 12~15도, 감자는 4~8도, 사과 0~2, 마늘 –2~0도 정도이다.

43 다음 중 영양번식 방법을 가장 이용하지 않는 것은?

① 딸기　　② 고구마
③ 미니 파프리카④ 감자

> **해설**
> 미니파프리카는 종자번식을 한다.

44 저장성, 도정율, 식미 등을 고려할 때 미곡 저장 시 가장 알맞은 수분함량은?

① 5~8%　　② 9~11%
③ 15~16%　④ 20~23%

> **해설**
> 미곡 저장에 알맞은 수분함량은 13~15%, 온도는 15도 이하, 습도는 70% 전후 정도를 기준으로 한다.

정답　37 ①　38 ①　39 ④　40 ③　41 ②　42 ④　43 ③　44 ③

45 벼의 수량 구성요소 중 연차변이계수가 가장 작은 요소는?
① 천립중 ② 1수 영화수
③ 등숙비율 ④ 수수

해설
벼의 수량 구성요소 중에서 천립중의 변이계수가 가장 낮은 편이다.

46 수확 전 낙과 방지법으로 가장 적절하지 않은 것은?
① ABA 처리 ② 과습 방지
③ 방풍시설 설치 ④ 칼슘이온 처리

해설
ABA는 생장 억제 물질로 낙과 방지를 위한 처리제로는 적합하지 않다. 낙과 방지를 위해서는 옥신 등의 살포가 효과적이다.

47 멀칭(mulching)의 이용성에 대한 설명으로 가장 적절하지 않은 것은?
① 생육억제 ② 한해경감
③ 잡초억제 ④ 토양보호

해설
멀칭은 생육촉진, 토양 건조 방지, 지온 조절, 침식 방지, 잡초 방지 등의 효과가 있다.

48 일장효과에 영향을 끼치는 조건에 대한 설명으로 가장 옳지 않은 것은?
① 청색광이 가장 효과가 크다.
② 명기가 약광이라도 일장효과는 발생한다.
③ 본엽이 나온 뒤 어느 정도 발육한 후에 감응한다.
④ 장일식물은 상대적으로 명기가 암기보다 길면 장일효과가 나타난다.

해설
일장효과에 광질은 청색광은 효과가 미미하고 적색광이 효과가 크다.

49 토양의 입단형성과 발달을 돕는 방법은?
① 유기물과 석회의 시용
② 지속적인 경운
③ 입단의 팽창과 수축의 반복
④ 나트륨 이온(Na^+)의 첨가

해설
유기물과 석회를 사용하면 토양입단의 형성을 조장하여 작물의 생육에 유리하다.

50 다음 중 연작 장해가 가장 적은 작물은?
① 인삼 ② 감자
③ 쑥갓 ④ 담배

해설
벼, 옥수수, 담배, 당근, 미나리 등은 연작의 피해가 적은 작물이다.

51 작물 종자의 퇴화를 방지하는 방법으로 가장 옳지 않은 것은?
① 건조 후 밀폐 저장
② 충실한 종자의 선택
③ 무병지에서 채종
④ 품종 간 자연 교잡율의 증대 실시

해설
작물 종자의 퇴화를 방지하는 방법으로 영양번식, 종자 저온저장, 종자갱신, 격리재배 등이 있다.

52 다음 중 포도의 무핵과 생산에 가장 효과적으로 이용되고 있는 화학물질은?
① IBA ② CCC
③ Gibberellin ④ NAA

해설
포도에 지베렐린을 처리하여 유핵 포도를 무핵 포도로 생산한다.

정답 45 ① 46 ① 47 ① 48 ① 49 ① 50 ④ 51 ④ 52 ③

53 작물의 생태적 분류에 대한 설명으로 가장 옳지 않은 것은?
① 감자는 저온작물이다.
② 벼는 고온작물이다.
③ 하고현상은 난지형 목초에서 나타난다.
④ 사탕무는 2년생 작물이다.
> 해설
> 하고현상은 북방형 목초에서 주로 나타난다.

54 다음 비료 종류 중 질소 함량이 가장 높은 것은?
① 황산암모늄 ② 요소
③ 석회질소   ④ 초석
> 해설
> 요소비료는 질소를 요소상태로 제조한 것으로 질소 함량이 가장 높다.

55 다음 중 답전윤환의 효과로 기대할 수 있는 것은?
① 기지의 회피 ② 잡초의 번무
③ 지력 감퇴   ④ 벼 수량의 저하
> 해설
> 답전윤환의 효과로 기대할 수 있는 것은 지력의 유지 및 증진, 기지의 회피, 잡초 발생의 억제, 재배량 증가 등이 있다.

56 맥류의 형태와 파종방법에 따른 내동성과의 관계에 대한 설명으로 가장 거리가 먼 것은?
① 파종을 깊게 하면 내동성이 강하다.
② 엽색이 진한 것이 내동성이 강하다.
③ 중경(中莖)이 덜 발달하여 생장점이 깊게 놓이면 내동성이 강하다.
④ 직립성인 것이 포복성인 것보다 내동성이 강하다.
> 해설
> 맥류의 내동성과 관련하여 포복성인 것이 직립성인 것보다 내동성이 강하다.

57 작물생육에 있어 철(Fe)의 생리작용에 대한 설명으로 틀린 것은?
① 호흡 효소의 구성 성분이다.
② 엽록소의 형성에 관여하지 않는다.
③ 망간, 칼슘 등의 과잉은 철의 흡수를 방해한다.
④ 결핍되면 어린잎부터 황백화한다.
> 해설
> 무기성분인 철(Fe)는 엽록소의 생성 및 호흡효소 활동에 관여한다.

58 논토양의 일반적인 특성으로 가장 옳지 않은 것은?
① 토층분화가 나타나며 산화층은 적갈색을 띤다.
② 암모니아태 질소를 환원층에 주면 탈질 현상이 나타난다.
③ 논에서는 질산태 질소를 주로 사용하지 않는다.
④ 탈질작용은 질화균과 탈질균이 작용한다.
> 해설
> 암모니아태는 토양에 콜로이드에 흡착되어 쉽게 용탈되지 않는다.

59 다음 중 배유 종자로만 나열된 것은?
① 콩, 보리, 밀
② 콩, 팥, 옥수수
③ 밤, 콩, 팥
④ 옥수수, 벼, 보리
> 해설
> 배유종자에는 밀, 벼, 보리, 옥수수, 양파가 있다.

정답 53 ③ 54 ② 55 ① 56 ④ 57 ② 58 ② 59 ④

60 벼의 키다리병과 관계되는 식물호르몬은?
① 옥신　　② 키네틴
③ 지베렐린　④ 에틸렌

해설
지베렐린은 벼의 키다리병균에 의해 만들어지는 식물생장조절제로 신장촉진작용, 종자발아촉진, 개화촉진 등의 작용을 한다.

4과목　농약학

61 다음 보기에서 설명하는 농약은?

[보기]
◎ 유기유황제 살균제이다.
◎ 광범위한 작물에 보호살균제 사용된다.
◎ 과수의 탄저병 방제와 채소류 노균병 방제에 유효하다.
◎ 고온·다습조건에서 불안정하다.

① 만코지 수화제
② 클로르훼나피르 수화제
③ 알파스린유제
④ 메치온 유제

해설
만코지 수화제는 유기유황제 살균제로 광범위한 병해에 적용 가능하며 과수의 탄저병 등에도 유효하다.

62. 우리나라에서 농약 등록 시 농약안전성 평가 항목으로서 환경독성의 평가항목에 해당되는 것은?
① 급성독성　② 어독성
③ 아급성독성　④ 신경독성

해설
어독성은 어류에 대한 독성을 말하며 생태독성이라 한다.

63 농약의 약해방지를 위한 대책으로 가장 거리가 먼 것은?
① 해독제 이용
② 저농도 약액 살포
③ 농약의 안전사용 기준 준수
④ 표류비산을 막기 위한 제제의 개선

해설
농약의 약해 방지를 위해서는 적합한 약제의 선택, 적합한 방제 시기 및 방제량 선택, 안전사용기준 준수 등이 있다.

64 맥류(麥類)와 목화(木花)의 종자소독제로 사용되는 침투성 살균제는?
① 비타박스　② 블라스티사이딘-S
③ 톱신　　　④ 다코닐

해설
비타박스는 종자소독용 살균제이다.

65 어떤 물질이 농약으로 사용되기 위하여 구비하여야 할 조건으로 가장 거리가 먼 것은?
① 살포시 작물에 대한 약해가 없어야 한다.
② 병해충을 방제하는 약효가 뛰어나야 한다.
③ 작물재배 전체기간 중 잔효성이 유지되어야 한다.
④ 사용하는 농민에 대하여 독성이 낮아야 한다.

해설
농약이 너무 오랜 시간 잔류되거나 생물에 축적되지 않아야 한다.

66 농약 보조제에 속하지 않는 것은?
① 계면활성제　② 식물생장조정제
③ 증량제　　　④ 유화제

해설
농약 보조제는 농약의 효과를 증진시켜주는 약제로 전착제, 증량제, 유화제, 협력제 등이 있다.

정답　60 ③　61 ①　62 ②　63 ②　64 ①　65 ③　66 ②

67 가스크로마토그래피에 의해 분석하고자 할 때 전자포획검출기(ECD)로 분석을 가장 용이하게 할 수 있는 농약은?
① Chlorothalonil
② Dichlorvos
③ Parathion
④ EPN

해설
클로로타로닐(Chlorothalonil)은 유기염소계로 전자포획검출기(ECD)를 이용하여 검출한다.

68 천연물관련 Pyrethroid 계 살충제에 해당되지 않은 농약은?
① 알파메스린(Alphamethrin)
② 비펜스린(Biphenthrin)
③ 델타메스린(Deltamethrin)
④ 트리프루므론(Triflumuron)

해설
피레트로이드계 살충제의 종류에는 알레트린(allethrin), 알파메트린(alphamethrin), 비펜트린(biphenthrin), 델타메스린(deltamethrin) 등이 있으며 트리플루뮤론은 키틴의 생합성을 저해하는 곤충생장조절계 살충제이다.

69 리바이지드 50% 유제를 1000배로 희석하여 10a 당 180L를 살포하려 할 때 리바이지드 50% 유제의 소요량은?
① 45ml   ② 90ml
③ 180ml   ④ 360ml

해설
소요약량 = $\dfrac{180}{1000}$ = 0.18L = 180ml

70 살충제 농약 병뚜껑의 색깔은?
① 청색   ② 녹색
③ 분홍색   ④ 적색

해설
살충제는 녹색의 병뚜껑을 사용한다.

71 다음 벼농사용 농약 중 펜치온유제와 혼용이 가능한 약제는?
① 비피유제   ② 브로엠수화제
③ 피리다유제   ④ 다수진유제

해설
다수진유제는 펜치온유제와 선택 혼용하여 종자를 소독한다.

72 유기인계 살충제의 일반적인 특성에 대한 설명으로 틀린 것은?
① 잔효력이 길다.
② 흡즙해충에 유효하다.
③ 인축에 대한 독성이 비교적 강하다.
④ 알칼리성 물질에 의하여 분해되기 쉽다.

해설
유기인계 살충제는 동식물 체내에서의 분해가 빠르고 야외 살포의 경우 광선 및 외부 환경조건에 의해 분해가 빨라 손실되기 쉽다.

73 유제(乳劑)의 특성에 대한 설명으로 틀린 것은?
① 수화제에 비하여 고농도의 제제가 가능하다.
② 수화제에 비하여 살포용 약액의 조제가 편리하다.
③ 수화제보다 생산비가 많이 소요된다.
④ 채소류에서 수화제에 비하여 증량제의 표면 부착으로 인한 흡착오염이 적다.

해설
수화제는 유제에 비하여 고농도 제제가 가능하다.

정답 67 ① 68 ④ 69 ③ 70 ② 71 ④ 72 ① 73 ①

74 제충국의 유효성분 중 집파리에 대한 살충력이 가장 강한 것은?
① 시네린 I(cinerin I)
② 시네린 II(cinerin II)
③ 피레트린 I(pyrethrin I)
④ 피레트린 II(pyrethrin II)

> **해설**
> 집파리에 대한 살충력은 피네트린이 시네린보다 강하며 피네트린에서도 피레트린 I이 효과가 좋다.

75 잔류성 농약의 분류에 속하지 않는 것은?
① 작물 잔류성 농약
② 토양 잔류성 농약
③ 수질 오염성 농약
④ 대기 오염성 농약

> **해설**
> 잔류성 농약은 토양 잔류성 농약, 작물 잔류성 농약, 수질 잔류성 농약으로 분류한다.

76 농약의 사용 기구에 대한 설명으로 가장 거리가 먼 것은?
① 미스트기(mist spray)는 풍압으로 미립자를 만든 후 다량의 바람으로 불어 붙이는 기기이다.
② 스프링 클러(sprinkler)는 관수, 시비 등을 포함하여 다목적으로 사용되는 기기이다.
③ 폼스프레이(foam spray)는 살포액에 기포제를 가하여 전용 노즐로 공기와 교반하는 거품의 집합체로 살포하는 기기이다.
④ 살립기(granule applicator)는 분제농약을 작업상의 안전성이나 능률면에서 고르게 살포하기 위한 기기이다.

> **해설**
> 분제농약을 능률적으로 고르게 살포하기 위한 기기는 살분제이다.

77 유기인제 계통의 약제를 강알칼리성 약제와 혼용을 피하는 가장 큰 이유는?
① 약해가 심하기 때문이다.
② 물리성이 나빠지기 때문이다.
③ 복합요인에 의한 작물의 생육 저해가 일어나기 때문이다.
④ 알칼리에 의해 가수분해가 일어나기 때문이다.

> **해설**
> 유기인제 계통의 농약들은 강알칼리성과 혼용시 가수분해로 약효가 상실되거나 약해가 발생한다.

78 농약의 사용목적에 따른 분류에 해당하지 않는 것은?
① 식독제   ② 접촉독제
③ 유기인제   ④ 유인제

> **해설**
> 유기인제는 유효성분에 따른 분류에 해당한다.

79 건초 중 농약잔류량이 0.5ppm 이었다면 시료 1kg 중의 양은?
① 0.05mg   ② 0.5mg
③ 5mg   ④ 50mg

> **해설**
> 1ppm 은 1mg 이므로 0.5ppm 은 0.5mg 이다.

80 해충의 콜린에스테라아제 효소활성을 저해시키는 약제는?
① 다이아지논유제
② 사이헥사틴수화제
③ 네오아소진액제
④ 디코폴수화제

> **해설**
> AChE(아세틸콜린에스테라제) 는 신경전달계 관여 효소로 유기인계와 카바메이트계 살충제가 AChE의 분해를 저해하여 신경전달물질의 축적으로 정상적인 신경전달이 방해되어 곤충이 죽게 된다. 유기인계 살충제 종류로 파라티온에틸, 이피엔(EPN), 말라티온, 다이아지논, 페니트로티온(MEP), 펜토에이트(PAP), 트리클로르폰(DEP), 디클로르보스(DDVP) 등이 있다.

정답 74 ③ 75 ④ 76 ④ 77 ④ 78 ③ 79 ② 80 ①

5과목 잡초방제학

81 광엽 잡초로만 올바르게 나열한 것은?
① 여뀌, 명아주
② 돌피, 여뀌바늘
③ 매자기, 쇠비름
④ 개비름, 바랭이

해설
광엽잡초에는 대표적으로 닭의장풀, 명아주, 가래, 물달개비, 쇠비름, 비름, 질경이, 여뀌, 깨풀 등이 있다.

82 잡초에 대한 작물의 경합력을 높이기 위한 방법으로 옳지 않은 것은?
① 밀식 재배를 한다.
② 만생종 품종을 재배한다.
③ 춘파작물과 추파작물을 윤작한다.
④ 분지수가 많고 엽면적지수가 큰 품종을 재배한다.

해설
작물의 경합력을 높이기 위해서는 초관형성이 빠른 조생종 품종을 선택하여 재배한다.

83 잡초 방제에 이용하려는 생물이 갖추어야 할 조건으로 옳지 않은 것은?
① 이동성이 있어서는 안 된다.
② 새로운 지역에서 적응성이 좋아야 한다.
③ 잡초보다 빠른 번식 능력이 있어야 한다.
④ 잡초 이외의 유용 식물을 가해해서는 안된다.

해설
생물적 잡초 방제를 위한 천적의 방제를 위한 잡초에 잘 이동해야 한다.

84 주로 밭에 발생하는 잡초로만 올바르게 나열한 것은?
① 벗풀, 괭이밥 ② 반하, 까마중
③ 가래, 한련초 ④ 올방개, 알방동사니

해설
반하는 밭에서 발생하는 다년생 잡초이며 까마중은 일년생 잡초이다.

85 다년생 잡초로만 올바르게 나열한 것은?
① 강피, 참방동사니
② 쇠뜨기, 나도겨풀
③ 뚝새풀, 생이가래
④ 자귀풀, 강아지풀

해설
다년생 잡초에는 올방개, 너도방동사니, 쇠뜨기, 나도겨풀, 가래 등이 있다.

86 제초제 제제에 보조제로 사용하는 계면 활성제에 대한 설명으로 옳지 않은 것은?
① 주제를 변질시켜서는 안 된다.
② 유화력이나 분산력이 작아야 한다.
③ 주제와 친화성을 지니고 있어야 한다.
④ 작물에 약해를 일으키지 않아야 한다.

해설
계면활성제는 일정한 제초제의 약효를 위해 유화력이나 분산력이 커야 한다.

87 잡초의 유용성에 대한 설명으로 옳지 않은 것은?
① 논둑 및 경사지 등에서 지면을 덮어 토양 유실을 막아 준다.
② 근연 관계에 있는 식물에 대한 유전자 은행 역할을 할 수 있다.
③ 작물과 같이 자랄 경우 빈 공간을 채워 작물의 도복을 막아준다.
④ 유기물이나 중금속 등으로 오염된 물이나 토양을 정화하는 기능이 있다.

해설
작물과 같이 자라 빈 공간을 채울 경우 작물과의 경합에서 잡초가 우세하여 피해를 줄수 있다.

정답 81 ① 82 ② 83 ① 84 ② 85 ② 86 ② 87 ③

88 생물학적 잡초방제에 가장 많이 이용되는 식물병원균 종류는?
① 선충 ② 세균
③ 균류 ④ 바이러스

해설
생물적 잡초방제에 사용되는 식물병원균에는 세균, 균류, 선충, 바이러스 등이 유효하며 그중에서도 균류가 가장 많이 이용된다.

89 잡초 종자가 주로 일장에 반응하여 휴면이 타파되고 발아하게 되는 특성은?
① 발아 기회성 ② 발아 계절성
③ 발아 주기성 ④ 발아 연속성

해설
발아 계절의 일장에 반응하여 휴면을 타파하고 발아하는 것을 발아 계절성이라 한다.

90 엽채류 작물의 경우 다음 그림에서 잡초경합 한계기간에 해당하는 것은?

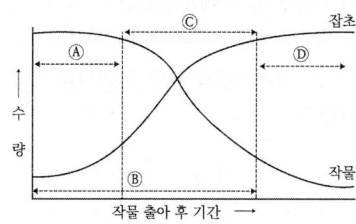

① Ⓐ ② Ⓑ
③ Ⓒ ④ Ⓓ

해설
잡초경합 한계기간은 잡초의 경합이 없는 생육초기와 경합으로 피해가 없는 성숙 말기 사이의 기간으로 그 사이의 작물이 잡초와 경합에 가장 민감한 시기를 의미한다.

91 잡초 종자에서 나타나는 종피에 의한 휴면의 주요 원인으로 옳은 것은?
① 미숙한 배
② 독성 물질 존재
③ 이산화탄소 결핍
④ 낮은 수분 투과성

해설
종피가 두껍거나 투기성이 낮아 수분의 흡수가 용이하지 못해 장기간 발아하지 않는 종자를 경실이라 한다.

92 주로 영양번식 기관에 의하여 번식하는 잡초로만 올바르게 나열한 것은?
① 여뀌, 물옥잠
② 쇠비름, 질경이
③ 마디꽃, 물달개비
④ 가래, 너도방동사니

해설
너도방동사니는 괴경으로 가래는 지하경으로 영양번식한다.

93 잡초의 종별 수량이 가장 적은 것은?
① 국화과 ② 화본과
③ 십자화과 ④ 방동사니과

해설
십자화과는 1800 여종 정도로 종별 수량이 보기 중 가장 적다.

94 작물과 잡초의 경합 요인으로 가장 거리가 먼 것은?
① 잡초의 종류
② 잡초의 밀도
③ 잡초의 생육 시기
④ 잡초의 영양 상태

해설
작물과 잡초의 경합요인으로 양분, 수분, 광선, 공간 등이 있으며 그 외에도 잡초의 종류, 생육 시기, 이산화탄소 등이 있다.

정답 88 ③ 89 ② 90 ③ 91 ④ 92 ④ 93 ③ 94 ④

95 논에 제초제를 사용하는 경우 처리시기로 가장 바람직하지 않은 것은?
① 수확기 처리
② 잡초 발아 전 처리
③ 작물 생육 초중기 처리
④ 작물 파종 또는 이식 후 처리

해설
약해 및 잔류 등의 문제가 발생할 수 있기에 수확기에는 처리하는 것은 바람직 하지 않다.

96 제초제의 상승 작용에 대한 설명으로 옳은 것은?
① 두 제초제를 단독으로 각각 처리하는 경우가 효과가 크다.
② 두 제초제를 혼합하여 처리하는 경우 작물의 생리적 장애 현상이 발생한다.
③ 두 제초제를 혼합하여 처리하는 경우와 단독으로 처리하는 경우의 효과가 같다.
④ 두 제초제를 혼합하여 처리하는 경우가 단독으로 처리하는 경우보다 효과가 크다.

해설
길항작용은 2종류 이상의 약제를 동시에 작용할 경우 개개의 작용이 합친 것보다 더 적은 효과가 나타나거나 효과가 상쇄되는 경우를 말하며 상승작용은 그 효과가 커지는 것을 의미한다.

97 2,4-D 제초제에 해당하는 것은?
① 페녹시계   ② 산아미드계
③ 카바마이트계 ④ 디페닐에테르계

해설
2,4-D 는 페녹시계 제초제로 호르몬 작용의 교란을 일으키는 이행성 호르몬형 제초제이다.

98 토양 속에 잔류하는 제초제의 양 및 기간에 영향을 주는 요인으로 가장 거리가 먼 것은?
① 경운 및 정지
② 광분해 및 휘발성
③ 토양에 흡착 및 용탈
④ 미생물 및 화학적 분해

해설
경운 및 정지는 제초제를 처리하기 전 토양의 사전 작업으로 약품에 화학적 영향을 주지 않아 기간에 큰 영향을 주지 않는다.

99 논잡초의 군락천이를 유발시키는 원인으로 가장 효과가 큰 것은?
① 담수 조건에서 재배
② 춘·추경을 많이 실시
③ 기계를 이용한 이앙 증가
④ 동일한 제초제를 연속하여 사용

해설
잡초군락의 천이의 경우 주로 재배작물이나 작부체계가 변화하거나 경종조건이 변화할 경우 영향을 받는다. 동일한 제초제의 사용은 잡초의 저항성 증가로 군락천이를 유발시키게 된다.

100 잡초 방제 방법으로 담수처리에 대한 설명으로 옳은 것은?
① 무더운 날씨에는 효과가 줄어든다.
② 온도 조절을 통해 잡초 발생을 줄이는 것이다.
③ 발아에 필요한 산소의 흡수를 억제시켜 잡초 발생을 줄인다.
④ 다년생 잡초에는 효과가 있으나 일년생 잡초에는 효과가 없다.

해설
담수처리를 통해 종자의 산소흡수를 억제하여 발아를 막는다.

정답 95 ① 96 ④ 97 ① 98 ① 99 ④ 100 ③

국가기술자격 필기시험문제

2019년 기사 제4회 과년도 기출문제			수험번호	성명
자격종목 식물보호기사	종목코드	시험시간 2시간 30분	형별	

1과목 　　식물병리학

01 다음 중 세포벽을 가지고 있지 않은 식물 병원균은?
① Xanthomonas 속
② Phytoplasma 속
③ Phytophthora 속
④ Xyrella 속

> **해설**
> 파이토플라스마(Phytoplasma)는 식물병원체로 세포벽이 없는 원핵생물이다.

02 다음 중 기주체에 침입할 때 병원균이 분비하는 효소로 가장 적절한 것은?
① Victorin　② Fusaric Acid
③ Cutinase　④ Tabtoxin

> **해설**
> 큐틴 분해효소(Cutinase)은 식물의 세포벽을 분해하는 효소이다.

03 다음 중 생물적 방제제로 사용되는 진균은?
① Pseudomonas 속
② Trichoderma 속
③ Bacillus 속
④ Streptomyces 속

> **해설**
> 생물학적 방제용 길항균으로 Ampelomyces, Candida, Trichoderma 등이 있다.

04 세균에 의한 병이 아닌 것은?
① 토마토 풋마름병
② 사과 뿌리혹병
③ 감자 더뎅이병
④ 배추 무사마귀병

> **해설**
> 배추 무사마귀병은 진균에 의해 발생한다.

05 식물체가 감염되었을 때 주로 모자이크 증상을 나타나는 병원체는?
① 진균　　　② 세균
③ 바이러스　④ 파이토플라스마

> **해설**
> 바이러스는 식물의 모자이크 증상을 일으키는 대표적인 병원체로 병징만 관찰되고 표징은 나타나지 않는다.

06 다음 중 밀 줄기녹병의 중간기주로 가장 적절한 것은?
① 매발톱나무　② 개나리
③ 향나무　　　④ 사시나무

> **해설**
> 줄기녹병의 중간기주로 매자나무과인 매발톱나무가 있다.

07 알코올 냄새로 진단할 수 있는 식물병은?
① 수박 덩굴쪼김병
② 콩 탄저병
③ 사과나무 부란병
④ 배나무 줄기마름병

> **해설**
> 사과나무 부란병은 수침상 병무늬가 발생하고 알코올냄새가 발생하는 것이 특징이다.

정답　01 ②　02 ③　03 ②　04 ④　05 ③　06 ①　07 ③

08 다음 중 접합균류에 속하는 곰팡이에 의해 발생하는 병으로 가장 적절한 것은?

① 고구마 검은무늬병
② 감자 둘레썩음병
③ 고구마 무름병
④ 감자 더뎅이병

해설
고구마 무름병은 상처 부위에 흰색의 균사가 밀집하고 그 위로 흑색의 곰팡이인 포자낭이 발생한다.

09 다음 중 비생물성 병원에 해당되는 것은?

① 산업폐기물
② 파이토플라스마
③ 말무리
④ 유사균류

해설
산업폐기물은 유해물질이 포함된 폐기물로 식물병을 일으키기도 하는 비생물성 병원에 해당한다.

10 소나무혹병의 하포자와 동포자의 월동장소로 가장 적절한 것은?

① 졸참나무
② 참취
③ 향나무
④ 야생까치밥나무

해설
소나무혹병균은 중간기주인 참나무속에서 하포자와 동포자로 월동한다.

11 식물병원균이 이종기생을 하는 경우에 생활환을 완성하기 위하여 기주식물을 바꾸어 생활하는 것을 무엇이라 하는가?

① 기생
② 감염
③ 기주교대
④ 발병

해설
서로 다른 종류의 기주식물을 옮겨다니며 생활하는 병원균을 이종기생균이라 하는데 이종기생균이 기주를 변경하는 것을 기주교대라고 한다.

12 보리 붉은곰팡이균은 진균의 어떤 균류에 속하는가?

① 불완전균류
② 접합균류
③ 자낭균류
④ 담자균류

해설
맥류 붉은곰팡이병의 병원균은 자낭균류이다.

13 식물병을 방제하기 위한 경종적 방법과 가장 거리가 먼 것은?

① 윤작
② 번식기관의 온탕 처리
③ 무병종묘 사용
④ 저항성 품종 재배

해설
번식기관의 온탕처리는 물리적, 기계적 방제법이다.

14 식물 바이러스 입자를 구성하는 주요 고분자는?

① 피막과 핵
② 세포벽과 세포질
③ 골지체와 RNA
④ 핵산과 단백질껍질

해설
바이러스는 핵산과 단백질껍질로 구성된 핵단백질로 세포벽이 없다.

정답 08 ③ 09 ① 10 ① 11 ③ 12 ③ 13 ② 14 ④

15 병든 부위에서 악취가 나는 병은?
① 벼 도열병
② 배추 무름병
③ 딸기 흰가루병
④ 감자 탄저병

> **해설**
> 배추 무름병은 세균에 의해 식물이 썩는 증상이 나타나고 병든 부위로 악취가 발생한다.

16 다음 중 목재를 썩히는 대부분의 목재부후균은 어디에 속하는가?
① 세균 ② 버섯
③ 바이러스 ④ 선충

> **해설**
> 목재부후균은 목재에서 발생하여 목재를 분해하는 버섯이다.

17 다음 중 Phytophthora 속 균의 전형적인 전반방법은?
① 종자에 의한 전반
② 곤충에 의한 전반
③ 씨감자에 의한 전반
④ 비바람에 의한 전반

> **해설**
> Phytophthora 균은 주로 비바람에 의해 전반된다.

18 뿌리혹병(근두암종병)을 일으키는 병원균으로 가장 적절한 것은?
① 진균 ② 세균
③ 바이러스 ④ 파이토플라스마

> **해설**
> 뿌리혹병은 세균에 의해 발생하며 포플러류, 밤나무, 감나무 등에 피해를 준다.

19 박테리오파지의 기주특이성을 이용하여 진단할 수 있는 병으로 가장 적절한 것은?
① 벼 흰잎마름병
② 보리 겉깜부기병
③ 벼 줄무늬잎마름병
④ 밀 속깜부기병

> **해설**
> 박테리오파지는 세균에 기생하여 세균을 잡아먹는 바이러스로 이러한 성질을 이용하여 세균에 의한 식물병 진단에 이용한다. 세균의 대표적인 종류로 벼 세균성줄무늬병, 벼 흰잎마름병, 맥류 검은마디병, 감자 둘레썩음병, 감자 더뎅이병 등이 있다.

20 벼 흰잎마름병의 주요 제 1 차 전염원이 되는 식물로 가장 적절한 것은?
① 흰명아주 ② 돌피
③ 여뀌 ④ 겨풀

> **해설**
> 벼 흰잎마름병의 제 1 차 전염원이 되는 식물로 겨풀과 줄풀 등이 있다.

2과목 농림해충학

21 다음 중 소나무좀의 수목의 어느 부분을 주로 가해하는가?
① 잎 ② 구과
③ 뿌리 ④ 수간(줄기)

> **해설**
> 소나무좀은 성충이 줄기 등의 목질부에 구멍을 뚫어 알을 산란한다.

22 다음에서 설명하는 것은?

> 해충의 생장이나 생존에 불리한 영향을 미쳐 해충의 발육이나 번식을 억제하는 것

① 비선호성 ② 항충성
③ 내성 ④ 회피성

> **해설**
> 해충에 생장, 생존에 불리한 영향을 주어 해충의 발육 및 번식을 막는 성질을 항충성이라 한다.

정답 15 ② 16 ② 17 ④ 18 ② 19 ① 20 ④ 21 ④ 22 ②

23 다음 중 벼 재배 시 기온이 낮은 해에 발생하여 피해를 주는 저온성 해충으로 가장 적절한 것은?

① 이화명나방 ② 끝동매미충
③ 흰등멸구   ④ 벼애잎굴파리

해설
벼애잎굴파리는 기온이 낮은 해에 발생하여 피해를 주는 저온성 해충으로 겨울에 겨이삭, 줄풀 등의 잎속에서 유충으로 월동하거나 번데기 형태로 잡초잎에서 월동한다.

24 도둑나방의 피해 증상으로 가장 거리가 먼 것은?

① 부화유충이 떼를 지어 잎 뒷면의 잎살을 먹는다.
② 배추, 양배추의 결구 속으로 파고 들어가 먹는다.
③ 배추 뿌리가 지제부(지접부)에서 잘린다.
④ 잎이 불규칙한 그물 모양으로 된다.

해설
도둑나방은 광식성 해충으로 다양한 채초작물에 피해를 준다. 부화유충은 무리를 지어 잎의 뒷면에 잎살만 갉아먹으나 자라면서 잎 전체에 불규칙한 그물 모양으로 피해를 준다. 결구채소의 경우 속으로 파고 들어가 피해를 주며 1년에 2회 발생하여 번데기로 월동한다.

25 잎을 가해하는 청동풍뎅이의 월동에 대한 설명으로 가장 적절한 것은?

① 난상태로 땅속에서 월동한다.
② 유충태로 땅속에서 월동한다.
③ 성충태로 지피물에서 월동한다.
④ 번데기 상태로 잎을 먹고 월동한다.

해설
청동풍뎅이는 유충태로 땅속에서 월동하고 주로 과수의 새순을 갉아먹는 피해를 준다.

26 기주식물에 바이러스병을 매개하는 해충으로 가장 옳은 것은?

① 콩잎말이명나방
② 독나방
③ 아메리카잎굴파리
④ 복숭아혹진딧물

해설
바이러스를 매개하는 곤충으로 끝동매미충, 복숭아혹진딧물, 담배가루이, 애멸구 등이 있다.

27 다음 중 천공성 해충으로 가장 적절하지 않은 것은?

① 소나무좀   ② 왕소나무좀
③ 어스렝이나방 ④ 박쥐나방

해설
어스렝이나방은 잎을 식해하는 식엽성 해충이다.

28 날개가 전혀 발생되지 않는 무시아강에 속하는 곤충으로 가장 적절한 것은?

① 벼룩 ② 이
③ 빈대 ④ 좀

해설
무시아강에는 톡토기목, 낫발이목, 좀붙이목, 좀목 등이 있다.

29 곤충의 체내조직에 산소를 운반하는 곳으로 가장 적절한 것은?

① 폐쇄 혈관계 ② 개방 혈관계
③ 기관계   ④ 혈구

해설
곤충의 호흡계에는 기문과 기관이 있으며 기문에는 개구식, 폐쇄식 기관계가 있다. 기문의 경우 들어온 공기를 기관을 통해 내부로 확산시켜 준다.

정답 23 ④ 24 ③ 25 ② 26 ④ 27 ③ 28 ④ 29 ③

30 미국선녀벌레의 가해 양상에 대한 설명으로 가장 적절한 것은?

① 잎을 갉아 먹는다.
② 과일에 구멍을 내며 피해를 준다.
③ 줄기에 구멍을 뚫고 가해한다.
④ 잎, 줄기를 흡즙한다.

해설
미국선녀벌레는 성충과 약충이 가지와 잎에서 집단으로 수액을 흡즙가해한다.

31 거북밀깍지벌레의 월동태로 가장 적절한 것은?

① 성충 ② 알
③ 약충 ④ 번데기

해설
거북밀깍지벌레는 매미목으로 성충으로 월동하고 잎에 기생하여 흡즙가해를 한다.

32 다음 중 해충의 불임성을 유도하는 방법으로 가장 적절한 것은?

① 방사선 이용법
② 소살법
③ 경운법
④ 포살법

해설
방사선은 물리적 방제법으로 해충을 불임화 시켜 산란을 방해하는 방법이다.

33 포도나무의 줄기를 가해하는 해충으로만 나열된 것은?

① 박쥐나방, 포도유리나방
② 포도쌍점매미충, 포도호랑하늘소
③ 포도금빛잎벌레, 포도뿌리혹벌레
④ 으름나방, 무궁화밤나방

해설
포도유리나방은 산머루, 포도 등과 같은 과실수의 줄기를 가해하며 박쥐나방도 포도나무 및 밤나무, 버드나무 등 다양한 수종의 줄기를 가해한다.

34 유아등에 해충을 모이게 하여 잡아 죽이는 방제방법은?

① 재배적 방제 ② 생태적 방제
③ 물리적 방제 ④ 화학적 방제

해설
유아등을 이용하는 것은 기계적, 물리적 방제법으로 빛을 이용하는 등화 유살법이다.

35 다음 중 땅강아지는 어느 목에 속하는 해충인가?

① 딱정벌레목 ② 강도래목
③ 잠자리목 ④ 메뚜기목

해설
땅강아지는 메뚜기목 땅강아지과이다.

36 본답 초기에 벼를 흡즙하여 가해하며, 줄무늬잎마름병과 검은줄무늬오갈병의 바이러스를 매개하는 해충으로 가장 적절한 것은?

① 애멸구 ② 흰등멸구
③ 벼멸구 ④ 끝동매미충

해설
애멸구는 벼를 직접 흡즙가해하고 그을음병을 유발하기도 하며 줄무늬잎마름병, 검은줄무늬오갈병 등의 바이러스를 매개하기도 한다.

37 벼물바구미에 대한 설명으로 가장 거리가 먼 것은?

① 성충은 잎을 가해하고, 유충은 뿌리를 가해한다.
② 단위생식을 한다.
③ 외래해충이다.
④ 유충으로 월동한다.

해설
벼물바구미는 성충으로 월동한다.

정답 30 ④ 31 ① 32 ① 33 ① 34 ③ 35 ④ 36 ① 37 ④

38 곤충의 페로몬에 대한 설명으로 옳은 것은?

① 체내에서 소량으로 만들어져 체외로 방출되며 같은 종의 다른 개체에 정보 전달수단으로 이용된다.
② 체내에서 대량으로 만들어져 체외로 방출되며 같은 종의 다른 개체에 정보 전달수단으로 이용된다.
③ 체내에서 소량으로 만들어져 체외로 방출되며 다른 종의 정보 전달수단으로 이용된다.
④ 카이로몬은 페로몬에 속한다.

해설
페로몬은 같은 종의 개체 간의 정보전달 혹은 통신에 관여한다.

39 다음 중 우리나라에서 겨울 동안 월동을 하지 못하는 해충으로 가장 적절한 것은?

① 이화명나방　② 흑명나방
③ 벼물바구미　④ 담배나방

해설
흑명나방은 국내에서 월동을 하지 않고 해외에서 날아오는 비래해충이다.

40 유시아강은 날개를 갖고 있거나 2차적으로 날개가 없는 곤충이다. 날개를 접을 수 있는 것을 신시군으로 구분하는데 이 중 신시군의 내시류에 속하지 않는 목은?

① 풀잠자리목　② 총채벌레목
③ 딱정벌레목　④ 파리목

해설
총채벌레목은 유시아강 신시류의 외시류에 속한다.

3과목　재배학원론

41 광보상점에 대한 설명으로 가장 옳은 것은?

① 음생식물에 비하여 양생식물의 광보상점이 낮다.
② 음생식물에 비하여 양생식물의 광보상점이 높다.
③ 음생식물과 양생식물의 광보상점은 동일하다.
④ 음생식물 및 양생식물은 광보상점이 없다.

해설
양생식물은 광보상점이 높아서 그늘에서는 잘 자라지 못하고 태양 아래에서 잘자란다.

42 종자의 퇴화를 방지하기 위하여 품종 간에 격리재배를 하는 이유는?

① 자연교잡을 방지하기 위하여
② 병 발생을 억제하기 위하여
③ 유전적 교섭을 증진시키기 위하여
④ 환경변이를 줄이기 위하여

해설
식물의 경우 자연교잡에 의해 품종의 퇴화가 발생할 수 있기에 품종의 특성을 유지하기 위해 격리재배를 하기도 한다.

43 무배유종자에 해당하는 작물로만 나열된 것은?

① 콩, 팥　② 옥수수, 벼
③ 벼, 보리　④ 밀, 보리

해설
무배유종자에는 콩, 완두, 잠두, 상추, 팥 등이 있다.

44 노후답의 재배대책으로 가장 거리가 먼 것은?

① 조기재배
② 황산근 비료의 시비
③ 덧거름 중점의 시비
④ 엽면시비

정답 38 ① 39 ② 40 ② 41 ② 42 ① 43 ① 44 ②

해설
황산근비료는 황산암모늄, 황산 칼리 등의 황산기를 가진 비료이다. 황산근 비료를 시비하게 되면 토양이 산성을 띠게 되기에 노후답의 재배시 철분이 적어진 논에서는 황화 수소가 발생하면서 뿌리 생육에 장해를 일으킨다.

45 다음 중 벼의 관수해가 가장 큰 시기는?
① 출수개화기 ② 묘대기
③ 분얼초기   ④ 등숙기

해설
벼의 관수해는 분얼 초기에는 적게 나타나고 출수개화기에는 크게 나타난다.

46 다음 중 저장 중에 종자가 발아력을 상실하는 가장 큰 원인은?
① 호흡 억제
② 휴면 유도
③ 원형단백질의 응고
④ 저장양분의 증가

해설
종자의 발아력 상실에는 원형 단백질의 응고, 효소의 활력 저하, 저장양분의 부족 및 소모 등이 있으며 그중에서도 원형단백질의 응고시 발아력 회복 및 발아 자체가 불가능해진다.

47 다음 중 작물생육의 필수원소로 가장 거리가 먼 것은?
① K   ② Al
③ Ca   ④ S

해설
작물생육의 필수원소에는 탄소(C), 산소(O), 수소(H), 질소(N), 칼륨(K), 칼슘(Ca), 마그네슘(Mg), 인(P), 황(S) 이 있다.

48 다음에서 설명하는 것은?

> 등고선을 따라 수로를 내고, 임의의 장소로부터 월류하도록 하는 방법이다.

① 보더관개 ② 수반관개
③ 일류관개 ④ 다공관관개

해설
등고선에 따라 수로를 내고, 임의의 장소로부터 월류 하도록 하는 방법을 일류 관개라 한다.

49 벼의 작물생육 초기부터 출수기에 걸쳐 냉온을 만나 출수가 늦어져 등숙불량을 초래하는 냉해는?
① 지연형 냉해 ② 장해형 냉해
③ 병해형 냉해 ④ 혼합형 냉해

해설
지연형 냉해는 생육 초기에서 출수기까지 여러 시기에 냉온을 만나 등숙이 지연되어 후기의 냉온에 의해 등숙불량이 나타나는 현상이 발생한다.

50 연작의 해가 가장 적은 작물로만 나열된 것은?
① 미나리, 양배추 ② 수박, 가지
③ 참외, 우엉   ④ 고추, 오이

해설
연작의 해가 적은 작물은 벼, 맥류, 조, 수수, 옥수수, 담배, 무, 당근, 양파, 호박, 순무, 아스파라거스, 딸기, 미나리, 양배추 등이 있다.

51 다음 중 규소에 대한 설명으로 가장 옳지 않은 것은?
① 규질화를 이루어 병에 대한 저항성을 높인다.
② 수광태세를 좋게 한다.
③ 증산을 경감하여 가뭄해를 줄이는 효과가 있다.
④ 화본과 작물보다 콩과 작물에 함량이 매우 많다.

정답 45 ① 46 ③ 47 ② 48 ③ 49 ① 50 ① 51 ④

해설
화본과 작물에서 규소는 줄기를 튼튼하게 해주고 도열을 방지해주는 영양소로 콩과 작물보다 다량 함유되어 있다.

52 피자식물의 종자형성에 대한 설명으로 가장 옳지 않은 것은?
① 중복수정한다.
② 정핵과 난세포가 결합하여 배를 형성한다.
③ 정핵과 극핵이 결합하여 배유를 형성한다.
④ 배는 3n 이고, 배유는 2n 이다.

해설
피자식물의 중복수정에서 배는 2n, 배유는 3n 이다.

53 다음 중 붕소의 생리작용에 대한 설명으로 가장 옳지 않은 것은?
① 체내 이동성이 용이하다.
② 결핍증은 저장기관에 나타나기 쉽다.
③ 결핍 시 수정, 결실이 나빠진다.
④ 촉매 또는 반응 조정물질로 작용한다.

해설
붕소는 체내 이동성이 낮은 미량원소이다.

54 다음 중 식물체내에서 이동이 가장 용이한 원소는?
① Ca   ② Mg
③ S   ④ Mn

해설
이동이 용이한 원소로 N, P, K, Mg 등이 있다.

55 양열재료의 C/N 율이 가장 낮은 것은?
① 보릿짚   ② 감자
③ 볏짚   ④ 앨팰퍼

해설
보기의 C/N 율은 보릿짚이 <166:1>, 감자는 <29:1>, 볏짚은 <67:1> 이나 앨팰파의 경우 <13:1>로 가장 낮다.

56 다음 중 내습성이 가장 약한 작물로만 나열된 것은?
① 옥수수, 밭벼, 율무
② 택사, 벼, 미나리
③ 고추, 감자, 메밀
④ 당근, 양파, 파

해설
내습성이 약한 작물로 파, 양파, 고추, 당근 등이 있다.

57 열해에 대한 대책으로 가장 거리가 먼 것은?
① 질소질 비료를 자주 시용한다.
② 관개를 통해 지온을 낮춘다.
③ 밀식을 피한다.
④ 환기를 통해 고온을 회피한다.

해설
열해의 경우 질소질 비료의 과용을 피하도록 한다.

58 다음 중 요수량이 가장 적은 작물은?
① 호박   ② 완두
③ 기장   ④ 클로버

해설
요수량이 적은 식물로 수수, 기장, 옥수수 등이 있다.

59 기지가 문제되지 않는 과수로만 나열된 것은?
① 복숭아나무, 배나무
② 사과나무, 포도나무
③ 앵두나무, 뽕나무
④ 무화과나무, 망고나무

해설
과수에서 기지가 문제되지 않는 것으로 사과나무, 포도나무, 자두나무, 살구나무 등이 있다.

정답 52 ④ 53 ① 54 ② 55 ④ 56 ④ 57 ① 58 ③ 59 ②

60 벼의 생육단계에서 중간낙수가 필요한 시기는?
① 모내기 준비
② 이앙기 ~ 활착기
③ 수잉기 ~ 유숙기
④ 최고분얼기 ~ 유수형성기

해설
중간낙수는 벼의 생육단계에서 물이 적게 필요하여 뿌리 건강을 위해 낙수하는 것을 말한다. 주로 최고분얼기에서 유수형성기에 실시한다.

4과목 농약학

61 식물의 생육단계 중 약해의 염려가 가장 적은 시기는?
① 휴면기   ② 영양생장기
③ 생식생장기 ④ 개화기

해설
식물의 생육단계별 약해의 피해는 휴면기가 가장 적으며 다음으로 생장기, 유묘기 순이다.

62 백합의 신장 억제 및 배추의 생장 억제에 주로 사용되는 생장조정제는?
① 디니코나졸 액상수화제
② 지베렐린 수용제
③ 에테폰 액제
④ 루톤 분제

해설
디니코나졸액상수화제는 배추, 국화, 백합 등의 신장억제제이다.

63 농약의 분류 중 유효성분 조성에 따른 분류에 해당하는 것은?
① 유기인제   ② 살충제
③ 살균제   ④ 유인제

해설
유기인계, 카바메이트계, 유기염소계 등은 유효성분 조성에 따른 분류에 해당한다.

64 유기인계 살충제가 아닌 것은?
① 파라티온(Parathion)
② 다이아지논(Diazinon)
③ 디클로르보스(Dichlorvos)
④ 메소밀(Methomyl)

해설
메소밀은 카바메이트계 살충제이다.

65 다음 중 밀폐된 공간에서 사용하도록 설계된 제형은?
① 훈연제   ② 입제
③ 분제   ④ 수화제

해설
훈연제는 약제를 연기화 하여 해충을 죽이는 약제로 주로 밀폐된 공간에서 사용하여야 효과적이다.

66 다음 중에서 천연 성분의 살충제가 아닌 것은?
① 피레트린(Pyrethrin)
② 파라티온(Parathion)
③ 니코틴(Nicotine)
④ 로테논(Rotenone)

해설
천연 살충제로 피네트린, 로테논제, 니코틴제가 있다.

67 피레트린(Pyrethrin) 성분을 함유하는 천연 살충용 식물은?
① 송지   ② 테리스
③ 제충국   ④ 연초

해설
피레트린은 제충국의 꽃 씨방에서 추출한다.

정답 60 ④ 61 ① 62 ① 63 ① 64 ④ 65 ① 66 ② 67 ③

68 현수성과 수화성을 이용한 약제는?
① 유제   ② 용액
③ 수화제   ④ 수용제

해설
수화제는 물에 녹지 않는 주제를 벤토나이트 등의 점토광물과 계면활성제를 혼합 분쇄하여 제제한 것으로 현수성, 수화성, 고착성, 습진성 등이 좋아야 한다.

69 보르도액의 주성분에 해당하는 것은?
① 벤젠(C_6H_6)
② 다황산칼슘(CaS_5)
③ 황산구리($CuSO_4 \cdot 5H_2O$)
④ 페닐초산수은($Hg \cdot OOC \cdot CH_3$)

해설
보르도액은 황산구리와 생석회를 주성분으로 한다.

70 다음 중 농약의 화학적 변화라고 보기 어려운 것은?
① DDVP 유제가 수산화이온(OH)에 의해 유기산과 페놀류 등으로 분해된다.
② 만코제브 수화제가 대기 중에서 분해된다.
③ 토양 중의 금속이 농약과 반응하여 농약을 분해한다.
④ 미생물에 의한 농약의 분해는 환경오염을 방지한다.

해설
미생물에 의한 농약의 분해는 미생물이 유기농약의 탄소가 있어 미생물에 의해 분해되는 것으로 화학적 반응이나 변화로 보기는 어렵다.

71 다음 중 농약의 보조제(Supplement Agent)에 해당하는 것은?
① 유인제   ② 식독제
③ 기피제   ④ 유화제

해설
농약 보조제로 전착제, 증량제, 유화제, 협력제 등이 있다.

72 제초제에 대한 설명으로 틀린 것은?
① 세톡시딤은 선택성 제초제이다.
② 글루포시네이트암모늄은 비선택성 제초제이다.
③ 제초기능에 있어 선택성이 있는 것과 없는 것이 있다.
④ 식물의 종류에 관계없이 모든 식물에 해를 나타내는 것을 선택성 제초제라고 한다.

해설
식물의 종류에 관계없이 모든 식물에 해를 나타내는 것을 비선택성 제초제라 한다.

73 농약의 제형별 약어가 잘못 연결된 것은?
① 유제 - EC
② 액제 - SL
③ 액상수화제 - SP
④ 수화제 - WP

해설
액상수화제의 약어는 SC 이다.

74 보통독성 농약이 고체일 경우에 급성경구 독성의 LD_{50}(mg/kg)은?
① 5 ~ 50
② 50 ~ 500
③ 200 ~ 1000
④ 1000 이상

해설
급성독성에서 고체의 급성경구 III급(보통독성)은 50 이상 500 미만 을 기준으로 한다.

정답 68 ③ 69 ③ 70 ④ 71 ④ 72 ④ 73 ③ 74 ②

75 가스상태로 병해충에 접촉시켜 방제효과를 거두는 훈증제가 갖추어야할 성질이 아닌 것은?

① 독성이 커야 한다.
② 휘발성이 커야 한다.
③ 비인화성이어야 한다.
④ 확산성이 있어야 한다.

해설
훈증제는 휘발성이 강해야 하고 비인화성이어야 하며 침투성 및 확산성이 커야 한다.

76 메프 유제 50%를 0.05%로 희석하여 100L를 살포하려고 할 때 소요약량은 약 몇 ml 인가?(단, 비중은 1.008 이다)

① 99.2
② 109.2
③ 119.2
④ 129.2

해설

$$소요약량 = \frac{추천농도(\%) \times 살포대상량(ml)}{비중 \times 원액 농도(\%)}$$

$$= \frac{0.05\% \times 100,000ml}{1.008 \times 50\%} ≒ 99.2ml$$

77 다음 중 살포장비에 의한 약해에 가장 큰 영향을 미치는 원인은?

① 살포장비의 미세척
② 살포장비의 종류
③ 살포장비의 구조
④ 살포장비의 조작방법

해설
살포장비 미세척시 기존의 약품과의 반응으로 약해가 발생할 수 있다.

78 농약의 안전사용기준을 설정하는 주된 목적은?

① 독성을 없애기 위해서
② 약효를 증대시키기 위해서
③ 농산물 중 잔류량이 허용기준을 초과하지 않도록 하기 위하여
④ 살포하는 농민의 편의성을 향상시키기 위하여

해설
농약안전사용기준은 병충해 방제를 위한 농약을 사용하는 횟수, 일수, 방법 등의 기준을 정해둔 것으로 잔류량이 허용기준을 초과하지 않도록 하여 잔류농약의 안전성을 향상시키기 위해서이다.

79 농약의 물리적 성질 중 현수성의 의미를 가장 잘 설명한 것은?

① 농약을 물에 가했을 때 유입자가 균일하게 분산, 부유하는 성질을 나타낸다.
② 농약을 물에 가했을 때 균일하게 분산, 부유하는 성질을 나타낸다.
③ 농약을 물에 가했을 때 물과 약제와의 친화도를 나타낸다.
④ 농약을 물에 가하여 작물에 뿌렸을 때 잘 부착되는 성질을 말한다.

해설
현수성은 수화제에 물을 넣어 조제한 현탁액의 고체입자가 균일하게 분산 부유하는 성질과 안정성을 말한다.

80 농약의 자체검사 및 신청검사의 기준에 대한 설명으로 틀린 것은?

① 분제 및 입제의 최대모집단 수량은 50톤이다.
② 모집단의 소포장 수량 5000 개 이하에 대한 발취개체 수량은 50개이다.
③ 자체검사필증의 부착 및 표시상태는 뽑아낸 시료 전량에 대하여 외관검사를 한다.
④ 신청검사를 하여 합격된 농약은 농약의 품질관리를 위하여 반드시 직권검사를 하여야 한다.

해설
신청검사하여 합격한 농약은 직권검사를 생략할 수 있다.

정답 75 ① 76 ① 77 ① 78 ③ 79 ② 80 ④

5과목 잡초방제학

81 콩, 옥수수 등 여름작물 포장에 가장 많이 발생하는 잡초는?
① 가래 ② 바랭이
③ 매자기 ④ 나도겨풀

해설
여름작물 포장에 많이 발생하는 우점잡초로는 1년생의 바랭이, 쇠비름, 명아주 등이 있고 다년생에는 엉겅퀴, 메꽃 등이 있다.

82 다음 중 우리나라에 발생되는 월년생 잡초로만 나열된 것은?
① 여뀌, 나도겨풀
② 맹아주, 참새피
③ 향부자, 강아지풀
④ 뚝새풀, 별꽃

해설
월년생 잡초에는 달맞이꽃, 뚝새풀, 별꽃, 속속이풀, 나도냉이 등이 있다.

83 잡초허용 한계밀도에 대한 설명으로 가장 적절한 것은?
① 잡초밀도가 어느 수준 이상으로 존재하면 작물 수량이 현저하게 감소되는 수준
② 잡초밀도가 어느 수준 이상으로 존재하면 제초제 사용을 급격하게 증가시켜야 하는 수준
③ 잡초밀도가 어느 수준 이상으로 존재하면 시비량을 증가하는 것이 좋은 수준
④ 잡초밀도가 어느 수준 이상으로 존재하면 작물 수확을 포기하는 것이 좋은 수준

해설
잡초 밀도가 증가하면 작물의 수량이 점차 감소하나 어느 수준 밀도 이하에서는 잡초가 존재해도 작물의 수량에 크게 영향을 미치지 않는 잡초 밀도를 잡초허용 한계밀도라 한다.

84 잡초의 식물학적 분류 순서로 가장 옳은 것은?
① 계 - 문 - 강 - 목 - 과 - 속 - 종
② 계 - 속 - 문 - 강 - 목 - 과 - 종
③ 과 - 계 - 속 - 문 - 강 - 목 - 종
④ 속 - 문 - 강 - 과 - 계 - 목 - 종

해설
식물학적 분류순서는 <계 → 문 → 강 → 목 → 과 → 속 → 종 → 변종> 이며 식물의 기본단위는 종으로 정의한다.

85 다음 중 우리나라 사료용 옥수수 재배포장에 대량 발생되어 문제가 되고 있는 외래 잡초는?
① 어저귀 ② 바랭이
③ 알방동사니 ④ 여뀌

해설
어저귀는 1년생 외래잡초로 옥수수와 같은 사료 작물에 생산성을 감소시키는 피해를 준다.

86 다음 중 잡초의 특징으로 가장 거리가 먼 것은?
① 휴면성이 없다.
② 영양생장기에 빠른 생장특성을 보인다.
③ 불연속적이며 자발적으로 조절하는 발아성을 보인다.
④ 생장조건에 따라 지속적인 종자생산력이 있다.

해설
잡초는 휴면성이 있어 불리한 환경을 극복한다.

87 다음 중 외국에서 유입된 잡초로만 나열된 것은?
① 애기달맞이꽃, 서양민들레
② 망초, 너도방동사니
③ 쇠뜨기, 올미
④ 올방개, 광대나물

정답 81 ② 82 ④ 83 ① 84 ① 85 ① 86 ① 87 ①

> **해설**
> 외래 잡초에는 미국가막사리, 가는털비름, 단풍잎돼지풀, 소리쟁이, 도꼬마리, 서양민들레, 개망초, 애기달맞이꽃 등이 있다.

88 생활사에 따른 잡초의 분류로 가장 옳지 않은 것은?
① 1년생   ② 월년생
③ 4년생   ④ 다년생

> **해설**
> 잡초는 생활사에 따라 1년생, 월년생, 다년생으로 분류한다.

89 다음 중 형태에 따른 분류가 잘못된 것은?
① 로제트형 : 민들레
② 총생형 : 뚝새풀
③ 포복형 : 메꽃
④ 직립형 : 사마귀풀

> **해설**
> 사마귀풀은 포복형이다.

90 다음 중 벼와 광 경합이 가장 큰 식물 종은?
① 향부자   ② 물피
③ 메꽃   ④ 별꽃

> **해설**
> 강피, 물피와 같은 피종류는 벼와의 광 경합을 일으킨다.

91 다음 중 페녹시계 제초제로 가장 옳은 것은?
① GA_3 ② Butachlor
③ 2,4-D   ④ Molinate

> **해설**
> 페녹시계 제초제로 2,4-D, MCPP, MCPB, 할록시포프, 플루아지호프, 페녹사프로프 등이 있다.

92 방동사니류 잡초에 대한 설명으로 가장 옳지 않은 것은?
① 잎 끝이 뾰족하고 소수에 꽃이 착생한다.
② 줄기가 삼각형 모양이다.
③ 습지에서도 자생한다.
④ 잎이 둥글고 크며, 잎맥이 그물 모양이다.

> **해설**
> 방동사니과 잡초는 잎의 폭이 좁고 긴 형태이며 엽맥이 없다.

93 다음 중 작물과 잡초 사이의 경합과 가장 거리가 먼 것은?
① 광   ② 온도
③ 수분   ④ 양분

> **해설**
> 작물과 잡초 사이의 경합 인자로 양분, 수분, 광, 밀도 등이 있다.

94 돌피의 학명으로 가장 옳은 것은?
① Leersia japonica
② Monochoria vaginalis
③ Cyperus difformis
④ Echinochloa crus-galli

> **해설**
> ① 나도겨풀 ② 물달개비 ③ 알방동사니 ④ 피

95 다음 중 잡초의 형태적 특성에 따라 분류할 때 같은 초종으로만 나열된 것은?
① 바랭이, 물달개비, 깨풀
② 피, 뚝새풀, 물참새피
③ 피, 매자기, 방동사니
④ 물참새피, 쇠비름, 방동사니

> **해설**
> 피, 뚝새풀, 물참새피는 화본과 잡초에 속한다.

정답 88 ③ 89 ④ 90 ② 91 ③ 92 ④ 93 ② 94 ④ 95 ②

96 다음 중 주로 광합성을 억제하는 제초제로 가장 옳은 것은?

① IPA　　② Simazine
③ Thiobencarb　　④ 2,4-D

해설
광합성을 억제하는 제초제로 시마진(simazine), 리누론(linuron), 벤타존(bentazone) 등이 있다.

97 다음 중 잡초의 초형이 가장 작은 것은?

① 가막사리　　② 피
③ 올방개　　④ 쇠털골

해설
쇠털골은 줄기가 실처럼 가늘고 곧게 서 있어 초형이 매우 작은 편이다.

98 다음 중 암조건에서 발아가 가장 잘되는 잡초종자는?

① 쇠비름　　② 바랭이
③ 강피　　④ 냉이

해설
암발아 종자는 별꽃, 냉이, 광대나물 등이 있다.

99 논에 발생하는 1년생 잡초로 가장 옳은 것은?

① 물달개비　　② 띠
③ 개망초　　④ 쇠뜨기

해설
1년생 논잡초로 피, 마디꽃, 물달개비 등이 있다.

100 다음에서 설명하는 것은?

> 잡초의 번식기관의 종류에서 지하경의 일종으로, 지중에서 횡으로 길게 뻗어 뿌리 처럼 보이지만 마디가 있고 마디로부터 잎과 뿌리가 나온다.

① 지근　　② 포복경
③ 근경　　④ 절편

해설
근경은 지하경의 일종이며 횡으로 길게 뻗어 뿌리처럼 보이나 마디가 있어 뿌리줄기라고도 한다. 대표적으로 쇠털골, 나도겨풀, 가래, 택사 등이 있다.

정답 96 ② 97 ④ 98 ④ 99 ① 100 ③

국가기술자격 필기시험문제

2020년 기사 제1·2회 과년도 기출문제

자격종목	종목코드	시험시간	형별	수험번호	성명
식물보호기사		2시간 30분			

1과목 식물병리학

01 벼 줄무늬잎마름병(호엽고병)의 방제방법으로 가장 적절한 것은?

① 토양소독 ② 매개충의 구제
③ 검역   ④ 발병 후 살균제 살포

해설
벼 줄무늬잎마름병은 매개충인 애멸구를 제거하여 방제한다.

02 사과나무 붉은별무늬병균은 진균 중 어느 균류에 속하는가?

① 불완전균류 ② 자낭균류
③ 접합균류   ④ 담자균류

해설
사과나무 붉은별무늬병균은 담자균류에 속한다.

03 벼 도열병 방제법으로 가장 적절하지 않은 것은?

① 종자소독을 한다.
② 저항성 품종을 심는다.
③ 질소비료의 과용을 피한다.
④ 가급적 찬물을 대준다.

해설
벼 도열병 방제법으로 종자를 소독하고 저항성 품종을 재배하며 질소질 비료의 과용을 피한다. 규소질 비료의 경우 도열병균에 저항성이 강하므로 필요시 사용하도록 한다.

04 모과나무 잎에 갈색 별무늬 모양의 원형반점이 나타나고 잎 뒷면 병반에 실 같은 털이 나오는 병은?

① 모과나무 탄저병
② 모과나무 녹병
③ 모과나무 갈반병
④ 모과나무 역병

해설
모과나무 잎의 갈색계통의 별무늬 모양은 모과나무 녹병으로 주로 향나무에 있던 병균이 모과나무로 전반되어 나타나는 현상이다.

05 다음 중 꽃감염(花器感染)을 하는 것으로 가장 적절한 것은?

① 감자 암종병
② 보리 겉깜부기병
③ 벚나무 빗자루병
④ 고추 탄저병

해설
밀·보리 겉깜부기병, 사과 꽃썩음병, 배 화상병 등은 꽃감염을 한다.

06 감자 잎말림병을 일으키는 병원체로 가장 적절한 것은?

① 바이러스   ② 세균
③ 진균(곰팡이) ④ 선충

해설
감자 잎말림병은 바이러스에 의해 발생하며 주로 진딧물에 의해 매개된다.

정답 01 ② 02 ④ 03 ④ 04 ② 05 ② 06 ①

07 식물병의 표징을 볼 수 없는 병은?

① 진균에 의한 병
② 세균에 의한 병
③ 바이러스에 의한 병
④ 담자균에 의한 병

해설
바이러스, 마이코플라스마에 의한 경우 병징만 관찰되고 표징은 나타나지 않는다.

08 다음 중 병원체가 비, 바람에 의해 가장 많이 옮겨지는 것은?

① 오동나무빗자루병
② 콩모자이크병
③ 벼줄무늬잎마름병
④ 사과탄저병

해설
사과탄저병은 빗물, 바람, 매개충 등에 의해 전반된다.

09 호박의 흰가루병을 방제하기 위해서는 어느 부위에 약제를 처리하는 것이 가장 효과적인가?

① 뿌리   ② 토양
③ 잎과 줄기   ④ 종자

해설
호박 흰가루병은 주로 잎에 발생하고 잎자루와 줄기에도 발생한다.

10 벼를 기주로 하여 곰팡이에 의해 발병하는 것은?

① 오갈병   ② 도열병
③ 흰잎마름병   ④ 줄무늬잎마름병

해설
벼를 기주로 하는 도열병은 진균(곰팡이)에 의해 발생한다.

11 가지과 풋마름병(청고병)의 병징에 대한 설명으로 가장 적절한 것은?

① 매우 느리게 주위의 다른 포기로 병이 전파된다.
② 뿌리는 갈변되지 않는다.
③ 잎에 무수히 많은 반점이 생긴다.
④ 경엽 전체가 녹색으로 시드는 경우도 있다.

해설
가지과 풋마름병은 뿌리에 발생하여 이후 경엽 전체가 녹색으로 시드는 전신병이다.

12 종자전염성 병원균으로 가장 적절하지 않은 것은?

① 오이 흰비단병균
② 맥류 맥각병균
③ 벼 키다리병균
④ 벼 도열병균

해설
오이 흰비단병균은 토양에 월동하고 토양을 통해 전염된다.

13 국내 파이토플라스마의 전염방법으로 가장 옳은 것은?

① 월동 후 토양전염을 한다.
② 즙액전염을 한다.
③ 바람에 의해 매개된다.
④ 곤충에 의해 전염된다.

해설
파이토플라스마는 매개충에 의해 전염된다.

14 다음 중 벼의 병에서 물에 의해 가장 많이 전파되는 것은?

① 흰잎마름병   ② 키다리병
③ 키아즈마병   ④ 오갈병

해설
모잘록병균, 벼 흰잎마름병균, 감자역병균, 근두암종병균, 향나무 적성병균 등은 물에 의해 전반된다.

15 잣나무 잎떨림병균의 월동 장소로 가장 적절한 것은?

① 땅위에 떨어진 병든 잎
② 토양 속
③ 나뭇가지에 붙어 있는 병든 잎
④ 땅위에 떨어진 열매

해설
잣나무 잎떨림병은 진균(자낭균류)에 의해 발생하며 병든 잎에서 자낭포자가 월동한다.

16 벼 잎집얼룩병(잎집무늬마름병)의 표징으로 가장 적절한 것은?

① 자낭반   ② 균사속
③ 포자퇴   ④ 균핵

해설
벼 잎집무늬마름병은 병원균이 균핵으로 땅위에서 월동하고 봄에 물위로 올라와 전염을 시작한다. 식물이 병에 걸릴 경우 잎집의 표면에 암회색의 부정형 점무늬인 균핵의 표징이 나타난다.

17 인삼 또는 당근의 뿌리에 혹과 같은 병징을 일으키는 대표적인 것은?

① 뿌리혹박테리아
② 뿌리혹선충
③ 노균병균
④ 아조토박터

해설
뿌리혹선충은 감자, 고구마, 당근, 인삼 등의 작물에 뿌리에 혹과 같은 병징을 일으킨다.

18 어떤 식물병에 대하여 저항성이었던 품종이 갑자기 해당 식물병에 감수성이 되는 주된 원인은?

① 기상 환경의 변화
② 병원균 집단의 변화
③ 식물체 내 영양성분의 변화
④ 식물병 저항성 인자의 변화

해설
병원균의 집단이 변화하면 특정 식물병에 대한 저항성이 제대로된 기능을 발휘하지 못해 감수성이 되기도 한다.

19 병든 부분에 나타난 자낭각을 보고 진단할 수 있는 식물병으로 가장 적절한 것은?

① 옥수수 깜부기병
② 밀 줄기녹병
③ 고추 역병
④ 보리 붉은곰팡이병

해설
맥류 붉은곰팡이병은 자낭균류에 의해 발생하며 병든 부분의 자낭각을 통해 진단 가능하며 병든 종자를 동물 혹은 사람이 섭취할 경우 구토 및 중독 증상이 발생한다.

20 다음 중 비전염성인 병은?

① 선충에 의한 병
② 세균에 의한 병
③ 바이러스에 의한 병
④ 무기원소 결핍에 의한 병

해설
무기원소의 결핍은 일종의 영양결핍으로 비전염성 병에 속한다.

2과목 농림해충학

21 곤충이 탈피할 때 새로운 표피로 대체(代替)되지 않는 기관은?

① 식도   ② 전소장
③ 직장   ④ 맹장

해설
곤충의 전장(식도, 소낭, 전위 등), 후장(전소장, 직장 등) 등은 표피로 덮여 있어 탈피 할 때 마다 새로운 표피로 대체된다.

22 곤충 개체간의 통신수단에 사용되는 물질로 가장 거리가 먼 것은?
① hormone   ② pheromone
③ allomone   ④ kairomone

해설
곤충의 정보 전달을 목적으로 분비하는 물질로 페로몬(pheromone), 알로몬(allomone), 시노몬(synomone), 카이로몬(kairomone) 등이 있다.

23 다음 중 성충의 피해가 문제되는 것은?
① 소나무좀   ② 뽕나무하늘소
③ 밤나무순혹벌   ④ 솔나방

해설
소나무좀은 6월에 우화하여 성충의 형태로 신초를 가해하며 성충이 형성층 목질부에 구멍을 뚫고 들어가 아래에서 위로 갱도를 만들어 알을 산란한다. 뽕나무하늘소의 성충은 과실을 물어뜯고 즙액을 빨아먹는 피해를 준다.

24 곤충의 알라타체에서 분비되는 호르몬은?
① 유약호르몬   ② 뇌호르몬
③ 카디아카체   ④ 탈피호르몬

해설
곤충의 유약호르몬은 알라타체에서 분비된다.

25 곤충의 뇌는 전대뇌, 중대뇌, 후대뇌 3개의 신경절로 되어 있다. 후대뇌의 역할로 가장 옳은 것은?
① 시감각에 관여
② 청감각에 관여
③ 소화기 운동에 관여
④ 촉감각에 관여

해설
후대뇌는 이마신경절을 통해 뇌와 위장신경계를 연결하고 소화 관련 운동에 관여한다.

26 다음 중 곤충강으로 분류되지 않는 것은?
① 먹줄왕잠자리   ② 벼물바구미
③ 꿀벌   ④ 지네

해설
지네는 절족동물문의 순각강에 속한다.

27 큰턱샘이 분비하는 물질로 가장 적절하지 않은 것은?
① 소화효소
② 경보페로몬
③ 혈액응고 억제제
④ 성페로몬

해설
곤충의 큰턱샘은 큰턱기부에 주머니 모양으로 성페로몬, 경보페로몬, 아밀라아제와 같은 소화효소 등을 분비한다.

28 다음 중 씹는형의 입틀을 갖지 않는 곤충으로 가장 적절한 것은?
① 아질바퀴   ② 꽃노랑총채벌레
③ 벼메뚜기   ④ 장수풍뎅이

해설
꽃노랑총채벌레는 흡즙하는 형태의 입모양을 가지고 있다.

29 복숭아혹진딧물의 학명은?
① *Myzus persicae Sulzer*
② *Green peach aphid*
③ *Tetranychus urticae Koch*
④ *Panonychus citi McGregor*

해설
복숭아혹진딧물의 학명은 *Myzus persicae Sulzer* 이다.

30 다음 중 성충이 우화하여 공중으로 날면서 알을 떨어뜨리는 해충으로 가장 적절한 것은?
① 집시나방   ② 텐트나방
③ 흰불나방   ④ 박쥐나방

해설
박쥐나방은 8~10월 성충이 공중을 날면서 알을 떨어뜨린다.

정답 22 ① 23 ①,② 24 ① 25 ③ 26 ④ 27 ③ 28 ② 29 ① 30 ④

31 다음 중 수목의 수피 속 형성층이나 목질부를 가해하는 해충으로 가장 적절하지 않은 것은?
① 향나무하늘소 ② 회양목명나방
③ 소나무좀 ④ 박쥐나방

해설
회양목명나방은 1년에 2회 발생하며 유충이 회양목의 잎을 가해한다.

32 다음 중 충영을 형성하는 해충으로 가장 적절한 것은?
① 솔잎혹파리
② 독나방
③ 어스렝이나방
④ 참나무겨울가지나방

해설
솔잎혹파리는 소나무, 해송에 피해를 주며 유충이 벌레혹을 만들고 흡즙가해한다.

33 다음 중 곤충의 방어물질에 대한 설명으로 가장 거리가 먼 것은?
① 곤충의 방어물질을 총칭 카이로몬이라고 한다.
② 사회성 곤충에서는 독샘에서 분비하는 방어물질들이 대부분 효소들이다.
③ 곤충의 방어샘에서 동정된 화합물로는 알칼로이드, 테르페노이드, 퀴논, 페놀 등이 있다.
④ 비사회성 곤충에서는 방어물질 중에 개미들의 경보 페로몬과 같거나 비슷한 구조의 화합물도 있다.

해설
곤충이 분비하는 알로몬은 생산자에 유리, 수용자에게 불리하게 작용되는 방어물질이다.

34 다음 중 나비목 유충이 견사(絹紗)를 분비하는 곳으로 가정 적절한 것은?
① 전위 ② 맹장
③ 침샘 ④ 말피기씨관

해설
침샘의 타액선은 타액을 분비하는 기능을 하는데 나비, 벌 등의 유충은 견사를 분비하여 유충집을 만든다.

35 날개가 있는 것은 날개맥이 없는 가늘고 긴 날개를 가지고 있고, 그 가장자리에 긴 털이 규칙적으로 나 있으며 좌우대칭이 아닌 입틀을 가지고 있는 곤충군은?
① 총채벌레목 ② 나비목
③ 노린재목 ④ 매미목

해설
총채벌레목은 입틀의 좌우가 비대칭이고 즙액을 빨아먹는 흡수형이다.

36 다음 중 수간에 황색털로 덮혀 있는 난괴(알덩어리)는 어떤 해충의 난괴인가?
① 미국흰불나방 ② 천막벌레나방
③ 매미나방 ④ 복숭아유리나방

해설
매미나방은 집시나방이라하며 알로 나무의 줄기에 덩어리 형태로 300개 내외 정도로 황색털로 덮혀 있다.

37 곤충의 번성원인에 대한 설명으로 가장 옳은 것은?
① 세대가 길고 산란수가 많다.
② 변태시 적에게 쉽게 노출된다.
③ 불리한 환경에 적응하기 위해 휴면을 한다.
④ 행동이 민첩하고 농약에 강하여 생존율이 높다.

해설
곤충이 번성하게 된 요인으로 짧은 세대, 작은 크기, 날개의 발달, 외골격의 발달, 완전변태, 불리한 환경에 휴면 등이 있다.

정답 31 ② 32 ① 33 ① 34 ③ 35 ① 36 ③ 37 ③

38 다음 중 번데기 또는 마지막 영기의 약충이 탈피하여 성충이 되는 현상을 무엇이라고 하는가?

① 우화 ② 부화
③ 용화 ④ 세대

해설 번데기가 탈피하여 성충이 되는 것을 우화라 한다.

39 곤충의 중장과 후장 사이에 분포하여 배설작용을 하는 기관은?

① 타액선 ② 말피기씨관
③ 직장   ④ 소장

해설 말피기씨관은 중장과 후장사이에 있으며 배설의 역할을 한다.

40 곤충의 날개는 대개 2쌍이 있다. 앞 날개는 일반적으로 어디에 달려 있는가?

① 앞가슴 ② 가운데 가슴
③ 뒷가슴 ④ 촉각

해설 대부분의 곤충은 날개는 2쌍으로 앞날개는 가운데 가슴, 뒷날개는 뒷가슴에 달려 있다.

3과목 재배학원론

41 포장동화능력에 대한 설명으로 옳은 것은?

① 총엽면적 × 수광능률 × 군락상태
② 총엽면적 × 수광능률 × 평균동화능력
③ 총엽면적 × 광 차광률 × 상대습도
④ 단위 엽면적 × 수분 포화율 × 평균동화능력

해설 포장동화능력은 포장군락의 단위면적당 광합성의 능력을 말하며 총엽면적, 수광능률, 평균동화능력을 곱한 값으로 산출한다.

42 논토양의 환원상태에서 원소별 존재형태를 바르게 나타낸 것은?

① $C \rightarrow CO_2$ ② $N \rightarrow NO_3^-$
③ $Fe \rightarrow Fe^{+2}$ ④ $S \rightarrow SO_4^{-2}$

해설 논토양의 경우 배수가 좋지 못해 토양이 환원상태가 되어 철(Fe)이 2가 철(Fe^{2+})이 생성되면서 청회색이나 회색을 띠는 것이 특징이다

43 작물의 광합성에 가장 효과적인 광은?

① 녹색광   ② 황색광
③ 주황색광 ④ 적색광

해설 광합성에는 적색광과 청색광의 파장이 가장 효과적이다.

44 벼 신품종 종자 증식을 위해 채종포에서 사용하는 종자는?

① 기본식물종자 ② 원원종
③ 원종   ④ 보급종

해설 벼의 채종단계는 4단계를 거쳐 종자갱신을 하며 원종포(원종)에서 증식하여 채종포로 넘겨 여기서 증식한 종자를 농가에 보급하게 된다.

45 다음 중 단명종자로만 나열된 것은?

① 사탕무, 베치 ② 수박, 나팔꽃
③ 토마토, 가지 ④ 메밀, 기장

해설 단명종자는 수명이 짧은 종자로 고추, 양파, 팬지, 메밀, 해바라기, 뽕나무, 기장 등이 있다.

46 눈이 트려고 할 때 필요하지 않은 눈을 손끝으로 따주는 것은?

① 적아 ② 적엽
③ 절상 ④ 휘기

해설 눈을 필요하지 않아 제거하는 것을 적아(눈따기)라 한다.

정답 38 ① 39 ② 40 ② 41 ② 42 ③ 43 ④ 44 ③ 45 ④ 46 ①

47 다음에서 설명하는 것은?

> 파종된 종자의 약 40%가 발아한 날이다.

① 발아기　② 발아시
③ 발아전　④ 발아양부

해설
파종된 종자가 약 50% 발아한 날은 발아기라 하며 80% 이상 발아한 경우를 발아전이라 한다.

48 고구마의 안전저장 조건에서 온도 조건으로 가장 옳은 것은?

① 큐어링 후 13~15℃
② 큐어링 후 20~25℃
③ 큐어링 후 28~30℃
④ 큐어링 후 35~38℃

해설
일반적인 고구마의 안전저장 조건은 온도 12~15℃, 습도 85~90% 이다.

49 자가불화합성을 이용하는 작물로만 나열된 것은?

① 벼, 고추　② 밀, 옥수수
③ 배추, 무　④ 감자, 상추

해설
자가불화합성을 이용하는 작물로 배추, 무, 양배추 등이 있다.

50 저장 중 곡물의 변화에 대한 설명으로 틀린 것은?

① 호흡소모로 중량감소가 일어난다.
② 발아율이 저하된다.
③ 환원당 함량이 증가한다.
④ 유리지방산이 감소한다.

해설
저장곡물의 경우 지방을 분해하는 유리지방산이 늘어나게 되고 유리지방산의 함량이 높을수록 변질되기가 쉽다.

51 1대 잡종품종에서 잡종강세가 가장 크게 나타나는 것은?

① 단교배 종자　② 3원교배 종자
③ 복교배 종자　④ 합성품종 종자

해설
1대 잡종품종에서 잡종강세육종법에는 단교잡법, 복교잡법이 있으며 그중에서도 단교잡법이 우량한 조합의 선정이 용이하고 잡종강세현상이 크게 나타난다.

52 춘화처리의 농업적 이용과 가장 거리가 먼 것은?

① 대파 할 수 있다.
② 성전환이 가능하다.
③ 채종에 이용될 수 있다.
④ 촉성재배가 가능하다.

해설
춘화처리는 촉성재배, 채종상 이용, 육종상 이용 등의 효과가 있다. 춘화처리는 온도를 이용한 처리방법으로 성전환은 불가능하다.

53 작물의 유전변이에 대한 설명으로 옳은 것은?

① 환경변이는 다음 세대에 유전한다.
② 연속변이를 하는 형질을 질적 형질이라고 한다.
③ 불연속변이를 하는 형질을 양적 형질이라고 한다.
④ 꽃 색깔이 붉은 것과 흰 것으로 구별되는 것은 불연속변이이다.

해설
꽃의 색소에 관련된 변이는 불연속변이이다.
① 환경변이는 후대에 유전되지 않는다.
② 연속변이를 하는 형질은 양적 형질이라고 한다.
③ 불연속변이를 하는 형질을 질적 형질이라 한다.

54 다음 중 작물의 생리작용을 위한 주요온도에서 최적 온도가 가장 낮은 것은?

① 오이　② 보리
③ 삼　④ 벼

정답 47 ①　48 ①　49 ③　50 ④　51 ①　52 ②　53 ④　54 ②

> **해설**
> 보리의 최적생육온도는 20°C 정도로 보기 중 가장 낮다.

55 단일식물로만 나열한 것은?
① 양귀비, 양파 ② 티머시, 감자
③ 시금치, 상추 ④ 코스모스, 벼

> **해설**
> 단일식물의 종류로 콩, 옥수수, 벼, 딸기, 국화, 코스모스, 들깨 등이 있다.

56 관개방법 중 등고선에 따라 수로를 내고 임의의 장소로부터 월류하도록 하는 것은?
① 보더관개 ② 일류관개
③ 수반관개 ④ 살수관개

> **해설**
> 등고선에 따라 수로를 내고, 임의의 장소로부터 월류 하도록 하는 방법을 일류 관개라 한다.

57 다음 중 협채류에 속하는 작물은?
① 동부   ② 토란
③ 우엉   ④ 미나리

> **해설**
> 완두, 동부, 강낭콩 등은 협채류에 속한다.

58 사탕무의 속썩음병, 순무의 갈색속썩음병, 담배의 끝마름병 등과 관련 있는 필수 원소는?
① 망간   ② 붕소
③ 아연   ④ 몰리브덴

> **해설**
> 붕소가 결핍하면 식물이 전반적으로 조직이 거칠고 단단해지는데 이때 사탕무의 속썩음병, 순무의 갈색속썩음병, 셀러리의 줄기 쪼김병, 담배의 끝마름병 등이 나타난다.

59 다음 중 배의 미숙에 의한 휴면 현상이 나타나는 작물로 가장 옳은 것은?
① 자운영 ② 인삼
③ 귀리   ④ 보리

> **해설**
> 채종직후 인삼종자의 배는 미숙된 상태로 휴면현상이 나타나며 후숙이 서서히 진행되어 수개월이 지나야 발아하게 된다.

60 우리나라 주요 작물의 기상생태형에서 감광형에 해당하는 것은?
① 그루조 ② 조생종
③ 올콩   ④ 여름메밀

> **해설**
> 감광형 작물에는 만생종, 그루콩, 그루조, 가을메밀 등이 있다.

4과목 농약학

61 기계유유제의 불포화탄화수소의 양을 표시하는 값으로 정제도(精制度)와 관계있는 물리적 성질은?
① 점도(viscosity)
② 비등점(boiling point)
③ 술폰가(sulfonative value)
④ 응고(coagulation)

> **해설**
> 술폰가는 약해의 원인이 되는 불포화탄화수소의 함유량을 나타내는 수치이다. 술폰가의 수치가 적을수록 불포화탄화수소의 함유량이 적게 된다.

62 조제 직후 보르도액의 구리의 용해도가 0에 가까울 때의 pH는?
① pH 12.4 ② pH 11.3
③ pH 10.4 ④ pH 9.3

> **해설**
> 조제 직후 보르도액의 pH는 12.4 이며 구리의 용해도는 0에 가깝다. 엽면에 살포하면 공기중에 이산화탄소에 의해 중화가 되어 pH 11.3 정도가 되고 구리의 용해도는 40 ppm 정도가 된다. 만약 지속적으로 공기중에 이산화탄소에 의해 pH가 떨어져 7 정도가 되면 용해도는 5 ppm 정도가 되어 살균력이 떨어지게 된다.

정답 55 ④ 56 ② 57 ① 58 ② 59 ② 60 ① 61 ③ 62 ①

63 재배면적 10ha 인 어떤 농지에서 펜티온 유제 50%를 1000배로 희석하여 10a 당 8 말의 살포량으로 방제하려고 한다. 펜티온 유제를 500ml 단위로 몇 병을 구입해야 하는가?(단, 1말은 18L이다.)

① 21병　② 25병
③ 29병　④ 35병

> **해설**
> · 소요약량(배액) $= \dfrac{\text{단위면적당 사용량}}{\text{소요희석배수}}$
> $= \dfrac{8말 \times 18L}{1000} = 0.144L$
> · 0.144L/0.1ha = 1.44L/ha
> · 1.44L/ha × 10ha = 14.4L = 14,400mL
> · 14,400mL / 500mL = 28.8병

64 액상시용제의 물리적 특성으로만 나열된 것은?

① 유화성과 토분성
② 수화성과 비산성
③ 습전성과 현수성
④ 분산성과 부착성

> **해설**
> 액상시용제의 물리성으로 유화성, 현수성, 수화성, 습전성, 침투성 등이 있다.

65 제초제 DCMU 제(Diuron)에 대한 설명으로 틀린 것은?

① 요소계 제초제이다.
② 토양처리효과가 크다.
③ 포유동물에 대한 독성은 낮다.
④ 호르몬형의 접촉형 제초제이다.

> **해설**
> Diuron 은 요소계 제초제로 경엽을 통해 흡수되어 광합성을 저해하는 흡수 이행형 제초제이다.

66 농약관리법령상 농약이 아닌 것은?

① 살충제　② 전착제
③ 기피제　④ 위생해충제

> **해설**
> 농약은 농약관리법에 의거 농작물을 해치는 균, 곤충, 응애, 선충, 바이러스, 잡초, 그 밖에 농림축산식품부령으로 정하는 동식물을 방제하는 데에 사용하는 살균제, 살충제, 제초제 등을 말한다. 또한 기타 기피제, 유인제, 전착제 및 농작물의 생리기능에 영향을 주는 약제를 농약이라 한다.

67 헤테로옥신이라고도 하며 무색 바늘모양의 결정으로 과수, 화초 등의 삽목 때 발근촉진제로 사용될 수 있는 것은?

① 포스톤　② 지베렐린
③ β-인돌초산　④ 카시네린

> **해설**
> 헤테로옥신은 β-인돌초산이라하며 발근촉진제로 이용한다.

68 농약의 살포방법 중 살포액의 농도가 높고 정밀한 액적조절살포가 필요한 살포방법은?

① 분입제 살포　② 공중액제살포
③ 입제살포　④ 수면시용

> **해설**
> 공중액제살포는 항공기를 이용한 대면적 살포에 적합한 방법이다.

정답 63 ③　64 ③　65 ④　66 ④　67 ③　68 ②

69 Ziram 의 구조식은?

① $\left[\begin{array}{c}CH_3 \\ CH_3\end{array}\right\rangle N-\overset{S}{\underset{\|}{C}}-S-\right]_2 Zn$

② $\begin{array}{c}CH_2-NH-\overset{S}{\underset{\|}{C}}-S \\ | \\ CH_2-NH-\overset{}{\underset{\|}{C}}-S \\ S\end{array}\rangle Zn$

③ $\begin{array}{c}CH_2-NH-\overset{S}{\underset{\|}{C}}-S-Na \\ | \\ CH_2-NH-\overset{}{\underset{\|}{C}}-S-Na \\ S\end{array}$

④ $\begin{array}{c}CH_2-NH-\overset{S}{\underset{\|}{C}}-S \\ | \\ CH_2-NH-\overset{}{\underset{\|}{C}}-S \\ S\end{array}\rangle Mn$

[해설]
지람(ziram)은 살균제의 한 종류로 $C_6H_{12}N_2S_4Zn$의 구조식을 가진다.

70 비중이 1.15인 이소푸로치오란 유제(50%) 100mL 로 0.05% 살포액을 제조하는데 필요한 물의 양은 몇 L 인가?

① 104.9   ② 114.9
③ 124.9   ④ 110.5

[해설]
희석할 물의 양
$= 0.1L \times \left(\dfrac{50\%}{0.05\%} - 1\right) \times 1.15 ≒ 114.9L$

71 95% 인 원제 2kg 으로 2% 분제를 만들려 할 때 소요되는 증량제의 양(kg)은?

① 73   ② 83
③ 93   ④ 103

[해설]
희석할증량제양 $= 2kg \times \left(\dfrac{95\%}{2\%} - 1\right) = 93kg$

72 교차저항성(cross resistance)에 대한 설명으로 옳은 것은?

① 동일한 작용기작을 가진 약제군 사이에서 그 중 1개의 약제에 저항성을 지니게 된 균은 같은 군의 다른 약제에 대해서도 저항성을 가진다.
② 작용점이 여러 개인 약제에 대하여 2가지 이상의 작용점에 저항을 획득하면 그 균은 교차저항성을 획득하였다고 한다.
③ 베노밀(benomyl)과 톱신-M(Topsin-M)의 경우 화학구조가 완전히 다르기 때문에 저항성의 획득도 다른 기작을 따른다.
④ 저항성균이 한 지역에 발생하여 다른 지역으로 이동되었을 때 이동된 지역에서도 저항성을 유지하는 것을 교차저항성이라 한다.

[해설]
해충에 한번도 사용하지 않았지만 유사 약제에 저항성으로 동시에 사용하지 않은 약제에도 저항성이 생기는 경우를 교차저항성이라 한다.

73 살충제 농약의 작용점이 잘못 연결된 것은?

① 원형질독 - 유기수은제
② 피부독 - 기계유유제
③ 호흡독 - 청산가스
④ 근육독 - 피레스린

[해설]
피레스린은 신경의 기능을 저해하는 신경독으로 작용한다.

정답 69 ① 70 ② 71 ③ 72 ① 73 ④

74 약해(藥害)에 대한 설명으로 옳지 않은 것은?
① 약해란 농약에 의해서 식물의 정상적인 생육을 저해하는 것이다.
② 약해라고 해서 전부 작물의 수확에 영향을 끼치는 것은 아니고, 환경조건에 따라 회복되는 일시적 약해도 있다.
③ 살충제의 약해발생은 유기인계 계통이 많다.
④ 만성적인 약해는 약제를 살포한지 1주일 이내에 나타난다.

해설
만성적 약해는 약제를 살포한지 1주일 이후에 나타난다.

75 농약의 잔류허용기준(MRL)을 결정하는 요소가 아닌 것은?
① 최대무작용량(NOEL)
② 안전계수
③ 농약 살포 횟수
④ 1일 섭취허용량(ADI)

해설
농약의 잔류 허용기준시 1일 섭취허용량, 체중, 식품 1일 섭취량을 이용하여 설정하며 여기서 1일 허용량은 농약을 매일 섭취해도 영향이 없는 농약의 양으로 최대무작용약량에서 안전계수를 곱한 값으로 정의한다.

76 피리딘계(4급 암모늄계) 제초제는?
① Paraquat   ② Oxadiazon
③ Butachlor ④ Chlornitrofen

해설
질소원자 4개의 탄화수소기가 결합한 제 4급 암모늄의 경우 피리디늄 염이 있다.

77 유제, 수화제, 수용제 등의 약제 살포방법 중 별도의 공기는 주입하지 않으며 약액에 압력을 가하여 미세한 출구로 직접 분사·살포하는 방법은?
① 분무법   ② 미스트법
③ 스프링클러법 ④ 폼스프레이법

해설
분무법은 약제를 안개와 같이 미세하게 뿌려 작물에 부착하게 한다. 별도 공기 주입 없이 약액의 압력만으로 분사하는 방식이다.

78 카바메이트(Carbamate)계 살충제의 작용에 대한 설명 중 틀린 것은?
① 살충작용이 선택적이다.
② 인축에 대한 독성이 가장 강하다.
③ 적용범위가 넓고 약해가 적다.
④ 식물체에 대한 침투력이 있다.

해설
카바메이트계는 인축에 대한 독성이 낮은 편이다.

79 급성 경구독성이 가장 강한 농약은?
① Zineb 제   ② Parathion 제
③ DDVP 제   ④ Diazinon 제

해설
Parathion 제의 급성경구독성은 3.6 mg/kg 정도로 독성이 매우 강한 편이다.

80 페녹시(Phenoxy)계로서 고농도에서는 광엽선택제초성의 제초제이지만 낮은 농도에서는 생장촉진, 도복방지 등의 효과가 있다고 알려져 있는 농약은?
① pyrethrin ② 2,4-D
③ DDT   ④ BHC

해설
2,4-D 는 페녹시계 이행성 제초제로 호르몬의 작용을 교란시킨다.

정답 74 ④ 75 ③ 76 ① 77 ① 78 ② 79 ② 80 ②

5과목 잡초방제학

81 다음 중 논토양 표토에 주로 지하경을 형성하는 다년생 잡초로 가장 옳은 것은?

① 깨풀 ② 쇠비름
③ 올미 ④ 명아주

해설
올미는 다년생 광엽잡초로 지하경을 이용한 무성번식을 한다.

82 잡초의 발아습성 중 발아기회성에 대한 설명으로 가장 옳은 것은?

① 일장에 감응하여 발아하게 되는 특성
② 온도조건에 감응하여 발아하게 되는 특성
③ 일정한 간격을 가지고 최고의 발아율을 나타내는 특성
④ 오랜 기간에 걸쳐 지속적으로 발아하게 되는 특성

해설
발아기회성은 특정 온도에 감응하여 발아하는 특성을 말한다.

83 다음 중 화본과 잡초로 가장 옳은 것은?

① 나도겨풀 ② 물달개비
③ 밭뚝외풀 ④ 올미

해설
화본과 잡초에는 둑새풀, 돌피, 강피, 나도겨풀, 바랭이 등이 있다.

84 멀칭용 플라스틱 필름에 대한 설명으로 가장 옳지 않은 것은?

① 흑색필름은 잡초의 발생을 줄인다.
② 녹색필름은 지온상승의 효과가 크다.
③ 흑색필름은 지온이 높을 때 지온을 낮추어 준다.
④ 투명필름은 잡초 발생을 크게 줄인다.

해설
멀칭용 투명 필름은 햇빛의 투과율이 흑색, 녹색 등 보다 높아 잡초 발생률이 다른 색상의 필름보다 높다.

85 종자에 낙하산과 같은 긴 털을 가지거나 솜털과 같은 것으로 덮여서 바람에 잘 날리는 잡초로 가장 옳은 것은?

① 도꼬마리 ② 소리쟁이
③ 메귀리 ④ 민들레

해설
민들레는 종자가 작고 가벼우며 낙하산 모양의 비산형 종자로 바람에 잘 날린다.

86 다음 중 바랭이는 형태적 분류상 어디에 속하는가?

① 광엽 잡초
② 화본과 잡초
③ 방동사니과 잡초
④ 국화과 잡초

해설
바랭이는 화본과 잡초이다.

87 논에서 사초과인 올방개를 방제하기 위하여 사용하는 후기 경엽처리 제초제로 가장 적절한 것은?

① 알라클로르 입제
② 옥사디아존 유제
③ 디티오피르 유제
④ 벤타존 액제

해설
Bentazon(벤타존)은 경엽처리용 제초제이며 광엽잡초 등에 적용하며 올방개, 방동사니, 물달개비 등에 효과적이다.

정답 81 ③ 82 ② 83 ① 84 ④ 85 ④ 86 ② 87 ④

88 일정기간 이내에 대부분 종자가 발아를 마치는 집중발아 습성을 무엇이라고 하는가?
① 발아 준동시성   ② 발아 계절성
③ 발아 기회성   ④ 발아 내성

해설
일정기간 내의 대부분의 종자가 발아를 마치는 것을 발아 준동시성이라 한다.

89 다음 중 식물간 상호작용에서 기생에 해당되는 것으로 가장 옳은 것은?
① 콩의 뿌리혹박테리아
② 콩밭 잡초 새삼
③ 나무껍질에 붙어 있는 지의류
④ 목초지에서 두과와 화본과 식물

해설
새삼의 경우 뿌리가 없는 기생식물로 다른 식물의 양분을 흡수한다.

90 생태적 잡초방제 중 경합 특성을 이용한 방법과 가장 거리가 먼 것은?
① 작부체계 관리
② 관개수로 관리
③ 육묘(이식) 재배 관리
④ 재식밀도 관리

해설
경합특성을 이용한 잡초방제법으로 작부체계 관리, 재식밀도 관리, 이식 및 이앙 관리, 경합 식물의 선택 등의 방법이 있다.

91 다음 중 광발아 종자에서 적색광과 적외선광을 교체하여 조사하였을 때 종자가 가장 발아가 되지 않는 것은?
① 적외선광 조사 → 적색광 조사
② 적색광 조사 → 적외선광 조사
③ 적색광 조사 → 적외선광 조사 → 적색광 조사
④ 적외선광 조사 → 적외선광 조사 → 적색광 조사

해설
적색광을 주면 발아가 촉진되었다가 적외선광을 주면 발아가 억제되면서 발아가 유기되지 않는다.

92 다음 중 암조건에서도 발아가 가장 잘 되는 것은?
① 참방동사니   ② 개비름
③ 독말풀   ④ 소리쟁이

해설
암발아 잡초로 별꽃, 냉이, 광대나물, 독말풀 등이 있다.

93 다음 중 작물과 잡초가 경합하고 있을 때 작물 수량 손실이 가장 높은 경우는?
① C_3작물과 C_4잡초
② C_3작물과 C_3잡초
③ C_4작물과 C_3잡초
④ C_4작물과 C_4잡초

해설
C_3 계통의 식물은 C_4 계통 식물보다 상대적으로 광합성 효율이 낮다. C_4 잡초의 광합성 효율이 뛰어나 C_3 작물의 수량에 많은 영향을 주게 된다.

94 잡초의 식물학적 분류로 세분되는 순서로 가장 옳은 것은?
① 계 → 문 → 과 → 강 → 목 → 속 → 종
② 계 → 문 → 강 → 목 → 과 → 속 → 종
③ 속 → 계 → 문 → 과 → 강 → 목 → 종
④ 강 → 속 → 계 → 문 → 과 → 목 → 종

해설
식물학적 분류순서는 〈계 → 문 → 강 → 목 → 과 → 속 → 종 → 변종〉이며 식물의 기본단위는 종으로 정의한다.

정답 88 ① 89 ② 90 ② 91 ② 92 ③ 93 ① 94 ②

95 잡초가 종내 변이를 일으키는 원인으로 가장 거리가 먼 것은?
① 돌연변이 발생
② 시비량의 변화
③ 자연교잡
④ 잡초의 생리적 형질 변화

해설
변이에는 돌연변이나 교배 등과 같은 유전적 변이와 환경변이에 의한 비유전적 변이로 구분할수 있다. 여기서 시비량은 양분의 공급 정도차이로 인한 형태적 차이는 나타날 수 있으나 변이를 일으키는 원인은 되지 않는다.

96 다음 중 여름잡초로만 나열된 것은?
① 벼룩나물, 바랭이
② 피, 쇠비름
③ 별꽃, 속속이풀
④ 피, 냉이

해설
여름잡초에는 피, 명아주, 돌피, 강아지풀, 알방동사니, 물별, 바랭이, 마디꽃, 쇠비름 등이 있다.

97 다음 중 부유성 잡초로만 나열된 것은?
① 너도방동사니, 별꽃
② 올미, 토끼풀
③ 개구리밥, 부레옥잠
④ 깨풀, 망초

해설
부유잡초로는 부레옥잠, 개구리밥, 좀개구리밥, 생이가래 등이 있다.

98 다음 중 우리나라 과수원에서 발생하는 잡초종으로 가장 거리가 먼 것은?
① 바랭이   ② 매자기
③ 강아지풀   ④ 닭의 장풀

해설
매자기는 논에서 주로 발생하는 논잡초이다.

99 잡초 종자의 휴면타파 및 발아율을 촉진시키는 생장조절 물질과 가장 거리가 먼 것은?
① 사이토카이닌   ② 에틸렌
③ 지베렐린   ④ MH

해설
MH 제는 식물의 생장 억제 물질에 속한다.

100 화본과잡초와 사초과잡초의 차이점에 대한 설명으로 가장 옳은 것은?
① 화본과잡초는 줄기가 삼각형인 반면, 사초과잡초는 줄기가 둥글다.
② 화본과잡초는 속이 차있는 반면, 사초과잡초는 속이 비어 있다.
③ 화본과잡초는 마디가 있는 반면, 사초과잡초는 마디가 없다.
④ 화본과잡초는 엽초와 엽신이 뚜렷하지 않은 반면, 사초과잡초는 엽초와 엽신이 뚜렷하다.

해설
화본과 잡초는 마디가 뚜렷한 원통형으로 마디사이가 비어있다. 사초과(방동사니과) 잡초는 화본과 잡초와 유사한 형태를 지니고 있으나 줄기가 삼각형 형태를 띠고 있고 마디가 없다.

정답 95 ② 96 ② 97 ③ 98 ② 99 ④ 100 ③

국가기술자격 필기시험문제

2020년 기사 제3회 과년도 기출문제

자격종목	종목코드	시험시간	형별	수험번호	성명
식물보호기사		2시간 30분			

1과목 식물병리학

01 식물체에 암종을 형성하며, 유전공학 연구에 많이 쓰이는 식물병원 세균은?

① *Brassica campestris var*
② *Agrobacterium tumefaciens*
③ *Clavibacter michiganensis*
④ *Xanthoromas campestris*

해설
Agrobacterium tumefaciens 은 특정 유전자를 넣어 식물체에 감염시켜 식물에 유용한 유전자를 전이시켜 식물의 형질 전환시키려는 유전공학의 연구에 많이 활용하고 있다.

02 항균력이 있는 미생물을 이용하여 식물병을 방제하는 것은?

① 물리적 방제 ② 경종적 방제
③ 화학적 방제 ④ 생물적 방제

해설
항균력이 있는 미생물을 이용하는 것은 병원균의 생육을 억제하는 생물학적 방제법 혹은 생물적 방제법이라 한다.

03 다음 중 중간 기주인 향나무를 제거하면 피해를 경감시킬 수 있는 것은?

① 무 균핵병
② 사과나무 탄저병
③ 사과나무 붉은별무늬병
④ 복숭아 검은무늬병

해설
사과나무 붉은별무늬병의 중간기주는 향나무로 기주교대를 하는 순활물기생균이다. 중간기주인 향나무를 제거하면 피해를 경감시킬수 있다.

04 다음 중 병원균의 분생포자각과 자낭각이 보이는 것은?

① 오이 잘록병
② 밤나무 줄기마름병
③ 수수 오갈병
④ 보리 이삭누룩병

해설
밤나무 줄기마름병은 플라스크모양의 자낭각이 형성되고 이후 수피가 적갈색으로 변색되며 비가 내리면 황갈색의 분생포자각이 분출된다.

05 다음 중 여름포자를 형성하지 않는 것은?

① 잣나무 털녹병균
② 소나무 혹병균
③ 포플러 잎녹병균
④ 향나무 녹병균

해설
향나무 녹병포자는 겨울포자, 소생자, 녹병포자, 녹포자가 있으며 여름포자는 형성하지 않는다.

06 채소에 발생하는 흰가루병의 특징에 대한 설명으로 가장 거리가 먼 것은?

① 밀가루 모양의 흰색 포자를 잎 표면에 형성한다.
② 병 발생 후기에는 자낭각을 형성한다.
③ 잎과 줄기를 시들게 만든다.
④ 인공배양이 어렵다.

해설
흰가루병은 진균에 의해 발생하며 잎 표면에 흰가루를 뿌린듯한 표징이 나타나며 식물의 성장을 방해한다.

정답 01 ② 02 ④ 03 ③ 04 ② 05 ④ 06 ③

07 진딧물에 의해 바이러스가 전염되어 발생하는 병은?
① 땅콩 불마름병
② 보리 도열병
③ 대추나무 빗자루병
④ 배추 모자이크병

> **해설**
> 모자이크병은 바이러스에 의해 발생한다.

08 다음 중 섬모 또는 편모를 가지고 있으며, 운동성을 가지고 있는 것은?
① 유성포자   ② 유주자
③ 분생포자   ④ 난포자

> **해설**
> 유주자는 꼬리모양의 편모가 1개 있어 운동성을 가진다.

09 다음 중 복숭아나무 잎오갈병의 전형적인 병징은?
① 도장   ② 천공
③ 이상 비후   ④ 기공 계폐

> **해설**
> 복숭아나무 잎오갈병은 잎이 붉은색을 띠면서 부풀어 오르고 이때 병반이 발생한다. 발생한 병반은 주름지고 오르라는 현상이 나타나고 병든 잎 앞면에는 회백색의 가루인 자낭이 생기고 병든 잎은 흑갈색으로 변한다.

10 뽕나무 오갈병의 병원체로 옳은 것은?
① 파이토플라스마
② 담자균
③ 곰팡이
④ 바이러스

> **해설**
> 대추나무 빗자루병, 오동나무 빗자루병, 뽕나무 오갈병은 파이토플라스마에 의해 발생한다.

11 다음 중 크기가 가장 작은 식물 병원체는?
① 세균   ② 진균
③ 바이러스   ④ 바이로이드

> **해설**
> 바이로이드는 외부단백질이 없는 핵산만으로 구성되어 있으며 가장 작은 크기의 병원체이다.

12 매개충의 의해 경란 전염하는 바이러스 병은?
① 담배 혹병
② 감자 더뎅이병
③ 벼 줄무늬잎마름병
④ 고구마 뿌리혹병

> **해설**
> 경란전염은 매개충의 알을 통해 바이러스가 전파되는 것을 의미하며 벼 줄무늬잎마름병의 바이러스는 애멸구에 의해 경란전염된다.

13 다음 중 병원체가 주로 각피를 통해 직접 침입하지 않는 것은?
① 벼 도열병균
② 밤나무 줄기마름병균
③ 사과나무 탄저병균
④ 장미 잿빛곰팡이병균

> **해설**
> 각피로 침입하는 대표 병균으로 벼도열병균, 흰가루병균, 깜부기병균, 녹병균, 탄저병균 등이 있다.

14 식물병 진단 중 해부학적 방법으로 가장 옳은 것은?
① 파지검출법   ② 유출검사법
③ 괴경지표법   ④ 즙액접종법

> **해설**
> 유출검사법은 줄기의 단면을 절단하여 분비되는 분비물을 통해 검사하는 방법으로 해부학적 진단 방법에 속한다.

정답 07 ④   08 ②   09 ③   10 ①   11 ④   12 ③   13 ②   14 ②

15 파이토플라스마에 의해 발생되는 대추나무 빗자루병의 방제 시 수간주입에 사용되는 효과적인 약제는?

① 옥시테트라사이클린
② 디메토모르프
③ 티아벤다졸
④ 메틸브로마이드

> **해설**
> 대추나무 빗자루병은 파이토블라스마에 의해 발생하며 옥시테트라사이클린을 수간주입을 통해 방제 가능하다.

16 다음 중 세균의 그람염색반응을 결정하는 것으로 가장 옳은 것은?

① 편모의 유무
② 편모의 두께
③ 펙틴의 물리적 구조
④ 세포벽의 화학적 구조

> **해설**
> 그람염색은 세균의 세포벽을 이루고 있는 성분과 구조에 따라 다르게 나타난다.

17 사과나무 부란병에 대한 설명으로 옳지 않은 것은?

① 자낭포자와 병포자를 형성한다.
② 강한 전정 작업을 하지 말아야 한다.
③ 사과나무 가지에 감염되면 사마귀가 형성된다.
④ 병원균이 수피의 조직 내에 침입해 있어 방제가 어렵다.

> **해설**
> 사과나무 부란병은 가지에 갈색 반점이 나타나 부풀어 오르며 벗겨지는데 감염 부위에서 알코올 냄새가 난다.

18 다음 중 소나무 혹병균의 중간기주로 가장 거리가 먼 것은?

① 굴참나무
② 떡갈나무
③ 굴피나무
④ 상수리나무

> **해설**
> 소나무혹병균의 중간기주는 참나무류 굴참나무, 떡갈나무, 상수리나무

19 다음 중 병원균이 이종기생균에 속하는 것은?

① 포도 새눈무늬병
② 호박 노균병
③ 장미 탄저병
④ 잣나무 털녹병

> **해설**
> 다른 기주식물을 옮겨다니는 병원균을 이종기생균이라 하며 잣나무 털녹병, 소나무 잎녹병, 배나무 붉은별무늬병균 등이 있다.

20 다음 중 순활물기생체에 해당하는 것은?

① 보리 흰가루병균
② 감자 역병균
③ 벼 깜부기병균
④ 고구마 무름병균

> **해설**
> 순활물기생체에는 흰가루병균, 붉은별무늬병균, 녹병균, 배추 무사마귀병균 등이 있다.

2과목 농림해충학

21 기피제를 놓아 해충을 방제하고자 할 때 곤충의 어떤 행동을 이용한 것인가?

① 음성주화성　② 양성주화성
③ 양성주촉성　④ 음성주촉성

> **해설**
> 화학약품에 접근하지 않으려는 성질을 이용한 것을 음성주화성이라 한다.

22 다음 중 곤충이 지구상에 번성하게 된 원인으로 가장 거리가 먼 것은?

① 외골격의 발달
② 날개의 발달
③ 작은 몸의 크기
④ 대부분 무변태 특성

정답 15 ① 16 ④ 17 ③ 18 ③ 19 ④ 20 ① 21 ① 22 ④

해설
곤충이 번성하게 된 요인으로 짧은 세대, 작은 크기, 날개의 발달, 외골격의 발달, 완전변태 등이 있다.

23 성충은 뽕나무의 눈을 가해하고 유충은 목질부에 구멍을 뚫고 먹어 들어가는 뽕나무 해충은?

① 뽕나무혹파리
② 뽕나무명나방
③ 뽕나무깍지벌레
④ 뽕나무애바구미

해설
뽕나무애바구미는 유충이 목질부에 구멍을 뚫는 피해를 주며 성충은 겨울눈에 피해를 준다.

24 성충으로 월동하는 해충은?

① 왕무당벌레붙이
② 혹명나방
③ 검거세미나방
④ 복숭아혹진딧물

해설
왕무당벌레붙이는 1년에 3회 발생하고 성충으로 월동한다.

25 채소해충으로 가장 거리가 먼 것은?

① 이세리아깍지벌레
② 도둑나방
③ 땅강아지
④ 알톡톡이

해설
이세리아깍지벌레는 나무의 수액을 빨아 먹어 나무의 수세를 약하게 하는 피해를 준다.

26 다음 중 초본류 혹은 목본류의 줄기 속을 식해하여 가해하는 해충은?

① 콩풍뎅이
② 거세미나방
③ 숯검은밤나방
④ 박쥐나방

해설
박쥐나방의 유충은 초본류, 목본류의 줄기에 구멍을 뚫고 피해를 주다가 나무로 이동하여 환상으로 가지에 피해를 준다.

27 곤충의 분류 시 이용되는 기본 분류단위로 가장 옳은 것은?

① biotype(생태형)
② species(종)
③ variety(변종)
④ subspecies(아종)

해설
곤충의 기본분류는 분류학상 기본단위인 종이다.

28 감자나방의 피해 특징으로 가장 거리가 먼 것은?

① 담배의 뿌리를 가해하고, 밖으로 배설물을 배출한다.
② 감자에 배설물이 나와 있다.
③ 어린감자의 생장점을 파고 들어간다.
④ 감자 잎의 표피를 뚫고 들어가 앞뒤 표피만 남긴다.

해설
감자나방은 유충이 잎과 줄기를 가해하고 덩이줄기를 가해할 경우 배설물을 외부로 내보내기에 발견이 쉬운 편이다.

29 다음에서 설명하는 해충은?

◎ 1년에 5회~10회 이상 발생한다.
◎ 고온건조 시 피해가 심하다.

① 가루깍지벌레
② 점박이응애
③ 밤나무혹벌
④ 땅강아지

해설
점박이응애는 1년에 10회 이상 발생하고 성충이 낙엽, 잡초 아래에 월동한다. 고온 건조 시 피해가 심해지고 성충이나 약충이 잎에 기생하에 흡즙가해한다.

정답 23 ④ 24 ① 25 ① 26 ④ 27 ② 28 ① 29 ②

30 다음 중 완전변태를 하는 곤충목은?
① 풀잠자리목 ② 메뚜기목
③ 노린재목 ④ 총채벌레목

> **해설**
> 완전변태를 하는 종류로 벌목(벌, 개미, 밤나무순혹벌 등), 딱정벌레목(딱정벌레, 바구미, 소나무좀 등), 파리목(모기, 파리 등), 나비목(나비, 솔나방), 풀잠자리목, 밑들이목 등의 내시류들이 있다.

31 곤충을 잡아먹는 포식성 곤충류로 가장 거리가 먼 것은?
① 무당벌레류 ② 진딧물류
③ 파리매류 ④ 사마귀류

> **해설**
> 무당벌레는 진딧물이나 응애류, 사마귀는 다양한 곤충, 파리매의 진디혹파리는 진딧물을 잡아먹는다.

32 곤충의 배설기관으로 척추동물의 신장과 같은 기능을 하는 것은?
① 말피기관 ② 알라타체
③ 사구체 ④ 전장

> **해설**
> 말피기관은 곤충의 체강 내에서 배설작용을 하며 혈림프의 이온 조성과 삼투압의 조절 기능을 담당한다.

33 식물체에 혹을 만들어 피해를 주는 해충으로 가장 거리가 먼 것은?
① 솔잎혹파리
② 밤나무혹벌
③ 포도뿌리혹벌레
④ 복숭아혹진딧물

> **해설**
> 복숭아혹진딧물은 부화한 약충은 겨울기주 어린잎의 즙액을 흡즙하고 신초에 피해를 준다.

34 끝동매미충은 국내에서 연간 4세대를 경과하는데, 이 중 벼오갈병은 주로 몇 세대 약충이 매개하는가?
① 1세대 ② 2세대
③ 3세대 ④ 4세대

> **해설**
> 끝동매미충은 성충과 약충이 벼의 즙액을 빨아먹어 피해를 주며 벼 오갈병을 발생시키는데 제 2세대 약충이 주로 바이러스를 매개한다.

35 곤충 개체간의 통신수단에 사용되는 물질로 가장 관련이 없는 것은?
① allomone ② pheromone
③ hormone ④ kairomone

> **해설**
> 곤충의 정보 전달을 목적으로 분비하는 물질로 페로몬(pheromone), 알로몬(allomone), 시노몬(synomone), 카이로몬(kairomone) 등이 있다.

36 다음에서 설명하는 것은?

> 번데기 또는 마지막 영기의 약충이 탈피하여 성충이 되는 현상

① 부화 ② 용화
③ 세대 ④ 우화

> **해설**
> 번데기가 탈피하여 성충이 되는 것을 우화라 한다.

37 다음 중 일본으로부터 천적을 수입하여 제주감귤원의 해충방제에 성공한 사례로서 기록된 해충으로 가장 옳은 것은?
① 가루깍지벌레
② 이세리아깍지벌레
③ 화살깍지벌레
④ 루비깍지벌레

> **해설**
> 루비깍지벌레의 천적으로 일본에서 도입한 루비붉은깡충좀벌로 해충방제에 성공한 사례가 있다.

정답 30 ① 31 ② 32 ① 33 ④ 34 ② 35 ③ 36 ④ 37 ④

38 다음에서 설명하는 해충으로 가장 옳은 것은?

> 최근 도시의 버즘나무 잎이 부분적으로 퇴색되고 피해가 진전되었으며 조기에 갈색으로 마르는 피해가 발생하였다.

① 깍지벌레류 ② 진딧물류
③ 방패벌레류 ④ 흰불나방

해설
버즘나무류에 피해를 주는 버즘나무방패벌레는 잎 뒷면에서 부화한 약충이 집단으로 흡즙가해하고 나무 전체가 황백색으로 쇠약해진다.

39 누에 암나방이 발산하는 성 페로몬으로 가장 옳은 것은?

① 봄비콜 ② 알로몬
③ 카이로몬 ④ 글리세롤

해설
봄비콜(bombykol)은 나방류에서 분비되는 성페로몬이다.

40 다음 중 체내 수분증산을 억제하는 표피층 구조로 가장 옳은 것은?

① 원표피층 ② 외원표피층
③ 외표피층 ④ 내원표피층

해설
외표피는 단백질과 지질로 구성된 얇은 층으로 수분의 증발을 억제한다.

3과목 재배학원론

41 다음 중 작물의 요수량이 가장 큰 것은?

① 수수 ② 기장
③ 호박 ④ 옥수수

해설
요수량이 큰 작물로 명아주, 호박, 알팔파, 오이, 클로버 등이 있다.

42 벼 품종의 특성에 대한 설명으로 옳은 것은?

① 묘대일수감응도가 높은 것이 만식적응성이 크다.
② 조기재배의 경우에는 만생종이 알맞다.
③ 개량품종은 수확지수가 작다.
④ 우리나라 만생종은 감광성이 크다.

해설
만생종은 감광성이 큰 감광형 작물이다.

43 맥류의 좌지현상을 볼 수 있는 경우는?

① 봄보리를 가을에 파종
② 봄보리를 봄에 파종
③ 가을보리를 가을에 파종
④ 가을보리를 봄에 파종

해설
가을보리는 추파성이 커서 겨울에 잘 견디나 봄에 파종하면 영양생장만 하다가 주저 앉는 좌지현상이 나타난다.

44 작물 품종의 잡종강세에 대한 설명으로 옳은 것은?

① 양친 식물보다 자식 식물의 생육이 약하다.
② 양친 식물보다 자식 식물의 생육이 왕성하다.
③ 양친 식물과 자식 식물의 생육이 같다.
④ 벼와 같은 작물에서 많이 발생한다.

해설
잡종강세는 생존, 번식, 생육 등에서 양친보다 우수한 성질을 가지는 것을 말한다.

45 찰벼에 메벼의 화분을 수분하여 그 F_1 종자의 배유가 메벼의 형질을 보이는 현상은?

① Xenia ② Apomixis
③ Pseudogamy ④ Chimera

정답 38 ③ 39 ① 40 ③ 41 ③ 42 ④ 43 ④ 44 ② 45 ①

> **해설**
> 크세니아(Xenia)
> · 부계의 우성 형질이 화분을 통해 옮겨져 모계의 배젖에서 나타나는 현상을 크세니아라 한다.
> · 벼의 멥쌀은 찹쌀에 대해 우성이다. 찹쌀의 꽃에 멥쌀의 화분을 수정시켜 발생되는 낟알은 우성 형질인 멥쌀이 발생한다.

46 눈이나 가지의 바로 위에 가로로 깊은 칼금을 넣어 그 눈이나 가지의 발육을 조장하는 것은?
① 적아 ② 적엽
③ 환상박피 ④ 절상

> **해설**
> 절상은 과수와 같은 나무의 눈이나 가지 위에 가로 칼금을 내어 눈이나 가지의 발육을 촉진하는 것을 말한다.

47 다음 중 작물의 복토 깊이가 가장 깊은 것은?
① 파 ② 양파
③ 유채 ④ 생강

> **해설**
> 보기 중 생강은 복토 깊이가 5~9cm 정도로 가장 깊다.

48 벼의 추락현상이 발생할 때 벼뿌리를 상하게 하는 주된 물질은?
① 황화수소 ② 탄산가스
③ 불화수소 ④ 메탄가스

> **해설**
> 벼의 추락현상은 황화수소, 제1산화철 등에 의해 심한 환원상태가 되면 발생한다.

49 지하에 정체하여 모관수의 근원이 되는 물은?
① 결합수 ② 흡습수
③ 지하수 ④ 중력수

> **해설**
> 지하수는 지하 토양공극에 들어 있는 물로 모관수의 근원이 되는 물이다.

50 세포막 중 중간막의 주성분이며, 체내에서 이동이 어려운 것은?
① Mg ② P
③ K ④ Ca

> **해설**
> 식물체내에서 상대적으로 이동이 어려운 원소로 Ca, Fe, B 등이 있다.

51 주로 영양번식 하는 식물은?
① 호프 ② 아스파라거스
③ 마늘 ④ 시금치

> **해설**
> 영양번식에 유리한 작물로 감자, 고구마, 마늘 등이 있다.

52 다음 중 산성토양에 대해 적응성이 가장 약한 것은?
① 아마 ② 기장
③ 팥 ④ 감자

> **해설**
> 산성토양에 대한 저항성이 약한 작물로 보리, 팥, 콩, 양파, 파, 고추, 가지 등이 있다.

53 다음 중 웅성불임성을 주로 이용하는 작물로만 나열된 것은?
① 무, 양배추 ② 당근, 고추
③ 배추, 브로콜리 ④ 순무, 가지

> **해설**
> 웅성불임성을 이용하는 작물로 양파, 고추, 당근 등이 있다.

54 다음 중 기지의 문제가 가장 큰 것은?
① 앵두나무 ② 포도나무
③ 자두나무 ④ 살구나무

> **해설**
> 과수 중에서 기지현상은 복숭아나무, 앵두나무, 감귤나무 등에서 심하게 나타난다.

정답 46 ④ 47 ④ 48 ① 49 ③ 50 ④ 51 ③ 52 ③ 53 ② 54 ①

55 저장 중 작물의 종자가 발아력을 상실하는 원인으로 가장 거리가 먼 것은?
① 원형질 단백의 응고
② 효소의 활력 저하
③ 저장양분의 소모
④ 유리지방산 감소

해설
저장곡물의 경우 지방을 분해하는 유리지방산이 늘어나게 되고 유리지방산의 함량이 높을수록 변질되기가 쉽다.

56 작물의 기원지를 알아내는 방법으로 가장 거리가 먼 것은?
① 식물지리학적 방법
② 계통분리법
③ 유전자분석법
④ 고고학적 방법

해설
작물의 기원지를 알아내는 방법으로 식물지리학적 방법, 고고학적 방법, 세포유전학적 방법, 유전자 분석법, 생물학적 방법 등이 있다.

57 작물 생육의 다량원소가 아닌 것은?
① K
② Mg
③ Cu
④ S

해설
미량원소에는 염소, 철, 망간, 붕소, 구리 등이 있다.

58 광과 식물 생육과의 관계로 연결이 적절하지 않은 것은?
① 적색광 - 엽록소 형성
② 청색광 - 굴광현상
③ 적외선 - 안토시안 생성
④ 자외선 - 신장억제

해설
안토시안은 비교적 저온의 조건에서 자색광이나 자외선에 의해 조장된다.

59 C_3식물과 C_4식물의 형태와 생리적 특성으로 옳은 것은?
① C_4식물은 Kranz 구조가 있다.
② C_3식물은 C_4보다 내건성이 강하다.
③ C_3식물의 CO_2보상점은 C_4보다 낮다.
④ C_4식물의 광포화점은 C_3보다 낮다.

해설
C_3 식물은 대부분 일반적인 식물이며 C_4 식물은 건조 지역에서 잘 자라는 옥수수, 사탕수수 등이 있다. C_4식물은 C_3식물보다 광포화점이 높고 CO_2 보상점은 낮은 편이다.

60 작물 군락의 수광태세에 대한 일반적인 설명으로 옳은 것은?
① 벼의 분얼은 개산형인 것이 좋다.
② 옥수수는 수이삭이 큰 것이 밀식에 잘 적응한다.
③ 콩은 잎이 크고 넓은 것이 좋다.
④ 벼의 잎은 넓고 상위엽이 수평인 것이 좋다.

해설
수광태세가 좋아지는 벼의 형태로 분얼이 개산형이며 잎은 좁을수록, 키가 너무 크지나 작지 않아야 한다.

4과목   농약학

61 훈증제 농약의 구비 조건으로 옳지 않은 것은?
① 기름이나 물에 잘 녹아야 한다.
② 휘발성이 커서 확산이 잘 되어야 한다.
③ 훈증 목적물에 이화학적 변화를 일으키지 않아야 한다.
④ 비인화성이어야 하고 침투성이 커야 한다.

해설
훈증제 구비 조건
· 휘발성이 크고 농도가 균일하여야 한다.
· 작업 안전성을 위해 비인화성이어야 한다.
· 침투성이 커서 약제가 쉽게 도달하여야 한다.

정답   55 ④   56 ②   57 ③   58 ③   59 ①   60 ①   61 ①

62 20% phosmet 분제 3kg 을 0.5% 로 희석하는데 필요한 증량제의 양(kg)은?(단, 비중은 1이다.)

① 15   ② 40
③ 117   ④ 120

해설

희석할 증량제양 = 원분제중량 $\times (\frac{원분제농도}{목표농도} - 1)$

$= 3kg \times (\frac{20\%}{0.5\%} - 1) = 117kg$

63 제초제의 살초작용에 대한 설명으로 틀린 것은?

① 식물체의 제초제 흡수는 일반적으로 뿌리나 잎, 줄기를 통해 흡수된다.
② 잎을 통한 흡수는 극성과 무관하게 cellulose, pectin, wax의 순으로 흡수된다.
③ 식물의 잎을 통한 흡수는 대부분 잎의 표면을 통해 이루어진다.
④ 제초제의 식물체 내로의 침투정도는 제초제의 극성 정도에 따라 영향을 받는다.

해설
잎을 통한 흡수는 극성에 영향을 받아 극성물질인 셀룰로오스는 흡수가 용이하다.

64 증량제를 사용하여 분제의 가비중(假比重 ; bulk density)을 조절할 때 가장 적절한 가비중의 범위는?

① 0.2~0.4   ② 0.4~0.6
③ 0.6~0.8   ④ 0.8~1.0

해설
분제의 가비중(용적비중)은 0.5 내외이다.

65 농약의 구비조건으로 가장 거리가 먼 것은?

① 독성이 강할 것
② 약해가 없을 것
③ 약효가 확실할 것
④ 저장성이 좋을 것

해설
농약의 구비조건
· 농약은 살균, 살충력이 강해야 한다.
· 작물 및 사람, 가축에 해가 없어야 한다.
· 사용법이 간단해야 한다.
· 품질이 균일하고 지속적이어야 하며 외부환경 변화에도 변질되지 않아야 한다.
· 가격이 저렴하고 구입이 용이해야 한다.
· 다른 약제와의 혼용이 가능해야 한다.

66 작물에 대한 약해 중 농약 사용방법과 관련해서 일어나는 약해가 아닌 것은?

① 불합리한 섞어 쓰기는 주성분의 가수분해, 금속염의 치환 등으로 약효저하 및 약해를 발생한다.
② 파라티온을 오랫동안 저장하면 p-nitro phenol 이 생성되어 벼에 약해가 발생한다.
③ 상자육묘에서 *Rhizophos* spp. 에 의한 모마름병 방제를 위해 하이멕사졸과 클로로탈로닐을 동시 사용하면 약해가 발생한다.
④ 살균제에 침투성 유화제를 첨가함으로써 식물체 내에 침투량이 많아져 약해가 일어난다.

해설
파라티온 오랜시간 저장하여 발생되는 p-nitro phenol 에 의해 벼에 약해가 발생하는 것은 경시적 변화에 의해 유해성분이 발생하는 것으로 농약 자체의 원인에 해당된다.

67 어떤 살충제에 대하여 이미 저항성이 발달한 해충이 한 번도 사용한 적은 없지만 작용기가 같은 살충제에 대하여 저항성을 나타내는 현상은?

① 교차저항성
② 복합저항성
③ 단일약제저항성
④ 선천적저항성

정답 62 ③ 63 ② 64 ② 65 ① 66 ② 67 ①

> **해설**
> 해충에 한번도 사용하지 않았지만 유사 약제에 저항성으로 동시에 사용하지 않은 약제에도 저항성이 생기는 경우를 교차저항성이라 한다.

68 보호살균제의 특성에 대한 설명으로 옳지 않은 것은?

① 병균이 식물체에 침투하는 것을 막기 위해 쓰이는 약제이다.
② 포자의 발아저지 작용이 커야하고, 효과 지속 기간도 길어야 한다.
③ 부착성 및 고착성이 강하고 안정된 것이어야 한다.
④ 살균력이 약하고 침투성이 있어야 한다.

> **해설**
> 보호살균제는 병원균이 식물체 내로 침입하는 것을 방지하는 효과가 있으며 대표적으로 석회보르도액, 유기유황제 등이 있다.

69 Phenol계 살균제로서 과수의 월동 방제용이나 목재방부제로도 사용될 수 있는 약제는?

① Carboxin + thiram
② Captan
③ Neoasozin-6,5
④ Pentachlorophenol

> **해설**
> 펜타클로로페놀(Pentachlorophenol)은 살균제, 소독제, 목재 방부제로 활용할 수 있으며 PCP 제라고 한다.

70 농약중독 사고 발생 시 취해야 할 응급조치로 적당하지 않은 것은?

① 경구 중독일 경우 따뜻한 물이나 소금물로 세척한다.
② 약물이 장내로 들어갈 염려가 있을 시 황산마그네슘(15~20g) 물에 독극물의 흡착을 위해 활성탄이나 규조토 등을 타서 먹여 배설시킨다.
③ 흡입 중독일 경우 체온을 식히기 위하여 찬물로 씻어 준다.
④ 경피 중독일 경우 오염된 의복을 벗기고 부착된 약제로 비눗물로 씻는다.

> **해설**
> 흡입중독 환자는 바람이 잘 통하는 깨끗한 장소에 눕히고 의복을 느슨하게 하여 호흡을 쉽게 하도록 한다.

71 다음 중 유기인계 살충제가 아닌 것은?

① MEP 제
② PAP 제
③ DDVP 제
④ NAC 제

> **해설**
> NAC 제는 카바메이트계 살충제이다.

72 Dithiopyr 45% 유제 50ml(비중 1.0)를 1200 배액으로 희석하여 살포하려 할 때 소요되는 물의 양(L)은?

① 23.76
② 26.73
③ 59.95
④ 66.33

> **해설**
> 유제 50 ml 를 1200배액으로 희석하려면 < 50ml × 1200 = 60,000ml = 60L > 의 물이 필요하다.

73 다음 중 살충력이 강하고, 적용범위가 넓으며 저렴한 값에 대량생산의 장점이 있으나 잔류독성의 문제를 일으킬 위험요인이 가장 큰 계통의 농약은?

① 유기황계
② 유기인계
③ 유기염소계
④ 카바메이트계

> **해설**
> 유기염소계 살충제는 염소를 함유하고 있어 살충력이 우수하고 넓은 범위의 해충방제가 가능하다. 취급이 간편하고 인축에 대한 독성이 낮으나 생태계 내에서 잔류성이 높은 편이다.

정답 68 ④ 69 ④ 70 ③ 71 ④ 72 ③ 73 ③

74 순도 95%인 클로로탈로닐 원제 20kg으로 75% 수화제를 만들려고 할 때, 필요한 보조제의 양(kg)은? (단, 비중은 농도와 관계없이 1로 동일하다)

① 5.33
② 10.33
③ 15.33
④ 20.33

해설

희석할 증량제 양 = 원분제 중량 × ($\frac{원분제\ 농도}{목표\ 농도} - 1$)

희석할 증량제 양 = $20kg × (\frac{95}{75} - 1) ≒ 5.33kg$

75 한때 식물생장억제제인 낙과방지제로 사용했으나 발암물질로 지정되어 화훼농업에서 신장억제제로 주로 사용하는 것은?

① Pyrimethanil
② β-indole acetic acid
③ Colchicine
④ Daminozide

해설
다미노자이드(daminozide, B-9)은 식물의 생장억제제 및 낙과 방지제로 사용한다.

76 물에 녹지 않은 원제를 벤토나이트·고령토 같은 점토광물의 증량제와 혼합하고 여기에 친수성·습전성 및 고착성 등을 부가시키기 위하여 적당한 계면활성제를 가하여 미분말화시킨 농약의 제형은?

① 수용제
② 수화제
③ 분제
④ 유제

해설
수화제는 물에 녹지 않는 주제를 벤토나이트 등의 점토광물과 계면활성제 등을 배합하여 혼합 분쇄하여 제제한다. 수화제는 골고루 퍼지는 현수성이 중요하며 수화성, 고착성, 습진성 등이 좋아야 한다.

77 농약의 토양 잔류에 대한 설명으로 옳지 않은 것은?

① 유기염소계 농약은 환경에서 매우 안정하므로 토양 중에 오래 잔류한다.
② 아닐린유도체는 토양 중에서 토양입자에 강하게 흡착되므로 오래 잔류한다.
③ 수화제나 유제와 같이 물에 희석해서 사용된 약제는 분제나 입제보다 토양에서 분해가 빨라진다.
④ 일반적으로 유기물함량이 높은 토양에서 농약의 분해가 촉진된다.

해설
농약의 분해 속도는 토양의 조건에 많은 영향을 받으며 물에 희석하여 사용한 약제라고 하여 토양에서 분해 속도가 빠른 것은 아니다.

78 농약관리법령상 농약 및 원제의 신규등록의 경우 약효·약해 시험성적서의 인정범위로 옳은 것은?

① 180일간 시험한 성적서
② 1년간 시험한 성적서
③ 2~3년간 시험한 성적서
④ 4~5년간 시험한 성적서

해설
농약 및 원제의 등록기준에 제 4 조 시험성적서의 인정범위에 의거하여 신규등록의 경우 2~3년간 시험한 성적서에 대해 인정한다. 변경등록의 경우 2년간 시험한 성적서를 기준으로 한다.

79 훈증제가 갖추어야 할 조건으로 틀린 것은?

① 휘발성이 크고 농도가 균일하여야 한다.
② 훈증할 목적물에 이화학적으로 변화를 주어야 한다.
③ 비인화성이어야 한다.
④ 침투성이 커서 약제가 쉽게 도달하여야 한다.

해설
훈증할 목적물에 이화학적으로 변화를 주지 않아야 한다.

정답 74 ① 75 ④ 76 ② 77 ③ 78 ③ 79 ②

80 농약 원제의 효력을 증진시키기 위하여 사용되는 보조제에 해당되지 않는 것은?
① 증량제 ② 유화제
③ 살충제 ④ 협력제

> **해설**
> 보조제는 살균제, 제초제 등과 같은 농약의 효과 증진을 도와주는 약제로 전착제, 증량제, 용제, 유화제, 협력제가 있다.

5과목 잡초방제학

81 콩밭의 바랭이를 효율적으로 방제하는 방법으로 가장 거리가 먼 것은?
① 멀칭재배를 한다.
② 콩의 파종밀도를 조밀하게 한다.
③ 광엽잡초방제용 경엽처리 제초제를 처리한다.
④ 경합한계기간 이전에 제초한다.

> **해설**
> 바랭이는 화본과 잡초에 속한다.

82 다음 중 액제에 해당하지 않는 것은?
① 수성현탁제 ② 과립수용제
③ 미탁제 ④ 세립제

> **해설**
> 세립제는 세립상으로 사용되는 농약으로 액제에 해당하지 않는다.

83 작물과 잡초의 주요 3대 경합 요소에 포함되지 않는 것은?
① 수분 ② 토양구조
③ 영양분 ④ 빛

> **해설**
> 작물과 잡초의 3대 경합 요소로 수분, 양분, 광선이 있다.

84 다음 중 일년생 잡초로만 나열된 것이 아닌 것은?
① 여뀌, 어저귀
② 개비름, 닭의 장풀
③ 쇠뜨기, 조뱅이
④ 강아지풀, 쇠비름

> **해설**
> 쇠뜨기는 다년생 잡초이며 조뱅이는 월년생 잡초이다.

85 다음 중 기주식물에 기생하는 잡초는?
① 새삼 ② 피
③ 명아주 ④ 물달개비

> **해설**
> 잡초 중에서는 뿌리가 없는 기생식물이 있으며 대표적으로 새삼, 겨우살이가 있다.

86 다음 중 논 잡초로만 나열된 것은?
① 흰명아주, 어저귀
② 쇠비름, 개비름
③ 개구리밥, 생이가래
④ 망초, 까마중

> **해설**
> 논잡초에는 마디꽃, 물달개비, 올챙이고랭이, 올미, 올방개, 개구리밥, 생이가래, 하늘지기, 강피 등이 있다.

87 다음 중 영양번식기관 해당 잡초의 연결이 틀린 것은?
① 지하경 - 가래, 수염가래꽃
② 인경 - 야생마늘, 자주괭이밥
③ 괴경 - 향부자, 매자기
④ 포복경 - 올미, 벗풀

> **해설**
> 올미, 벗풀은 괴경에 의한 영양번식을 한다.

정답 80 ③ 81 ③ 82 ④ 83 ② 84 ③ 85 ① 86 ③ 87 ④

88 제초제의 흡수에 대한 설명으로 가장 거리가 먼 것은?
① 비극성제초제는 극성 제초제보다 잡초의 뿌리 흡수가 용이하다.
② 제초제의 식물뿌리 내 물관으로의 이동 중 원형질막을 통과하는 경로는 심플라스트 경로를 이용한다.
③ 종자 내로 제초제의 침투는 집단류와 확산에 의해 일어난다.
④ 식물의 뿌리는 토양으로부터 토양에 잔류하는 제초제를 흡수한다.

해설
극성제초제의 뿌리 흡수가 더 용이하다.

89 잡초를 형태학적으로 분류할 때 관계 없는 것은?
① 광엽 잡초 ② 로제트형 잡초
③ 화본과 잡초 ④ 방동사니과 잡초

해설
로제트형 잡초는 생장형에 따른 분류에 속한다.

90 잡초경합 한계기간에 대한 설명으로 옳지 않은 것은?
① 철저한 잡초 방제가 요구되는 시기이다.
② 작물 생육기의 초기 1/4 ~ 1/3 정도의 기간이다.
③ 잡초와 작물이 경합하지만 작물의 피해가 없는 한계기간이다.
④ 한계기간 이후에는 잡초 방제를 더 하여도 작물 피해에 큰 변화가 없다.

해설
잡초경합한계기간은 잡초와의 경합에 의한 작물의 피해가 가장 심하게 나타나는 기간으로 잡초의 경합이 없는 초관형성기에서 생식생장기 사이를 의미한다. 작물 전생육기간의 첫 1/3~1/2 기간이나 1/4~1/3 기간에 해당되는 이 시기에 잡초간 경합으로 작물의 피해가 커서 방제가 요구된다.

91 다음 중 암발아성 잡초인 것은?
① 별꽃 ② 개비름
③ 왕바랭이 ④ 쇠비름

해설
암발아 종자는 별꽃, 냉이, 광대나물 등이 있다.

92 작물이 심겨져 있지 않은 비농경지에서 발생하는 잡초를 방제하는데 가장 효과적인 제초제는?
① 시마진 수화제
② 뷰타클로르 유제
③ Glyphosate
④ 2,4-D

해설
글리포세이트(Glyphosate)는 비선택성으로 작물이 없는 비농경지에 발생하는 잡초를 방제하는데 효과적이다.

93 다음 중 잡초종합방제체계 수립을 위한 선형특성적 모형에서 시작부터 완성단계로의 순서로 가장 옳은 것은?
① 모형의 평가 및 수정 → 문제유형의 검토 → 잡초군락의 예찰 → 제초방법의 선정 → 방제체계의 적용
② 문제유형의 검토 → 잡초군락의 예찰 → 제초방법의 선정 → 방제체계의 적용 → 모형의 평가 및 수정
③ 잡초군락의 예찰 → 문제유형의 검토 → 방제체계의 적용 → 모형의 평가 및 수정 → 제초방법의 선정
④ 제초방법의 선정 → 잡초군락의 예찰 → 방제체계의 적용 → 문제유형의 검토 → 모형의 평가 및 수정

해설
잡초종합방제에서 선형특성적 모형의 과정을 보면 발생 유형의 문제를 검토하고 잡초군락을 조사하여 제초방법 및 방제체계를 선정하게 된다. 이후 실행한 방제방법에 대한 평가 및 수정을 통해 보완하도록 한다.

정답 88 ① 89 ② 90 ③ 91 ① 92 ③ 93 ②

94 잡초의 발아와 토양환경의 관계에 대한 설명으로 옳지 않은 것은?

① 잡초의 출현시기를 지배하는 요인으로서 최적온도는 대체로 발아적온과 일치한다.
② 토양의 수분은 토양경도와 산소함량에 영향을 준다.
③ 건생잡초는 습생잡초보다 발아에 필요한 산소요구량이 높다.
④ 잡초의 발생심도는 중점토가 사질토보다 깊다.

해설
사질토는 중점토보다 표층의 건조가 쉬워 발생심도가 깊어진다.

95 다음 중 산아마이드계 제초제가 아닌 것은?

① Alachlor   ② Dicamba
③ Propanil   ④ Napropamide

해설
디캄바(dicamba)는 벤조산 제초제에 속한다.

96 잡초 잎의 구성성분 중 비극성정도가 가장 높은 것은?

① 큐틴   ② 큐티클납질
③ 펙틴   ④ 셀룰로오스

해설
잡초 잎의 구성성분 층에서 비극성 정도는 큐티클납질이 가장 강하고 큐틴, 펙틴 순서이다.

97 다음 중 주로 괴경으로 번식하는 논잡초는?

① 올방개   ② 알방동사니
③ 가막사리   ④ 자귀풀

해설
괴경으로 번식하는 논잡초로 너도방동사니, 올방개, 매자기 등이 있다.

98 다음 중 잡초경합 한계기간이 가장 긴 작물은?

① 양파   ② 녹두
③ 밭벼   ④ 콩

해설
잡초경합한계기간으로 양파는 약 56일 정도로 상대적으로 긴 편이다.

99 못자리용 제초제인 벤타존의 작용성과 사용방법에 대한 설명으로 가장 거리가 먼 것은?

① 올방개 등과 같은 방동사니과 잡초의 살초효과가 뚜렷하다.
② 광합성 저해작용을 한다.
③ 경엽처리용 벼 생육 중기 제초제이다.
④ 화본과 잡초를 효과적으로 방제할 수 있다.

해설
벤타존은 광엽잡초 및 방동사니과 잡초의 경엽 처리하는 선택성 이행형 제초제이다.

100 다음 중 선택성 제초제는?

① Paraquat   ② Glyphosate
③ Glufosinate ④ 2,4-D

해설
선택성 제초제에는 2,4-D, 디캄바, 뷰타클로르 등이 있다.

정답 94 ④ 95 ② 96 ② 97 ① 98 ① 99 ④ 100 ④

국가기술자격 필기시험문제

2020년 기사 제4회 과년도 기출문제

자격종목	종목코드	시험시간	형별	수험번호	성명
식물보호기사		2시간 30분			

1과목   식물병리학

01 어떤 식물병에 대하여 저항성이었던 품종이 갑자기 해당 식물병에 감수성이 되는 주된 원인은?
① 재배법의 변화
② 병원균 집단의 변화
③ 기상의 변화
④ 기주체내 영양성분의 변화

[해설] 병원균의 집단이 변화하면 특정 식물병에 대한 저항성이 제대로된 기능을 발휘하지 못해 감수성이 되기도 한다.

02 토양에 열처리하여 소독하는 것은 무슨 방제법인가?
① 생물학적 방제법
② 재배적 방제법
③ 화학적 방제법
④ 물리적 방제법

[해설] 토양 열처리의 경우 물리적 방제법에 속한다.

03 배나무 검은별무늬병의 방제에 가장 효과적인 것은?
① 밀식
② 약제살포
③ 포장위생
④ 합리적인 비배관리

[해설] 배나무검은별무늬병은 병든부위를 제거 및 소각하거나 비배관리를 잘하거나 약제를 살포하는 방법이 있으며 가장 효과가 좋은 방법은 약제 살포이다.

04 다음 중 인공배양이 가장 불가능한 것은?
① 사과 탄저병
② 벼 도열병
③ 보리 흰가루병
④ 딸기 잿빛곰팡이병

[해설] 흰가루병은 절대기생체로 인공배양이 어렵다

05 다음 중 감자 역병 발병의 최적 환경으로 가장 옳은 것은?
① 기온이 20℃ 내외이고 습기가 많은 곳
② 기온이 30℃ 내외이고 건조한 곳
③ 기온이 40℃ 내외이고 건조한 곳
④ 기온이 45℃ 이상이고 습기가 많은 곳

[해설] 감자역병은 주로 기온이 20℃ 내외이며 습기가 많은 조건에 발병한다.

06 다음 식물병의 진단병 중 이화학적 진단에 해당하는 것은?
① 현미경 관찰
② 황산동법
③ 한천겔내 확산법
④ 최아법

[해설] 식물병의 진단방법 중 이화학적 진단은 식물이 병에 걸려 나타나는 이화학적 변화를 조사하는 방법으로 황산동법은 주로 감자의 바이러스병 진단에 사용된다.

정답   01 ②   02 ④   03 ②   04 ③   05 ①   06 ②

07 불완전균류의 정의로 가장 옳은 것은?
① 균사의 형성이 불완전한 균류
② 무성세대가 밝혀지지 않은 균류
③ 기주범위가 밝혀지지 않은 균류
④ 유성세대가 밝혀지지 않은 균류

> **해설**
> 불완전균류는 균사에 격막이 있고 무성 분생포자 세대만으로 분류되며 유성세대가 밝혀지지 않았다.

08 어떤 병원체가 식물체내에 침입되어 병징이 나타나기까지의 기간을 무엇이라 하는가?
① 잠복기 ② 사멸기
③ 유도기 ④ 증식기

> **해설**
> 병원체가 식물체내에 침입하여 병징이 나타나기까지의 기간을 잠복기라 한다.

09 다음 중 인삼 또는 당근의 뿌리에 혹과 같은 병징을 일으키는 것으로 가장 옳은 것은?
① 뿌리혹박테리아
② 노균병균
③ 뿌리혹선충
④ 더뎅이병균

> **해설**
> 뿌리혹선충은 뿌리에 기생하여 뿌리의 조직이 혹 모양이 되는 병징이 나타난다.

10 다음 중 죽은 식물체에 증식하지 못하는 병원체는?
① 끈적균 ② 바이러스
③ 세균   ④ 진균

> **해설**
> 바이러스는 절대기생체로 살아있는 조직에서만 생활이 가능하며 죽은 식물체에서는 증식하지 못한다.

11 병원균이 세균인 것은?
① 벼 깨씨무늬병 ② 토마토 풋마름병
③ 포도 탄저병   ④ 감자 역병

> **해설**
> 감자, 가지, 토마토 등에서 발생하는 풋마름병은 세균에 의해 발생한다.

12 다음 중 벼 키다리병의 방제법으로 가장 효과적인 것은?
① 매개충 방제 ② 윤작
③ 종자소독   ④ 토양소독

> **해설**
> 벼키다리병은 종자를 통해 전염하기에 종자소독을 통해 방제할 수 있다.

13 다음 중 벼 흰잎마름병에 대한 설명으로 옳지 않은 것은?
① 병원균이 1차 전염원인 겨풀에서 월동한다.
② 병원균의 학명은 *Xanthomonas oryzae* pv. *oryzae* 이다.
③ 병원균이 잎 선단의 수공이나 상처부위를 통해 침입한다.
④ 병원균은 그람 양성균이다.

> **해설**
> 벼 흰잎마름병균은 그람음성 간균으로 배지에서 노란색의 둥글고 매끄러운 콜로이드를 형성한다.

14 균사가 모여 구형 또는 입상의 검은색 덩어리를 형성한 것으로 불리한 환경 조건에서도 생존할 수 있는 것은?
① 포자퇴 ② 균핵
③ 분생포자 ④ 균사

> **해설**
> 균사가 모여 구형이나 입상의 검은색 덩어리가 형성되며 불리한 환경 조건에서도 생존 가능한 것으로 균핵이 있으며 벼 잎집무늬마름병, 호밀의 맥각병 등에서 나타난다.

15 밀 줄기녹병균의 중간기주로 가장 옳은 것은?
① 낙엽송　② 까치밥나무
③ 향나무　④ 매자나무

해설
맥류 줄기녹병의 중간기주는 매자나무이다.

16 벼 흰잎마름병이 발생할 수 있는 환경조건으로 가장 옳지 않은 것은?
① 침수　② 가뭄
③ 일조부족　④ 질소질비료 다용

해설
벼 흰잎마름병은 건조한 조건보다 배수가 나쁘고 습한 곳에서 주로 발생한다.

17 병원균의 중간기주가 향나무인 병은?
① 잣나무 털녹병
② 밀 줄기녹병
③ 소나무 혹병
④ 배나무 붉은별무늬병

해설
배나무 붉은별무늬병의 대표기주는 사과나무, 배나무이며 중간기주는 향나무이다.

18 하우스 내의 습도가 높을 때 채소에 가장 많이 발생하는 공기전염성 식물병은?
① 흰가루병　② 뿌리혹병
③ 시들음병　④ 잿빛곰팡이병

해설
잿빛곰팡이병은 시설 내에서 저온 다습한 환경에서 많이 발생한다.

19 맥류 흰가루병의 2차 전염은 어떤 포자의 비산에 의하여 이루어지는가?
① 분생포자　② 자낭포자
③ 수포자　④ 난포자

해설
병든 잎에서 균사나 자낭각으로 월동하고 차후 1차 전염원이 된다. 2차 전염원은 바람에 의해 분생포자가 각피로 전반되어 침입한다.

20 식물바이러스를 옮기는 매개충 중 구침전염형(stylet-borne)바이러스에 해당하는 것으로 가장 옳은 것은?
① 진딧물　② 멸구
③ 매미충　④ 가루이

해설
구침전염형은 바이러스에 걸린 식물을 가해한 곤충의 구침 끝에 바이러스가 묻어 다른 식물로 전반하는 방법으로 진딧물이 대표적이다.

2과목　농림해충학

21 곤충의 종간상호작용에 포함되지 않는 것은?
① 경쟁　② 밀도
③ 공생　④ 포식자-먹이상호작용

해설
종간의 상호작용의 종류에는 경쟁, 포식, 기생, 공생, 초식, 질병 등이 있다.

22 다음 중 농약의 부작용에 대한 설명으로 가장 거리가 먼 것은?
① 동물상의 복잡화
② 약제저항성 해충의 출현
③ 잠재적 곤충의 해충화
④ 자연계의 평형 파괴

해설
농약의 부작용으로 생태계의 파괴 및 동물상이 단순해진다.

정답　15 ④　16 ②　17 ④　18 ④　19 ①　20 ①　21 ②　22 ①

23 곤충의 방어물질에 대한 설명으로 틀린 것은?

① 곤충의 방어물질을 총칭 카이로몬이라고 한다.
② 사회성 곤충에서는 독샘에서 분비하는 방어물질들이 대부분 효소들이다.
③ 곤충의 방어샘에서 동정된 화합물로는 알칼로이드, 테르페노이드, 퀴논, 페놀 등이 있다.
④ 비사회성 곤충에서는 방어물질 중 개미들의 경보 페로몬과 같거나 비슷한 구조의 화합물도 있다.

> **해설**
> 곤충의 방어물질로는 알로몬이 있으며 생산자에게는 유리하고 수용자에게는 불리하게 작용한다.

24 이세리아깍지벌레의 방제를 위해 이용하는 곤충으로 가장 적합한 것은?

① 노랑좀벌
② 왕노린재
③ 베달리아무당벌레
④ 꽃등에

> **해설**
> 이세리아깍지벌레의 천적으로 루비깡충동벌, 베달리아무당벌레가 있다.

25 곤충의 표피층에 대한 설명으로 틀린 것은?

① 표피세포는 표피를 이루는 단백질, 지질, chitin 화합물 등을 합성·분비한다.
② 외원표피층은 탈피과정에서 모두 소화, 흡수되어 재활용된다.
③ 외표피층은 수분의 증산을 억제해주는 기능을 한다.
④ 기저막은 일정한 모양이 없는 비세포성 연결조직이다.

> **해설**
> 내원표피층은 탈피과정에서 다시 흡수되어 재활용된다.

26 다음 중 소나무재선충을 옮기는 매개충으로 가장 옳은 것은?

① 땅강아지   ② 알락하늘소
③ 솔수염하늘소   ④ 털두꺼비하늘소

> **해설**
> 솔수염하늘소는 소내무재선충의 매개충으로 천공성 해충에 속한다.

27 1세대를 경과하는데 가장 긴 시간을 필요로 하는 것은?

① 알락하늘소   ② 장수풍뎅이
③ 말매미   ④ 소나무좀

> **해설**
> 말매미는 1세대 경과에 6년 이상이 소요된다.

28 풀잠자리목의 특징에 대한 설명으로 가장 거리가 먼 것은?

① 완전변태를 한다.
② 더듬이는 짧고 홑눈이 3개이다.
③ 생물적 방제에 이용된다.
④ 유충과 성충은 대부분 포식성이다.

> **해설**
> 풀잠자리목은 더듬이는 길고 홑눈은 있기도 하고 없기도 하다.

29 다음 중 누에의 식성으로 가장 적절한 것은?

① 광식성   ② 단식성
③ 잡식성   ④ 부식성

> **해설**
> 누에는 뽕나무의 잎만 먹는 단식성이다.

정답 23 ① 24 ③ 25 ② 26 ③ 27 ③ 28 ② 29 ②

30 다음 설명에 해당하는 살충제는?

◎ 접촉독, 식독작용 및 흡입독작용을 가진다.
◎ 살충력이 극히 강하고 작용범위도 넓으나 포유류에 대한 독성이 매우 강하여 현재 국내에서는 사용이 금지된 농약이다.
◎ 일부 외국에서는 사용되고 있어 식품 중 잔류허용기준이 고시된 농약이다.

① 니코틴   ② 피레스린
③ 파라티온   ④ 지베렐린

해설
파라티온은 유기인계 살충제의 일종이며 갈색을 띠고 있다. 사람이나 가축에 유해하여 제조 및 사용이 국내에서는 금지되어 있다.

31 다음 중 거미강의 특징에 대한 설명으로 옳은 것은?

① 변태를 한다.
② 겹눈과 홑눈으로 되어 있다.
③ 몸의 구분은 머리, 가슴과 배의 2부분으로 되어 있다.
④ 더듬이를 가지고 있어 이동이 빠르다.

해설
거미는 머리, 가슴과 배 2부분으로 분류한다.

32 다음 중 암컷의 생식계에 해당하는 것은?

① 수정낭   ② 정소
③ 수정관   ④ 사정관

해설
수정낭은 암컷의 기관 중 하나로 수컷에서 받은 정자를 보관하는 곳이다.

33 곤충이 불리한 환경조건에서 대사와 발육이 정지되었다가 환경조건이 좋아지면 정상상태로 회복하는 반응은?

① 사면   ② 휴지
③ 분산   ④ 적응

해설
불리한 환경에서 대사율을 낮추거나 활동을 정지하는 것을 휴지라고 한다.

34 다음 중 반전현상(resurgence)에 대한 설명으로 옳은 것은?

① 한 약제에 대하여 저항성을 나타내는 계통이 다른 약제에는 도리어 감수성인 현상
② 약제처리 후 해충밀도의 회복속도가 매우 느린 현상
③ 해충이 3종 이상의 약제에 대하여 저항성을 나타내는 현상
④ 약제처리 후 해충밀도의 회복속도가 급격하게 빨라지는 현상

해설
농약의 오용 혹은 남용하거나 약제처리 후 해충밀도의 회복속도가 급격하게 빨라지는 현상을 반전현상이라 한다.

35 다음 중 고자리파리에 대한 설명으로 틀린 것은?

① 유충이 땅속에 살면서 뿌리를 가해한다.
② 마늘에 피해를 주는 해충이다.
③ 1년에 1회 발생한다.
④ 미숙퇴비를 사용하면 많이 발생한다.

해설
고자리파리는 1년에 3회 발생하고 가을에 발생한 번데기로 월동하고 4월쯤 우화한다.

정답 30 ③ 31 ③ 32 ① 33 ② 34 ④ 35 ③

36 다음 중 곤충의 배설을 담당하는 기관은?
① 알라타체 ② 말피기소관
③ 존스턴기관 ④ 모이주머니

해설
말피기소관은 끝이 막혀있고 가늘고 긴 관으로 노폐물 등을 체액으로 걸러주는 배설담당기관이다.

37 다음 중 유시류에 속하는 것은?
① 톡토기 ② 낫발이
③ 좀붙이 ④ 하루살이

해설
유시류는 날개가 있는 곤충으로 하루살이, 메뚜기, 나비, 파리 등이 있다.

38 다음 중 완전변태를 하는 것은?
① 노린재목 ② 메뚜기목
③ 파리목 ④ 총채벌레목

해설
완전변태를 하는 종류로 벌목(벌, 개미, 밤나무순혹벌 등), 딱정벌레목(딱정벌레, 바구미, 소나무좀 등), 파리목(모기, 파리 등), 나비목(나비, 솔나방), 풀잠자리목, 밑들이목 등의 내시류들이 있다.

39 곤충 더듬이의 마디 중 수컷이 암컷의 날개소리를 잘 듣도록 발달된 존스턴기관이 있고, 비행 중 바람의 속도를 측정하는 감각기들이 집중되어 있는 마디는?
① 채찍마디 ② 자루마디
③ 기본마디 ④ 팔굽마디

해설
팔굽마디(흔들마디)는 존스턴씨기관이 있어 공기의 진동을 통해 소리를 인지하거나 바람의 방향을 느낀다.

40 다음 중 곤충의 중추신경계가 아닌 것은?
① 전대뇌 ② 측대뇌
③ 중대뇌 ④ 후대뇌

해설
곤충의 중추신경계는 뇌, 배신경절이며 뇌는 다시 전대뇌, 중대뇌, 후대뇌로 분류된다.

| 3과목 | 재배학원론 |

41 ( )에 알맞은 내용은?

( )는 체내 이동성이 낮으며, 결핍 시 셀러리의 줄기쪼김병, 담배의 끝마름병의 증상이 나타난다.

① 붕소 ② 구리
③ 염소 ④ 규소

해설
붕소는 미량원소에 속하고 체내 이동성이 낮으며 세포 분열과 수정에 관여하여 부족할 경우 수정, 결실이 나빠지고 불임이 발생하기도 한다. 결핍시 사과 축과병, 담배 끝마름병, 속썩음병 등이 발생한다.

42 다음 중 벼의 관수해(冠水害)가 가장 심하게 나타나는 수질은?
① 흐르는 맑은 물
② 흐르는 흙탕물
③ 정체한 맑은 물
④ 정체한 흙탕물

해설
작물체가 잠기는 관수해에서 물의 상태에 영향을 받는데 맑은물보다는 흙탕물이, 흐르는 물보다는 정체된 물이 피해를 더 많이 준다.

43 다음 중 장과류에 해당하는 것으로만 나열된 것은?
① 배, 사과 ② 복숭아, 앵두
③ 딸기, 무화과 ④ 감, 귤

해설
장과류에는 포도, 무화과, 딸기 등이 있다.

44 다음 중 알줄기에 해당하는 것은?
① 글라디올러스 ② 생강
③ 박하 ④ 호프

해설
알줄기에 해당하는 것은 토란, 글라디올러스가 대표적이다.

45 국화의 주년재배와 가장 관계가 있는 것은?
① 온도처리 ② 광처리
③ 수분처리 ④ 영양처리

해설
국화의 조생국은 단일처리로 개화가 촉진되고 만생추국은 장일처리로 개화가 억제된다. 이러한 광처리를 통해 연중개화하는 것을 주년재배라 한다.

46 종자의 수명이 5년 이상인 장명종자로만 나열된 것은?
① 가지, 수박
② 메밀, 고추
③ 해바라기, 옥수수
④ 상추, 목화

해설
장명종자에는 녹두, 오이, 배추, 가지, 토마토, 수박 등이 있다.

47 다음 중 최적용기량이 가장 낮은 작물은?
① 강낭콩   ② 보리
③ 양파   ④ 양배추

해설
일반 작물의 최적용기량은 10 ~ 25% 정도이며 작물 중 벼, 양파는 10% 정도로 가장 낮고 양배추, 강낭콩 등은 24% 정도로 높다.

48 산성토양에 가장 약한 작물로만 나열된 것은?
① 시금치, 양파 ② 땅콩, 기장
③ 감자, 유채   ④ 토란, 양배추

해설
산성토양에 약한 작물로는 시금치, 보리, 콩, 양파, 파, 고추, 가지 등이 있다.

49 답전윤환의 주요 효과로 틀린 것은?
① 지력증강   ② 기지의 회피
③ 병충해 증가 ④ 잡초의 감소

해설
답전윤환을 통해 병해충에 대한 감소 혹은 방제가 가능하다.

50 벼에서 염해가 우려되는 최소 농도는?
① 0.1% NaCl ② 0.4% NaCl
③ 0.7% NaCl ④ 0.9% NaCl

해설
벼에 염해가 발생하는 농도는 0.1% 내외이다. 0.3% 이상에서는 벼를 수확하기 힘들다.

51 [(A×B)×B]×B로 나타내는 육종법은?
① 다계교잡법
② 여교잡법
③ 파생계통육종법
④ 집단육종법

해설
보기의 표기방법인 육종법은 A 라는 품종에 약한 특성을 보완하기 위해 B 품종을 교잡하고 이후 1대 잡종을 다시 B 품종에 교잡하는 방법으로 여교잡법이라 한다.

52 우량품종 종자갱신의 채종체계는?
① 원종포 → 원원종포 → 채종포 → 기본식물포
② 기본식물포 → 원원종포 → 원종포 → 채종포
③ 채종포 → 원원종포 → 원종포 → 기본식물포
④ 기본식물포 → 원종포 → 원원종포 → 채종포

해설
종자갱신 채종 체계
기본식물포(기본식물종자) - 원원종포(원원종) - 원종포(원종) - 채종포(보급포) - 농가

53 재배의 기원지가 중앙아시아에 해당하는 것은?
① 대추   ② 양배추
③ 양파   ④ 고추

해설
지리적으로 중앙아시아가 기원지가 되는 작물로 귀리, 완두, 당근, 양파, 삼 등이 있다.

정답 45 ② 46 ① 47 ③ 48 ① 49 ③ 50 ① 51 ② 52 ② 53 ③

54 다음 중 작물의 주요온도에서 최적온도가 가장 낮은 것은?

① 삼　　② 멜론
③ 오이　④ 담배

> **해설**
> 호박, 오이는 최적온도가 35℃ 정도로 높은 편에 속하며 가지, 고추 등은 30℃, 담배는 28℃ 정도이다.

55 다음 중 굴광현상에서 가장 유효한 파장은?

① 120~250nm　② 440~480nm
③ 600~680nm　④ 700~750nm

> **해설**
> 굴광현상에 효과가 큰 파장은 청색광의 파장인 440~480nm 이다.

56 다음 중 요수량(要水量)이 가장 적은 작물은?

① 오이　　② 호박
③ 클로버　④ 옥수수

> **해설**
> 요수량이 적은 식물로 수수, 기장, 옥수수 등이 있다.

57 C_3식물과 C_4식물의 광합성 특성에 대한 설명으로 틀린 것은?

① C_4식물은 유관속초세포가 잘 발달하였다.
② C_4식물은 크란츠(Kranz)구조가 잘 발달하였다.
③ C_3식물은 유관속초세포가 발달하지 않거나 있어도 엽록체가 적고, C_4식물은 유관속초세포에 다수의 엽촉체가 있다.
④ C_3식물은 엽육세포에서 합성한 유기산이 유관속초세포로 이동하여 그곳에서 분해되고 재고정되어 자당이나 전분으로 합성된다.

> **해설**
> 엽육세포에서 합성한 유기산이 유관속초세포로 이동하여 그곳에서 분해하고 재고정되어 자당이나 전분으로 합성되는 것은 C_4식물에 대한 설명이다.

58 다음 중 적산온도가 가장 낮은 것은?

① 벼　　② 메밀
③ 담배　④ 조

> **해설**
> 메밀의 적산온도는 약 1000 으로 작물 중에서 낮은 편에 속한다.

59 다음 중 장일식물의 화성을 촉진하는 효과가 가장 큰 물질은?

① AMO-1618　② MH
③ CCC　　　④ Gibberellin

> **해설**
> 지베렐린을 작물에 적용시 발아촉진, 화성유도, 생장 촉진, 수량의 증대 효과를 기대할 수 있다.

60 영양번식법 중 휘묻이에 해당하지 않는 것은?

① 선취법　② 파장취목법
③ 당목취법　④ 고취법

> **해설**
> 휘묻이는 가지를 잘라내지 않고 가지를 휘어서 흙 속에 묻는 방법인데 고취법은 공중취목이라 하며 가지나 줄기의 일부에 상처를 주고 그 자리에 수태 혹은 황토로 싸서 건조하지 않도록 해주며 물을 주어 적당한 습도 조건에 유지하여 발근하는 방법으로 휘묻이 방법과는 차이가 있다.

정답　54 ④　55 ②　56 ④　57 ④　58 ②　59 ④　60 ④

4과목 농약학

61 농약 흡입 및 노출 시 가장 적절하지 않은 조치는?

① 약물을 경구적으로 흡입 시 위내의 약물을 토하게 된다.
② 위내의 약물을 토하게 하는 데는 일반적으로 따뜻한 소금물을 마시게 한다.
③ 산성, 알칼리성이 강한 점막부식성인 것을 마셨을 때는 식염수나 황산동을 사용한다.
④ 경피적으로 중독된 경우에는 옷을 벗기고 비눗물을 깨끗이 씻는다.

해설
산성, 알칼리성이 강한 점막부식성인 것을 마셨을 때에는 식염수나 황산동, 황산아연 등의 구토제를 사용하여서는 안된다.

62 만코제브 원제에 함유한 ETU(Ethylene thiourea)는 발암성이 높은 화합물로 지정되어 규제하고 있다. 농약관리법령상 이 물질의 규제 기준은?

① 0.01% 이하   ② 0.05% 이하
③ 0.1% 이하   ④ 0.5% 이하

해설
농약관리법상 만코제브 원제에 ETU는 0.5% 이하이어야 한다.

63 농약의 약효를 높이기 위한 방법으로 가장 거리가 먼 것은?

① 알맞은 농약의 선택
② 방제 적기에 농약살포
③ 적정농도 및 정량살포
④ 한 가지 농약의 집중사용

해설
한가지 농약을 집중적으로 사용하면 농약에 대한 저항성이 생겨 약효가 떨어진다.

64 유제 투입원료 중 계면활성 작용을 하는 화합물은?

① xylene
② epichlorohydrin
③ polyoxyethylene
④ O,O-diethyl O-(p-nitrophenyl) phosphate

해설
폴리옥시에틸렌(Polyoxyethylene)는 계면 활성제로 이용한다.

65 모든 제형의 농약의 약효보증기간을 설정하기 위한 시험방법에 해당하는 것은?

① 확산성 시험
② 가열안정성 시험
③ 저온안정성 시험
④ 내열내한성 시험

해설
농약의 약효보증기간 설정을 위한 시험 방법으로 확산성 시험, 저온안정성 시험, 저장안정성 시험, 내열내한성 시험 등이 있다.

66 잔류농약의 피해대책을 위하여 농약의 잔류허용기준, 반감기 및 반치사농도(LC_{50}) 등에 따라 잔류성 농약을 구분하는데 이에 해당하지 않는 것은?

① 작물잔류성 농약
② 식품잔류성 농약
③ 토양잔류성 농약
④ 수질오염성 농약

해설
잔류성 농약은 작물잔류성 농약, 토양잔류성 농약, 수질오염성 농약으로 구분한다.

67 석회유황합제 제조 시 생석회와 황의 중량비로 옳은 것은?

① 생석회(2) : 황(1)
② 생석회(1) : 황(2)
③ 생석회(3) : 황(1)
④ 생석회(1) : 황(1)

정답 61 ③   62 ④   63 ④   64 ③   65 ②   66 ②   67 ②

> **해설**
> 석회황합제 제조시 생석회와 황을 1:2 비율로 배합한다.

68 유제가 갖추어야 할 구비조건으로 가장 거리가 먼 것은?
① 물로 희석하였을 때 유효성분이 석출되지 않고 유탁액을 만드는 유화성
② 유효성분이 보존 또는 사용 중 분해되거나 변화되지 않는 안전성
③ 살포 후 작물이나 해충의 표면에 고르게 퍼지고 부착하는 확전성
④ 가수분해의 우려가 없고 물에 잘 녹는 수용성

> **해설**
> 유제는 유기용매를 녹여 유화제를 첨가한 용액으로 유효성분의 안전성과 유화성이 주요 관리 항목이다. 그리고 많은 양의 물에 희석하여 분무기를 이용해 살포하기에 확전성도 있어야 한다.

69 농약의 입제에 대한 설명으로 틀린 것은?
① 표류, 비산에 의한 오염의 우려가 없다.
② 제조과정이 다른 제형보다 간단하고 값이 저렴하다.
③ 입자가 크므로 농약을 살포하는 농민에 대하여 안전성이 높다.
④ 다른 제형에 비하여 많은 양의 주성분을 투여해야 목적하는 방제효과를 얻을 수 있다.

> **해설**
> 입제의 경우 제조방법에는 흡착법, 피복법, 압출식 조립법, 조립흡착법 등 다양하고 복잡하며 단위면적당 사용량이 많아 가격이 비싼 편이다.

70 30% 메프(MEP)유제(비중1.0) 100ml 로 0.05% 의 살포액을 만들려고 한다. 이 때 소요되는 물의 양(ml)은?
① 59900
② 69900
③ 79900
④ 89900

> **해설**
> 희석할 물의 양
> $= 원액용량 \times (\frac{원액농도}{희석할농도} - 1) \times 원액비중$
> $= 100 \times (\frac{30}{0.05} - 1) \times 1 = 59900 ml$

71 다음 농약 중 살균제가 아닌 것은?
① mancozeb ② mepronil
③ thiram ④ parathion

> **해설**
> 파라티온(parathion)은 유기인계 살충제이다.

72 곤충을 질식시켜 치사시키는 물리적 작용을 갖는 살충제는?
① 기계유 유제 ② 피레스 유제
③ 에이카롤 유제 ④ 밀베멕틴 유제

> **해설**
> 기계유 유제는 유효성분인 석유류가 곤충에 피복되어 질식시키는 물리적 작용을 갖는 살충제이다.

73 다음 천연 제충국 성분 중 살충력이 가장 강한 것은?
① Cinerin I ② Pyrethrin I
③ Pyrethrin II ④ Jasmolone II

> **해설**
> 살충력은 피네트린이 시네린보다 강하며 피네트린에서도 피레트린 I이 효과가 좋다.

74 NOAEL(No Observed Adverse Effect Level)이란?
① 일일섭취허용량
② 식품 중 잔류농약의 허용기준
③ 농약이 잔류할 우려가 있는 식품 중의 농약잔류평균
④ 일생동안 매일 섭취하여도 아무런 영향을 주지 않는 약량

> **해설**
> NOEL 은 농약의 1일 허용량은 농약을 매일 섭취해도 영향이 없는 농약의 양을 말한다.

정답 68 ④ 69 ② 70 ① 71 ④ 72 ① 73 ② 74 ④

75 농약관리법령상 농약에 해당하는 것으로 옳은 것은?

① 농작물을 해하는 균, 곤충, 응애 등의 방제에 사용하는 살균제, 살충제, 제초제 및 농작물의 생리기능을 증진 또는 억제하는데 사용하는 약제
② 농작물의 생장을 저해하는 병충해의 방제에 사용하는 유제, 액제, 분제, 입제와 약효를 증진시키는 자재
③ 농작물의 생장을 저해하는 병충해의 방제에 사용하는 살충제, 살균제, 제초제, 살비제 및 생장촉진제
④ 농작물의 생장을 저해하는 병충해의 방제에 사용하는 살균제, 살충제, 제초제, 살비제, 보건용 약제와 약효를 증진시키는 자재

> **해설**
> 농약은 농약관리법에 의거 농작물을 해치는 균, 곤충, 응애, 선충, 바이러스, 잡초, 그 밖에 농림축산식품부령으로 정하는 동식물을 방제하는 데에 사용하는 살균제, 살충제, 제초제 등을 말한다.

76 제초제의 살초기작이 아닌 것은?

① 신경전달 저해
② 광합성 저해
③ 에너지생성 저해
④ 세포분열 저해

> **해설**
> 신경전달 저해는 살충제의 작용기작에 해당된다.

77 잔디의 생장억제 기능을 하는 농약은?

① 4-CPA
② 1-naphthylacetamide
③ trinexapac-ethyl
④ maleic hydrazide

> **해설**
> 식물생장조절제인 트리넥사픽에틸(trinexapac-ethyl)은 잔디의 생장억제 기능을 가지고 있다.

78 12% 다이아지논 원제 1kg을 2% 다이아지논 분제로 만들려면 소요되는 보조제의 양(kg)은?

① 5   ② 10
③ 15   ④ 20

> **해설**
> 희석할증량제 양 = 원분제증량 $\times \left(\dfrac{\text{원분제농도}}{\text{목표농도}} - 1 \right)$
>
> 희석할증량제양 = $1\text{kg} \times \left(\dfrac{12}{2} - 1 \right) = 5\text{kg}$

79 식물의 병반이나 상처부위에 직접 발라서 병을 방제하는 방법은?

① 분의법   ② 관주법
③ 도포법   ④ 독이법

> **해설**
> 도포법은 나무 줄기나 상처 부위에 병균이 침입하지 못하도록 직접 바르는 방법이다.

80 농약관리법령상 농약의 급성독성에 대한 내용으로 틀린 것은?

① 농약을 단 1회 투여하여 생물집단에 대한 독성을 평가하는 것이다.
② 독성정도는 생물집단의 반수가 치사되는 양으로 평가한다.
③ 농약이 살포된 농산물을 섭취하는 소비자에 대한 독성평가를 위한 것이다.
④ 급성독성 정도에 따른 구분은 I~IV급까지이다.

> **해설**
> 농약의 급성독성은 일시에 다량의 농약에 노출되었을 경우 나타나는 독성으로 섭취하는 소비자의 상황보다는 농약을 사용하는 사용자에 대한 특성평가를 위한 것이다.

정답 75 ① 76 ① 77 ③ 78 ① 79 ③ 80 ③

5과목 잡초방제학

81 제초제가 식물체에 흡수 이행을 저해하는데 관여하는 요인으로 가장 거리가 먼 것은?

① 제초제의 농도
② 식물의 영양상태
③ 식물의 형태적 특성
④ 제초제의 처리 부위

> 해설
> 제초제가 식물체에 흡수 이행에 관여하는 요인으로 제초제의 처리 부위, 식물의 영양상태 및 삼투압 조건, 식물의 형태적 특성 등이 있다.

82 잡초의 이해관계에 대한 설명으로 가장 거리가 먼 것은?

① 잡초는 유용적인 가치도 가지고 있다.
② 잡초는 불필요하므로 박멸되어야 한다.
③ 이해관계는 시점에 따라 달라진다.
④ 잡초의 개념은 인간의 의도에 위배된다는 점에서 성립한다.

> 해설
> 잡초의 이해관계에서 잡초가 병해충의 문제에 원인이 되기도 하지만 병해충에 방제 식물이 되기도 하고 토양의 유실방지 및 녹지 효과가 있어 박멸 대상은 아니다.

83 잡초의 학명을 바르게 나타낸 것은?

① 올미 : *Scirpus juncoides*
② 벗풀 : *Eleocharis kuroguwai*
③ 너도방동사니 : *Cyperus serotinus*
④ 올챙이고랭이 : *Sagittaria pygmaea*

> 해설
> ① 올미 : *Sagittaria pygmaea* Miquel
> ② 벗풀 : *Sagittaria trifolia* L
> ④ 올챙이고랭이 : *Scirpus juncoides* Roxb.

84 가시나 갈고리 등을 이용하여 사람이나 동물에 부착해서 종자가 이동하는 잡초가 아닌 것은?

① 메귀리
② 소리쟁이
③ 도꼬마리
④ 도깨비바늘

> 해설
> 소리쟁이는 무게가 가볍고 물에 뜨는 특성을 지닌 잡초이다.

85 잡초의 생물학적 방제용으로 도입되는 곤충이 구비하여야 할 조건으로 가장 거리가 먼 것은?

① 영구적으로 소멸되지 않는 것
② 대상 잡초에만 피해를 주는 것
③ 대상 잡초의 발생지역에 잘 적응할 것
④ 인공적으로 배양 또는 증식이 용이한 것

> 해설
> 곤충의 경우 생물로서 방제하고자 하는 잡초를 없애면 소멸하거나 줄어야 한다.

86 식물의 여러 기관에서 특정물질이 분비되거나 또는 유출되어 주변식물의 발아나 생육을 억제하는 작용은?

① 역치작용
② 상승작용
③ 상호대립억제작용
④ 상대지속억제작용

> 해설
> 타감작용(allelopathy, 상호대립억제작용)이라 하여 근처 식물의 생육에 영향을 주는 방법을 이용한 방제법이다. 주로 인접 식물의 생육에 부정적인 영향을 끼쳐 생장을 저해시키거나 혹은 과도하게 촉진시키게 된다. 보리, 밀 등은 잡초의 생육을 억제시키는 작용을 한다.

정답 81 ① 82 ② 83 ③ 84 ② 85 ① 86 ③

87 이행형 제초제가 아닌 것은?
① 2,4-D   ② Diquat
③ Simazine   ④ Glyphosate

<해설>
이행형 제초제로 2,4-D, 시마진, MCPA, bentazon, glyphosate 등이 있다. 다이쿼드(diquat)는 접촉형 제초제이다.

88 월년생 잡초로만 올바르게 나열한 것은?
① 피, 냉이, 뚝새풀
② 별꽃, 냉이, 벼룩나물
③ 냉이, 쇠비름, 벼룩나물
④ 쇠비름, 뚝새풀, 별꽃아재비

<해설>
월년생 잡초에는 달맞이꽃, 나도냉이, 엉겅퀴, 냉이, 별꽃, 벼룩나물 등이 있다.

89 주로 논에 발생하는 잡초로만 올바르게 나열한 것은?
① 피, 바랭이   ② 명아주, 뚝새풀
③ 개비름, 물옥잠 ④ 올미, 여뀌바늘

<해설>
논잡초로 올미, 가래, 여뀌바늘, 너도방동사니, 올방개 등이 있다.

90 다음 잡초 중 한 개체 당 종자수가 가장 많은 것으로만 나열된 것은?
① 바랭이, 별꽃   ② 흰여뀌, 등에풀
③ 마디꽃, 뚝새풀 ④ 망초, 물달개비

<해설>
일반적인 잡초의 종자수는 수십~수백개 정도의 수준이나 망초는 60만개의 종자수를 가지며 물달개비는 2천여개 정도의 종자수를 가진다.

91 다음 중 발아를 위한 산소요구도가 가장 낮은 잡초는?
① 향부자   ② 별꽃
③ 강피   ④ 갈퀴덩굴

<해설>
논잡초 종류가 상대적으로 산소요구도가 낮으며 보기 중 강피가 상대적으로 산소요구도가 낮다.

92 밭에서 주로 발생하는 잡초로만 올바르게 나열된 것은?
① 여뀌, 매자기
② 쇠비름, 바랭이
③ 올방개, 물달개비
④ 드렁새, 사마귀풀

<해설>
밭잡초에는 바랭이, 쇠비름, 명아주, 깨풀 등이 있다.

93 광발아 잡초에 해당하지 않은 것은?
① 비름   ② 광대나물
③ 소리쟁이   ④ 왕바랭이

<해설>
광대나물은 암발아 종자에 속한다.

94 형태적 특성에 따른 잡초 분류에 옳지 않은 것은?
① 소엽류 잡초   ② 광엽류 잡초
③ 화본과류 잡초 ④ 방동사니과류 잡초

<해설>
형태적 특성에 따라 광엽잡초, 화본과잡초, 방동사니과잡초로 분류된다.

95 잡초와 작물과의 경합조건에 대한 설명으로 옳지 않은 것은?
① 잡초와 작물 간에 경합이 약할 때 작물수량은 감소한다.
② 초종이 다른 식물 간에 일어나는 경합을 종간경합이라고 한다.
③ 같은 초종 중에서 개체 간에 일어나는 경합을 종내경합이라고 한다.
④ 식물경합은 둘 이상의 식물 간에 각각 어느 특정요인이나 물질이 필요량보다 부족할 때 일어난다.

정답 87 ② 88 ② 89 ④ 90 ④ 91 ③ 92 ② 93 ② 94 ① 95 ①

> **해설**
> 잡초와 작물 간의 경합이 심할 때는 양분의 분산 및 공간의 부족 등으로 작물의 수량이 감소한다.

96 벼와 피의 주된 형태적 차이점은?

① 피에만 엽이가 있다.
② 벼에만 잎몸이 없다.
③ 벼에만 잎혀가 있다.
④ 벼와 피에는 잎집이 없다.

> **해설**
> 벼에는 잎혀와 잎귀가 있으나 피에는 없다.

97 잡초방제 한계기간이 가장 짧은 작물은?

① 벼   ② 콩
③ 녹두   ④ 보리

> **해설**
> 잡초경합한계기간의 예로 녹두는 21~35일, 벼는 30~40일, 콩은 42일, 옥수수는 49일, 양파는 56일 정도로 녹두가 가장 짧다.

98 잡초군락의 천이에서 가장 크게 영향을 받는 것은?

① 물관리   ② 우점잡초
③ 경운 깊이   ④ 제초제 사용

> **해설**
> 잡초군락의 천이는 재배작물 변화, 작부체계 변화, 경종조건 변화, 제초방법 변화 등이 있으며 동일 제초제의 연속 사용의 경우 저항성 잡초들의 발생으로 천이에 가장 큰 영향을 준다.

99 벼 잡초인 피 방제를 위한 프로파닐 제초제의 선택성에 대한 설명으로 옳은 것은?

① 휴면성의 차이에 기인한 것이다.
② 형태적인 차이에 기인한 것이다.
③ 생활상의 차이에 기인한 것이다.
④ 효소 활성의 차이에 기인한 것이다.

> **해설**
> 프로파닐은 아마이드계 제초제로 사용시 프로파닐을 가수분해시키는데 이는 아릴아실아미라아제 효소에 의한 활성의 차이에 기인한 것이다.

100 논에서 주로 종자로 번식하는 잡초는?

① 올미   ② 벗풀
③ 올방개   ④ 물달개비

> **해설**
> 물달개비는 1년생 논잡초로 종자번식을 한다.

정답 96 ③ 97 ③ 98 ④ 99 ④ 100 ④

국가기술자격 필기시험문제

2021년 기사 제1회 과년도 기출문제

자격종목	종목코드	시험시간	형별	수험번호	성명
식물보호기사		2시간 30분			

1과목   식물병리학

01 박테리오파지의 기주특이성을 이용하여 진단할 수 있는 병으로 가장 적절한 것은?

① 밀 속깜부기병
② 벼 줄무늬잎마름병
③ 보리 겉깜부기병
④ 벼 흰잎마름병

해설
박테리오파지는 세균에 기생하여 세균을 잡아먹는 바이러스로 이러한 성질을 이용하여 세균에 의한 식물병 진단에 이용한다. 세균의 대표적인 종류로 벼 세균성줄무늬병, 벼 흰잎마름병, 맥류 검은마디병, 감자 둘레썩음병, 감자 더뎅이병 등이 있다.

02 과수의 자주날개무늬병균은 분류학적으로 어느 균류에 속하는가?

① 난균   ② 담자균
③ 자낭균   ④ 접합균

해설
자줏빛날개무늬병균은 진균(담자균류)에 속한다.

03 호박의 흰가루병을 방제하기 위해서는 어느 부위에 약제를 처리하는 것이 가장 효과적인가?

① 뿌리   ② 잎과 줄기
③ 토양   ④ 종자

해설
호박 흰가루병은 주로 잎에 발생하고 잎자루와 줄기에도 발생한다.

04 식물병원체가 생산하는 기주 특이적 독소는?

① Victorin   ② Tentexin
③ Ophiobolins   ④ Fumaric acid

해설
기주 특이적 독소는 기주식물에만 독성을 일으키는 것으로 귀리 마름병균의 독소 Victorin, 배나무 검은무늬병균의 AK 독소 중 Alterine 등이 있다.

05 인공 배지에서 배양이 가능한 식물 병원체는?

① 선충   ② 바이러스
③ 세균   ④ 파이토플라스마

해설
세균은 인공배지에서 배양 및 증식이 가능하며 운동기관인 편모를 가지고 있다.

06 다음 중 기생성 종자식물이 수목에 미치는 주요 피해로 가장 거리가 먼 것은?

① 국부적 이상 비대
② 기주로부터 양분과 수분 탈취
③ 저장물질의 변화 및 생장 둔화
④ 태양광선의 차단에 의한 생장 불량

해설
기생성 종자식물은 줄기속에 뿌리를 내려 양분을 섭취하기에 태양광선의 차단과는 상관이 없다.

07 시설재배에서 발생하는 토양 병해의 방제방법으로 가장 거리가 먼 것은?

① 습도 조절   ② 태양열 소독
③ 훈증제 사용   ④ 경엽처리제 사용

해설
경엽처리제는 잡초와 같은 식물을 제거하는 약품으로 일종의 제초제이다. 이것을 시설재배에서 사용시 토양이 산성을 띠게 되는데 산성토양에서 발생하기 쉬운 병해가 있기에 방제방법과는 거리가 멀다.

정답   01 ④   02 ②   03 ②   04 ①   05 ③   06 ④   07 ④

08 토마토 풋마름병에 대한 설명으로 옳은 것은?

① 토마토에만 감염된다.
② 담자균에 의한 병이다.
③ 병원균은 주로 병든 식물체에서 월동한다.
④ 병원균이 뿌리로 침입하면 뿌리가 흰색으로 변한다.

[해설] 풋마름병의 병원균은 병든 식물에 월동한다.

09 국내에 발생하는 채소류의 균핵병에 대한 설명으로 옳지 않은 것은?

① 잎, 줄기, 열매 등에 발생한다.
② 자낭포자나 균핵에서 발아한 균사로 침입한다.
③ 발병 후기에는 발병 조직에 백색 균사가 나타난다.
④ 균핵이 땅 속에 묻혀 있다가 25℃ 이상의 고온이 되면 발아한다.

[해설] 균핵은 25℃ 미만의 저온에서 병의 발생이 더 활발하다.

10 종묘 소독에 대한 설명으로 옳은 것은?

① 농약만을 사용하는 방법이다.
② 종자의 발아율을 좋게 하는 방법이다.
③ 종자의 이물질이 없도록 정선하는 방법이다.
④ 종자와 종묘 외에도 덩이뿌리 등 영양번식체를 소독하는 방법이다.

[해설] 종묘 소독은 종자와 종묘 외, 덩이줄기, 덩이뿌리 등에 붙어 있는 병해충을 소독하는 방법으로 물리적방법과 화학적 방법등이 있다.

11 병원균의 분생포자각과 자낭각이 보이는 식물병은?

① 오이 잘록병
② 옥수수 오갈병
③ 벼 이삭누룩병
④ 밤나무 줄기마름병

[해설] 밤나무 줄기마름병은 플라스크모양의 자낭각이 형성되고 이후 수피가 적갈색으로 변색되며 비가 내리면 황갈색의 분생포자각이 분출된다.

12 Aspergillus flavus 가 생산하는 균독소는?

① Aflatoxin   ② Citrinin
③ Fumonisin   ④ Zearalenone

[해설] Aspergillus flavus는 토양에 흔히 존재하는 곰팡이균으로 아플라톡신(Aflatoxin)을 생산한다.

13 뽕나무 오갈병의 병원체로 옳은 것은?

① 곰팡이   ② 바이러스
③ 바이로이드 ④ 파이토플라스마

[해설] 대추나무빗자루병, 오동나무빗자루병, 뽕나무 오갈병 등은 파이토플라스마에 의해 발생한다.

14 사과나무 붉은별무늬병균이 해당하는 분류군은?

① 난균   ② 담자균
③ 자낭균 ④ 불완전균

[해설] 사과나무 붉은별무늬병균은 담자균으로 사과나무에서 소생자와 녹포자를 생성한다.

정답 08 ③ 09 ④ 10 ④ 11 ④ 12 ① 13 ④ 14 ②

15 일반적으로 세균의 플라스미드에 의해 지배되는 형질로 가장 거리가 먼 것은?

① bacteriocin 생성
② 편모의 구조 결정
③ 항생제에 대한 내성
④ 기주에 대한 병원성

해설
플라스미드는 세균의 세포내 염색체와 별개로 존재하여 독자적으로 증식이 가능한 DNA이다.

16 식물 바이러스 입자를 구성하는 주요 고분자는?

① 피막과 핵
② 세포벽과 세포질
③ 골지체와 RNA
④ 핵산과 단백질 껍질

해설
식물 바이러스는 핵산과 단백질 껍질로 구성된 핵단백질이다.

17 병원체가 주로 각피를 통해 직접 침입하지 않는 것은?

① 벼 도열병균
② 장미 흰가루병균
③ 사과나무 탄저병균
④ 밤나무 줄기마름병균

해설
각피로 침입하는 대표 병균으로 벼도열병균, 흰가루병균, 깜부기병균, 녹병균, 탄저병균 등이 있다.

18 균류에 의해 발생하는 수목병이 아닌 것은?

① 은행나무 잎마름병
② 벚나무 빗자루병
③ 뽕나무 오갈병
④ 낙엽송 잎떨림병

해설
뽕나무 오갈병은 파이토플라스마에 의해 발생한다.

19 사과나무 뿌리혹병의 주요 발생 원인은?

① 세균 감염
② 사상균 감염
③ 토양 선충
④ 생리적 장애

해설
뿌리혹병은 세균에 의해 발생한다.

20 식물병으로 인한 피해에 대한 설명으로 옳지 않은 것은?

① 20세기 스리랑카는 바나나 시들음병으로 인하여 관련 산업이 황폐화되었다.
② 19세기 아일랜드 지방에 감자 역병이 크게 발생하여 100만명 이상이 굶어 죽었다.
③ 20세기 미국 동부지방 주요 수종인 밤나무는 밤나무 줄기마름병으로 큰 피해를 입었다.
④ 20세기 미국 전역에서 옥수수 깨씨무늬병이 크게 발생하여 관련 제품 생산에 큰 차질을 가져왔다.

해설
19세기 스리랑카는 세계 커피 생산국이었으나 커피녹병의 발생으로 차(茶) 생산으로 변경하였고 커피의 재배지 역시 스리랑카에서 남아메리카로 이동되면서 산업의 변화를 가져왔다.

2과목 농림해충학

21 누에의 휴면호르몬이 합성되는 곳은?

① 앞가슴샘
② 알라타체
③ 카디아카체
④ 신경분비세포

해설
누에는 산란 번데기의 식도하신경절에 신경분비세포에서 휴면호르몬이 분비된다.

22 윤작으로 방제 효과가 가장 미비한 해충은?

① 이동성이 적은 해충류
② 생활사가 짧은 해충류
③ 식성의 범위가 좁은 해충류
④ 토양곤충에 해당되는 해충류

정답 15 ② 16 ④ 17 ④ 18 ③ 19 ① 20 ① 21 ④ 22 ②

해설
윤작은 생태학적 방제법으로 한 경작지에 여러 작물을 돌려가면서 짓는데 생활사가 짧은 해충의 경우 방제 효과가 미미하다.

23 복숭아심식나방에 대한 설명으로 옳지 않은 것은?
① 유충이 과실 속에 있을 때에는 황백색이다.
② 월동 고치는 방추형이다.
③ 1년에 2회 발생하지만 일정하지는 않다.
④ 피해 과일에는 배설물이 배출되지 않는다.
해설
복숭아심식나방의 월동 고치는 원형이다. 여름철에 방추형의 여름고치를 짓고 번데기가 된다.

24 오이잎벌레는 어느 목에 속하는가?
① 잠자리목   ② 벌목
③ 딱정벌레목   ④ 노린재목
해설
오이잎벌레는 딱정벌레목 잎벌레과의 곤충이다.

25 부패물 또는 토양 속의 유기물에 자라는 미생물을 먹고 사는 곤충은?
① 진딧물   ② 메뚜기
③ 톡토기   ④ 깍지벌레
해설
톡토기는 낙엽이나 썩은 나무 아래, 물위 등에서 서식하면서 부패물이나 곰팡이, 미생물을 먹고 자란다.

26 배나무이의 분류학적 위치는?
① 나비목   ② 노린재목
③ 사마귀목   ④ 딱정벌레목
해설
배나무이는 노린재목에 속한다.

27 일반적으로 곤충의 가운데 가슴마디에 있는 기문(spiracle)수는?
① 1쌍   ② 5쌍
③ 8쌍   ④ 12쌍
해설
곤충의 가슴마디의 기문수는 1쌍이 존재한다.

28 식물의 선천적 내충성과 관계가 없는 것은?
① 내성   ② 회귀성
③ 항생성   ④ 비선호성
해설
회귀성은 서식장소로 돌아오는 것으로 내충성과는 관련이 없다.

29 정주성 내부기생선충으로 2령 유충만이 식물을 침입할 수 있는 감염기의 선충이 되는 것은?
① 침선충   ② 잎선충
③ 뿌리혹선충   ④ 뿌리썩이선충
해설
뿌리혹선충은 알에서 깨어난 2령 유충이 기주에 침입하고 3번의 탈피를 거친후 성충이 된다.

30 살충제의 효력을 충분히 발휘시킬 목적으로 사용하는 약제로 옳지 않은 것은?
① 주제   ② 용제
③ 유화제   ④ 전착제
해설
효력을 증가시키기 위해서 사용되는 것으로 용제, 유화제, 전착제 등의 보조제를 활용한다.

31 다음 중 곤충의 소화계에 대한 설명으로 옳은 것은?
① 소화흡수작용은 후장에서만 일어난다.
② 전장에는 많은 선세포가 발달되어 있다.
③ 말피기관은 배설기관이다.
④ 중장에서는 기계적 소화만 한다.
해설
말피기관은 소화기관으로 대부분의 곤충에서 중장과 후장 사이에 위치하며 배설 작용을 한다.

정답 23 ② 24 ③ 25 ③ 26 ② 27 ① 28 ② 29 ③ 30 ① 31 ③

32 조팝나무진딧물에 대한 설명으로 옳지 않은 것은?

① 조팝나무에서 성충으로 월동한다.
② 귤나무의 경우 새잎 뒷면에 기생한다.
③ 한국, 일본, 북아메리카 등에서 발생한다.
④ 주로 조팝나무, 사과나무, 귤나무에 서식한다.

> 해설
> 조팝나무진딧물은 알로 월동한다.

33 곤충의 출생방식으로 알이 몸 안에서 부화되어 애벌레 상태로 밖으로 나오는 것은?

① 난생   ② 태생
③ 배발생 ④ 난태생

> 해설
> 곤충의 모체 안에서 부화하여 나오는 것을 난태생이라 한다.

34 해충의 발생예찰 방법이 아닌 것은?

① 통계적 예찰법
② 피해사정 예찰법
③ 시뮬레이션 예찰법
④ 야외조사 및 관찰 예찰법

> 해설
> 해충의 발생 예찰 방법
> ・야외조사 및 관찰
> ・통계적 예찰법
> ・실험적 예찰법
> ・컴퓨터를 이용한 시뮬레이션 예찰법

35 작물의 재배시기를 조절하여 해충의 피해를 줄이는 방법은?

① 화학적 방제법 ② 경종적 방제법
③ 기계적 방제법 ④ 물리적 방제법

> 해설
> 경종적 방제법은 생태학적 방제법으로 해충의 발생시기와 특성을 고려하여 작물의 피해를 줄이는 방법으로 작물의 재배시기에 변화를 주거나 재배방법을 개선하여 해충을 방제한다.

36 고추의 열매를 뚫고 들어가 열매 속에서 식해하는 해충은?

① 거세미나방   ② 검거세미밤나방
③ 끝검은밤나방 ④ 담배나방

> 해설
> 담배나방은 고추에 피해를 주는 해충으로 유충이 어린잎이나 과실에 구멍을 내고 내부에서 피해를 준다.

37 진딧물이 교미 없이 암컷 혼자 번식하는 것은?

① 단위생식   ② 다배발생
③ 기주전환   ④ 완전변태

> 해설
> 교미 없이 암컷 혼자 번식하는 행위를 단위생식, 처녀생식이라 하며 대표적으로 밤나무혹벌, 민다듬이벌레 등이 있다.

38 완전변태를 하지 않는 것은?

① 버들잎벌레   ② 솔수염하늘소
③ 복숭아명나방 ④ 진달래방패벌레

> 해설
> 진달래방패벌레는 불완전변태를 한다.

39 벼를 가해하여 오갈병을 매개하는 것은?

① 벼멸구   ② 먹노린재
③ 흰등멸구   ④ 끝동매미충

> 해설
> 벼오갈병은 끝동매미충, 번개매미충에 의해 매개된다.

40 유충에서 성충까지 입틀의 형태가 변하지 않는 것은?

① 꿀벌   ② 말매미
③ 학질모기   ④ 배추흰나비

> 해설
> 말매미의 유충은 6년 정도 땅 속에서 생활하다 외부로 나오는데 유충에서 성충까지 입틀의 형태가 유사하다.

정답 32 ① 33 ④ 34 ② 35 ② 36 ④ 37 ① 38 ④ 39 ④ 40 ②

3과목 재배학원론

41 포도의 착색에 관여하는 안토시안의 생성을 가장 조장하는 것은?

① 적색광 ② 황색광
③ 적외선 ④ 자외선

해설
안토시안은 저온의 조건에서 자색광이나 자외선에 의해 가장 잘 조장된다.

42 벼 작물의 도복대책으로 가장 적절하지 않은 것은?

① 키가 작고 줄기가 튼튼한 품종을 선택한다.
② 마지막 논김을 맬 때 배토를 한다.
③ 재식밀도를 높이고, 질소 비료를 증시한다.
④ 규산질 비료를 사용한다.

해설
벼 작물의 도복대책으로 재식밀도를 조절하고 질소질 비료의 과용을 삼간다.

43 다음 중 생육 기간의 적산온도가 가장 높은 작물은?

① 담배 ② 메밀
③ 보리 ④ 벼

해설
벼의 생육기간의 적산온도의 범위는 3500~4500°C 정도로 가장 높다.
① 담배 : 3200~3600°C
② 메밀 : 1000~1200°C
③ 보리 : 1700~2300°C

44 다음 중 작물의 내동성에 대한 설명으로 가장 옳지 않은 것은?

① 세포의 삼투압이 높아지면 내동성이 커진다.
② 원형질의 연도가 낮고 점도가 높은 것이 내동성이 크다.
③ 자유수의 함량이 적어지면 내동성이 커진다.
④ 지방함량이 높은 것이 내동성이 강하다.

해설
원형질의 연도가 높고 점도가 낮은 것이 내동성이 크다.

45 인산질 비료에 대한 설명으로 가장 옳지 않은 것은?

① 유기질 인산 비료에는 쌀겨, 보리겨 등이 있다.
② 무기질 인산 비료의 중요한 원료는 인광석이다.
③ 과인산석회는 인산의 대부분이 수용성이고 속효성이다.
④ 용성인비는 구용성 인산을 함유하여 작물에 속히 흡수된다.

해설
수용성 인산의 경우 물에 잘 녹으며 속효성의 특징을 가지지만 용성인비와 같이 구용성 인산의 경우 물에 녹지 않고 식물의 뿌리에서 나오는 유기산에 의해 흡수되기에 수용성에 비해 느리게 흡수된다.

46 재배에 적합한 토성의 범위가 넓은 작물의 순서로 가장 바르게 나열된 것은?

① 담배 > 밀 > 콩
② 담배 > 콩 > 고구마
③ 수수 > 담배 > 팥
④ 콩 > 양파 > 담배

해설
콩, 양파, 담배는 식토 ~ 사양토 등 넓은 범위에 토양에서 잘 적응하는 작물이나 그중에서 콩의 적응범위가 가장 넓다라고 평가하며 다음으로 양파, 담배 이다.

47 작물의 생육과정에서 화성을 유발케 하는 요인으로 가장 옳지 않은 것은?

① C/N 율 ② N-Al 율
③ 식물호르몬 ④ 일장효과

해설
화성을 유발하게 하는 요인에는 지베렐린과 같은 식물호르몬, 춘화처리와 같은 인위적 온도처리, 일장효과, C/N 율 등이 있다.

정답 41 ④ 42 ③ 43 ④ 44 ② 45 ④ 46 ④ 47 ②

48 묘상에서 육묘한 모를 이식하기 전에 경화시키면 나타나는 이점에 대한 설명으로 가장 옳지 않은 것은?

① 착근이 빠르다.
② 흡수력이 좋아진다.
③ 체내의 즙액 농도가 감소한다.
④ 저온 등 자연환경에 대한 저항성이 증대한다.

> 해설
> 묘상에서 육묘한 모를 경화과정을 통해 저온 및 건조에 대한 저항성을 증대, 흡수력의 증대, 착근의 빨라짐, 건물량의 증가, 뿌리의 발달, 왁스피복의 증가 등의 효과가 나타난다.

49 다음 중 배유 종자로만 나열된 것은?

① 콩, 팥, 밤
② 밀, 보리, 콩
③ 벼, 옥수수, 보리
④ 팥, 옥수수, 콩

> 해설
> 배유종자에는 밀, 벼, 보리, 옥수수, 양파가 있다.

50 종자의 파종량에 대한 설명으로 가장 옳은 것은?

① 감자는 산간지에서 파종량을 늘린다.
② 파종시기가 늦어질수록 파종량을 늘린다.
③ 맥류는 산파보다 조파 시 파종량을 늘린다.
④ 콩은 맥후작보다 단작에서 파종량을 늘린다.

> 해설
> 종자의 파종량에서 발아력이 낮거나 파종시기가 늦을 경우 파종량을 늘리도록 한다.

51 다음 중 벼의 도열병 저항성과 가장 관련이 있는 것은?

① 출수생태   ② 조만성
③ 내비성   ④ 초형

> 해설
> 벼의 도열병의 저항성은 내병성, 내비성, 내습성 등에 관련이 있다.

52 내건성이 강한 작물의 형태적 특성이 아닌 것은?

① 잎맥과 울타리조직이 발달한다.
② 체적에 비해 표면적의 비가 작다.
③ 지상부에 비해 근군의 발달이 좋다.
④ 기동세포가 발달하지 못하여 표면적이 축소되어 있다.

> 해설
> 내건성이 강한 작물은 기동세포가 발달되어 있다.

53 다음 중 작물의 생산성을 극대화하기 위한 3요소로 가장 옳은 것은?

① 유전성, 환경조건, 생산자본
② 유전성, 환경조건, 재배기술
③ 유전성, 지대, 생산자본
④ 환경조건, 재배기술, 토지자본

> 해설
> 작물 수량의 극대화를 위한 3요소에는 환경조건, 재배기술, 유전성이 있다.

54 작물의 종류에 따른 시비법에 대한 설명으로 가장 옳지 않은 것은?

① 사탕무는 나트륨의 요구량이 많다.
② 귀리에서는 마그네슘의 효과가 크다.
③ 사탕무는 암모니아태질소의 효과가 크다.
④ 콩과작물에서는 석회와 인산의 효과가 크다.

> 해설
> 사탕무는 질산태질소의 효과가 크다.

55 다음 중 수명이 가장 긴 장명종자는?

① 메밀   ② 가지
③ 양파   ④ 상추

> 해설
> 장명종자는 오이, 녹두, 가지, 배추 등이 있다.

56 줄기 선단에 있는 분열조직에서 합성되어 아래로 이동하여 측아의 발달을 억제하는 정아우세 현상과 관련된 식물생장조절물질은?

① 옥신   ② 지베렐린
③ 시토키닌   ④ 에틸렌

해설
옥신은 식물의 신장에 관여하는 호르몬으로 줄기나 뿌리의 선단부에서 만들어져 세포의 신장촉진에 도움을 주며 측아의 발달을 억제하는 기능이 있다.

57 다음 중 침종에 대한 설명으로 가장 옳은 것은?

① 침종기간은 연수보다 경수에서 길어지는 경향이 있다.
② 낮은 수온에 오래 침종 하면 양분의 소모가 적어 발아에 좋다.
③ 완두는 산소가 부족해도 발아에 지장이 없다.
④ 벼는 종자 무게의 5%의 수분을 흡수하면 발아가 개시된다.

해설
일반적으로 침종기간은 수온이 낮을수록, 연수보다는 경수가 침종기간이 길어진다.

58 다음 중 식물세포 원형질의 팽만 상태에 해당하는 것은?

① 수분 포텐셜 = 0 bar
② 수분 포텐셜 = -10 bar
③ 수분 포텐셜 = -15 bar
④ 수분 포텐셜 = -30 bar

해설
팽만상태는 수분 포텐셜이 0 bar 인 상태로 압력포텐셜과 삼투포텐셜이 같으면 팽만상태가 된다.

59 다음 중 요수량이 가장 큰 것은?

① 옥수수   ② 수수
③ 클로버   ④ 기장

해설
요수량이 큰 작물로 명아주, 호박, 알팔파, 오이, 클로버 등이 있다.

60 다음에서 (가), (나) 에 알맞은 내용은?

◎ 작물이 햇볕을 받으면 온도가 (가) 하여 증산이 촉진된다.
◎ 광합성으로 동화물질이 축적되면 공변세포의 삼투압이 (나) 져서 수분흡수가 활발해짐과 아울러 기공이 열려 증산이 촉진된다.

① 가 : 하강, 나 : 높아
② 가 : 상승, 나 : 높아
③ 가 : 하강, 나 : 낮아
④ 가 : 상승, 나 : 낮아

해설
작물이 햇볕을 받으면 빛에너지로 인하여 온도가 높아지고 기문이 열리면서 증산이 촉진된다. 또한 광합성이 발생하면서 동화물질이 축적되고 공변세포의 삼투압이 높아지고 기공이 열리게 된다.

4과목 농약학

61 식물생장 조정제가 아닌 것은?

① 지베렐린계   ② 에틸렌계
③ 사이토키닌계   ④ 실록산계

해설
식물생장조정제에는 옥신, 지베렐린, 사이토키닌, 에틸렌 등이 있다.

62 분제(입제 포함)의 물리적 성질로서 가장 거리가 먼 것은?

① 현수성(suspensibility)
② 비산성(floatability)
③ 부착성(deposition)
④ 토분성(dustibility)

해설
현수성은 액체시용제에 대한 특징으로 고체시용제인 분제의 물리적 성질과는 관련이 적다.

정답 56 ① 57 ① 58 ① 59 ③ 60 ② 61 ④ 62 ①

63 농약사용 후에 나타나는 약해의 원인이라고 볼 수 없는 것은?

① 표류비산에 의한 약해
② 휘산에 의한 약해
③ 잔류농약에 의한 약해
④ 원제 부성분에 의한 약해

해설
원제 부성분에 의한 약해는 농약의 품질불량이나 농약 자체의 원인이 되는 약해에 해당한다.

64 50%의 fenobucarb 유제(비중 : 1) 100mL를 0.05% 액으로 희석하는데 소요되는 물의 양(L)은?

① 49.95
② 99.9
③ 499.5
④ 999.9

해설
희석할물의양 = 원액용량 × ($\frac{원액농도}{희석할농도} - 1$) × 원액비중

$= 100mL × (\frac{50\%}{0.05\%} - 1) × 1$
$= 99,900mL$
$= 99.9L$

65 급성독성 강도의 순서로 옳게 나열된 것은?

① 흡입독성 > 경피독성 > 경구독성
② 경구독성 > 흡입독성 > 경피독성
③ 흡입독성 > 경구독성 > 경피독성
④ 경피독성 > 경구독성 > 흡입독성

해설
투여 방법에 따라 흡입독성, 경피독성, 경구독성으로 분류되며 독성의 강도는 호흡을 통해 흡입되는 흡입독성이 가장 강하며 입을 통해 침투하는 경구독성, 피부를 통해 체내로 침투하는 경피독성 순서이다.

66 경구 중독에 대한 설명과 해독 및 구호조치로 가장 거리가 먼 것은?

① 입을 통해서 소화기내로 들어와 흡수 중독을 일으키는 것을 말한다.
② 인공호흡을 시키고 산소를 흡입시킨 다음 안정시킨 후 모포 등으로 싸서 보온시킨다.
③ 따뜻한 물이나 소금물로 위를 세척한다.
④ 약물이 장내로 들어갈 염려가 있을 때는 황산마그네슘 용액에 규조토 등을 타서 먹여 배설시킨다.

해설
경구 중독의 경우 입을 통해 따뜻한 소금물 등을 마시게 하여 약물을 토하게 하여 약물의 흡수를 방지한다. 인공호흡의 경우 치료자가 함께 감염될 위험성이 있어 실시하지 않는다.

67 미생물 농약에 대한 설명으로 틀린 것은?

① 약효가 속효성이다.
② 적용병해충 범위가 제한적이다.
③ 화학농약에 비하여 약효가 저조하다.
④ 환경의 영향을 많이 받는다.

해설
미생물농약의 경우 약효가 지효성이다.

68 다음 중 작물 잔류성이 가장 낮은 약제는?

① 침투성 약제
② 유용성 약제
③ 증발하기 쉬운 약제
④ 작물에 부착성이 큰 약제

해설
증발하기 쉬운 약제일수록 작물에 남아 있는 잔류량이 낮다.

69 농약 원제를 물에 녹이고 동결방지제를 가하여 제제화한 제형은?

① 유제　　② 수화제
③ 액제　　④ 수용제

해설
액제는 주제가 수용성이며 액상으로 살포한다. 동결의 위험이 있어 계면활성제 등과 같은 동결방지제를 첨가하여 제제한다.

70 다음 중 희석하여 살포하는 제형이 아닌 것은?

① 유제　　② 분제
③ 수용제　　④ 수화제

해설
분제의 경우 가는 분말을 직접 살포하기에 희석하지 않는다.

71 농약의 작용기작에 의한 분류 중 Parathion이 속하는 분류는?

① 에너지대사 저해
② 호르몬 기능 교란
③ 생합성 저해
④ 신경기능 저해

해설
파라티온(Parathion)은 유기인계 살충제로 신경기능 저해의 작용기작에 해당한다.

72 주성분의 조성에 따른 농약의 분류에서 카바메이트계 농약에 대한 설명으로 옳은 것은?

① Carbamic acid 과 amine 의 반응에 의하여 얻어지는 화합물이다.
② BHC 와 같이 환상구조를 가지는 것과 ethane 의 유도체 구조를 가지는 화합물로 나누어진다.
③ 산소 및 황의 위치 및 수에 따라 품목이 분류된다.
④ 분자 구조내에 질소를 3개 가지는 트리아진골격을 함유하는 화합물이다.

해설
카바메이트계 살충제는 아미노기와 카르복시기가 결합된 카바민산(carbamic acid)과 아민(amine)의 반응으로 얻어진 화합물이다.

73 미탁제나 유탁제 등 신규제형이 각광받지 못한 이유로 가장 거리가 먼 것은?

① 고가로 인한 경제성 문제
② 환경문제에 대한 인식부족
③ 보수적 농민의 선호도 부족
④ 인축 독성이 강한 유기용매의 함유

해설
유탁제는 용매에 잘 녹지 않는 물질을 용매에 잘 분산시키기 위해 첨가하는 물질이며 미탁제는 농약원제를 물에 희석하는 액상제형으로 입자의 크기가 매우 작은 것이 특징인데 이들은 유기용매를 사용하기에 인축 독성에 대한 위험성이 있다.

74 다음 중 사과의 부란병 방제에 적합한 약제는?

① polyoxin A　　② polyoxin B
③ polyoxin C　　④ polyoxin D

해설
폴리옥신디(polyoxin D)는 벼잎집얼룩병, 사과 부란병에 효과적이다.

75 Parathion 의 구조식으로 옳은 것은?

① $CH_3O\!>\!P(=\!S)\!-\!O\!-\!C_6H_3(CH_3)(NO_2)$ (with CH_3O, CH_3O)

② $CH_3O\!>\!P(=\!S)\!-\!O\!-\!C_6H_4\!-\!NO_2$ (with CH_3O, CH_3O)

③ $C_2H_5O\!>\!P(=\!S)\!-\!O\!-\!C_6H_4\!-\!NO_2$ (with C_2H_5O, C_2H_5O)

④ $C_2H_5O\!>\!P(=\!S)\!-\!O\!-\!C_6H_3(Cl)(NO_2)$ (with C_2H_5O, C_2H_5O)

해설
파라티온은 유기인계 살충제로 화학식은 $C_{10}H_{14}NO_5PS$ 이다.

정답 69 ③　70 ②　71 ④　72 ①　73 ④　74 ④　75 ③

76 살선충제 농약은?

① Cadusafos ② Chlorpyrifos
③ Diazinon   ④ Dichlorvos

> **해설**
> 살선충제 농약의 종류로 포스티아제이트, 에토프로포스, 카두사포스, 메탐소듐, 디메틸빈포스 등이 있다

77 농약의 저항성 발달 정도를 표현하는 저항성 계수를 옳게 나타낸 것은?

① 저항성 LD_{50} / 감수성 LD_{50}
② 감수성 LD_{50} × 저항성 LD_{50}
③ 감수성 LD_{50} / 복합저항성 LD_{50}
④ 감수성 LD_{50} × 복합저항성 LD_{50}

> **해설**
> 농약의 저항성 발달 정도는 저항성계수로 나타내며 저항성계수는 저항성 LD_{50} / 감수성 LD_{50} 으로 표현한다.

78 Sulfonylurea 계 제초제가 아닌 것은?

① Bensulfuron ② Prometryn
③ Cinosulfuron ④ Flazasulfuron

> **해설**
> 설포닐우레아(Sulfonylurea) 제초제에는 벤설퓨론(bensulfuron), 아짐설퓨론(azimsulfuron), 시노설퓨론(cinosulfuron), 플라자설퓨론(flazasulfuron) 등이 있다

79 유제를 1500배로 희석하여 액량 15L 로 살포하려 할 때 필요한 원액약량(mL)은?

① 1   ② 10
③ 100 ④ 1000

> **해설**
> 소요약량(배액) = $\dfrac{\text{단위면적당사용량}}{\text{소요희석배수}}$
> = $\dfrac{15000ml}{1500배} = 10ml$

80 농약잔류허용기준의 설정 시 결정요소가 아닌 것은?

① 토양 중 잔류특성(Supervised residue trial in soil)
② 안전계수(Safety factor)
③ 1일 섭취 허용량(ADI)
④ 최대무작용량(NOEL)

> **해설**
> 농약의 잔류 허용기준시 1일 섭취허용량(ADI), 체중, 식품 1일 섭취량을 이용하여 설정하며 여기서 1일 허용량은 농약을 매일 섭취해도 영향이 없는 농약의 양으로 최대무작용약량(NOEL)에서 안전계수를 곱한 값으로 정의한다.

5과목 잡초방제학

81 올방개 방제에 가장 효과적인 제초제는?

① 뷰타클로르 액제
② 펜디메탈린 유제
③ 페녹슐람 액상수화제
④ 피라조설퓨론에틸 수화제

> **해설**
> 올방개, 올챙이고랭이, 벗풀 등의 다년생 잡초에는 벤타존, 페녹슐람 약제가 효과적이다.

82 천적을 이용한 생물학적 잡초방제법에서 천적이 갖춰야 할 전제조건이 아닌 것은?

① 포식자로부터 자유로워야 한다.
② 지역환경에 쉽게 적응하여야 한다.
③ 접종지역에서의 이동성이 낮아야 한다.
④ 숙주를 쉽게 찾을 수 있어야 한다.

> **해설**
> 잡초방제를 위한 천적은 접종지역에 이동성이 높아야 방제의 효율성이 높아진다.

83 트리아진계 제초제의 주요 이행 특성은?

① 조기 결실 ② 비대 성장
③ 광합성 저해 ④ 신초 생장 억제

해설
트리아진계 제초제의 이행 특성으로 광합성을 저해한다.

84 벼 재배에 주로 사용하지 않는 제초제는?

① 2,4-D 액제
② 옥사디아존 유제
③ 뷰타클로르 입제
④ 알라클로르 유제

해설
토양처리형 제초제인 알라클로르는 아마이드계의 선택성 제초제로 콩, 옥수수 등의 1년생 잡초방제에 사용된다.

85 다음 중 암조건에서 발아가 가장 잘되는 잡초 종자는?

① 강피 ② 냉이
③ 바랭이 ④ 쇠비름

해설
암발아 종자는 별꽃, 냉이, 광대나물 등이 있다.

86 생물학적 잡초 방제법에 대한 설명으로 옳은 것은?

① 살초작용이 빠르다.
② 환경에 잔류문제가 없다.
③ 동시에 여러 초종의 방제가 쉽다.
④ 방제 작업에 필요한 비용이 많이 든다.

해설
생물적 방제법은 화학적 방제법과는 다르게 친환경적이며 환경에 잔류문제가 없다.

87 땅콩 포장에 문제가 되는 잡초종으로만 나열된 것은?

① 강아지풀, 깨풀
② 너도방동사니, 쇠비름
③ 마디꽃, 돌피
④ 강아지풀, 쇠털골

해설
땅콩과 같은 밭잡초에는 강아지풀, 깨풀, 바랭이, 명아주 등이 작물의 수량 감소 문제를 야기한다.

88 월년생 밭잡초로만 나열된 것으로 옳지 않은 것은?

① 냉이, 개꽃
② 별꽃, 꽃다지
③ 개망초, 벼룩나물
④ 명아주, 매자기

해설
매자기는 논에서 발생하는 다년생 잡초로 분류되며, 명아주는 1년생 밭잡초이다.

89 토양내 제초제의 흡착에 대한 설명으로 옳지 않은 것은?

① 이온화가 가능한 제초제는 음이온 치환을 통해 흡착된다.
② 토양내 점토물의 표면에 부착되거나 친화력을 갖는 것을 의미한다.
③ 대부분의 제초제는 반응기를 갖고 있어서 토양 유기물과 치환혼합이 가능하다.
④ 제초제는 대부분 하나 이상의 방향족 물질을 함유하고 있어 흡착에 중요한 역할을 한다.

해설
이온화 가능한 제초제는 양이온 치환을 통해 흡착된다.

정답 83 ③ 84 ④ 85 ② 86 ② 87 ① 88 ④ 89 ①

90 식물의 광합성 회로 특성에 대한 설명이 옳은 것은?

① 대부분의 작물은 C_4 식물이다.
② 모든 잡초는 C_4 광합성 회로를 갖는다.
③ 광합성 회로가 C_4인 식물은 C_3인 식물보다 광합성에서 불리하다.
④ 돌피와 향부자와 같은 잡초는 C_4 식물이어서 생장이 빨라 경합에서 유리하다.

[해설]
C_4 식물들은 광 효율이 좋아 경합에 유리하다.

91 상호대립억제작용에 대한 설명으로 옳은 것은?

① 잡초가 다른 작물의 생육을 억제하는 것은 아니며 잡초 간에만 일어나는 현상이다.
② 다른 종의 생육을 억제하는 주된 기작은 주로 차광에 의해 일어난다.
③ 죽은 식물 조직에서 나오는 물질에 의해서도 일어날 수 있다.
④ 제초제를 오래 사용한 잡초에 대한 내성을 나타내는 것이다.

[해설]
죽은 식물의 조직에서 나오는 분비물에 의해서 상호대립 억제작용 현상이 발생할 수 있다.

92 주로 종자로 번식하는 잡초는?

① 올미, 벗풀
② 가래, 쇠털골
③ 강피, 물달개비
④ 올방개, 너도방동사니

[해설]
종자로 번식하는 잡초에는 알방동사니, 피, 마디꽃, 물달개비 등이 있다.

93 제초제의 상승 작용에 대한 설명으로 옳은 것은?

① 두 제초제를 단독으로 각각 처리하는 경우가 효과가 크다.
② 두 제초제를 혼합하여 처리하는 경우가 단독으로 처리하는 경우보다 효과가 크다.
③ 두 제초제를 혼합하여 처리하는 경우와 단독으로 처리하는 경우의 효과가 같다.
④ 두 제초제를 혼합하여 처리하는 경우 작물의 생리적 장애 현상이 발생한다.

[해설]
상승작용은 2종류 이상의 약제를 동시에 작용할 경우 개개의 작용이 합친 것보다 더 높은 효과를 발휘하는 경우를 말한다.

94 다음 중 화본과 잡초로 가장 옳은 것은?

① 물달개비   ② 밭뚝외풀
③ 나도겨풀   ④ 올미

[해설]
화본과 잡초에는 둑새풀, 돌피, 강피, 나도겨풀, 바랭이 등이 있다.

95 잡초의 유용성에 대한 설명으로 옳지 않은 것은?

① 유기물이나 중금속 등으로 오염된 물이나 토양을 정화하는 기능이 있다.
② 근연 관계에 있는 식물에 대한 유전자 은행 역할을 할 수 있다.
③ 논둑 및 경사지 등에서 지면을 덮어 토양 유실을 막아 준다.
④ 작물과 같이 자랄 경우 빈 공간을 채워 작물의 도복을 막아준다.

[해설]
작물과 같이 자라 빈 공간을 채울 경우 작물과의 경합에서 잡초가 우세하여 피해를 줄 수 있다.

96 제초제가 작물에서 피해(약해)를 주지 않고 잡초만을 죽일 수 있는 특성은?

① 제초제의 감수성
② 제초제의 선택성
③ 제초제의 내성
④ 제초제의 저항성

해설
특정 잡초만 선택적으로 방제하는 특성을 제초제의 선택성이라 한다.

97 논에 발생하는 1년생 잡초로 가장 옳은 것은?

① 띠
② 물달개비
③ 개망초
④ 쇠뜨기

해설
1년생 논잡초로 피, 마디꽃, 물달개비 등이 있다.

98 비선택적으로 식물을 전멸시키는 제초제는?

① Mazosulfuron
② Simazine
③ Glyphosate
④ 2,4-D

해설
식물의 종류에 상관 없이 모든 식물을 제거하는 약품을 비선택성이라 하며 Glyphosate 는 비선택성 이행성 제초제이다.

99 종자가 바람에 의해 전파되기 쉬운 잡초로만 나열된 것은?

① 망초, 방가지똥
② 어저귀, 명아주
③ 쇠비름, 방동사니
④ 박주가리, 환삼덩굴

해설
민들레, 박주가리, 엉겅퀴속, 망초, 방가지똥 등은 종자가 작고 가벼워 바람에 의해 전파된다.

100 잡초 군락의 변이 및 천이를 유발하는데 가장 크게 작용하는 요인은?

① 경운
② 일모작 재배
③ 비료 사용 증가
④ 유사 성질의 제초제 연용

해설
잡초군락의 변이 및 천이는 재배작물 변화, 작부체계 변화, 경종조건 변화, 제초방법 변화에 의해 영향을 받는데 그중에서 제초방법인 유사 성질의 제초제 연용에 가장 큰 영향을 받는다.

정답 96 ② 97 ② 98 ③ 99 ① 100 ④

국가기술자격 필기시험문제

2021년 기사 제2회 과년도 기출문제

자격종목	종목코드	시험시간	형별	수험번호	성명
식물보호기사		2시간 30분			

1과목 식물병리학

01 병든 식물체 조직의 면적 또는 양의 비율을 나타내는 것으로 주로 식물체의 전체면적당 발병 면적을 기준으로 하는 것은?

① 발병도(severity)
② 발병률(incidence)
③ 수량손실(yield loss)
④ 병진전 곡선(disease-progress curve)

해설
발병도는 병든 식물체 조직의 면적 혹은 양의 비율을 말한다.

02 식물체에 암종을 형성하며, 유전공학 연구에 많이 쓰이는 식물병원 세균은?

① *Erwinia amylovora*
② *Xanthomonas campestris*
③ *Clavibacter michiganensis*
④ *Agrobacterium tumefaciens*

해설
Agrobacterium tumefaciens 은 특정 유전자를 넣어 식물체에 감염시켜 식물에 유용한 유전자를 전이시켜 식물의 형질 전환시키려는 유전공학의 연구에 많이 활용하고 있다.

03 그람음성세균에 해당하는 것은?

① 토마토 궤양병균
② 감자 더뎅이병균
③ 벼 흰잎마름병균
④ 감자 둘레썩음병균

해설
벼 흰잎마름병균은 그람음성 간균으로 배지에서 노란색의 둥글고 매끄러운 콜로이드를 형성한다.

04 균류(菌類)의 영양섭취 방법이 아닌 것은?

① 기생
② 부생
③ 공생
④ 항생

해설
항생은 다른 생물의 발육 혹은 생활을 저해시키는 작용을 말한다.

05 식물병에 있어서 표징(標徵, sign)이란?

① 식물의 외부적 변화
② 식물의 내부적 변화
③ 병에 대한 식물의 반응
④ 병환부에 나타난 병원체

해설
식물병의 표징은 병원체 자체가 병든 식물체의 환부에 나타난 병원체로 병의 발생을 나타낸다.

06 균사나 분생포자의 세포가 비대해져서 생성되는 것은?

① 유주자
② 후벽포자
③ 휴면포자
④ 포자낭포자

해설
후벽포자는 균사나 분생포자의 세포가 비대(후벽화)하여 형성되는 포자이다.

07 중간 기주인 향나무류를 제거하면 피해를 경감시킬 수 있는 식물병은?

① 배추 균핵병
② 사과나무 탄저병
③ 복숭아 검은무늬병
④ 사과나무 붉은별무늬병

해설
사과나무 붉은별무늬병의 중간기주는 향나무로 기주교대를 하는 순활물기생균이다. 중간기주인 향나무를 제거하면 피해를 경감시킬 수 있다.

정답 01 ① 02 ④ 03 ③ 04 ④ 05 ④ 06 ② 07 ④

08 오이 세균성점무늬병균이 증식하기 가장 적합한 식물체내 부위는?

① 각피층   ② 형성층
③ 세포벽   ④ 유조직의 세포간극

해설
세균성점무늬병균은 조직의 세포간극에서 증식한다.

09 벼 줄무늬잎마름병의 병원(病原)은?

① 바이러스   ② 파이토플라스마
③ 세균   ④ 진균

해설
벼 줄무늬잎마름병은 애멸구에 의해 전염되며 병원은 바이러스로 Rice stripe virus 전염시킨다.

10 사과나무 부란병에 대한 설명으로 옳지 않은 것은?

① 자낭포자와 병포자를 형성한다.
② 강한 전정 작업을 하지 말아야 한다.
③ 사과나무의 가지에 감염되면 사마귀가 형성된다.
④ 병원균이 수피의 조직 내에 침입해 있어 방제가 어렵다.

해설
사과나무 부란병은 가지에 갈색 반점이 나타나 부풀어 오르며 벗겨지는데 감염 부위에서 알코올 냄새가 난다.

11 벼 흰잎마름병의 발생과 전파에 가장 좋은 환경조건은?

① 규산 과용   ② 이상 건조
③ 태풍과 침수 ④ 이상 저온

해설
벼 흰잎마름병은 물에 의해 전반되기 용이하므로 태풍과 침수에 의해 다량 발생할 수 있다.

12 벼 도열병균의 레이스(race)를 구분할 때 사용하는 판별품종으로 가장 거리가 먼 것은?

① 인도계(T) 품종군
② 일본계(N) 품종군
③ 필리핀계(R) 품종군
④ 중국계(C) 품종군

해설
벼도열병균의 레이스 구분시 12개 판별품종에 접종해 병반형에 따라 T품종(인도), C품종(중국), N품종(일본) 등으로 분류한다.

13 식물바이러스의 분류 기준이 되는 특성이 아닌 것은?

① 세포벽의 구조
② 핵산의 종류
③ 매개체의 종류
④ 입자의 형태적 특성

해설
식물바이러스는 대부분 외피단백질과 핵산으로 구성되어 있고 핵산의 종류, 유전자의 분절수, 입자의 외막유무, 입자의 형태 및 크기, 외피단백질의 종류 등이 주요 분류 기준이다.

14 병원균이 기주식물에 침입을 하면 병원균에 저항하는 기주식물의 반응으로 항균 물질 및 페놀성 물질 증가 등의 작용을 하는데, 이를 무엇이라 하는가?

① 침입저항성   ② 감염저항성
③ 확대저항성   ④ 수평저항성

해설
병원균이 식물에 침입했을 경우 병원균에 저항하는 기주식물의 반응을 확대저항성이라 한다.

정답 08 ④ 09 ① 10 ③ 11 ③ 12 ③ 13 ① 14 ③

15 병든 보리, 밀을 먹는 사람과 돼지 등에 심한 중독을 일으키는 병해는?

① 깜부기병 ② 흰가루병
③ 줄무늬병 ④ 붉은곰팡이병

해설
붉은 곰팡이병에 감염된 보리, 밀 등을 섭취한 사람, 동물 등은 심한 중독 증상을 일으키기도 한다.

16 수목 뿌리에 주로 발생하는 자주날개무늬병이 속하는 진균류는?

① 난균 ② 담자균
③ 병꼴균 ④ 접합균

해설
자줏빛날개무늬병균은 진균(담자균류)에 속한다.

17 다음 식물 병원체 중 크기가 가장 작은 것은?

① 세균 ② 곰팡이
③ 바이러스 ④ 바이로이드

해설
바이로이드는 기주식물의 세포에 감염하여 증식하며 외부단백질 없는 핵산만으로 구성된 병원체이다. 또한 바이러스와 유사한 전염 특성을 가지며 병원체 중 가장 작은 크기를 가진다.

18 벼 오갈병의 주요 매개충은?

① 애멸구 ② 진딧물
③ 딱정벌레 ④ 끝동매미충

해설
벼오갈병의 매개충은 끝동매미충, 번개매미충이 있다.

19 배나무 검은별무늬병에 대한 설명으로 옳지 않은 것은?

① 잎에서 처음에 황백색의 병무늬가 나타난다.
② 배나무 인근에 향나무가 많은 경우 발병하기 쉽다.
③ 배나무의 잎, 잎자루, 열매, 열매자루, 햇가지 등에 발생한다.
④ 낙엽을 모아 태우거나 땅 속에 묻어 발병을 예방 할 수 있다.

해설
배나무 검은별무늬병은 중간기주 없이 분생포자가 공기중으로 전염된다.

20 도열병이 다발하는 조건으로 가장 적합한 것은?

① 여러 가지 벼 품종을 섞어서 심었을 때
② 가뭄이 계속되고 기온이 30°C 이상일 때
③ 덧거름을 원래 일정보다 일찍 주었을 때
④ 비가 자주 오고 일조가 부족하며 다습할 때

해설
도열병은 비가 자주오고 일조가 부족하며 온도가 낮고 습도가 높을 때 자주 발생한다. 또한 토양수분이 적고 질소질비료를 과잉사용하고 모내기가 늦을 경우 발생량이 더욱 증가한다.

2과목 농림해충학

21 부화유충이 처음 과일 표면을 식해하다가 과일 내부로 뚫고 들어가 가해하는 해충은?

① 배나무이 ② 사과굴나방
③ 포도유리나방 ④ 복숭아심식나방

해설
복숭아심식나방의 유충은 과일을 가해하는데 내부로 뚫고 지나간다.

정답 15 ④ 16 ② 17 ④ 18 ④ 19 ② 20 ④ 21 ④

22 곤충의 선천적 행동이 아닌 것은?

① 반사　　② 정위
③ 조건화　④ 고정행위양식

> **해설**
> 곤충의 선천적 행동으로 주성, 반사, 본능 등의 무조건적인 행동이다.

23 유약호르몬이 분비되는 기관은?

① 앞가슴샘　② 외기관지샘
③ 알라타체　④ 카디아카체

> **해설**
> 곤충의 유약호르몬은 알라타체에서 분비된다.

24 생물적 방제에 대한 설명으로 옳지 않은 것은?

① 효과 발현까지는 시간이 걸린다.
② 인축, 야생동물, 천적 등에 위험성이 적다.
③ 생물상의 평형을 유지하여 해충밀도를 조절한다.
④ 거의 모든 해충에 유효하며 특히 대발생을 속효적으로 억제하는데 더욱 효과가 크다.

> **해설**
> 생물적 방제는 주로 천적을 이용하기에 특정 해충에 유효하고 대발생시 그 효과가 감소한다.

25 곤충 날개가 두 쌍인 경우 날개의 부착 위치는?

① 앞가슴에 한 쌍, 가운데가슴에 한 쌍 붙어 있다.
② 가운데가슴에 한 쌍, 뒷가슴에 한 쌍 붙어 있다.
③ 앞가슴에 한 쌍, 뒷가슴에 한 쌍 붙어 있다.
④ 가운데가슴에만 붙어 있다.

> **해설**
> 곤충은 두 쌍의 날개를 가지고 있는 경우 가운데가슴에 있는 한쌍을 앞날개, 뒷가슴에 붙어 있는 한쌍을 뒷날개라 한다.

26 곤충의 다리는 5마디로 구성된다. 몸통에서부터 순서로 올바르게 나열한 것은?

① 밑마디 - 도래마디 - 넓적마디 - 종아리마디 - 발마디
② 밑마디 - 넓적마디 - 발마디 - 종아리마디 - 도래마디
③ 밑마디 - 발마디 - 종아리마디 - 도래마디 - 넓적마디
④ 밑마디 - 종아리마디 - 발마디 - 넓적마디 - 도래마디

> **해설**
> 다리 구조는 흉부 부착점에서 밑마디(기절), 도래마디(전절), 넓적다리마디(퇴절), 종아리마디(경절), 발목마디(부절)로 5마디로 분류한다.

27 다음 중 충영을 형성하는 해충으로 가장 적절한 것은?

① 참나무겨울가지나방
② 어스렝이나방
③ 독나방
④ 솔잎혹파리

> **해설**
> 솔잎혹파리는 소나무, 해송에 피해를 주며 유충이 벌레혹을 만들고 흡즙가해한다.

28 다음 중 곤충의 페로몬에 대한 설명으로 옳은 것은?

① 체내에서 소량으로 만들어져 체외로 방출되며 같은 종의 다른 개체에 정보전달 수단으로 이용된다.
② 체내에서 대량으로 만들어져 체외로 방출되며 같은 종의 다른 개체에 정보전달 수단으로 이용된다.
③ 체내에서 소량으로 만들어져 체외로 방출되며 다른 종과의 정보전달 수단으로 이용된다.
④ 카이로몬은 페로몬에 속한다.

> **해설**
> 페로몬은 같은 종의 개체 간의 정보전달 혹은 통신에 관여한다.

정답 22 ③　23 ③　24 ④　25 ②　26 ①　27 ④　28 ①

29 다음 중 포도나무 줄기를 가해하는 해충으로만 나열된 것은?

① 포도유리나방, 박쥐나방
② 포도쌍점매미충, 포도호랑하늘소
③ 포도뿌리혹벌레, 포도금빛잎벌레
④ 으름나방, 무궁화밤나방

해설
포도유리나방은 포도나무 줄기를 가해하며 1년에 1회 발생한다. 박쥐나방은 과실나무, 밤나무, 오동나무 등을 가해하는데 유충이 나무의 줄기를 고리모양으로 식해한다.

30 거미와 비교한 곤충의 일반적인 특징이 아닌 것은?

① 배마디에서 3쌍의 다리와 2쌍의 날개가 있다.
② 곤충은 동물 중에 가장 종류가 많으며 곤충강에 속하는 절지동물을 말한다.
③ 곤충은 머리, 가슴, 배 3부분으로 구성되어 있다.
④ 머리에는 입틀, 더듬이, 겹눈이 있다.

해설
곤충은 몸 구조는 크게 머리, 가슴, 배 3부분으로 분류된다. 가슴은 앞가슴, 가운데가슴, 뒷가슴으로 분류된다. 각 부분에 한쌍의 다리가 있고 가운데가슴과 뒷가슴에는 한쌍의 날개가 있다.

31 우리나라에 비래하지만 월동하지 않는 것은?

① 벼멸구   ② 애멸구
③ 번개매미충   ④ 끝동매미충

해설
벼멸구는 중국에서 비래하는 해충으로 우리나라에서는 월동하지 않는다.

32 고시류(Paleoptera) 곤충에 속하는 것은?

① 밀잠자리
② 담배나방
③ 분홍날개대벌레
④ 밤애기잎말이나방

해설
고시류에는 하루살이목, 잠자리목 등이 있다.

33 4령충에 대한 설명으로 옳은 것은?

① 3회 탈피를 한 유충
② 4회 탈피를 한 유충
③ 부화한지 3년째 되는 유충
④ 부화한지 4년째 되는 유충

해설
령충은 탈피 기간의 유충을 말하며 3회 탈피한 유충을 4령충이라 한다.

34 총채벌레목에 대한 설명으로 옳지 않은 것은?

① 단위생식도 한다.
② 입틀의 좌우가 같다.
③ 불완전변태군에 속한다.
④ 산란관이 잘 발달하여 식물의 조직 안에 알을 낳는다.

해설
총채벌레목은 입틀의 좌우가 비대칭이다.

35 곤충의 탈피와 변태를 조절하는 호르몬 분비에 관여하는 기관이 아닌 것은?

① 뇌   ② 전흉선
③ 말피기관   ④ 알라타체

해설
말피기씨관은 곤충의 중장, 후장 사이에 있으며 배설작용을 돕는 역할을 한다.

정답 29 ① 30 ① 31 ① 32 ① 33 ① 34 ② 35 ③

36 주둥이를 식물체에 찔러 넣어 즙액을 빨아먹는 곤충에 속하지 않는 것은?
① 진딧물 ② 노린재
③ 집파리 ④ 애멸구

해설
찔러서 빨아먹는 형은 자흡구형으로 진딧물, 멸구, 깍지벌레류, 모기, 벼룩 등이 있다. 집파리의 경우 흡취구의 핥아먹는 형이다.

37 곤충이 탈피할 때 새로운 표피로 대체(代替)되지 않는 기관은?
① 식도 ② 맹장
③ 직장 ④ 전소장

해설
곤충의 전장(식도, 소낭, 전위 등), 후장(전소장, 직장 등) 등은 표피로 덮여 있어 탈피 할 때 마다 새로운 표피로 대체된다.

38 다음 중 곤충이 휴면하는데 가장 영향을 주는 주요 요인은?
① 빛 ② 수분
③ 온도 ④ 바람

해설
곤충의 휴면에 영향을 주는 주요 요인으로 일장, 온도, 먹이 등이 있다.

39 분류학적으로 개미가 속하는 곤충목은?
① 벌목 ② 이목
③ 노린재목 ④ 총채벌레목

해설
개미는 벌목에 속한다.

40 다음 중 호흡계의 기문 수가 가장 적은 곤충은?
① 나방 유충 ② 나비 유충
③ 모기붙이 유충 ④ 딱정벌레 유충

해설
모기붙이 유충은 파리목의 유충으로 호흡계의 기문수가 일반적인 10쌍 보다 적다.

3과목 재배학원론

41 다음 중 산성토양에 가장 강한 것은?
① 고구마 ② 콩
③ 팥 ④ 사탕무

해설
산성토양에 저항성이 강한 작물로는 벼, 귀리, 조, 옥수수, 감자, 고구마 등이 있다.

42 작물의 내동성에 대한 설명으로 가장 옳은 것은?
① 세포액의 삼투압이 높으면 내동성이 증대한다.
② 원형질의 친수성콜로이드가 적으면 내동성이 커진다.
③ 전분함량이 많으면 내동성이 커진다.
④ 조직즙의 광에 대한 굴절률이 커지면 내동성이 저하된다.

해설
삼투압이 높아지면 빙점이 내려가 세포 내 얼음이 발생하지 않기에 내동성이 증가된다.

43 큰 강의 유역은 주기적으로 강이 범람해서 비옥해져 농사짓기에 유리하므로 원시농경의 발상지이었을 것으로 추정한 사람은?
① Vavilov ② Dattweiler
③ De Candolle ④ Liebig

해설
De Candolle 는 농경의 발상지를 큰강의 유역으로 보았다.

정답 36 ③　37 ②　38 ③　39 ①　40 ③　41 ①　42 ①　43 ③

44 토양의 pH 가 낮아질 때 가급도가 가장 감소되기 쉬운 영양분은?

① Fe ② P
③ Mn ④ Zn

해설
가급도는 식물이 양분을 흡수하여 이용하는 정도로 pH 가 낮아지면 산성토양에 가깝게 된다. 산성토양에서 가급도가 낮은 양분으로 인산, 칼륨, 칼슘, 마그네슘 등이며 반대로 가급도가 높은 양분은 철, 망간, 구리, 붕소 등이다.

45 탈질현상을 경감시키는데 가장 효과적인 시비법은?

① 질산태질소 비료를 논의 산화층에 시비
② 질산태질소 비료를 논의 환원층에 시비
③ 암모늄태질소 비료를 논의 산화층에 시비
④ 암모늄태질소 비료를 논의 환원층에 시비

해설
암모늄태질소를 환원층에 시비하여 암모니아의 탈질을 방지하는데 이러한 시비 방법을 심층시비라 한다.

46 다음 영양성분 중 결핍되면 분열조직에 괴사를 일으키며, 사탕무의 속썩음병을 일으키는 것은?

① 망간 ② 철
③ 칼륨 ④ 붕소

해설
붕소가 결핍될 경우 속썩음병, 사과 축과병 등이 발생한다.

47 다음 중 2년생 작물은?

① 아스파라거스 ② 사탕무
③ 호프 ④ 옥수수

해설
2년생 작물로 보리, 밀, 대파, 무, 사탕무 등이 있다.

48 발아에 광선이 필요하지 않은 작물은?

① 상추 ② 금어초
③ 담배 ④ 호박

해설
발아시 광을 싫어하는 혐광성 종자는 호박, 고추, 양파, 오이, 백일홍 등이 있다.

49 작물이 주로 이용하는 토양 수분은?

① 흡습수 ② 모관수
③ 지하수 ④ 결합수

해설
결합수, 중력수 등은 작물이 이용이 어려운 수분이며 주로 모관수가 이용되는 유효수분이다.

50 질산환원효소의 구성성분이며, 질소대사에 작용하고, 콩과작물 뿌리혹박테리아의 질소고정에 필요한 무기성분은?

① 몰리브덴 ② 아연
③ 마그네슘 ④ 망간

해설
몰리브덴은 미량원소에 속하며 질산환원효소의 구성성분으로 질소를 고정하는 근류균의 생육에 도움을 주고 단백질 합성에 관여한다. 또한 결핍시 광엽이 엽면의 안쪽으로 감아 휘거나 황화현상이 발생하기도 한다.

51 작물의 배수성 육종 시 염색체를 배가시키는데 가장 효과적으로 이용되는 것은?

① colchicine ② auxin
③ kinetin ④ ethylene

해설
배수체 육종법에서 배수체를 늘리는 데는 콜히친(colchicine) 약제가 효과적이다.

정답 44 ② 45 ④ 46 ④ 47 ② 48 ④ 49 ② 50 ① 51 ①

52 종묘로 이용되는 영양기관을 분류할 때 땅속줄기에 해당하는 것으로만 나열된 것은?

① 다알리아, 고구마
② 마, 글라디올러스
③ 나리, 모시풀
④ 생강, 박하

해설
땅속줄기에 해당되는 것은 생강, 박하, 호프가 있다.

53 다음 중 암술과 수술이 서로 다른 개체에서 생기는 것은?

① 자성불임 ② 웅성불임
③ 자웅이주 ④ 이형예현상

해설
암술과 수술이 다른 나무 혹은 다른 개체에서 생기는 것을 자웅이주라 한다.

54 다음 중 작물의 내염성 정도가 가장 큰 것은?

① 완두 ② 가지
③ 순무 ④ 고구마

해설
내염성 작물로 사탕무, 목화, 양배추, 순무, 유채 등이 있다.

55 다음 중 굴광현상에 가장 유효한 광은?

① 자색광 ② 자외선
③ 녹색광 ④ 청색광

해설
굴광현상에 효과가 큰 파장은 440~480nm 중심의 청색광이다.

56 다음 중 장명종자에 해당하는 것은?

① 베고니아 ② 나팔꽃
③ 팬지 ④ 일일초

해설
장명종자의 종류로 녹두, 토마토, 가지, 오이, 배추, 수박, 잠두, 클로버, 나팔꽃 등이 있다.

57 혼파의 장점이 아닌 것은?

① 공간의 효율적 이용이 가능하다.
② 건초 제조시에 유리하다.
③ 채종작업이 편리하다.
④ 재해에 대한 안정성이 증대된다.

해설
혼파를 할 경우 채종작업이 어렵다.

58 다음 중 내습성이 가장 강한 과수류는?

① 무화과 ② 복숭아
③ 밀감 ④ 포도

해설
내습성이 강한 과수류 순서로 [포도, 감귤, 감, 배, 복숭아, 무화과] 이다.

59 식물체 내의 수분퍼텐셜에 대한 설명으로 틀린 것은?

① 세포의 부피와 압력퍼텐셜이 변화함에 따라 삼투퍼텐셜과 수분퍼텐셜이 변화한다.
② 압력퍼텐셜과 삼투퍼텐셜이 같으면 세포의 수분퍼텐셜이 0이 된다.
③ 수분퍼텐셜과 삼투퍼텐셜이 같으면 원형질분리가 일어난다.
④ 수분퍼텐셜은 대기에서 가장 높고, 토양에서 가장 낮다.

해설
수분퍼텐셜은 대기에서 주로 낮은 편이다.

60 식물의 일장감응 중 SI 형 식물은?

① 메밀 ② 토마토
③ 도꼬마리 ④ 코스모스

해설
식물의 일장감응형에서 L 은 장일성, I 는 중일성, S 는 단일성을 나타낸다. SI 형은 단일장일로 벼, 도꼬마리 등이 있다.

정답 52 ④ 53 ③ 54 ③ 55 ④ 56 ② 57 ③ 58 ④ 59 ④ 60 ③

4과목 농약학

61 유기인계 살충제는?
① EPN ② Endosulfan
③ 2,4-D ④ BPMC

해설
유기인계 살충제에는 이피엔(EPN), 파라티온(Parathion), 디디브이피(DDVP) 등이 있다.

62 제초제의 일반 특성에 대한 설명으로 틀린 것은?
① Phenoxy계 제초제는 옥신작용을 갖고 있다.
② Azole계는 무기화합물 제초제이다.
③ Phenoxy계 제초제는 인축 및 어패류에 대한 독성이 낮다.
④ Dicamba 등 benzoic acid 계 제초제는 작물 체내에서 안정성이 높은 편이다.

해설
Azole 계는 Azole 계열의 항진균제의 합성 화합물로 이용된다.

63 계면활성제 중 가용화 작용이 큰 HLB(Hydrophile – Lipophile Balance)값으로 가장 옳은 것은?
① 1~3 ② 4~7
③ 9~12 ④ 15~18

해설
HLB 가 클수록 용해도가 증가하며 가용화 작용이 크다.

64 90% BPMC 원제 1 kg 을 2% 분제로 제조하는데 필요한 증량제의 양(kg)은?
① 44.0 ② 44.5
③ 44.9 ④ 45.0

해설
희석 증량제의 양 = 분제 중량 × ($\frac{원분제 농도}{원하는 농도}$ − 1)
= $1 \times (\frac{90}{2} - 1) = 44 kg$

65 농약의 일일섭취허용량에 대한 설명으로 가장 옳은 것은?
① 농약을 함유한 음식을 하루 섭취하여도 장해가 없는 양을 말한다.
② 농약을 함유한 음식을 1년간 섭취하여도 장해를 받지 않는 1일당 최대의 양을 말한다.
③ 농약을 함유한 음식을 10년간 섭취하여도 장해를 받지 않는 1일당 최대의 양을 말한다.
④ 농약을 함유한 음식을 일생 동안 섭취하여도 장해를 받지 않는 1일당 최대의 양을 말한다.

해설
농약의 1일 섭취허용량은 농약을 매일 섭취해도 영향이 없는 농약의 양을 말한다.

66 50% 벤타존 액제(비중 1.2) 100mL 로 0.1% 살포액으로 만드는데 소요되는 물의 양(L)은?
① 49.9 ② 59.9
③ 69.9 ④ 79.9

해설
희석할 물의 양
= 원액 용량 × ($\frac{원액의 농도}{희석할 농도}$ − 1) × 원액 비중
= $100 \times (\frac{50}{0.1} - 1) \times 1.2 = 59,880 ml ≒ 59.9 l$

67 유제에 대한 설명으로 옳지 않은 것은?
① 유제란 주제의 성질이 수용성인 것을 말한다.
② 살포액의 조제가 편리하나, 포장·수송 및 보관에 각별한 주의가 필요하다.
③ 유제에서 주제가 유기용매의 25% 이상 용해되는 것이 원칙이다.
④ 유제에서 계면활성제를 가하는 농도는 5~15% 정도이다.

해설
유제는 주제의 성질이 지용성으로 물에 녹지 않아 유기용매에 녹여 유화제를 첨가한 용액을 말한다.

정답 61 ① 62 ② 63 ④ 64 ① 65 ④ 66 ② 67 ①

68 농약의 혼용 시 주의할 점으로 가장 거리가 먼 것은?

① 표준 희석배수를 준수하고 고농도로 희석하지 않는다.
② 동시에 2가지 이상의 약제를 섞지 않도록 한다.
③ 농약을 혼용하여 사용할 경우 안정화를 위해 1일 정도 정치한 후 사용한다.
④ 유제와 수화제의 혼용은 가급적 피하되, 부득이한 경우 액제, 수용제, 수화제=액상수화제, 유제의 순서로 물을 희석한다.

해설
농약을 혼용하여 사용할 경우 살포약을 되도록 즉시 살포하도록 한다.

69 주로 접촉제 및 소화중독제로서 작용하며 벼의 이화명나방에 적용되는 유기인제는?

① DDVP ② Ethoprophos
③ Fenitrothion ④ Imidacloprid

해설
이화명나방은 메프유제(Fenitrothion)를 이용하여 접촉제, 소화중독제로 방제한다.

70 Fenobucarb 살충제 계통은?

① 카바메이트계 ② 유기인계
③ 유기염소계 ④ 트리아진계

해설
페노뷰카브(Fenobucarb)는 카바릴(NAC), 카보퓨란(carbofuran) 등과 함께 카바메이트계 살충제에 해당한다.

71 Dialkylamine 계 살균제는?

① Nabam ② Maneb
③ Ferbam ④ Mancozeb

해설
Dialkylamine 계의 살균제는 유기황계 살균제에 해당하고 병원균 생육에 필요한 필수금속과의 결합을 통해 살균작용을 하는데 페르밤(Ferbam)이 유기황계 살균제에 해당한다.

72 농작물 또는 기타 저장물에 해충이 모이는 것을 막기 위해 쓰이는 기피제(Repellent)로 쓰이는 것은?

① Chlorobenzilate
② Dimethyl phthalate
③ Dimethomorph
④ Methyl bromide

해설
디메틸프탈레이트(Dimethyl phthalate)는 해충이 작물이나 인축에 접근을 방지하는데 사용되는 기피제로서 곤충의 음성주화성을 이용한 약품이다.

73 농약 안전살포 방법으로 가장 적절한 것은?

① 바람을 등지고 살포
② 바람을 안고 살포
③ 바람의 도움으로 살포
④ 바람 방향을 무시하고 살포

해설
농약사용조의 준수사항으로 농약을 살포할 때는 바람을 등지고 살포하도록 한다.

74 농약제제화의 목적으로 가장 거리가 먼 것은?

① 사용자에 대한 편의성을 위하여
② 최적의 약효발현과 최소의 약해 발생을 위하여
③ 소량의 유효성분을 넓은 지역에 균일하게 살포하기 위하여
④ 유통기간을 단축하여 유효성분의 안정성을 향상시키기 위하여

해설
농약제제화는 사용의 편의성을 위해 주로 실시하며 유통기간을 단축하기보다는 늘리거나 유효성분의 안전성 향상보다는 효력을 증강시키는데 있다.

75 유기인계 살충제의 작용특성이 아닌 것은?
① 살충력이 강하고 적용해충의 범위가 넓다.
② 식물 및 동물의 체내에서 분해가 빠르고 체내에 축적작용이 없다.
③ 약제 살포 후 광선이나 기타 요인에 의하여 빨리 소실되는 편이다.
④ 고온일 때 살충효과가 나쁘고, 온도가 낮아지면서 효과가 증대된다.

해설
유기인계 살충제의 경우 고온에서 살충효과가 좋고 저온에서 효과가 감소한다.
※ 유기인계 살충제 특징
· 살충력이 강하고 적용해충 범위가 넓다.
· 체내에서 분해가 빨라 축적 작용이 없다.
· 에스테르 결합을 가지고 있는 경우 가수분해가 잘된다.
· 고온에서 살충효과가 좋고 저온에서 효과가 감소한다.
· 알칼리성 물질에 의해 분해가 잘된다.
· 인축에 대한 독성이 강한 편이다.
· 광선이나 외부 요인에 의해 빨리 소실된다.

76 황산암모니아와 설탕 등과 같은 증량제를 투입한 농약의 제형은?
① 유탁제   ② 수용제
③ 과립수화제   ④ 분산성액제

해설
수용제는 액체사용제로 수용성의 유효성분을 증량제로 희석하고 분상이나 입상의 고체로 제제한 것을 말한다.

77 우리나라의 농약의 독성구분 중 맞지 않는 것은?
① 무독성   ② 보통독성
③ 저독성   ④ 고독성

해설
국내의 농약의 독성구분으로 맹독성, 고독성, 보통독성, 저독성이 있다.

78 농약에 사용되는 계면활성제의 친유성기를 갖는 원자단은?
① -OH   ② -COOR
③ -COOH   ④ -CN

해설
계면활성제의 친유성기를 갖는 원자단은 포화지방족탄화수소 부분에서 수소원자가 하나 없는 -COOR 이 해당되며 보기의 -OH, -COOH, -CN 은 계면활성제의 친수성부분의 원자단에 해당한다

79 농약의 잔류에 대한 설명 중 옳지 않은 것은?
① 작물잔류성농약이란 농약의 성분이 수확물 중에 잔류하여 농약잔류허용기준에 해당할 우려가 있는 농약을 말한다.
② 안전계수란 사람이 하루에 섭취할 수 있는 약량을 말한다.
③ 작물 체내의 잔류농약은 경시적으로 계속하여 감소한다.
④ 농약의 작물잔류는 사용횟수와 제제형태에 따라서 다르다.

해설
농약의 1일 허용량은 농약을 매일 섭취해도 영향이 없는 농약의 양으로 최대무작용약량이라 한다.

80 다음 중 훈증제가 아닌 농약은?
① Methyl bromide
② Ethyl formate
③ Difenoconazole
④ Phosphine

해설
디페노코나졸(Difenoconazole)은 식물의 접촉을 통해 살초효과가 나타나는 접촉형 제초제이다.

정답 75 ④ 76 ② 77 ① 78 ② 79 ② 80 ③

5과목 잡초방제학

81 피의 형태적 특징으로 옳은 것은?
① 엽설(葉舌 : 잎혀)은 없고, 엽이(葉耳 : 잎귀)는 있다.
② 엽설(葉舌 : 잎혀)은 있고, 엽이(葉耳 : 잎귀)는 없다.
③ 엽설(葉舌 : 잎혀)과 엽이(葉耳 : 잎귀) 모두 있다.
④ 엽설(葉舌 : 잎혀)과 엽이(葉耳 : 잎귀) 모두 없다.

해설
피에는 잎혀와 잎귀가 없으며 벼에는 모두 있다.

82 작물이 잡초로부터 받는 피해경로를 직접적 또는 간접적 피해 경로로 구분할 때 다음 중 간접적인 피해 경로에 해당하는 것은?
① 경합
② 기생
③ 상호대립억제작용
④ 병해충 매개

해설
잡초는 해충의 서식처 역할을 하기에 간접적 피해 경로에 해당한다.

83 전체 생육기간이 100일인 작물에서 이론적으로 작물이 잡초 경합에 의해 가장 심하게 피해를 받는 시기는?
① 파종 직후부터 5일 이내
② 파종 후 20~30일 사이
③ 파종 후 50~60일 사이
④ 파종 후 70일 이후

해설
잡초경합한계기간은 작물 전생육기간의 첫 1/3~1/2 기간이나 1/4~1/3 기간에 해당된다. 보기의 기간 중 가장 근접된 기간은 파종 후 20~30일 사이이다.

84 논에서 잡초의 군락천이를 유발시키는 데 가장 큰 영향을 주는 것은?
① 장간종 품종 재배
② 동일 작물로만 재배
③ 동일한 제초제 연속 사용
④ 지속적인 화학 비료 사용

해설
동일한 제초제의 사용은 잡초의 저항성 증가로 군락천이를 유발시키게 된다.

85 암(暗)발아성 종자인 잡초는?
① 냉이　　② 바랭이
③ 소리쟁이　　④ 쇠비름

해설
암발아 종자는 별꽃, 냉이, 광대나물 등이 있다.

86 제초제의 토양 중 지속성은 반감기(half life)로 나타낸다. 이 때 반감기란?(단, 전 기간을 통하여 동일한 기울기를 갖는 1차 반응식을 전제로 함)
① 처리한 제초제의 1/2이 소실되는데 요하는 시간
② 처리한 제초제의 1/5이 소실되는데 요하는 시간
③ 식물체의 1/2을 고사시키는데 필요한 시간
④ 식물체의 1/5을 고사시키는데 필요한 시간

해설
농약의 반감기는 토양에 처리한 농약이 절반이 분해되는데 걸리는 시간을 말한다.

87 잡초에 대한 작물의 경합력을 높이는 방법은?
① 이식재배를 한다.
② 직파재배를 한다.
③ 만생종을 재배한다.
④ 재식밀도를 낮춘다.

해설
이식재배를 하면 생육기간이 연장되고 토지이용률이 증대된다. 또한 생육 촉진 및 숙기가 단축되어 경합력이 높아진다.

정답 81 ④　82 ④　83 ②　84 ③　85 ①　86 ①　87 ①

88 잡초의 생장형에 따른 분류로 옳은 것은?
① 총생형 - 메꽃, 환삼덩굴
② 만경형 - 민들레, 질경이
③ 로제트형 - 억새, 뚝새풀
④ 직립형 - 명아주, 가막사리

> **해설**
> 생장형에 따른 분류로 직립형에는 명아주, 가막사리, 쑥부쟁이 등이 있다.

89 잡초에 의한 피해로 가장 거리가 먼 것은?
① 작업 환경 악화
② 토양의 침식 발생
③ 병해충 서식처 제공
④ 작물과의 경합으로 인한 작물 생육 저하

> **해설**
> 잡초가 많이 발생하면 토양침식이 느려진다.

90 쌍자엽 잡초와 단자엽 잡초간 차이로 가장 옳은 것은?
① 쌍자엽은 엽맥이 평행맥이고 단자엽은 망상맥이다.
② 쌍자엽은 생장점이 식물체 위쪽에 위치하고 단자엽은 하단에 위치한다.
③ 쌍자엽은 배유가 있으나 단자엽은 배유가 없다.
④ 화본과잡초는 쌍자엽 식물에 속하고 광엽잡초는 단자엽 식물에 속한다.

> **해설**
> ① 쌍자엽은 엽맥이 그물맥이고 단자엽은 평행맥이다.
> ③ 쌍자엽은 무배유종자이고 단자엽은 배유종자이다.
> ④ 화본과잡초는 단자엽식물에 속하고 광엽잡초는 쌍자엽식물에 속한다.

91 작물과 잡초간의 경합에 대한 설명으로 옳은 것은?
① 잡초경합한계기간이란 파종직후부터 성숙말기까지의 시기를 말한다.
② 잡초경합한계기간에는 잡초에 의한 피해가 거의 없다.
③ 잡초허용한계밀도란 잡초가 전혀 없는 상태를 말한다.
④ 방제는 잡초경합한계기간에 중점적으로 실시해야 한다.

> **해설**
> 잡초경합한계기간은 잡초와의 경합에 의한 작물의 피해가 가장 심하게 나타나는 기간으로 이때 중점적으로 실시하면 방제효과를 얻을 수 있다.

92 식물체내에서 일어나는 주된 제초제 분해반응에 해당하지 않는 것은?
① 인산화 반응(phosphorylation)
② 히드록시 반응(hydroxylation)
③ 탈카르복시 반응(decarboxylation)
④ 탈알킬 반응(dealkylation)

> **해설**
> 제초제의 분해반응으로 산화, 환원, 가수분해, 결합반응이 대표적이며 기타 관련 반응으로 하이드록시화반응, 탈알킬반응, 탈아미노기반응, 탈카르복시반응 등이 있다.

93 방동사니과 잡초가 아닌 것은?
① 올방개   ② 올미
③ 올챙이고랭이 ④ 바람하늘지기

> **해설**
> 올미는 광엽잡초이다.

94 다음 다년생 논잡초 중 영양번식 기관의 발생분포 심도가 표토로부터 가장 깊은 종은?
① 올미   ② 너도방동사니
③ 벗풀   ④ 올방개

> **해설**
> 올방개는 발생분포 심도가 주로 10~25cm 정도이며 최대 30cm 까지 깊게 분포한다.

정답 88 ④　89 ②　90 ②　91 ④　92 ①　93 ②　94 ④

95 상호대립억제작용에 대한 설명으로 옳은 것은?

① 식물체 분비물질에 의한 상호작용
② 식물체간의 빛에 대한 경합작용
③ 식물체 상호간의 생육에 대한 상가작용
④ 영양소에 대한 식물체 상호간의 경합작용

해설
상호대립억제작용은 타감작용이라 하여 인접 식물 간의 분비물질을 통해 서로간에 영향을 미치는 상호작용이다.

96 잡초가 작물보다 경쟁에서 유리한 이유로 옳지 않은 것은?

① 번식 능력이 우수하다.
② 다량의 종자를 생산한다.
③ 휴면성이 결여되어 있다.
④ 불량한 환경조건에 적응력이 높다

해설
잡초는 휴면성이 커서 불리한 환경에서는 휴면을 한다.

97 가을에 발생하여 월동 후에 결실하는 잡초로만 올바르게 나열된 것은?

① 쑥, 비름, 명아주
② 깨풀, 민들레, 강아지풀
③ 별꽃, 뚝새풀, 벼룩나물
④ 별꽃, 바랭이, 애기메꽃

해설
겨울잡초(동계잡초)의 종류로 뚝새풀, 냉이, 개미자리, 벼룩나물, 점나도나물, 벼룩이자리, 별꽃 등이 있다.

98 잡초 종자에 돌기를 갖고 있어 사람이나 동물에 부착하여 운반되기 쉬운 것은?

① 여뀌 ② 민들레
③ 소리쟁이 ④ 도꼬마리

해설
도꼬마리, 도깨비 바늘 등의 잡초들은 갈고리 모양의 돌기가 있어 사람의 옷이나 동물의 털에 붙어 운반된다.

99 다음 잡초 중 종자의 천립중이 가장 가벼운 것은?

① 별꽃 ② 명아주
③ 메귀리 ④ 강아지풀

해설
천립중은 잡초종자의 무게로 명아주가 가벼운 편이며 다음으로 냉이, 바랭이, 별꽃, 강아지풀, 메귀리 순서로 메귀리가 보기에서 가장 무겁다

100 뿌리가 토양에 고정되어 있지 않고 물 위에 떠다니는 부유성 잡초에 해당하는 것은?

① 가래 ② 네가래
③ 생이가래 ④ 가는가래

해설
부유잡초로는 부레옥잠, 개구리밥, 좀개구리밥, 생이가래 등이 있다.

정답 95 ① 96 ③ 97 ③ 98 ④ 99 ② 100 ③

국가기술자격 필기시험문제

2021년 기사 제4회 과년도 기출문제

자격종목	종목코드	시험시간	형별	수험번호	성명
식물보호기사		2시간 30분			

1과목 식물병리학

01 십자화과 작물에 발생하는 배추 무사마귀병에 대한 설명으로 옳지 않은 것은?

① 알칼리성 토양에서 발병이 잘 된다.
② 배수가 불량한 토양에서 발생이 많다.
③ 순활물기생균으로 인공배양이 되지 않는다.
④ 유주자가 뿌리털 속을 침입하여 변형체가 된다.

[해설] 배추, 무 사마귀병은 산성조건 토양에서 많이 발생한다.

02 벼 도열병에 대한 설명으로 옳지 않은 것은?

① 종자 소독으로는 방제효과가 매우 적다.
② 담녹갈색의 짧은 다이아몬드형 병무늬를 형성한다.
③ 잎, 잎자루, 잎혀, 마디, 이삭목, 이삭가지, 볍씨 등에 발생한다.
④ 볍씨의 발아 직후부터 발생하여 출수 후 성숙기까지 계속 발생한다.

[해설] 벼 도열병의 방제방법으로 베노람, 지오람 수화제 등을 이용하여 소독하면 효과적이다.

03 다음 설명에 해당하는 병은?

◎ 오이 잎에 발생하는 병해로 수침상의 점무늬가 다각형의 담갈색 무늬로 발전한다.
◎ 습기가 많으면 병든 부위의 뒷면에 서리 또는 가루모양의 곰팡이가 생긴다.

① 오이 노균병
② 오이 흰가루병
③ 오이 덩굴마름병
④ 오이 잿빛곰팡이병

[해설] 오이 노병균의 경우 진균에 의해 담황색의 작은 반점이 발생하고 점점 확장되어 담갈색의 병반이 형성된다. 병반 뒷면은 서리 혹은 가루 모양의 회색 곰팡이인 분생포자가 생성된다.

04 파이토플라스마에 대한 설명으로 옳지 않은 것은?

① 세포벽이 없다.
② 인공배지에서 생장하지 않는다.
③ 매개충에 의하여 전파되지 않는다.
④ 테트라싸이클린에 대하여 감수성이다.

[해설] 파이토플라스마는 매개충에 의해 전파된다.

05 병원균이 기주교대를 하는 이종기생균은?

① 배나무 불마름병
② 사과나무 흰가루병
③ 배나무 붉은별무늬병
④ 사과나무 검은별무늬병

[해설] 다른 기주식물을 옮겨다니는 병원균을 이종기생균이라 하며 잣나무 털녹병, 소나무 잎녹병, 배나무 붉은별무늬병균 등이 있다.

정답 01 ① 02 ① 03 ① 04 ③ 05 ③

06 다음 중 벼에서는 가장 잘 발생하지 않는 병은?

① 오갈병　② 녹병
③ 도열병　④ 잎집무늬마름병

해설
벼에서 발생되는 병에는 벼잎집무늬마름병, 벼오갈병, 벼도열병, 벼키다리병, 벼 흰잎마름병 등이 있으며 녹병의 경우 잘 발생하지 않는다.

07 식물병을 일으키는 곰팡이 중에서 균사에 격막이 없는 병원균으로만 올바르게 나열된 것은?

① 난균, 자낭균　② 난균, 접합균
③ 담자균, 자낭균　④ 담자균, 접합균

해설
균사에 격막(격벽)이 없는 병원균은 난균문, 접합균류이다.

08 마름무늬매미충(모무늬매미충)에 의해 전반되지 않는 병은?

① 뽕나무 오갈병
② 벚나무 빗자루병
③ 붉나무 빗자루병
④ 대추나무 빗자루병

해설
마름무늬매미충이 매개충인 병으로 대추나무 빗자루병, 뽕나무 오갈병, 붉나무 빗자루병이 있다.

09 붕소가 부족하여 사과나무에서 발생하는 병은?

① 탄저병　② 축과병
③ 부란병　④ 점무늬낙엽병

해설
붕소가 결핍될 경우 속썩음병, 사과 축과병 등이 발생한다.

10 벼 줄무늬잎마름병을 방제하는 방법으로 가장 효과가 작은 것은?

① 살균제 살포
② 애멸구 제거
③ 저항성 품종 재배
④ 논두렁 잡초 제거

해설
벼 줄무늬잎마름병은 매개충인 애멸구를 통해 바이러스가 전반되는 것으로 살균제를 이용하는 것은 비효율적이다.

11 병원균이 담자기와 담자 포자를 형성하는 것은?

① 감자 역병
② 벼 깨씨무늬병
③ 배추 무사마귀병
④ 보리 겉깜부기병

해설
담자기 위에 담자포자가 형성되는 담자균문에는 깜부기병균목이 있다.

12 다음 중 곰팡이(fungi)의 특징이 아닌 것은?

① 포자를 갖는다.　② 균사를 갖는다.
③ 핵을 갖는다.　④ 엽록소를 갖는다.

해설
곰팡이는 식물과 같은 엽록소를 가지고 있지 않다.

13 식물병원 세균 중 육즙한천배양기 상에서 황색 균총을 형성하는 것은?

① *Pseudomonas*　② *Xanthomonas*
③ *Agrobacterium*　④ *Pectobacterium*

해설
*Xanthomonas*는 그람음성균으로 배지상에서 황색의 균총을 형성하며 생육속도는 다소 느리다.

14 하우스 재배하는 채소에서 과습과 저온에 많이 발생하는 병은?

① 고추 탄저병
② 오이 덩굴쪼김병
③ 토마토 풋마름병
④ 딸기 잿빛곰팡이병

해설
시설내에서 저온다습한 환경의 경우 잿빛곰팡이병이 자주 발생한다.

15 다음 중 크기가 가장 작은 식물 병원체는?

① 진균   ② 세균
③ 바이러스 ④ 바이로이드

해설
바이로이드는 외부단백질이 없는 핵산만으로 구성되어 있으며 가장 작은 크기의 병원체이다.

16 병원균이 불완전세대로 *Pyricularia grisea*(*P. oryzae*)인 식물병은?

① 벼 도열병   ② 벼 흰잎마름병
③ 맥류 줄기녹병 ④ 맥류 흰가루병

해설
벼 도열병균의 불완전 세대는 *Pyricularia grisea* 이다.

17 1차 전염원에 대한 설명으로 가장 옳은 것은?

① 가벼운 증상을 일으키는 전염원
② 병반으로부터 가장 먼저 분리되는 전염원
③ 월동한 병원체로부터 새로운 생육기에 들어 가장 먼저 만들어진 전염원
④ 작물 재배를 시작한 첫 해에 나오는 전염원

해설
1차 전염원은 월동한 병원체에서 새로운 생육기에 들어 가장 먼저 만들어져 식물병이 발생하고 발생한 병원체는 다른 식물로 전반되는 경우 2차 발병을 일으킨다.

18 오이류 덩굴쪼김병의 방제법으로 가장 효과가 낮은 것은?

① 종자를 소독한다.
② 저항성 품종을 재배한다.
③ 잎 표면에 약제를 집중적으로 살포한다.
④ 호박이나 박을 대목으로 접목하여 재배한다.

해설
오이류 덩굴쪼김병은 병원균이 뿌리의 각피를 뚫고 침입하기에 잎 표면에 약제를 집중적으로 살포하는 것은 방제효과가 나타나지 않는다. 방제를 위해 종자 및 토양을 소독하고 감염된 식물은 소각하고 과습을 방지하도록 한다.

19 벼 키다리병의 병징 형성 원인으로 병원균이 분비하는 주요 호르몬은?

① 옥신   ② 에틸렌
③ 지베렐린   ④ 사이토키닌

해설
지베렐린은 벼의 키다리병균에 의해 만들어지는 식물생장조절제로 신장촉진작용, 종자발아촉진, 개화촉진 등의 작용을 하며 벼 키다리병의 키가 커지는 현상의 원인이 된다.

20 다음 중 감자 Y 바이러스의 주요 매개충은?

① 복숭아혹진딧물
② 번개매미충
③ 끝동매미충
④ 응애

해설
감자 Y 바이러스는 충매전염으로 복숭아혹진딧물이 주요 매개충이다.

정답 14 ④ 15 ④ 16 ① 17 ③ 18 ③ 19 ③ 20 ①

2과목 농림해충학

21 누에의 성장단계에서 어미가 생성하는 휴면 호르몬이 직접적으로 관여하는 휴면단계는?

① 알 휴면 ② 유충 휴면
③ 성충 휴면 ④ 번데기 휴면

해설
누에알이 휴면호르몬으로 휴면에 들어가게 되며 이때를 알 휴면이라 한다.

22 앞날개가 경화되어 있는 곤충은?

① 벼메뚜기 ② 검정송장벌레
③ 땅강아지 ④ 썩덩나무노린재

해설
검정송장벌레는 딱정벌레목인데 딱정벌레목의 경우 앞날개가 경화되어 있다.

23 윤작과 혼작을 통하여 방제효과를 효과적으로 볼 수 있는 해충의 특성은?

① 기주범위가 넓고 이동성이 높은 해충
② 기주범위가 넓고 이동성이 낮은 해충
③ 기주범위가 좁고 이동성이 낮은 해충
④ 기주범위가 좁고 이동성이 높은 해충

해설
윤작과 혼작을 이용한 경종적 방제법은 기주범위가 좁고 이동성이 낮은 해충에 효과적이다.

24 곤충의 유충 발육 단계에서 다음 령기의 유충으로 탈피하는 경우는?

구분	탈피호르몬	유약호르몬
㉠	고	고
㉡	고	저
㉢	저	고
㉣	저	저

① ㉠ ② ㉡
③ ㉢ ④ ㉣

해설
곤충이 성충으로의 발육을 억제하는 유약호르몬의 농도와 탈피호르몬의 농도가 높으면 유충으로 탈피하게 된다.

25 내충성의 범주에 포함되지 않는 것은?

① 감수성 ② 항객성
③ 항생성 ④ 내성

해설
내충성의 범주에는 내성, 항생성, 비선호성으로 분류된다.

26 살충제 처리 후 무처리구의 생충율이 90%이고, 처리구의 생충율이 22.5% 일 경우 처리구의 보정 사충율은?

① 75% ② 70%
③ 65% ④ 60%

해설
보정사충율
$= \dfrac{무처리구\ 생충율 - 처리구\ 생충율}{무처리구\ 생충율} \times 100$
$= \dfrac{90 - 22.5}{90} \times 100 = 75(\%)$

27 해충방제에 사용되는 천적의 특성에 대한 설명으로 가장 거리가 먼 것은?

① 포식범위가 넓은 것
② 분산력이 강한 것
③ 포식성이 높은 것
④ 번식력이 왕성한 것

해설
해충방제를 위한 천적의 경우 특정 해충에 대한 포식성을 가지고 있는 것이 좋기에 포식범위는 좁은 것으로 선택한다.

28 사과잎말이나방에 대한 설명으로 옳지 않은 것은?

① 1년에 1회 발생한다.
② 유충으로 월동한다.
③ 유충의 머리는 녹색을 띤 황갈색이다.
④ 유충의 홑눈은 3개이다.

해설
사과잎말이나방은 1년에 3회 발생한다.

정답 21 ① 22 ② 23 ③ 24 ① 25 ① 26 ① 27 ① 28 ①

29 다음 해충 중 기주 범위가 가장 좁은 것은?
① 벼멸구
② 흰등멸구
③ 애멸구
④ 끝동매미충

해설
전반적으로 벼멸구의 경우 벼 포기의 아랫부분을 흡즙가해하는 해충으로 기주 범위가 상대적으로 좁은편이다.

30 다음 중 토양해충인 것은?
① 송장벌레
② 바퀴
③ 땅노린재
④ 땅강아지

해설
토양 해충에는 숯검은밤나방, 땅강아지, 거세미나방, 고자리파리, 작은뿌리파리, 뿌리응애 등이 있다.

31 자연생태계와 비교할 때 농생태계의 특징은?
① 영양단계의 상호관계가 간단하다.
② 영양물질 순환이 폐쇄적이다.
③ 종의 다양성이 높다.
④ 유전자 다양성이 높다.

해설
농생태계는 자연생태계와 비교하면 생물의 수명이 짧고 영속성이 없으며 상호관계에 필요한 시간적 여유가 적고 간단하다.

32 곤충의 성비(sex ratio)의 공식으로 옳은 것은?
① 수컷의 수 / 암컷의 수
② 암컷의 수 / 수컷의 수
③ 암컷의 수 / (암컷의 수 + 수컷의 수)
④ 수컷의 수 / (암컷의 수 + 수컷의 수)

해설
곤충의 성비는 전체 곤충수에 대한 암컷의 비율을 말한다.

33 페로몬의 역할이 아닌 것은?
① 상대 성의 개체를 유인한다.
② 음식의 위치를 알려준다.
③ 다른 곤충간의 통신으로 냄새나 독성을 이용하여 자신을 보호한다.
④ 사회생활을 하거나 집단을 이루는 곤충류에서 천적의 침입 등 위험을 알려준다.

해설
다른 곤충간의 냄새 및 독성을 이용하여 자신을 보호하는 것은 일종의 방어물질로 알로몬에 해당하는 내용이다.

34 곤충의 혈림프를 구성하는 혈구의 기능이 아닌 것은?
① 수분보존
② 식균작용
③ 피낭형성
④ 응고작용

해설
곤충의 혈구는 식균작용, 피낭형성, 응고작용, 영양분의 저장의 기능이 있다.

35 특정 지역의 해충 밀도를 추정하고자 할 때 비교적 많은 표본수가 요구되는 해당 해충의 분포양식은?
① 포아송분포
② 균일분포
③ 임의분포
④ 집중분포

해설
해충의 밀도를 추정하여 균일분포, 집중분포, 임의분포로 분류하는데 비교적 많은 표본수가 요구되는 분포양식은 집중분포이다.

36 우리나라에서 발생하는 해충 중 외래종이 아닌 것은?
① 섬서구메뚜기
② 꽃매미
③ 갈색날개매미충
④ 열대거세미나방

해설
섬서구메뚜기는 메뚜기목의 곤충으로 한국, 일본, 중국 등에 분포하며 우리나라에서 발생한다.

정답 29 ① 30 ④ 31 ① 32 ③ 33 ③ 34 ① 35 ④ 36 ①

37 살충제가 곤충의 체내로 침투하는 주요 경로가 아닌 것은?

① 경구　② 경피
③ 기문　④ 돌기

> **해설**
> 살충제는 표피를 도달하면 경피, 경구, 기문을 통해 침입한다.

38 종합적해충방제에서 방제를 실시해야 되는 해충의 밀도수준은?

① 경제적 소득수준
② 경제적 피해허용수준
③ 물리적 피해수준
④ 해충 밀도수준

> **해설**
> 경제적 피해허용수준은 경제적 피해수준에 도달하는 것을 억제하기 위해 방제를 실시하는 수준을 말한다.

39 수입식물 검역과정에서 금지병해충이 발견되었을 경우 취하는 조치로 맞는 것은?

① 소독
② 폐기 또는 반송조치
③ 시료분석
④ 전문가 회의

> **해설**
> 수입식물 검역과정에서 금지병해충이 발견될 경우 반송, 소독, 폐기 등의 명령을 받게 된다.

40 복숭아심식나방의 발생예찰에 이용되는 페로몬은?

① 성페로몬　② 분산페로몬
③ 길잡이페로몬　④ 경보페로몬

> **해설**
> 복숭아심식나방의 발생 시기에 성페로몬트랩을 설치하여 죽은 성충의 밀도를 파악하여 해충의 발생을 예측한다.

3과목　**재배학원론**

41 다음 중 작물 생육 필수원소에서 다량으로 소요되는 원소가 아닌 것은?

① 칼슘　② 칼륨
③ 질소　④ 니켈

> **해설**
> 작물의 생육 필수원소의 다량원소에는 탄소, 수소, 산소, 질소, 인산, 칼륨, 칼슘 등이 있다.

42 토양 구조에 대한 설명으로 옳지 않은 것은?

① 단립(單粒)구조는 토양통기와 투수성이 불량하다.
② 입단(粒團)구조는 유기물과 석회가 많은 표층토에서 많이 보인다.
③ 이상(泥狀)구조는 과습한 식질토양에서 많이 보인다.
④ 단립(單粒)구조는 대공극이 많고 소공극이 적다.

> **해설**
> 단립구조는 토양입자가 독립적으로 존재하기에 대공극이 많아 토양의 통기 및 투수성이 양호하다.

43 다음 중 질소질 비료가 아닌 것은?

① 요소　② 유안
③ 질산암모늄　④ 용성인비

> **해설**
> 질소질비료에는 요소, 유안, 질산암모늄, 황산암모늄 등이 있다. 용성인비의 경우 인산질비료에 해당한다.

정답　37 ④　38 ②　39 ②　40 ①　41 ④　42 ①　43 ④

44 식물의 진화와 관련하여 작물의 특징에 대한 설명으로 옳지 않은 것은?

① 발아억제물질이 감소하거나 소실되는 방향으로 발달되었다.
② 분얼이나 분지가 일정 기간 내에 일시에 발생하는 방향으로 발달하였다.
③ 개화기는 일시에 집중하는 방향으로 발달하였다.
④ 탈립성이 큰 방향으로 발달하였다.

> **해설**
> 탈립성이 작은 방향으로 수량은 많은 방향으로 발달하였다.

45 다음 논의 용수량(Q) 계산식에서 A에 해당되는 것은?

$$Q = (엽면증산량 + 수면증발량 + 지하침투량) - A$$

① 강수량 ② 강우량
③ 유효우량 ④ 흡수량

> **해설**
> 용수량 = (엽면증산량 + 수면증발량 + 지하침투량) - 유효우량

46 신품종이 기본적으로 구비해야 하는 특성으로 옳지 않은 것은?

① 균일성 ② 변이성
③ 구별성 ④ 안정성

> **해설**
> 신품종의 구비조건에는 구별성, 균일성, 안정성이 있다. 기존에 알려진 품종과 명확하게 구별되어야 하고 구별된 품종의 특성이 균일하게 발현되어야 한다. 또한 세대를 거듭하여 품종번식을 하여도 구별성과 균일성의 본질적 특성이 변하지 않아야 한다.

47 강산성 토양에서 가급도가 감소하여 작물생육에 부족하기 쉬운 원소가 아닌 것은?

① 마그네슘 ② 칼슘
③ 망간 ④ 인

> **해설**
> 강산성 토양에서 가급도가 높은 것으로 철, 망간, 구리, 붕소 등이 있다.

48 벼 생육기간 중 냉해에 가장 약한 시기는?

① 감수분열기 ② 등숙기
③ 분얼기 ④ 유묘기

> **해설**
> 작물의 경우 감수분열기에 냉해에 가장 약하다.

49 다음 중 연작의 피해가 가장 작은 작물로만 나열된 것은?

① 고추, 강낭콩, 수박
② 고구마, 완두, 토마토
③ 수수, 감자, 가지
④ 벼, 담배, 옥수수

> **해설**
> 벼, 맥류, 조, 수수, 옥수수, 담배, 무, 당근, 양파, 호박, 순무, 아스파라거스, 딸기, 미나리, 양배추 등은 연작의 피해가 적은 작물이다.

50 순3포식 농법에 대한 설명으로 옳은 것은?

① 포장을 3등분하여 경지의 $\frac{2}{3}$는 춘파곡물이나 추파곡물을 재식하고 나머지 $\frac{1}{3}$은 휴한하는 방법이다.
② 포장을 3등분하여 $\frac{2}{3}$는 곡물을 재배하고 나머지 지역에는 콩과 녹비작물을 재배하는 방법이다.
③ 식량과 가축의 사료를 생산하면서 지력을 유지하고 중경효과까지 얻기 위하여 적합한 작물을 조합하는 방법이다.
④ 미국의 옥수수지대에서 실시하는 윤작 방식으로 옥수수, 콩, 귀리, 클로버를 조합하여 경작하는 방법이다.

> **해설**
> 순3포식(순삼포식)농법은 포장을 3등분하여 1/3은 여름작물, 1/3은 겨울작물을 재배하고 나머지 1/3은 휴한하는 방법이다.

정답 44 ④ 45 ③ 46 ② 47 ③ 48 ① 49 ④ 50 ①

51 다음 중 과수의 핵과류에 해당하지 않는 것은?

① 복숭아 ② 자두
③ 사과 ④ 살구

해설
사과는 인과류에 해당한다.

52 발아 최저온도가 가장 낮은 작물은?

① 콩 ② 옥수수
③ 귀리 ④ 호박

해설
작물에 따라 저온에서 발아하는 귀리, 호밀, 상추, 부추 등이 있고 고온에서 발아하는 토마토, 가지, 고추 등이 있다.

53 토양이나 수질 오염을 통하여 인체에 중금속 중독을 초래하며 이타이이타이병이 나타나는 것은?

① 카드뮴 ② 규소
③ 망간 ④ 몰리브덴

해설
수질오염에서 카드뮴 중독에 의해 이타이이타이병이 발생한다.

54 다음 중 작물이 주로 이용하는 토양수분은?

① 모관수 ② 결합수
③ 중력수 ④ 흡착수

해설
결합수, 중력수 등은 작물이 이용이 어려운 수분이며 주로 모관수가 이용되는 유효수분이다.

55 서로 도움이 되는 특성을 지닌 두 가지 작물을 같이 재배할 경우 이 두 작물을 일컫는 가장 적절한 용어는?

① 대파작물 ② 앞작물
③ 동반작물 ④ 구황작물

해설
서로 도움이 되는 특성을 지는 작물을 같이 재배하는 경우 동반작물이라 한다.

56 다음 중 벼의 수해를 크게 하는 조건으로 가장 알맞은 것은?

① 저수온, 청수, 유수
② 저수온, 탁수, 정체수
③ 고수온, 청수, 유수
④ 고수온, 탁수, 정체수

해설
침관수해는 맑은 물보다 흐린물에, 흐르는물보다는 정체된 물에 피해가 더 크며 수온이 높을 경우 산소도가 낮아 피해가 더 커진다.

57 다음 중 요수량이 가장 적은 작물은?

① 호박 ② 알팔파
③ 옥수수 ④ 완두

해설
요수량이 적은 식물로 수수, 기장, 옥수수 등이 있다.

58 침관수 피해에 대한 대책으로 옳지 않은 것은?

① 퇴수 후 새로운 물을 갈아 댄다.
② 김을 매어 지중통기를 좋게 한다.
③ 침수 후에는 병충해의 발생이 줄어들기 때문에 방제가 필요없다.
④ 피해가 심할 때에는 추파, 보식 등을 한다.

해설
침수 피해를 받게 되면 병충해의 발생이 증가하기에 방제가 필요하다.

59 다음 중 작물재배 시 부족하면 수정·결실이 나빠지는 미량원소는?

① Mg ② B
③ S ④ Ca

해설
붕소는 세포 분열과 수정에 관여하여 부족할 경우 수정, 결실이 나빠지고 불임이 발생하기도 한다.

정답 51 ③ 52 ③ 53 ① 54 ① 55 ③ 56 ④ 57 ③ 58 ③ 59 ②

60 다음 중 C₄ 작물은?

① 벼　　② 옥수수
③ 밀　　④ 보리

해설
C₄ 식물은 광 효율이 좋은 것이 특징으로 옥수수, 사탕수수 등이 있다.

4과목　농약학

61 약효지속시간이 길어야 하는 보호살균제의 특성을 고려하였을 때, 보호살균제 살포액의 가장 중요한 물리적 특성은?

① 습윤성과 확전성
② 부착성과 고착성
③ 현수성과 유화성
④ 침투성과 입자의 크기

해설
보호살균제는 살포 후 표면에서 부착성과 고착성이 우수한 것이 약효지속시간을 늘릴 수 있다.

62 수화제(Wettable Powder; WP)에 주로 사용되는 증량제는?

① toluene　　② sulfamate
③ bentonite　　④ methanol

해설
수화제는 주로 벤토나이트를 사용하며 계면활성제 등을 배합하여 혼합 분쇄하여 제조한다.

63 농약의 독성과 관련된 설명 중 옳지 않은 것은?

① 농약은 유해한 생물에만 유효하고 그 밖의 생물에는 무독해야 한다.
② 병, 해충의 내성으로 인한 약효 저하로 고독성농약 등록이 늘어가고 있다.
③ 독성이 약한 농약도 체내에 다량섭취되면 독작용을 나타낸다.
④ 농약의 독성강도에 따라 적절한 주의를 기울여 피해를 최소화 한다.

해설
병, 해충의 내성 증가를 방지하기 위해 종합적 방제방법의 활용이 늘어가고 있으며 고독성 농약의 경우 환경 및 유해 문제로 줄어가고 있는 실정이다.

64 비교적 지효성이고 화학적인 안정성이 크며 약효기간이 긴 특성을 가지고 있는 유기인계 살충제는?

① Phosphate 형
② Thiophosphate 형
③ Dithiophosphate 형
④ Phosphonate 형

해설
유기인계 살충제인 Dithiophosphate형은 지효성이며 화학적 안정성이 커서 약효기간이 긴 편이다.

65 농약의 약효를 최대로 발현시키기 위한 방법으로 가장 거리가 먼 것은?

① 방제적기에 농약 살포
② 적정농도의 정량살포
③ 병해충 및 잡초에 알맞은 농약의 선택
④ 효과가 좋은 농약 한가지만을 계속 사용

해설
농약을 한가지만 사용하면 약효에 대한 저항성이 생겨 효율이 떨어진다.

66 농약에서 계면활성제의 작용으로 거리가 먼 것은?

① 습윤 작용(wetting property)
② 응집 작용(coagulating property)
③ 침투 작용(penetrating property)
④ 고착 작용(adhesive property)

해설
계면활성제는 물과 기름의 계면에서 표면장력을 감소시켜 약품의 습윤성, 부착성 및 고착성, 확전성을 높여주는 역할을 하는데 약품을 하나로 모아주는 응집작용은 하지 않는다.

정답　60 ②　61 ②　62 ③　63 ②　64 ③　65 ④　66 ②

67 살충제를 작용기작에 따라 분류하였을 때 가장 거리가 먼 것은?

① 성장저해제 ② 신경전달저해제
③ 호흡저해제 ④ 광합성저해제

해설
살충제의 작용기작에 따른 분류로 곤충의 신경계에 작용하는 신경전달저해제, 미토콘드리아에 작용하여 호흡을 저해하는 호흡저해제, 충체 내 에너지 대사 교란, 호르몬 기능 교란 등으로 분류된다.

68 농용항생제가 아닌 것은?

① Chloropicrin ② Blasticidin-S
③ Kasugamycin ④ Streptomycin

해설
클로로피크린(chloropicrin)은 훈증제의 일종이다.

69 항생제 계통의 살균제인 streptomycin 에 대한 설명으로 옳은 것은?

① 주로 벼의 도열병 방제용으로 살포된다.
② 저독성 약제로 세균성병 방제에 사용된다.
③ 살균기작은 SH 효소에 의한 핵산합성 저해이다.
④ 수화제로 사용할 경우 주로 streptomycin 80%, 기타 증량제 20% 로 희석하여 사용한다.

해설
항생물질은 미생물이 생성하는 화합물질로 다른 미생물의 발육이나 대사작용을 억제하는 생리작용을 하는데 streptomycin 의 경우 저독성 약제로 세균성병의 억제를 통해 방제를 한다.

70 농약 독성의 발현속도(시기)에 따른 구분은?

① 고독성 ② 급성독성
③ 잔류독성 ④ 경구독성

해설
독성의 발현속도에 따라 급성독성, 아급성독성, 만성독성으로 구분한다.

71 농약의 분자구조 중 $H_2N-CO-NH_2$ 골격을 가진 농약 계열은?

① 트리아진(Triazine)계
② 아마이드(Amide)계
③ 다이아진(Diazine)계
④ 우레아(Urea)계

해설
우레아계의 분자식은 CH_4N_2O 이다.

72 농약관리법령상 농약과 농약의 포장지에 포함되어야 할 표시사항이 바르게 연결되지 않은 것은?

① 대기오염성 농약 - 경고표시와 안내문자
② 사람 및 가축에 위해한 농약 - 해독방법
③ 살충제 - 사용방법과 사용에 적합한 시기
④ 토양잔류성 농약 - 저장·보관 및 사용상의 주의사항

해설
농약관리법에서 대기오염성에 관한 표기사항은 명시되어 있지 않다. 농약관리법 시행규칙 제 23 조에 의거하여 농약 등 원제의 표시사항 및 표시 방법은 아래의 내용 등이 있다
- 맹독성, 작물잔류성, 토양잔류성 농약 등의 경고 및 주의사항
- 사람 및 가축에 위해한 농약 등 또는 원제의 경우에는 그 요지 및 해독방법
- 안전사용기준 및 취급제한기준
- 사용방법과 사용에 적합한 시기
- 포장단위
- 농약 등 또는 원제의 명칭 및 제제형태

73 유기인제에 중독되었을 때 주로 사용되는 해독제는?

① Balbitar ② PAM
③ Meticarbanol ④ Rhenitonine

해설
유기인제에 중독되었을 경우 해독제로는 황산아트로핀(atropine sulfate), 팜(PAM) 등이 효과적이다.

74 해충의 신체 골격을 이루는 키틴(chitin)의 생합성을 저해하는 살충제의 작용기작은?

① 신경 및 근육에서의 자극전달작용 저해
② 성장 및 발생과정 저해
③ 호흡과정 저해
④ 중장 파괴

> **해설**
> 키틴 생합성의 저해하면 곤충의 외골격이 연약하게 되고 외부 저항력이 약해지게 되는데 이는 성장 및 발생과정을 저해하게 된다.

75 60kg 농작물에 50% 유제를 사용하여 원제의 농도가 8mg/kg작물이 되도록 처리하려고 할 때 소요 약량(mL)은? (단, 약제의 비중은 1.07 이다)

① 0.5 ② 0.7
③ 0.9 ④ 1.2

> **해설**
> 8mg/kg 의 경우 8 ppm 이며 소요약량은 다음과 같이 구할 수 있다.
> $$소요약량(ppm) = \frac{8 \times 60 \times 100}{1,000,000 \times 1.07 \times 50} = 약 0.9 ml$$
> ※ 소요약량(ppm 기준)
> $$소요약량 = \frac{목표농도(ppm) \times 처리물량 \times 100}{1,000,000 \times 비중 \times 액농도}$$

76 45% EPN 유제 200mL를 0.3%로 희석하는데 소요되는 물의 양(mL)은?(단, 유제의 비중은 1.0 이다)

① 29800 ② 28700
③ 27600 ④ 26500

> **해설**
> 희석할 물의 양
> $$= 원액 용량 \times (\frac{원액 농도}{희석할 농도} - 1) \times 원액 비중$$
> $$= 200 ml \times (\frac{45\%}{0.3\%} - 1) \times 1 = 29,800 ml$$

77 농약의 품질불량이 원인이 되어 약해를 일으키는 경우와 가장 거리가 먼 것은?

① 유해성분의 생성에 의한 약해
② 불순물의 혼합에 의한 약해
③ 원제 부성분에 의한 약해
④ 고농도에 의한 약해

> **해설**
> 농약의 고농도에 의한 약해는 농약의 오용에 의해 발생한다.

78 농약의 일일섭취허용량(ADI) 설정식으로 옳은 것은? (단, NOAEL 은 No Observable Adverse Effect Level, MRL 은 Maximum Residue Limit의 약어이다)

① NOAEL ÷ 식품계수
② NOAEL ÷ 체중
③ NOAEL ÷ 안전계수
④ NOAEL ÷ MRL

> **해설**
> 일일섭취허용량(ADI)은 최대무작용량(NOAEL)을 산정하여 안전계수(SF)로 나누어 구한다.

79 유기인제 살충제의 특성에 대한 설명으로 옳은 것은?

① 대부분 안정한 화합물이다.
② 알칼리에 대하여 분해되기 쉽다.
③ 동·식물체 내에서의 분해가 느리다.
④ 직사광선에 의하여 분해되지 않는다.

> **해설**
> 유기인제 살충제의 경우 살충력이 강하고 적용해충의 범위가 넓은 편이다. 동, 식물체 내에서 분해가 빠르고 알칼리에 대하여 분해가 쉽다.

정답 74 ② 75 ③ 76 ① 77 ④ 78 ③ 79 ②

80 수면시용법(水面施用法)으로 살포하는 약제가 갖추어야 할 특성으로 틀린 것은?

① 물에 잘 풀리고 널리 확산되어야 한다.
② 물이나 미생물 또는 토양성분 등에 의하여 분해되지 않아야 한다.
③ 수중에서 장시간에 걸쳐 녹아 약액의 농도를 유지하여야 한다.
④ 가급적 약제의 일부는 수중에 현수되도록 친수 및 발수성을 갖추어야 한다.

해설
수면 시용법은 수면에 농약을 빠르게 확산시켜야 하며 미생물이나 토양의 유, 무기물에 의해 분해되지 않아야 한다. 일부는 수중에 현수되는 것이 좋다.

5과목 잡초방제학

81 주로 논이나 습지에 발생하는 화본과 다년생 잡초는?

① 향부자   ② 망초
③ 씀바귀   ④ 나도겨풀

해설
나도겨풀은 화본과 다년생 잡초로 주로 논에서 발생하는 논잡초이다.

82 다음 중 잡초종합방제체계 수립을 위한 선형특성적 모형에서 시작부터 완성단계로의 순서가 올바르게 나열된 것은?

① 모형의 평가 및 수정 → 문제유형의 검토 → 잡초군락의 예찰 → 제초방법의 선정 → 방제체계의 적용
② 문제유형의 검토 → 잡초군락의 예찰 → 제초방법의 선정 → 방제체계의 적용 → 모형의 평가 및 수정
③ 제초방법의 선정 → 잡초군락의 예찰 → 방제체계의 적용 → 문제유형의 검토 → 모형의 평가 및 수정
④ 잡초군락의 예찰 → 문제유형의 검토 → 방제체계의 적용 → 모형의 평가 및 수정 → 제초방법의 선정

해설
잡초종합방제에서 선형특성적 모형의 과정을 보면 발생 유형의 문제를 검토하고 잡초군락을 조사하여 제초방법 및 방제체계를 선정하게 된다. 이후 실행한 방제방법에 대한 평가 및 수정을 통해 보완하도록 한다.

83 제초제의 살초형태와 가장 거리가 먼 것은?

① 숙기억제   ② 황화
③ 고사   ④ 괴사

해설
살초형태는 잡초가 고사해가는 형태 및 과정 등을 표현한 것으로 황화, 고사, 괴사 등이 있다.

84 잡초를 형태학적으로 분류할 때 관계없는 것은?

① 광엽 잡초   ② 로제트형 잡초
③ 화본과 잡초   ④ 방동사니과 잡초

해설
로제트형 잡초는 생장형에 따른 분류에 속한다.

85 수용성이 아닌 원제를 아주 작은 입자로 미분화시킨 분말로 물에 분산시켜 사용하는 제초제의 제형은?

① 유제   ② 보조제
③ 수용제   ④ 수화제

해설
수화제는 물에 녹지 않는 주제를 분말형태로 벤토나이트 및 계면활성제 등을 이용하여 분산 및 제제하며 골고루 퍼지는 현수성이 중요하다.

86 광합성을 억제하는 계통의 제초제가 아닌 것은?

① Triazine 계   ② Urea 계
③ Acetamide 계   ④ Bipyridylium 계

해설
광합성 저해 제초제
· 벤조티아디아졸계 : bentazone
· 트리아진계 : simazine, atrazine
· 요소계 : linuron, methabenzthiazuron
· 아마이드계 : proranil

정답 80 ③ 81 ④ 82 ② 83 ① 84 ② 85 ④ 86 ③

87 다음 중 일년생 잡초로만 나열된 것은?

① 여뀌, 물달개비 ② 벗풀, 띠
③ 보풀, 민들레 ④ 올방개, 토끼풀

해설
1년생 잡초에는 물달개비, 물옥잠, 사마귀풀, 여뀌, 마디꽃, 자귀풀 등이 있다.

88 제초제의 선택성에 영향을 미치는 요인 중 물리적 요인으로 가장 거리가 먼 것은?

① 처리 방법 ② 제형
③ 처리 약량 ④ 광도

해설
광도는 환경적 요인에 속한다.

89 다음 중 광엽 잡초로만 나열한 것은?

① 여뀌, 명아주
② 매자기, 쇠털골
③ 돌피, 띠
④ 향부자, 바랭이

해설
광엽잡초에는 닭의장풀, 명아주, 가래, 물달개비, 쇠비름, 비름, 질경이, 여뀌, 깨풀 등이 있다.

90 다음 중 잡초의 유용성으로 가장 거리가 먼 것은?

① 병해충의 서식처가 된다.
② 토양에 유기물을 공급해 준다.
③ 토양 유실을 방지해 준다.
④ 작물개량을 위한 유전자 자원으로 활용될 수 있다.

해설
잡초는 병해충의 서식처가 되는 것은 잡초의 단점에 해당한다.

91 잡초종자의 발아 습성으로 옳지 않은 것은?

① 발아의 준동시성
② 발아의 계절성
③ 발아의 불연속성
④ 발아의 주기성

해설
잡초종자의 발아습성으로 주기성, 준동시성, 연속성, 계절성, 기회성이 있다.

92 식물영양소 중 작물과 잡초에 가장 많이 요구되는 영양소들로만 나열된 것은?

① 염소, 철, 게르마늄
② 철, 몰리브덴, 셀렌
③ 칼륨, 질소, 인산
④ 코발트, 나트륨, 붕소

해설
작물과 잡초가 가장 많이 요구되는 영양소는 다량원소인 질소, 인산, 칼륨 등이 있다.

93 다음 중 주로 괴경으로 번식하는 논잡초는?

① 올방개 ② 깨풀
③ 속속이풀 ④ 꽃다지

해설
괴경으로 번식하는 논잡초로 너도방동사니, 올방개, 매자기 등이 있다.

94 잡초에 대한 작물의 경합력을 높이는 방법으로 가장 적절한 것은?

① 무비재배를 한다.
② 직파재배를 한다.
③ 이앙·이식재배를 한다.
④ 무경운재배를 한다.

해설
이식재배를 하면 생육기간이 연장되고 토지이용률이 증대된다. 또한 생육 촉진 및 숙기가 단축되어 경합력이 높아진다.

95 다음 중 잡초경합 한계기간이 가장 긴 작물은?

① 녹두 ② 양파
③ 밭벼 ④ 콩

해설
잡초경합한계기간으로 양파는 약 56일 정도로 상대적으로 긴 편이다.

정답 87 ① 88 ④ 89 ① 90 ① 91 ③ 92 ③ 93 ① 94 ③ 95 ②

96 작물과 잡초간의 경합에 관여하는 주요한 요인으로 가장 거리가 먼 것은?

① 수분　　② 광
③ 영양분　④ 제초제 내성

해설
경합의 인자로 양분, 수분, 광, 밀도 등이 있다.

97 다음 중 선택성 제초제는?

① 2,4-D　　　② Paraquat
③ Glufosinate　④ Glyphosate

해설
선택성 제초제에는 2,4-D, 디캄바, 뷰타클로르 등이 있다.

98 다음 중 암발아 잡초 종자에 해당하는 것은?

① 쇠비름　　② 바랭이
③ 광대나물　④ 소리쟁이

해설
암발아 종자는 별꽃, 냉이, 광대나물 등이 있다.

99 잡초의 번식에 대한 설명으로 옳지 않은 것은?

① 영양번식은 포복경, 지하경, 인경, 구경 등을 통해 이루어지는 것을 말한다.
② 돌피, 바랭이, 냉이는 유성번식을 한다.
③ 다년생 잡초는 영양번식과 유성번식을 겸한다.
④ 일년생 잡초는 자가수정에 의해서만 번식한다.

해설
일년생 잡초는 자가수정외에도 타가수정으로 번식하는 종류도 있다. 대표적인 자가수정 작물로 벼, 보리, 콩, 토마토 등이 있다.

100 다음 중 외래잡초로만 나열된 것은?

① 돼지풀, 올미
② 너도방동사니, 흰명아주
③ 개망초, 어저귀
④ 올방개, 광대나물

해설
외래 잡초에는 미국가막사리, 미국개기장, 가는털비름, 단풍잎돼지풀, 소리쟁이, 도꼬마리, 서양민들레, 개망초, 애기달맞이꽃, 어저귀 등이 있다.

국가기술자격 필기시험문제

2022년 기사 제1회 과년도 기출문제

자격종목	종목코드	시험시간	형별	수험번호	성명
식물보호기사		2시간 30분			

1과목 식물병리학

01 소나무 잎마름병의 병징에 대한 설명으로 옳은 것은?

① 봄에 묵은 잎이 적갈색으로 변하면서 대량으로 떨어진다.
② 잎에 바늘구멍 크기의 적갈색 반점이 나타나고 동심원으로 커진다.
③ 수관 하부에 있는 이에서 담갈색 반점이 생기면서 발생하여 상부로 점차 진전한다.
④ 잎에 띠 모양의 황색 반점이 생기다가 갈색으로 변하면서 반점들은 합쳐진다.

해설
소나무 잎마름병은 여름철 고온 다습한 환경에서 많이 발생하는데 띠모양의 황색반점이 교대로 형성되어 갈변하다가 반점들이 합쳐지게 된다.

02 다음 중 균류의 영양기관은?

① 왁스층   ② 포자낭
③ 분생포자 ④ 균사체

해설
균사체, 선상균사, 균핵, 자좌, 근상균사속 등은 영양기관이다.

03 식물병 발생에 필요한 3대 요인에 속하지 않는 것은?

① 기주   ② 병원체
③ 매개충 ④ 환경요인

해설
식물병 발생의 3대 요인에 기주, 병원체, 환경이 있으나 매개충은 식물병을 전반시키는 중간매개 역할만을 한다.

04 다음 중 사과 겹무늬썩음병의 병원균은?

① 곰팡이   ② 바이러스
③ 세균   ④ 파이토플라스마

해설
사과 겹무늬썩음병은 부패병이라 하며 곰팡이에 의해 발생한다.

05 다음 중 오이류 덩굴쪼김병의 방제 방법으로 가장 효과가 낮은 것은?

① 종자를 소독한다.
② 저항성 품종을 재배한다.
③ 잎 표면에 약제를 집중적으로 살포한다.
④ 호박이나 박을 대목으로 접목하여 재배한다.

해설
오이류 덩굴쪼김병은 병원균이 뿌리의 각피를 뚫고 침입하기에 잎 표면에 약제를 집중적으로 살포하는 것은 방제효과가 나타나지 않는다. 방제를 위해 종자 및 토양을 소독하고 감염된 식물은 소각하고 과습을 방지하도록 한다.

06 병원균이 불완전세대로 *Pycicularia grisea* (*P. oryzae*)인 식물병은?

① 보리 줄기녹병
② 벼 도열병
③ 감귤 잿빛곰팡이병
④ 오이 흰가루병

해설
벼 도열병의 병원균은 *Pyricularia oryzae* 이며 갈색의 방추형 병반이 나타난다.

정답 01 ④ 02 ④ 03 ③ 04 ① 05 ③ 06 ②

07 자주날개무늬병이 속하는 진균류는?

① 담자균 ② 병꼴균
③ 난균 ④ 접합균

> **해설**
> 자줏빛날개무늬병균은 진균(담자균류)에 속한다.

08 다음 중 유주자낭을 형성하는 병원균은?

① 오이 흰가루병균
② 딸기 시들음병균
③ 고추 역병균
④ 토마토 잿빛곰팡이병균

> **해설**
> 고추 역병균은 회색가루 형태의 유주자낭을 형성한다.

09 배나무 붉은별무늬병에 대한 설명으로 옳지 않은 것은?

① 잎에 병무늬가 많이 형성되면 조기 낙엽의 원인이 된다.
② 주요 발병 부위는 잎, 열매, 가지이다.
③ 병원균이 기주교대를 하지 않는다.
④ 병원균은 순활물기생균이다.

> **해설**
> 붉은별무늬병은 담자균류에 의해 발생하며 기주는 사과나무, 배나무 등이 있으며 중간기주는 향나무로서 기주교대를 한다.

10 자낭균이며 표징이 잘 나타나지 않는 것은?

① 보리 겉깜부기병
② 벼 잎집무늬마름병
③ 밀 줄기녹병
④ 벼 깨씨무늬병

> **해설**
> 벼 깨씨무늬병은 병원은 진균(*Cochliobolus miyabeanus*)으로 자낭포자로 인한 표징은 잘 나타나지 않는다.

11 다음 중 매개충에 의해 경란 전염하는 바이러스는?

① 보리 줄무늬모자이크병
② 감자 X 바이러스병
③ 담배 모자이크병
④ 벼 줄무늬잎마름병

> **해설**
> 경란전염은 매개충의 알을 통해 바이러스가 전파되는 것을 의미하며 벼 줄무늬잎마름병의 바이러스는 애멸구에 의해 경란전염된다.

12 감자 역병에 대한 설명으로 옳지 않은 것은?

① 아일랜드 대기근의 원인이다.
② 병원균은 자웅동형성이다.
③ 역사적으로 1845년경에 대발생했다.
④ 무병 씨감자를 사용하여 방제할 수 있다.

> **해설**
> 감자 역병의 병원균은 자웅이주균이다.

13 식물병원균에 대한 길항균으로 많이 사용되는 것은?

① *Streptomyces scabies*
② *Trichoderma harzianum*
③ *Penicillium expansum*
④ *Rhizoctonia solani*

> **해설**
> 생물학적 방제용 길항균으로 *Ampelomyces*, *Candida*, *Trichoderma* 등이 있다

14 다음 중 크기가 가장 작은 것은?

① 세균 ② 곰팡이
③ 바이러스 ④ 바이로이드

> **해설**
> 바이로이드는 외부단백질이 없는 핵산만으로 구성되어 있으며 가장 작은 크기의 병원체이다.

정답 07 ① 08 ③ 09 ③ 10 ④ 11 ④ 12 ② 13 ② 14 ④

15 푸사리움균(*Fusarium*)에서 알려졌으며 하나의 세포 내에 유전적으로 다른 2개 이상의 반수체핵이 존재하는 현상은?

① 이질반핵현상 ② 이질다핵현상
③ 동질반핵현상 ④ 동질다핵현상

> **해설**
> 이질다핵현상은 하나의 세포 내에 유전적으로 다른 2개 이상의 반수체핵이 존재하는 현상을 말한다. 이러한 원인은 균사가 생육을 하는 동안 다른 균주의 균사와 접촉을 할때 세포벽이 부분적으로 용해되면서 2개의 균사체가 융합되어 세포벽과 핵이 합치면서 발생한다.

16 감염된 식물체 중 가축이 먹으면 가장 해로운 병은?

① 담배 모자이크병
② 보리 붉은곰팡이병
③ 콩 자주무늬병
④ 벼 도열병

> **해설**
> 맥류 붉은곰팡이병균은 역사적으로 곡류등을 통해 인체에 흡수되어 유해한 균독소를 분비해 많은 사상자를 내기도 하였다.

17 밤나무 줄기마름병의 병반 부위의 전형적인 병징은?

① 비대   ② 천공
③ 위조   ④ 궤양

> **해설**
> 밤나무 줄기마름병의 주된 병징은 수피의 궤양과 잎의 시들음이다.

18 노지에서 고추 역병이 가장 잘 발병하는 요인은?

① 사질토양   ② 고온
③ 건조   ④ 침수

> **해설**
> 고추 역병의 경우 장마기간에 기온이 낮고 습도가 높은 조건에서 많이 발생하기에 침수조건에서 잘 발생한다.

19 식물병 진단방법 중 형광항체법을 이용하는 것은?

① 혈청학적 진단
② 생물학적 진단
③ 물리적 진단
④ 핵산분석에 의한 진단

> **해설**
> 혈청학적 진단방법에는 슬라이드법, 한천겔확산법, 형광항체법, 효소결합항체법(ELISA)가 있고 이들은 바이러스로 인한 식물병의 진단방법이다.

20 다음 중 진딧물에 의해 바이러스가 전염되어 발생하는 병은?

① 콩 불마름병
② 벼 도열병
③ 배추 모자이크병
④ 대추나무 빗자루병

> **해설**
> 모자이크병은 바이러스에 의해 발생한다.

| 2과목 | 농림해충학 |

21 곤충의 생식 기관이 아닌 것은?

① 심문   ② 저장낭
③ 부속샘   ④ 송이체

> **해설**
> 심문은 심장에 있는 부분이다.

22 거미와 비교한 곤충의 특징으로 가장 거리가 먼 것은?

① 겹눈과 홑눈이 있다.
② 변태를 하는 종이 있다.
③ 4쌍의 다리를 가지고 있다.
④ 몸이 머리, 가슴, 배 3부분으로 되어 있다.

> **해설**
> 곤충은 3쌍의 다리를 가지고 있다.

정답 15 ② 16 ② 17 ④ 18 ④ 19 ① 20 ③ 21 ① 22 ③

23 사과굴나방에 대한 설명으로 옳지 않은 것은?

① 알로 잎 속에서 월동한다.
② 피해 입은 잎이 뒷면으로 말린다.
③ 잎 뒷면에 성충이 우화하여 나간 구멍이 있다.
④ 사과나무, 배나무, 복숭아나무의 잎을 가해한다.

해설
사과굴나방은 번데기로 잎에서 월동한다.

24 담배나방에 대한 설명으로 틀린 것은?

① 고추의 주요 해충 중 하나이다.
② 땅속에서 번데기로 월동한다.
③ 1년에 1회 발생한다.
④ 담배에 피해를 준다.

해설
담배나방은 1년에 3회 발생한다.

25 벼의 해충 중 흡즙에 의한 직접적인 피해 외에도 줄무늬잎마름병과 검은줄오갈병의 바이러스병을 매개하여 간접적인 피해를 주는 해충은?

① 이화명나방 ② 혹명나방
③ 벼멸구   ④ 애멸구

해설
애멸구는 벼를 직접 흡즙가해하나 큰 피해를 주지 않는다. 그러나 출수기에 이삭을 흡즙하여 임실율이 떨어지고 그을음병을 유발한다. 이러한 피해 이외에도 줄무늬잎마름병, 검은줄오갈병 등의 바이러스병을 매개한다.

26 점박이응애에 대한 설명으로 옳지 않은 것은?

① 알은 투명하다.
② 기주범위가 넓다.
③ 부화직후의 약충은 다리가 4쌍이다.
④ 여름형과 월동형 성충의 몸 색깔이 다르다.

해설
점박이응애의 약충은 다리가 3쌍이다.

27 다음 중 가해하는 기주가 가장 다양한 해충은?

① 벼멸구   ② 솔잎혹파리
③ 사과혹진딧물 ④ 미국흰불나방

해설
미국흰불나방은 주로 포플러, 벚나무 등에 피해를 주는데 활엽수 200 여종 정도로 피해 범위가 넓다.

28 외부의 자극에 반응하여 곤충이 행동하는 유형이 아닌 것은?

① 주굴성   ② 주광성
③ 주화성   ④ 주수성

해설
외부의 자극에 반응하는 주성에는 주광성, 주화성, 주수성, 주류성, 주지성 등이 있다.

29 복관을 갖고 있는 곤충은?

① 좀   ② 낫발이
③ 진딧물   ④ 톡톡이

해설
톡토기가 가지고 있는 복관은 수면 위에 부유시 몸을 지탱하고 수분조절과 호흡의 역할을 담당한다.

30 식도하신경절에 의해 운동신경과 감각신경의 지배를 받지 않는 기관은?

① 큰턱   ② 작은턱
③ 더듬이   ④ 아랫입술

해설
뇌는 식도신경환에 의해 식도하신경절에 연결되어 큰턱, 작은턱, 아랫입술 등의 운동 및 감각신경에 관련된다.

정답 23 ① 24 ③ 25 ④ 26 ③ 27 ④ 28 ① 29 ④ 30 ③

31 곤충의 생리에 대한 설명으로 가장 거리가 먼 것은?

① 기관 호흡을 한다.
② 연속되는 탈피를 통해 몸을 키운다.
③ 완전변태류의 경우 번데기 과정을 거친다.
④ 혈액 속 헤모글로빈에 의해 산소를 공급받는다.

> 해설
> 곤충은 혈액을 통해 산소를 운반하지 않으며 호흡계를 통해 산소를 공급받는다.

32 간모를 통해 단위생식을 하는 것은?

① 배추순나방   ② 점박이응애
③ 가루깍지벌레   ④ 복숭아혹진딧물

> 해설
> 간모가 단위생식으로 증식하는 해충으로 진딧물류가 있다.

33 곤충의 전형적인 더듬이의 주요부분 중 존스턴기관을 가지고 있는 것은?

① 자루마디   ② 팔굽마디
③ 채찍마디   ④ 관절점

> 해설
> 팔굽마디(흔들마디)는 존스턴씨기관이 있어 공기의 진동을 통해 소리를 인지하거나 바람의 방향을 느낀다.

34 마늘에 피해를 주는 고자리파리의 방제방법으로 가장 효과가 적은 것은?

① 천적인 고자리혹벌을 이용한다.
② 미숙 유기질 비료를 많이 시용한다.
③ 파종 또는 이식 전에 토양살충제를 살포한다.
④ 연작지에서 발생과 피해가 심하므로 윤작을 실시한다.

> 해설
> 미숙 유기질 비료 사용시 고자리파리의 발생량이 증가된다.

35 외시류 곤충의 겹눈을 구성하는 낱눈의 수의 변화에 대한 설명으로 옳은 것은?

① 약충 발육기간 중에만 증가한다.
② 변태기에만 증가한다.
③ 탈피기와 변태기에 모두 증가한다.
④ 아무런 수의 변화가 없다.

> 해설
> 겹눈을 구성하는 낱눈은 곤충에 따라 차이가 나며 개미의 경우 수개, 잠자리의 경우 1만개~2만8천개 정도로 다양하다.

36 파리의 날개는 몸의 어느 부위에 부착되어 있는가?

① 등판   ② 앞가슴
③ 가운데가슴   ④ 뒷가슴

> 해설
> 파리목의 날개는 가운데 가슴에 1쌍이 달려 있다.

37 곤충의 배설계에 대한 설명으로 옳지 않은 것은?

① 말피기관의 끝은 막혀 있다.
② 지상곤충은 주로 질소대사산물을 암모니아 형태로 배설한다.
③ 말피기관은 중장과 후장의 접속부분에서 후장에 연결되어 있다.
④ 말피기관 밑부와 직장은 물과 무기이온을 재흡수하여 조직 내의 삼투압을 조절한다.

> 해설
> 지상곤충은 질소대사산물을 요산의 형태로 배설한다.

38 아성충 단계가 있고, 유충은 기관아가미로 호흡하는 곤충류는?

① 모기   ② 파리
③ 총채벌레   ④ 하루살이

> 해설
> 아성충 단계는 하루살이목에서만 관찰되는 특이한 발생단계로 아성충단계에서 탈피를 해야 완전한 성충이 된다. 또한 하루살이는 배의 마디에 한쌍의 기관아가미를 가지고 이를 통해 호흡을 한다.

정답 31 ④ 32 ④ 33 ② 34 ② 35 ③ 36 ③ 37 ② 38 ④

39 다음 설명에 해당하는 살충제는?

◎ 접촉독, 식독작용 및 흡입독작용을 가진다.
◎ 살충력이 극히 강하고 작용범위도 넓으나 포유류에 대한 독성이 매우 강하여 현재 국내에서는 사용이 금지된 농약이다.
◎ 일부 외국에서는 사용되고 있어 식품 중 잔류허용기준이 고시된 농약이다.

① 니코틴 ② 비산석회
③ 파라티온 ④ 피레스린

해설
파라티온은 유기인계 살충제의 일종이며 갈색을 띠고 있다. 사람이나 가축에 유해하여 제조 및 사용이 국내에서는 금지되어 있다.

40 근육 부착을 위한 머리내 골격 구조를 무엇이라 하는가?

① 봉합선(suture)
② 합체절(tagma)
③ 막상골(tentorium)
④ 두 개(cranium)

해설
막상골은 곤충 두부의 내부에 있는 내골격으로 구기, 촉각 등을 움직이는 근육의 부착점이다.

3과목 재배학원론

41 다음 중 굴광현상에 가장 유효한 광은?

① 청색광 ② 녹색광
③ 자색광 ④ 자외선

해설
굴광현상에 효과가 큰 파장은 440~480nm 중심의 청색광이다.

42 다음 중 작물의 주요온도에서 생육이 가능한 범위 내 최고온도가 가장 높은 것은?

① 사탕무 ② 옥수수
③ 보리 ④ 밀

해설
옥수수의 경우 유효온도 8~44℃ 정도로 범위가 넓으며 최고온도는 44℃ 이다.

43 다음 중 작물의 복토깊이가 가장 깊은 것은?

① 양파 ② 생강
③ 배추 ④ 시금치

해설
양파 0.5~1cm, 배추 1.5~2cm, 시금치 2.5~3cm, 생강 5~9cm 정도의 복토깊이로 생강이 보기중 가장 깊다.

44 작물 체내에서 전류이동이 잘 이루어져 결핍될 경우 결핍증상이 오래된 잎에 먼저 나타나는 다량원소는?

① 아연 ② 철
③ 붕소 ④ 질소

해설
질소가 결핍될 경우 오래된 잎부터 먼저 떨어지고 황백화현상이 발생한다.

45 재배포장에서 파종된 종자의 발아상태를 조사할 때 "발아한 것이 처음 나타난 날"을 무엇이라 하는가?

① 발아전 ② 발아의 양부
③ 발아기 ④ 발아시

해설
종자가 처음 발아한 날을 발아시라 한다.

정답 39 ③ 40 ③ 41 ① 42 ② 43 ② 44 ④ 45 ④

46 맥류의 도복을 적게 하는 방법으로 옳지 않은 것은?

① 칼륨 비료의 시용
② 단간성 품종의 선택
③ 파종량의 증대
④ 석회 시용

해설
파종량을 증대하면 맥류가 밀식하게 되어 근계의 발달이 불량하게 되어 도복의 발생량이 증가한다.

47 다음 중 직근류에 해당하는 것으로만 나열된 것은?

① 감자, 보리 ② 당근, 우엉
③ 토란, 마   ④ 생강, 베치

해설
무, 당근, 우엉 등은 직근류에 해당한다.

48 벼에서 염해가 우려되는 최소 농도는?

① 0.04% NaCl ② 0.1% NaCl
③ 0.7% NaCl   ④ 0.9% NaCl

해설
벼에 염해가 발생하는 농도는 0.1% 내외이다. 0.3% 이상에서는 벼를 수확하기 힘들다.

49 ( )에 알맞은 내용은?

◎ 옥수수, 수수 등을 재배하면 잡초가 크게 경감되므로 ( ) 이라고 한다.

① 동반작물 ② 휴한작물
③ 중경작물 ④ 환금작물

해설
옥수수, 수수 등의 중경작물들은 잡초의 발생이 줄어들게 되며 생육 도중 중경작업을 실시해야 한다.

50 다음 중 요수량이 가장 적은 작물은?

① 호박   ② 완두
③ 옥수수 ④ 클로버

해설
요수량이 적은 식물로 수수, 기장, 옥수수 등이 있다.

51 작물의 내염성 정도가 강한 것으로만 나열된 것은?

① 완두, 레몬   ② 셀러리, 고구마
③ 양배추, 순무 ④ 살구, 복숭아

해설
내염성 작물로 사탕무, 목화, 양배추, 순무, 유채 등이 있다.

52 군락의 수광태세가 좋아지고 밀식적응성이 높은 콩의 초형으로 틀린 것은?

① 잎이 크고 두껍다.
② 잎자루가 짧고 일어선다.
③ 꼬투리가 원줄기에 많이 달린다.
④ 가지를 적게 치고 가지가 짧다.

해설
군락의 수광태세가 좋아지는 콩의 초형은 잎이 작고 가늘어야 한다.

53 작물의 내동성에 대한 설명으로 가장 옳은 것은?

① 세포액의 삼투압이 높으면 내동성이 증대한다.
② 원형질의 친수성콜로이드가 적으면 내동성이 커진다.
③ 전분함량이 많으면 내동성이 커진다.
④ 조직즙의 광에 대한 굴절률이 커지면 내동성이 저하된다.

해설
추위에 대한 작물의 내동성이 중요한데 품종에 따라 차이가 있으나 작물내부에 수분 함량이 적거나 유지함량이 높을수록 내동성이 강한편이다. 작물의 가용성 당분함량이 높을수록 전분함량이 낮을수록 내동성이 증가하고 세포의 삼투압이 높아지면 내동성이 커진다.

정답 46 ③ 47 ② 48 ② 49 ③ 50 ③ 51 ③ 52 ① 53 ①

54 다음 중 휴작기간이 가장 긴 작물은?

① 미나리 ② 당근
③ 아마 ④ 토마토

해설
인삼, 아마는 10년 이상의 휴작기간이 요구되는 작물로 보기 중 가장 길다.

55 다음 중 작물의 교잡률이 0.0 ~ 0.15% 에 해당하는 것은?

① 아마 ② 가지
③ 수수 ④ 보리

해설
보리의 자연 교잡률은 0~0.15% 이며 밀 0.3~0.5%, 귀리 0.04 ~ 1.04%, 벼 0.2~1%, 참깨 2~5% 정도이다.

56 다음 중 작물재배 시 부족하면 수정, 결실이 나빠지는 미량원소는?

① P ② S
③ B ④ Ca

해설
붕소는 세포 분열과 수정에 관여하여 부족할 경우 수정, 결실이 나빠지고 불임이 발생하기도 한다.

57 질산 환원 효소의 구성 성분으로 콩과작물의 질소고정에 필요한 무기성분은?

① 철 ② 염소
③ 몰리브덴 ④ 규소

해설
몰리브덴은 질산환원효소의 구성성분으로 콩과작물 뿌리혹박테리아의 질소고정에 필요한 무기성분이다.

58 화곡류에서 규질화를 이루어 병에 대한 저항성을 높이고, 잎을 꼿꼿하게 세워 수광태세를 좋게 하는 것은?

① 철 ② 칼륨
③ 니켈 ④ 규산

해설
규산은 규소와 산소, 수소 등이 결합된 화합물로 식물의 필수원소는 아니지만 병에 대한 저항성을 높이고 도장을 줄여준다. 인산흡수 및 토양의 이온화합물의 흡수를 도와 뿌리 및 식물의 발달에 도움을 준다.

59 국화의 주년재배와 가장 관계가 있는 것은?

① 광처리 ② 온도처리
③ 영양처리 ④ 수분처리

해설
국화의 조생국은 단일처리로 개화가 촉진되고 만생추국은 장일처리로 개화가 억제된다. 이러한 광처리를 통해 연중개화하는 것을 주년재배라 한다.

60 재배의 기원지가 중앙아시아에 해당하는 것은?

① 양배추 ② 대추
③ 양파 ④ 고추

해설
지리적으로 중앙아시아가 기원지가 되는 작물로 귀리, 완두, 당근, 양파, 삼 등이 있다.

4과목 농약학

61 유제의 유화성, 수화제의 현수성을 검정하는데 사용하는 물의 경도는?

① 1.0 ② 3.0
③ 5.0 ④ 7.0

해설
유제의 수화성, 수화제의 현수성을 검정하는데 사용하는 물의 경도는 3.0 이다.

정답 54 ③ 55 ④ 56 ③ 57 ③ 58 ④ 59 ① 60 ③ 61 ②

62 농약관리법령상 새로운 농약을 제조업자가 국내에서 제조하여 국내에서 판매하기 위해 등록한 품목등록의 유효기간은?

① 3년　　② 5년
③ 10년　　④ 15년

해설
품목등록의 유효기간은 10년으로 한다.

63 교차저항성에 대한 설명으로 가장 적절한 것은?

① 어떤 약제에 의해 저항성이 생긴 곤충이 다른 약제에 저항성을 보이는 것
② 동일 곤충에 어떤 약제를 반복 살포함으로써 생기는 저항성
③ 동일 곤충에 두 가지 약제를 교대로 처리함으로써 생기는 저항성
④ 어떤 약제에 대한 저항성을 가진 곤충이 다음 세대에 그 특성을 유전시키는 것

해설
해충에 한번도 사용하지 않았지만 유사 약제에 저항성으로 동시에 사용하지 않은 약제에도 저항성이 생기는 경우를 교차저항성이라 한다.

64 환경 친화적인 제형과 가장 거리가 먼 것은?

① 미탁제　　② 수면전개제
③ 유제　　④ 유탁제

해설
미탁제 및 유탁제는 유제의 문제점을 개선하였으며 수면전개제는 생력화를 극대화함으로서 환경오염을 최소화하여 환경 친화적인 제형으로 분류된다.

65 강력한 접촉형 비선택성 제초제로서 비농경지의 논두렁 및 과수원에서 작물을 파종하기 전 잡초를 방제하는데 이용되었으나, 독성 등으로 인해 품목등록이 제한된 원제는?

① Paraquat dichloride
② Mefenacet
③ Alachlor
④ Propanil

해설
디클로라이드(Paraquat dichloride)는 강력한 접촉형 비선택성 제초제로서 농약 안전사용교육을 받은 자가 시중 판매상에게 구매가 가능할 정도로 독성이 강해 주의를 요한다.

66 병의 예방을 목적으로 병원균이 식물체에 침투하는 것을 방지하기 위해 사용되며 약효시간이 긴 특징을 갖고 있는 약제는?

① 보호살균제　　② 직접살균제
③ 종자소독제　　④ 토양살균제

해설
보호살균제는 병원균이 식물체 내로 침입하는 것을 예방하며 살포 후 작물체 표면에서의 부착성과 고착성이 우수하다.

67 Isoprothiolane 유제(50%, 비중 1.05) 100ml로 0.05% 살포액을 조제하는데 필요한 물의 양(L)은?

① 20　　② 25
③ 105　　④ 204

해설
희석할 물의 양
$= 원액용량 \times (\frac{원액의 농도}{희석할 농도} - 1) \times 원액 비중$
$= 100 \times (\frac{50}{0.05} - 1) \times 1.05 = 104,895ml ≒ 약 105 l$

정답　62 ③　63 ①　64 ③　65 ①　66 ①　67 ③

68 DDVP 유제 50%를 500배로 희석하여 면적 10a당 72L 를 살포하고자 할 때 소요약량(mL)은?

① 72 ② 144
③ 288 ④ 576

[해설]
소요약량 = $\dfrac{\text{단위면적당사용량}}{\text{소요희석배수}} = \dfrac{72000}{500} = 144ml$

69 식물생장조절제(Plant Growth Regulator ; PGR)에 대한 설명으로 틀린 것은?

① 식물의 다양한 생리현상에 영향을 미친다.
② 농작물의 생육을 촉진하거나 억제시킨다.
③ 지베렐린산은 딸기, 토마토의 숙기억제에 관여한다.
④ 아브시스산은 목화의 유과의 낙과 촉진에 관여한다.

[해설]
지베렐린은 발아 촉진, 화성 촉진, 생장 촉진 등에 관여한다.

70 분제의 제제에 있어 고려되어야 할 물리적 성질로서 가장 거리가 먼 것은?

① 입도 ② 유화성
③ 분말도 ④ 용적비중

[해설]
유화성은 액체시용제의 유제 등의 주요 성질이다.

71 훈증제(Gas; GA)와 가장 관련이 없는 것은?

① 토양소독
② 높은 휘발성
③ 재배중인 농산물
④ 압축가스 충전 용기

[해설]
훈증제는 농약을 액체, 고체 또는 압축가스상태로 용기 내에 충전한 것으로 가스가 대기 중으로 기화해 방제효과를 나타낸다. 훈증제는 저장곡물을 소독할 때 혹은 토양을 소독할 때 사용한다.

72 제형의 목적으로 적합하지 않은 것은?

① 최적의 약효발현과 최소의 약해발생을 위한 것이다.
② 농약 사용자에 대한 편이성을 위한 것이다.
③ 유효성분의 물리화학적 안전성을 향상시켜 유통기간을 연장하기 위한 것이다.
④ 다량의 유효성분을 넓은 지역에 균일하게 살포하기 위한 것이다.

[해설]
농약의 제제는 사용의 편리뿐 아니라 유효성분의 효과 증가, 약해의 억제, 환경 및 사용자의 안전성 향상, 작업성 개선 등을 목적으로 한다.

73 유기인계 농약의 일반적인 특성으로 틀린 것은?

① 살충력이 강하고 적용해충의 범위가 넓다.
② 인축에 대한 독성은 일반적으로 약하다.
③ 알칼리에 대해서 분해되기가 쉽다.
④ 동, 식물체내에서의 분해가 빠르다.

[해설]
유기인계 농약은 인축에 대한 독성이 강한편이다.

74 피레스로이드(Pyrethroid)계 살충제의 특성에 대한 설명으로 틀린 것은?

① 간접접촉제로서 곤충의 기문이나 피부를 통하여 체내에 들어가 근육마비를 일으킨다.
② 온혈동물, 인축에는 저독성이며 곤충에 따라 살충력이 강하다.
③ 중추신경계나 말초신경계에 대하여 매우 낮은 농도에서 독성작용을 일으키는 신경독성화합물이다.
④ 고온보다 저온상태에서 약효발현이 잘 된다.

[해설]
피레스로이드는 접촉제로 속효성이며 신경기능의 저해를 통해 해충을 방제한다.

정답 68 ② 69 ③ 70 ② 71 ③ 72 ④ 73 ② 74 ①

75 식품의약품안전처 고시 상 농산물에 잔류한 농약에 대하여 별도로 잔류허용기준을 정하지 않는 경우 적용하는 기준(mg/kg 이하)은?

① 0.05 ② 0.1
③ 0.5   ④ 0.01

해설
잔류허용기준이 없는 농약이 검출될 경우 일률기준(0.01 mg/kg)이 적용된다.

76 농약 살포법 중 유기분사방식으로 살포액의 입자크기를 35~100㎛ 로 작게하여 살포의 균일성을 향상시킨 살포법은?

① 분무법 ② 살분법
③ 연무법 ④ 미스트법

해설
미스트법은 미스트기로 만든 미립자를 살포하는 방법으로 분무법과 비교하여 살포량은 적지만 농도가 높고 입자가 작다. 살포 입자는 30~60um 정도로 분무법에 비해 매우 작은 입자이다.

77 선택적 침투이행 특성이 있는 제초제로 아래와 같은 분자구조를 공통적으로 갖는 계통은?

① Sulfonylurea 계
② Dithiocarbamate 계
③ Imidazole 계
④ Triazine 계

해설
설포닐우레아(sulfonylurea)계는 아미노산 생합성을 저해하는 작용기작을 하며 적은 양으로 높은 제초효과를 나타낸다. 화본과 및 광엽잡초의 방제에 효과가 있으나 광엽 잡초에 더 높은 효과가 나타난다.

78 Carbamate 계 살충제가 아닌 것은?

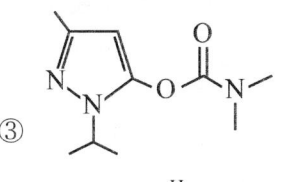

해설
보기 4번의 경우 $C_{14}H_9Cl_5$ 의 구조식을 갖는 유기염소계 농약 DDT 이다

79 유기인계 살충제와 강알칼리성 약제의 혼용을 피하는 가장 큰 이유는?

① 약해가 심하기 때문이다
② 물리성이 나빠지기 때문이다
③ 복합요인에 의한 작물의 생육 저해가 일어나기 때문이다
④ 알칼리에 의해 가수분해가 일어나기 때문이다

해설
유기인제 계통의 농약들은 강알칼리성과 혼용시 가수분해로 약효가 상실되거나 약해가 발생한다.

정답 75 ④ 76 ④ 77 ① 78 ④ 79 ④

80 농약관리법령상 농약 등의 안전사용기준에서 제한하는 항목이 아닌 것은?

① 저장량   ② 사용량
③ 사용시기 ④ 사용지역

해설
농약관리법령상 농약 등의 안전사용기준의 세부기준 항목에는 사용량, 사용시기, 사용가능횟수, 사용대상자, 사용지역 등이 있다.

5과목 잡초방제학

81 잡초의 생장형에 따른 분류로 옳은 것은?

① 직립형 - 가막사리, 명아주
② 로제트형 - 억새, 뚝새풀
③ 만경형 - 민들레, 냉이
④ 총생형 - 메꽃, 환삼덩굴

해설
생장형에 따른 분류로 직립형에는 명아주, 가막사리, 쑥부쟁이 등이 있다.

82 잡초의 생물학적 방제용으로 도입되는 곤충이 구비하여야 할 조건으로 가장 거리가 먼 것은?

① 영구적으로 소멸되지 않는 것
② 대상 잡초에만 피해를 주는 것
③ 대상 잡초의 발생지역에 잘 적응할 것
④ 인공적으로 배양 또는 증식이 용이한 것

해설
곤충의 경우 생물로서 방제하고자 하는 잡초를 없애면 소멸되어야 한다.

83 다음 중 잡초방제 한계기간이 가장 짧은 작물은?

① 콩   ② 녹두
③ 벼   ④ 보리

해설
잡초경합한계기간의 예로 녹두는 21~35일, 벼는 30~40일, 콩은 42일, 옥수수는 49일, 약파는 56일 정도로 녹두가 가장 짧다.

84 방동사니과 잡초가 아닌 것은?

① 나도겨풀   ② 쇠털골
③ 올챙이고랭이 ④ 매자기

해설
나도겨풀은 화본과 잡초이다.

85 요소계 제초제에 대한 설명으로 옳지 않은 것은?

① 광합성 저해 및 세포막 파괴에 의하여 작용한다.
② 경엽처리 효과가 없어 토양처리형으로 사용한다.
③ 제초 활성을 나타내기 위해 광이 필요하다.
④ 고농도 처리수준에서는 비선택성이다.

해설
요소계 제초제는 경엽 및 토양처리형으로 사용한다.

86 작물의 수량 감소가 가장 클 것으로 예상되는 조합은?

① C3 잡초와 C4 작물
② C3 잡초와 C3 작물
③ C4 잡초와 C3 작물
④ C4 잡초와 C4 작물

해설
C4 잡초는 광합성 능력이 뛰어나 경합에서 유리하기에 작물의 수량에 가장 큰 영향을 주게 된다.

87 다음 중 트리아진계 제초제의 주요 이행 특성은?

① 신초 생장 억제
② 조기 결실
③ 비대 생장
④ 광합성 저해

해설
트리아진계 제초제의 이행 특성으로 광합성을 저해한다.

정답 80 ① 81 ① 82 ① 83 ② 84 ① 85 ② 86 ③ 87 ④

88 일장에 거의 영향을 받지 않고 발생 후 일정한 기간이 되면 지하경을 형성하는 다년생 논잡초는?

① 돌피 ② 벗풀
③ 바랭이 ④ 올미

> **해설**
> 올미는 다년생 논잡초로 일장의 영향을 받지 않으며 뿌리부분을 통한 영양번식을 한다.

89 벼와 피의 형태에 대한 설명으로 옳은 것은?

① 피에는 잎귀와 잎혀가 있으나 벼에는 없다.
② 벼에는 잎귀와 잎혀가 있으나 피에는 없다.
③ 피에는 잎귀가 있으나 잎혀가 없다.
④ 벼에는 잎귀가 있으나 잎혀가 없다.

> **해설**
> 벼에는 잎혀와 잎귀가 있으나 피에는 없다.

90 다음 설명에 해당하는 것은?

> ◎ 두 종류의 제초제를 혼합 처리할 때의 반응이 각각 제초제를 단독 처리할 때보다 효과가 감소되는 현상이다.

① 상가작용 ② 길항작용
③ 상승작용 ④ 독립작용

> **해설**
> 길항작용은 2종류 이상의 약제를 동시에 작용할 경우 개개의 작용이 합친 것보다 더 적은 효과가 나타나거나 효과가 상쇄되는 경우를 말한다.

91 다음 중 잡초의 종별 수량이 가장 적은 것은?

① 방동사니과 ② 화본과
③ 국화과 ④ 십자화과

> **해설**
> 십자화과는 1800여종 정도로 종별 수량이 보기 중 가장 적다.

92 잡초 종자에 돌기를 갖고 있어 사람이나 동물에 부착하여 운반되기 쉬운 것은?

① 여뀌 ② 소리쟁이
③ 도꼬마리 ④ 민들레

> **해설**
> 도꼬마리, 도깨비 바늘 등의 잡초들은 갈고리 모양의 돌기가 있어 사람의 옷이나 동물의 털에 붙어 운반된다.

93 다음 중 쌍자엽 잡초의 특징에 대한 설명으로 옳은 것은?

① 산재된 유관속의 관상경을 가지고 있다.
② 생장점이 줄기 하단의 절간 부위에 있다.
③ 뿌리는 직근계이다.
④ 잎은 평행맥이다.

> **해설**
> 쌍자엽 잡초의 뿌리는 직근계(곧은뿌리)이다.

94 잡초가 제초제를 흡수하는 과정에 대한 설명으로 옳지 않은 것은?

① 토양에 잔류하는 제초제는 대부분 뿌리를 통하여 흡수된다.
② 뿌리와 잎에 의해서만 흡수된다.
③ 경엽처리제는 대부분 잎과 표면이나 기공을 통하여 흡수된다.
④ 습윤제는 잎표면의 계면장력을 줄여 제초제의 흡수를 용이하게 한다.

> **해설**
> 제초제는 뿌리, 눈, 잎 등 다양한 부위에서 흡수된다.

95 논에 주로 발생하는 잡초로만 나열된 것은?

① 명아주, 뚝새풀
② 피, 바랭이
③ 개비름, 물옥잠
④ 올미, 여뀌바늘

> **해설**
> 논잡초로는 올미, 너도방동사니, 가래, 나도겨풀, 여뀌바늘 등이 있다.

정답 88 ④ 89 ② 90 ② 91 ④ 92 ③ 93 ③ 94 ② 95 ④

96 잡초에 대한 설명으로 옳은 것은?

① 인간의 의도에 역행하는 식물이다.
② 생활주변 식물 중 순화된 식물이다.
③ 농경지나 생활주변에서 제자리를 지키는 식물이다.
④ 초본식물만을 대상으로 한 바람직하지 않은 식물이다.

해설
잡초는 작물재배를 하는 인간이 원치 않는 지역에 발생하는 것으로 인간의 의도에 역행하는 식물이다.

97 주로 종자를 번식하는 잡초로만 나열된 것은?

① 올미, 벗풀
② 가래, 쇠털골
③ 올방개, 너도방동사니
④ 강피, 물달개비

해설
종자로 번식하는 잡초에는 알방동사니, 피, 마디꽃, 물달개비 등이 있다.

98 다음 중 외국에서 유입된 잡초로만 나열된 것은?

① 망초, 너도방동사니
② 서양민들레, 뚱딴지
③ 쇠뜨기, 올미
④ 올방개, 광대나물

해설
외래 잡초에는 미국가막사리, 가는털비름, 단풍잎돼지풀, 소리쟁이, 도꼬마리, 서양민들레, 개망초, 애기달맞이꽃, 뚱딴지 등이 있다.

99 다음 중 이행형 제초제가 아닌 것은?

① Bentazon   ② Glyphosate
③ 2,4-D   ④ Difenoconazole

해설
이행형 제초제 종류로 2,4-D, 시마진, MCPA, bentazon, glyphosate 등이 있다. 디페노코나졸(Difenoconazole)은 접촉형 제초제이다.

100 다음 중 월년생 잡초로만 나열된 것은?

① 쇠비름, 명아주, 별꽃아재비
② 피, 토끼풀, 뚝새풀
③ 냉이, 별꽃, 벼룩나물
④ 개비름, 쇠비름, 물피

해설
월년생 잡초에는 달맞이꽃, 나도냉이, 엉겅퀴, 냉이, 별꽃, 속속이풀, 벼룩나물 등이 있다.

정답 96 ① 97 ④ 98 ② 99 ④ 100 ③

국가기술자격 필기시험문제

2022년 기사 제2회 과년도 기출문제

자격종목	종목코드	시험시간	형별	수험번호	성명
식물보호기사		2시간 30분			

1과목 식물병리학

01 기주 식물이 병원균의 침입에 자극을 받아 방어를 목적으로 생성하는 물질은?

① 파이토톡신 ② 펙티나아제
③ 지베렐린   ④ 파이토알렉신

[해설] 병원체가 기주식물에 침입하고 난 이후 기주에서 병원체의 발육을 억제하기 위해 발생되는 항균물질을 파이토알렉신이라 한다.

02 병원균의 침입방법으로 주로 수공감염 하는 작물의 병은?

① 감자더뎅이병 ② 보리겉깜부기병
③ 고구마무름병 ④ 벼흰잎마름병

[해설] 벼 흰잎마름병은 세균이 수공이나 상처를 통해 침입하며 도관에서 증식하여 피해를 준다.

03 배나무붉은별무늬병균의 중간 기주는?

① 매자나무   ② 향나무
③ 소나무   ④ 좀꿩의 다리

[해설] 배나무붉은별무늬병의 중간기주는 향나무로 기주 교대를 통해 피해가 확산된다.

04 병원균이 기생체 침입 시 균사가 밀집해서 감염욕을 만들어 침입하는 것은?

① 뽕나무자주날개무늬병
② 벼깨씨무늬병
③ 사과탄저병
④ 오이잿빛곰팡이병

[해설] 뽕나무 자주날개무늬병균은 균사속이 뿌리에 감염욕을 만들어 세포벽을 뚫고 침입한다.

05 생물적 방제방법의 가장 큰 장점은?

① 친환경적이다.
② 비용이 많이 들지 않는다.
③ 속효성이다.
④ 잔효성이 길다.

[해설] 생물적 방제는 화학약품을 사용하지 않는 친환경적 방제 방법이다.

06 담배모자이크바이러스의 구성 성분 중 병원성을 갖는 것은?

① 핵산   ② 단백질
③ 탄수화물   ④ 지질

[해설] 담배모자이크바이러스의 병원체는 바이러스이며 핵산과 단백질껍질로 구성되어 있다.

정답 01 ④ 02 ④ 03 ② 04 ① 05 ① 06 ①

07 도열병균의 특정 레이스를 어떤 벼 품종에 접종하였더니 병반 형성이 전혀 없거나 과민성 반응이 나타났다면 이 품종의 저항성으로 옳은 것은?

① 수평 저항성
② 수직 저항성
③ 포장 저항성
④ 레이스 비특이적 저항성

해설
특정 레이스에만 효과를 발휘하며 병반 형성은 없으나 과민성 반응이 나타나는 경우 수직저항성 혹은 특이적 저항성이라 한다.

08 포도나무 노균병균이 월동하는 곳은?

① 곤충의 유충
② 병든 잎
③ 종자
④ 뿌리

해설
포도나무 노균병은 병든 잎 조직내에서 월동한다.

09 향나무에 감염된 배나무붉은별무늬병균의 포자 이름은?

① 여름포자
② 겨울포자
③ 녹포자
④ 분생포자

해설
배나무붉은별무늬병균은 중간기주인 향나무에서 겨울포자로 존재한다.

10 식물병원 바이러스와 바이로이드의 차이점은?

① 입자내 핵산의 존재 유무
② 핵산의 종류
③ 단백질 외피의 존재 유무
④ 입자내 지질의 존재 유무

해설
바이로이드는 외부단백질 없이 한 가닥의 핵산으로 구성된 병원체이며 바이러스는 핵산과 단백질로 구성된 핵단백질로 단백질 외피의 존재 유무의 차이점이 있다.

11 저장 곡물에 Aflatoxin 이라는 독소를 생성하는 균은?

① *Aspegillus flavus*
② *Achlya oruzae*
③ *Ascochyta pisi*
④ *Alternaria mali*

해설
*Aspergillus flavus*는 토양에 흔히 존재하는 곰팡이균으로 아플라톡신(Aflatoxin)을 생산한다.

12 토양전반에 의해 발생하는 토양전염병은?

① 벼도열병
② 팥흰가루병
③ 오이모잘록병
④ 배나무갈색무늬병

해설
토양전염병에는 배추 균핵병균, 모잘록병균, 맥류 오갈병균 등이 있다.

13 담자균류에 의한 깜부기병에 대한 설명으로 옳지 않은 것은?

① 보리겉깜부기병은 화기감염으로 발병한다.
② 보리속깜부기병은 유묘감염으로 발병한다.
③ 옥수수깜부기병은 성묘감염으로 발병한다.
④ 밀비린깜부기병은 화기감염으로 발병한다.

해설
밀비린깜부기병은 유묘감염으로 발병한다.

14 진균의 특징으로 옳지 않은 것은?

① 세포내 핵이 있다.
② 영양체는 주로 균사이다.
③ 번식체는 주로 포자이다.
④ 세포벽은 키틴을 갖지 않는다.

해설
진균의 일부분인 균사는 격막의 유무로 분류되며 외부에 세포벽이 있고 그 성분은 키틴으로 이루어져 있다.

정답 07 ② 08 ② 09 ② 10 ③ 11 ① 12 ③ 13 ④ 14 ④

15 식물 바이러스병을 진단하는 방법으로 옳지 않은 것은?

① 지표식물검정법 ② 효소항체검정법
③ 그람염색법 ④ PCR법

해설 그람염색반응은 세균 검사시 활용하는 방법이다.

16 식물 검역에 대한 설명으로 옳은 것은?

① 식물에 면역작용이 생기게 하여 병을 방제하는 것
② 농약 등을 사용하여 화학적으로 방제하는 것
③ 열처리 등에 의해 병원균을 박멸하는 것
④ 병원균의 유입을 차단하고자 사전에 검사하여 병을 예방하는 것

해설 식물검역은 외국에서 유입되는 식물 및 병원체의 침입을 막기 위해 사전에 검사를 하는 예방적 방제법에 속한다.

17 수박덩굴쪼김병균이 월동하는 곳은?

① 매개곤충의 알 ② 토양
③ 저장고 ④ 중간기주

해설 수박덩굴쪼김병균은 균사로 토양에서 월동한다.

18 벼 오갈병을 매개하는 곤충은?

① 벼멸구
② 끝동매미충
③ 마름무늬매미충
④ 복숭아혹진딧물

해설 벼오갈병은 끝동매미충, 번개매미충에 의해 매개된다.

19 사과겹무늬썩음병을 일으키는 병원체는?

① 세균 ② 곰팡이
③ 바이러스 ④ 파이토플라스마

해설 사과 겹무늬썩음병은 부패병이라 하며 곰팡이에 의해 발생한다.

20 감자둘레썩음병균이 월동하는 곳은?

① 잎 ② 덩이줄기
③ 토양 ④ 열매

해설 감자둘레썩음병균이 발생하면 곰팡이병의 감염에 의해 감자의 품질이 나빠지며 이러한 병균은 덩이줄기에 월동한다.

2과목 **농림해충학**

21 톱밥같은 배설물을 밖으로 내보내지 않고 수피 속의 갱도에 쌓아 놓아 피해를 발견하기가 어려운 해충은?

① 미끈이하늘소 ② 알락하늘소
③ 향나무하늘소 ④ 털두꺼비하늘소

해설 향나무하늘소는 줄기, 형성층이나 목질부에 피해를 주는데 똥을 밖으로 배출하지 않고 침입한 구멍도 흔적이 없어 발견이 어렵다.

22 다음 중 호흡계의 기문 수가 가장 적은 곤충은?

① 나비 유충 ② 나방 유충
③ 모기붙이 유충 ④ 딱정벌레 유충

해설 모기붙이 유충은 파리목의 유충으로 호흡계의 기문수가 일반적인 10쌍 보다 적다.

정답 15 ③ 16 ④ 17 ② 18 ② 19 ② 20 ② 21 ③ 22 ③

23 내배엽에서 만들어진 곤충의 소화기관은?

① 중장 ② 소낭
③ 전위 ④ 후장

해설
중장은 소화 및 흡수작용을 하며 내배엽에서 기원되었다.

24 감자나방의 피해에 대한 설명으로 가장 거리가 먼 것은?

① 감자에 배설물이 나와 있다.
② 어린감자의 생장점을 파고 들어간다.
③ 감자 잎의 표피를 뚫고 들어가 앞뒤 표피만 남긴다.
④ 담배의 뿌리를 가해하고, 밖으로 배설물을 배출한다.

해설
감자나방은 유충이 잎과 줄기를 가해하고 덩이줄기를 가해할 경우 배설물을 외부로 내보내기에 발견이 쉬운 편이다.

25 진딧물의 생식방법에 대한 설명으로 옳은 것은?

① 다른 곤충과는 달리 태생에 의해서만 번식한다.
② 양성생식과 단위생식을 함께 하며 태생도 한다.
③ 단위생식과 난생에 의해서만 번식한다.
④ 난생과 태생을 번갈아 한다.

해설
진딧물은 여름철까지는 암컷만으로 이루어지는 단위생식을 하고 가을에는 암수가 교미하는 양성생식을 한다.

26 온실 재배 토마토에 바이러스병을 매개하는 해충으로 가장 피해를 많이 주는 것은?

① 외줄면충 ② 갈색여치
③ 담배가루이 ④ 목화진딧물

해설
담배가루이는 온실에 재배되는 토마토에 피해를 주며 토마토황화잎말림바이러스(TYLCV)를 매개한다.

27 누에의 휴면호르몬이 합성되는 곳은?

① 신경분비세포 ② 카디아카체
③ 알레로파시 ④ 알라타체

해설
누에는 산란 번데기의 식도하신경절에 신경분비세포에서 휴면호르몬이 분비된다.

28 다음 중 완전변태를 하지 않는 것은?

① 버들잎벌레 ② 진달래방패벌레
③ 복숭아명나방 ④ 솔수염하늘소

해설
진달래방패벌레는 불완전변태를 한다.

29 배추좀나방에 대한 설명으로 옳지 않은 것은?

① 겨울철에도 월평균기온이 영상 이상이면 발육과 성장이 가능하다.
② 일부 지역에서는 낙하산벌레라고도 한다.
③ 십자화과 채소류를 주로 가해한다.
④ 세대기간이 길어 번식속도가 느리다.

해설
배추좀나방은 1년에 수회 발생하여 세대기간이 짧은 편이다.

30 다음 중 유시류에 속하는 것은?

① 낫발이 ② 하루살이
③ 좀붙이 ④ 톡톡히

해설
유시류는 날개가 있는 곤충으로 하루살이, 메뚜기, 나비, 파리 등이 있다.

정답 23 ① 24 ④ 25 ② 26 ③ 27 ① 28 ② 29 ④ 30 ②

31 솔나방에 대한 설명으로 옳지 않은 것은?

① 새로 난 잎을 식해하는 것이 보통이나 밀도가 높으면 묵은 잎도 식해한다.
② 유충이 소나무의 잎을 식해하며 심한 피해를 받은 나무는 고사하기도 한다.
③ 연 1회 발생하고 제5령 충으로 월동한다.
④ 주로 월동 후의 유충기에 식해한다.

해설
솔나방의 유충은 묵은 잎을 식해하는 것이 보통이나 밀도가 높으면 새로 자라는 잎도 식해하기도 한다.

32 다음 중 성충이 과실을 직접 가해하는 해충은?

① 복숭아명나방   ② 배명나방
③ 으름밤나방   ④ 포도유리나방

해설
으름밤나방은 유충은 잎을 식해, 성충은 각종 과실류를 가해한다.

33 미각과 관계가 없는 곤충의 기관은?

① 큰턱   ② 작은턱수염
③ 윗입술   ④ 아랫입술수염

해설
큰턱은 먹이를 자르는 물리적 작용만 한다.

34 벼 줄기 속을 가해하여 새로 나온 잎이나 이삭이 말라 죽도록 가해하는 해충은?

① 진딧물   ② 혹명나방
③ 이화명나방 ④ 끝동매미충

해설
이화명나방은 1세대는 잎 뒷면에서 부화한 유충이 잎집으로 이동해 볏대 속에 구멍을 뚫고 피해를 주는데 한 마리의 유충이 여러 잎을 가해하여 피해가 큰편이다. 2세대는 유충이 줄기 속을 가해하여 이삭줄기 전체가 하얗게 말라 죽는 백수 현상이 일어난다.

35 다음 중 유충에서 성충까지 입틀의 형태가 변하지 않는 것은?

① 꿀벌   ② 말매미
③ 학질모기   ④ 배추흰나비

해설
말매미의 유충은 6년 정도 땅 속에서 생활하다 외부로 나오는데 유충에서 성충까지 입틀의 형태가 유사하다.

36 다음 중 곤충 표피의 가장 바깥쪽에 있는 것은?

① 원표피   ② 왁스층
③ 기저막   ④ 시멘트층

해설
곤충의 표피는 시멘트층, 왁스층, 폴리페놀, 큐티큘라의 4개층으로 이루어져 있으며 그중 가장 바깥쪽은 시멘트층이다.

37 총채벌레목에 대한 설명으로 옳지 않은 것은?

① 단위생식도 한다.
② 산란관이 잘 발달하여 식물의 조직 안에 알을 낳는다.
③ 불완전변태군에 속한다.
④ 입틀의 좌우가 같다.

해설
총채벌레목은 입틀의 좌우가 비대칭이다.

38 한여름 휴한기에 비닐하우스를 밀폐하고 토양온도를 높인 땅속 해충 방제법은?

① 화학적 방제법   ② 환경적 방제법
③ 행동적 방제법   ④ 물리적 방제법

해설
물리적 방제법은 해충이 살기 어려운 조건을 만들어주는 것으로 방사선, 고주파를 이용하는 방법과 환경조건을 달리하도록 온도 및 습도를 조절하는 방법이 있다.

정답 31 ① 32 ③ 33 ① 34 ③ 35 ② 36 ④ 37 ④ 38 ④

39 분류학적으로 개미가 속하는 곤충목은?
① 딱정벌레목 ② 총채벌레목
③ 노린재목   ④ 벌목

해설
개미는 벌목에 속한다.

40 다음 중 유약호르몬이 분비되는 기관은?
① 더듬이샘   ② 앞가슴샘
③ 알라타체   ④ 카디아카체

해설
곤충의 유약호르몬은 알라타체에서 분비된다.

3과목 재배학원론

41 다음 중 휴작의 필요 기간이 가장 긴 작물은?
① 벼   ② 고구마
③ 토란 ④ 수수

해설
토란은 3년 휴작이 요구되는 작물이다.

42 다음 중 자연교잡률이 가장 낮은 것은?
① 수수 ② 밀
③ 아마 ④ 보리

해설
자식성식물인 벼, 보리, 밀 등은 자연교잡률은 4% 이하를 기준으로 한다.

43 답압을 진행하면 안 되는 경우는?
① 분얼이 왕성해질 경우
② 유수가 생긴 이후일 경우
③ 월동 전 생육이 왕성할 경우
④ 월동 중 서릿발이 설 경우

해설
답압은 지면에 유수가 생긴 이후 수분이 많이 있기에 실시하지 않는다.

44 식물체에서 기관의 탈락을 촉진하는 식물생장 조절제는?
① 옥신   ② 지베렐린
③ 시토키닌 ④ ABA

해설
ABA(Abscisic acid)는 낙엽을 촉진과 같은 기관의 탈락을 촉진하는 식물생장조절제이다.

45 화성유도 시 저온·장일이 필요한 식물의 저온이나 장일을 대신하는 가장 효과적인 식물호르몬은?
① 지베렐린 ② CCC
③ MH   ④ ABA

해설
지베렐린을 작물에 적용시 발아촉진, 화성유도, 생장 촉진, 수량의 증대 효과를 기대할수 있는데 화성유도 시 저온 장일이 필요한 식물의 대신하는 효과가 있다.

46 눈이 트려고 할 때 필요하지 않는 눈을 손끝으로 따주는 것을 무엇이라 하는가?
① 적아   ② 환상박피
③ 절상   ④ 휘기

해설
눈을 필요하지 않아 제거하는 것을 적아(눈따기)라 한다.

47 작물의 내동성에 대한 설명으로 옳은 것은?
① 포복성인 작물이 직립성보다 약하다.
② 세포내의 당함량이 높으면 내동성이 감소된다.
③ 원형질의 수분투과성이 크면 내동성이 증대된다.
④ 작물의 종류와 품종에 따른 차이는 경미하다.

해설
원형질의 수분투과성이 크거나 친수성 콜로이드가 많을 경우 내동성이 증가한다.

정답 39 ④ 40 ③ 41 ③ 42 ④ 43 ② 44 ④ 45 ① 46 ① 47 ③

48 다음 중 중일성 식물은?
① 코스모스   ② 토마토
③ 나팔꽃   ④ 국화

해설 토마토, 고추, 오이, 호박, 당근 등은 중성식물(중일식물)이다.

49 풍해를 받았을 경우 작물체에 나타나는 생리적 장해로 가장 거리가 먼 것은?
① 광합성의 감퇴
② 호흡의 증대
③ 작물체온의 증가
④ 작물체의 건조

해설 풍해를 받게 되면 작물체온은 감소하게 된다.

50 다음 중 작물의 적산온도가 가장 낮은 것은?
① 담배   ② 벼
③ 메밀   ④ 아마

해설 작물별로 적산온도의 경우 메밀은 1000~1200℃, 추파맥류는 1700~2300℃, 담배는 3200~3600℃ 벼는 3500~4500℃ 정도이다.

51 다음 중 수중에서 발아가 가장 어려운 작물은?
① 벼   ② 상추
③ 당근   ④ 콩

해설 수중에서 발아하지 못하는 종자로는 밀, 콩, 무, 양배추, 귀리, 가지 등이 있다.

52 녹체춘화형 식물로만 나열된 것은?
① 추파맥류, 봄무   ② 사리풀, 양배추
③ 봄무, 잠두   ④ 완두, 잠두

해설 녹체춘화형 식물에는 양배추, 당근, 양파, 사리풀 등이 있다.

53 다음 중 작물의 복토 깊이가 가장 깊은 것은?
① 오이   ② 당근
③ 생강   ④ 파

해설 생강이 5~9cm 정도의 복토 깊이가 기준으로 보기 중에서 가장 깊은 편에 속한다.

54 다음 중 CO_2 보상점이 가장 낮은 식물은?
① 밀   ② 보리
③ 벼   ④ 옥수수

해설 옥수수와 같은 C_4 식물은 콩이나 벼와 같은 식물들에 비하여 이산화탄소 보상점이 낮다.

55 다음 중 뿌림골을 만들고 그곳에 줄지어 종자를 뿌리는 방법으로 옳은 것은?
① 적파   ② 점파
③ 산파   ④ 조파

해설 조파는 줄뿌림이라 하며 종자의 소요량이 적고 고르게 파종할 수 있어 이형주를 제거하거나 관찰할 경우 통로로도 이용할 수 있다.

56 벼의 침관수 피해가 가장 크게 나타나는 조건은?
① 고수온, 유수, 청수
② 고수온, 정체수, 탁수
③ 저수온, 정체수, 탁수
④ 저수온, 유수, 청수

해설 침관수해는 맑은 물보다 흐린물에, 흐르는물보다는 정체된 물에, 수온이 높을수록 피해가 더 크다.

57 다음 중 동상해 대책으로 틀린 것은?
① 방풍시설 설치   ② 파종량 경감
③ 토질 개선   ④ 품종 선정

해설 동상해가 발생하는 지역의 경우 내동성에 강한 품종을 선택하고 파종량을 늘려 결주를 보완한다.

정답 48 ② 49 ③ 50 ③ 51 ④ 52 ② 53 ③ 54 ④ 55 ④ 56 ② 57 ②

58 다음 중 식물학상 과실로 과실이 나출된 식물은?

① 쌀보리 ② 겉보리
③ 귀리   ④ 벼

> **해설**
> 식물학상 과실에 해당하고 나출된 것으로 밀, 쌀보리, 옥수수, 박하, 제충국 등이 있으며 과실의 외측이 내영, 외영에 싸여 있는 것으로 벼, 귀리, 겉보리 등이 있다.

59 다음 중 땅속줄기로 번식하는 작물은?

① 베고니아 ② 마
③ 생강   ④ 고사리

> **해설**
> 땅속줄기(지하경)로 번식하는 작물에는 생강, 연, 박하, 호프 등이 있다.

60 다음 중 인과류로만 나열되어 있는 것은?

① 사과, 배   ② 복숭아, 자두
③ 무화과, 밤 ④ 감, 딸기

> **해설**
> 인과류에는 배, 사과, 비파 등이 있다.

4과목 농약학

61 Fenthion 30% 유제를 500배로 희석해서 10a당 144L를 살포하여 해충을 방제하고자 할 때 Fenthion 30% 유제의 소요량(mL)은?

① 144 ② 188
③ 244 ④ 288

> **해설**
> 소요약량 $= \dfrac{144}{500} = 0.288 l = 288 ml$

62 소나무에서 발생하는 솔나방을 방제하는데 주로 사용할 수 있는 유기인제 약제는?

① trifluralin
② Fenitrothion
③ chlorothalonil
④ Glufosinate ammonium

> **해설**
> 솔나방 및 명나방 등 각종 나방류를 방제를 위해 접촉성 살충제인 페니트로티온(Fenitrothion) 수화제를 살포한다.

63 살초작용에 따른 제초제의 구분에서 식물체의 뿌리로부터 위쪽으로만 약 성분이 전달되는 제초제는?

① 호르몬형 ② 비호르몬형
③ 접촉형   ④ 이행형

> **해설**
> 이행형 제초제는 경엽, 뿌리 등 접촉 부위에서 식물체 내의 작용점으로 이행되어 효과가 발휘된다.

64 전착제에 대한 설명으로 적절하지 못한 것은?

① 우리나라에서는 농약의 범주에 속한다.
② 유효성분의 측정은 표면장력으로 확인한다.
③ 농약의 밀도를 높여 균일 살포를 돕는다.
④ 농약의 주성분을 식물체에 잘 확전, 부착시키기 위한 보조제이다.

> **해설**
> 농약 살포액 조제 시 첨가하여 살포약액의 습전성과 부착성을 향상시킬 목적으로 사용하는 보조제이며 밀도를 높여주지는 않는다.

정답 58 ① 59 ③ 60 ① 61 ④ 62 ② 63 ④ 64 ③

65 과실의 착색·숙기촉진을 위하여 주로 사용되는 약제는?

① butralin
② Indoxacarb
③ calcium carbonate
④ ethephon

> **해설**
> 에테폰(Ethephon)은 에틸렌을 생성하며 과실의 성숙을 촉진하는 물질이다.

66 Kasugamycin 및 Streptomycin과 같은 살균제의 작용기작은?

① 호흡저해
② 단백질 합성 저해
③ 세포벽 형성 저해
④ 세포막 형성 저해

> **해설**
> 가스가마이신(kasugamycin), 스트렙토마이신(streptomycin) 작용기작으로 단백질의 합성을 저해한다.

67 농약관리법령상 농약의 방제 대상이 아닌 것은?

① 곤충 ② 응애
③ 선충 ④ 천적

> **해설**
> 농약관리법령상 농작물을 해치는 균, 곤충, 응애, 선충, 바이러스, 잡초 등을 방제 대상으로 한다.

68 식물생장조절제(Plant Growth Regulator; PGR)로 사용되지 않은 농약은?

① gibberellic acid
② 1-naphthylacetamide
③ mepiquat chloride
④ monocrotophos

> **해설**
> 모노크로토포스(monocrotophos)는 유기인계 살충제 농약이다.

69 저장 곡류(穀類)에 주로 사용되는 훈증제(fumigant)는?

① Triclopyr-TEA
② Procymidone
③ Methyl bromide
④ Alpha-cypermethrin

> **해설**
> 메틸브로마이드(methyl bromide)는 훈증제로 가스를 이용하여 해충을 박멸하며 주로 저장곡류에 사용된다.

70 침투성 제초제로 아래와 같은 구조를 갖는 성분은?

① IAA ② 2, 4-D
③ dicamba ④ fluroxypyr

> **해설**
> 디캄바(Dicamba)액제는 광엽잡초에 선택적으로 살초효과가 나타나는 호르몬형 이행성 제초제로 화학식은 $C_8H_6Cl_2O_3$ 이다.

71 농약 등록을 위한 농약안전성 평가 항목 중 환경생물독성에 해당되는 것은?

① 급성독성 ② 어독성
③ 아급성 독성 ④ 신경 독성

> **해설**
> 어독성은 어류에 대한 독성을 말하며 생태독성이라 한다.

72 비침투성 살균제인 Mancozeb에 대한 설명으로 옳은 것은?

① 유기유황계 농약이다.
② 무기유황계 농약이다.
③ 구리화합물이다.
④ 유기수은제 농약이다.

해설
만코제브(Mancozeb)는 유기황제 살균제로 탄저병, 갈색무늬병, 붉은별무늬병, 포플러잎녹병 등 광범위한 병해 방제에 사용된다.

73 Pyrethrin 살충제의 주요 살충기작은?

① 원형질독   ② 호흡독
③ 근육독   ④ 신경독

해설
피레트린제는 접촉제로 속효성이며 신경기능의 저해를 통해 해충을 방제한다.

74 약해의 원인으로 가장 거리가 먼 것은?

① 농약제제에 불순물의 혼입
② 표준 사용량보다 적게 사용
③ 원제 부성분에 의한 이상발생
④ 동시사용으로 인한 약해

해설
표준 사용량보다 적게 사용할 경우 약해가 거의 발생하지 않는다.

75 Captan(Orthocide)의 구조식은?

① CH₂-NH-C(=S)-Na / CH₂-NH-C(=S)-Na
② 2,3,4,6-tetrachlorophenol (OH 달린 Cl 4개 벤젠고리)
③ (사이클로헥센 고리에 이미드 N-SCCl₃ 구조)
④ (CH₃O)₂P(=S)-O-C₆H₄-NO₂

해설
캡탄(Captan)제는 C₉H₈Cl₃NO₂S이다.

76 벼재배용 농약의 사용량을 고려한 어독성 구분을 위한 아래 식에 대한 설명 중 틀린 것은?

$$Z = \frac{Y}{X}$$

① 계산결과 $Z > 5$일 경우 I급으로 구분한다.
② 계산결과 $Z < 0.1$일 경우 III급으로 구분한다.
③ X는 농약등의 어류 LD_{50}이다.
④ Y는 농약등의 논물 중 기대농도치 (mg/L, 수심 5cm)이다.

해설
어독성의 위험도는 $Z = Y/X$로 표현하는데 X는 농약 등의 어류 $LC_{50}(mg/l)$를 의미하며 Y는 농약 등의 논물 중 기대농도치(mg/l, 수심 5cm)를 의미한다.
※ 어독성 위험도 구분
I급 : $Z > 5$
II급 : $0.1 < Z < 5$
III급 : $Z < 0.1$

77 농약관리법령상 고독성 농약에 해당하는 농약의 급성 경구독성(LD_{50})은? (단, 농약은 고체이며, 단위는 mg/kg 체중이다.)

① 5 미만
② 5 이상, 50 미만
③ 50 이상, 500 미만
④ 500 이상

해설
농약관리법령상 고체 기준 고독성 농약의 급성 경구독성 LD_{50} 은 5 이상 50 미만 이다.

78 농약 보조제가 아닌 것은?

① 용제
② 계면활성제
③ 증량제
④ 도포제

해설
농약의 보조제에는 용제, 계면활성제, 증량제, 전착제 등이 있으며 도포제는 농약의 특수목적제로 분류된다.

79 농약관리법령상 대립제(GC)의 검사항목은?

① 확산성
② 수화성
③ 분말도
④ 가비중

해설
농약관리법령상 대립제의 검사항목에는 유효성분, 확산성이 있다.

80 다음 중 입자(粒子)의 크기가 가장 큰 제형은?

① 입제
② 분제
③ 수화제
④ 정제

해설
정제(TB)는 분제와 수화제와 같이 제제한 농약을 일정한 크기로 만든 것을 말하며 일반적인 약품들은 um 단위로 표현하나 정제는 지름이 2cm 정도의 제품도 있다.

5과목 잡초방제학

81 다음 중 벼와 광경합이 가장 크게 일어나는 잡초는?

① 논뚝외풀
② 올미
③ 쇠털골
④ 강피

해설
피 종류 잡초의 경우 벼와 광 경합을 통해 수량 감소 등의 피해를 준다.

82 다음 중 사초과 잡초가 아닌 것은?

① 뚝새풀
② 향부자
③ 올방개
④ 너도방동사니

해설
뚝새풀은 화본과 잡초이다.

83 상호대립억제작용에 대한 설명으로 옳은 것은?

① 쌍자엽식물에는 있으나 단자엽식물에는 없다.
② 작물과 작물간에는 일어나지 않는다.
③ 타감작용이라고 하기도 한다.
④ 작물은 받아 시에만 피해를 받는다.

해설
타감작용은 상호대립억제작용이라 하며 주로 인접 식물의 생육에 부정적인 영향을 끼쳐 생장을 저해시키거나 혹은 과도하게 촉진시키게 된다.

84 잡초 종자의 산포 방법으로 틀린 것은?

① 가막사리 : 바람에 잘 날려서 이동함
② 소리쟁이 : 물에 잘 떠서 운반됨
③ 바랭이 : 성숙하면서 흩어짐
④ 메귀리 : 사람이나 동물 몸에 잘 부착함

해설
가막사리는 사람이나 동물 몸에 부착되어 산포한다.

정답 77 ② 78 ④ 79 ① 80 ④ 81 ④ 82 ① 83 ③ 84 ①

85 2년생 잡초에 대한 설명으로 틀린 것은?

① 망초, 냉이, 방가지똥 등이 있다.
② 2년 동안에 생활환을 완전히 끝낸다.
③ 월동기간에 화아가 분화하며 주로 온대 지역에서 볼 수 있는 잡초이다.
④ 주로 봄과 여름에 발생하여 같은 해 여름과 가을까지 결실하고 고사한다.

해설
종자가 발아하고 1년까지는 영양생장을 하나 다음 해부터는 개화하여 종자를 생산하는데 이러한 특징으로 2년생 잡초라고 한다.

86 잡초의 유용성에 대한 설명으로 틀린 것은?

① 토양의 침식을 방지한다.
② 병해충 전파를 막아준다.
③ 토양에 유기물을 공급한다.
④ 상황에 따라 작물로써 활용할 수 있다.

해설
잡초는 병해충의 매개체가 되기도 한다.

87 다음 중 지하경으로 번식이 가능한 잡초로 가장 거리가 먼 것은?

① 향부자   ② 올방개
③ 올미   ④ 돌피

해설
돌피는 1년생 잡초로 종자로 번식한다.

88 발아의 계절성에 대한 설명으로 옳은 것은?

① 습도에 반응하여 발아하는 특성이다.
② 광도에 반응하여 발아하는 특성이다.
③ 온도에 반응하여 발아하는 특성이다.
④ 일장에 반응하여 발아하는 특성이다.

해설
발아 계절의 일장에 반응하여 휴면을 타파하고 발아하는 것을 발아 계절성이라 한다.

89 방동사니과 잡초가 아닌 것은?

① 참새피   ② 매자기
③ 올방개   ④ 올챙이고랭이

해설
참새피는 화본과 잡초이다.

90 다음 중 잡초의 초형이 가장 작은 것은?

① 가막사리   ② 쇠털골
③ 올방개   ④ 피

해설
쇠털골은 줄기가 실처럼 가늘고 곧게 서 있어 초형이 매우 작은 편이다.

91 밭 잡초로만 나열되지 않은 것은?

① 개비름, 닭의장풀
② 깨풀, 좀바랭이
③ 가래, 여뀌바늘
④ 메귀리, 속속이풀

해설
가래, 여뀌바늘은 논잡초에 해당한다.

92 벼와 피를 구분할 때 주요한 행태적 차이점은?

① 잎초와 떡잎의 유무
② 잎선와 엽초의 유무
③ 엽신과 잎선의 유무
④ 잎혀와 엽이의 유무

해설
벼에는 잎혀와 잎귀가 있으나 피에는 없다.

정답 85 ④ 86 ② 87 ④ 88 ④ 89 ① 90 ② 91 ③ 92 ④

93 잡초의 밀도가 증가되면 작물의 수량이 감소한다. 이에 따라 어느 밀도 이상으로 잡초가 존재하면 작물의 수량이 현저히 감소되는 수준까지의 밀도를 무엇이라 하는가?

① 경제적 허용밀도
② 잡초허용 한계밀도
③ 잡초허용 최대밀도
④ 잡초피해 한계밀도

해설
잡초허용한계밀도는 잡초의 밀도가 증가하면 양분의 손실 등으로 작물의 수량이 감소하는 밀도이다. 허용한계밀도 이하로 잡초가 존재할 경우에는 작물의 수량에 영향을 미치지 않게 된다.

94 잡초의 생육특성에 대한 설명으로 틀린 것은?

① 바랭이, 여뀌는 건조에 대한 내성이 크다.
② 향부자, 별꽃은 토양의 산소 농도가 낮아도 잘 발생한다.
③ 잡초 종자가 무거울수록 출아심도가 깊다.
④ 갈퀴덩굴, 뚝새풀은 주로 비옥한 땅에서 발생하는 습성이 있다.

해설
향부자와 별꽃은 호기성 잡초로 토양 산소 농도가 높아야 한다.

95 다음 중 잔디밭에 가장 많이 발생하는 잡초로만 나열된 것은?

① 민들레, 명아주 ② 여뀌, 물피
③ 한련초, 개비름 ④ 토끼풀, 꽃다지

해설
토끼풀, 파대가리, 새포아풀, 클로버, 꽃다지 등은 잔디밭잡초이다.

96 잡초의 생장형에 따른 분류로 틀린 것은?

① 총생형 : 뚝새풀
② 분지형 : 광대나물
③ 포복형 : 가막사리
④ 직립형 : 명아주

해설
가막사리는 직립형에 해당한다.

97 다음 중 포자로 번식하는 것은?

① 가래 ② 개구리밥
③ 생이가래 ④ 방동사니

해설
생이가래는 무성생식과 포자번식을 통해 빠른 속도로 번식하는 1년생 수생잡초이다.

98 잡초 종자가 휴면하는 원인으로 거리가 가장 먼 것은?

① 배의 미숙
② 생장조절물질의 불균형
③ 물의 투수성 방해
④ 탄산가스의 결핍

해설
잡초 종자의 휴면은 외부환경에 의한 영향도 있으나 종자 자체적으로 두꺼운 종피, 미발달배, 발아억제물질의 존재가 원인이 된다.

99 잡초 종자의 모양이 올바르게 연결된 것은?

① 포크 모양 : 바랭이, 어저귀
② 낙하산 역할의 솜털 : 망초, 민들레
③ 비늘 모양의 가시 : 명아주, 도깨비바늘
④ 낚시 바늘 모양의 돌기 : 도꼬마리, 달개비

해설
낙하산 모양의 비산형 종자로 민들레, 망초, 박주가리가 있다.

정답 93 ② 94 ② 95 ④ 96 ③ 97 ③ 98 ④ 99 ②

100 다음 중 발아 적온이 가장 높은 것은?

① 매귀리   ② 올챙이고랭이
③ 향부자   ④ 뚝새풀

해설
올챙이고랭이는 발아적온이 30~35°C 정도로 상대적으로 높다.

국가기술자격 필기시험문제

기사 CBT 1회 모의고사문제

자격종목	종목코드	시험시간	형별	수험번호	성명
식물보호기사		2시간 30분			

※ 본문제는 수험생들의 기억을 바탕으로 작성 된 것으로 실제 문제와 차이가 있을 수 있습니다.

1과목　식물병리학

01 바이로이드에 의한 식물병은?
① 벼 오갈병
② 감자 갈쭉병
③ 담배 모자이크병
④ 모과나무 검은별무늬병

〔해설〕 감자 갈쭉병은 바이로이드에 의해 발생한다.

02 보르도액에서 살균효과가 있는 유효성분은?
① 구리　② 철분
③ 아연　④ 칼슘

〔해설〕 보르도액은 황산구리와 수산화칼슘을 원료로 제조한다. 이때 살균효과 유효성분은 구리이다.

03 식물 바이러스 입자를 구성하는 주요 고분자는?
① 피막과 핵
② 세포벽과 세포질
③ 골지체와 RNA
④ 핵산과 단백질 껍질

〔해설〕 식물 바이러스는 핵산과 단백질 껍질로 구성된 핵단백질이다.

04 일반적으로 세균의 플라스미드에 의해 지배되는 형질로 가장 거리가 먼 것은?
① bacteriocin 생성
② 편모의 구조 결정
③ 항생제에 대한 내성
④ 기주에 대한 병원성

〔해설〕 플라스미드는 세균의 세포내 염색체와 별개로 존재하여 독자적으로 증식이 가능한 DNA 이다.

05 토마토 풋마름병에 대한 설명으로 옳은 것은?
① 토마토에만 감염된다.
② 담자균에 의한 병이다.
③ 병원균은 주로 병든 식물체에서 월동한다.
④ 병원균이 뿌리로 침입하면 뿌리가 흰색으로 변한다.

〔해설〕 풋마름병의 병원균은 병든 식물에 월동한다.

06 인공 배지에서 배양이 가능한 식물 병원체는?
① 선충　② 바이러스
③ 세균　④ 파이토플라스마

〔해설〕 세균은 인공배지에서 배양 및 증식이 가능하며 운동기관인 편모를 가지고 있다.

정답 01 ②　02 ①　03 ④　04 ②　05 ③　06 ③

07 식물병원체가 생산하는 기주 특이적 독소는?

① Victorin ② Tentexin
③ Ophiobolins ④ Fumaric acid

> **해설**
> 기주 특이적 독소는 기주식물에만 독성을 일으키는 것으로 귀리 마름병균의 독소 Victorin, 배나무 검은무늬병균의 AK 독소 중 Alterine 등이 있다.

08 과수의 자주날개무늬병균은 분류학적으로 어느 균류에 속하는가?

① 난균 ② 담자균
③ 자낭균 ④ 접합균

> **해설**
> 자줏빛날개무늬병균은 진균(담자균류)에 속한다.

09 병원균이 불완전세대로 Pyricularia grisea (P. oryzae)인 식물병은?

① 보리 줄기녹병
② 벼 도열병
③ 감귤 잿빛곰팡이병
④ 오이 흰가루병

> **해설**
> 벼 도열병의 병원균은 Pyricularia oryzae 이며 갈색의 방추형 병반이 나타난다.

10 다음 중 사과 겹무늬썩음병의 병원균은?

① 곰팡이 ② 바이러스
③ 세균 ④ 파이토플라스마

> **해설**
> 사과 겹무늬썩음병은 부패병이라 하며 곰팡이에 의해 발생한다.

11 소나무 잎마름병의 병징에 대한 설명으로 옳은 것은?

① 봄에 묵은 잎이 적갈색으로 변하면서 대량으로 떨어진다.
② 잎에 바늘구멍 크기의 적갈색 반점이 나타나고 동심원으로 커진다.
③ 수관 하부에 있는 이에서 담갈색 반점이 생기면서 발생하여 상부로 점차 진전한다.
④ 잎에 띠 모양의 황색 반점이 생기다가 갈색으로 변하면서 반점들은 합쳐진다.

> **해설**
> 소나무 잎마름병은 여름철 고온 다습한 환경에서 많이 발생하는데 띠모양의 황색반점이 교대로 형성되어 갈변하다가 반점들이 합쳐지게 된다.

12 생물적 방제방법의 가장 큰 장점은?

① 친환경적이다.
② 비용이 많이 들지 않는다.
③ 속효성이다.
④ 잔효성이 길다.

> **해설**
> 생물적 방제는 화학약품을 사용하지 않는 친환경적 방제 방법이다.

13 배나무붉은별무늬병균의 중간 기주는?

① 매자나무 ② 향나무
③ 소나무 ④ 좀꿩의 다리

> **해설**
> 배나무붉은별무늬병의 중간기주는 향나무로 기주 교대를 통해 피해가 확산된다.

14 기주 식물이 병원균의 침입에 자극을 받아 방어를 목적으로 생성하는 물질은?

① 파이토톡신 ② 펙티나아제
③ 지베렐린 ④ 파이토알렉신

> **해설**
> 병원체가 기주식물에 침입하고 난 이후 기주에서 병원체의 발육을 억제하기 위해 발생되는 항균물질을 파이토알렉신이라 한다.

정답 07 ①　08 ②　09 ②　10 ①　11 ④　12 ①　13 ②　14 ④

15 포도나무 노균병균이 월동하는 곳은?

① 곤충의 유충 ② 병든 잎
③ 종자 ④ 뿌리

> **해설**
> 포도나무 노균병은 병든 잎 조직내에서 월동한다.

16 향나무에 감염된 배나무붉은별무늬병균의 포자 이름은?

① 여름포자 ② 겨울포자
③ 녹포자 ④ 분생포자

> **해설**
> 배나무붉은별무늬병균은 중간기주인 향나무에서 겨울포자로 존재한다.

17 진균의 특징으로 옳지 않은 것은?

① 세포내 핵이 있다.
② 영양체는 주로 균사이다.
③ 번식체는 주로 포자이다.
④ 세포벽은 키틴을 갖지 않는다.

> **해설**
> 진균의 일부분인 균사는 격막의 유무로 분류되며 외부에 세포벽이 있고 그 성분은 키틴으로 이루어져 있다.

18 마름무늬매미충에 의해 전반되지 않는 병은?

① 뽕나무 오갈병
② 벚나무 빗자루병
③ 붉나무 빗자루병
④ 대추나무 빗자루병

> **해설**
> 벚나무 빗자루병은 진균에 의해 발생한다.

19 19세기 중반 아일랜드에 큰 기근으로 인하여 100만명을 굶어 죽게 하였던 식물병은?

① 감자 역병
② 감자 바이러스병
③ 사과나무 점무늬병
④ 옥수수 깨씨무늬병

> **해설**
> 1840년경 발생한 감자역병은 아일랜드 100만명의 인구가 사망하는 큰 사건이었다.

20 목재 백색썩음병에 관계하는 중요한 효소는?

① 탄닌 분해효소
② 리그닌 분해효소
③ 셀룰로오스 분해효소
④ 헤미셀룰로오스 분해효소

> **해설**
> ligninase(목재 흰썩음병균)은 세포의 구성성분 중에서 리그닌을 분해하는 리그닌 분해효소이다.

2과목 농림해충학

21 곤충의 말피기관에 대한 설명으로 옳은 것은?

① 바퀴 등 특수한 곤충에서만 볼 수 있는 감각기관이다.
② 대부분의 곤충에서 전장과 중장 사이에 위치하며 감각기관이다.
③ 대부분의 곤충에서 중장과 후장 사이에 위치하며 배설 작용을 한다.
④ 곤충의 전장과 중장 그리고 후장 사이마다 위치하며 배설작용을 한다.

> **해설**
> 대부분의 곤충의 중장과 후장 사이에 말피기씨관이 있으며 배설작용을 한다.

정답 15 ② 16 ② 17 ④ 18 ② 19 ① 20 ② 21 ③

22 곤충의 외표피에 대한 설명으로 옳지 않은 것은?

① 수분의 증산을 억제하는 왁스층이 있다.
② 단백질과 지질로 구성된 매우 얇은 층이다.
③ 큐티클 단면에서 몸의 가장 바깥쪽에 위치한다.
④ 탈피 시 내원표피를 소화시키는 탈피액도 분비한다.

> **해설**
> 곤충이 탈피를 할 때 내원표피를 소화시키는 탈피액의 경우 진피의 상피세포에서 분비된다.

23 진딧물의 생식방법에 대한 설명으로 옳은 것은?

① 난생과 태생을 번갈아 한다.
② 단위생식과 난생에 의해서만 번식한다.
③ 양성생식과 단위생식을 함께 하며 태생도 한다.
④ 다른 곤충과는 달리 태생에 의해서만 번식한다.

> **해설**
> 진딧물은 여름철까지는 암컷만으로 이루어지는 단위생식을 하고 가을에는 암수가 교미하는 양성생식을 한다.

24 점박이응애의 천적으로 가장 효과적인 곤충은?

① 혹좀벌   ② 무당벌레
③ 긴털이리응애   ④ 온실가루이좀벌

> **해설**
> 점박이응애의 천적으로 왕게응애와 신이리응애, 칠레이리응애, 긴털이리응애 등이 있다.

25 누에의 휴면호르몬이 합성되는 곳은?

① 앞가슴샘   ② 알라타체
③ 카디아카체   ④ 신경분비세포

> **해설**
> 누에는 산란 번데기의 식도하신경절에 신경분비세포에서 휴면호르몬이 분비된다.

26 다음 중 외국으로부터 유입된 해충이 아닌 것은?

① 벼밤나방   ② 벼물바구미
③ 온실가루이   ④ 꽃노랑총채벌레

> **해설**
> 대표적인 외래해충으로 긴꼬리가루깍지벌레, 흰개미, 사과면충, 밤나무순혹벌, 감자뿔나방, 뿌리응애, 솔잎혹파리, 미국흰불나방, 뿌리응애, 온실가루이, 벼물바구미, 꽃노랑총채벌레, 담배가루이 등이 있다.

27 온실가루이가 속하는 목은?

① 벌목   ② 노린재목
③ 강도래목   ④ 딱정벌레목

> **해설**
> 온실가루이는 노린재목에 속한다.

28 여름철의 진딧물, 밤나무순혹벌, 민다듬이벌레 등의 생식방법에 해당하는 것은?

① 양성생식   ② 다배생식
③ 무성생식   ④ 단위생식

> **해설**
> 진딧물, 밤나무순혹벌등은 암컷만으로 번식을 하는 단위생식을 한다.

29 표피를 형성하는 단백질, 지질, 키틴 화합물 등을 합성하고 분비해 주는 한 층의 세포군으로 탈피 시에는 내원표피를 소화시키는 탈피액도 분비하는 것은?

① 체색   ② 표피층
③ 기저막   ④ 진피세포

> **해설**
> 진피세포는 곤충의 표피를 이루는 단백질, 지질, 키틴화합물 등을 합성, 분비해주는 한층의 세포군으로 탈피 시에는 내원표피를 소화시키는 탈피액도 분비한다. 탈피 직전 분열이 일어나 생장을 하고 그 중 일부 세포는 감각기, 분비샘 등 돌기구조를 만드는 세포로 분화하기도 한다.

정답 22 ④ 23 ③ 24 ③ 25 ④ 26 ① 27 ② 28 ④ 29 ④

30 완전변태를 하는 곤충은?

① 벌 ② 진딧물
③ 노린재 ④ 메뚜기

해설
나비목, 벌목, 파리목, 딱정벌레목은 완전변태를 한다.

31 조팝나무진딧물에 대한 설명으로 옳지 않은 것은?

① 조팝나무에서 성충으로 월동한다.
② 귤나무의 경우 새잎 뒷면에 기생한다.
③ 한국, 일본, 북아메리카 등에서 발생한다.
④ 주로 조팝나무, 사과나무, 귤나무에 서식한다.

해설
조팝나무진딧물은 알로 월동한다.

32 애멸구에 대한 설명으로 옳지 않은 것은?

① 약충기에만 벼 즙액을 빨아 먹는다.
② 우리나라 남부지방에서 월동이 가능하다.
③ 줄무늬잎마름병 같은 바이러스병을 매개한다.
④ 이모작 맥류재배를 하면 많이 발생하기도 한다.

해설
애멸구는 약충기 뿐 아니라 성충도 벼를 흡즙한다.

33 탈바꿈(변태)을 하지 않는 해충은?

① 응애 ② 진딧물
③ 방패벌레 ④ 깍지벌레

해설
거미강에 속하는 거미, 응애, 진드기 종류는 변태를 하지 않는다.

34 보통 1년에 2회 발생하고 수피사이나 지피물밑 등에서 번데기로 월동하며 유충이 기주식물을 가해하는 해충은?

① 솔나방 ② 밤나무흑벌
③ 천막벌레나방 ④ 미국흰불나방

해설
미국흰불나방은 1년에 2회 발생하고 번데기로 수피사이, 지피물아래에서 월동한다. 부화한 유충은 4령기까지 잎을 식해한다.

35 수도작물에서 애멸구의 발생 증가요인과 관계가 높은 것은?

① 만식재배를 실시한 경우
② 보리 재배면적이 증가된 경우
③ 평지에서 산지로 재배자를 바꾼 경우
④ 남부지방에서 중부지방으로 재배지를 바꾼 경우

해설
벼, 보리와 같은 수도작물에서 애멸구의 발생이 증가하는 요인으로 재배면적이 증가하면 그만큼 월동, 산란, 발생 등이 높아지게 된다.

36 곤충의 다리 구조를 가슴에서부터 배열한 것으로 옳은 것은?

① 도래마디 - 밑마디 - 넓적마디 - 종아리마디 - 발목마디
② 밑마디 - 도래마디 - 종아리마디 - 넓적마디 - 발목마디
③ 밑마디 - 도래마디 - 넓적마디 - 종아리마디 - 발목마디
④ 종아리마디 - 밑마디 - 도래마디 - 넓적마디 - 발목마디

해설
다리 구조는 흉부 부착점에서 밑마디(기절), 도래마디(전절), 넓적다리마디(퇴절), 종아리마디(경절), 발목마디(부절)로 5마디로 분류한다.

정답 30 ① 31 ① 32 ① 33 ① 34 ④ 35 ② 36 ③

37 1세대를 경과하는 데 가장 긴 시간을 필요로 하는 곤충은?

① 장수풍뎅이 ② 뽕나무하늘소
③ 말매미   ④ 소나무좀

해설
하늘소류는 주로 3~5년, 말매미는 5~6년, 소나무좀은 1년 정도의 1세대 기간을 갖는다.

38 한여름 휴한기에 비닐하우스를 밀폐하면 토중 온도가 높아져서 땅속의 해충을 죽이는 방제법은?

① 생물적 방제법 ② 물리적 방제법
③ 화학적 방제법 ④ 법적 방제법

해설
물리적 방제법에서 온도를 이용하는 것으로 비닐하우스를 밀폐시켜 토중 온도를 높여 땅속의 해충을 방제한다.

39 참나무류에 치명적인 피해를 주는 참나무 시들음병을 매개하는 곤충은?

① 북방수염하늘소
② 솔수염하늘소
③ 광릉긴나무좀
④ 털두꺼비하늘소

해설
참나무 시들음병의 매개충은 광릉긴나무좀이다.

40 곤충의 일반적 특징으로 옳지 않은 것은?

① 온혈동물이다.
② 부속지들이 마디로 되어 있다.
③ 외골격이 발달하여 근육의 부착점이 된다.
④ 탈피를 통해 성장하고 변태 과정을 거치기도 한다.

해설
곤충은 온도의 변화에 따라 체온이 변하는 냉혈동물이다.

3과목 　　　　재배학원론

41 작물의 내동성에 대한 설명으로 옳은 것은?

① 지방함량이 높으면 내동성이 낮아진다.
② 당분함량이 많으면 내동성이 증대된다.
③ 원형질의 수분투과성이 크면 내동성이 낮아진다.
④ 세포의 수분함량이 높아서 자유수가 많아지면 내동성이 증대된다.

해설
당분함량이 많거나 유지함량이 높거나 삼투포텐셜이 낮을 경우 내동성이 크다.

42 내건성이 강한 작물의 일반적 특성으로 옳은 것은?

① 세포가 커서 수분이 감소해도 원형질의 변형이 작다.
② 원형질의 점성이 낮아야 한다.
③ 세포액의 삼투압이 높아야 한다.
④ 원형질막의 수분투과성이 작아야 한다.

해설
내건성이 강한 작물은 세포액의 삼투압이 높아야 한다.

43 감자는 작물체의 어느 부분이 비대된 것인가?

① 측근   ② 직근
③ 지하줄기 ④ 종자근

해설
덩이줄기(지하줄기)로 번식하는 작물로 감자, 토란 등이 있다.

44 중북부지방의 맥류재배에서 한해와 동해를 방지할 목적으로 실시되는 작휴법은?

① 성휴법   ② 이랑재배
③ 휴립휴파법 ④ 휴립구파법

해설
휴립구파법은 이랑을 세우고 낮은 골에 파종하는 방법으로 맥류의 한해와 동해를 동시에 방지할 수 있다.

정답 37 ③ 38 ② 39 ③ 40 ① 41 ② 42 ③ 43 ③ 44 ④

45 식물체 내의 이동성이 낮아 결핍증상이 어린 잎에 나타나는 원소들만 나열된 것은?

① Ca, S, Mn, B ② P, Fe, Mg, B
③ K, S, Fe, N   ④ Ca, Mg, Fe, P

> **해설**
> 식물체 내의 이동 원소 중 이동이 용이한 원소들로 N, P, K, Mg 등이 있으며 상대적으로 이동이 어려운 원소는 Ca, Fe, B 및 S, Zn, Mn, Cu 가 있다.

46 벼 심층시비의 가장 큰 이점은?

① 뿌리의 흡수력을 촉진시킨다.
② 뿌리의 신장, 발달권역을 넓힌다.
③ 토양질소의 농도를 옅게 한다.
④ 암모니아의 탈질을 방지한다.

> **해설**
> 심층시비는 환원층에 시비를 하여 비료의 효과를 증진시키는 방법이다. 암모늄태질소를 환원층에 시비하여 암모니아의 탈질을 방지한다.

47 작물의 생장억제작용이 큰 생장조절제는?

① NAA   ② IBA
③ B-9   ④ GA

> **해설**
> 억제물질의 종류로는 다미노자이드(daminozide, B-9), 클로르메콰트클로라이드(chlormequat chloride, CCC), 말릭하이드라자이드(Malelc hydrazide, MH)가 있다.

48 경사도가 3~27° 되는 지역에서 주로 목초, 과수나 밀식작물을 재배할 때 적합한 관개법은?

① 수반법   ② 보더법
③ 휴간관개 ④ 월류법

> **해설**
> 월류법은 낮은 재배지역으로 물이 흘러들어가게 하는 방법으로 경사지에서 적합한 관개법 중 하나이다.

49 화곡류에서 가뭄에 의한 피해가 가장 심한 생육단계는?

① 분얼기   ② 수잉기
③ 출수기   ④ 등숙기

> **해설**
> 화곡류는 수잉기(감수분열기)에 가뭄에 대해 가장 약하다.

50 기지의 근본적이며 종합적인 대책이 될 수 있는 방법은?

① 객토의 실시
② 결핍양분의 공급
③ 담수처리
④ 윤작

> **해설**
> 기지 피해를 줄이기 위해 윤작이 가장 효과적이며 토양을 소독하거나 유해물질을 제거, 시비 작업, 토양 소독 등의 작업이 필요하다.

51 다음 중 내습성이 가장 강한 작물은?

① 옥수수   ② 고구마
③ 양파   ④ 고추

> **해설**
> 작물의 내습성은 미나리, 벼, 옥수수 등이 높은 편이며 파, 양파, 고추 등은 낮은 편이다.

52 버널리제이션의 농업적 이용으로 볼 수 없는 것은?

① 감광형 벼의 조기재배
② 딸기의 촉성재배
③ 맥류 육종의 세대단축
④ 추파맥류의 대파

> **해설**
> 감광형 벼의 조기재배는 작물 품종의 기상생태형을 이용한 방법이다.

정답 45 ① 46 ④ 47 ③ 48 ④ 49 ② 50 ④ 51 ① 52 ①

53 작물의 광합성 및 호흡작용에 대한 설명으로 옳지 않은 것은?

① 이산화탄소농도가 높아지면 일반적으로 호흡속도는 감소한다.
② 어느 한계까지는 온도가 높아질수록 광합성이 활발해진다.
③ C_4식물은 C_3식물보다 광합성 효율이 뛰어나다.
④ 광보상점에 이르면 광합성이 최대가 된다.

해설
광포화점에 이르면 광합성량이 최대가 된다. 보상점은 광도 곡선 상에서 광합성 속도가 호흡 속도와 같아지는 지점으로 광합성량이 0에 가깝다.

54 다음 중 무배유종자 작물로만 짝지어진 것은?

① 수수, 상추, 양파
② 오이, 콩, 동부
③ 동부, 율무, 양파
④ 율무, 콩, 상추

해설
무배유종자 작물에는 콩, 완두, 잠두, 적두, 상추, 오이 등이 있다. 배유종자에는 밀, 벼, 보리, 옥수수, 양파가 있다.

55 발아 최저온도가 가장 낮은 작물은?

① 콩   ② 옥수수
③ 귀리   ④ 호박

해설
작물에 따라 저온에서 발아하는 귀리, 호밀, 상추, 부추 등이 있고 고온에서 발아하는 토마토, 가지, 고추 등이 있다.

56 밭에서 한발 경감대책으로 적합하지 않은 것은?

① 뿌림골을 낮게 한다.
② 뿌림골을 넓게 한다.
③ 퇴비를 증시한다.
④ 칼륨을 증시한다.

해설
밭에서 한발을 경감시키기 위해 뿌림골을 낮고 좁게 하며 재식밀도는 넓혀야 한다.

57 일장형이 단일식물에 해당하는 작물은?

① 시금치   ② 들깨
③ 상추   ④ 아주까리

해설
단일식물의 종류로 콩, 옥수수, 벼, 딸기, 국화, 코스모스, 들깨 등이 있다.

58 작물의 도복대책으로 거리가 먼 것은?

① 질소 중심의 시비를 한다.
② 병충해를 잘 방제해야 한다.
③ 키가 작고 줄기가 튼튼한 품종을 선택한다.
④ 맥류는 복토를 깊게 하면 도복이 경감된다.

해설
도복대책으로 질소질 비료의 과용을 삼가고 칼륨, 규산을 적정량으로 시비한다.

59 안토시안의 생성을 조장하는 조건은?

① 고온   ② 황색광
③ 자색광   ④ 녹색광

해설
안토시안은 비교적 저온의 조건에서 자색광이나 자외선에 의해 조장된다.

정답 53 ④ 54 ② 55 ③ 56 ② 57 ② 58 ① 59 ③

60 연작의 해가 비교적 커서 5년 이상의 휴작이 필요한 작물로만 나열된 것은?

① 토마토, 양배추, 담배
② 참외, 시금치, 생강
③ 호박, 땅콩, 오이
④ 수박, 가지, 고추

해설
5~7년 정도 휴작이 요구되는 작물은 수박, 토마토, 사탕무, 완두, 가지, 우엉, 고추가 있으며 10년 이상 휴작이 요구되는 작물은 아마, 인삼이 있다.

4과목 농약학

61 다음 농용 항생제가 아닌 것은?

① 클로로피크린(Chloropicrin)
② 블라스티시딘 에스(Blasticidin-S)
③ 카수가마이신(Kasugamycin)
④ 스트렙토마이신(Streptomycin)

해설
클로로피크린은 해충의 에너지 대사 저해작용을 하는 살충제이다.

62 토양잔류성농약이라 함은 토양 중 농약의 반감기간이 며칠 이상인 농약으로서 사용결과 농약을 사용하는 토양에 그 성분이 잔류되어 후작물에 잔류되는 농약을 말하는가?

① 30일   ② 60일
③ 90일   ④ 180일

해설
토양잔류성농약은 토양 중 농약의 반감기간이 180일 이상인 농약을 말한다.

63 약해가 일어나는 조건으로 가장 거리가 먼 것은?

① 장마철 보르도액의 살포
② 살포약제의 고농도 살포
③ 낙엽 후 기계유 유제의 살포
④ 고온,고광도시 석회황합제 사용

해설
약해가 일어나는 조건으로 농약 자체의 원인 및 오용, 환경에 의한 약해, 작물 자체에 의한 약해, 농약의 사용 후 특성에 의한 약해가 있으며 낙엽 후 기계유 유제의 살포는 여기에 해당되지 않는다.

64 다음 중 신경독 살충제는?

① 클로로피크린 ② 기계유유제
③ 유기수은제   ④ 제충국제

해설
제충국의 활성성분을 이용하여 해충의 신경계통을 저해하는 효과가 나타나는 신경독 살충제이다.

65 헤테로옥신이라고도 하며 무색 바늘모양의 결정으로 과수, 화초 등의 삽목 때 발근촉진제로 사용될 수 있는 것은?

① 포스톤   ② 지베렐린
③ β-인돌초산 ④ 카시네린

해설
헤테로옥신은 β-인돌초산이라하며 발근촉진제로 이용한다.

67 농약의 살포방법 중 살포액의 농도가 높고 정밀한 액적조절살포가 필요한 살포방법은?

① 분입제 살포 ② 공중액제살포
③ 입제살포   ④ 수면시용

해설
공중액제살포는 항공기를 이용한 대면적 살포에 적합한 방법이다.

정답 60 ④ 61 ① 62 ④ 63 ③ 64 ④ 65 ③ 66 ③ 67 ②

68 농약관리법에 의한 맹독성의 판정기준은?

① 급성 경구독성이 고체는 5mg/kg, 액체는 20mg/kg미만
② 급성 경구독성이 고체는 5mg/kg, 액체는 40mg/kg미만
③ 급성 경구독성이 고체는 10mg/kg, 액체는 50mg/kg미만
④ 급성 경구독성이 고체는 10mg/kg, 액체는 100mg/kg미만

[해설]
급성경구독성에 맹독성은 고체는 5mg/kg, 액체는 20mg/kg미만이다.

69 수화제의 분말입자가 수중에서 분산 부유하는 성질을 의미하는 것은?

① 유화성　② 고착성
③ 현수성　④ 부착성

[해설]
현수성은 수화제에 물을 넣어 조제한 현탁액의 고체입자가 균일하게 분산 부유하는 성질과 안정성을 말한다.

70 유기인제 계통의 약제를 알칼리성 농약과 혼용을 피해야하는 주된 이유는?

① 약해가 심해지기 때문이다.
② 물리성이 나빠지기 때문이다.
③ 가수분해가 일어나기 때문이다.
④ 중합반응을 하여 다른 물질로 되기 때문이다.

[해설]
유기인계 살충제는 에스테르 결합을 하고 있어 알칼리에 의해 쉽게 가수분해 된다.

71 석회유황합제 제조 시 생석회와 황의 중량비로서 가장 적합한 것은?

① 1 : 1　② 2 : 1
③ 1 : 2　④ 1 : 3

[해설]
석회유황합제 제조시 생석회와 황은 1 : 2 중량비로 배합한다.

72 교차저항성(cross resistance)에 대한 설명으로 옳은 것은?

① 동일한 작용기작을 가진 약제군 사이에서 그 중 1개의 약제에 저항성을 지니게 된 균은 같은 군의 다른 약제에 대해서도 저항성을 가진다.
② 작용점이 여러 개인 약제에 대하여 2가지 이상의 작용점에 저항을 획득하면 그 균은 교차저항성을 획득하였다고 한다.
③ 베노밀(benomyl)과 톱신-M(Topsin-M)의 경우 화학구조가 완전히 다르기 때문에 저항성의 획득도 다른 기작을 따른다.
④ 저항성균이 한 지역에 발생하여 다른 지역으로 이동되었을 때 이동된 지역에서도 저항성을 유지하는 것을 교차저항성이라 한다.

[해설]
해충에 한번도 사용하지 않았지만 유사 약제에 저항성으로 동시에 사용하지 않은 약제에도 저항성이 생기는 경우를 교차저항성이라 한다.

73 DDVP 유제를 50%를 500배로 희석하여 면적 10a 당 4말(1말 : 18L)을 살포하고자 할 때의 소요약량은 약 몇 ml 인가?

① 72　② 144
③ 288　④ 576

[해설]
소요약량(배액)
$= \dfrac{단위면적당 사용량}{소요희석배수}$
$= \dfrac{4말 \times 18L}{500배} = 0.144L = 144ml$

정답 68 ① 69 ③ 70 ③ 71 ③ 72 ① 73 ②

74 기생주체 내로 병원균 포자가 침입하지 못하게 하는 약제 중 가장 효과적인 것은?
① 접촉독제 ② 직접살균제
③ 침투성살균제 ④ 보호살균제

해설
보호살균제는 병원균이 식물체 내로 침입하는 것을 예방한다.

75 농약의 보조제로 사용되지 않는 것은?
① 전착제 ② 용제
③ 주제 ④ 협력제

해설
보조제는 살충제의 효과를 증폭시키기 위한 것으로 전착에 도움을 주는 전착제, 주성분의 농도를 낮추어주는 증량제, 유제의 유화성을 높이는 유화제 등이 있다.

76 제제를 물로 희석하여 사용하는 액체시용제에 해당하지 않는 제형은?
① 유제 ② 액제
③ 수화제 ④ 입제

해설
액체시용제의 종류로 유제, 액제, 수화제, 입상수화제, 유탁제 등이 있다. 입제의 경우 고체 사용제에 해당한다.

77 우리나라의 농약의 독성구분 중 맞지 않는 것은?
① 무독성 ② 보통독성
③ 저독성 ④ 고독성

해설
국내의 농약의 독성구분으로 맹독성, 고독성, 보통독성, 저독성이 있다.

78 유제를 1500배로 희석하여 액량 15L 로 살포하려 한다. 이때 원액약량은 몇 ml 가 필요한가?
① 1 ② 10
③ 100 ④ 1000

해설
소요약량(배액)
$= \dfrac{\text{단위면적당 사용량}}{\text{소요희석배수}} = \dfrac{15000ml}{1500배} = 10ml$

79 살충제 농약의 작용점이 잘못 연결된 것은?
① 원형질독 - 유기수은제
② 피부독 - 기계유유제
③ 호흡독 - 청산가스
④ 근육독 - 피레스린

해설
피레스린은 신경의 기능을 저해하는 신경독으로 작용한다.

80 농약의 잔류허용기준(MRL)을 결정하는 요소가 아닌 것은?
① 최대무작용량(NOEL)
② 안전계수
③ 농약 살포 횟수
④ 1일 섭취허용량(ADI)

해설
농약의 잔류 허용기준시 1일 섭취허용량, 체중, 식품 1일 섭취량을 이용하여 설정하며 여기서 1일 허용량은 농약을 매일 섭취해도 영향이 없는 농약의 양으로 최대무작용약량에서 안전계수를 곱한 값으로 정의한다.

정답 74 ④ 75 ③ 76 ④ 77 ① 78 ② 79 ④ 80 ③

5과목 잡초방제학

81 잡초의 발아습성 중 발아기회성에 대한 설명으로 가장 옳은 것은?

① 일장에 감응하여 발아하게 되는 특성
② 온도조건에 감응하여 발아하게 되는 특성
③ 일정한 간격을 가지고 최고의 발아율을 나타내는 특성
④ 오랜 기간에 걸쳐 지속적으로 발아하게 되는 특성

해설
발아기회성은 특정 온도에 감응하여 발아하는 특성을 말한다.

82 다음 중 논토양 표토에 주로 지하경을 형성하는 다년생 잡초로 가장 옳은 것은?

① 깨풀   ② 쇠비름
③ 올미   ④ 명아주

해설
올미는 다년생 광엽잡초로 지하경을 이용한 무성번식을 한다.

83 멀칭용 플라스틱 필름에 대한 설명으로 가장 옳지 않은 것은?

① 흑색필름은 잡초의 발생을 줄인다.
② 녹색필름은 지온상승의 효과가 크다.
③ 흑색필름은 지온이 높을 때 지온을 낮추어 준다.
④ 투명필름은 잡초 발생을 크게 줄인다.

해설
멀칭용 투명 필름은 햇빛의 투과율이 흑색, 녹색 등 보다 높아 잡초 발생률이 다른 색상의 필름보다 높다.

84 다음 중 바랭이는 형태적 분류상 어디에 속하는가?

① 광엽 잡초
② 화본과 잡초
③ 방동사니과 잡초
④ 국화과 잡초

해설
바랭이는 화본과 잡초이다.

85 다음 중 외래잡초로만 나열된 것은?

① 돼지풀, 올미
② 너도방동사니, 흰명아주
③ 개망초, 어저귀
④ 올방개, 광대나물

해설
외래 잡초에는 미국가막사리, 미국개기장, 가는털비름, 단풍잎돼지풀, 소리쟁이, 도꼬마리, 서양민들레, 개망초, 애기달맞이꽃, 어저귀 등이 있다.

86 잡초의 번식에 대한 설명으로 옳지 않은 것은?

① 영양번식은 포복경, 지하경, 인경, 구경 등을 통해 이루어지는 것을 말한다.
② 돌피, 바랭이, 냉이는 유성번식을 한다.
③ 다년생 잡초는 영양번식과 유성번식을 겸한다.
④ 일년생 잡초는 자가수정에 의해서만 번식한다.

해설
일년생 잡초는 자가수정외에도 타가수정으로 번식하는 종류도 있다. 대표적인 자가수정 작물로 벼, 보리, 콩, 토마토 등이 있다.

87 다음 중 선택성 제초제는?

① 2,4-D   ② Paraquat
③ Glufosinate ④ Glyphosate

해설
선택성 제초제에는 2,4-D, 디캄바, 뷰타클로르 등이 있다.

정답 81 ② 82 ③ 83 ④ 84 ② 85 ③ 86 ④ 87 ①

88 작물과 잡초간의 경합에 관여하는 주요한 요인으로 가장 거리가 먼 것은?

① 수분 ② 광
③ 영양분 ④ 제초제 내성

해설
경합의 인자로 양분, 수분, 광, 밀도 등이 있다.

89 토양 환경과 잡초의 출현에 대한 설명으로 옳지 않은 것은?

① 종자가 무거울수록 발생심도가 깊다.
② 토양이 과습하면 출현율이 낮아진다.
③ 토양이 건조하면 출아율이 낮아진다.
④ 사질토는 중점토보다 발생심도가 얕다.

해설
사질토는 중점토보다 표층의 건조가 쉬워 발생심도가 깊어진다.

90 트리아진계 제초제의 주요 이행 특성은?

① 비대 성장 ② 조기 결실
③ 광합성 저해 ④ 신초 생장 억제

해설
트리아진계 제초제의 이행 특성으로 광합성을 저해한다.

91 상호대립억제작용에 대한 설명으로 옳은 것은?

① 제초제를 오래 사용한 잡초에 대한 내성을 나타내는 것이다.
② 죽은 식물 조직에서 나오는 물질에 의해서도 일어날 수 있다.
③ 다른 종의 생육을 억제하는 주된 기작은 주로 차광에 의해 일어난다.
④ 잡초가 다른 작물의 생육을 억제하는 것은 아니며 잡초 간에만 일어나는 현상이다.

해설
죽은 식물의 조직에서 나오는 분비물에 의해서 상호대립 억제작용 현상이 발생할 수 있다.

92 잡초 종자의 산포 방법으로 옳지 않은 것은?

① 바랭이 : 성숙하면서 흩어짐
② 소리쟁이 : 물에 잘 떠서 운반됨
③ 가막사리 : 바람에 잘 날려서 이동함
④ 메귀리 : 사람이나 동물 몸에 잘 부착함

해설
가막사리는 사람이나 동물 몸에 부착되어 산포한다.

93 일년생 잡초와 비교한 다년생 잡초에 대한 설명으로 옳지 않은 것은?

① 방제하기 어렵다.
② 영양 번식을 한다.
③ 생육 기간이 길다.
④ 대부분 종자로 번식한다.

해설
다년생 잡초는 단순다년생, 구근형다년생, 포복형다년생이 있으며 이들은 종자뿐만 아니라 지하기관, 괴경 등 다양한 방법으로 번식한다.

94 다음 중 잡초경합 한계기간이 가장 긴 작물은?

① 녹두 ② 양파
③ 밭벼 ④ 콩

해설
잡초경합한계기간으로 양파는 약 56일 정도로 상대적으로 긴 편이다.

95 잡초 종자의 휴면타파 및 발아율을 촉진시키는 생장조절 물질과 가장 거리가 먼 것은?

① 사이토카이닌 ② 에틸렌
③ 지베렐린 ④ MH

해설
MH 제는 식물의 생장 억제 물질에 속한다.

정답 88 ④ 89 ④ 90 ③ 91 ② 92 ③ 93 ④ 94 ② 95 ④

96 다음 중 부유성 잡초로만 나열된 것은?

① 너도방동사니, 별꽃
② 올미, 토끼풀
③ 개구리밥, 부레옥잠
④ 깨출, 망초

해설
부유잡초로는 부레옥잠, 개구리밥, 좀개구리밥, 생이가래 등이 있다.

97 다음 중 여름잡초로만 나열된 것은?

① 벼룩나물, 바랭이
② 피, 쇠비름
③ 별꽃, 속속이풀
④ 피, 냉이

해설
여름잡초에는 피, 명아주, 돌피, 강아지풀, 알방동사니, 물별, 바랭이, 마디꽃, 쇠비름 등이 있다.

98 다음 중 작물과 잡초가 경합하고 있을 때 작물 수량 손실이 가장 높은 경우는?

① C_3작물과 C_4잡초
② C_3작물과 C_3잡초
③ C_4작물과 C_3잡초
④ C_4작물과 C_4잡초

해설
C_3 계통의 식물은 C_4 계통 식물보다 상대적으로 광합성 효율이 낮다. C_4 잡초의 광합성 효율이 뛰어나 C_3 작물의 수량에 많은 영향을 주게 된다.

99 다음 중 암조건에서도 발아가 가장 잘 되는 것은?

① 참방동사니   ② 개비름
③ 독말풀   ④ 소리쟁이

해설
암발아 잡초로 별꽃 냉이, 광대나물, 독말풀 등이 있다.

100 일정기간 이내에 대부분 종자가 발아를 마치는 집중발아 습성을 무엇이라고 하는가?

① 발아 준동시성 ② 발아 계절성
③ 발아 기회성   ④ 발아 내성

해설
일정기간 내의 대부분의 종자가 발아를 마치는 것을 발아 준동시성이라 한다.

국가기술자격 필기시험문제

기사 CBT 2회 모의고사문제

자격종목	종목코드	시험시간	형별	수험번호	성명
식물보호기사		2시간 30분			

※ 본문제는 수험생들의 기억을 바탕으로 작성 된 것으로 실제 문제와 차이가 있을 수 있습니다.

1과목 식물병리학

01 감자둘레썩음병균이 월동하는 곳은?
① 잎　　② 덩이줄기
③ 토양　④ 열매

해설
감자둘레썩음병균이 발생하면 곰팡이병의 감염에 의해 감자의 품질이 나빠지며 이러한 병균은 덩이줄기에 월동한다.

02 식물 검역에 대한 설명으로 옳은 것은?
① 식물에 면역작용이 생기게 하여 병을 방제하는 것
② 농약 등을 사용하여 화학적으로 방제하는 것
③ 열처리 등에 의해 병원균을 박멸하는 것
④ 병원균의 유입을 차단하고자 사전에 검사하여 병을 예방하는 것

해설
식물검역은 외국에서 유입되는 식물 및 병원체의 침입을 막기 위해 사전에 검사를 하는 예방적 방제법에 속한다.

03 진균의 특징으로 옳지 않은 것은?
① 세포내 핵이 있다.
② 영양체는 주로 균사이다.
③ 번식체는 주로 포자이다.
④ 세포벽은 키틴을 갖지 않는다.

해설
진균의 일부분인 균사는 격막의 유무로 분류되며 외부에 세포벽이 있고 그 성분은 키틴으로 이루어져 있다.

04 식물병원 바이러스와 바이로이드의 차이점은?
① 입자내 핵산의 존재 유무
② 핵산의 종류
③ 단백질 외피의 존재 유무
④ 입자내 지질의 존재 유무

해설
바이로이드는 외부단백질 없이 한 가닥의 핵산으로 구성된 병원체이며 바이러스는 핵산과 단백질로 구성된 핵단백질로 단백질 외피의 존재 유무의 차이점이 있다.

05 포도나무 노균병균이 월동하는 곳은?
① 곤충의 유충　② 병든 잎
③ 종자　　　　④ 뿌리

해설
포도나무 노균병은 병든 잎 조직내에서 월동한다.

정답 01 ② 02 ④ 03 ④ 04 ③ 05 ②

06 담배모자이크바이러스의 구성 성분 중 병원성을 갖는 것은?
① 핵산   ② 단백질
③ 탄수화물   ④ 지질

해설
담배모자이크바이러스의 병원체는 바이러스이며 핵산과 단백질껍질로 구성되어 있다.

07 오이 노균병균이 형성하는 포자의 종류로 가장 옳은 것은?
① 유주자   ② 여름포자
③ 겨울포자   ④ 자낭포자

해설
오이 노균병균은 분생포자가 토양에서 월동하고 이후 발아하면 유주자가 형성된다.

08 다음 중 비전염성 병원으로 가장 거리가 먼 것은?
① 부적당한 온도
② 각종 화학물질
③ 병원성 바이로이드
④ 부적당한 토양조건

해설
바이로이드는 단백질껍질이 없는 RNA로 구성된 전염성 병원이다.

09 다음 중 수공감염으로 가장 많이 일어나는 식물의 병은?
① 벼 흰잎마름병
② 감자 더뎅이병
③ 고구마 무름병
④ 보리 겉깜부기병

해설
벼 흰잎마름병은 세균이 수공이나 상처를 통해 침입하며 도관에서 증식하여 피해를 준다.

10 다음 중 순활물기생균에 의한 병으로 가장 옳은 것은?
① 강낭콩 탄저병
② 고추 역병
③ 가지 풋마름병
④ 사과나무 흰가루병

해설
순활물기생균으로 녹병균, 노균병균, 흰가루병균 등이 있다.

11 벼 키다리병의 병징 형성 원인으로 병원균이 분비하는 주요 호르몬은?
① 옥신   ② 에틸렌
③ 지베렐린   ④ 사이토키닌

해설
지베렐린은 벼의 키다리병균에 의해 만들어지는 식물생장조절제로 신장촉진작용, 종자발아촉진, 개화촉진 등의 작용을 하며 벼 키다리병의 키가 커지는 현상의 원인이 된다.

12 PAN에 의한 식물피해로 옳은 것은?
① 줄기혹   ② 뿌리썩음
③ 꽃의 엽화   ④ 잎은 은색화

해설
PAN에 의해 식물은 광택화, 은백색화 등의 현상이 발생하고 심하면 괴사한다.

13 식물바이러스병 진단법 중 지표식물을 이용하는 방법은?
① 혈청학적 진단   ② 해부학적 진단
③ 생물학적 진단   ④ 현미경적 진단

해설
생물학적 진단법은 지표식물, 최아법(괴경지표법), 즙액접종법 등이 있다.

정답 06 ① 07 ① 08 ③ 09 ① 10 ④ 11 ③ 12 ④ 13 ③

14 소나무 재선충병에 대한 설명으로 옳지 않은 것은?

① 솔수염하늘소가 매개충이다.
② 잣나무에는 발생하지 않는다.
③ 아바멕틴 유제를 나무주사하여 방제한다.
④ 피해를 입어 고사한 소나무는 벌채하여 메탐소듐 액제로 훈증처리한다.

해설
소나무 재선충병은 소나무, 잣나무, 낙엽송, 해송 등에 발생한다.

15 파이토플라스마에 의한 병이 아닌 것은?

① 뽕나무 오갈병
② 벚나무 빗자루병
③ 양파 누른오갈병
④ 대추나무 빗자루병

해설
벚나무 빗자루병은 진균(자낭균류)에 의해 발생한다.

16 병원균이 기주 교대를 하는 이종기생균은?

① 배나무 불마름병
② 사과나무 흰가루병
③ 배나무 붉은별무늬병
④ 사과나무 검은별무늬병

해설
서로 다른 종류의 기주식물을 옮겨다니며 생활하는 병원균을 이종기생균이라 하며 배나무 붉은별무늬병은 배나무와 향나무를 기주교대한다.

17 가지과 풋마름병에 대한 설명으로 옳지 않은 것은?

① 여름철 평균 기온이 20℃ 이상인 경우 잘 발병한다.
② 비닐하우스 재배 시 비료를 기준량보다 더 주어 방제한다.
③ 피해가 심한 지역에서는 논으로 1년 정도 벼 재배를 실시한다.
④ 일반적으로 토양에서 월동한 병원균이 뿌리의 상처로 침입하여 감염된다.

해설
가지과 풋마름병에 질소질 비료를 과용할 경우 병의 발생을 조장하기에 기준량을 준다.

18 현미경을 이용하여 조직에 있는 병원균의 존재와 형태를 관찰하여 식물병을 진단하는 방법은?

① 윤안적 진단
② 해부학적 진단
③ 이화학적 진단
④ 혈청학적 진단

해설
현미경을 통한 병원체의 유무를 확인하는 것은 해부학적 진단 방법이다.

19 가축이 섭취할 경우 유독한 독성 물질에 의해 중독 증상이 나타날 수 있는 것은?

① 벼 깨씨무늬병
② 보리 줄무늬병
③ 맥류 흰가루병
④ 밀 붉은곰팡이병

해설
밀 붉은곰팡이병은 감염된 보리, 밀 등을 섭취한 사람, 동물 등은 심한 중독 증상을 일으키기도 한다.

정답 14 ② 15 ② 16 ③ 17 ② 18 ② 19 ④

20 식물병을 유발하는 세균에 대한 옳지 않은 설명은?

① 핵막이 있다.
② 원핵생물이다.
③ 미토콘드리아가 없다.
④ 유사분열을 하지 않는다.

> **해설**
> 세균은 핵막이 없는 단세포 생물이다.

2과목 　 농림해충학

21 분류학적으로 개미가 속하는 곤충목은?

① 딱정벌레목　② 총채벌레목
③ 노린재목　　④ 벌목

> **해설**
> 개미는 벌목에 속한다.

22 곤충의 주광성을 이용하여 해충을 조사하는 방법은?

① 유아등 조사
② 공중 포충망 조사
③ 페로몬 트랩 조사
④ 말레이즈 트랩 조사

> **해설**
> 주광성은 빛을 이용하는 방법으로 유아등 조사에 이용된다.

23 다음에서 설명하는 곤충의 조직은?

> 곤충의 중간대사에 관여하는 조직으로 척추동물의 간과 비슷한 기능(영양분의 저장, 단백질의 합성, 해독작용)을 한다.

① 전장　　　② 후장
③ 지방체　　④ 카디아카체

> **해설**
> 곤충에 있어 지방체는 척추동물의 간과 비슷한 기능을 발휘하며 지방, 단백질, 당류 등의 저장에 관여하고 에너지 생성 및 생식에도 이용된다.

24 변태과정 없이 성충이 되는 곤충목은?

① 나비목　　② 파리목
③ 노린재목　④ 딱정벌레목

> **해설**
> 변태과정 없이 성충이 되는 것은 불완전변태이며 노린재목이 있다.

25 다음 중 외래 침입해충이 아닌 것은?

① 사과면충　　② 콩가루벌레
③ 온실가루이　④ 이세리아깍지벌레

> **해설**
> 대표적인 외래해충으로 긴꼬리가루깍지벌레, 흰개미, 사과면충, 밤나무순혹벌, 감자뿔나방, 뿌리응애, 솔잎파리, 미국흰불나방, 뿌리응애, 온실가루이, 벼물바구미, 꽃노랑총채벌레, 담배가루이 등이 있다.

26 진딧물의 생식방법에 대한 설명으로 옳은 것은?

① 양성생식에 의한 난생만을 한다.
② 양성생식에 의한 태생만을 한다.
③ 단위생식에 의한 난생만을 한다.
④ 단위생식에 의한 태생과 양성생식에 의한 난생을 모두 한다.

> **해설**
> 진딧물은 여름철까지는 암컷만으로 이루어지는 단위생식을 하고 가을에는 암수가 교미하는 양성생식을 한다.

27 유충과 성충이 모두 잎을 가해하는 해충은?

① 독나방
② 솔잎혹파리
③ 오리나무잎벌레
④ 꼬마버들재주나방

> **해설**
> 오리나무잎벌레는 성충과 유충이 동시에 잎을 가해한다.

정답 20 ① 21 ④ 22 ① 23 ③ 24 ③ 25 ② 26 ④ 27 ③

28 유충이 몇 개의 잎을 끌어 모아 철하고 그 속에 숨어 있다.가 해가 진 후에 나와 벼 잎을 가해하는 해충은?

① 벼애나방　② 조명나방
③ 벼잎벌레　④ 줄점팔랑나비

해설
줄점팔랑나비의 유충은 낮에는 말려져 있는 잎 속에서 숨어 있고 해가 진 후 나와 벼의 잎을 가해한다.

29 향나무하늘소의 주요 가해 부위는?

① 잎　② 줄기
③ 뿌리　④ 열매

해설
향나무하늘소는 줄기, 형성층이나 목질부에 피해를 주는데 똥을 밖으로 배출하지 않고 침입한 구멍도 흔적이 없어 발견이 어렵다.

30 고시류 곤충에 속하는 것은?

① 밀잠자리
② 담배나방
③ 분홍날개대벌레
④ 밤애기잎말이나방

해설
고시류에는 하루살이목, 잠자리목 등이 있다.

31 곤충의 생리에 대한 설명으로 옳지 않은 것은?

① 기관호흡을 한다.
② 연속되는 탈피를 통해 몸을 키운다.
③ 완전변태류의 경우 번데기 과정을 거친다.
④ 혈액 속 헤모글로빈에 의해 산소를 공급받는다.

해설
곤충은 혈액을 통해 산소를 운반하지 않으며 호흡계를 통해 산소를 공급받는다.

32 중국으로부터 비래하는 것으로 우리나라에서 월동하며 벼에 바이러스병을 매개하는 것은?

① 애멸구　② 꽃매미
③ 벼멸구　④ 흰등멸구

해설
애멸구는 중국에서 비래하여 벼를 직접 흡즙 가해하며 4령 약충이 논둑의 잡초 사이에 월동한다. 또한 줄무늬잎마름병, 검은줄오갈병 등의 바이러스병을 매개한다.

33 일반적으로 온대지방에서 1년에 1회 발생하는 해충은?

① 땅강아지　② 벼룩잎벌레
③ 파총채벌레　④ 거세미나방

해설
땅강아지는 토양 해충으로 뿌리를 가해하며 1년에 1회 발생한다.

34 겨울을 나기 위하여 유충으로 동면하는 것은?

① 벼애나방　② 벼메뚜기
③ 보리굴파리　④ 이화명나방

해설
이화명나방은 유충 형태로 월동한다.

35 일반적인 곤충의 소화계에서 전장에 속하는 것은?

① 모이주머니　② 위
③ 말피기관　④ 위맹낭

해설
곤충의 소화계에서 전장에는 식도, 소낭(모이주머니), 전위가 있다.

정답 28 ④　29 ②　30 ①　31 ④　32 ①　33 ①　34 ④　35 ①

36 곤충의 청각 감각기가 아닌 것은?
① 종상감각기   ② 존스톤기관
③ 고막기관   ④ 협하기관

[해설] 종상감각기는 피부의 변형을 감지하는 감각기이다.

37 종실을 가해하는 해충이 아닌 것은?
① 밤바구미   ② 복숭아명나방
③ 이화명나방 ④ 도토리거위벌레

[해설] 이화명나방은 줄기를 가해한다.

38 자연 생태계와 비교하여 논 생태계에 대한 설명으로 틀린 것은?
① 생태적 연속성이 없다.
② 생물의 종이 다양하다.
③ 병충해의 대발생이 잦다.
④ 영양소와 물이 인위적으로 공급된다.

[해설] 논 생태계의 경우 사람에 의해 인위적으로 조성된 것으로 자연생태계에 비해 종의 다양도가 낮다.

39 곤충의 특징이 아닌 것은?
① 몸은 머리, 가슴, 다리의 세 부위로 구성된다.
② 무시류를 제외하고 두 쌍의 날개가 존재하나, 파리목은 뒷날개가 퇴화되어 있다.
③ 성충의 다리는 세 쌍이다.
④ 체벽에 키틴 성분이 포함되어 있다.

[해설] 곤충은 머리, 가슴, 배의 세 부위로 분류된다.

40 복숭아심식나방에 대한 설명으로 옳지 않은 것은?
① 유충이 과실 속에 있을 때에는 황백색이다.
② 월동 고치는 방추형이다.
③ 1년에 2회 발생하지만 일정하지는 않다.
④ 피해 과일에는 배설물이 배출되지 않는다.

[해설]
· 복숭아심식나방의 월동 고치는 원형이다.
· 여름철에 방추형의 여름고치를 짓고 번데기가 된다.

3과목 재배학원론

41 다음 분 장과류에 해당하는 것으로만 나열된 것은?
① 배, 사과   ② 복숭아, 앵두
③ 딸기, 무화과류 ④ 감, 귤

[해설] 장과류에는 포도, 무화과, 딸기 등이 있다.

42 다음 중 천연 에틸렌에 해당하는 것은?
① GA2   ② IBA
③ C_2H_4 ④ MH-30

[해설] 에틸렌 성분은 C_2H_4 이다.

43 완효성 비료에 해당하는 것은?
① 요소   ② 황산암모늄
③ 염화칼륨   ④ 깻묵

[해설] 완효성 비료에는 부엽, 깻묵 등의 부산물을 이용하기도 한다.

정답 36 ① 37 ③ 38 ② 39 ① 40 ② 41 ③ 42 ③ 43 ④

44 다음 중 혐광성 종자에 해당하는 것은?
① 상추   ② 수세미
③ 차조기   ④ 우엉

해설
혐광성 종자는 호박, 고추, 양파, 오이, 백일홍, 수세미, 수박 등이 있다.

45 박과 채소류 접목의 특징으로 틀린 것은?
① 흰가루병에 강하다.
② 흡비력이 강해진다.
③ 과습에 잘 견딘다.
④ 당도가 떨어진다.

해설
다른 작물에 비해 박과채소는 특히나 흰가루병에 피해가 심하다.

46 다음 중 복토 깊이를 10cm 이상으로 해야 하는 작물은?
① 콩, 팥   ② 옥수수, 완두
③ 아네모네, 잠두   ④ 수선, 나리

해설
· 복토깊이가 10cm 이상 깊게 해야하는 작물로 나리, 튤립, 수선 등이 있다.
· 복토깊이가 1.5 ~ 2cm 인 작물로 순무, 양배추, 가지, 토마토, 오이, 배추, 기장 등이 있다.

47 우리나라 논토양의 적정 유기물 함량 (g/kg)은?
① 5~10   ② 25~30
③ 40~50   ④ 45~60

해설
국내의 논토양의 적정 유기물은 30g/kg 이다.

48 비닐하우스에서는 흔히 고온장해가 유발되는데 내열성이 가장 큰 식물체 부위는?
① 눈   ② 미성엽
③ 완성엽   ④ 중심주

해설
완성엽은 충분히 자란 잎으로 내열성이 가장 크다

49 옥신 중에서 식물체에서 합성되지 않는 것은?
① IAA   ② IAN
③ NAA   ④ PAA

해설
IAA, IAN, PAA 는 식물체에서 합성되는 천연호르몬이고 NAA 는 합성호르몬이다.

50 화곡류 작물에 흡수되어 표피조직을 강하게 하여 병충해 저항을 크게 하는 것은?
① 칼슘(Ca)   ② 칼륨(K)
③ 철(Fe)   ④ 규소(Si)

해설
규소는 줄기를 튼튼하게 하여 도열에 대한 저항성을 크게 해주며 세균이나 진균에 의한 병해를 경감시켜 준다.

51 동상해 응급대책으로 물이 얼 때 잠열(숨은열)이 발생되는 점을 이용하여 작물체 표면에 물을 뿌려 주는 방법은?
① 발연법   ② 연소법
③ 송풍법   ④ 살수결빙법

해설
스프링클러로 물을 뿌려 식물의 표면을 동결시켜 잠열을 이용해 식물체온을 유지하는 방법을 살수결빙법이라 한다.

정답 44 ② 45 ① 46 ④ 47 ② 48 ③ 49 ③ 50 ④ 51 ④

52 토양이나 수질오염을 통하여 인체에 중금속 중독을 초래하기 쉬운 것은?
① 카드뮴　② 구리
③ 망간　④ 몰리브덴

해설
토양이나 수질오염을 통해 납, 카드뮴, 수은 등은 인체에 중금속 중독을 일으킨다.

53 식물의 거대형은 어떤 경우에 생기는가?
① 장일성 식물을 단일하에 놓아둘 때
② 장일성 식물을 장일하에 놓아둘 때
③ 단일성 식물을 단일하에 놓아둘 때
④ 단일성 식물을 장일하에 놓아둘 때

해설
단일식물은 장일조건에 놓이면 영양생장을 계속하여 거대형이 된다.

54 벼의 수해에 대한 설명으로 틀린 것은?
① 분얼 초기에는 침수에 약하다.
② 수온이 높으면 침수 피해가 크다.
③ 수잉기로부터 출수개화기 사이에는 침수에 극히 약하다.
④ 침수로 표토가 씻겨내렸을 때에는 새뿌리의 발생 후에 추비를 준다.

해설
분얼 초기에는 침수에 강하여 피해가 적게 나타난다.

55 다음 논의 용수량(Q) 계산수식에서 A에 해당되는 것은?

$$Q = (엽면증산량 + 수면증발량 + 지하침투량) - A$$

① 강수량　② 강우량
③ 유효우량　④ 흡수량

해설
용수량 = (엽면증산량 + 수면증발량 + 지하침투량) - 유효우량

56 포도의 착색에 관여하는 안토시안의 생성을 가장 조장하는 것은?
① 적색광　② 황색광
③ 적외선　④ 자외선

해설
안토시안은 저온의 조건에서 자색광이나 자외선에 의해 가장 잘 조장된다.

57 다음 중 생육 기간의 적산온도가 가장 높은 작물은?
① 담배　② 메밀
③ 보리　④ 벼

해설
벼의 생육기간의 적산온도의 범위는 3500~4500°C 정도로 가장 높다.

58 작물의 생육과정에서 화성을 유발하게 하는 요인으로 가장 옳지 않은 것은?
① C/N 율　② N-Al 율
③ 식물호르몬　④ 일장효과

해설
화성을 유발하게 하는 요인에는 지베렐린과 같은 식물호르몬, 춘화처리와 같은 인위적 온도처리, 일장효과, C/N 율 등이 있다.

정답　52 ①　53 ④　54 ①　55 ③　56 ④　57 ④　58 ②

59 다음 중 배유 종자로만 나열된 것은?
① 콩, 팥, 밤
② 밀, 보리, 콩
③ 벼, 옥수수, 보리
④ 팥, 옥수수, 콩

해설
배유종자에는 밀, 벼, 보리, 옥수수, 양파가 있다.

60 다음에서 (가), (나) 에 알맞은 내용은?

◎ 작물이 햇볕을 받으면 온도가 (가) 하여 증산이 촉진된다.
◎ 광합성으로 동화물질이 축적되면 공변세포의 삼투압이 (나) 져서 수분흡수가 활발해짐과 아울러 기공이 열려 증산이 촉진된다.

① 가 : 하강, 나 : 높아
② 가 : 상승, 나 : 높아
③ 가 : 하강, 나 : 낮아
④ 가 : 상승, 나 : 낮아

해설
· 작물이 햇볕을 받으면 빛에너지로 인하여 온도가 높아지고 기문이 열리면서 증산이 촉진된다.
· 또한 광합성이 발생하면서 동화물질이 축적되고 공변세포의 삼투압이 높아지고 기공이 열리게 된다.

4과목 농약학

61 잡초가 발아하기 전에 지표면에 약제를 살포하여 잡초종자로 발아하지 못하게 하거나 발아 직후의 어린 식물의 생육을 멈추게 하는 제초제를 무엇이라 하는가?
① 경엽처리 제초제
② 토양처리 제초제
③ 선택성 제초제
④ 비선택성 제초제

해설
토양처리 제초제는 잡초가 발생하기 전에 살포하여 발아를 하지 못하게 한다.

62 살균제 농약의 작용기작 중 산화, 환원에 있어서 SH기가 관여하는 탈수소효소나 SH기질과 작용하여 황화물을 만들어 기능을 상실시켜 살균작용을 나타내는 농약이 아닌 것은?
① 캡탄 수화제 ② 폴펫 수화제
③ 디노 수화제 ④ 타코닐 수화제

해설
SH 저해제의 종류로 구리제, 유기수은제, 유기유황제, 클로로타로닐, 캡탄, 폴펫 등이 있다.

63 다음 약제 중 주성분을 가스제로 작용시키는 약제가 아닌 것은?
① 시안화수소
② 클로로피크린
③ 메타알데하이드
④ 메틸브로마이드

해설
· 훈증제의 종류로 메틸브로마이드, 클로로피크린, 알루미늄포스파이드, 시안화수소 등이 있다.
· 메타알데하이드는 배추 등에 피해를 주는 달팽이류를 방제하기 위한 농약으로 입제의 형태로 사용한다.

정답 59 ③ 60 ② 61 ② 62 ③ 63 ③

64 유기인제에 중독되었을 때 주로 사용하는 해독제는?
① 치옥탄 ② PAM
③ 쿠렙톤 ④ 비타민K

[해설]
· 유기인제에 중독되었을 경우 황산아트로핀, 팜(PAM) 등이 사용된다.
· 팜(PAM)은 주로 파리치온, EPN 등에 효과가 있다.

65 분제(입제 포함)의 물리적 성질로서 가장 거리가 먼 것은?
① 현수성 ② 비산성
③ 부착성 ④ 토분성

[해설]
현수성은 물에 입자가 균일하게 분산부유하는 성질로 물에 섞지 않고 제품 그대로 살포하는 분제의 물리적 성질과는 거리가 멀다.

66 다음 농약 안전성평가항목 중 일반 독성분야에 속하지 않는 것은?
① 급성독성 ② 아급성독성
③ 어독성   ④ 만성독성

[해설]
어독성은 환경 및 생태 독성분야에 속한다.

67 페노뷰카브 분제(밧사) 살충제의 종류는?
① 카바메이트계 ② 유기인계
③ 유기염소계   ④ 트리아진계

[해설]
페노뷰카브(BPMC)는 카바메이트계 살충제이다.

68 유제의 유화성, 수화제의 현수성을 검정하는데 사용하는 물의 경도는?
① 1.0 ② 3.0
③ 5.0 ④ 7.0

[해설]
유제의 수화성, 수화제의 현수성을 검정하는데 사용하는 물의 경도는 3.0 이다.

69 교차저항성에 대한 설명으로 가장 적절한 것은?
① 어떤 약제에 의해 저항성이 생긴 곤충이 다른 약제에 저항성을 보이는 것
② 동일 곤충에 어떤 약제를 반복 살포함으로써 생기는 저항성
③ 동일 곤충에 두 가지 약제를 교대로 처리함으로써 생기는 저항성
④ 어떤 약제에 대한 저항성을 가진 곤충이 다음 세대에 그 특성을 유전시키는 것

[해설]
해충에 한번도 사용하지 않았지만 유사 약제에 저항성으로 동시에 사용하지 않은 약제에도 저항성이 생기는 경우를 교차저항성이라 한다.

70 강력한 접촉형 비선택성 제초제로서 비농경지의 논두렁 및 과수원에서 작물을 파종하기 전 잡초를 방제하는데 이용되었으나, 독성 등으로 인해 품목등록이 제한된 원제는?
① Paraquat dichloride
② Mefenacet
③ Alachlor
④ Propanil

[해설]
디클로라이드(Paraquat dichloride)는 강력한 접촉형 비선택성 제초제로서 농약 안전사용교육을 받은 자가 시중 판매상에게 구매가 가능할 정도로 독성이 강해 주의를 요한다.

정답 64 ② 65 ① 66 ③ 67 ① 68 ② 69 ① 70 ①

71 농약의 종류별로 포장지의 색깔을 달리하여 농민이 농약을 쉽게 식별하도록 구분하고 있는데, 다음 중 연결이 잘못된 것은?

① 살균제 - 분홍색
② 살충제 - 초록색
③ 제초제 - 노란색
④ 생장조정제 - 백색

해설
생장조정제는 청색을 사용한다.

72 다음 중 살선충제 농약은?

① 카두사포스(cadusafos)
② 클로르피리포스(chlorpyrifos)
③ 다이아지논(diazinon)
④ 디클로르보스(dichlorvos)

해설
살선충제 농약의 종류로 포스티아제이트, 에토프로포스, 카두사포스, 메탐소듐, 디메틸빈포스 등이 있다.

73 발암성이 문제가 되어 국내에서 등록이 취소된 약제는?

① Difenoconazole 수화제
② Benomyl 수화제
③ Captafol 수화제
④ Lufenuron 유제

해설
캡타폴(Captafol), DDT 등은 발암물질로 분류되어 있다.

74 농약의 물리성을 나타내는 것으로 옳지 않은 것은?

① 습윤성 ② 현수성
③ 유화성 ④ 맹독성

해설
맹독성은 독성의 강도에 속한다.

75 메프(Fenitrothion) 유제(50%)를 1000배로 희석하여 10a 당 8말(160L)을 살포하려고 할 때 Fenitrothion 유제의 소요량은 약 몇 ml 인가?

① 80   ② 120
③ 160   ④ 320

해설
$$\text{소요약량(배액)} = \frac{\text{단위면적당사용량}}{\text{소요희석배수}}$$
$$= \frac{160L}{1000배} = 0.16L = 160ml$$

76 비등점이 낮은 농약의 원제를 액상, 고상 또는 압축가스의 형태로 용기에 충전한 것을 열어 대기 중에 가스상으로 방출시켜 병해충을 방제하는 농약 제형은?

① 훈증제   ② 연무제
③ 훈연제   ④ 플로우더스트제

해설
훈증제는 농약원제의 증기압이 높아 유효성분이 휘발하도록 만든 제형으로 비등점이 낮은 액상, 고상, 압축가스 형태로 충전하여 가스화하여 방제효과를 얻는다.

77 다음 중 살비제(살응애제)의 작용점 및 작용기작과 같은 양상을 나타내는 농약은?

① 살균제   ② 제초제
③ 살선충제 ④ 살충제

해설
살비제의 작용점 및 작용기작은 살충제와 유사하다.

78 다음 중 직접살포제가 아닌 것은?
① 미립제 ② 세립제
③ 유탁제 ④ 저비산분제

해설
유탁제는 용매에 잘 녹지 않는 물질을 용매에 잘 분산시키기 위해 첨가하는 물질이다.

79 농가에서 가장 많이 사용하는 살포액 조제 방법은?
① 비중 조제법
② 배액 조제법
③ 퍼센트액 조제법
④ 피피엠(ppm)액 조제법

해설
농약의 조제에는 배액조제법, 농도 조제법이 있으며 배액조제법은 가장 일반적으로 많이 사용되며 유효성분의 함량을 고려하지 않는 것이 특징이다.

80 농약제제화의 목적으로 가장 거리가 먼 것은?
① 사용자에 대한 편의성을 위하여
② 최적의 약효발현과 최소의 약해 발생을 위하여
③ 소량의 유효성분을 넓은 지역에 균일하게 살포하기 위하여
④ 유통기간을 단축하여 유효성분의 안정성을 향상시키기 위하여

해설
농약제제화는 사용의 편의성을 위해 주로 실시하며 유통기간을 단축하기보다는 늘리거나 유효성분의 안전성 향상보다는 효력을 증강시키는데 있다.

5과목 　　　　　**잡초방제학**

81 월년생 잡초에 대한 설명으로 옳지 않은 것은?
① 2년생 잡초라고도 한다.
② 쇠비름, 깨풀 등이 있다.
③ 로제트 형태로 월동한다.
④ 주로 온대지역에서 볼 수 있는 잡초이다.

해설
쇠비름, 깨풀은 1년생 잡초이다.

82 다른 조건보다 주로 일장에 반응하여 휴면이 타파되어 잡초 종자가 발아하게 되는 특성은?
① 발아 기회성 ② 발아 계절성
③ 발아 주기성 ④ 발아 연속성

해설
발아 계절의 일장에 반응하여 휴면을 타파하고 발아하는 것을 발아 계절성이라 한다.

83 화본과 잡초에 해당하는 것은?
① 강피, 향부자
② 강피, 바랭이
③ 향부자, 참방동사니
④ 바랭이, 참방동사니

해설
화본과 잡초에는 바랭이, 피(강피, 돌피 등), 강아지풀, 둑새풀 등이 있다.

정답 78 ③　79 ②　80 ④　81 ②　82 ②　83 ②

84 제초제 저항성 잡초의 방제 방법으로 옳은 것은?

① 제초제를 순환 사용한다.
② 다른 제초제와 혼용한다.
③ 제초제 사용량을 늘린다.
④ 동일한 제초제를 연용한다.

해설
제초제를 연용하거나 사용량만 늘리는 방법은 저항성을 키워 방제를 어렵게 한다. 또한 혼용 사용은 사용에 제약이 많기에 제초제를 순환 사용하는 것이 적합하다.

85 다년생 잡초로만 나열한 것은?

① 메꽃, 괭이밥
② 별꽃, 벼룩나물
③ 바랭이, 꽃다지
④ 뚝새풀, 메귀리

해설
· 다년생 잡초로 나도겨풀, 너도방동사니, 쇠털골, 올방개, 올챙이고랭이, 메꽃, 괭이밥 등이 있다.
· 메꽃과 괭이밥은 다년생 밭잡초이다.

86 식물의 여러 기관에서 특정 물질이 분비되거나 또는 유출되어 주변 식물의 발아나 생육을 억제하는 현상은?

① 상호대립탈질작용
② 상호대립길항작용
③ 상호대립용탈작용
④ 상호대립억제작용

해설
· 타감작용(allelopathy, 상호대립억제작용)이라 하여 근처 식물의 생육에 영향을 주는 방법을 이용한 방제법이다.
· 주로 인접 식물의 생육에 부정적인 영향을 끼쳐 생장을 저해시키거나 혹은 과도하게 촉진시키게 된다.

87 영양번식으로 증식하지 않는 잡초로만 나열된 것은?

① 벗풀, 매자기
② 올방개, 엉겅퀴
③ 여뀌바늘, 알방동사니
④ 너도방동사니, 올챙이고랭이

해설
1년생 잡초가 주로 종자로 번식하며 여뀌바늘, 알방동사니, 피, 뚝새풀, 마디꽃 등이 있다.

88 작물과 잡초의 경합 관계에 대한 설명으로 옳지 않은 것은?

① 작물의 품종은 잡초와의 경합력과 관계가 없다.
② 작물의 재식밀도를 높여 잡초에 경합력을 높일 수 있다.
③ 잡초보다 먼저 생육을 시작한 작물은 경합에 유리하다.
④ 토양비옥도가 높은 경우 작물과 잡초 모두의 활력을 높이므로 제초작업을 철저히 해야 한다.

해설
작물의 품종에 따라 잡초와의 경합력 능력이 달라 관계가 있다.

89 잡초 종자의 발아에 대한 설명으로 옳은 것은?

① 작물 종자와는 다르게 수분을 요구하지 않는다.
② 정상적인 토양 pH 범위 내에서는 발아가 되기 힘들다.
③ 항온건조보다는 변온조건이 발아를 촉진하는 경우가 많다.
④ 논에서 자라는 잡초종은 발아에 있어서 산소 요구도가 높다.

해설
종자는 일정 온도 조건보다는 변온 조건에서 자극을 받아 발아가 촉진되는 경우가 많다.

90 주로 콩과 작물 및 목본식물에 기생하여 수분이나 양분 등을 탈취하는 잡초는?
① 새삼 ② 바랭이
③ 강아지풀 ④ 중대가리풀

> **해설**
> • 잡초 중에서는 뿌리가 없는 기생식물이 있으며 대표적으로 새삼, 겨우살이가 있다.
> • 기생식물은 다른 식물의 양분을 흡수하여 살아가기에 작물에 기생할 경우 작물의 양분을 빼앗아가 생육에 영향을 미친다.

91 잡초가 제초제를 흡수하는 과정에 대한 설명으로 옳지 않은 것은?
① 뿌리와 잎에 의해서만 흡수된다.
② 토양에 잔류하는 제초제는 대부분 뿌리를 통하여 흡수된다.
③ 경엽처리제는 대부분 잎과 표면이나 기공을 통하여 흡수된다.
④ 습윤제는 잎표면의 계면장력을 줄여 제초제의 흡수를 용이하게 한다.

> **해설**
> 제초제는 뿌리, 눈, 잎 등 다양한 부위에서 흡수된다.

92 단자엽 잡초의 특징으로 옳은 것은?
① 뿌리는 직근계이다.
② 잎은 대개 평행맥이다.
③ 개방유관속의 줄기를 가지고 있다.
④ 일반적으로 생장점은 식물체의 위쪽에 위치한다.

> **해설**
> 단자엽 잡초는 잎은 평행맥이고 뿌리는 수염뿌리를 가지고 있으며 줄기에는 관다발이 불규칙하게 흩어져 있으며 생장점은 식물체 하단에 위치한다.

93 토양내 제초제의 흡착에 대한 설명으로 옳지 않은 것은?
① 이온화가 가능한 제초제는 음이온 치환을 통해 흡착된다.
② 토양내 점토물의 표면에 부착되거나 친화력을 갖는 것을 의미한다.
③ 대부분의 제초제는 반응기를 갖고 있어서 토양 유기물과 치환혼합이 가능하다.
④ 제초제는 대부분 하나 이상의 방향족 물질을 함유하고 있어 흡착에 중요한 역할을 한다.

> **해설**
> 이온화 가능한 제초제는 양이온 치환을 통해 흡착된다.

94 벼와 광경합이 가장 크게 일어나는 잡초는?
① 강피 ② 올미
③ 쇠털골 ④ 눈뚝외풀

> **해설**
> 피 종류 잡초의 경우 벼와 광 경합을 통해 수량 감소 등의 피해를 준다.

95 작물과 잡초가 경합할 때 작물에 피해가 가장 큰 경우는?
① C_3작물과 C_4잡초
② C_3작물과 C_3잡초
③ C_4작물과 C_3잡초
④ C_4작물과 C_4잡초

> **해설**
> • C_3 계통의 식물은 C_4 계통 식물보다 상대적으로 광합성 효율이 낮다
> • C_4 잡초의 광합성 효율이 뛰어나 C_3 작물의 수량에 많은 영향을 주게 된다.

정답 90 ① 91 ① 92 ② 93 ① 94 ① 95 ①

96 벼와 피의 주된 형태적 차이점은?
① 피에만 엽이가 있다.
② 벼에만 잎몸이 없다.
③ 벼에만 입혀가 있다.
④ 벼와 피에는 잎집이 없다.

> **해설**
> 벼에는 잎혀와 잎귀가 있으나 피에는 없다.

97 잡초에 대한 설명으로 옳은 것은?
① 생활주변 식물 중 순화된 식물이다.
② 인간의 의도에 역행하는 식물이다.
③ 농경지나 생활주변에서 제자리를 지키는 식물이다.
④ 초본식물만을 대상으로 한 바람직하지 않은 식물이다.

> **해설**
> 잡초는 작물재배를 하는 인간이 원치 않는 지역에 발생하는 것으로 인간의 의도에 역행하는 식물이다.

98 작물과 잡초의 양분경합에서 가장 크게 관여하는 비료성분은?
① 황 ② 칼슘
③ 질소 ④ 마그네슘

> **해설**
> 작물과 잡초는 양분 및 수분 등 성장을 위한 요소에 경합을 하게 되는데 그중에서 양분은 질소 성분에 가장 큰 경합을 보인다.

99 화본과 잡초와 사초과잡초의 차이점에 대한 설명으로 가장 옳은 것은?
① 화본과 잡초는 줄기가 삼각형인 반면, 사초과 잡초는 줄기가 둥글다.
② 화본과 잡초는 속이 차있는 반면, 사초과 잡초는 속이 비어 있다.
③ 화본과 잡초는 마디가 있는 반면, 사초과잡초는 마디가 없다.
④ 화본과 잡초는 엽초와 엽신이 뚜렷하지 않은 반면, 사초과 잡초는 엽초와 엽신이 뚜렷하다.

> **해설**
> • 화본과 잡초는 마디가 뚜렷한 원통형으로 마디사이가 비어있다.
> • 사초과(방동사니과) 잡초는 화본과 잡초와 유사한 형태를 지니고 있으나 줄기가 삼각형 형태를 띠고 있고 마디가 없다.

100 다음 중 여름잡초로만 나열된 것은?
① 벼룩나물, 바랭이
② 피, 쇠비름
③ 별꽃, 속속이풀
④ 피, 냉이

> **해설**
> 여름잡초에는 피, 명아주, 돌피, 강아지풀, 알방동사니, 물별, 바랭이, 마디꽃, 쇠비름 등이 있다.

정답 96③ 97② 98③ 99③ 100②

국가기술자격 필기시험문제

기사 CBT 3회 모의고사문제				수험번호	성명
자격종목 식물보호기사	종목코드	시험시간 2시간 30분	형별		

※ 본문제는 수험생들의 기억을 바탕으로 작성 된 것으로 실제 문제와 차이가 있을 수 있습니다.

1과목 식물병리학

01 다음 중 균류의 영양기관은?
① 왁스층 ② 포자낭
③ 분생포자 ④ 균사체

[해설] 균사체, 선상균사, 균핵, 자좌, 근상균사속 등은 영양기관이다.

02 자주날개무늬병이 속하는 진균류는?
① 담자균 ② 병꼴균
③ 난균 ④ 접합균

[해설] 자줏빛날개무늬병균은 진균(담자균류)에 속한다.

03 배나무 붉은별무늬병에 대한 설명으로 옳지 않은 것은?
① 잎에 병무늬가 많이 형성되면 조기 낙엽의 원인이 된다.
② 주요 발병 부위는 잎, 열매, 가지이다.
③ 병원균이 기주교대를 하지 않는다.
④ 병원균은 순활물기생균이다.

[해설] 붉은별무늬병은 담자균류에 의해 발생하며 기주는 사과나무, 배나무 등이 있으며 중간기주는 향나무로서 기주교대를 한다.

04 감자 잎말림병을 일으키는 병원체로 가장 적절한 것은?
① 바이러스 ② 세균
③ 진균(곰팡이) ④ 선충

[해설] 감자 잎말림병은 바이러스에 의해 발생하며 주로 진딧물에 의해 매개된다.

05 식물병의 표징을 볼 수 없는 병은?
① 진균에 의한 병
② 세균에 의한 병
③ 바이러스에 의한 병
④ 담자균에 의한 병

[해설] 바이러스, 마이코플라스마에 의한 경우 병징만 관찰되고 표징은 나타나지 않는다.

06 국내 파이토플라스마의 전염방법으로 가장 옳은 것은?
① 월동 후 토양전염을 한다.
② 즙액전염을 한다.
③ 바람에 의해 매개된다.
④ 곤충에 의해 전염된다.

[해설] 파이토플라스마는 매개충에 의해 전염된다.

정답 01 ④ 02 ① 03 ③ 04 ① 05 ③ 06 ④

07 다음 중 벼의 병에서 물에 의해 가장 많이 전파되는 것은?
① 흰잎마름병 ② 키다리병
③ 키아즈마병 ④ 오갈병

해설
모잘록병균, 벼 흰잎마름병균, 감자역병균, 근두암종병균, 향나무 적성병균 등은 물에 의해 전반된다.

08 저항성 품종을 이용한 방제방법으로 가장 큰 문제점에 해당하는 것은?
① 비경제성
② 비효과성
③ 약해 및 잔류독성
④ 저항성 품종의 이병화 현상

해설
· 이병화 현상은 병에 걸리는 것을 말한다.
· 저항성을 가진 품종이 병에 걸리는 것은 방제방법에 있어 가장 큰 문제점에 해당한다.

09 박테리오파지에 대한 설명으로 옳은 것은?
① 식물에 기생하는 세균이다.
② 식물에 기생하는 곰팡이이다.
③ 세균에 기생하는 바이러스이다.
④ 곰팡이에 기생하는 바이러스이다.

해설
박테리오파지는 세균에 기생하여 세균을 잡아먹는 바이러스이다.

10 병원균의 분생포자각과 자낭각이 보이는 식물병은?
① 오이잘록병 ② 옥수수오갈병
③ 벼 이삭누룩병 ④ 밤나무줄기마름병

해설
밤나무 줄기마름병은 플라스크모양의 자낭각이 형성되고 이후 수피가 적갈색으로 변색되며 비가 내리면 황갈색의 분생포자각이 분출된다.

11 벼 도열병에 대한 설명으로 옳은 것은?
① 종자 소독은 효과가 없다.
② 분생포자는 서양배 모양이다.
③ 레이스가 1개 유형만 존재한다.
④ 질소비료를 충분히 주어 방제한다.

해설
무색에 가까운 분생포자는 서양배 모양으로 2개의 격막을 가진다.

12 뽕나무 오갈병의 병원체는?
① 세균   ② 진균
③ 바이러스 ④ 파이토플라스마

해설
파이토플라스마에 의해 발생하는 병으로 대추나무 빗자루병, 오동나무 빗자루병, 뽕나무 오갈병 등이 있다.

13 파이토알렉신(Phytoalexin)의 생성 기작에 대한 설명으로 옳은 것은?
① 기주가 단독으로 생성한다.
② 병원균이 단독으로 생성한다.
③ 기주와 병원균의 상호 작용에 의하여 기주가 생성한다.
④ 기주와 병원균의 상호 작용에 의하여 병원균이 생성한다.

해설
병원체가 기주식물에 침입하고 난 이후 기주에서 병원체의 발육을 억제하기 위해 발생되는 항균물질을 파이토알렉신이라 한다.

14 다음 중 식물병을 진단할 때 가장 확실한 수단으로 사용하는 사항은?
① 병징   ② 환경
③ 작물   ④ 표징

해설
표징은 병이 발생시 병원체 자체가 나타나 식별하는 것으로 가장 확실한 수단이다.

정답 07 ① 08 ④ 09 ③ 10 ④ 11 ② 12 ④ 13 ③ 14 ④

15 다음 중에서 식물바이러스에서는 볼수 없는 형태는?
① 막대모양　② 올챙이모양
③ 실모양　④ 공모양

해설
식물바이러스의 경우 타원, 막대, 실, 공 모양이 있다.

16 다음 채소의 병 중 바이러스병은?
① 토마토 배꼽썩음병
② 고추 모자이크병
③ 배추 뿌리혹병
④ 오이 흰가루병

해설
고추 모자이크병은 바이러스에 의해 발생한다.

17 벼 알마름병을 일으키는 원인이 되는 것은?
① 바이러스　② 세균
③ 곰팡이　④ 생리적 이상

해설
벼 알마름병은 세균인 Burkholderia glumae 에 의해 발생한다.

18 고구마 무름병은?
① 바이러스에 의한 병
② 세균에 의한 병
③ 파이토플라즈마에 의한 병
④ 사상균에 의한 병

해설
고구마 무름병은 진균에 의해 발생하며 모양은 실뭉치 모양의 사상균이다.

19 식물바이러스의 특징으로 옳은 것은?
① 임의부생체　② 임의기생체
③ 절대기생체　④ 부생체

해설
식물바이러스는 절대기생체로 살아있는 조직에서만 생활한다.

20 채소재배에서 제일 문제가 되는 병으로, 이병에 걸린 조직은 효소작용으로 수침상이 되고, 냄새가 나며, 방제 시 토양소독이 요구되는 병은?
① 검은 무늬병　② 뿌리부패병
③ 무름병　④ 뿌리마름병

해설
· 무름병은 연부병이라 하며 채소재배시 큰 문제가 되며 감염시 식물의 표면에 반점이 생기면서 병든 부위로 변형이 생기고 악취가 발생한다.
· 병원균이 토양에서 월동하며 이를 방제하기 위해 토양을 소독한다.

2과목　농림해충학

21 외시류 곤충의 겹눈을 구성하는 낱눈의 수의변화에 대한 설명으로 옳은 것은?
① 약충 발육기간 중에만 증가한다.
② 변태기에만 증가한다.
③ 탈피기와 변태기에 모두 증가한다.
④ 아무런 수의 변화가 없다.

해설
겹눈을 구성하는 낱눈은 곤충에 따라 차이가 나며 개미의 경우 수개, 잠자리의 경우 1만개~2만8천개 정도로 다양하다.

정답　15 ②　16 ②　17 ②　18 ④　19 ③　20 ③　21 ③

22 곤충의 혈장 기능이 아닌 것은?
① 물질의 수송수단
② 물질의 저장고
③ 체온 조절
④ 물질의 합성

해설
- 곤충의 혈장은 물질교환 및 수송을 도와주고 저장고 역할을 한다.
- 또한 열을 다른 부위로 전파하기에 체온조절의 기능도 있다.

23 발생예찰의 방법 중 가장 기본이 되는 것으로서 다른 방법에 비하여 선행되는 것은?
① 실험적 방법
② 통계적 방법
③ 야외조사 및 관찰방법
④ 컴퓨터 이용방법

해설
예찰 방법으로 야외조사, 통계적 방법, 다른 생물현상과의 관계 파악, 실험적 방법, 개체군의 동태학적 방법 등이 있으며 그중에서 가장 기본이 되는 것은 현장에서의 야외조사 및 관찰방법이다.

24 곤충의 호흡기관과 관련된 조직이 아닌 것은?
① 기관
② 기문
③ 기관소지
④ 말피기관

해설
말피기관은 소화기관에 속한다.

25 산림해충으로 분류되지 않는 것은?
① 솔나방
② 화랑곡나방
③ 솔잎혹파리
④ 미국흰불나방

해설
화랑곡나방은 저장 곡물인 쌀, 현미등에 피해를 주는 해충으로 산림해충은 아니다.

26 중력에 대한 주성을 의미하는 것은?
① 주화성
② 주온성
③ 주지성
④ 주용성

해설
중력에 대한 주성을 주지성이라 하며 지면을 기준으로 머리가 땅을 향하면 양성 주지성, 머리가 지면 반대면 음성 주지성이라 한다.

27 봄에 수목 주변의 잡초를 제거하여 피해를 줄일 수 있는 해충은?
① 꽃매미
② 소나무좀
③ 박쥐나방
④ 포도뿌리혹벌레

해설
박쥐나방의 방제법으로 천공이 발생한 곳에 약제를 주입하거나 유충이 발생되는 초본류를 제거한다.

28 애멸구에 대한 설명으로 옳지 않은 것은?
① 천적은 날개집게벌, 애꽃노린재 등이 있다.
② 2모작 맥류재배를 하면 애멸구가 많이 발생한다.
③ 약충과 성충은 벼의 즙액을 빨아먹어 피해를 준다.
④ 중국으로부터 비래하지만 우리나라에서 월동이 불가능하다.

해설
애멸구는 4령 약충이 논둑의 잡초 사이에 월동한다.

29 곤충의 중추신경계가 아닌 것은?
① 전대뇌
② 중대뇌
③ 측대뇌
④ 후대뇌

해설
곤충의 중추신경계는 뇌, 배신경절이며 뇌는 다시 전대뇌, 중대뇌, 후대뇌로 분류된다.

정답 22 ④ 23 ③ 24 ④ 25 ② 26 ③ 27 ③ 28 ④ 29 ③

30 진딧물이 교미 없이 암컷 혼자 번식하는 것은?
① 단위생식   ② 다배발생
③ 기주전환   ④ 완전변태

해설
교미 없이 암컷 혼자 번식하는 행위를 단위생식, 처녀생식이라 하며 대표적으로 밤나무혹벌, 민다듬이벌레 등이 있다.

31 내충성 품종을 이용한 방제법의 특징으로 옳지 않은 것은?
① 해충종류에 대한 특이성이 있다.
② 효과는 누적되며 장기간에 걸쳐 지속된다.
③ 재배환경에 따라 저항성강도가 바뀔 수 있다.
④ 내충성 품종 육종에서 보급까지 단기간 소요된다.

해설
내충성 품종을 육종하는데 긴 시간이 요구된다.

32 곤충의 표피 중 가장 바깥쪽에 있는 것은?
① 왁스층   ② 원표피
③ 기저막   ④ 시멘트층

해설
곤충의 표피는 시멘트층, 왁스층, 폴리페놀, 큐티큘라의 4개층으로 이루어져 있으며 그중 가장 바깥쪽은 시멘트층이다.

33 곤충 발육단계를 연령등급으로 구분하여 생명표를 작성하는 경우 필요 없는 것은?
① 연령군 내 나이 파악
② 연령군 내 생존수 파악
③ 연령군 내 사망수 파악
④ 연령군 내 치사원인 파악

해설
생명표는 연령간격, 생존개체수, 사망요인 및 개체수, 사망률 등을 표시한다.

34 탈바꿈(변태)을 하지 않는 해충은?
① 응애   ② 진딧물
③ 방패벌레   ④ 깍지벌레

해설
거미강에 속하는 거미, 응애, 진드기 종류는 변태를 하지 않는다.

35 세계적으로 대표적인 천적을 이용한 방제 사례이며 이세리아깍지벌레를 방제하기 위한 효과적인 천적은?
① 황온좀벌
② 애꽃노린재
③ 칠레이리응애
④ 베달리아무당벌레

해설
이세리아깍지벌레의 천적으로 루비깡충동벌, 베달리아무당벌레가 있다.

36 곤충생장조절제의 기능으로 옳지 않은 것은?
① 신경계통 마비
② 키틴 생합성 저해
③ 호르몬 기능 교란
④ 탈피 및 변태 저해

해설
신경계통 마비는 아세틸콜린에 의해 발생하며 이는 생장조절제가 아닌 저해제에 속한다.

정답 30 ① 31 ④ 32 ④ 33 ① 34 ① 35 ④ 36 ①

37 콩과작물의 꼬투리와 과일나무의 열매 등을 흡즙하여 수량과 품질을 크게 떨어뜨리는 해충은?
① 파리류 ② 나방류
③ 노린재류 ④ 총채벌레류

해설
- 노린재류는 콩과작물 꼬투리와 과일나무의 열매에 피해를 주는데 흡즙가해 후 1주일 정도지나면 낙과한다.
- 9월 이후 흡즙 피해를 받은 과실의 경우 낙과는 하지 않으나 흡즙부위가 오목하게 들어가 갈색을 띠고 마치 찰과상과 같은 모양을 띠면서 품질이 떨어지게 된다.

38 완전변태를 하는 곤충은?
① 벌 ② 진딧물
③ 노린재 ④ 메뚜기

해설
나비목, 벌목, 파리목, 딱정벌레목은 완전변태를 한다.

39 과실에 피해를 주는 해충이 아닌 것은?
① 배명나방 ② 복숭아명나방
③ 복숭아순나방 ④ 복숭아유리나방

해설
복숭아유리나방은 기주식물의 목질부를 가해하는 해충이다.

40 수서곤충으로 성충으로 월동하는 것은?
① 담배나방 ② 벼물바구미
③ 꼬마배나무이 ④ 포도호랑하늘소

해설
벼물바구미는 성충으로 논둑 잡초나 산기슭 나뭇잎 아래에서 월동한다.

3과목 재배학원론

41 다음 중 기지의 문제가 가장 큰 것은?
① 앵두나무 ② 포도나무
③ 자두나무 ④ 살구나무

해설
과수 중에서 기지현상은 복숭아나무, 앵두나무, 감귤나무 등에서 심하게 나타난다.

42 다음 중 웅성불임성을 주로 이용하는 작물로만 나열된 것은?
① 무, 양배추 ② 당근, 고추
③ 배추, 브로콜리 ④ 순무, 가지

해설
웅성불임성을 이용하는 작물로 양파, 고추, 당근 등이 있다.

43 주로 영양번식 하는 식물은?
① 호프 ② 아스파라거스
③ 마늘 ④ 시금치

해설
영양번식에 유리한 작물로 감자, 고구마, 마늘 등이 있다.

44 세포막 중 중간막의 주성분이며 체내에서 이동이 어려운 것은?
① Mg ② P
③ K ④ Ca

해설
식물체내에서 상대적으로 이동이 어려운 원소로 Ca, Fe, B 등이 있다.

정답 37 ③ 38 ① 39 ④ 40 ② 41 ① 42 ② 43 ③ 44 ④

45 지하에 정체하여 모관수의 근원이 되는 물은?
① 결합수 ② 흡습수
③ 지하수 ④ 중력수

> **해설**
> 지하수는 지하 토양공극에 들어 있는 물로 모관수의 근원이 되는 물이다.

46 다음 중 작물의 복토 깊이가 가장 깊은 것은?
① 파 ② 양파
③ 유채 ④ 생강

> **해설**
> 보기 중 생강은 복토 깊이가 5~9cm 정도로 가장 깊다.

47 작물 품종의 잡종강세에 대한 설명으로 옳은 것은?
① 양친 식물보다 자식 식물의 생육이 약하다.
② 양친 식물보다 자식 식물의 생육이 왕성하다.
③ 양친 식물과 자식 식물의 생육이 같다.
④ 벼와 같은 작물에서 많이 발생한다.

> **해설**
> 잡종강세는 생존, 번식, 생육 등에서 양친보다 우수한 성질을 가지는 것을 말한다.

48 질산 환원 효소의 구성 성분으로 콩과작물의 질소고정에 필요한 무기성분은?
① 철 ② 염소
③ 몰리브덴 ④ 규소

> **해설**
> 몰리브덴은 질산환원효소의 구성성분으로 콩과작물 뿌리혹박테리아의 질소고정에 필요한 무기성분이다.

49 다음 중 작물재배 시 부족하면 수정, 결실이 나빠지는 미량원소는?
① P ② S
③ B ④ Ca

> **해설**
> 붕소는 세포 분열과 수정에 관여하여 부족할 경우 수정, 결실이 나빠지고 불임이 발생하기도 한다.

50 벼에서 염해가 우려되는 최소 농도는?
① 0.04% NaCl ② 0.1% NaCl
③ 0.7% NaCl ④ 0.9% NaCl

> **해설**
> 벼에 염해가 발생하는 농도는 0.1% 내외이다. 0.3% 이상에서는 벼를 수확하기 힘들다.

51 재배포장에서 파종된 종자의 발아상태를 조사할 때 "발아한 것이 처음 나타난 날"을 무엇이라 하는가?
① 발아전 ② 발아의 양부
③ 발아기 ④ 발아시

> **해설**
> 종자가 처음 발아한 날을 발아시라 한다.

52 다음 중 작물의 주요온도에서 생육이 가능한 범위 내 최고온도가 가장 높은 것은?
① 사탕무 ② 옥수수
③ 보리 ④ 밀

> **해설**
> 옥수수의 경우 유효온도 8~44℃ 정도로 범위가 넓으며 최고온도는 44℃ 이다.

53 작물이 주로 이용하는 토양 수분은?
① 흡습수 ② 모관수
③ 지하수 ④ 결합수

> **해설**
> 결합수, 중력수 등은 작물이 이용이 어려운 수분이며 주로 모관수가 이용되는 유효수분이다.

54 침관수해에 가장 크게 피해를 받기 쉬운 조건은?
① 청수와 정체수 ② 탁수와 정체수
③ 탁수와 유수 ④ 청수와 유수

> **해설**
> 침관수해는 맑은 물보다 흐린물에, 흐르는물보다는 정체된 물에 피해가 더 크다.

55 작물의 동상해 대책이 아닌 것은?
① 배수를 하여 생육을 건실하게 한다.
② 칼륨질 비료 시용량을 높인다.
③ 토질을 개선하여 서릿발의 발생을 억제한다.
④ 맥류의 경우 이랑을 세워 뿌리골을 얕게 한다.

> **해설**
> 이랑을 세워 뿌림골을 깊게 한다.

56 벼 심층시비의 가장 큰 이점은?
① 뿌리의 흡수력을 촉진시킨다.
② 뿌리의 신장, 발달권역을 넓힌다.
③ 토양질소의 농도를 옅게 한다.
④ 암모니아의 탈질을 방지한다.

> **해설**
> · 심층시비는 환원층에 시비를 하여 비료의 효과를 증진시키는 방법이다.
> · 암모늄태질소를 환원층에 시비하여 암모니아의 탈질을 방지한다.

57 다음 중 수명이 가장 긴 장명종자는?
① 메밀 ② 가지
③ 양파 ④ 상추

> **해설**
> 장명종자는 오이, 녹두, 가지, 배추 등이 있다.

58 다음 중 작물의 생산성을 극대화하기 위한 3요소로 가장 옳은 것은?
① 유전성, 환경조건, 생산자본
② 유전성, 환경조건, 재배기술
③ 유전성, 지대, 생산자본
④ 환경조건, 재배기술, 토지자본

> **해설**
> 작물 수량의 극대화를 위한 3요소에는 환경조건, 재배기술, 유전성이 있다.

59 종자의 파종량에 대한 설명으로 가장 옳은 것은?
① 감자는 산간지에서 파종량을 늘린다.
② 파종시기가 늦어질수록 파종량을 늘린다.
③ 맥류는 산파보다 조파 시 파종량을 늘린다.
④ 콩은 맥후작보다 단작에서 파종량을 늘린다.

> **해설**
> 종자의 파종량에서 발아력이 낮거나 파종시기가 늦을 경우 파종량을 늘리도록 한다.

60 다음 중 배유 종자로만 나열된 것은?
① 콩, 팥, 밤
② 밀, 보리, 콩
③ 벼, 옥수수, 보리
④ 팥, 옥수수, 콩

> **해설**
> 배유종자에는 밀, 벼, 보리, 옥수수, 양파가 있다.

정답 53 ② 54 ② 55 ④ 56 ④ 57 ② 58 ② 59 ② 60 ③

4과목 농약학

61 살균제 농약의 작용기작 중 산화, 환원에 있어서 SH 기가 관여하는 탈수소화효소나 SH기질과 작용하여 황화물을 만들어 기능을 상실시켜 살균작용을 나타내는 농약이 아닌 것은?

① 캡탄 수화제 ② 폴펫 수화제
③ 디노 수화제 ④ 타코닐 수화제

해설
SH 저해제의 종류로 구리제, 유기수은제, 유기유황제, 클로로타로닐, 캡탄, 폴펫 등이 있다.

62 다음 약제 중 주성분을 가스제로 작용시키는 약제가 아닌 것은?

① 시안화수소
② 클로로피크린
③ 메타알데하이드
④ 메틸브로마이드

해설
· 훈증제의 종류로 메틸브로마이드, 클로로피크린, 알루미늄포스파이드, 시안화수소 등이 있다.
· 메타알데하이드는 배추 등에 피해를 주는 달팽이류를 방제하기 위한 농약으로 입제의 형태로 사용한다.

63 농약의 약해는 발생하는 기간과 정도에 따라 구분된다. 만성적 약해로 분류되는 증상은?

① 발근불량
② 반점 및 잎의 왜화
③ 수량감소
④ 낙화 및 낙과

해설
농약의 만성적 약해로 식물의 생장불량, 비대 지연, 품질 저하, 수량 감소 등의 현상이 나타난다.

64 농약의 제제 중 유제에 대한 설명으로 틀린 것은?

① 주성분을 유기용매에 녹인 후 유화제를 첨가하여 제제한 것으로 제조가 간단하다.
② 유제에서 중요시되는 것은 주성분과 수화성이다.
③ 유기용매로는 Xylene, Alcohol 류 등이 사용된다.
④ 독성이 높은 용매를 사용하면 유기인계 농약은 주성분의 경시변화가 일어날 가능성이 있다.

해설
유제에서 중요한 것은 유효성분과 유화성이다.

65 다음 중 너도방동사니, 물달개비 및 올챙이 고랭이를 선택적으로 제거하는 제초제는?

① 옥사존유제(론스타)
② 벤타존액제(밧사그란)
③ 설포세이트(터치다운)
④ 벤치오입제(사단)

해설
벤타존액제는 경엽처리용 제초제로 잡초가 발생한 후에 처리하며 광엽잡초, 너도방동사니, 올미, 매자기, 올방개, 올챙이고랭이 등에 적용한다.

66 농약의 품질불량이 원인이 되어 일어나는 약해가 아닌 것은?

① 불순물의 혼합에 의해 약해
② 원제 부성분에 의한 약해
③ 경시변화에 의한 유해성분의 생성에 의한 약해
④ 동시사용으로 인한 약해

해설
농약의 동시사용은 혼용에 의한 약해에 속한다.

정답 61 ③ 62 ③ 63 ③ 64 ② 65 ② 66 ④

67 다음 중 일반적으로 농작물에 사용되지 않는 것은?
① 리뉴론 ② 헥사지논
③ 다이아지논 ④ 벤퓨라카브

해설
헥세지논은 선택적 제초제로 작물에는 영향을 주지 않고 잡초만을 선택적으로 제거한다.

68 농약의 사용기구에 대한 설명으로 가장 거리가 먼 것은?
① 미스트기는 풍압으로 미립자를 만든 후 다량의 바람으로 불어 붙이는 기기이다.
② 스프링클러는 관수, 시비 등을 포함 다목적으로 사용되는 기기이다.
③ 폼스프레이는 살포액에 기포제를 가하여 전용 노즐로 공기와 교반하는 거품의 집합체로 살포하는 기기이다.
④ 살립기는 분제농약을 작업상의 안정성이나 능률면에서 고르게 살포하기 위한 기기이다.

해설
분제농약을 능률적으로 고르게 살포하기 위한 기기는 살분제이다.

69 발아전처리 제초제에 대한 설명으로 가장 옳은 것은?
① 작물 발아 전 시기에 처리하는 약제이다.
② 잡초 발아 전 시기에 처리하는 약제이다.
③ 작물의 생육기간 중에 살포하는 약제이다.
④ 토양 및 경엽처리가 가능한 약제이다.

해설
발아전처리 제초제는 잡초의 발아전 처리하여 잡초의 발생을 막는다.

70 카바메이트계 농약을 잘못 사용하여 중독되었을 때 사용해야 하는 해독제는?
① 항히스타민제
② SH계 해독제(BAL, 글루타티온)
③ 팜(PAM)
④ 황산아트로핀

해설
카바메이트계 농약에 중독될 경우 황산아트로핀을 사용한다.

71 다음 급성독성 중 그 강도의 순서가 옳게 나열된 것은?
① 흡입독성>경피독성>경구독성
② 경구독성>흡입독성>경피독성
③ 흡입독성>경구독성>경피독성
④ 경피독성>경구독성>흡입독성

해설
투여 방법에 따라 흡입독성, 경피독성, 경구독성으로 분류되며 독성의 강도는 호흡을 통해 흡입되는 흡입독성이 가장 강하며 입을 통해 침투하는 경구독성, 피부를 통해 체내로 침투하는 경피독성 순서이다.

72 유제를 1500배로 희석하여 액량 15L 로 살포하려 한다. 이 때 원액약량은 몇 ml 가 필요한가?
① 1 ② 10
③ 100 ④ 1000

해설
$$소요약량(배액) = \frac{단위면적당 사용량}{소요희석배수}$$
$$= \frac{15000ml}{1500배} = 10ml$$

정답 67 ② 68 ④ 69 ② 70 ④ 71 ③ 72 ②

73 농약 원제의 대한 설명으로 옳은 것은?
① 유효성분이 농축되어 있는 물질이다.
② 제품보다 부성분을 많이 함유하고 있다.
③ 물질의 순도는 대부분 50~60% 정도이다.
④ 원액에 유기용매를 희석해 놓은 것이다.

> **해설**
> 원제는 농약의 유효성분이 농축되어 있는 물질이다.

74 분제의 물리적인 성질로서 가장 거리가 먼 것은?
① 토분성 ② 부착성
③ 고착성 ④ 현수성

> **해설**
> 현수성은 물에 입자가 균일하게 분산부유하는 성질로 물에 섞지 않고 제품 그대로 살포하는 분제의 물리적 성질과는 거리가 멀다.

75 10% 엠아이피씨 분제 1.0kg 을 2.0% 분제로 만들려고 할 때 필요한 증량제의 양은 몇 kg 인가?
① 0.4kg ② 4kg
③ 0.8kg ④ 8kg

> **해설**
> 희석할 증량제 양
> $= 원분제 중량 \times (\frac{원분제 농도}{목표 농도} - 1)$
> $= 1 \times (\frac{10}{2} - 1) = 4kg$

76 유기인계 살충제의 일반적인 특성에 대한 설명으로 틀린 것은?
① 잔효력이 길다.
② 흡즙해충에 유효하다.
③ 인축에 대한 독성이 비교적 강하다.
④ 알칼리성 물질에 의하여 분해되기 쉽다.

> **해설**
> 유기인계 살충제는 동식물 체내에서의 분해가 빠르고 야외 살포의 경우 광선 및 외부 환경조건에 의해 분해가 빨라 손실되기 쉽다.

77 주로 접촉제 및 소화중독제로서 작용하며 벼의 이화명나방에 적용되는 유기인제는?
① DDVP제 ② 메프제
③ EPN제 ④ 파라티온제

> **해설**
> 이화명나방은 메프유제를 이용하여 접촉제, 소화중독제로 방제한다.

78 불합리한 농약의 혼용은 약효의 경감, 약해의 원인, 또는 급성독성의 현저한 증가를 야기한다. 농약 혼용시 주의할 사항이 아닌 것은?
① 혼용에 의한 활성의 변화
② 혼용에 의한 화학적 변화
③ 혼용에 의한 물리성의 변화
④ 혼용에 의한 살포시기의 변화

> **해설**
> 혼용을 통한 약제의 변화를 주의해야하나 살포시기는 혼용시 주의사항과는 관련이 없다.

정답 73 ① 74 ④ 75 ② 76 ① 77 ② 78 ④

79 보르도액을 조제할 때 주의해야 할 사항으로 틀린 것은?

① 교반용 막대는 나무 제품이어야 한다.
② 석회유에 황산구리 용액을 첨가해야 한다.
③ 황산구리 및 석회석은 순도가 높아야 한다.
④ 액을 교반할 때 따뜻한 상태에서 반응이 잘 된다.

해설
액을 교반할 때 따뜻한 상태에서 반응이 잘 되지 않는다.

80 농약의 액제 제형을 제조할 때 겨울에 동결을 방지하기 위하여 주로 사용하는 것은?

① 석고　　　② 교조토
③ 황산아연　④ 에틸렌글리콜

해설
농약 액제 제형을 제조할 때 동결방지제로 에틸렌글리콜, 계면활성제 등을 사용한다.

5과목　　잡초방제학

81 잡초방제에서 담수처리에 대한 설명으로 옳은 것은?

① 무더운 날씨에는 효과가 줄어든다.
② 온도 조절을 통해 잡초 발생을 줄이는 것이다.
③ 발아에 필요한 산소흡수를 억제시켜 잡초발생을 줄인다.
④ 다년생잡초 방제에는 효과가 있으나 일년생잡초에는 효과가 없다.

해설
담수처리를 통해 종자의 산소흡수를 억제하여 발아를 막는다.

82 작물과 잡초의 경합특성상 작물의 수량 감소가 가장 클 것으로 예상되는 조합은?

① C_3 잡초와 C_3 작물
② C_3 잡초와 C_4 작물
③ C_4 잡초와 C_3 작물
④ C_4 잡초와 C_4 작물

해설
C_4 잡초는 광합성 능력이 뛰어나 경합에서 유리하기에 작물의 수량에 가장 큰 영향을 주게 된다.

83 잡초의 피해를 경감시키기 위하여 대체로 작물 생육기간의 어느 시기 내에 방제하는 것이 가장 적합한가?

① 1/4 ~ 1/3 시기
② 1/4 ~ 2/3 시기
③ 1/2 ~ 2/3 시기
④ 2/3 ~ 3/4 시기

해설
잡초경합한계기간은 작물 전생육기간의 첫 1/3~1/2 기간이나 1/4~1/3 기간에 해당된다.

84 논에서 벼와 경합하는 잡초로만 나열한 것은?

① 올미, 바랭이
② 돌피, 쇠비름
③ 쇠뜨기, 물달개비
④ 쇠털골, 알방동사니

해설
논에서 발생하는 다년생 잡초로는 너도방동사니, 올미, 가래, 나도겨풀, 매자기, 올챙이고랭이, 개구리밥, 미나리, 벗풀, 쇠털골, 알방동사니 등이 있다.

85. 제초제의 처리구역에 따른 분류에 해당하지 않는 것은?
① 전처리 ② 전면처리
③ 대상처리 ④ 관주처리

해설
관주처리는 약액을 관주를 이용해 흙속이나 나무에 주입하는 방법으로 사용 방법에 따라 분류된다.

86. 계면활성제의 특성이 아닌 것은?
① 분해성 ② 유화성
③ 습윤성 ④ 전착성

해설
계면활성제는 물과 기름의 계면에서 표면장력을 감소시켜 약품의 습윤성, 부착성 및 전착성, 확전성을 높여주는 역할을 한다.

87. 벼 재배에서 잡초와의 경합력이 가장 큰 재배법은?
① 담수직파 재배
② 건답직파 재배
③ 성묘 손이앙 재배
④ 어린 모 기계이앙 재배

해설
직파보다는 이앙이 잡초의 피해를 덜 받으며 어린 모 보다는 성묘가 경합력이 상대적으로 강하다.

88. 월년생 잡초가 주로 발아하는 시기는?
① 연중 상관 없음
② 봄과 여름 사이
③ 가을과 겨울 사이
④ 여름과 가을 사이

해설
월년생 잡초는 주로 가을~겨울 사이 발생하여 월동하고 다음해 여름쯤 개화한다.

89. 잡초발생이 많은 포장에 서로 다른 제초제를 사용하고 시기를 달리하여 2번 이상 살포하는 방법은?
① 이중처리 ② 종합처리
③ 체계처리 ④ 복합처리

해설
잡초발생이 많은 곳은 동일 제초제의 연속 사용을 피하고 다른 제초제를 사용하여 방제의 효과를 높이는데 이때 사용시기를 달리하여 2번 이상 살포하는 방법을 체계처리라 한다.

90. 일년생 잡초로만 올바르게 나열된 것은?
① 냉이, 바랭이
② 명아주, 강아지풀
③ 개구리밥, 벼룩나물
④ 망초, 나도방동사니

해설
일년생 잡초로 둑새풀, 강피, 강피, 물달개비, 물옥잠, 사마귀풀, 여뀌, 마디꽃, 자귀풀, 명아주, 강아지풀 등이 있다.

91. 기생성, 식해성 및 병원성을 지닌 곤충 등을 이용하여 잡초의 발생밀도를 감소시키는 방법은?
① 화학적 방제 ② 생물적 방제
③ 생태적 방제 ④ 물리적 방제

해설
곤충이나 미생물, 병원성을 이용하여 잡초의 발생밀도를 경감시키는 방법을 생물적 방제법이라 한다.

정답 85 ④ 86 ① 87 ③ 88 ③ 89 ③ 90 ② 91 ②

92 논에 다년생잡초가 증가하는 주요 요인으로 옳지 않은 것은?

① 추경 감소
② 벼의 연작재배
③ 동일제초에 연용
④ 벼의 조기이식 재배

해설
논에 다년생 잡초의 증가는 군락의 변화를 말하며 이는 제초제의 연용, 작부체계의 변화 혹은 춘, 추경의 감소 등의 요인이 있다.

93 주로 종자로 번식하는 잡초는?

① 올미, 벗풀
② 가래, 쇠털골
③ 강피, 물달개비
④ 올방개, 너도방동사니

해설
종자로 번식하는 잡초에는 알방동사니, 피, 마디꽃, 물달개비 등이 있다.

94 잡초에 대한 작물의 경합력을 높이는 방법은?

① 이식재배를 한다.
② 직파재배를 한다.
③ 만생종을 재배한다.
④ 재식밀도를 낮춘다.

해설
이식재배를 하면 생육기간이 연장되고 토지이용률이 증대된다. 또한 생육 촉진 및 숙기가 단축되어 경합력이 높아진다.

95 잡초가 발아하여 지표면 위로 출현하는 과정에 관여하는 요인으로 가장 관련이 적은 것은?

① 토양심도   ② 토양수분
③ 토양온도   ④ 토양강도

해설
잡초가 발아하는데 관여하는 요인으로 토양의 심도, 온도, 수분, 산소, 비옥도, 염도, pH 등이 있다.

96 잡초가 종내 변이를 일으키는 원인으로 가장 거리가 먼 것은?

① 돌연변이 발생
② 시비량의 변화
③ 자연교잡
④ 잡초의 생리적 형질 변화

해설
· 변이에는 돌연변이나 교배 등과 같은 유전적 변이와 환경변이에 의한 비유전적 변이로 구분할 수 있다.
· 여기서 시비량은 양분의 공급 정도차이로 인한 형태적 차이는 나타날 수 있으나 변이를 일으키는 원인은 되지 않는다.

97 잡초의 식물학적 분류로 세분되는 순서로 가장 옳은 것은?

① 계 → 문 → 과 → 강 → 목 → 속 → 종
② 계 → 문 → 강 → 목 → 과 → 속 → 종
③ 속 → 계 → 문 → 과 → 강 → 목 → 종
④ 강 → 속 → 계 → 문 → 과 → 목 → 종

해설
식물학적 분류순서는 <계 → 문 → 강 → 목 → 과 → 속 → 종 → 변종> 이며 식물의 기본단위는 종으로 정의한다.

정답 92 ② 93 ③ 94 ① 95 ④ 96 ② 97 ②

98 다음 중 암조건에서도 발아가 가장 잘 되는 것은?

① 참방동사니 ② 개비름
③ 독말풀 ④ 소리쟁이

해설
암발아 잡초로 별꽃, 냉이, 광대나물, 독말풀 등이 있다.

99 다음 중 광발아 종자에서 적색광과 적외선광을 교체하여 조사하였을 때 종자가 가장 발아가 되지 않는 것은?

① 적외선광 조사 → 적색광 조사
② 적색광 조사 → 적외선광 조사
③ 적색광 조사 → 적외선광 조사 → 적색광 조사
④ 적외선광 조사 → 적외선광 조사 → 적색광 조사

해설
적색광을 주면 발아가 촉진되었다가 적외선광을 주면 발아가 억제되면서 발아가 유기되지 않는다.

100 일정기간 이내에 대부분 종자가 발아를 마치는 집중발아 습성을 무엇이라고 하는가?

① 발아 준동시성
② 발아 계절성
③ 발아 기회성
④ 발아 내성

해설
일정기간 내의 대부분의 종자가 발아를 마치는 것을 발아 준동시성이라 한다.

정답 98 ③ 99 ② 100 ①

국가기술자격 필기시험문제

기사 CBT 4회 모의고사문제				수험번호	성명
자격종목 식물보호기사	종목코드	시험시간 2시간 30분	형별		

※ 본문제는 수험생들의 기억을 바탕으로 작성 된 것으로 실제 문제와 차이가 있을 수 있습니다.

1과목   식물병리학

01 소나무 잎마름병의 병징에 대한 설명으로 옳은 것은?
① 봄에 묵은 잎이 적갈색으로 변하면서 대량으로 떨어진다.
② 잎에 바늘구멍 크기의 적갈색 반점이 나타나고 동심원으로 커진다.
③ 수관 하부에 있는 이에서 담갈색 반점이 생기면서 발생하여 상부로 점차 진전한다.
④ 잎에 띠 모양의 황색 반점이 생기다가 갈색으로 변하면서 반점들은 합쳐진다.

해설
소나무 잎마름병은 여름철 고온 다습한 환경에서 많이 발생하는데 띠모양의 황색반점이 교대로 형성되어 갈변하다가 반점들이 합쳐지게 된다.

02 식물병 발생에 필요한 3대 요인에 속하지 않는 것은?
① 기주   ② 병원체
③ 매개충   ④ 환경요인

해설
식물병 발생의 3대 요인에 기주, 병원체, 환경이 있으나 매개충은 식물병을 전반시키는 중간매개 역할만을 한다.

03 자낭균이며 표징이 잘 나타나지 않는 것은?
① 보리 겉깜부기병
② 벼 잎집무늬마름병
③ 밀 줄기녹병
④ 벼 깨씨무늬병

해설
벼 깨씨무늬병은 병원은 진균(Cochliobolus miyabeanus)으로 자낭포자로 인한 표징은 잘 나타나지 않는다.

04 벼 줄무늬잎마름병(호엽고병)의 방제방법으로 가장 적절한 것은?
① 토양소독
② 매개충의 구제
③ 검역
④ 발병 후 살균제 살포

해설
벼 줄무늬잎마름병은 매개충인 애멸구를 제거하여 방제한다.

05 모과나무 잎에 갈색 별무늬 모양의 원형반점이 나타나고 잎 뒷면 병반에 실 같은 털이 나오는 병은?
① 모과나무 탄저병
② 모과나무 녹병
③ 모과나무 갈반병
④ 모과나무 역병

해설
모과나무 잎의 갈색계통의 별무늬 모양은 모과나무 녹병으로 주로 향나무에 있던 병균이 모과나무로 전반되어 나타나는 현상이다.

정답   01 ④   02 ③   03 ④   04 ②   05 ②

06 다음 중 꽃 감염을 하는 것으로 가장 적절한 것은?

① 감자 암종병
② 보리 겉깜부기병
③ 벚나무 빗자루병
④ 고추 탄저병

해설
밀·보리 겉깜부기병, 사과 꽃썩음병, 배 화상병 등은 꽃감염을 한다.

07 종자전염성 병원균으로 가장 적절하지 않은 것은?

① 오이 흰비단병균
② 맥류 맥각병균
③ 벼 키다리병균
④ 벼 도열병균

해설
오이 흰비단병균은 토양에 월동하고 토양을 통해 전염된다.

08 벼 잎집얼룩병(잎집무늬마름병)의 표징으로 가장 적절한 것은?

① 자낭반 ② 균사속
③ 포자퇴 ④ 균핵

해설
· 벼 잎집무늬마름병은 병원균이 균핵으로 땅위에서 월동하고 봄에 물위로 올라와 전염을 시작한다.
· 식물이 병에 걸릴 경우 잎집의 표면에 암회색의 부정형 점무늬인 균핵의 표징이 나타난다.

09 병든 부분에 나타난 자낭각을 보고 진단할 수 있는 식물병으로 가장 적절한 것은?

① 옥수수 깜부기병
② 밀 줄기녹병
③ 고추 역병
④ 보리 붉은곰팡이병

해설
맥류 붉은곰팡이병은 자낭균류에 의해 발생하며 병든 부분의 자낭각을 통해 진단 가능하며 병든 종자를 동물 혹은 사람이 섭취할 경우 구토 및 중독 증상이 발생한다.

10 종묘 소독에 대한 설명으로 옳은 것은?

① 농약만을 사용하는 방법이다.
② 종자의 발아율을 좋게 하는 방법이다.
③ 종자의 이물질이 없도록 정선하는 방법이다.
④ 종자와 종묘 외에도 덩이뿌리 등 영양번식체를 소독하는 방법이다.

해설
종묘 소독은 종자와 종묘 외, 덩이줄기, 덩이뿌리 등에 붙어 있는 병해충을 소독하는 방법으로 물리적방법과 화학적 방법등이 있다.

11 벼 키다리병균이 분비하여 벼가 비정상적으로 신장하는데 관계하는 생장조절제는?

① 옥신 ② 에틸렌
③ 지베렐린 ④ 카이네틴

해설
지베렐린의 경우 벼의 키다리병균이 분비하고 줄기의 신장을 촉진하고 개화 및 결실을 돕는 역할을 하는 생장조절제이다.

정답 06 ② 07 ① 08 ④ 09 ④ 10 ④ 11 ③

12 다음 설명에 해당하는 병은?

◎ 오이 잎에 발생하는 병해로 수침상의 점무늬가 다각형의 담갈색 무늬로 발전한다.
◎ 습기가 많으면 병든 부위의 뒷면에 서리 또는 가루모양의 곰팡이가 생긴다.

① 오이 노균병
② 오이 흰가루병
③ 오이 덩굴마름병
④ 오이 잿빛곰팡이병

해설
· 오이 노병균의 경우 진균에 의해 담황색의 작은 반점이 발생하고 점점 확장되어 담갈색의 병반이 형성된다.
· 병반 뒷면은 서리 혹은 가루 모양의 회색 곰팡이인 분생포자가 생성된다.

13 대추나무 빗자루병 방제를 위해 나무 주사에 사용되는 항생제는?

① 아그렙토
② 브라마이신
③ 스트렙토마이신
④ 옥시테트라사이클린

해설
대추나무 빗자루병은 파이토플라스마에 의해 발생하고 파이토플라스마는 옥시테트라사이클린계의 항생물질로 치료한다.

14 사과 탄저병균 전반에 가장 효과적인 전파 수단은?

① 종자   ② 선충
③ 비바람   ④ 토양 해충

해설
사과탄저병균의 전반은 빗물, 바람, 매개충에 의해 전염된다.

15 다음 중 불완전균류의 특징은?

① 생육이 불완전하다.
② 균사를 갖지 않는다.
③ 유성세대가 알려져 있지 않다.
④ 핵을 갖지 않는다.

해설
· 불완전균류는 균사에 격막이 있고 무성 분생포자세대(불완전세대)만으로 분류된다.
· 유성세대는 알려져 있지 않다.

16 보리 흰가루병균에서 볼 수 있는 포자는?

① 자낭포자   ② 담자포자
③ 여름포자   ④ 겨울포자

해설
병든 잎에서 균사나 자낭포자로 월동하고 차후 1차 전염원이 된다.

17 식물바이러스를 구성하고 있는 주요 화학 성분은?

① 단백질과 지질
② 지질과 탄수화물
③ 핵산과 지질
④ 핵산과 단백질

해설
식물바이러스는 핵산과 단백질로 이루어진 병원체이다.

정답 12 ① 13 ④ 14 ③ 15 ③ 16 ① 17 ④

18 병해충의 종합방제에 대한 설명으로 틀린 것은?

① 여러 가지 농약을 종합하여 완벽하게 병해충을 방제하는 것을 말한다.
② 농약 사용을 포함하여 다양한 방제 방법을 토입하여 효과를 높이는 것을 말한다.
③ 저항성 품종을 심고 적절한 재배관리를 함으로써 병해충의 피해를 줄여나가는 것이다.
④ 병해충의 발생정보를 토대로 적절한 방제방법을 선택하는 것을 말한다.

해설
병해충 종합방제는 물리적, 기계적, 생물학적 방제법 등 다양한 방제법을 혼용하여 생태계의 파괴를 최소화하는 방법이다.

19 잣나무 털녹병의 방제법으로 적당하지 않은 것은?

① 살균제 살포
② 매개충의 방제
③ 내병성 수종의 육종
④ 중간기주 제거

해설
잣나무 털녹병은 매개충이 아닌 바람에 의해 전반되기에 매개충의 방제는 의미가 없다.

20 다음의 식물병 중 토양에 수분이 많고 pH가 5.0인 산성조건에서 많이 발생하고 석회를 이용한 토양산도조절로 pH를 7.0 이상으로 조절하여 방제하는 병은?

① 감자 더뎅이병
② 밀 마름병
③ 배추 무사마귀병
④ 목화 뿌리썩음병

해설
배추 무사마귀병균은 토양에 수분이 많고 산성조건에서 많이 발생하기에 알칼리성 토양으로 조성하여 방제한다.

2과목 농림해충학

21 매미목(目)의 특징이 아닌 것은?

① 핥는 형의 입틀을 가지고 있다.
② 쉬고 있을 때에는 날개가 접는다.
③ 날개는 장, 단시형인 것도 있다.
④ 다리의 부절은 1~3절이다.

해설
매미목은 찔러서 빨아먹는 자흡구형이다.

22 호두나무, 밤나무 등의 잎을 가해하고, 다 자란 유충은 몸 길이가 100mm 정도여서 섭식량이 매우 큰 해충은?

① 독나방
② 박쥐나방
③ 텐트불나방
④ 어스렝이나방

해설
• 어스렝이나방의 유충 몸길이는 100mm 이며 주로 줄기에서 알로 월동한다.
• 1년에 1회 발생하고 5~7월쯤 잎을 식해하는 식엽성 해충이다.

23 사과 과수원에 복숭아심식나방의 성충 발생 정도를 예찰하는 방법으로 가장 적합한 것은?

① 성페로몬 트랩
② 황색 수반 트랩
③ 말레이즈 트랩
④ 유아등

해설
성페로몬 트랩은 복숭아심식나방, 복숭아순나방, 사과굴나방 등에 적합하고 암컷이 방출하는 성페로몬을 이용하여 수컷을 유인하여 발생 정도 및 방제적기를 파악하는데 유용한 방법이다.

정답 18 ① 19 ② 20 ③ 21 ① 22 ④ 23 ①

24 지구상에서 곤충이 번성한 원인으로 틀린 것은?

① 몸의 크기가 작다.
② 내골격으로 수분증발을 막아준다.
③ 날개가 있어 생존에 유리하다.
④ 완전변태로 상이한 환경에서 적응한다.

해설
외골격의 발달로 수분증발을 막아준다.

25 각종 해충의 공간 분포양식으로 자연계에서 실제 가장 많이 존재하는 분포양식은?

① 임의분포   ② 균일분포
③ 개별분포   ④ 집중분포

해설
해충의 개체군은 균일분포, 집중분포, 임의분포로 분류되며 일반적으로 해충의 분포는 집중분포의 성향을 보인다.

26 딸기하우스 내 점박이응애 방제용으로 이용할 수 있는 천적으로 가장 적합한 것은?

① 진디혹파리
② 칠레이리응애
③ 온실가루이좀벌
④ 남생이무당벌레

해설
응애의 천적으로 칠레이리응애, 캘리포니쿠스응애, 꼬마무당벌레 등이 적합하다.

27 산림해충의 문제에 대한 설명으로 틀린 것은?

① 주요 산림해충은 식엽성과 천공성 그리고 흡즙성의 해충이다.
② 수목을 건강하게 관리하는 것은 산림해충 발생을 예방하는 좋은 방법이다.
③ 산림해충으로 인한 손실로 경제목의 피해, 생장량 감소, 임분 구조의 변화, 산림생태계의 변화가 있다.
④ 산림해충의 심각성은 인간의 간섭이 있을 때 더욱 더 심해진다.

해설
산림해충의 심각성은 인간의 간섭에 의해 조절되어 완화된다.

28 사과응애에 대한 설명으로 틀린 것은?

① 흡즙성 해충이다.
② 약충으로 월동한다.
③ 1년에 7~8회 발생한다.
④ 실을 토하여 바람에 날려 이동한다.

해설
사과응애는 알로 월동한다.

29 잎을 갉아먹어 피해를 주는 해충이 아닌 것은?

① 솔나방
② 향나무하늘소
③ 오리나무잎벌레
④ 잣나무넓적잎벌

해설
향나무하늘소는 줄기, 형성층이나 목질부를 직접 가해한다.

정답 24 ② 25 ④ 26 ② 27 ④ 28 ② 29 ②

30 외국으로부터 침입한 해충은?
① 벼잎벌레
② 온실가루이
③ 콩잎말이나방
④ 복숭아혹진딧물

> **해설**
> 온실가루이는 외국의 관엽식물에 묻어 유입된 외래해충이다.

31 수컷 해충의 생식기관이 아닌 것은?
① 저장낭 ② 부속샘
③ 수정관 ④ 부속지

> **해설**
> 수컷의 생식기관은 고환(정집), 수정관과 저장관, 사정관, 부속샘, 교미기 등이 있다.

32 곤충의 내분비계에 해당하는 기관이 아닌 것은?
① 앞가슴샘 ② 알라타체
③ 존스톤기관 ④ 카디아카체

> **해설**
> 존스톤 기관은 더듬이의 흔들마디에 존재하고 공기의 진동을 통해 소리를 인지하고 바람의 방향을 느낄수 있는 감각기관이다.

33 파리목 해충의 분류 중 형태적인 특성으로 옳지 않는 것은?
① 유충의 다리는 3쌍이다.
② 번데기는 주로 비저작용 나용이다.
③ 뒷날개는 퇴화되어 평균곤으로 발달하였다.
④ 성충은 빠는입 형태이고 유충은 씹는입 형태이다.

> **해설**
> 파리목 해충의 유충에는 다리가 없다.

34 내분비계에 대한 설명으로 옳지 않은 것은?
① 유약호르몬은 알라타체에서 분비된다.
② 탈피호르몬은 앞가슴샘에서 분비된다.
③ 유약호르몬은 성충기에 가까워짐에 따라 분비량이 늘어난다.
④ 곤충의 다양한 생리작용에 관여하는 물질로서 적은 양이 분비되지만 그 영향은 매우 크다.

> **해설**
> 유약호르몬은 유충호르몬이라하며 유충기에 다량 분비되는 호르몬이다.

35 곤충의 다리 구조를 가슴에서부터 배열한 것으로 옳은 것은?
① 도래마디 - 밑마디 - 넓적마디 - 종아리마디 - 발목마디
② 밑마디 - 도래마디 - 종아리마디 - 넓적마디 - 발목마디
③ 밑마디 - 도래마디 - 넓적마디 - 종아리마디 - 발목마디
④ 종아리마디 - 밑마디 - 도래마디 - 넓적마디 - 발목마디

> **해설**
> 다리 구조는 흉부 부착점에서 밑마디(기절), 도래마디(전절), 넓적다리마디(퇴절), 종아리마디(경절), 발목마디(부절)로 5마디로 분류한다.

36 농약의 부작용에 대한 설명으로 틀린 것은?
① 잠재곤충이 주요해충으로 등장할 수 있다.
② 먹이사슬에 의한 농약의 축적을 야기할 수 있다.
③ 동물상이 복잡해져 생태계의 파괴가 나타난다.
④ 약제저항성 해충의 출현으로 약효가 떨어진다.

> **해설**
> 동물상이 복잡해질 경우 생태계의 불균형이 발생한다.

정답 30 ② 31 ④ 32 ③ 33 ① 34 ③ 35 ③ 36 ③

37 보통 1년에 2회 발생하고 수피사이나 지피물밑 등에서 번데기로 월동하며 유충이 기주식물을 가해하는 해충은?

① 솔나방 ② 밤나무혹벌
③ 천막벌레나방 ④ 미국흰불나방

해설
- 미국흰불나방은 1년에 2회 발생하고 번데기로 수피사이, 지피물아래에서 월동한다.
- 부화한 유충은 4령기까지 잎을 식해한다.

38 여름철의 진딧물, 밤나무순혹벌, 민다듬이벌레 등의 생식방법에 해당하는 것은?

① 양성생식 ② 다배생식
③ 무성생식 ④ 단위생식

해설
진딧물, 밤나무순혹벌등은 암컷만으로 번식을 하는 단위생식을 한다.

39 곤충의 말피기관의 설명으로 옳지 않은 것은?

① 말피기관이 없는 곤충도 존재한다.
② 혈림프의 이온 조성과 삼투압의 조절기능을 담당한다.
③ 최종적으로 배설하는 질소대사물질은 수용성이 아주 높은 요소형태이다.
④ 원치 않는 물질은 체외로 배출하고 필요한 화합물은 체내에 남게 하는 배설기관이다.

해설
곤충이 배설하는 질소대사물은 요산의 형태로 배출한다.

40 다음에서 설명하는 해충은?

◎ 1년에 5회~10회 이상 발생한다.
◎ 고온거조 시 피해가 심하다.

① 가루깍지벌레 ② 점박이응애
③ 밤나무혹벌 ④ 땅강아지

해설
- 점박이응애는 1년에 10회 이상 발생하고 성충이 낙엽, 잡초 아래에 월동한다.
- 고온 건조 시 피해가 심해지고 성충이나 약충이 잎에 기생하에 흡즙가해한다.

3과목 재배학원론

41 저장 중 작물의 종자가 발아력을 상실하는 원인으로 가장 거리가 먼 것은?

① 원형질 단백의 응고
② 효소의 활력 저하
③ 저장양분의 소모
④ 유리지방산 감소

해설
저장곡물의 경우 지방을 분해하는 유리지방산이 늘어나게 되고 유리지방산의 함량이 높을수록 변질되기가 쉽다.

42 다음 중 산성토양에 대해 적응성이 가장 약한 것은?

① 아마 ② 기장
③ 팥 ④ 감자

해설
산성토양에 대한 저항성이 약한 작물로 보리, 팥, 콩, 양파, 파, 고추, 가지 등이 있다.

정답 37 ④ 38 ④ 39 ③ 40 ② 41 ④ 42 ③

43 맥류의 좌지현상을 볼 수 있는 경우는?
① 봄보리를 가을에 파장
② 봄보리를 봄에 파장
③ 가을보리를 가을에 파종
④ 가을보리를 봄에 파종

해설
가을보리는 추파성이 커서 겨울에 잘 견디나 봄에 파종하면 영양생장만 하다가 주저 앉는 좌지현상이 나타난다.

44 다음 중 작물의 요수량이 가장 큰 것은?
① 수수   ② 기장
③ 호박   ④ 옥수수

해설
요수량이 큰 작물로 명아주, 호박, 알팔파, 오이, 클로버 등이 있다.

45 국화의 주년재배와 가장 관계가 있는 것은?
① 광처리   ② 온도처리
③ 영양처리 ④ 수분처리

해설
· 국화의 조생국은 단일처리로 개화가 촉진되고 만생추국은 장일처리로 개화가 억제된다.
· 이러한 광처리를 통해 연중개화하는 것을 주년재배라 한다.

46 화곡류에서 규질화를 이루어 병에 대한 저항성을 높이고, 잎을 꼿꼿하게 세워 수광태세를 좋게 하는 것은?
① 철   ② 칼륨
③ 니켈   ④ 규산

해설
· 규산은 규소와 산소, 수소 등이 결합된 화합물로 식물의 필수원소는 아니지만 병에 대한 저항성을 높이고 도장을 줄여준다.
· 인산흡수 및 토양의 이온화합물의 흡수를 도와 뿌리 및 식물의 발달에 도움을 준다.

47 다음 중 휴작기간이 가장 긴 작물은?
① 미나리   ② 당근
③ 아마   ④ 토마토

해설
인삼, 아마는 10년 이상의 휴작기간이 요구되는 작물로 보기 중 가장 길다.

48 군락의 수광태세가 좋아지고 밀식적응성이 높은 콩의 초형으로 틀린 것은?
① 잎이 크고 두껍다.
② 잎자루가 짧고 일어선다.
③ 꼬투리가 원줄기에 많이 달린다.
④ 가지를 적게 치고 가지가 짧다.

해설
군락의 수광태세가 좋아지는 콩의 초형은 잎이 작고 가늘어야 한다.

49 작물의 내염성 정도가 강한 것으로만 나열된 것은?
① 완두, 레몬   ② 셀러리, 고구마
③ 양배추, 순무 ④ 살구, 복숭아

해설
내염성 작물로 사탕무, 목화, 양배추, 순무, 유채 등이 있다.

50 다음 중 요수량이 가장 적은 작물은?
① 호박   ② 완두
③ 옥수수   ④ 클로버

해설
요수량이 적은 식물로 수수, 기장, 옥수수 등이 있다.

정답 43 ④ 44 ③ 45 ① 46 ④ 47 ③ 48 ① 49 ③ 50 ③

51 발아에 광선이 필요하지 않은 작물은?
① 상추 ② 금어초
③ 담배 ④ 호박

해설
혐광성 작물로 호박, 고추, 양파, 오이, 백일홍 등이 있다.

52 열해의 원인으로 가장 거리가 먼 것은?
① 증산과다
② 철분의 침전
③ 암모니아 축적
④ 유기물의 과잉집적

해설
열해로 인해 유기물 소모가 많아지기에 과잉집적과는 거리가 멀다.

53 기계이앙 벼 재배용 상자육묘에서 상토의 최적 pH 는?
① 3.5~4.5 ② 4.5~5.5
③ 5.5~6.5 ④ 7.5~8.5

해설
육묘용 상토는 pH 4.5 ~ 5.5 가 적합하다.

54 지온상승에 효과가 있는 멀칭필름은?
① 투명필름 ② 흑색필름
③ 녹색필름 ④ 황색필름

해설
투명필름은 햇빛을 통과시켜 지온의 상승 및 습도 유지에 도움을 준다.

55 공기 중 습도가 높으면 어떤 현상이 일어나겠는가?
① 광합성이 더욱 왕성히 이루어진다.
② 숨구멍이 폐쇄되어 광합성이 크게 감소된다.
③ 뿌리의 수분, 양분의 흡수력이 왕성해진다.
④ 증산작용이 왕성해진다.

해설
공중 습도가 높아지면 잎에서의 증산작용이 억제되고 기공이 닫히는데 이때 광합성량은 감소한다.

56 용도에 따른 작물의 분류법에서 식용작물, 공예작물, 사료작물에 모두 속하는 화본과 작물은?
① 벼 ② 콩
③ 감자 ④ 옥수수

해설
옥수수는 식용작물에서 잡곡, 공예작물에서 전분작물, 사료작물에 속하는 화본과 작물이다.

57 경사도가 3~27° 되는 지역에서 주로 목초, 과수나 밀식작물을 재배할 때 적합한 관개법은?
① 수반법 ② 보더법
③ 휴간관개 ④ 월류법

해설
월류법은 낮은 재배지역으로 물이 흘러들어가게 하는 방법으로 경사지에서 적합한 관개법 중 하나이다.

정답 51 ④ 52 ④ 53 ② 54 ① 55 ② 56 ④ 57 ④

58 작물 도복의 유발 조건으로 틀린 것은?

① 재배조건 중 밀식은 도복을 조장한다.
② 병해충의 발생이 심하면 도복을 조장한다.
③ 칼륨성분의 다량시용은 도복을 조장한다.
④ 키가 크고 대가 약한 품종일수록 도복이 심하다.

해설
질소질 비료를 다량시용하면 도복을 조장하며 칼륨 및 규산을 균형시비하면 도복을 방지한다.

59 재배의 기원지가 중앙아시아에 해당하는 것은?

① 양배추   ② 대추
③ 양파   ④ 고추

해설
지리적으로 중앙아시아가 기원지가 되는 작물로 귀리, 완두, 당근, 양파, 삼 등이 있다.

60 내건성이 강한 작물의 형태적 특성이 아닌 것은?

① 잎맥과 울타리조직이 발달한다.
② 체적에 비해 표면적의 비가 작다.
③ 지상부에 비해 근군의 발달이 좋다.
④ 기동세포가 발달하지 못하여 표면적이 축소되어 있다.

해설
내건성이 강한 작물은 기동세포가 발달되어 있다.

4과목 농약학

61 유기염소계 살충제에 대한 설명으로 옳은 것은?

① 살충력이 강하고 대량생산이 가능하다.
② 약해가 적고 분해되기 쉽다.
③ 적용해충의 범위가 넓어 품목개발이 많이 이루어지고 있다.
④ 광선에 의한 분해가 빨라 잔효성이 적은 편이다.

해설
유기염소계 살충제는 살충력이 강하고 적용 가능한 해충의 종류가 많으며 대량생산이 가능하다.

62 DDVP 유제 50%를 500배로 희석하여 면적 10a 당 4말(1말:18L)을 살포하고자 할 때의 소요약량은 약 몇 ml 인가?

① 72   ② 144
③ 288   ④ 576

해설
$$소요약량 = \frac{단위면적당 사용량}{소요희석배수}$$
$$= \frac{18000 \times 4}{500} = 144ml$$

63 인화 및 폭발의 위험성이 없고 곡물의 품질을 저하시키지 않으며 살선충제와 토양살균제로도 사용되는 제제는?

① 리뉴론
② 메틸브로마이드
③ 디디브이피(DDVP)
④ 클로로피크린

해설
클로로피크린은 휘발성 액체로 살충제, 토양소독제로 이용하며 곡물 및 열매의 훈증에도 사용한다.

정답 58 ③ 59 ③ 60 ④ 61 ① 62 ② 63 ④

64 인축에 대한 독성을 표시하는 기호로 사용하는 LD_{50}의 의미는?
① 중위치사량 ② 최대치사량
③ 최소치사량 ④ 극소치사량

해설
LD_{50}은 반수치사량 또는 중위치사량이라 한다.

65 다음 중 카바메이트계 농약은?
① 티오디카브 수화제
② 펜티온 유제
③ 디티오피르 수화제
④ 이프로디온 수화제

해설
카바메이트계 살충제로 카바릴(NAC), 페노뷰카브(BPMC), 카보퓨란, 티오디카브(UCC) 등이 있다.

66 농약의 사용법에 대한 설명으로 틀린 것은?
① 농약을 뿌릴 때에는 바람을 안고 마스크를 쓴다.
② 농약을 다룰 때에는 고무장갑을 착용한다.
③ 방제복을 착용한다.
④ 제초제를 사용한 후에는 방제기구를 세척한다.

해설
농약을 뿌릴 때는 바람을 등지고 마스크를 쓴다.

67 분제 제조시 벤토나이트나 탈크 분말을 사용 할 때 가장 적당한 가비중은?
① 0.15 ② 0.3
③ 0.5 ④ 1.0

해설
농약의 제형은 단위용적당 무게로 분제의 입자의 진비중은 2.5 내외이지만 입자간의 공극으로 가비중은 0.5 정도이다.

68 제초제의 일반 특성에 대한 설명으로 틀린 것은?
① Phenoxy 계 제초제는 옥신작용을 갖고 있다.
② 2,4-D 제초제는 무기화합물 제초제이다.
③ Phenoxy 계 제초제는 인축 및 어패류에 대한 독성이 낮다.
④ Dicamba 등 벤조산계 제초제는 작물체 내에서 안전성이 높은 편이다.

해설
2,4-D 제초제는 유기화합물 제초제이다.

69 농약의 품질불량이 원인이 되어 약해를 일으키는 원인이 아닌 것은?
① 불순물의 혼합에 의해 약해
② 원제 부성분에 의한 약해
③ 농약의 고농도에 의한 약해
④ 경시변화에 의한 유해성분의 생성

해설
농약의 고농도에 의한 약해는 농약의 오용에 의해 발생한다.

70 농약의 제형 중 유제의 구비조건이 아닌 것은?
① 농약을 물에 넣었을 때 수화되면서 현수성이 좋아야 한다.
② 물에 희석하였을 때 유효성분이 석출되지 않고 유탁액을 만들어야 한다.
③ 유효성분이 보존 중 또는 사용 중에 분해 변화되지 않아야 한다.
④ 살포 후에 작물이나 해충의 표면에 고르게 퍼지며 부착이 되어야 한다.

해설
농약을 물에 넣을때 수화되면서 현수성이 좋은 것은 수화제의 조건이다.

정답 64 ① 65 ① 66 ① 67 ③ 68 ② 69 ③ 70 ①

71 다음 농약 중 살비제가 아닌 것은?
① 디코폴(dicofol)
② 아미트라즈(amitraz)
③ 사이플루트린(cyfluthrin)
④ 클로펜테진(clofentezine)

[해설]
· 살비제로 디코폴, 펜프로, 테부펜피라드, 페나자퀸, 피리다벤 등이 있다.
· 사이플루트린(cyfluthrin)은 살충제이다.

72 주성분에 의한 농약에 분류에 해당되지 않는 것은?
① 유기인계 ② 훈증제
③ 카바메이트계 ④ 유기염소계

[해설]
주성분에 의한 농약의 분류로 유기인계, 카바메이트계, 유기염소계, 유기황계 등이 있으며 훈증제는 제형에 따른 분류에 속한다.

73 주다음 중 선택성 제초제는?
① Paraquat ② Glyphosate
③ 2,4-D ④ Glufosinate

[해설]
선택성 제초제로 2,4-D, Propanil, Butachlor 등이 있다.

74 이프로벤포스 유제 48% 100ml 를 0.5%의 희석액으로 만드는데 소요되는 물의 양은 몇 ml 인가?(단, 이프로벤포스 유제의 비중은 1.005 이다.)
① 9247.5 ② 9347.5
③ 9447.5 ④ 9547.5

[해설]
희석할 물의 양
$= 원액 용량 \times (\frac{원액 농도}{희석할 농도} - 1) \times 원액 비중$
$= 100 \times (\frac{48}{0.5} - 1) \times 1.005 = 9547.5\,ml$

75 제초제, 생장조정제, 살충제, 살균제 등으로 분류하는 농약의 기준은?
① 사용목적에 의한 분류
② 주성분 조성에 의한 분류
③ 농약의 형태에 의한 분류
④ 작용기작에 의한 분류

[해설]
농약의 사용목적에 따라 살균제, 살충제, 제초제 등으로 분류한다.

76 어독성 검정은 보통 잉어를 사용하는데 약제 처리 후 며칠 만에 조사하여 독성을 구분하는가?
① 1일(24시간) ② 2일(48시간)
③ 5일(120시간) ④ 10일(240시간)

[해설]
어독성 반수치사농도는 48시간 후에 50%가 살아남는 것을 기준으로 한다.

77 다음 중 잡초생육기 처리용 비선택성 제초제는?
① 헥사지논
② 피리벤족심
③ 피리졸레이트
④ 글리포세이트포타슘

[해설]
전체 식물을 제거하는 비선택성 제초제로 글리포세이트포타슘이 있다.

78 다음 중 농약의 사용목적에 따른 분류에 해당하는 것은?
① 유제농약 ② 유기인제농약
③ 살충제농약 ④ 잔류성농약

[해설]
사용목적에 따른 분류로 살충제, 살균제, 식독제, 유인제, 제초제 등이 있다.

정답 71 ③ 72 ② 73 ③ 74 ④ 75 ① 76 ② 77 ④ 78 ③

79 처리 후 식물체 내로 침투이행이 잘 되고 약효지속시간도 긴 유기유황제 살균제는?
① 베노밀
② 베날락실엠
③ 아이소티아닐
④ 아이소프로티올레인

해설
아이소프로티올레인은 유기유황제 살균제로 깨씨무늬병, 도열병류, 이삭마름병 등에 효과가 있으며 침투이행성 약제로 약효지속기간이 긴 약제이다.

80 유기비소제의 일반식이 $R \cdot As \cdot X_2$ 로 표시될 때 R이 지방족일 경우 가장 살균력이 큰 것은?
① $-CH_3$
② $-C_2H_5$
③ $-C_3H_7$
④ $-C_4H_9$

해설
· 비소(As)를 함유하는 유기화합물로 $R \cdot As \cdot X_2$ 로 표기한다.
· R 이 방향족에 염소기가 있을 경우 살균력이 매우 강하다.
· R 이 지방족의 경우 $-CH_3$ > $-C_2H_5$ > $-C_3H_7$ 순으로 살균력을 나타낸다.

5과목 잡초방제학

81 잡초방제에서 담수처리에 대한 설명으로 옳은 것은?
① 무더운 날씨에는 효과가 줄어든다.
② 온도 조절을 통해 잡초 발생을 줄이는 것이다.
③ 발아에 필요한 산소흡수를 억제시켜 잡초발생을 줄인다.
④ 다년생잡초 방제에는 효과가 있으나 일년생잡초에는 효과가 없다.

해설
담수처리를 통해 종자의 산소흡수를 억제하여 발아를 막는다.

82 뿌리가 토양에 고정되어 있지 않고 물 위에 떠다니는 부유성 잡초에 해당하는 것은?
① 가래   ② 네가래
③ 생이가래 ④ 가는가래

해설
부유잡초로는 부레옥잠, 개구리밥, 좀개구리밥, 생이가래 등이 있다.

83 논에서 잡초의 군락 천이를 유발시키는 데 가장 큰 영향을 주는 것은?
① 장간종 품종 재배
② 동일 작물로만 재배
③ 화학비료의 지속적인 사용
④ 동일한 제초제의 연속적인 사용

해설
잡초군락의 천이는 재배작물 변화, 작부체계 변화, 경종조건 변화, 제초방법 변화 등이 있으며 동일 제초제의 연속 사용의 경우 저항성 잡초들의 발생으로 천이를 유발한다.

84 잡초 종별 수량이 가장 적은 것은?
① 가지과   ② 국화과
③ 화본과   ④ 방동사니과

해설
국내의 잡초 발생을 보면 화본과, 방동사니과, 국화과가 대부분을 차지하고 있다.

85 광발아 잡초에 해당하지 않는 것은?
① 비름   ② 광대나물
③ 소리쟁이 ④ 왕바랭이

해설
광대나물은 암발아 종자에 속한다.

정답 79 ④ 80 ① 81 ③ 82 ③ 83 ④ 84 ① 85 ②

86 일장에 거의 영향을 받지 않고 발생 후 일정한 기간이 되면 지하경을 형성하는 다년생 논잡초는?

① 벗풀 ② 가래
③ 올미 ④ 올방개

해설
올미는 덩이줄기를 이용한 영양번식을 하기에 일장의 영향을 거의 받지 않고 지하경을 형성하는 다년생 논잡초이다.

87 잡초는 경우에 따라 유용하게 이용되기도 한다. 수질 오염원의 제거에 효과가 있는 것으로 알려진 잡초는?

① 쇠비름 ② 바랭이
③ 쇠뜨기 ④ 부레옥잠

해설
부레옥잠은 수질 정화용으로 이용된다.

88 생태적 방제법에 대한 설명으로 틀린 것은?

① 연작을 실시한다.
② 작물의 재식밀도를 조절한다.
③ 과수원에서는 피복작물을 재배한다.
④ 작물의 초관형성시기를 되도록 빠르게 한다.

해설
생태적 방제법은 경종적 방제법이라하며 작부체계 개선, 경합력 큰 작물의 선택, 피복식물 재배, 이식 및 이앙 등의 방법이 있다.

89 논에서 주로 종자로 번식하는 잡초는?

① 올미 ② 벗풀
③ 올방개 ④ 물달개비

해설
물달개비는 주로 논에서 종자로 번식하는 1년생 잡초이다.

90 밭에서 주로 발생하는 잡초로만 올바르게 나열된 것은?

① 여뀌, 매자기
② 쇠비름, 바랭이
③ 올방개, 물달개비
④ 드렁새, 사마귀풀

해설
밭잡초에는 쇠비름, 망초, 바랭이, 할미꽃, 쇠뜨기 엉겅퀴 등이 있다.

91 형태적 특성에 따른 잡초 분류로 옳지 않은 것은?

① 소엽류 잡초
② 광엽류 잡초
③ 화본과류 잡초
④ 방동사니과류 잡초

해설
형태적 특성에 따라 광엽잡초, 화본과잡초, 방동사니과잡초로 분류된다.

92 지속적인 예취의 결과로 옳지 않은 것은?

① 잡초 결실을 미연에 방지한다.
② 키가 큰 차광 피해를 제거한다.
③ 다년생 잡초의 저장양분을 고갈시킨다.
④ 포복형 및 로제트형 잡초종이 감소된다.

해설
예취를 지속적으로 작업하게 되면 포복형 및 로제트형 잡초종이 증가하게 된다.

정답 86 ③ 87 ④ 88 ① 89 ④ 90 ② 91 ① 92 ④

93 이사-디 액제에 대한 설명으로 옳지 않은 것은?
① 페녹시계 제초제이다.
② 광엽잡초에 특히 활성이 높다.
③ 주로 논 제초제로 사용되고 있다.
④ 이행성이 비교적 낮고 생장점 등에 집적하는 성질이 있다.

해설
2,4-D 액제의 경우 선택적으로 작용하는 유기제초제로서 이행성이며 호르몬작용을 교란시키는 페녹시계 제초제이다.

94 제초제의 약해가 발생하는 주요 요인이 아닌 것은?
① 감수성 고정
② 농약 상호작용
③ 환경 중의 확산
④ 토양 중 제초제 잔류

해설
감수성은 특정 작용에 대한 민감 정도로 약해의 주요 발생 요인과는 관련이 없다.

95 가을에 발생하여 월동 후에 결실하는 잡초로만 올바르게 나열된 것은?
① 쑥, 비름, 명아주
② 깨풀, 민들레, 강아지풀
③ 별꽃, 뚝새풀, 벼룩나물
④ 별꽃, 바랭이, 애기메꽃

해설
겨울잡초(동계잡초)의 종류로 뚝새풀, 냉이, 개미자리, 벼룩나물, 점나도나물, 벼룩이자리, 별꽃 등이 있다.

96 올방개 방제에 가장 효과적인 제초제는?
① 뷰타클로르 유제
② 펜디메탈린 유제
③ 페녹슐람 액상수화제
④ 피라조설퓨론에틸 수화제

해설
올방개, 올챙이고랭이, 벗풀 등의 다년생 잡초에는 벤타존, 페녹슐람 약제가 효과적이다.

97 생물적 잡초방제를 위해 곤충을 사용할 때 곤충에 대한 유의사항으로 옳지 않은 것은?
① 환경에 잘 적응해야 한다.
② 인공적으로 배양 또는 증식이 어려우며 생식력이 약해야한다.
③ 문제 잡초를 선별적으로 찾아다닐 수 있는 이동성이 있어야한다.
④ 대상 잡초에만 피해를 주고 잡초가 없어지면 천적 자체도 소멸되어야 한다.

해설
생물적 방제를 위한 곤충은 인공적 배양 및 증식이 쉬워야하고 생식력이 강해야 한다.

98 제초제의 선택성을 발휘하는 주요 요인이 아닌 것은?
① 잡초 잎의 수
② 잡초의 생장점 위치
③ 잡초 뿌리의 분포 깊이와 형태
④ 잡초 종자의 발아 및 출아 심도

해설
잎의 수보다는 잎의 표면 및 특성이 관계가 있다.

99 잡초 종자의 휴면타파 및 발아율을 촉진시키는 생장조절 물질과 가장 거리가 먼 것은?

① 사이토카이닌 ② 에틸렌
③ 지베렐린 ④ MH

해설
MH 제는 식물의 생장 억제 물질에 속한다.

100 다음 중 우리나라 과수원에서 발생하는 잡초종으로 가장 거리가 먼 것은?

① 바랭이 ② 매자기
③ 강아지풀 ④ 닭의 장풀

해설
매자기는 논에서 주로 발생하는 논잡초이다.

국가기술자격 필기시험문제

기사 CBT 5회 모의고사문제

자격종목	종목코드	시험시간	형별	수험번호	성명
식물보호기사		2시간 30분			

※ 본문제는 수험생들의 기억을 바탕으로 작성 된 것으로 실제 문제와 차이가 있을 수 있습니다.

1과목　　식물병리학

01 목재 썩음병에 관계하는 중요한 효소는?
① Lipase　② Amylase
③ Ligninase　④ Phosphotase

해설
ligninase(목재 흰썩음병균)은 세포의 구성성분 중에서 리그닌을 분해하는 리그닌 분해효소이다.

02 병에 걸린 보리를 먹으면 식중독을 일으키는 병은?
① 겉깜부기병　② 붉은곰팡이병
③ 줄녹병　④ 흰가루병

해설
맥류 붉은곰팡이병균은 역사적으로 곡류등을 통해 인체에 흡수되어 유해한 균독소를 분비해 많은 사상자를 내기도 하였다.

03 한 식물체의 병에 대한 저항성이 무너지게 되는 가장 큰 요인은?
① 병원균의 변이
② 기주체의 변이
③ 환경요인의 변이
④ 영양물질의 불균형

해설
병에 대한 저항성은 병원성에 대한 억제 능력으로 병원균이 변이할 경우 기존의 저항성이 작용하기 어렵다.

04 벼 깨씨무늬병에 가장 효과적인 비화학적 방제방법은?
① 관수 철저
② 합리적인 비배관리
③ 중만생종 품종 선택
④ 이식기의 조절

해설
벼 개씨무늬병은 토양의 상태를 개선하는 것이 효과적인 방제법 중 하나로 합리적인 비배관리를 통해 방제할수 있다.

05 식물병원 진균의 영양기관에 해당하지 않는 것은?
① 균핵　② 후벽포자
③ 담자포자　④ 흡기

해설
진균의 영양기관은 균사체, 선상균사, 균핵, 자좌, 근상균사속, 흡기 등이 있다. 담자포자의 경우 번식기관에 속한다.

06 채소재배에서 제일 문제가 되는 병으로, 이병에 걸린 조직은 효소작용으로 수침상이 되고, 냄새가 나며, 방제 시 토양소독이 요구되는 병은?
① 검은 무늬병　② 뿌리부패병
③ 무름병　④ 뿌리마름병

해설
발생시 흰썩음병이라 하며 발생시 식물의 표면에 반점이 생기면서 병든 부위로 변형이 생기고 악취가 난다. 병원균이 토양에서 월동하며 이를 방제하기 위해 토양을 소독한다.

정답　01 ③　02 ②　03 ①　04 ②　05 ③　06 ③

07 보리 겉깜부기병 방제법으로 가장 거리가 먼 것은?
① 무병지에서 채종한 종자 사용
② 종자를 냉수온탕침법으로 처리
③ 종자를 침투성 종자소독제로 소독
④ 보리 이삭이 필 무렵 석회 황합제 살포

[해설] 보리 겉깜부기병은 냉수온탕침법, 약제를 이용한 종자를 분의 처리하는 것이 효과적이다.

08 우리나라에서 참나무 시들음병을 일으키는 병원균을 매개하는 것으로 알려진 곤충은?
① 북방수염하늘소
② 솔수염하늘소
③ 광릉긴나무좀
④ 장수풍뎅이

[해설] 참나무 시들음병의 매개충은 광릉긴나무좀이다

09 식물병 중 표징을 관찰할 수 없는 경우는?
① 사찰나무 그을음병
② 포도나무 잿빛곰팡이병
③ 대추나무 빗자루병
④ 사과나무 탄저병

[해설] 파이토플라스마에 의해 발생하는 대추나무 빗자루병은 병징만 나타나고 표징은 관찰하기 힘들다.

10 병든 보리, 밀을 먹는 사람과 돼지 등에 심한 중독을 일으키는 병해는?
① 깜부기병   ② 흰가루병
③ 줄무늬병   ④ 붉은곰팡이병

[해설] 붉은곰팡이병은 진균독소를 만들기에 사람이나 가축이 먹으면 피해를 준다.

11 매개충에 의해 경란전염하는 바이러스 병해는?
① 담배 모자이크병
② 감자 X 바이러스병
③ 벼 줄무늬잎마름병
④ 보리 줄무늬모자이크병

[해설] 경란전염은 매개충의 알을 통해 바이러스가 전파되는 것을 의미하며 벼 줄무늬잎마름병의 바이러스는 애멸구에 의해 경란전염된다.

12 식물 병원균 중 바이러스의 구성에 대한 설명으로 옳지 않은 것은?
① 핵산은 RNA 또는 DNA 이다.
② 주요 구성성분은 핵산과 외피단백질이다.
③ 기타 성분으로는 미량 탄수화물, 금속이온 등이 있다.
④ 동물바이러스와 다르게 핵단백질이 외막으로 둘러싸인 것이 많다.

[해설] 바이러스는 핵산과 단백질로 구성된 핵단백질로 세포벽이 없는 것이 특징이다.

13 다음 중 식물 세포벽을 분해하는 효소가 아닌 것은?
① Cellulase   ② Pectinase
③ Cutinase   ④ Phosphatase

[해설] Phosphatase 는 인가수분해효소로 인산무수물의 가수분해를 촉매하는 효소이다. 식물세포벽 분해 효소로는 셀룰로오스분해효소(Cellulase), 헤미셀룰로오스 분해효소(Hemicellulase), 리그닌 분해효소(ligninase), 펙틴 분해효소(Pectinase), 큐틴 분해효소(Cutinase) 등이 있다.

[정답] 07 ④ 08 ③ 09 ③ 10 ④ 11 ③ 12 ④ 13 ④

14 생물학적 방제의 단점으로 옳지 않은 것은?
① 병이 발생한 후에는 치료의 효과가 낮다.
② 신속하고 정확한 효과를 기대하기 어렵다.
③ 넓은 지역에 광범위하게 적용하기가 어렵다.
④ 환경의 영향을 많이 받지 않아 처리효과가 일정하지 않다.

해설
생물학적 방제의 경우 환경의 영향을 받는다.

15 코흐의 법칙에 대한 설명으로 옳지 않은 것은?
① 병원체는 분리되어 배지에서 순수 배양되지 않을 수도 있다.
② 발병한 부위로부터 접종을 사용하였던 것과 동일한 병원체가 재분리되어야 한다.
③ 병환부에는 그 병을 일으키는 것으로 추정되는 병원체가 항상 존재하여야 한다.
④ 순수 배양한 병원체를 건전한 기주에 접종하였을 때 동일한 병이 발생하여야 한다.

해설
코흐의 법칙에서 병원체는 분리되어 배지에서 순수 배양되어야 한다.

16 유성번식을 하지 않거나 매우 드물게 하는 것은?
① 접합균   ② 자낭균
③ 담자균   ④ 불완전균

해설
불완전균의 경우 유성번식법이 잘 알려져 있지 않다.

17 식물이 병에 걸리기 쉬운 성질은?
① 저항성   ② 면역성
③ 감수성   ④ 병회피

해설
식물이 병에 걸리기 쉬운 성질을 감수성이라 한다.

18 순활물기생균에 의해 발생하는 병은?
① 감자 역병   ② 밀 붉은녹병
③ 맥류 깜부기병 ④ 고구마 무름병

해설
순활물기생균은 절대기생체로 녹병균, 흰가루병균, 노균병균, 배나무 붉은별무늬병균 등이 있다.

19 현재 중간기주가 발견되지 않아 이종기생하지 않는 것으로 분류되는 녹병은?
① 밀 줄기녹병
② 잣나무 털녹병
③ 보리 겉깜부기병
④ 사과나무 붉은별무늬병

해설
이종기생은 다른 기주식물을 옮겨다니는 병원균으로 중간기주를 가진다. 보리 겉깜부기병은 진균에 의해 발생하며 기주교대를 하지 않는다.

20 TMV(Tobacco Mosaic Virus)에 대한 설명으로 틀린 것은?
① TMV의 입자는 핵산이 단백질에 감싸여 있다
② 핵단백질로 되어 있다
③ 길이는 300nm, 너비 18nm로 공모양이다
④ TMV의 구조 중 단백질 껍질을 켑시드라 한다

해설
TMV는 길이 300nm, 너비 18nm 의 막대형이다.

정답 14 ④ 15 ① 16 ④ 17 ③ 18 ② 19 ③ 20 ③

2과목 농림해충학

21 곤충이 배설하는 물질이 아닌 것은?
① 초산 ② 암모니아
③ 요산 ④ Allantoic Acid

해설
곤충은 암모니아, 요소, 요산, 아미노산, 알란토산 등의 질소대사물을 배설한다.

22 곤충에서 탈피 후 표피를 단단하게 하는데 관여하는 호르몬은?
① Bursicon ② Proctolin
③ 탈피 호르몬 ④ 유약 호르몬

해설
Bursicon은 앞가슴선에서 분비되는 경화호르몬으로 탈피 후 표피를 단단하게 해준다.

23 외시류 곤충의 겹눈을 구성하는 낱눈의 수의변화에 대한 설명으로 옳은 것은?
① 약충 발육기간 중에만 증가한다.
② 변태기에만 증가한다.
③ 탈피기와 변태기에 모두 증가한다.
④ 아무런 수의 변화가 없다.

해설
겹눈을 구성하는 낱눈은 곤충에 따라 차이가 나며 개미의 경우 수개, 잠자리의 경우 1만개~2만8천개 정도로 다양하다.

24 곤충의 체벽(외골격)을 구성하는 요소들을 바깥쪽부터 순서대로 바르게 나열한 것은?
① 상큐티클-외큐티클-표피-기저막
② 외큐티클-표피-기저막-상큐티클
③ 상큐티클-외큐티클-기저막-표피
④ 상큐티클-기저막-표피-외큐티클

해설
곤충의 체벽을 구성하는 순서는 외부에서부터 상큐티클, 외큐티클, 표피, 기저막의 순서로 구성된다.

25 일반적으로 우리나라에서 월동하지 않고 매년 중국 남부로부터 비래해 오는 해충은?
① 벼멸구 ② 애멸구
③ 끝동매미충 ④ 번개매미충

해설
벼멸구는 국내에서는 월동이 불가능하여 6월쯤부터 중국 남부지역에서 남서풍을 타고 비래한다.

26 곤충의 순환계에 대한 설명으로 틀린 것은?
① 개방계이다.
② 심장은 등 쪽에 있다.
③ 산소를 세포에 운반한다.
④ 혈액은 혈장과 혈구세포로 이루어진다.

해설
곤충은 혈관을 통해 산소를 공급하는 것이 아닌 기문을 통해 산소를 공급하기에 곤충의 혈액에는 헤모글로빈이 없는 경우가 많다.

27 먹이를 빠는 형의 입틀을 가진 것은?
① 진딧물 ② 메뚜기
③ 딱정벌레 ④ 나비 유충

해설
진딧물은 먹이를 찔러서 빨아먹는 자흡구형이다.

28 다음 중 호흡계의 기문수가 가장 적은 곤충은?
① 나방 유충 ② 나비 유충
③ 모기붙이 유충 ④ 딱정벌레 유충

해설
모기붙이 유충은 파리목의 유충으로 호흡계의 기문수가 일반적인 10쌍 보다 적다.

정답 21 ① 22 ① 23 ③ 24 ① 25 ① 26 ③ 27 ① 28 ③

29 윤작(돌려짓기)에 의한 해충방제의 효과성을 높이려고 할 때 유의사항으로 옳지 않은 것은?

① 윤작 주기를 짧게 한다.
② 대상 해충 식성을 고려한다.
③ 토양 곤충 여부를 확인한다.
④ 유연관계가 먼 작물을 선택한다.

> **해설**
> 같은작물을 연작하기 보다 서로 다른 작물을 재배하는 윤작이 예방효과가 있다.

30 여름철의 진딧물, 밤나무순혹벌, 민다듬이벌레 등의 생식방법에 해당하는 것은?

① 양성생식   ② 다배생식
③ 무성생식   ④ 단위생식

> **해설**
> 진딧물, 밤나무순혹벌등은 암컷만으로 번식을 하는 단위생식을 한다.

31 표피를 형성하는 단백질, 지질, 키틴 화합물 등을 합성하고 분비해 주는 한 층의 세포군으로 탈피 시에는 내원표피를 소화시키는 탈피액도 분비하는 것은?

① 체색   ② 표피층
③ 기저막   ④ 진피세포

> **해설**
> 진피세포는 곤충의 표피를 이루는 단백질, 지질, 키틴화합물 등을 합성, 분비해주는 한층의 세포군으로 탈피 시에는 내원표피를 소화시키는 탈피액도 분비한다. 탈피 직전 분열이 일어나 생장을 하고 그 중 일부 세포는 감각기, 분비샘 등 돌기구조를 만드는 세포로 분화하기도 한다.

32 배추좀나방에 대한 설명으로 옳은 것은?

① 약충으로 월동한다.
② 일본과 우리나라에만 분포한다.
③ 배추 결구 속에 들어가 가해한다.
④ 비래해충으로 우리나라에는 월동하지 않는다.

> **해설**
> ① 배추좀나방은 성충, 유충, 번데기로 월동한다.
> ② 배추좀나방은 전세계적으로 분포하고 있다.
> ④ 배추좀나방은 국내에서 월동한다.

33 곤충의 휴면작용에 대한 설명으로 옳지 않은 것은?

① 휴면과 관련된 곤충의 행동은 PER 단백질에 의해서이다.
② 광주기에 의한 유면온도는 온도 및 습도의 영향을 받지 않는다.
③ 곤충은 광주기를 인식하여 겨울이 오기 전에 미리 휴면유도가 된다.
④ 불리한 조건에서 생존하기 위해 사용하는 많은 전략 중 하나이다.

> **해설**
> 곤충의 휴면 요인에는 일장, 온도, 먹이 등이 있다.

34 곤충이 생활하는 도중 좋지 않은 환경에 맞추어 대사율을 낮추는 것은?

① 이주   ② 휴면
③ 휴지   ④ 탈피

> **해설**
> 불리한 환경에서 대사율을 낮추거나 활동을 정지하는 것을 휴지라고 한다.

정답 29 ① 30 ④ 31 ④ 32 ③ 33 ② 34 ③

35 해충과 월동태의 연결이 옳지 않은 것은?
① 점박이응애 - 성충
② 벼물바구미 - 성충
③ 이화명나방 - 성충
④ 복숭아혹진딧물 - 알

해설
이화명나방은 노숙유충 형태로 월동한다.

36 온실에서 주로 많이 발생하며 토마토의 TYLCV를 매개하는 해충은?
① 담배가루이 ② 온실가루이
③ 목화진딧물 ④ 복숭아혹진딧물

해설
토마토황화잎말림바이러스(TYLCV)는 담배가루이에 의해 매개된다.

37 곤충의 탈피와 변태를 조절하는 호르몬을 분비하는 내분비기관이 아닌 것은?
① 뇌   ② 전흉선
③ 알라타체   ④ 말단신경절

해설
말단신경절은 자율신경계에 속한다. 곤충의 내분비기관은 뇌, 알라타체, 식도하절신경, 전흉선 등이 있다.

38 동물분류학상 곤충이 속해있는 문은?
① 환형동물문 ② 해면동물문
③ 절지동물문 ④ 선형동물문

해설
곤충은 절지동물문에 속한다.

39 응애가 곤충과 다른 점으로 옳은 것은?
① 홑눈이 있다.
② 완전변태를 한다.
③ 다리가 6마디로 되어 있다.
④ 기관이나 숨문으로 호흡한다.

해설
곤충은 다리는 5마디로 이루어져 있고 응애는 거미강으로 6마디로 이루어져 있으며 기절, 전절, 퇴절, 슬절, 경절, 부절이라 한다.

40 다음 중 외국으로부터 침입한 해충은?
① 벼잎벌레   ② 콩잎말이나방
③ 온실가루이 ④ 복숭아혹진딧물

해설
온실가루이는 외국의 관엽식물에 묻어 유입된 외래해충이다.

3과목 재배학원론

41 수해가 유발될 때 작물체 내에 가장 많이 집적되는 물질은?
① 옥살초산   ② 피루브산
③ 에탄올   ④ 젖산

해설
수해가 유발되면 작물이 물에 잠겨 산소가 부족하면서 에탄올이 작물 내에 축적된다.

42 월동작물인 가을밀이나 가을보리를 봄에 파종하면 일어나는 현상은?
① 출수가 촉진된다.
② 출수가 되지 않아 영양생장만 한다.
③ 출수는 지연되나 수량이 많아진다.
④ 영양생장은 거의 하지 않고 성숙이 빨라 채종하기가 좋다.

해설
추파성 작물을 봄에 파종하면 출수가 되지 않고 영양생장만 한다.

정답 35 ③ 36 ① 37 ④ 38 ③ 39 ③ 40 ③ 41 ③ 42 ②

43 화곡류 작물의 출수기 이후 도복과 가장 직접적인 관련이 있는 피해는?

① 요수량 감소 ② 1수 영화수 감소
③ 분얼수 감소 ④ 수발아

해설
수발아는 종자에 이삭이 붙은채로 싹이 나는 현상으로 작물이 쓰러지는 도복현상이후 주로 나타난다.

44 작물의 동상해 대책이 아닌 것은?

① 배수를 하여 생육을 건실하게 한다.
② 칼륨질 비료 시용량을 높인다.
③ 토질을 개선하여 서릿발의 발생을 억제한다.
④ 맥류의 경우 이랑을 세워 뿌리골을 얕게 한다.

해설
이랑을 세워 뿌림골을 깊게 한다.

45 작물의 내동성을 증대시키는 생리적 요인으로 틀린 것은?

① 원형질의 수분투과성이 크다.
② 세포의 수분함량이 높아 자유수가 많다.
③ 원형질의 친수성 콜로이드가 많다.
④ 당분함량이 많다.

해설
작물의 내동성을 증대시키는 생리적 요인으로 세포의 수분 함량이 적어야 한다.

46 다음 중 적산온도가 가장 낮은 것은?

① 벼   ② 감자
③ 콩   ④ 수수

해설
감자는 적산온도가 1000 정도로 낮은편에 속한다.

47 토성에 대한 설명으로 옳은 것은?

① 토성은 2mm 이상 크기의 입자 함량에 가장 크게 영향을 받는다.
② 사질식토보다는 경식토가 미사함량이 낮다.
③ 양토는 사질식토보다 물 빠짐이 좋다.
④ 식양토는 사질식토보다 점토함량이 높다.

해설
토성에서 식토질 토양은 점토 함량이 50% 이상으로 물빠짐이 원활하지 못하다. 반대로 양토의 경우 점토 함량이 25~37.5% 정도로 공극이 충분하여 물빠짐이 양호하다.

48 침관수해에 가장 크게 피해를 받기 쉬운 조건은?

① 청수와 정체수 ② 탁수와 정체수
③ 탁수와 유수   ④ 청수와 유수

해설
침관수해는 맑은 물보다 흐린물에, 흐르는물보다는 정체된 물에 피해가 더 크다.

49 기계이앙 벼 재배용 상자육묘에서 상토의 최적 pH 는?

① 3.5 ~ 4.5   ② 4.5 ~ 5.5
③ 5.5 ~ 6.5   ④ 7.5 ~ 8.5

해설
육묘용 상토는 pH 4.5 ~ 5.5 가 적합하다.

정답 43 ④ 44 ④ 45 ② 46 ② 47 ③ 48 ② 49 ②

50 잡초의 특징이 아닌 것은?

① 대부분의 경지 잡초들은 호광성이다.
② 종자의 크기가 작기 때문에 발아가 빠르고, 초기생장 속도가 빠르다.
③ C_3형 광합성을 하기 때문에 광합성효율이 높다.
④ 불량환경에 잘 적응한다.

> **해설**
> 잡초는 C_4형 광합성을 하기 때문에 광합성효율이 높다.

51 형태적 특성에 의한 검사 중 종자의 특성 조사항목이 아닌 것은?

① 종피의 색 ② 까락의 장단
③ 모용의 유무 ④ 잎 하부 배축의 색

> **해설**
> 배축은 종자가 발아했을 때 뿌리와 줄기의 경계부분으로 종자의 특성 조사항목이 아니다.

52 다음 중 목초의 하고 대책이 아닌 것은?

① 스프링플러시의 억제
② 과대한 방목과 채초
③ 고온건조기에 관개
④ 난지형 목초 혼파

> **해설**
> 하고의 대책으로 과대한 방목과 채초보다 적당한 방목과 채초가 이루어져야 한다.

53 다음 중 시비량이 증가해도 수량은 증가하지 않는 현상은?

① 수량점감의 법칙
② 최소율의 법칙
③ 멘델의 법칙
④ 엔트로피의 법칙

> **해설**
> 시비량을 증가하면 일정 시비량까지는 수량이 증가하다가 한계 시비량에서는 오히려 감소하는 현상을 수량점감의 법칙이라 한다.

54 종자가 식물학상 과실로 분류되며 과실이 나출되어 있는 작물에 해당하는 것은?

① 상추 ② 귀리
③ 벼 ④ 복숭아

> **해설**
> 종자가 식물 분류에서 과실로 분류되는 것은 박하, 상추, 우엉, 미나리, 시금치, 밀, 쌀보리, 옥수수 등이 있으며 나출되는 대표 작물로 쌀보리, 밀, 상추, 옥수수 등이 있다.

55 다음 설명의 괄호 안에 알맞은 내용은?

> 장해형 냉해는 ( )부터 ( )까지, 특히 생식세포의 감수분열기에 냉온으로 벼의 정상적인 생식기관이 형성되지 못하거나 또는 화분 방출, 수정 등에 장해를 일으켜 불임현상이 나타나는 형의 냉해이다.

① 유수형성기, 개화기
② 유수형성기, 출수기
③ 생육초기, 고숙기
④ 생육초기, 출수기

> **해설**
> 장해형 냉해는 유수형성기에서 개화기까지 주로 발생한다.

정답 50 ③ 51 ④ 52 ② 53 ① 54 ① 55 ①

56 염분이 많은 간척지토양에서 벼 재배법으로 옳지 않은 것은?

① 만식재배를 한다.
② 휴립재배를 한다.
③ 논물을 말리지 않으며 자주 환수한다.
④ 황산암모니아 비료를 피하고 석회를 충분히 시용한다.

해설
벼 재배의 경우 염분의 농도가 0.3% 이상의 경우 재배가 어렵지만 그 보다 낮은 지역은 조기재배한다.

57 다음 중 F_2의 표현형분리에서 상위성이 있는 경우 억제 유전자의 분리비는?

① 9:7 ② 15:1
③ 13:3 ④ 9:6:1

해설
유전의 법칙에 따른 분리비
· 중간 유전 1 : 2 : 1
· 보복 유전 9 : 7
· 조건 유전 9 : 4 : 3
· 억제 유전 13 : 3
· 피복 유전 12 : 3 : 1
· 동의 유전 15 : 1

58 다음 중 ( ) 에 알맞은 내용은?

> Ookuma 는 목화의 어린 식물로부터 이층의 형성을 촉진하여 낙엽을 촉진하는 물질로서 ( ) 을 순수 분리하였다

① ABA ② 지베렐린
③ 시토키닌 ④ 에세폰

해설
식물의 ABA는 이층 형성을 촉진하고 옥신은 이층 형성을 억제한다.

59 다음 중 작물의 복토 깊이가 5~9cm인 것은?

① 호박 ② 수수
③ 생강 ④ 시금치

해설
복토 깊이가 5~9cm 인 작물로 감자, 생강, 글라디올러스등이 있다.

60 다음 중 포장동화능력의 식으로 옳은 것은?

① 총엽면적 × (수광능률 + 평균동화능력)
② 총엽면적 × 수광능률 ÷ 평균동화능력
③ 총엽면적 × 수광능률 × 평균동화능력
④ 총엽면적 ÷ 수광능률 × 평균동화능력

해설
포장동화능력은 포장군락의 단위면적당 광합성의 능력을 말하며 총엽면적, 수광능률, 평균동화능력을 곱한 값으로 산출한다.

4과목 농약학

61 다음 중 주로 원상태로 사용되는 농약제제 형태는?

① 액상수화제 ② 미탁제
③ 세립제 ④ 분산성액제

해설
세립제는 입제보다 알갱이가 작으며 원상태로 사용된다.

62 너도방동사니, 물달개비 및 올챙이 고랭이를 선택적으로 제거하는 제초제는?

① 벤치오입제(사단)
② 옥사존유제(론스타)
③ 벤타존액제(벤타그란)
④ 설포세이트(터치다운)

해설
벤타존액제는 경엽처리용 제초제로 잡초가 발생한 후에 처리하며 광엽잡초, 너도방동사니, 올미, 매자기, 올방개, 올챙이고랭이 등에 적용한다.

정답 56 ① 57 ③ 58 ① 59 ③ 60 ③ 61 ③ 62 ③

63 다음 중 카바메이트계(Carbamate)의 농약이 아닌 것은?
① 나크(carbaryl)
② 카보(carbofuran)
③ 메소밀(methomyl)
④ 지오릭스(endosulfan)

해설
지오릭스(엔도설판)은 유기염소계 살충제이다.

64 안전농산물 생산을 위한 농약개발 방법으로 옳지 않은 것은?
① 종자분의제의 개발
② 고활성, 저투입 농약의 개발
③ 병해충 동시방제용 혼합제 개발
④ Xylene 이 주 용제로 사용되는 농약 개발

해설
자일렌(xylene)은 방향족탄화수소로 유제의 유기용매로 사용되나 용해력이 크기 때문에 안전농산물생산을 위한 농약개발방법에는 적합하지 않다.

65 농약의 분해산물 중의 극성물질을 추출하는데 부적당한 용매는?
① 아세토니트릴   ② 벤젠
③ 아세톤   ④ 메탄올

해설
농약의 분해산물 중에 극성물질을 추출하는데 있어 벤젠은 가연성의 발암물질로 사용에 부적당하다

66 응애류를 방제하는 살비제의 구비조건이라고 볼 수 없는 것은?
① 저항성 응애류에 대하여 효과가 좋을 것
② 성충과 유충뿐만 아니라 알에 대하여 효과가 클 것
③ 응애류는 발생기간이 짧으므로 잔효력이 짧을 것
④ 응애류에만 선택적 효과가 있을 것

해설
살비제는 성충, 유충, 알에 대해 살충력이 커야 하며 잔존 실효성이 길어야 하며 작물에 대해 약해가 없어야 한다.

67 유기인제에 중독되었을 때 주로 사용하는 해독제는?
① 치옥탄   ② PAM
③ 쿠렙톤   ④ 비타민K

해설
유기인제에 중독되었을 경우 황산아트로핀, 팜(PAM) 등이 사용된다. 팜(PAM)은 주로 파리치온, EPN 등에 효과가 있다.

68 Carbamate 계 살충제가 아닌 것은?
① Carbaryl(NAC)
② BPMC(BP)
③ Fenitrothion(MEP)
④ Carbofuran(Carbo)

해설
페니트로티온(MEP)는 유기인계 살충제이다.

69 농약의 약효보증기간 동안 유효성분의 분해를 방지 또는 억제하기 위하여 첨가되는 물질은?

① Fenclorim ② Oxabentrinil
③ Epichlorohydrin ④ Metolachlor

해설
Epichlorohydrin 은 농약의 유효성분 분해 방지제로 이용된다.

70 다음 농약 안전성평가항목 중 일반 독성분야에 속하지 않는 것은?

① 급성독성 ② 아급성독성
③ 어독성   ④ 만성독성

해설
어독성은 환경 및 생태 독성분야에 속한다.

71 식물 생장조정제 Indol–B에 대한 설명으로 옳은 것은?

① 유효성분은 6–Benzyl Adenine 단일 성분이다.
② 잔뿌리가 많아지고 원뿌리가 가늘어진다.
③ 생장억제작용을 한다.
④ 콩나물 생장촉진제이다.

해설
인돌비(Indol–B)는 콩나물 생장촉진제로 등록되어 있다

72 10% 엠아이피씨 분제 1.0kg 을 2.0% 분제로 만들려고 할 때 필요한 증량제의 양은 몇 kg 인가?

① 0.4kg ② 4kg
③ 0.8kg ④ 8kg

해설
희석할 증량제 양 = 원분제 중량 $\times (\frac{원분제 농도}{목표 농도} - 1)$
$= 1 \times (\frac{10}{2} - 1) = 4kg$

73 주성분에 의한 농약에 분류에 해당되지 않는 것은?

① 유기인계   ② 훈증제
③ 카바메이트계 ④ 유기염소계

해설
주성분에 의한 농약의 분류로 유기인계, 카바메이트계, 유기염소계, 유기황계 등이 있으며 훈증제는 제형에 따른 분류에 속한다.

74 다음 농약 중 살비제가 아닌 것은?

① 디코폴(dicofol)
② 아미트라즈(amitraz)
③ 사이플루트린(cyfluthrin)
④ 클로펜테진(clofentezine)

해설
살비제로 디코폴, 펜프로, 테부펜피라드, 페나자퀸, 피리다벤 등이 있다. 사이플루트린(cyfluthrin)은 살충제이다.

75 다음 급성독성 중 그 강도의 순서가 옳게 나열된 것은?

① 흡입독성>경피독성>경구독성
② 경구독성>흡입독성>경피독성
③ 흡입독성>경구독성>경피독성
④ 경피독성>경구독성>흡입독성

해설
투여 방법에 따라 흡입독성, 경피독성, 경구독성으로 분류되며 독성의 강도는 호흡을 통해 흡입되는 흡입독성이 가장 강하며 입을 통해 침투하는 경구독성, 피부를 통해 체내로 침투하는 경피독성 순서이다.

정답 69 ③ 70 ③ 71 ④ 72 ② 73 ② 74 ③ 75 ③

76 농약의 구비조건으로 가장 거리가 먼 것은?
① 약효가 확실할 것
② 약해가 없을 것
③ 저장성이 좋을 것
④ 독성이 강할 것

해설
농약의 구비조건
- 농약은 살균, 살충력이 강해야 하며 적은양으로 효과가 있어야 한다.
- 작물 및 사람, 가축에 해가 없어야 하고 오랜 시간 잔류하거나 생물에 축적되지 않아야 한다.
- 사용법이 간단해야 한다.
- 품질이 균일하고 지속적이어야 하며 외부환경 변화에도 변질되지 않아야 한다.
- 가격이 저렴하고 구입이 용이해야 한다.
- 다른 약제와의 혼용이 가능해야 한다.
- 농촌진흥청에 등록되어야 한다.

77 다음 중 약해의 원인이 아닌 것은?
① 고농도 살포
② 부적합한 약제 사용
③ 합리적 혼용
④ 사용방법 미숙

해설
약해가 일어나는 원인으로 농약자체의 원인 및 오용, 불순물의 혼입, 부적합한 약제 사용, 고농도 살포 및 과량살포, 불안정한 혼용 등이 있다.

78 농약 중독 시 응급처리요령이 아닌 것은?
① 피부 오염시 비눗물로 목욕을 한다.
② 눈 오염시 포화소금물로 15분간 씻어낸다.
③ 음독시 황산나트륨, 황산마그네슘을 설사약으로 복용한다.
④ 인공호흡을 실시한다.

해설
눈 오염시 맑은 물로 15분 이상 씻어 낸다.

79 다음 중 살선충제로 사용되는 약제는?
① Ethoprophos   ② Pencycuron
③ Mancozeb   ④ Thiram

해설
살선충제에는 에토프로포스(Ethoprophos), 카두사포스(cadusafos) 등이 있다.

80 잡초방제에 많이 사용하고 있는 Glyphosate 액제에 대한 설명으로 옳지 않은 것은?
① 접촉형 제초제로 약액이 묻은 잎과 줄기만 죽인다.
② 비선택성 제초제로 과수원이나 조림지 등에 사용된다.
③ 사용시 부주의로 눈에 들어갔을 때 즉시 물로 충분히 씻어낸다.
④ 농약 살포 후 비가 오면 약효가 현저히 떨어진다.

해설
글리포세이트(Glyphosate)는 비선택성 제초제이다.

5과목 　　　　　**잡초방제학**

81 잡초의 밀도가 증가되면 작물의 수량이 감소되고 어느 밀도 이상으로 잡초가 존재하면 작물의 수량이 현저히 감소되는 이 수준까지의 밀도를 무엇이라 하는가?
① 잡초허용한계밀도
② 잡초허용최대밀도
③ 경제적허용밀도
④ 잡초피해한계밀도

해설
잡초허용한계밀도는 잡초의 밀도가 증가하면 양분의 손실 등으로 작물의 수량이 감소하는 밀도이다. 허용한계밀도 이하로 잡초가 존재할 경우에는 작물의 수량에 영향을 미치지 않게 된다.

정답 76 ④　77 ③　78 ②　79 ①　80 ①　81 ①

82 생물적 잡초방제법에 관한 설명으로 옳지 않은 것은?

① 목적은 잡초의 완전한 제거에 있다.
② 비교적 영속성이 있고 환경 친화적이다.
③ 미생물 또는 식해성 생물을 이용하여 잡초 밀도를 감소시키는 수단을 말한다.
④ 경제적으로 무시해야 될 정도의 잡초만 생존하도록 밀도를 감소 조절하는 데 있다.

해설
생물적 잡초방제는 잡초의 밀도를 감소시키는 것이지 완전 제거는 아니다.

83 잡초경합 한계기간에 대한 설명으로 옳은 것은?

① 작물의 경합력이 가장 높은 시기
② 작물의 경합력이 크게 필요치 않은 시기
③ 작물이 잡초와의 경합에 가장 민감한 시기
④ 작물이 잡초로부터 피해를 가장 적게 받는 시기

해설
잡초경합 한계기간은 잡초의 경합이 없는 생육초기와 경합으로 피해가 없는 성숙 말기 사이의 기간으로 그 사이의 작물이 잡초와 경합에 가장 민감한 시기를 의미한다.

84 농경지에서 발생하는 잡초의 발생초종 구성이 변화하는 천이에 가장 크게 영향을 미치는 요인은?

① 시비법 ② 작부체계
③ 물 관리법 ④ 제초제 사용

해설
잡초군락의 변이 및 천이는 재배작물 변화, 작부체계 변화, 경종조건 변화, 제초방법 변화에 의해 영향을 받는데 그중에서 제초방법인 유사 성질의 제초제 연용에 가장 큰 영향을 받는다.

85 명아주 종자에서 나타나는 종피에 의한 휴면성의 원인으로 가장 적당한 것은?

① 미숙배
② 낮은 수분 투과성
③ 종피 내 질소 결핍
④ 종피 내 독성물질의 존재

해설
종피가 두껍거나 투기성이 낮아 수분의 흡수가 용이하지 못해 장기간 발아하지 않는 종자를 경실이라 한다. 대표적으로 명아주과, 메꽃, 자운영 등이 있다.

86 다른 조건보다 주로 일장에 반응하여 휴면이 타파되어 잡초 종자가 발아하게 되는 특성은?

① 발아 기회성 ② 발아 계절성
③ 발아 주기성 ④ 발아 연속성

해설
발아 계절의 일장에 반응하여 휴면을 타파하고 발아하는 것을 발아 계절성이라 한다.

87 논에서 잡초의 군락 천이를 유발시키는 데 가장 큰 영향을 주는 것은?

① 장간종 품종 재배
② 동일 작물로만 재배
③ 화학비료의 지속적인 사용
④ 동일한 제초제의 연속적인 사용

해설
잡초군락의 천이는 재배작물 변화, 작부체계 변화, 경종조건 변화, 제초방법 변화 등이 있으며 동일 제초제의 연속 사용의 경우 저항성 잡초들의 발생으로 천이를 유발한다.

정답 82 ① 83 ③ 84 ④ 85 ② 86 ② 87 ④

88 다년생으로만 이루어진 잡초 군락은?
① 뚝새풀, 명아주, 닭의 장풀, 개망초
② 쇠뜨기, 벗풀, 토끼풀, 올미
③ 매자기, 물고랭이, 새섬매자기, 강피
④ 물피, 알방동사니, 가막사리, 물옥잠

해설
다년생 잡초로 나도겨풀, 너도방동사니, 쇠털골, 올방개, 올챙이고랭이, 가래, 개구리밥, 미나리, 올미, 좀개구리밥, 토끼풀, 쇠뜨기, 엉겅퀴, 메꽃 등이 있다.

89 다음 중 발아 시 산소 요구도가 가장 큰 잡초는?
① 마디꽃 ② 명아주
③ 물달개비 ④ 올챙이고랭이

해설
논잡초는 산소농도나 상대적으로 낮은편이 유리하고 밭잡초의 경우 높은 농도에서 발생이 유리하다. 보기에서 마디꽃, 물달개비, 올챙이고랭이는 논잡초에 속하고 명아주는 밭잡초에 속하며 산소 요구도가 상대적으로 크다.

90 택사과 잡초는?
① 가래 ② 알방동사니
③ 벗풀 ④ 사마귀풀

해설
택사과 잡초로 소귀나물, 올미, 벗풀 등이 있다.

91 제초제의 작용점이란?
① 제초제의 살초력을 발휘하는 장소
② 제초제가 흡수되는 지점
③ 제초제가 분해되는 지점
④ 제초제가 타물질과 결합하는 지점

해설
제초제의 작용점은 살초력을 발휘하는 지점 및 장소를 말한다.

92 작물의 경합 관계에 대한 설명으로 틀린 것은?
① 발아와 초기생육을 먼저 시작한 작물은 잡초와 경합시 유리하다.
② 이앙재배를 한 벼는 직파한 벼보다 잡초에 대한 경합력이 약하다.
③ 작물의 재식밀도가 높으면 잡초에 대한 작물의 경합력이 높다.
④ 작물 생육 중에 발생한 잡초는 작물에 의해 생육이 억제된다.

해설
이앙재배 한 벼는 직파한 벼보다 잡초에 대한 경합력이 강하다.

93 잡초군락의 천이에 미치는 요인으로 영향이 가장 적은 것은?
① 제초방법 ② 물 관리방법
③ 작부체계 ④ 신품종 보급

해설
잡초군락의 천이의 경우 주로 재배작물이나 작부체계가 변화하거나 경종조건이 변화할 경우 영향을 받는다.

94 잡초종자의 휴면타파법으로 일반적으로 사용되지 않는 것은?
① 종피 파상법
② 자외선 처리
③ 저온, 습윤처리
④ 후숙처리

해설
광에 의한 처리를 통해 휴면타파가 가능하며 가시광선 중에서도 오렌지색 영역에서 적색광 영역이 가능하며 자외선 파장 영역에서는 휴면타파가 어렵다.

정답 88 ② 89 ② 90 ③ 91 ① 92 ② 93 ④ 94 ②

95 제초제가 작물에는 피해(약해)를 주지 않고 잡초만을 죽일 수 있는 특성은?
① 제초제의 감수성
② 제초제의 선택성
③ 제초제의 내성
④ 제초제의 저항성

> 해설
> 특정 잡초만 선택적으로 방제하는 특성을 제초제의 선택성이라 한다.

96 잡초종자의 휴면에 대한 설명으로 틀린 것은?
① 휴면이 있어 쉽게 방제할 수 있다.
② 배의 미숙에 의하여 휴면하기도 한다.
③ 발아환경이 부적당하면 2차휴면을 한다.
④ 1차휴면에 의해 적합한 환경 조건에서도 발아하지 않는다.

> 해설
> 잡초종자의 휴면은 생육에 불리한 환경조건을 극복하기 위한 수단으로 휴면으로 인하여 쉽게 방제하기 어렵다.

97 세계적으로 문제가 되는 잡초 종에서 가장 많이 분포하며 잎집과 잎몸의 이음새에는 막이 있고 털이 밖으로 생장한 모습의 잎혀가 있으며 잎맥이 평행한 특성을 가진 것은?
① 사초과
② 국화과
③ 화본과
④ 마디풀과

> 해설
> 세계적으로 가장 문제가 되는 잡초는 화본과 잡초이다.

98 다음 중 논에 주로 발생하는 잡초가 아닌 것은?
① 벗풀, 매자기
② 개구리밥, 가래
③ 바랭이, 닭의장풀
④ 나도겨풀, 올방개

> 해설
> 1년생 밭잡초로 바랭이, 쇠비름, 명아주, 닭의 장풀 등이 있다.

99 다음 중 한해살이 잡초로만 나열된 것이 아닌 것은?
① 나도겨풀, 반하
② 피, 참방동사니
③ 바랭이, 알방동사니
④ 생이가래, 큰고추풀

> 해설
> 나도겨풀과 반하는 다년생잡초이다.

100 농경지에서 잡초 군락의 천이에 가장 영향을 적게 미치는 것은?
① 제초방법
② 작부체계
③ 병해충
④ 물 관리

> 해설
> 잡초군락의 변이 및 천이는 재배작물 변화, 작부체계 변화, 경종조건 변화, 제초방법 변화에 의해 영향을 받는데 병해충에 의한 영향력이 가장 적다.

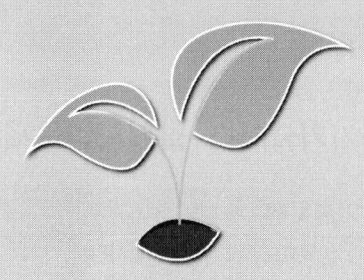

부록 II

산업기사 과년도 문제

PLANT PROTECTION

국가기술자격 필기시험문제

2019년 산업기사 제1회 과년도 기출문제

자격종목	종목코드	시험시간	형별	수험번호	성명
식물보호산업기사		2시간			

1과목 식물병리학

01 고추 탄저병이 발생하여 피해가 가장 큰 환경은?

① 고온 다습 ② 저온 건조
③ 고온 건조 ④ 저온 다습

해설
고추 탄저병은 강수량이 많고 고온 다습한 환경에서 많이 발생한다.

02 사과나무 축과병이 발생하는 주요 원인은?

① 칼륨 결핍 ② 인산 결핍
③ 붕소 결핍 ④ 석회 결핍

해설
사과나무 축과병은 붕소가 결핍되어 나타나는 식물병으로 열매가 갈라지는 등의 현상이 발생한다.

03 대추나무 빗자루병 방제 방법으로 옳지 않은 것은?

① 마름무늬매미충을 방제한다.
② 대추나무를 밀식하지 않는다.
③ 증식용 분근은 건전한 나무에서 얻는다.
④ 스트렙토마이신으로 나무주사를 실시한다.

해설
대추나무 빗자루병은 옥시테트라사이클린을 수간주사 한다.

04 출수 후 쌀알에 발생하며 화기감염을 하는 식물병은?

① 밀 줄기녹병
② 오이 노균병
③ 맥류 흰가루병
④ 보리 겉깜부기병

해설
보리, 밀 겉깜부기병은 감염된 종자를 심으면 종자가 발아하면서 병균이 깜부기병을 일으키는 화기감염을 한다.

05 강풍 후에 발생이 가장 많은 식물병은?

① 오이 역병
② 가지 풋마름병
③ 벼 흰잎마름병
④ 수박 덩굴쪼김병

해설
벼 흰잎마름병은 강풍에 의해 잎에 상처가 발생하고 세균이 상처로 침입한다.

06 고구마 검은무늬병 방제 방법으로 가장 효과적인 것은?

① 씨고구마를 노천매장한다.
② 씨고구마를 냉동고에 저장한다.
③ 씨고구마를 큐어링 처리한 후에 저장한다.
④ 씨고구마에 소독제를 살포한 후에 저장한다.

해설
씨고구마의 상처 부위로 고구마 검은무늬병의 균의 침입을 방지하기 위해 큐어링 작업을 실시한다.

정답 01 ① 02 ③ 03 ④ 04 ④ 05 ③ 06 ③

07 박테리오파지(bacteriophage)의 의미로 옳은 것은?

① 바이러스에 기생하는 세균
② 세균에 기생하는 바이러스
③ 바이러스를 제거하는 세균
④ 세균을 제거하는 바이러스

해설
박테리오파지는 세균에 기생하여 세균을 잡아먹는 바이러스이다.

08 식물병의 생태학적 방제 방법에 해당하는 것은?

① 토양 소독
② 살균제 살포
③ 미생물 이용
④ 재식밀도 조절

해설
생태학적 방제법에는 윤작, 혼작, 재식밀도 조절, 포장위생 등이 있다.

09 식물병을 일으키는 세균에 대한 설명으로 옳지 않은 것은?

① 단세포이다.
② 균사가 있다.
③ 세포벽이 있다.
④ 이분법으로 증식한다.

해설
세균은 세포벽을 가지고 있으나 핵막이 없고 이분법에 의해 증식한다. 균은 인공배지에서 배양 및 증식이 가능하며 운동기관인 편모를 가지고 있다.

10 식물병의 생물학적 진단방법으로 옳지 않은 것은?

① ELISA법
② 괴경지표법
③ 즙액접종에 의한 진단
④ 충체 내 주사법에 의한 진단

해설
ELISA는 효소결합항체법(Enzyme Linked Immunosorbent Assay)으로 효소와 바이러스의 반응을 통해 감염여부를 확인하는 면역학적 진단방법이다.

11 식물병원균의 생태형(RACE) 존재 여부를 인식할 수 있는 방법으로 가장 적합한 것은?

① 병원균의 형태적 변이
② 병원균의 병원성 차이
③ 병원균의 배양적 성질 차이
④ 병원균의 화학적 구성분 차이

해설
병원균이 특정 레이스에 효과를 발휘하는데 이러한 것은 병원성의 차이 때문이다.

12 다음은 어느 병원균에 대한 설명인가?

◎ 균사에 격벽이 없다.
◎ 유주자낭을 형성한다.
◎ 난포자를 형성한다.
◎ 토마토에도 병을 일으킨다.

① 감자역병균
② 감자 무름병균
③ 감자 Y바이러스
④ 감자 더뎅이병균

해설
감자역병균은 난균의 일종으로 균사에 격벽이 없고 유주자낭을 형성한다. 난포자를 형성하여 땅속에서 난포자형태로 월동하고 활동하기 적합한 환경이 되면 편모를 이용해 이동이 가능하다. 토마토에서도 발병하며 토마토 역병균이라 한다.

정답 07 ② 08 ④ 09 ② 10 ① 11 ② 12 ①

13 감자 Y 바이러스에 대한 설명으로 옳지 않은 것은?
① 진딧물에 의해 매개된다.
② 풍차형 봉입체를 형성한다.
③ 감염된 식물의 세포질 내에 흩어져 존재한다.
④ 감자 품종에 따라 병징이 다르지 않고 모두 유사하다.

> **해설**
> 감자 Y 바이러스는 품종에 따라 병징이 다르다.

14 오이 모자이크병을 매개하는 곤충은?
① 선충　② 애멸구
③ 진딧물　④ 끝동매미충

> **해설**
> 오이 모자이크병의 매개충은 진딧물이다.

15 벼 도열병을 일으키는 병원체는?
① 균류　② 세균
③ 바이러스　④ 파이토플라스마

> **해설**
> 벼 도열병은 진균에 의해 발생한다.

16 다음에 해당하는 용어로 옳은 것은?

> 병원체가 기주식물에 병을 일으키는 능력이다

① 특이성　② 감수성
③ 병원성　④ 기생성

> **해설**
> 식물에 병의 원인을 병원이라 하며 병을 일으키는 능력을 병원성이라 한다.

17 파이토플라스마에 의한 식물병의 전형적인 병징으로 거리가 먼 것은?
① 위축　② 꽃의 엽화
③ 총생　④ 비대

> **해설**
> 파이토플라스마에 의한 병으로 총생, 위축, 엽화 등이 있다.

18 보리 겉깜부기병 방제 방법으로 가장 효과적인 것은?
① 윤작　② 종자 소독
③ 밀식 재배　④ 항생제 사용

> **해설**
> 보리 겉깜부기병은 종자의 냉수온탕침법이나 종자 소독 등이 효과적이다.

19 벼 흰잎마름병을 일으키는 병원체는?
① 세균　② 곰팡이
③ 바이러스　④ 파이토플라스마

> **해설**
> 벼 흰잎마름병은 세균에 의해 발생한다.

20 바이로이드에 의해 발생하는 식물병은?
① 벼 오갈병
② 감자 갈쭉병
③ 콩 모자이크병
④ 뽕나무 오갈병

> **해설**
> 감자 갈쭉병은 바이로이드에 의해 발생한다.

정답 13 ④　14 ③　15 ①　16 ③　17 ④　18 ②　19 ①　20 ②

2과목 농림해충학

21 진딧물 및 매미의 입틀 모양은?
① 씹기에 적합하다.
② 구멍 뚫기에 적합하다.
③ 핥아 먹기에 적합하다.
④ 찔러 빨아먹기에 적합하다.

해설
진딧물 및 매미는 찔러서 빨아먹는 자흡구형이다.

22 밤나무혹벌에 대한 설명으로 옳지 않은 것은?
① 유충으로 월동한다.
② 하나의 벌레혹에는 한 마리의 유충이 있다.
③ 천적으로 남색긴꼬리좀과 큰다리남색좀벌 등이 있다.
④ 내충성 품종을 사용한 것이 가장 효과적인 방제 방법이다.

해설
밤나무혹벌 유충이 벌레혹을 형성하고 무리지어 생활한다.

23 솔껍질깍지벌레에 대한 설명으로 옳지 않은 것은?
① 우리나라에서 곰솔의 피해가 가장 심하다.
② 가해 수종이 다양하여 대부분의 침엽수를 가해한다.
③ 방제 방법으로 침투성 살충제 수간주입법이 이용되고 있다.
④ 약충이 주로 줄기나 가지의 양료를 흡즙하여 가해한다.

해설
솔껍질깍지벌레는 가해 수종은 주로 소나무와 해송이며 특히 해안지방의 곰솔에 피해를 준다.

24 곤충의 가슴에 구성된 체절 수는?
① 2   ② 3
③ 6   ④ 11

해설
곤충의 가슴은 3마디의 체절로 구성되어 있다.

25 식물체의 뿌리, 줄기 또는 잎을 통하여 약제가 식물체 내에 들어가고 해충이 약제가 흡수된 식물을 섭식하는 경우에 해충 체내로 약제 성분이 들어가 죽게 하는 살충제는?
① 유인제   ② 훈증제
③ 소화중독제   ④ 침투성 살충제

해설
침투성 살충제는 식물의 일부에 처리시 식물 전체에 퍼지게 되어 흡즙성 해충을 선택적으로 제거 할 수 있다.

26 곤충의 소화계통 중에서 분해된 음식물의 영양분을 흡수하는 곳은?
① 중장   ② 침샘
③ 전장   ④ 후장

해설
곤충의 소화계에서 중장은 효소를 분비해 실질적인 소화 및 흡수작용을 한다.

27 성충과 유충이 모두 기주를 직접 가해하는 것은?
① 도둑나방
② 큰검정풍뎅이
③ 검거세미밤나방
④ 아메리카잎굴파리

해설
큰검정풍뎅이의 성충은 활엽수의 잎을 가해하고 유충은 땅속에서 뿌리를 가해한다.

정답 21 ④ 22 ② 23 ② 24 ② 25 ④ 26 ① 27 ②

28 우리나라에서 월동하기 힘들고 동남아시아 및 중국으로부터 비래하여 발생하는 해충은?
① 벼멸구 ② 애멸구
③ 끝동매미충 ④ 번개매미충

해설
벼멸구는 국내에서는 월동이 불가능하여 6월쯤부터 중국 남부지역에서 남서풍을 타고 비래한다.

29 다음 설명에 해당하는 해충은?

> 늦가을에 암수가 교미하여 월동난을 낳고 봄철에는 간모가 단위생식으로 증식을 한다. 일부 종은 겨울기주로 활엽수를, 여름기주로 초본류를 이용하여 기생한다.

① 점박이응애 ② 온실가루이
③ 끝동매미충 ④ 복숭아혹진딧물

해설
복숭아혹진딧물은 여름기주와 겨울기주가 있으며 월동란에 부화한 약충은 겨울기주의 어린 잎을 흡즙가해하며 신초도 가해한다. 5월쯤에는 유시충이 발생하여 여름기주에서 기주 전환을 하여 피해를 준다. 월동란은 4월쯤 부화한 간모가 여름에 단위생식을 통해 증식한다.

30 곤충의 휴면을 유발시키는 요인으로 가장 거리가 먼 것은?
① 천적 ② 먹이
③ 온도 ④ 일장조건

해설
곤충의 휴면을 유발시키는 요인으로 일장, 온도, 먹이 등이 있다.

31 지구상에서 곤충이 번성하게 된 이유로 가장 거리가 먼 것은?
① 공진화
② 짧은 세대
③ 키틴질의 골격구조
④ 낮은 유전적 상이성

해설
곤충이 번성하게 된 요인으로 짧은 세대, 작은 크기, 날개의 발달, 외골격의 발달, 완전변태 등이 있다.

32 벼물바구미의 분류학적 위치는?
① 메뚜기목 ② 노린재목
③ 딱정벌레목 ④ 총채벌레목

해설
벼물바구미는 딱정벌레목에 속한다.

33 곤충의 생식에 대한 설명으로 옳지 않은 것은?
① 양성생식 외에도 다양한 방법으로 생식한다.
② 암컷의 부속샘은 알을 코팅하는 기능이 있다.
③ 정자는 암컷의 체내에서 오래 살아 있을 수 없다.
④ 일반적으로 체내수정을 하지만 체외수정을 하는 경우도 있다.

해설
암컷에는 수정낭이 있어 상대적으로 정자가 오래 살아 남을 수 있다.

34 해충이 가해하는 기주의 연결이 옳지 않은 것은?
① 파밤나방 - 벼
② 멸강나방 - 보리
③ 담배나방 - 고추
④ 복숭아혹진딧물 - 가지

해설
파밤나방의 유충은 잡식성이며 채소, 화훼류 등을 가해한다.

정답 28 ① 29 ④ 30 ① 31 ④ 32 ③ 33 ③ 34 ①

35 곤충의 체벽을 이루는 조직으로 탈피 시 대부분이 체내로 흡수되어 재활용되는 것은?

① 외표피 ② 진피층
③ 내원표피 ④ 외원표피

해설
내원표피는 외원표피와 달리 무색이며 탈피를 할 때 재활용이 가능하다.

36 가로수에 밴딩(banding)을 하여 해충을 방제하는 주요 대상은?

① 도둑나방 ② 심식나방
③ 잎말이나방 ④ 미국흰불나방

해설
가로수의 밴딩을 통해 잠복소를 제공하여 미국흰불나방을 방제한다.

37 흡즙성 해충으로만 올바르게 나열한 것은?

① 벼멸구, 점박이응애
② 애풍뎅이, 화랑곡나방
③ 목화진딧물, 담배거세미나방
④ 조명나방, 톱다리개미허리노린재

해설
흡즙성 해충의 종류로 깍지벌레, 버즘나무방패벌레, 선녀벌레, 응애류, 진딧물류 등 이 있다.

38 이화명나방에 대한 설명으로 옳지 않은 것은?

① 뒷날개는 흰색이다.
② 더듬이는 몽둥이 모양이다.
③ 앞날개의 외연에는 검은점이 없다.
④ 앞날개는 엷은 갈색을 띤 회색이다.

해설
이화명나방 앞날개의 외면에는 7개의 작은 검은점이 있다.

39 세계에서 가장 많은 종이 기록되어 있어 많은 해충과 익충이 포함되어 있는 것은?

① 사마귀목 ② 강도래목
③ 딱정벌레목 ④ 흰개미붙이목

해설
곤충의 종 가운데 40% 정도인 35만여종을 차지하는 목이며 아직 미발견 종만 500만 여종이 넘는 것으로 세계에서 가장 많은 종이 기록되어 있다.

40 유약호르몬이나 탈피호르몬 등을 이용하는 농약계통은?

① 보조제
② 기피제
③ 곤충성장저해제
④ 신경계통저해제

해설
곤충의 변태에 관여하는 유약호르몬이나 탈피호르몬을 방해하여 발육과정의 교란을 통해 해충 발생을 억제하는 효과를 가지는 것을 곤충성장저해제 혹은 곤충성장 제어제라 한다.

3과목　농약학

41 농약의 독성을 표시할 때 사용하는 LD_{50}의 의미는?

① 완전치사량
② 30% 이상 살아남은 양
③ 60% 치사량
④ 중위치사량

해설
반수치사량(중위치사량)을 의미하는 LD_{50}으로 표시한다.

42 농약을 제조할 때 사용되는 가성소다(NaOH)에 대한 설명으로 틀린 것은?
① 강알칼리이다.
② 상온에서 액체로 취기가 있다.
③ 조해성이 강하다.
④ 피부의 단백질을 녹이는 작용을 한다.

> [해설]
> 가성소다는 상온에서 고체 상태이다.

43 유기인계 살충제의 공통적 특징에 대한 설명으로 틀린 것은?
① 접촉제로 강력하게 작용하며 훈증작용도 하고 소화 중독작용도 크다.
② 식물체에 흡수침투되어 살충작용을 한다.
③ 낮은 농도로도 큰 살충효과를 낸다.
④ 사람이나 가축에 대한 독성이 없다.

> [해설]
> 유기인계 살충제는 사람이나 가축에 대한 독성이 강하다.

44 다음 중 식물생장조정제가 아닌 것은?
① Agrimycin
② MH-30
③ Gibberellin
④ β-indoleacetic acid

> [해설]
> 아그리마이신(agrimycin)은 농용항생제이다.

45 사과, 수박의 탄저병에 적용하는 벤지미다졸계 살균제는?
① 베노밀   ② 보스칼리드
③ 비터타놀   ④ 빈클로졸린

> [해설]
> 베노밀은 벤지미다졸계 살균제로 사과나무탄저병, 배 흰가루병, 수박 탄저병, 고추 탄저병 등에 효과적이다.

46 농약의 물리적 성질 중 습전성을 가장 잘 설명한 것은?
① 살포한 약액이 작물이나 해충의 표면에 잘 적시고 퍼지는 성질을 말한다.
② 약제와 물과의 친화도를 나타내는 성질을 말한다.
③ 약제는 물에 가했을 때 입자가 균일하게 부유, 분산 하는 성질을 말한다.
④ 부착한 약제가 이슬이나 빗물에 씻겨 내려가지 않고 식물체의 표면에 붙어 있는 성질을 말한다.

> [해설]
> 습전성은 살포한 약액이 작물이나 해충의 표면에 퍼지는 성질로 액제시용제의 물리적 성질이다.

47 methyl bromide에 대한 설명으로 틀린 것은?
① 훈증제 제형에 속한다.
② 증기압이 높은 약제이다.
③ 살충력이 강하고 폭발의 위험이 없다.
④ 곤충의 입을 통하여 곤충체내에 침입하는 식독제이다.

> [해설]
> 메틸브로마이드(methyl bromide)는 훈증제로 가스를 이용하여 해충을 박멸한다.

48 살균제의 작용기작 중 호흡저해가 아닌 것은?
① SH 저해
② 전자 전달 저해
③ 단백질 합성 저해
④ 산화적 인산화 저해

> [해설]
> 살균제의 작용기중 중 호흡저해의 종류에는 SH 저해, 전자전달 저해, ATP 생산 저해 가 있다.

정답 42 ② 43 ④ 44 ① 45 ① 46 ① 47 ④ 48 ③

49 접촉독, 소화중독으로 효과를 나타내는 유기인계 살충제로서 야생조류에 피해를 줄 수 있고 특히 꿀벌에 잔류독성이 강하여 사용시 주의하여야 하는 농약은?

① 페노뷰카브
② 에토펜프록스
③ 클로르피리포스
④ 아이소프로티올레인

해설
클로르피리포스는 유기인계 살충제로 주로 항공방역에 많이 이용되며 유독물질을 함유하고 있다. 꿀벌이 활동하는 꽃이 피는 기간에는 사용을 하지 않는 것이 좋다.

50 농약제형의 형태가 직접살포제로 사용되는 것은?

① 수화제
② 세립제
③ 유제
④ 액제

해설
농약제형 형태에서 직접살포제로 사용되는 것으로 세립제, 미립제, 미분제 등이 있다.

51 농약에 의한 약해 발생 원인이 아닌 것은?

① 기준 약량 이상 살포
② 척박한 논에 제초제 사용
③ 정지작업을 균일하게 한 후 농약 살포
④ 농약의 중복 및 근접 살포

해설
작물을 심기 전 토지의 정지작업은 농약의 약해에 영향을 주지 않는다.

52 액체를 포유동물에 경구 투여한 고독성농약을 반수치사약량[mg/kg 체중]으로 나타낸 수치로서 옳은 것은?

① 20 미만
② 20 ~ 200 미만
③ 200 ~ 2000 미만
④ 2000 이상

해설
독성에서 고독성의 액체 반수치사량은 20 이상 200 미만 mg/kg 체중이다.

53 농약의 주성분에 의한 분류로 주로 제초제나 생장조정제로 이용되고 있는 농약은?

① 유기비소계
② 피레스로이드계
③ 유황계
④ 페녹시계

해설
페녹시계는 호르몬 작용의 교란을 일으키는 호르몬형 제초제로 생장에 이상을 일으키는 제초제나 생장조정제로 이용된다.

54 25% DDT 유제(비중 : 1.0) 100ml 를 0.05% 의 살포액으로 만드는데 소요되는 물의 양은 약 몇 L 인가?

① 5
② 25
③ 50
④ 100

해설
희석할물의 양
= 원액용량 × $\left(\dfrac{원액농도}{희석할 농도} - 1\right)$ × 원액비중
= 100ml × $\left(\dfrac{25\%}{0.05\%} - 1\right)$ × 1
= 49,900ml ≒ 50L

55 살포된 분제가 식물체 표면에 잘 달라붙게 하는 성질을 무엇이라 하는가?

① 안정성
② 분산성
③ 비산성
④ 부착성

해설
부착성은 살포한 약액이 식물체에 붙는 성질을 말한다.

정답 49 ③ 50 ② 51 ③ 52 ② 53 ④ 54 ③ 55 ④

56 대표적인 약제로서 Drin, DDT, BHC 이며 사람이나 동물의 체내에 들어가면 분해되어 배설되지 않고 체내의 지방조직에 축적되는 성질이 있는 약제는?

① 유기인제
② 유기염소제
③ 카바메이트계
④ 디티오카바메이트제

> **해설**
> 유기염소제에는 DDT, BHC 등이 대표적이며 벼 도열병 약제로 개발되었으나 약해가 있고 체내에 들어가 분해가 되지 않아 현재는 사용이 중단되었다.

57 펜프로파트린 유제를 1000배액으로 희석하여 10a 당 140L 를 분무하려고 할 때 원액 몇 ml 가 필요한가?

① 70 ml ② 140 ml
③ 280 ml ④ 350 ml

> **해설**
> 소요약량(배액)
> $= \dfrac{\text{단위 면적당 사용량}}{\text{소요 희석배수}}$
> $= \dfrac{140,000 ml}{1000} = 140 ml$

58 다음과 같은 화학구조를 가지는 제초제는?

(구조식: 2-methyl-4-chlorophenoxyacetic acid)

① 2,4-D ② EPN
③ MCP ④ TBA

> **해설**
> MCP는 페녹시계 제초제로 화학식은 $C_9H_9O_3Cl$ 이다.

59 다음 화합물 중 협력제는?

① Pyrophylite
② Bentonite
③ Alkylsulfonate
④ Piperonyl butoxide

> **해설**
> Piperonyl butoxide 은 Pyrethrin 의 약효를 상승시켜 주는 협력제이다.

60 수(水)불용성인 농약원제로써 제품을 만들려고 할 때 적당한 제조형태가 아닌 것은?

① 유제   ② 수화제
③ 액제   ④ 입제

> **해설**
> 주제가 수용성인 경우 액상으로 살포하는 농약원제에 적합하며 반대로 수불용성인 농약 원제는 액제에는 적합하지 않다.

4과목　　잡초방제학

61 바람에 의한 잡초 종자의 이동 거리가 가장 먼 것은?

① 민들레   ② 바랭이
③ 도꼬마리 ④ 소리쟁이

> **해설**
> 민들레는 바람에 의해 비산하며 관모가 있어 멀리 이동한다.

62 벼의 경우 밭보다 논에서 잡초가 적게 발생하는 주요 이유는?

① 물을 가두기 때문이다.
② 비료를 많이 주기 때문이다.
③ 햇빛을 많이 받기 때문이다.
④ 작물 생육이 느리기 때문이다.

> **해설**
> 논은 물에 잠겨있어 산소의 공급이 차단되어 잡초의 발생이 적다.

정답　56 ②　57 ②　58 ③　59 ④　60 ③　61 ①　62 ①

63 잡초에 의한 작물 피해에 대한 설명으로 옳은 것은?
① 작물의 영양 생장기에만 피해가 발생한다.
② 작물의 양분을 탈취하지만 광합성을 방해하지 않는다.
③ 작물이 결실하는 종자의 수와 양에도 피해가 발생한다.
④ 같은 작물이면 잡초에 의한 피해 정도는 품종간에 차이가 없다.

> 해설
> 잡초와의 경합으로 결실하는 종자의 양에 피해를 받게 된다.

64 잡초와의 광경합에서 가장 유리한 벼 품종은?
① 초관 형성이 늦은 단간종
② 초관 형성이 빠른 단간종
③ 초관 형성이 늦은 장간종
④ 초관 형성이 빠른 장간종

> 해설
> 광경합에 유리한 품종으로 초관형성이 빠른 장간종으로 한다.

65 잡초의 생리적인 특징으로 옳지 않은 것은?
① 불량한 환경 조건에 잘 적응한다.
② 광합성 효율이 높고 생장이 빠르다.
③ 종자 도는 영양번식을 하여 생식력이 높다.
④ 종자의 휴면성이 크지 않아 지속적으로 생육한다.

> 해설
> 잡초는 종자의 휴면성이 강하며 불리한 환경에서 휴면이 발생한다.

66 질소나 인산을 비롯한 카드뮴, 니켈 및 페놀계의 독물질을 다량 흡수하여 수질을 정화시키는 능력이 가장 우수한 잡초는?
① 비름 ② 명아주
③ 바랭이 ④ 부레옥잠

> 해설
> 부레옥잠은 수생부유잡초로 질소, 인산, 카드뮴, 니켈, 페놀계 등의 독물질을 흡수하여 정화시키는 능력이 있으며 그중에서도 질소, 인산, 칼륨에 대한 뛰어난 정화능력을 가진다.

67 잡초 종이 가장 많은 것은?
① 콩과 ② 화본과
③ 비름과 ④ 마디풀과

> 해설
> 국내의 주요 분포 비율이 높은 잡초로 국화과, 화본과, 방동사니과가 대부분을 차지하고 있다.

68 다음 중 작물의 전 생육기간에 비하여 잡초경합 한계기간이 가장 긴 것은?
① 벼 ② 녹두
③ 땅콩 ④ 양파

> 해설
> 잡초경합한계기간의 예로 녹두는 21~35일, 벼는 30~40일, 콩은 42일, 옥수수는 49일, 양파는 56일 정도이다.

69 잡초 방제 방법으로 적합하지 않은 것은?
① 돌려짓기
② 다비 재배
③ 작물 종자 정선
④ 육묘 이식 재배

> 해설
> 다비재배는 표준시비량보다 많은 양의 비료를 주는 방법으로 오히려 잡초의 발생량이 늘어난다.

70 제초제를 안전하게 사용하는 방법으로 옳지 않은 것은?

① 살포작업은 한 사람이 2시간 이상 계속하지 않는다.
② 중독 증상이 발생하는 경우 즉시 작업을 중지한다.
③ 작물보호제 지침서를 확인하여 제초제를 선택한다.
④ 사용하고 남은 제초제는 다른 용기에 옮겨 담아 서늘한 장소에 보관한다.

해설
사용하고 남은 제초제는 다른 용기에 보관하면 성분이 변하거나 약제 확인이 어려워 농약 포장지 그대로 담아 밀봉 후 바람이 통하는 서늘한 곳에 보관한다.

71 잡초 발생으로 예상하는 피해가 아닌 것은?

① 농작업 방해
② 토양 침식 조장
③ 농작물 품질 저하
④ 병해충의 중간 기주

해설
잡초는 토양에 유기물을 공급하여 토질을 개선시켜 토양 침식을 방지해 준다.

72 사초과 잡초가 아닌 것은?

① 뚝새풀   ② 올방개
③ 향부자   ④ 너도방동사니

해설
뚝새풀은 화본과 잡초이다.

73 군락 내 잡초의 총건물중이 200g, 강피의 건물중이 150g 이면 강피의 중요값은?

① 25%   ② 75%
③ 100%   ④ 133%

해설
중요값은 잡초군락의 우점정도를 나타내는 지표로 잡초의 총 건무물 중에서 강피가 차지하는 건물중의 비율로 나타낸다.
< (150g ÷ 200g)×100 = 75% >

74 제초제를 연용해도 저항성 잡초의 발현사례가 적은 이유로 옳지 않은 것은?

① 제초제의 약효 지속성이 짧다.
② 토양에 많은 양의 감수성 잡초 종자가 존재한다.
③ 잡초의 생식 및 번식빈도가 1년에 수회 반복한다.
④ 감수성 잡초보다 저항성 잡초 계통의 고정율이 낮다.

해설
잡초는 제초제와의 교차저항성이 적고 저항성 계통의 생장 및 생산이 열세라 저항성 잡초의 발현사례가 적다.

75 식물병원균이나 곤충을 이용하여 잡초를 방제하는 방법은?

① 생물적 방제 방법
② 화학적 방제 방법
③ 재배적 방제 방법
④ 물리적 방제 방법

해설
식물병원균이나 천적곤충을 이용하는 잡초 방제는 생물적 방제법이다.

76 입제형 제초제에 대한 설명으로 옳지 않은 것은?

① 액제보다 부피가 크다.
② 물이나 바람에 쉽게 이동하지 않는다.
③ 액제에 비해 균일하게 살포하기가 어렵다.
④ 작물 잎에 직접 붙지 않아 약해 발생이 적다.

해설
입제형 제초제는 물이나 바람에 이동한다.

정답 70 ④ 71 ② 72 ① 73 ② 74 ③ 75 ① 76 ②

77 다른 잡초 방제 방법과 비교한 화학적 방제 방법의 단점으로 옳은 것은?

① 제초 효과가 낮다.
② 노력과 비용이 많이 든다.
③ 환경에 대한 안정성이 낮다.
④ 일정한 지역에 처리가 불가능하다.

해설
화학적 방제법은 약품의 효과는 빠르나 환경에 대한 안정성이 낮고 인축에 피해를 주기도 한다.

78 혼합 제초제에 대한 설명으로 옳지 않은 것은?

① 살초폭을 넓힌다.
② 살포 비용을 감소시킨다.
③ 제초제 간의 작용성이 길항적 효과가 있어야 한다.
④ 작용성이 서로 다른 두 가지 이상의 제초제를 혼합하여 사용하는 것이다.

해설
혼합 제초제 약효의 효과를 높이기 위해 혼합하여 사용하기에 길항적 효과가 나타나지 않도록 해야 한다.

79 주로 논에서 발생하는 다년생 잡초가 아닌 것은?

① 생이가래   ② 나도겨풀
③ 개구리밥   ④ 너도방동사니

해설
생이가래는 1년생 수생잡초이다.

80 제초제 종류의 특성에 대한 설명으로 옳지 않은 것은?

① 시마진은 흡수 이행형 제초제이다.
② 리뉴론은 광합성 저해형 제초제이다.
③ 2,4-D는 설포닐우레아계 제초제이다.
④ 알라클로르는 단백질 합성을 저해한다.

해설
2,4-D 는 유기화합물 페녹시계 제초제이다.

정답 77 ③ 78 ③ 79 ① 80 ③

국가기술자격 필기시험문제

2019년 산업기사 제4회 과년도 기출문제

자격종목	종목코드	시험시간	형별
식물보호산업기사		2시간	

수험번호 / 성명

1과목 식물병리학

01 해외에서 수입하는 식물이나 농산물의 검사를 통하여 병원체의 침입을 막는 예방법을 무엇이라고 부르는가?
① 제거법 ② 치료법
③ 면역법 ④ 식물검역

[해설] 외국에서 유입되는 식물 및 병원체의 침입을 막는 방법을 식물검역이라 하며 예방적 방제법에 속한다.

02 오이 노균병균이 형성하는 포자의 종류로 가장 옳은 것은?
① 유주자 ② 여름포자
③ 겨울포자 ④ 자낭포자

[해설] 오이 노균병균은 분생포자가 토양에서 월동하고 이후 발아하면 유주자가 형성된다.

03 다음 중 진균에 해당하지 않는 것은?
① 불완전균류 ② 자낭균류
③ 담자균류 ④ 난균류

[해설] 난균류는 진균과 모양은 유사하나 격벽이 없고 세포벽에 셀룰로오스를 함유하고 있으며 유주자에 의해 무성번식을 하는 것이 특징이다.

04 종합적 식물병해 방제 프로그램의 주된 목표로 가장 거리가 먼 것은?
① 병원균을 완전히 제거하는 것
② 최초 전염원을 제거하거나 감소시키는 것
③ 최초 전염원의 효능을 감소시키는 것
④ 기주의 저항성을 높이는 것

[해설] 식물병의 방제는 병을 예방하거나 줄이는데 목적을 두고 있다

05 다음 중 비전염성 병원으로 가장 거리가 먼 것은?
① 부적당한 온도
② 각종 화학물질
③ 병원성 바이로이드
④ 부적당한 토양조건

[해설] 바이로이드는 단백질껍질이 없는 RNA로 구성된 전염성 병원이다

06 오이 모자이크병 방제방법에 대한 설명으로 가장 옳지 않은 것은?
① 저항성 품종을 재배한다.
② 페나리몰 유제를 적기에 살포한다.
③ 포장 주변에 전염 가능성이 있는 잡초를 제거한다.
④ 시설재배 시 입구에 방충망을 설치하여 진딧물의 침입을 막는다.

[해설] 페나리몰은 살균제로 흰가루병 등에는 효과가 있으나 바이러스에 의해 발생한 모자이크병의 방제에는 적합하지 않다.

정답 01 ④ 02 ① 03 ④ 04 ① 05 ③ 06 ②

07 수목병해의 표징 중 번식기관에 의한 표징으로 가장 거리가 먼 것은?
① 포자　② 분생자병
③ 균사체　④ 포자낭

해설
균사체는 영양기관에 의한 표징이다.

08 병원체가 병든 식물의 병환부 또는 병변부에 나타나서 병원체의 존재를 눈으로 확인할 수 있는 경우가 있는데 이를 무엇이라 하는가?
① 표징　② 병징
③ 병원성　④ 비병원성

해설
표징은 식물병이 발생시 병원체 자체가 나타나 식별이 가능한 경우를 말한다.

09 다음 중 수공감염으로 가장 많이 일어나는 식물의 병은?
① 벼 흰잎마름병
② 감자 더뎅이병
③ 고구마 무름병
④ 보리 겉깜부기병

해설
벼 흰잎마름병은 세균이 수공이나 상처를 통해 침입하며 도관에서 증식하여 피해를 준다.

10 잣나무 털녹병균의 중간기주로 가장 옳은 것은?
① 리시안셔스　② 현호색
③ 배나무　④ 송이풀

해설
잣나무 털녹병균의 중간기주로 송이풀, 까치밥나무가 있다.

11 일반적인 세균의 침입처로 가장 거리가 먼 것은?
① 각피　② 밀선
③ 상처　④ 수공

해설
세균은 주로 기공, 수공, 밀선 등의 자연개구부나 상처부위를 통해 침입한다.

12 식물병원 세균의 핵산과 인지질 합성에 가장 많이 사용되는 것은?
① Ca　② P
③ K　④ Na

해설
인(P)는 세균의 핵산과 인지질 합성, 단백질 합성 등에 많이 이용되는 구성성분이다.

13 병원체에 대하여 완전면역성을 가지고 있는 것은?
① 비기주저항성　② 내성
③ 세포질저항성　④ 진정저항성

해설
해당작물이 병원체의 기주가 아닌 완전면역성을 가지는 성질을 비기주저항성이라 한다.

14 저장곡물에 Aflatoxin 이라는 독소를 생성하는 균으로 가장 옳은 것은?
① *Aspergillus flavus*
② *Ascochyta pisi*
③ *Amylase*
④ *Alternaria mali*

해설
Aspergillus flavus 는 토양에 흔히 존재하는 곰팡이균으로 아플라톡신(Aflatoxin)을 생산한다.

15 접목에 의한 작물병 방제에 가장 효과적인 병은?

① 사과 고접병
② 박과 작물 덩굴쪼김병
③ 고추 탄저병
④ 배 검은무늬병

해설
박과작물은 접목육묘를 통해 토양전염성관련 식물병인 덩굴쪼김병에 발생이 줄어들게 되고 불량환경에 대한 내성도 증가한다.

16 다음 중 순활물기생균에 의한 병으로 가장 옳은 것은?

① 강낭콩 탄저병
② 고추 역병
③ 가지 풋마름병
④ 사과나무 흰가루병

해설
순활물기생균으로 녹병균, 노균병균, 흰가루병균 등이 있다.

17 균의 종류에 따른 세포벽 구성성분에 대한 설명으로 가장 옳은 것은?

① 고구마 무름병균은 키틴이 없고, 다량의 섬유소를 갖고 있다.
② 감자 역병균은 키틴이 없고 소량의 섬유소를 갖고 있다.
③ 벼 도열병균은 키틴이 업고 소량의 섬유소를 갖고 있다.
④ 벼 흰잎마름병균은 키틴과 다량의 섬유소를 갖고 있다.

해설
감자역병은 난균문에 속하며 난균문은 특성상 세포벽에 키틴이 없고 소량의 섬유소와 글루칸을 갖고 있다.

18 다음 중 전형적인 표징이 나타나지 않는 식물병은?

① 오이 흰가루병
② 과수류 날개무늬병
③ 과수류 근두암종병
④ 보리 붉은곰팡이병

해설
과수류의 근두암종병은 뿌리혹병이라 하며 세균에 의해 발생되어 주로 병징이 나타나며 표징은 나타나지 않는다.

19 느티나무 흰별무늬병(백성병)의 외부병징과 표징에 대한 설명으로 가장 옳은 것은?

① 부정형의 병반으로 확대되고 중앙부분은 회백색이 되며 병자각이 형성된다.
② 잎에 윤문상의 갈색무늬가 나타나며 소립점(분생자퇴)이 동심원형으로 나타난다.
③ 부정형 병반이 갈색을 띠고 병반 내부는 회갈색을 띠며 자좌가 형성된다.
④ 잎의 양면에 적갈색 반점이 나타나며 나중에 갈색, 회갈색의 원형이 되고 흑색, 흑갈색의 작은 돌기(자실체)가 나타난다.

해설
초기 작은 갈색의 반점인 부정형의 병반들이 확대되어 불규칙한 다각형의 병반이 되고 중앙부는 회백식이 된다. 이후 분색포자각인 흑갈색의 점이 나타난다.

20 봄에 배롱나무 흰가루병의 전염원에 대한 설명으로 가장 옳은 것은?

① 낙엽에서 자낭포자가 비산하여 1차 전염원이 된다.
② 낙엽에서 담자포자가 비산하여 1차 전염원이 된다.
③ 낙엽에서 병자포자가 비산하여 1차 전염원이 된다.
④ 낙엽에서 동포자가 비산하여 1차 전염원이 된다.

정답 15 ② 16 ④ 17 ② 18 ③ 19 ① 20 ①

> **해설**
> 배롱나무 흰가루병은 자낭균류에 의해 발생하며 병원균은 병든 낙엽의 흰가루 병반 위에서 자낭구로 겨울을 보내고 봄에 자낭포자가 바람에 날려 전파되면서 제 1 차 감염이 일어난다.

2과목　농림해충학

21 다음 중 1세대를 경과하는 데 가장 긴 시간이 필요로 하는 곤충으로 옳은 것은?
① 말매미
② 장수풍뎅이
③ 뽕나무하늘소
④ 소나무좀

> **해설**
> 말매미는 1세대 경과에 6년 이상이 소요되어 다른 곤충보다 길다.

22 다음 중 곤충의 통신수단으로 가장 적절하지 않은 것은?
① 맛에 의한 통신
② 접촉에 의한 통신
③ 청각에 의한 통신
④ 시각에 의한 통신

> **해설**
> 곤충의 통신수단의 경우 꿀벌이나 개미 등은 더듬이를 이용하는 촉각이 있으며 매미나 귀뚜라미의 경우 진동에 의한 울음소리로 청각에 의한 방법을 이용한다. 시각의 경우 꿀벌이 대표적이며 춤이나 비행방법을 통해 시각적으로 정보를 전달한다.

23 다음 중 누에의 식성으로 가장 적절한 것은?
① 부식성
② 잡식성
③ 광식성
④ 단식성

> **해설**
> 누에는 뽕나무의 잎만 먹는 단식성이다.

24 다음 중 유충의 발육과 성충의 생식활동에 영향을 주는 유약호르몬을 분비하는 곤충의 기관은?
① 카디아카체
② 알라타체
③ 앞가슴샘
④ 가슴샘

> **해설**
> 곤충의 분비계에 알라타체는 성충으로 발육을 억제하는 유충호르몬을 만든다.

25 곤충에서 파악기(Clasper)가 하는 일은?
① 휴면 시 사용한다.
② 멀리 뛰는 데 사용한다.
③ 토양 속을 파는 데 사용한다.
④ 교미 시에 사용한다.

> **해설**
> 외부생식기 중 하나인 파악기는 교미할 때 사용한다.

26 다음 중 점박이응애에 대한 설명으로 옳지 않은 것은?
① 암컷의 길이가 수컷에 비해 짧다.
② 성충으로 월동한다.
③ 숙주식물의 잎에서 즙액을 빨아 먹는다.
④ 천적으로는 왕게응애와 신이리응애가 있다.

> **해설**
> 암컷이 수컷보다 크기가 크다.

27 다음 중 사과나무에 가장 많이 발생하는 진딧물은?
① 벚잎혹진딧물
② 아까시나무진딧물
③ 조팝나무진딧물
④ 목화진딧물

> **해설**
> 조팝나무진딧물은 1년에 10회 발생하며 사과나무, 배나무 등에 피해를 준다. 유충이 다량 발생하여 배설물로 인해 그을음병이 생기기도 한다.

정답 21 ① 22 ① 23 ④ 24 ② 25 ④ 26 ① 27 ③

28 다음 중 곤충 체벽의 기능으로 가장 적절하지 않은 것은?

① 제1차 면역기관
② 혈구세포 분화
③ 수분의 증발 억제
④ 근육의 부착점

> **해설**
> 곤충의 체벽은 수분의 증발 억제, 근육의 부착점 역할, 외부에서의 물리적 보호 및 형태의 유지, 병균에 대한 1차 면역기관의 역할을 한다.

29 다음 중 소나무재선충을 옮기는 매개충으로 가장 옳은 것은?

① 알락하늘소 ② 미끈이하늘소
③ 솔수염하늘소 ④ 털두꺼비하늘소

> **해설**
> 솔수염하늘소는 소나무재선충의 매개충으로 천공성 해충에 속한다.

30 다음 중 담배나방에 대한 설명으로 가장 옳지 않은 것은?

① 고추의 주요 해충 중 하나이다.
② 1년에 1회 발생한다.
③ 땅속에서 번데기로 월동한다.
④ 담배에 피해를 준다.

> **해설**
> 담배나방은 1년에 3회 발생한다.

31 곤충의 번성원인으로 가장 거리가 먼 것은?

① 소형이고 날개가 있다.
② 행동이 민첩하고 농약에 강하여 생존율이 높다.
③ 세대가 짧고 산란수가 많다.
④ 불리한 환경에 적응하기 위해 휴면을 한다.

> **해설**
> 곤충이 번성하게 된 요인으로 짧은 세대, 작은 크기, 날개의 발달, 외골격의 발달, 완전변태 등이 있다. 곤충의 경우 행동이 느리며 농약에 대해서 생존율이 낮은 편이다.

32 다음 중 잠자리 유충의 호흡방식으로 가장 옳은 것은?

① 주기적으로 수면으로 부상하여 호흡한다.
② 공기주머니를 통한 수중 호흡방식이다.
③ 몸 표면 전체의 얇은 막을 통한 가스 교환방식이다.
④ 기관아가미를 통한 수중 호흡방식이다.

> **해설**
> 잠자리 유충의 경우 기관아가미를 통해 호흡하며 직장 속에 있기 때문에 겉으로 보이지는 않는다.

33 다음 중 멸구 등 비래해충을 대상으로 하는 해충 발생밀도 조사법으로 가장 적절한 것은?

① 페로몬조사법
② 공중포충망조사법
③ 예열조사법
④ 예찰등조사법

> **해설**
> 공중포충망조사법은 멸구류를 채집하고 조사하기 가장 쉬운 방법으로 많이 이용된다.

34 다음 중 완전변태류 곤충으로 가장 적절하지 않은 것은?

① 풀잠자리 ② 배추흰나비
③ 벼룩   ④ 흰개미

> **해설**
> 흰개미는 불완전변태류에 속한다.

35 다음 중 곤충이 가장 잘 반응하는 색에 속하는 것은?

① 흑색　② 녹색
③ 적색　④ 백색

해설
곤충이 잘 감지하는 파장대가 있으며 주로 청색이나 녹색의 파장대이다.

36 다음 중 논의 벼멸구를 방제할 때 살충제를 물에 희석하지 않고 사용하는 제형으로 가장 옳은 것은?

① 유제　② 입제
③ 수화제　④ 액상수화제

해설
입제는 유효성분을 고형증량제, 안정제, 계면활성제 등을 넣어 입상으로 성형한 제제이다. 대표적으로 벼멸구 방제를 위해 카보퓨란입제를 이용한다.

37 다음 중 코일 모양의 입을 가진 해충으로 가장 옳은 것은?

① 가시점둥글노린재
② 고자리파리
③ 배추흰나비
④ 벼멸구

해설
배추흰나비의 성충은 흡관구형으로 마치 코일과 같은 대롱모양의 긴 주둥이를 가진다.

38 곤충 수컷의 생식기관에서 볼 수 없는 것은?

① 저장낭　② 수정관
③ 난황소　④ 부속샘

해설
수컷의 생식기관은 고환(정집), 수정관과 저장관, 사정관, 부속샘, 교미기 등이 있다.

39 해충에 대한 식물의 저항성으로 해충의 생장이나 생존에 불리하게 작용하는 것은?

① 항생성　② 항접근성
③ 내성　④ 균근성

해설
항생성은 곤충의 대사작용에 부정적인 영향을 주어 생존에 불리하게 하는 작용을 한다.

40 다음 중 말피기관에 대한 설명으로 가장 거리가 먼 것은?

① 배설계에 속하는 기관이다.
② 진딧물에서 볼 수 있다.
③ 중장과 후장이 만나는 곳에서 후장과 연결되어 있다.
④ 혈액 속에서 물 등을 흡수하여 후장으로 이동시킨다.

해설
진딧물의 경우 말피기관이 없으며 다른 대부분의 곤충에서는 관찰된다.

3과목　농약학

41 페녹시계 제초제인 2,4-D의 작용기작은?

① 광합성의 저해
② 호흡작용의 억제
③ 호르몬작용의 교란
④ 단백질, 핵산 등의 합성 저해

해설
2,4-D 호르몬작용의 교란을 일으키는 페녹시계 제초제이다.

42 복합저항성에 대한 설명으로 틀린 것은?

① 살충제에 대하여 저항성이 발달한 해충은 한 번도 사용된 적이 없지만 작용기구가 같은 살충제에 대하여 저항성을 나타낸 것을 말한다.
② 살충작용이 다른 2종 이상에 대하여 동시에 해충이 저항성을 나타내는 현상을 말한다.

정답 35 ② 36 ② 37 ③ 38 ③ 39 ① 40 ② 41 ③ 42 ①

③ 두 개 이상의 유전자가 별개로 관여하고 있기 때문에 항상 같은 현상이 나타난다는 것이 한정되어 있지 않다.
④ 한 개체 안에 두가지 이상의 저항성 기작이 존재하기 때문에 발생하는 현상이다.

해설
복합저항성은 살충작용이 다른 2 종류 이상에 대해 동시에 해충이 저항성이 생기는 경우를 말한다.

43 농약관리법상 어독성 Ⅰ급으로 규정되는 농약의 반수치사농도(mg/L, 48시간) 범위 기준은?
① 0.1 미만　② 0.5 미만
③ 1.0 미만　④ 2.0 미만

해설
어독성 Ⅰ급은 0.5 미만(ml/L, 48시간)을 기준으로 한다.

44 Sulfoxide, N-Propylisome 과 같이 농약에 첨가하여 효력이 좋아지게 하는 물질을 통칭하는 것은?
① 불임화　② 대사길항물질
③ 알킬화제　④ 협력제

해설
협력제는 농약의 효력을 증진시키기 위해 첨가하는 물질로 협력제에는 Piperonyl butoxide, Sulfoxide, 황산아연, Sesamex 등이 있다.

45 다음 중 낙엽억제제는?
① 아세트산　② 카이네틴
③ 아브사이신Ⅱ　④ 지베렐린

해설
아브사이신은 낙엽이나 과일의 성숙을 촉진시킨다.
※ 문제에 다소 오류가 있는 것으로 판단됩니다. 답은 3번으로 나왔으나 아브사이신의 경우 낙엽을 촉진하는 역할을 합니다. 문제에서 요구하는 낙엽억제제에는 옥신계통이 낙엽이나 낙과를 방지해줍니다.

46 항생제인 가스가마이신 액제의 주된 살균 기작은?
① 항균력 증가
② 단백질 합성 저해
③ 멜라닌색소 합성 저해
④ 콜린에스테라제 효소 활성 저해

해설
가스가마이신의 작용기작으로 단백질의 합성을 저해한다.

47 농약에 의한 약해 발생의 원인이라고 볼 수 없는 것은?
① 고농도 살포
② 합리적 혼용
③ 사용방법 미숙
④ 부적합한 약제 사용

해설
부적합한 혼용의 경우 약해 발생을 야기할수 있으나 합리적 혼용은 약효의 효과를 증가시키고 약해를 거의 발생하지 않는다.

48 저장하고 있는 곡물이나 종자 등에 발생하는 해충을 방제하는 데 주로 쓰이는 제형은?
① 유제　② 액제
③ 수화제　④ 훈증제

해설
밀폐된 공간에서 저장 곡물이나 종자의 경우 가스를 이용하여 해충을 방제하는 훈증제가 적합하다.

49 예방이나 치료효과를 나타내는 침투성 살균제가 아닌 것은?
① IBP 제　② Carboxin 제
③ Benomyl　④ Mancozeb

해설
만코제브(Mancozeb)는 유기황제 살균제로 일종의 보호살균제이다.

정답 43 ② 44 ④ 45 ③ 46 ② 47 ② 48 ④ 49 ④

50 다음 농약의 제형 중 농약 제조에 사용되는 유기용매를 줄이기 위한 방안으로 개발된 친환경적 제형은?

① 액상수화제 ② 액제
③ 유탁제 ④ 수화제

해설
유탁제는 용매에 잘 녹지 않는 물질을 용매에 잘 분산시켜 유기용매의 사용량을 줄이기 위해 첨가하는 물질이다.

51 다음 중 비이온성 계면활성제는?

① 인산염
② 황산염
③ 카르본산염
④ Polyoxyethylene Glycol 과 지방산의 에스테르

해설
비이온성 계면활성제는 물에 이온화되지 않고 용해되는 계면활성제로 에스테르, 에테르, 산아미드 결합을 가지고 있다.

52 제초제의 선택적 고사요인 중 물리적 요인은?

① 농약의 효소적 분해
② 작물의 약제에 대한 내성
③ 호르몬형 제초제의 화본과 식물의 작용
④ 약제가 잡초의 발아층에 분포하는 성질

해설
제초제의 선택성에서 물리적 요인은 제초제의 처리 약량, 방법, 위치, 제형 등이 있으며 약제가 잡초의 발아층에 분포하는 성질은 위치에 속한다.

53 농약의 구비조건이 아닌 것은?

① 인축에 대한 독성이 낮아야 한다.
② 작물에 대한 약해작용을 일으켜서는 안된다.
③ 토양에 오래 잔류하여야 한다.
④ 다른 약제와 혼용이 가능하고 천적, 어류에 대한 독성이 낮아야 한다.

해설
농약의 경우 토양에 너무 오래 잔류하면 잔류농약에 의한 약해가 발생할 수 있어 오래 잔류해서는 안된다.

54 분제의 물리적 성질만 나열한 것은?

① 습윤성, 분산성, 부착성
② 현수성, 습윤성, 부착성
③ 확전성, 부착성, 비산성
④ 분산성, 비산성, 토분성

해설
분제의 물리적 성질에는 토분성, 부착성, 분산성, 비산성, 안전성 등이 있다.

55 다조멧 85% 분제 1kg 을 50% 의 분제로 만들려면 증량제가 얼마나 필요한가?

① 0.58 kg ② 0.70 kg
③ 1.00 kg ④ 1.50 kg

해설
희석할 증량제양 = 원분제중량 × ($\frac{원분제농도}{목표농도} - 1$)
= $1kg × (\frac{85\%}{50\%} - 1) = 0.7kg$

56 다음 농약 중 저항성 유발 우려가 가장 높은 약제는?

① 가스가마이신 ② 에디벤포스
③ 페노뷰카브 ④ 석회 유황합제

해설
침투성 농약인 가스가마이신의 경우 방제율은 높으나 실제로 저항성이 유발되는 사례가 많아 동일 약제의 연용하지 않도록 권장하고 있다.

정답 50 ③ 51 ④ 52 ④ 53 ③ 54 ④ 55 ② 56 ①

57 농약의 독성을 나타내는 LD_{50} 의 의미로 옳은 것은?

① 시험동물의 50%가 생존할 수 있는 농약의 양을 의미한다.
② 시험동물을 시험하기 위해 농약의 양이 50%가 유지되는 것을 의미한다.
③ 시험동물의 체중 kg 당 몇 mg 의 농약을 투여하였을 때 시험동물의 반수가 죽게 되는가를 의미한다.
④ 시험동물의 비율이 전체 시험동물의 50% 이상 되어야 하는 것을 의미한다.

해설
동물의 반수인 50%정도가 치사하는 약품의 양을 반수치사량(LD_{50})이라 하며 mg/kg 으로 표시한다

58 농약관리법상 농약의 급성독성 정도에 따른 농약 구분이 아닌 것은?

① 급성독성   ② 저독성
③ 고독성   ④ 맹독성

해설
농약관리법상 농약의 급성독성은 정도에 따라 맹독성, 고독성, 보통독성, 저독성으로 분류한다.

59 뷰타클로르 유제를 500배로 희석하여 살포하려고 할 때, 물 1말(18L)에 필요한 약량은 몇 ml 인가?

① 18   ② 20
③ 36   ④ 72

해설
$$소요약량 = \frac{단위면적당 사용량}{소요희석배수} = \frac{18000}{500} = 36ml$$

60 농약 살포 시 지켜야 할 사항으로 옳지 않은 것은?

① 제 4 종 복합비료와의 혼용은 약해를 일으키지 않는다.
② 농약 안전사용과 취급제한 기준은 반드시 지켜야 한다.
③ 다른 농약과 혼용할 때에는 혼용 가능 여부를 확인 후 사용한다.
④ 가급적 비선택성 제초제는 작물 근처에 뿌리지 않는다.

해설
제4종 복합비료와의 혼용은 약해를 일으킬 가능성이 있기에 혼용은 가능여부를 확인해야 한다.

4과목　잡초방제학

61 1년생 광엽잡초에서 줄기 및 윗부분에서 1차 예취를 하고 재생 후 아주 낮게 2차 예취를 해 주면 효과적인 제초가 가능하다. 이것은 식물의 어떤 특성을 이용한 것인가?

① 발아현상   ② 정아우세현상
③ 2차 휴면   ④ 체질적 다형성

해설
예취는 잡초를 베어 개화 및 결실을 방제하는 방법으로 줄기 및 윗부분을 예취하면 식물의 정단에서 옥신의 작용을 막아 잡초를 예방하게 된다. 이는 식물의 정아우세 현상을 이용한 방법이다.

62 다음 중 논잡초로만 나열된 것은?

① 사마귀풀, 올미, 쇠비름
② 명아주, 올미, 쇠비름
③ 물옥잠, 돌피, 여뀌바늘
④ 강아지풀, 참방동사니, 돌피

해설
논잡초에는 가래, 여뀌바늘, 피, 올방개, 올미, 너도방동사니, 물옥잠 등이 있다.

정답 57 ③　58 ①　59 ③　60 ①　61 ②　62 ③

63 다음 중 월년생 잡초로 가장 옳은 것은?
① 나도겨풀 ② 토끼풀
③ 속속이풀 ④ 띠

해설
월년생 잡초로는 달맞이꽃, 나도냉이, 엉겅퀴, 냉이, 별꽃, 속속이풀 등이 있다.

64 다음 중 영양번식기관에 해당하지 않는 것은?
① 잡종강세 ② 인경
③ 구경   ④ 지하경

해설
영양번식기관에는 포복경, 인경, 구경, 괴경, 지하경 등이 있다.

65 잡초에 대한 벼의 경합력을 높이는 재배방법으로 가장 적절한 것은?
① 직파재배를 한다.
② 소식재배를 한다.
③ 무경운재배를 한다.
④ 이앙재배를 한다.

해설
벼의 경합력에는 직파재배보다는 이앙재배가 유리하다.

66 식물의 백화증상을 유발시키는 약제가 있다. 이런 증상이 유도되는 이유에 대한 설명으로 가장 옳은 것은?
① 광합성 전자 전달과정을 저해하기 때문이다.
② 식물세포막을 급격히 파괴시키기 때문이다.
③ 단백질 생합성을 저해하여 엽록체가 파괴되기 때문이다.
④ 식물색소 중의 하나인 카로티노이드의 생합성이 억제되기 때문이다.

해설
카로티노이드는 엽록소를 보호하는 역할을 하는데 이러한 카로티노이드의 생합성을 억제하면 엽록소가 파괴되고 백화 증상이 나타나게 된다.

67 다음 중 종자가 암발아성인 잡초로 가장 옳은 것은?
① 냉이   ② 소리쟁이
③ 바랭이   ④ 쇠비름

해설
암발아 종자는 별꽃, 냉이, 광대나물 등이 있다.

68 사람이나 동물에 부착되기 쉬운 낚시 바늘 모양의 돌기 또는 바늘 모양의 가시가 있는 잡초는?
① 냉이   ② 도깨비바늘
③ 명아주   ④ 소리쟁이

해설
도꼬마리, 도깨비바늘 등은 갈고리 모양의 돌기로 사람의 옷이나 동물의 털에 부착되어 종자를 이동시킨다.

69 영양번식기관으로 번식하는 잡초는?
① 올방개   ② 알방동사니
③ 물달개비 ④ 바랭이

해설
올방개는 괴경으로 번식한다.

70 작물과 잡초 간 경합의 한계밀도에 대한 설명으로 가장 옳은 것은?
① 경합에 의한 무기원소 결핍단계
② 잡초의 밀도가 어느 한계를 넘었을 때 작물의 수량을 크게 감소시키는 밀도
③ 영양생장에서 생식생장으로 넘어가는 한계
④ 작물의 밀도가 어느 한계를 넘었을 때 잡초와의 경합에 이길 수 있는 밀도

정답 63 ③ 64 ① 65 ④ 66 ④ 67 ① 68 ② 69 ① 70 ②

> **해설**
> 잡초허용한계밀도는 잡초의 밀도가 증가하면 양분의 손실 등으로 작물의 수량이 감소하는 밀도이다. 허용한계밀도 이하로 잡초가 존재할 경우에는 작물의 수량에 영향을 미치지 않게 된다.

71 다음 중 부유성 수생잡초로만 나열된 것은?

① 생이가래, 흰명아주
② 부레옥잠, 좀개구리밥
③ 개구리밥, 올미
④ 생이가래, 쇠비름

> **해설**
> 부유잡초로는 부레옥잠, 개구리밥, 좀개구리밥, 생이가래 등이 있다.

72 다음 중 잡초의 학명이 틀린 것은?

① 올방개 : Eleocharis kuroguwai Ohwi
② 강피 : Monochoria vaginalis P
③ 너도방동사니 : Cyperus serotinus Rottb
④ 알방동사니 : Cyperus difformis L

> **해설**
> 강피의 학명은 < Echinochloa oryzicola Vasing > 이다.

73 벼와 피의 형태에 대한 설명으로 가장 옳은 것은?

① 벼에는 잎귀는 있으나 잎혀가 없다
② 피에는 잎귀가 있으나 잎혀가 없다
③ 피에는 잎귀와 잎혀가 있으나 벼에는 없다.
④ 벼에는 잎귀와 잎혀가 있으나 피에는 없다.

> **해설**
> 벼에는 잎혀와 잎귀가 있으나 피에는 없다.

74 다음 중 호르몬형 제초제로만 나열된 것은?

① Bensulfuron, Butachlor
② 2,4-D, Dicamba
③ Paraquat, Bentazone
④ Hexazinone, Alachlor

> **해설**
> 호르몬 작용의 교란에 관여하는 호르몬형 제초제 종류로 페녹시계(2,4-D, MCPP), 벤조산계(dicamba) 등이 있다.

75 잡초의 여러 기관에서 작물의 발아나 생육을 억제하는 특정 물질을 분비하여 피해를 주는 작용은?

① Transmission ② Blue Ray
③ Competition   ④ Allelopathy

> **해설**
> 타감작용(allelopathy, 상호대립억제작용)이라 하여 근처 식물의 생육에 영향을 주는 방법을 이용한 방제법이다. 주로 인접 식물의 생육에 부정적인 영향을 끼쳐 생장을 저해시키거나 혹은 과도하게 촉진시키게 된다.

76 다음 중 택사과 잡초로 가장 옳은 것은?

① 사마귀풀   ② 알방동사니
③ 돌피   ④ 벗풀

> **해설**
> 올미, 벗풀 등은 택사과이다.

77 다음 중 외래잡초로만 나열된 것은?

① 미국개기장, 단풍잎돼지풀, 서양민들레
② 올챙이고랭이, 미국자리공, 생이가래
③ 서양민들레, 올방개, 방동사니
④ 단풍잎돼지풀, 미국가막사리, 중대가리풀

> **해설**
> 외래 잡초에는 미국가막사리, 미국개기장, 가는털비름, 단풍잎돼지풀, 소리쟁이, 도꼬마리, 서양민들레, 개망초, 애기달맞이꽃 등이 있다.

정답 71 ② 72 ② 73 ④ 74 ② 75 ④ 76 ④ 77 ①

78 방동사니과 잡초의 형태적 특징으로 가장 옳은 것은?

① 엽이가 있다.
② 잎이 좁고 능선이 없다.
③ 줄기가 삼각형이다.
④ 잎은 엽신과 엽초로 구분되어 있다.

해설
방동사니과 잡초는 화본과 잡초와 유사한 형태이나 줄기가 삼각형을 띠고 잎이 좁다.

79 설포닐우레아계 제초제의 작용기구로 가장 옳은 것은?

① 지질 생합성의 저해
② 아미노산 생합성의 저해
③ 호흡작용의 저해
④ 광합성의 저해

해설
설포닐우레아계 제초제의 작용기구는 아미노산 생합성 저해이다.

80 우리나라에서 가장 먼저 사용한 제초제는?

① 마세트 입제 ② 2,4-D 액제
③ 스톰프 유제 ④ 라쏘 유제

해설
국내의 경우 2,4-D 제초제는 1955년 쯤 부터 가장 먼저 사용되었다.

정답 78 ③ 79 ② 80 ②

국가기술자격 필기시험문제

2020년 산업기사 제1·2회 과년도 기출문제

자격종목	종목코드	시험시간	형별	수험번호	성명
식물보호산업기사		2시간			

1과목 식물병리학

01 1차 전염원에 대한 설명으로 가장 거리가 먼 것은?
① 겨울에 병원체가 휴면상태로 월동하고 다음해에 처음으로 감염하는 전염원이다.
② 균류에만 해당될 뿐 세균이나 바이러스는 해당되지 않는다.
③ 곤충도 1차 전염원의 월동장소가 될 수 있다.
④ 병 방제차원에서 1차전염원의 박멸은 매우 중요하다.

[해설] 식물에 있어 다음해 처음으로 전염되는 경우 1차 전염원이라 하는데 균류뿐 아니라 세균, 바이러스에도 해당되는 내용이다.

02 수박 덩굴쪼김병균이 월동하는 곳으로 가장 적절한 것은?
① 토양 ② 매개곤충의 알
③ 열매 ④ 중간기주

[해설] 수박 덩굴쪼김병균은 병원균이 균사 등의 형태로 땅속에서 월동한다.

03 과수에 발생한 흰가루병 균이 형성하는 포자의 종류는?
① 난포자 ② 자낭포자
③ 접합포자 ④ 담자포자

[해설] 흰가루병균은 자낭균류에 의해 발생하는데 균사나 자낭포자로 월동하고 차후 1차 전염원이 된다.

04 다음에서 설명하는 것은?

> 약독계통 바이러스를 이용하여 강독계통 바이러스의 감염을 저지하는 현상

① 기주교대 ② 교차보호
③ 포장위생 ④ 준유성교환

[해설] 병원성이 약화된 식물바이러스가 침입한 기주에서 병원성이 더욱 강한 바이러스에 의해 병의 확산이 억제되는 현상을 교차보호라 한다.

05 소나무혹병균의 중간기주로 가장 옳은 것은?
① 민들레 ② 참나무
③ 흰명아주 ④ 향나무

[해설] 소나무혹병균의 중간기주는 참나무이다.

06 담배모자이크바이러스를 N. glutinosa 에 접종하였을 때 접종한 잎에서 나타나는 가장 일반적인 병징은?
① 전신적 황백화현상
② 엽색이 짙어지는 현상
③ 국부 괴사반점 형성
④ 잎말림 형성

[해설] 담배모자이크바이러스를 N. glutinosa(N 인자)를 갖는 담배에 접종하면 국부병징인 괴사반점이 형성된다.

정답 01 ② 02 ① 03 ② 04 ② 05 ② 06 ③

07 배추 등 채소에 무름병을 일으키는 병원균으로 감염초기에 수침상을 보이다가 후기에 담갈색으로 변하여 식물체 조직이 물러지게 하는 병원균은?

① *Ralstonia solanacearum*
② *Plasmodiophora brassicae*
③ *Streptomyces scabies*
④ *Erwinia carotovora*

해설
Erwinia carotovora 은 채소의 세균성무름병으로 병든 부위에 수침상이 보이다가 조직이 물러지면서 악취가 발생한다.

08 다음 중 병원체 크기가 가장 작은 것은?

① 세균
② 진균
③ 파이토플라스마
④ 바이로이드

해설
바이로이드는 바이러스와 유사한 전염 특성을 가지며 병원체 중 가장 작은 크기를 가진다.

09 벼 키다리병과 가장 관련이 있는 것은?

① 옥신   ② 시토키닌
③ 지베렐린   ④ 에틸렌

해설
지베렐린은 벼의 키다리병균에 의해 만들어지는 식물생장조절제로 신장촉진작용, 종자발아촉진, 개화촉진 등의 작용을 한다.

10 다음에서 설명하는 것은?

> 기주가 어떤 식물병원균에 대하여 병이 전혀 발생하지 않는 성질

① 저항성   ② 면역성
③ 내성   ④ 이병성

해설
기주식물에 병이 전혀 발생하지 않는 성질을 면역성이라 한다.

11 다음 중 세균에 의해 나타나는 병징으로 가장 거리가 먼 것은?

① 점무늬병   ② 무름병
③ 모자이크병 ④ 시들음병

해설
모자이크병은 주로 바이러스에 의해 발생하는 병징이다.

12 다음 중 발병되더라도 표징이 가장 잘 나타나지 않는 것은?

① 오이 흰가루병
② 토마토 잎곰팡이병
③ 가지 균핵병
④ 보리줄무늬모자이크병

해설
바이러스에 의해 발생하는 보리줄무늬모자이크병은 병징은 나타나지만 표징은 잘 관찰되지 않는다.

13 녹병균의 여름포자, 녹포자의 주된 침입 경로로 가장 적절한 것은?

① 피목   ② 수공
③ 기공   ④ 뿌리털

해설
녹병균의 여름포자, 녹포자는 바람에 의해 전반되어 기공을 통해 침입한다.

14 대추나무 빗자루병의 전염 경로로 가장 옳은 것은?

① 병원체가 하늘소에 의하여 전염된다.
② 감염된 나무에서 수확한 종자를 심어서 전염한다.
③ 파이토플라스마 병원체가 비산하여 병을 전염한다.
④ 매개충인 마름무늬매미충에 의하여 병원체가 전염된다.

정답 07 ④ 08 ④ 09 ③ 10 ② 11 ③ 12 ④ 13 ③ 14 ④

> **해설**
> 대추나무빗자루병은 파이토플라스마에 의해 발생하는데 매개충인 마름무늬매미충에 의해 전반된다.

15 다음 중 병원균이 이종기생균에 속하는 것으로 가장 옳은 것은?

① 오이 노균병
② 고추 탄저병
③ 잣나무 털녹병
④ 포도 새눈무늬병

> **해설**
> 잣나무 털녹병은 기주인 잣나무와 중간기주인 송이풀, 까치밥나무를 기주교대하는 이종기생균이다.

16 다음 중 병원균의 병원성 변이와 가장 관련이 없는 것은?

① 돌연변이
② 교잡
③ 준유성교환
④ 항생

> **해설**
> 병원균의 변이와 관련이 있는 것으로 돌연변이, 교잡, 이핵, 준유성교환이 있다.

17 고추 역병의 병원체로 가장 옳은 것은?

① 선충
② 세균
③ 바이러스
④ 곰팡이

> **해설**
> 고추 역병은 곰팡이(진균)에 의해 발생한다.

18 다음 중 병원균이 기생체 침입 시 균사가 밀집해서 감염욕을 만들어 침입하는 것으로 가장 옳은 것은?

① 벼 깨씨무늬병
② 뽕나무 자주날개무늬병
③ 고추 탄저병
④ 오이 잿빛곰팡이병

> **해설**
> 뽕나무 자주날개무늬병균은 균사속이 뿌리에 감염욕을 만들어 세포벽을 뚫고 침입한다.

19 사과나무 겹무늬썩음병을 일으키는 병원체로 가장 옳은 것은?

① 곰팡이
② 세균
③ 바이러스
④ 파이토플라스마

> **해설**
> 사과 겹무늬썩음병은 부패병이라 하며 곰팡이에 의해 발생한다.

20 다음 중 감염된 식물체를 가축이 먹으면 가장 해로운 병으로 옳은 것은?

① 보리 붉은곰팡이병
② 벼 도열병
③ 배추 모자이크병
④ 콩 뿌리혹병

> **해설**
> 맥류 붉은곰팡이병에 감염된 보리, 밀 등을 섭취한 사람, 동물 등은 심한 중독 증상을 일으키기도 한다.

2과목 농림해충학

21 사과 과수원에 복숭아심식나방의 성충 발생정도를 예찰하는 방법으로 가장 적절한 것은?

① 유아등
② 성페로몬 트랩
③ 말레이즈 트랩
④ 황색 수반 트랩

> **해설**
> 성페로몬 트랩은 복숭아심식나방, 복숭아순나방, 사과굴나방 등에 적합하고 암컷이 방출하는 성페로몬을 이용하여 수컷을 유인하여 발생 정도 및 방제적기를 파악하는데 유용한 방법이다.

22 나방류와 비슷하며 유충과 번데기 시기에 수서생활을 하는 것은?

① 강도래
② 뿔잠자리
③ 날도래
④ 매미

> **해설**
> 날도래목은 수중생활을 하거나 수체에 인접한 습지대에서 서식한다.

정답 15 ③ 16 ④ 17 ④ 18 ② 19 ① 20 ① 21 ② 22 ③

23 다음 중 곤충의 표피층에 대한 설명으로 가장 적절하지 않은 것은?

① 외표피층(epicuticle)은 수분의 증산을 억제해주는 기능을 한다.
② 기저막(basement membrane)은 일정한 모양이 없는 비세포성 연결조직이다.
③ 표피세포는 표피를 이루는 단백질, 지질, chitin 화합물 등을 합성분비한다.
④ 외원표피층(exocuticle)은 탈피과정에서 모두 소화, 흡수되어 재활용된다.

해설
탈피과정에서 소화 및 흡수되어 재활용되는 부분은 내원표피이다.

24 곤충에 대한 환경요인 중 비생물적 요인으로 가장 적절하지 않은 것은?

① 기생 ② 기후
③ 일광 ④ 대기

해설
비생물적 요인으로 기후, 일광, 대기 등의 환경적 요인들이 있다.

25 빛에 모이는 곤충의 성질을 이용한 채집법은?

① 유아등 채집 ② 쓸어잡기 채집
③ 말레이즈 채집 ④ 떨어잡기 채집

해설
빛에 모이는 곤충의 성질을 주광성이라 하며 유아등 채집법이 있다.

26 다음 중 과변태하는 곤충으로 가장 적절한 것은?

① 하늘소 ② 흰나비
③ 매미 ④ 가뢰

해설
가뢰과는 곤충에서 딱정벌레목으로 <알→유충→의용→용→성충> 의 과정을 거치는 과변태를 한다.

27 다음 중 고자리파리의 월동충태로 가장 적절한 것은?

① 성충 ② 유충
③ 알 ④ 번데기

해설
고자리파리는 1년에 3회 발생하며 번데기로 월동한다.

28 일반적으로 온대지방에서 1년에 1회 발생하는 해충은?

① 거세미나방 ② 벼룩잎벌레
③ 파총채벌레 ④ 땅강아지

해설
땅강아지는 메뚜기목으로 1년에 1회 발생하고 성충을 땅 속에 월동한다.

29 다음 중 표피를 이루는 단백질, 지질, 키틴화합물 등을 합성 분비하는 세포로 가장 적절한 것은?

① 진피세포 ② 내원표피
③ 외원표피 ④ 외표피

해설
진피세포는 곤충의 표피를 이루는 단백질, 지질, 키틴화합물 등을 합성, 분비해주는 한층의 세포군으로 탈피 시에는 내원표피를 소화시키는 탈피액도 분비한다.

30 다음 중 해충의 정의로 가장 적절한 것은?

① 식물을 가해하는 곤충
② 개체수가 많은 곤충
③ 인간과의 관계에서 경쟁적인 곤충
④ 다른 곤충을 포식하는 곤충

해설
해충은 인간의 생활에 직, 간접적으로 해를 주는 곤충으로 식물에 대한 경쟁적인 관계라 할 수 있다.

정답 23 ④ 24 ① 25 ① 26 ④ 27 ④ 28 ④ 29 ① 30 ③

31 다음 중 이화명나방의 암수 구별 방법으로 가장 거리가 먼 것은?

① 암컷의 빛깔을 엷다.
② 수컷은 암컷에 비해 크기가 크다.
③ 암컷의 날개 센털은 3개가 있다.
④ 수컷의 전연각은 넓다.

해설
이화명나방은 수컷은 암컷에 비해 약간 작다.

32 다음 중 외시류 곤충의 겹눈을 구성하는 낱눈수의 변화에 대한 설명으로 가장 옳은 것은?

① 약충 발육기간 중에만 증가한다.
② 변태기에만 증가한다.
③ 아무런 수의 변화가 없다.
④ 탈피기와 변태기에 모두 증가한다.

해설
겹눈을 구성하는 낱눈은 곤충에 따라 차이가 나며 개미의 경우 수개, 잠자리의 경우 1만개~2만8천개 정도로 다양하다.

33 곤충의 중추신경계에 속하지 않는 구조는?

① 운동신경 ② 뇌
③ 가슴신경절 ④ 식도하신경절

해설
중추신경계에는 뇌, 식도하신경절, 흉부신경절, 복부신경절 등이 있으며 운동신경은 말초신경계에 속한다.

34 다음 중 버즘나무방패벌레에 대한 설명으로 가장 적절하지 않은 것은?

① 버즘나무류의 잎뒷면에 모여 흡즙 가해한다.
② 풀잠자리목에 속한다.
③ 성충으로 월동한다.
④ 1995년에 국내에 보고되었다.

해설
버즘나무방패벌레는 노린재목 방패벌레과에 속한다.

35 다음 중 곤충 혈구의 기능으로 가장 적절하지 않은 것은?

① 식균작용 ② 상처치유
③ 해독작용 ④ 소리감지

해설
혈구는 식균작용, 열전달, 해독작용, 상처치유 등의 기능을 담당한다.

36 다음 중 탈피 후 표피층을 경화시키는 호르몬으로 가장 옳은 것은?

① diuretic hormone
② bursicon
③ eclosion hormone
④ proctolin

해설
부르시콘(bursicon)은 탈피 이후 표피의 경화를 유발하는 호르몬으로 경화호르몬이라 한다.

37 다음 중 내시류에 속하는 곤충으로 가장 옳은 것은?

① 물장군 ② 장수풍뎅이
③ 벼메뚜기 ④ 분홍날개대벌레

해설
장수풍뎅이는 딱정벌레목으로 내시류에 속한다. 물장군은 노린재목, 벼메뚜기는 메뚜기목, 분홍날개대벌레는 대벌레목으로 외시류에 속한다.

38 일반적인 곤충의 몸 구조에 대한 설명으로 가장 적절하지 않은 것은?

① 다리는 4쌍이고 7마디로 구성된다.
② 겹눈과 홑눈이 있다.
③ 대개 가슴에는 날개 2쌍이 있다.
④ 머리, 가슴, 배의 3부로 구성되어 있다.

해설
곤충은 다리는 3쌍이고 5마디로 되어 있다.

정답 31 ② 32 ④ 33 ① 34 ② 35 ④ 36 ② 37 ② 38 ①

39 다음 중 벼 줄무늬잎마름병의 병원균을 매개하는 곤충으로 가장 옳은 것은?
① 애멸구 ② 벼멸구
③ 흰등멸구 ④ 번개매미충

해설
애멸구는 줄무늬잎마름병, 검은줄오갈병 등의 바이러스병을 매개한다.

40 솔수염하늘소의 성충이 최대로 출현하는 최성기로 가장 적절한 것은?
① 3~4월 ② 4~5월
③ 6~7월 ④ 9~10월

해설
솔수염하늘소의 우화시기는 5~8월이며 최성기는 6~7월 쯤이다.

3과목 농약학

41 농약의 잔류독성을 의미하지 않는 것은?
① 식품에 잔류한 농약의 독성
② 토양 속에 남아 있는 독성
③ 작물에 남아있는 독성
④ 농약 포장지 내에 남아 있는 독성

해설
잔류독성은 농약의 주성분이 작물, 식품, 토양, 수질 등에 남아 잔류하여 오염시키는 것을 말한다.

42 제충국의 살충유효 성분이 아닌 것은?
① Pyrethrin I ② Pyrethrin II
③ Cinerin I ④ Rotenone

해설
로테논(Rotenone)은 데리스의 뿌리의 살충유효 성분이다.

43 Carbomate 계 살충제가 아닌 것은?
① BPMC(Fenobcarb)
② Zeta-cypermethrin
③ Carbaryl
④ Furathiocarb

해설
제타사이퍼메트린(Zeta-cypermethrin)은 피레스로이드계 살충제이다.

44 다음 구리제 농약 중 구리 함유량이 가장 큰 것은?
① Tribasic copper sulfate
② Copper Oxychloride
③ Copper Hydroxide
④ Oxine Copper

해설
구리제 중 하나인 코퍼하이드록사이드(Copper Hydroxide, 수산화구리)는 구리의 함량이 약 77% 정도로 보기중 구리 함유량이 가장 크다.

45 유기인제 농약의 중독 증상과 비슷한 증상을 보이는 농약은?
① 항생제 농약
② 유기염소제 농약
③ 유기비소제 농약
④ 카바메이트제 농약

해설
유기인계와 카바메이트계 살충제는 신경기능을 저해하는 유사 증상을 보여준다.

46 해충에 저항성이 유발되기 쉬운 살충제의 살포방법은?
① 동일 그룹의 약제를 연용한다.
② 약제 살포 횟수를 줄인다.
③ 매년 다른 약제로 바꾸어 살포한다.
④ 작용 기작이 다른 약제와 교호 살포한다.

해설
동일 그룹의 약제를 연속해서 사용하면 저항성이 발생하기 쉽다.

정답 39 ① 40 ③ 41 ④ 42 ④ 43 ② 44 ③ 45 ④ 46 ①

47 훈증제의 사용에 대한 설명 중 틀린 것은?
① 휘발성이 있어야 한다.
② 비인화성 이어야 한다.
③ 흡착성과 확산성이 있어야 한다.
④ 수분에 용입되어야 한다.

> **해설**
> 훈증제는 밀폐된 공간에서 가스를 이용하여 해충을 죽이는 약제로 휘발성이 강해야 하고 흡착성과 환산성이 있어야 약효가 좋다.

48 농약의 사용목적에 따른 분류 중 보호살균제에 해당되지 않는 것은?
① Myclobutanil
② Bordeaux mixture
③ Mancozeb
④ Propineb

> **해설**
> 마이클로뷰타닐(Myclobutanil)은 세포막 형성을 저해하는 살균제이다.

49 농약을 식별하기 위해 라벨의 바탕색깔을 달리하는데 노란색 라벨은 어떤 유형의 농약을 의미하는가?
① 제초제   ② 살균제
③ 살충제   ④ 식물생장조절제

> **해설**
> 노란색 라벨은 제초제를 의미한다.

50 농약제형의 형태에 따른 분류가 아닌 것은?
① 미탁제   ② 유탁제
③ 유화제   ④ 훈증제

> **해설**
> 유제의 유화성을 높이는 일종의 계면활성제인 유화제는 보조제에 속한다.

51 농약의 독성을 나타내는 LD_{50}이 의미하는 것은?
① 반수치사약량
② 한계치사약량
③ 50%가 넘는 성분
④ 타 약품 대비 50%의 인체 독성을 갖는 농약

> **해설**
> LD_{50}은 쥐를 대상으로 독성실험을 실시하여 동물의 반수인 50%정도가 치사하는 약품의 양을 의미하며 반수치사약량 혹은 중위치사량이라 한다.

52 농약을 주성분의 조성에 따라 분류한 것은?
① 침투성살충제
② 훈증제
③ 유기인계
④ 식물생장 조절제

> **해설**
> 약품의 유효성분인 주성분의 조성에 따라 유기농약, 무기농약으로 분류된다. 유기농약에는 유기인계, 카바메이트계 등이 있다.

53 무기 화합물이 주 성분인 농약은?
① Bordeaux mixture
② Triclopyr
③ Cartap
④ EPN

> **해설**
> 보르도액(Bordeaux mixture)은 유효성분에 따른 분류에서 무기농약에 속한다.

54 작용기작이 식물호르몬 작용 교란 제초제가 아닌 것은?
① Dicamba   ② MCPB
③ PCP   ④ 2,4-D

> **해설**
> 펜타클로로페놀(PCP)는 에너지대사과정 저해 살균제이다.

정답 47 ④ 48 ① 49 ① 50 ③ 51 ① 52 ③ 53 ① 54 ③

55 농약의 유효성분이 50%인 제재를 0.05%로 희석하여 10a당 5말로 살포하려고 할 때 약제 소요량(mL)은? (단, 1말은 18L, 약제의 비중은 1.0 이다)
① 80 ② 90
③ 100 ④ 120

해설
$$\frac{0.05 \times 5 \times 18,000ml}{50 \times 1} = 90ml$$

56 살포한 농약이 식물체나 충체의 표면에 적시는 성질을 무엇인가?
① 부착성 ② 습윤성
③ 확전성 ④ 고착성

해설
습윤성은 살포한 약액이 작물이나 해충의 표면을 균일하게 적시는 성질을 말한다.

57 분제에 대한 설명으로 틀린 것은?
① 대부분 그대로 사용되는 제제이다.
② 유효성분 농도가 1~5% 정도이다.
③ 작물에 대한 고착성이 우수하다.
④ 잔효성이 유제에 비해 짧다.

해설
분제는 미분말의 약제로 전반적으로 잔효성 및 고착성이 낮은 편이다.

58 침투성 살충제의 일반적인 특성 중 옳지 않은 것은?
① 천적을 살해한다.
② 효력이 2~6주간 지속된다.
③ 식물체 내에 흡수, 이행되어 식물체 전체에 퍼진다.
④ 일반적으로 개체가 작은 흡즙 해충에 유효하다.

해설
침투성 살충제는 특정 해충만 방제하며 천적에는 피해를 주지 않는다.

59 기계유 유제의 살충작용으로 가장 옳은 것은?
① 훈증으로 살충
② 식중독으로 살충
③ 신경기능 저해로 살충
④ 피복, 질식시켜 살충

해설
기계유 유제는 곤충의 표피에 일종의 막을 형성하여 기문을 막아 질식사시키는 방제 약품이다.

60 살충제 카보입제(5%)분석 시 제품 1.8763g을 내부표준용액 25ml에 녹여 이 중 5μL를 HPLC에 주입하여 분석했을 때 면적비가 0.9561이었다. 또한 순도가 99.0%인 카보표준품 0.1005g을 내부표준용액 25ml에 녹여 5μL를 주입하여 분석했을 때 면적비가 0.9485이었다면 이 제품의 주성분 함량은?
① 5.06 % ② 5.20 %
③ 5.34 % ④ 5.42 %

해설
$(0.9485 \div 0.1005) : (0.9561 \div 1.8763) = 99 : X$
$X \times (0.9485 \div 0.1005) = 99 \times (0.9561 \div 1.8763)$
$X = 5.345 \cdots ≒ 5.34$

4과목 잡초방제학

61 제초제의 효과적이며 안전사용을 위하여 유의하여야 할 사항으로 가장 옳은 것은?
① 적량보다 적게 사용하는 것이 효과적이다.
② 적량보다 많이 사용하는 것이 효과적이며 안전하다.
③ 적기를 놓쳤을 때에는 적량보다 많은 양을 사용해야 한다.
④ 알맞는 제초제를 선택하여 적기에 적량을 살포해야 한다.

> **해설**
> 제초제는 적량을 사용하는 것이 효과적이고 안전하다.

62 다음 중 년생(월년생) 잡초만으로 나열된 것은?
① 냉이, 메꽃
② 민들레, 코스모스
③ 질경이, 달맞이꽃
④ 망초, 냉이

> **해설**
> 월년생 잡초로 나도냉이, 별꽃, 망초, 냉이, 속속이풀 등이 있다.

63 다음 중 출아가 가장 늦으며, 출아 기간이 가장 긴 다년생 잡초로 가장 옳은 것은?
① 올챙이고랭이 ② 올미
③ 너도방동사니 ④ 올방개

> **해설**
> 올방개는 논과 습지에 발생하는 다년생 잡초로 괴경에 의해 번식하며 휴면기간이 긴 것이 특징이다. 휴면기간이 길어 출아기간이 불규칙하고 길어서 방제가 어려운 잡초이다.

64 다음 중 다년생 잡초의 전파기관에서 가장 지하에 묻혀있지 않는 것은?
① 인경   ② 근경
③ 포복경 ④ 괴경

> **해설**
> 포복경은 땅위를 기어자라는 줄기이다.

65 다음 중 논에서 종자로 번식하는 잡초로 가장 옳은 것은?
① 물달개비 ② 올미
③ 벗풀   ④ 올방개

> **해설**
> 물달개비는 1년생 광엽잡초로 종자로 번식하는 논잡초이다.

66 영양번식을 좌우하는 환경요인에 대한 설명으로 가장 거리가 먼 것은?
① 단일조건은 매자기의 괴경 형성을 촉진하며 장일은 억제하는 반면에 괴경당 중량은 크게 한다.
② 광도는 건물생산과 생리대사에 영향을 미친다.
③ 무기성분 함량이 충분한 조건하에서 다년생 잡초의 경우 영양번식 속도가 억제된다.
④ 중점토보다 사질토에서 지하 영양기관의 생성이 촉진된다.

> **해설**
> 무기성분 함량이 충분한 조건하에서 다년생 잡초의 영양번식 속도는 촉진 및 유지된다.

67 토양처리제로 식물체내에서 이행되며 세포분열 및 단백질 합성을 저해하여 고사시키는 계통으로만 나열된 것은?
① 피라졸계와 요소계
② 설포닐우레아계와 트라이아진계
③ 카르바메이트계와 디니트로아닐린계
④ 유기인계와 산아미드계

> **해설**
> 디니트로아닐린계 제초제와 카바메이트계(카르바메이트) 제초제는 흡수 이행되어 단백질 합성을 저해하여 세포분열을 방해한다.

68 다음 중 초생재배 방법에 대한 설명으로 가장 옳은 것은?
① 오리, 어패류를 이용하여 잡초 생육을 억제한다.
② 인접식물에 독성을 나타내는 물질을 분비하는 식물을 심어 잡초 발생을 경감시킨다.
③ 잡초에 특이적으로 기생하는 병원균을 이용하여 방제한다.
④ 과수원이나 나지상태의 포장에 피복작물을 재배한다.

정답 62 ④ 63 ④ 64 ③ 65 ① 66 ③ 67 ③ 68 ④

> [해설]
> 초생재배는 초생법을 과수원 같은 곳에 적용하는 방법인데 포장을 피복하여 토양의 유실을 막아주며 잡초발생을 억제하는 효과가 있다.

69 제초제가 활성화되는 반응으로 가장 적절한 것은?

① MCPB 의 β-oxidation
② Diuron 의 demethylation
③ Atrazane 의 glutathione conjugation
④ Bentazone 의 hydroxylation

> [해설]
> 페녹시계 제초제 MCPB 는 활성화 과정을 통해 β-oxidation 으로 살포되어 특정 잡초만 고사시키기도 한다.

70 다음 중 식물의 분류체계로 가장 적절한 것은?

① 문 - 과 - 강 - 목 - 종 - 속
② 문 - 강 - 목 - 과 - 속 - 종
③ 문 - 속 - 강 - 과 - 목 - 종
④ 강 - 문 - 목 - 과 - 속 - 종

> [해설]
> 식물학적 분류순서는 <계 → 문 → 강 → 목 → 과 → 속 → 종 → 변종> 이며 식물의 기본단위는 종으로 정의한다.

71 제초제 종류와 주요 작용 기작이 가장 옳은 것은?

① atrazine-호흡 저해
② thiobencarb-분지형 아미노산 생합성 저해
③ glyphosate-방향족 아미노산 생합성 저해
④ chlorsulfuron-색소 형성 저해

> [해설]
> 글리포세이트(glyphosate)는 아미노산 생합성을 저해시키는 유기인계 제초제이다. 글리포세이트의 경우 이행성이며 비선택성 제초제이다.

72 다음 중 벼 재배법에서 잡초와의 경합면에 가장 불리한 재배법은?

① 손이앙재배 ② 어린모재배
③ 중모재배   ④ 직파재배

> [해설]
> 직파재배보다는 이앙재배가 잡초의 피해를 덜 받으며 경합에 유리하다.

73 다음 중 제초제와 토양과의 관계에서 흡착력에 가장 크게 관여하지 않는 요인은?

① 점토광물의 종류
② 양이온 치환 용량
③ 토양유기물 함량
④ 토양의 수소이온 농도

> [해설]
> 토양의 흡착력은 점토광물, 양이온 치환용량, 유기물의 함량 등에 영향을 받는다. 예를 들어 부식콜로이드는 양분의 흡착력이 강한 편이다.

74 광발아 잡초들로만 나열된 것은?

① 바랭이, 쇠비름, 개비름
② 독말풀, 향부자, 별꽃
③ 별꽃, 왕바랭이, 소리쟁이
④ 바랭이, 냉이, 별꽃

> [해설]
> 광발아 잡초에는 바랭이, 쇠비름, 향부자, 강피, 소리쟁이, 개비름 등이 있다.

75 작물과 잡초간 경합의 주요인과 가장 거리가 먼 것은?

① 영양소   ② 빛
③ 수분   ④ 산소

> [해설]
> 작물과 잡초의 경합요인으로 양분, 수분, 광선, 공간 등이 있으며 그 외에도 잡초의 종류, 생육 시기, 이산화탄소 등이 있다.

정답 69 ① 70 ② 71 ③ 72 ④ 73 ④ 74 ① 75 ④

76 식물 표면에서 제초제의 흡수과정에 대한 설명으로 가장 옳지 않은 것은?

① 친유성(비극성)제초제는 큐티클 납질층을 친수성보다 잘 통과한다.
② 친수성(극성)제초제의 통과는 펙틴이 높고 다음이 큐틴이며 납질은 통과가 어렵다.
③ 계면활성제는 극성 제초제가 큐티클 납질층을 잘 통과하도록 도와준다.
④ 셀룰로오스층은 촘촘하여 비극성 및 극성 제초제 모두 투과가 어렵다.

해설
셀룰로오스는 베타포도당이 모여 결합된 고분자 물질로 극성을 띠고 있으며 비극성, 극성 제초제가 모두 통과 가능하다.

77 잡초의 생장형에 따른 잡초의 분류로 가장 적절하지 않은 것은?

① 포복형 - 메꽃, 나도겨풀
② 직립형 - 가막사리, 사마귀풀
③ 총생형 - 억새, 둑새풀
④ 로제트형 - 민들레, 질경이

해설
사마귀풀은 포복형이다.

78 논 잡초방제에 사용되는 카바메이트계 제초제로만 나열된 것은?

① 티페나미드, 벤설퓨론메틸
② 메토라클로르, 알콜
③ 티오벤카브, 몰리네이트
④ 나프로파마이드, 프레틸라클로르

해설
카바메이트계 제초제로 디메피페레이트, 티오벤카브, 몰리네이트, 피리뷰티카브 등이 있다.

79 다음 중 외래잡초로 가장 옳은 것은?

① 단풍잎돼지풀 ② 바랭이
③ 여뀌   ④ 명아주

해설
외래 잡초에는 미국가막사리, 미국개기장, 가는털비름, 단풍잎돼지풀, 소리쟁이, 도꼬마리, 서양민들레, 개망초, 애기달맞이꽃 등이 있다.

80 광합성을 억제하는 계통의 제초제로 가장 거리가 먼 것은?

① Triazine 계
② Acetamide 계
③ Urea 계
④ Bipyridylium 계

해설
광합성 억제 관련 저해제로 트리아진계, 요소계(urea계), 아마이드계, 비피리딜리움계 제초제 등이 있다.

국가기술자격 필기시험문제

2020년 산업기사 제3회 과년도 기출문제			수험번호	성명
자격종목 식물보호산업기사	종목코드	시험시간 2시간	형별	

1과목 식물병리학

01 병원체의 감염, 침입 등의 자극에 의하여 식물체가 파이토알렉신, PR protein 등을 만들어 저항성을 나타내는 것은?

① 물리적 저항성
② 정적 화학적 저항성
③ 분주감수성
④ 유도저항성

해설
유도저항성은 식물이 자체적으로 가진 저항성을 활성화시켜 병에 대한 저항력을 가지게 하는 것이다.

02 주변에 향나무가 많은 경우 배나무에 주로 발생하는 병은?

① 겹무늬병   ② 흰가루병
③ 검은무늬병 ④ 붉은별무늬병

해설
배나무붉은별무늬병의 중간기주는 향나무로 기주교대를 통해 피해가 확산된다.

03 기주에서 기생생활을 원칙으로 하나 조건에 따라 죽은 기주에서 부생적으로 생활할 수 있는 것은?

① 임의기생체   ② 순활물기생체
③ 임의부생체   ④ 부생체

해설
임의부생체는 기생을 원칙으로 하나 죽은 유기물에서도 영양섭취가 가능하다.

04 매개충의 알을 통하여 다음 대까지 바이러스가 옮겨지는 병은?

① 벼 오갈병
② 감자 잎말림병
③ 오이 모자이크병
④ 오이 녹반모자이크병

해설
경란전염은 매개충의 알을 통해 바이러스가 전파되는 것을 의미하며 벼 오갈병은 끝동매미충의 알에 의해 다음 세대로 전염되는 경란전염을 한다.

05 사과나무 부란병을 일으키는 병원체는?

① 세균   ② 진균
③ 바이러스   ④ 파이토플라스마

해설
사과나무 부란병은 진균(자낭균류)에 의해 발생한다.

06 다음 중 비기생성 성질의 병은?

① 배추 무름병
② 사과나무 검은별무늬병
③ 토마토 배꼽썩음병
④ 담배 불마름병

해설
토마토 배꼽썩음병은 기생생물에 의해 발생되는 것이 아닌 석회결핍이나 토양수분의 급격한 변화에 의해 발생한다.

07 다음 중 법적 방제법에 해당하는 것은?

① 포장위생   ② 식물검역
③ 종묘소독   ④ 비배관리

해설
외국에서 유입되는 식물 및 병원체의 침입을 막는 방법을 식물검역이라 하며 법적방제법에 속한다.

정답 01 ④ 02 ④ 03 ③ 04 ① 05 ② 06 ③ 07 ②

08 균류유사체에 속하는 병원균에 의해 산성 토양에서 많이 발생하는 병해는?
① 배추 무름병
② 토마토 풋마름병
③ 배추 무사마귀병
④ 대추나무 빗자루병

해설
배추 무사마귀병은 산성토양이며 다습한 경우 다량 발생한다.

09 감염되면 식물체의 모든 부위에 병징이 나타나는 병은?
① 벼 깨씨무늬병
② 사과 탄저병
③ 담배 모자이크병
④ 인삼 점무늬병

해설
바이러스에 의해 발생하는 담배모자이크병은 수목의 전체에 나타나는 전신병징이 나타난다.

10 다음 중 병원체가 기주식물이 없어도 오랫동안 전염원으로서 생존이 가능하며 기주식물을 연작할 경우 그 피해가 증대해 방제하기가 가장 어려운 병해는?
① 종자 전염성 병해
② 공기 전염성 병해
③ 토양 전염성 병해
④ 충매 전염성 병해

해설
토양 전염성 식물병은 생존기간이 길고 연작할 경우 그 피해가 더욱 커진다.

11 병원체가 기주를 침해하여 병을 일으킬 수 있는 능력을 무엇이라 하는가?
① 기생성 ② 감수성
③ 병원성 ④ 저항성

해설
식물의 병의 원인을 병원이라 하며 병원에 있어 생물 및 바이러스 등에 의한 때를 병원체라 한다. 이때 병원체가 기주에 침입해 병을 일으키는 능력을 병원성이라 한다.

12 벚나무 빗자루병을 일으키는 병원체는 어디에 속하는가?
① 세균   ② 진균
③ 바이러스 ④ 파이토플라스마

해설
벚나무 빗자루병은 진균(자낭균류)에 의해 발생한다.

13 병 진단법에 대한 설명으로 틀린 것은?
① 바이로이드병의 진단에는 지표식물은 이용되지 못한다.
② 바이로이드 진단에는 RNA 전기영동법이 이용된다.
③ 감자의 바이러스 감염은 괴경지표법으로 검정할 수 있다.
④ 사과나무 자주날개무늬병은 고구마를 심어 검정한다.

해설
바이로이드병의 진단에는 지표식물 검정법과 RT-PCR(역전사 중합효소 연쇄반응)법 등을 통해 진단이 가능하다.

14 다음 중 병원체가 가지고 있는 플라스미드의 T-DNA 부분이 식물 세포로 이행하여 뿌리혹병을 일으키는 것은?
① *Agrobacterium tumefaciens*
② *Xathomonas campestris*
③ *Streptomyces scabies*
④ *Pseudomonas putida*

정답 08 ③ 09 ③ 10 ③ 11 ③ 12 ② 13 ① 14 ①

해설
아그로박테리아(Agrobacterium tumefaciens)의 플라스미드 내의 T-DNA(Transfer DNA) 부분을 식물세포에 삽입되어 발생하는데 T-DNA 는 종양형성을 유도하는 유전자가 포함되어 있어 뿌리혹병을 발생시킨다.

15 다음 중 물에 의해 전파되는 병으로 가장 옳은 것은?
① 벼 흰잎마름병
② 밀 줄기녹병
③ 밀 붉은녹병
④ 보리 속깜부기병

해설
벼 흰잎마름병은 물에 의해 전반되어 상처를 통해 침입하는데 태풍과 침수에 의해 상처가 발생하고 강수에 의해 전반이 많이 일어나게 된다.

16 다음 중 비전염성인 병은?
① 선충에 의한 병
② 영양결핍에 의한 병
③ 세균에 의한 병
④ 바이러스에 의한 병

해설
영양결핍에 의한 병은 비전염성 병에 속한다.

17 식물에 병원균이 침해되어도 전혀 병 발생이 없는 것은?
① 저항성   ② 면역성
③ 감수성   ④ 내병성

해설
기주식물에 병이 전혀 발생하지 않는 성질을 면역성이라 한다.

18 바이러스병의 진단법으로 가장 거리가 먼 것은?
① 효소결합항체법
② 봉입체 관찰
③ 지방산 분석
④ 한천겔확산법

해설
바이러스로 인한 식물병의 진단방법으로 한천겔확산법, 효소결합항체법(ELISA), 봉입체 관찰, 슬라이드법, 형광항체법 등이 있다.

19 감자 잎말림병을 일으키는 병원체는?
① 세균   ② 진균
③ 선충   ④ 바이러스

해설
감자 잎말림바이러스병의 병원은 바이러스인 Potato Leaf Roll Virus(PLRV)이다.

20 발병에 영향을 주는 세 가지 요인에 속하지 않는 것은?
① 병원체   ② 감수성식물
③ 환경   ④ 시간

해설
발병에 영향을 주는 요인으로 식물병의 원인은 병원체, 저항성이 약한 감수성식물, 환경 등이 있다.

2과목 농림해충학

21 곤충의 전장에 대한 설명으로 옳지 않은 것은?
① 양분을 흡수한다.
② 외배엽에 의하여 생긴다.
③ 분문판으로 중장과 구분된다.
④ 먹은 것을 분쇄하는 장치를 가진 것이 있다.

해설
곤충의 전장은 기계적 소화작용이 일어나며 양분을 흡수하지는 않는다.

정답 15 ① 16 ② 17 ② 18 ③ 19 ④ 20 ④ 21 ①

22 생물적 방제를 위하여 해충의 천적을 이용하는 방법으로 옳지 않은 것은?
① 외국으로부터 도입 이용
② 대량 증식 방사
③ 내충성 증대
④ 환경조건의 개선

> [해설]
> 내충성이 증대되면 해충에 대한 저항성이 강해지므로 천적을 이용할 필요가 없다.

23 천공성 해충으로서 피해구멍에 배설물을 실로 칠하여 덮어 놓으므로 혹같이 보이는 해충은?
① 흑명나방 ② 솔나방
③ 독나방 ④ 박쥐나방

> [해설]
> 박쥐나방은 천공성 해충으로 알로 월동하고 부화한 유충이 줄기 속을 가해하다가 갱도 안을 이동하면서 피해를 주는데 배설한 배설물을 구멍 입구에 붙여 놓아 혹같이 보이게 된다.

24 농생태계와 비교하여 산림생태계의 특성에 대한 설명으로 가장 거리가 먼 것은?
① 군집구조가 복잡하다.
② 안정된 생태계이다.
③ 생물 종의 구성이 단순하다.
④ 자연적인 생태계이다.

> [해설]
> 산림생태계는 생물 종의 구성이 다양하다.

25 벼해충 중 대표적인 비래해충은?
① 이화명나방 ② 벼멸구
③ 끝동매미충 ④ 번개매미충

> [해설]
> 비래해충에는 멸강나방, 벼멸구, 흑명나방 등이 있다.

26 곤충에서 수컷 생식계의 3대 구성요소로 가장 거리가 먼 것은?
① 정소 ② 수란관
③ 수정관 ④ 사정관

> [해설]
> 수란관은 암컷의 생식기관이다.

27 곤충의 발육단계에서 빛의 영향을 가장 받지 않는 것은?
① 수명 ② 교미
③ 휴면 ④ 산란의 시점

> [해설]
> 곤충의 발육단계에서 광선에 반응하여 교미, 휴면, 산란, 생장 등에 영향을 받는다.

28 ( ) 에 가장 알맞은 내용은?

> 솔잎혹파리는 우리나라 소나무림에 가장 큰 피해를 준 해충이다. 이 해충은 (A)으로 지피물 밑에서 월동하고 산란 최성기는 보통 (B) 이다. 이 해충은 (C)이 솔잎 기부에 벌레혹(충영)을 만든다.

① A : 유충, B : 6월 상순~중순, C : 유충
② A : 용(번데기), B : 5월, C : 성충
③ A : 유충, B : 7월 하순, C : 성충
④ A : 용(번데기), B : 8월 상순~중순, C : 유충

> [해설]
> 솔잎혹파리는 주로 소나무, 해송 등에 피해를 주며 유충으로 지피물 아래 혹은 땅속에서 월동한다. 5~7월에 우화하며 최성기는 보통 6월 상순~중순쯤이다. 이 해충은 유충이 솔잎 기부에 벌레혹을 만들어 흡즙 가해한다.

[정답] 22 ③ 23 ④ 24 ③ 25 ② 26 ② 27 ① 28 ①

29 메뚜기의 경우 앞날개가 뒷날개를 보호하고 비행 시 펼치기만 할 뿐 비행에 활용하지 않는다. 이런 날개를 무엇이라 하는가?
① 굳은 날개   ② 인편
③ 두텁날개   ④ 평균곤

해설
메뚜기는 앞날개가 뒷날개보다 두꺼워 두텁날개라 한다. 날개가 퇴화하여 비행에 활용하지 못한다.

30 페로몬에 대한 설명으로 옳은 것은?
① 체내의 생리조절 물질이다.
② 같은 종내 개체간의 통신물질이다.
③ 다른 종간의 통신물질이며 전달 방법이 생산자에게 유리하다.
④ 다른 종간의 통신물질이며 전달 방법이 수신자에게 유리하다.

해설
같은 종의 이성을 유인하는 성페로몬, 서식지에서 동족을 부르는 집합페로몬, 위험을 전파하는 경보페로몬, 길을 안내하기 위한 길잡이 페로몬, 동족의 과밀현상을 피하기 위한 분산페로몬 등 목적에 따라 다양한 페로몬이 있다.

31 솔나방의 학명으로 옳은 것은?
① Agelastica coerulea
② Thecodiplosis japonensis
③ Malacosoma neustria
④ Dendrolimus spectabilis

해설
① 오리나무잎벌레 ② 솔잎혹파리 ③ 천막벌레나방 ④ 솔나방
솔나방의 학명은 <Dendrolimus spectabilis> 이고 영명은 <Pine caterpillar> 이다.

32 소나무 재선충을 매개하는 해충은?
① 솔잎혹파리
② 솔수염하늘소
③ 미국흰불나방
④ 버즘나무방패벌레

해설
솔수염하늘소는 소나무재선충의 매개충으로 천공성 해충에 속한다.

33 다음 중 사과나무 재배 시 경제적으로 가장 큰 피해를 주는 해충은?
① 사과굴나방
② 사과무늬잎말이나방
③ 복숭아심식나방
④ 조팝나무진딧물

해설
복숭아심식나방은 사과나무의 과실 속 조직까지 갉아 먹어 경제적으로 가장 큰 피해를 주는 해충으로 평가받고 있다.

34 곤충강에서 분화가 다양하고, 세계적으로 종수가 가장 많은 목은?
① 벌목   ② 나비목
③ 노린재목   ④ 딱정벌레목

해설
딱정벌레목은 곤충의 종 가운데 40% 정도인 35만여종을 차지하는 목이며 아직 미발견 종만 500만여종이 넘는 것으로 알려져있다.

35 다음 중 하루살이가 속한 분류군은?
① 고시류   ② 외시류
③ 내시류   ④ 무시류

해설
하루살이목, 잠자리목 등은 고시류에 속한다.

36 곤충의 혈구 중 부정형혈구, 편도혈구 및 판막혈구의 공통적인 기능은?
① 산소운반   ② 식균작용
③ 혈액응고   ④ 단백질운반

해설
곤충의 혈구에서 부정형혈구, 편도혈구, 판막혈구, 원시혈구 등은 식균작용을 한다.

정답 29 ③ 30 ② 31 ④ 32 ② 33 ③ 34 ④ 35 ① 36 ②

37 수정낭에 대한 설명으로 옳은 것은?
① 수컷에서 만들어진 정자를 임시로 보관하는 곳
② 교미 후 수컷에서 받은 정자를 보관하는 곳
③ 수컷의 생식기관으로 정충을 만드는 곳
④ 교미 후 정자와의 수정이 일어나는 곳

해설
수정낭은 교미 후 수컷에서 받은 정자를 보관하는 곳으로 정자가 좀더 오래 살아남을수 있다.

38 곤충학의 발달과 직접적인 관련이 없는 것은?
① 농업혁명   ② 벌꿀의 채취
③ 살충제 발명 ④ 환경호르몬

해설
곤충학이 발달로 농업에 피해를 주던 해충에 대한 방제가 가능해졌으며 이에 따른 다양한 살충제가 발명되었다. 또한 이로운 곤충들의 특성을 이용하여 벌꿀의 채취가 가능해졌다.

39 일부지역에만 한정되어 분포하는 종을 일컫는 용어는?
① 멸종위기종   ② 범존종
③ 고유종   ④ 외래종

해설
특정지역에만 분포하는 생물의 종을 고유종이라 한다.

40 벌목 곤충에 있어서 앞날개의 경화된 접힌 부위에 결합하는 뒷날개의 기관은?
① 날개추부   ② 날개가시
③ 날개갈고리   ④ 평균곤

해설
날개갈고리 벌목의 뒷날개 앞쪽에 있는 작은 갈고리로서 비행중 앞날개와 연결되어 앞뒷날개가 한 번에 작동할 수 있는 기관이다.

3과목 농약학

41 수화제 제형 제조에서 중요하게 관리해야 할 물리적 특성에 해당하는 것은?
① 비중과 유화성
② 입자의 크기와 현수성
③ 안전성과 확전성
④ 입자의 크기와 수용성

해설
수화제는 현수성, 수화성, 고착성, 습진성 등이 좋아야 하며 그 중에서 물리적 특성에는 입자의 크기 및 현수성이 중요하다.

42 분제의 약효에 영향을 미치는 물리적 성질이 아닌 것은?
① 토분성   ② 부착성
③ 분산성   ④ 습전성

해설
고체시용제인 분제의 경우 토분성, 부착성, 분산성 등은 영향을 미치지만 습전성의 경우 액상시용제의 물리적 성질로 관련이 없다.

43 농약 살포 중 중독 사고를 방지하기 위한 방법으로 틀린 것은?
① 농약 살포 시 노출부가 적은 방제복을 사용한다.
② 마스크, 방호안경, 보호크림 등을 사용한다.
③ 살포 시에는 바람을 마주보며 살포한다.
④ 작업이 끝나면 몸을 깨끗이 씻고 휴식을 취한다.

해설
농약 살포시 바람을 등지고 살포하도록 한다.

정답 37 ② 38 ④ 39 ③ 40 ③ 41 ② 42 ④ 43 ③

44 벼의 도복경감을 위해 주로 사용되는 살균제는?

① Daminozide
② Calcium carbonate
③ Hexaconazole
④ Ethephon

해설
Hexaconazole 은 신장억제제 일종으로 신장억제 및 도복경감을 위해 사용하는 살균제이다.

45 다음 중 실험동물(rat)에 경구독성이 가장 강한 것은?

① EPN
② Diazinon
③ Dichlorvos
④ Fenitrothion

해설
쥐에 대한 EPN의 경구 독성은 25mg/kg 정도로 보기 중 가장 강하다.

46 농약합성 및 제제 시 사용하는 가성소다(NaOH)에 대한 설명으로 틀린 것은?

① 불연성이다.
② 무색 또는 회색의 액체로 취기가 있다.
③ 수용액은 인화성이나 폭발성이 없다.
④ 피부에 접촉하면 침식시키고 눈에 들어가면 점막을 격렬히 자극하므로 세척해야 한다.

해설
가성소다는 상온에서 고체 상태이다.

47 포자의 침입 및 발아를 저지하고 균사의 생육을 저해하여 병반의 확대, 진전을 억제하는 효과가 있으므로 예방과 치료효과를 동시에 발휘하는 생합성 저해제 농약은?

① Polyoxin B
② Captan
③ Cypermethrin
④ Simazine

해설
폴리옥신(Polyoxin)은 세포벽 형성 저해제로 포자의 침입 및 발아를 저지한다.

48 Methidathion 40% 유제를 0.08% 액으로 8말을 조제하여 해충을 방제하기 위해 살포하고자 한다. 이때 필요한 Methidathion 40% 유제의 소요량(mL)은? (단, 1말은 20L 로 가정한다)

① 100
② 160
③ 200
④ 320

해설
Methidathion 40% 유제를 0.08% 액으로 조제하기 위해서는 <40/0.08=500> 500배액으로 희석해야 하며 이를 통해 소요량을 구하도록 한다.

$$\text{소요약량} = \frac{\text{단위면적당 사용량}}{\text{소요희석배수}}$$
$$= \frac{20L \times 8}{500} = 0.32L = 320ml$$

49 살균제의 분류방법 중 살균기작에 의해 분류한 것은?

① 보호살균제, 직접살균제
② 호흡저해제, 생합성저해제
③ 구리제, 유기비소제
④ 경엽살포제, 토양소독제

해설
살균제의 작용기작에 의해 호흡저해, 단백질 합성 저해, 세포막 형성 저해, 세포벽 형성 저해로 분류된다.

50 농약관리법령상 고체 농약의 급성경구 고독성에 해당하는 반수치사량(mg/kg)의 범위는?

① 20 미만
② 5 이상 50 미만
③ 10 이상 100 미만
④ 20 이상 200 미만

해설
고체 농약의 급성경구 II급(고독성)은 5 이상 50 미만 의 기준을 가진다.

정답 44 ③ 45 ① 46 ② 47 ① 48 ④ 49 ② 50 ②

51 Carbamate 계 살충제가 아닌 것은?
① Carbaryl ② BPMC
③ MIPC ④ DDVP

해설
DDVP는 유기인계 살충제이다.

52 DEP 제(trichlorfon)가 분해하여 1차로 변하는 형태는?
① Parathion ② DDVP
③ Trithion ④ Dimethoate

해설
DDVP는 디프테릭스(DEP제)를 수산화나트륨과 처리하여 분해시 1차로 나타나는 형태이다.

53 갯지렁이의 독소 물질인 nereistoxin의 구조를 변형하여 만든 살충제는?
① Bensultap ② Edifenphos
③ Dicofol ④ Fenobucarb

해설
벤설탑(Bensultap)은 갯지렁이에서 추출한 천연살충제로 네레이스톡신(nereistoxin)의 유도체이다.

54 농약의 독성표시를 가장 바르게 나타낸 것은?
① $ED_{95}(mg/kg)$ ② $LD_{90}(mg/kg)$
③ $ED_{50}(mg/kg)$ ④ $LD_{50}(mg/kg)$

해설
농약의 독성표시는 반수치사량 혹은 중위치사량이라 하여 $LD_{50}(mg/kg)$으로 표기한다.

55 합성 pyrethroid 계 살충제의 살충작용의 기전을 가장 바르게 설명한 것은?
① 중추신경계나 말초신경계에 대하여 낮은 농도에서 독성작용을 나타낸다.
② 콜린에스테라제의 활성저해로 인한 아세틸콜린 축적으로 신경전달을 중단한다.
③ 세포분열 저해 및 단백질 합성저해에 의하여 독작용을 나타낸다.
④ 곤충체 내의 SH기나 nitro기 등과 결합하여 그 기능을 저해한다.

해설
피레트로이드계(pyrethroid 계) 살충제는 중추신경계나 말초신경계에 대하여 매우 낮은 농도에서 독성작용을 일으키는 신경독성화합물이다.

56 40%(비중 = 1)의 어떤 유제가 있다. 이 유제를 1000배로 희석하여 9L를 살포하고자 할 때, 유제의 소요량(mL)은?
① 7 ② 8
③ 9 ④ 10

해설
$$9000\,ml \times \frac{1}{1000} = 9\,ml$$

57 농약의 작물잔류성에 미치는 요인으로 가장 거리가 먼 것은?
① 농약의 이화학적 특성
② 작물의 형태
③ 농약의 색상
④ 환경조건

해설
농약이 작물에 잔류하는데 미치는 영향인자로 농약의 이화학적 특성, 작물의 잎 표면의 형태 및 상태, 온도 및 습도 등의 환경 조건이 있다.

58 입자의 크기가 가장 작은 농약의 제형은?
① 분제 ② 수화제
③ 입제 ④ 미립제

해설
수화제의 입자 크기는 10~20μm로서 다른 입자들에 비해 작은 편이다.

59 농약의 분류 중 유효성분 조성에 따른 분류는?
① 기피제 ② 침투성제
③ 유기염소계 ④ 불임화제

정답 51 ④ 52 ② 53 ① 54 ④ 55 ① 56 ③ 57 ③ 58 ② 59 ③

해설
유기인계, 카바메이트계, 유기염소계 등은 유효성분 조성에 따른 분류에 해당한다.

60 희석하지 않고 직접 살포하는 제형은?
① 유제 ② 액상수화제
③ 수용제 ④ 미립제

해설
미립제는 고체시용제로서 희석하지 않고 직접 살포한다.

4과목 　 잡초방제학

61 밭잡초의 발생 특성에 해당되지 않는 것은?
① 발생초종이 다양하고 발생량이 많다.
② 우점잡초는 바랭이, 뚝새풀, 명아주 등이다.
③ 수도작보다 밭작물에서 잡초의 피해가 적다.
④ 수생잡초보다는 습생 및 건생잡초가 많다.

해설
수도작보다 밭작물에서의 발생되는 잡초의 종류가 많고 발생량이 많아 피해가 더 크다.

62 제초제 저항성 잡초의 출현을 감소시킬 수 있는 방법으로 가장 옳은 것은?
① 동일한 제초제를 매년 사용하며, 5년 주기로 변경하여 사용한다.
② 동일한 작물을 연작한다.
③ 약효가 좋은 동일계열 제초제를 매년 사용한다.
④ 작용기작이 다른 제초제를 번갈아 사용한다.

해설
저항성 잡초 출현을 줄이기 위한 방법으로 작용기작이 다른 제초제를 번갈아 가면서 사용하여 저항성이 생기지 않도록 한다.

63 농경지에서 잡초를 방제하지 않을 때 나타나는 손실과 관계가 없는 것은?
① 작물의 수량 감소
② 농산물의 품질 저하
③ 병·해충의 발생 증가
④ 토질개선

해설
농경지에서 잡초를 방제하지 않을 경우 잡초에 의해 작물에 피해를 받게 되어 작물의 수량 감소, 품질저하, 병해충의 발생증가 등의 피해 현상이 나타난다.

64 영양번식의 환경요인에 대한 설명으로 틀린 것은?
① 증점토보다 사양토에서 지하 영양기관의 생성이 배가 된다.
② 단일조건은 매자기의 괴경 형성은 촉진하며 자일조건에서는 괴경당 중량을 크게 한다.
③ 광도는 건물생산과 생리대사에 영향을 미친다.
④ 무기성분 함량이 충분한 조건하에서 다년생 잡초의 경우 영양번식 속도가 억제된다.

해설
영양번식에서 무기성분 함량이 충분한 조건에서는 다년생 잡초의 번식 속도가 증가한다.

65 다음 중 종피에 기인한 휴면과 가장 거리가 먼 것은?
① 배의 미숙
② 배의 생장에 대한 기계적 장해
③ 가스교환 방해
④ 투수성 방해

해설
배의 불완전 또는 미숙은 종자 자체의 문제이다.

정답 60 ④ 61 ③ 62 ④ 63 ④ 64 ④ 65 ①

66 다음 중 화본과 잡초에는 있으나 광엽잡초에는 없는 주요 기관은?
① 줄기　　② 마디
③ 엽신　　④ 엽초

해설
화본과잡초는 엽초가 있으나 광엽잡초에는 엽초가 없다. 생장점의 위치를 비교해보면 화본과의 경우 엽초의 마디에 위치해 있으나 광엽잡초의 경우 엽초가 없어 생장점이 엽액에 위치해 있다.

67 다음 중 선택성 제초제는?
① Paraquat　　② Glyphosate
③ 2,4-D　　④ Glufosinate

해설
선택성 제초제로 2,4-D, Propanil, Butachlor 등이 있다.

68 논에 오리를 방사하여 잡초를 방제하는 방법은?
① 경종적 방제법　② 생물적 방제법
③ 화학적 방제법　④ 기계적 방제법

해설
오리나 닭 등의 가축을 이용한 방제법은 생물적 방제법에 해당한다.

69 다음 중 영양번식기관과 해당 잡초가 옳지 않게 연결된 것은?
① 지하경 - 가래, 수염가래꽃
② 인경 - 야생마늘, 자주괭이밥
③ 괴경 - 향부자, 매자기
④ 포복경 - 올미, 벗풀

해설
벗풀, 올미의 영양번식기관은 괴경이다.

70 우리나라 논에서 발생하는 주요 다년생 광엽잡초는?
① 여뀌, 마디꽃
② 사마귀풀, 논뚝외풀
③ 물달개비, 가래
④ 올미, 벗풀

해설
논에서 발생하는 다년생 광엽잡초로 너도방동사니, 매자기, 벗풀, 올미 등이 있다.

71 발생지에 따른 분류와 해당 잡초종이 잘못 연결된 것은?
① 논 잡초 - 강피, 올챙이고랭이
② 밭 잡초 - 개비름, 깨풀
③ 과수원 잡초 - 쑥, 민들레
④ 잔디밭 잡초 - 쇠털골, 가래

해설
토끼풀, 파대가리, 새포아풀, 클로버, 꽃다지 등은 잔디밭잡초이다.

72 논에 발생하는 피류의 속명은?
① Cyperus　　② Echinochloa
③ Sorghum　　④ Monochoria

해설
① 향부자 ② 돌피 ③ 수수 ④ 물옥잠
논에서 발생하는 피의 종류로 돌피, 강피 등이 있다.

73 종자에 낙하산과 같은 깃털을 가지거나 솜털과 같은 것으로 덮여서 바람에 잘 날리는 잡초는?
① 민들레　　② 쇠비름
③ 물달개비　　④ 피

해설
민들레는 바람에 의해 비산하며 관모가 있어 멀리 이동한다.

74 다음 잡초 중 기주식물에서 기생하는 잡초는?

① 피 ② 물달개비
③ 명아주 ④ 새삼

해설
새삼의 경우 뿌리가 없는 기생식물로 다른 식물의 양분을 흡수한다.

75 밭잡초의 효과적 방제를 위한 다양한 특성을 고려해야 할 때에 대한 설명으로 틀린 것은?

① 밭작물은 종류가 많고 재배시기가 다양하다.
② 재배지의 토성, 수분, 유기물 함량 등이 다양하다.
③ 중경, 배토에 의해 효과적인 방제가 가능하다.
④ 밭잡초는 종류가 다양하나 발생이 균일하여 발생 예측이 가능하다.

해설
밭잡초는 논잡초보다 종류도 다양하고 발생이 불규칙하여 예측이 어렵다.

76 제초제의 흡수에 대한 설명으로 옳지 않은 것은?

① 종자 내로 제초제의 침투는 집단류와 확산에 의해 일어난다.
② 식물의 뿌리는 토양으로부터 토양에 잔류하는 제초제를 흡수한다.
③ 제초제의 식물뿌리 내 물관으로의 이동 중 원형질막을 통과하는 경로는 심플라스트 경로를 이용한다.
④ 비극성제초제는 극성 제초제보다 잡초의 뿌리 흡수가 용이하다.

해설
극성제초제의 뿌리 흡수가 더 용이하다.

77 다음 중 다년생 논잡초이며, 지하 번식체를 0~5cm 의 표토에 주로 생성하는 것은?

① 바랭이 ② 개망초
③ 올미 ④ 금방동사니

해설
올미는 다년생 논잡초로 번식체의 토양심도가 0~5cm 정도의 표토에 주로 생성된다.

78 잡초의 형태적 특성에 따른 분류로 옳은 것은?

① 화본과 잡초, 광엽잡초, 사초과 잡초
② 1년생잡초, 2년생잡초, 다년생잡초
③ 수생잡초, 습생잡초, 건생잡초
④ 지상식물, 반지중식물, 지중식물

해설
형태적 특성에 따라 광엽잡초, 화본과잡초, 방동사니과잡초로 분류된다.

79 잡초종자의 발아에 관여하는 환경요인과 가장 관계가 적은 것은?

① 광 ② 토성
③ 산소 ④ 온도

해설
잡초 종자의 발아에 관여하는 환경 요인으로 수분, 공기, 온도, 광 등이 있다.

80 우리나라에서 발생하고 있는 대부분의 잡초종자 발아 최적온도 범위로 가장 옳은 것은?

① 0~5℃ ② 7~12℃
③ 15~30℃ ④ 32~44℃

해설
잡초의 종류에 따라 발아 최적온도는 다른데 대체적인 최적온도의 범위는 15~30℃ 정도이다.

정답 74 ④ 75 ④ 76 ④ 77 ③ 78 ① 79 ② 80 ③

국가기술자격 필기시험문제

산업기사 CBT 1회 모의고사문제

자격종목	종목코드	시험시간	형별	수험번호	성명
식물보호산업기사		2시간			

※ 본문제는 수험생들의 기억을 바탕으로 작성 된 것으로 실제 문제와 차이가 있을 수 있습니다.

1과목 식물병리학

01 소나무재선충을 매개하여 소나무류의 산림에 문제가 되고 있는 것은?
① 광릉긴나무좀 ② 솔수염하늘소
③ 뿌리혹선충류 ④ 개미

해설
솔수염하늘소는 소나무재선충의 매개충으로 천공성 해충에 속한다.

02 식물병원 바이로이드의 특성이 아닌 것은?
① 식물에만 병원성을 보인다.
② 세포의 체제를 갖추고 있지 않다.
③ 핵산이 겹가닥으로 되어 있다.
④ 바이러스와의 차이는 단백질 껍데기가 없다는 것이다.

해설
바이로이드의 핵산은 한 가닥으로 되어 있다.

03 대추나무 빗자루병의 방제법으로 가장 적당한 방법은?
① 벼든 가지는 건전한 부분을 포함하여 겨울철에 잘라낸다.
② 여름철에 살균제를 뿌려준다.
③ 옥시테트라사이클린 수화제를 나무에 주사한다.
④ 매개충을 죽게하기 위하여 살충제를 지면에 뿌려준다.

해설
대추나무 빗자루병은 옥시테트라사이클린를 수간 주사하여 방제한다.

04 식물의 잎을 은색으로 변하게 하는 주요인으로 작용하는 것은?
① PAN ② O_3
③ SO_2 ④ NO_2

해설
PAN 에 의해 식물은 광택화, 은백색화 등의 현상이 발생한다.

05 파이토플라즈마의 진단법으로 부적당한 것은?
① 항생제 페니실린에 대한 저항성을 본다.
② 항생제 테트라사이클린에 대한 감수성을 본다.
③ 적당한 배지에 배양하여 자라는 모양을 본다.
④ 건전한 기주에 병든 기주의 가지를 접목하여 전염성을 본다.

해설
파이토플라즈마는 인공배양이 어렵기에 배지에 배양하여 자라는 모양을 보기는 어렵다.

06 식물 녹병균이 만드는 포자는?
① 봄포자 ② 여름포자
③ 가을포자 ④ 사철포자

해설
녹병균은 중간기주에서 여름포자 혹은 겨울포자를 만든다.

정답 01 ② 02 ③ 03 ③ 04 ① 05 ③ 06 ②

07 바이러스에 의해 야기되는 병징 가운데 세포조직의 괴사에 의하여 생기는 병징이 아닌 것은?
① 괴사반점
② 둥근겹무늬
③ 괴사줄무늬
④ 잎말림

해설
잎말림병은 세포조직괴사와 관련없이 잎이 길이로 말려 있는 병징이다.

08 식물병원의 종류 중 비세포성 병원은?
① 파이토플라즈마
② 진균류
③ 선충
④ 바이로이드

해설
바이로이드는 바이러스와 마찬가지로 비세포성 병원으로 단백질 껍질이 없는 RNA 로 구성되어 있다.

09 병원균의 중간기주가 향나무인 병은?
① 잣나무 털녹병
② 밀 줄기녹병
③ 소나무 혹병
④ 사과나무 붉은별무늬병

해설
붉은별무늬병은 담자균류에 의해 발생하며 기주는 사과나무, 배나무 등이 있으며 중간기주는 향나무이다.

10 벼에서는 문제가 되지 않는 병은?
① 도열병
② 녹병
③ 잎집무늬마름병
④ 오갈병

해설
벼에 주로 문제가 되는 병은 도열병, 오갈병, 줄무늬잎마름병, 잎집무늬마름병, 모썩음병, 노균병 등이 있다.

11 질소비료를 과용하면 여러 가지 병의 발생을 촉진한다. 질소비료 과용의 발병에 미치는 역할을 바르게 설명한 것은?
① 병원
② 원인
③ 주인
④ 유인

해설
식물병에 직접적인 요인을 주인, 주인을 도와 발병을 촉진 및 확산시키는 요인들을 유인이라 한다. 질소비료 과용은 발병을 촉진 및 확산시키기에 유인에 속한다.

12 이종기생균으로 옳은 것은?
① 고추 탄저병균
② 잣나무 털녹병균
③ 아스파라거스 녹병균
④ 사과나무 불마름병균

해설
다른 기주식물을 옮겨다니는 병원균을 이종기생균이라 하며 잣나무 털녹병, 소나무 잎녹병, 배나무 붉은별무늬병균 등이 있다.

13 불완전균류란?
① 균사의 형성이 불완전한 균류
② 무성세대가 밝혀지지 않은 균류
③ 유성세대가 밝혀지지 않은 균류
④ 기주범위가 밝혀지지 않은 균류

해설
불완전균류는 균사에 격막이 있고 무성 분생포자 세대만으로 분류되며 유성세대가 밝혀지지 않았다.

14 대추나무 빗자루병의 치료방법으로 옳은 것은?
① 옥시테트라사이클린계 항생제를 수간주사한다.
② 침투성 살균제를 수간주사한다.
③ 농용마이신을 엽면 처리한다.
④ 피해지에 봉지를 씌워 병균의 전파를 방지한다.

정답 07 ④ 08 ④ 09 ④ 10 ② 11 ④ 12 ② 13 ③ 14 ①

> [해설]
> 대추나무 빗자루병은 파이토플라즈마에 의해 발생하며 옥시테트라사이클린계 항생제를 수간주사하여 방제한다.

15 감자 Y 바이러스의 특징이 아닌 것은?
① 진딧물에 의해 매개된다.
② 풍차형 봉입체를 형성한다.
③ 감염된 식물의 세포질 내에 흩어져 존재한다.
④ 최근에는 조직배양에 의한 씨감자 생산 보급이 확대되어 발병이 많이 감소하였다.

> [해설]
> 감자 Y 바이러스(PVY)는 진딧물에 의한 충매전염, 즙액전염을 하며 미세구조는 풍차형 봉입체를 형성한다. 바이러스의 경우 세포와 세포사이, 물관과 체관의 도관부로 이동하여 식물체의 전신으로 이동이 가능하다.

16 논에서는 벼 도열병균 분생포자의 주된 전염 방법은?
① 물 ② 토양
③ 바람 ④ 곤충

> [해설]
> 벼 도열병의 병원균은 진균으로 바람에 의해 전반된다.

17 벼 도열병의 전형적인 병징은?
① 모무늬 ② 얼룩무늬
③ 겹둥근모양 ④ 실꾸리모양

> [해설]
> 벼 도열병은 방추형(실꾸리모양)의 병징을 나타낸다.

18 다음 중 윤작을 이용한 방제효과가 가장 높은 것은?
① 균핵병 ② 흰가루병
③ 풋마름병 ④ 무사마귀병

> [해설]
> 무사마귀병은 휴면포자가 토양에 월동하여 양배추, 무, 배추 등에 피해를 주는데 다른 작물을 윤작하게 되면 방제효과가 높아진다.

19 병원균에 대한 기주 저항성 중 품종고유의 소수 주동유전자에 의해 발현되기 때문에 재배환경에 영향을 적게 받으나 레이스의 변이에 의하여 감수성으로 되기 쉬운 것은?
① 수평 저항성 ② 침입 저항성
③ 수직 저항성 ④ 감염 저항성

> [해설]
> 수직저항성은 외부환경에 대해 안정적이나 새로운 레이스가 생길 경우 저항성이 약해지는 단점이 있다.

20 무사마귀병에 대한 설명으로 옳은 것은?
① 벼에도 잘 발생한다.
② 세균에 의해 발생한다.
③ 산성토양에서 잘 발생한다.
④ 온도가 20°C 이하로 서늘할 때 잘 발생한다.

> [해설]
> 무·배추 무사마귀병은 산성토양에서 잘 발생한다.

2과목 농림해충학

21 뽕나무하늘소에 대한 설명으로 옳지 않은 것은?
① 사과나무, 배나무에도 피해를 준다.
② 성충이 과실을 물어뜯고 즙액을 빨아먹는다.
③ 다 자란 유충은 나뭇잎 뒷면에서 번데기가 된다.
④ 유충이 나무줄기 속으로 구멍을 뚫고 들어간다.

> [해설]
> 뽕나무하늘소의 유충은 줄기 속에서 번데기가 된다.

정답 15 ④ 16 ③ 17 ④ 18 ④ 19 ③ 20 ③ 21 ③

22 완전변태를 하는 것은?
① 벌 ② 메뚜기
③ 진딧물 ④ 잠자리

해설
완전변태를 하는 것에는 나비목, 파리목, 벌목 등이 있다.

23 해충발생밀도 조사방법에 해당하지 않는 것은?
① 수반조사법
② 예찰등조사법
③ 해충가해조사법
④ 공중포충망조사법

해설
해충조사를 위한 방법으로는 포충망을 이용하거나, 유아등을 통한 채집, 접착트랩, 털어잡기 등 해충의 종류에 따라 적합한 방법을 선택한다. 해충가해조사법은 피해조사법이라 하여 해충 발생에 의한 피해 정도를 조사하는 방법이다.

24 알의 양쪽에 공기주머니가 붙어 있는 해충은?
① 솔나방 ② 무당벌레
③ 학질모기 ④ 이화명나방

해설
학질모기는 양쪽으로 공기주머니인 부낭이라는 것을 가지고 있으며 부낭으로 물위에 가라앉지 않고 뜰 수 있다.

25 곤충의 피부구조에 대한 설명으로 옳지 않은 것은?
① 기저막은 일정한 모양이 형성된 비세포성 연결조직이다.
② 외표피는 단백질과 지질로 구성된 얇은 층으로 되어 있다.
③ 원표피는 성충표피의 대부분을 차지하며 외원표피와 내원표피로 구성된다.
④ 진피세포는 표피를 이루는 단백질, 지질, 키틴 화합물 등을 합성 및 분비하는 세포군이다.

해설
기저막은 진피층 아래 구조가 없는 얇은 막으로 곤충의 근육이 부착되는 곳과 연결되며 혈구에는 분비한 점액성 다당류를 함유한다.

26 곤충의 주성에 해당하지 않는 것은?
① 주광성 ② 주랭성
③ 주촉성 ④ 주화성

해설
곤충의 주성에는 주광성, 주화성, 주수성, 주풍성, 주촉성 등이 있다.

27 페로몬에 대한 설명으로 옳지 않은 것은?
① 카이로몬, 알로몬, 시노몬 등이 있다.
② 짝짓기를 위한 암수의 통신에 관여한다.
③ 사회성을 유지하거나 개체들을 모이게 한다.
④ 적으로부터 피하거나 방어를 위한 신호를 보내는데 사용한다.

해설
카이로몬, 알로몬, 시노몬 등은 페로몬이 아닌 일종의 타감물질이다.

28 성충은 벼잎을 가해하고 애벌레는 벼뿌리를 가해하여 피해를 주는 해충은?
① 벼멸구 ② 애멸구
③ 벼물바구미 ④ 벼줄기굴파리

해설
벼물바구미는 벼, 돌피 등에 피해를 주는데 성충이 잎에 피해를 주면 흰색으로 나타나고 유충은 흙속으로 파고들어가 기생을 하여 뿌리에 피해를 준다.

29 번데기가 되면서 부속지가 몸에 붙어 있는 상태로 형성되어 다리나 큰턱을 따로 움직일 수 없는 번데기 형태는?
① 나용 ② 피용
③ 위용 ④ 저용

정답 22 ① 23 ③ 24 ③ 25 ① 26 ② 27 ① 28 ③ 29 ②

해설
피용은 곤충번데기의 한 형태로 전체의 체표가 심하게 경화하고 촉각, 다리, 날개가 체부에 밀착되어 있는 것으로 다리나 큰턱을 따로 움직일 수 없다.

30 해충의 생물적 방제인자로서 포식성 천적류에 해당되지 않는 것은?
① 고치벌류 ② 노린재류
③ 무당벌레류 ④ 풀잠자리류

해설
고치벌류는 기생성 천적류에 해당한다.

31 곤충강에 속하지 않는 해충은?
① 독나방 ② 점박이응애
③ 목화진딧물 ④ 가루깍지벌레

해설
점박이응애는 거미강에 속한다.

32 곤충의 발육 적산온도법칙과 가장 관계가 먼 것은?
① 최적발육온도
② 영점발육온도
③ 유효적산온도
④ 특정 온도에서의 발육일수

해설
곤충의 적산온도에서 유효적산온도는 측정온도, 발육영점온도, 측정온도에서의 발육일수를 이용하여 구한다.

33 곤충의 기문에 대한 설명으로 옳지 않은 것은?
① 몸의 양옆에 존재한다.
② 파리목의 유충은 10쌍의 기문이 있다.
③ 곤충 종마다 다르지만 10쌍을 넘지 않는다.
④ 모기붙이류의 경우는 기문이 존재하지 않는다.

해설
파리목의 유충은 기문이 몸통의 앞에 1쌍, 뒤에 1쌍이 있다.

34 산란관으로 과수의 가지에 상처를 내고 산란하는 해충은?
① 말매미 ② 조명나방
③ 사과혹진딧물 ④ 사과둥근나무좀

해설
말매미는 가지나 줄기를 가해하는 해충으로 수목의 상처를 내고 산란관을 이용해 산란하는데 산란 부위의 윗부분은 말라 죽는다.

35 밤나무혹벌 방제법으로 가장 효과적인 것은?
① 불임성 이용
② 접촉살충제 살포
③ 내충성 품종 이용
④ 침투성 약제 수간주사

해설
밤나무혹벌은 피해가 심하면 내충성 품종으로 교체하는 방법이 효과적이다. 내충성 품종 방제법을 이용하면 긴 시간이 필요하지만 해충종류에 대한 특이성이 있다.

36 이화명나방이 월동하는 형태는?
① 알 ② 성충
③ 유충 ④ 번데기

해설
이화명나방은 유충 형태로 월동한다.

37 단위생식을 하지 않는 곤충은?
① 사과면충
② 파굴파리
③ 밤나무혹벌
④ 복숭아혹진딧물

해설
단위생식을 하는 해충으로 사과면충, 밤나무혹벌, 민다듬이벌레, 복숭아혹진딧물 등이 있으며 파굴파리는 양성생식을 한다.

정답 30 ① 31 ② 32 ① 33 ② 34 ① 35 ③ 36 ③ 37 ②

38 해충의 생물적 방제 방법의 장점이 아닌 것은?

① 속효적이며 일시적이나 효과가 크다.
② 일단 정착되면 영구적이어서 경제적이다.
③ 생물상이 평형을 되찾고 생태계가 안정된다.
④ 독성이 거의 없고 환경에 대한 부작용이 적다.

해설
생물적 방제는 영구적 혹은 반영구적이며 효과가 지속적으로 나타난다.

39 뿌리혹선충 방제 방법으로 옳지 않은 것은?

① 상토를 소독한다.
② 토양의 pH가 높아지지 않도록 관리를 한다.
③ 경작지가 논일 경우 3년마다 한 번씩 벼를 재배한다.
④ 토양의 유기물 함량이 낮아지지 않도록 비배관리를 한다.

해설
토양의 PH가 높은 것이 뿌리혹선충 방제에 유리하다.

40 대체로 우리나라에서 월동하지 못하는 해충은?

① 벼멸구   ② 애멸구
③ 끝동매미충   ④ 벼물바구미

해설
벼멸구는 중국에서 비래하는 해충으로 우리나라에서는 월동하지 않는다.

3과목 농약학

41 농약관리법상 농약의 급성독성 정도에 따른 농약 구분이 아닌 것은?

① 급성독성   ② 저독성
③ 고독성   ④ 맹독성

해설
농약관리법상 농약의 급성독성은 정도에 따라 맹독성, 고독성, 보통독성, 저독성으로 분류한다.

42 다조멧 85% 분제 1kg 을 50%의 분제로 만들려면 증량제가 얼마나 필요한가?

① 0.58 kg   ② 0.70 kg
③ 1.00 kg   ④ 1.50 kg

해설
희석할 증량제 양
$= 원분제 중량 \times (\frac{원분제 농도}{목표 농도} - 1)$
$= 1kg \times (\frac{85\%}{50\%} - 1) = 0.7 kg$

43 농약의 구비조건이 아닌 것은?

① 인축에 대한 독성이 낮아야 한다.
② 작물에 대한 약해작용을 일으켜서는 안된다.
③ 토양에 오래 잔류하여야 한다.
④ 다른 약제와 혼용이 가능하고 천적, 어류에 대한 독성이 낮아야 한다.

해설
농약의 경우 토양에 너무 오래 잔류하면 잔류농약에 의한 약해가 발생할 수 있어 오래 잔류해서는 안된다.

44 분제의 물리적 성질만 나열한 것은?

① 습윤성, 분산성, 부착성
② 현수성, 습윤성, 부착성
③ 확전성, 부착성, 비산성
④ 분산성, 비산성, 토분성

해설
분제의 물리적 성질에는 토분성, 부착성, 분산성, 비산성, 안전성 등이 있다.

정답 38 ①　39 ②　40 ①　41 ①　42 ②　43 ③　44 ④

45 저장하고 있는 곡물이나 종자 등에 발생하는 해충을 방제하는 데 주로 쓰이는 제형은?
① 유제 ② 액제
③ 수화제 ④ 훈증제

해설
밀폐된 공간에서 저장 곡물이나 종자의 경우 가스를 이용하여 해충을 방제하는 훈증제가 적합하다.

46 농약 살포 중 중독 사고를 방지하기 위한 방법으로 틀린 것은?
① 농약 살포 시 노출부가 적은 방제복을 사용한다.
② 마스크, 방호안경, 보호크림 등을 사용한다.
③ 살포 시에는 바람을 마주보며 살포한다.
④ 작업이 끝나면 몸을 깨끗이 씻고 휴식을 취한다.

해설
농약 살포시 바람을 등지고 살포하도록 한다.

47 수화제 제형 제조에서 중요하게 관리해야 할 물리적 특성에 해당하는 것은?
① 비중과 유화성
② 입자의 크기와 현수성
③ 안전성과 확전성
④ 입자의 크기와 수용성

해설
수화제는 현수성, 수화성, 고착성, 습진성 등이 좋아야 하며 그 중에서 물리적 특성에는 입자의 크기 및 현수성이 중요하다.

48 분제의 제조방법에 대한 설명으로 옳지 않은 것은?
① 제품조성의 대부분을 증량제가 차지하고 있으므로 품질은 증량제의 이화학적 성질에 영향을 받는다.
② 물리성 개량제로서 PAP가 사용되며 분해방지제로서 유기산 등이 사용된다.
③ 물리성으로 중요한 것은 분말도, 토분성 및 분산성이다.
④ 주성분이 액상인 경우 Bentonite 나 모래 등에 주제를 흡착시켜 제조한다.

해설
분제는 유효성분을 점토광물과 보조제를 혼합하여 만든 미분말이다.

49 다음 중 보조제의 구비조건으로 옳지 않은 것은?
① 작물에 피해가 없어야 한다.
② 주제를 변질시키지 않아야 한다.
③ 주제나 용제와 친화성이 있어야 한다.
④ 경수에는 사용할 수 없어야 한다.

해설
칼슘이온이 함유된 경수에서도 사용할수 있어야 한다.

50 농약의 작물잔류에 미치는 영향 중 가장 거리가 먼 것은?
① 농약의 이화학적 특성
② 작물의 특성
③ 기상 및 토양환경조건
④ 농약잔류허용량

해설
농약의 잔류허용량은 신체에 영향을 주는 정도를 나타내는 것으로 작물잔류에 미치는 영향과는 거리가 멀다.

정답 45 ④ 46 ③ 47 ② 48 ④ 49 ④ 50 ④

51 아마이드계 계통의 잡초발생 전 토양처리용 제초제로서 잔디에 주로 사용되는 것은?
① 2,4-D 제
② 메트리뷰진
③ 아이속사벤
④ 아짚설퓨론

해설
아이속사벤은 잡초의 발아전 토양에 처리하는 토양처리용 제초제이다.

52 농약을 식별하기 위해 라벨의 바탕 색깔을 달리하는데 황색 라벨은 어떤 약제를 의미하는가?
① 제초제
② 살균제
③ 살충제
④ 생장조정제

해설
농약의 식별에서 제초제는 황색 라벨을 사용한다.

53 베노밀에 대한 설명으로 옳은 것은?
① 살균제이다.
② 황색의 액제이다.
③ 알칼리 약제와 혼용이 가능하다.
④ 휘발성이 있어 침투이행성이 낮다.

해설
베노밀은 흰가루병, 탄저병에 이용하는 침투성 살균제이다.

54 살균제의 주성분에 의한 분류에 해당되지 않는 것은?
① 유기수은제
② 토양소독제
③ 유기주석제
④ 무기황제

해설
토양소독제는 용도에 따른 분류에 속한다.

55 토양소독용 전문약제로서 연작장해를 막아주며 건전한 토양을 만들어주는 효과가 있는 살충 살균제는?
① 디클로르보스
② 펜토에이트
③ 피메트로진
④ 메탐소듐

해설
메탐소듐은 뿌리혹선충, 뿌리썩음병과 같은 식물병에 효과적인 토양소독제이다. 산소와 결합하여 생물의 세포에서 산소를 이용하지 못하게 방해하여 병원균, 곤충 등을 방제하는 것이다.

56 입제, 분제, 수화제 등과 같이 고체 농약의 제제 시 주성분의 농도를 저하시키고 부피를 증대시켜 농약의 주성분을 균일하게 살포하여 농약의 부착률을 향상시키기 위하여 사용되는 재료가 아닌 것은?
① 벤젠
② 카올린
③ 벤토나이트
④ 규조토

해설
증량제에는 규조토, 탈크, 벤토나이트, 카올린 등이 있다.

57 다음 중 유기유황계 약제는?
① 코퍼하이드록사이드 수화제
② 디클로르보스 유제
③ 만코제브 수화제
④ 티오파네이트메틸 도포제

해설
유기유황계 약제로 만코제브, 메티람, 프로피네브 등이 있다.

58 주로 가정원예용으로 사용되는 농약의 제형은?
① 훈연제
② 과립훈연제
③ 연무제
④ 훈증제

해설
가정원예용과 같은 부가가치가 높은 농약은 연무제(스프레이형식)를 사용한다.

정답 51 ③ 52 ① 53 ① 54 ② 55 ④ 56 ① 57 ③ 58 ③

59 살충제 Carbofuran 에 대한 설명으로 틀린 것은?

① 수질오염성 농약으로 지정되어 수도용 약제로는 사용이 금지되어 있다.
② 카바메이트계로서 약제의 지속기간이 길다.
③ 콜린에스테라제의 활성기능을 억제하여 독작용을 유발한다.
④ 침투이행성 살충제로 식물의 뿌리나 경엽을 통해 식물 체내로 침투한다.

해설
카보퓨란(Carbofuran) 어독성 2급으로 지정되어 있어 수도용 살충제로 사용 가능하다.

60 수질 중 화합물의 농도가 2ppm 이고, 송사리 중의 농도가 20ppm 일 때 이 화합물의 생물농축계수(BCF)는?

① 2   ② 10
③ 20 ④ 40

해설
생물농축계수는 오염물질농도에서 수중의 오염물질의 농도를 나누어 구하도록 한다.

4과목 잡초방제학

61 혼합 제초제의 효과로 볼 수 없는 것은?

① 상가적 효과가 있다.
② 길항적 효과가 있다.
③ 살초폭을 넓힌다.
④ 상승적 효과가 있다.

해설
혼합 제초제 약효의 효과를 높이기 위해 혼합하여 사용하기에 길항적 효과가 나타나지 않도록 해야 한다.

62 잡초에 의한 작물의 피해가 가장 심한 경우는?

① 화본과 작물 재배지에 발생한 광엽잡초
② C_3작물 재배지에 발생한 C_4잡초
③ 벼 재배지에 발생한 가막사리
④ 광엽 작물 재배지에 발생한 화본과 잡초

해설
C_3 작물보다 C_4 잡초의 광효율이 좋아 경합에 유리하여 작물의 피해가 심하다.

63 다음 잡초 중 방동사니과 잡초가 아닌 것은?

① 올챙이고랭이 ② 매자기
③ 벗풀   ④ 너도방동사니

해설
벗풀은 택사과이다.

64 우리나라 논에서 발생하는 화본과 잡초가 아닌 것은?

① 물달개비   ② 강피
③ 나도겨풀   ④ 뚝새풀

해설
물달개비는 광엽잡초이다.

65 제초제의 선택성에 영향을 미치는 요인 중 물리적 요인으로 볼 수 없는 것은?

① 광도   ② 제형
③ 처리약량 ④ 처리방법

해설
광도는 환경적 요인에 속한다.

66 우리나라에서 발생하고 있는 대부분의 잡초 종자의 발아 최적온도 범위는?

① 0~10°C   ② 10~15°C
③ 15~30°C ④ 30~40°C

해설
잡초의 종류에 따라 발아 최적온도는 다른데 대체적인 최적온도의 범위는 15~30°C 정도이다.

정답 59 ① 60 ② 61 ② 62 ② 63 ③ 64 ① 65 ① 66 ③

67 벼 재배방법 중 잡초의 피해가 가장 큰 재배방법은?
① 건답직파 재배
② 담수직파 재배
③ 어린모기계이앙 재배
④ 중묘기계이앙 재배

해설
이앙보다는 직파에서 경합력이 낮아 잡초 발생량이 많다. 또한 담수직파의 경우 특정 잡초만 발생하지만 건답직파의 경우 발생하는 잡초의 종류 및 수량이 많다.

68 비늘줄기인 인경으로 번식하는 광엽잡초는?
① 가래   ② 여뀌
③ 올방개   ④ 매자기

해설
가래는 논이나 습지에서 자라는 다년생 잡초이며 번식은 종자와 비늘줄기인 인경으로 번식한다.

69 물옥잠과 잡초에 해당하는 것은?
① 물피   ② 물수세미
③ 물고랭이   ④ 물달개비

해설
물달개비는 물옥잠과 한해살이로 논이나 못의 물가에서 잘 자란다.

70 잡초종자는 일반적으로 휴면성을 가지고 있다. 휴면의 원인으로 옳지 않은 것은?
① 두꺼운 종피
② 불완전한 배
③ 생장촉진제 처리
④ 발아억제물질 작용

해설
생장촉진제는 휴면을 타파한다.

71 밭에 주로 발생하는 잡초는?
① 마디꽃   ② 쇠털골
③ 명아주   ④ 사마귀풀

해설
밭에서 주로 발생하는 밭잡초로는 명아주, 쇠비름, 바랭이, 깨풀 등이 있다.

72 다년생 잡초가 아닌 것은?
① 쑥   ② 피
③ 가래   ④ 향부자

해설
피는 1년생 잡초이다.

73 잡초의 생리 및 생태적 특성이 아닌 것은?
① 휴면성을 가지고 있다.
② 유묘기의 생장속도가 빠르다.
③ 주로 영양번식은 1년생 잡초가 한다.
④ 종자 및 영양번식기관으로 번식한다.

해설
주로 영양번식은 다년생 잡초가 한다.

74 잡초 종자가 공간적으로 산포하기 위한 특징으로 옳지 않은 것은?
① 산포에 유리한 형태적 특성
② 발아에 불리한 환경조건에서의 휴면성
③ 바람, 물 및 인축의 동태와 관련된 이동성
④ 동물이 섭취하여도 잘 소화되지 않은 특성

해설
공간적 산포를 위해서는 비산이 가능한 형태적 특성, 다른 환경적 조건에 의한 이동, 동물의 배설에 의한 이동 등이 있다. 휴면성은 공간적 산포와는 관련이 없으며 불리한 환경조건을 극복하기 위한 방법이다.

정답 67 ① 68 ① 69 ④ 70 ③ 71 ③ 72 ② 73 ③ 74 ②

75 작물과 잡초의 경합에서 가장 큰 경합을 나타내는 무기원소는?
① 인 ② 칼륨
③ 칼슘 ④ 질소

해설
질소는 식물의 필수 다량원소로서 큰 경합을 나타낸다.

76 제초제의 용탈이 가장 심한 토양은?
① 사토 ② 양토
③ 식토 ④ 사양토

해설
사토는 함수율이 낮고 공극이 많아 배수성이 커서 제초제의 용탈이 가장 심하다.

77 잡초 종자가 일장에 감응하여 휴면이나 휴면타파를 하는 형태는?
① 2차성 휴면형
② 기회적 휴면형
③ 계절적 휴면형
④ 자발성 휴면형

해설
일장의 변화에 따른 휴면을 계절적 휴면형이라 하며 이러한 일장에 반응하여 휴면을 타파하고 발아하는 것을 발아 계절성이라 한다.

78 논에 다년생 잡초가 증가하는 요인으로 가장 거리가 먼 것은?
① 추경의 감소
② 인력 제초의 감소
③ 만기 이앙의 증가
④ 1년생 제초제의 연용

해설
논에 다년생 잡초의 증가는 제초제의 연용, 작부체계의 변화 혹은 춘, 추경의 감소 등의 요인이 있다. 이앙 재배 방법은 잡초의 발생을 줄일수 있다.

79 잡초로 인한 피해 양상이 아닌 것은?
① 작물의 수량 감소
② 농작물의 품질 저하
③ 토양의 유실 가속화
④ 병해충의 서식지 역할

해설
잡초는 토양의 유실을 막아준다.

80 설포닐우레아계 제초제의 작용기구로 가장 옳은 것은?
① 지질 생합성의 저해
② 아미노산 생합성의 저해
③ 호흡작용의 저해
④ 광합성의 저해

해설
설포닐우레아계 제초제의 작용기구는 아미노산 생합성 저해이다.

정답 75 ④ 76 ① 77 ③ 78 ③ 79 ③ 80 ②

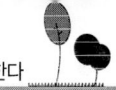

국가기술자격 필기시험문제

산업기사 CBT 2회 모의고사문제

자격종목	종목코드	시험시간	형별	수험번호	성명
식물보호산업기사		2시간			

※ 본문제는 수험생들의 기억을 바탕으로 작성 된 것으로 실제 문제와 차이가 있을 수 있습니다.

1과목 　　　**식물병리학**

01 기주에서 기생생활을 원칙으로 하나 조건에 따라 죽은 기주에서 부생적으로 생활할 수 있는 것은?
① 임의기생체　② 순활물기생체
③ 임의부생체　④ 부생체

해설
임의부생체는 기생을 원칙으로 하나 죽은 유기물에서도 영양섭취가 가능하다.

02 사과나무 부란병을 일으키는 병원체는?
① 세균　　　② 진균
③ 바이러스　④ 파이토플라스마

해설
사과나무 부란병은 진균(자낭균류)에 의해 발생한다.

03 다음 중 법적 방제법에 해당하는 것은?
① 포장위생　② 식물검역
③ 종묘소독　④ 비배관리

해설
외국에서 유입되는 식물 및 병원체의 침입을 막는 방법을 식물검역이라 하며 법적방제법에 속한다.

04 병원체가 기주를 침해하여 병을 일으킬 수 있는 능력을 무엇이라 하는가?
① 기생성　② 감수성
③ 병원성　④ 저항성

해설
식물의 병의 원인을 병원이라 하며 병원에 있어 생물 및 바이러스 등에 의한 때를 병원체라 한다. 이 때 병원체가 기주에 침입해 병을 일으키는 능력을 병원성이라 한다.

05 다음 중 물에 의해 전파되는 병으로 가장 옳은 것은?
① 벼 흰잎마름병
② 밀 줄기녹병
③ 밀 붉은녹병
④ 보리 속깜부기병

해설
벼 흰잎마름병은 물에 의해 전반되어 상처를 통해 침입하는데 태풍과 침수에 의해 상처가 발생하고 강수에 의해 전반이 많이 일어나게 된다.

06 바이러스병의 진단법으로 가장 거리가 먼 것은?
① 효소결합항체법
② 봉입체 관찰
③ 지방산 분석
④ 한천겔확산법

해설
바이러스로 인한 식물병의 진단방법으로 한천겔확산법, 효소결합항체법(ELISA), 봉입체 관찰, 슬라이드법, 형광항체법 등이 있다.

정답 01 ③　02 ②　03 ②　04 ③　05 ①　06 ③

07 과수에 발생한 흰가루병균이 형성하는 포자의 종류는?
① 난포자   ② 자낭포자
③ 접합포자 ④ 담자포자

해설
흰가루병균은 자낭균류에 의해 발생하는데 균사나 자낭포자로 월동하고 차후 1차 전염원이 된다.

08 소나무혹병균의 중간기주로 가장 옳은 것은?
① 민들레   ② 참나무
③ 흰명아주 ④ 향나무

해설
소나무혹병균의 중간기주는 참나무이다.

09 다음 중 병원체 크기가 가장 작은 것은?
① 세균
② 진균
③ 파이토플라스마
④ 바이로이드

해설
바이로이드는 바이러스와 유사한 전염 특성을 가지며 병원체 중 가장 작은 크기를 가진다.

10 녹병균의 여름포자, 녹포자의 주된 침입경로로 가장 적절한 것은?
① 피목   ② 수공
③ 기공   ④ 뿌리털

해설
녹병균의 여름포자, 녹포자는 바람에 의해 전반되어 기공을 통해 침입한다.

11 대추나무 빗자루병의 전염 경로로 가장 옳은 것은?
① 병원체가 하늘소에 의하여 전염된다.
② 감염된 나무에서 수확한 종자를 심어서 전염한다.
③ 파이토플라스마 병원체가 비산하여 병을 전염한다.
④ 매개충인 마름무늬매미충에 의하여 병원체가 전염된다.

해설
대추나무빗자루병은 파이토플라스마에 의해 발생하는데 매개충인 마름무늬매미충에 의해 전반된다.

12 사과나무 겹무늬썩음병을 일으키는 병원체로 가장 옳은 것은?
① 곰팡이   ② 세균
③ 바이러스 ④ 파이토플라스마

해설
사과 겹무늬썩음병은 부패병이라 하며 곰팡이에 의해 발생한다.

13 해외에서 수입하는 식물이나 농산물의 검사를 통하여 병원체의 침입을 막는 예방법을 무엇이라고 부르는가?
① 제거법   ② 치료법
③ 면역법   ④ 식물검역

해설
외국에서 유입되는 식물 및 병원체의 침입을 막는 방법을 식물검역이라 하며 예방적 방제법에 속한다.

14 다음 중 진균에 해당하지 않는 것은?
① 불완전균류 ② 자낭균류
③ 담자균류   ④ 난균류

해설
난균류는 진균과 모양은 유사하나 격벽이 없고 세포벽에 셀룰로오스를 함유하고 있으며 유주자에 의해 무성번식을 하는 것이 특징이다.

정답 07 ② 08 ② 09 ④ 10 ③ 11 ④ 12 ① 13 ④ 14 ④

15 다음 중 비전염성 병원으로 가장 거리가 먼 것은?
① 부적당한 온도
② 각종 화학물질
③ 병원성 바이로이드
④ 부적당한 토양조건

해설
바이로이드는 단백질껍질이 없는 RNA로 구성된 전염성 병원이다.

16 수목병해의 표징 중 번식기관에 의한 표징으로 가장 거리가 먼 것은?
① 포자   ② 분생자병
③ 균사체 ④ 포자낭

해설
균사체는 영양기관에 의한 표징이다.

17 식물병원 세균의 핵산과 인지질 합성에 가장 많이 사용되는 것은?
① Ca   ② P
③ K   ④ Na

해설
인(P)는 세균의 핵산과 인지질 합성, 단백질 합성 등에 많이 이용되는 구성성분이다.

18 접목에 의한 작물병 방제에 가장 효과적인 병은?
① 사과 고접병
② 박과 작물 덩굴쪼김병
③ 고추 탄저병
④ 배 검은무늬병

해설
박과작물은 접목육묘를 통해 토양전염성관련 식물병인 덩굴쪼김병에 발생이 줄어들게 되고 불량 환경에 대한 내성도 증가한다.

19 고추 탄저병이 발생하여 피해가 가장 큰 환경은?
① 고온 다습   ② 저온 건조
③ 고온 건조   ④ 저온 다습

해설
고추 탄저병은 강수량이 많고 고온 다습한 환경에서 많이 발생한다.

20 강풍 후에 발생이 가장 많은 식물병은?
① 오이 역병
② 가지 풋마름병
③ 벼 흰잎마름병
④ 수박 덩굴쪼김병

해설
벼 흰잎마름병은 강풍에 의해 잎에 상처가 발생하고 세균이 상처로 침입한다.

2과목 농림해충학

21 대체로 우리나라에서 월동하지 못하는 해충은?
① 벼멸구   ② 애멸구
③ 끝동매미충 ④ 벼물바구미

해설
벼멸구는 중국에서 비래하는 해충으로 우리나라에서는 월동하지 않는다.

22 뿌리혹선충 방제 방법으로 옳지 않은 것은?
① 상토를 소독한다.
② 토양의 pH가 높아지지 않도록 관리를 한다.
③ 경작지가 논일 경우 3년마다 한 번씩 벼를 재배한다.
④ 토양의 유기물 함량이 낮아지지 않도록 비배관리를 한다.

해설
토양의 PH가 높은 것이 뿌리혹선충 방제에 유리하다.

정답 15 ③ 16 ③ 17 ② 18 ② 19 ① 20 ③ 21 ① 22 ②

23 가해하는 기주의 종류가 가장 적은 해충은?
① 차응애 ② 파밤나방
③ 배추좀나방 ④ 미국흰불나방

> **해설**
> 배추좀나방의 대표기주로 무, 배추, 양배추 등으로 기주의 종류가 적은 편이다.

24 곤충의 다리 배열 순서로 옳은 것은?
① 가슴 – 밑마디 – 도래마디 – 종아리마디 – 넓적다리마디 – 발마디
② 가슴 – 밑마디 – 넓적다리마디 – 도래마디 – 종아리마디 - 발마디
③ 가슴 – 밑마디 – 도래마디 – 넓적다리마디 – 종아리마디 - 발마디
④ 가슴 – 밑마디 – 넓적다리마디 – 종아리마디 – 도래마디 – 발마디

> **해설**
> 다리 구조는 흉부 부착점에서 밑마디(기절), 도래마디(전절), 넓적다리마디(퇴절), 종아리마디(경절), 발목마디(부절)로 5마디로 분류한다.

25 딱정벌레목에 속하지 않는 것은?
① 소나무좀
② 오리나무잎벌레
③ 버즘나무방패벌레
④ 느티나무벼룩바구미

> **해설**
> 버즘나무방패벌레는 노린재목 방패벌레과이다.

26 이화명나방이 월동하는 형태는?
① 알 ② 성충
③ 유충 ④ 번데기

> **해설**
> 이화명나방은 유충 형태로 월동한다.

27 성충은 식물조직에 산란하고 부화한 애벌레는 2령을 경과한 후 땅속에서 번데기 기간을 거쳐 성충이 되는 것은?
① 애멸구 ② 온실가루이
③ 점박이응애 ④ 꽃노랑총채벌레

> **해설**
> 꽃노랑총채벌레는 1년에 5~6회 발생하고 성충으로 지표면이나 나무껍질 속에 월동한다. 식물조직에서 산란한 부화유충은 흡즙가해하여 2령을 경과한 후 노숙유충이 되어 번데기 기간을 거쳐 성충으로 우화한다.

28 진딧물류 방제에 가장 효과적인 곤충은?
① 굴파리좀벌 ② 애꽃노린재
③ 오이이리응애 ④ 칠성풀잠자리

> **해설**
> 풀잠자리류는 진딧물류, 응애류의 천적이다.

29 곤충의 변태와 관련하여 탈피에 관여하는 탈피호르몬을 분비하는 기관은?
① 알라타체 ② 외분비계
③ 앞가슴샘 ④ 뒷가슴샘

> **해설**
> 탈피호르몬은 앞가슴샘에서 분비된다.

30 온도가 곤충에게 미치는 영향으로 가장 거리가 먼 것은?
① 곤충의 크기 ② 곤충의 수명
③ 곤충의 산란량 ④ 곤충의 발육속도

> **해설**
> 온도는 곤충의 발육속도에 가장 큰 영향을 미치며 생활 및 산란량 등에 영향을 준다. 곤충의 종류에 따라 온도에 민감하게 반응하여 수명에 영향을 받는 해충들도 있다.

정답 23 ③ 24 ③ 25 ③ 26 ③ 27 ④ 28 ④ 29 ③ 30 ①

31 내시류에 대한 설명으로 옳은 것은?
① 날개를 접지 못한다.
② 대부분 불완전변태를 한다.
③ 곤충 중에서 가장 진화된 형태이다.
④ 강도래목, 집게벌레목 등이 해당된다.

해설
내시류는 생육기간에 완전변태를 하며 곤충 중에서 고등곤충 집단으로 가장 진화된 형태이다. 내시류에는 벌목, 딱정벌레목, 나비목 등이 있다.

32 유충이 저작형 입틀을 가진 식엽성 해충은?
① 매미나방
② 솔잎혹파리
③ 벚나무응애
④ 소나무가루깍지벌레

해설
매미나방은 유충이 씹어먹는 잎을 가진 식엽성 해충으로 침엽수, 활엽수의 잎을 가해한다.

33 해충을 유아등에 모이게 하여 방제하는 방법은 해충의 어떤 습성을 이용한 것인가?
① 주화성 ② 주지성
③ 주식성 ④ 주광성

해설
빛에 반응하는 성질을 주광성이라 한다.

34 불완전변태를 하는 곤충목은?
① 벌목 ② 파리목
③ 노린재목 ④ 딱정벌레목

해설
불완전변태를 하는 것으로 진딧물류, 잠자리목, 메뚜기목, 노린재목 등이 있다.

35 일반적으로 1년에 2회 이상 발생하는 해충은?
① 솔잎혹파리
② 미국흰불나방
③ 오리나무잎벌레
④ 잣나무넓적잎벌

해설
미국흰불나방은 1년에 2회 발생한다.

36 중배엽으로부터 유래된 기관은?
① 심장 ② 중장
③ 전장 ④ 신경

해설
중배엽에서 유래된 기관으로 심장이 있으며 외배엽에서는 신경, 내배엽에서는 중장 등이 있다.

37 곤충이 번성하게 된 요인으로 가장 거리가 먼 것은?
① 짧은 세대
② 작은 크기
③ 날개의 발달
④ 낮은 유전적 변이성

해설
곤충이 번성하게 된 요인으로 짧은 세대, 작은 크기, 날개의 발달, 외골격의 발달, 완전변태 등이 있다.

38 외국에서 침입한 해충이 아닌 것은?
① 꽃매미 ② 알락하늘소
③ 밤나무혹벌 ④ 소나무재선충

해설
대표적인 외래해충으로 긴꼬리가루깍지벌레, 흰개미, 사과면충, 밤나무순혹벌, 감자뿔나방, 뿌리응애, 솔잎혹파리, 미국흰불나방, 뿌리응애, 온실가루이, 벼물바구미, 꽃노랑총채벌레, 담배가루이 등이 있다.

정답 31 ③ 32 ① 33 ④ 34 ③ 35 ② 36 ① 37 ④ 38 ②

39 곤충의 발육 적산온도법칙과 가장 관계가 먼 것은?
① 최적발육온도
② 영점발육온도
③ 유효적산온도
④ 특정 온도에서의 발육일수

해설
곤충의 적산온도에서 유효적산온도는 측정온도, 발육영점온도, 측정온도에서의 발육일수를 이용하여 구한다.

40 사과혹진딧물에 대한 설명으로 옳지 않은 것은?
① 10월 중순경 겨울눈 부근에 월동란을 낳는다.
② 천적으로는 애홍점박이무당벌레, 칠성무당벌레가 있다.
③ 사과나무의 끝 가지에서 월동한 알이 4월 중하순에 부화하여 간모가 된다.
④ 사과 성숙잎의 뒷면에 기생하면 잎이 앞면으로 그리고 가로로 말리게 된다.

해설
사과혹진딧물은 어린잎 가해서 잎이 앞뒤로 말리나 전개된 잎을 가해할 때는 뒤쪽을 향해 세로로 말려 그 속에서 무리를 만들어 가해한다.

3과목 농약학

41 사람이 일생을 통하여 매일 섭취하여도 아무런 영향을 주지 않는 약량을 무엇이라 하는가?
① 최대잔류허용량
② 1일 섭취허용량
③ 최대무작용량
④ 농약잔류허용량

해설
최대무작용량은 장기 독성시험동물이 아무런 영향을 받지 않는 최대 용량을 의미한다.

42 수화제 제조용 증량제로 가장 적당한 것은?
① 규조토 ② 탈크
③ 모래   ④ 유안

해설
규조토는 수화제 제조시 사용되는 증량 보조제로 규산을 포함하는 약제이다.

43 유제 농약이 물에 잘 섞이는가를 검사하고자 할 때 가장 중요한 성질은?
① 유화성 ② 부착성
③ 고착성 ④ 붕괴성

해설
제제를 물에 가한 경우 유립자가 균일하게 분산하여 유탁액이 되는 성질을 유화성이라 한다.

44 농약을 주성분의 조성에 따라 분류한 것은?
① 유기인계   ② 식물생장조정제
③ 입제   ④ 훈증제

해설
농약을 주성분의 조성에 따라 무기농약, 유기농약으로 분류된다.

45 농약의 명칭 중 농약개발회사의 약자 또는 약종의 상징문자에 선택번호를 부여하여 등록되기 전에 사용되는 명칭을 무엇이라 하는가?
① 품목명 ② 시험명
③ 상품명 ④ 일반명

해설
시험명은 농약이 개발되어 일반명이 주어지기 전 제조회사 혹은 개발자의 이름의 약자를 붙인다.

정답 39 ④ 40 ④ 41 ③ 42 ① 43 ① 44 ① 45 ②

46 저독성의 속효성이고 잔효성이 짧아 수확 직전의 농작물이나 뽕의 해충방제에 적합한 약제는?

① 나크(NAC)제
② 이피엔(EPN)제
③ 카보(Carbofuran)제
④ 디디브이피(DDVP)제

해설
DDVP는 속효성이고 지속기간이 짧은 것이 특징이며 뽕나무의 초기 방제에 많이 이용되었으나 위해성으로 인해 생산이 중단되었다.

47 식물생장조절제인 옥신의 범주에 해당되지 않는 것은?

① Indole 계 화합물
② Benzoic 계 화합물
③ Phenoxy 계 화합물
④ Carbamate 계 화합물

해설
옥신에는 IAA(Indole 계 화합물), 페녹시계(Phenoxy 계 화합물), 벤조산계(Benzoic 계 화합물) 등이 있다.

48 기계유 유제의 살충작용으로 가장 옳은 것은?

① 훈증으로 살충
② 식중독으로 살충
③ 중추신경마비로 살충
④ 광물유로 피복, 질식시켜 살충

해설
기계유 유제는 약제를 직접 뿌려 곤충의 표피에 일종의 막을 형성하여 기문을 막아 질식사시키는 방제 약품이다.

49 아조포 유제를 500배로 희석하여 살포하려고 할 때 물 1말(18L)에 필요한 약량은 몇 mL 인가?

① 18   ② 20
③ 36   ④ 72

해설

$$소요약량 = \frac{사용량}{소요희석배수}$$
$$= \frac{1말 \times 18L}{500} = 0.036L = 36ml$$

50 무기농약인 석회황합제의 제조 및 사용법에 대한 설명으로 틀린 것은?

① 생석회와 황을 2:1 의 중량비로 배합하여 가마솥에 넣고 일정량의 물과 온도하에 가열반응시켜 숙성후에 여과하여 만든다.
② 약제 조제용 그릇은 금속제를 피하고 나무통을 사용하고 분무기는 약제 사용 후 암모니아수나 초산액으로 씻은 다음 물로 씻어 보관한다.
③ PCP, 황산니코틴, 황산아연 등과 혼용해도 무방하지만 유기인제, 제충국제와는 혼용을 피하는 것이 좋다.
④ 공기와 접촉하게 되면 분해가 촉진되기 때문에 저장할 때는 공기와의 접촉을 막아야 한다.

해설
석회황합제 제조시 생석회와 황을 1:2 비율로 배합한다.

51 분제의 특징에 대한 설명으로 옳지 않은 것은?

① 살충, 살균제에 많이 사용된다.
② 고착성이 우수하여 잔효성이 요구되는 과수방제용으로 적당하다.
③ 수도 병해충방제에 널리 사용되고 있다.
④ 표류비산에 의한 살포구역 이외의 환경오염이 클 수 있다.

정답 46 ④ 47 ④ 48 ④ 49 ③ 50 ① 51 ②

> [해설]
> 분제는 작물의 잔효성이 수화제나 유제에 비하여 낮은편이라 과수방제용으로는 부적당하다.

52 클로버 등 광엽잡초에는 특이한 살초효과가 있으나 피 등과 같은 화본과잡초에는 효과가 없는 호르몬형 이행성 제초제는?

① Dicamba ② Dymuron
③ Glyphosate ④ Monlinate

> [해설]
> 디캄바(Dicamba)액제는 광엽잡초에 선택적으로 살초효과가 나타나는 호르몬형 이행성 제초제이다.

53 동일 분자 내에 친수성과 소수성기를 가진 화합물은?

① 안정제 ② 증량제
③ 용제 ④ 계면활성제

> [해설]
> 계면활성제는 물에 녹기 쉬운 친수성부분과 기름에 녹기 쉬운 소수성 부분을 가지고 있는 화합물이다.

54 유기비소제에 대한 설명으로 틀린 것은?

① 일반식은 $R \cdot AS \cdot X_2$ 로 표시한다.
② 유기비소제 Thiram 은 농용항생제로 개발되었다.
③ 벼의 잎집무늬마름병과 사과의 부란병에 효과적이다.
④ Neozin 은 유기비소제에 철을 결합시킨 것으로 문제를 해결한 약제이다.

> [해설]
> 티람(Thiram)은 유기황제 살균제이다.

55 농약 혼용의 장점이 아닌 것은?

① 방제 비용이 절감된다.
② 혼용가능 농약은 혼합 후 바로 사용하지 않아도 좋다.
③ 같은 약제 연용에 의한 내성의 억제효과가 있다.
④ 동시에 서로 다른 병해충의 방제가 가능하다.

> [해설]
> 농약 혼용의 경우 약제의 변질 등의 우려가 있어 가능하면 제조후 바로 사용하는 것이 좋다.

56 어류에 대한 독성은 여러 가지 요인으로 감수성에 차이가 있는데 이에 대한 설명으로 틀린 것은?

① 수온이 높으면 농약에 대한 저항성이 낮아진다.
② 독성은 제형에 따라 다른데 입제가 가장 강하다.
③ 어류는 알일 때 농약에 대하여 감수성이 가장 낮다.
④ 수생생물에 대한 독성은 잉어와 물벼룩으로 평가한다.

> [해설]
> 어독성은 제형에 따라 다르며 유제가 가장 강하다.

57 수화제를 물에 풀면 물에 녹지 않은 원제나 증량제의 미립자가 균등히 분산된 살포액을 무엇이라 하는가?

① 유탁액 ② 용액
③ 현탁액 ④ 미탁액

> [해설]
> 현탁액은 액체에 고체의 입자가 분산되어 있는 것을 말한다. 농약의 경우 물에 녹지 않는 원제나 증량제가 물에 풀려 녹지 않고 분산되어 있는 살포액을 의미한다.

정답 52 ① 53 ④ 54 ② 55 ② 56 ② 57 ③

58 다음 중 농약의 사용기구가 아닌 것은?
① 분무기 ② 미스트기
③ 살분기 ④ 포자기

해설
농약의 사용기구로 분무기, 미스트기, 살분기가 있다.

59 농약 보관시 주의하여야 할 사항 중 틀린 것은?
① 고형제는 흡습되면 분해가 촉진되므로 건조한 곳에 보관한다.
② 농약 설명서의 약효보증기간은 최악의 조건에서 산정하여 정한 기간이다.
③ 대부분의 농약은 고온 및 자외선 접촉 시 분해가 되므로 냉암소에 저장한다.
④ 유제는 인화의 위험성이 있으므로 화기를 피하여 보관한다.

해설
농약 설명서의 약효보증기간은 제조일자를 기준으로 보증기간을 산정한다.

60 다음 중 유기인계 살충제는?
① 페니트로티온, 다이아지논
② 칼탑, 카바릴
③ 엔드린, 카바릴
④ 메소밀, 카보푸란

해설
유기인계 살충제로 디클로르보스, 다이아지논, 페니트로티온, 말라티온 등이 있다.

4과목 잡초방제학

61 식물이 분비하거나 생체 혹은 수확 후 잔여물 및 종자 등에서 독성물질이 분비되어 다른 식물종의 생장을 저해하는 현상은?
① Allelopathy ② Competition
③ Fertilization ④ Contamination

해설
타감작용(allelopathy)은 근처 식물의 생육에 영향을 주는 것으로 인접 식물의 생육에 부정적인 영향을 끼쳐 생장을 저해시키거나 혹은 과도하게 촉진시키게 된다.

62 잔디밭의 클로버 방제에 가장 적절한 제초제는?
① 옥사디아존 유제
② 메코프로프 유제
③ 할로설퓨론메틸 입제
④ 벤설퓨론메틸·뷰타클로르 입제

해설
잔디밭 클로버 방제에는 메코프로프 유제 및 디캄바 액제, 트리클로피르티이에이 액제 등이 효과적이다.

63 벼의 유효분얼이 끝날 때부터 유수형성기 이전까지 살포하는 제초제는?
① 이사-디 액제
② 티오벤카브 유제
③ 뷰타클로르 유제
④ 사이할로프로뷰틸·프로파닐 유제

해설
2,4-D 제초제는 벼와 같은 화곡류의 경우 유효분얼 종지기 ~ 유수형성기 사이에 처리하는 것이 좋다.

정답 58 ④ 59 ② 60 ① 61 ① 62 ② 63 ①

64 잡초의 밀도가 증가하면 작물의 수량이 점차 감소되지만 어느 수준 밀도 이하에서는 잡초가 존재하더라도 작물의 수량에 크게 영향을 미치지 않는 잡초 밀도는?
① 상호억제 대립밀도
② 작물생육 한계밀도
③ 잡초생육 한계밀도
④ 잡초허용 한계밀도

해설
잡초허용한계밀도는 잡초의 밀도가 증가하면 양분의 손실 등으로 작물의 수량이 감소하는 밀도이다. 허용한계밀도 이하로 잡초가 존재할 경우에는 작물의 수량에 영향을 미치지 않게 된다.

65 밭에 주로 발생하는 잡초는?
① 마디꽃   ② 쇠털골
③ 명아주   ④ 사마귀풀

해설
밭에서 주로 발생하는 밭잡초로는 명아주, 쇠비름, 바랭이, 깨풀 등이 있다.

66 농경지에 발생하는 잡초군락의 구성변화에 관여하는 가장 중요한 요인은?
① 제초제 사용
② 경운정지의 변화
③ 재배법 등 경지 이용형태의 변화
④ 토지기반정비에 의한 입지조건의 변화

해설
잡초군락의 천이는 재배작물 변화, 작부체계 변화, 경종조건 변화, 제초방법 변화 등이 있으며 동일 제초제의 연속 사용의 경우 저항성 잡초들의 발생으로 천이에 가장 큰 영향을 준다.

67 잡초로 인한 농경지의 피해가 아닌 것은?
① 병해충의 매개
② 토양침식의 가속화
③ 농작업 환경의 약화
④ 경합에 의한 작물수량감소

해설
잡초가 많이 발생하면 토양침식이 느려진다.

68 주로 지하경에 의해 번식하지 않는 잡초는?
① 벗풀   ② 올미
③ 올방개   ④ 물달개비

해설
물달개비는 수생 1년생 논잡초로 지하경으로 번식하지 않는다.

69 작물의 수량 감소 정도는 작물과 잡초와의 경합에 의하여 결정되는데 이에 관여하는 요소로 가장 거리가 먼 것은?
① 잡초의 발생시기
② 잡초의 발생밀도
③ 잡초의 발생기간
④ 잡초의 종자생산량

해설
잡초의 경합은 잡초의 종류, 발생시기, 밀도, 기간 등에 의해 결정된다.

70 다음 중 광엽잡초로만 나열된 것은?
① 돌피, 여뀌, 쇠털골
② 별꽃, 명아주, 바랭이
③ 물달개비, 망초, 강아지풀
④ 물옥잠, 사마귀풀, 쇠비름

해설
광엽잡초에는 닭의장풀, 명아주, 가래, 물달개비, 쇠비름, 비름, 질경이, 여뀌, 깨풀 등이 있다.

71 주로 종자번식을 하는 일년생 잡초는?
① 가래   ② 쇠비름
③ 쇠털골   ④ 너도방동사니

해설
1년생 잡초인 뚝새풀, 바보여뀌, 마디꽃, 쇠비름 등은 주로 종자번식을 한다.

72 잡초의 상호대립억제작용을 이용한 잡초 방제법은?

① 생물적 방제 ② 생태적 방제
③ 물리적 방제 ④ 종합적 방제

해설
상호대립억제작용은 타감작용이라 하며 생물적 방제법에 속한다.

73 논 잡초의 방제를 위하여 사용한 제초제가 약해를 발생하는 요인으로 옳지 않은 것은?

① 이앙심도가 깊을 때
② 일일온도 변화가 작은 경우
③ 물 관리가 소홀히 하였을 경우
④ 효과를 높이기 위하여 과잉 살포한 경우

해설
일일온도 변화가 큰 경우 약해의 발생이 증가할 수 있다.

74 다음 중 발생심도가 가장 깊은 잡초는?

① 올미   ② 벗풀
③ 올방개   ④ 너도방동사니

해설
올방개는 발생분포 심도가 주로 10~25cm 정도이며 최대 30cm 까지 깊게 분포한다.

75 문제 잡초들의 특성이 아닌 것은?

① 광합성 효율이 높고 생장이 매우 빠르며 대부분 C_4형 광합성을 한다.
② 종자 또는 지하번식기관으로 번식할 수 있으며 많은 종자를 생산한다.
③ 불량한 환경조건에 잘 적응하며 과습의 조건에서도 견뎌낼 수 있는 메카니즘을 가지고 있다.
④ 휴면성이 낮아 불리한 조건 아래에서도 발아율이 높다.

해설
문제 잡초들은 휴면성이 커서 불리한 조건에서는 발아하지 않다고 적합한 환경에서 발아하여 방제가 어렵다.

76 잡초에 의한 작물의 피해가 가장 심한 경우는?

① 화본과 작물 재배지에 발생한 광엽잡초
② C_3작물 재배지에 발생한 C_4잡초
③ 벼 재배지에 발생한 가막사리
④ 광엽 작물 재배지에 발생한 화본과 잡초

해설
C_3 작물보다 C_4 잡초의 광효율이 좋아 경합에 유리하여 작물의 피해가 심하다.

77 종자휴면의 원인에 대한 설명으로 틀린 것은?

① 종피가 너무 두껍다.
② 발아억제물질이 많이 들어 있다.
③ 배가 비속하거나 후숙되지 않았다.
④ 발아촉진물질이 많이 들어있다

해설
종자휴면의 원인으로 발아억제물질이 있다.

78 잔디밭에 주로 많이 발생되는 잡초는?

① 개비름, 한련초
② 토끼풀, 꽃다지
③ 민들레, 명아주
④ 여뀌, 강아지풀

해설
토끼풀, 파대가리, 새포아풀, 클로버, 꽃다지 등은 잔디밭잡초이다.

79 우리나라에서 발생하고 있는 대부분의 잡초 종자의 발아 최적온도 범위는?

① 0~10℃   ② 10~15℃
③ 15~30℃   ④ 30~40℃

해설
잡초의 종류에 따라 발아 최적온도는 다른데 대체적인 최적온도의 범위는 15~30℃ 정도이다.

정답 72 ① 73 ② 74 ③ 75 ④ 76 ② 77 ④ 78 ② 79 ③

80 잡초를 생활형에 따라 바르게 분류한 것은?

① 일년생 잡초 - 피, 벗풀
② 월년생 잡초 - 별꽃, 명아주
③ 다년생 잡초 - 올방개, 올미
④ 동계 잡초 - 냉이, 강아지풀

> 해설

다년생 잡초에는 올방개, 올미, 나도겨풀, 너도방동사니 등이 있다.

정답 80 ③

국가기술자격 필기시험문제

산업기사 CBT 3회 모의고사문제				수험번호	성명
자격종목 식물보호산업기사	종목코드	시험시간 2시간	형별		

※ 본문제는 수험생들의 기억을 바탕으로 작성 된 것으로 실제 문제와 차이가 있을 수 있습니다.

1과목　식물병리학

01 사과나무 부란병의 대표적인 발병부위는?
① 뿌리　② 줄기
③ 잎　④ 꽃

해설
사과나무 부란병은 줄기에 수침상 병무늬가 생기고 알코올 냄새가 난다.

02 다음 중 병징에 해당되지 않는 것은?
① 점무늬　② 더뎅이
③ 균핵　④ 오갈

해설
균핵은 표징이다.

03 식물 세균병의 병징과 그 원인의 연결로 옳지 않은 것은?
① 시들음 - 병원세균의 물관부증식
② 무름 - 펙티나아제(Pecxtinase)
③ 이상비대 - 식물 호르몬의 자극
④ 잎마름 - 잎의 코르크화

해설
잎마름은 세균이 잎의 조직에 침입하여 잎이 시들어가게 하는 현상을 말한다.

04 식물병원세균의 특징이 아닌 것은?
① 단세포이다.
② 분열로 증식한다.
③ 세포벽이 있다.
④ 엽록소가 있다.

해설
세균의 경우 세포벽이 있고 핵막이 없으며 이분법으로 증식하는 것이 특징이다.

05 식물병원균 감염 후 나타나는 저항성에 관한 것이 아닌 것은?
① 기공수의 증가
② Phytoalexin 의 생성
③ 기주의 잎에 과민반응
④ 세포벽 안쪽에 돌기형성

해설
· 식물병원균에 감염 후 저항성으로 파이토알렉신(phytoalexin) 생성 및 조직의 변화가 나타나는데 조직의 변화에는 코르크 변화, 이층의 형성, 검(gum) 형성, 돌기 형성 등이 있다.
· 기공수의 변화의 경우 감염 전의 저항성에 관한 것이다

06 콩 자줏빛무늬병(자주무늬병)균의 월동처는?
① 토양　② 뿌리
③ 종자　④ 매개곤충

해설
콩 자줏빛무늬병은 진균에 의해 발생하며 비와 바람으로 전반되어 종자에 월동한다.

정답　01 ②　02 ③　03 ④　04 ④　05 ①　06 ③

07 병원균이 주로 종자전염하는 병은?
① 감자 역병　② 오이 노균병
③ 보리 흰가루병 ④ 보리 겉깜부기병

해설
보리 겉깜부기병의 병원균은 진균으로 균사 상태로 종자에 월동하며 종자 전염을 한다.

08 파이토알렉신(phytoalexin)에 대한 설명으로 옳은 것은?
① 병원균이 분비한다.
② 병원체의 발육을 촉진하는 물질이다.
③ 기주와 균의 상호작용에 의하여 생긴다.
④ 생산된 파이토알렉신의 종류는 식물의 종과는 관계없이 균의 종류에 따라 결정된다.

해설
파이토알렉신은 기주와 병원균의 상호 작용에 의하여 기주가 생성된다.

09 맥류의 흰가루병에 대한 설명으로 옳지 않은 것은?
① 자낭균에 의해 발병한다.
② 내품성 품종을 재배하여 방제한다.
③ 4~5월경에 발생하여 수확기에 심하게 발생한다.
④ 잎에만 발생하고 잎집이나 줄기에는 발생하지 않는다.

해설
맥류의 흰가루병은 잎 뿐만아니라 줄기까지 확산되어 발생한다.

10 배추 무사마귀병에 대한 설명으로 옳지 않은 것은?
① 한낮에는 시들음 증상을 보인다.
② 뿌리의 세포가 비정상적으로 커진다.
③ 토양이 산성인 경우 잘 발생하지 않는다.
④ 우리나라에서는 주로 배추, 양배추, 무, 갓 등에 많이 발생한다.

해설
배추 무사마귀병은 알칼리성 토양에서 거의 발생하지 않는다.

11 세균에 의해 발생하는 병이 아닌 것은?
① 감귤 궤양병
② 포플러 잎녹병
③ 배나무 불마름병
④ 사과나무 뿌리혹병

해설
포플러 잎녹병은 진균에 의해 발생한다.

12 저항성이었던 품종이 같은 병원균에 의하여 이병화되는 주요 원인으로 옳은 것은?
① 지구 온난화
② 품종 자체의 퇴화
③ 농약 살포의 소홀
④ 병원균의 새로운 변이주 출현

해설
저항성을 가진 품종이 이병화 현상이 발생하는 것은 병원균이 새로운 변이주가 나타나면서 저항성이 발휘되지 않게 된다.

13 담자균에 속하는 식물병은?
① 가지 풋마름병
② 사과나무 부란병
③ 배나무 붉은별무늬병
④ 복숭아나무 잎오갈병

해설
배나무·사과나무 붉은별무늬병은 담자균에 속하는 식물병이다.

정답 07 ④　08 ③　09 ④　10 ③　11 ②　12 ④　13 ③

14 매개충으로 인하여 전염되는 병은?
① 벼 오갈병
② 보리 흰가루병
③ 사과나무 부란병
④ 배나무 붉은별무늬병

해설
벼 오갈병은 끝동매미충, 번개매미충 등에 의해 전반된다.

15 주로 포자로 번식하며 식물병을 일으키는 것은?
① 세균　② 선충
③ 곰팡이　④ 바이러스

해설
곰팡이는 주로 포자에 의해 번식한다.

16 식물병의 생물학적 진단방법으로 옳지 않은 것은?
① ELISA법
② 괴경지표법
③ 즙액접종에 의한 진단
④ 충체 내 주사법에 의한 진단

해설
ELISA 는 효소결합항체법(Enzyme Linked Immunosorbent Assay)으로 효소와 바이러스의 반응을 통해 감염여부를 확인하는 면역학적 진단방법이다.

17 다음에 해당하는 용어로 옳은 것은?

> 병원체가 기주식물에 병을 일으키는 능력이다.

① 특이성　② 감수성
③ 병원성　④ 기생성

해설
식물에 병의 원인을 병원이라 하며 병을 일으키는 능력을 병원성이라 한다.

18 보리 겉깜부기병 방제 방법으로 가장 효과적인 것은?
① 윤작　② 종자 소독
③ 밀식 재배　④ 항생제 사용

해설
보리 겉깜부기병은 종자의 냉수온탕침법이나 종자 소독 등이 효과적이다.

19 바이로이드에 의해 발생하는 식물병은?
① 벼 오갈병　② 감자 갈쭉병
③ 콩 모자이크병　④ 뽕나무 오갈병

해설
감자 갈쭉병은 바이로이드에 의해 발생한다.

20 다음 중 수공감염으로 가장 많이 일어나는 식물의 병은?
① 벼 흰잎마름병
② 감자 더뎅이병
③ 고구마 무름병
④ 보리 겉깜부기병

해설
벼 흰잎마름병은 세균이 수공이나 상처를 통해 침입하며 도관에서 증식하여 피해를 준다.

2과목　　**농림해충학**

21 다음 중 유충의 발육과 성충의 생식활동에 영향을 주는 유약호르몬을 분비하는 곤충의 기관은?
① 카디아카체　② 알라타체
③ 앞가슴샘　④ 가슴샘

해설
곤충의 분비계에 알라타체는 성충으로 발육을 억제하는 유충호르몬을 만든다.

정답　14 ①　15 ③　16 ①　17 ③　18 ②　19 ②　20 ①　21 ②

22 다음 중 점박이응애에 대한 설명으로 옳지 않은 것은?
① 암컷의 길이가 수컷에 비해 짧다.
② 성충으로 월동한다.
③ 숙주식물의 잎에서 즙액을 빨아 먹는다.
④ 천적으로는 왕게응애와 신이리응애가 있다.

> 해설
> 암컷이 수컷보다 크기가 크다.

23 다음 중 말피기관에 대한 설명으로 가장 거리가 먼 것은?
① 배설계에 속하는 기관이다.
② 진딧물에서 볼 수 있다.
③ 중장과 후장이 만나는 곳에서 후장과 연결되어 있다.
④ 혈액 속에서 물 등을 흡수하여 후장으로 이동시킨다.

> 해설
> 진딧물의 경우 말피기관이 없으며 다른 대부분의 곤충에서는 관찰된다.

24 다음 중 코일 모양의 입을 가진 해충으로 가장 옳은 것은?
① 가시점둥글노린재
② 고자리파리
③ 배추흰나비
④ 벼멸구

> 해설
> 배추흰나비의 성충은 흡관구형으로 마치 코일과 같은 대롱모양의 긴 주둥이를 가진다.

25 다음 중 곤충이 가장 잘 반응하는 색에 속하는 것은?
① 흑색 ② 녹색
③ 적색 ④ 백색

> 해설
> 곤충이 잘 감지하는 파장대가 있으며 주로 청색이나 녹색의 파장대이다.

26 다음 중 멸구 등 비래해충을 대상으로 하는 해충 발생밀도 조사법으로 가장 적절한 것은?
① 페로몬조사법
② 공중포충망조사법
③ 예열조사법
④ 예찰등조사법

> 해설
> 공중포충망조사법은 멸구류를 채집하고 조사하기 가장 쉬운 방법으로 많이 이용된다.

27 다음 중 담배나방에 대한 설명으로 가장 옳지 않은 것은?
① 고추의 주요 해충 중 하나이다.
② 1년에 1회 발생한다.
③ 땅속에서 번데기로 월동한다.
④ 담배에 피해를 준다.

> 해설
> 담배나방은 1년에 3회 발생한다.

28 농생태계와 비교하여 산림생태계의 특성에 대한 설명으로 가장 거리가 먼 것은?
① 군집구조가 복잡하다.
② 안정된 생태계이다.
③ 생물 종의 구성이 단순하다.
④ 자연적인 생태계이다.

> 해설
> 산림생태계는 생물 종의 구성이 다양하다.

29 생물적 방제를 위하여 해충의 천적을 이용하는 방법으로 옳지 않은 것은?
① 외국으로부터 도입 이용
② 대량 증식 방사
③ 내충성 증대
④ 환경조건의 개선

> 해설
> 내충성이 증대되면 해충에 대한 저항성이 강해지므로 천적을 이용할 필요가 없다.

정답 22 ① 23 ② 24 ③ 25 ② 26 ② 27 ② 28 ③ 29 ③

30 발병에 영향을 주는 세 가지 요인에 속하지 않는 것은?
① 병원체　② 감수성식물
③ 환경　　④ 시간

해설
발병에 영향을 주는 요인으로 식물병의 원인은 병원체, 저항성이 약한 감수성식물, 환경 등이 있다.

31 페로몬에 대한 설명으로 옳은 것은?
① 체내의 생리조절 물질이다.
② 같은 종내 개체간의 통신물질이다.
③ 다른 종간의 통신물질이며 전달 방법이 생산자에게 유리하다.
④ 다른 종간의 통신물질이며 전달 방법이 수신자에게 유리하다.

해설
같은 종의 이성을 유인하는 성페로몬, 서식지에서 동족을 부르는 집합페로몬, 위험을 전파하는 경보페로몬, 길을 안내하기 위한 길잡이 페로몬, 동족의 과밀현상을 피하기 위한 분산페로몬 등 목적에 따라 다양한 페로몬이 있다.

32 소나무 재선충을 매개하는 해충은?
① 솔잎혹파리
② 솔수염하늘소
③ 미국흰불나방
④ 버즘나무방패벌레

해설
솔수염하늘소는 소나무재선충의 매개충으로 천공성 해충에 속한다.

33 곤충강에서 분화가 다양하고, 세계적으로 종수가 가장 많은 목은?
① 벌목　　② 나비목
③ 노린재목　④ 딱정벌레목

해설
딱정벌레목은 곤충의 종 가운데 40% 정도인 35만여종을 차지하는 목이며 아직 미발견 종만 500만여종이 넘는 것으로 알려져있다.

34 수정낭에 대한 설명으로 옳은 것은?
① 수컷에서 만들어진 정자를 임시로 보관하는 곳
② 교미 후 수컷에서 받은 정자를 보관하는 곳
③ 수컷의 생식기관으로 정충을 만드는 곳
④ 교미 후 정자와의 수정이 일어나는 곳

해설
수정낭은 교미 후 수컷에서 받은 정자를 보관하는 곳으로 정자가 좀 더 오래 살아남을 수 있다.

35 다음 중 충영을 형성하는 해충은?
① 독나방
② 솔잎혹파리
③ 어스렝이나방
④ 참나무겨울가지나방

해설
솔잎혹파리는 주로 소나무, 해송에 피해를 주며 유충이 벌레혹을 만들고 즙액을 빨아 먹는다.

36 기피제를 놓아 해충을 방제하고자 할 때 곤충의 어떤 행동을 이용한 것인가?
① 양성주촉성　② 음성주촉성
③ 양성주화성　④ 음성주화성

해설
화학약품에 접근하지 않으려는 성질을 이용한 것을 음성주화성이라 한다.

37 최근 도시의 버즘나무 잎이 부분적으로 퇴색되고 피해가 진전됨에 따라 조기에 갈색으로 마르는 피해를 입히는 해충은?
① 진딧물류　② 깍지벌레류
③ 방패벌레류　④ 흰불나방

해설
버즘나무 잎에 피해를 주는 버즘나무방패벌레는 잎에 군서생활을 하면서 잎을 흡즙한다. 피해를 입은 나무는 잎이 퇴색되고 황갈색으로 변색된다.

정답 30 ④　31 ②　32 ②　33 ④　34 ②　35 ②　36 ④　37 ③

38 불완전변태를 하는 곤충으로만 나열된 것은?

① 사마귀, 벌
② 날도래, 밑들이
③ 딱정벌레, 매미
④ 진딧물, 깍지벌레

해설
불완전변태는 알, 유충, 성충의 과정을 거치는 것으로 잠자리목, 메뚜기목, 바퀴목, 사마귀목 등이 있으며 보기의 진딧물, 깍지벌레는 매미목으로 불완전변태를 한다.

39 국내에서 벼물바구미의 연 발생횟수는?

① 1년에 1회 발생
② 1년에 3회 발생
③ 1년에 4회 발생
④ 2년에 1회 발생

해설
벼물바구미는 1년에 1회 발생하고 성충으로 월동한다.

40 흡수성(흡즙성) 해충은?

① 포플러하늘소
② 미국흰불나방
③ 오리나무잎벌레
④ 주머니깍지벌레

해설
흡즙성 해충에는 깍지벌레, 노린재류, 버즘나무방패벌레, 선녀벌레, 응애류, 진딧물류 등이 있다.

3과목 농약학

41 살비제(살응애제)가 갖추어야 할 특성으로 틀린 것은?

① 성충 및 유충에 대한 효과뿐만 아니라 살란효과도 있어야 한다.
② 잔효기간이 어느 정도 길어야 하며 저항성 유발이 적어야 한다.
③ 약제의 침투성이 강하여 살포 후 작물체 전체로 이행되어야 한다.
④ 응애류에만 선택적으로 작용하고 천적 및 유용생물에는 안전하여야 한다.

해설
살비제는 응애류에 선택적으로 방제해야 하며 작물에 대한 약해가 없어야 하고 잔존력이 강해야 한다.

42 65% 지오릭스분말 1kg 을 5% 분제로 만들려면 이 때 소요되는 증량제의 양은 몇 kg 인가?

① 10   ② 11
③ 12   ④ 13

해설
희석할 증량제양 = 원분제중량 × ($\frac{원분제 농도}{목표 농도} - 1$)

$= 1\,kg \times (\frac{65\%}{5\%} - 1) = 12\,kg$

43 제초제의 작용기작 중 옥신작용의 교란을 이용한 제초제는?

① 산아미드계   ② 카바메이트계
③ 페녹시계   ④ 요소계

해설
페녹시계는 호르몬형 유기제초제로 옥신작용의 교란을 이용한 제초제이다. 분열조직의 활성화, 이상분열, 세포막의 삼투압 증대 등의 식물의 기본생리기능을 교란시킨다.

44 농약 신규제형의 특징이라고 볼 수 없는 것은?
① 인축 및 환경에 안전하다.
② 약해가 경감된다.
③ 가격이 저렴하다.
④ 폭발 위험성이 매우 낮다.

해설
가격의 변동은 성분 및 제조방법에 의해 결정되기에 제형에 의한 특징과는 관련이 없다.

45 성 유인물질(sex attractant)의 특성이 아닌 것은?
① 종특이성이 있다.
② 미량으로도 강한 유인능이 있다.
③ 모두 천연산물이다.
④ 원거리에서도 유효성이 있다.

해설
성 유인물질은 성페로몬과 유사한 합성물질도 있다.

46 다음 중 유기인계 살충제는?
① 페니트로티온, 다이아지논
② 캅탑, 카바릴
③ 엔드린, 카바릴
④ 메소밀, 카보푸란

해설
유기인계 살충제로 디클로르보스, 다이아지논, 페니트로티온, 말라티온 등이 있다.

47 독성 정도에 따른 농약의 구분에는 고체 급성경구 1급(맹독성)의 기준치(mg/kg 체중)는?
① 0.05 미만 ② 0.5 미만
③ 5 미만   ④ 50 미만

해설
고체 급성경구 1급(맹독성)의 기준치는 5mg/kg 미만이며 액체의 경우 20mg/kg 미만이다.

48 수화제에 물을 가하여 조제한 현탁액에 있어서 고체입자가 균일하게 부유하는 성질과 그 안정성을 의미하는 것은?
① 현수성   ② 유화성
③ 가용성   ④ 비산성

해설
현수성은 수화제에 물을 넣어 조제한 현탁액의 고체입자가 균일하게 분산 부유하는 성질과 안정성을 말한다.

49 2,4-D 액제에 대한 설명으로 틀린 것은?
① 경엽처리용 제초제이다.
② 일년생 잡초에 적용한다.
③ 옥시졸리딘계 제초제이다.
④ 약해의 염려가 있으므로 고압식 분무기를 사용하지 않는다.

해설
2,4-D 는 유기화합물 페녹시계 제초제이다.

50 화본과 및 광엽잡초의 경엽과 뿌리를 통하여 동시에 흡수 이행되어 살초작용을 나타내는 이미다졸리논계 제초제는?
① 벤타존액제
② 이마자퀸액제
③ 세톡시딤유제
④ 이마조설퓨론수화제

해설
이마자퀸액제는 잡초생육초기의 화본과 및 광엽잡초의 경엽에 살포하며 잡초에 흡수 이행되어 살초작용을 하는 이미다졸리논계 제초제이다.

51 농약의 독성을 표시할 때 사용하는 LD_{50}의 의미는?
① 완전치사량
② 30% 이상 살아남은 양
③ 60% 치사량
④ 중위치사량

해설
반수치사량(중위치사량)을 의미하는 LD_{50}으로 표시한다.

52 농약의 잔류독성을 의미하지 않는 것은?

① 식품에 잔류한 농약의 독성
② 토양 속에 남아 있는 독성
③ 작물에 남아있는 독성
④ 농약 포장지 내에 남아 있는 독성

> **해설**
> 잔류독성은 농약의 주성분이 작물, 식품, 토양, 수질 등에 남아 잔류하여 오염시키는 것을 말한다.

53 수화제 제형 제조에서 중요하게 관리해야 할 물리적 특성에 해당하는 것은?

① 비중과 유화성
② 입자의 크기와 현수성
③ 안전성과 확전성
④ 입자의 크기와 수용성

> **해설**
> 수화제는 현수성, 수화성, 고착성, 습진성 등이 좋아야 하며 그 중에서 물리적 특성에는 입자의 크기 및 현수성이 중요하다.

54 살균제의 주성분에 의한 분류에 해당되지 않는 것은?

① 유기수은제   ② 토양소독제
③ 유기주석제   ④ 무기황제

> **해설**
> 토양소독제는 용도에 따른 분류에 속한다.

55 유제가 갖추어야 할 구비조건으로 가장 거리가 먼 것은?

① 물로 희석하였을 때 유효성분이 석출하지 않고 유탁액을 만드는 유화성
② 유효성분이 보존 중 또는 사용 중에 분해되지 않는 안전성
③ 살포 후 작물이나 해충의 표면에 고르게 퍼지고 부착하는 확전성
④ 물을 가하여 조제한 현탁액에 있어서 입자가 균일하게 분산 부유하는 분산성

> **해설**
> 유제는 유기용매를 녹여 유화제를 첨가한 용액으로 유효성분의 안전성과 유화성이 주요 관리 항목이다. 그리고 많은 양의 물에 희석하여 분무기를 이용해 살포하기에 확전성도 있어야 한다.

56 제충국의 특성에 대한 설명으로 옳은 것은?

① 속효성이다.   ② 잔효성이 크다.
③ 약해가 크다.   ④ 고독성 농약이다.

> **해설**
> 제충국의 꽃 씨방에서 추출하는 피레트린 성분은 접촉제의 속효성으로 신경기능의 저해를 통해 해충을 방제한다.

57 다음 농약 중 어류에 대한 독성이 큰 것부터 옳게 나열된 것은?

① 분제 > 수화제 > 유제
② 유제 > 수화제 > 분제
③ 수화제 > 유제 > 분제
④ 분제 > 유제 > 수화제

> **해설**
> 어류에 대한 독성은 제제형태로 유제, 수화제, 수용제, 분제의 순으로 유제가 독성이 가장강하며 분제가 독성이 비교적 약하다.

58 입제 제제 시 증량제로 사용되지 않는 것은?
① 벤토나이트 ② 탈크
③ 카올린   ④ 라그닌술폰산염

해설
증량제의 종류로 규조토, 고령토, 탈크, 벤토나이트, 카올린 등이 있다.

59 다음 중 유기유황계 약제는?
① 코퍼하이드록사이드 수화제
② 디클로르보스 유제
③ 만코제브 수화제
④ 티오파네이트메틸 도포제

해설
유기유황계 약제로 만코제브, 메티람, 프로피네브 등이 있다.

60 신경계를 자극하여 해충을 죽이는 약제가 아닌 것은?
① 기계유 유제
② 페노뷰카브 유제
③ 페니트로티온 수화제
④ 포레이트 입제

해설
기계유 유제는 피부에 작용하는 살충제이다.

4과목 잡초방제학

61 최근 우리나라 논에 다년생 잡초가 증가하는 요인으로 볼 수 없는 것은?
① 1년생 제초제의 연용
② 만기 이앙 및 답리작의 증가
③ 추경 및 춘경의 감소
④ 인력제초의 감소

해설
이앙 재배 방법은 잡초의 발생을 줄일 수 있다.

62 우리나라 논잡초 방제를 위하여 사용하는 제초제 중 가장 많이 사용되는 제형은?
① 입제   ② 유제
③ 수화제 ④ 분제

해설
입제는 유효성분을 고형증량제, 안정제, 계면활성제 등을 넣어 입상으로 제조하며 논잡초 제초제 중 가장 많이 사용한다.

63 경엽처리형 제초제로 벼와 피 사이에서 속간선택성을 일으키는 것은?
① Propanil   ② 2,4-D
③ Bentazon ④ Butachlor

해설
벼에는 프로파닐(Propanil)을 가수분해하는 효소가 있으나 피에는 그러한 효소가 적어 제초효과가 나타난다.

64 다음 중 광엽잡초로만 나열된 것은?
① 돌피, 여뀌, 쇠털골
② 별꽃, 명아주, 바랭이
③ 물달개비, 망초, 강아지풀
④ 물옥잠, 사마귀풀, 쇠비름

해설
광엽잡초에는 닭의장풀, 명아주, 가래, 물달개비, 쇠비름, 비름, 질경이, 여뀌, 깨풀, 물옥잠 등이 있다.

65 잡초경합 한계기간에 대한 설명으로 옳지 않은 것은?
① 철저한 잡초 방제가 요구되는 시기이다.
② 작물 생육기의 초기 1/4 ~ 1/3 정도의 기간이다.
③ 잡초와 작물이 경합하지만 작물의 피해는 없는 한계기간이다.
④ 한계기간 이후에는 잡초 방제를 더 하여도 작물 피해는 큰 변화가 없다.

해설
잡초경합한계기간은 잡초와의 경합에 의한 작물의 피해가 가장 심하게 나타나는 기간이다.

정답 58 ④ 59 ③ 60 ① 61 ② 62 ① 63 ① 64 ④ 65 ③

66 주로 종자번식을 하는 일년생 잡초는?
① 가래   ② 쇠비름
③ 쇠털골   ④ 너도방동사니

> **해설**
> 1년생 잡초인 뚝새풀, 바보여뀌, 마디꽃, 쇠비름 등은 주로 종자번식을 한다.

67 논에서 뚝새풀이 벼의 수량에 미치는 영향이 적은 이유로 적합한 것은?
① 키가 벼보다 작기 때문에
② 발생시기가 다르기 때문에
③ 벼와 동일한 화본과 식물이기 때문에
④ 양분흡수에 대한 경합력이 낮기 때문에

> **해설**
> 뚝새풀은 벼를 추수한 다음 10월을 지나 발아를 하기에 벼의 수량에 큰 영향을 미치지 않는다.

68 제초제에 사용시기에 따른 분류에서 파종 전 처리제에 해당하는 것은?
① 토양 소독제
② 경엽 처리제
③ 생육기 처리제
④ 이앙 벼의 초기 제초제

> **해설**
> 토양 소독제는 작물의 파종 전에 처리한다.

69 벼 재배양식 중에서 잡초 발생이 가장 많은 것은?
① 건답직파   ② 담수직파
③ 성묘 손이앙   ④ 어린모 기계이앙

> **해설**
> 이앙보다는 직파에서 경합력이 낮아 잡초 발생량이 많다. 또한 담수직파의 경우 특정 잡초만 발생하지만 건답직파의 경우 발생하는 잡초의 종류 및 수량이 많다.

70 이행형 제초제에 대한 설명으로 옳은 것은?
① 접촉한 부위에만 이행하는 제초제
② 체관부를 통하여 이행하지 못하는 제초제
③ 물관부를 통하여 이행하지 못하는 제초제
④ 처리한 부위로부터 작용점으로 이행해 가는 제초제

> **해설**
> 이행형 제초제는 처리 부위에서 약제가 작용하는 작용점으로 이행하는 제초제이다.

71 주로 잔디밭에 많이 발생하는 잡초는?
① 여뀌, 강아지풀
② 토끼풀, 꽃다지
③ 개비름, 한련초
④ 민들레, 명아주

> **해설**
> 토끼풀, 파대가리, 새포아풀, 클로버, 꽃다지 등은 잔디밭잡초이다.

72 잡초 발생으로 예상하는 피해가 아닌 것은?
① 농작업 방해
② 토양 침식 조장
③ 농작물 품질 저하
④ 병해충의 중간 기주

> **해설**
> 잡초는 토양에 유기물을 공급하여 토질을 개선시켜 토양 침식을 방지해 준다.

73 다음 중 부유성 수생잡초로만 나열된 것은?
① 생이가래, 흰명아주
② 부레옥잠, 좀개구리밥
③ 개구리밥, 올미
④ 생이가래, 쇠비름

> **해설**
> 부유잡초로는 부레옥잠, 개구리밥, 좀개구리밥, 생이가래 등이 있다.

정답 66 ② 67 ② 68 ① 69 ① 70 ④ 71 ② 72 ② 73 ②

74 제초제 종류와 주요 작용 기작이 가장 옳은 것은?

① atrazine-호흡 저해
② thiobencarb-분지형 아미노산 생합성 저해
③ glyphosate-방향족 아미노산 생합성 저해
④ chlorsulfuron-색소 형성 저해

해설
글리포세이트(glyphosate)는 아미노산 생합성을 저해시키는 유기인계 제초제이다. 글리포세이트의 경우 이행성이며 비선택성 제초제이다.

75 논에서 사초과인 올방개를 방제하기 위하여 사용되어지는 후기 경엽처리 제초제는?

① 론스타(oxadiazon)
② 밧사그란(bentazon)
③ 그라목손(paraquat)
④ 라쏘(alachlor)

해설
밧사그란은 경엽처리용 제초제로 잡초가 발생한 후에 처리하며 광엽잡초, 너도방동사니, 올미, 매자기, 올방개, 올챙이고랭이 등에 적용한다.

76 2%의 2,4-D 농도는 몇 ppm 인가?

① 1000 ppm
② 2000 ppm
③ 10000 ppm
④ 20000 ppm

해설
1%는 10,000ppm 이므로 2%의 경우 20,000ppm 이다.

77 토양에서 잡초의 발생에 대한 설명으로 틀린 것은?

① 사질토는 중점토보다 발생심도가 깊다.
② 종자가 무거울수록 발생심도가 얕다.
③ 토양이 과습(90% 이상)하면 출아율이 낮다.
④ 토양이 건조(55% 이하)하면 출아율이 낮다.

해설
종자가 무겁고 클수록 발생심도가 깊어진다.

78 생태적, 물리적, 화학적, 생물적 잡초방제 방법으로 구분할 때 생태적 잡초방제법이 아닌 것은?

① 작부체계
② 재식밀도
③ 품종선정
④ 피복처리

해설
피복처리는 물리적 방제에 속한다.

79 우리나라에서 발생하고 있는 대부분의 잡초 종자의 발아 최적온도 범위는?

① 0~10℃
② 10~15℃
③ 15~30℃
④ 30~40℃

해설
잡초의 종류에 따라 발아 최적온도는 다른데 대체적인 최적온도의 범위는 15~30℃ 정도이다.

80 우리나라 논에서 발생하는 화본과 잡초가 아닌 것은?

① 물달개비
② 강피
③ 나도겨풀
④ 뚝새풀

해설
물달개비는 광엽잡초이다.

정답 74 ③ 75 ② 76 ④ 77 ② 78 ④ 79 ③ 80 ①

국가기술자격 필기시험문제

산업기사 CBT 4회 모의고사문제

자격종목	종목코드	시험시간	형별
식물보호산업기사		2시간	

※ 본문제는 수험생들의 기억을 바탕으로 작성 된 것으로 실제 문제와 차이가 있을 수 있습니다.

1과목 식물병리학

01 Diener 가 발견하였으며 핵산이 한 가닥이고 단백질 껍질이 없는 병원체는?
① 바이로이드 ② 파이토플라즈마
③ 바이러스   ④ 세균

[해설] 바이로이드는 기주식물의 세포에 감염하여 증식하며 외부단백질 없이 한 가닥의 핵산만으로 구성된 병원체이다.

02 담배 모자이크바이러스(TMV)에 관한 내용으로 옳지 않은 것은?
① 구성 핵산은 RNA이다
② 담배에만 감염할 수 있다.
③ 입자의 형태는 막대모양이다.
④ 여러 계통(Strain)이 존재한다.

[해설] 담배모자이크 바이러스는 고추, 오이, 담배 등을 포함한 꽃 잡초에서도 모자이크 병이 발생한다.

03 다음 중 배추 무사마귀병이 발병하는 토양의 산도는?
① 중성   ② 산성
③ 알칼리성   ④ 모두 가능

[해설] 무·배추 무사마귀병은 산성토양에서 잘 발생한다.

04 식물 녹병균이 만드는 포자는?
① 봄포자   ② 여름포자
③ 가을포자 ④ 사철포자

[해설] 녹병균은 중간기주에서 여름포자 혹은 겨울포자를 만든다.

05 병원체와 진단방법의 연결이 틀린 것은?
① 감자 둘레썩음병 - 절단면 자외선 조사
② 감자바이러스 - 황산구리법
③ TMV - 지표식물
④ 감자역병 - 충체 내 주사법

[해설] 감자역병은 병징을 통한 육안적 진단 방법을 사용한다.

06 화학적 방제에 관한 설명으로 틀린 것은?
① 효과가 좋아도 연용할 경우 저항성을 갖게 된다.
② 작물보호제는 대상 병균과 적정한 작물이 한정되어 있어, 이를 벗어나는 경우에는 효과가 낮다.
③ 예방 또는 치료를 위한 효과가 비교적 정확하고 신속하다.
④ 살포량과 농도를 늘릴 경우 특히 효과가 크다.

[해설] 화학적 방제는 작물 및 인축에 대한 피해가 우려되기에 살포량과 농도는 관리 기준에 맞추어 사용한다.

정답 01 ① 02 ② 03 ② 04 ② 05 ④ 06 ④

07 경란전염에 대한 설명으로 옳은 것은?
① 가벼운 알이 잘 전염된다.
② 전염의 어렵고 쉬운 정도를 말한다.
③ 산란 후 병원이 알에 침입하여 전염된다.
④ 매개곤충의 알을 거쳐 다음 세대로 병원이 전해진다.

해설
경란전염은 매개충의 알을 통해 바이러스가 전파되는 것을 의미한다.

08 다음 중 진균(곰팡이)에 의해서 일어나는 병은?
① 벼 흰잎마름병
② 고추 풋마름병
③ 보리 속깜부기병
④ 담배 모자이크병

해설
벼 흰잎마름병, 고추 풋마름병은 세균에 의해 발생하며, 담배 모자이크병은 바이러스에 의해 발생한다.

09 벼 도열병의 전형적인 병징은?
① 모무늬
② 얼룩무늬
③ 겹둥근모양
④ 실꾸리모양

해설
벼 도열병은 방추형(실꾸리모양)의 병징을 나타낸다.

10 논에는 벼 도열병균 분생포자의 주된 전염방법은?
① 물
② 토양
③ 바람
④ 곤충

해설
벼 도열병의 병원균은 진균으로 바람에 의해 전반된다.

11 소나무류에 발생하는 잎녹병의 중간기주가 아닌 것은?
① 쑥부쟁이
② 황벽나무
③ 등골나물
④ 신갈나무

해설
소나무류의 잎녹병 중간기주로 황벽나무, 쑥부쟁이, 참취, 잔대, 등골나무, 취류, 산초나무 등이 있다.

12 물에 의해 전반되는 식물 병원체가 아닌 것은?
① 세균
② 선충
③ 균류
④ 바이러스

해설
바이러스는 매개충에 의해 전반된다.

13 파종기를 늦추어 감수성 품종의 병 발생을 막았다면 이것은 무엇을 이용한 방제방법인가?
① 내성
② 회피
③ 면역성
④ 저항성

해설
저항성이 없이 파종기를 늦추어 병 발생을 막은 것을 병 회피 현상이라 한다.

14 모래땅이나 유기질이 적은 논에서 발생하기 쉬운 병은?
① 벼 도열병
② 벼 키다리병
③ 벼 흰잎마름병
④ 벼 깨씨무늬병

해설
벼 깨씨무늬병은 양분이 부족한 산성토양에서 잘 발생한다.

15 오이 노균병에 대한 설명으로 옳은 것은?
① 세균에 의해 발생한다.
② 주로 줄기에 발생한다.
③ 질소질 성분이 부족할 경우 잘 발생한다.
④ 시설재배보다 노지재배할 경우 피해가 더 크다.

해설
진균에 의해 발생하는 오이 노균병은 질소질 성분이 부족한 장마철에 많이 발생한다.

정답 07 ④ 08 ③ 09 ④ 10 ③ 11 ④ 12 ④ 13 ② 14 ④ 15 ③

16 흰가루병이 잘 발생하지 않는 기주식물은?

① 오이   ② 감자
③ 장미   ④ 사과나무

해설
흰가루병은 오이, 호박, 참외, 팥, 맥류, 사과나무 등의 잎과 줄기에 주로 발생한다.

17 표징이 나타나는 병은?

① 포도 흰가루병
② 감자 빗자루병
③ 과꽃 누른오갈병
④ 감자 바이러스병

해설
포도 흰가루병은 잎 표면에 흰가루를 뿌린듯한 표징이 나타난다.

18 대추나무 빗자루병의 방제법으로 가장 효과적인 방법은?

① 여름철에 살균제를 뿌려준다.
② 옥시테트라사이클린 수화제를 나무에 주사한다.
③ 매개충을 구제하기 위하여 살충제를 지면에 뿌려준다.
④ 병든 가지는 건전한 부분을 포함하여 겨울철에 잘라낸다.

해설
대추나무 빗자루병은 파이토플라즈마에 의해 발생하며 옥시테트라사이클린 수화제를 수간주사하여 방제 및 치료가 가능하다.

19 식물체의 병 발생에 관여하는 3가지 요소에 해당하지 않는 것은?

① 환경   ② 병원균
③ 기주식물   ④ 경제적 피해

해설
식물병 발생에 관여하는 3요소로 병원체, 환경, 기주식물이 있다.

20 잣나무 털녹병의 방제방법으로 옳지 않은 것은?

① 중간기주인 송이풀을 제거한다.
② 중간기주인 까치밥나무를 제거한다.
③ 담자포자가 비산하는 초봄에는 살균제를 뿌린다.
④ 병든 나무는 녹포자가 비산하기 전에 비닐로 싸준다.

해설
잣나무 털녹병 방제법
· 감염된 나무, 중간기주는 제거 한다.
· 조기에 가지치기를 실시 한다.
· 묘목은 다른 지역으로 반출하지 않는다.
· 8월에 보르도액을 살포하여 소생자의 침입을 막는다.

2과목   농림해충학

21 모기가 벽에 앉을 때 언제나 머리쪽이 위로 향하는 성질은?

① 주광성   ② 주화성
③ 주촉성   ④ 주지성

해설
곤충이 머리쪽이 땅을 향하거나 반대로 앉는 성질을 주지성이라 한다.

22 곤충의 변태와 관련하여 탈피에 관여하는 탈피호르몬을 분비하는 기관은?

① 알라타체   ② 외분비계
③ 앞가슴샘   ④ 뒷가슴샘

해설
탈피호르몬은 앞가슴샘에서 분비된다.

23 진딧물 및 매미의 입틀 모양은?

① 씹기에 적합하다.
② 구멍 뚫기에 적합하다.
③ 핥아 먹기에 적합하다.
④ 찔러 빨아먹기에 적합하다.

해설
진딧물 및 매미는 찔러서 빨아먹는 자흡구형이다.

정답   16 ②   17 ①   18 ②   19 ④   20 ③   21 ④   22 ③   23 ④

24 다음 중 1세대를 경과하는 데 가장 긴 시간이 필요로 하는 곤충으로 옳은 것은?
① 말매미　　② 장수풍뎅이
③ 뽕나무하늘소　④ 소나무좀

해설
말매미는 1세대 경과에 6년 이상이 소요되어 다른 곤충보다 길다.

25 사과 과수원에 복숭아심식나방의 성충 발생정도를 예찰하는 방법으로 가장 적절한 것은?
① 유아등　　② 성페로몬 트랩
③ 말레이즈 트랩　④ 황색 수반 트랩

해설
성페로몬 트랩은 복숭아심식나방, 복숭아순나방, 사과굴나방 등에 적합하고 암컷이 방출하는 성페로몬을 이용하여 수컷을 유인하여 발생 정도 및 방제적기를 파악하는데 유용한 방법이다.

26 곤충의 전장에 대한 설명으로 옳지 않은 것은?
① 양분을 흡수한다.
② 외배엽에 의하여 생긴다.
③ 분문판으로 중장과 구분된다.
④ 먹은 것을 분쇄하는 장치를 가진 것이 있다.

해설
곤충의 전장은 기계적 소화작용이 일어나며 양분을 흡수하지는 않는다.

27 해충 방제 중 생물적 방제의 장점에 해당하는 것은?
① 효과가 빠르지 않다.
② 환경에 영향을 많이 받는다.
③ 안전 농산물 생산이 가능하다.
④ 화학농약과 사용시 많은 주의가 요구된다.

해설
생물적 방제는 화학약품을 사용하지 않고 친환경적인 방제법을 선택하기에 안전한 농산물 생산이 가능하다.

28 다음 곤충의 생식계에 대한 설명 중 옳지 않은 것은?
① 난자는 알집을 구성하는 알집소관에서 생성된다.
② 암컷의 생식계는 알집, 수란관, 주정낭, 부속샘 등으로 구성된다.
③ 수정낭은 수정이 이루어지는 곳이다.
④ 꿀벌의 일벌은 난소가 퇴화되어 있다.

해설
수정낭은 암컷의 기관 중 하나로 수컷에서 받은 정자를 보관하는 곳이다.

29 다음 중 충영을 형성하는 해충은?
① 독나방
② 솔잎혹파리
③ 어스렝이나방
④ 참나무겨울가지나방

해설
솔잎혹파리는 주로 소나무, 해송에 피해를 주며 유충이 벌레혹을 만들고 즙액을 빨아 먹는다.

30 살충제의 광범위한 사용으로 인한 부작용이 아닌 것은?
① 곤충 종다양성의 증가
② 저항성 해충의 출현
③ 천적류의 감소
④ 해충의 재발현상(반전현상)

해설
살충제를 광범위하게 사용하면 많은 종류의 곤충에 피해를 주면서 종 다양성이 파괴 혹은 줄어든다.

31 곤충은 양성생식을 하는 것이 일반적이나 단위생식을 하는 종류도 있다. 다음 중 단위생식에 의해 증식하는 곤충은?
① 솔나방　　② 배추흰나비
③ 밤나무혹벌　④ 벼메뚜기

해설
진딧물, 밤나무순혹벌 등은 암컷만으로 번식을 하는 단위생식을 한다.

32 불완전변태를 하는 것은?
① 벌류 ② 파리류
③ 노린재류 ④ 딱정벌레류

> 해설
> 메뚜기목, 매미목, 강도래목, 하루살이목, 노린재목, 총채벌레목 등은 불완전변태를 한다.

33 곤충의 특징이 아닌 것은?
① 몸이 머리, 가슴, 배의 3부분으로 나누어져 있다.
② 눈은 겹눈만 있고 홑눈이 없다.
③ 다리가 3쌍이다.
④ 대개 2쌍의 날개가 있고 탈바꿈을 한다.

> 해설
> 곤충은 눈은 보통 1쌍의 겹눈, 2~3개의 홑눈이 있다.

34 우리나라 곤충상이 속하는 동물지리학적 분포구는?
① 신북구 ② 구북구
③ 동양구 ④ 하와이구

> 해설
> 국내의 경우 구북구계에 속한다.

35 해충의 발생예찰에 대한 설명으로 틀린 것은?
① 발생예찰에는 발생시기의 예찰, 발생량의 예찰, 피해량의 예찰, 방제여부의 예찰 등이 있다.
② 화학적 방제를 위해서는 발생예찰이 필요하지 않고 농민이 편리한 시기에 약제를 살포하기만 하면 된다.
③ 발생예찰을 위한 조사로는 정점조사와 순회조사가 있다.
④ 물을 담은 수반에 날아 들어오는 해충을 조사하는 방법을 수반조사법이라 한다.

> 해설
> 발생예찰을 통해 발생량을 예측하고 효과적인 방제시기 및 살포량 등을 결정하기에 편리한 시기에 약제를 살포하는 것은 잘못된 내용이다.

36 벼멸구 방제법으로 부적당한 것은?
① 내충성 품종을 심는다.
② 약제로는 뷰프로페진, 에토펜프록스 수화제가 있다.
③ 질소질 비료를 많이 준다.
④ 천적으로는 신충채벌, 논거미 등이 있다.

> 해설
> 질소질비료를 과용하게 되면 도장의 우려가 있고 식물병의 확산우려가 있다.

37 곤충의 호르몬에 대한 설명으로 옳지 않은 것은?
① 이뇨호르몬은 지질 동원에 관여한다.
② 유약호르몬은 성장 조절에 관여한다.
③ 경화호르몬은 탈피 후 표피의 경화에 영향을 준다.
④ 앞가슴샘에서 분비되는 호르몬은 탈피에 영향을 준다.

> 해설
> 이뇨호르몬은 배설에 관여하는 호르몬이다.

38 곤충 표피에 대한 설명으로 옳지 않은 것은?
① 수분 손실을 억제한다.
② 근육의 부착점으로 작용한다.
③ 감각기관이 존재하지 않는다.
④ 표피층, 표피세포 및 기저막 등으로 구성된다.

> 해설
> 곤충은 감각기관을 가지고 있으며 중추신경계의 지배를 받는다.

39 거세미나방의 월동 충태는?
① 알 ② 성충
③ 유충 ④ 번데기

> 해설
> 거세미나방은 1년에 2회 발생하고 유충으로 땅속에 월동한다.

정답 32 ③ 33 ② 34 ② 35 ② 36 ③ 37 ① 38 ③ 39 ③

40 사과응애에 대한 설명으로 옳은 것은?

① 번데기로 월동한다.
② 1년에 7~8회 발생한다.
③ 뿌리 근처에서 월동한다.
④ 주로 뿌리 부위를 가해한다.

> **해설**
> 사과응애는 1년에 7~8회 발생하고 알 형태로 월동한다.

3과목　농약학

41 사람이 일생을 통하여 매일 섭취하여도 아무런 영향을 주지 않는 약량을 무엇이라 하는가?

① 최대잔류허용량
② 1일 섭취허용량
③ 최대무작용량
④ 농약잔류허용량

> **해설**
> 최대무작용량은 장기 독성시험동물이 아무런 영향을 받지 않는 최대 용량을 의미한다.

42 우리나라의 농약 독성 구분에 대한 설명으로 틀린 것은?

① 농약의 독성구분은 원제독성을 기준으로 한다.
② 세계보건기구 분류기준과 거의 동일하다.
③ 전체 등록 농약 중 고독성은 아주 적으며 대부분 보통 및 저독성 농약이다.
④ 술의 원료인 주정의 독성치보다 낮은 농약도 많다.

> **해설**
> 우리나라 독성의 구분은 발현 대상에 따라, 투여 방법에 따라, 독성강도에 따라, 발현속도에 따라 구분하고 있다.

43 농약관리법에서 어독성 II급을 구분하는 기준은? (단, 반수를 죽일 수 있는 농도 (mg/L, 48시간) 기준이다.)

① 0.5 ~ 1.0　② 0.5 ~ 2.0
③ 1.0 ~ 2.0　④ 1.0 ~ 2.5

> **해설**
> 어독성 II급은 반수를 죽일 수 있는 농도 0.5 이상 2 미만 mg/L 를 기준으로 한다.

44 살균제의 작용기작 중 호흡저해가 아닌 것은?

① SH 저해
② 전자 전달 저해
③ 단백질 합성 저해
④ 산화적 인산화 저해

> **해설**
> 살균제의 작용기중 중 호흡저해의 종류에는 SH 저해, 전자전달 저해, ATP 생산 저해가 있다.

45 예방이나 치료효과를 나타내는 침투성 살균제가 아닌 것은?

① IBP 제　② Carboxin 제
③ Benomyl　④ Mancozeb

> **해설**
> 만코제브(Mancozeb)는 유기황제 살균제로 일종의 보호살균제이다.

46 농약을 식별하기 위해 라벨의 바탕색깔을 달리하는데 노란색 라벨은 어떤 유형의 농약을 의미하는가?

① 제초제　② 살균제
③ 살충제　④ 식물생장조절제

> **해설**
> 노란색 라벨은 제초제를 의미한다.

정답　40 ②　41 ③　42 ①　43 ②　44 ③　45 ④　46 ①

47 살균제의 분류방법 중 살균기작에 의해 분류한 것은?

① 보호살균제, 직접살균제
② 호흡저해제, 생합성저해제
③ 구리제, 유기비소제
④ 경엽살포제, 토양소독제

> 해설
> 살균제의 작용기작에 의해 호흡저해, 단백질 합성 저해, 세포막 형성 저해, 세포벽 형성 저해로 분류된다.

48 농약관리법령상 고체 농약의 급성경구 고독성에 해당하는 반수치사량(mg/kg)의 범위는?

① 20 미만
② 5 이상 50 미만
③ 10 이상 100 미만
④ 20 이상 200 미만

> 해설
> 고체 농약의 급성경구 II급(고독성)은 5 이상 50 미만 의 기준을 가진다.

49 농약의 작물잔류에 미치는 영향 중 가장 거리가 먼 것은?

① 농약의 이화학적 특성
② 작물의 특성
③ 기상 및 토양환경조건
④ 농약잔류허용량

> 해설
> 농약의 잔류허용량은 신체에 영향을 주는 정도를 나타내는 것으로 작물잔류에 미치는 영향과는 거리가 멀다.

50 사과, 수박의 탄저병에 적용하는 벤지미다졸계 살균제는?

① 베노밀 ② 보스칼리드
③ 비터타놀 ④ 빈클로졸린

> 해설
> 베노밀은 벤지미다졸계 살균제로 사과나무탄저병, 배 흰가루병, 수박 탄저병, 고추 탄저병 등에 효과적이다.

51 살충제 Carbofuran 에 대한 설명으로 틀린 것은?

① 수질오염성 농약으로 지정되어 수도용 약제로는 사용이 금지되어 있다.
② 카바메이트계로서 약제의 지속기간이 길다.
③ 콜린에스테라제의 활성기능을 억제하여 독작용을 유발한다.
④ 침투이행성 살충제로 식물의 뿌리나 경엽을 통해 식물 체내로 침투한다.

> 해설
> 카보퓨란(Carbofuran) 어독성 2급으로 지정되어 있어 수도용 살충제로 사용 가능하다.

52 농약의 물리적 성질 중 살포하여 부착한 약제가 이슬이나 빗물에 씻겨 내리지 않고 식물체 표면에 묻어있는 성질을 무엇이라 하는가?

① 부착성 ② 고착성
③ 침투성 ④ 현수성

> 해설
> 고착성은 부착한 약제가 빗물에 씻겨 내리지 않고 식물 표면에 붙어 있는 성질을 말한다.

53 다음 중 유기유황계 약제는?

① 코퍼하이드록사이드 수화제
② 디클로르보스 유제
③ 만코제브 수화제
④ 티오파네이트메틸 도포제

> 해설
> 유기유황계 약제로 만코제브, 메티람, 프로피네브 등이 있다.

정답 47 ② 48 ② 49 ④ 50 ① 51 ① 52 ② 53 ③

54 40%(비중=1)의 어떤 유제가 있다. 이 유제를 1000배로 희석하여 10a 당 9L를 살포하고자 할 때 유제의 소요량은 몇 mL 인가?

① 7 ② 8
③ 9 ④ 10

해설

$$10a\,당\,소요약량 = \frac{추천농도(\%) \times 10a\,당\,살포량}{약액농도(\%) \times 비중}$$

$$\frac{(40\% \div 1000) \times 9000ml}{40\%} = 9ml$$

55 우리나라 농약관리법에서 잔류성 농약을 구분하는 데 해당되는 사항이 아닌 것은?

① 환경잔류성 ② 작물잔류성
③ 토양잔류성 ④ 수질오염성

해설

잔류성 농약은 작물잔류성 농약, 토양잔류성 농약, 수질오염성 농약으로 구분한다.

56 네오아소진 농약은 약해를 해결하기 위해 유기비소제에 다음 어느 금속을 결합시켰는가?

① Fe ② Mg
③ Zn ④ Cu

해설

네오아소진은 유기비소계 살균제로 철(Fe)을 결합하여 약해 문제를 해결하였으며 주로 사과나무 부란병 방제에 이용된다.

57 농약중독시 취해야 할 응급조치 중 틀린 것은?

① 경구중독일 경우 우선 따뜻한 물이나 소금물로 세척한다.
② 약물이 장내로 들어갈 염려가 있을 때는 황산마그네슘(15~20g) 물에 독물의 흡착을 위해 활성탄이나 규조토 등을 타 먹여 배설시킨다.
③ 경피중독일 경우 오염된 의복을 벗기고 부착된 약제를 비눗물로 씻는다.
④ 흡입중독일 경우 체온을 식히기 위해 찬물로 씻어 준다.

해설

흡입중독 환자는 바람이 잘 통하는 깨끗한 장소에 눕히고 의복을 느슨하게 하여 호흡을 쉽게 하도록 한다.

58 유기인계 농약의 살충 작용점은?

① 원형질 ② 피부
③ 호흡기 ④ 신경

해설

유기인계 농약은 신경전달계에 관여하여 정상적인 신경전달을 방해하여 곤충을 방제한다.

59 농약원제에 발연제(니트로셀룰로오스), 방염제 등을 혼합하고 기타 보조제 및 증량제를 첨가하여 제조한 제형은?

① 훈증제 ② 훈연제
③ 연무제 ④ 미립제

해설

훈연제는 약제를 연기화 하여 해충을 죽이는 약제로 농약원제에 발연제, 방염제, 기타보조제 및 증량제를 첨가하여 제조한다.

정답 54 ③ 55 ① 56 ① 57 ④ 58 ④ 59 ②

60 유기염소계의 침투성 살균제로서 예방 및 치료효과가 있으며 작물의 흰가루병 및 녹병에 적용할 수 있는 농약은?
① 플루실라졸 수화제
② 펜헥사이드 수화제
③ 트리포린 유제
④ 아이소프로티올레인 유제

해설
트리포린은 유기염소계로 흰가루병, 붉은별무늬병, 녹병 등의 방제에 이용된다.

4과목 잡초방제학

61 문제 잡초들의 특성이 아닌 것은?
① 광합성 효율이 높고 생장이 매우 빠르며 대부분 C₄형 광합성을 한다.
② 종자 또는 지하번식기관으로 번식할 수 있으며 많은 종자를 생산한다.
③ 불량한 환경조건에 잘 적응하며 과습의 조건에서도 견뎌낼 수 있는 메카니즘을 가지고 있다.
④ 휴면성이 낮아 불리한 조건 아래에서도 발아율이 높다.

해설
문제 잡초들은 휴면성이 커서 불리한 조건에서는 발아하지 않다고 적합한 환경에서 발아하여 방제가 어렵다.

62 다음 중 광엽잡초로만 나열된 것은?
① 돌피, 여뀌, 쇠털골
② 별꽃, 명아주, 바랭이
③ 물달개비, 망초, 강아지풀
④ 물옥잠, 사마귀풀, 쇠비름

해설
광엽잡초에는 닭의장풀, 명아주, 가래, 물달개비, 쇠비름, 비름, 질경이, 여뀌, 깨풀 등이 있다.

63 잡초의 생리 및 생태적 특성이 아닌 것은?
① 휴면성을 가지고 있다.
② 유묘기의 생장속도가 빠르다.
③ 주로 영양번식은 1년생 잡초가 한다.
④ 종자 및 영양번식기관으로 번식한다.

해설
주로 영양번식은 다년생 잡초가 한다.

64 벼의 유효분얼이 끝날 때부터 유수형성기 이전까지 살포하는 제초제는?
① 이사-디 액제
② 티오벤카브 유제
③ 뷰타클로르 유제
④ 사이할로프뷰틸 · 프로파닐 유제

해설
2,4-D 제초제는 벼와 같은 화곡류의 경우 유효분얼 종지기 ~ 유수형성기 사이에 처리하는 것이 좋다.

65 작물과 잡초의 경합에 대한 설명으로 옳지 않은 것은?
① 작물은 일반적으로 잡초보다 경합에 유리한 생태적 특성을 지니고 있다.
② 종간경합은 작물과 잡초 간의 경합으로 대표적으로 벼와 피의 경합이 있다.
③ 작물에 대한 잡초의 경합력은 잡초의 종류, 밀도 등에 따라 달라진다.
④ 종내경합은 같은 초종 중에서 개체 간의 경합으로 벼와 벼, 피와 피 간 경합이 있다.

해설
잡초는 작물보다 광합성 및 번식력이 좋아 경합에 유리한 특성을 지니고 있다.

정답 60 ③ 61 ④ 62 ④ 63 ③ 64 ① 65 ①

66 주로 밭에 발생하는 다년생 잡초가 아닌 것은?
① 별꽃 ② 메꽃
③ 쇠뜨기 ④ 소리쟁이

해설
밭에서 발생하는 다년생 잡초로 쇠뜨기, 소리쟁이, 엉겅퀴, 메꽃 등이 있다.

67 논에 다년생 잡초가 증가하는 요인으로 가장 거리가 먼 것은?
① 추경의 감소
② 인력 제초의 감소
③ 만기 이앙의 증가
④ 1년생 제초제의 연용

해설
논에 다년생 잡초의 증가는 제초제의 연용, 작부체계의 변화 혹은 춘, 추경의 감소 등의 요인이 있다. 이앙 재배 방법은 잡초의 발생을 줄일수 있다.

68 벼 재배양식 중에서 잡초 발생이 가장 많은 것은?
① 건답직파 ② 담수직파
③ 성묘 손이앙 ④ 어린모 기계이앙

해설
이앙보다는 직파에서 경합력이 낮아 잡초 발생량이 많다. 또한 담수직파의 경우 특정 잡초만 발생하지만 건답직파의 경우 발생하는 잡초의 종류 및 수량이 많다.

69 잡초 방제를 위해 곤충, 병원균 및 동물 등을 이용하는 방법은?
① 기계적 방제법 ② 생태적 방제법
③ 생물적 방제법 ④ 화학적 방제법

해설
곤충 및 병원균, 동물 등을 이용하는 친환경적인 방제법은 생물적 방제법이라 한다.

70 겨울작물 밭에서 우점하는 잡초는?
① 깨풀 ② 메꽃
③ 뚝새풀 ④ 쇠비름

해설
밭에서 나타나는 우점잡초로 뚝새풀, 명아주, 바랭이 등이 있다.

71 제초제 종류와 주요 작용 기작이 가장 옳은 것은?
① atrazine-호흡 저해
② thiobencarb-분지형 아미노선 생합성 저해
③ glyphosate-방향족 아미노산 생합성 저해
④ chlorsulfuron-색소 형성 저해

해설
글리포세이트(glyphosate)는 아미노산 생합성을 저해시키는 유기인계 제초제이다. 글리포세이트의 경우 이행성이며 비선택성 제초제이다.

72 다음 중 제초제와 토양과의 관계에서 흡착력에 가장 크게 관여하지 않는 요인은?
① 점토광물의 종류
② 양이온 치환 용량
③ 토양유기물 함량
④ 토양의 수소이온 농도

해설
토양의 흡착력은 점토광물, 양이온 치환용량, 유기물의 함량 등에 영향을 받는다. 예를 들어 부식콜로이드는 양분의 흡착력이 강한 편이다.

73 잡초의 생장형에 따른 잡초의 분류로 가장 적절하지 않은 것은?
① 포복형 - 메꽃, 나도겨풀
② 직립형 - 가막사리, 사마귀풀
③ 총생형 - 억새, 둑새풀
④ 로제트형 - 민들레, 질경이

해설
사마귀풀은 포복형이다.

정답 66 ① 67 ③ 68 ① 69 ③ 70 ③ 71 ③ 72 ④ 73 ②

74 다음 중 외래잡초로 가장 옳은 것은?
① 단풍잎돼지풀 ② 바랭이
③ 여뀌 ④ 명아주

해설
외래 잡초에는 미국가막사리, 미국개기장, 가는털비름, 단풍잎돼지풀, 소리쟁이, 도꼬마리, 서양민들레, 개망초, 애기달맞이꽃 등이 있다.

75 우리나라에서 발생하고 있는 대부분의 잡초종자 발아 최적온도 범위로 가장 옳은 것은?
① 0~5℃ ② 7~12℃
③ 15~30℃ ④ 32~44℃

해설
잡초의 종류에 따라 발아 최적온도는 다른데 대체적인 최적온도의 범위는 15~30℃ 정도이다.

76 다음 중 다년생 논잡초이며, 지하 번식체를 0~5cm 의 표토에 주로 생성하는 것은?
① 바랭이 ② 개망초
③ 올미 ④ 금방동사니

해설
올미는 다년생 논잡초로 번식체의 토양심도가 0~5cm 정도의 표토에 주로 생성된다.

77 밭잡초의 효과적 방제를 위한 다양한 특성을 고려해야 할 때에 대한 설명으로 틀린 것은?
① 밭작물은 종류가 많고 재배시기가 다양하다.
② 재배지의 토성, 수분, 유기물 함량 등이 다양하다.
③ 중경, 배토에 의해 효과적인 방제가 가능하다.
④ 밭잡초는 종류가 다양하나 발생이 균일하여 발생 예측이 가능하다.

해설
밭잡초는 논잡초보다 종류도 다양하고 발생이 불규칙하여 예측이 어렵다.

78 종자에 낙하산과 같은 깃털을 가지거나 솜털과 같은 것으로 덮여서 바람에 잘 날리는 잡초는?
① 민들레 ② 쇠비름
③ 물달개비 ④ 피

해설
민들레는 바람에 의해 비산하며 관모가 있어 멀리 이동한다.

79 다음 중 화본과 잡초에는 있으나 광엽잡초에는 없는 주요 기관은?
① 줄기 ② 마디
③ 엽신 ④ 엽초

해설
화본과잡초는 엽초가 있으나 광엽잡초에는 엽초가 없다. 생장점의 위치를 비교해보면 화본과의 경우 엽초의 마디에 위치해 있으나 광엽잡초의 경우 엽초가 없어 생장점이 엽액에 위치해 있다.

80 다음 중 종피에 기인한 휴면과 가장 거리가 먼 것은?
① 배의 미숙
② 배의 생장에 대한 기계적 장해
③ 가스교환 방해
④ 투수성 방해

해설
배의 불완전 또는 미숙은 종자 자체의 문제이다.

정답 74 ① 75 ③ 76 ③ 77 ④ 78 ① 79 ④ 80 ①

국가기술자격 필기시험문제

산업기사 CBT 5회 모의고사문제				수험번호	성명
자격종목 식물보호산업기사	종목코드	시험시간 2시간	형별		

※ 본문제는 수험생들의 기억을 바탕으로 작성 된 것으로 실제 문제와 차이가 있을 수 있습니다.

1과목 식물병리학

01 사과나무 부란병의 대표적인 발병부위는?
① 뿌리 ② 줄기
③ 잎   ④ 꽃

해설
사과나무 부란병은 줄기에 수침상 병무늬가 생기고 알코올 냄새가 난다.

02 흰가루병이 발생하지 않는 기주식물은?
① 사과나무 ② 오이
③ 감자   ④ 장미

해설
흰가루병은 오이, 호박, 참외, 팥 등에서 발생하고 그 외에도 사과나무흰가루병, 장미흰가루병 등이 있다.

03 다음 병 중 병원이 주로 바람에 의해서 옮겨지는 것은?
① 사과나무 근두암종병
② 오이 모자이크병
③ 벼 깨씨무늬병
④ 배추 무사마귀병

해설
벼 깨씨무늬병은 바람에 의해 전반된다.

04 벼 흰빛잎마름병이 대발생할 수 있는 환경 조건으로 알맞은 것은?
① 태풍, 침수
② 파아지의 증가
③ 높새바람, 무방제
④ 태풍, 건조

해설
물로 인하여 전파되기에 태풍이나 침수의 피해로 대발생할 수 있다.

06 식물병원세균의 특징이 아닌 것은?
① 단세포이다
② 분열로 증식한다
③ 세포벽이 있다
④ 엽록소가 있다

해설
세균의 경우 세포벽이 있고 핵막이 없으며 이분법으로 증식하는 것이 특징이다.

06 다음 병징이 설명하고 있는 벼의 병은?

◎ 잎, 이삭목, 볍씨, 마디에서도 발생한다.
◎ 잎에서 적갈색의 방추형 무늬를 형성한다.
◎ 이삭목에서는 발병시기가 이르면 결실하지 못한다.
◎ 마디는 검은색으로 변해 마르고 결국 부러진다.

① 흰잎마름병 ② 오갈병
③ 도열병   ④ 깨씨무늬병

정답 01 ②　02 ③　03 ③　04 ①　05 ④　06 ③

해설
잎도열병은 병반이 시간에 지남에 따라 갈색으로 변하다가 가운데 회백색 주위는 적갈색으로 방추형의 병반이 된다. 병원균은 도열병의 피해를 받은 볏짚, 볍씨 등에 붙어 겨울을 지내고 이듬해 1차 전염원이 된다. 2차 전염원은 벼의 생육기간 중 잎, 마디, 목 등에 만들어진 홀씨가 바람에 의해 전염된다.

07 무격벽의 균사로 이루어진 병원균은?
① Botrytis cinerea
② Pyricularia grisea
③ Pythium ultimum
④ Fusarium oxysporum

해설
Pythium 속의 균사에는 격벽이 없다.

08 곰팡이의 유성생식 결과 만들어지는 기관이 아닌 것은?
① 후막포자 ② 난포자
③ 자낭포자 ④ 접합포자

해설
후막포자는 무성포자의 일종으로 산포의 기능은 없고 생식세포적 의미의 포자는 아니다. 유성생식의 결과물로 난포자, 자낭포자, 접합포자 등이 있다.

09 곰팡이병은 어느 것인가?
① 과수류 근두암종병
② 밤나무 줄기마름병
③ 감귤 궤양병
④ 가지과 풋마름병

해설
곰팡이(자낭균)에 의해 발생하는 것은 밤나무 줄기마름병이다.

10 병원체와 진단방법의 연결이 틀린 것은?
① 감자 둘레썩음병 - 절단면 자외선 조사
② 감자바이러스 - 황산구리법
③ TMV - 지표식물
④ 감자역병 - 충체 내 주사법

해설
감자역병은 병징을 통한 육안적 진단 방법을 사용한다.

11 Pseudomonas세균의 특성으로 옳은 것은?
① 그람음성의 간균으로 대부분 호기성균이다.
② 그람음성의 간균으로 대부분 혐기성균이다.
③ 그람양성의 간균으로 대부분 호기성균이다.
④ 그람양상의 간균으로 대부분 혐기성균이다.

해설
Pseudomonas 는 그람반응에 음성의 간균으로 대부분 호기성균이다.

12 식물병 방제를 위하여 Millardet 가 개발한 것으로 당시 유행한 포도 노균병을 방제하기 위해 구리가 가진 독성을 이용한 것으로 현재에도 많이 사용되는 살균제는?
① BT 제   ② PCNB
③ 유황합제 ④ 보르도액

해설
1885년 Millardet 에 의해 개발된 보르도액은 구리와 석회를 재료로 현재 많이 사용되고 있는 살균제 중 하나이다.

13 벼 이삭누룩병균은 분류학상 어느 균류에 속하는가?
① 난균   ② 담자균
③ 자낭균 ④ 불완전균

해설
벼 이삭누룩병균은 자낭균에 의해 발생한다.

정답 07 ③ 08 ① 09 ② 10 ④ 11 ① 12 ④ 13 ③

14 고구마 무름병의 특징적인 표징은?
① 균핵 ② 포자낭
③ 자낭각 ④ 포자퇴

> 해설
> 고구마 무름병은 상처 부위에 흰색의 균사가 밀집하고 그 위로 흑색의 곰팡이인 포자낭이 발생한다.

15 호박에 흰가루병을 방제하기 위해 어느 부위에 약제 처리하는 것이 가장 효과적인가?
① 잎 ② 뿌리
③ 열매 ④ 종자

> 해설
> 흰가루병은 주로 잎에서 균사나 자낭각을 월동하기에 잎에 약제 처리를 하는 것이 효과적이다.

16 병원균의 한 종이나 한 분화형 또는 변종 중에서 기주의 품종에 대한 기생성을 의미하는 용어는?
① 아종 ② 레이스
③ 병원형 ④ 판별품종

> 해설
> 병원균의 한종이나 한 분화형 혹은 변종 중에서 기주의 품종에 대한 기생성이 다른 개체군을 레이스 또는 계통이라 한다.

17 병원균에 대한 기주 저항성 중 품종고유의 소수 주동유전자에 의해 발현되기 때문에 재배환경에 영향을 적게 받으나 레이스의 변이에 의하여 감수성으로 되기 쉬운 것은?
① 수평 저항성 ② 침입 저항성
③ 수직 저항성 ④ 감염 저항성

> 해설
> 수직저항성은 외부환경에 대해 안정적이나 새로운 레이스가 생길 경우 저항성이 약해지는 단점이 있다.

18 균류에 속하는 다음 설명에 해당하는 것은?

> 균사에는 격벽(격막)이 없고 세포벽에 셀룰로오스를 함유하고 있으며 유주자에 의해 무성번식을 한다.

① 난균문 ② 끈적균문
③ 자낭균문 ④ 담자균문

> 해설
> 균사에 격벽이 없는 난균문은 진균과 모양이 유사하고 셀룰로오스로 되어 있는 세포벽을 가지고 있으며 관형의 미토콘드리아를 가지고 있다.

19 Nepovirus 를 매개하여 식물병을 감염시키는 것은?
① 선충 ② 멸구
③ 매매충 ④ 진딧물

> 해설
> Nepovirus 는 토양 속에서 식물과 함께 사는 선충에 의해 전염된다.

20 기주에서 기생생활을 원칙으로 하나 조건에 따라 죽은 기주에서 부생적으로 생활할 수 있는 것은?
① 임의기생체 ② 순활물기생체
③ 임의부생체 ④ 부생체

> 해설
> 임의부생체는 기생을 원칙으로 하나 죽은 유기물에서도 영양섭취가 가능하다.

2과목 농림해충학

21 모기가 벽에 앉을 때 언제나 머리쪽이 위로 향하는 성질은?
① 주광성 ② 주화성
③ 주촉성 ④ 주지성

> 해설
> 곤충이 머리쪽이 땅을 향하거나 반대로 앉는 성질을 주지성이라 한다.

정답 14. ② 15. ① 16. ② 17. ③ 18. ① 19. ① 20. ③ 21. ④

22 간모에 대한 설명으로 옳은 것은?
① 날개가 있는 수컷 진딧물이다.
② 날개가 있는 암컷 진딧물이다.
③ 월동란에서 부화한 진딧물이다.
④ 모체에서 태어난 날개가 없는 암컷 진딧물이다.

해설
월동란에서 4월 쯤 부화하는 간모가 단위생식으로 증식하는 해충으로 진딧물류가 있다.

23 산란관으로 과수의 가지에 상처를 내고 산란하는 해충은?
① 말매미   ② 조명나방
③ 사과혹진딧물 ④ 사과둥근나무좀

해설
말매미는 가지나 줄기를 가해하는 해충으로 수목의 상처를 내고 산란관을 이용해 산란하는데 산란 부위의 윗부분은 말라 죽는다.

24 호르몬을 분비하는 내분비계가 아닌 것은?
① 앞가슴샘   ② 알라타체
③ 말피기소관 ④ 뇌신경세포

해설
말피기소관은 소화계에 속한다.

25 분류학적으로 꿀벌과 가장 가까운 것은?
① 개미   ② 흰개미
③ 밑들이   ④ 하루살이

해설
개미는 벌목 개미과로 꿀벌과 분류학적으로 가깝다.

26 해충의 생물적 방제인자로서 포식성 천적류에 해당되지 않는 것은?
① 고치벌류 ② 노린재류
③ 무당벌레류 ④ 풀잠자리류

해설
고치벌류는 기생성 천적류에 해당한다.

27 곤충에서 파악기(Clasper)가 하는 일은?
① 휴면 시 사용한다.
② 멀리 뛰는 데 사용한다.
③ 토양 속을 파는 데 사용한다.
④ 교미 시에 사용한다.

해설
외부생식기 중 하나인 파악기는 교미할 때 사용한다.

28 다음 중 점박이응애에 대한 설명으로 옳지 않은 것은?
① 암컷의 길이가 수컷에 비해 짧다.
② 성충으로 월동한다.
③ 숙주식물의 잎에서 즙액을 빨아 먹는다.
④ 천적으로는 왕게응애와 신이리응애가 있다.

해설
암컷이 수컷보다 크기가 크다.

29 다음 중 사과나무에 가장 많이 발생하는 진딧물은?
① 벚잎혹진딧물
② 아까시나무진딧물
③ 조팝나무진딧물
④ 목화진딧물

해설
조팝나무진딧물은 1년에 10회 발생하며 사과나무, 배나무 등에 피해를 준다. 유충이 다량 발생하여 배설물로 인해 그을음병이 생기기도 한다.

30 곤충의 번성원인으로 가장 거리가 먼 것은?
① 소형이고 날개가 있다.
② 행동이 민첩하고 농약에 강하여 생존율이 높다.
③ 세대가 짧고 산란수가 많다.
④ 불리한 환경에 적응하기 위해 휴면을 한다.

정답 22. ③ 23. ① 24. ③ 25. ① 26. ① 27. ④ 28. ① 29. ③ 30. ②

해설
곤충이 번성하게 된 요인으로 짧은 세대, 작은 크기, 날개의 발달, 외골격의 발달, 완전변태 등이 있다. 곤충의 경우 행동이 느리며 농약에 대해서 생존율이 낮은 편이다.

31 다음 중 잠자리 유충의 호흡방식으로 가장 옳은 것은?
① 주기적으로 수면으로 부상하여 호흡한다.
② 공기주머니를 통한 수중 호흡방식이다.
③ 몸 표면 전체의 얇은 막을 통한 가스 교환방식이다.
④ 기관아가미를 통한 수중 호흡방식이다.

해설
잠자리 유충의 경우 기관아가미를 통해 호흡하며 직장 속에 있기 때문에 겉으로 보이지는 않는다.

32 다음 중 코일 모양의 입을 가진 해충으로 가장 옳은 것은?
① 가시점둥글노린재
② 고자리파리
③ 배추흰나비
④ 벼멸구

해설
배추흰나비의 성충은 흡관구형으로 마치 코일과 같은 대롱모양의 긴 주둥이를 가진다.

33 곤충 수컷의 생식기관에서 볼 수 없는 것은?
① 저장낭 ② 수정관
③ 난황소 ④ 부속샘

해설
수컷의 생식기관은 고환(정집), 수정관과 저장관, 사정관, 부속샘, 교미기 등이 있다.

34 해충에 대한 식물의 저항성으로 해충의 생장이나 생존에 불리하게 작용하는 것은?
① 항생성 ② 항접근성
③ 내성 ④ 균근성

해설
항생성은 곤충의 대사작용에 부정적인 영향을 주어 생존에 불리하게 하는 작용을 한다.

35 다음 중 말피기관에 대한 설명으로 가장 거리가 먼 것은?
① 배설계에 속하는 기관이다.
② 진딧물에서 볼 수 있다.
③ 중장과 후장이 만나는 곳에서 후장과 연결되어 있다.
④ 혈액 속에서 물 등을 흡수하여 후장으로 이동시킨다.

해설
진딧물의 경우 말피기관이 없으며 다른 대부분의 곤충에서는 관찰된다.

36 해충 방제 중 생물적 방제의 장점에 해당하는 것은?
① 효과가 빠르지 않다.
② 환경에 영향을 많이 받는다.
③ 안전 농산물 생산이 가능하다.
④ 화학농약과 사용시 많은 주의가 요구된다.

해설
생물적 방제는 화학약품을 사용하지 않고 친환경적인 방제법을 선택하기에 안전한 농산물 생산이 가능하다.

37 주로 포식성 곤충으로서 해충의 천적으로 이용되는 것은?
① 깍지벌레류 ② 무당벌레류
③ 진딧물류 ④ 하늘소류

해설
무당벌레류는 진딧물의 천적으로 생물학적 방제법에 이용된다.

정답 31. ④ 32. ③ 33. ③ 34. ① 35. ② 36. ③ 37. ②

38 다음 설명에 해당하는 목(目)은?

> 뒷날개는 퇴화되어 주걱모양의 평균기를 이루고 막질인 1쌍의 날개를 가지며 입은 빠는 형이다. 가슴은 유착되어 움직이지 못하고 유충은 다리가 없는 구더기 모양으로 머리가 매우 퇴화되어 있다.

① 벼룩목 ② 나비목
③ 파리목 ④ 매미목

해설
파리목은 1쌍의 날개를 가지고 뒷날개는 작은 곤봉 모양으로 퇴화되어 있는 것이 특징이다.

39 다음 곤충의 구조에 대한 설명 중 옳지 않은 것은?

① 가슴은 앞가슴, 가운데가슴, 뒷가슴의 3마디로 구분된다.
② 대개 가슴마디마다 1쌍의 다리를 지니고 있다.
③ 앞가슴과 가운데가슴에는 보통 1쌍의 날개를 지니고 있다.
④ 날개는 혈관과 기관이 통해 있는 조직이다.

해설
곤충의 가운데가슴과 뒷가슴에 1쌍의 날개가 있다.

40 다음 설명의 A, B 에 해당하는 용어는?

> 곤충의 기관에서 체외로 방출되어 같은 종의 다른 개체에 교미, 집합 등의 특정한 행동을 일으키는 화학물질은 (A) 이라 하고, 다른 종간에 상호작용하는 물질로 이 물질을 받는 종에게 유리한 반응을 유도하는 물질을 (B) 이라 한다.

① A : Hormone , B : Pheromone
② A : Pheromone , B : Allomone
③ A : Allomone , B : Kairomone
④ A : Pheromone , B : Kairomone

해설
페로몬(Pheromone)은 동종유인호르몬으로 같은 종의 교미, 집합 등의 특정 행위를 야기하는 화학물질이다. 카이로몬(Kairomone)은 다른 종류의 생물이 접촉했을 때 접촉한 생물에게 유익한 물질을 유도하는 것을 말한다.

3과목 농약학

41 유기인계 살충제의 공통적 특징에 대한 설명으로 틀린 것은?

① 접촉제로 강력하게 작용하며 훈증작용도 하고 소화중독작용도 크다.
② 식물체에 흡수침투되어 살충작용을 한다.
③ 낮은 농도로도 큰 살충효과를 낸다.
④ 사람이나 가축에 대한 독성이 없다.

해설
유기인계 살충제는 사람이나 가축에 대한 독성이 강하다.

42 제초제의 작용기작 중 옥신작용의 교란을 이용한 제초제는?

① 산아미드계 ② 카바메이트계
③ 페녹시계   ④ 요소계

해설
페녹시계는 호르몬형 유기제초제로 옥신작용의 교란을 이용한 제초제이다. 분열조직의 활성화, 이상분열, 세포막의 삼투압 증대 등의 식물의 기본생리기능을 교란시킨다.

43 농약 살포 전 안전사용에 대한 준수사항이 아닌 것은?

① 적용작물, 품종 확인
② 희석농도, 혼용가부 확인
③ 근접살포에 대한 안전성 확인
④ 농약 빈병 및 살포잔액 안전처리

해설
농약 빈병 및 살포잔액의 안전처리는 농약의 살포 후의 처리 준수사항이다.

정답 38. ③ 39. ③ 40. ④ 41. ④ 42. ③ 43. ④

44 살비제란 어떠한 약제를 말하는가?
① 응애류를 방제하기 위하여 사용하는 약제
② 선충을 방제하기 위하여 사용하는 약제
③ 나방류를 방제하기 위하여 사용하는 약제
④ 병균이 식물체에 침투하는 것을 방지하는 약제

해설
살비제는 응애류를 선택적으로 방제하는 약제이다.

45 다음 농약 중 급성독성이 가장 낮은 것은?
① 페니트로티온 유제
② 펜티온 유제
③ 디클로르보스 유제
④ 모노크로토포스 액제

해설
디클로르보스, 모노크로토포스는 고독성이며 펜티온은 보통독성이다. 페니트로티온 유제는 상대적으로 독성이 가장 낮은 저독성에 속한다.

46 농약 혼용 시 주의하여야 할 사항으로 틀린 것은?
① 농약을 혼용하여 조제한 약제는 될 수 있으면 즉시 살포하여야 한다.
② 혼용 시 침전물이 생기면 사용하지 말아야 한다.
③ 가능한 한 고농도로 살포하여 인건비를 절약한다.
④ 농약의 혼용은 반드시 농약 혼용가부표를 참고한다.

해설
고농도 살포시 작물 및 인축에 피해가 우려되기에 표준희석배수를 준수한다.

47 성 유인물질(sex attractant)의 특성이 아닌 것은?
① 종특이성이 있다.
② 미량으로도 강한 유인능이 있다.
③ 모두 천연산물이다.
④ 원거리에서도 유효성이 있다.

해설
성 유인물질은 성페로몬과 유사한 합성물질도 있다.

48 농약을 제조할 때 사용되는 가성소다(NaOH)에 대한 설명으로 틀린 것은?
① 강알칼리이다.
② 상온에서 액체로 취기가 있다.
③ 조해성이 강하다.
④ 피부의 단백질을 녹이는 작용을 한다.

해설
가성소다는 상온에서 고체 상태이다.

49 헤테로옥신(Hetero Auxin)이라고 부르는 식물생장조절제는?
① BA   ② IAA
③ MH   ④ 2,4-D

해설
헤테로옥신은 인돌아세트산(IAA)로서 식물생장촉진 호르몬 중 하나이다.

50 농약의 잔류허용량을 정할 때 ADI를 사용하는데 이는 무엇을 의미하는가?
① 농약의 1일 섭취허용량
② 작물잔류의 반감기를 표시하는 말
③ 토양잔류의 반감기를 표시하는 말
④ 50KG의 체중을 가진 사람이 농약이 포함된 음식물을 매일 먹었을 때 100일만에 죽는양

해설
ADI는 농약의 1일 섭취허용량으로 일생동안 매일 섭취해도 영향을 주지 않는 농약의 최대 약량을 구하고 이 값에 안전계수를 곱한 값으로 나타낸다.

정답 44. ① 45. ① 46. ③ 47. ③ 48. ② 49. ② 50. ①

51 다음 농약 중 곤충생장조절제(IGR 계통)의 농약이 아닌 것은?

① 벤셀푸론메틸 ② 뷰프로페진
③ 디플루벤주론 ④ 테플루벤주론

해설
농약에서 곤충생장조절제는 뷰프로페진, 디플루벤주론, 헥사플루뮤론, 테플루벤주론 등이 있다.

52 다조메 85% 분제 1kg 을 50% 의 분제로 만들려면 증량제가 얼마나 필요한가?

① 0.58kg ② 0.7kg
③ 1.0kg   ④ 1.5kg

해설
$$분제의\ 용량 \times \left(\frac{분제의\ 농도}{목표\ 희석\ 농도} - 1\right)$$

$$1,000g \times \left(\frac{85\%}{50\%} - 1\right) = 700g$$

53 다음 중 유기인계 살충제는?

① 페니트로티온, 다이아지논
② 칼탑, 카바릴
③ 엔드린, 카바릴
④ 메소밀, 카보푸란

해설
유기인계 살충제로 디클로르보스, 다이아지논, 페니트로티온, 말라티온 등이 있다.

54 유제 농약이 물에 잘 섞이는가를 검사하고자 할 때 가장 중요한 성질은?

① 유화성 ② 부착성
③ 고착성 ④ 붕괴성

해설
제제를 물에 가한 경우 유립자가 균일하게 분산하여 유탁액이 되는 성질을 유화성이라 한다.

55 포자의 침입 및 발아를 저지하고 균사의 생육을 저해하여 병반의 확대 진전을 억제하는 효과가 있으므로 예방과 치료효과를 동시에 발휘하는 생합성 저해제 농약은?

① 폴리옥신 ② 캡탄
③ 피레트린 ④ 시마진

해설
폴리옥신은 세포벽 형성 저해제로 포자의 침입 및 발아를 저지한다.

56 수화제의 현수성을 가장 좋게 하기 위한 증량제의 조건은?

① 증량제의 비중 > 농약의 비중
② 증량제의 비중 < 농약의 비중
③ 증량제의 비중 = 농약의 비중
④ 증량제 및 농약의 비중에 무관

해설
현수성은 수화제에 물을 넣어 조제한 현탁액의 고체입자가 균일하게 분산 부유하도록 하는 것으로 증량제와 농약의 비중이 비슷할 때 균일하게 분산된다.

57 농약에 의한 약해 발생의 원인이라고 볼 수 없는 것은?

① 고농도 살포
② 합리적 혼용
③ 사용방법 미숙
④ 부적합한 약제 사용

해설
부적합한 혼용의 경우 약해 발생을 야기할 수 있으나 합리적 혼용은 약효의 효과를 증가시키고 약해를 거의 발생하지 않는다.

정답 51. ① 52. ② 53. ① 54. ① 55. ① 56. ③ 57. ②

58 네오아소진(Neoasozin)에 대한 설명으로 옳은 것은?

① 유기주석제 농약이다.
② 직접 살균력이 아주 강하다.
③ 주로 분제와 입제로 사용된다.
④ 사과의 부란병에 적용할 수 있다.

[해설]
네오아소진은 사과나무 부란병에 효과적인 농약이다.

59 수화제 제조용 증량제로 가장 적당한 것은?

① 규조토 ② 탈크
③ 모래 ④ 유안

[해설]
규조토는 수화제 제조시 사용되는 증량 보조제로 규산을 포함하는 약제이다.

60 농약제형의 형태에 따른 분류가 아닌 것은?

① 미탁제 ② 유탁제
③ 유화제 ④ 훈증제

[해설]
유화제는 유제의 유화성을 높이는 일종의 계면활성제이다.

4과목 　　잡초방제학

61 잡초 종자의 발아에 관여하는 환경요인으로 가장 거리가 먼 것은?

① 수분 ② 산소
③ 온도 ④ 토양 종류

[해설]
잡초 종자의 발아에 관여하는 환경 요인으로 수분, 공기, 온도, 광, 화합물질 등이 있다.

62 화본과보다 광엽 잡초에 대하여 높은 활성을 나타내며, 다른 제초제보다 적은 약량으로 높은 제초활성이 있는 제초제 계통은?

① Triazine 계
② Carbamate 계
③ Sulfonylurea 계
④ Benzoic acid 계

[해설]
sulfonylurea 계는 아미노산 생합성을 저해하는 작용기작을 하며 적은 양으로 높은 제초효과를 나타낸다. 화본과 및 광엽잡초의 방제에 효과가 있으나 광엽 잡초에 더 높은 효과가 나타난다.

63 혼합 제초제에 대한 설명으로 옳지 않은 것은?

① 잡초 방제비용을 절감한다.
② 제초 작용성에서 상호 길항적 효과가 있다.
③ 다양한 잡초종을 대상으로 사용할 수 있다.
④ 서로 다른 두가지 이상의 제초제가 생물학적 또는 화학적으로 양립되어야 한다.

[해설]
혼합 제초제 약효의 효과를 높이기 위해 혼합하여 사용하기에 길항적 효과가 나타나지 않도록 해야 한다.

64 잡초 종자의 휴면에 대한 설명으로 옳은 것은?

① 일년생 잡초의 경우에만 휴면을 한다.
② 타발휴면은 내적인 요인으로 인하여 생긴다.
③ 자발휴면은 종자의 미숙과 같은 원인으로 생긴다.
④ 종자의 휴면성은 환경이 아닌 유전적인 영향에 의하여 유발된다.

[해설]
잡초 종자의 휴면은 불량한 환경 극복을 위한 수단으로 자발휴면은 종자의 미숙과 같은 내적 요인에 의해 발생한다.

정답　58. ④　59. ①　60. ③　61. ④　62. ③　63. ②　64. ③

65 식물 분류학적으로 동일한 속명을 갖는 잡초끼리 올바르게 나열된 것은?

① 올미, 벗풀   ② 비름, 쇠비름
③ 가래, 네가래   ④ 여뀌, 여뀌바늘

> **해설**
> 올미의 학명은 Sagittaria pygmaea Miquel 이며, 벗풀의 학명은 Sagittaria trifolia L 로 올미와 벗풀은 Sagittaria 의 동일한 속명을 갖는다.

66 지하경을 형성하지 않는 잡초는?

① 가래   ② 올미
③ 올방개   ④ 알방동사니

> **해설**
> 알방동사니는 유성번식을 한다.

67 다음 중 출아가 가장 늦으며. 출아 기간이 가장 긴 다년생 잡초로 가장 옳은 것은?

① 올챙이고랭이   ② 올미
③ 너도방동사니   ④ 올방개

> **해설**
> 올방개는 논과 습지에 발생하는 다년생 잡초로 괴경에 의해 번식하며 휴면기간이 긴 것이 특징이다. 휴면기간이 길어 출아기간이 불규칙하고 길어서 방제가 어려운 잡초이다.

68 다음 중 다년생 잡초의 전파기관에서 가장 지하에 묻혀있지 않는 것은?

① 인경   ② 근경
③ 포복경   ④ 괴경

> **해설**
> 포복경은 땅위를 기어자라는 줄기이다.

69 다음 중 초생재배 방법에 대한 설명으로 가장 옳은 것은?

① 오리, 어패류를 이용하여 잡초 생육을 억제한다.
② 인접식물에 독성을 나타내는 물질을 분비하는 식물을 심어 잡초 발생을 경감시킨다.
③ 잡초에 특이적으로 기생하는 병원균을 이용하여 방제한다.
④ 과수원이나 나지상태의 포장에 피복작물을 재배한다.

> **해설**
> 초생재배는 초생법을 과수원 같은 곳에 적용하는 방법인데 포장을 피복하여 토양의 유실을 막아주며 잡초발생을 억제하는 효과가 있다.

70 제초제 종류와 주요 작용 기작이 가장 옳은 것은?

① atrazine-호흡 저해
② thiobencarb-분지형 아미노선 생합성 저해
③ glyphosate-방향족 아미노산 생합성 저해
④ chlorsulfuron-색소 형성 저해

> **해설**
> 글리포세이트(glyphosate)는 아미노산 생합성을 저해시키는 유기인계 제초제이다. 글리포세이트의 경우 이행성이며 비선택성 제초제이다.

71 광발아 잡초들로만 나열된 것은?

① 바랭이, 쇠비름, 개비름
② 독말풀, 향부자, 별꽃
③ 별꽃, 왕바랭이, 소리쟁이
④ 바랭이, 냉이, 별꽃

> **해설**
> 광발아 잡초에는 바랭이, 쇠비름, 향부자, 강피, 소리쟁이, 개비름 등이 있다.

72 영양번식기관으로 번식하는 잡초가 아닌 것은?

① 깨풀   ② 가래
③ 올방개   ④ 너도방동사니

> **해설**
> 깨풀은 종자로 번식한다.

정답 65. ① 66. ④ 67. ④ 68. ③ 69. ④ 70. ③ 71. ① 72. ①

73 벼 재배방법 중 잡초 종류와 발생량이 가장 적은 것은?
① 담수직파 ② 건답직파
③ 중묘 기계이앙 ④ 어린 모 기계이앙

해설
중묘는 초기 생육조건이 좋아 잡초와의 경합에서 유리하여 잡초의 발생량이 상대적으로 적다.

74 작물과 잡초의 경합요인으로 가장 거리가 먼 것은?
① 빛 ② 산소
③ 수분 ④ 영양분

해설
작물과 잡초의 경합요인으로 양분, 수분, 광선, 공간 등이 대표적이다.

75 장기간에 걸친 잡초의 생존 특성으로 옳지 않은 것은?
① 많은 종자 생산
② 종자만으로 번식
③ C4 광합성 회로 이용
④ 불량한 환경조건에 잘 적응

해설
잡초는 종자뿐만 아니라 영양번식으로도 번식한다.

76 개체당 종자 수가 가장 많은 잡초는?
① 별꽃 ② 망초
③ 마디꽃 ④ 알방동사니

해설
망초의 종자생산량은 벼의 약 500배 정도인 60만개~80만개 정도이다.

77 제초제의 광분해와 가장 관계가 높은 것은?
① 자외선 ② 적외선
③ 가시광선 ④ 관계없음

해설
제초제의 광분해에 관련되는 파장은 자외선 영역 파장이다.

78 일반적으로 작물과 잡초간 경합으로 작물에 가장 큰 피해를 주는 시기는?
① 전생육기간의 1/4~1/3시기
② 생육중기~후기
③ 생육중기
④ 생육후기

해설
잡초경합한계기간은 작물 전생육기간의 첫 1/3 ~ 1/2 기간이나 1/4~1/3 기간에 해당되는 이 시기에 잡초간 경합으로 작물의 피해가 커서 방제가 요구된다.

79 병해충문제와 비교하여 잡초문제의 특성을 잘못 기술한 것은?
① 문제의 진전성이 완만하다.
② 허용한계수준으로 피해를 판단한다.
③ 잡초문제는 정체적으로 일어난다.
④ 잡초는 박멸하여야 한다.

해설
잡초가 천적의 기주이거나 번식처가 되기도 하지만 반대로 병해충의 방제 식물이 되기도 하기에 무조건적인 박멸은 옳지 않다.

80 밭잡초의 발생 특성에 해당되지 않는 것은?
① 발생초종이 다양하고 발생량이 많다.
② 우점잡초는 바랭이, 뚝새풀, 명아주 등이다.
③ 수도작보다 밭작물에서 잡초의 피해가 적다.
④ 수생잡초보다는 습생 및 건생잡초가 많다.

해설
수도작보다 밭작물에서의 발생되는 잡초의 종류가 많고 발생량이 많아 피해가 더 크다.

정답 73. ③ 74. ② 75. ② 76. ② 77. ① 78. ① 79. ④ 80. ③

국가기술자격 필기시험문제

산업기사 CBT 6회 모의고사문제

자격종목	종목코드	시험시간	형별	수험번호	성명
식물보호산업기사		2시간			

※ 본문제는 수험생들의 기억을 바탕으로 작성 된 것으로 실제 문제와 차이가 있을 수 있습니다.

1과목 식물병리학

01 다음 중 병징에 해당되지 않는 것은?
① 점무늬 ② 더뎅이
③ 균핵   ④ 오갈

[해설] 균핵은 표징이다.

02 식물 세균병의 병징과 그 원인의 연결로 옳지 않은 것은?
① 시들음 - 병원세균의 물관부증식
② 무름 - 펙티나아제(Pecxtinase)
③ 이상비대 - 식물 호르몬의 자극
④ 잎마름 - 잎의 코르크화

[해설] 잎마름은 세균이 잎의 조직에 침입하여 잎이 시들어가게 하는 현상을 말한다.

03 다음 중 식물병원성 곰팡이가 기주식물을 침입하기 위해서 기주의 조직에 형성하는 것 중에서 기주로부터 영양분을 흡수할 때 사용하는 기관은 무엇인가?
① 흡기   ② 부착기
③ 발아관   ④ 포자

[해설] 기생균이 숙주에서 양분을 빨아들이는 특수기관을 흡기라 한다.

04 생물적 방제의 설명으로 옳지 않은 것은?
① 저항성 품종만을 이용하는 것이다.
② 환경보존과 지속적 농업에 잘 부합하는 방제법이다.
③ Siderophore 는 철분 흡수경쟁을 이용하는 생물적 방제법이다.
④ Trichoderma sp. 의 중기생성 또는 중복 기생성이 생물적 방제에 이용된다.

[해설] 생물적 방제는 저항성 품종 뿐 아니라 곤충, 미생물, 생물농약 등 다양한 방법이 있다.

05 기생식물로 분류되는 식물은?
① 담쟁이덩굴 ② 겨우살이
③ 칡   ④ 나팔꽃

[해설] 기생식물의 종류에는 새삼, 겨우살이 등이 있다.

06 애멸구에 의해 전염되는 병은?
① 벼 흰잎마름병
② 벼 잎집무늬마름병
③ 벼 줄무늬잎마름병
④ 오이 모자이크병

[해설] 벼 줄무늬잎마름병, 벼 검은줄무늬오갈병 등의 매개충은 애멸구이다.

정답 01. ③ 02. ④ 03. ① 04. ① 05. ② 06. ③

07 은행나무 잎마름병(엽고병)의 병원균 Pestalotia sp.는 잎에 어떤 방법으로 주로 침입하는가?
① 수공으로 침입한다.
② 기공으로 침입한다.
③ 상처부위로 침입한다.
④ 각피로 침입한다.

해설
은행나무 잎마름병의 병원균은 잎의 상처부위를 통해 침입하기에 잎에는 상처가 나지 않도록 주의해야 한다.

08 과다 사용시 병에 대한 저항력을 감소시키므로 특히 토양의 비배관리에 주의해야 하는 무기성분은?
① 규산
② 칼륨
③ 질소
④ 인산

해설
질소성분을 다량 시비하면 식물체의 웃자람 및 도장의 우려가 있어 식물의 저항력이 약해질 가능성이 높다.

09 끈적균류(점균류)에 속하는 병원균에 의해서 배추, 양배추, 갓 등에 주로 발생되어 큰 피해를 주는 병은?
① 배추 검은썩은병
② 배추 뿌리혹병
③ 배추 검은무늬병
④ 배추 노균병

해설
배추뿌리혹병은 점균류에 의해 발생하며 배추, 무, 양배추 등에 발생하고 빗물, 관개수 등에 의해 전염된다. 과습한 포장 및 산성토양 조건에서 잘 발생한다.

10 잣나무 털녹병의 방제방법으로 틀린 것은?
① 중간기주인 송이풀을 제거한다.
② 담자포자가 비산하는 초봄, 잣나무에 살균제를 뿌려준다.
③ 병든 나무는 녹포자가 비산하기 전에 비닐로 싸준다.
④ 중간기주인 까치밥나무를 제거한다.

해설
8월경 보르도액을 살포해 소생자(담자포자)가 잎의 기공으로 침입하는 것을 예방한다.

11 녹병균의 포자형태가 아닌 것은?
① 녹병정자
② 녹포자
③ 여름포자
④ 자낭포자

해설
녹병균의 경우 담자균류로 녹병포자와 녹포자, 중간기주에서는 여름포자, 겨울포자, 소생자 등을 만든다.

12 코흐의 원칙이 적용되기 어려운 병은?
① 오동나무 탄저병
② 밤나무 줄기마름병
③ 사과나무 고두병
④ 소나무 잎마름병

해설
코흐의 원칙은 병원체의 진단법이나 사과나무 고두병은 칼슘부족으로 발생하는 병으로 코흐의 원칙 적용이 어렵다.

13 식물에 병이 발생하기 위한 조건으로 옳은 것은?
① 병원균만 있으면 언제나 발병된다.
② 병원균이 있고 환경만 적당하면 된다.
③ 병원균이 있고 환경이 적당해야 하며 감수성 식물이 있어야 한다.
④ 주변에 저항성 식물이 존재해야만 한다.

해설
식물병의 발생 조건으로 병원균, 기주식물, 적당한 환경의 3요소가 갖추어야 한다.

정답 07. ③ 08. ③ 09. ② 10. ② 11. ④ 12. ③ 13. ③

14 벼 도열병균이 식물체를 침입하기 위해서 균체에 형성하는 특별한 기관을 무엇이라 하는가?
① 균핵　② 유주자
③ 부착기　④ 흡기

> **해설**
> 벼 도열병의 분생포자는 부착기를 형성하여 각피나 기공으로 침입한다.

15 벚나무 빗자루병의 방제법으로 가장 적당한 것은?
① 여름철에 살균제를 뿌려준다.
② 옥시테트라사이클린계 항생제를 나무에 주사한다.
③ 매개충을 구제하기 위해 살충제를 지면에 뿌려준다.
④ 병든 가지는 아래쪽의 부풀은 부분을 포함하여 겨울철에 잘라낸다.

> **해설**
> 벚나무 빗자루병의 병원균은 진균이고 병든 가지에서 월동하고 다음 해 봄에 가지 아래쪽에 포자를 형성하기에 겨울철에 미리 잘라내면 감염을 방지할 수 있다.

16 오이 덩굴쪼김병의 설명으로 옳은 것은?
① 산성 토양에서는 잘 발생하지 않는다.
② 연작하는 포장에서 피해가 큰 병이다.
③ 주로 18℃ 이하의 온도에서 잘 발생한다.
④ 종자전염보다는 주로 매개충에 의해 전염된다.

> **해설**
> 오이 덩굴쪼김병은 토양전염을 하기에 연작을 피해야 한다.

17 무사마귀병에 대한 설명으로 옳은 것은?
① 벼에도 잘 발생한다.
② 세균에 의해 발생한다.
③ 산성토양에서 잘 발생한다.
④ 온도가 20℃ 이하로 서늘할 때 잘 발생한다.

> **해설**
> 무·배추 무사마귀병은 산성토양에서 잘 발생한다.

18 다음 중 윤작을 이용한 방제효과가 가장 높은 것은?
① 균핵병　② 흰가루병
③ 풋마름병　④ 무사마귀병

> **해설**
> 무사마귀병은 휴면포자가 토양에 월동하여 양배추, 무, 배추 등에 피해를 주는데 다른 작물을 윤작하게 되면 방제효과가 높아진다.

19 벼 도열병의 전형적인 병징은?
① 모무늬　② 얼룩무늬
③ 겹둥근모양　④ 실꾸리모양

> **해설**
> 벼 도열병은 방추형(실꾸리모양)의 병징을 나타낸다.

20 감자 Y 바이러스의 특징이 아닌 것은?
① 진딧물에 의해 매개된다.
② 풍차형 봉입체를 형성한다.
③ 감염된 식물의 세포질 내에 흩어져 존재한다.
④ 최근에는 조직배양에 의한 씨감자 생산 보급이 확대되어 발병이 많이 감소하였다.

> **해설**
> 감자 Y 바이러스(PVY)는 진딧물에 의한 충매전염, 즙액전염을 하며 미세구조는 풍차형 봉입체를 형성한다. 바이러스의 경우 세포와 세포사이, 물관과 체관의 도관부로 이동하여 식물체의 전신으로 이동이 가능하다.

정답 14. ③　15. ④　16. ②　17. ③　18. ④　19. ④　20. ④

2과목 농림해충학

21 콩나방에 대한 설명으로 옳지 않은 것은?
① 1년에 1회 발생한다.
② 땅속에서 노숙유충으로 월동한다.
③ 콩줄기 속에 파고 들어가 피해를 준다.
④ 성충은 주로 이른 오전과 늦은 오후에 콩밭에서 떼 지어 날아다닌다.

해설
콩나방은 어린 꼬투리의 종실을 가해한다.

22 곤충의 기문에 대한 설명으로 옳지 않은 것은?
① 몸의 양옆에 존재한다.
② 파리목의 유충은 10쌍의 기문이 있다.
③ 곤충 종마다 다르지만 10쌍을 넘지 않는다.
④ 모기붙이류의 경우는 기문이 존재하지 않는다.

해설
파리목의 유충은 기문이 몸통의 앞에 1쌍, 뒤에 1쌍이 있다.

23 외국에서 침입한 해충이 아닌 것은?
① 꽃매미   ② 알락하늘소
③ 밤나무혹벌   ④ 소나무재선충

해설
대표적인 외래해충으로 긴꼬리가루깍지벌레, 흰개미, 사과면충, 밤나무순혹벌, 감자뿔나방, 뿌리응애, 솔잎혹파리, 미국흰불나방, 뿌리응애, 온실가루이, 벼물바구미, 꽃노랑총채벌레, 담배가루이 등이 있다.

24 곤충의 발육 적산온도법칙과 가장 관계가 먼 것은?
① 최적발육온도
② 영점발육온도
③ 유효적산온도
④ 특정 온도에서의 발육일수

해설
곤충의 적산온도에서 유효적산온도는 측정온도, 발육영점온도, 측정온도에서의 발육일수를 이용하여 구한다.

25 간모에 대한 설명으로 옳은 것은?
① 날개가 있는 수컷 진딧물이다.
② 날개가 있는 암컷 진딧물이다.
③ 월동란에서 부화한 진딧물이다.
④ 모체에서 태어난 날개가 없는 암컷 진딧물이다.

해설
월동란에서 4월 쯤 부화하는 간모가 단위생식으로 증식하는 해충으로 진딧물류가 있다.

26 번데기가 되면서 부속지가 몸에 붙어 있는 상태로 형성되어 다리나 큰턱을 따로 움직일 수 없는 번데기 형태는?
① 나용   ② 피용
③ 위용   ④ 저용

해설
피용은 곤충번데기의 한 형태로 전체의 체표가 심하게 경화하고 촉각, 다리, 날개가 체부에 밀착되어 있는 것으로 다리나 큰턱을 따로 움직일 수 없다.

27 수도해충으로 본답 후기 해충방제에 가장 역점을 두어야 할 대상은?
① 애멸구   ② 벼멸구
③ 끝동매미충   ④ 번개매미충

해설
벼멸구는 중국에서 비래하는 해충으로 벼의 본답후기 방제가 이루어지지 않을 경우 큰 피해를 준다.

28 성충은 벼잎을 가해하고 애벌레는 벼뿌리를 가해하여 피해를 주는 해충은?
① 벼멸구   ② 애멸구
③ 벼물바구미   ④ 벼줄기굴파리

해설
벼물바구미는 벼, 돌피 등에 피해를 주는데 성충이 잎에 피해를 주면 흰색으로 나타나고 유충은 흙속으로 파고들어가 기생을 하여 뿌리에 피해를 준다.

정답 21. ③ 22. ② 23. ② 24. ① 25. ③ 26. ② 27. ② 28. ③

29 씹는 형의 잎을 가진 곤충에서 식물조직을 잘게 부수는 역할을 하는 것은?
① 큰턱　② 윗입술
③ 작은턱　④ 아랫입술

해설
곤충의 입틀은 윗입술, 아랫입술, 1쌍의 큰턱, 1쌍의 작은턱이 있다. 이때 음식물을 먹을때 사용되는 기관은 음식물을 자르는 큰턱, 먹이를 전구강으로 이동시키는 아래턱, 음식이 빠지지 않도록 하는 아랫입술이 있다.

30 다음 중 1세대를 경과하는 데 가장 긴 시간이 필요로 하는 곤충으로 옳은 것은?
① 말매미　② 장수풍뎅이
③ 뽕나무하늘소　④ 소나무좀

해설
말매미는 1세대 경과에 6년 이상이 소요되어 다른 곤충보다 길다.

31 다음 중 소나무재선충을 옮기는 매개충으로 가장 옳은 것은?
① 알락하늘소
② 미끈이하늘소
③ 솔수염하늘소
④ 털두꺼비하늘소

해설
솔수염하늘소는 소나무재선충의 매개충으로 천공성 해충에 속한다.

32 다음 중 담배나방에 대한 설명으로 가장 옳지 않은 것은?
① 고추의 주요 해충 중 하나이다.
② 1년에 1회 발생한다.
③ 땅속에서 번데기로 월동한다.
④ 담배에 피해를 준다.

해설
담배나방은 1년에 3회 발생한다.

33 다음 중 멸구 등 비래해충을 대상으로 하는 해충 발생밀도 조사법으로 가장 적절한 것은?
① 페로몬조사법
② 공중포충망조사법
③ 예열조사법
④ 예찰등조사법

해설
공중포충망조사법은 멸구류를 채집하고 조사하기 가장 쉬운 방법으로 많이 이용된다.

34 다음 곤충의 생식계에 대한 설명 중 옳지 않은 것은?
① 난자는 알집을 구성하는 알집소관에서 생성된다.
② 암컷의 생식계는 알집, 수란관, 주정낭, 부속샘 등으로 구성된다.
③ 수정낭은 수정이 이루어지는 곳이다.
④ 꿀벌의 일벌은 난소가 퇴화되어 있다.

해설
수정낭은 암컷의 기관 중 하나로 수컷에서 받은 정자를 보관하는 곳이다.

35 다음 중 충영을 형성하는 해충은?
① 독나방
② 솔잎혹파리
③ 어스렝이나방
④ 참나무겨울가지나방

해설
솔잎혹파리는 주로 소나무, 해송에 피해를 주며 유충이 벌레혹을 만들고 즙액을 빨아 먹는다.

정답 29. ① 30. ① 31. ③ 32. ② 33. ② 34. ③ 35. ②

36 최근 도시의 버즘나무 잎이 부분적으로 퇴색되고 피해가 진전됨에 따라 조기에 갈색으로 마르는 피해를 입히는 해충은?
① 진딧물류 ② 깍지벌레류
③ 방패벌레류 ④ 흰불나방

해설
버즘나무 잎에 피해를 주는 버즘나무방패벌레는 잎에 군서생활을 하면서 잎을 흡즙한다. 피해를 입은 나무는 잎이 퇴색되고 황갈색으로 변색된다.

37 일본으로부터 천적을 수입하여 제주 감귤원의 해충방제에 성공한 사례로서 기록된 해충명은?
① 가루깍지벌레
② 이세리아깍지벌레
③ 루비깍지벌레
④ 화살깍지벌레

해설
루비깍지벌레는 일본으로부터 천적인 루비붉은깡충좀벌을 도입하여 방제에 성공하였다.

38 저장 중의 식품이나 곡식에 발생하여 피해를 주는 해충이 아닌 것은?
① 화랑곡나방 ② 다색알락명나방
③ 쌀바구미 ④ 콩가루벌레

해설
콩가루벌레는 과실에 피해를 준다.

39 다음 수목 해충 중 유충상태로 지피물 밑이나 수피 틈 또는 가지 위에서 월동하는 것은?
① 매미나방(집시나방)
② 미국흰불나방
③ 솔나방
④ 소나무좀

해설
솔나방은 5령충이 지피물 아래나 나무껍질 사이에 월동하고 8령충이 번데기가 되어 이후 나방이 된다.

40 분류학적 위치로 온실가루이의 목(目)은?
① 총채벌레목 ② 날도래목
③ 노린재목 ④ 매미목

해설
온실가루이는 매미목에 속한다.

3과목 농약학

41 다음 중 선택성 제초제로 분류되는 것은?
① 알라클로르
② 나드
③ 글루포시네이트암모늄
④ 글리포세이트

해설
토양처리형 제초제인 알라클로르는 아마이드계의 선택성 제초제로 콩, 옥수수 등의 1년생 잡초방제에 사용된다.

42 살충력이 강하고 적용해충의 범위가 넓으며 잔효성이 비교적 짧은 계통의 농약은?
① 유기염소계 ② 유기수은계
③ 트리아졸계 ④ 유기인계

해설
유기인계 살충제는 살충력이 강하고 적용 가능한 해충의 종류가 많으며 대량생산이 가능하다. 외부에서는 환경조건에 의해 분해가 빨라 잔효성은 비교적 짧은 편이다.

43 *Bacillus thuringiensis*(B.T) 제제에 대한 설명으로 옳은 것은?
① 나비목 곤충의 유충 방제에 주로 사용된다.
② 유기합성제제이다.
③ 약효가 지효성이다.
④ 어류에 대하여 유독하다.

해설
미생물 살충제인 *Bacillus thuringiensis*(BT)는 나비목이나 파리목 곤충 중 숙주범위가 상당히 넓은 편이며 곤충은 장내에서 독소작용을 한다. 주로 나비목곤충의 유충 방제에 효과적이다.

정답 36. ③ 37. ③ 38. ④ 39. ③ 40. ④ 41. ① 42. ④ 43. ①

44 수질 중 화합물의 농도가 2ppm 이고, 송사리 중의 농도가 20ppm 일 때 이 화합물의 생물농축계수(BCF)는?

① 2　　② 10
③ 20　　④ 40

해설
생물농축계수는 오염물질농도에서 수중의 오염물질의 농도를 나누어 구하도록 한다.

45 살충제의 살충 작용점의 기작이 아닌 것은?

① 균체성분 생합성 저해
② 에너지생성 저해
③ 신경기능 저해
④ 키틴 생합성 저해

해설
살충제의 작용기작으로 신경기능의 저해, 에너지 대사의 저해, 키틴 생합성 저해, 호르몬 균형 교란, 미생물 살충제 등이 있다.

46 carbamate 계 살충제의 일반적인 특성에 대한 설명으로 옳은 것은?

① 유기염소제와 같이 체내에 서서히 축적된다.
② 인축에 대한 독성이 낮고 비교적 안정한 화합물이다.
③ 살충작용이 일반적으로 비선택적이다.
④ 해충에 대한 적용범위가 좁다.

해설
카바메이트(carbamate)계 살충제는 체내에서 빠르게 분해되어 인축에 대한 독성이 비교적 낮은 편이다.

47 살포액(액상시용제)의 물리적인 성질이 아닌 것은?

① 유화성　　② 수화성
③ 현수성　　④ 도분성

해설
액상시용제의 물리성으로 유화성, 현수성, 수화성, 습전성, 침투성 등이 있다.

48 비중이 0.5인 유제(50%)를 0.05% 액으로 희석하여 면적 10a 당 5말(1말:18L)로 살포하려 할 때의 소요약량은 약 몇 mL 인가?

① 100　　② 120
③ 180　　④ 280

해설
$$소요약량 = \frac{추천농도(\%) \times 10a\,살포량(ml)}{비중 \times 원액 농도(\%)}$$

$$= \frac{0.05\% \times 90{,}000ml}{0.5 \times 50\%} = 180ml$$

49 농약을 음식물로 잘못 알고 마셨을 때 나타나는 중독은?

① 급성중독　　② 긴급독성
③ 만성중독　　④ 식중독

해설
일시에 다량의 농약에 노출되었을 경우 나타나는 독성을 급성독성 혹은 급성중독이라 한다.

50 네레이스톡신(Nereistoxin)을 기초로 한 천연물 유도형의 살충제는?

① 칼탑입제　　② 펜프로유제
③ 벤즈수화제　④ 파라핀오일제

해설
칼탑은 네레이스톡신으로 유도된 유도형 살충제이다.

51 복합저항성에 대한 설명으로 틀린 것은?

① 살충제에 대하여 저항성이 발달한 해충이 한 번도 사용된 적이 없지만 작용기구가 같은 살충제에 대하여 저항성을 나타낸 것을 말한다.
② 살충작용이 다른 2종 이상에 대하여 동시에 해충이 저항성을 나타내는 현상을 말한다.
③ 두개 이상의 유전자가 별개로 관여하고 있기 때문에 항상 같은 현상이 나타난다는 것이 한정되어 있지 않다.
④ 한 개체 안에 두가지 이상의 저항성기작이 존재하기 때문에 발생하는 현상이다.

정답 44. ②　45. ①　46. ②　47. ④　48. ③　49. ①　50. ①　51. ①

> **해설**
> 복합저항성은 살충작용이 다른 2종류 이상에 대해 동시에 해충이 저항성이 생기는 경우를 말한다.

52 다음 농약 중 각종 응애류의 방제에 가장 적합한 것은?

① 페나자퀸
② 펜티온
③ 클로르피리포스
④ 비타쿠르스타키

> **해설**
> 페나자퀸 유제는 퀴나졸린계 살비제로 점박이응애 등의 응애류에 우수한 방제효과를 가진다.

53 제초제의 살초작용인 이행형 제초제와 접촉형 제초제에 대한 설명으로 틀린 것은?

① 접촉형 제초제는 생세포에 직접 작용하여 그 부분을 파괴하여 살초효과를 나타낸다.
② 접촉형 제초제는 작용이 속효적으로 나타난다.
③ 이행형 제초제는 수분이나 양분과 함께 약제가 식물체 내로 들어간다.
④ 이행형 제초제는 식물체에 처리한 제초제가 뿌리로부터 위쪽으로만 이동한다.

> **해설**
> 이행형 제초제는 경엽, 뿌리 등 접촉부위에서 식물체 내의 작용점으로 이행되어 효과를 발휘하는 제초제를 말하며 특정 한 방향으로만 이행되지 않고 여러방향의 작용점으로 이행된다.

54 농약의 분류 중 농약형태에 따른 분류인 것은?

① 유인제
② 기피제
③ 식독제
④ 도포제

> **해설**
> 도포제는 특수목적제로서 농약형태에 따른 분류에 속한다. 특수목적제로는 훈연제, 연무제, 훈증제, 도포제 등이 있다.

55 농약제조시 보조제로 첨가하는 계면활성제에 대한 설명으로 틀린 것은?

① 원제를 녹이기 위해 사용하는 물질이다.
② 액체 제형은 살포용수에서 유화액 상태로 균일하게 분산되게 한다.
③ 살포약액이 병해충 및 잡초에 대한 접촉효율을 높이는 데에도 사용된다.
④ 약액의 표면장력을 낮추는 작용을 한다.

> **해설**
> 계면활성제는 물과 기름의 계면에서 표면장력을 감소시켜 약품의 습윤성, 부착성 및 고착성, 확전성을 높여주는 일종의 보조제이다.

56 살균제의 작용기작이 아닌 것은?

① 세포막구조 파괴
② 신경기능 저해
③ 생합성 저해
④ 호흡 저해

> **해설**
> 신경기능 저해는 살충제 작용기작이다.

57 DEP제(디프테릭스)가 분해하여 1차로 변하는 형태는?

① Parathion
② DDVP
③ Trithion
④ Dimethoate

> **해설**
> DDVP는 디프테릭스(DEP제)를 수산화나트륨과 처리하여 분해시 1차로 나타나는 형태이다.

58 독성을 표시할 때 중앙 치사량 LD_{50} 이란?

① 실험동물에 약을 처리하였을 때 20%를 죽이는 농약의 분량
② 실험동물에 약을 처리하였을 때 30%를 죽이는 농약의 분량
③ 실험동물에 약을 처리하였을 때 40%를 죽이는 농약의 분량
④ 실험동물에 약을 처리하였을 때 50%를 죽이는 농약의 분량

정답 52. ① 53. ④ 54. ④ 55. ① 56. ② 57. ② 58. ④

> **해설**
> 동물의 반수인 50%정도가 치사하는 약품의 양을 반수치사량(LD_{50})이라 한다.

59 수화제에 물을 가하여 조제한 현탁액에 있어서 고체입자가 균일하게 부유하는 성질과 그 안정성을 의미하는 것은?

① 현수성　② 유화성
③ 가용성　④ 비산성

> **해설**
> 현수성은 수화제에 물을 넣어 조제한 현탁액의 고체입자가 균일하게 분산 부유하는 성질과 안정성을 말한다.

60 작용기작이 식물호르몬 작용 교란 제초제가 아닌 것은?

① 2,4-D　② Dicamba
③ MCP　④ PCP

> **해설**
> 대표적인 호르몬 작용 교란 제초제에는 2,4-D, MCP, 디캄바 등이 있다.

4과목　잡초방제학

61 잡초 방제용으로 도입되는 생물이 구비하여야 할 조건으로 옳지 않은 것은?

① 대상 잡초 주변 환경에 적응할 수 있어야 한다.
② 인공적으로 배양 또는 증식이 용이하며 생식력이 강해야 한다.
③ 비산 또는 분산하는 능력이 크고 대상 잡초에 잘 이동해야 한다.
④ 대상 잡초 방제가 끝나도 지속적으로 생활을 하여 사멸되지 않아야 한다.

> **해설**
> 대상 잡초 방제를 지속적으로 하기 위해 방제효과가 반영구적 혹은 영구적이어야 하며 생물계의 균형 유지를 위해 대상 잡초 방제가 끝나면 개체수의 조절이 가능해야 한다.

62 예방적 잡초 방제법으로 옳지 않은 것은?

① 농기계를 청결하게 관리한다.
② 중경 및 정지 작업을 실시한다.
③ 관개수를 통한 잡초 종자의 유입을 막는다.
④ 종자가 없는 상태의 풀을 이용하여 퇴비를 만든다.

> **해설**
> 예방적 방제법에는 재배관리 합리화, 작물종자 정선, 비산형 잡초종자 관리, 농기구 관리, 가축의 관리, 경작지 주변관리, 토양의 소독 및 관리, 완숙퇴비 사용 등이 있다.

63 잡초의 특성에 대한 설명으로 옳은 것은?

① 영양번식기간이 비교적 늦고 길다.
② 종자의 번식기관에 휴면성이 없다.
③ 불량한 환경에서는 잘 생육되지 않는다.
④ 낮은 밀도로도 작물에 피해를 줄 수 있다.

> **해설**
> 잡초는 생명력이 강해 낮은 밀도로도 작물에 피해를 줄 수 있다.

64 잡초의 유용성이 아닌 것은?

① 병해충 전파를 막아준다.
② 토양의 침식을 방지한다.
③ 토양에 유기물을 공급한다.
④ 때로는 작물로써 활용할 수 있다.

> **해설**
> 잡초는 병해충의 매개체가 되기도 한다.

65 상호대립억제작용에 대한 설명으로 옳은 것은?

① 타감작용이라고 하기도 한다.
② 작물은 발아 시에만 피해를 받는다.
③ 작물과 작물간에는 일어나지 않는다.
④ 쌍자엽식물에는 있으나 단자엽식물에는 없다.

정답　59. ①　60. ④　61. ④　62. ②　63. ④　64. ①　65. ①

> **해설**
> 타감작용은 상호대립억제작용이라 하며 주로 인접 식물의 생육에 부정적인 영향을 끼쳐 생장을 저해 시키거나 혹은 과도하게 촉진시키게 된다.

66 토양염분이 많은 간척지 논에서 주로 발생하는 방동사니과 잡초는?

① 올미 ② 매자기
③ 나도겨풀 ④ 물달개비

> **해설**
> 간척지의 경우 염분이 높은 편이라 갯드렁새, 새섬매자기, 매자기, 올방개, 물옥잠 등의 내염성잡초가 우점한다.

67 다음 중 년생(월년생) 잡초만으로 나열된 것은?

① 냉이, 메꽃
② 민들레, 코스모스
③ 질경이, 달맞이꽃
④ 망초, 냉이

> **해설**
> 월년생 잡초로 나도냉이, 별꽃, 망초, 냉이, 속속이풀 등이 있다.

68 다음 중 논에서 종자로 번식하는 잡초로 가장 옳은 것은?

① 물달개비 ② 올미
③ 벗풀 ④ 올방개

> **해설**
> 물달개비는 1년생 광엽잡초로 종자로 번식하는 논잡초이다.

69 토양처리제로 식물체내에서 이행되며 세포분열 및 단백질 합성을 저해하여 고사시키는 계통으로만 나열된 것은?

① 피라졸계와 요소계
② 설포닐우레아계와 트라이아진계
③ 카르바메이트계와 디니트로아닐린계
④ 유기인계와 산아미드계

> **해설**
> 디니트로아닐린계 제초제와 카바메이트계(카르바메이트) 제초제는 흡수 이행되어 단백질 합성을 저해하여 세포분열을 방해한다.

70 다음 중 식물의 분류체계로 가장 적절한 것은?

① 문 - 과 - 강 - 목 - 종 - 속
② 문 - 강 - 목 - 과 - 속 - 종
③ 문 - 속 - 강 - 과 - 목 - 종
④ 강 - 문 - 목 - 과 - 속 - 종

> **해설**
> 식물학적 분류순서는 <계 → 문 → 강 → 목 → 과 → 속 → 종 → 변종> 이며 식물의 기본단위는 종으로 정의한다.

71 다음 중 제초제와 토양과의 관계에서 흡착력에 가장 크게 관여하지 않는 요인은?

① 점토광물의 종류
② 양이온 치환 용량
③ 토양유기물 함량
④ 토양의 수소이온 농도

> **해설**
> 토양의 흡착력은 점토광물, 양이온 치환용량, 유기물의 함량 등에 영향을 받는다. 예를 들어 부식콜로이드는 양분의 흡착력이 강한 편이다.

72 작물과 잡초간 경합의 주요인과 가장 거리가 먼 것은?

① 영양소 ② 빛
③ 수분 ④ 산소

> **해설**
> 작물과 잡초의 경합요인으로 양분, 수분, 광선, 공간 등이 있으며 그 외에도 잡초의 종류, 생육 시기, 이산화탄소 등이 있다.

정답 66. ② 67. ④ 68. ① 69. ③ 70. ② 71. ④ 72. ④

73 잡초의 생장형에 따른 잡초의 분류로 가장 적절하지 않은 것은?
① 포복형 - 메꽃, 나도겨풀
② 직립형 - 가막사리, 사마귀풀
③ 총생형 - 억새, 둑새풀
④ 로제트형 - 민들레, 질경이

해설
사마귀풀은 포복형이다.

74 광합성을 억제하는 계통의 제초제로 가장 거리가 먼 것은?
① Triazine 계 ② Acetamide 계
③ Urea 계 ④ Bipyridylium 계

해설
광합성 억제 관련 저해제로 트리아진계, 요소계(urea계), 아마이드계, 비피리딜리움계 제초제 등이 있다.

75 예방적 방제수단에 해당하지 않는 것은?
① 농기계 청소 ② 비산종자 관리
③ 작물종자 정선 ④ 경엽처리제 살포

해설
경엽처리제 살포는 화학적 방제수단에 속한다.

76 잡초종자의 휴면에 대한 설명으로 옳지 않은 것은?
① 배의 미숙에 의하여 휴면하기도 한다.
② 발아환경이 부적당하면 2차 휴면을 한다.
③ 종자 뿐만 아니라 괴경 및 지하경에서도 볼 수 있다.
④ 외적요건이 발아에 부적당하여 발아하지 못하는 경우 자발휴면이라고 한다.

해설
외적요인이 종자가 발아하기 부적합한 경우는 타발휴면이라 한다.

77 잡초의 생물적 방제법에 이용되는 생물의 구비조건이 아닌 것은?
① 비산 및 분산능력이 커야 한다.
② 번식속도가 빠르지 않아야 한다.
③ 대상 잡초에만 피해를 주어야 한다.
④ 환경 적응성 및 저항성을 가지고 있어야 한다.

해설
생물적 방제에 이용되는 생물의 구비조건으로 번식속도가 빨라야 한다.

78 우리나라 농경지 잡초 발생의 특징으로 옳은 것은?
① 남방형 잡초가 북방형 잡초보다 많다.
② 광엽잡초보다 화본과 잡초의 종류가 더 많다.
③ 평지의 과수원에서는 다년생 잡초가 우점한다.
④ 제초제 사용이 증가하면서 논에서는 다년생 잡초보다 일년생 잡초가 많아지고 있다.

해설
우리나라 농경지의 경우 남방형 잡초의 분포가 많으며 화본과 잡초보다 광엽잡초가 많은 편이다.

79 주로 벼와 경합하는 논잡초로만 올바르게 나열된 것은?
① 돌피, 쇠뜨기
② 물피, 쇠비름
③ 명아주, 나도겨풀
④ 올방개, 생이가래

해설
논에서 벼와 경합하는 우점잡초로는 피, 올방개, 생이가래, 너도방동사니, 올미 등이 있다.

정답 73. ② 74. ② 75. ④ 76. ④ 77. ② 78. ① 79. ④

80 화본과 잡초에 속하지 않는 것은?
① 피 ② 쇠털골
③ 뚝새풀 ④ 강아지풀

해설
쇠털골은 사초과이다.

정답 80. ②

국가기술자격 필기시험문제

산업기사 CBT 7회 모의고사문제

자격종목	종목코드	시험시간	형별	수험번호	성명
식물보호산업기사		2시간			

※ 본문제는 수험생들의 기억을 바탕으로 작성 된 것으로 실제 문제와 차이가 있을 수 있습니다.

1과목 식물병리학

01 Diener 가 발견하였으며 핵산이 한 가닥이고 단백질 껍질이 없는 병원체는?
① 바이로이드 ② 파이토플라즈마
③ 바이러스 ④ 세균

해설) 바이로이드는 기주식물의 세포에 감염하여 증식하며 외부단백질 없이 한 가닥의 핵산만으로 구성된 병원체이다.

02 벼 키다리병의 방제법에서 합리적인 것은?
① 종자소독 ② 윤작
③ 중간기주 제거 ④ 토양소독

해설) 벼 키다리병의 방제법은 종자를 소독하고 건전한 종자를 선택한다.

03 담배 모자이크 바이러스를 처음으로 순수 분리한 공로로 노벨상을 탄 사람은?
① 보든(Bawden) ② 다나까(Tanaka)
③ 스미스(Smith) ④ 스탠리(Stanley)

해설) 스탠리는 미국의 생화학자로 1935년 담배모자이크 바이러스의 결정화하여 순수 분리한 공로로 1946년 노벨 화학상을 수상받았다.

04 담배 모자이크바이러스(TMV)에 관한 내용으로 옳지 않은 것은?
① 구성 핵산은 RNA이다.
② 담배에만 감염할 수 있다.
③ 입자의 형태는 막대모양이다.
④ 여러 계통(Strain)이 존재한다.

해설) 담배모자이크 바이러스는 고추, 오이, 담배 등을 포함한 꽃 잡초에서도 모자이크 병이 발생한다.

05 바이러스병의 내부병징과 관계가 먼 것은?
① 토마토 모용세포의 봉입체
② 맥류 위축병 감염세포의 X-체
③ 담배 모자이크바이러스(TMV) 감염에 의한 엽록체의 대형화 및 수의 증가
④ 감자 잎말림바이러스에 의한 사부조직의 괴사

해설) 담배 모자이크바이러스 감염시 엽록체의 수 및 크기가 감소한다.

06 진균의 영양기관이 아닌 것은?
① 균사체 ② 균사속
③ 자좌 ④ 포자낭

해설) 포자낭은 번식기관이다.

정답 01. ① 02. ① 03. ④ 04. ② 05. ③ 06. ④

07 균의 생리적 특성상 호습성 병원균이 아닌 것은?
① 맥류 녹병 ② 모잘록병
③ 벼 모썩음병 ④ 고추 역병

해설
물기나 습기를 좋아하는 성질을 호습성이라 한다. 모잘록병, 벼 모썩음병, 고추 역병은 다습한 조건에서 잘 발생한다.

08 벼 오갈병의 병원체는?
① 세균 ② 곰팡이
③ 바이러스 ④ 파이토플라즈마

해설
벼 오갈병은 매개충은 매미충이며 병원체는 바이러스이다.

09 바이러스에 전신감염된 식물의 잎에서 일반적으로 볼 수 있는 병징은?
① 모자이크 ② 무름
③ 혹 ④ 썩음

해설
모자이크는 바이러스에 의해 전신감염된 잎에서 볼수 있는 병징이다.

10 사과나무 근두암종병균은 주로 어디에 존재하는가?
① 토양 ② 매개충의 창자
③ 사과씨(종자) ④ 꽃

해설
사과나무 근두암종병은 토양세균이며 토양으로 전반된다.

11 병원균이 종자를 통해서 전염되는 병은?
① 고추 역병
② 사과나무 갈색무늬병
③ 배추 모자이크병
④ 벼 키다리병

해설
종자 전염의 종류로 채소 균핵병균, 벼 도열병균, 벼 키다리병균, 감자 역병균 등이 있다.

12 대추나무 빗자루병에 감염되었을 경우 사용되는 방제약제는?
① 아족시스트로빈
② 옥시테트라사이클린
③ 베노밀
④ 지오파네이트메틸

해설
대추나무 빗자루병은 옥시테트라사이클린 수화제를 수간주사한다.

13 작물의 저장 중에 발생하는 병원균이 아닌 것은?
① *Penicillium expansum*
② *Phytophthora capsici*
③ *Sclerotinia sclerotiorum*
④ *Rhizopus stolonifer*

해설
고추 역병균(*Phytophthora capsici*) 토양에서 서식하는 토양전염성 병원균이다.

14 녹병의 발생에서 경제적 가치가 낮은 기주식물에서 발생한 녹병균이 경제적 가치가 높은 식물에 옮겨 가는 경우가 있다 이때 경제적 가치가 낮은 기주식물을 무엇이라 하는가?
① 검색식물 ② 지표식물
③ 중간기주 ④ 대표기주

해설
중간기주는 다른 기주식물 중 경제적 가치가 적은 식물이다.

15 TMV 에 의해 발병하며 주로 토양에 의하여 전염되는 병은?
① 고추 모자이크병
② 마늘 모자이크병
③ 배추 모자이크병
④ 오이 모자이크병

정답 07. ① 08. ③ 09. ① 10. ① 11. ④ 12. ② 13. ② 14. ③ 15. ①

> **해설**
> TMV(담배모자이크바이러스)에 의해 발병하는 것으로 고추 모자이크병이 있으며 토양으로 전염되기에 방제를 위해 줄기나 뿌리를 제거하기도 한다.

16 벼 잎집무늬마름병에 대한 설명으로 옳지 않은 것은?

① 고온, 다습한 환경에서 잘 발병한다.
② 밀식하여 재배할 경우 잘 발병한다.
③ 칼륨 비료 시비량을 줄여 방제할 수 있다.
④ 병원균은 논이나 토양에서 월동하며 봄철에 벼 잎집에 부착된 균사가 벼를 침해한다.

> **해설**
> 벼 잎집무늬마름병은 비료 중에서 질소질 비료의 시비량을 줄여야 방제할 수 있다.

17 식물 중에 특정 병원체 침입에 대하여 민감하게 반응하거나 특징적인 병징을 이용한 것으로 주로 바이러스의 진단에 널리 쓰이며 세균이나 일부 균류에 의한 병의 진단에도 활용하는 방법은?

① 파지에 의한 병의 진단
② 지표식물에 의한 병의 진단
③ 즙액 접종에 의한 병의 진다
④ 괴경지표법에 의한 병의 진단

> **해설**
> 식물의 감수성을 이용하는 방법으로 지표식물에 의한 진단이 있다.

18 다음 괄호 안에 해당하는 용어는?

> 일반적으로 많은 식물병이 어떤 해에는 발생하나 다른 해 또는 근처 지역에서는 같은 종류의 식물에 병이 발생하지 않는다. 이는 식물이 해당 병해에 대한 저항성을 가지고 있는 것이 아니며 이러한 현상을 (   )(이)라고 한다.

① 변이   ② 병회피
③ 병면역   ④ 감수성

> **해설**
> 근처 지역에 같은 종류의 식물 병이 발생하지 않는데 저항성을 가지고 있지 않은 경우를 병회피 현상이라 한다.

19 논에는 벼 도열병균 분생포자의 주된 전염 방법은?

① 물   ② 토양
③ 바람   ④ 곤충

> **해설**
> 벼 도열병의 병원균은 진균으로 바람에 의해 전반된다.

20 주변에 향나무가 많은 경우 배나무에 주로 발생하는 병은?

① 겹무늬병   ② 흰가루병
③ 검은무늬병   ④ 붉은별무늬병

> **해설**
> 배나무붉은별무늬병의 중간기주는 향나무로 기주교대를 통해 피해가 확산된다.

2과목 농림해충학

21 다음의 피해를 유발하는 해충은?

> 유충이 벼의 잎집 속으로 파고들어가 줄기 내로 먹어 들어가면서 잎과 줄기가 고사하며 출수 후 줄기에 피해를 받으면 백수현상이 나타난다.

① 혹명나방   ② 벼잎벌레
③ 끝동매미충   ④ 이화명나방

> **해설**
> 이화명나방은 줄기를 가해하며 1년에 2회 발생한다. 1세대는 잎 뒷면에서 부화한 유충이 잎집으로 이동해 볏대 속에 구멍을 뚫고 피해를 주는데 한 마리의 유충이 여러 잎을 가해하여 피해가 큰편이다. 2세대는 유충이 줄기 속을 가해하여 이삭줄기 전체가 하얗게 말라 죽는 백수 현상이 일어난다.

정답 16. ③ 17. ② 18. ② 19. ③ 20. ④ 21. ④

22 밤나무혹벌 방제법으로 가장 효과적인 것은?

① 불임성 이용
② 접촉살충제 살포
③ 내충성 품종 이용
④ 침투성 약제 수간주사

해설
밤나무혹벌은 피해가 심하면 내충성 품종으로 교체하는 방법이 효과적이다. 내충성 품종 방제법을 이용하면 긴 시간이 필요하지만 해충종류에 대한 특이성이 있다.

23 표피를 이루는 단백질, 지질, 키틴 화합물 등을 합성 및 분비해주며 탈피 시에는 내원표피를 소화시키는 탈피액을 분비하는 곳은?

① 기저막   ② 원표피
③ 외표피   ④ 진피세포

해설
진피세포는 곤충의 표피를 이루는 단백질, 지질, 키틴화합물 등을 합성, 분비해주는 한층의 세포군으로 탈피 시에는 내원표피를 소화시키는 탈피액도 분비한다. 탈피 직전 분열이 일어나 생장을 하고 그 중 일부 세포는 감각기, 분비샘 등 돌기구조를 만드는 세포로 분화하기도 한다.

24 사과혹진딧물에 대한 설명으로 옳지 않은 것은?

① 10월 중순경 겨울눈 부근에 월동란을 낳는다.
② 천적으로는 애홍점박이무당벌레, 칠성무당벌레가 있다.
③ 사과나무의 끝 가지에서 월동한 알이 4월 중하순에 부화하여 간모가 된다.
④ 사과 성숙잎의 뒷면에 기생하면 잎이 앞면으로 그리고 가로로 말리게 된다.

해설
사과혹진딧물은 어린잎 가해서 잎이 앞뒤로 말리나 전개된 잎을 가해할 때는 뒤쪽을 향해 세로로 말려 그 속에서 무리를 만들어 가해한다.

25 곤충강에 속하지 않는 해충은?

① 독나방   ② 점박이응애
③ 목화진딧물   ④ 가루깍지벌레

해설
점박이응애는 거미강에 속한다.

26 성충으로 월동하는 해충은?

① 솔잎혹파리   ② 이화명나방
③ 밤나무혹벌   ④ 털두꺼비하늘소

해설
털두꺼비하늘소는 성충으로 월동한다.

27 다음 중 곤충의 통신수단으로 가장 적절하지 않은 것은?

① 맛에 의한 통신
② 접촉에 의한 통신
③ 청각에 의한 통신
④ 시각에 의한 통신

해설
곤충의 통신수단의 경우 꿀벌이나 개미 등은 더듬이를 이용하는 촉각이 있으며 매미나 귀뚜라미의 경우 진동에 의한 울음소리로 청각에 의한 방법을 이용한다. 시각의 경우 꿀벌이 대표적이며 춤이나 비행방법을 통해 시각적으로 정보를 전달한다.

28 다음 중 누에의 식성으로 가장 적절한 것은?

① 부식성   ② 잡식성
③ 광식성   ④ 단식성

해설
누에는 뽕나무의 잎만 먹는 단식성이다.

29 다음 중 유충의 발육과 성충의 생식활동에 영향을 주는 유약호르몬을 분비하는 곤충의 기관은?

① 카디아카체   ② 알라타체
③ 앞가슴샘   ④ 가슴샘

해설
곤충의 분비계에 알라타체는 성충으로 발육을 억제하는 유충호르몬을 만든다.

정답 22. ③ 23. ④ 24. ④ 25. ② 26. ④ 27. ① 28. ④ 29. ②

30 다음 중 곤충 체벽의 기능으로 가장 적절하지 않은 것은?
① 제1차 면역기관
② 혈구세포 분화
③ 수분의 증발 억제
④ 근육의 부착점

해설
곤충의 체벽은 수분의 증발 억제, 근육의 부착점 역할, 외부에서의 물리적 보호 및 형태의 유지, 병균에 대한 1차 면역기관의 역할을 한다.

31 다음 중 완전변태류 곤충으로 가장 적절하지 않은 것은?
① 풀잠자리 ② 배추흰나비
③ 벼룩   ④ 흰개미

해설
흰개미는 불완전변태류에 속한다.

32 다음 중 곤충이 가장 잘 반응하는 색에 속하는 것은?
① 흑색 ② 녹색
③ 적색 ④ 백색

해설
곤충이 잘 감지하는 파장대가 있으며 주로 청색이나 녹색의 파장대이다.

33 다음 중 논의 벼멸구를 방제할 때 살충제를 물에 희석하지 않고 사용하는 제형으로 가장 옳은 것은?
① 유제   ② 입제
③ 수화제 ④ 액상수화제

해설
입제는 유효성분을 고형증량제, 안정제, 계면활성제 등을 넣어 입상으로 성형한 제제이다. 대표적으로 벼멸구 방제를 위해 카보퓨란입제를 이용한다.

34 기피제를 놓아 해충을 방제하고자 할 때 곤충의 어떤 행동을 이용한 것인가?
① 양성주촉성 ② 음성주촉성
③ 양성주화성 ④ 음성주화성

해설
화학약품에 접근하지 않으려는 성질을 이용한 것을 음성주화성이라 한다.

35 모기가 벽에 앉을 때 언제나 머리쪽이 위로 향하는데, 이러한 성질은?
① 주광성 ② 주화성
③ 주촉성 ④ 주지성

해설
곤충이 앉아 머리 쪽이 위로 향하는 성질을 주지성이라 한다.

36 곤충의 뇌 중에서 시각에 관여하는 것은?
① 앞대뇌   ② 뒷대뇌
③ 제3대뇌 ④ 제4대뇌

해설
곤충의 전대뇌 혹은 앞대뇌라 하는 부위가 시각, 사고력, 호르몬 생산 등에 관여한다.

37 지구상에 곤충이 번창하게 된 원인이 아닌 것은?
① 날개가 있다.
② 몸의 크기가 작다.
③ 변태가 가능하여 불리한 환경에 잘 적응한다.
④ 온혈동물로 부적당한 환경에서 오래 견딜 수 있다.

해설
곤충은 변온성이라 체온을 유지하기 위한 에너지 소비가 적어 번창하게 되었다.

정답 30. ② 31. ④ 32. ② 33. ② 34. ④ 35. ④ 36. ① 37. ④

38 나비목 유충이 견사를 분비하는 곳은?
① 전위 ② 침샘
③ 맹장 ④ 말피기씨관

해설
나비나 벌 등의 유충은 침샘에서 견사를 분비한다.

39 곤충 다리의 기본적인 구조는 몇 마디로 이루어져 있는가?
① 3마디 ② 4마디
③ 5마디 ④ 6마디

해설
곤충의 다리구조는 5마디로 되어 있다.

40 향나무하늘소(측백하늘소)의 월동태는?
① 알 ② 유충
③ 번데기 ④ 성충

해설
향나무하늘소는 1년에 1회 발생하며 성충으로 월동한다.

3과목 농약학

41 NAC(카바릴)의 구조식은?

① (구조식)
② (구조식)
③ (구조식)
④ (구조식)

해설
카바릴의 화학식은 $C_{12}H_{11}NO_2$ 이다.

42 농약의 약효를 높이기 위한 방법이 아닌 것은?
① 방제적기에 농약을 살포한다.
② 한 가지 농약을 계속 사용한다.
③ 표준희석배수의 농약을 정량 살포한다.
④ 방제대상에 적합한 농약을 선택한다.

해설
한가지 농약을 계속 사용하면 잡초에 내성이 생겨 약효가 떨어진다.

43 살충제 Carbofuran 에 대한 설명으로 틀린 것은?
① 수질오염성 농약으로 지정되어 수도용 약제로는 사용이 금지되어 있다.
② 카바메이트계로서 약제의 지속기간이 길다.
③ 콜린에스테라제의 활성기능을 억제하여 독작용을 유발한다.
④ 침투이행성 살충제로 식물의 뿌리나 경엽을 통해 식물 체내로 침투한다.

해설
카보퓨란(Carbofuran) 어독성 2급으로 지정되어 있어 수도용 살충제로 사용 가능하다.

44 농약의 물리적 성질 중 살포하여 부착한 약제가 이슬이나 빗물에 씻겨 내리지 않고 식물체 표면에 묻어있는 성질을 무엇이라 하는가?
① 부착성 ② 고착성
③ 침투성 ④ 현수성

해설
고착성은 부착한 약제가 빗물에 씻겨 내리지 않고 식물 표면에 붙어 있는 성질을 말한다.

45 주로 가정원예용으로 사용되는 농약의 제형은?
① 훈연제 ② 과립훈연제
③ 연무제 ④ 훈증제

정답 38. ② 39. ③ 40. ④ 41. ④ 42. ② 43. ① 44. ② 45. ③

해설
가정원예용과 같은 부가가치가 높은 농약은 연무제(스프레이형식)를 사용한다.

46 40%(비중=1)의 어떤 유제가 있다. 이 유제를 1000배로 희석하여 10a 당 9L를 살포하고자 할 때 유제의 소요량은 몇 ml 인가?
① 7   ② 8
③ 9   ④ 10

해설
$$10a\text{당 소요약량} = \frac{\text{추천농도}(\%) \times 10a \text{당 살포량}}{\text{약액농도}(\%) \times \text{비중}}$$

$$\frac{(40\% \div 1000) \times 9000ml}{40\%} = 9ml$$

47 입제, 분제, 수화제 등과 같이 고체 농약의 제제 시 주성분의 농도를 저하시키고 부피를 증대시켜 농약의 주성분을 균일하게 살포하여 농약의 부착률을 향상시키기 위하여 사용되는 재료가 아닌 것은?
① 벤젠   ② 카올린
③ 벤토나이트   ④ 규조토

해설
증량제에는 규조토, 탈크, 벤토나이트, 카올린 등이 있다.

48 보르도액의 사용상 주의사항으로 옳지 않은 것은?
① 만든 즉시로 살포하여야 하며 오래 두면 입자가 커져 약효가 떨어진다.
② 살포액이 완전 건조해서 막을 형성해야 하므로 비가 오기 직전이나 직후에 살포해서는 안된다.
③ 치료를 목적으로 사용하는 것이므로 발병 후 즉시 살포해야 한다.
④ 약해가 나기 쉬운 작물에 대해서는 8~10 두식의 묽은 보르도액을 살포해야 한다.

해설
보르도액은 발병 전에 사용하는 것이 좋다.

49 퀴나졸린계의 살비제로서 응애의 모든 생육단계에서 효과가 우수한 살충제는?
① 인독사카브   ② 티아클로프리드
③ 페나자퀸   ④ 클로르피리포스

해설
페나자퀸 유제는 퀴나졸린계 살비제로 점박이응애 등의 응애류에 우수한 방제효과를 가진다.

50 수화제를 희석하였을 때 고상의 미세입자가 용액 중에 균일하게 분산되어 있는 물리적인 성질을 무엇이라 하는가?
① 현수성   ② 습윤성
③ 확전성   ④ 유화성

해설
현수성은 수화제에 물을 넣어 조제한 현탁액의 고체입자가 균일하게 분산 부유하는 성질과 안정성을 말한다.

51 농약원제에 발연제(니트로셀룰로오스), 방염제 등을 혼합하고 기타 보조제 및 증량제를 첨가하여 제조한 제형은?
① 훈증제   ② 훈연제
③ 연무제   ④ 미립제

해설
훈연제는 약제를 연기화 하여 해충을 죽이는 약제로 농약원제에 발연제, 방염제, 기타보조제 및 증량제를 첨가하여 제조한다.

52 유기염소계의 침투성 살균제로서 예방 및 치료효과가 있으며 작물의 흰가루병 및 녹병에 적용할 수 있는 농약은?
① 플루실라졸 수화제
② 펜헥사이드 수화제
③ 트리포린 유제
④ 아이소프로티올레인 유제

해설
트리포린은 유기염소계로 흰가루병, 붉은별무늬병, 녹병 등의 방제에 이용된다.

정답 46. ③ 47. ① 48. ③ 49. ③ 50. ① 51. ② 52. ③

53 다음 중 보조제가 아닌 것은?
① 용제 ② 계면활성제
③ 증량제 ④ 세립제

[해설] 세립제는 세립상으로 사용되는 농약을 의미한다.

54 농약 보관시 주의하여야 할 사항 중 틀린 것은?
① 고형제는 흡습되면 분해가 촉진되므로 건조한 곳에 보관한다.
② 농약 설명서의 약효보증기간은 최악의 조건에서 산정하여 정한 기간이다.
③ 대부분의 농약은 고온 및 자외선 접촉 시 분해가 되므로 냉암소에 저장한다.
④ 유제는 인화의 위험성이 있으므로 화기를 피하여 보관한다.

[해설] 농약 설명서의 약효보증기간은 제조일자를 기준으로 보증기간을 산정한다.

55 다음 중 농약의 사용기구가 아닌 것은?
① 분무기 ② 미스트기
③ 살분기 ④ 포자기

[해설] 농약의 사용기구로 분무기, 미스트기, 살분기가 있다.

56 0.01% 액은 몇 ppm 인가?
① 10 ② 100
③ 1,000 ④ 10,000

[해설] 1%는 10,000ppm 이므로 0.01% 액은 100ppm 이다.

57 유효성분의 생물학적 활성을 증대시키기 위하여 사용되는 물질은?
① 점착제 ② 점증제
③ 협력제 ④ 소포제

[해설] 협력제는 유효성분의 효력을 증진시키는 역할을 하는 보조제이다.

58 곤충의 먹이가 되는 부분에 약제를 뿌려 줄기나 잎을 갉아먹는 해충으로 하여금 먹이와 함께 소화기에 독성을 흡수시켜 살충력을 나타내는 약제를 무엇이라고 하는가?
① 독제 ② 접촉제
③ 침투성 살충제 ④ 훈증제

[해설] 저작구형의 해충들의 경우 약제를 먹어 중독을 유발하는 식독제(독제)계통이 적합하다.

59 사람이 일생을 통하여 매일 섭취하여도 아무런 영향을 주지 않는 약량을 무엇이라 하는가?
① 최대잔류허용량 ② 1일 섭취허용량
③ 최대무작용량 ④ 농약잔류허용량

[해설] 최대무작용량은 장기 독성시험동물이 아무런 영향을 받지 않는 최대 용량을 의미한다.

60 다음 중 유기인계 농약이 아닌 것은?
① 이피엔(EPN)
② 지네브(Zineb)
③ 파라티온(Parathion)
④ 디디브이피(DDVP)

[해설] 지네브(Zineb)는 카바메이트계 살충제이다.

4과목 잡초방제학

61 주어진 지표면을 먼저 점유한 식물이 후에 발생한 식물보다 경합에 유리하다. 이를 이용한 잡초 방제 기술로 옳지 않은 것은?
① 이앙 재배 ② 적기 파종
③ 시비량 증대 ④ 재식밀도 증가

[해설] 시비량 증대는 잡초에 유리한 조건이 될 가능성이 있기에 작물의 특성과 잡초의 발생량 등을 고려하여 실시해야 한다.

정답 53. ④ 54. ② 55. ④ 56. ② 57. ③ 58. ① 59. ③ 60. ② 61. ③

62 화본과 잡초와 광엽 잡초를 선택적으로 작용하는 제초제의 선택성 요인에 해당하는 것은?

① 생태적 선택성 ② 형태적 선택성
③ 생리적 선택성 ④ 물리적 선택성

해설
형태적 선택성은 식물의 외형 차이에 의한 것으로 잎의 형태, 생장점의 위치, 뿌리의 분포 등에 따른다.

63 페녹시계열에 속하는 제초제가 아닌 것은?

① 이사-디 액제
② 엠시피에이 액제
③ 니코설퓨론 액상수화제
④ 할록시포프-아르-메틸 유제

해설
페녹시계 제초제로 2,4-D, MCPP, MCPB, 할록시포프, 플루아지호프, 페녹사프로프 등이 있다.

64 잔디밭의 클로버 방제에 가장 적절한 제초제는?

① 옥사디아존 유제
② 뷰타클로르 입제
③ 메코프로프 액제
④ 할로설퓨론메틸 입제

해설
잔디밭 클로버 방제에는 메코프로프 유제 및 디캄바 액제, 트리클로피르티이에이 액제 등이 효과적이다.

65 다음 설명하는 잡초로 옳은 것은?

· 일년생 광엽잡초에 해당한다.
· 논잡초로 많이 발생할 경우 기계수확이 곤란하다.
· 줄기 기부가 비스듬히 땅을 기며 뿌리가 내리는 잡초이다.

① 메꽃   ② 한련초
③ 가막사리   ④ 사마귀풀

해설
사마귀풀은 1년생 광엽잡초로 지상부에서 가지가 갈라지고 키가 작은 분지형 잡초이다.

66 주로 밭에 발생하는 1년생 화본과 잡초는?

① 올미   ② 바랭이
③ 명아주   ④ 물달개비

해설
1년생 밭잡초로 바랭이, 쇠비름, 명아주, 닭의 장풀 등이 있다.

67 제초제의 효과적이며 안전사용을 위하여 유의하여야 할 사항으로 가장 옳은 것은?

① 적량보다 적게 사용하는 것이 효과적이다.
② 적량보다 많이 사용하는 것이 효과적이며 안전하다.
③ 적기를 놓쳤을 때에는 적량보다 많은 양을 사용해야 한다.
④ 알맞은 제초제를 선택하여 적기에 적량을 살포해야 한다.

해설
제초제는 적량을 사용하는 것이 효과적이고 안전하다.

68 영양번식을 좌우하는 환경요인에 대한 설명으로 가장 거리가 먼 것은?

① 단일조건은 매자기의 괴경 형성을 촉진하며 장일은 억제하는 반면에 괴경당 중량은 크게 한다.
② 광도는 건물생산과 생리대사에 영향을 미친다.
③ 무기성분 함량이 충분한 조건하에서 다년생 잡초의 경우 영양번식 속도가 억제된다.
④ 중점토보다 사질토에서 지하 영양기관이 생성이 촉진된다.

해설
무기성분 함량이 충분한 조건하에서 다년생 잡초의 영양번식 속도는 촉진 및 유지된다.

정답 62. ② 63. ③ 64. ③ 65. ④ 66. ② 67. ④ 68. ③

69 제초제가 활성화되는 반응으로 가장 적절한 것은?

① MCPB 의 β-oxidation
② Diuron 의 demethylation
③ Atrazane 의 glutathione conjugation
④ Bentazone 의 hydroxylation

> [해설]
> 페녹시계 제초제 MCPB 는 활성화 과정을 통해 β-oxidation 으로 살포되어 특정 잡초만 고사시키기도 한다.

70 다음 중 벼 재배법에서 잡초와의 경합면에 가장 불리한 재배법은?

① 손이앙재배 ② 어린모재배
③ 중모재배   ④ 직파재배

> [해설]
> 직파재배보다는 이앙재배가 잡초의 피해를 덜 받으며 경합에 유리하다.

71 식물 표면에서 제초제의 흡수과정에 대한 설명으로 가장 옳지 않은 것은?

① 친유성(비극성)제초제는 큐티클 납질층을 친수성보다 잘 통과한다.
② 친수성(극성)제초제의 통과는 펙틴이 높고 다음이 큐틴이며 납질은 통과가 어렵다.
③ 계면활성제는 극성 제초제가 큐티클 납질층을 잘 통과하도록 도와준다.
④ 셀룰로오스층은 촘촘하여 비극성 및 극성 제초제 모두 투과가 어렵다.

> [해설]
> 셀룰로오스는 베타포도당이 모여 결합된 고분자 물질로 극성을 띠고 있으며 비극성, 극성 제초제가 모두 통과 가능하다.

72 논 잡초방제에 사용되는 카바메이트계 제초제로만 나열된 것은?

① 티페나미드, 벤설퓨론메틸
② 메토라클로르, 알콜
③ 티오벤카브, 몰리네이트
④ 나프로파마이드, 프레틸라클로르

> [해설]
> 카바메이트계 제초제로 디메피페레이트, 티오벤카브, 몰리네이트, 피리뷰티카브 등이 있다.

73 다음 중 외래잡초로 가장 옳은 것은?

① 단풍잎돼지풀 ② 바랭이
③ 여뀌   ④ 명아주

> [해설]
> 외래 잡초에는 미국가막사리, 미국개기장, 가는털비름, 단풍잎돼지풀, 소리쟁이, 도꼬마리, 서양민들레, 개망초, 애기달맞이꽃 등이 있다.

74 제조제의 선택성에 관여하는 요인으로 가장 거리가 먼 것은?

① 식물체 생장점의 위치
② 식물체 생육기의 차이
③ 식물체 건조 무게 차이
④ 식물체 뿌리의 분포상태

> [해설]
> 제초제 선택시 식물체의 생태적 특성, 형태적 특성, 생리적 특성에 영향을 받는다.

75 작물과 잡초의 경합에 대한 설명으로 옳지 않은 것은?

① 작물은 일반적으로 잡초보다 경합에 유리한 생태적 특성을 지니고 있다.
② 종간경합은 작물과 잡초 간의 경합으로 대표적으로 벼와 피의 경합이 있다.
③ 작물에 대한 잡초의 경합력은 잡초의 종류, 밀도 등에 따라 달라진다.
④ 종내경합은 같은 초종 중에서 개체 간의 경합으로 벼와 벼, 피와 피 간 경합이 있다.

[정답] 69. ① 70. ④ 71. ④ 72. ③ 73. ① 74. ③ 75. ①

> **해설**
> 잡초는 작물보다 광합성 및 번식력이 좋아 경합에 유리한 특성을 지니고 있다.

76 월년생 잡초로만 올바르게 나열된 것은?

① 별꽃, 냉이
② 쑥, 명아주
③ 깨풀, 강아지풀
④ 씀바귀, 애기메꽃

> **해설**
> 월년생 잡초에는 달맞이꽃, 나도냉이, 엉겅퀴, 냉이 등이 있다.

77 십자화과에 속하며 월년생 잡초에 해당하는 것은?

① 바랭이   ② 광대나물
③ 벼룩나물   ④ 속속이풀

> **해설**
> 속속이풀은 십자화과에 속하며 월년생 잡초이다.

78 잡초종자에 갈고리 모양의 돌기 또는 바늘 모양의 가시를 가져서 인축에 부착되어 전파되는 것은?

① 민들레   ② 진득찰
③ 소리쟁이   ④ 가막사리

> **해설**
> 갈고리 혹은 바늘모양의 가시가 있는 종자로 메귀리, 도깨비바늘, 가막사리, 도꼬마리 등이 있다.

79 잡초종자의 발아습성에 대한 설명으로 옳지 않은 것은?

① 발아주기성이란 같은 조건에서 일정한 간격으로 발아하는 것이다.
② 준동시성 발아형이란 일정기간 이내에 집중적으로 발아하는 것이다.
③ 발아계절성이란 발생 계절의 일장보다 대기온도에 반응하여 발아하는 것이다.
④ 연속성 발아형이란 발아에 적합한 조건을 주어도 오랜기간에 걸쳐 지속적으로 발아하는 것이다.

> **해설**
> 발아계절성은 일장변화에 반응하여 휴면을 타파하고 발아하는 것이다.

80 생태적, 물리적, 화학적, 생물적 잡초방제 방법으로 구분할 때 생태적 잡초방제법이 아닌 것은?

① 작부체계   ② 재식밀도
③ 품종선정   ④ 피복처리

> **해설**
> 피복처리는 물리적 방제에 속한다.

정답 76. ① 77. ④ 78. ④ 79. ③ 80. ④

국가기술자격 필기시험문제

산업기사 CBT 8회 모의고사문제

자격종목	종목코드	시험시간	형별	수험번호	성명
식물보호산업기사		2시간			

※ 본문제는 수험생들의 기억을 바탕으로 작성 된 것으로 실제 문제와 차이가 있을 수 있습니다.

1과목 식물병리학

01 배추 무름병균의 특성은?
① 주모가 있는 그램양성세균이다.
② 주모가 없는 그램음성세균이다.
③ 주모가 없는 그램양성세균이다.
④ 주모가 있는 그램음성세균이다.

[해설] 배추 무름병균은 그램음성세균으로 주모성 편모가 있다.

02 담배 들불병을 유발하는 병원체는?
① 선충 ② 세균
③ 곰팡이 ④ 바이러스

[해설] 담배 들불병은 슈도모나스 타바키라는 세균에 의해 발생한다.

03 감자 역병에 대한 설명으로 옳은 것은?
① 빗물에 의해 화기전염 한다.
② 병원균은 기공 또는 각피 침입한다.
③ 고온이고 건조한 환경에서 잘 발생한다.
④ 괴경지표법으로 선발된 건전한 씨감자를 재배하여 방제할 수 있다.

[해설] 감자 역병은 바람에 의해 전반되어 기공이나 각피를 통해 침입한다.

04 주로 포자로 번식하며 식물병을 일으키는 것은?
① 세균 ② 선충
③ 곰팡이 ④ 바이러스

[해설] 곰팡이는 주로 포자에 의해 번식한다.

05 배추 무사마귀병에 대한 설명으로 옳지 않은 것은?
① 알칼리성 토양에서 주로 발생한다.
② 수분이 많은 토양에서 많이 발생한다.
③ 순활물기생균으로 인공배양이 되지 않는다.
④ 뿌리의 세포가 비정상적으로 커지고 혹이 만들어진다.

[해설] 배추 무사마귀병은 산성토양에서 잘 발생한다.

06 벼 도열병균이 주로 월동하는 곳은?
① 토양 ② 중간기주
③ 매개충의 알 ④ 볍씨의 병든 부분

[해설] 벼 도열병균은 볏짚이나 볍씨의 병든 부분에서 월동한다.

정답 01 ④ 02 ② 03 ② 04 ③ 05 ① 06 ④

07 여름포자를 형성하지 않는 것은?
① 향나무 녹병
② 포플러 녹병
③ 밀 줄기녹병
④ 잣나무 털녹병

해설
향나무 녹병포자는 겨울포자, 소생자, 녹병포자, 녹포자가 있으며 여름포자는 형성하지 않는다.

08 식물 병원체 중 가장 크기가 작은 것은?
① 세균　② 곰팡이
③ 바이러스　④ 바이로이드

해설
바이러스와 유사한 전염 특성을 가지며 병원체 중 가장 작은 크기를 가진다.

09 병원균의 잠복기간이 가장 긴 것은?
① 벼 도열병　② 오이 노균병
③ 고추 탄저병　④ 보리 겉깜부기병

해설
보리 겉깜부기병은 21일 정도로 보기 중 잠복기간이 가장 길다.

10 식물병의 진단방법 중 면역학적 진단방법에 속하지 않는 것은?
① ELISA 법
② 면역확산법
③ 현미경관찰법
④ 응집과 침강반응

해설
• 식물병의 진단방법에는 면역확산법(AGID), 형광항체법, 효소결합항체법(ELISA), 적혈구응집반응법 등이 있다.
• 현미경을 이용하는 관찰은 현미경적 진단방법이다.

11 다음에서 설명하는 병원균의 기관으로 가장 옳은 것은?

> 균사가 식물체의 표면이나 세포간극에서 생장하는 균에서는 기주의 세포막에 작은 구멍을 내고 특이한 흡수기관을 형성한다.

① 흡기　② 버섯
③ 균핵　④ 후벽포자

해설
균사는 흡기를 이용해 양분을 섭취한다.

12 오이 모자이크병의 방제에 가장 효과적인 것은?
① 윤작　② 종자소독
③ 포장위생　④ 매개곤충 방제

해설
모자이크병은 매개충인 진딧물에 의해 발생하며 매개충을 방제하는 것이 가장 효과적이다.

13 대추나무 빗자루병의 방제법으로 가장 효과적인 방법은?
① 여름철에 살균제를 뿌려준다.
② 옥시테트라사이클린 수화제를 나무에 주사한다.
③ 매개충을 구제하기 위하여 살충제를 지면에 뿌려준다.
④ 병든 가지는 건전한 부분을 포함하여 겨울철에 잘라낸다.

해설
대추나무 빗자루병은 파이토플라즈마에 의해 발생하며 옥시테트라사이클린 수화제를 수간주사하여 방제 및 치료가 가능하다.

정답 07 ①　08 ④　09 ④　10 ③　11 ①　12 ④　13 ②

14 가지 풋마름병의 병원체는?
① 세균   ② 균류
③ 바이러스   ④ 생리적 요인

　해설
가지 풋마름병은 세균에 의해 발생하고 기주로는 감자, 가지, 토마토 등이 있다.

15 맥류의 흰가루병에 대한 설명으로 옳지 않은 것은?
① 자낭균에 의해 발병한다.
② 내병성 품종을 재배하여 방제한다.
③ 4~5월경에 발생하여 수확기에 심하게 발생한다.
④ 잎에만 발생하고 잎집이나 줄기에는 발생하지 않는다.

　해설
맥류의 흰가루병은 잎 뿐만아니라 줄기까지 확산되어 발생한다.

16 다음 설명에서 괄호 안에 들어갈 용어로 옳은 것은?

식물이 어떤 병에 잘 걸리지 않는 것은 (㉠)이라 하고, 이와 반대로 식물이 어떤 병에 걸리기 쉬운 것을 (㉡)이라 한다.

① ㉠ : 저항성, ㉡ : 감수성
② ㉠ : 저항성, ㉡ : 친화성
③ ㉠ : 감수성, ㉡ : 저항성
④ ㉠ : 감수성, ㉡ : 친화성

　해설
병에 잘 걸리고 민감한 성질을 감수성이라 하며 병에 잘 걸리지 않는 성질을 저항성이라 한다.

17 세균에 의해 발생하는 병이 아닌 것은?
① 감귤 궤양병
② 포플러 잎녹병
③ 배나무 불마름병
④ 사과나무 뿌리혹병

　해설
포플러 잎녹병은 진균에 의해 발생한다.

18 벚나무 빗자루병의 방제법으로 가장 적당한 것은?
① 여름철에 살균제를 뿌려준다.
② 옥시테트라사이클린계 항생제를 나무에 주사한다.
③ 매개충을 구제하기 위해 살충제를 지면에 뿌려준다.
④ 병든 가지는 아래쪽의 부풀은 부분을 포함하여 겨울철에 잘라낸다

　해설
벚나무 빗자루병의 병원균은 진균이고 병든 가지에서 월동하고 다음 해 봄에 가지 아래쪽에 포자를 형성하기에 겨울철에 미리 잘라내면 감염을 방지할수 있다.

19 고구마 무름병의 특징적인 표징은?
① 균핵   ② 포자낭
③ 자낭각   ④ 포자퇴

　해설
고구마 무름병은 상처 부위에 흰색의 균사가 밀집도고 그 위로 흑색의 곰팡이인 포자낭이 발생한다.

정답 14 ① 15 ④ 16 ① 17 ② 18 ④ 19 ②

20 무사마귀병에 대한 설명으로 옳은 것은?
① 벼에도 잘 발생한다.
② 세균에 의해 발생한다.
③ 산성토양에서 잘 발생한다.
④ 온도가 20°C 이하로 서늘할 때 잘 발생한다.

해설
무·배추 무사마귀병은 산성토양에서 잘 발생한다.

2과목 농림해충학

21 불완전변태를 하는 곤충으로만 나열된 것은?
① 사마귀, 벌
② 날도래, 밑들이
③ 딱정벌레, 매미
④ 진딧물, 깍지벌레

해설
불완전변태는 알, 유충, 성충의 과정을 거치는 것으로 잠자리목, 메뚜기목, 바퀴목, 사마귀목 등이 있으며 보기의 진딧물, 깍지벌레는 매미목으로 불완전변태를 한다.

22 곤충 다리의 기본적인 구조는 몇 마디로 이루어져 있는가?
① 3마디 ② 4마디
③ 5마디 ④ 6마디

해설
곤충의 다리구조는 5마디로 되어 있다.

23 다음 곤충의 구조에 대한 설명 중 옳지 않은 것은?
① 가슴은 앞가슴, 가운데가슴, 뒷가슴의 3마디로 구분된다.
② 대개 가슴마디마다 1쌍의 다리를 지니고 있다.
③ 앞가슴과 가운데가슴에는 보통 1쌍의 날개를 지니고 있다.
④ 날개는 혈관과 기관이 통해 있는 조직이다.

해설
곤충의 가운데가슴과 뒷가슴에 1쌍의 날개가 있다.

24 곤충의 뇌 중에서 시각에 관여하는 것은?
① 앞대뇌 ② 뒷대뇌
③ 제3대뇌 ④ 제4대뇌

해설
곤충의 전대뇌 혹은 앞대뇌라 하는 부위가 시각, 사고력, 호르몬 생산 등에 관여한다.

25 주로 포식성 곤충으로서 해충의 천적으로 이용되는 것은?
① 깍지벌레류 ② 무당벌레류
③ 진딧물류 ④ 하늘소류

해설
무당벌레류는 진딧물의 천적으로 생물학적 방제법에 이용된다.

26 다음 중 충영을 형성하는 해충은?
① 독나방
② 솔잎혹파리
③ 어스렝이나방
④ 참나무겨울가지나방

해설
솔잎혹파리는 주로 소나무, 해송에 피해를 주며 유충이 벌레혹을 만들고 즙액을 빨아 먹는다.

정답 20 ③ 21 ④ 22 ③ 23 ③ 24 ① 25 ② 26 ②

27 다음 곤충의 생식계에 대한 설명 중 옳지 않은 것은?

① 난자는 알집을 구성하는 알집소관에서 생성된다.
② 암컷의 생식계는 알집, 수란관, 주정낭, 부속샘 등으로 구성된다.
③ 수정낭은 수정이 이루어지는 곳이다.
④ 꿀벌의 일벌은 난소가 퇴화되어 있다.

해설
수정낭은 암컷의 기관 중 하나로 수컷에서 받은 정자를 보관하는 곳이다.

28 기피제를 놓아 해충을 방제하고자 할 때 곤충의 어떤 행동을 이용한 것인가?

① 양성주촉성 ② 음성주촉성
③ 양성주화성 ④ 음성주화성

해설
화학약품에 접근하지 않으려는 성질을 이용한 것을 음성주화성이라 한다.

29 해충 방제 중 생물적 방제의 장점에 해당하는 것은?

① 효과가 빠르지 않다.
② 환경에 영향을 많이 받는다.
③ 안전 농산물 생산이 가능하다.
④ 화학농약과 사용시 많은 주의가 요구된다.

해설
생물적 방제는 화학약품을 사용하지 않고 친환경적인 방제법을 선택하기에 안전한 농산물 생산이 가능하다.

30 입틀의 구성요소가 아닌 것은?

① 큰 턱   ② 작은 턱
③ 아랫입술 ④ 더듬이(촉각)

해설
입틀은 윗입술, 아랫입술, 큰 턱, 작은 턱, 혀로 구성된다.

31 곤충학의 발달과 직접적인 관련이 없는 것은?

① 농업혁명   ② 벌꿀의 채취
③ 살충제 발명 ④ 환경호르몬

해설
· 곤충학이 발달로 농업에 피해를 주던 해충에 대한 방제가 가능해졌으며 이에 따른 다양한 살충제가 발명되었다
· 또한 이로운 곤충들의 특성을 이용하여 벌꿀의 채취가 가능해졌다.

32 다음 중 하루살이가 속한 분류군은?

① 고시류 ② 외시류
③ 내시류 ④ 무시류

해설
하루살이목, 잠자리목 등은 고시류에 속한다.

33 곤충강에서 분화가 다양하고, 세계적으로 종수가 가장 많은 목은?

① 벌목   ② 나비목
③ 노린재목 ④ 딱정벌레목

해설
딱정벌레목은 곤충의 종 가운데 40% 정도인 35만여종을 차지하는 목이며 아직 미발견 종만 500만여종이 넘는 것으로 알려져있다.

정답 27 ③ 28 ④ 29 ③ 30 ④ 31 ④ 32 ① 33 ④

34 곤충의 발육단계에서 빛의 영향을 가장 받지 않는 것은?
① 수명 ② 교미
③ 휴면 ④ 산란의 시점

해설
곤충의 발육단계에서 광선에 반응하여 교미, 휴면, 산란, 생장 등에 영향을 받는다.

35 생물적 방제를 위하여 해충의 천적을 이용하는 방법으로 옳지 않은 것은?
① 외국으로부터 도입 이용
② 대량 증식 방사
③ 내충성 증대
④ 환경조건의 개선

해설
내충성이 증대되면 해충에 대한 저항성이 강해지므로 천적을 이용할 필요가 없다.

36 근육 부착을 위한 머리내 골격 구조를 무엇이라 하는가?
① 봉합선(suture)
② 합체절(tagma)
③ 막상골(tentorium)
④ 두 개(cranium)

해설
막상골은 곤충 두부의 내부에 있는 내골격으로 구기, 촉각 등을 움직이는 근육의 부착점이다.

37 파리의 날개는 몸의 어느 부위에 부착되어 있는가?
① 등판 ② 앞가슴
③ 가운데가슴 ④ 뒷가슴

해설
파리목의 날개는 가운데 가슴에 1쌍이 달려 있다.

38 복관을 갖고 있는 곤충은?
① 좀 ② 낫발이
③ 진딧물 ④ 톡톡이

해설
톡토기가 가지고 있는 복관은 수면 위에 부유시 몸을 지탱하고 수분조절과 호흡의 역할을 담당한다.

39 외부의 자극에 반응하여 곤충이 행동하는 유형이 아닌 것은?
① 주굴성 ② 주광성
③ 주화성 ④ 주수성

해설
외부의 자극에 반응하는 주성에는 주광성, 주화성, 주수성, 주류성, 주지성 등이 있다.

40 벼의 해충 중 흡즙에 의한 직접적인 피해 외에도 줄무늬잎마름병과 검은줄오갈병의 바이러스병을 매개하여 간접적인 피해를 주는 해충은?
① 이화명나방 ② 혹명나방
③ 벼멸구 ④ 애멸구

해설
· 애멸구는 벼를 직접 흡즙가해하나 큰 피해를 주지 않는다.
· 그러나 출수기에 이삭을 흡즙하여 임실율이 떨어지고 그을음병을 유발한다.
· 이러한 피해 이외에도 줄무늬잎마름병, 검은줄오갈병 등의 바이러스병을 매개한다.

정답 34 ① 35 ③ 36 ③ 37 ③ 38 ④ 39 ① 40 ④

3과목 농약학

41 살비제(살응애제)가 갖추어야 할 특성으로 틀린 것은?

① 성충 및 유충에 대한 효과뿐만 아니라 살란효과도 있어야 한다.
② 잔효기간이 어느 정도 길어야 하며 저항성 유발이 적어야 한다.
③ 약제의 침투성이 강하여 살포 후 작물체 전체로 이행되어야 한다.
④ 응애류에만 선택적으로 작용하고 천적 및 유용생물에는 안전하여야 한다.

해설 살비제는 응애류에 선택적으로 방제해야 하며 작물에 대한 약해가 없어야 하고 잔존력이 강해야 한다.

42 농약의 제형 중 수화제(WP)의 분말도를 측정할 때 적용하는 메시(Mesh)의 규격은?

① 200 메시   ② 250 메시
③ 325 메시   ④ 350 메시

해설 수화제는 325 mesh에서 98% 이상 통과해야 한다.

43 농약의 제제에 사용되는 계면활성제의 작용으로서 가장 거리가 먼 것은?

① 활착작용   ② 습윤작용
③ 분산작용   ④ 세정작용

해설 계면활성제는 물과 기름의 계면에서 표면장력을 감소시켜 약품의 습윤성, 부착성 및 고착성, 확전성을 높여주는 역할을 한다.

44 농약을 식별하기 위해 라벨의 바탕 색깔을 달리하는데 황색 라벨은 어떤 약제를 의미하는가?

① 제초제   ② 살균제
③ 살충제   ④ 생장조정제

해설 농약의 식별에서 제초제는 황색 라벨을 사용한다.

45 제초제의 살초작용인 이행형 제초제와 접촉형 제초제에 대한 설명으로 틀린 것은?

① 접촉형 제초제는 생세포에 직접 작용하여 그 부분을 파괴하여 살초효과를 나타낸다.
② 접촉형 제초제는 작용이 속효적으로 나타난다.
③ 이행형 제초제는 수분이나 양분과 함께 약제가 식물체 내로 들어간다.
④ 이행형 제초제는 식물체에 처리한 제초제가 뿌리로부터 위쪽으로만 이동한다.

해설 이행형 제초제는 경엽, 뿌리 등 접촉부위에서 식물체 내의 작용점으로 이행되어 효과를 발휘하는 제초제를 말하며 특정 한 방향으로만 이행되지 않고 여러방향의 작용점으로 이행된다.

46 과실의 숙기를 촉진시키는 데 사용되는 에틸렌계의 약제는?

① 에테폰(ethephon)
② 지베렐린(gibberellic acid)
③ 아이비에이(IBA)
④ 토마토톤(4-CPA)

해설 액상의 물질인 에테폰은 식물에 살포하면 분해되면서 에틸렌을 발생시킨다.

정답 41 ③ 42 ③ 43 ① 44 ① 45 ④ 46 ①

47 분제에 대한 설명으로 틀린 것은?
① 대부분 그대로 사용되는 제제이다.
② 유효성분 농도가 1~5% 정도이다.
③ 작물에 대한 고착성이 우수하다.
④ 잔효성이 유제에 비해 짧다.

해설
분제는 작물의 잔효성이나 고착성은 수화제나 유제에 비하여 낮은편이다.

48 살균제의 분류방법 중 살균기작에 의해 분류한 것은?
① 보호살균제, 직접살균제
② 호흡저해제, 생합성저해제
③ 구리제, 유기비소제
④ 경엽살포제, 토양소독제

해설
살균제의 작용기작에 의해 호흡저해, 단백질 합성저해, 세포막 형성 저해, 세포벽 형성 저해로 분류된다.

49 25% DDT 유제(비중 : 1.0) 100ml 를 0.05% 의 살포액으로 만드는데 소요되는 물의 양은 약 몇 L 인가?
① 5   ② 25
③ 50   ④ 100

해설
희석할 물의 양
$= 원액 용량 \times (\frac{원액 농도}{희석할 농도} - 1) \times 원액 비중$
$= 100\,ml \times (\frac{25}{0.05} - 1) \times 1 = 49,900\,ml$
$≒ 약 50L$

50 Carbamate 계 살충제가 아닌 것은?
① Carbaryl   ② BPMC
③ MIPC   ④ DDVP

해설
DDVP 는 유기인계 살충제이다.

51 다음 농약 중 어류에 대한 독성이 큰 것부터 옳게 나열된 것은?
① 분제 > 수화제 > 유제
② 유제 > 수화제 > 분제
③ 수화제 > 유제 > 분제
④ 분제 > 유제 > 수화제

해설
어류에 대한 독성은 제제형태로 유제, 수화제, 수용제, 분제의 순으로 유제가 독성이 가장강하며 분제가 독성이 비교적 약하다.

52 유기인제에 의한 농약 중독 시 해독제 특효약으로 주로 사용할 수 있는 것은?
① 발(BAL)
② 팜(PAM)
③ 이디티에이-칼슘(EDTA-Ca)
④ 비타민-칼륨(Vitamin-K)

해설
유기인계 살충제 중독 해독제로 황산아트로핀(atropine sulfate), 팜(PAM) 등이 있으며 팜(PAM)의 경우 황산아트로핀과 병용하여 사용하도록 권장하고 있다.

53 다음 중 제충국제의 살충유효성분이 아닌 것은?
① Pyrethrin I   ② Pyrethrin II
③ Cinerin I   ④ Rotenone

해설
로테논제(Rotenone)는 데라스의 뿌리에는 살충성분인 로테논이 함유되어 있다.

정답 47 ③ 48 ② 49 ③ 50 ④ 51 ② 52 ② 53 ④

54 보르도액의 사용상 주의사항으로 옳지 않은 것은?

① 만든 즉시로 살포하여야 하며 오래 두면 입자가 커져 약효가 떨어진다.
② 살포액이 완전 건조해서 막을 형성해야 하므로 비가 오기 직전이나 직후에 살포해서는 안된다.
③ 치료를 목적으로 사용하는 것이므로 발병 후 즉시 살포해야 한다.
④ 약해가 나기 쉬운 작물에 대해서는 8~10 두식의 묽은 보르도액을 살포해야 한다.

[해설]
보르도액은 발병 전에 사용하는 것이 좋다

55 피레트린(Pyrethrin) 성분을 함유하는 천연 살충용 식물은?

① 송지　　② 테리스
③ 제충국　④ 연초

[해설]
피레트린은 제충국의 꽃 씨방에서 추출한다.

56 현수성과 수화성을 이용한 약제는?

① 유제　　② 용액
③ 수화제　④ 수용제

[해설]
수화제는 물에 녹지 않는 주제를 벤토나이트 등의 점토과물과 계면활성제를 혼합 분쇄하여 제제한 것으로 현수성, 수화성, 고착성, 습진성 등이 좋아야 한다.

57 다음 중 침투성 살충제는?

① 카보퓨란 입제
② 다이아지논 유제
③ 페니트로티온 유제
④ 클로르피리포스 수화제

[해설]
카보퓨란은 카바메이트계 침투성 살충제이다.

58 우리나라에서 농약의 독성을 구분할 때 어디에 기준을 두고 분류하는가?

① 원제　　　② 제품
③ 희석된 제품　④ 농약잔류량

[해설]
농약은 제품별로 사람에게 해가 되는 정도에 따라 독성의 등급을 나눈다.

59 농약의 독성에 대한 설명 중 틀린 것은?

① 현재 등록된 농약은 대부분 저독성 농약이다.
② 고독성 농약은 취급제한 기준을 설정하여 별도로 관리한다.
③ 독성의 정도에 따라서 급성독성, 만성독성으로 구분한다.
④ 농약의 투여방법에 따라서 경구, 경피, 흡입독성으로 구분한다.

[해설]
독성의 강도에 따라 맹독성, 고독성, 보통독성, 저독성으로 분류한다.

정답　54 ③　55 ③　56 ③　57 ①　58 ②　59 ③

60 독성을 표시할 때 중앙 치사량 LD_{50} 이란?
① 실험동물에 약을 처리하였을 때 20%를 죽이는 농약의 분량
② 실험동물에 약을 처리하였을 때 30%를 죽이는 농약의 분량
③ 실험동물에 약을 처리하였을 때 40%를 죽이는 농약의 분량
④ 실험동물에 약을 처리하였을 때 50%를 죽이는 농약의 분량

> **해설**
> 동물의 반수인 50%정도가 치사하는 약품의 양을 반수치사량(LD_{50})이라 한다.

4과목 잡초방제학

61 비늘줄기인 인경으로 번식하는 광엽잡초는?
① 가래   ② 여뀌
③ 올방개   ④ 매자기

> **해설**
> 가래는 논이나 습지에서 자라는 다년생 잡초이며 번식은 종자와 비늘줄기인 인경으로 번식한다.

62 방제법의 종류와 그 예가 잘못 짝지어진 것은?
① 물리적 방제법 : 흑색 비닐멀칭을 실시한다.
② 재배적 방제법 : 작물 파종 전 경운을 실시한다.
③ 생물적 방제법 : 상호대립억제작용을 이용한다.
④ 예방적 방제법 : 농업용수의 유입구에 잡초 종자 거름망을 설치한다.

> **해설**
> 재배적 방세법은 해충의 생활환경을 개선하여 해충을 방제하는 방법으로 작물을 수확한 다음 포장을 경운하도록 한다.

63 페녹시계에 속하는 제초제가 아닌 것은?
① 이사-디 액제
② 엠시피에이 액제
③ 니코설퓨론 액상수화제
④ 할록시포프-아르-메틸 유제

> **해설**
> 페녹시계 제초제로 2,4-D, MCPP, MCPB, 할록시포프, 플루아지호프, 페녹사프로프 등이 있다.

64 밭에 주로 발생하는 잡초는?
① 마디꽃   ② 쇠털골
③ 명아주   ④ 사마귀풀

> **해설**
> 밭에서 주로 발생하는 밭잡초는 명아주, 쇠비름, 바랭이, 깨풀 등이 있다.

65 겨울작물(밀, 유채 등) 포장에서 발생이 많은 잡초는?
① 여뀌   ② 바랭이
③ 쇠비름   ④ 벼룩나물

> **해설**
> 겨울에 많이 발생하는 대표적인 겨울 잡초에는 둑새풀, 냉이, 개미자리, 벼룩나물, 점나도나물, 벼룩이자리, 별꽃, 속속이풀, 갈퀴덩굴 등이 있다.

66 설포닐우레아계 제초제의 작용기작은 무엇인가?
① 지방산 억제
② 호흡작용 억제
③ 세포분열 억제
④ ALS 효소 억제

> **해설**
> 설포닐우레아계 제초제의 작용기구는 acetolactate synthase(ALS) 관련 아미노산 생합성 저해이다.

정답 60 ④ 61 ① 62 ② 63 ③ 64 ③ 65 ④ 66 ④

67 잡초 종자가 공간적으로 산포하기 위한 특징으로 옳지 않은 것은?

① 산포에 유리한 형태적 특성
② 발아에 불리한 환경조건에서의 휴면성
③ 바람, 물 및 인축의 동태와 관련된 이동성
④ 동물이 섭취하여도 잘 소화되지 않은 특성

[해설]
• 공간적 산포를 위해서는 비산이 가능한 형태적 특성, 다른 환경적 조건에 의한 이동, 동물의 배설에 의한 이동 등이 있다.
• 휴면성은 공간적 산포와는 관련이 없으며 불리한 환경조건을 극복하기 위한 방법이다.

68 작물과 잡초의 경합에서 가장 큰 경합을 나타내는 무기원소는?

① 인 ② 칼륨
③ 칼슘 ④ 질소

[해설]
질소는 식물의 필수 다량원소로서 큰 경합을 나타낸다

69 논에 다년생 잡초가 증가하는 요인으로 가장 거리가 먼 것은?

① 추경의 감소
② 인력 제초의 감소
③ 만기 이앙의 증가
④ 1년생 제초제의 연용

[해설]
논에 다년생 잡초의 증가는 제초제의 연용, 작부체계의 변화 혹은 춘, 추경의 감소 등의 요인이 있다 이앙 재배 방법은 잡초의 발생을 줄일수 있다.

70 2년생 잡초에 대한 설명으로 옳지 않는 것은?

① 망초, 냉이, 방가지똥 등이 있다.
② 2년 동안에 생활환을 완전히 끝낸다.
③ 월동기간에 화아가 분화하며 주로 온대지역에서 볼 수 있는 잡초이다.
④ 주로 봄과 여름에 발생하여 같은 해 여름과 가을까지 결실하고 고사한다.

[해설]
종자가 발아하고 1년까지는 영양생장을 하나 다음 해부터는 개화하여 종자를 생산하는데 이러한 특징으로 2년생 잡초라고 한다.

71 주로 밭에 발생하는 다년생 잡초가 아닌 것은?

① 별꽃 ② 메꽃
③ 쇠뜨기 ④ 소리쟁이

[해설]
밭에서 발생하는 다년생 잡초로 쇠뜨기, 소리쟁이, 엉겅퀴, 메꽃 등이 있다.

72 작물과 잡초의 경합에 대한 설명으로 옳은 것은?

① 종내경합이라고 할 수 있다.
② C_3 잡초의 경우 작물보다 광합성효율이 더 뛰어나다.
③ 초관형성이 늦은 작물에서는 제초 요구 기간이 일찍 시작된다.
④ 경합기간은 기상조건이나 재배방식과 무관하게 거의 일정하다.

[해설]
초관형성이 늦은 작물은 잡초와의 경합에 불리하기에 제초 요구 기간이 상대적으로 일찍 시작되어야 한다.

정답 67 ② 68 ④ 69 ③ 70 ④ 71 ① 72 ③

73 다음 설명에 해당하는 용어는?

◎ 강피의 경우 등숙 후에 탈락되어 발아에 적합한 환경조건이 부여되어도 발아하지 않고 휴면상태에 놓인다.
◎ 이 휴면은 겨울 동안 저온에서 서서히 타파된다.

① 강제휴면 ② 자발휴면
③ 내적휴면 ④ 이차휴면

해설
성숙한 종자가 적합한 발아조건이 되어도 발아되지 않고 새로이 발생되는 휴면 상태를 2차 휴면이라 한다.

74 잡초로 인한 장점이 아닌 것은?

① 토양 침식 방지
② 토양에 유기물 제공
③ 농가 작업 비용 감소
④ 내성작물 육성을 위한 자원

해설
잡초로 제거를 위한 농가의 작업 비용이 증가하고 작물의 수량감소 등으로 피해가 늘어난다.

75 여름작물 포장에 발생하는 주요 잡초가 아닌 것은?

① 별꽃, 냉이
② 깨풀, 강아지풀
③ 바랭이, 개비름
④ 여뀌, 참방동사니

해설
별꽃, 냉이는 겨울잡초이다.

76 잡초 종자 중에서 발아에 필요한 산소 농도가 가장 낮은 것은?

① 강피   ② 별꽃
③ 향부자 ④ 갈퀴덩굴

해설
강피의 경우 논잡초로 상대적으로 요구되는 산소 농도가 낮다.

77 영양번식에 의하여 번식하지 않고 포자 형태로 주로 번식하는 잡초는?

① 올미   ② 가래
③ 생이가래 ④ 너도방동사니

해설
· 올미, 너도방동사니는 괴경으로 가래는 지하경으로 영양번식한다.
· 생이가래는 무성생식과 포자번식을 통해 빠른 속도로 번식하는 1년생 수생잡초이다.

78 잡초의 생물학적 방제용으로 도입되는 곤충이 구비하여야 할 조건으로 가장 거리가 먼 것은?

① 영구적으로 소멸되지 않는 것
② 대상 잡초에만 피해를 주는 것
③ 대상 잡초의 발생지역에 잘 적응할 것
④ 인공적으로 배양 또는 증식이 용이한 것

해설
곤충의 경우 생물로서 방제하고자 하는 잡초를 없애면 소멸하거나 줄어야 한다.

정답 73 ④ 74 ③ 75 ① 76 ① 77 ③ 78 ①

79 광발아 잡초들로만 나열된 것은?

① 바랭이, 쇠비름, 개비름
② 독말풀, 향부자, 별꽃
③ 별꽃, 왕바랭이, 소리쟁이
④ 바랭이, 냉이, 별꽃

해설
광발아 잡초에는 바랭이, 쇠비름, 향부자, 강피, 소리쟁이, 개비름 등이 있다.

80 토양염분이 많은 간척지 논에서 주로 발생하는 방동사니과 잡초는?

① 올미
② 매자기
③ 나도겨풀
④ 물달개비

해설
간척지의 경우 염분이 높은 편이라 갯드렁새, 새섬매자기, 매자기, 올방개, 물옥잠 등의 내염성잡초가 우점한다.

국가기술자격 필기시험문제

산업기사 CBT 9회 모의고사문제

자격종목	종목코드	시험시간	형별	수험번호	성명
식물보호산업기사		2시간			

※ 본문제는 수험생들의 기억을 바탕으로 작성 된 것으로 실제 문제와 차이가 있을 수 있습니다.

1과목 식물병리학

01 병원균이 땅속에서 월동하고 토양에서 병이 전반되는 것은?
① 콩 모잘록병
② 오이 흰가루병
③ 보리 겉깜부기병
④ 배나무 붉은별무늬병

[해설] 모잘록병은 토양 및 병든 식물에 월동하고 토양으로 전반된다.

02 세균에 의하여 발생하는 식물병의 주요 증상으로만 나열된 것은?
① 혹, 노란 가루
② 빗자루, 모자이크
③ 시들음, 가지마름
④ 갈색병반, 검은 돌기

[해설] 세균의 대표적인 종류로 벼 세균성줄무늬병, 벼 흰잎마름병, 맥류 검은마디병, 감자 둘레썩음병, 감자 더뎅이병 등이 있으며 주로 시들음, 가지마름 등의 증상이 나타난다.

03 벼 키다리병 방제에 가장 효과적인 방법은?
① 종자 소독
② 조식 재배
③ 약제 엽면 살포
④ 질소 비료 사용

[해설] 벼 키다리병의 방제법은 종자를 소독하고 건전한 종자를 선택한다.

04 소나무 잎떨림병 방제를 위한 약제 살포 시기로 가장 적합한 것은?
① 1월~2월
② 3월~5월
③ 6월~8월
④ 9월~11월

[해설] 소나무 잎떨림병은 전염피해가 시작되는 6월쯤부터 시작해 자낭반이 형성되는 7~8월까지 약제 살포를 실시한다.

05 균핵을 형성하지 않는 것은?
① 배추 균핵병
② 오이 흰가루병
③ 고추 흰비단병
④ 벼 잎집무늬마름병

[해설] 균핵은 균류의 영양체가 형성하는 구형 모양의 휴면체로 오이 흰가루병의 경우 균핵을 형성하지 않는다.

06 표징이 나타나는 병은?
① 포도 흰가루병
② 감자 빗자루병
③ 과꽃 누른오갈병
④ 감자 바이러스병

[해설] 포도 흰가루병은 잎 표면에 흰가루를 뿌린듯한 표징이 나타난다.

정답 01 ① 02 ③ 03 ① 04 ③ 05 ② 06 ①

07 토양 전염성 병이 해마다 많이 발생하는 이유로 가장 가능성이 높은 것은?
① 윤작 ② 연작
③ 사질토양 ④ 유기물 과다

> **해설**
> 토양 전염성 식물병은 연작을 할 경우 피해가 더 커진다.

08 바이러스에 전신감염된 식물의 잎에서 일반적으로 볼 수 있는 병징은?
① 혹 ② 무름
③ 썩음 ④ 모자이크

> **해설**
> 모자이크바이러스의 경우 잎에만 국부반점이 나타나는 국부병징이다.

09 곰팡이의 유성생식 결과 만들어지는 기관이 아닌 것은?
① 난포자 ② 후막포자
③ 자낭포자 ④ 접합포자

> **해설**
> 후막포자는 무성포자의 일종으로 산포의 기능은 없고 생식세포적 의미의 포자는 아니다. 유성생식의 결과물로 난포자, 자낭포자, 접합포자 등이 있다.

10 판별품종에 대한 설명으로 옳은 것은?
① 기주의 저항성을 결정할 때 쓰는 품종
② 기주의 유전성을 결정하는데 사용하는 품종
③ 병원균의 병원성 분화를 결정하는 데 사용하는 품종
④ 기주에 대한 환경의 영향을 결정할 때 쓰는 품종

> **해설**
> 레이스를 구별하는 기준품종을 판별품종이라 하며 최종적으로 병원성 분화를 통해 레이스를 판정한다.

11 그을음병이 식물에 미치는 영향으로 옳은 것은?
① 세포조직을 분해하여 연부를 일으킨다
② 통도조직을 막으므로 시들음병을 유발한다.
③ 기주 표면을 덮으므로 광합성에 지장을 준다.
④ 조직분화가 비정상적으로 유도되어 기형이 된다.

> **해설**
> 그을음병은 잎에 그을음과 같은 균총이 발생하여 광합성에 지장을 준다.

12 오이 노균병에 대한 설명으로 옳은 것은?
① 세균에 의해 발생한다.
② 주로 줄기에 발생한다.
③ 질소질 성분이 부족할 경우 잘 발생한다.
④ 시설재배보다 노지재배할 경우 피해가 더 크다.

> **해설**
> 진균에 의해 발생하는 오이 노균병은 질소질 성분이 부족한 장마철에 많이 발생한다.

13 무성포자에 해당하는 것은?
① 난포자 ② 분생포자
③ 자낭포자 ④ 담자포자

> **해설**
> 무성포자에는 분생포자, 후막포자 등이 있다.

정답 07 ② 08 ④ 09 ② 10 ③ 11 ③ 12 ③ 13 ②

14 식물병 진단에 이용하기 위하여 특정 병원체의 침입에 민감하게 반응하는 식물로서 주로 바이러스병 진단에 많이 사용되는 것은?

① 지표식물   ② 표적식물
③ 진단식물   ④ 실험식물

해설
식물의 감수성을 이용하는 것을 지표식물이라 한다.

15 물에 의해 전반되는 식물 병원체가 아닌 것은?

① 세균   ② 선충
③ 균류   ④ 바이러스

해설
바이러스는 매개충에 의해 전반된다.

16 식물병과 중간기주를 바르게 연결한 것은?

① 소나무 혹병 - 쑥부쟁이
② 잣나무 털녹병 - 송이풀
③ 포플러 잎녹병 - 향나무
④ 사과나무 붉은별무늬병 - 포플러류

해설
잣나무 털녹병의 중간기주는 송이풀, 까치밥나무가 있다.

17 일반적으로 세균이 침입할 수 없는 부위는?

① 기공   ② 각피
③ 수공   ④ 상처

해설
세균은 주로 기공, 수공, 상처부위를 통해 침입한다.

18 식물병 방제를 위하여 Millardet가 개발한 것으로 당시 유행한 포도 노균병을 방제하기 위해 구리가 가진 독성을 이용한 것으로 현재에도 많이 사용되는 살균제는?

① BT제   ② PCNB
③ 유황합제   ④ 보르도액

해설
1885년 Millardet에 의해 개발된 보르도액은 구리와 석회를 재료로 현재 많이 사용되고 있는 살균제 중 하나이다.

19 벼 이삭누룩병균은 분류학상 어느 균류에 속하는가?

① 난균   ② 담자균
③ 자낭균   ④ 불완전균

해설
벼 이삭누룩병균은 자낭균에 의해 발생한다.

20 병원균에 대한 기주 저항성 중 품종고유의 소수 주동유전자에 의해 발현되기 때문에 재배환경에 영향을 적게 받으나 레이스의 변이에 의하여 감수성으로 되기 쉬운 것은?

① 수평 저항성   ② 침입 저항성
③ 수직 저항성   ④ 감염 저항성

해설
수직저항성은 외부환경에 대해 안정적이나 새로운 레이스가 생길 경우 저항성이 약해지는 단점이 있다.

정답 14 ①   15 ④   16 ②   17 ②   18 ④   19 ③   20 ③

2과목 농림해충학

21 향나무하늘소(측백하늘소)의 월동태는?
① 알 ② 유충
③ 번데기 ④ 성충

해설
향나무하늘소는 1년에 1회 발생하며 성충으로 월동한다.

22 분류학적 위치로 온실가루이의 목(目)은?
① 총채벌레목 ② 날도래목
③ 노린재목 ④ 매미목

해설
온실가루이는 매미목에 속한다.

23 지구상에 곤충이 번창하게 된 원인이 아닌 것은?
① 날개가 있다.
② 몸의 크기가 작다.
③ 변태가 가능하여 불리한 환경에 잘 적응한다.
④ 온혈동물로 부적당한 환경에서 오래 견딜 수 있다.

해설
곤충은 변온성이라 체온을 유지하기 위한 에너지 소비가 적어 번창하게 되었다

24 모기가 벽에 앉을 때 언제나 머리쪽이 위로 향하는데, 이러한 성질은?
① 주광성 ② 주화성
③ 주촉성 ④ 주지성

해설
곤충이 앉아 머리 쪽이 위로 향하는 성질을 주지성이라 한다.

25 일본으로부터 천적을 수입하여 제주 감귤원의 해충방제에 성공한 사례로서 기록된 해충명은?
① 가루깍지벌레
② 이세리아깍지벌레
③ 루비깍지벌레
④ 화살깍지벌레

해설
루비깍지벌레는 일본으로부터 천적인 루비붉은강충좀벌을 도입하여 방제에 성공하였다

26 최근 도시의 버즘나무 잎이 부분적으로 퇴색되고 피해가 진전됨에 따라 조기에 갈색으로 마르는 피해를 입히는 해충은?
① 진딧물류 ② 깍지벌레류
③ 방패벌레류 ④ 흰불나방

해설
· 버즘나무 잎에 피해를 주는 버즘나무방패벌레는 잎에 군서생활을 하면서 잎을 흡즙한다.
· 피해를 입은 나무는 잎이 퇴색되고 황갈색으로 변색된다.

27 곤충이 오늘날과 같이 번성하게 된 원인으로 거리가 먼 것은?
① 몸의 크기가 작아 잘 피하고 숨을 수 있다.
② 외골격이 발달하여 몸을 보호한다.
③ 높은 번식력과 적응력으로 종이 증가하였다.
④ 내골격 구조가 잘 발달되어 근육이 부착할 수 있도록 되어 있다.

해설
곤충은 내골격 구조가 거의 발달하지 않았다.

정답 21 ④ 22 ④ 23 ④ 24 ④ 25 ③ 26 ③ 27 ④

28 수정낭에 대한 설명으로 옳은 것은?
① 수컷에서 만들어진 정자를 임시로 보관하는 곳
② 교미 후 수컷에서 받은 정자를 보관하는 곳
③ 수컷의 생식기관으로 정충을 만드는 곳
④ 교미 후 정자와의 수정이 일어나는 곳

해설
수정낭은 교미 후 수컷에서 받은 정자를 보관하는 곳으로 정자가 좀더 오래 살아남을 수 있다.

29 곤충의 혈구 중 부정형혈구, 편도혈구 및 판막혈구의 공통적인 기능은?
① 산소운반 ② 식균작용
③ 혈액응고 ④ 단백질운반

해설
곤충의 혈구에서 부정형혈구, 편도혈구, 판막혈구, 원시혈구 등은 식균작용을 한다.

30 소나무 재선충을 매개하는 해충은?
① 솔잎혹파리
② 솔수염하늘소
③ 미국흰불나방
④ 버즘나무방패벌레

해설
솔수염하늘소는 소나무재선충의 매개충으로 천공성 해충에 속한다.

31 페로몬에 대한 설명으로 옳은 것은?
① 체내의 생리조절 물질이다.
② 같은 종내 개체간의 통신물질이다.
③ 다른 종간의 통신물질이며 전달 방법이 생산자에게 유리하다.
④ 다른 종간의 통신물질이며 전달 방법이 수신자에게 유리하다.

해설
같은 종의 이성을 유인하는 성페로몬, 서식지에서 동족을 부르는 집합페로몬, 위험을 전파하는 경보페로몬, 길을 안내하기 위한 길잡이 페로몬, 동족의 과밀현상을 피하기 위한 분산페로몬 등 목적에 따라 다양한 페로몬이 있다.

32 곤충에서 수컷 생식계의 3대 구성요소로 가장 거리가 먼 것은?
① 정소   ② 수란관
③ 수정관 ④ 사정관

해설
수란관은 암컷의 생식기관이다.

33 벼해충 중 대표적인 비래해충은?
① 이화명나방 ② 벼멸구
③ 끝동매미충 ④ 번개매미충

해설
비래해충에는 멸강나방, 벼멸구, 혹명나방 등이 있다.

34 농생태계와 비교하여 산림생태계의 특성에 대한 설명으로 가장 거리가 먼 것은?
① 군집구조가 복잡하다.
② 안정된 생태계이다.
③ 생물 종의 구성이 단순하다.
④ 자연적인 생태계이다

해설
산림생태계는 생물 종의 구성이 다양하다.

정답 28 ② 29 ② 30 ② 31 ② 32 ② 33 ② 34 ③

35 아성충 단계가 있고, 유충은 기관아가미로 호흡하는 곤충류는?

① 모기 ② 파리
③ 총채벌레 ④ 하루살이

해설
- 아성충 단계는 하루살이목에서만 관찰되는 특이한 발생단계로 아성충단계에서 탈피를 해야 완전한 성충이 된다.
- 또한 하루살이는 배의 마디에 한쌍의 기관아가미를 가지고 이를 통해 호흡을 한다.

36 외시류 곤충의 겹눈을 구성하는 낱눈의 수의 변화에 대한 설명으로 옳은 것은?

① 약충 발육기간 중에만 증가한다.
② 변태기에만 증가한다.
③ 탈피기와 변태기에 모두 증가한다.
④ 아무런 수의 변화가 없다

해설
겹눈을 구성하는 낱눈은 곤충에 따라 차이가 나며 개미의 경우 수개, 잠자리의 경우 1만개~2만8천개 정도로 다양하다.

37 간모를 통해 단위생식을 하는 것은?

① 배추순나방 ② 점박이응애
③ 가루깍지벌레 ④ 복숭아혹진딧물

해설
간모가 단위생식으로 증식하는 해충으로 진딧물류가 있다.

38 곤충의 생리에 대한 설명으로 가장 거리가 먼 것은?

① 기관 호흡을 한다.
② 연속되는 탈피를 통해 몸을 키운다.
③ 완전변태류의 경우 번데기 과정을 거친다.
④ 혈액 속 헤모글로빈에 의해 산소를 공급받는다.

해설
곤충은 혈액을 통해 산소를 운반하지 않으며 호흡계를 통해 산소를 공급받는다.

39 다음 중 가해하는 기주가 가장 다양한 해충은?

① 벼멸구 ② 솔잎혹파리
③ 사과혹진딧물 ④ 미국흰불나방

해설
미국흰불나방은 주로 포플러, 벚나무 등에 피해를 주는데 활엽수 200 여종 정도로 피해 범위가 넓다

40 점박이응애에 대한 설명으로 옳지 않은 것은?

① 알은 투명하다.
② 기주범위가 넓다
③ 부화직후의 약충은 다리가 4쌍이다.
④ 여름형과 월동형 성충의 몸 색깔이 다르다

해설
점박이응애의 약충은 다리가 3쌍이다.

정답 35 ④ 36 ③ 37 ④ 38 ④ 39 ④ 40 ③

3과목   **농약학**

41 살균제의 주성분에 의한 분류에 해당되지 않는 것은?
① 유기수은제   ② 토양소독제
③ 유기주석제   ④ 무기황제

해설
토양소독제는 용도에 따른 분류에 속한다.

42 베노밀에 대한 설명으로 옳은 것은?
① 살균제이다.
② 황색의 액제이다.
③ 알칼리 약제와 혼용이 가능하다.
④ 휘발성이 있어 침투이행성이 낮다.

해설
베노밀은 흰가루병, 탄저병에 이용하는 침투성 살균제이다.

43 농약관리법상 농약의 독성정도에 따른 독성 구분이 아닌 것은?
① 급성독성   ② 저독성
③ 고독성   ④ 맹독성

해설
독성의 강도에 따라 맹독성, 고독성, 보통독성, 저독성으로 분류된다.

44 50% DDVP 유제 100mL 를 0.01%의 용액으로 하여 살포하려고 한다. 희석에 소요되는 물의 양은?(단, 50% DDVP 의 비중은 2.0 이다.)
① 500L   ② 1000L
③ 5000L   ④ 10000L

해설
희석할 물의 양
$= 원액\ 용량 \times \left(\dfrac{원액\ 농도}{희석할\ 농도} - 1\right) \times 원액\ 비중$
$= 100\,ml \times \left(\dfrac{50\%}{0.01\%} - 1\right) \times 2 = 999,800\,ml$
$= 999.8\,l$

45 다음 중 보조제의 구비조건으로 옳지 않은 것은?
① 작물에 피해가 없어야 한다.
② 주제를 변질시키지 않아야 한다.
③ 주제나 용제와 친화성이 있어야 한다.
④ 경수에는 사용할 수 없어야 한다.

해설
칼슘이온이 함유된 경수에서도 사용할수 있어야 한다.

46 분제의 제조방법에 대한 설명으로 옳지 않은 것은?
① 제품조성의 대부분을 증량제가 차지하고 있으므로 품질은 증량제의 이화학적 성질에 영향을 받는다.
② 물리성 개량제로서 PAP 가 사용되며 분해방지제로서 유기산 등이 사용된다.
③ 물리성으로 중요한 것은 분말도, 토분성 및 분산성이다.
④ 주성분이 액상인 경우 Bentonite 나 모래 등에 주제를 흡착시켜 제조한다.

해설
분제는 유효성분을 점토광물과 보조제를 혼합하여 만든 미분말이다.

정답 41 ②   42 ①   43 ①   44 ②   45 ④   46 ④

47 토양소독용 전문약제로서 연작장해를 막아주며 건전한 토양을 만들어주는 효과가 있는 살충 살균제는?
① 디클로르보스 ② 펜토에이트
③ 피메트로진   ④ 메탐소듐

해설
· 메탐소듐은 뿌리혹선충, 뿌리썩음병과 같은 식물병에 효과적인 토양소독제이다.
· 산소와 결합하여 생물의 세포에서 산소를 이용하지 못하게 방해하여 병원균, 곤충 등을 방제하는 것이다.

48 토양 중의 방사선균인 *Streptomyces avermitilis* 의 배양액에서 분리한 항생제계 살충, 살비제는?
① Abamectin   ② Bensultap
③ Methomyl   ④ Cartap

해설
아바멕틴(Abamectin)은 토양방사선균인 *Streptomyces avermitilis*에서 분리된 항생제계 살충제로 응애, 진딧물 등에 효과가 있다.

49 유제가 갖추어야 할 구비조건으로 가장 거리가 먼 것은?
① 물로 희석하였을 때 유효성분이 석출하지 않고 유탁액을 만드는 유화성
② 유효성분이 보존 중 또는 사용 중에 분해되지 않는 안전성
③ 살포 후 작물이나 해충의 표면에 고르게 퍼지고 부착하는 확전성
④ 물을 가하여 조제한 현탁액에 있어서 입자가 균일하게 분산 부유하는 분산성

해설
· 유제는 유기용매를 녹여 유화제를 첨가한 용액으로 유효성분의 안전성과 유화성이 주요 관리 항목이다.
· 그리고 많은 양의 물에 희석하여 분무기를 이용해 살포하기에 확전성도 있어야 한다.

50 식품계수란?
① FAO 가 발표하는 식품에 허용하는 기준치이다.
② 동물실험으로 얻어진 농약의 무작용량에 100을 곱한 값이다.
③ 사람이 하루에 섭취하여도 영향이 없는 농약 잔류량이다.
④ 어떤 농약이 잔류할 우려가 있는 식품군의 전 식사량 중에서 차지하는 평균적 비율을 말한다.

해설
식품계수는 농약의 잔류허용량을 구하기 위한 요소로 섭취량에서 농약 잔류의 가능성이 있는 식품군의 비율을 의미한다.

51 농약제조용 용제의 특성에 대한 설명 중 틀린 것은?
① 실제로 사용되는 용제는 불연성이어서 안전하다.
② 용제의 종류에서 인축에 유해한 활성을 보이는 것은 농약제조용으로 사용되기 어렵다.
③ 용제가 농약의 유효성분을 화학적으로 분해시켜서는 안된다.
④ 소량의 용매로 가능한 많은 양의 농약 원제 또는 다른 보조제를 녹일 수 있어야 한다.

해설
농약제조용 용제의 특성상 불연성이어야 안전하기보다 유효성분을 녹이고 용해도가 커야하며 약해가 없는 것이 안전하다.

정답 47 ④ 48 ① 49 ④ 50 ④ 51 ①

52 입제 제제 시 증량제로 사용되지 않는 것은?
① 벤토나이트 ② 탈크
③ 카올린 ④ 라그닌술폰산염

해설
증량제의 종류로 규조토, 고령토, 탈크, 벤토나이트, 카올린 등이 있다.

53 화본과 및 광엽잡초의 경엽과 뿌리를 통하여 동시에 흡수 이행되어 살초작용을 나타내는 이미다졸리논계 제초제는?
① 이마조설퓨론수화제
② 이마자퀸액제
③ 세톡시딤유제
④ 벤타존액제

해설
이마자퀸액제는 잡초생육초기의 화본과 및 광엽잡초의 경엽에 살포하며 잡초에 흡수 이행되어 살초작용을 하는 이미다졸리논계 제초제이다.

54 살충제의 살충 작용점의 기작이 아닌 것은?
① 균체성분 생합성 저해
② 에너지생성 저해
③ 신경기능 저해
④ 키틴 생합성 저해

해설
살충제의 작용기작으로 신경기능의 저해, 에너지 대사의 저해, 키틴 생합성 저해, 호르몬 균형 교란, 미생물 살충제 등이 있다.

55 다음 중에서 천연 성분의 살충제가 아닌 것은?
① 피레트린(Pyrethrin)
② 파라티온(Parathion)
③ 니코틴(Nicotine)
④ 로테논(Rotenone)

해설
천연 살충제로 피네트린, 로테논제, 니코틴제가 있다.

56 보르도액의 주성분에 해당하는 것은?
① 벤젠(C_6H_6)
② 다황산칼슘(CaS_5)
③ 황산구리($CuSO_4 \cdot 5H_2O$)
④ 페닐초산수은($Hg \cdot OOC \cdot CH_3$)

해설
보르도액은 황산구리와 생석회를 주성분으로 한다.

57 다음 중 농약의 화학적 변화라고 보기 어려운 것은?
① DDVP 유제가 수산화이온(OH)에 의해 유기산과 페놀류 등으로 분해된다.
② 만코제브 수화제가 대기 중에서 분해된다.
③ 토양 중의 금속이 농약과 반응하여 농약을 분해한다.
④ 미생물에 의한 농약의 분해는 환경오염을 방지한다.

해설
미생물에 의한 농약의 분해는 미생물이 유기농약의 탄소가 있어 미생물에 의해 분해되는 것으로 화학적 반응이나 변화로 보기는 어렵다

정답 52 ④ 53 ② 54 ① 55 ② 56 ③ 57 ④

58 논에 물을 대면서 물꼬에서 약제를 처리하도록 개발된 제형은?

① 수면전개제 ② 입상수화제
③ 미탁제   ④ 액상수화제

해설
수면전개제는 논위에 약제를 살포할 때 빠르게 퍼지도록 개발된 약제로 논에 물을 대면서 처리하는 것이 효과적이다.

59 유기인계 농약의 특징에 대한 설명으로 가장 거리가 먼 것은?

① 잔류성이 길다.
② 알칼리에 분해되기 쉽다.
③ 인축에 대한 독성이 강한 약제가 많다.
④ 살충력이 강하고 적용해충 범위가 넓다.

해설
유기인계 농약은 독성은 강하지만 분해가 빠른 편이라 잔류성은 상대적으로 짧다

60 수화제, 수용제 등의 살포액에 기포제를 가하여 전용노즐로 공기와 교반하여 가는 거품의 집합체로 살포하는 방법은?

① 분무법   ② 미스트법
③ 스피링클러법 ④ 폼스프레이법

해설
폼스프레이는 살포액에 기포제를 가하여 전용 노즐로 공기와 교반하는 거품의 집합체로 살포하는 기기이다.

4과목 잡초방제학

61 농경지에 발생하는 잡초군락의 구성변화에 관여하는 가장 중요한 요인은?

① 제초제 사용
② 경운정지의 변화
③ 재배법 등 경지 이용형태의 변화
④ 토지기반정비에 의한 입지조건의 변화

해설
잡초군락의 천이는 재배작물 변화, 작부체계 변화, 경종조건 변화, 제초방법 변화 등이 있으며 동일 제초제의 연속 사용의 경우 저항성 잡초들의 발생으로 천이에 가장 큰 영향을 준다.

62 물옥잠과 잡초에 해당하는 것은?

① 물피   ② 물수세미
③ 물고랭이   ④ 물달개비

해설
물달개비는 물옥잠과 한해살이로 논이나 못의 물가에서 잘 자란다.

63 잡초의 밀도가 증가하면 작물의 수량이 점차 감소되지만 어느 수준 밀도 이하에서는 잡초가 존재하더라도 작물의 수량에 크게 영향을 미치지 않는 잡초 밀도는?

① 상호억제 대립밀도
② 작물생육 한계밀도
③ 잡초생육 한계밀도
④ 잡초허용 한계밀도

해설
· 잡초허용한계밀도는 잡초의 밀도가 증가하면 양분의 손실 등으로 작물의 수량이 감소하는 밀도이다.
· 허용한계밀도 이하로 잡초가 존재할 경우에는 작물의 수량에 영향을 미치지 않게 된다.

정답 58 ① 59 ① 60 ④ 61 ① 62 ④ 63 ④

64 다년생 잡초가 아닌 것은?
① 쑥   ② 피
③ 가래   ④ 향부자

해설
피는 1년생 잡초이다.

65 벼의 유효분얼이 끝날 때부터 유수형성기 이전까지 살포하는 제초제는?
① 이사-디 액제
② 티오벤카브 유제
③ 뷰타클로르 유제
④ 사이할로프로뷰틸·프로파닐 유제

해설
2,4-D 제초제는 벼와 같은 화곡류의 경우 유효분얼 종지기 ~ 유수형성기 사이에 처리하는 것이 좋다

66 채소밭의 잡초방제에 대한 설명으로 옳은 것은?
① 비닐 터널 재배는 고온 다습하므로 잡초 발생이 경감된다.
② 노지재배의 경우는 생육 후기에 중점적으로 잡초 방제를 실시한다.
③ 시설원예의 경우에는 소수의 잡초가 대형화 될 수 있으므로 제초에 특히 힘쓴다.
④ 흑색의 불투명한 필름으로 멀칭할 경우 백색의 투명한 필름보다 잡초 발생이 많아진다.

해설
시설원예는 잡초가 자랄수 있는 최적의 조건이 되어 대형화의 가능성이 있기에 제초에 신경써야 한다.

67 제초제의 선택성과 관련이 적은 것은?
① 선별 대사   ② 선별 흡수
③ 선별 이행   ④ 선별 광합성

해설
제초제의 경우 식물의 크기, 외형, 표면상태, 생장점위치 등을 고려하며 광합성과는 관련이 적다.

68 제초제의 용탈이 가장 심한 토양은?
① 사토   ② 양토
③ 식토   ④ 사양토

해설
사토는 함수율이 낮고 공극이 많아 배수성이 커서 제초제의 용탈이 가장 심하다.

69 벼 재배양식 중에서 잡초 발생이 가장 많은 것은?
① 건답직파   ② 담수직파
③ 성묘 손이앙 ④ 어린모 기계이앙

해설
· 이앙보다는 직파에서 경합력이 낮아 잡초 발생량이 많다.
· 또한 담수직파의 경우 특정 잡초만 발생하지만 건답직파의 경우 발생하는 잡초의 종류 및 수량이 많다.

70 잡초로 인한 피해 양상이 아닌 것은?
① 작물의 수량 감소
② 농작물의 품질 저하
③ 토양의 유실 가속화
④ 병해충의 서식지 역할

해설
잡초는 토양의 유실을 막아준다.

정답 64 ② 65 ① 66 ③ 67 ④ 68 ① 69 ① 70 ③

71 잡초 종자의 모양이 올바르게 연결된 것은?
① 포크 모양 : 바랭이, 어저귀
② 낙하산 역할의 솜털 : 민들레, 망초
③ 비늘 모양의 가시 : 도깨비바늘, 명아주
④ 낚시 바늘 모양의 돌기 : 도꼬마리, 달개비

해설
낙하산 모양의 비산형 종자로 민들레, 망초, 박주가리가 있다.

72 페녹시계 제초제가 아닌 것은?
① 이사-디 액제
② 벤타존 액제
③ 엠시피에이 액제
④ 메코프로프-피 액제

해설
벤타존은 벤조치아디아지논계 제초제이다.

73 주로 논에 발생하는 잡초로만 올바르게 나열한 것은?
① 강피, 벗풀
② 깨풀, 쇠털골
③ 마디꽃, 바랭이
④ 괭이밥, 알방동사니

해설
논에서 발생하는 잡초에는 너도방동사니, 올미, 가래, 나도겨풀, 매자기, 올챙이고랭이, 개구리밥, 미나리, 벗풀, 강피 등이 있다.

74 작물 경합 특성을 이용한 잡초방제법이 아닌 것은?
① 이앙 재배   ② 연작 재배
③ 피복식물 재배 ④ 답전 전환 재배

해설
경합특성을 이용한 잡초방제법으로 작부체계(답전윤환재배), 재식밀도, 이식 및 이앙, 경합력이 큰 식물의 선택(피복식물) 등의 방법이 있다.

75 제초제의 선택성에 대한 설명으로 옳지 않은 것은?
① 잎이 좁거나 적을수록 살포한 제초제의 접촉이 적게 된다.
② 생장점의 노출 여부에 따라 제초제 선택성이 달라지지 않는다.
③ 잎에 털이 많을수록 수용성 제초제의 습윤 및 전착이 크게 떨어진다.
④ 잎의 표면조직, 잎이 줄기에 붙어 있는 각도 등에 따라 선택성이 달라진다.

해설
제초제의 경우 식물의 크기, 외형, 표면상태, 생장점위치 등을 고려하여 선택하게 되며 생장점의 노출 여부에 따라 제초제 선택성이 달라진다.

76 일반적으로 잡초에 의한 피해를 줄이기 위하여 철저히 방제를 하여야 할 작물의 생육시기는?
① 생육 초기   ② 생육 중기
③ 생육 말기   ④ 생육 모든 기간

해설
잡초가 발아하기 전 혹은 생육 초기에 미리 방제하여야 차후 작물과의 경합력이 약해져 피해를 줄일 수 있다.

77 다음 중 외래잡초로 가장 옳은 것은?
① 단풍잎돼지풀 ② 바랭이
③ 여뀌   ④ 명아주

해설
외래 잡초에는 미국가막사리, 미국개기장, 가는털비름, 단풍잎돼지풀, 소리쟁이, 도꼬마리, 서양민들레, 개망초, 애기달맞이꽃 등이 있다.

정답 71 ② 72 ② 73 ① 74 ② 75 ② 76 ① 77 ①

78 잡초의 생장형에 따른 잡초의 분류로 가장 적절하지 않은 것은?

① 포복형 - 메꽃, 나도겨풀
② 직립형 - 가막사리, 사마귀풀
③ 총생형 - 억새, 둑새풀
④ 로제트형 - 민들레, 질경이

해설
사마귀풀은 포복형이다.

79 다음 중 제초제와 토양과의 관계에서 흡착력에 가장 크게 관여하지 않는 요인은?

① 점토광물의 종류
② 양이온 치환 용량
③ 토양유기물 함량
④ 토양의 수소이온 농도

해설
· 토양의 흡착력은 점토광물, 양이온 치환용량, 유기물의 함량 등에 영향을 받는다.
· 예를 들어 부식콜로이드는 양분의 흡착력이 강한 편이다.

80 제초제의 효과적이며 안전사용을 위하여 유의하여야 할 사항으로 가장 옳은 것은?

① 적량보다 적게 사용하는 것이 효과적이다.
② 적량보다 많이 사용하는 것이 효과적이며 안전하다.
③ 적기를 놓쳤을 때에는 적량보다 많은 양을 사용해야 한다.
④ 알맞는 제초제를 선택하여 적기에 적량을 살포해야 한다.

해설
제초제는 적량을 사용하는 것이 효과적이고 안전하다.

정답 78 ② 79 ④ 80 ④

국가기술자격 필기시험문제

산업기사 CBT 10회 모의고사문제				수험번호	성명
자격종목 식물보호산업기사	종목코드	시험시간 2시간	형별		

※ 본문제는 수험생들의 기억을 바탕으로 작성 된 것으로 실제 문제와 차이가 있을 수 있습니다.

1과목   **식물병리학**

01 대추나무 재배에서 가장 큰 문제가 되는 병해이며 항생제의 수간주입에 의하여 방제가 가능한 것은?
① 역병　② 노균병
③ 탄저병　④ 빗자루병

해설
대추나무 빗자루병은 파이토플라스마에 의해 발생하며 옥시테트라사이크린계의 수간주입을 통해 방제 가능하다.

02 매개충으로 인하여 전염되는 병은?
① 벼 오갈병
② 보리 흰가루병
③ 사과나무 부란병
④ 배나무 붉은별무늬병

해설
벼 오갈병은 끝동매미충, 번개매미충 등에 의해 전반된다.

03 저항성이었던 품종이 같은 병원균에 의하여 이병화되는 주요 원인으로 옳은 것은?
① 지구 온난화
② 품종 자체의 퇴화
③ 농약 살포의 소홀
④ 병원균의 새로운 변이주 출현

해설
저항성을 가진 품종이 이병화 현상이 발생하는 것은 병원균이 새로운 변이주가 나타나면서 저항성이 발휘되지 않게 된다.

04 병원균의 중간기주를 제거함으로써 방제할 수 있는 병은?
① 고추 역병　② 오이 노균병
③ 밀 줄기녹병　④ 보리 깜부기병

해설
맥류 줄기녹병의 중간기주인 매자나무를 제거하면 방제할 수 있다.

05 수목병의 표징이 아닌 것은?
① 소나무 피목에 농황색의 돌기 형성
② 오동나무에 다수 발생한 작은 가지
③ 잣나무 줄기에 나타난 황색의 주머니
④ 일본잎갈나무 부후목 뿌리 부위에 발생한 버섯

해설
・오동나무에 작은 가지가 다수 발생하여 총생하는 것은 오동나무 빗자루병으로 이는 마이코플라스마에 의해 발생한다.
・바이러스와 마이코플라스마에 의한 수목병은 병징만 관찰되며 표징은 나타나지 않는다.

정답 01 ④　02 ①　03 ④　04 ③　05 ②

06 오이 덩굴쪼김병에 대한 설명으로 옳은 것은?
① 산성 토양에서는 잘 발생하지 않는다.
② 주로 18℃ 이하의 온도에서 잘 발생한다.
③ 종자 전염보다는 주로 매개충에 의해 전염된다.
④ 토마토 시들음병균과 동일한 세균 속에 해당된다.

해설
오이 덩굴쪼김병과 토마토 시들음병균은 진균에 의해 발생한다.

07 다음 설명에 해당하는 감귤의 병은?

◎ 감귤에 발생하여 큰 피해를 주는 세균병이다.
◎ 과일, 잎, 잔가지 등에 나타나며 잎에서는 초기가 약간 돌출된 작은 원형 병반이 되고 그 병반 주위가 수침상이 되며 후기에는 확대되면서 불규칙한 모양으로 되고 심하게 발생될 경우 조기낙엽의 원인이 되기도 한다.

① 궤양병 ② 탄저병
③ 갈색썩음병 ④ 소립검은점무늬병

해설
· 궤양병은 감귤이나 토마토 등에 피해를 많이 주며 세균에 의해 발생한다.
· 잎, 가지, 열매에 발생하여 반점형태가 나타나고 심할 경우 잎이 뒤틀려 낙엽된다.

08 식물체의 병 발생에 관여하는 3가지 요소에 해당하지 않는 것은?
① 환경 ② 병원균
③ 기주식물 ④ 경제적 피해

해설
식물병 발생에 관여하는 3요소로 병원체, 환경, 기주식물이 있다.

09 흰가루병이 잘 발생하지 않는 기주식물은?
① 오이 ② 감자
③ 장미 ④ 사과나무

해설
흰가루병은 오이, 호박, 참외, 팥, 맥류, 사과나무 등의 잎과 줄기에 주로 발생한다.

10 배추 무사마귀병이 발생한 밭에 석회를 사용하여 토양의 pH를 높일 경우 예상되는 결과는?
① 줄어든다.
② 많아진다.
③ 변함이 없다
④ 줄어들었다가 많아진다.

해설
토양의 PH를 높이면 알칼리성에 가까워져 배추 무사마귀병의 발생이 줄어든다.

11 식물 바이러스의 특징이 아닌 것은?
① 핵단백질 거대분자이다.
② 살아있는 세포 내에서만 증식한다.
③ 광학현미경을 통해서만 볼 수 있다.
④ 막대형, 구형, 간상형 등 여러 가지 모양이 있다.

해설
식물 바이러스는 광학현미경으로 관찰이 불가능하다.

12 모래땅이나 유기질이 적은 논에서 발생하기 쉬운 병은?
① 벼 도열병 ② 벼 키다리병
③ 벼 흰잎마름병 ④ 벼 깨씨무늬병

해설
벼 깨씨무늬병은 양분이 부족한 산성토양에서 잘 발생한다.

정답 06 ④ 07 ① 08 ④ 09 ② 10 ① 11 ③ 12 ④

13 파종기를 늦추어 감수성 품종의 병 발생을 막았다면 이것은 무엇을 이용한 방제방법인가?

① 내성 ② 회피
③ 면역성 ④ 저항성

해설
저항성이 없이 파종기를 늦추어 병 발생을 막은 것을 병 회피 현상이라 한다.

14 기주범위가 좁고 기주가 없으면 오래 생존하지 못하고 쉽게 사멸하는 병원균의 방제방법으로 효과적인 것은?

① 윤작 ② 접목
③ 멀칭 ④ 연작

해설
윤작은 기주범위가 좁고 이동성이 적으며 생존기간이 짧은 해충에 효과적인 방제 방법이다.

15 균류에 속하는 식물병균 중 순활물기생균이 아닌 것은?

① 녹병균 ② 노균병균
③ 흰가루병균 ④ 잿빛곰팡이병

해설
잿빛곰팡이병은 임의기생체이다.

16 파이토알렉신(phytoalexin)에 대한 설명으로 옳은 것은?

① 병원균이 분비한다.
② 병원체의 발육을 촉진하는 물질이다.
③ 기주와 균의 상호작용에 의하여 생긴다.
④ 생산된 파이토알렉신의 종류는 식물의 종과는 관계없이 균의 종류에 따라 결정된다.

해설
파이토알렉신은 기주와 병원균의 상호 작용에 의하여 기주가 생성된다.

17 세균성 식물병의 진단방법에 해당하지 않는 것은?

① 유출검사의 의한 진단
② 즙액접종에 의한 진단
③ 괴경지표법에 의한 진단
④ 파지에 의한 진단

해설
괴경지표법은 바이러스의 진단방법이다.

18 배추 무사마귀병에 대한 설명으로 옳지 않은 것은?

① 한낮에는 시들음 증상을 보인다.
② 뿌리의 세포가 비정상적으로 커진다.
③ 토양이 산성인 경우 잘 발생하지 않는다.
④ 우리나라에서는 주로 배추, 양배추, 무, 갓 등에 많이 발생한다.

해설
배추 무사마귀병은 알칼리성 토양에서 거의 발생하지 않는다.

19 TMV 에 의해 발병하며 주로 토양에 의하여 전염되는 병은?

① 고추 모자이크병
② 마늘 모자이크병
③ 배추 모자이크병
④ 오이 모자이크병

해설
TMV(담배모자이크바이러스)에 의해 발병하는 것으로 고추 모자이크병이 있으며 토양으로 전염되기에 방제를 위해 줄기나 뿌리를 제거하기도 한다.

정답 13 ② 14 ① 15 ④ 16 ③ 17 ③ 18 ③ 19 ①

20 벼 잎집무늬마름병에 대한 설명으로 옳지 않은 것은?

① 고온, 다습한 환경에서 잘 발병한다.
② 밀식하여 재배할 경우 잘 발병한다.
③ 칼륨 비료 시비량을 줄여 방제할 수 있다.
④ 병원균은 논이나 토양에서 월동하며 봄철에 벼 잎집에 부착된 균사가 벼를 침해한다.

해설
벼 잎집무늬마름병은 비료 중에서 질소질 비료의 시비량을 줄여야 방제할 수 있다.

2과목 농림해충학

21 나비목 유충이 견사를 분비하는 곳은?

① 전위 ② 침샘
③ 맹장 ④ 말피기씨관

해설
나비나 벌 등의 유충은 침샘에서 견사를 분비한다.

22 다음 수목 해충 중 유충상태로 지피물 밑이나 수피 틈 또는 가지 위에서 월동하는 것은?

① 매미나방(집시나방)
② 미국흰불나방
③ 솔나방
④ 소나무좀

해설
솔나방은 5령충이 지피물 아래나 나무껍질 사이에 월동하고 8령충이 번데기가 되어 이후 나방이 된다.

23 다음 설명에 해당하는 목(目)은?

◎ 뒷날개는 퇴화되어 주걱모양의 평균기를 이루고 막질인 1쌍의 날개를 가지며 입은 빠는 형이다.
◎ 가슴은 유착되어 움직이지 못하고 유충은 다리가 없는 구더기 모양으로 머리가 매우 퇴화되어 있다.

① 벼룩목 ② 나비목
③ 파리목 ④ 매미목

해설
파리목은 1쌍의 날개를 가지고 뒷날개는 작은 곤봉 모양으로 퇴화되어 있는 것이 특징이다.

24 저장 중의 식품이나 곡식에 발생하여 피해를 주는 해충이 아닌 것은?

① 화랑곡나방 ② 다색알락명나방
③ 쌀바구미   ④ 콩가루벌레

해설
콩가루벌레는 과실에 피해를 준다.

25 주요 가로수인 버즘나무에 피해를 끼치는 주요 해충으로만 묶인 것은?

① 털두꺼비하늘소, 오리나무잎벌레
② 미국흰불나방, 알락하늘소
③ 알락하늘소, 털두꺼비하늘소
④ 미국흰불나방, 버즘나무방패벌레

해설
미국흰불나방은 포플러, 버즘나무, 벚나무 등의 활엽수종을 가해하고 버즘나무 방패벌레는 성충과 약충이 버즘나무에 피해를 준다.

26 국내에서 벼물바구미의 연 발생횟수는?
① 1년에 1회 발생
② 1년에 3회 발생
③ 1년에 4회 발생
④ 2년에 1회 발생

해설
벼물바구미는 1년에 1회 발생하고 성충으로 월동한다.

27 흡수성(흡즙성) 해충은?
① 포플러하늘소
② 미국흰불나방
③ 오리나무잎벌레
④ 주머니깍지벌레

해설
흡즙성 해충에는 깍지벌레, 노린재류, 버즘나무방패벌레, 선녀벌레, 응애류, 진딧물류 등이 있다.

28 밤나무의 종실을 가해하는 해충은?
① 밤나무재주나방
② 밤나무혹벌
③ 복숭아명나방
④ 매미나방

해설
복숭아명나방은 밤나무, 복숭아나무, 감나무 등의 종실에 피해를 준다.

29 주로 벼를 가해하는 해충으로 옳지 않은 것은?
① 혹명나방   ② 이화명나방
③ 끝동매미충 ④ 거세미나방

해설
거세미나방은 주로 무, 배추, 당근 등의 작물을 가해하며 작물의 지제부를 가해한다.

30 다음 설명에 해당하는 해충은?

> 시설채소에서 많이 발생하는 해충으로 성충의 체장은 1.4mm 정도로서 작은 파리모양이고, 몸색은 옅은 황색이지만 몸 표면이 흰 왁스가루로 덮혀 있어 흰색을 띤다.

① 파밤나방   ② 거세미나방
③ 온실가루이 ④ 점박이응애

해설
· 온실가루이의 성충 몸길이는 1.4mm 정도이고 수컷은 암컷보다 작은편이다.
· 색은 옅은 황색이나 몸 표면에 흰 가루로 덮여 있고 알은 자루에 포탄모양이다.
· 1년에 약 10회 이상 발생하고 성충은 어린 잎에 알을 낳으며 약 200개 정도 산란한다.

31 일부지역에만 한정되어 분포하는 종을 일컫는 용어는?
① 멸종위기종 ② 범존종
③ 고유종   ④ 외래종

해설
특정지역에만 분포하는 생물의 종을 고유종이라 한다.

32 다음 중 사과나무 재배 시 경제적으로 가장 큰 피해를 주는 해충은?
① 사과굴나방
② 사과무늬잎말이나방
③ 복숭아심식나방
④ 조팝나무진딧물

해설
복숭아심식나방은 사과나무의 과실 속 조직까지 갉아 먹어 경제적으로 가장 큰 피해를 주는 해충으로 평가받고 있다.

정답 26 ① 27 ④ 28 ③ 29 ④ 30 ③ 31 ③ 32 ③

33 메뚜기의 경우 앞날개가 뒷날개를 보호하고 비행 시 펼치기만 할 뿐 비행에 활용하지 않는다. 이런 날개를 무엇이라 하는가?
① 굳은 날개　② 인편
③ 두텁날개　④ 평균곤

해설
- 메뚜기는 앞날개가 뒷날개보다 두꺼워 두텁날개라 한다.
- 날개가 퇴화하여 비행에 활용하지 못한다.

34 ( ) 에 가장 알맞은 내용은?

◎ 솔잎혹파리는 우리나라 소나무림에 가장 큰 피해를 준 해충이다.
◎ 이 해충은 (A)으로 지피물 밑에서 월동하고 신란최성기는 보통 (B) 이다.
◎ 이 해충은 (C)이 솔잎 기부에 벌레혹(충영)을 만든다.

① A : 유충 , B : 6월 상순~중순 , C : 유충
② A : 용(번데기), B : 5월 , C : 성충
③ A : 유충 , B : 7월 하순 , C : 성충
④ A : 용(번데기), B : 8월 상순~중순 , C : 유충

해설
- 솔잎혹파리는 주로 소나무, 해송 등에 피해를 주며 유충으로 지피물 아래 혹은 땅속에서 월동한다.
- 5~7월에 우화하며 최성기는 보통 6월 상순~중순쯤이다.
- 이 해충은 유충이 솔잎 기부에 벌레혹을 만들어 흡즙 가해한다.

35 천공성 해충으로서 피해구멍에 배설물을 실로 철하여 덮어 놓으므로 혹같이 보이는 해충은?
① 혹명나방　② 솔나방
③ 독나방　④ 박쥐나방

해설
박쥐나방은 천공성 해충으로 알로 월동하고 부화한 유충이 줄기 속을 가해하다가 갱도 안을 이동하면서 피해를 주는데 배설한 배설물을 구멍 입구에 붙여 놓아 혹같이 보이게 된다.

36 곤충의 배설계에 대한 설명으로 옳지 않은 것은?
① 말피기관의 끝은 막혀 있다.
② 지상곤충은 주로 질소대사산물을 암모니아 형태로 배설한다.
③ 말피기관은 중장과 후장의 접속부분에서 후장에 연결되어 있다.
④ 말피기관 밑부와 직장은 물과 무기이온을 재흡수하여 조직 내의 삼투압을 조절한다.

해설
지상곤충은 질소대사산물을 요산의 형태로 배설한다.

37 마늘에 피해를 주는 고자리파리의 방제방법으로 가장 효과가 적은 것은?
① 천적인 고자리혹벌을 이용한다.
② 미숙 유기질 비료를 많이 시용한다.
③ 파종 또는 이식 전에 토양살충제를 살포한다.
④ 연작지에서 발생과 피해가 심하므로 윤작을 실시한다.

해설
미숙 유기질 비료 사용시 고자리파리의 발생량이 증가된다.

정답 33 ③　34 ①　35 ④　36 ②　37 ②

38 곤충의 전형적인 더듬이의 주요부분 중 존스턴기관을 가지고 있는 것은?
① 자루마디 ② 팔굽마디
③ 채찍마디 ④ 관절점

해설
팔굽마디(흔들씨마디)는 존스턴씨기관이 있어 공기의 진동을 통해 소리를 인지하거나 바람의 방향을 느낀다.

39 식도하신경절에 의해 운동신경과 감각신경의 지배를 받지 않는 기관은?
① 큰턱 ② 작은턱
③ 더듬이 ④ 아랫입술

해설
뇌는 식도신경환에 의해 식도하신경절에 연결되어 큰턱, 작은턱, 아랫입술 등의 운동 및 감각신경에 관련된다.

40 담배나방에 대한 설명으로 틀린 것은?
① 고추의 주요 해충 중 하나이다.
② 땅속에서 번데기로 월동한다.
③ 1년에 1회 발생한다.
④ 담배에 피해를 준다.

해설
담배나방은 1년에 3회 발생한다.

[3과목] 농약학

41 치료 효과를 거두기 위해 사용되는 약제로 병이 발생한 후에도 충분한 효과를 거둘 수 있는 것은?
① 보호살균제 ② 직접살균제
③ 종자소독제 ④ 토양살균제

해설
직접살균제는 침입한 병원균에 직접 강력한 살균작용을 하며 발병 후에도 방제가 가능하다.

42 농작물의 약해원인은 여러 가지가 있다. 다음 중 농약에 원인이 있는 약해가 아닌 것은?
① 불순물 혼합에 의한 약해
② 원제 부성분에 의한 약해
③ 경시변화에 의한 유해성분의 생성에 의한 약해
④ 동시 사용으로 인한 약해

해설
동시 사용으로 인한 약해는 농약에 원인이 아닌 사용자의 부주의에 의해 발생한다.

43 아마이드계 계통의 잡초발생 전 토양처리용 제초제로서 잔디에 주로 사용되는 것은?
① 2,4-D 제 ② 메트리뷰진
③ 아이속사벤 ④ 아짐설퓨론

해설
아이속사벤은 잡초의 발아전 토양에 처리하는 토양처리용 제초제이다.

44 농약의 작물잔류에 미치는 영향 중 가장 거리가 먼 것은?
① 농약의 이화학적 특성
② 작물의 특성
③ 기상 및 토양환경조건
④ 농약잔류허용량

해설
농약의 잔류허용량은 신체에 영향을 주는 정도를 나타내는 것으로 작물잔류에 미치는 영향과는 거리가 멀다.

45 유기인계 살충제의 일반적인 성질에 대한 설명으로 옳은 것은?

① 동물의 체내에서 분해가 느리다.
② 알칼리에는 용이하게 분해된다.
③ 광선에 의한 분해가 일어나지 않는다.
④ 인축에 대한 독성이 약하다.

해설
유기인계 살충제는 에스테르 결합을 하고 있어 알칼리에 의해 쉽게 가수분해 된다.

46 농약 살포법 중 분무법에 대한 설명으로 옳지 않은 것은?

① 분무기는 별도의 공기를 주입하지 않고 약액에 직접 압력을 가하여 미세한 출구로 분사하는 구조이다.
② 살포 액적의 입경은 보통 0.1~0.2mm 범위이다.
③ 일반적인 희석용 제형으로부터 조제한 살포액의 다량 살포에 적합하다.
④ 과수전용으로 사용되는 고속살포기가 대표적이다.

해설
분무법은 안개와 같이 미세하게 뿌리는 방법으로 고속살포기는 적합하지 않다.

47 65% 지오릭스분말 1kg 을 5% 분제로 만들려면 이 때 소요되는 증량제의 양은 몇 kg 인가?

① 10 ② 11
③ 12 ④ 13

해설
희석할 증량제양
$= 원분제 중량 \times (\frac{원분제 농도}{목표 농도} - 1)$
$= 1kg \times (\frac{65\%}{5\%} - 1) = 12kg$

48 상추 재배 시 민달팽이를 없애기 위하여 사용하는 약제는?

① 메티오카브 입제
② 메토밀 액제
③ 디노테퓨란 입제
④ 플루톨라닐 입제

해설
메티오카브는 카바메이트계 살충제로 민달팽이 방제에 효과적이다.

49 제충국의 특성에 대한 설명으로 옳은 것은?

① 속효성이다.
② 잔효성이 크다
③ 약해가 크다
④ 고독성 농약이다.

해설
제충국의 꽃 씨방에서 추출하는 피레트린 성분은 접촉제의 속효성으로 신경기능의 저해를 통해 해충을 방제한다.

50 사과, 수박의 탄저병에 적용하는 벤지미다졸계 살균제는?

① 베노밀 ② 보스칼리드
③ 비터타놀 ④ 빈클로졸린

해설
베노밀은 벤지미다졸계 살균제로 사과나무탄저병, 배 흰가루병, 수박 탄저병, 고추 탄저병 등에 효과적이다.

51 도열병 약제의 농약명칭을 히노산(Hinosan)으로 표기할 때 다음 중 어디에 해당하는가?

① 일반명 ② 품목명
③ 상품명 ④ 시험명

해설
농약명칭은 상품명에 해당한다.

정답 45 ② 46 ④ 47 ③ 48 ① 49 ① 50 ① 51 ③

52 carbamate 계 살충제의 일반적인 특성에 대한 설명으로 옳은 것은?
① 유기염소제와 같이 체내에 서서히 축적된다.
② 인축에 대한 독성이 낮고 비교적 안정한 화합물이다.
③ 살충작용이 일반적으로 비선택적이다.
④ 해충에 대한 적용범위가 좁다.

해설
카바메이트(carbamate)계 살충제는 체내에서 빠르게 분해되어 인축에 대한 독성이 비교적 낮은 편이다.

53 살포액(액상시용제)의 물리적인 성질이 아닌 것은?
① 유화성   ② 수화성
③ 현수성   ④ 토분성

해설
액상시용제의 물리성으로 유화성, 현수성, 수화성, 습전성, 침투성 등이 있다.

54 유기인계 살충제가 아닌 것은?
① 파라티온(Parathion)
② 다이아지논(Diazinon)
③ 디클로르보스(Dichlorvos)
④ 메소밀(Methomyl)

해설
메소밀은 카바메이트계 살충제이다.

55 다음 중 밀폐된 공간에서 사용하도록 설계된 제형은?
① 훈연제   ② 입제
③ 분제   ④ 수화제

해설
훈연제는 약제를 연기화 하여 해충을 죽이는 약제로 주로 밀폐된 공간에서 사용하여야 효과적이다.

56 다음 중 농약의 보조제(Supplement Agent)에 해당하는 것은?
① 유인제   ② 식독제
③ 기피제   ④ 유화제

해설
농약 보조제로 전착제, 증량제, 유화제, 협력제 등이 있다.

57 제초제에 대한 설명으로 틀린 것은?
① 세톡시딤은 선택성 제초제이다.
② 글루포시네이트암모늄은 비선택성 제초제이다.
③ 제초기능에 있어 선택성이 있는 것과 없는 것이 있다.
④ 식물의 종류에 관계없이 모든 식물에 해를 나타내는 것을 선택성 제초제라고 한다.

해설
식물의 종류에 관계없이 모든 식물에 해를 나타내는 것을 비선택성 제초제라 한다.

58 보통독성 농약이 고체일 경우에 급성경구 독성의 LD_{50}(mg/kg)은?
① 5 ~ 50   ② 50 ~ 500
③ 200 ~ 1000 ④ 1000 이상

해설
급성독성에서 고체의 급성경구 III급(보통독성)은 50 이상 500 미만 을 기준으로 한다.

정답 52 ② 53 ④ 54 ④ 55 ① 56 ④ 57 ④ 58 ②

59 농약 살포액 조제시 사용되는 적당한 물은?

① 뜨거운 물
② 알칼리성인 물
③ 효소를 넣어 발효시킨 물
④ 물의 온도가 높지 않은 일반적인 물

해설
농약 살포액 조제시 온도가 높지 않은 깨끗한 물을 사용해야 한다.

60 20% PAP 유제 100ml 를 0.05% 의 살포액으로 만드는데 소요되는 물의 양은 약 얼마인가?(단, 원액의 비중은 1 이다.)

① 40L ② 50L
③ 60L ④ 70L

해설
희석할 물의 양
$= 원액 용량 \times (\frac{원액 농도}{희석할 농도} - 1) \times 원액 비중$
$= 100ml \times (\frac{20}{0.05} - 1) \times 1$
$= 39,900 ml ≒ 약 40L$

4과목 잡초방제학

61 잡초로 인한 농경지의 피해가 아닌 것은?

① 병해충의 매개
② 토양침식의 가속화
③ 농작업 환경의 약화
④ 경합에 의한 작물수량감소

해설
잡초가 많이 발생하면 토양침식이 느려진다.

62 잡초의 영양기관에 대한 설명으로 옳지 않은 것은?

① 영양생식을 좌우하는 환경요인으로 토성, 일장, 광도, 무기성분 등이 있다.
② 향부자는 높은 광도조건에서 경엽의 증가보다 괴경의 증가를 촉진한다.
③ 대부분의 다년생 잡초는 사질토보다는 중점토에서 지하영양기관의 생성이 빠르다
④ 토양 중의 무기성분함량이 충분한 조건하에서는 대부분 다년생 잡초는 유성번식보다는 영양번식의 속도가 촉진된다.

해설
영양번식의 환경요인에서 토성은 중점토보다는 사질토에서 지하영양기관이 잘 생성된다.

63 잡초종자는 일반적으로 휴면성을 가지고 있다. 휴면의 원인으로 옳지 않은 것은?

① 두꺼운 종피
② 불완전한 배
③ 생장촉진제 처리
④ 발아억제물질 작용

해설
생장촉진제는 휴면을 타파한다.

64 잡초의 생리 및 생태적 특성이 아닌 것은?

① 휴면성을 가지고 있다.
② 유묘기의 생장속도가 빠르다
③ 주로 영양번식은 1년생 잡초가 한다.
④ 종자 및 영양번식기관으로 번식한다.

해설
주로 영양번식은 다년생 잡초가 한다.

정답 59 ④ 60 ① 61 ② 62 ③ 63 ③ 64 ③

65 주어진 지표면을 먼저 점유한 식물이 후에 발생한 식물보다 경합에 유리하다. 이를 이용한 잡초 방제 기술로 옳지 않은 것은?
① 이앙재배 ② 적기 파종
③ 시비량 증대 ④ 재식밀도 증가

해설
시비량 증대는 잡초에 유리한 조건이 될 가능성이 있기에 작물의 특성과 잡초의 발생량 등을 고려하여 실시해야 한다.

66 잔디밭의 클로버 방제에 가장 적절한 제초제는?
① 옥사디아존 유제
② 메코프로프 유제
③ 할로설퓨론메틸 입제
④ 벤설퓨론메틸·뷰타클로르 입제

해설
잔디밭 클로버 방제에는 메코프로프 유제 및 디캄바 액제, 트리클로피르티이에이 액제 등이 효과적이다.

67 잡초방제법 중에서 물리적 방제법에 해당하지 않는 것은?
① 잡초 소각
② 제초제 살포
③ 토양 표면 피복
④ 경작지 담수 및 배수

해설
제초제 사용은 화학적 방제에 속한다.

68 지하경으로 번식 가능한 잡초가 아닌 것은?
① 돌피 ② 올미
③ 올방개 ④ 향부자

해설
돌피는 1년생 잡초로 종자로 번식한다.

69 잡초 종자가 일장에 감응하여 휴면이나 휴면타파를 하는 형태는?
① 2차성 휴면형 ② 기회적 휴면형
③ 계절적 휴면형 ④ 자발성 휴면형

해설
일장의 변화에 따른 휴면을 계절적 휴면형이라 하며 이러한 일장에 반응하여 휴면을 타파하고 발아하는 것을 발아 계절성이라 한다.

70 방동사니과 잡초의 형태적 특성으로 옳지 않은 것은?
① 습지나 물속에서 잘 자란다.
② 올방개, 매자기, 올챙이고랭이 등이 있다.
③ 대부분 줄기가 삼각형 모양을 하고 있다.
④ 잎은 둥글고 크며, 엽맥이 그물처럼 얽혀있다.

해설
방동사니과 잡초는 잎의 폭이 좁고 긴 형태이며 엽맥이 없다.

71 작물과 잡초 사이의 경합요인으로 가장 거리가 먼 것은?
① 빛 ② 산소
③ 공간 ④ 무기양분

해설
경합요인으로 양분, 수분, 광선, 공간 등이 대표적이다.

72 생물학적 방제법과 비교한 화학적 방제법의 단점은?
① 효과가 적다.
② 작용 효과가 늦다.
③ 잔류성 문제가 있다.
④ 처리가 용이하지 않다.

해설
화학적 방제법은 방제 효과는 빠르게 나타나지만 환경 및 잔류문제가 있다.

정답 65 ③ 66 ② 67 ② 68 ① 69 ③ 70 ④ 71 ② 72 ③

73 잡초 종자의 특징으로 옳지 않은 것은?
① 메귀리는 끈끈한 물질을 분비한다.
② 소리쟁이는 꼬투리가 물에 잘 뜬다.
③ 바랭이는 성숙하면서 꼬투리가 튄다.
④ 도꼬마리는 낚시모양의 돌기가 있다.

해설
메귀리는 벼목으로 가지는 돌려붙고 잔 돌기가 있으며 종자에는 잔털이 있다.

74 외국에서 유입되는 잡초를 방지하기 위하여 수출입 과정에서 검역하듯이 검사하는 잡초 방제법은?
① 생태적 방제법 ② 화학적 방제법
③ 생물적 방제법 ④ 예방적 방제법

해설
예방적 방제법은 잡초가 유입되는 것을 사전에 방지하는 것이다.

75 잡초의 종류와 생활사가 올바르게 짝지어진 것은?
① 다년생 잡초 - 돌피, 바랭이
② 일년생 잡초 - 올미, 올방개
③ 다년생 잡초 - 냉이, 방가지똥
④ 일년생 잡초 - 물달개비, 사마귀풀

해설
① 일년생 잡초 - 돌피, 바랭이
② 다년생 잡초 - 올미, 올방개
③ 월년생 잡초 - 냉이, 방가지똥

76 다음 중 벼 재배법에서 잡초와의 경합면에 가장 불리한 재배법은?
① 손이앙재배 ② 어린모재배
③ 중모재배 ④ 직파재배

해설
직파재배보다는 이앙재배가 잡초의 피해를 덜 받으며 경합에 유리하다.

77 다음 중 식물의 분류체계로 가장 적절한 것은?
① 문 - 과 - 강 - 목 - 종 - 속
② 문 - 강 - 목 - 과 - 속 - 종
③ 문 - 속 - 강 - 과 - 목 - 종
④ 강 - 문 - 목 - 과 - 속 - 종

해설
식물학적 분류순서는 <계 → 문 → 강 → 목 → 과 → 속 → 종 → 변종> 이며 식물의 기본단위는 종으로 정의한다.

78 다음 중 초생재배 방법에 대한 설명으로 가장 옳은 것은?
① 오리, 어패류를 이용하여 잡초 생육을 억제한다.
② 인접식물에 독성을 나타내는 물질을 분비하는 식물을 심어 잡초 발생을 경감시킨다.
③ 잡초에 특이적으로 기생하는 병원균을 이용하여 방제한다.
④ 과수원이나 나지상태의 포장에 피복작물을 재배한다.

해설
초생재배는 초생법을 과수원 같은 곳에 적용하는 방법인데 포장을 피복하여 토양의 유실을 막아주며 잡초발생을 억제하는 효과가 있다.

79 다음 중 논에서 종자로 번식하는 잡초로 가장 옳은 것은?
① 물달개비 ② 올미
③ 벗풀 ④ 올방개

해설
물달개비는 1년생 광엽잡초로 종자로 번식하는 논잡초이다.

정답 73 ① 74 ④ 75 ④ 76 ④ 77 ② 78 ④ 79 ①

80 다음 중 년생(월년생) 잡초만으로 나열된 것은?

① 냉이, 메꽃
② 민들레, 코스모스
③ 질경이, 달맞이꽃
④ 망초, 냉이

해설
월년생 잡초로 나도냉이, 별꽃, 망초, 냉이, 속속이풀 등이 있다.

정답 80 ④

 이러닝 강의 및 교재내용 문의

올배움 홈페이지 www.kisa.co.kr 에
방문하시면 본 교재의 저자직강 강의를 통하여
자격증 단기합격을 할 수 있습니다.
또한 본 교재의 정오표는
올배움 홈페이지를 통해 확인이 가능하며
그 밖의 다른 의견 및 오탈자를 제보해주시면
더 좋은 강의와 교재로 보답하겠습니다.

www.kisa.co.kr

1544-8509   카톡 ID : kisa

올배움BOOK
홈페이지
바로가기 >

식물보호기사 · 산업기사 필기

1판1쇄 발행	2021년 01월 10일	2판1쇄 발행	2022년 01월 10일
3판1쇄 발행	2023년 01월 10일	4판1쇄 발행	2024년 01월 10일
5판1쇄 발행	2025년 01월 10일	6판1쇄 발행	2026년 01월 10일

지 은 이 • 권 현 준
펴 낸 이 • 이 정 훈
펴 낸 곳 • 올배움
주   소 • 서울시 금천구 가산디지털1로 168 B동 B105(가산동, 우림라이온스밸리)
전   화 • 1544-8509 / FAX 0505-909-0777
홈페이지 • www.kisa.co.kr

법인등록번호 • 110111-5784750
I S B N • 979-11-6517-185-8 (13520)

정가 29,000원

이 책에서 내용의 일부 또는 도해를 다음과 같은 행위자들이 사전 승인없이 인용할 경우에는 저작권법 제93조 「손해배상청구권」에 적용 받습니다.
① 단순히 공부할 목적으로 부분 또는 전체를 복제하여 사용하는 학생 또는 복사업자
② 공공기관 및 사설교육기관(학원, 인정직업학교), 단체 등에서 영리를 목적으로 복제·배포하는 대표, 또는 당해 교육자
③ 디스크 복사 및 기타 정보 재생 시스템을 이용하여 사용하는 자

※ 파본은 구입하신 서점에서 교환해 드립니다.